Lehrbuch der Bauphysik

Wolfgang M. Willems
Hrsg.

Lehrbuch der Bauphysik

Wärme – Feuchte – Klima – Schall – Licht – Brand

9. Auflage

Mit Beiträgen von Peter Häupl, Martin Homann,
Christian Kölzow, Olaf Riese, Anton Maas, Gerrit Höfker,
Christian Nocke, Wolfgang M. Willems

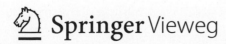

Hrsg.
Wolfgang M. Willems
TU Dortmund
Dortmund, Deutschland

ISBN 978-3-658-34092-6   ISBN 978-3-658-34093-3 (eBook)
https://doi.org/10.1007/978-3-658-34093-3

Die Deutsche Nationalbibliothek verzeichnet diese Publikation in der Deutschen Nationalbibliografie; detaillierte bibliografische Daten sind im Internet über http://dnb.d-nb.de abrufbar.

Springer Vieweg

Lektorat: Karina Danulat
Springer Vieweg ist ein Imprint der eingetragenen Gesellschaft Springer Fachmedien Wiesbaden GmbH und ist ein Teil von Springer Nature.
Die Anschrift der Gesellschaft ist: Abraham-Lincoln-Str. 46, 65189 Wiesbaden, Germany

Vorwort zur 9. Auflage

Tempus fugit – die Zeit verfliegt. Vor 37 Jahren erschien das „Lehrbuch der Bauphysik" als eines der ersten Fachbücher zu diesem seinerzeit noch recht jungen Fachgebiet; eine anscheinend richtige Entscheidung der damals fünfköpfigen Autorengruppe, denn das Buch etablierte sich recht schnell als Standardwerk in Studium und Praxis und erschien dann in unregelmäßigen Zyklen und mit einigen einzelnen Autorenwechseln und kontinuierlichen Überarbeitungen in weiteren fünf Ausgaben.

Zur 7. Auflage wurde das Buch mit einem weitgehend neuen Autorenstamm fast vollständig neu erarbeitet und dann zur 8. Auflage, die jetzt auch schon wieder fünf Jahre alt ist, ein weiteres Mal überarbeitet und dabei moderat ergänzt. Aber in den unterschiedlichen Disziplinen der Baukunst wächst das fachliche Wissen – begleitet durch regulative Randbedingungen in durchaus noch höherer Entfaltungsgeschwindigkeit – kontinuierlich an und bedarf einer entsprechenden Publizierung.

Daher liegt jetzt das „Lehrbuch der Bauphysik" in seiner nunmehr 9. Auflage vor Ihnen: neu überarbeitet, angepasst, geändert … und natürlich wiederum etwas erweitert. Es repräsentiert den Kern des aktuellen bauphysikalischen Wissens (mit einer bewussten Ausrichtung auf die Curricula des Lehrgebietes Bauphysik an deutschen Universitäten und Hochschulen) – hinsichtlich einer fachlichen Ausleuchtung weiterführender technischer und wissenschaftlicher Tiefen dürfen wir daher auf entsprechend spezialisierte Literatur verweisen.

Für Ihre Anregungen und Verbesserungsvorschläge sind wir jederzeit empfänglich.

Dortmund, Deutschland Wolfgang M. Willems
Juni 2022

Inhaltsverzeichnis

27 Tageslicht 799

Christian Kölzow

Autorenverzeichnis

Prof. Dr.-Ing. habil. Peter Häupl studierte Physik an der TU Dresden. Nach erfolgreicher wissenschaftlicher Arbeit in Lehre und Forschung an der Hochschule für Bauwesen in Cottbus und anschließender Dissertation und Habilitation an der Fakultät Bauingenieurwesen der TU Dresden, wurde er 1992 als Professor für Bauphysik an die TU Dresden berufen. Von 1994 bis 2007 leitete er dort das Institut für Bauklimatik. Als Fachbuchautor und Mitglied mehrerer wissenschaftlicher Gremien hat er bereits zahlreiche Beiträge veröffentlicht und zu diesem Thema weltweit Vorträge gehalten.
E-Mail: peter-haeupl@t-online.de

Prof. Dr. Gerrit Höfker absolvierte eine Berufsausbildung zum Heizungsbauer und studierte danach Bauphysik an der Hochschule für Technik in Stuttgart. Hier vertiefte er sich einerseits im Bereich Solartechnik, in dem er auch später an der De Montfort University Leicester promovierte, und andererseits im Bereich Raumakustik. In seiner beruflichen Tätigkeit als selbstständiger Ingenieur standen dann akustische Planungsaufgaben im Vordergrund. Er ist Professor an der Hochschule Bochum.
E-Mail: gerrit.hoefker@hs-bochum.de

Prof. Dr.-Ing. Martin Homann hat an der Universität Dortmund Architektur studiert. Danach war er wissenschaftlicher Mitarbeiter am Lehrstuhl für Bauphysik. Nach anschließender Promotion und mehrjähriger Tätigkeit für die Baustoffindustrie wurde er zum Professor für Bauphysik an die Fachhochschule Münster berufen. Als Sachverständiger befasst er sich mit den Themenbereichen Wärmeschutz, Feuchteschutz und Bauschäden.
E-Mail: mhomann@fh-muenster.de

Dipl.-Phys. Christian Kölzow studierte an der FU Berlin Physik, Vorlesungsassistent, Diplom am Hahn-Meitner-Institut im Bereich Solare Energetik in der Solarzellenforschung, Anstellung am Institut für Tageslichttechnik Stuttgart, dort Entwicklung lichttechnischer Untersuchungs- und Berechnungsprogramme und Aufbau des Bereichs Automatische Regelung von Tages- und Kunstlicht, seit 1997 Inhaber, seitdem Lichtlanung internationaler Großprojekte, überwiegend Museen, diverse Veröffentlichungen in Fachzeitschriften.

E-Mail: Tageslichttechnik@IFT-Stuttgart.de

Prof. Dr.-Ing. Anton Maas studierte Versorgungstechnik an der Fachhochschule Bochum und anschließend Maschinenbau an der Ruhr-Universität Bochum. Von 1990 bis 2004 war er Wissenschaftlicher Mitarbeiter am Fachgebiet Bauphysik der Universität Kassel, anschließend Akademischer Oberrat am Lehrstuhl für Bauphysik, Technische Universität München. Im April 2007 übernahm er die Professur für Bauphysik an der Universität Kassel. Er ist stellvertretender Obmann der Normen-Ausschüsse „Energetische Bewertung von Gebäuden" und „Wärmetransport" und weiterhin Teilhaber eines Ingenieurbüros für Bauphysik.

E-Mail: maas@uni-kassel.de

Dr. rer. nat. Christian Nocke studierte Physik in Marburg und Oldenburg; 1995 diplomierte er im Bereich der technischen Akustik an der Universität Oldenburg, ab 1995 war er Promotionsstipendiat der Studienstiftung des deutschen Volkes und Wissenschaftlicher Mitarbeiter am Fraunhofer-Institut für Bauphysik, Stuttgart. Im Jahr 2000 promovierte er und gründete das Akustikbüro Oldenburg. Seit 2002 ist er von der Oldenburgischen IHK öffentlich bestellter und vereidigter Sachverständiger für Lärmimmission, Bau und Raumakustik. Er ist Gesellschafter der Schall & Raum Consulting GmbH, der A.R.L. GmbH sowie seit September 2020 Vorsitzender des Fachausschusses Bau- und Raumakustik der Deutschen Gesellschaft für Akustik DEGA e. V. Im Jahr 2019 erhielt er die Rudolf-Martin-Ehrenurkunde des NALS im DIN.

E-Mail: nocke@akustikbuero-oldenburg.de

Dr.-Ing. Dipl.-Phys. Olaf Riese ist nach der Promotion an der TU Braunschweig ab 2011 Leiter der Produktgruppe Baustoffe der MPA Braunschweig gewesen. Seit 2014 ist er als Oberingenieur am Institut für Baustoffe, Massivbau und Brandschutz tätig. Hier begleitete er verschiedene internationale Forschungsvorhaben mit den Schwerpunkten Durchführung von Brandexperimenten, Brandsimulation und Validierung. Er arbeitet in verschiedenen nationalen Gremien und Normenausschüssen und ist u. A. Mitglied im Arbeitsausschuss „Leitfaden der Ingenieurmethoden" im vfdB Referat 4.

E-Mail: o.riese@ibmb.tu-bs.de

Prof. Dr.-Ing. habil. Wolfgang M. Willems studierte Bauingenieurwesen an der Universität Essen. Promotion und Habilitation erfolgten während seiner Tätigkeit als Wissenschaftlicher Mitarbeiter an der Ruhr-Universität Bochum. Nach mehrjähriger Tätigkeit in der Industrie wurde er als Professor für Bauphysik 2003 zunächst an die Ruhr-Universität Bochum und 2007 dann an die Technische Universität Dortmund berufen. Neben seiner regen Tätigkeit als Fachbuchautor und Referent ist er Gesellschafter eines Ingenieurbüros für Bauphysik.

E-Mail: wolfgang.willems@tu-dortmund.de

Teil I

Wärmeschutz

Baulicher Wärmeschutz

Anton Maas

Die Gestaltung und der konstruktive Aufbau der Gebäudehülle resultieren aus einer Vielzahl von Einflüssen bzw. Vorgaben wie Standsicherheit, architektonisches Erscheinungsbild oder der Nutzung eines Gebäudes. In den vergangenen Jahrzehnten trat immer mehr die Notwendigkeit der Berücksichtigung klimatischer Verhältnisse in den Vordergrund. Dies zum einen, um Wohnkomfort und Gesundheit, sprich Schaffung guter hygienischer Verhältnisse in Aufenthaltsräumen sicherzustellen; daraus folgten Forderungen nach einem Mindestwärmeschutz. Vor dem Hintergrund der Ölkrisen in den 70er-Jahren des letzten Jahrhunderts traten darüber hinaus der Aspekt der Energieeinsparung und die damit verbundene Anforderung an die bauphysikalische Qualität der Gebäudehülle in den Vordergrund. Mit fortschreitendem Stand der Technik, mit weiterentwickelten Planungsinstrumenten und natürlich auch vor dem Hintergrund steigender Energiepreise wurden Anforderungen an die Gebäudehülle fortgeschrieben. Abb. 1.1 ist zu entnehmen, welche Entwicklung der bauliche Wärmeschutz nach Maßgaben öffentlich-rechtlicher Anforderungen – dargestellt anhand der Bilanzgröße Heizwärmebedarf – bei Neubauten genommen hat bzw. nehmen wird. Die Abnahme der Heizwärmebedarfswerte resultiert aus dem verbesserten Wärmeschutzstandard der Gebäudehülle und der Verbesserung der Gebäudedichtheit, künftig auch aus zunehmendem Einsatz mechanischer Lüftungsanlagen mit Wärmerückgewinnung.

Für die kommenden Jahre (und Jahrzehnte) ist damit zu rechnen, dass im Rahmen eines Gebäudeenergiegesetzes Anforderungen formuliert werden, die einem Heizwärmebedarf gemäß der in Abb. 1.1 dargestellten Größenordnung entsprechen.

A. Maas (✉)
Universität Kassel FB 06 Architektur, Stadtplanung, Landschaftsplanung, Kassel, Deutschland
E-Mail: maas@uni-kassel.de

© Springer Fachmedien Wiesbaden GmbH, ein Teil von Springer Nature 2022
W. M. Willems (Hrsg.), *Lehrbuch der Bauphysik*,
https://doi.org/10.1007/978-3-658-34093-3_1

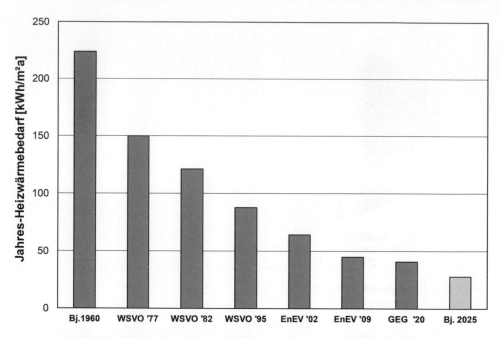

Abb. 1.1 Heizwärmebedarf eines Einfamilienhauses in der Entwicklung der Anforderungen an den Wärmeschutz der Gebäudehülle

1.1   Bedeutung des baulichen Wärmeschutzes für das energieeffiziente Bauen

Die Notwendigkeit der Energieeinsparung ist heute unumstritten. Aspekte der CO_2-Emissionsminderung (Klimaschutz) und der Daseinsvorsorge (Schonung fossiler Ressourcen und Minderung der Abhängigkeit von Energieimporten) sind die wesentlichen Gründe. Dabei kommt dem Sektor Gebäude eine zentrale Rolle zu, da hier große Einsparpotenziale ruhen und die erforderliche Technik erprobt vorliegt.

Der Bereich Räumwärme nimmt in Deutschland einen Anteil von rd. 26 % am gesamten Endenergieverbrauch (Abb. 1.2) ein. Maßnahmen der Energieeffizienzsteigerung, basierend auf der Umsetzung eines sehr guten baulichen Wärmeschutzes, können ganz wesentlich zur Reduktion dieses Verbrauchsanteils beitragen.

Energieeffizientes Bauen bedeutet in einem ersten Schritt, die Minimierung der Wärmeverluste anzustreben. Hinsichtlich der Gebäudehülle gilt es hierbei zum einen Wärmeverluste zu reduzieren, die aufgrund von Transmissionen auftreten, und weiterhin eine ausreichende Dichtheit der Gebäudehülle sicherzustellen. Die Umsetzung dieser Forderungen wird erreicht durch Verwendung von Bauteilen mit kleinen Wärmedurchgangskoeffizienten, die Planung und Ausführung von Bauteilanschlüssen mit minimierten Wärmebrückenverlusten und die Gestaltung luftdichter Bauteilregelquerschnitte und Anschlusspunkte.

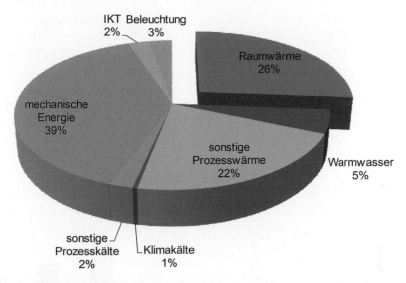

Abb. 1.2 Endenergieverbrauch in Deutschland nach Anwendungsbereichen 2019 (IKT: Informations- und Kommunikationstechnik). (Quelle: Arbeitsgemeinschaft Energiebilanzen, 09.09.2020)

In einem zweiten Schritt sollte nach der Reduzierung der Wärmeverluste die Steigerung bzw. Maximierung der Wärmegewinne in Betracht gezogen werden (wobei auch die Tageslichtversorgung von Räumen beeinflusst wird). Für die Gebäudehülle bedeutet dies primär die Größendimensionierung und die Anordnung transparenter Bauteile (Fenster). Weiterhin gehören zu den gewinnsteigernden Maßnahmen Elemente wie unbeheizte Glasvorbauten (Wintergärten) oder die Verwendung transluzenter Wärmedämmung.

Die sehr gute wärmeschutztechnische Ausführung der Gebäudehülle mit Wärmedurchgangskoeffizienten von rund 0,15 W/(m² · K) ist im Neubaubereich mit gedämmten Konstruktionen seit vielen Jahren baupraktisch umsetzbar. Neuere Entwicklungen im Bereich der monolithischen Bauweise, Steine mit Wärmeleitfähigkeiten von $\lambda = 0{,}07$ W/(m · K) führen zu Wärmedurchgangskoeffizienten, die bislang den gedämmten Konstruktionen vorbehalten waren.

Die oft gestellte Frage, ob nicht mehr Energie in die Erstellung wärmeschutztechnischer Maßnahmen fließt als durch diese Maßnahme in der Nutzungsdauer des Gebäudes eingespart wird, kann für die allermeisten gängigen Konstruktionen klar beantwortet werden. Die infolge der wärmeschutztechnisch besseren Konstruktion eingesparte Energie ist höher als die zur Herstellung der Konstruktion erforderliche; in der Regel resultieren kürzeste Amortisationszeiten.

Mit Dämmmaterialien, die aus Entwicklungen der Nanotechnik entstehen und eine Größenordnung der Wärmeleitfähigkeit von $\lambda = 0{,}015$ W/(m · K) und kleiner aufweisen, werden künftig neue Bauteilaufbauten insbesondere in Anschlussbereichen (z. B. Fensterlaibungen bei Gebäudemodernisierung) realisierbar sein. Dies gilt auch für Vakuumisolationspaneele, deren Anwendungsbereich aufgrund ihrer Empfindlichkeit eher bei vorgefertigten Konstruktionen liegen wird.

Dreifach verglaste Fenster stellen in den kommenden Jahren den Standard dar. Mit weiterzuentwickelnden Rahmenprofilen sind Wärmedurchgangskoeffizienten mit $U_W = 0{,}8$ W/(m^2 · K) und kleiner realisierbar. Vakuumverglasungen mit wärmeschutztechnischen Kennwerten, die denen des 3fach-Glases entsprechen, bieten derzeit noch keine wirtschaftliche Alternative. Vorteilhaft ist dagegen der schlanke Aufbau, sodass ein häufiger Einsatzzweck künftig bei der Gebäudemodernisierung gesehen wird.

Im Hinblick auf die Gestaltung von Anschlussdetails wird es erforderlich sein, verstärkt Augenmerk auf die Reduktion von Wärmebrückeneffekten zu legen. Wärmebrückenkorrekturwerte (ΔU_{WB}-Werte), die bei Null liegen, werden in näherer Zukunft der Standard sein (wärmebrückenfreie Konstruktionen).

Die Erzielung einer ausreichenden Luftdichtheit der Gebäudehülle wird erreicht durch frühzeitige Beachtung der Thematik im Planungsstadium des Gebäudes und durch Verwendung aufeinander abgestimmter Dichtungsmaterialien, die lange Standzeiten aufweisen.

1.2 Wärmeschutztechnische Maßnahmen im Gebäudebestand

Mit der Verbesserung des Wärmeschutzes im Gebäudebestand gehen flankierende Effekte einher. Infolge des verbesserten Wärmeschutzes steigen die raumseitige Oberflächentemperatur von Bauteilen und damit die thermische Behaglichkeit im Raum. Kalte Oberflächen erzeugen das Gefühl von Zugerscheinungen, da ein höherer Strahlungsaustausch der warmen Körperoberflächen einsetzt. Häufig wird zum Ausgleich die Raumlufttemperatur angehoben, was für ein gesundes Raumklima und die Energieeinsparung nachteilig ist. Auch eine Verbesserung des sommerlichen Wärmeverhaltens wird erreicht. Weiterhin wird durch wärmeschutztechnische Maßnahmen zumeist eine Substanzerhaltung erzielt (z. B. Schutz der Tragkonstruktion vor thermischen Einflüssen oder verringerte feuchtetechnische Belastung von erdreichberührten Bauteilen). Bei denkmalgeschützten Gebäuden wird die Sicherstellung der Nutzbarkeit solcher Gebäude gefördert.

Angesichts des enormen Energieeinsparpotenzials im Gebäudebestand, das auf einer großen Anzahl unsanierter oder nur teilsanierter Gebäude beruht, ist die Umsetzung wärmeschutztechnischer Maßnahmen bei Altbauten die wichtigste Bauaufgabe der Zukunft!

1.3 Planungskriterien/Planungsansätze für die energetische Gestaltung der Gebäudehülle

Während die energetische Gestaltung der Gebäudehülle bei Wohngebäuden primär auf den Heizfall abzielt, muss bei Nichtwohngebäuden aufgrund der häufig eingesetzten Klimatisierung in diesen Gebäuden auch der Kühlfall betrachtet werden. Weiterhin ist bei Nichtwohngebäuden der Strombedarf für Kunstlicht von großer Bedeutung (s. Abb. 1.2). Gerade bei der Betrachtung und Gestaltung transparenter Bauteile wird deutlich, dass objektspezifisch eine optimale Lösung gefunden werden muss. Eine große Glasfläche mag in Südorientierung vorteilhaft hinsichtlich der passiven Solarenergienutzung im Heizfall sein und gute Voraussetzung für eine hohe Tageslichtnutzung bieten; im Sommerfall ist die große Glasfläche aufgrund der solaren Einträge und dem damit ansteigenden Kühlenergiebedarf eher ungünstig.

Die gute wärmeschutztechnische Ausführung der Gebäudehülle ist sowohl für den Winter- als auch für den Sommerfall ein elementarer Baustein für die Umsetzung eines energieeffizienten Gebäudes. Die Planung der Gebäudehülle muss immer abgestimmt sein auf die Gebäudenutzung (Nutzungszeiten, Art der Tätigkeiten), die sonstige Baukonstruktion (z. B. Effekte der Wärmespeicherung) und die zum Einsatz kommenden anlagentechnischen Komponenten, d. h. die Planung der Gebäudehülle muss Teil einer integralen Planung des gesamten Gebäudes sein.

Wärmetransport

2

Anton Maas

2.1 Grundbegriffe

2.1.1 Temperatur

Mit der Temperatur kennzeichnet man den thermischen Zustand eines Systems. So wird beispielsweise mit der Raumtemperatur der thermische Zustand der Luft in einem Raum bzw. in einem Gebäude angegeben.

Für die zahlenmäßige Angabe der Temperatur verwendet man unterschiedliche Temperaturskalen. Im Bereich der Bauphysik finden hierbei die thermodynamische Temperatur (auch absolute Temperatur) und die Celsius-Temperatur Anwendung. Die Celsius-Temperatur ist gegenüber der thermodynamischen Temperatur willkürlich im Nullpunkt verschoben und durch $\theta = T - 273,15\ \mathrm{K}$ definiert, die Einheit der thermodynamischen Temperatur ist das Kelvin mit der Abkürzung K. Die Einheit der Celsius-Skala ist Grad Celsius. Es gilt 1 Grad Celsius = 1 K. Temperaturdifferenzen werden grundsätzlich in K angegeben (Beispiel: die Raumtemperatur beträgt 20 °C und die Außentemperatur 5 °C, die Temperaturdifferenz beträgt 15 K.)

2.1.2 Wärme und spezifische Wärmekapazität

Liegt über einer Systemgrenze (z. B. die Außenwand, die den Raum eines Gebäudes von der Außenluft trennt) eine Temperaturdifferenz an, so strömt über die Systemgrenze

A. Maas (✉)
Universität Kassel FB 06 Architektur, Stadtplanung, Landschaftsplanung, Kassel, Deutschland
E-Mail: maas@uni-kassel.de

© Springer Fachmedien Wiesbaden GmbH, ein Teil von Springer Nature 2022
W. M. Willems (Hrsg.), *Lehrbuch der Bauphysik*,
https://doi.org/10.1007/978-3-658-34093-3_2

Abb. 2.1 Schematische
Darstellung der sensiblen und
latenten Wärmeaufnahme von
Materialien

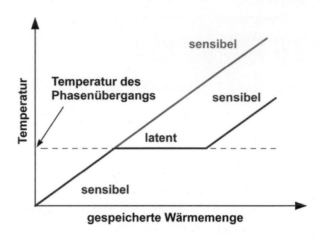

Energie, die als Wärme bezeichnet wird. Wärme ist somit eine Energieform, die System-
grenzen überschreiten kann. [1]

Führt man einem Material Energie zu, so steigt im Allgemeinen seine Temperatur. Die
Temperaturerhöhung ist proportional zur zugeführten Energie. Den Proportionalitäts-
faktor bezeichnet man als Wärmekapazität des erwärmten Materials. Die Wärmekapazität
ist das Produkt aus der spezifischen Wärmekapazität c und der Masse m des erwärmten
Materials. In dem Fall, dass mit Zufuhr von Energie die Temperatur des Materials steigt
spricht man von sensibler, also fühlbarer Wärmeaufnahme. Ist mit dem Vorgang der
Wärmeaufnahme ein Phasenübergang verbunden – geht z. B. ein Material von der festen
in die flüssige Form über – bezeichnet man dies als latente Wärmeaufnahme. In Abb. 2.1
sind die Zusammenhänge in einem Diagramm dargestellt.

Wird beispielsweise dem Baustoff Beton Wärme zugeführt, so steigt proportional zur
Wärmezufuhr die Temperatur des Materials. Die Wärmezufuhr bei z. B. Kerzenwachs
führt dazu, dass bei einer bestimmten Temperatur das Wachs zu schmelzen beginnt. Es
nimmt während des Schmelzvorgangs weiterhin Wärme auf, die Temperatur des Materials
bleibt nahezu gleich. Erst wenn der Schmelzvorgang abgeschlossen ist, steigt die Temperatur des Wachses weiter an. Während des Schmelzvorgangs wird die Wärme latent
(verborgen) gespeichert. Diesen Effekt macht man sich in Baumaterialien bzw. Baukonstruktionen zunutze, um mit dem Einsatz möglichst geringer Masse möglichst viel
Wärme speichern zu können.

Der Effekt der Wärmespeicherung wird in Abschn. 6.1 eingehend behandelt.

2.2 Mechanismen des Wärmetransports

Wärme hat immer das Bestreben, einen Temperaturausgleich herbeizuführen und strömt
dabei so lange von der wärmeren zur kälteren Seite, bis ein Temperaturgleichgewicht hergestellt ist. Man unterscheidet drei Arten des Wärmetransports:

- Wärmeleitung
- Konvektion und
- Wärmestrahlung,

die bei Bauteilen mit unterschiedlichem Anteil überlagernd auftreten (Abb. 2.2).

2.2.1 Wärmeleitung

Eine Wärmeübertragung durch Leitung erfolgt in Materialien wund zwischen Materialien, die miteinander in Berührung stehen. Die Wärme wird als Bewegungsenergie von stark schwingenden Molekülen an benachbarte, schwächer schwingende Moleküle durch Stoß-vorgänge weitergegeben.

Liegt an einem einschichtigen Bauteil mit einer Dicke x und einer Fläche A, das an seinen Rändern wärmedicht (adiabat) abgeschlossen ist, eine Temperaturdifferenz in Form unterschiedlicher Oberflächentemperaturen an, so fließt im Zeitintervall Δt eine Wärme-menge Q durch das Bauteil. Diese Wärmemenge Q (in der Einheit J oder Ws) ist:

- proportional zur Temperaturdifferenz $\theta_{s1} - \theta_{s2}$ (Index s = surface)
- proportional zur Fläche A
- proportional zur Zeitdauer Δt
- umgekehrt proportional zur Dicke der Platte Δx

und hängt weiterhin vom Material des Bauteils ab. Analytisch wird dies wie folgt zu-sammengeführt:

$$Q = \lambda \cdot \frac{\theta_{s1} - \theta_{s2}}{\Delta x} \cdot A \cdot \Delta t \qquad (2.1)$$

Die pro Zeiteinheit übertragene Wärmemenge wird als Wärmestrom Φ (in der Einheit W) bezeichnet.

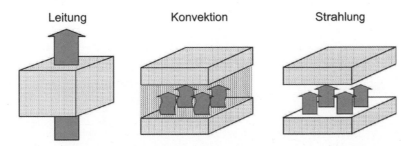

Abb. 2.2 Schematische Darstellung der Wärmetransportmechanismen Leitung, Konvektion und Strahlung

$$\Phi = \frac{dQ}{dt} = \lambda \frac{\theta_{s1} - \theta_{s2}}{\Delta x} A \qquad (2.2)$$

Bezieht man den Wärmestrom auf die wärmeübertragende Fläche ergibt sich die Wärmestromdichte (Abb. 2.3)

$$q = \frac{\Phi}{A} \qquad (2.3)$$

In der Bauphysik finden oftmals (quasi-)eindimensionale Betrachtungen der Wärmeleitung statt. Das heißt, Wärmeströme treten in einer Koordinatenrichtung auf und die Temperaturen variieren ausschließlich in dieser Richtung. Das Fourier'sche Gesetz kann für die eindimensionale Betrachtung wie folgt geschrieben werden.

$$q_x = -\lambda \frac{d\theta}{dx} \qquad (2.4)$$

Mit Hilfe des allgemeinen Fourier'schen Gesetzes kann unter Berücksichtigung von Wärmequellen (z. B. Bauteilheizung) die Fourier'sche Differenzialgleichung zur Bestimmung des Temperaturfeldes in einem Bauteil wie folgt geschrieben werden.

$$\rho c \frac{\partial \theta}{\partial t} = 0 = \frac{\partial}{\partial x}\left(\lambda \frac{\partial \theta}{\partial x}\right) + \frac{\partial}{\partial y}\left(\lambda \frac{\partial \theta}{\partial y}\right) + \frac{\partial}{\partial z}\left(\lambda \frac{\partial \theta}{\partial z}\right) + \dot{\omega} \qquad (2.5)$$

Bei der stationären Wärmeleitung stellt sich bei zeitlich unveränderlichen Randbedingungen ein konstanter Wärmestrom bzw. eine konstante Temperaturverteilung ein. Der Speicherterm $\rho c \frac{\partial \theta}{\partial t}$ der Fourier'schen Differenzialgleichung entfällt und Gl. (2.5) vereinfacht sich bei konstanter Wärmeleitfähigkeit zu

Abb. 2.3 Schematische Darstellung des Wärmetransports durch Wärmeleitung

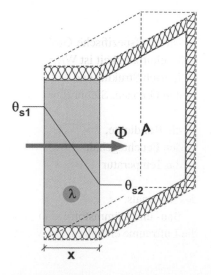

$$\frac{\partial^2 \theta}{\partial x^2} + \frac{\partial^2 \theta}{\partial y^2} + \frac{\partial^2 \theta}{\partial z^2} + \frac{\dot{\omega}}{\lambda} = 0. \tag{2.6}$$

Bei der stationären Wärmeleitung in einem ebenen Bauteil (1-dimensionale Wärmeleitung) vereinfacht sich Gl. (2.6) unter Weglassung bauteilinterner Wärmequellen zu

$$\frac{d^2 \theta}{dx^2} = 0. \tag{2.7}$$

Mit zweifacher Integration ergibt sich hieraus

$$\frac{d\theta}{dx} = c_1$$
$$\theta(x) = c_1 x + c_2 \tag{2.8}$$

Setzt man die bekannten Wandtemperaturen θ_{si} und θ_{se} ein und gibt die Dicke des Bauteils mit d an, können die Integrationskonstanten ermittelt werden.

$$\theta(0) = \theta_{se} \to c_2 = \theta_{si}$$
$$\theta(0) = \theta_{si} \to c_1 = \frac{\theta_{se} - \theta_{si}}{d} \tag{2.9}$$

Das Temperaturprofil sowie der konstante Wärmestrom durch die ebene Wand resultieren zu

$$\theta(x) = \theta_{si} + (\theta_{se} - \theta_{si})\frac{x}{d}$$
$$q_x = -\lambda \frac{d\theta}{dx} = \frac{\lambda}{d}(\theta_{si} - \theta_{se}) \tag{2.10}$$
$$\Phi = A \cdot q_x = A\frac{\lambda}{d}(\theta_{si} - \theta_{se}).$$

Die stoffspezifische Größe λ wird als Wärmeleitfähigkeit bezeichnet. Die Einheit der Wärmeleitfähigkeit ist W/(m · K).

Je nach Struktur und Aufbau schwankt die Wärmeleitfähigkeit bei festen Baustoffen in weiten Grenzen. Sie wird beeinflusst durch

- die Rohdichte,
- den Feuchtegehalt
- die Temperatur

des Materials.

Bau- und Dämmstoffe sind in der Regel mehr oder weniger poröse Stoffe, d. h. Stoffe, die Lufträume enthalten. Die Wärmeleitfähigkeit solcher Materialien liegt daher zwischen der der festen Bestandteile und der von Luft. Je poröser der Stoff ist, umso näher liegt seine Wärmeleitfähigkeit bei dem Wert von Luft. Die Rohdichte eines porösen Baustoffs ist umso größer, je kleiner der Porenanteil ist. Hieraus folgt, dass die Wärmeleitfähigkeit eines solchen Stoffes umso höher ist, je höher seine Rohdichte ist (Abb. 2.4). In Abb. 2.5 ist die Wärmeleitfähigkeit des Dämmstoffes Glaswolle in Abhängigkeit von der Rohdichte aufgetragen. Mit zunehmender Rohdichte sinkt zunächst die Wärmeleitfähigkeit, um bei höheren Werten von ρ wieder anzusteigen. Dieser Verlauf der Wärmeleitfähigkeit liegt darin begründet, dass bei geringer Rohdichte eine Luftbewegung im Dämmstoff den Wärmetransport beeinflusst (auf dieses Phänomen wird in Abschn. 5.1 eingegangen). Steigt die Rohdichte an, bekommen die Fasern des Dämmstoffs engen Kontakt und die Wärmeleitfähigkeit nimmt zu.

Der Einfluss des Feuchtegehaltes auf die Wärmeleitfähigkeit von Baustoffen ist außerordentlich bedeutsam. Die Wärmeleitfähigkeit nimmt mit steigendem Wassergehalt zu (Abb. 2.6 und Abb. 2.7). Abb. 2.6 zeigt am Beispiel verschiedener Baustoffe, wie sich der Feuchtegehalt auf die Wärmeleitfähigkeit des Materials auswirkt. Bei Perlite-Beton beträgt die Erhöhung der Wärmeleitfähigkeit rund 7 % je 1 Volumenprozent, beim Hüttenbims rund 3 % je 1 Volumenprozent Feuchtegehaltszunahme. Bei normal trockenen Bauteilen (nach Austrocknen der Neubaufeuchte) stellt sich der so genannte praktische Feuchtegehalt der Baustoffe ein. Er schwankt bei den dargestellten Materialien zwischen rd. 1,5 und 5 Volumenprozent. Der volumenbezogene Feuchtegehalt bezieht sich bei

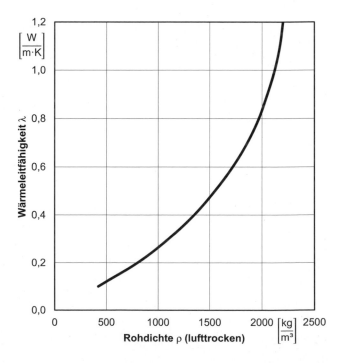

Abb. 2.4 Wärmeleitfähigkeit λ von Baustoffen (Durchschnittswerte) in Abhängigkeit von der Rohdichte [2]

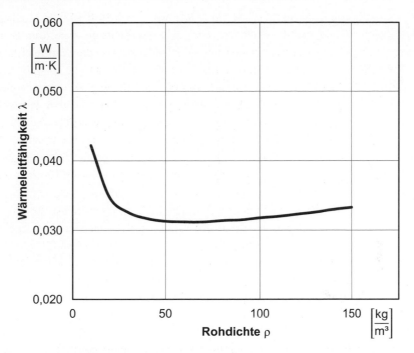

Abb. 2.5 Wärmeleitfähigkeit λ von Glasfaser-Mineralwolle in Abhängigkeit von der Rohdichte [2]

Abb. 2.6 Wärmeleitfähigkeit λ verschiedener Baumaterialien in Abhängigkeit vom volumenbezogenen Feuchtegehalt [3]

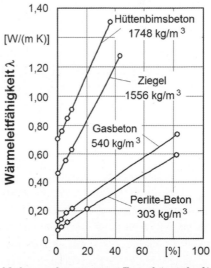

Abb. 2.7 Wärmeleitfähigkeit λ verschiedener Schaumkunststoffe in Abhängigkeit vom volumenbezogenen Feuchtegehalt [3]

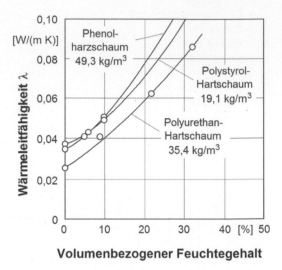

Volumenbezogener Feuchtegehalt

Lochsteinen oder sonstigen Baustoffen mit Lufthohlräumen immer auf das Material allein ohne die Hohlräume.

Die Wärmeleitfähigkeit nimmt bei Bau- und Dämmstoffen aller Art mit der Temperatur zu, und zwar umso mehr, je kleiner die Wärmeleitfähigkeit der Stoffe ist. Dieser Einfluss auf die Wärmeleitfähigkeit ist aber so gering, dass er bei den im Baubereich vorkommenden Temperaturen meist vernachlässigt werden kann. Ausnahmen bilden Dämmstoffe, die zur Rohrleitungsdämmung zur Anwendung kommen (Abb. 2.8). Für den Hochbau werden somit zwei Anwendungsbereiche unterschieden, für die die Temperatur zur Ermittlung der Wärmeleitfähigkeit festgelegt ist:

• Im Bereich der Heizanlage ist bei Rohrleitungsdämmung eine Mitteltemperatur von 40 °C festgelegt. Daher wird mit der Wärmeleitfähigkeit λ_{40} gerechnet.
• In den sonstigen Bereichen des baulichen Wärmeschutzes nicht klimatisierter Räume ist eine Mitteltemperatur von 10 °C festgelegt. Es wird Wärmeleitfähigkeit λ_{10} verwendet.

Bei Berechnungen im Rahmen von Nachweisverfahren im Hochbau ist der sogenannte Bemessungswert der Wärmeleitfähigkeit zu verwenden. Bemessungswert bedeutet, dass z. B. eventuell vorkommende Feuchtigkeitszuschläge auf den Messwert eines trockenen Materials bereits aufgerechnet sind. Damit soll sichergestellt werden, dass die in der Berechnung verwendete Wärmeleitfähigkeit in der Praxis bei allen Feuchtezuständen (praktischer Feuchtegehalt) tatsächlich immer vorhanden ist. Entsprechend angemessene Zuschläge werden bei Prüfverfahren berücksichtigt.

In Tab. 2.1 sind Wärmeleitfähigkeiten für eine Auswahl von Bau- und Dämmstoffen wiedergegeben. Hierbei handelt es sich um Bemessungswerte, die bei baupraktischen Anwendungen (z. B. Nachweisverfahren gem. Kap. 8) anzuwenden sind. Die zusätzlich in

Abb. 2.8 Wärmeleitfähigkeit λ von Schaumstoffen in Abhängigkeit von der Materialtemperatur. Schaumglas: $\rho = 156$ kg/m³; Polystyrol-Hartschaum: $\rho = 20$ kg/m³ [3]

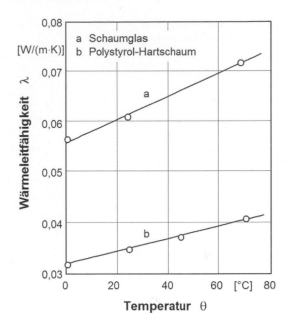

der Tabelle angegebenen Werte der Rohdichte dienen ebenfalls für baupraktische Anwendungen zur Ermittlung der flächenbezogenen Masse, die ebenfalls in Kap. 8 behandelt werden. Umfassende Auflistungen der Wärmeleitfähigkeit für im Hochbau zur Anwendung kommende Baustoffe sind in DIN 4108, Teil 4 [4] und DIN EN ISO 10456 [5] zu finden.

2.2.2 Konvektion

Vom konvektiven Wärmeübergang spricht man, wenn Wärme von einem Körper an ein vorbei strömendes Medium übertragen wird (oder umgekehrt). Die Höhe des Wärmeflusses, der sich bei einem Temperaturunterschied zwischen dem Körper (Bauteil) und dem strömenden Medium einstellt, hängt insbesondere ab von der Strömungsgeschwindigkeit, der Oberflächentemperatur, der Temperatur des strömenden Mediums und der Oberflächenrauigkeit.

Der sogenannte Newton'sche Ansatz beschreibt, dass die Wärmestromdichte aufgrund des konvektiven Wärmeübergangs proportional zur Temperaturdifferenz der Oberfläche und des strömenden Mediums sowie proportional zu einem Wärmeübergangskoeffizienten ist (Abb. 2.9). Der formelmäßige Zusammenhang lautet

$$q = h_{\mathrm{K}} \cdot \left(\theta_{\mathrm{s}} - \theta_{\mathrm{u}} \right) \tag{2.11}$$

h_{K}	W/(m² · K)	konvektiver Wärmeübergangskoeffizient
θ_{s}	°C	Temperatur der Oberfläche
θ_{u}	°C	Temperatur des strömenden Mediums

Tab. 2.1 Bemessungswerte der Wärmeleitfähigkeit von ausgewählten Bau- und Dämmstoffen nach DIN 4108-4 [4] und DIN EN ISO 10456 [5]

Stoff	Rohdichte [1] ρ [kg/m^3]	Bemessungswert der Wärmeleitfähigkeit λ [W/(m · K)]
Putze, Mörtel, Estriche		
Putzmörtel aus Kalk, Kalkzement und hydraulischem Kalk	(1800)	1,0
Zementestrich	(2000)	1,40
Putzmörtel aus Kalkgips, Gips	(1400)	0,70
Gipsputz ohne Zuschlag	(1200)	0,51
Kunstharzputz	(1100)	0,70
Betone		
Normalbeton	2200 bis 2400	1,6 bis 2,1
Leichtbeton und Stahlleichtbeton mit geschlossenem Gefüge	800 bis 2000	0,39 bis 1,6
Leichtbeton haufwerkporig mit nichtporigen Zuschlägen	1600 bis 2000	0,81 bis 1,4
Bauplatten		
Porenbetonbauplatten	400 bis 800	0,20 bis 0,29
Wandbauplatten aus Gips	750 bis 1200	0,35 bis 0,58
Gipskartonplatten	(800)	0,25
Mauerwerk		
Vollklinker, Hochlochklinker, Keramikklinker	1800 bis 2400	0,81 bis 1,4
Vollziegel, Hochlochziegel, Füllziegel	1200 bis 2400	0,50 bis 1,4
Hochlochziegel mit Lochung A und B	550 bis 1000	0,27 bis 0,45
Mauerwerk aus Kalksandsteinen	1000 bis 2200	0,50 bis 1,3
Wärmedämmstoffe		
Holzwolle-Leichtbauplatten Plattendicke $d \geq 25$ mm	(360 bis 460)	0,065 bis 0,090
Schaumkunststoffe: Polystyrol-Partikelschaum	≥ 15	0,035 bis 0,040
Polystyrol-Extruder Schaum	(≥ 25)	0,030 bis 0,040
Polyurethan-Hartschaum	(≥ 30)	0,020 bis 0,040
Mineralische und pflanzliche Faserdämmstoffe	(8 bis 500)	0,035 bis 0,050
Schaumglas nach DIN 18174	(100 bis 150)	0,045 bis 0,060
Holzfaserdämmplatten nach DIN 68755	(120 bis 450)	0,040 bis 0,070
Holz- und Holzwerkstoffe		
Fichte, Kiefer, Tanne	(600)	0,13

(Fortsetzung)

Tab. 2.1 (Fortsetzung)

Stoff	Rohdichte [1] ρ [kg/m³]	Bemessungswert der Wärmeleitfähigkeit λ [W/(m · K)]
Buche, Eiche	(800)	0,20
Sperrholz	(800)	0,15
Holzspan-Flachpressplatten	(700)	0,13
Harte Holzfaserplatten	(1000)	0,17
Beläge, Abdichtungsstoffe und Abdichtungsbahnen		
Kunststoffbeläge z. B. PVC	(1500)	0,23
Bitumendachbahnen und nackte Bitumenbahnen	(1200)	0,17
n. DIN 52128		
Sonstige Stoffe		
Lose Schüttungen aus porigen Stoffen	($\leq$100) bis $\leq$1500	0,060 bis 0,27
Lose Schüttungen aus Sand, Kies, Splitt (trocken)	(1800)	0,70
Glas	(2500)	0,80
Metalle	–	15 bis 380

[1]Die in Klammern angegebenen Werte der Rohdichte dienen nur zur Ermittlung der flächenbezogenen Masse, z. B. für den Nachweis des sommerlichen Wärmeschutzes

Abb. 2.9 Schematische Darstellung des konvektiven Wärmeübergangs an eine Wand

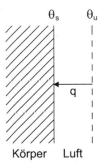

Zur qualitativen und quantitativen Beschreibung von Wärmetransportprozessen werden dimensionslose Kennzahlen gebildet, die charakteristische Einflussgrößen oder Stoffwerte beinhalten. Die Verwendung solcher dimensionsloser Kennzahlen ist erforderlich, um Erkenntnisse, die man aus experimentellen Untersuchungen (z. B. Windkanalmessungen an Modellen) gewonnen hat, auf andere, allgemeine Randbedingungen übertragen zu können.

Für die Kennzeichnung des konvektiven Wärmeübergangs werden folgende Kennzahlen benötigt:

- Nusselt-Zahl: **Nu** kennzeichnet, um das wievielfache höher der Wärmeübergang eines strömenden Mediums ggü. der Wärmeleitung des ruhenden Mediums ist. Das heißt, die stationäre Wärmeleitung in eindimensionaler Form in einem ruhenden Medium führt zu $Nu = 1$.
- Grashof-Zahl: **Gr** stellt das Verhältnis der auf ein Fluid wirkenden Auftriebskraft zu der hemmenden Zähigkeitskraft dar. Diese Kennzahl wird für Strömungsvorgänge der freien Konvektion herangezogen.
- Prandtl-Zahl: **Pr** stellt das Verhältnis zweier Stoffwerte und zwar der kinematischen Zähigkeit zur Temperaturleitfähigkeit dar.
- Rayleigh-Zahl: **Ra** ist das Produkt aus Grashof-Zahl und Prandtl-Zahl *(Gr · Pr)*. Die Kennzahl dient nur zur verkürzten Schreibweise.
- Reynolds-Zahl: **Re** kennzeichnet Strömungsverhältnisse bei erzwungener Konvektion (z. B. Windanströmung oder Einsatz von Ventilatoren). Sie stellt das Verhältnis von Trägheits- zu Reibungskräften dar.

Nachfolgend sind formelmäßige Definitionen der genannten Kennzahlen, wie sie in weiteren Anwendungen benötigt werden, in teils unterschiedlichen Schreibweisen dargestellt.

NUSSELT-Zahl

$$Nu = \frac{h_K \cdot l}{\lambda} \tag{2.12}$$

REYNOLDS-Zahl

$$Re = \frac{w \cdot l}{v} = \frac{w \cdot l \cdot \rho}{\eta} \tag{2.13}$$

GRASHOF-Zahl (allgemein)

$$Gr = \frac{g \cdot l^3}{v^2} \cdot \frac{|\rho_s - \rho_u|}{\rho_s} = \frac{g \cdot l^3}{v^2} \cdot \beta \cdot \Delta\theta \tag{2.14}$$

GRASHOF-Zahl (für Luft als ideales Gas)

$$Gr = \frac{g \cdot \Delta\theta \cdot l^3}{(\theta_u + 273) \cdot v^2} \tag{2.15}$$

PRANDTL-Zahl (Tab. 2.2)

$$Pr = \frac{v}{a} = \frac{v}{\lambda} \cdot \rho \cdot c_p = \frac{\eta \cdot c_p}{\lambda} \tag{2.16}$$

RAYLEIGH-Zahl

Tab. 2.2 Stoffwerte zur Ermittlung der Wärmeübergangskoeffizienten für Luft p = 1 bar [6]

θ [°C]	λ [W/(m · K)]	v [10^{-6} m^2/s]	η [10^{-5}kg/(m · s)]	Pr [−]
−20	0,0226	11,78	1,620	0,72
0	0,0242	13,52	1,722	0,72
20	0,0257	15,35	1,821	0,71
40	0,0272	17,26	1,917	0,71
60	0,0286	19,27	2,010	0,71
80	0,0300	21,35	2,101	0,71

$$Ra = Gr \cdot Pr = \frac{\beta \cdot g \cdot \Delta\theta \cdot l^3}{v \cdot a} bzw. = \frac{g \cdot \Delta\theta \cdot l^3 \cdot Pr}{\left(\theta_u + 273\right) \cdot v^2} \tag{2.17}$$

mit		
l	m	charakteristische Länge
w	m/s	Geschwindigkeit
λ	W/(m · K)	Wärmeleitfähigkeit
v	m^2/s	kinematische Viskosität
η	kg/(m · s)	dynamische Viskosität
a	m^2/s	Temperaturleitfähigkeit $a = \lambda/(c_p \cdot \rho)$
c_p	J/(kg · K)	spezifische Wärmekapazität
$\Delta\theta$	K	Temperaturdifferenz
g	m/s^2	Erdbeschleunigung
β	1/K	thermischer Ausdehnungskoeffizient
θ_s	K	Temperatur der Wandoberfläche
θ_u	K	Temperatur der Luft in der unbeeinflussten Umgebung
ρ_s	kg/m^3	Dichte des Fluids bei θ_s
ρ_u	kg/m^3	Dichte des Fluids bei θ_u

Der für den Wärmetransport strömender Medien kennzeichnende konvektive Wärmeübergangskoeffizient h_K berechnet sich zu

$$h_K = \frac{Nu \cdot \lambda}{l} \tag{2.18}$$

Für l ist in Gl. (2.18) die gleiche charakteristische Länge einzusetzen, die auch zur Bildung der zugehörigen Re- oder Gr-Zahl benutzt wird. Die Wärmeleitfähigkeit λ ist für die jeweils gültige Bezugstemperatur zu bestimmen.

Die für die weiteren Betrachtungen erforderlichen Stoffwerte zur Ermittlung von Wärmeübergangskoeffizienten von Luft sind in Tab. 2.2 aufgeführt.

2.2.2.1 Erzwungene Luftströmung an Bauteilen

Zur Quantifizierung des Wärmeübergangskoeffizienten im Falle der erzwungenen Strömung wird das aus der Wärmeübertragung bekannte Modell der längs angeströmten Platte verwendet [6]. Der konvektive Wärmeübergangskoeffizient kann aus der Definition der Nusselt-Zahl wie folgt angegeben werden:

$$h_K = \frac{Nu \cdot \lambda}{l_{\ddot{U}}} \tag{2.19}$$

Die Nusselt-Zahl ergibt sich nach [6] und [7] zu

$$Nu = \left[0,441 \cdot Re \cdot Pr^{0,667} + \frac{Re^{1,6} \cdot Pr^2}{\left[27,027 + 66,027 \cdot Re^{-0,1} \cdot \left(Pr^{0,667} - 1 \right) \right]^2} \right]^{0,5} \tag{2.20}$$

Zur Ermittlung der Reynolds-Zahl und der erforderlichen Stoffgrößen wird die Temperatur des strömenden Mediums (Luft) verwendet, d. h. Pr, λ und v werden für die Umgebungstemperatur θ_u bestimmt.

Die Reynolds-Zahl ergibt sich aus

$$Re = \frac{w_u \cdot l_{\ddot{U}}}{v} \tag{2.21}$$

Der Gültigkeitsbereich für diesen Ansatz ist: $10 < Re < 10^7$; $0,6 < Pr < 2000$

Die für die Bestimmung des konvektiven Wärmeübergangs kennzeichnende charakteristische Länge entspricht der Überströmlänge gem. der Skizze in Abb. 2.10.

Vereinfacht können für die Ermittlung des konvektiven Wärmeübergangskoeffizienten bei erzwungener Konvektion auch folgende Abschätzungen Verwendung finden:

a) nach Jürges in [6]

$$h_K = 6,4 \frac{w^{0,8}}{l_{\ddot{U}}^{0,2}} \text{ für } Re > 5 \cdot 10^5, \theta_u = 0 \dots 50 \text{ °C} \tag{2.22}$$

Abb. 2.10 Charakteristische Parameter für eine längsangeströmte Wand [6]

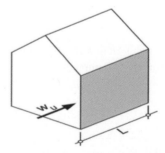

b) Nach Glück in [6]

$$h_{\mathrm{K}} = 6,9 \frac{w^{0,72}}{l_{\ddot{\mathrm{U}}}^{0,26}} \text{ für } w_{\mathrm{u}} = 1...3\,\mathrm{m/s}, t_{\mathrm{u}} = 20°\,\mathrm{C}; l_{\ddot{\mathrm{U}}} = L = 1...10\,\mathrm{m} \qquad (2.23)$$

Beispiel

Für die Berechnung des konvektiven Wärmeübergangs an einer Außenwand eines Gebäudes werden folgende Annahmen getroffen: Länge der Wand 10 m, Strömungsgeschwindigkeit (des Windes) 4 m/s, Temperatur der Außenluft 0 °C. ◄

Die Temperatur- und Stoffwerte betragen

$$\lambda = 0,0242\,\mathrm{W}/(\mathrm{m} \cdot \mathrm{K})$$
$$v = 13,52 \cdot 10^{-6}\,\mathrm{m}^2/\mathrm{s}$$
$$\mathrm{Pr} = 0,72$$

Die Reynolds-Zahl ergibt sich zu

$$\mathrm{Re} = \frac{w_{\mathrm{u}} \cdot l_{\ddot{\mathrm{U}}}}{v} = \frac{4\,m/s \cdot 10\,m}{13,52 \cdot 10^{-6}\,m^2/s} = 2.958.580$$

Damit folgt die Nusselt-Zahl zu

$$Nu = \left[0,441 \cdot 2.958.580 \cdot 0,72^{0,667} + \frac{2.958.580^{1,6} \cdot 0,72^2}{\left[27,027 + 66,027 \cdot 2.958.580^{-0,1} \cdot \left(0,72^{0,667} - 1\right)\right]^2}\right]^{0,5}$$
$$= 4604,8$$

und schließlich der konvektive Wärmeübergangskoeffizient zu

$$h_K = \frac{Nu \cdot \lambda}{l_{\ddot{\mathrm{U}}}} = \frac{4604,8 \cdot 0,0242\,W/(m \cdot K)}{10\,m}$$
$$h_K = 11,1\,W/(m^2 \cdot K)$$

Aus dem vereinfachten Ansatz nach Jürges ergibt sich der konvektive Wärmeübergangskoeffizient zu

$$h_{\mathrm{K}} = 6,4 \frac{4^{0,8}}{10^{0,2}}$$
$$h_{\mathrm{K}} = 12,2\,\mathrm{W}/(\mathrm{m}^2 \cdot \mathrm{K})$$

2.2.2.2 Freie Strömung an Wänden und Decken

Für den Fall der freien Strömung (Auftriebsströmung) wird der konvektive Wärmeübergangskoeffizient über die Ermittlung der Nusselt-Zahl mit Einbeziehung der Grashof-Zahl bzw. der Rayleigh-Zahl und der Prandtl-Zahl bestimmt.

Für senkrechte Wände folgt der konvektive Wärmeübergangskoeffizient aus

$$h_K = \frac{Nu \cdot \lambda}{H} \qquad (2.24)$$

Als charakteristische Länge ist die Höhe der Wand anzusetzen. Die Nusselt-Zahl wird mit Gl. (2.25) bestimmt [6, 7]

$$Nu = \left[0{,}825 + 0{,}387 \cdot Ra^{0{,}167} \cdot \left[1 + \left(\frac{0{,}492}{Pr} \right)^{0{,}563} \right]^{-0{,}296} \right]^2 \qquad (2.25)$$

Die Rayleigh-Zahl wird gemäß Gl. (2.26) ermittelt, wobei für Luft als ideales Gas die Grashof-Zahl gemäß Gl. (2.15) in Ansatz gebracht wird. Für die Bildung der Rayleigh-Zahl und der erforderlichen Stoffgrößen wird die Temperatur des strömenden Mediums (Luft) verwendet, d. h. λ, v, Pr werden für die Lufttemperatur θ_G bestimmt.

$$Ra = \frac{g \cdot \Delta\theta \cdot H^3 \cdot Pr}{(\theta_u + 273) \cdot v^2} \qquad (2.26)$$

θ_u	°C	Temperatur der unbeeinflussten Umgebung
θ_s	°C	Wandtemperatur
θ_G	°C	mittlere Grenzschichttemperatur $\theta_G = (\theta_u + \theta_s)/2$
$\Delta\theta$	K	Temperaturdifferenz $\Delta\theta = |\theta_s - \theta_u|$
H	m	Höhe der Wand
L, B	m	Länge, Breite (Decken)
l	m	charakteristische Länge
g	m/s²	Erdbeschleunigung (g = 9,81 m/s²)

Für waagerechte Bauteile (Decken) werden Wärmeübergangskoeffizienten in Abhängigkeit von den Abmessungen der jeweiligen Bauteile bestimmt. Hinsichtlich der für die Ermittlung des konvektiven Wärmeübergangs anzusetzenden charakteristischen Länge gilt

$$l = \frac{L \cdot B}{2(L + B)} \left(\text{Fläche dividiert durch Perimeter} \right).$$

mit		
L	m	Länge des Bauteils
B	m	Breite des Bauteils

Der konvektive Wärmeübergangskoeffizient ergibt sich zu

$$h_K = \frac{Nu \cdot \lambda}{l} \qquad (2.27)$$

Für horizontale Bauteile sind zwei Wärmestromrichtungen zu unterscheiden (Abb. 2.11).

Im Fall der Wärmestromrichtung nach oben (turbulente Luftströmung ohne äußeren Einfluss) gilt Gl. (2.28)

$$Nu = 0,155 \cdot Ra^{0,333} \qquad (2.28)$$

Mit Gl. (2.29) wird der Fall Wärmestrom nach unten (laminare Luftströmung ohne äußeren Einfluss) behandelt

$$Nu = 0,485 \cdot Ra^{0,2} \qquad (2.29)$$

Die Rayleigh-Zahl ist in beiden Fällen nach Gl. (2.30) anzusetzen

$$Ra = \frac{g \cdot \Delta\theta \cdot l^3 \cdot Pr}{\left(\theta_u + 273\right) \cdot v^2} \qquad (2.30)$$

In [6] sind vereinfachte Ansätze zur Bestimmung des konvektiven Wärmeübergangs-koeffizienten als Funktion der Temperaturdifferenz zwischen Bauteil und strömender Luft angegeben.

a) vertikale Fläche

$$h_K = 1,6 \cdot \Delta\theta^{0,3} \qquad (2.31)$$

b) horizontale Flächen

$$q - : h_K = 2 \cdot \Delta\theta^{0,31} \qquad (2.32)$$

$$q \downarrow : h_K = 0,54 \cdot \Delta\theta^{0,31} \left(bei\,Luftschichtung\right) \qquad (2.33)$$

Abb. 2.12 zeigt die Auftragung des konvektiven Wärmeübergangskoeffizienten gemäß den Gl. (2.31) bis (2.33) über der Temperaturdifferenz für unterschiedliche Fälle senk-rechter und waagerechter Bauteile.

Abb. 2.11 Schematische Darstellung der Wärmeströme über horizontale Bauteile

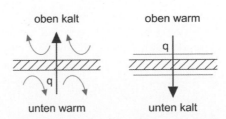

oben kalt   oben warm

unten warm   unten kalt

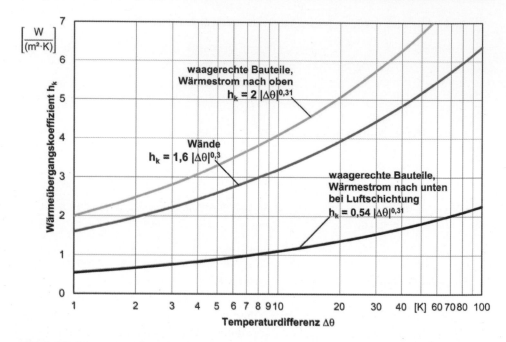

Abb. 2.12 Wärmeübergangskoeffizienten an Wänden ($H = 0,5 \ldots 3$ m) und an waagerechten Bauteilen ($\theta_\mathrm{u} = 0 \ldots 20\,°C$) in Abhängigkeit von der Übertemperatur $\Delta\theta = |\theta_\mathrm{s} - \theta_\mathrm{u}|$. (Im Kühlfall bis etwa 10 K anwendbar.) [6]

Beispiel

Wie groß ist der konvektive Wärmeübergangskoeffizient an der Innenseite einer Außenwand bei den Bedingungen: Höhe der Wand 2,7 m, mittlere Temperatur der Wand 17 °C, Raumlufttemperatur 20 °C?

Die Temperatur- und Stoffwerte betragen

$$\nu = 15,2 \cdot 10^{-6}\, \mathrm{m}^2\,/\mathrm{s\ bei}\ \theta_\mathrm{G} = 18,5°\,\mathrm{C}$$
$$\lambda = 0,0256\, \mathrm{W}/\left(\mathrm{m} \cdot \mathrm{K}\right)$$
$$Pr = 0,71$$

Für die Rayleigh-Zahl wird ein Wert von

$$Ra = \frac{g \cdot \Delta\theta \cdot H^3 \cdot Pr}{\left(\theta_\mathrm{u} + 273\right) \cdot \nu^2} = \frac{9,81 m/s^2 \cdot 3K \cdot 2,7^3 m^3 \cdot 0,71}{\left(20 + 273\right)K \cdot \left(15,2 \cdot 10^{-6}\right)^2 m^4/s^2} = 6,048 \cdot 10^9$$

ermittelt. Damit folgt die Nusselt-Zahl zu

$$Nu = \left[0,825 + 0,387 \cdot \left(6,048 \cdot 10^9\right)^{0,167} \cdot \left[1 + \left(\frac{0,492}{0,71}\right)^{0,563}\right]^{-0,296}\right]^2 = 218,44$$

und schließlich der konvektive Wärmeübergangskoeffizient zu

$$h_K = \frac{Nu \cdot \lambda}{H} = \frac{218,44 \cdot 0,0256W / (m \cdot K)}{2,7m}$$

$$h_K = 2,1W / (m^2 \cdot K)$$

Aus der Näherungsgleichung folgt

$$h_K = 1,6 \cdot \Delta\theta^{0,3}$$

$$h_K = 2,2W / (m^2 \cdot K) \qquad \blacktriangleleft$$

2.2.3 Strahlung

Unter Strahlung versteht man den Wärmetransport zwischen Körpern über elektromagnetische Wellen, der hervorgerufen wird durch die Temperaturdifferenz der Oberflächen dieser Körper. Anders als bei den Mechanismen Leitung und Konvektion, die an ein Trägermedium gebunden sind, wird für den Strahlungswärmetransport keine Materie benötigt. Dieser Wärmetransport kann also auch im Vakuum stattfinden.

Hinsichtlich der bauphysikalisch interessanten Phänomene beim Strahlungswärmetransport muss unterschieden werden, welche Quelle der Strahlung zugrunde liegt. Grundsätzlich unterscheidet man zwischen

- kurzwelliger Strahlung oder Solarstrahlung und
- langwelliger Strahlung oder Wärmestrahlung.

Die kurzwellige Strahlung rührt von der Sonnenstrahlung her, die zu 7 % als UV-Strahlung (Wellenlänge < 380 nm)

7 % als UV-Strahlung	(Wellenlänge < 380 nm)
47 % als sichtbare Strahlung	(Wellenlänge 380 bis 780 nm) und
46 % als langwellige Sonneneinstrahlung	(Wellenlänge 780 bis 3000 nm)

auftritt.

Die Wärmestrahlung weist einen Bereich der Wellenlänge von 3 µm (entspr. 3000 nm) bis 800 µm auf.

Auf einen Körper auftreffende Strahlung wird je nach Material zu einem Teil von der Oberfläche reflektiert, zu einem Teil absorbiert und zum Teil hindurchgelassen. Die Summe der drei Anteile ist immer 100 % bzw. 1. Allgemein gilt

$$R + A + T = 1 \quad \text{bzw.} \quad \rho + \alpha + \tau = 1. \tag{2.34}$$

Bei opaken Bauteilen gilt:

$$T = 0 \quad \text{bzw.} \quad \tau = 0.$$

mit	
ρ oder R	Reflexionsgrad
α oder A	Absorptionsgrad
τ oder T	Transmissionsgrad

2.2.3.1 Schwarzer Strahler

Zur Beschreibung der Intensität, mit der Strahlung von einem Körper ausgesandt wird, definiert man in der Physik ein Vergleichsmodell, den sog. schwarzen Strahler oder schwarzen Körper. Dieser schwarze Körper sendet bei einer bestimmten Temperatur Strahlung mit maximaler Intensität aus.

Die spektralspezifische Intensität I_λ dieser Strahlung wird durch das Planck'sche Strahlungsgesetz gem. Gl. (2.35) beschrieben

$$I_\lambda = \frac{C_1}{\lambda^5 \left(e^{C_2/(\lambda \cdot T)} - 1 \right)} \tag{2.35}$$

mit		
C_1	$W \cdot m^2$	1. Strahlungskonstante $3{,}7418 \cdot 10^{-16}$
C_2	$K \cdot m$	2. Strahlungskonstante $1{,}438 \cdot 10^{-2}$
λ	m	Wellenlänge
T	K	absolute Temperatur

Die Strahlungsintensität ist in Abb. 2.13 für unterschiedliche Strahlungstemperaturen aufgetragen. Erkennbar ist, dass das Maximum der Strahlungsintensität mit zunehmenden Temperaturen bei kleineren Wellenlängen liegt (Wien'sches Verschiebungsgesetz). Das Maximum der im Bild eingetragenen Kurve für $T = 5800$ K liegt ungefähr bei der Wellenlänge, für die das Intensitätsmaximum der Sonnenstrahlung auftritt ($\lambda \approx 0{,}5$ pm). Diese Temperatur des schwarzen Strahlers wird auch als äquivalente Sonnentemperatur bezeichnet.

Die Integration der spektralspezifischen Strahlungsintensität über den gesamten Bereich der Wellenlänge führt zur Strahlungs-Wärmestromdichte in Gl. (2.36)

$$q_S = \sigma \cdot T^4 \tag{2.36}$$

mit		
σ	$W/(m^2 \cdot K^4)$	Stefan-Boltzmann-Konstante $5{,}67 \cdot 10^{-8}$

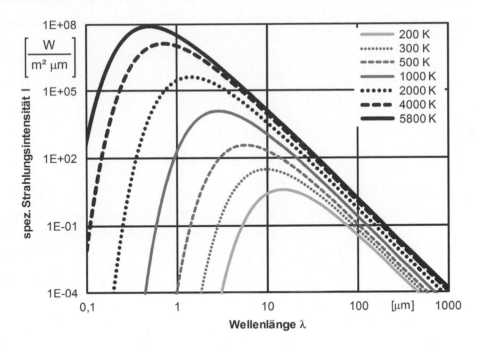

Abb. 2.13 Spektrale Strahlungsintensität in Abhängigkeit von der Wellenlänge. Parameter sind unterschiedliche Strahlungstemperaturen

In anderer Schreibweise folgt

$$q_S = C_S \cdot \left(\frac{T}{100}\right)^4 \tag{2.37}$$

mit		
C_S	W/(m² · K⁴)	Strahlungskonstante des schwarzen Körpers 5,67

2.2.3.2 Realer Strahler

Die Fähigkeit realer Körper bzw. Oberflächen Strahlung auszusenden ist gegenüber dem schwarzen Körper reduziert. Die bei gleicher Temperatur von einem realen Körper gegenüber dem schwarzen Körper verminderte Strahlung wird als Emissionsverhältnis oder Emissionsgrad ε bezeichnet. Damit folgt für den schwarzen Körper $\varepsilon = 1$ und den realen Körper $\varepsilon < 1$.

Nach dem Kirchhoff'schen Gesetz gilt, dass der Emissionsgrad ε eines Körpers gleich seinem Absorptionsgrad α ist

$$\varepsilon = \alpha \tag{2.38}$$

Für einige Materialien sind Emissions- und Absorptionsgrade in Tab. 2.3 aufgeführt. Dabei ist zu beachten, dass hinsichtlich der bereits eingangs im Kapitel differenzierten Wellenlängenbereiche der Sonnenstrahlung und der Wärmestrahlung das in Gl. (2.38)

Tab. 2.3 Emissions- und Absorptionsgrade für verschiedene Materialien und verschiedene Strahlungsarten

	Wärmestrahlung $\theta \cong 20\ °C$	Sonnenstrahlung
	Emissionsgrad $\varepsilon\ (=\alpha)$	Absorptionsgrad α
Sichtbackstein rot	0,93	0,54
Dachziegel dunkelbraun	0,94	0,76
Kalksandstein	0,96	0,60
Beton glatt	0,96	0,55
Kunststoff-Verputz weiß	0,97	0,36
Mineralischer Verputz grau	0,97	0,65
Aluminium, anodisiert oder eloxiert	0,90	0,20 bis 0,40
poliertes Aluminium	0,02 bis 0,04	0,10 bis 0,40
Fensterglas	0,90	0,04 bis 0,40 (je nach Durchlässigkeit)

genannte Gesetz nur eingeschränkt gilt. Bei kurzwelliger Strahlung treten geringere Absorptionsgrade als bei langwelliger Strahlung auf.

Der von einer realen Oberfläche abgestrahlte Wärmestrom kann unter Verwendung von Gl. (2.38) wie folgt bestimmt werden

$$q_S = \varepsilon \cdot C_S \cdot \left(\frac{T}{100} \right)^4 \tag{2.39}$$

2.2.3.3 Wärmeaustausch zwischen Flächen

Bauphysikalische Fragestellungen laufen meist darauf hinaus, Aussagen zu treffen, welcher Strahlungswärmeaustausch zwischen zwei oder mehreren Flächen vorliegt.

Von einer Fläche mit entsprechenden Strahlungseigenschaften und einer bestimmten Temperatur wird Wärmestrahlung abgegeben. Eine zweite Fläche reflektiert einen Teil dieser Strahlung, ein Teil wird absorbiert und – je nach Material – ein Teil hindurchgelassen. Abb. 2.14 stellt schematisch den Strahlungsaustausch zwischen zwei beliebig im Raum angeordneten Flächenelementen dA_1 und dA_2 dar. Die Fläche 1 weist die Temperatur T_1 und den Emissionsgrad ε_1 auf; für die Fläche 2 gelten T_2 und ε_2. Für $T_1 > T_2$ und ohne Berücksichtigung der Reflexion kann der Strahlungswärmestromdichte q_{12} wie folgt formuliert werden

$$q_{12} = \varepsilon_1 \cdot \varepsilon_2 \cdot C_S \cdot \left[\left(\frac{T_1}{100} \right)^4 - \left(\frac{T_2}{100} \right)^4 \right] \cdot \frac{1}{\pi \cdot A_1} \cdot \iint_{A_1 A_2} \frac{\cos \beta_1 \cdot \cos \beta_2}{s^2} \cdot dA_1 \cdot dA_2 \tag{2.40}$$

Die rein geometrische Größe in Gl. (2.41) wird als Einstrahlzahl φ_{12} (auch Sichtfaktor oder Formfaktor genannt) zusammengefasst

$$\varphi_{12} = \frac{1}{\pi \cdot A_1} \cdot \iint_{A_1 A_2} \frac{\cos \beta_1 \cdot \cos \beta_2}{s^2} \cdot dA_1 \cdot dA_2 \tag{2.41}$$

Abb. 2.14 Strahlungsaustausch zwischen zwei Flächenelementen

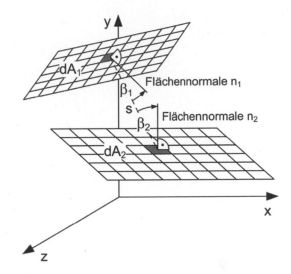

Für beliebige Flächen mit ε_1 und $\varepsilon_2 > 0{,}8$ gilt

$$C_{12} = \varepsilon_1 \cdot \varepsilon_2 \cdot C_S \tag{2.42}$$

und der Strahlungswärmestrom zwischen zwei Flächen resultiert zu:

$$q_{12} = \varphi_{12} \cdot C_{12} \cdot \left[\left(\frac{T_1}{100} \right)^4 - \left(\frac{T_2}{100} \right)^4 \right] \tag{2.43}$$

Die meist größte Schwierigkeit bei der Anwendung von Gl. (2.43) ist die Ermittlung der Einstrahlzahlen. Da es sich dabei um die Auswertung rein geometrischer Beziehungen handelt, liegen für verschiedene geometrische Konfigurationen berechnete Winkelverhältnisse in großer Anzahl vor (z. B. [7]). Rechenregeln für die Einstrahlzahlen φ_{12} lauten wie folgt [7].

a) Reziprozitätsbeziehung

$$A_1 \, \varphi_{12} = A_2 \, \varphi_{21} \tag{2.44}$$

b) Summationsbeziehung

Die Summe aller Einstrahlzahlen im geschlossenen Raum ist 1

$$\sum_{k=1}^{n} \varphi_{ik} = 1. \tag{2.45}$$

c) Zerlegungsgesetz gemäß Abb. 2.15

$$A_1 = A_1' + A_1'' \tag{2.46}$$

Abb. 2.15 Erläuterung zum
Zerlegungsgesetz

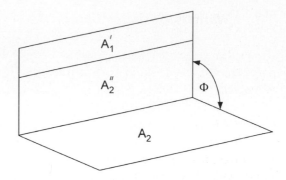

Der Winkel Φ ist beliebig groß;

$$A_1\,\varphi_{12} = A_1'\,\varphi_{12}' + A_1''\,\varphi_{12}'' \tag{2.47}$$

Der Strahlungswärmestrom zwischen zwei planparallelen Flächen, deren Ausdehnung groß im Verhältnis zum Abstand ist, kann Gl. (2.43) unter Berücksichtigung der Reflexion zwischen den Flächen wie folgt vereinfacht werden.

$$q_{12} = \frac{C_S}{\dfrac{1}{\varepsilon_1} + \dfrac{1}{\varepsilon_2} - 1}\left[\left(\frac{T_1}{100}\right)^4 - \left(\frac{T_2}{100}\right)^4\right] \tag{2.48}$$

2.2.3.4 Wärmeübergangskoeffizient für Strahlung

Für viele praktische Anwendungen erweist es sich als zweckmäßig, die zuvor mit den Gl. (2.43) bzw. (2.48) getroffenen Ansätze für die Berechnung des Strahlungswärmestroms weiter zu vereinfachen. Um eine Formulierung der Wärmestromdichte wie bei der Berechnung des konvektiven Wärmeübergangskoeffizienten zu erhalten, kann eine Zusammenfassung der Materialoberflächeneigenschaften und der geometrischen Verhältnisse durch Erweiterung von Gl. (2.48) wie folgt vorgenommen werden:

$$q_{12} = \underbrace{\frac{\varphi_{12}\cdot\varepsilon_1\cdot\varepsilon_2\cdot C_S\cdot\left[\left(\dfrac{T_1}{100}\right)^4 - \left(\dfrac{T_2}{100}\right)^4\right]}{T_1 - T_2}}_{h_S}\cdot\left(\theta_1 - \theta_2\right) \tag{2.49}$$

Mit Einführung des strahlungsbedingten Wärmeübergangskoeffizienten h_S folgt für die Strahlungswärmestromdichte

$$q_{12} = q_S = h_S\cdot\left(\theta_1 - \theta_2\right) \tag{2.50}$$

2.3   Wärmetechnische Kenngrößen für Bauteile

Die in den vorherigen Kapiteln behandelten Transportmechanismen werden für baupraktische Anwendungen in einfach handhabbare Kenngrößen für die Beurteilung des
Wärmeschutzes im Winter zusammengefasst. Die wichtigsten Größen sind:

- Wärmeübergangswiderstand
- Wärmedurchlasswiderstand
- Wärmedurchgangswiderstand
- Wärmedurchgangskoeffizient

Der Wärmeübergangswiderstand beschreibt, welcher Widerstand dem Wärmetransport
von der Raumluft an die Bauteiloberfläche (raumseitig) und von dem Bauteil an die
Außenluft entgegensteht. Der Wärmedurchlasswiderstand kennzeichnet den Widerstand
der Baukonstruktion von der Innenoberfläche bis zur Außenoberfläche (oder umgekehrt)
der Konstruktion. Der Wärmedurchgangswiderstand fasst alle Widerstände zusammen.
Bildet man den Kehrwert des Wärmedurchgangswiderstands resultiert der Wärmedurch-
gangskocffizient.

2.3.1   Wärmeübergangswiderstand

Die Transportprozesse Konvektion und Strahlung werden in einem Gesamt-Wärm-
übergangskoeffizienten h_{ges} zusammengefasst.

$$h_{\text{ges}} = h_{\text{K}} + h_{\text{S}} \tag{2.51}$$

Der Kehrwert des Wärmeübergangskoeffizienten ist der Wärmeübergangswiderstand R
(resistance). Zur Präzisierung, dass ein Widerstand an einer Bauteiloberfläche gemeint ist,
wird der Index s (surface) hinzugefügt.

$$R_{\text{S}} = \frac{1}{h_{\text{ges}}} \tag{2.52}$$

Da der Wärmeübergangswiderstand auf beiden Seiten eines Bauteils zum Tragen
kommt, wird eine Erweiterung der Kennzeichnung zu R_{si} für den inneren Wärmeübergangswiderstand und R_{se} für den äußeren Wärmeübergangswiderstand vorgenommen.
Zahlenwerte für die Widerstände können auf Basis der Berechnungsansätze der vorherigen
Kapitel ermittelt werden. Für normative Berechnungen sind die zu verwendenden Bemessungswerte in Tab. 2.4 zusammengefasst.
Die Werte unter „aufwärts" gelten für Richtungen des Wärmestroms von >30° zur horizontalen Ebene, die Werte unter „horizontal" gelten für Richtungen des Wärmestroms
von ≤30° zur horizontalen Ebene. Die Skizzen in Abb. 2.16 verdeutlichen diese Festlegungen für die Anwendung beim Steildach.

Tab. 2.4 Bemessungswerte der Wärmeübergangswiderstände R_s an Bauteilen nach DIN EN ISO 6946 für ebene Oberflächen

	Richtung des Wärmestroms		
	Aufwärts	Horizontal	Abwärts
R_{si} [(m² · K)/W]	0,10	0,13	0,17
R_{se} [(m² · K)/W]	0,04	0,04	0,04

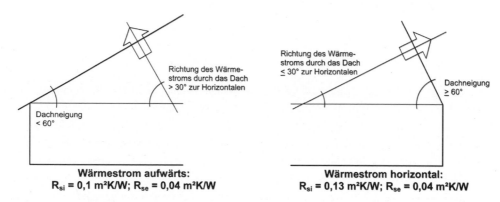

Abb. 2.16 Bemessung der Wärmeübergangswiderstände beim nicht belüfteten Dach in Abhängigkeit von der Dachneigung

2.3.2 Wärmedurchlasswiderstand

2.3.2.1 Wärmedurchlasswiderstand für homogene Bauteilschichten

Der Wärmedurchlasswiderstand R einer homogenen Bauteilschicht ist der Quotient aus Dicke und Wärmeleitfähigkeit einer Bauteilschicht:

$$R = \frac{d}{\lambda} \tag{2.53}$$

mit		
d	m	Schichtdicke
λ	W/(m · K)	Wärmeleitfähigkeit

Bei mehrschichtigen Bauteilen wird die Summe über alle Schichten gebildet:

$$R = \sum_{i=1}^{n} \frac{d_i}{\lambda_i} \tag{2.54}$$

2.3.2.2 Wärmedurchlasswiderstand für Luftschichten

Luftschichten in Baukonstruktionen werden nach dem Grad ihrer Belüftung, d. h. unter Berücksichtigung der Strömungsverhältnisse im Hohlraum unterschieden. Normativ erfolgt eine Differenzierung nach ruhenden, schwach belüfteten und stark belüfteten Luft-

Tab. 2.5 Wärmedurchlasswiderstand von ruhenden Luftschichten – Oberflächen mit hohem Emissionsgrad [8]

| Dicke der Luftschicht mm | Wärmedurchlasswiderstand [m² K/W] | | |
| | Richtung des Wärmestromes | | |
	Aufwärts	Horizontal	Abwärts
0	0,00	0,00	0,00
5	0,11	0,11	0,11
7	0,13	0,13	0,13
10	0,15	0,15	0,15
15	0,16	0,17	0,17
25	0,16	0,18	0,19
50	0,16	0,18	0,21
100	0,16	0,18	0,22
300	0,16	0,18	0,23

schichten. Für die Behandlung der beiden letztgenannten Fälle wird hier auf die Ausführungen in DIN EN ISO 6946 verwiesen.

Eine Luftschicht gilt als ruhend, wenn der Luftraum von der Umgebung abgeschlossen ist. In Tab. 2.5 sind Bemessungswerte des Wärmedurchlasswiderstandes angegeben. Die Werte unter „horizontal" gelten für Richtungen des Wärmestromes von ± 30° zur horizontalen Ebene.

Genauere Berechnungen des Wärmedurchlasswiderstandes ruhender Luftschichten werden in Kap. 5 behandelt.

2.3.3 Wärmedurchgangswiderstand

Der Wärmedurchgangswiderstand ist die Summe aus Wärmeübergangswiderständen und Wärme durchlasswiderständen

$$R_{\mathrm{T}} = R_{\mathrm{si}} + R_1 + R_2 + \ldots + R_{\mathrm{n}} + R_{\mathrm{se}} \tag{2.55}$$

2.3.4 Wärmedurchgangskoeffizient

2.3.4.1 Wärmedurchgangskoeffizient (U-Wert) für homogene Schichten

Ein homogener Schichtenaufbau ist gegeben, wenn in einer Ebene eines Bauteils quer zur Richtung des Wärmestroms ein gleiches Material vorhanden ist. Dies gilt z. B. bei einem Flachdach, bei dem auf einer Betondecke eine Lage Dämmstoff aufgebracht und darüber die Dachabdichtung verklebt ist, oder bei einer Mauerwerkswand, auf die eine Wärmedämmung vollflächig aufgeklebt und dann eine Putzschicht aufgebracht ist. Wenn also keine Störungen durch z. B. metallische Befestigungselemente oder Holzbalken in der Wärmedämmung vorhanden sind, liegt ein Bauteil mit thermisch homogenen Baustoffschichten vor. Für diese einfachen Aufbauten wird der Wärmedurchgangskoeffizient wie folgt ermittelt.

$$U = \frac{1}{R_{si} + R_1 + R_2 + \ldots + R_{se}}$$ (2.56)

oder

$$U = \frac{1}{R_T}$$ (2.57)

2.3.4.2 U-Wert-Berechnung von Bauteilen mit inhomogenen Schichten

Wärmedurchgangskoeffizienten von Bauteilen mit inhomogenen Schichten können mit nachstehenden Berechnungsansätzen bestimmt werden [8].

Der Wärmedurchgangswiderstand wird durch die arithmetische Mittelung des sog. oberen und unteren Grenzwertes R_T' und R_T'' bestimmt.

$$R_T = \frac{R_T' + R_T''}{2}$$ (2.58)

Zur Berechnung des oberen Grenzwerts des Wärmedurchgangswiderstandes werden in Richtung des Wärmestroms (senkrecht zur Bauteiloberfläche) die Wärmedurchgangswiderstände R_T der einzelnen Abschnitte (z. B. Sparren und Gefach) bestimmt, und zwar über alle Schichten.

$$R_{T,a} = R_{si} + R_{1,a} + R_{2,a} + R_{3,a} + \ldots + R_{n,a} + R_{se}$$ (2.59)

$$R_{T,b} = R_{si} + R_{1,b} + R_{2,b} + R_{3,b} + \ldots + R_{n,b} + R_{se}$$ (2.60)

bis

$$R_{T,q} = R_{si} + R_{1,q} + R_{2,q} + R_{3,q} + \ldots + R_{n,q} + R_{se}$$ (2.61)

Anschließend erfolgt eine Wichtung über die Flächenanteile f (f entspricht dem Anteil eines jeweiligen Abschnitts), es ergibt sich der Kehrwert des Wärmedurchgangswiderstandes.

$$\frac{1}{R_T'} = \frac{f_a}{R_{T,a}} + \frac{f_b}{R_{T,b}} + \ldots + \frac{f_q}{R_{T,q}}$$ (2.62)

$$\text{mit } f_a + f_b + \ldots + f_q = 1,0$$

Der untere Grenzwert wird so bestimmt, dass wie zuvor die Summation der Wärmeübergangsund Wärmedurchlasswiderstände einzelner Schichten erfolgt, allerdings zuvor eine flächenanteilige Mittelung der Wärmedurchlasswiderstände der Schichten erfolgt.

$$R_T'' = R_{si} + R_1 + R_2 + R_j + \ldots R_n + R_{se}$$ (2.63)

$$\frac{1}{R_j} = \frac{f_a}{R_{aj}} + \frac{f_b}{R_{bj}} + \ldots + \frac{f_q}{R_{qj}} \qquad (2.64)$$

Berechnungsbeispiel

Eine einfache Holzkonstruktion besteht aus zwei nebeneinanderliegenden Bereichen, wobei Dämmstoff (Bereich A) mit $\lambda = 0{,}04$ W/(m · K) und Holz (Bereich B) mit $\lambda = 0{,}13$ W/(m · K) hierbei die inhomogene Schicht 2 bilden. An Innen- und Außenseite ist jeweils eine Spanplatte $\lambda = 0{,}13$ W/(m · K) angeordnet, die über beide Bereiche homogen verläuft:

Die Schichtdicken und Bereichsbreiten sind der Skizze zu entnehmen.

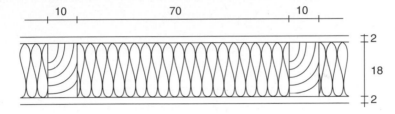

$$f_a = \frac{0{,}7}{0{,}8} \quad f_b = \frac{0{,}7}{0{,}8}$$

Berechnung des oberen Grenzwertes:

$$R_{Ta} = R_{si} + R_{1,a} + R_{2,a} + R_{3,a} + R_{se}$$

$$R_{Ta} = R_{si} + \frac{d_1}{\lambda_1} + \frac{d_2}{\lambda_2} + \frac{d_3}{\lambda_3} + R_{se}$$

$$R_{Ta} = 0{,}13 + \frac{0{,}02}{0{,}13} + \frac{0{,}18}{0{,}04} + \frac{0{,}02}{0{,}13} + 0{,}04 = 4{,}978$$

$$R_{Tb} = R_{si} + R_{1,b} + R_{2,b} + R_{3,b} + R_{se}$$

$$R_{Tb} = R_{si} + \frac{d_1}{\lambda_1} + \frac{d_2}{\lambda_2} + \frac{d_3}{\lambda_3} + R_{se}$$

$$R_{Tb} = 0{,}13 + \frac{0{,}02}{0{,}13} + \frac{0{,}18}{0{,}13} + \frac{0{,}02}{0{,}13} + 0{,}04 = 1{,}862$$

$$\frac{1}{R_T'} = \frac{f_a}{R_{Ta}} + \frac{f_b}{R_{Tb}}$$

$$\frac{1}{R_T'} = \frac{\dfrac{0{,}7}{0{,}8}}{4{,}978} + \frac{\dfrac{0{,}1}{0{,}8}}{1{,}862} = \frac{0{,}875}{4{,}978} + \frac{0{,}125}{1{,}862} = 0{,}243$$

$$\underline{R_T' = 4{,}12}$$

Berechnung des unteren Grenzwertes:

$$R_T'' = R_{si} + R_1 + R_2 + R_3 + R_{se}$$

$$R_T'' = R_{si} + \frac{d_1}{\lambda_1} + R_2 + \frac{d_3}{\lambda_3} + R_{se}$$

$$\frac{1}{R_2} = \frac{f_a}{R_{a2}} + \frac{f_b}{R_{b2}} = \frac{f_a}{\dfrac{d_{a2}}{\lambda_{a2}}} + \frac{f_b}{\dfrac{d_{b2}}{\lambda_{b2}}}$$

$$\frac{1}{R_2} = \frac{\dfrac{0,7}{0,8}}{\dfrac{0,8}{0,18}} + \frac{\dfrac{0,1}{0,8}}{\dfrac{0,18}{0,13}} = \frac{0,875}{4,5} + \frac{0,125}{1,385} = 0,285 \; \underline{R_2 = 3,51}$$

$$R_T'' = 0,13 + \frac{0,02}{0,13} + 3,51 + \frac{0,02}{0,13} + 0,04$$

$$\underline{R_T'' = 3,99}$$

Der Wärmedurchgangswiderstand folgt aus der Mittelwertbildung zu

$$R_T = \frac{R_T' + R_T''}{2}$$

$$R_T = \frac{4,12 + 3,99}{2} = 4,06$$

Der Wärmedurchgangskoeffizient als Kehrwert des Wärmedurchgangswiderstands ergibt sich zu

$$U = \frac{1}{R_T} = \frac{1}{4,06}$$

$$\underline{\underline{U = 0,25 \, W / \left(m^2 \cdot K \right)}} \qquad \blacktriangleleft$$

2.4 Stationärer Temperaturverlauf in einem mehrschichtigen Bauteil

2.4.1 Berechnung

Die Wärmestromdichte kann für den 1-dimensionalen Wärmetransport im stationären Zustand unter Einbeziehung aller in diesem Kapitel vorgestellten Transportmechanismen, die zusammengefasst im Wärmedurchgangskoeffizienten berücksichtigt sind, wie folgt formuliert werden

$$q = U \cdot (\theta_i - \theta_e) \qquad (2.65)$$

Die Wärmestromdichte weist – ausgehend von der Raumluft an die raumseitige Oberfläche, durch alle Bauteilschichten und von der äußeren Oberfläche an die Außenluft – an jedem Ort beim Wärmedurchgang durch ein Bauteil den gleichen Wert auf (Abb. 2.17), es gilt

$$q_i = q_1 = q_2 = \ldots = q_n = q_e = q$$

Somit kann der Wärmtransport schrittweise aufgeteilt werden in:

$$q = q_i = h_i \cdot (\theta_i - \theta_{si}) \qquad \text{innerer Wärmeübergang}$$
$$q = q_1 = \lambda_1 / d_1 \cdot (\theta_{si} - \theta_{1/2}) \qquad \text{Schicht 1}$$
$$q = q_2 = \lambda_2 / d_2 \cdot (\theta_{1/2} - \theta_{2/3}) \qquad \text{Schicht 2}$$
$$q = q_3 = \lambda_3 / d_3 \cdot (\theta_{2/3} - \theta_{3/4}) \qquad \text{Schicht 3}$$
$$q = q_4 = \lambda_4 / d_4 \cdot (\theta_{3/4} - \theta_{se}) \qquad \text{Schicht 4}$$
$$q = q_e = h_e \cdot (\theta_{se} - \theta_e) \qquad \text{äußerer Wärmeübergang}$$

Umstellung der Gleichungen liefert die Temperaturen an Oberflächen und Schichtgrenzen des Bauteils:

$$\theta_{si} - \theta_i - (1 / h_i) \cdot q$$
$$\theta_{1/2} = \theta_{si} - (d_1 / \lambda_1) \cdot q$$

usw.

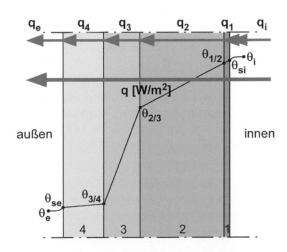

Abb. 2.17 Schematische Darstellung des Temperaturverlaufs in einem mehrschichtigen Bauteil

2.4.2 Grafisches Verfahren

Alternativ zu zuvor vorgestelltem Berechnungsansatz kann die Ermittlung des Temperaturverlaufs über ein Bauteil auf grafischem Weg erfolgen.

Trägt man die Temperaturdifferenz zwischen Innen- und Außentemperatur über dem
Wärmedurchgangswiderstand des Bauteils auf, lässt sich der Temperaturverlauf als Gerade, die Innen-und Außentemperatur verbindet, darstellen.

Abb. 2.18 zeigt die grafische Ermittlung der Temperaturen anhand einer Wand mit
Außendämmung.

Beispiel

Die Berechnung der Schichttemperaturen für die Konstruktion in Abb. 2.18 führt zu
folgenden Werten

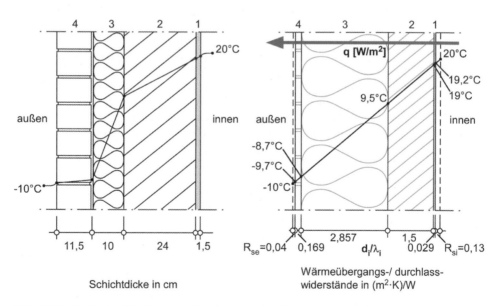

Schichtdicke in cm

Wärmeübergangs-/ durchlass-
widerstände in (m²·K)/W

Abb. 2.18 Grafisches Verfahren zur Bestimmung des Temperaturverlaufs über ein Bauteil, links:
Real-Maßstab, rechts: thermischer Bild-Maßstab. Schicht 1: Gipsputz $\lambda_1 = 0{,}51$ W/(mK), Schicht 2:
Mauerwerk $\lambda_2 = 0{,}16$ W/(mK), Schicht 3: Dämmung $\lambda_3 = 0{,}035$ W/(mK), Schicht 4: Vormauerschale
$\lambda_4 = 0{,}68$ W/(mK). Außentemperatur $\theta_i = 20$ °C, $\theta_e = -10$ °C

$$U = \frac{1}{0,13 + \dfrac{0,015}{0,51} + \dfrac{0,24}{0,16} + \dfrac{0,10}{0,035} + \dfrac{0,115}{0,68} + 0,04} = 0,212\,\text{W}\,/\left(\text{m}^2 \cdot \text{K}\right)$$

$$q = 0,212 \cdot \left(20 + 10\right) = 6,36\,\text{W}\,/\,\text{m}^2$$

$$\theta_{si} = \theta_i - \left(1\,/\,h_i\right) \cdot q = 19,17^\circ\,\text{C}$$
$$\theta_{1/2} = \theta_{si} - \left(d_1\,/\,\lambda_1\right) \cdot q = 18,99^\circ\,\text{C}$$
$$\theta_{2/3} = \theta_{1/2} - \left(d_2\,/\,\lambda_2\right) \cdot q = 9,47^\circ\,\text{C}$$
$$\theta_{3/4} = \theta_{2/3} - \left(d_3\,/\,\lambda_3\right) \cdot q = -8,67^\circ\,\text{C}$$
$$\theta_{se} = \theta_{3/4} - \left(d_4\,/\,\lambda_4\right) \cdot q = -9,75^\circ\,\text{C}$$
$$\theta_e = \theta_{se} - \left(1\,/\,h_e\right) \cdot q = -10^\circ\,\text{C} \qquad \blacktriangleleft$$

Literatur

1. Baehr, H.D.: Thermodynamik – Eine Einführung in die Grundlagen und ihre technischen Anwendungen, Springer Verlag 1984.
2. Anderson, Kosmina, Panzhauser, Achtziger, J. et al: Analysis, selection and statistical treatment of thermal properties of building materials for the preparation of harmonised design values. Submitted to Diretorate General DG XII of the European Commission, March 1999).
3. Cammerer, J. C.: Tabellarium aller wichtigen Größen für den Wärme- und Kälteschutz. Mannheim 1973.
4. DIN 4108-4:2020-11: Wärmeschutz im Hochbau. Wärme- und feuchteschutztechnische Kennwerte.
5. DIN EN ISO 10456:2010-05: Wärme Baustoffe und Bauprodukte – Wärme- und feuchtetechnische Eigenschaften – Tabellierte Bemessungswerte und Verfahren zur Bestimmung der wärmeschutztechnischen Nenn- und Bemessungswerte.
6. Glück, B.: Wärmeübertragung. Recknagel. Sprenger. Schramek: Taschenbuch für Heizung + Klimatechnik. Oldenbourg Verlag, 75. Auflage (2011).
7. Verein Deutscher Ingenieure (Herausg.): VDI-Wärmeatlas. Berlin, Heidelberg, New York, Springer-Verlag, (10. Auflage), 2006.
8. DIN EN ISO 6946:2018-03: Bauteile – Wärmedurchlasswiderstand und Wärmedurchgangskoeffizient – Berechnungsverfahren.

Wärmebrücken

3

Anton Maas

Zu einem guten Wärmeschutz gehören nicht nur hochwärmedämmende Bauteile, sondern auch entsprechende Bauteilanschlüsse. Im Bereich dieser Anschlüsse besteht die Gefahr zusätzlicher Wärmeabflüsse und niedriger raumseitiger Bauteiloberflächentemperaturen während der Heizperiode. Zusätzliche Heizenergieverbräuche und die Möglichkeit der Tauwasser- und/oder Schimmelpilzbildung sind die Folge. Dabei ist zu beachten, dass sich dieser Wärmebrückeneffekt bei hochwärmedämmenden Bauteilen wesentlich stärker auswirken kann als bei Bauteilen mit geringem Wärmeschutz; bei innen gedämmten Konstruktionen kann der Wärmebrückeneinfluss bis zu einem Drittel des gesamten Transmissionswärmeverlustes betragen [1].

Die tieferen raumseitigen Oberflächentemperaturen oder die gleichzeitig auftretenden höheren Oberflächentemperaturen außen können mittels der Infrarot-Thermografie sichtbar gemacht werden. Abb. 3.1 zeigt ein Beispiel für eine Thermografieaufnahme. Die roten Farben sind stellvertretend für höhere Temperaturen und weisen auf schlechten Wärmeschutz oder Wärmebrücken hin. Als Schwachstellen sind die oberhalb der Fenster angeordneten Stürze und die im linken Bereich des Bildes erkennbare Außenecke zu nennen.

Während im Gebäudebestand die Auswirkungen von Wärmebrücken auf die raumseitigen Oberflächentemperaturen und die daraus möglicherweise resultierenden Schimmelpilzprobleme im Vordergrund stehen, kommt bei Neubauten den durch Wärmebrücken verursachten zusätzlichen Wärmeverlusten die größere Bedeutung zu.

A. Maas (✉)
Universität Kassel FB 06 Architektur, Stadtplanung, Landschaftsplanung, Kassel, Deutschland
E-Mail: maas@uni-kassel.de

© Springer Fachmedien Wiesbaden GmbH, ein Teil von Springer Nature 2022
W. M. Willems (Hrsg.), *Lehrbuch der Bauphysik*,
https://doi.org/10.1007/978-3-658-34093-3_3

Abb. 3.1 Thermogramm einer Außenwand – „sichtbar" gemachte Wärmebrücken

3.1 Begriffsbestimmung

Wärmebrücken sind örtlich begrenzte Bereiche in der wärmeübertragenden Hüllfläche eines Gebäudes, bei denen gegenüber den „normalen" Wandaufbauten ein erhöhter Wärmefluss auftritt. Damit ist in den meisten Fällen eine tiefere raumseitige Oberflächentemperatur verbunden.

Man unterscheidet

- geometriebedingte Wärmebrücken, die beim Wechsel von Bauteildicken oder unterschiedlichen Außen- und Innenabmessungen (z. B. Außenwandecken, vgl. Abb. 3.2) vorliegen.

und

- materialbedingte Wärmebrücken, die sich ergeben, wenn ein Material wechsel in der Konstruktion auftritt, z. B. Sparren-/Gefachbereich im Steildach, Stahlbetonstütze in einer Mauerwerks-Außenwand oder in eine Außenwand einbindende Geschossdecke, vgl. Abb. 3.3

Häufig liegt eine Überlagerung dieser Einflüsse (z. B. Fenster- oder Dachanschluss, vgl. Abb. 3.4) vor.

Abb. 3.2 Geometrische
Wärmebrücke Außenecke

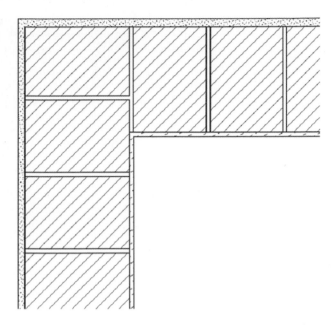

Abb. 3.3 Materialbedingte
Wärmebrücke
Geschossdeckeneinbindung

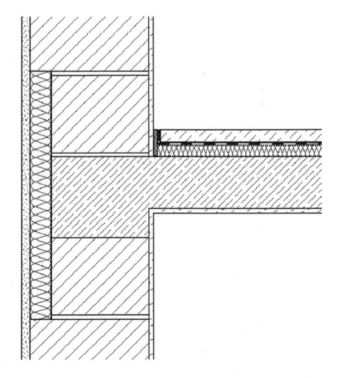

Abb. 3.4 Geometrische und materialbedingte Wärmebrücke – Dachanschluss

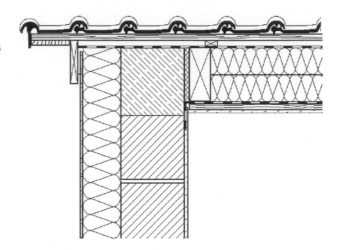

Gelegentlich finden sich in der Literatur noch Begriffe wie „massenstrombedingte" Wärmebrücken (die im Wesentlichen auf oder im Bauteil befindliche Wärmequellen/ Wärmesenken beschreiben) oder auch „umgebungsbedingte" Wärmebrücken – die Effekte wie abgehängte Decken, Möblierung, usw. sowie Einflüsse von erhöhten Temperaturen durch Heizflächen anführen. Diese prinzipiell vorhandenen (Sekundär-)Effekte betreffen hauptsächlich Randbedingungen wie Wärmeübergangswiderstände und Temperaturen der Systemgrenze. In normativen Bewertungen werden diese Effekte nicht berücksichtigt.

Die quantitative Bestimmung der Wärmebrückenwirkungen, die zur Führung normativer Nachweise erforderlich ist, ist entweder mit Hilfe entsprechender Medien- oder Literaturquellen (Wärmebrückenkataloge), z. B. [2] oder geeigneter numerischer Rechenprogramme (Finite-Elemente- bzw. Finite-Differenzen-Modelle) möglich. Bei der Verwendung von Wärmebrückenkatalogen ist jedoch zu berücksichtigen, dass hier je nach Erscheinungsjahr der Publikationen und der zu diesem Zeitpunkt zugrunde liegenden normativen Randbedingungen gewisse Abweichungen der Ergebnisse auftreten können. Die normative Grundlage aller Wärmebrückenberechnungen bildet die DIN EN ISO 10211 [3].

3.2   Raumseitige Oberflächentemperaturen

Der bekannteste Effekt, der durch vorhandene Wärmebrücken hervorgerufen wird, ist Schimmelpilzbefall. Zur Beurteilung eines möglichen Schimmelpilzrisikos ist die Kenntnis der Feuchteverhältnisse auf Bauteiloberflächen bzw. in Bauteilen notwendig. Zur Bestimmung dieser Feuchtebelastung ist die Kenntnis der minimalen Oberflächentemperatur von Bauteilen erforderlich. Die Oberflächentemperatur wird in diesem Zusammenhang nicht direkt in Grad Celsius angegeben, da diese nur bei definierten Randbedingungen für Raum- und Außenlufttemperaturen – die je nach Anwendungsfall und Fragestellung differieren können – Gültigkeit hätte. Zur Kennzeichnung wird stattdessen der in DIN EN ISO

10211 [3] angegebene Temperaturfaktor f_{Rsi} (in älterer Literatur ist auch die Bezeichnung Temperaturdifferenzen-Quotient f sowie Θ zu finden) verwendet.

Der Temperaturfaktor f_{Rsi} ist gemäß Gl. (3.1) definiert

$$f_{Rsi} = \frac{\theta_{si} - \theta_e}{\theta_i - \theta_e} \qquad (3.1)$$

θ_{si}	°C	Oberflächentemperatur innen
θ_e	°C	Lufttemperatur außen
θ_i	°C	Lufttemperatur innen

Die Berechnung der raumseitigen Oberflächentemperatur in °C erfolgt durch Umstellen von Gl. (3.1) gemäß Gl. (3.2):

$$\theta_{si} = f_{Rsi} \cdot (\theta_i - \theta_e) + \theta_e \qquad (3.2)$$

Zur Vermeidung von Schimmelpilzbildung definiert DIN 4108-2 [4] in Kap. 6 die Randbedingungen für die Berechnung des Temperaturfaktor f_{Rsi} und fordert einen Mindestwert von $f_{Rsi} \geq 0{,}7$. Fenster sind hiervon ausgenommen. Für sie ist DIN EN ISO 13788 [5] anzuwenden.

Die maßgeblichen Randbedingungen für die Berechnung der minimalen Oberflächentemperatur sind:

Raumlufttemperatur	$\theta_i = 20\ °C$
Außenlufttemperatur	$\theta_e = -5\ °C$
Relative Raumluftfeuchte	$\varphi = 50\ \%$

Für den Temperaturfaktor $f_{Rsi} \geq 0{,}7$ beträgt die Oberflächentemperatur somit 12,6 °C.

Des Weiteren finden sich in DIN 4108-2 Angaben zu Wärmeübergangswiderständen und Temperaturrandbedingungen, die abweichende Einbausituationen berücksichtigen.

Für den in Abb. 3.5 oben dargestellten Fensteranschluss ($f_{Rsi} = 0{,}56$) ergibt sich mit den in DIN 4108-2 genannten Randbedingungen die tiefste raumseitige Oberflächentemperatur zu:

$$\theta_{si} = 0{,}56 \cdot \left(20 - (-5) \right) + (-5)$$
$$\theta_{si} = 9\ °C$$

Die hier vorliegende Oberflächentemperatur liegt deutlich unter der zulässigen Temperatur von 12,6 °C (bei $f_{Rsi} = 0{,}7$) – ein Schimmelpilzbefall der Fensterlaibung ist somit unausweichlich. Eine Verschärfung der Situation ergibt sich für diesen Fensteranschluss bei zusätzlicher Innendämmung und fehlender Laibungsdämmung, wie in Abb. 3.5 unten dargestellt. Dies führt hierbei mit $f_{Rsi} = 0{,}48$ zu einer inneren Oberflächentemperatur von nur noch 7 °C und die Gefahr der Schimmelpilzbildung besteht bereits bei verhältnismäßig niedrigen relativen Raumluftfeuchten.

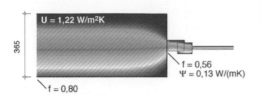

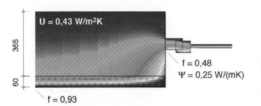

Abb. 3.5 Darstellung der Temperaturverteilung und Angabe von Kennwerten für einen Fenster-anschluss an ein ungedämmtes Mauerwerk (links oben) und an ein innengedämmtes Mauerwerk (links unten). Das Foto zeigt einen Schimmelpilzbefall an einer Fensterlaibung; f steht als Kurzform für f_{Rsi}

Zur Abschätzung des vorhandenen Schimmelpilzrisikos bei konstruktiven Schwach-stellen ist die Kenntnis der jeweils maximal zulässigen Raumluftfeuchte relevant. Die Re-duktion der Luftfeuchtigkeit in den entsprechenden Räumen stellt eine „einfache" Möglichkeit dar, das Schimmelpilzrisiko zu minimieren.

Gemäß Bedingungsgleichung (3.3) lässt sich diese maximal zulässige Raumluftfeuchte einfach bestimmen:

$$\varphi_{\text{max}} \le 0,8 \cdot \left(\frac{109,8 + f_{\text{Rsi}} \cdot (\theta_i - \theta_e) + \theta_e}{109,8 + \theta_i} \right)^{8,02*)} \cdot 100\,\% \tag{3.3}$$

φ_{max}	%	relative Feuchte der Raumluft
*)		gilt nur für $0\,°C \le f \cdot (\theta_i - \theta_e) \le 30\,°C$

Für den f_{Rsi}-Wert der Fensterlaibung aus Abb. 3.5 (oben) ergibt sich somit eine „Grenz-feuchte" von:

$$\varphi_{\text{max}} \le 0,8 \cdot \left(\frac{109,8 + 0,56 \cdot (20 - (-5)) + (-5)}{109,8 + 20} \right)^{8,02} \cdot 100\,\%$$

$$\varphi_{\text{max}} \le 40\,\%$$

Abb. 3.6 Maximal zulässige relative Raumluftfeuchte in Abhängigkeit von der Raumlufttemperatur und den f_{Rsi}-Werten zur Vermeidung von Schimmelpilzbildung. Das Ablesebeispiel zeigt, dass bei einer Raumlufttemperatur von 20 °C und f_{Rsi} = 0,7 die zulässige rel. Raumluftfeuchte 50 % beträgt. Die Kurven gelten für eine Außenlufttemperatur von −5 °C

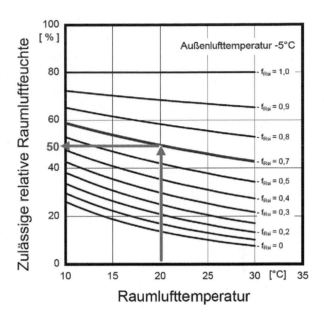

Wird jedoch unsachgemäß saniert, wie in Abb. 3.5 (unten) dargestellt (fehlende Laibungsdämmung), reduziert sich der f_{Rsi}-Wert der Fensterlaibung auf 0,48, die daraus resultierende Grenzfeuchte φ_{max} beträgt in diesem Fall nur noch 34 %.

Diese Werte können auch dem Diagramm Abb. 3.6 entnommen werden, die Auftragung ist jedoch nur für eine Außenlufttemperatur von −5 °C gültig.

Schimmelpilzbildung auf Bauteiloberflächen ist insbesondere im Gebäudebestand häufig in Bereichen von Außenbauteilen mit niedrigen raumseitigen Oberflächentemperaturen anzutreffen. Aber auch im Neubaubereich, vor allem während der Bauphase, kann es bei ungünstigen klimatischen Randbedingungen (hohe Raumluftfeuchten, unbeheizte Räume) zu plötzlichem Schimmelbefall kommen.

Pilzsporen (Samen), die sich permanent in der Umgebungsluft befinden, mit der Kleidung oder durch Lebensmittel in die Wohnungen gebracht werden, lagern sich bei Vorhandensein geeigneter Bedingungen auf Bauteiloberflächen ab und beginnen vorgefundene Nährstoffe zu „verstoffwechseln". Die dabei entstehenden Abbauprodukte können für den Menschen gesundheitsschädlich sein.

Die wesentlichen Faktoren für die Bildung von Schimmelpilz sind das Vorhandensein eines geeigneten Nährbodens und ausreichend hohe Feuchtigkeit. Nährböden/Nährstoffe finden Pilze z. B. in Tapeten, Kleister, Farben und üblichem Haushaltsschmutz.

Das für ihren Stoffwechsel nötige Wasser beziehen Schimmelpilze aus den „kalten" Bauteiloberflächen. Hier reichen bereits Oberflächentemperaturen aus, bei denen noch kein sichtbares (Tau-)Wasser vorhanden ist. Vielmehr reichen Oberflächentemperaturen aus, bei denen sich eine lokale relative Feuchtigkeit von 80 % einstellt. Eine Besonderheit von Pilzen ist jedoch, dass sie ihren Stoffwechsel vorübergehend einstellen können, wenn die Nahrungsgrundlage fehlt oder die erforderlichen Feuchtebedingungen nicht vorliegen; sind die Wachstumsbedingungen wieder vorhanden, setzt der Stoffwechsel erneut ein.

Nutzungsbedingte Maßnahmen zur Vermeidung von Schimmelpilzen laufen darauf hinaus, dass Gebäude ausreichend beheizt und gelüftet werden, um zu hohe Werte der relativen Raumluftfeuchte zu vermeiden. Seitens baulicher Maßnahmen ist darauf zu achten, dass im Bereich von Anschlussdetails möglichst hohe raumseitige Oberflächentemperaturen vorliegen.

Des Weiteren besteht die Möglichkeit dem Schimmelpilzwachstum im Bereich von Schwachstellen durch „Substratentzug" entgegenzuwirken sowie die regelmäßige Reinigung solcher Stellen zu ermöglichen. Ein Beispiel hierfür ist das Entfernen der Tapete im Fensterlaibungsbereich und anschließendes Lackieren.

3.3   Wärmeverluste

Die durch Wärmebrücken zusätzlich auftretenden Transmissionswärmeverluste werden mittels Wärmebrückenverlustkoeffizienten gekennzeichnet. Die Wärmebrückenverluste bei linienförmigen Wärmebrücken werden pro laufenden Meter Einflusslänge ℓ mit Ψ in der Einheit W/(m · K) angegeben. Punktförmige Wärmebrücken (z. B. Drahtanker, Konsolen, etc.) werden mit χ in der Einheit W/K beschrieben.

Der längenbezogene Wärmedurchgangskoeffizient (Ψ-Wert, frühere Bezeichnung: linearer Wärmebrückenverlustkoeffizient) gibt analog zur Verwendung der U-Werte bei flächigen Bauteilen den Wärmeverlust im Bereich von linienförmigen Wärmebrücken an. Bezogen auf den konstruktiven Bereich der Wärmebrücke (z. B. eine Außenecke), beschreibt der Ψ-Wert rechnerisch einen i. d. R. zusätzlichen Wärmeverlust (vgl. Abschn. 3.3.1) im Bereich dieses Bauteilanschlusses. Die Höhe des Wärmeverlusts im Bereich einer Wärmebrücke kann über die in Gl. (3.4) angegebene Differenz aus dem tatsächlichen Wärmestrom Φ bezogen auf die Temperaturdifferenz $\Delta\theta$ und der eindimensionalen Bilanzierung (Berechnung der Wärmeverluste über U-Wert mal Fläche) beschrieben werden. Ausgedrückt durch die Größe ΔH wird so die Differenz zwischen tatsächlichem (mehrdimensionalen) und eindimensionalem Wärmetransport ausgewiesen. Der Ψ-Wert bezieht den so bestimmten Wärmeverlust schließlich auf die Einflusslänge einer Wärmebrücke und kann abgeleitet aus Gl. (3.4) gemäß Gl. (3.5) bestimmt werden. Die Zusammenhänge sind schematisch in Abb. 3.7 dargestellt.

$$\Delta H = \frac{\Phi}{\Delta\theta} - U \cdot A \qquad (3.4)$$

für A = a · b und b = 1 m bei $\Delta\theta$ = 1 K ergibt sich somit

$$\Psi = \frac{H}{a} - U \cdot a \qquad (3.5)$$

Abb. 3.7 Schematische
Darstellung des zusätzlichen
Wärmeverlusts (hellrot) im
Bereich einer
Geschossdeckeneinbindung in
Bezug zum eindimensionalen
Wärmetransport (dunkelrot)

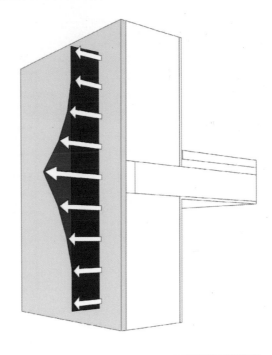

mit		
H	W/K	(temperaturspezifischer) Wärmeverlust
Φ	W	Wärmestrom
U	W/(m² · K)	Wärmedurchgangskoeffizient der betrachteten Fläche a · b
Ψ	W/(m · K)	längenbezogener Wärmedurchgangskoeffizient

Der Term H/a aus Gl. (3.5) wird in DIN EN ISO 10211 [3] auch als thermischer Leitwert mit L^{2D} bezeichnet. Der Ψ-Wert wird dort in der allgemeinen Form analog zu Gl. (3.5) gemäß Gl. (3.6) beschrieben.

$$\Psi = L^{2D} - \sum U_i \cdot \ell_i \tag{3.6}$$

mit		
Ψ	W/(m · K)	längenbezogener Wärmedurchgangskoeffizient
L^{2D}	W/K	Thermischer Leitwert, zweidimensional
U_i	W/(m² · K)	Wärmedurchgangskoeffizient der betrachteten Bauteile U_i
ℓ_i	m	Einflusslänge von U_i

3.3.1 Negative Ψ-Werte

Die Ursachen für negative Ψ-Werte sind zum einen geometrisch bedingt und resultieren zum anderen aus der konstruktiven Gestaltung von Bauteilanschlüssen.

Abb. 3.8 Wärmestromdichte und Umrechnung des Ψ-Wertes von Innenmaßbezug auf Außenmaßbezug

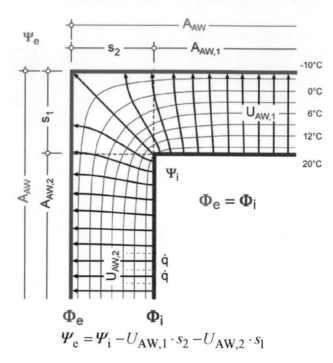

$$\Psi_e = \Psi_i - U_{AW,1} \cdot s_2 - U_{AW,2} \cdot s_1$$

Die geometriebedingte Ursache negativer Ψ-Werte liegt in der Tatsache der geringeren Wärmestromdichte des Eckbereiches (s_1–s_2, siehe Abb. 3.8) und dem gewählten Außenmaßbezug für die Bilanzierung begründet. Dieser aus Gründen der Vereinfachung verwendete Ansatz einer außenmaßbezogenen Bilanzierung beschreibt die thermische Hüllfläche (A_{AW}) zu „großzügig"; bei der Berechnung außenmaßbezogener Ψ-Werte wird dieser Fehler jedoch korrigiert. Vergleichbare Effekte treten u. a. bei Dachanschlüssen (Ortgänge, Traufen) und Sockelanschlüssen auf. Immer dann, wenn bei solchen Anschlüssen der Geometrieeinfluss größer ist als der stofflich/konstruktive, wird der außenmaßbezogene Ψ-Wert negativ.

Ältere Publikationen weisen häufig innenmaßbezogene Ψ-Werte aus. In Abb. 3.8 ist exemplarisch die Umrechnung auf außenmaßbezogene Ψ-Werte für das Beispiel einer Außenecke angegeben. Innenmaßbezogene Ψ-Werte von geometrischen Wärmebrücken sind in der Regel immer positiv, außenmaßbezogene Ψ-Werte können negativ sein!

Eine weitere Ursache für negative Ψ-Werte sind „Überkompensationen" von thermischen Schwachstellen. Typische Beispiele hierfür sind die Überdämmung von Fensterblendrahmen Abb. 3.17 oder auch die „Zusatzdämmung" im Bereich von Geschossdeckeneinbindungen oder Stützen in monolithischen Wandkonstruktionen. Hier kann es aus konstruktiven Gründen sinnvoll sein, mehr Dämmstoff einzubauen, als energetisch nötig wäre.

In Abb. 3.9 sind beispielhaft für eine Außenecke und eine Geschossdeckeneinbindung die Zusammenhänge bei innen- bzw. außenmaßbezogener Bilanzierung dargestellt. Weitere Angaben zu Umrechnungen finden sich in [6].

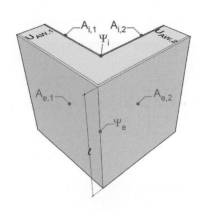 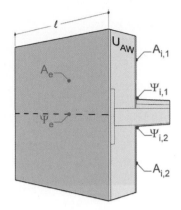

$$H_T = A_{e,1} \cdot U_{AW,1} + A_{e,2} \cdot U_{AW,2} + \ell \cdot \Psi_e \qquad H_T = A_e \cdot U_{AW} + \ell \cdot \Psi_e$$

$$H_T = A_{i,1} \cdot U_{AW,1} + A_{i,2} \cdot U_{AW,2} + \ell \cdot \Psi_i \qquad H_T = A_{i,1} \cdot U_{AW} + A_{i,2} \cdot U_{AW} + \ell \cdot \Psi_{i,1} + \ell \cdot \Psi_{i,2}$$

Abb. 3.9 Zusammenhang Innenmaßbilanz/Außenmaßbilanz

Legende zu Abb. 3.9:

H_T	W/K	(temperatur-)spezifischer Transmissionswärmeverlust
U_{AW}	W/(m² · K)	Wärmedurchgangskoeffizient der Wand
A_e, A_i	m²	Bauteilfläche Außen-/Innenwand
Ψ_e, Ψ_i	W/(m · K)	längenbezogener Wärmedurchgangskoeffizient außen/innen
ℓ	m	Länge der Wärmebrücke

Innenmaßbezogene Ψ-Werte lassen sich immer auf außenmaßbezogene Werte umrechnen; eine Umrechnung von Außen- auf Innenmaßbezug ist nicht immer möglich.

3.3.2 Bilanz der Transmissionswärmeverluste

Zur Bestimmung des spezifischen Transmissionswärmeverlustes H_T eines Gebäudes ist es notwendig alle durch Bauteile und Wärmebrücken verursachten Verluste zu ermitteln. Der allgemeine Berechnungsansatz sieht wie folgt aus:

$$H_T = \sum F_i \cdot U_i \cdot A_i + \sum F_j \cdot \Psi_i \cdot \ell_i + \sum F_k \cdot \chi_k \qquad (3.7)$$

F	–	Temperaturkorrekturfaktor des Bauteils oder der Wärmebrücke (s. Abschn. 5.3.3)
U	W/(m² · K)	Wärmedurchgangskoeffizient des Bauteils
A	m²	Fläche des Bauteils
Ψ	W/(m · K)	längenbezogener Wärmedurchgangskoeffizient
χ	W/K	punktbezogener Wärmedurchgangskoeffizient
ℓ	m	Länge der Wärmebrücke

Abb. 3.10 Einfluss der Anordnung eines Stahl-T-Trägers in einem Außenbauteil auf die zusätzlichen Wärmeverluste, gekennzeichnet durch Ψ und die Oberflächentemperatur θ_{si}, beschrieben durch f als Kurzform für f_{Rsi} [7]

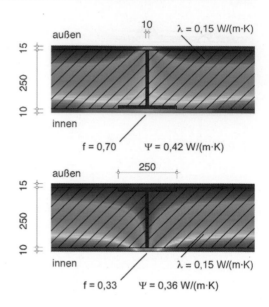

außen   10 $\lambda = 0{,}15$ W/(m·K)

15   250   10

innen

f = 0,70 $\Psi = 0{,}42$ W/(m·K)

außen   250

15   250   10

innen $\lambda = 0{,}15$ W/(m·K)

f = 0,33 $\Psi = 0{,}36$ W/(m·K)

Wärmebrücken können sich hinsichtlich der inneren Oberflächentemperatur und der zusätzlichen Wärmeverluste sehr unterschiedlich auswirken. So bewirken die in Abb. 3.10 dargestellten Veränderungen hinsichtlich der zusätzlichen Wärmeverluste praktisch keine Unterschiede, hinsichtlich der inneren Oberflächentemperatur und der Tauwasser- bzw. Schimmelpilzgefahr jedoch erhebliche.

Der energetische Einfluss von Wärmebrücken am Transmissionswärmeverlust muss seit Einführung der EnEV 2002 [8] im Rahmen der Nachweisführung zum Gebäude-energiegesetz berücksichtigt werden (siehe Kap. 8). Nach Ablösung der DIN 4701-1 durch DIN EN 12831 [9] ist auch hier der Wärmebrückeneinfluss bei der Bestimmung der Heiz-leistung einzubeziehen. Den Ausführungen der DIN EN 12831 zur „Wahl der Bemaßungs-art" ist hier jedoch besondere Beachtung zu schenken.

3.4   Beispiele

3.4.1   Innenwandanschluss – geneigtes Dach

Das in Abb. 3.11 wiedergegebene Anschlussdetail einer Innenwandeinbindung in eine geneigte Dachfläche findet sich in der Praxis nach wie vor noch häufig mit der Dämm-stoffdicke d = 0 cm. Dabei treten Ψ-Werte von 0,29 W/(mK) auf, die einer fiktiven, die gleiche thermische Wirkung verursachenden Dachvergrößerung um einen Randstreifen von beidseitig 1,26 m entspricht (vgl. Abb. 3.12). Je nach Raumbreite läßt sich leicht die Wirkung dieses Anschlussdetails auf die Transmissionswärmeverluste quanti-fizieren.

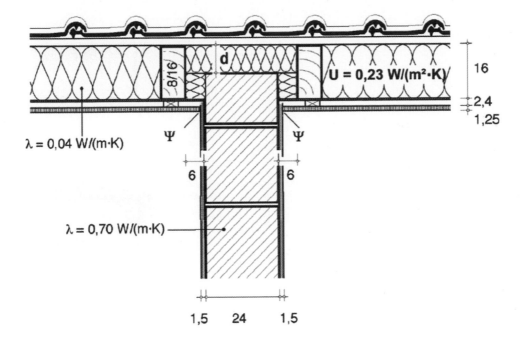

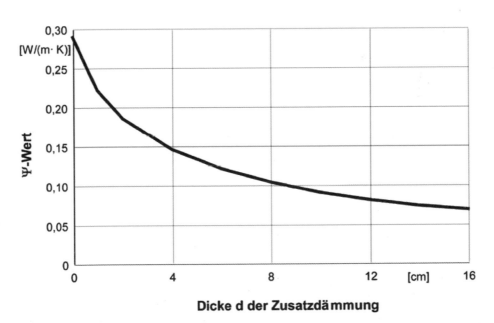

Dicke d der Zusatzdämmung

Abb. 3.11 Ψ-Werte eines Innenwandanschlusses bei Variation der Dicke einer oberseitigen Dämmung d [7]

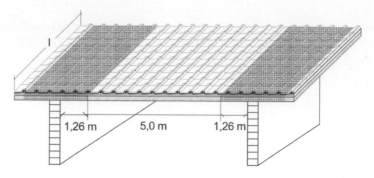

Abb. 3.12 Darstellung einer fiktiven Dachfläche, die der Wärmebrückenwirkung des Anschluss-details in Abb. 3.11 entspricht [7]

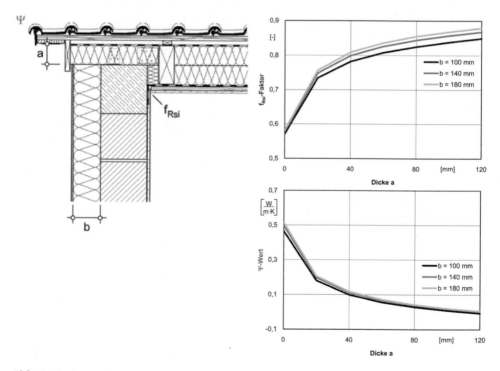

Abb. 3.13 f_{Rsi}- und Ψ-Werte eines Ortganganschlusses bei Variation der Einflussparameter Dicke des Wärmedämmverbundsystems b und Dicke der Mauerkronendämmung a [2]

3.4.2 Dachanschluss – Ortgang

In Abb. 3.13 ist ein typischer Ortganganschluss eines Daches dargestellt. In den Dia-grammen sind die f_{Rsi}- und Ψ-Werte des Bauteilanschlusses bei Variation der Einflusspara-meter Dicke des Wärmedämmverbundsystems (WDVS) b und Dicke der Mauerkronen-dämmung a aufgetragen.

Auffällig ist hier, dass die Dicke der Wärmedämmung des WDVS-Systems im hier betrachteten Bereich keinen signifikanten Einfluss auf den f_{Rsi}- und Ψ-Wert hat.

Des Weiteren ist aus den Kurvenverläufen erkennbar, dass die ersten 20 mm Wärmedämmung der Mauerkrone den Ψ-Wert mehr als halbieren und der f_{Rsi}-Wert mit 0,734 bereits oberhalb des geforderten Grenzwertes von 0,7 liegt.

Die (bau)praktische Konsequenz: In den allermeisten Fällen erreicht man selbst mit
geringen Dämmstoffstärken (an der richtigen Stelle) bereits recht große Effekte.

3.4.3 Sockelanschluss

Abb. 3.14 zeigt ein typisches Sockeldetail. Die am häufigsten gestellte Frage ist die nach
der Länge der Sockeldämmung. Es lassen sich folgende Aussagen ableiten:

- Die Dicke (a) des Wärmedämmverbundsystems hat weder auf den f_{Rsi}-Wert noch auf
  den Ψ-Wert einen nennenswerten Einfluss.
- Ungedämmte bzw. ungenügende Ausführungen ($b < 300$ mm) führen zu einen deutlichen Schimmelpilzrisiko; die zusätzlichen Wärmeverluste sind vergleichsweise hoch.

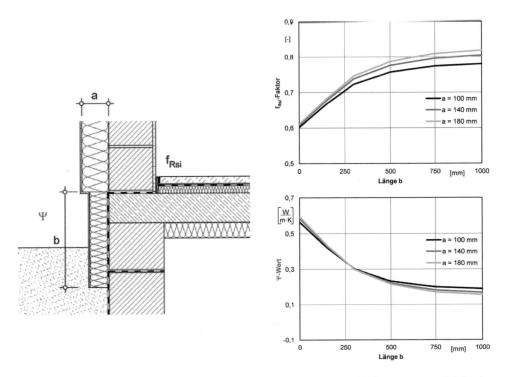

Abb. 3.14 f_{Rsi}- und Ψ-Werte eines Sockelanschlusses bei Variation der Einflussparameter Dicke des
Wärmedämmverbundsystems a und Länge der Sockeldämmung b [2]

- Ab einer Baulänge b von 300 mm liegen die f_{Rsi}-Werte oberhalb des Grenzwertes von 0,7.
- Das energetische bzw. praktische „Optimum" von b beträgt in diesem Fall rd. 500 mm.

3.4.4 Balkonplatte

In Abb. 3.15 und 3.16 sind für eine auskragende Balkonplatte jeweils ein außengedämmtes bzw. innengedämmtes Anschlussdetail [6] (Ψ-Werte innenmaßbezogen) dargestellt.

Aus den tabellarisierten Ψ- und f_{Rsi}-Werten sind folgende Erkenntnisse ableitbar.

Für die außengedämmte Variante:

- Bei ungedämmter Balkonplatte ($a = 0$; $b = 0$) treten keine kritischen inneren Oberflächentemperaturen auf
- Nur beiderseits gedämmte Balkonplatten beeinflussen die innere Oberflächentemperatur und den Wärmeverlust positiv
- Wird nur eine Seite der Balkonplatte gedämmt, ist die Maßnahme praktisch wirkungslos.

Für die innengedämmte Variante in Abb. 3.16 sind die Effekte teilweise gegenläufig:

- Bei der ungedämmten Balkonplatte ($a = 0$; $b = 0$) treten (bis auf das im Gebäudebestand eher seltene Mauerwerk $\lambda = 0,21$ W/(m · K)) *immer* kritische innere Oberflächentemperaturen ($f_{Rsi} < 0,7$) auf.

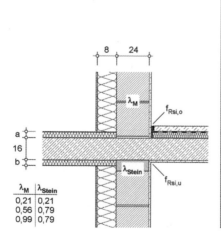

a [cm]	b [cm]	$\lambda_M = 0,21$		$\lambda_M = 0,56$		$\lambda_M = 0,99$	
		Ψ	f_{Rsi}	Ψ	f_{Rsi}	Ψ	f_{Rsi}
0	0	0,16	0,88	0,22	0,84	0,28	0,82
		0,45	0,73	0,49	0,75	0,49	0,77
2	2	0,11	0,91	0,15	0,88	0,18	0,87
		0,32	0,79	0,33	0,81	0,33	0,83
4	4	0,09	0,92	0,12	0,89	0,15	0,88
		0,28	0,81	0,28	0,84	0,27	0,85
0	4	0,15	0,89	0,20	0,85	0,25	0,83
		0,42	0,74	0,44	0,77	0,44	0,79
4	0	0,15	0,89	0,20	0,85	0,25	0,84
		0,42	0,74	0,44	0,77	0,44	0,79
2	4	0,10	0,91	0,14	0,88	0,16	0,87
		0,31	0,80	0,31	0,83	0,30	0,84

Abb. 3.15 f_{Rsi}- und Ψ-Werte einer Balkonplatteneinbindung (Wand außengedämmt) bei Variation der Einflussparameter oberseitige a und unterseitige Dämmung b der Balkonplatte sowie unterschiedlicher Wärmeleitfähigkeit des Mauerwerks [6]

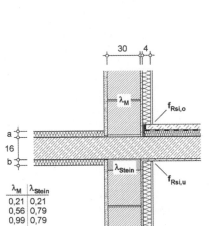

a [cm]	b [cm]	$\lambda_M = 0{,}21$		$\lambda_M = 0{,}56$		$\lambda_M = 0{,}99$	
		Ψ	f_{Rsi}	Ψ	f_{Rsi}	Ψ	f_{Rsi}
0	0	0,14 0,42	0,84 0,70	0,17 0,46	0,78 0,65	0,20 0,50	0,75 0,62
2	2	0,12 0,37	0,85 0,73	0,16 0,43	0,79 0,67	0,18 0,47	0,76 0,64
4	4	0,12 0,34	0,86 0,74	0,15 0,41	0,80 0,68	0,18 0,45	0,76 0,65
0	4	0,14 0,40	0,84 0,71	0,17 0,45	0,79 0,66	0,19 0,48	0,75 0,63
4	0	0,14 0,40	0,84 0,71	0,17 0,45	0,79 0,66	0,19 0,49	0,75 0,63
2	4	0,12 0,35	0,85 0,73	0,16 0,42	0,79 0,68	0,18 0,46	0,76 0,64

Abb. 3.16 f_{Rsi}- und Ψ-Werte einer Balkonplatteneinbindung (Wand innengedämmt) bei Variation der Einflussparameter oberseitige a und unterseitige Dämmung b der Balkonplatte sowie unterschiedlicher Wärmeleitfähigkeit des Mauerwerks [6]

- Nur ober- und unterseitig gedämmte Balkonplatten beeinflussen die innere Oberflächentemperatur und den Wärmeverlust positiv.
- Für den Ψ-Wert hat eine geringe Wärmeleitfähigkeit des Wandbaustoffes einen positiven Effekt, für die innere Oberflächentemperatur ist eine hohe Wärmeleitfähigkeit eher ungünstig.

3.4.5 Fenster

3.4.5.1 Fensteranschluss

In Abb. 3.17 ist ein Fensteranschluss in einer Außenwand einer typischen Holzbaukonstruktion dargestellt. Hier überlagern sich einerseits der Wärmebrückeneinfluss des Konstruktionsholzes (Stiel) und des Fensteranschlages. Das Fenster ist an einer wärmetechnisch sehr günstigen Stelle montiert, die Wärmebrückenverluste sind ab einer Überdämmung des Fensterrahmens von ca. 40 mm ausreichend reduziert. Aus architektonischer Sicht muss hier ggf. ein vernünftiger Kompromiss zwischen gewünschter sichtbarer Blendrahmenbreite und „energetischem Optimum" gefunden werden. Die Dicke der Außendämmung a sollte mindestens 60 mm betragen, um auch den Wärmebrückeneinfluss aller Konstruktionshölzer des Regel-wandaufbaus ausreichend zu kompensieren. Alle heute üblichen – mehrschaligen – Holzbauquerschnitte (U-Werte < 0,2 W/(m$^2 \cdot$ K); a > 100 mm) erfüllen diese Anforderungen.

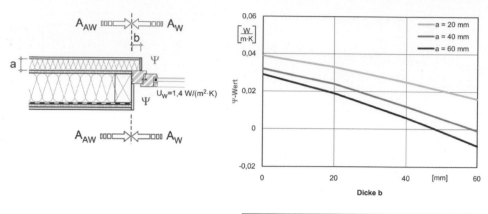

b	Ψ		
[mm]	$a = 20$ [mm]	$a = 40$ [mm]	$a = 60$ [mm]
0	0,039	0,032	0,029
20	0,033	0,024	0,019
40	0,025	0,012	0,006
60	0,016	–0,001	–0,009

Abb. 3.17 f_{Rsi}- und Ψ-Werte eines Fensteranschlusses bei Variation der Einflussparameter außenseitige Dämmung a und Überdämmung b [2]

3.4.5.2 Fenster-U-Wert

Fenster sind in wärme- und feuchtetechnischer Hinsicht sehr komplexe Bauteile. Für die Bestimmung der U-Werte von Fenstern stehen folgende Verfahren zur Verfügung:

- Tabellenwerte aus DIN 4108-4 [10] sowie DIN EN ISO 10077-1 [11] (für Standardfenstergröße B × H = 1,23 × 1,48)
- Vereinfachte Berechnung aufgrund konstruktiver Merkmale nach DIN EN ISO 10077-1 (Abb. 3.18)
- Numerische Berechnung DIN EN ISO 10077-2 [12] (FE-Methode)
- Messung nach DIN EN ISO 12567-1 [13] (Heizkasten)

In Gl. (3.8) ist der vereinfachte Verfahrensansatz nach DIN EN ISO 10077-1 dargestellt. Hierbei wird für jedes Fenster, in Abhängigkeit von der jeweiligen Größe, ein eigener U-Wert ermittelt. Das hat zur Folge, dass bei gleichen Materialien (Rahmen, Verglasung, Abstandshalter) kleine Fenster einen schlechteren U-Wert als große Fenster haben. Einen nicht unerheblichen Einfluss auf den U-Wert des Fensters hat die Ausführung des verwendeten Glasabstandshalters. In Tab. 3.1 sind die Ψ-Werte gängiger Abstandhalter für Zwei- bzw. Dreischeibenverglasungen aufgeführt. Die Bandbreite der Ψ-Werte ist dabei recht groß, einen nennenswerten Unterschied bei den Verglasungsarten gibt es jedoch nicht.

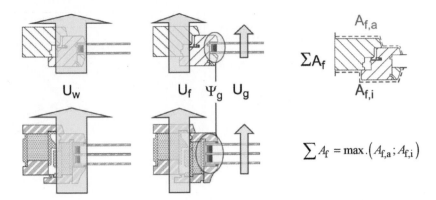

Abb. 3.18 Prinzip der U-Wert-Ermittlung nach DIN EN ISO 10077-1 [11]

Tab. 3.1 Linearer Wärmedurchgangskoeffizient (Ψg-Wert) in W/(m · K) [14]

Hersteller	Rahmenmaterial	Glasaufbau	
		4/16/4	4/12/4/12/4
konv. Alu-Abstandhalter	Holz	0,068	0,074
	PVC	0,067	0,070
	WGP*)	0,108	**0,111**
Erbslöh (CHROMATECH)	Holz	0,050	0,051
	PVC	0,050	0,049
	WGP*)	0,070	0,065
THERMIX (Thermix)	Holz	0,040	0,040
	PVC	0,040	0,039
	WGP*)	0,053	0,048

*) Wärmegedämmte Metall-Kunststoff-Verbundprofile

$$U_{\mathrm{w}} = \frac{\sum A_{\mathrm{g}} \cdot U_{\mathrm{g}} + \sum A_{\mathrm{f}} \cdot U_{\mathrm{f}} + \sum \ell_{\mathrm{g}} \cdot \Psi_{\mathrm{g}}}{\sum A_{\mathrm{g}} + \sum A_{\mathrm{f}}} \tag{3.8}$$

mit		
U_{w}	W/(m² · K)	Wärmedurchgangskoeffizient des Fensters
A_{g}	m²	Fläche der Verglasung
U_{g}	W/(m² · K)	Wärmedurchgangskoeffizient der Verglasung
A_{f}	m²	Fläche des Fensterrahmens
U_{f}	W/(m² · K)	Wärmedurchgangskoeffizient des Fensterrahmens
ℓ_{g}	m	Länge (Umfang) des Glases
Ψ_{g}	W/(m · K)	linienförmiger Wärmebrückenverlustkoeffizient des Abstands-halters (Tab. 3.1)

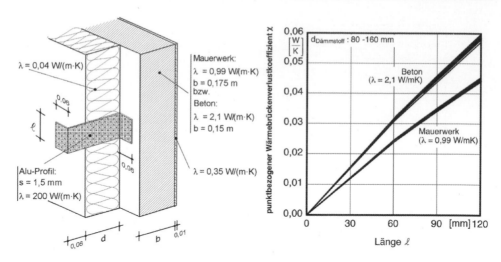

Abb. 3.19 Befestigungselement einer vorgehängten hinterlüfteten Fassade (links), χ-Werte des Befestigungselements in Abhängigkeit von der Länge ℓ und der Wandausführung (rechts)

3.4.6 Befestigungselemente

Als Beispiel für punktförmig auftretende Wärmebrücken wird das in Abb. 3.19 dargestellte Befestigungselement einer vorgehängten hinterlüfteten Fassade betrachtet. Mit ansteigender Länge des Befestigungselements nimmt, wie in dem Diagramm aufgeführt, aufgrund der größer werdenden wärmeübertragenden Fläche der punktbezogene Wärmedurchgangskoeffizient zu. Der durch das des Befestigungselement bedingte Wärmebrückeneffekt kann z. B. durch wärmedämmende Distanzstücke zwischen Element und Wand oder durch eine Ummantelung der Befestigung reduziert werden.

Für praktische Anwendungen im Rahmen von Berechnungen und um die Wärmebrückenwirkung anschaulicher zu machen, können regelmäßig auftretende punktförmige Wärmebrücken auch über einen Zuschlag ΔU zum Wärmedurchgangskoeffizienten erfasst werden. So führt das in Abb. 3.19 dargestellte Befestigungselement einer vorgehängten hinterlüfteten Fassade zu den in Abb. 3.20 aufgezeigten ΔU-Werten. Wird z. B. eine Kalksandsteinwand, die mit der Außendämmung nach Abb. 3.19 einen Wärmedurchgangskoeffizienten von $U = 0,29$ W/(m² · K) aufweist, mit einer Vorhangfassade versehen und werden 4 Befestigungselemente mit 60 mm Länge pro m² verwendet, erhöht sich der U-Wert gemäß Abb. 3.20 (rechts) um ca. 35 %.

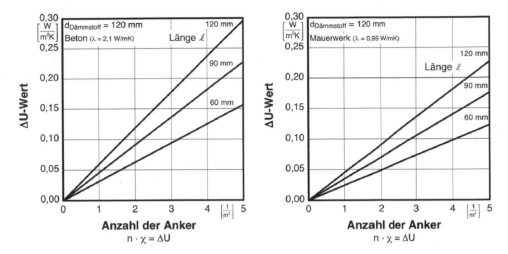

Abb. 3.20 Zuschlag zum *Wärmedurchgangskoeffizienten* zur Berücksichtigung der Wärmebrückenwirkung für eine Betonwand (links) und eine Kalksandsteinwand (rechts)

Literatur

1. Hauser, G.: Wärmebrücken bei Innendämmung. Baugewerbe 73 (1993), H. 1/2, S. 32–35.
2. Hauser, G., Stiegel, H. und Haupt, W.: Wärmebrückenkatalog auf CD-ROM. Ingenieurbüro Prof. Dr. Hauser GmbH, Baunatal 1998.
3. DIN EN ISO 10211:2018-04: Wärmebrücken im Hochbau – Wärmeströme und Oberflächentemperaturen – Detaillierte Berechnungen.
4. DIN 4108-2:2013-02: Wärmeschutz und Energieeinsparung in Gebäuden, Teil 2: Mindestanforderungen an den Wärmeschutz.
5. DIN EN ISO 13788:2013-05: Raumseitige Oberflächentemperatur zur Vermeidung kritischer Oberflächenfeuchte und Tauwasserbildung im Bauteilinneren. Berechnungsverfahren.
6. Hauser, G., Stiegel, H.: Wärmebrückenatlas für den Mauerwerksbau. Bauverlag, Wiesbaden 1990, 2. durchgesehene Auflage 1993.
7. Hauser, G.: Wärmebrücken. In Bauphysik-Kalender 2001. Hrsg. E. Cziesielski. Ernst & Sohn Verlag Berlin (2001), S. 337–366.
8. Verordnung über energiesparenden Wärmeschutz und energiesparende Anlagentechnik bei Gebäuden (Energieeinsparverordnung – EnEV) vom 16. Nov. 2001. Bundesgesetzblatt Jahrgang 2001 Teil I Nr.59 (21. Nov. 2001), Seite 3085–3102.
9. DIN EN 12831:2003-08: Heizungsanlagen in Gebäuden. Verfahren zur Berechnung der Norm-Heizlast.
10. DIN 4108-4:2020-11: Wärmeschutz und Energie-Einsparung in Gebäuden. Teil 4: Wärme und feuchteschutztechnische Bemessungswerte.
11. DIN EN ISO 10077-1:2020-10: Wärmetechnisches Verhalten von Fenstern, Türen und Abschlüssen – Berechnung des Wärmedurchgangskoeffizienten – Teil 1: Allgemeines.
12. DIN EN ISO 10077-2:2018-01: Wärmetechnisches Verhalten von Fenstern, Türen und Abschlüssen – Berechnung des Wärmedurchgangskoeffizienten – Teil 2: Numerisches Verfahren für Rahmen.

13. DIN EN ISO 12567-1:2010-12: Wärmetechnisches Verhalten von Fenstern und Türen – Bestimmung des Wärmedurchgangskoeffizienten mittels des Heizkastenverfahrens – Teil 1: Komplette Fenster und Türen.
14. Institut für Fenstertechnik ift e.V., Rosenheim: Forschungsvorhaben Warm Edge. Abschlussbericht. Rosenheim, Juli 1999.

Lüftung

4

Anton Maas

Die Form der Lüftung hat einen entscheidenden Einfluss sowohl auf das thermische Verhalten von Gebäuden als auch auf die Raumluftqualität. Bei der Mehrzahl der heute existierenden Gebäude erfolgt die Lüftung über Fenster und Türen oder andere Öffnungen in der Gebäudehülle. Man spricht von freier oder natürlicher Lüftung, wenn als Antriebskräfte ausschließlich Temperatur- und Windeinwirkung vorherrschen. Bei der mechanischen Lüftung werden Ventilatoren zur Luftförderung eingesetzt. Man unterscheidet dabei nach Abluftsystemen, Zuluftsystemen und Zu-/Abluftsystemen.

Ein ausreichender Luftwechsel ist wichtig zur Sicherstellung des Frischluftbedarfs der sich im Gebäude aufhaltenden Menschen und evtl. des Verbrennungsluftbedarfs von z. B. Gasetagenheizungen oder Öfen. Weiterhin dient der Luftaustausch zur Abfuhr von Feuchtigkeit. Er trägt somit dazu bei, ein behagliches Raumklima zu erhalten und Schimmelbildung an den Wänden oder schwerwiegenderen Bauschäden vorzubeugen. Die Kenntnis des Luftwechsels ist Bedingung, wenn eine Abschätzung der Raumluftqualität vorgenommen werden soll. Die Konzentration unerwünschter bzw. schädlicher Luftinhaltsstoffe, die bei Verringerung des Luftwechsels steigt, darf bestimmte Grenzwerte (z. B. CO_2-Konzentrationen) nicht überschreiten. Für viele Stoffe sind Arbeitsplatzgrenzwerte (AGW, früher: maximale Arbeitsplatzkonzentrationen) vorgegeben.

Ausgehend von Mindestluftwechseln, die aus hygienischen und bauphysikalischen Anforderungen resultieren, werden Außenluftraten empfohlen, welche die Abfuhr von Schadstoffen in Gebäuden gewährleisten und Bauschäden infolge zu geringer Lüftung ausschließen sollen. Diese Außenluftraten dienen zur Dimensionierung von mechanischen

A. Maas (✉)
Universität Kassel FB 06 Architektur, Stadtplanung, Landschaftsplanung, Kassel, Deutschland
E-Mail: maas@uni-kassel.de

© Springer Fachmedien Wiesbaden GmbH, ein Teil von Springer Nature 2022
W. M. Willems (Hrsg.), *Lehrbuch der Bauphysik*,
https://doi.org/10.1007/978-3-658-34093-3_4

Lüftungsanlagen bzw. von Außenluftdurchlässen, über die der natürliche Luftwechsel infolge von Druckunterschieden zwischen dem Inneren und dem Äußeren eines Gebäudes stattfindet.

Den Anforderungen an einen Mindestluftwechsel steht die Begrenzung des Luftaustausches hinsichtlich energetischer Aspekte gegenüber. Bei Gebäuden, die nach dem heutigen Wärmeschutzstandard errichtet werden, beträgt der Anteil der Lüftungswärmeverluste bis zu 50 % der Gesamtwärmeverluste.

Das Maß für die erforderliche Lüftung wird im Allgemeinen mit Hilfe der Luftwechselzahl oder Luftwechselrate gekennzeichnet, die angibt, wie häufig das Raumvolumen pro Stunde mit der Außenluft ausgetauscht wird. Je nach Feuchteproduktion, Raum- und Außenlufttemperatur, Wärmeschutz der Außenbauteile und Größe einer Wohneinheit sind im allgemeinen Luftwechselraten von 0,4 bis 1,0 h^{-1} erforderlich. Bei diesen Luftwechselraten werden bei üblicher Wohnungsnutzung auch die Funktionen der Geruchsstoff- und Schadstoffabfuhr sowie der Sauerstoffzufuhr voll erfüllt.

Einschlägige Normen, Verordnungen und Rechenverfahren behandeln den jeweils zu berücksichtigenden Luftaustausch unterschiedlich. Im DIN-Fachbericht 4108-8 [1] werden Luftwechsel zur Vermeidung von Schimmelpilzwachstum genannt. Der planmäßige Luftwechsel (Nennluftwechsel), welcher zur Sicherstellung hygienischer Anforderungen sowie des Bautenschutzes bei Normalbetrieb vorzusehen ist, wird in DIN 1946-6 [2] mit 0,4 bis 0,8 h^{-1} (abhängig von der Größe der Wohneinheit) angegeben.

Das Nachweisverfahren des Gebäudeenergiegesetzes [3] geht bei der Bestimmung des Lüftungswärmebedarfs von einem 0,6 bis 0,7-fachen Luftwechsel bei freier Lüftung aus.

4.1   Infiltration

Infiltration bedeutet, dass ein Luftaustausch über Undichtheiten in der Gebäudehülle hervorgerufen wird. Diese Undichtheiten können bei einzelnen Bauteilen auftreten (z. B. nicht richtig schließende Fenster oder unzureichend abgedichtete Fensterdichtungen) oder sie treten an Zusammenfügungen (beispielsweise Dachanschluss an Außenwand) bzw. Durchdringungen (z. B. Kamin) von Bauteilen auf. Ein Luftwechsel über Undichtheiten in der Gebäudehülle sollte grundsätzlich weitestgehend minimiert werden. Dies gilt insbesondere deswegen, weil hiermit kein planmäßig dimensionierter Luftaustausch erfolgen kann. Der Luftwechsel über Undichtheiten kann Behaglichkeitseinbußen mit sich bringen (z. B. lokale Zugerscheinungen) und es besteht grundsätzlich das Risiko einer Schädigung des Bauteils, wenn feuchtebeladene Luft unkontrolliert durch die Gebäudekonstruktion strömt. Insbesondere führt ein ungewollter Luftaustausch zu Energieaufwand für die Gebäudeheizung. Eine dichte Gebäudehülle ist weiterhin Grundlage für einen bestimmungsmäßigen Betrieb einer Lüftungsanlage. Für eine Abluftanlage ist es bedeutsam, dass die ausgetauschte Luftmenge über planmäßig vorgesehene Wanddurchlässe erfolgt. Bei Einsatz einer Zu-/Abluftanlage insbesondere mit Wärmerückgewinnung ist es elementar, dass die Luft über die vorgesehenen Zu- und Abluftöffnungen geführt wird. Erst hiermit wird der effiziente Betrieb der Wärmerückgewinnungseinrichtung erreicht.

Zur Prüfung der Luftdichtheit kommt das sogenannte „Blower-Door-Verfahren" zur Anwendung. Hierbei wird in eine geeignete Öffnung der Gebäudehülle (Haustür, Terrassentür) ein Ventilator eingebaut, über den ein Luftvolumenstrom erzeugt wird. Dieser wird entweder in das Gebäude oder aber nach außen geleitet, das heißt, einmal wird ein Überdruck und einmal ein Unterdruck im Gebäude erzeugt. Die Höhe der über den Ventilator geförderten Luftmenge ist abhängig von der Dichtheit der Gebäudehülle. Der Luftvolumenstrom, der sich bei einer Druckdifferenz zwischen innen und außen von 50 Pa über den Ventilator einstellt, wird bezogen auf das Luftvolumen des Gebäudes und diese Größe wird als Dichtheitskriterium herangezogen. Die geschilderten Prüfverfahren sind in Abb. 4.1 schematisch dargestellt.

DIN 4108-7 [5] macht Vorgaben für die einzuhaltende Qualität der Gebäudedichtheit. Hierbei wird ausgeführt, dass der gemessene Luftwechsel bei einem Prüfdruck von 50 Pa Druckdifferenz

- bei Gebäuden ohne Lüftungsanlagen $n_{50} \leq 3{,}0$ h^{-1} und
- bei Gebäuden mit Lüftungsanlagen $n_{50} \leq 1{,}5$ h^{-1}

einhalten muss. Die Prüfung der Gebäudedichtheit erfolgt dabei nach dem Nationalen Anhang der DIN EN ISO 9972: 2018-12 [6].

Um bereits bei der Gebäudeplanung eine gute Grundlage für eine dicht ausgeführte Gebäudehülle bereitzustellen, ist es zweckmäßig, sich frühzeitig über das Luftdichtheitskonzept Gedanken zu machen. Die Basis eines solchen Luftdichtheitskonzeptes ist in Abb. 4.2 schematisch dargestellt. Hier ist aufgezeigt, wie eine umlaufende Dichtheits-

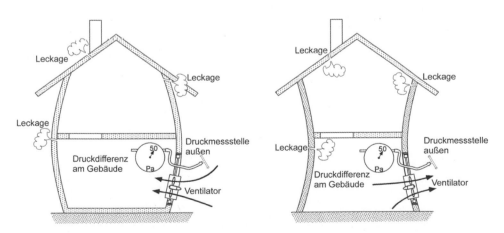

Abb. 4.1 Messmethoden der Luftdichtheit – Blower-Door-Test, links: Überdruck, rechts: Unterdruck [4]

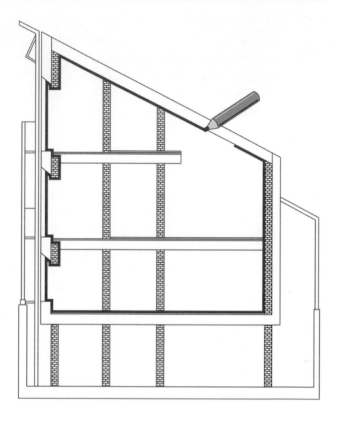

Abb. 4.2 Umlaufende Luftdichtheitsebene [5]

ebene vorgesehen wird, die in der Zeichnung so eingetragen wird, dass der Stift ohne absetzen die Luftdichtheitsebene nachzeichnet.

Typische Schwachstellen der Luftdichtheitsschicht in einem Gebäude in Holzbauart sind in Abb. 4.3 skizziert [7]. Der Verlauf der Luftdichtheitsebene ist als roter Linienzug eingezeichnet. Die blauen Punkte stellen stark vereinfacht Leckagen dar, wie z. B. Steckdosen in Innen- und Außenwänden, Leuchteninstallationen in den Decken oder den Fußboden-/Wandanschluss im Bereich von bodentiefen Türen/Fenstern. Die Schwachstellen in der Luftdichtheitsebene sind mit schwarzen Kreisen gekennzeichnet. Hierbei handelt es sich um Übergänge von Bauteilen (beispielsweise Wand-/Dachanschluss) oder Durchdringungen von Bauteilen (z. B. Kamin oder Lüftungsrohre). Die Anordnung der Leckagen macht deutlich, dass zumindest im Holzbau sowohl Außen- als auch Innenwände durchströmt werden.

Für die genannten Schwachstellen werden in DIN 4108-7 [5] Planungsempfehlungen hinsichtlich der Ausführungen von Detailanschlüssen gegeben. Abb. 4.4 (links) zeigt exemplarisch auf, wie eine Luftdichtheitsschicht (Folie) eines Sparrendaches an eine Mauerwerkswand anzuschließen ist. Elementar ist die dauerhaft feste Verbindung dieser Luftdichtheitsschicht in beiden Konstruktionen und die Ausführung eines spannungsfreien Anschlusses, der dafür sorgt, dass bei Bewegungen der Bauteile kein Versagen der Luft-

Abb. 4.3 Schwachstellen der
Luftdichtheitsschicht [7]

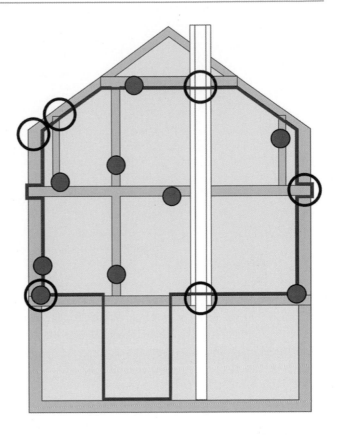

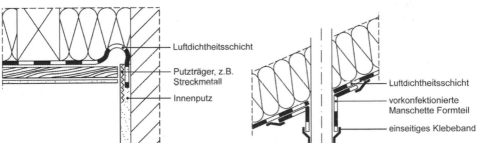

Abb. 4.4 Prinzipskizzen für die Detailausführung der Luftdichtheitsebene. Links: Anschluss einer Luftdichtheitsschicht an ein Mauerwerk, rechts: Abdichtung einer Durchdringung der Luftdichtheitsschicht

dichtheitsebene (Reißen der Folie) auftritt. Für Durchdringungen (Abb. 4.4 rechts) sind als Abdichtungsmaßnahmen vorkonfektionierte Manschetten verfügbar (Abb. 4.5).

Der infolge von Infiltration durchschnittlich auftretende Luftwechsel bewegt sich zwischen 0,07 und 0,7 h^{-1}. Der kleinere Wert tritt dabei bei einem sehr dichten Gebäude auf (Neubaustandard), bei Vorhandensein großer Undichtheiten (undichte Fenster, offene

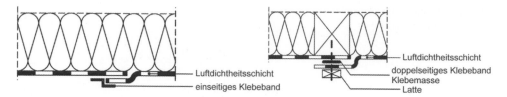

Abb. 4.5 Prinzipskizzen für Detaillösungen der Folienübergänge. Links: Verklebung der Folien, rechts: Verwendung eines doppelseitigen Klebebandes oder einer Klebemasse und mechanische Sicherung (in Anlehnung an [8])

Fugen in der Luftdichtheitsschicht der wärmeübertragenden Umfassungsfläche) kann der hohe Wert auftreten.

4.2   Fensterlüftung

Der Luftaustausch, den man durch das Öffnen von Fenstern und Türen bzw. über sonstige Lüftungsöffnungen erreicht, wird durch eine Anzahl von Parametern beeinflusst. Hierbei sind im Wesentlichen die Gebäudeform und -lage, die Fenstergröße und Öffnungsmöglichkeiten, die meteorologischen Verhältnisse am jeweiligen Standort und das Nutzerverhalten zu nennen. Abb. 4.6 stellt das Zusammenwirken der verschiedenen Einflüsse auf den Luftwechsel dar.

Antriebskräfte für den Luftaustausch über ein Fenster sind Druckdifferenzen, die aufgrund von Windanströmung, von Temperaturdifferenzen zwischen Raum- und Außenluft oder durch Überlagerung beider Einflüsse resultieren.

4.2.1   Einseitige Fensterlüftung

Der aufgrund von Temperaturunterschieden zwischen Raum- und Außenluft auftretende Volumenstrom durch eine hinreichend große Einzelöffnung in der Gebäudehülle (i. d. R. Fenster) lässt sich durch eine Proportionalbeziehung zur Wurzel der Temperaturdifferenz zwischen Raum- und Außenlufttemperatur darstellen. Abb. 4.8 zeigt die Auftragung des Zuluftvolumenstroms über der Temperaturdifferenz für unterschiedliche Kippstellungen eines Fensters bei einseitiger Lüftung (d. h. nur auf einer Außenseite eines Raumes ist ein Fenster geöffnet, vgl. Abb. 4.7) [9]. Ist die Außentemperatur geringer als die Raumtemperatur (Winterfall), stellt sich über das Fenster das in Abb. 4.8 dargestellte Strömungsprofil ein. Die kalte Luft (mit höherer Dichte) tritt im unteren Bereich des Fensters ein, die leichtere warme Luft verlässt den Raum durch den oberen Bereich.

Der Luftwechsel bei einseitiger Fensterlüftung, der sich in Abhängigkeit von Windgeschwindigkeit, Temperaturdifferenz Raum-/Außenluft und einem Turbulenzanteil einstellt, lässt sich aus der Formel gemäß (4.1) ableiten. Als geometrische Bezugsgröße gilt

Abb. 4.6 Einflussfaktoren auf
den Fensterluftwechsel [9]

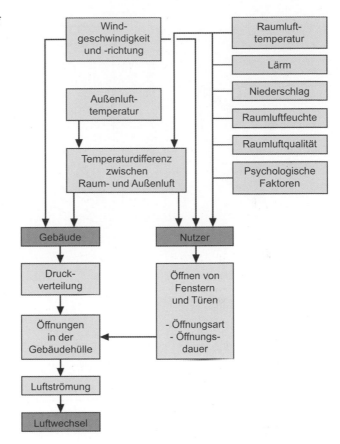

Abb. 4.7 Schematische
Darstellung des Falles der
einseitigen Fensterlüftung

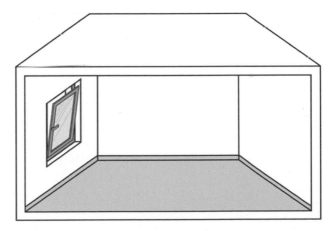

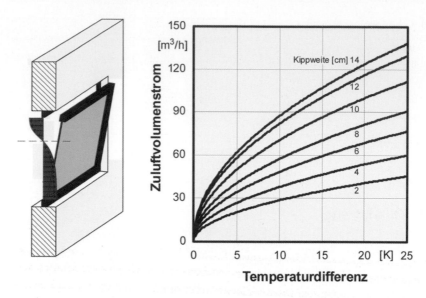

Abb. 4.8 Zuluftvolumenstrom in Abhängigkeit von der Temperaturdifferenz innen/außen. Dargestellt sind Ausgleichskurven für Messwerte bei kleinen Windgeschwindigkeiten *(u < 0,5 m/s)*. Abmessungen des Fensters: Höhe 1,12 m, Breite 0,82 m [9]

die lichte Fensteröffnung. Die jeweilige Fensterstellung wird über ein experimentell ermitteltes Durchflussverhältnis berücksichtigt.

$$\dot{V} = 3600 \cdot A_l \cdot \Theta \cdot \sqrt{C_1 \cdot u^2 + C_2 \cdot H \cdot \Delta\theta + C_3} \qquad (4.1)$$

mit		
$\dot{V}$	m³/h	Luftvolumenstrom
A_l	m²	die lichte Öffnungsfläche des Fensters
Θ	–	das Durchflussverhältnis
C_1, C_2, C_3	–, m/(s² · K), m²/s²	Koeffizienten
u	m/s	Windgeschwindigkeit
H	m	Höhe der lichten Fensteröffnung
$\Delta\theta$	K	Temperaturdifferenz innen/außen

Für übliche Dreh-/Kippfenster können als Koeffizienten folgende Werte in Ansatz gebracht werden:

$$C_1 = 0,0056; C_2 = 0,0037\,\text{m}/\left(\text{s}^2 \cdot \text{K}\right); C_3 = 0,012\,\text{m}^2/\text{s}^2.$$

Das Durchflussverhältnis ist abhängig von der Fensteröffnungsweite. Die Werte sind Tab. 4.1 zu entnehmen.

Tab. 4.1 Durchflussverhältnisse Θ in Abhängigkeit von der Fensteröffnungsweite.

Kippfenster		Drehfenster	
Öffnungsweite [cm]	Θ [-]	Öffnungsweite	Θ [-]
2	0,0715	5 cm	0,1948
4	0,0943	10 cm	0,2890
6	0,1204	15 cm	0,3850
8	0,1426	45°	0,8208
10	0,1752	90°	1
12	0,2036		
14	0,2172		

4.2.2 Querlüftung

Anders als bei der einseitigen Fensterlüftung tritt für die Querlüftung zu dem ausgetauschten Volumenstrom durch Wind- und Temperatureinfluss ein Volumenstromanteil für die Durchströmung des Gebäudes hinzu [10]. Ebenso muss ein weiterer Strömungswiderstand infolge der zweiten durchströmten Öffnung berücksichtigt werden.

Der Modellansatz für Querlüftung über je ein Fenster in gegenüberliegenden Fassaden lautet somit gemäß Gl. (4.2) [8]:

$$\dot{V}_{Zu} = 3600 \cdot \left(\Theta_1 \cdot \frac{1}{2} \cdot A_{l1} + \Theta_2 \cdot \frac{1}{2} \cdot A_{l2} \right) \cdot \sqrt{C_1 \cdot u^2 + C_2 \cdot H_{1,2} \cdot \Delta\theta + C_3}$$

$$+ 3600 \cdot \frac{\sqrt{C_4 \cdot u^2}}{\sqrt{\left(\dfrac{1}{\Theta_1 \cdot A_{l1}} \right)^2 + \left(\dfrac{1}{\Theta_2 \cdot A_{l2}} \right)^2}} \tag{4.2}$$

mit		
u	m/s	Windgeschwindigkeit
$H_{1,2}$	m	mittlere Höhe der lichten Fensteröffnungen beider Fenster
A_{l1}, A_{l2}	m²	lichte Öffnungsflächen der Fenster 1 und 2

Für den Fall der Querlüftung können bei üblichen Kippfenstern als Koeffizienten folgende Werte in Ansatz gebracht werden:

$$C_1 = 0,01965; C_2 = 1,896 \cdot 10^{-3} \, \text{m} / \left(\text{s}^2 \cdot \text{K} \right); C_3 = 0,01706 \, \text{m}^2 / \text{s}^2; C_4 = 0,01946.$$

Das Durchflussverhältnis Θ kann vereinfacht gemäß Tab. 4.1 für den Fall der Kippstellung in Ansatz gebracht werden (Abb. 4.9).

Beispiel

Zwei Fenster befinden sich in gegenüberliegenden Fassaden. Sie haben jeweils eine lichte Fensteröffnungsfläche $A_{l,1} = A_{l,2} = 1$ m². Die Fensterhöhen betragen $H_1 = H_2 = 1$ m. Für die Öffnungsweite in Kippstellung von 10 cm ergibt sich das Durchflussverhältnis

Abb. 4.9 Schematische
Darstellung des Falles der
Querlüftung

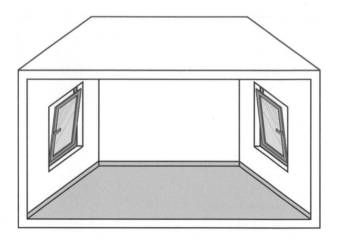

je Fenster zu 0,1752. Der Zuluftvolumenstrom soll für die Bedingungen $\theta_i = 20\ °C$, $\theta_e = 0\ °C$ und $u = 2\ m/s$ bestimmt werden.

$$\dot{V}_{Zu} = 3600 \cdot \left(0,1752 \cdot 0,5 \cdot 1 + 0,1752 \cdot 0,5 \cdot 1\right) \cdot \sqrt{0,01965 \cdot 2^2 + 1,896 \cdot 10^{-3} \cdot 1 \cdot 20 + 0,0706}$$

$$+ 3600 \cdot \frac{\sqrt{0,01946 \cdot 2^2}}{\sqrt{\left(\dfrac{1}{0,1752 \cdot 1}\right)^2 + \left(\dfrac{1}{0,1752 \cdot 1}\right)^2}}$$

$$\dot{V}_{Zu} = 355 m^3 / h$$

◄

4.3 Mechanische Lüftung

Durch eine dem Bedarf angepasste Bedienung der Fenster kann ansatzweise eine kontrollierte Wohnungslüftung erzielt werden. Komfortabler sind Systeme, welche in Abhängigkeit von einer Führungsgröße (z. B. Raumluftfeuchte oder CO_2-Konzentration) Klappenstellungen oder Ventilatoren steuern und dadurch eine gezielte Lüftung herbeiführen. Bei mechanischen Lüftungsanlagen wird mit Hilfe von Ventilatoren entsprechend deren Leistung eine einstellbare, von der Witterung nahezu unabhängige Luftmenge durch einzelne Wohnräume beziehungsweise die gesamte Wohnung geführt. Dabei kann eine Schallbelästigung durch Außenlärm im Fall von Lüftungsanlagen gegenüber der Fensterlüftung erheblich verbessert werden.

4.3.1 Abluftanlagen

Abluftanlagen führen zentral oder dezentral die Luft aus Räumen mit hohen Geruchs-, Feuchtigkeits- oder Schadstoffbelastungen ab. Der mechanisch erzeugte Unterdruck von ca. 4 Pa bewirkt, dass die Luft durch definierte Zuluftöffnungen nachströmt. Ein wichtiges Kriterium ist hierbei die Platzierung der Zulufteinlässe, da bei ungünstiger Anordnung unangenehme Zugerscheinungen auftreten können. Durch eine Wärmepumpe kann der Abluft Energie entzogen werden, die dem Raum im Anschluss über die Heizung wieder zugeführt oder zur Warmwasseraufbereitung genutzt werden kann.

Dezentrale Abluftanlagen mit Einzelventilatoren werden beispielsweise in Toiletten oder Küchen (Dunstabzugshauben) eingesetzt.

Elemente einer zentralen Abluftanlage (Abb. 4.10) sind:

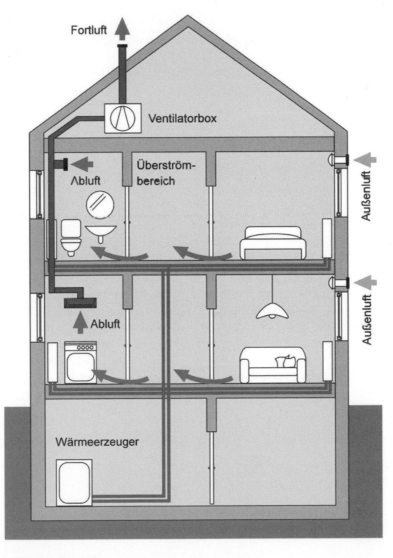

Abb. 4.10 Abluftanlage [11]

- Zentralgerät mit dem Ventilator (Ventilatorbox)
- Rohrsystem (mit Schalldämpfern und Filtern)
- Abluftventile in den Ablufträumen (eventuell feuchtegeregelt)
- Nachströmöffnungen

4.3.2 Zu-/Abluftanlagen

Bei der kontrollierten Be- und Entlüftung wird nicht nur die Abluft, sondern auch die Zuluft über einen separaten Ventilator gefördert.

Dieser Anlagentyp kann der Abluft bei zentraler Anordnung des Lüftungsgeräts und
dem Einsatz eines Wärmetauschers Wärme entziehen und diese der Zuluft zuführen.

Die Bestandteile einer Be- und Entlüftungsanlage (Abb. 4.11) sind (Abb. 4.12):

Abb. 4.11 Zu-/Abluftanlage
mit Wärmerückgewinnung [11]

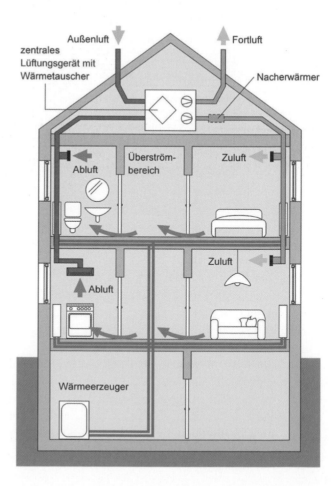

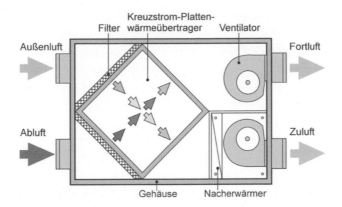

Abb. 4.12 Lüftungszentralgerät [11]

Abb. 4.13 Kreuzstrom-
Plattenwärmeübertrager [11]

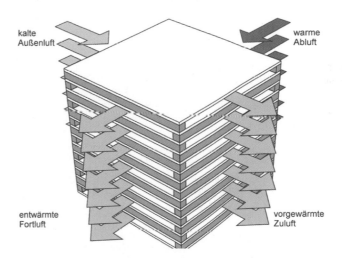

- Zentralgerät mit den Zu- und Abluftventilatoren und dem Wärmeübertrager, in Abb. 4.13 beispielhaft als Kreuzstrom-Plattenwärmeübertrager gezeigt
- Zuluftkanalsystem zu den Wohn- und Schlafräumen
- Abluftkanalsystem von den Ablufträumen (z. B.: Bad, Küche, WC)
- Luftein- und -auslässe
- Schalldämpfer und Filter im Kanalsystem

Durch Installation von Wärmerückgewinnungseinrichtungen (WRG) in Wohnungs-lüftungsanlagen kann ein Teil der in der warmen Abluft enthaltenen Wärme genutzt wer-den. Durch die Wärmerückgewinnung wird eine Einsparung der aufzuwendenden Heiz-energie und eine Komfortsteigerung durch die Vorwärmung der einströmenden Luft (Zuluft) erreicht. Die häufig anzutreffenden Zugbelästigungen bei Fensterlüftung oder bei Abluftanlagen entfallen.

Die Höhe der zurück gewonnenen Wärme ist ein Gütemerkmal der WRG-Einrichtung und wird mit dem sog. Wärmerückgewinnungsgrad beschrieben. Gute Anlagen besitzen einen Wärmerückgewinnungsgrad von über 80 %. In Hinblick auf einen geringen Stromeinsatz kommen vorzugsweise Gleichstromventilatoren zum Einsatz; ferner muss das Lüftungskanalsystem hydraulisch optimiert werden. Grundvoraussetzung für den effizienten Betrieb von WRG-Anlagen ist eine besonders dichte Gebäudehülle.

Literatur

1. DIN-Fachbericht 4108-8:2010-09: Wärmeschutz und Energie-Einsparung in Gebäuden – Teil 8: Vermeidung von Schimmelwachstum in Wohngebäuden.
2. DIN 1946-6:2019-12 Raumlufttechnik – Teil 6: Lüftung von Wohnungen – Allgemeine Anforderungen, Anforderungen an die Auslegung, Ausführung, Inbetriebnahme und Übergabe sowie Instandhaltung
3. Gesetz zur Einsparung von Energie und zur Nutzung erneuerbarer Energien zur Wärme- und Kälteerzeugung in Gebäuden (Gebäudeenergiegesetz – GEG), Bundesgesetzblatt, Jahrgang 2020, Teil I, Nr. 37, Bundesanzeiger Verlag, 13. August 2020, S. 1728–1794.
4. Hall, M. und Hauser, G.: In situ Quantifizierung von Leckagen bei Gebäuden in Holzbauart. Abschlussbericht zum AIF-Forschungsvorhaben Nr. 12611 N (2003).
5. DIN 4108-7:2011-01: Wärmeschutz und Energie-Einsparung in Gebäuden – Teil 7: Luftdichtheit von Gebäuden – Anforderungen, Planungs- und Ausführungsempfehlungen sowie -beispiele.
6. DIN EN ISO 9972:2918-12 Wärmetechnisches Verhalten von Gebäuden – Bestimmung der Luftdurchlässigkeit von Gebäuden – Differenzdruckverfahren.
7. Hall, M.: Luftdichtheitsprobleme im Holzbau. Tagungsband 2. Sachverständigentag BDZ (2001), S. 40–49.
8. Schmidt, D. und Hauser, G.: Messtechnische und theoretische Untersuchungen zum Luftaustausch in Gebäuden. DFG-Forschungsvorhaben HA 1896/11-1. Universität Gesamthochschule Kassel, Fachbereich Architektur, 1998.
9. Maas, A.: Experimentelle Quantifizierung des Luftwechsels bei Fensterlüftung. Dissertation, Universität Gesamthochschule Kassel, Fachbereich Architektur, 1995.
10. Daler, R.; Hirsch, E.; Haberda, F.; Knöbel, U.; Krüger, W: „Bestandsaufnahme von Einrichtungen zur freien Lüftung im Wohnungsbau", Bundesministerium für Forschung und Technologie, Forschungsbericht T 84-028, 1984.
11. RWE Bau-Handbuch mit EnEV 2009: Praxiswissen für Ihr Bauprojekt. Verlag: Ew Medien und Kongresse. 14. Ausgabe. März 2010.

Wärme- und Energiebilanzen

5

Anton Maas

5.1 Bauteilbilanzen

5.1.1 Strahlungsbilanz für Fensterglas

Infolge der auf Außenbauteile auftreffenden Sonneneinstrahlung können die Wärmesenken vermindert oder Wärmequellen erzielt werden. Für das Fensterglas gilt, dass ein Teil der auf das Glas treffenden Strahlung reflektiert wird, ein Teil der Strahlungsenergie wird absorbiert und trägt zur Erwärmung der Glasscheibe bei. Ein weiterer Anteil gelangt auf dem Weg der Transmission, also dem Weg des Strahlungsdurchgangs direkt in den Raum. Für die Anteile

- Reflexion R oder ρ
- Absorption A oder α
- Transmission T oder τ

gilt die Beziehung $R + A + T = 1$.

Der absorbierte Teil der Energie wird teilweise nach innen und teilweise nach außen geleitet; daraus resultiert die Beziehung:

$$\alpha = q_i + q_e \tag{5.1}$$

mit	
q_i-	sekundärer Wärmeabgabegrad nach innen
q_e-	sekundärer Wärmeabgabegrad nach außen

A. Maas (✉)
Universität Kassel FB 06 Architektur, Stadtplanung, Landschaftsplanung,
Kassel, Deutschland
E-Mail: maas@uni-kassel.de

© Springer Fachmedien Wiesbaden GmbH, ein Teil von Springer Nature 2022
W. M. Willems (Hrsg.), *Lehrbuch der Bauphysik*,
https://doi.org/10.1007/978-3-658-34093-3_5

Abb. 5.3 Schematische
Darstellung der
Strahlungsbilanz eines
Isolierglases [1]

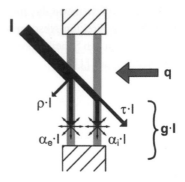

| R | $(m^2 \cdot K)/W$ | Wärmedurchlasswiderstand der Verglasung |

Beispiel

Ein Zweischeiben-Wärmedämmglas weist folgende Kennwerte auf:

$$U_g = 1,1\,W\,/\left(m^2 \cdot K\right); R = 0,74\,m^2 K\,/\,W; \tau = 0,54; \alpha_e = 0,09; \alpha_i = 0,06$$

Der äußere Wärmeübergangskoeffizient weist einen (normativen) Wert von $h_e = 23$ W/(m² · K) auf. Damit berechnet sich der Gesamtenergiedurchlassgrad zu

$$g = 0,54 + 1,1 \cdot \left(\frac{0,09 + 0,06}{23} + 0,06 \cdot 0,74 \right)$$

$$\underline{g = 0,60}$$

Der g-Wert von Zweischeiben-Wärmedämmglas liegt üblicherweise zwischen ca. 0,48 und 0,72; bei Dreischeiben-Wärmedämmglas zwischen ca. 0,50 und 0,60. Für Sonnenschutzglas liegen die Werte bei Zweischeiben-Ausführung zwischen ca. 0,25 und 0,48; Dreischeiben-Gläser weisen Werte zwischen ca. 0,16 und 0,34 auf. ◄

5.1.2   Strahlungsbilanz für opake Bauteile

Bei opaken Bauteilen, wie üblichen Außenwänden und Dächern, kann nach gleichem Ansatz wie unter 5.1.1 ein Gesamtenergiedurchlassgrad definiert werden (Abb. 5.4).

Da ein opakes Bauteil keine Strahlung hindurch lässt, entfällt der Anteil der Transmission und Gl. (5.5) vereinfacht sich wie folgt

$$g = U \frac{\alpha}{h_e} \tag{5.12}$$

Abb. 5.4 Strahlungsdurchgang
durch ein opakes Bauteil [1]

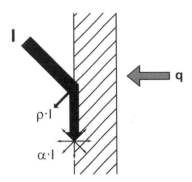

Die bei opaken gegenüber transparenten Bauteilen wesentlich geringere Nutzungsmöglichkeit von Sonneneinstrahlung kann anhand von Gl. (5.12) leicht ermittelt werden.

Beispiel

Eine Außenwand weist folgende Kennwerte auf:
$U_{\text{AW}} = 0,28$ W/(m^2 · K); $\alpha = 0,5$
Der Gesamtenergiedurchlassgrad ergibt sich zu

$$g = 0,28 \cdot \frac{0,5}{23}$$

$$\underline{g = 0,006}$$

◀

5.1.3   Äquivalenter Wärmedurchgangskoeffizient

Wie in 5.1.1 gezeigt, treten über transparente Bauteile sowohl Wärmeströme von innen nach außen wie von außen nach innen auf. Für die Heizperiode (Zeit, in der ein Gebäude beheizt wird) bedeutet dies, dass einerseits Wärmesenken (gekennzeichnet durch den Wärmedurchgangskoeffizienten) und andererseits Wärmequellen (gekennzeichnet durch den Gesamtenergiedurchlassgrad) vorliegen. Die Quantifizierung dieser Wärmebilanzanteile für einen Raum kann, wie später in diesem Kapitel gezeigt wird, separat erfolgen oder aber durch eine Kenngröße, die für ein transparentes Bauteil die Anteile Quellen und Senken zusammenfasst. Diese Kenngröße ist der sog. äquivalente Wärmedurchgangskoeffizient U_{eq} [2]. Gl. (5.4) wird mit Einsatz dieser Größe gleichgesetzt

$$q = U \cdot \left(\theta_i - \theta_e \right) - g \cdot I = U_{\text{eq}} \cdot \left(\theta_i - \theta_e \right) \tag{5.13}$$

und es ergibt sich die Formulierung eines U_{eq}-Wertes für den stationären Fall zu

Abb. 5.5 Schematische
Darstellung der
Wärmetransportvorgänge in
einem Luft-Hohlraum

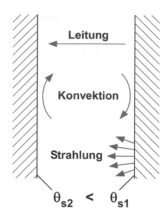

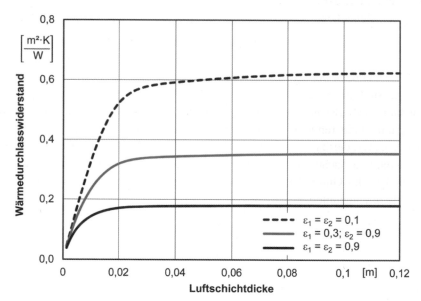

Abb. 5.6 Wärmedurchlasswiderstand einer ruhenden Luftschicht in einem Hohlraum bei unterschiedlichen Emissionskoeffizienten der Oberflächen

$$Nu = 1{,}1 + \frac{0{,}024 \cdot Ra^{1{,}39}}{Ra + 10100} \tag{5.18}$$

Gl. (5.17) ist für unterschiedliche Emissionskoeffizienten s der Bauteiloberflächen in
Abb. 5.6 ausgewertet. Die mittlere Lufttemperatur im Hohlraum ist bei den Berechnungen
mit $T_m = 283$ K angesetzt; die Temperaturdifferenz der Oberflächen mit 5 K. Der Wärmedurchlasswiderstand ist für die betrachteten Varianten ab einer Schichtdicke von rd. 4 cm
mehr oder weniger konstant und beträgt bei dem Fall, in dem beide Emissionskoeffizienten einen Wert von 0,9 annehmen, etwa 0,18 (m² · K)/W. Eine deutliche Erhöhung des

Wärmedurchlasswiderstands erfolgt, wenn die Oberflächen kleine Emissionskoeffizienten aufweisen.

Wollte man beispielsweise eine „Luftschicht-Dämmung" in einem Bauteil vorsehen, so würde diese aus hintereinander angeordneten Luftschichten von 2 bis 4 cm Dicke bestehen, die jeweils durch Trennschicht-Folien mit kleinem s zu unterteilen sind.

Der Ansatz gemäß Gl. (5.17) wird auch bei der Berechnung der Wärmedurchgangskoeffizienten von Fensterglas verwendet. Der so ermittelte Wärmedurchlasswiderstand R ist in Gl. (5.19) als R_{Spalt} anzusetzen.

$$U_{\mathrm{Glas}} = \frac{1}{R_{\mathrm{si}} + R_{\mathrm{Glas}} + R_{\mathrm{Spalt}} + R_{\mathrm{Glas}} + R_{\mathrm{se}}} \qquad (5.19)$$

Zur Bestimmung der Nusseltzahl in Gl. (5.17) wird die in DIN EN 673 [4] angegebene folgende Beziehung herangezogen.

$$Nu = 0,035 + Ra^{0,38} \qquad (5.20)$$

Die Berechnungen der Wärmedurchgangskoeffizienten, die in Abb. 5.8 und Abb. 5.9 aufgetragen sind, gelten unter den Voraussetzungen einer mittleren Temperatur im Gaszwischenraum von 283 K, einer Temperaturdifferenz zwischen den äußeren Glasflächen von 15 K, einem inneren Wärmeübergangskoeffizienten von 8 W/(m² K), einem äußeren Wärmeübergangskoeffizienten von 23 W/(m² · K), einem Emissionskoeffizienten der unbeschichteten Glasfläche von 0,837; einer Glasdicke von jeweils 4 mm und einer Wärmeleitfähigkeit des Glases von 1 W/(m · K). Die entsprechenden Gaseigenschaften sind Tab. 5.1 [4] zu entnehmen.

Für Zweischeiben-Wärmedämmglas, wie es in Abb. 5.7 schematisch dargestellt ist, sind die Wärmedurchgangskoeffizienten für unterschiedliche Gasfüllungen in Abhängigkeit vom Emissionskoeffizienten der Beschichtung in Abb. 5.8 aufgetragen. Beim häufig noch im Altbau anzutreffenden Isolierglas ist der Scheibenzwischenraum mit Luft gefüllt. Eine Beschichtung ist bei diesen Gläsern i. d. R. nicht vorhanden. Ein typischer U-Wert eines Isolierglases liegt bei ca. 2,8 W/(m² · K). Das sogenannte Wärmeschutzglas oder Wärmedämmglas weist eine Füllung mit einem Edelgas vor, um mit einer kleineren Wärmeleitfähigkeit den.

Wärmedurchlasswiderstand des Zwischenraums zu erhöhen (s. Werte für λ in Tab. 5.1). Die Beschichtung der Innenseite der inneren Scheibe mit einer sogenannten low- ε-Beschichtung führt zu einer weiteren Verbesserung des Wärmeschutzes. Heute kommen meist Gläser mit einem Emissionsgrad $\varepsilon = 0,04$ in Verbindung mit einer Argon-Gasfüllung zum Einsatz. Im Gegensatz zu den Edelgasen Krypton und Xenon, die zwar kleinere Wärmeleitfähigkeiten aufweisen, stellt die Argon-Füllung die wirtschaftlich günstigere Variante dar.

Abb. 5.9 zeigt den U-Wert von Dreifach-Wärmedämmglas aufgetragen über verschiedenen Varianten der Dicke des Scheibenzwischenraums für unterschiedliche Gasfüllungen. Auch bei dieser Auftragung ist der Effekt der kleineren Wärmeleitfähigkeit bei den

Tab. 5.1 Stoffwerte für Gasfüllung von Scheibenzwischenräumen nach DIN EN 673 [4]

Gas	Temperatur θ [°C]	Dichte ρ [kg/m³]	Dynamische Viskosität η [kg/ (m · s)]	Wärmeleitfähigkeit λ [W/(m · K)]	spezifische Wärmekapazität c [J/(kg · K)]
Luft	−10	1,326	$1{,}661 \cdot 10^{-5}$	$2{,}366 \cdot 10^{-2}$	$1{,}008 \cdot 10^{3}$
	0	1,277	$1{,}711 \cdot 10^{-5}$	$2{,}416 \cdot 10^{-2}$	
	10[a]	1,232	$1{,}761 \cdot 10^{-5}$	$2{,}496 \cdot 10^{-2}$	
	20	1,189	$1{,}811 \cdot 10^{-5}$	$2{,}576 \cdot 10^{-2}$	
Argon	−10	1,829	$2{,}038 \cdot 10^{-5}$	$1{,}584 \cdot 10^{-2}$	$0{,}519 \cdot 10^{3}$
	0	1,762	$2{,}101 \cdot 10^{-5}$	$1{,}634 \cdot 10^{-2}$	
	10[a]	1,699	$2{,}164 \cdot 10^{-5}$	$1{,}684 \cdot 10^{-2}$	
	20	1,640	$2{,}228 \cdot 10^{-5}$	$1{,}734 \cdot 10^{-2}$	
SF$_6$[b]	−10	6,844	$1{,}383 \cdot 10^{-5}$	$1{,}119 \cdot 10^{-2}$	$0{,}614 \cdot 10^{3}$
	0	6,602	$1{,}421 \cdot 10^{-5}$	$1{,}197 \cdot 10^{-2}$	
	10[a]	6,360	$1{,}459 \cdot 10^{-5}$	$1{,}275 \cdot 10^{-2}$	
	20	6,118	$1{,}497 \cdot 10^{-5}$	$1{,}354 \cdot 10^{-2}$	
Krypton	−10	3,832	$2{,}260 \cdot 10^{-5}$	$0{,}842 \cdot 10^{-2}$	$0{,}245 \cdot 10^{3}$
	0	3,690	$2{,}330 \cdot 10^{-5}$	$0{,}870 \cdot 10^{-2}$	
	10[a]	3,560	$2{,}400 \cdot 10^{-5}$	$0{,}900 \cdot 10^{-2}$	
	20	3,430	$2{,}470 \cdot 10^{-5}$	$0{,}926 \cdot 10^{-2}$	
Xenon	−10	6,121	$2{,}078 \cdot 10^{-5}$	$0{,}494 \cdot 10^{-2}$	$0{,}161 \cdot 10^{3}$
	0	5,897	$2{,}152 \cdot 10^{-5}$	$0{,}512 \cdot 10^{-2}$	
	10[a]	5,689	$2{,}226 \cdot 10^{-5}$	$0{,}529 \cdot 10^{-2}$	
	20	5,495	$2{,}299 \cdot 10^{-5}$	$0{,}546 \cdot 10^{-2}$	

[a]Genormte Grenzwerte
[b]Schwefelhexafluorid

Abb. 5.7 Schematischer Aufbau eines 2fach-Wärmedämmglases

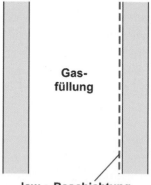

Gas-füllung

low ε-Beschichtung

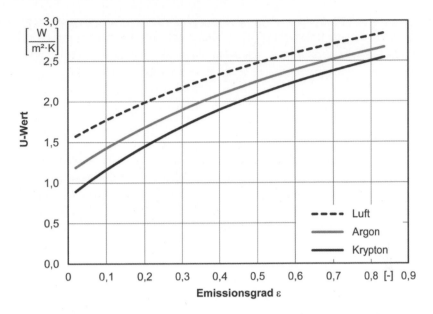

Abb. 5.8 Wärmedurchgangskoeffizient von Zweischeiben-Wärmedämmglas mit unterschiedlichen Gasfüllungen (Gasfüllung 100 %) in Abhängigkeit vom Emissionsgrad der Beschichtung (Scheibenabstand 12 mm)

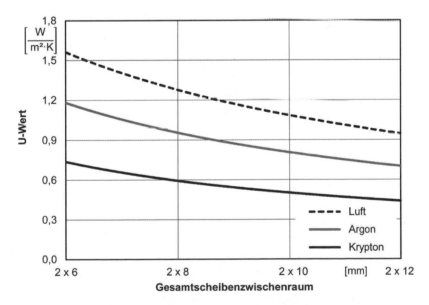

Abb. 5.9 Wärmedurchgangskoeffizient von Dreischeiben-Wärmedämmglas mit verschiedenen Glasabständen und unterschiedlichen Gasfüllungen (Gasfüllung 100 %; 2 Beschichtungen mit $\varepsilon = 0{,}04$)

Edelgasen zu erkennen. Weiterhin wird offensichtlich, dass wie bei dem zuvor betrachteten Hohlraum in der Baukonstruktion der Wärmedurchgangskoeffizient mit zunehmender Dicke des Scheibenzwischenraums abnimmt. Aus baukonstruktiven Gründen sind hinsichtlich der Umsetzung großer Scheibenabstände Grenzen gesetzt.

5.2   Raumbilanzen

Das Wärmeverhalten von Gebäuden resultiert aus dem Zusammenwirken verschiedener thermischer Einflussgrößen mit dem Gebäude. Bilanziert man über alle Einflussgrößen, ergibt sich – je nach Aufgabenstellung – im Sommer die Raumlufttemperatur bzw. die Kühlleistung und im Winter die Heizleistung. Im Folgenden wird ein Raumbilanzansatz dargestellt, wie er erstmals in [5] entwickelt wurde.

Die Einflussgrößen auf das thermische System „Raum" lassen sich somit nach ihrer Entstehung in Einwirkungen von außen und Einwirkungen von innen unterteilen. Von außen wirken die Strahlungsenergie durch Fenster, die Wärmequellen im Fensterglas oder auf dem Sonnenschutz infolge dort absorbierter Strahlungsenergie, die Transmissionswärme durch Fenster und Außenbauteile und der Luftaustausch zwischen dem Raum und der Außenluft. Die Strahlungsenergie durch Fenster trifft auf die inneren Oberflächen der Raumumschließungsbauteile und auf Einrichtungsgegenstände und induziert dort Wärmequellen. Zu den Einwirkungen im Raum zählen Wärmequellen und -senken im Raum, die Transmissionswärme durch Innenbauteile aus angrenzenden Räumen, der Luftaustausch mit Nachbarräumen und der langwellige Strahlungsaustausch zwischen einzelnen Oberflächen. Eine Zusammenstellung aller Einflussgrößen enthält Abb. 5.10.

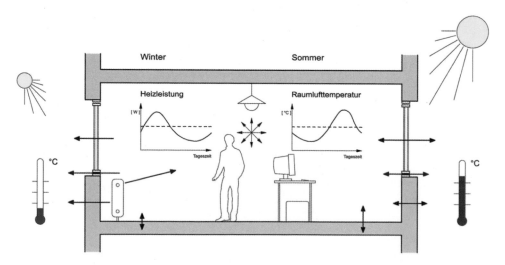

Abb. 5.10 Schematische Darstellung der Einflussgrößen auf das sommerliche und winterliche Wärmeverhalten [6]

Die Wärmebilanz des Raumes ist in Gl. (5.21) aufgeführt. Die linke Seite der Gleichung beschreibt die Wärmekapazitäten der Raumluft und einer zusätzlichen Wärmekapazität (Umschließungsflächen und Einrichtungsgegenstände) eines ebenso rasch reagierenden Speichers. Mit W kann auf der rechten Seite der Gleichung eine Heizleistung oder eine Kühlleistung Berücksichtigung finden.

$$\left[(Vc\rho)_L + (Vc\rho)_{Sp}\right] = \frac{\Delta\theta_i}{\Delta t} = W + Q_i - \Phi_T - \Phi_L \qquad (5.21)$$

mit		
Φ_T	W	Transmissionswärmestrom zwischen Luft und Umschließungsflächen
Φ_L	W	Lüftungswärmestrom
Q_i	W	Interne Wärmesenken/-quellen
W	W	Heiz-/Kühlleistung
θ_i	°C	Raumlufttemperatur
t	h	Zeit(schritt)

Der Wärmeaustausch zwischen der Luft und den Umschließungsflächen Φ wird durch Gl. (5.22) beschrieben. Dieser Wärmestrom ist positiv, wenn er nach außen gerichtet ist, also das Bauteil Wärme aufnimmt. Solare Wärmeeinträge werden durch eine entsprechend erhöhte Bauteiltemperatur berücksichtigt.

$$\Phi_T = \sum_j h_{i,j} A_j \left(\theta_i - \theta_{si,j}\right) \qquad (5.22)$$

mit		
θ_{si}	°C	raumseitige Oberflächentemperatur
h_i	W/(m² · K)	raumseitiger Wärmeübergangskoeffizient

Der Wärmestrom infolge des Lüftungsprozesses ist in Gl. (5.23) angegeben. Hierbei wird vorausgesetzt, dass ausschließlich ein Luftaustausch zwischen dem Raum und der Umgebungsluft auftritt.

$$\Phi_L = n \cdot (V \cdot c \cdot \rho)_L \cdot \left(\theta_i - \theta_e\right) \qquad (5.23)$$

mit		
n	h⁻¹	Luftwechsel
V	m³	Raumluftvolumen
c	Wh/(m³ · K)	spez. Wärmekapazität der Luft
ρ	kg/m³	Dichte der Luft
θ_e	°C	Außenlufttemperatur

Für den Sommerfall, bei dem meist der Verlauf der Raumlufttemperatur von Interesse ist, kann Gl. (5.21) in Verbindung mit Gl. (5.22) und (5.23) umgestellt werden und es ergibt sich Gl. (5.24) zu:

hülle übergeben und stellt somit die Energiemenge dar, die vom Verbraucher bezahlt werden muss.

5.3.2 Primärenergiebedarf

Da die an das Gebäude gelieferte Endenergie, z. B. in Form der Energieträger Öl, Strom oder Holz unterschiedliche Wertigkeiten (und auch unterschiedliche Kosten) aufweist, wird die Energiebilanz so erweitert, dass die Aufwendungen für die Gewinnung, die Umwandlung und den Transport des jeweils eingesetzten Energieträgers einbezogen werden. Die somit bilanzierte Primärenergie stellt also die Energiemenge dar, die zur Deckung des Endenergiebedarfs benötigt wird – unter Berücksichtigung der zusätzlichen Energiemenge, die durch vorgelagerte Prozessketten außerhalb der Systemgrenze „Gebäude" entsteht.

Die Primärenergie kann als Beurteilungsgröße für ökologische Kriterien, wie z. B. CO_2-Emission, herangezogen werden, da der gesamte Energieaufwand für die Gebäudekonditionierung einbezogen wird. Die zuvor genannten Bilanzanteile sind in Abb. 5.11 schematisch dargestellt.

Die Berechnungsansätze im Rahmen von DIN V 4701-10 [8] – dieses Verfahren wird im Weiteren behandelt – sehen vor, dass Verluste der Anlagentechnik und Wärmegewinne aus der Umwelt zusammengefasst werden und die Beschreibung der energetischen Effizienz des Gesamtanlagensystems über Aufwandszahlen erfolgen. Die Aufwandszahl stellt

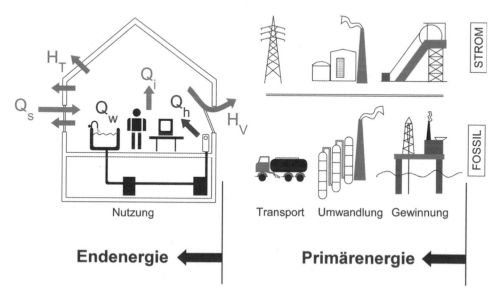

Abb. 5.11 Schematische Darstellung der Einflussgrößen auf die Bilanzierung des Primärenergiebedarfs (Q_h Heizwärmebedarf; Q_w Warmwasserwärmebedarf; H_T Transmissionswärmeverlust; H_V Lüftungswärmeverlust; Q_s solare Wärmegewinne; Q_i interne Wärmegewinne)

das Verhältnis von Aufwand zu Nutzen dar und ist somit der Kehrwert des Nutzungsgrades, der früher in der Anlagentechnik hauptsächlich Verwendung fand.

Unter Berücksichtigung der eingesetzten Energieträger wird je nach Anlagentechnik eine Anlagen-Aufwandszahl gebildet. Multipliziert mit der Summe aus Heizwärme- und Warmwasserwärmebedarf resultiert der Primärenergiebedarf Q_P.

$$Q_P = \left(Q_h + Q_W\right) \cdot e_p \tag{5.27}$$

mit		
Q_h	kWh/a	Heizwärmebedarf
Q_W	kWh/a	Warmwasserwärmebedarf
e_P	–	Anlagen-Aufwandszahl

5.3.3 Berechnung des Heizwärmebedarfs

Neben dem sogenannten Periodenverfahren bietet DIN V 4108-6 [7] das genauere Monatsbilanzverfahren an. Im Rahmen des rechnerischen Nachweises gemäß Gebäudeenergiegesetz [9] (vgl. Kap. 8) ist ausschließlich das Monatsbilanzverfahren zu verwenden, das nachfolgend in den Grundzügen erläutert wird.

Für jeden Monat wird die Verlust-Gewinn-Bilanz durchgeführt (Gl. (5.28)). Anschließend erfolgt die Addition aller positiven monatlichen Bilanzwerte für das gesamte Jahr.

$$Q_{h,M} = Q_{l,M} - \eta_M \cdot Q_{g,M} \tag{5.28}$$

mit	
$Q_{l,M}$	monatlicher Verlust
$Q_{g,M}$	monatlicher Gewinn
η_M	monatlicher Ausnutzungsgrad

Infolge der Wärmetransmission (Wärmedurchgang durch die Bauteile) und der Gebäudelüftung (Ventilation) entstehen die monatlichen Verluste. Die Anteile werden entsprechend als Transmissionswärmeverluste H_T und Lüftungswärmeverluste H_V gekennzeichnet. Der monatliche Verlust wird wie folgt bestimmt:

$$Q_{l,M} = 0,024 \cdot \left(H_T + H_V\right) \cdot \left(\theta_e - \theta_i\right) \cdot t_M \tag{5.29}$$

Dabei sand

h_T	W/K	spezifischer Transmissionswärmeverlust
H_V	W/K	spezifischer Lüftungswärmeverlust
θ_e	°C	mittlere monatliche Außentemperatur
θ_i	°C	Soll-Innentemperatur in der beheizten Zone (Mittlere Gebäudeinnentemperatur)
t_M 0,024	d	Anzahl der Tage im jeweiligen Monat Umrechnung: 0,024 kWh = 1 Wd

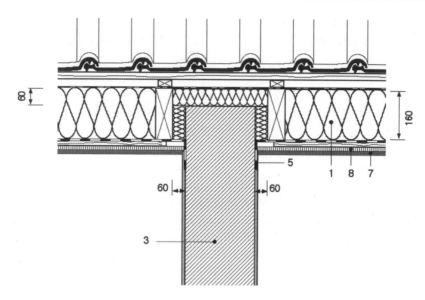

Abb. 5.12 Beispiel einer Ausführung des Dach-Innenwand-Anschlusses nach DIN 4108, Beiblatt 2 [10]. (Legende: 1 Wärmedämmung, 3 Mauerwerk, 7 Gipskartonplatte, 8 Spanplatte)

Für ΔU_{WB} wird ein Wert 0,10 W/(m² · K) vorgesehen, es sei denn, die Regelkonstruktionen entsprechen den in DIN 4108, Beiblatt 2 [10] dargestellten Musterlösungen (z. B. Abb. 5.12).

Ist eine Gleichwertigkeit der in Planung und Ausführung vorgesehenen Anschlüsse mit den im Beiblatt aufgenommenen Anschlusslösungen durch die dargestellten konstruktiven Grundprinzipien unter Berücksichtigung der Bauteilabmessungen und Dämmschichtstärken gegeben, darf bei Details der Kategorie A ΔU_{WB} zu 0,05 W/(m² · K) angesetzt werden. Alle in Kategorie B eingeordnete Planungsbeispiele sind die energetisch (und meist auch feuchteschutztechnisch) höherwertigen Details. Finden bei der Planung von Gebäuden ausschließlich Details der Kategorie B Verwendung, darf der pauschale Wärmebrückenzuschlag auf $\Delta U_{WB} = 0,03$ W/(m² · K) reduziert werden.

5.3.3.2 Lüftungswärmeverluste

Der Lüftungswärmeverlust H_V berechnet sich zu:

$$H_V = n \cdot V \cdot \rho_L \cdot c_{pL} \tag{5.33}$$

mit		
n	h⁻¹	Luftwechsel
V	m³	Raumvolumen (Netto-Volumen)
ρ_L	kg/(m³)	Dichte von Luft
c_{pL}	Wh/(kg · K)	spez. Wärmekapazität von Luft
$\rho_L \cdot c_{pL} = 0,34$ Wh/(m³ · K)		

Im Falle einer natürlichen Lüftung (Fensterlüftung) wird bei einem Gebäude, das nicht auf Luftdichtheit geprüft ist (vgl. Kap. 4) ein Luftwechsel von 0,7 h^{-1} angesetzt. Wird mittels messtechnischer Überprüfung die Einhaltung des Grenzwerts der Luftdichtheit nachgewiesen, kann ein Luftwechsel von 0,6 h^{-1} in Ansatz gebracht werden.

Beim Einsatz von Zu-/Abluftanlagen mit Wärmerückgewinnung beträgt der Luftwechsel standardmäßig $n = 0,6$ h^{-1}; bei Abluftanlagen gilt ein Wert von $n = 0,55$ h^{-1}. Kommt eine mechanische Lüftungsanlage zum Einsatz ist die messtechnische Überprüfung der Gebäudedichtheit erforderlich.

5.3.3.3 Solare Wärmegewinne

Die Wärmeströme Φ_s, die durch transparente und opake Außenbauteile in das Gebäude gelangen, werden gemäß den Gl. (5.34) und (5.35) bestimmt. Bei opaken Außenbauteilen wird die langwellige Abstrahlung mitberücksichtigt.

$$\text{transparent}: \quad \Phi_{s,M} = \sum_{i,j} I_{s,M,j} \cdot F_s \cdot F_C \cdot F_F \cdot g_i \cdot A_i \qquad (5.34)$$

$$\text{opak}: \quad \Phi_s = \sum_{i,j} A_i \cdot U_i \cdot R_e \cdot \left(\alpha_{s,i} \cdot I_j - F_{f,i} \cdot h_r \cdot \Delta\theta_{er} \right) \qquad (5.35)$$

mit		
I	W/m^2	Strahlungsintensität
F_s, F_C	–	Minderungsfaktor infolge Verschattung und Sonnenschutz
F_F	–	Minderungsfaktor infolge Rahmenanteil
g	–	wirksamer Gesamtenergiedurchlassgrad
A	m^2	Fläche des Bauteils
U	W/(m$^2 \cdot$ K)	Wärmedurchgangskoeffizient
$R_e = R_{se}$	(m$^2 \cdot$ K)/W	Wärmeübergangswiderstand außen
α_s	–	Absorptionsgrad des opaken Bauteils
F_f	–	Formfaktor
h_r	W/(m$^2 \cdot$ K)	äußerer Abstrahlungskoeffizient
$\Delta\theta_{er}$	K	Temperaturdifferenz Außenluft/Himmel
i		Bauteil
j		Orientierung

5.3.3.4 Interne Wärmegewinne

Interne Wärmegewinne resultieren im Wesentlichen aus der Wärmeabgabe von Personen und elektrischen Geräten (vgl. Kap. 6).

$$\Phi_i = q_i \cdot A_B \qquad (5.36)$$

mit		
q_i	W/m^2	mittlere interne Wärmegewinne
A_B	m^2	Bezugsfläche

Tab. 5.3 Primärenergiefaktoren nach Gebäudeenergiegesetz 2020 (auszugsweise) [9]

Energieträger		Primärenergie-Faktoren (nicht erneuerbarer Anteil)
Fossile Brennstoffe	Heizöl	1,1
	Erdgas	1,1
	Flüssiggas	1,1
	Steinkohle	1,1
	Braunkohle	1,2
Biogene Brennstoffe	Biogas	1,1
	Bioöl	1,1
	Holz	0,2
Strom	netzbezogen	1,8
	gebäudenah erzeugt (aus Photovoltaik oder Windkraft)	0,0
	Verdrängungsstrommix für KWK	2,8
Wärme, Kälte	Erdwärme, Geothermie, Solarthermie, Umgebungswärme	0,0
	Erdkälte, Umgebungskälte	0,0
	Abwärme	0,0
	Wärme aus KWK, gebäudeintegriert oder gebäudenah	nach Verfahren B gemäß DIN V 18599-9: 2018-09
Siedlungsabfälle		0,0

vorgelagert zehn Prozent mehr Energie aufgewendet werden müssen, bevor das Heizöl zur Verbrennung dem Heizkessel bereitgestellt werden kann. In Tab. 5.3 sind Primärenergiefaktoren für den nicht erneuerbaren Anteil der Energie aufgeführt. Für den Energieträger Holz bedeutet dies, dass die Energie, die im Holz enthalten ist, primärenergetisch nicht berücksichtigt wird, da sie als erneuerbarer Anteil zählt (das Holz wächst nach). Der Primärenergiefaktor für Holz von 0,2 bedeutet, dass für die Bereitstellung von Holz beim Verbraucher für Aufbereitung und Transport 20 Prozent an nicht erneuerbarer Energie benötigt wird.

Die Bilanzanteile für die Heizung sind in Abb. 5.13 schematisch dargestellt. Nach zuvor geschilderter Umwandlung der Primärenergie, wird der Energieträger dem Heizungssystem zugeführt. Bei der Verbrennung fossiler Energieträger (z. B. Heizöl) treten Abgasverluste auf. Zusätzlich gibt der Heizkessel über seine Oberfläche Wärme an seine Umgebung ab (Erzeugungsverluste). Ist ein Speicher vorhanden, so ergeben sich in Abhängigkeit vom Aufstellungsort und der Wärmedämmung des Speichers weitere Wärmeverluste (Speicherverluste). Die Verteilung der Wärme über das Rohrleitungssystem verursacht je nach Dämmniveau der Rohre und der Temperatur des Transportmediums (i. d. R. Wasser) und der Umgebung ebenfalls Wärmeverluste (Verteilverluste). Am Ende der Kette ergeben sich bei der Übergabe der Wärme an den Raum, bedingt durch die Heizkörperanordnung und die Regelungstechnik, die sogenannten Übergabeverluste im Raum. Aus Abb. 5.13 ist ersichtlich, dass auch die benötigte Hilfsenergie (Strom für Pumpen, Regelung, usw.) in die Bilanz einbezogen wird.

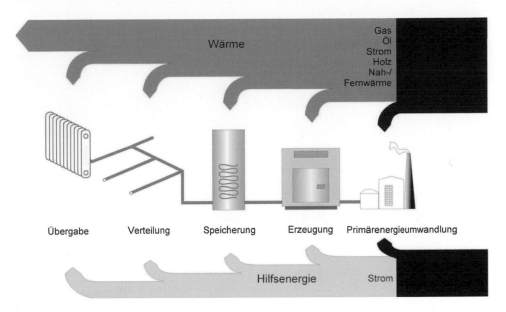

Abb. 5.13 Bilanzierungsanteile Heizungsanlage nach DIN V 4701-10 [8]

Die Verlustanteile für Lüftung (Abb. 5.14) und Trinkwarmwasserbereitung (Abb. 5.15), die in die Bestimmung der Anlagen-Aufwandszahl einfließen, werden analog zu der zuvor beschriebenen Vorgehensweise erfasst. Der zugeführte Wärmeanteil „Abluft" in Abb. 5.14 bedeutet, dass im Falle des Einsatzes einer Zu-/Abluftanlage mit Wärmerückgewinnung (s. Kap. 4) der zurückgewonnene Anteil der Wärme aus der Abluft dem Gebäude wiederzugeführt wird. Die in Abb. 5.15 abgeführten Wärmeanteile „Gutschrift Heizung" stellen die für die Gebäudebeheizung nutzbaren Wärmeverluste des Warmwasserspeichers und der Warmwasserleitungen dar.

Eine einfache Möglichkeit zur Ermittlung der Anlagen-Aufwandszahl bietet das sog. Diagrammverfahren gem. DIN V 4701-10 [8]. Für ein spezifiziertes Anlagensystem (Heizung, Lüftung und Trinkwarmwasserbereitung) wird der Primärenergiebedarf in Abhängigkeit von der Gebäudenutzfläche und dem Jahres-Heizwärmebedarf q_h in einem Diagramm dargestellt. Ein Beispiel hierzu ist in Abb. 5.16 aufgenommen.

Die rechnerische Bestimmung der Anlagen-Aufwandszahl und des Endenergiebedarfs kann über das sog. Tabellenverfahren erfolgen. Anhand der Kenndaten von Standardprodukten, die in einem Anhang der DIN V 4701-10 aufgenommen sind, erfolgt die Berechnung nach einem einfachen Schema und führt zu Ergebnissen, die einem unteren energetischen Niveau der am Markt angebotenen Systeme entsprechen.

Als dritte Möglichkeit kann das ausführliche Rechenverfahren der Norm herangezogen werden. Die Anwendung dieses Verfahrens bietet sich insbesondere dann an, wenn z. B. Herstellerdaten des Wärmeerzeugers oder detaillierte Kenntnisse über Rohrleitungsführung und -länge zur Verfügung stehen. Die Berechnungen führen in der Regel

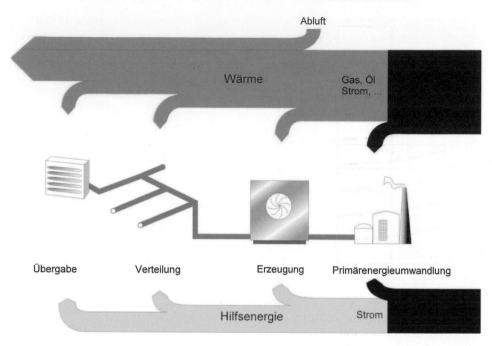

Abb. 5.14 Bilanzierungsanteile Lüftungsanlage nach DIN V 4701-10 [8]

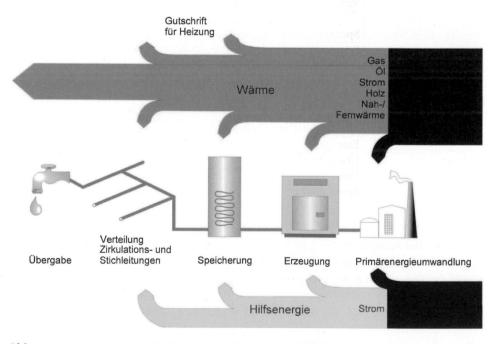

Abb. 5.15 Bilanzierungsanteile Warmwasserbereitung nach DIN V 4701-10 [8]

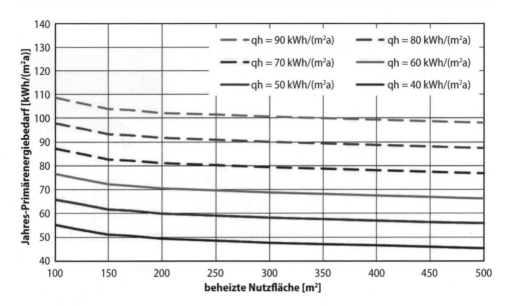

Abb. 5.16 Jahres-Primärenergiebedarf in Abhängigkeit von der beheizten Gebäudenutzfläche und dem Jahres-Heizwärmebedarf für die Anlagenkonfiguration gem. Tab. 5.4

Tab. 5.4 Beispiel einer Anlagenkonfiguration nach DIN V 4701-10 [8, 12]

	Verteilung	Verteilung innerhalb thermischer Hülle, mit Zirkulation
	Speicherung	bivalenter Solarspeicher, Aufstellung innerhalb thermischer Hülle
Trinkwassererwärmung	Erzeugung	zentral, Brennwertkessel und Flachkollektor
Heizung	Übergabe	Radiatoren, Anordnung im Außenwandbereich, Thermostatventile 1 K
	Verteilung	horizontale Verteilung innerhalb thermischer Hülle, Verteilungsstränge innenliegend, geregelte Pumpen
	Speicherung	keine Speicherung
	Erzeugung	Brennwertkessel 55/45 °C innerhalb thermischer Hülle
Lüftung	Übergabe	Lufttemperaturen < 20 °C
	Verteilung	Verteilung beheizt, WRG durch WÜT
	Erzeugung	Abluft/Zuluft mit WRG 80 %, Luftwechsel 0,4 h^{-1}, zentral, DC-Ventilatoren

zu günstigeren Anlagen-Aufwandszahlen. Es besteht auch die Möglichkeit, die Rechenverfahren zu „mischen", d. h. es kann z. B. die Erzeugeraufwandszahl nach dem ausführlichen Rechenverfahren bestimmt werden und dieser Wert wird im Tabellenverfahren eingesetzt.

5.3.6 Energetische Bewertung von Anlagensystemen gemäß DIN V 18599

Alternativ zu den zuvor beschriebenen Verfahren ist die energetische Bewertung von Anlagensystemen auch nach DIN V 18599 [13] möglich. Generell ist dieses Verfahren komplexer, genauer und sowohl für Alt- als auch für Neubauten anwendbar. Ein Diagrammverfahren, ein Tabellenverfahren sowie der Begriff der Anlagenaufwandszahl sind nicht Bestandteil dieses Rechenverfahrens. Eine Übersicht über die unterschiedlichen Ansätze zeigt Tab. 5.5. Genauere Erläuterungen sowie die wesentlichen Unterschiede zwischen den beiden Rechenverfahren finden sich im Kapitel „Gebäudeenergiegesetz".

5.3.7 Einflussgrößen auf den Primärenergiebedarf von Wohngebäuden

Am Beispiel eines Einfamilienhauses (Abb. 8.8) wird aufgezeigt, wie sich unterschiedliche bauliche, anlagentechnische und nutzungsbedingte Einflüsse auf die Höhe des Jahres-Primärenergiebedarfs auswirken. Die Berechnungen erfolgen auf Basis von DIN V 4108-6 [7] und DIN V 4701-10 [8].

In Abb. 5.17 bis 5.19 sind Varianten der verschiedenen Einflussgrößen dargestellt. Der Ausgangsfall entspricht dem Jahres-Primärenergiebedarf eines Einfamilienhauses (Beispielberechnung in Abschn. 8.3.2) mit $Q_P = 40{,}8$ kWh/(m² · a).

5.3.7.1 Bauliche Einflüsse
Wird der bauliche Wärmeschutz gemäß den Zahlenwerten in Abb. 5.17 verbessert, ergibt sich eine Bedarfsreduktion um ca. 7 kWh/(m² · a). Eine analoge Ausführung des baulichen

Tab. 5.5 Gegenüberstellung der Berechnungsverfahren

DIN V 4701-10	DIN V 18599
Monatsbilanzverfahren (baulich)	Monatsbilanzverfahren (baulich und anlagentechnisch)
„Trennung der Gewerke" Q_h und e_p	Keine Trennung
Nutzenergie Trinkwarmwasser pauschal (12,5 kWh/(m² · a))	Nutzenergie Trinkwarmwasser in Abhängigkeit von der Größe der Nettogrundfläche der versorgten Wohneinheiten
Interne Wärmeeinträge pauschal (5 W/m²)	Nutzenergie Trinkwarmwasser nach Nutzung (EFH und MFH) differenziert (1,9 und 3,8 W/m²)
Heizwertbezug	Brennwertbezug
Pauschale Annahme von Wärmeeinträgen aus Anlagentechnik	Iterative Bestimmung der Wärmeeinträge aus Anlagentechnik
Bestandsanlagen in anderen Normenteilen/**P**ublicly **A**vailable **S**pecification	Bestandsanlagen integriert

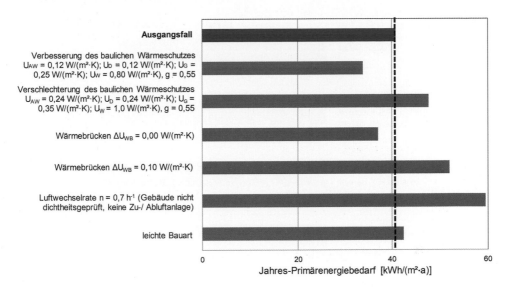

Abb. 5.17   Jahres-Primärenergiebedarf für ein Einfamilienhaus bei Variation baulicher Einflüsse

Wärmeschutzes mit einem schlechteren Niveau, führt zu einer Erhöhung des Primärener-giebedarfs um ca. 7 kWh/(m² · a).

Mit der Umsetzung optimierter Anschlussdetails können Wärmebrückenverluste redu-ziert werden. Aus einem Wärmebrückenkorrekturwert $U_{WB} = 0$ W/(m² · K) resultiert der Jahres-Primärenergiebedarf von rd. 37 kWh/(m² · a). Infolge schlechter Wärmebrücken-ausführungen ($U_{WB} = 0{,}10$ W/(m² · K)) steigt der zuletzt genannte Wert um ca. 15 kWh/(m² · a) an.

Wird eine ausreichende Gebäudedichtheit, die nach DIN 4108-7 [14] gefordert ist, nicht erreicht, ergibt sich mit einem Luftwechsel von $n = 0{,}7$ h^{-1} ein Jahres-Primärenergiebedarf von 59,5 kWh/(m² · a). In diesem Fall ist keine Zu-/Abluftanlage berücksichtigt.

Der Einfluss der Bauart (schwer/leicht), ausgedrückt durch die Wärmespeicherfähig-keit, liegt bei Berücksichtigung von sieben Stunden Nachtabschaltung bei etwa 4 % zu Gunsten der schweren Bauweise (pauschale Ansätze gem. DIN V 4108-6).

5.3.7.2 Anlagentechnische Einflüsse

Beim Einsatz eines Niedertemperatur-Heizsystems ergibt sich aufgrund der größeren Erzeuger-Aufwandszahl eine Erhöhung des Jahres-Primärenergiebedarfs gegenüber dem Ausgangsfall von ca. 4 kWh/(m² · a), Abb. 5.18. Werden die Rohrleitungen nicht wie im Ausgangsfall im beheizten, sondern im nicht beheizten Bereich geführt, liegt der Jahres-Primärenergiebedarf bei 44,7 kWh/(m² · a).

Die Berücksichtigung einer Sole/Wasser-Wärmepumpe führt insbesondere aufgrund des verringerten Primärenergiefaktors für Strom zu einer Absenkung des Jahres-Primärenergiebedarfs um rd. 40 %.

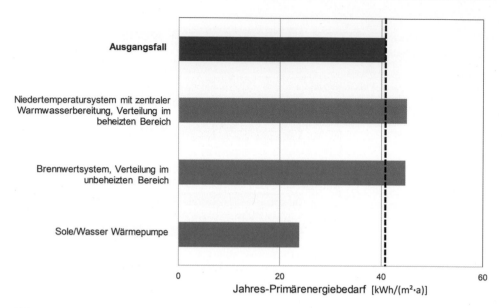

Abb. 5.18 Jahres-Primärenergiebedarf für ein Einfamilienhaus bei Variation anlagentechnischer Einflüsse

Das Rechenverfahren der DIN V 4108-6 setzt als mittlere Raumlufttemperatur einen Wert von 19 °C an. Hierbei ist die räumliche Teilbeheizung berücksichtigt, d. h. es wird davon ausgegangen, dass nicht alle Räume eines Gebäudes auf normale Raumlufttemperaturen beheizt werden. Setzt man bei der Berechnung eine Raumlufttemperatur von durchschnittlich 17 °C an, liegt der Jahres-Primärenergiebedarf gem. Abb. 5.19 bei 32,1 kWh/(m² · a). Bei einer erhöhten Raumlufttemperatur von 21 °C erhöht sich der Bedarf im Vergleich zum Ausgangsfall um ca. 10 kWh/ (m² · a) bzw. um rd. 24 %.

Die Berücksichtigung standortspezifischer Klimadaten führt für Mannheim, dem Referenzort für die Region 12 gemäß DIN 4108-6 [7] zu einer Reduktion des Jahres-Primärenergiebedarfs von ca. 10 kWh/(m² · a). Unter Zugrundelegung der Klimadaten des Referenzortes für die Region 10 (Hof) nimmt der Bedarf auf 51,6 kWh/(m² · a) zu.

5.4   Gebäudebilanzen für Nichtwohngebäude

Eine Berechnung des Jahres-Primärenergiebedarfs für Nichtwohngebäude kann auf Basis des im Weiteren vorgestellten Verfahrens der DIN V 18599 [13] erfolgen. Die Berechnungen erlauben die Beurteilung aller Energiemengen, die zur bestimmungsgemäßen Heizung, Warmwasserbereitung, raumlufttechnischen Konditionierung und Beleuchtung von Gebäuden notwendig sind. Dabei berücksichtigt das Verfahren auch die gegenseitige Beeinflussung von Energieströmen und die daraus resultierenden planerischen Konsequenzen. Neben dem Berechnungsverfahren werden auch nutzungsbezogene Randbedin-

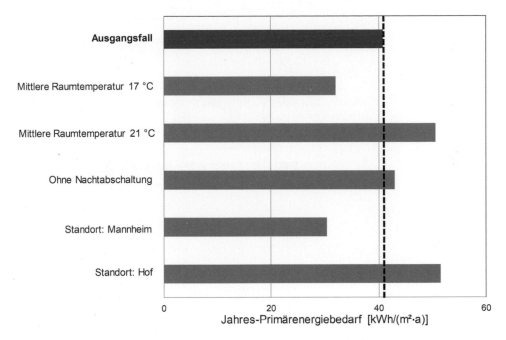

Abb. 5.19 Jahres-Primärenergiebedarf für ein Einfamilienhaus bei Variation nutzungsbedingter Einflüsse

gungen fur eine neutrale Bewertung zur Ermittlung des Energiebedarfs angegeben (unabhängig von individuellem Nutzerverhalten und lokalen Klimadaten). Das Verfahren ist geeignet, den langfristigen Energiebedarf für Gebäude oder auch Gebäudeteile zu ermitteln und die Einsatzmöglichkeiten emeuerbarer Energien für Gebäude abzuschätzen. Die normativ dokumentierten Algorithmen sind anwendbar für die cncrgetische Bilanzierung von

- Wohn- und Nichtwohnbauten sowie
- Neubauten und Bestandsbauten.

Die Vorgehensweise der Bilanzierung ist geeignet für:

- eine Energiebedarfsbilanzierung von Gebäuden mit teilweise festgelegten Randbedingungen im Rahmen des öffentlich-rechtlichen Nachweises nach Gebäudeenergiegesetz,
- eine allgemeine, ingenieurmäßige Energiebedarfsbilanzierung von Gebäuden mit frei wählbaren Randbedingungen,

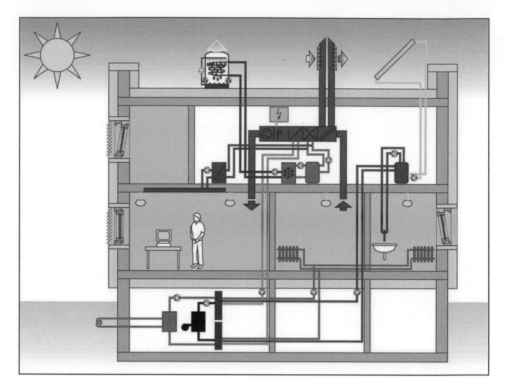

Abb. 5.20 Schematische Darstellung des Umfangs der Energiebilanz nach DIN V 18599 [13]

- eine allgemeine, ingenieurmäßige Energiebilanzierung von Gebäuden mit dem Ziel des Abgleichs zwischen Energiebedarf und Energieverbrauch (Bedarfs-Verbrauchs-Abgleich) mit frei wählbaren Randbedingungen.

Abb. 5.20 zeigt schematisch den Umfang der Energiebilanz nach DIN V 18599 auf. DIN V 18599 besteht aus dreizehn Teilen mit nachfolgenden Bezeichnungen:

- Teil 1: Allgemeine Bilanzierungsverfahren, Begriffe, Zonierung und Bewertung der Energieträger
- Teil 2: Nutzenergiebedarf für Heizen und Kühlen von Gebäudezonen
- Teil 3: Nutzenergiebedarf für die energetische Luftaufbereitung
- Teil 4: Nutz- und Endenergiebedarf für Beleuchtung
- Teil 5: Endenergiebedarf von Heizsystemen
- Teil 6: Endenergiebedarf von Wohnungslüftungsanlagen und Luftheizungsanlagen für den Wohnungsbau
- Teil 7: Endenergiebedarf von Raumlufttechnik- und Klimakältesystemen für den Nicht-wohnungsbau
- Teil 8: Nutz- und Endenergiebedarf von Warmwasserbereitungssystemen

- Teil 9: End- und Primärenergiebedarf von Kraft-Wärme-Kopplungsanlagen
- Teil 10: Nutzungsrandbedingungen, Klimadaten
- Teil 11: Gebäudeautomation
- Teil 12: Tabellenverfahren Wohngebäude
- Teil 13: Tabellenverfahren Nichtwohngebäude

Nachfolgend wird ein kurzer Überblick über die Grundzüge der einzelnen Normeneile gegeben.

5.4.1 Energiebedarf des Gebäudes

Teil 1 der DIN V 18599 liefert einen Überblick über das Vorgehen bei der Berechnung des Nutz-, End-, und Primärenergiebedarfs für die Beheizung, Kühlung, Beleuchtung und Warmwasserbereitung für Gebäude. Es werden allgemeine Definitionen bereitgestellt, die übergreifend für alle Normteile gelten. Die allgemeine Bilanzierungsmethodik und die zentralen Bilanzgleichungen werden vorgestellt, wobei gesonderte Hinweise für die Berechnung von Wohn- und Nichtwohngebäuden gegeben werden.

Die Endenergien eines Gebäudes oder einer Zone (dies ist ein Teil eines Gebäudes mit gleichen oder ähnlichen Nutzungsrandbedingungen und gleicher Anlagentechnik) werden getrennt nach Energieträgern ausgewiesen. Alle Endenergieanteile, die zur Deckung des Energiebedarfs eines Nichtwohngebäudes verwendet werden, sind in Gl. (5.40) aufgeführt.

$$Q_f = Q_{h,f} + Q_{h*,f} + Q_{c*,f} + Q_{m*,f} + Q_{w,f} + Q_{l,f} + W_f \qquad (5.40)$$

mit		
$Q_{h,f}$	kWh/a	Endenergie für das Heizsystem
$Q_{h*,f}$	kWh/a	Endenergie für die RLT-Heizfunktion
$Q_{c,f}$	kWh/a	Endenergie für das Kühlsystem
$Q_{c*,f}$	kWh/a	Endenergie für die RLT-Kühlfunktion
$Q_{m*,f}$	kWh/a	Endenergie für die Befeuchtung
$Q_{w,f}$	kWh/a	Endenergie für Trinkwarmwasser
$Q_{l,f}$	kWh/a	Endenergie für Beleuchtung
W_f	kWh/a	Endenergie für Hilfsenergien

Die Endenergien werden so zusammengefasst, dass sie anschließend mit Primärenergiefaktoren bewertet werden können. Energieträger sind demnach Strom, die verschiedenen Brennstoffe und Fern- und Nahwärmearten (s. Tab. 5.3).

Der brennwertbezoge Primärenergiebedarf wird mittels Gl. (5.41) bestimmt.

$$Q_{p,HS} = \sum_j \left(Q_{f,j} \cdot f_{p,j} \right) \qquad (5.41)$$

mit		

$Q_{\mathrm{p,HS}}$	kWh/a	brennwertbezogene Primärenergie
$Q_{\mathrm{f,j}}$	kWh/a	die Endenergie je nach Energieträger j auf den Brennwert bezogen
f_{p}	–	der Primärenergiefaktor

5.4.2 Nutzenergiebilanz einer Gebäudezone

Der Normenteil „Nutzenergiebedarf für Heizen und Kühlen von Gebäudezonen" bildet die Grundlage der Bilanzierung des Nutzenergiebedarfs für Heizen und Kühlen einer Gebäudezone (Heizwärme- und Kältebedarf). Die für DIN V 18599-2 entwickelte Methodik integriert die in Abschn. 5.3 geschilderten Verfahren zur Ermittlung des Heizwärmebedarfs und erweitert diese um die Ermittlung des Kühlbedarfs und um den Einbezug von raumlufttechnischen Anlagen. Der Kühlbedarf wird aus dem Anteil der „für Heizzwecke nicht nutzbaren Wärmeeinträge" ermittelt. Für gekühlte Gebäude stellt dieser Teil der Wärmegewinne diejenige Wärmemenge dar, die durch die Kühlung abgeführt werden muss. Umfassende Darstellungen der Grundlagen des Berechnungsverfahrens von DIN V 18599-2 finden sich in [15].

Grundsätzlich werden für die Energiebilanz Gebäudezonen betrachtet und der Wärmebedarf für diese einzeln ermittelt. Der Wärmebedarf ergibt sich dabei einerseits aus den Wärmesenken (z. B. Wärmeverluste über Außenbauteile) und den mit einem Ausnutzungsgrad gewichteten Wärmequellen (z. B. Wärmegewinne durch solare Einstrahlung). Der Ausnutzungsgrad ist abhängig von dem Verhältnis der Wärmequellen zu den Wärmesenken und der thermischen Masse der Gebäudezone.

Die Bilanzierung der Nutzenergien für Heizen und Kühlen ist in Abb. 5.21 schematisch dargestellt.

5.4.3 Nutzenergiebilanz der Luftaufbereitung

Bei Vorhandensein einer Anlage zur Luftaufbereitung, also einer Lüftungs- oder Klimaanlage ist der Nutzenergieaufwand für die Konditionierung der Luft von Außenluft- auf Zuluftbedingungen nach DIN V 18599-3 zu ermitteln. Die Konditionierung kann die Erwärmung, die Kühlung und die Befeuchtung der Luft umfassen.

Für eine Anzahl von Musteranlagen sind für den Referenzstandort nach Gebäudeenergiegesetz die spezifischen Aufwände (auf den m³ Luft bezogen) für die genannten Konditionierungsarten mithilfe von Simulationsberechnungen ermittelt worden und in tabellarischer Form in der Norm aufgenommen. Mit Kenntnis der für ein Gebäude erforderlichen Zuluftvolumenströme, Zulufttemperaturen und Betriebszeiten kann der Energiebedarf für die Luftaufbereitung einfach quantifiziert werden.

Die als Musteranlagen hinterlegten System reichen von einfachen Anlagen, wie z. B. einer Zu-/Abluftanlage mit Vorerwärmung bis hin zu komplexen Klimaanlagen, wie z. B. ei-

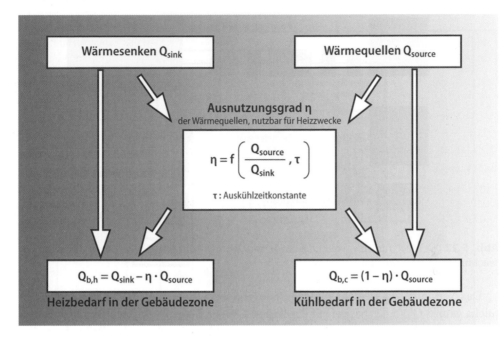

Abb. 5.21 Schematische Darstellung der Bilanzierung der Nutzenergien für Heizen und Kühlen [13]

ner Anlage mit Wärmetauscher, Vorheizung, Kühlung, Befeuchtung und Nachheizung. Ein Beispiel ist in Abb. 5.22 aufgenommen.

5.4.4 Beleuchtung

Die Ermittlung des Nutz- und Endenergiebedarfs für Beleuchtungszwecke kann unter Berücksichtigung des künstlichen Beleuchtungssystems, der Tageslichtversorgung, von Beleuchtungskontrollsystemen und der Nutzungsanforderungen mit DIN V 18599-4 erfolgen.

$$Q_{\mathrm{l,f}} = p \cdot \left[A_{TL} \cdot \left(t_{\mathrm{eff,Nacht}} + t_{\mathrm{eff,Tag,TL}} \right) + A_{\mathrm{KTL}} \cdot \left(t_{\mathrm{eff,Nacht}} + t_{\mathrm{eff,Tag,KTL}} \right) \right] \quad (5.42)$$

mit		
p	W/m^2	spezifische elektrische Bewertungsleistung
aTL	m^2	Teilfläche des Bereichs der mit Tageslicht versorgt ist
aKTL	m^2	Teilfläche des Bereichs der nicht mit Tageslicht versorgt ist
$t_{\mathrm{eff,Tag,TL}}$	h	effektive Betriebszeit des Beleuchtungssystems im tageslichtversorgten Bereich zur Tagzeit
$t_{\mathrm{eff,Tag,KTL}}$	h	effektive Betriebszeit des Beleuchtungssystems im nicht tageslichtversorgten Bereich zur Tagzeit
$t_{\mathrm{eff,Nacht}}$	h	effektive Betriebszeit des Beleuchtungssystems in dem Bereich zur Nachtzeit

Für die Bewertung von Dampfbefeuchtungssystemen werden Kennwerte für die einfache Berechnung der Endenergie in Abhängigkeit der Art der Dampferzeugung angegeben.

5.4.7 Nutzungsrandbedingungen

In DIN V 18599-10 werden Randbedingungen für Wohn- und Nichtwohngebäude sowie Klimadaten bereitgestellt. Die aufgeführten Nutzungsrandbedingungen können als Grundlagen für den öffentlich-rechtlichen Nachweis herangezogen werden und bieten darüber hinaus Informationen für Anwendungen im Rahmen der Energieberatung.

Die Nutzungsrandbedingungen für die energetische Bewertung von Nichtwohngebäuden sind erstmals in einer Norm in umfangreichem Maße zusammengestellt. In einer Tabelle werden Richtwerte der Nutzungsrandbedingungen für insgesamt 43 Nutzungen aufgeführt. Die Gliederung der Tabelle sieht die Angabe von Nutzungs- und Betriebszeiten sowie Nutzungsrandbedingungen zu Beleuchtung, Raumklima und Wärmequellen vor. Weiterhin sind für eine Auswahl von Nutzungen Richtwerte des Nutzenergiebedarfs für Trinkwarmwasser aufgenommen.

5.4.8 Gebäudeautomation

Teil 11 der Normenreihe stellt den Einfluss der Steuerung und Regelung sowie der Raum- und Gebäudeautomation einschließlich des technischen (energetischen) Gebäudemanagements auf den Energiebedarf eines Gebäudes im Betrieb dar. Es werden Automationsklassen definiert, welche die in den Normenteilen 2 bis 9 für den Betrieb von Heizungs-, Trinkwarmwasser-, Lüftungs-, Klima- und Beleuchtungsanlagen relevanten Steuer-, Regel- und Automationsfunktionen umfassen.

5.4.9 Tabellenverfahren

Die Tabellenverfahren in den Teilen 12 und 13 ermöglichen die Energiebedarfsbilanzierung von Gebäuden mit teilweise festgelegten Randbedingungen.

In Teil 12 wird die energetische Bewertung von Neu- und Bestandsbauten im Bereich von Wohngebäuden – mit einigen Einschränkungen gegenüber dem allgemeinen Verfahren – behandelt.

Das Verfahren in Teil 13 ist anwendbar für einzonige, ungekühlte Nichtwohngebäude mit einer Nettogrundfläche ≤ 5000 m^2 und folgenden Gebäudetypen:

- Bürogebäude, ggf. mit Verkaufseinrichtung, Gewerbebetrieb oder Gaststätte,
- Gebäude des Groß- und Einzelhandels mit höchstens 1000 m^2 Nettogrundfläche, wenn neben der Hauptnutzung nur Büro-, Lager-, oder Verkehrsflächen vorhanden sind,

- Gewerbebetriebe mit höchstens 1000 m² Nettogrundfläche, wenn neben der Hauptnutzung nur Büro-, Lager-, Sanitär- oder Verkehrsflächen vorhanden sind,
- Schulen, Turnhallen, Kindergärten und -tagesstätten und ähnliche Einrichtungen,
- Beherbergungsstätten ohne Schwimmhalle, Sauna oder Wellnessbereich und
- Bibliotheken.

Literatur

1. Bansal, N.K.; Hauser, G. und Minke, G.: Passive Building Design. A Handbook of Natural Climatic Control. Elsevier Science B.V., Amsterdam, London, New York, Tokyo 1994.
2. Hauser, G.: Passive Sonnenenergienutzung durch Fenster, Außenwände und temporäre Wärmeschutzmaßnahmen – Eine einfache Methode zur Quantifizierung durch k_{eq}-Werte. HLH 34 (1983), H. 3, S. 111–112, H. 4, S. 144–153, H. 5, S. 200–204, H. 6, S. 259–265.
3. Hens, H.: Building Physics – Heat, Air and Moisture. Ernst & Sohn Verlag Berlin (2007).
4. DIN EN 673:2011-04: Glas im Bauwesen. Bestimmung des Wärmedurchgangskoeffizienten (U-Wert). Berechnungsverfahren.
5. Hauser, G.: Rechnerische Vorherbestimmung des Wärmeverhaltens großer Bauten. Dissertation Universität Stuttgart (1977).
6. Möhl, U., Hauser, G. und Müller, H.: Baulicher Wärmeschutz, Feuchteschutz und Energieverbrauch. Expert Verlag, Kontakt & Studium, Bauwesen. Band 131. Grafenau (1984).
7. DIN V 4108-6:2003-06: Wärmeschutz und Energieeinsparung in Gebäuden, Teil 6: Berechnung des Jahres-Heizwärme- und des Jahresheizenergiebedarfs.
8. DIN V 4701-10:2006-12: Energetische Bewertung heiz- und raumlufttechnischer Anlagen – Teil 10: Heizung, Trinkwassererwärmung, Lüftung, 08/2003 mit Änderungsblatt DIN V 4701-10/A1.
9. Gesetz zur Einsparung von Energie und zur Nutzung erneuerbarer Energien zur Wärme- und Kälteerzeugung in Gebäuden (Gebäudeenergiegesetz – GEG), Bundesgesetzblatt, Jahrgang 2020, Teil I, Nr. 37, Bundesanzeiger Verlag, 13. August 2020, S. 1728–1794.
10. DIN 4108 Beiblatt 2:2019-06: Wärmeschutz und Energie-Einsparung in Gebäuden – Wärmebrücken, Planungs- und Ausführungsbeispiele.
11. DIN 4108-2:2013-02: Wärmeschutz und Energieeinsparung in Gebäuden. Mindestanforderungen an den Wärmeschutz.
12. DIN V 4701-10 Bbl 1, Energetische Bewertung heiz- und raumlufttechnischer Anlagen – Teil 10: Heizung, Trinkwassererwärmung, Lüftung; Beiblatt 1: Anlagenbeispiele, 02/2007.
13. DIN V 18599:2018-09: Energetische Bewertung von Gebäuden – Berechnung des Nutz-, End- und Primärenergiebedarfs für Heizung, Kühlung, Lüftung, Trinkwarmwasser und Beleuchtung.
14. DIN 4108-7:2011-01: Wärmeschutz und Energie-Einsparung in Gebäuden – Teil 7: Luftdichtheit von Gebäuden – Anforderungen, Planungs- und Ausführungsempfehlungen sowie – beispiele.
15. David, R., de Boer, J., Erhorn, H., Reiß, J., Rouvel, L., Schiller, H., Weiß, N., Wenning, M.: Heizen, Kühlen, Belüften & Beleuchten. Bilanzierungsgrundlagen nach DIN V 18599. Fraunhofer IRB Verlag, Stuttgart, 2006.

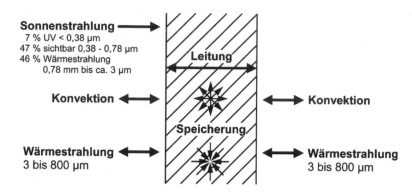

Abb. 6.1 Einflussgrößen auf das Wärmeverhalten eines Bauteils [1]

6.1.1 Wärmespeicherung

Baukonstruktionen und Einrichtungsgegenstände in Gebäuden weisen eine gewisse Wärmespeicherfähigkeit auf. Die Materialien können bei Erwärmung Wärme aufnehmen und bei Abkühlung Wärme abgeben. Der Effekt der Wärmespeicherung wird somit bedeutsam, wenn instationäre Vorgänge des Heizens oder Kühlens bei einem Gebäude vorliegen. Ebenso spielt die Wärmespeicherfähigkeit eine Rolle im Hinblick auf die Einspeicherung solarer Wärmeeinträge im Sommer und im Winter.

Die Fähigkeit der Wärmeaufnahme hängt ab von der Masse der speichernden Materialien (und damit der Rohdichte der Materialien) und der spezifischen Wärmekapazität, die ein Material aufweist. Die Wärmemenge, die ein Material aufnehmen kann, ist direkt proportional zur

- spezifischen Wärmekapazität des Materials,
- der Masse des Materials und
- der Temperaturdifferenz zwischen Bauteil und Umgebung

Die gespeicherte Wärmemenge Q kann mit Gl. (6.2) berechnet werden.

$$Q = c \cdot \rho \cdot V \cdot \Delta\theta \tag{6.2}$$

mit		
c	Wh/(kg · K)	spez. Wärmekapazität
ρ	kg/m³	Rohdichte
V	m³	Volumen
$\Delta\theta$	K	Temperaturdifferenz

Werte für die spezifische Wärmekapazität sind in Tab. 6.1 und Abb. 6.2 für einige Stoffe bzw. Baumaterialien angegeben. Umfassende Stoffdaten sind z. B. in DIN EN ISO 10456

Tab. 6.1 Spezifische Wärmekapazität und Rohdichte für einige Stoffe bzw. Baumaterialien

Stoffe	c [Wh/(kg K)]	ρ [kg/m³]	$c \cdot \rho$ [Wh/(m³ K)]
Wasser	1,163	1000	1163
Beton	0,278	2400	667
Hartschaum	0,403	35	14
Holz	0,444	700	311
Luft	0,278	1,23	0,34

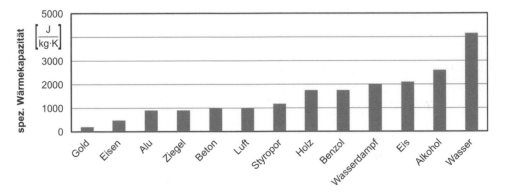

Abb. 6.2 Spezifische Wärmekapazität verschiedener Materialien, nach [2]

[3] und im VDI-Wärmeatlas [4] zu finden. Tab. 6.1 gibt ebenfalls Werte für die Rohdichte von ausgewählten Materialien an. In der Bauphysik wird statt des allgemeinen Begriffs „Dichte" der Begriff „Rohdichte" verwendet. Dies ist die Masse eines porösen Materials bezogen auf das Volumen einschließlich der Poren- oder Hohlräume.

Über Gl. (6.2) kann auch ausgedrückt werden, welche Temperaturdifferenz erforderlich ist, um für ein vorgegebenes Volumen in verschiedene Materialien eine gleiche Wärmemenge einzubringen. So müsste beispielsweise 1 m³ Luft eine Temperaturerhöhung von 294 K erfahren, um 100 Wh an Wärmeenergie zu speichern. Demgegenüber führt eine Wärmezufuhr von 100 Wh in 1 m³ Beton zu einer Temperaturveränderung von rund 0,14 K. Aus diesem einfachen Beispiel wird deutlich, wie Baumaterialien dazu beitragen können, die Raumlufttemperaturen zu dämpfen.

In Abb. 6.3 ist die Wärmeaufnahme für unterschiedliche Materialien bzw. Konstruktionen bezogen auf 1 m² Bauteilfläche angegeben. Für die Erhöhung der Temperatur von 10 °C auf 20 °C muss einem 30 cm starken Betonbauteil rund 2,0 kWh/m² zugeführt werden. Eine Temperaturerhöhung um 10 K erfordert für einen Dämmstoff aus Hartschaum eine Wärmezufuhr von rd. 0,04 kWh/m². Ein Bauteil bestehend aus beiden zuvor genannten Materialien mit einem Kern aus 30 cm Beton und beidseitiger Dämmung mit 4 cm Hartschaum benötigt eine Wärmezufuhr von rund 2,01 kWh/m² für die Anhebung der Bauteiltemperatur von 10 °C auf 20 °C. Der Vergleich zeigt, dass Beton offensichtlich ein deutlich besserer Wärmespeicher ist als der Dämmstoff.

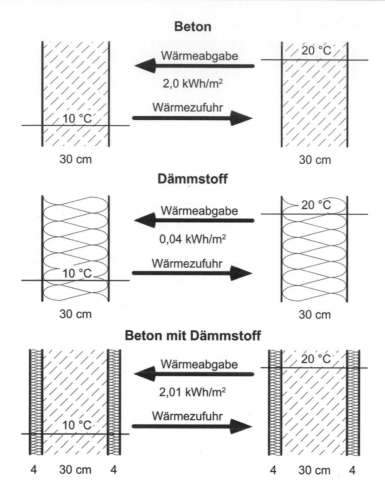

Abb. 6.3 Wärmeaufnahme und -abgabe unterschiedlicher Materialien bzw. Konstruktionen [1]

Die „Baukonstruktionen" aus Abb. 6.3 werden im Folgenden als Konstruktionen für eine Innenwand bzw. eine Außenwand betrachtet. Es werden jeweils die Veränderungen der Bauteiltemperaturen bei einer sprunghaften Erhöhung der Raumlufttemperatur, bei einem sprunghaften Absenken der Raumlufttemperatur und bei periodisch ansteigender und absteigender Raumlufttemperatur betrachtet. In Abb. 6.4 bis 6.9 werden die jeweiligen Fälle wiedergegeben, wobei jeweils die Veränderungen der Umgebungstemperaturen (Bilder oben) und die sich zeitlich einstellenden Temperaturverläufe in den Bauteilen dargestellt sind [1]. Im Einzelnen ergeben sich folgende Aussagen.

Steigt die Raumlufttemperatur sprunghaft auf beiden Seiten der Konstruktion von der Ausgangstemperatur 10 °C auf 20 °C (Abb. 6.4), bleibt die Kerntemperatur bei dem Betonbauteil auch nach 2 Stunden nahezu unverändert. Die Oberflächentemperatur steigt nur langsam an, erst nach einer Zeit von 48 h wird näherungsweise die Raumlufttemperatur auf den Oberflächen und im Kern des Bauteils erreicht. Die Dämmstoffkonstruktion

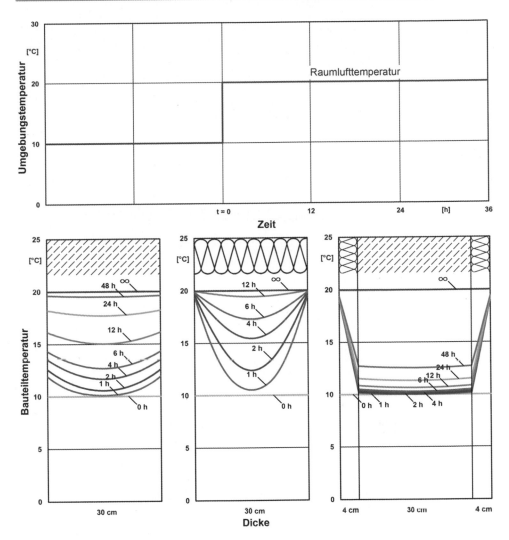

Abb. 6.4 Aufheizverhalten einer Innenwand, in Anlehnung an [1]. (links: Beton, mittig: Dämmstoff, rechts: Beton mit Dämmstoff, oben jeweils Randbedingungen.)

reagiert an der Bauteiloberfläche sehr schnell. Bereits nach einer Stunde ist auch im Kern des Bauteils näherungsweise die Raumlufttemperatur erreicht. Die Konstruktion bestehend aus dem Betonkern mit beidseitiger Dämmstoffschicht führt zu einem schnellen Temperaturanstieg an den Bauteiloberflächen; der Kern der Konstruktion weist auch nach 48 h noch eine sehr niedrige Temperatur auf.

Beim Auskühlverhalten der Konstruktionen als Innenwand (Abb. 6.5) stellen sich gegenüber dem zuvor geschilderten Fall umgekehrte Verläufe dar. Die schwere Konstruktion reagiert träge, die leichte Konstruktion und die geschichtete Konstruktion reagieren schnell an den Bauteiloberflächen.

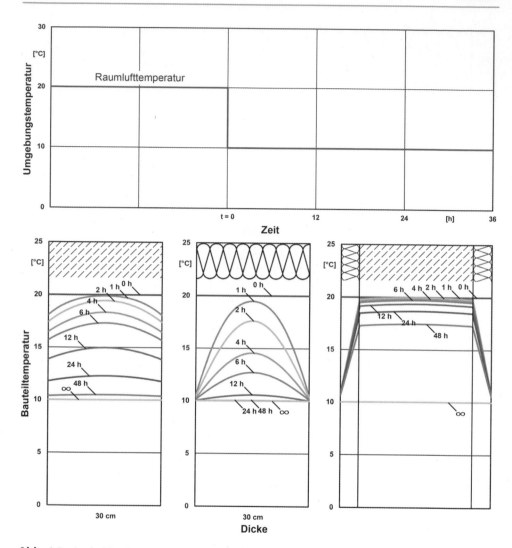

Abb. 6.5 Auskühlverhalten einer Innenwand, in Anlehnung an [1]. (links: Beton, mittig: Dämmstoff, rechts: Beton mit Dämmstoff, oben jeweils Randbedingungen.)

Bei periodischen Randbedingungen (Abb. 6.6) schwankt die Temperatur im Kern und an der Oberfläche des Betonbauteils mit maximal rd. +/− 3 K ggü. der Mitteltemperatur von 20 °C. Das leichte Bauteil weist sehr große Temperaturschwankungen auf. Dies gilt für den Bauteilkern und insbesondere für die Bauteiloberflächen. Die geschichtete Konstruktion führt zu dem erwarteten Ergebnis, dass die Temperaturschwankungen im Kern äußerst gering sind; hingegen resultiert an den Oberflächen ein schnelles Nachfolgen der Raumlufttemperaturen.

Werden die Bauteile als Außenwand betrachtet, ergeben sich die Temperaturprofile des Aufheizverhaltens gemäß Abb. 6.7. Die Außenwand aus Stahlbeton weist im Ausgangs-

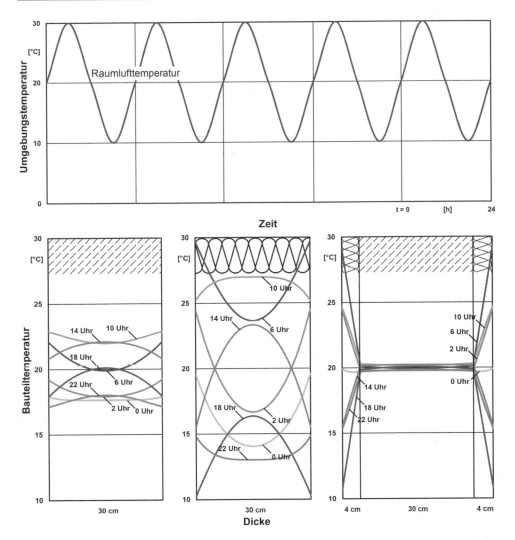

Abb. 6.6 Auskühl-/Aufheizverhalten einer Innenwand, in Anlehnung an [1]. (links: Beton, mittig: Dämmstoff, rechts: Beton mit Dämmstoff, oben jeweils Randbedingungen.)

zustand eine vergleichsweise niedrige, raumseitige Oberflächentemperatur auf. Auch die äußere Oberflächentemperatur liegt deutlich über der Außenlufttemperatur von 0 °C. Der sprunghafte Anstieg der Raumlufttemperatur führt nur langsam zu einem Anstieg der Oberflächentemperatur; noch langsamer steigt die Temperatur im Kern des Bauteils. Das Außenbauteil bestehend aus Dämmstoff weist wie erwartet ein flinkes Verhalten hinsichtlich der Änderung der raumseitigen Oberflächentemperatur auf. Bereits nach kurzer Zeit wird eine raumseitige Oberflächentemperatur nahe der Raumlufttemperatur erreicht. Dies gilt auch für die geschichtete Konstruktion. Hier liegen die Oberflächentemperaturen nahe bei den Umgebungstemperaturen, die Kerntemperatur schwankt nur wenig.

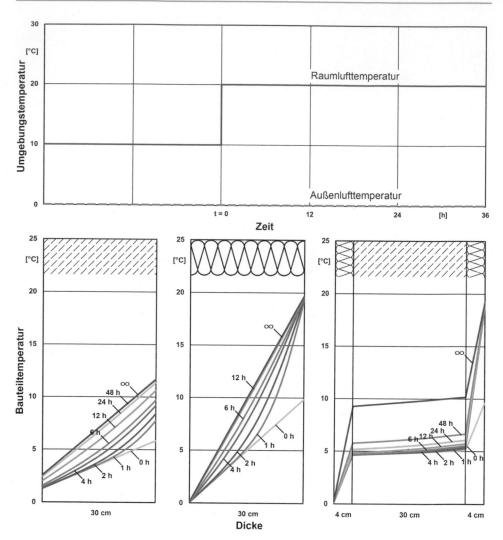

Abb. 6.7 Aufheizverhalten einer Außenwand, in Anlehnung an [1]. (links: Beton, mittig: Dämmstoff, rechts: Beton mit Dämmstoff, oben jeweils Randbedingungen.)

In Abb. 6.8 ist das Auskühlverhalten einer Außenwand dargestellt. Infolge des geringen Wärmedurchlasswiderstandes der Betonkonstruktion beträgt die raumseitige Oberflächentemperatur im Ausgangsfall nur knapp 12 °C. Die Außenwand aus Dämmstoff mit ihrem hohen Wärmedurchlasswiderstand weist im Ausgangszustand Temperaturen nahe bei den Umgebungsbedingen auf. Die Konstruktion aus Dämmstoff und auch die geschichtete Konstruktion reagieren auf der raumseitigen Oberfläche wiederum sehr schnell mit einer Temperaturveränderung.

Die periodische Änderung der Raumlufttemperatur führt hinsichtlich des Temperaturverlaufs bei den Außenbauteilen zu Verläufen, die in Abb. 6.9 dargestellt sind. Analog zu

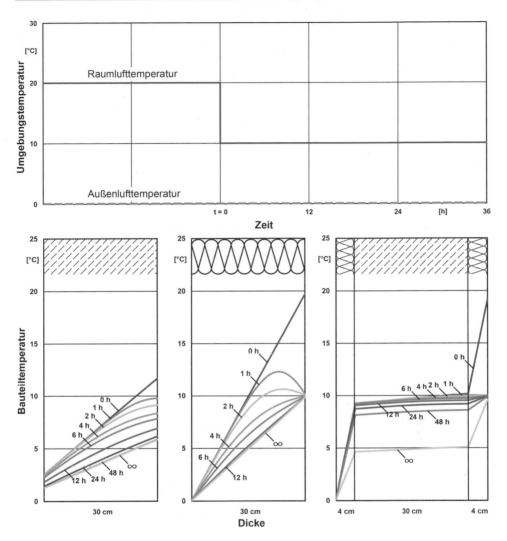

Abb. 6.8 Auskühlverhalten einer Außenwand, in Anlehnung an [1]. (links: Beton, mittig: Dämmstoff, rechts: Beton mit Dämmstoff, oben jeweils Randbedingungen.)

den Betrachtungen des Innenbauteils liegen vergleichsweise geringe Schwankungen bei dem schweren Bauteil aus Beton vor.

Aus den Betrachtungen der Temperaturverläufe in Abb. 6.4 bis Abb. 6.9 lassen sich nachstehende praktische Konsequenzen ableiten:

- Hinsichtlich der Wärmespeicherfähigkeit von Bauteilen sind bei instationären Randbedingungen die Eigenschaften der Materialschichten an der Bauteiloberfläche von Bedeutung.

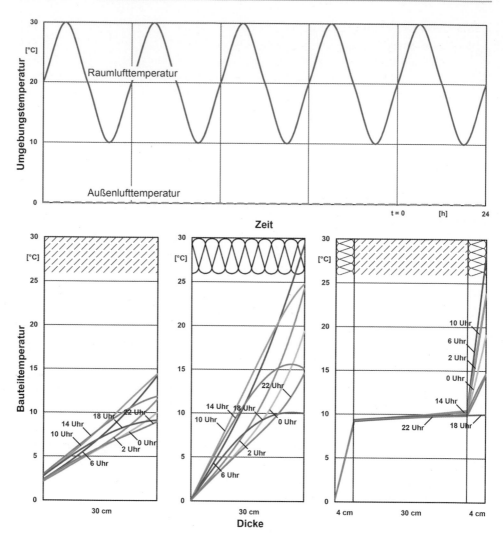

Abb. 6.9 Auskühl-/Aufheizverhalten einer Außenwand, in Anlehnung an [1]. (links: Beton, mittig: Dämmstoff, rechts: Beton mit Dämmstoff, oben jeweils Randbedingungen.)

- Bei instationärem Heizbetrieb, abgebildet durch die sprunghafte Änderung der Raumlufttemperatur, erweist sich die leichte Konstruktion als vorteilhaft, da nur ein geringer Wärmeeintrag zur Erwärmung des Bauteils erforderlich ist und die Oberflächentemperatur schnell behagliche Werte erreicht. Im Gegenzug bewirkt das Absenken der Temperatur ein schnelles Abfallen der Oberflächentemperatur, es wird wenig Wärme entspeichert und der Energiebedarf für Raumheizung wird geringer ausfallen als bei dem schweren Bauteil.
- In einem Zeitraum, der einen unterbrochenen Heizbetrieb ausmacht – die Nachtabsenkung oder -abschaltung beträgt bei Wohngebäuden üblicherweise 8 Stunden, bei

Bürogebäuden bis zu 14 Stunden – verhält sich die geschichtete Konstruktion hinsichtlich der Wärmeaufnahme näherungsweise wie ein leichtes Bauteil.

- Die Betonkonstruktion wird sich hinsichtlich des sommerlichen Wärmeverhaltens günstiger auswirken, da die in den Raum durch Solarstrahlung eingetragene Wärme in das schwere Bauteil eingespeichert werden kann. Das Bauteil trägt damit zur Dämpfung der Raumlufttemperaturen bei.

6.2 Instationäres Heizen und Überheizungseffekte

Wie in Kap. 2 ausgeführt, kennzeichnet der Wärmedurchgangskoeffizient (U-Wert) eines Bauteils den Wärmetransport unter stationären Randbedingungen. Die Wärmespeicherfähigkeit und somit die Masse des Bauteils geht nicht in den Wärmedurchgangskoeffizienten ein. Die während der Heizperiode auf Außenbauteile auftreffende solare Sonneneinstrahlung ist im U-Wert nicht berücksichtigt.

In Anlehnung an die Ausführungen in [5] soll untersucht werden, ob bei Bauteilen unterschiedlicher Konstruktion (unterschiedlicher Massen) unter Berücksichtigung von Sonneneinstrahlung unterschiedliche Wärmeströme resultieren. Die Wärmedurchgangskoeffizienten sind bei dieser Betrachtung jeweils identisch. Die Bauteile sind in Abb. 6.10 mit Angabe ihrer Bauteilschichten, Wärmedurchgangskoeffizienten und flächenbezogenen Massen schematisch dargestellt.

Die Außenlufttemperatur und die Sonneneinstrahlung, die für die Betrachtungen herangezogen werden, repräsentieren einen strahlungsreichen Wintertag. Sie weisen die Tagesgänge gemäß Abb. 6.11 aus DIN 4710 [6] auf.

Bei einer zugrunde gelegten Raumlufttemperatur von 20 °C ergeben sich in Abhängigkeit vom Außenwandtyp die tageszeitabhängigen Wärmestromdichten auf der Innenseite der Bauteile gemäß der Darstellung in Abb. 6.12. Je nach Außenwandtyp stellen sich unterschiedliche momentane Wärmestromdichten ein. Bei der leichten Konstruktion (I) ist der Tagesgang relativ ausgeprägt, die Schwankungen bei den anderen Bauteilen sind vergleichsweise gering. Die über den Tag gemittelte Wärmestromdichte ist jedoch bei allen Außenwandausführungen exakt gleich und beträgt 5,2 W/m².

Die zuvor getroffenen Ausführungen zeigen, dass der Transmissionswärmestrom im Heizfall durch opake Außenbauteile bei vorgegebenen stationären oder instationären Randbedingungen durch den Wärmedurchgangskoeffizienten beschrieben werden kann. Dies gilt bei allen Außenwänden bei der Schwer- und bei der Leichtbauweise solange die gleichen Randbedingungen vorliegen [5].

Bei aperiodischen Randbedingungen, zum Beispiel einem plötzlichen Kälteeinbruch, liegt jedoch ein Einfluss der Wärmespeicherfähigkeit des Außenbauteils auf die Heizleistung vor, da eine schwere Wand länger wärmer bleibt als eine leichte, wodurch die Wärmeverluste langsamer ansteigen. Bei einem umgekehrten Witterungsumschwung gehen dann jedoch bei der leichten Wand die Wärmeverluste schneller zurück, sodass sich im Mittel auch hierbei kein Unterschied ergibt.

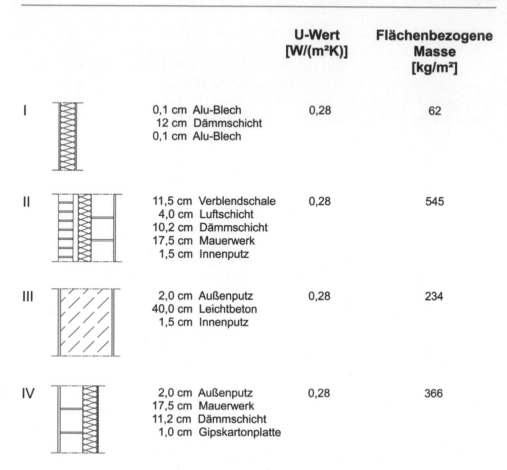

			U-Wert [W/(m²K)]	Flächenbezogene Masse [kg/m²]
I		0,1 cm Alu-Blech 12 cm Dämmschicht 0,1 cm Alu-Blech	0,28	62
II		11,5 cm Verblendschale 4,0 cm Luftschicht 10,2 cm Dämmschicht 17,5 cm Mauerwerk 1,5 cm Innenputz	0,28	545
III		2,0 cm Außenputz 40,0 cm Leichtbeton 1,5 cm Innenputz	0,28	234
IV		2,0 cm Außenputz 17,5 cm Mauerwerk 11,2 cm Dämmschicht 1,0 cm Gipskartonplatte	0,28	366

Abb. 6.10 Außenwandkonstruktionen mit gleichem Wärmedurchgangskoeffizienten und verschiedener flächenbezogener Masse in Anlehnung an [5]

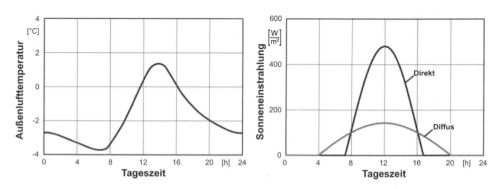

Abb. 6.11 Tagesgang der Außenlufttemperatur und der Sonneneinstrahlung an einem heiteren Januartag am Standort Essen [6]

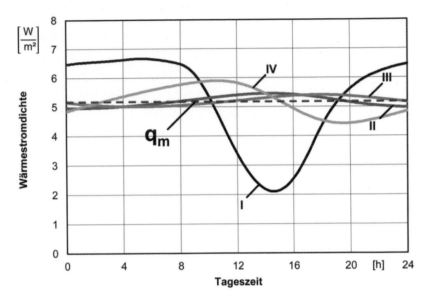

Abb. 6.12 Tagesgang der Wärmestromdichte an der raumseitigen Oberfläche (von innen nach außen der in Abb. 6.10 dargestellten Außenwände). Die gestrichelte horizontale Linie gibt den über den Tag gemittelten Wert der Wärmestromdichte an

Der Einfluss der Sonneneinstrahlung auf die Wärmeverluste von Außenbauteilen während der Heizperiode wird in Kap. 5 behandelt.

Wenn gegenüber den zuvor angestellten Betrachtungen die Raumtemperatur von der Bauart selbst abhängig ist, liegen nicht mehr die bislang zugrunde gelegten identischen Randbedingungen vor. Der Transmissionswärmeverlust wird weiterhin richtig über den Wärmedurchgangskoeffizienten beschrieben, wegen unterschiedlicher Raumlufttemperaturen liegt allerdings ein unterschiedliches Temperaturgefälle am Außenbauteil an [5].

Eine sich einstellende, verändernde Raumlufttemperatur liegt dann vor, wenn Überhitzungseffekte infolge solarer Wärmeeinstrahlung oder reduzierte Temperaturen aufgrund einer Nachtabschaltung/-absenkung des Heizbetriebs erfolgt. Die thermisch aktivierbare Masse primär der Innenbauteile – nicht der Außenwand – spielt in Verbindung mit den sonstigen Größen, die auf das Temperaturverhalten des Raumes wirken (u. a. solare Einstrahlung, Regelfähigkeit der Heizungsanlage, Lüftungsverhalten), die wesentliche Rolle. Der prinzipielle Verlauf der Raumlufttemperatur ist in Abb. 6.13 für eine leichte und eine schwere Bauart unter Berücksichtigung zuvor genannter Effekte dargestellt. Der Sollwert der Raumlufttemperatur beträgt tagsüber (7:00 bis 22:00 Uhr) 20 °C. Ab 22:00 Uhr abends wird eine Nachtabsenkung betrieben. Die Raumlufttemperatur fällt im Falle der schweren Konstruktion auf 17,3 °C; die leichte Konstruktion führt zu einer Abnahme der Temperatur bis 16,3 °C. Von ca. 14:00 Uhr an liegt in beiden Fällen ein Überangebot an solarer Einstrahlung vor – die Raumlufttemperatur steigt an. Bei der

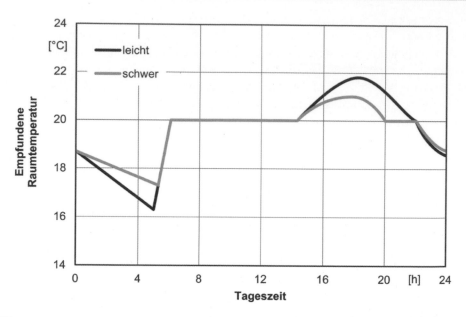

Abb. 6.13 Tagesgang der empfundenen Raumlufttemperatur für eine leichte und eine schwere Ausführung der Baukonstruktion eines Raumes; schematische Darstellung der Angaben in [7]

leichten Konstruktion wird eine Temperatur von 21,7 °C, bei der schweren Konstruktion eine Temperatur von 21 °C erreicht.

Die Höhe der Lüftungs- und Transmissionswärmeströme – und damit der Wärmebedarf des Raumes/Gebäudes – hängt ab von der Temperaturdifferenz zwischen der Raumluft und der Außenlufttemperatur. Je tiefer (des nachts) die Raumtemperatur abfällt, umso geringer sind die Wärmeströme; je höher die Überheizung ausfällt, umso höher sind die Wärmeströme.

Die Einflüsse auf die Überheizung resultieren aus

- dem Solarstrahlungsangebot und damit dem Standort des Gebäudes,
- der Größe des Fensters und ggf. Vorhandensein und Betätigung einer Verschattungseinrichtung,
- das Wärmeschutzniveau und der Höhe der Lüftungswärmeverluste. Bei einem schlechten Wärmeschutzniveau in Verbindung mit hohem Lüftungswärmeverlust sind Überhitzungen weniger stark ausgeprägt als bei gutem Wärmeschutzniveau.

Wie in Abb. 6.13 dargestellt, kann bei der leichten Konstruktion weniger Wärme gespeichert werden als bei der schweren Konstruktion. Vom Zeitpunkt der Einwirkung solarer Einstrahlung an (etwa 14 Uhr) findet die Einspeicherung von Wärme in die Bauteile statt. Hierbei erwärmt sich eine Konstruktion mit vergleichsweise hoher Speicherfähigkeit (schwere Bauweise) weniger schnell als eine Konstruktion in Leichtbauart. Dadurch steigt die Oberflächentemperatur bei leichten Konstruktionen schneller als bei schweren Konstruktionen. Die empfundene Raumlufttemperatur – auch operative Temperatur genannt –, die aus dem Mittelwert von Oberflächentemperatur(en) und Raumlufttemperatur gebildet wird, steigt also im Fall der leichten Bauart ebenfalls schneller an und erreicht ein höheres Tagesmaximum. Vom Zeitpunkt der Nachtabsenkung an verbleiben die Bauteiltemperaturen und Oberflächentemperaturen aufgrund der eingespeicherten Wärmemenge bei der schweren Konstruktion länger auf einem höheren Niveau. Dies spiegelt sich dann auch im Verlauf der dargestellten empfundenen Raumlufttemperatur wider: Im Fall der leichten Bauart sinken diese schneller und weiter ab, was in Abb. 6.13 im Zeitraum von 0 Uhr bis ca. 5 Uhr noch deutlicher zu erkennen ist als zu Beginn der Nachtabsenkung von 22 bis 24 Uhr.

Die Wirkung der Nachtabsenkung hängt ab von

- der Dauer der Heizunterbrechung – im Wohnungsbau meist 8 Stunden, im Bürobau bis etwa 14 Stunden,
- dem Wärmeschutzniveau; je schlechter das Wärmeschutzniveau und je höher der Luftwechsel umso stärker wirkt die Nachtabsenkung,
- der Wärmespeicherfähigkeit von Innen- und Außenbauteilen. Schwere Bauteile kühlen langsamer aus als leichte und die Raumlufttemperatur fällt nicht so tief ab,
- von der thermischen Trägheit des Heizsystems [5].

Tritt keine Überheizung im Raum auf und wird eine Nachtabsenkung betrieben, wird der Energiebedarf bei einer Leichtbauweise geringer sein als bei der Schwerbauart. Wird hingegen keine Nachtabsenkung vorgenommen, ist die Schwerbauart, sobald Überheizungen auftreten, günstiger.

Unter praktischen Verhältnissen wird die Auswirkung der Wärmespeicherfähigkeit der Bauteile von dem Verhältnis aus Wärmeverlusten zu Wärmegewinnen, bestehend aus internen Wärmequellen und in das Gebäude gelangende Solareinstrahlung, bestimmt (siehe auch Abschn. 5.3). Je kleiner dieses Verhältnis ist, desto günstiger ist die Schwerbauart. In Regionen mit milden Wintern sind daher schwere und in Regionen mit kalten Wintern leichte Bauteile von Vorteil.

6.3   Sommerliches Wärmeverhalten

6.3.1   Einschwingvorgang

Auf Basis der Raumbilanz (Abschn. 5.2) in Verbindung mit der Bauteilbilanz Fenster (Abschn. 5.1) können die thermischen Vorgänge, die das Wärmeverhalten von Gebäuden im Sommer wesentlich beeinflussen, nachvollzogen und gemäß den Ausführungen in [8] beschrieben werden. Von außen wirken die Solarstrahlung, bestehend aus direkter, diffuser und reflektierter Strahlung sowie die Außenlufttemperatur. Von innen wirken interne Wärmequellen von Personen oder Geräten. Die Sonneneinstrahlung trifft auf die

Gebäudehüllfläche, wird dort zum Teil reflektiert und zum Teil absorbiert. Der absorbierte Strahlungsanteil wird in Wärme umgeformt und sowohl durch Konvektion und langwellige Abstrahlung an die Außenluft als auch durch Leitung in das Außenbauteil übertragen. Bei transparenten Bauteilen gelangt ein Strahlungsanteil direkt in das Gebäudeinnere, wo er von Raumumschließungsflächen absorbiert und in Wärme umgewandelt wird. Die Größe Gesamtenergiedurchlassgrad g kennzeichnet das Verhältnis von in den Raum gelangender Energie infolge Sonneneinstrahlung zur gesamt auf das Glas auftreffenden Sonneneinstrahlungsenergie. Der g-Wert ist abhängig von der Art des Glases und kann bei Verwendung von Wärmeschutzgläsern Werte von ca. 0,25 (Sonnenschutzglas) bis 0,7 ausmachen. Bei Vorhandensein einer Sonnenschutzvorrichtung wird der Gesamtenergiedurchlassgrad reduziert. Der resultierende Wert g_{total}, der die Reduktion der Sonneneinstrahlung durch Glas und Sonnenschutz kennzeichnet, hängt ab von den strahlungsphysikalischen Eigenschaften des Glases und der Sonnenschutzvorrichtung. Vereinfachend kann die Wirkung der Sonnenschutzvorrichtung durch einen Abminderungsfaktor F_C beschrieben werden. Für typische Glas-/Sonnenschutzkombinationen sind in Tab. 6.2 F_C-Werte aufgeführt. Genauere, individuelle Kennwerte können mit DIN EN ISO 52022, Teil 1 [11] und Teil 2 [12] bestimmt werden.

Die Größe der direkten Sonneneinstrahlung und somit auch die Größe der in den Raum gelangenden Energie hängt bei klarem Himmel von dem Sonneneinfallswinkel zur Glasfläche ab. Die Strahlungsbelastung bei vertikalen Fenstern ist deshalb im Sommer bei Ost- und Westorientierung größer als bei Südorientierung; die Nordfassade empfängt am wenigsten.

Die Außenlufttemperatur beeinflusst die konvektive Wärmeabgabe der Außenbauteile nach außen und somit deren gesamtes instationäres Wärmeverhalten und sie bestimmt die Richtung des Wärmetransports der Lüftung. Bei Außenlufttemperaturen unter der Raumlufttemperatur, wie es im Allgemeinen während der Nacht der Fall ist, wird Wärme aus dem Raum abgeführt; bei Außenlufttemperaturen über der Raumlufttemperatur wird Wärme zugeführt.

Interne Wärmequellen können fallweise zur dominanten Einflussgröße werden (z. B. Serverraum), spielen aber im üblichen Wohn- und Bürobau meist eine untergeordnete Rolle.

Sonneneinstrahlung, Außenlufttemperatur und auch interne Wärmequellen sind sowohl täglichen als auch mehrtägigen Schwankungen unterworfen. Daher ist auch die Temperatur der Raumluft im Sommer eine von den vorgenannten Einflüssen abhängige, sich zeitlich verändernde Größe. Hierbei ist prinzipiell zu unterscheiden zwischen dem thermischen Einschwingvorgang, von einem kühleren Ausgangszustand hin zu einem hochsommerlichen Niveau und dem eingeschwungenen quasistationären Temperaturzustand selbst. In Abb. 6.14 ist das Verhalten der Lufttemperatur eines Raumes vor und während einer Schönwetterperiode schematisch dargestellt [8].

Während der Schlechtwetterperiode, die durch geringe Sonneneinstrahlung und tiefe Außenlufttemperaturen gekennzeichnet ist, liegen niedrige, meist wenig schwankende Raumlufttemperaturen vor. Setzt dann eine Schönwetterperiode mit starker Sonneneinstrahlung und hohen Außenlufttemperaturen ein, so erhöht sich das gesamte Temperatur-

Tab. 6.2 Unterschiedliche Sonnenschutzvorrichtungen in Anlehnung an [9], Werte für F_C aus DIN 4108-2 [10]

Vorrichtung	ohne	Innen liegend/zwischen den Scheiben liegend		
		Innenrollo	Innenjalousie	Rollo zwischen Scheiben
Abminderungs-faktor				
2-fach WDG[2]	1,0	0,65 bis 0,85[1]		
3-fach WDG	1,0	0,70 bis 0,90[1]		
2-fach SSG[3]	1,0	0,65 bis 0,90[1]		
Vorrichtung	**außen liegend**			
	Jalousie und Raffstore		**Rollläden, Klapp-läden (vollständig geschlossen)**	**Markise parallel zum Glas**
	45° Lamellen-stellung	**10° Lamellen-stellung**		
Abminderungs-faktor				
2-fach WDG[2]	0,25	0,15	0,10	0,25
3-fach WDG	0,25	0,15	0,10	0,25
2-fach SSG[3]	0,30	0,20	0,15	0,30

[1]Werte abhängig von der Farbe und der Transparenz der Sonnenschutzvorrichtung
[2]WDG: Wärmedämmglas
[3]SSG: Sonnenschutzglas

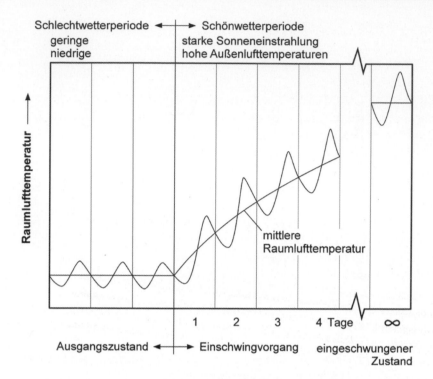

Abb. 6.14 Einschwingvorgang der Raumlufttemperatur während einer Schönwetterperiode [8]

niveau. Die mittlere Raumlufttemperatur steigt exponentiell an und die tägliche Schwankung wird größer. Die stärkste Erwärmung tritt dann im eingeschwungenen Zustand auf, der theoretisch nach unendlich vielen Tagen und praktisch, wenn 90 % des Einschwingvorgangs abgeklungen sind, nach 2 bis 12 Tagen erreicht wird. Hierbei sind gleichbleibende Nutzungsgepflogenheiten während des gesamten Einschwingvorgangs vorausgesetzt. Wird beispielsweise am Wochenende im Büro der Sonnenschutz nicht aktiviert, kann die Einschwingdauer deutlich kürzer ausfallen.

Die im eingeschwungenen Zustand auftretenden Temperaturen schwanken um eine Mitteltemperatur mit einer Schwankungsbreite, die während des gesamten Einschwingvorgangs annähernd gleich bleibt. Die Mitteltemperatur hängt bei Räumen ohne nennenswerte interne Wärmeeinträge von der durch die Fenster in den Raum gelangenden Strahlungsenergie und den Lüftungs- bzw. Transmissionswärmequellen oder -senken ab.

6.3.2 Auswirkung von Einflussgrößen auf die Raumtemperatur im Sommer

In diesem Abschnitt soll in Anlehnung an die Untersuchungen in [13] aufgezeigt werden, welchen Einfluss die Variation der nachfolgenden Größen auf die sommerliche Raumtemperatur hat.

- Art bzw. Vorhandensein des Sonnenschutzes: ohne Sonnenschutz; idealer Sonnenschutz, d. h. $g_{total} = 0$; **realer Sonnenschutz mit $F_C = 0{,}2$**
- Höhe des Luftaustausches: $n_{Tag} = 0{,}5\ h^{-1}/n_{Nacht} = 0{,}5\ h^{-1}$; $n_{Tag} = 5\ h^{-1}/n_{Nacht} = 5\ h^{-1}$; $n_{Tag} = 0{,}5\ h^{-1}/n_{Nacht} = 5\ h^{-1}/$
- Größe des Fensters: Fensterflächenanteil an der Fassade 30, **50**, 70 und 100 %
- Höhe der internen Wärmequellen: $Q_i = 0\ Wh/(m^2 d)$; $Q_i = 50\ Wh/(m^2 d)$; $Q_i = 100\ Wh/(m^2 d)$
- Bauart: leicht; **schwer**
- Orientierung der Fassade: Nord; Ost; Süd; **West**

Die fett gedruckten Randbedingungen liegen einer jeweiligen Variante als Basisfall zugrunde.

Während der Schönwetterperiode treten hohe Außenlufttemperaturen und Sonneneinstrahlungsintensitäten auf. Den im Folgenden dargestellten Ergebnissen liegen die in Abb. 6.15 wiedergegebenen Tagesgänge zugrunde.

Die Berechnungen erfolgen für ein sogenanntes Einzonenmodell, welches einen Raum in einem Gebäude repräsentiert, der mit allen Innenwänden und Decken an benachbarte Räume grenzt. Es findet kein Wärmeaustausch mit angrenzenden Räumen statt. Die Geometrie dieses Einraummoduls findet Verwendung als Prüfraum gemäß DIN EN ISO 13791 [15] (Tab. 6.3 und 6.4).

Die Darstellungen in Abb. 6.17 bis 6.22 zeigen das Einschwingverhalten der Innentemperatur des Raumes über einen Zeitraum von 20 Tagen. Wie zuvor ausgeführt und auch den Bildern zu entnehmen, ist der Einschwingvorgang nach dieser Zeit praktisch abgeschlossen und es liegt der eingeschwungene Zustand vor.

Von offensichtlich elementarer Bedeutung hinsichtlich der Höhe der Raumlufttemperatur ist das Vorhandensein eines Sonnenschutzes. In Abb. 6.17 ist der Einschwingvorgang für den Fall mit und ohne Sonnenschutzvorrichtung abgebildet. Während sich die Raumlufttemperatur bei dem Fall mit „realer" Sonnenschutzvorrichtung ($F_C = 0{,}2$; permanent geschlossen) mit einer Tagesmitteltemperatur von rd. 31 °C dem Außentemperaturniveau angleicht, sind die Raumlufttemperaturen im Fall ohne Sonnenschutz unvertretbar hoch. Der Anstieg der Raumlufttemperatur bei Ansatz einer „idealen" Sonnenschutzvorrichtung ($F_C = 0$; permanent geschlossen) resultiert ausschließlich aus der erhöhten Außenlufttemperatur.

Abb. 6.18 zeigt, dass sowohl das Einschwingverhalten der Raumlufttemperatur als auch das Niveau des eingeschwungenen Zustands ganz maßgeblich durch das Lüftungsverhalten beeinflusst wird. Ein erhöhter Luftwechsel sorgt dabei für niedrigere Raumlufttemperaturen im Tagesmittel. Während des Einschwingvorgangs bewirkt ein hoher Luftwechsel am Tag zumindest für die ersten vier Tage der Schönwetterperiode Raumtemperaturen, die im Tagesmaximum die höchsten Werte aufweisen. Dies resultiert daraus, dass tagsüber in das noch kühle Gebäude Wärme durch den Lüftungsprozess eingetragen wird. Die tägliche Schwankung der Raumlufttemperatur nimmt mit steigender Belüftung zu und nähert sich bei sehr starker Belüftung dem Schwankungsbereich der Außentemperatur. In Abb. 6.18 ist ebenfalls erkennbar, wie wichtig der Zeitpunkt bzw. der

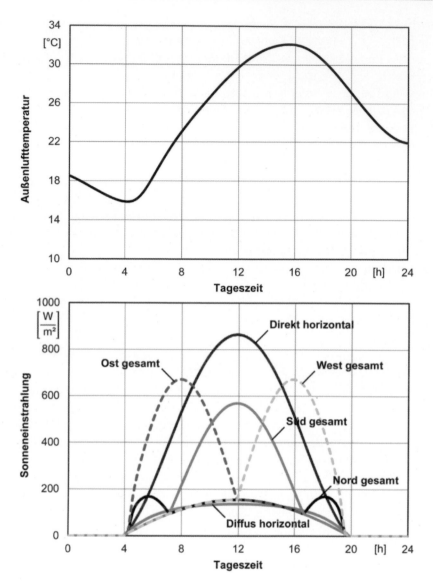

Abb. 6.15 Tagesgang der Außenlufttemperatur und der Sonneneinstrahlung der VDI Kühllastzone 3 für Juli, geogr. Daten von Kassel [14]

Zeitraum der Raumbelüftung ist. Wird die erhöhte Belüftung nur nachts durchgeführt, treten während des gesamten Einschwingvorgangs und auch im eingeschwungenen Zustand niedrigere Raumlufttemperaturen auf und die tägliche Schwankung wird kleiner als bei der ganztägigen Belüftung. Diese Lüftungsstrategie ist mit Blick auf möglichst komfortable sommerliche Verhältnisse in Gebäuden grundsätzlich anzustreben.

Abb. 6.16 Geometrie des Einraummodells gemäß DIN EN ISO 13791 [15]

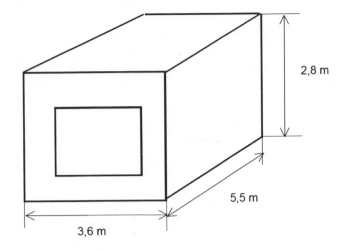

2,8 m

5,5 m

3,6 m

Tab. 6.3 Flächen- und Volumenermittlung des Modellraums in Abb. 6.16

Maße [m]			Bauteilfläche A [m²]	Nutzfläche	Volumen
B	L	h [1]	Fassade 1	A_{ngf} [m²]	$V = V_e$ [m³]
3,6	5,5	2,8	10,1	19,8	55,4

[1]Geschosshöhe (Höhe Fassade entspricht Höhe Sturz, d. h. lichter Raumhöhe)

Tab. 6.4 Kenndaten der Außenbauteile für den Modellraum in Abb. 6.16

Bauteil	Kenndaten		
	U [W/(m²K)]	α [−]	$g_\perp$ [−]
Außenwand	0,28	0,5	−
Fenster	1,3	−	0,60

Höhere interne Wärmequellen beeinflussen das Niveau der mittleren täglichen Raumlufttemperatur und führen beim eingeschwungenen Zustand zu Temperaturdifferenzen von rd. 2 K wenn man jeweils die Fälle $Q_i = 0$ und 50 W/(m²d) und $Q_i = 50$ und 100 W/(m²d) miteinander vergleicht (Abb. 6.19).

Um einen Eindruck zu vermitteln, welche Wärmeeinträge den für die Varianten angesetzten Zahlenwerten entsprechen, können die Größenordnungen üblicher (normativer) Randbedingungen unterschiedlicher Gebäudenutzungen betrachtet werden. Für die Festlegung der internen Wärmequellen bei Wohngebäuden wird eine Unterscheidung nach Einfamilienhäusern (EFH) und Mehrfamilienhäusern (MFH) getroffen. Die internen Wärmequellen für die unterschiedlichen Nutzungsfälle sind in Tab. 6.5 aufgeführt. In der Tabelle sind sowohl Wärmequellen als auch Wärmesenken (z. B. Verdunsten von Wasser oder Wärmeaufnahme von Kaltwasserleitungen) bilanziert. Beim Einfamilienhaus sind für die Anwendungen Waschen und Trocknen keine internen Wärmequellen angesetzt, da hierbei davon ausgegangen wird, dass sich die Geräte im Keller befinden. Ebenso wird davon ausgegangen, dass ein separater Kühlschrank in dem Keller aufgestellt ist. Die Ver-

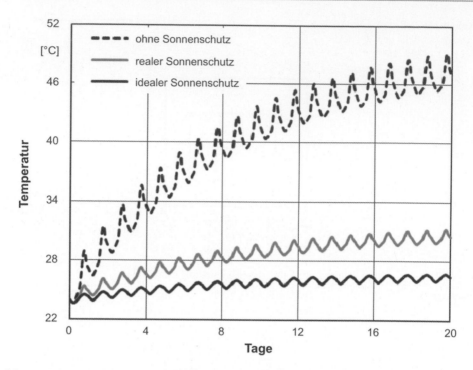

Abb. 6.17 Thermisches Einschwingverhalten der Raumlufttemperatur des nach Westen orientierten Raumes für die Fälle idealer Sonnenschutz, realer Sonnenschutz und ohne Sonnenschutz

hältnisse der sonstigen Angaben beruhen darauf, dass für das Mehrfamilienhaus eine Belegungsdichte von 35 m²/Person und im Einfamilienhaus eine von 45 m²/Person zu Grunde liegt. Unter weiterer Berücksichtigung der Annahme, dass die Gesamtfläche im Durchschnitt beim Mehrfamilienhaus bei 70 m² (also 2 Personen pro Wohnung) und beim Einfamilienhaus 135 m² (also 3 Personen pro Einfamilienhaus) angesetzt ist, ergibt sich ein spezifischer Wert der internen Wärmequellen von 282 W * 24 h/d/135 m² = 50 Wh/(m²d) für das Einfamilienhaus und ein spezifischer Wert von 100 Wh/(m²d) für das Mehrfamilienhaus.

Für einen Einzelbüroraum wird in [17] ein mittlerer Wärmeeintrag aus der Summe von Personenwärme, Arbeitsmitteln (Computer, Bildschirm, Drucker …) und Beleuchtung von rd. 120 Wh/(m²d) genannt.

Durch den Einsatz stromsparender Elektrogeräte lässt sich offensichtlich nicht nur die Energieeffizienz, sondern auch das sommerliche Wärmeverhalten von Aufenthaltsräumen verbessern.

Mit zunehmender Größe des Fensters steigt, wie erwartet, das Temperaturniveau der Raumluft sowohl während des Einschwingvorgangs als auch im eingeschwungenen Zustand. Die Größenordnung der Temperaturzunahme, dargestellt in Abb. 6.20, wird oftmals

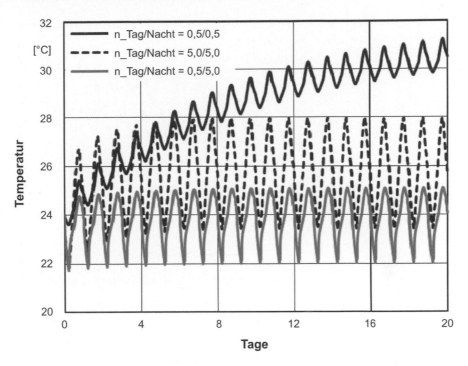

Abb. 6.18 Thermisches Einschwingverhalten der Raumlufttemperatur des nach Westen orientierten Raumes für unterschiedliche Lüftungsstrategien. a) Luftwechsel n_{Tag} = 0,5 h^{-1}; n_{Nacht} = 0,5 h^{-1}, b) Luftwechsel n_{Tag} = 5,0 h^{-1}; n_{Nacht}= 5,0 h^{-1}, c) Luftwechsel n_{Tag} = 0,5 h^{-1}; n_{Nacht}= 5 h^{-1}

überschätzt. So beträgt die Erhöhung der Raumlufttemperatur für den eingeschwungenen Zustand im Tagesmittel zwischen den Fällen Fensterflächenanteil 30 % und 70 % rd. 1,5 K. Grundlage für ein solches Temperaturverhalten ist das Vorhandensein eines hoch wirksamen Sonnenschutzes, der, um die hier angesetzte permanente Verschattung auch in der Realität gut abzubilden, über eine geeignete Steuerungsgröße – i. d. R. abhängig von der Strahlungsintensität – aktiviert wird.

Der Einfluss der Bauart auf den Einschwingvorgang ist in Abb. 6.21 erkennbar. Die leichte Bauart weist vom ersten Tag an wesentlich größere Schwankungsbereiche der Raumlufttemperatur auf als die schwere Bauart. Weiterhin ist zu sehen, dass der Temperaturgang im Raum mit schwerer Bauart zunächst im unteren Teil des Schwankungsbereichs der leichten Bauart liegt und selbst nach ca. 15 Tagen erst den Mittelbereich ihres Schwankungsbereiches erreicht hat. Im eingeschwungenen Zustand sind die Tagesmitteltemperaturen bei leichter und schwerer Bauart in etwa gleich. Die tägliche Schwankungsbreite der Raumlufttemperatur ist bei der leichten Bauart höher.

Das Einschwingverhalten der Raumlufttemperatur für unterschiedliche Orientierungen der Fensterfassade ist in Abb. 6.22 dargestellt. Die Tagesmitteltemperaturen der Raumluft

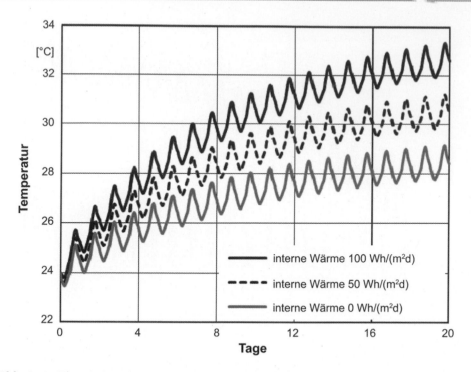

Abb. 6.19 Thermisches Einschwingverhalten der Raumlufttemperatur des nach Westen orientierten Raumes für unterschiedlich hohe interne Wärmequellen mit 0, 50 und 100 Wh/(m²d)

Tab. 6.5 Zusammenstellung der Anteile für interne Wärmequellen bei Wohnnutzung [16]

	interne Wärmequellen [W]	
	MFH	EFH
Fernseher	35	35
Kühlschrank	37	25
E-Herd	14	21
Spülmaschine	5	7
Waschen	4	0
Trocknen	38	0
Elektronik	85	85
Kleingeräte	11	17
Personen	88	132
Beleuchtung	33	50
Verdunstung	−50	−75
Kaltwasser	−10	−15
Summe	**290**	**282**

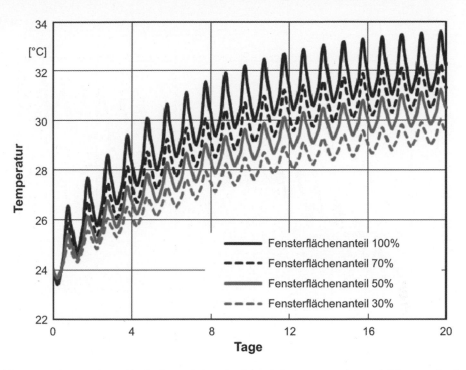

Abb. 6.20 Thermisches Einschwingverhalten der Raumlufttemperatur des nach Westen orientierten Raumes für unterschiedliche Fensterflächenanteile von 30, 50, 70 und 100 %

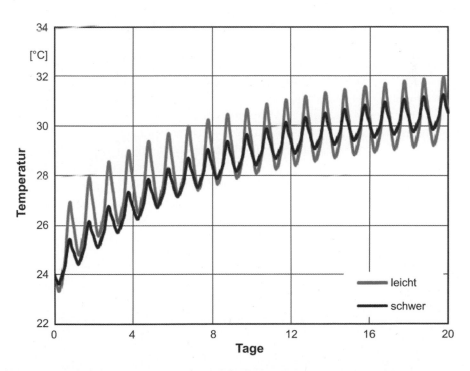

Abb. 6.21 Thermisches Einschwingverhalten der Raumlufttemperatur des nach Westen orientierten Raumes für die leichte und die schwere Bauart

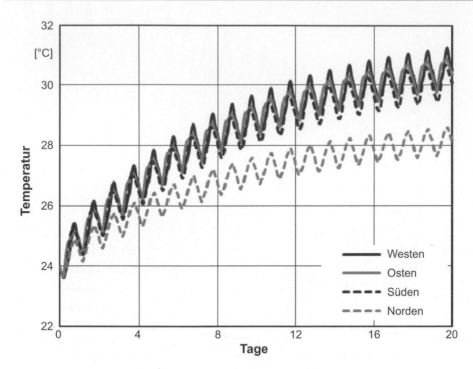

Abb. 6.22 Einschwingverhalten der Raumlufttemperatur für unterschiedliche Orientierungen der Fensterfassade. Temperatur- und Strahlungsrandbedingungen gemäß Abb. 6.15

unterscheiden sich für die Orientierungen Osten, Süden und Westen nur wenig. Der Maximalwert der Raumlufttemperatur liegt nachmittags mit rd. 31,5 °C in der West-orientierung vor. Dies lässt sich aus Abb. 6.23, in dem der Tagesgang des eingeschwungenen Zustands aufgetragen ist, ablesen. Aufgrund der Überlagerung von hoher Außenluft-temperatur und hoher solarer Einstrahlung liegt in den Nachmittagsstunden im Westen die höchste Belastung vor. Hinsichtlich der für die Nordorientierung sicherlich plausiblen ge-ringeren Werte der Raumlufttemperatur ist zu beachten, dass auch für diesen Fall ein per-manent geschlossener außenliegender Sonnenschutz berücksichtigt ist. Würde man den Sonnenschutz in der Berechnung nicht vorsehen (oder nicht aktivieren), lägen die mittle-ren Raumlufttemperaturen für den nach Norden orientierten Raum höher als für die ande-ren Orientierungen mit aktiviertem Sonnenschutz.

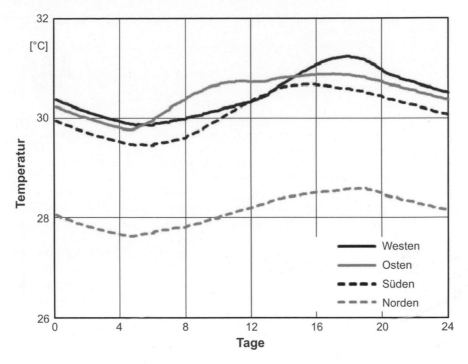

Abb. 6.23 Tagesgang der Raumlufttemperatur für unterschiedliche Orientierungen der Fenster-fassade im eingeschwungenen Zustand. Temperatur- und Strahlungsrandbedingungen gemäß Abb. 6.15 in Anlehnung an [18]

Literatur

1. Bansal, N.K.; Hauser, G. und Minke, G.: Passive Building Design. A Handbook of Natural Cli-matic Control. Elsevier Science B.V., Amsterdam, London, New York, Tokyo 1994.
2. Cammerer, J. C.: Tabellarium aller wichtigen Größen für den Wärme- und Kälteschutz. Mann-heim 1973.
3. DIN EN ISO 10456:2010-05: Wärme Baustoffe und Bauprodukte – Wärme- und feuchte-technische Eigenschaften – Tabellierte Bemessungswerte und Verfahren zur Bestimmung der wärmeschutztechnischen Nenn- und Bemessungswerte.
4. Verein Deutscher Ingenieure (Herausg.): VDI-Wärmeatlas. Berlin, Heidelberg, New York, Springer-Verlag, (10. Auflage), 2006.
5. Hauser, G.: Der k-Wert im Kreuzfeuer – Ist der Wärmedurchgangskoeffizient ein Maß für Trans-missionswärmeverluste? Bauphysik 3 (1981), H. 1, S. 3–8.
6. DIN 4710:2003-01: Statistiken meteorologischer Daten zur Berechnung des Energiebedarfs von heiz- und raumlufttechnischen Anlagen in Deutschland.
7. G. Hauser; F. Otto: Auswirkungen eines erhöhten Wärmeschutzes auf die Behaglichkeit im Som-mer. Bauphysik 19 (1997), H. 6, S. 169–176.
8. Hauser, G.: Der Einfluß von Glasflächen auf die sommerliche Erwärmung von Gebäuden. VDI-Bericht (1978) 316, S. 43–47; Glaswelt 31 (1978), H. 12, S. 1050–1056.

9. RWE Bau-Handbuch mit EnEV 2009: Praxiswissen für Ihr Bauprojekt. Verlag: Ew Medien und Kongresse. 14. Ausgabe. März 2010.

10. DIN 4108-2:2013-03 Wärmeschutz und Energieeinsparung in Gebäuden. Mindestanforderungen an den Wärmeschutz.

11. DIN EN ISO 52022-1:2018-01: Sonnenschutzeinrichtungen in Kombination mit Verglasungen. Berechnung der Solarstrahlung und des Lichttransmissionsgrades. Teil 1: Vereinfachtes Verfahren.

12. DIN EN ISO 52022-2:2018-01: Sonnenschutzeinrichtungen in Kombination mit Verglasungen. Berechnung der Solarstrahlung und des Lichttransmissionsgrades. Teil 2: Detailliertes Berechnungsverfahren.

13. Hauser, G.: Das thermische Einschwingverhalten großer Bauten auf ein hochsommerliches Temperaturniveau. KI 6 (1978), H. 10, S. 361–365.

14. VDI 2078:2015-06: Berechnung der Kühllast klimatisierter Räume (VDI-Kühllastregeln).

15. DIN EN ISO 13791: 2012-08. Wärmetechnisches Verhalten von Gebäuden – Sommerliche Raumtemperaturen bei Gebäuden ohne Anlagentechnik – Allgemeine Kriterien und Validierungsverfahren.

16. Maas, A.: Nutzungsrandbedingungen, Klimadaten. In Bauphysik-Kalender 2007. Hrsg. N. A. Fouad. Ernst & Sohn Verlag Berlin (2007), S. 451–465.

17. Hörner, M., Siering, K. und Knissel, J.: Methodik zur Erfassung, Beurteilung und Optimierung des Elektrizitätsbedarfs von Gebäuden – Modul 1.2 Standardnutzungen (Version 1.0); Institut Wohnen und Umwelt, Darmstadt 2005.

18. Hauser, G.: Sommerliches Temperaturverhalten von Einzelbüros. TAB 10 (1979), H. 12, S.1015–1019.

Bewertung von Maßnahmen zur Heizenergieeinsparung

Anton Maas

Eine der großen Aufgaben des Umweltschutzes ist die Senkung der Emissionslasten durch rationelle Energieverwendung bei der Gebäudebeheizung. Insbesondere im Gebäudebestand mit oftmals unzureichender wärmeschutztechnischer Qualität sind hierzu große Potenziale vorhanden. Viele bau- und anlagentechnische Problemlösungen stehen dafür zur Verfügung, oft fehlt es jedoch an der klaren Vorstellung, ob sich Maßnahmen auch als wirtschaftlich sinnvoll darstellen lassen. Im Weiteren wird ein Verfahren aufgezeigt, das es ermöglicht, Energieeinsparmaßnahmen im Gebäudebestand einfach zu quantifizieren und zu bewerten [1].

7.1 Bauliche Maßnahmen

Für erste überschlägige, bauteilbezogene Berechnungen können die im Folgenden aufgeführten Ansätze in Anlehnung an das Heizperiodenbilanzverfahren nach DIN V 4108-6 herangezogen werden. Zur Berechnung des Transmissionswärmebedarfs von Bauteilen wird der anteilige Heizwärmebedarf Q_h mit Hilfe der geänderten Wärmedurchgangskoeffizienten U im Ist- und im Sanierungszustand bestimmt:

$$Q_{h,\text{Bauteil}} = F_x \cdot U \cdot A_{\text{Bauteil}} \cdot F_{\text{GT}} \tag{7.1}$$

Wird in Gl. (7.1) der Wärmedurchgangskoeffizient U_{IST} des ursprünglichen Bauteils eingesetzt, so ergibt sich der Heizwärmebedarf des betrachteten Bauteils $Q_{h,\text{Bauteil,IST}}$ in [kWh/a], mit U_{NEU} wird der Heizwärmebedarf des sanierten Bauteils $Q_{h,\text{Bauteil,NEU}}$ bestimmt.

A. Maas (✉)
Universität Kassel FB 06 Architektur, Stadtplanung, Landschaftsplanung, Kassel, Deutschland
E-Mail: maas@uni-kassel.de

© Springer Fachmedien Wiesbaden GmbH, ein Teil von Springer Nature 2022
W. M. Willems (Hrsg.), *Lehrbuch der Bauphysik*,
https://doi.org/10.1007/978-3-658-34093-3_7

$$\Delta Q^*_{\text{E}} = Q^*_{\text{E,IST}} - Q^*_{\text{E,NEU}} \tag{7.4}$$

Werden nur bauliche Sanierungsmaßnahmen betrachtet, so wird für die Aufwandszahl im Ist- und im Sanierungszustand der gleiche Wert angesetzt:

$$\Delta Q^*_{\text{E}} = Q^*_{\text{E,IST}} - Q^*_{\text{E,NEU}} = \left(Q_{\text{h,Bauteil,IST}} - Q_{\text{h,Bauteil,NEU}} \right) \cdot e \tag{7.5}$$

7.4 Brennstoffeinsparung ΔB

Zur Umrechnung des Energiebedarfs in den jeweiligen Bedarf an Brennstoff können die in Tab. 7.3 aufgelisteten Angaben zum Energiegehalt verwendet werden. Bei diesen Werten handelt es sich um Anhaltswerte.

Die Brennstoffeinsparung ergibt sich analog zur Energieeinsparung aus:

$$\Delta B = \left(Q^*_{\text{E,IST}} - Q^*_{\text{E,NEU}} \right) / b = \Delta Q^*_{\text{E}} / b \tag{7.6}$$

7.5 Energiekosteneinsparung ΔK

Die in Tab. 7.3 je nach Energieträger beispielhaft angegebenen Brennstoffkosten können für die Bestimmung der Kosteneinsparung herangezogen werden:

$$\Delta K = \left(Q^*_{\text{E,IST}} - Q^*_{\text{E,NEU}} \right) \cdot k = \Delta Q^*_{\text{E}} \cdot k \tag{7.7}$$

bzw. bei Einsatz unterschiedlicher Energieträger aus

$$\Delta K = \left(Q^*_{\text{E,IST}} \cdot k_{\text{IST}} \right) - \left(Q^*_{\text{E,NEU}} \cdot k_{\text{NEU}} \right) \tag{7.8}$$

Tab. 7.3 Energiegehalt und Brennstoffkosten je nach Energieträger (Anhaltswerte)

Energieträger	Energiegehalt b	Brennstoffkosten k [EUR/kWh]
Braunkohle	6 kWh/kg	0,06
Steinkohle	9 kWh/kg	0,06
Brennholz	4 kWh/kg	0,03
Pellets	5 kWh/kg	0,05
Erdgas	10 kWh/m³	0,075
Heizöl	10 kWh/l	0,08
Strommix	1	0,30
Fernwärme	1	0,08

7.6   Wirtschaftlichkeit

Für die Beurteilung der Wirtschaftlichkeit einer Energieeinsparmaßnahme gibt es unterschiedliche Verfahren, die in [2] oder [3] umfassend beschrieben sind.

Eine Möglichkeit der Bewertung bietet die Amortisationszeit, die aussagt, nach welcher Zeit das eingesetzte Kapital zurückgeflossen ist. Die Berechnung der dynamischen Amortisationszeiten berücksichtigt die Energiepreissteigerung und die Kapitalverzinsung. Es wird folgendes Verfahren verwendet:

$$n = \frac{\ln\left[j \cdot q\left(\frac{i}{q} - 1\right) + 1\right]}{\ln\frac{i}{q}} \tag{7.9}$$

mit	
j	Investitionsmehrkosten/jährliche Heizkostenersparnis (statische Amortisationszeit; die jährliche Heizkostenersparnis ergibt sich als Produkt aus der eingesparten Brennstoffmenge multipliziert mit dem Energiepreis)

$$i = 1 + Pv / 100 \tag{7.10}$$

Pv % Preissteigerung der Energie

$$q = 1 + p / 100 \tag{7.11}$$

p % Zinssatz

Die so ermittelte Amortisationszeit ist eine aussagefähige Größe, wenn sie kleiner ist als die rechnerische Nutzungsdauer der betrachteten energetisch relevanten Komponenten. Diese rechnerische Nutzungsdauer nimmt unterschiedliche Werte zwischen 15 und 30 Jahren ein [4].

Die Größe j, auch als statische Amortisationszeit bezeichnet, ergibt sich aus dem Verhältnis der Ausgaben zu den zu erwarteten Einsparungen, d. h. Investitionskosten *IK*/ Energiekosteneinsparung ΔK. Für die Investitionskosten wird dabei die Summe der für die baulichen bzw. anlagentechnischen Sanierungsmaßnahmen anfallenden Kosten angesetzt. Sanierungsmaßnahmen, die ohnehin anfallen, z. B. der Austausch defekter Fenster oder Kessel, verursachen
in diesem Sinne keine Investitionskosten für die Energieeinsparung. Wenn über die gesetzlichen Mindeststandards, wie sie im Gebäudeenergiegesetz vorgeschrieben sind, hinaus Investitionen in einen verbesserten Wärmeschutz oder eine effizientere Anlagentechnik getätigt werden, so können diese Mehrkosten in die Berechnung eingebracht werden.

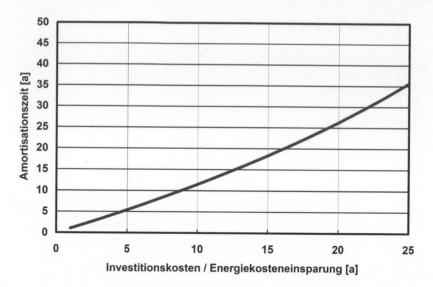

Abb. 7.1 Diagramm zur Bestimmung der Amortisationszeit aus dem Verhältnis der Investitionskosten zur erzielten Energieeinsparung (Zinssatz 4 %, inflationsbereinigte Energiepreissteigerung 2 %)

Unter Berücksichtigung eines Zinssatzes von 4 % und einer inflationsbereinigten Teuerungsrate (Energiepreissteigerung) von 2 % kann die Amortisationszeit mit Kenntnis des Verhältnisses $IK/\Delta K$ aus Abb. 7.1 abgelesen werden.

7.7 Beispiele

Beispiel 1: Außenwanddämmung

Die alte 24 cm dicke Außenwand eines Einfamilienhauses wird mit einem 14 cm starken Wärmedämmverbundsystem versehen.

Der U-Wert der alten Wand beträgt ca. 1,4 W/(m²K). Der U-Wert der neuen Wand beträgt ca. 0,24 W/(m²K).

Für 1 m² Wandfläche ergibt sich dann bei einer Heizperiode von 220 Tagen ein Heizwärmebedarf von

$$Q_{h,\text{Wand,IST}} = 1 \cdot 1,4 \cdot 1 \cdot 75 = 105\,\text{kWh/a}$$

bzw.

$$Q_{h,\text{Wand,NEU}} = 1 \cdot 0,24 \cdot 1 \cdot 75 = 18\,\text{kWh/a}$$

Im Fall einer mit Öl betriebenen Brennwertheizung (Baujahr 2002) mit einer Endenergie-Aufwandszahl von $e = 1{,}07$ (Tab. 7.2) ergibt sich eine Heizenergieeinsparung je Quadratmeter Außenwandfläche von ca. 93 kWh/a.

Für ein durchschnittliches Einfamilienhaus mit ca. 120 m² Außenwandfläche bedeutet dies eine jährliche Einsparung an Heizenergie ΔQ_e von ca. 11.170 kWh und damit eine Brennstoffeinsparung ΔB von ca. 1170 Liter Heizöl.

Bei Brennstoffkosten von 0,08 Euro/kWh entspricht dies einer jährlichen Kosteneinsparung von rd. 890 Euro.

Die Kosten dieser Maßnahme belaufen sich auf ca. 18.000 Euro. Wird hingegen die Maßnahme im Rahmen einer anstehenden Außenputzerneuerung durchgeführt, sinken die Kosten der Wärmeschutzmaßnahme auf ca. 8000 Euro.

Im ersten Fall beträgt die Amortisationszeit rd. 26 Jahre, im zweiten Fall rd. 11 Jahre. ◄

Beispiel 2: Fenstererneuerung

Die alten, einfachverglasten Fenster ($U_W = 4{,}7$ W/(m²K); $g = 0{,}87$) werden gegen neue Fenster mit Wärmeschutzverglasung ($U_W = 1{,}3$ W/(m²K); $g = 0{,}60$) ausgetauscht. Der $U_{W,eq}$-Wert der alten Fenster (Ost-/Westorientierung) beträgt 3,3 W/(m²K). Der $U_{W,eq}$-Wert der neuen Fenster (Ost-/Westorientierung) beträgt 0,3 W/(m²K).

Für 1 m² Fensterfläche ergibt sich dann bei einer Heizperiode von 220 Tagen ein Heizwärmebedarf von

$$Q_{h,Fenster,IST} = 1 \cdot 3{,}3 \cdot 1 \cdot 75 = 248 \, kWh/a$$

bzw.

$$Q_{h,Fenster,NEU} = 1 \cdot 0{,}3 \cdot 1 \cdot 75 = 23 \, kWh/a$$

Bei einer mit Gas betriebenen Brennwertheizung (Baujahr 2002) mit einer Endenergie-Aufwandszahl von $e = 1{,}07$ ergibt sich eine Heizenergieeinsparung von 240 kWh pro Quadratmeter Fensterfläche und Jahr.

Für ein durchschnittliches Einfamilienhaus mit ca. 25 m² Fensterfläche bedeutet dies eine jährliche Einsparung ΔQ_E von ca. 6000 kWh und damit eine Brennstoffeinsparung ΔB von ca. 600 m³ Erdgas.

Bei Brennstoffkosten von 0,075 Euro/kWh entspricht dies einer jährlichen Kosteneinsparung von ca. 450 Euro.

Wenn sich die Kosten dieser Maßnahme auf ca. 10.000 Euro belaufen, so entspricht dies einer Amortisationszeit von rund 28 Jahren. ◄

Literatur

1. Hauser, G., Holm, A., Klatecki, M., Krüger, N., Lüking, R.-M., Maas, A., Radermacher, A.: Energieeinsparung im Gebäudebestand. Bauliche und anlagentechnische Lösungen. EnEV und Energieausweis. Gesellschaft für Rationelle Energieverwendung e.V. 7. überarbeitete Auflage. Kassel 2016.
2. VDI 6025:2012-11. Betriebswirtschaftliche Berechnungen für Investitionsgüter und Anlagen.
3. Heizenergie im Hochbau – Leitfaden Energiebewusste Gebäudeplanung Hess. Min. f. Umwelt, Energie, Jugend, Familie und Gesundheit, Wiesbaden (1996). Erarbeitet in Zusammenarbeit mit dem Institut Wohnen und Umwelt, Darmstadt.
4. VDI 2067 Blatt 1:2012-09. Wirtschaftlichkeit gebäudetechnischer Anlagen – Grundlagen und Kostenberechnung.

Wärmeschutztechnische Anforderungen

8

Anton Maas

8.1 Wärmeschutztechnische Vorschriften – DIN 4108

Die wärmeschutztechnischen Vorschriften im Hochbau wurden in den letzten Jahren wegen der ständig wachsenden Bedeutung des Wärmeschutzes immer umfangreicher und anspruchsvoller hinsichtlich des Anforderungsniveaus. Sie lassen sich unterteilen in einen

- Mindestwärmeschutz,
- der in DIN 4108 „Wärmeschutz und Energie-Einsparungen in Gebäuden" [1] behandelt wird, und in einen
- energiesparenden Wärmeschutz,
- der im Gebäudeenergiegesetz [2] festgelegt ist.

8.1.1 Wärmedurchlasswiderstand nichttransparenter und transparenter Bauteile

Nichttransparente Außenbauteile von Aufenthaltsräumen mit üblicher Innentemperatur ($\geq 19\ °C$) niedrigen Innentemperatur ($\geq 12\ °C$ und $<19\ °C$) und einer flächenbezogenen Gesamtmasse von mindestens $100\ kg/m^2$ müssen die in Tab. 8.1 aufgeführten Mindestwärmedurchlasswiderstände R einhalten.

Für Bauteile mit einer flächenbezogenen Gesamtmasse von unter $100\ kg/m^2$ gelten erhöhte Anforderungen mit einem Mindestwert des Wärmedurchlasswiderstandes

A. Maas (✉)
Universität Kassel FB 06 Architektur, Stadtplanung, Landschaftsplanung, Kassel, Deutschland
E-Mail: maas@uni-kassel.de

© Springer Fachmedien Wiesbaden GmbH, ein Teil von Springer Nature 2022
W. M. Willems (Hrsg.), *Lehrbuch der Bauphysik*,
https://doi.org/10.1007/978-3-658-34093-3_8

Tab. 8.1 Mindestwerte für Wärmedurchlasswiderstände von Bauteilen [1]

Spalte	1	2	3
Zeile	Bauteile	Beschreibung	Wärmedurchlasswiderstand des Bauteils[b] R in m$^2 \cdot$ K/W
1	**Wände beheizter Räume**	gegen Außenluft, Erdreich, Tiefgaragen, nicht beheizte Räume (auch nicht beheizte Dachräume oder nicht beheizte Kellerräume außerhalb der wärmeübertragenden Umfassungsfläche)	1,2[c]
2	**Dachschrägen beheizter Räume**	Gegen Außenluft	1,2
3	**Decken beheizter Räume nach oben und Flachdächer**		
3.1		gegen Außenluft	1,2
3.2		zu belüfteten Räumen zwischen Dachschrägen und Abseitenwänden bei ausgebauten Dachräumen	0,90
3.3		zu nicht beheizten Räumen, zu bekriechbaren oder noch niedrigeren Räumen	0,90
3.4		zu Räumen zwischen gedämmten Dachschrägen und Abseitenwänden bei ausgebauten Dachräumen	0,35
4	**Decken beheizter Räume nach unten[a]**		
4.1		gegen Außenluft, gegen Tiefgarage; gegen Garagen (auch beheizte), Durchfahrten (auch verschließbare) und belüftete Kriechkeller	1,75
4.2		gegen nicht beheizten Kellerraum	0,90
4.3		Unterer Abschluss (z. B. Sohlplatte) von Aufenthaltsräumen unmittelbar an das Erdreich grenzend bis zu einer Raumtiefe von 5 m	
4.4		Über einen nicht belüfteten Hohlraum, z. B. Kriechkeller, an das Erdreich grenzend	
5	**Bauteile an Treppenräumen**		
5.1		Wände zwischen beheiztem Raum und direkt beheiztem Treppenraum. Wände zwischen beheiztem Raum und indirekt beheiztem Treppenraum sofern die anderen Bauteile des Treppenraums die Anforderungen der Tab. 8.3 erfüllen	0,07

(Fortsetzung)

Tab. 8.1 (Fortsetzung)

Spalte	1	2	3
Zeile	Bauteile	Beschreibung	Wärmedurchlasswiderstand des Bauteils[b] R in m$^2 \cdot$ K/W
5.2		Wände zwischen beheiztem Raum und indirekt beheiztem Treppenraum, wenn nicht alle anderen Bauteile des Treppenraums die Anforderungen der Tab. 8.3 erfüllen	0,25
5.3		oberer und unterer Abschluss eines beheizten oder indirekt beheizten Treppenraumes	Wie Bauteile beheizter Räume
6	**Bauteile zwischen beheizten Räumen**		
6.1		Wohnungs- und Gebäudetrennwände zwischen beheizten Räumen	0,07
6.2		Wohnungstrenndecken; Decken zwischen Räumen unterschiedlicher Nutzung	0,35

[a]Vermeidung von Fußkälte.
[b]bei erdberührten Bauteilen: konstruktiver Wärmedurchlasswiderstand
[c]bei niedrig beheizten Räumen 0,55 m$^2 \cdot$ K/W

$R \geq 1,75$ m$^2 \cdot$ K/W. Bei Rahmen- und Skelettbauarten oder Fassaden als Pfosten-Riegel-Konstruktionen gelten sie nur für den Gefachbereich. In diesen Fällen ist für das gesamte Bauteil zusätzlich im Mittel $R \geq 1,0$ m$^2 \cdot$ K/W einzuhalten. Gleiches gilt für Rollladenkästen. Für den Deckel von Rollladenkästen ist der Wert von $R = 0,55$ m$^2 \cdot$ K/W einzuhalten.

Der Mindestwärmeschutz muss an jeder Stelle vorhanden sein. Hierzu gehören u. a. auch Nischen unter Fenstern, Brüstungen von Fensterbauteilen, Fensterstürze, Wandbereich auf der Außenseite von Heizkörpern und Rohrkanälen, insbesondere für ausnahmsweise in Außenwänden angeordnete wasserführende Leitungen.

Opake Ausfachungen von transparenten und teiltransparenten Bauteilen (z. B. Vorhangfassaden, Pfosten-Riegel-Konstruktionen, Glasdächer, Fenster, Fenstertüren und Fensterwände) der wärmeübertragende Umfassungsfläche müssen bei beheizten und niedrig beheizten Räumen einem Wärmedurchlasswiderstand R $\geq$ 1,2 (bzw. $U_p \leq$ 0,73 W/(m$^2 \cdot$ K) entsprechen (der Index p steht für panel = Füllung). Die Rahmen sind bei beheizten und bei niedrig beheizten Räumen in $U_f \leq$ 2,9 W/(m$^2 \cdot$ K) nach DIN EN ISO 10077-1 [3] auszuführen (Index f für frame = Rahmen). Transparente Teile der thermischen Hüllfläche sind mindestens mit Isolierglas oder 2 Glasscheiben (z. B. Verbundfenster, Kastenfenster) auszuführen.

Die Bestimmung des Wärmedurchlasswiderstandes, des Wärmedurchgangswiderstandes homogener und inhomogener Bauteile, sowie des Wärmedurchgangskoeffizienten der Bauteile erfolgt nach DIN EN ISO 6946. Für die Berechnung des Wärmedurchgangswiderstandes von Bauteilen mit ruhenden, schwach oder stark belüfteten Luftschichten gilt DIN EN ISO 6946.

Angaben zu Bemessungswerten wärmedämmtechnischer Eigenschaften von Baustoffen bzw. zu Wärmedurchgangskoeffizienten von Bauteilen sind DIN 4108-4 [4], DIN EN ISO 10456 [5] oder bauaufsichtlichen Regelungen zu entnehmen.

Bei der Berechnung des Wärmedurchlasswiderstandes R werden nur die raumseitigen Schichten bis zur Bauwerksabdichtung bzw. der Dachabdichtung berücksichtigt.

Ausgenommen sind Dämmsysteme

- aus extrudergeschäumtem Polystyrolschaumstoff auf Dächern, die mit einer Kiesschicht oder mit einem Betonplattenbelag (z. B. Gehwegplatten) in Kiesbettung oder auf Abstandhaltern abgedeckt sind. Bei der Berechnung des Wärmedurchgangskoeffizienten eines solchen Umkehrdaches (Abb. 8.1) ist der errechnete Wärmedurchgangskoeffizient U um einen Betrag ΔU in Abhängigkeit des prozentualen Anteils des Wärmedurchlasswiderstandes unterhalb der Abdichtung am Gesamtwärmedurchlasswiderstand nach Tab. 8.2 zu erhöhen. Bei leichter Unterkonstruktion mit einer flächenbezogenen Masse unter 250 kg/m² muss der Wärmedurchlasswiderstand unterhalb der Abdichtung mindestens 0,15 m² · K/W betragen.
- als Perimeterdämmung (außenliegender Wärmedämmung erdberührender Gebäudeflächen außer unter Gebäudegründungen), unter Anwendung von Dämmstoffplatten aus extrudergeschäumtem Polystyrolschaumstoff und Schaumglas, wenn die Perimeterdämmung nicht ständig im Grundwasser liegt. Die Perimeterdämmung ist mit in den Wärmedurchgangskoeffizienten einzubeziehen.

8.1.2 Maßnahmen zur Vermeidung von Schimmelpilzbildung

Der Temperaturfaktor muss an der ungünstigen Stelle $f_{Rsi} \geq 0,70$ erfüllen, d. h., bei den unten angegebenen Randbedingungen ist eine raumseitige Oberflächentemperatur von $\theta_{si} \geq 12,6\ °C$ einzuhalten. Fenster sind davon ausgenommen.

Es liegen folgende Randbedingungen zu Grunde:

Abb. 8.1 Konstruktion eines Flachdaches als Umkehrdach

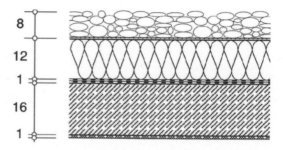

Tab. 8.2 Zuschlagswerte für Umkehrdächer [1]

Anteil des Wärmedurchlasswiderstandes raumseitig der Abdichtung am Gesamtwärmedurchlasswiderstand %	Zuschlagswert ΔU W/(m² · K)
unter 10	0,05
von 10 bis 50	0,03
über 50	0

- Innenlufttemperatur $\theta_i = 20\ °C$
- relative Luftfeuchtigkeit innen $\varphi_i = 50\ \%$
- auf der sicheren Seite liegende kritische zugrunde gelegte Luftfeuchte nach DIN EN ISO 13788 für Schimmelpilzbildung auf der Baustoffoberfläche $\varphi_{si} = 80\ \%$
- Außenlufttemperatur $\theta_i = -5\ °C$
- Wärmeübergangswiderstand, innen
  - $R_{si} = 0,25\ m^2 · K/W$ (beheizte Räume);
  - $R_{si} = 0,17\ m^2 · K/W$ (unbeheizte Räume);
- Wärmeübergangswiderstand, außen $R_{se} = 0,04\ m^2 · K/W$.

8.2   Mindestanforderung an den sommerlichen Wärmeschutz

8.2.1   Allgemeines

Der Nachweis zur Einhaltung der Mindestanforderungen an den sommerlichen Wärmeschutz ist unter Zugrundelegung von standardisierten Randbedingungen mit den im Weiteren beschriebenen Verfahren zu führen [1].

Um regionale Unterschiede der sommerlichen Klimaverhältnisse zu berücksichtigen, wird für das Gebiet der Bundesrepublik Deutschland hinsichtlich der Anforderungen an den sommerlichen Wärmeschutz zwischen den Sommer-Klimaregionen:

- Region A,
- Region B und
- Region C

unterschieden.

Die Zuordnung der Klimaregion zu dem individuellen Standort eines Gebäudes erfolgt gemäß Abb. 8.2.

Lässt sich anhand von Abb. 8.2 keine eindeutige Zuordnung zwischen den Sommer-Klimaregionen finden, ist

- zwischen A und B nach B
- zwischen B und C nach C
- zwischen A und C nach C

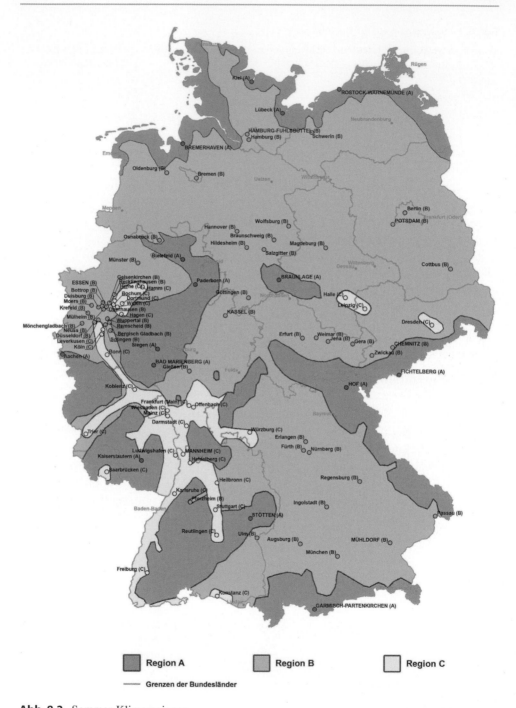

Abb. 8.2 Sommer-Klimaregionen

Tab. 8.3 Zulässige Werte des Grundflächen bezogenen Fensterflächenanteils, unterhalb dessen auf einen sommerlichen Wärmeschutznachweis verzichtet werden kann

Spalte	1	2	3
Zeile	Neigung der Fenster gegenüber der Horizontalen	Orientierung der Fenster[b]	Grundflächen bezogener Fensterflächenanteil [a] f_{WG} [%]
1	über 60° bis 90°	Nord-West- über Süd bis Nord-Ost	10
2		Alle anderen Nordorientierungen	15
3	von 0° bis 60°	Alle Orientierungen	7

[a]Der Fensterflächenanteil f_{WG} ergibt sich aus dem Verhältnis der Fensterfläche (vgl. Abb. 8.3) zu der Grundfläche des betrachteten Raumes oder der Raumgruppe. Sind beim betrachteten Raum bzw. der Raumgruppe mehrere Fassaden oder z. B. Erker vorhanden, ist f_{WG} aus der Summe aller Fensterflächen zur Grundfläche zu berechnen
[b]Sind beim betrachteten Raum mehrere Orientierungen mit Fenstern vorhanden, ist der kleinere Grenzwert für f_{WG} bestimmend

zuzuordnen.

Die Regionalisierung der Karte beruht auf dem Zusammenwirken der Einflussgrößen Lufttemperatur und solare Einstrahlung und dem darauf resultierenden sommerlichen Wärmeverhalten eines Gebäudes.

8.2.2 Nachweisführung

8.2.2.1 Grundsätze der Nachweisführung und Nachweisverfahren
Zur Sicherstellung eines ausreichenden baulichen sommerlichen Wärmeschutzes müssen die Anforderungen dieser Norm eingehalten werden.

Der Nachweis zur Einhaltung der Anforderungen an den sommerlichen Wärmeschutz ist für „kritische" Räume bzw. Raumbereiche an der Außenfassade, die der Sonneneinstrahlung besonders ausgesetzt sind gemäß Abschn. 8.2.3 durch Ermittlung des vorhandenen Sonneneintragskennwertes und den Nachweis der Einhaltung des nach Tab. 8.5 bestimmten zulässigen Sonneneintragskennwertes zu führen. Alternativ kann der Nachweis durch dynamisch-thermische Simulationsrechnungen erfolgen.

8.2.2.2 Voraussetzungen für den Verzicht auf einen Nachweis

a) Liegt der Fensterflächenanteil unter den in Tab. 8.3 angegebenen Grenzen, so kann auf einen Nachweis verzichtet werden.
b) Bei Wohngebäuden sowie bei Gebäudeteilen zur Wohnnutzung, bei denen der kritische Raum einen grundflächenbezogenen Fensterflächenanteil von 35 % nicht überschreitet, und deren Fenster in Ost-, Süd- oder Westorientierung (inkl. derer eines Glasvorbaus) mit außenliegenden Sonnenschutzvorrichtungen mit einem Abminderungsfaktor $F_C \leq 0,30$ bei Glas mit $g > 0,40$ bzw. $F_C \leq 0,35$ bei Glas mit $g \leq 0,40$ (siehe Tab. 8.4)

ausgestattet sind, kann auf einen Nachweis verzichtet werden. Für Glasvorbauten (Wintergärten) gilt diese Regelung nicht.

8.2.2.3 Räume oder Raumbereiche in Verbindung mit unbeheizten Glasvorbauten

I. Mit Belüftung nur über den unbeheizten Glasvorbau:
  a) Der Nachweis für den betrachteten Raum gilt als erfüllt, wenn der unbeheizte Glasvorbau einen Sonnenschutz mit einem Abminderungsfaktor $\leq 0{,}35$ und Lüftungsöffnungen im obersten und untersten Glasbereich hat, die zusammen mindestens 10 % der Glasfläche ausmachen;
  b) Ist a) nicht gegeben, ist der Nachweis mit dem Verfahren der Sonneneintragskennwerte zu führen; dabei ist die tatsächliche bauliche Ausführung inklusive des unbeheizten Glas-vorbaus in der Berechnung nachzubilden.
II. Mit Belüftung nicht oder nicht nur über den unbeheizten Glasvorbau:
  a) Der Nachweis kann mit dem Verfahren der Sonneneintragskennwerte geführt werden, als ob der unbeheizte Glasvorbau nicht vorhanden wäre;
  b) Bei Nachweis mittels einer thermischen Gebäudesimulation ist die tatsächliche bauliche Ausführung inklusive des unbeheizten Glasvorbaus in der Berechnung nachzubilden.

8.2.2.4 Allgemeine Berechnungsrandbedingungen

a) Nettogrundfläche und Raumtiefe:

Die Nettogrundfläche A_G wird mit Hilfe der lichten Raummaße ermittelt. Bei sehr tiefen Räumen muss die für den Nachweis anzusetzende Raumtiefe begrenzt werden. Die größte anzusetzende Raumtiefe ist mit der dreifachen lichten Raumhöhe zu bestimmen. Bei Räumen mit gegenüberliegenden Fensterfassaden ergibt sich keine Begrenzung der anzusetzenden Raumtiefe, wenn der Fassadenabstand kleiner/gleich der sechsfachen lichten Raumhöhe ist. Ist der Fassadenabstand größer als die sechsfache lichte Raumhöhe, muss der Nachweis für die beiden der jeweiligen sich ergebenden fassadenorientierten Raumbereiche durchgeführt werden. Bei der Ermittlung der wirksamen Wärmespeicherfähigkeit sind die raumumschließenden Bauteile nur soweit zu berücksichtigen, wie sie das Volumen bestimmen, das aus der Nettogrundfläche A_G und lichter Raumhöhe gebildet wird.

b) Fensterrahmenanteil und Fensterfläche:

Das vereinfachte Verfahren mittels des Sonneneintragskennwertes S nach Abschn. 8.2.3 ist für Fenster mit einem Rahmenanteil von 30 % abgeleitet worden. Näherungsweise kann dieses Verfahren auch bei Gebäuden mit Fenstern angewendet werden, die einen Rahmenanteil ungleich 30 % haben. Soll der Einfluss des Fensterrahmenanteils genauer

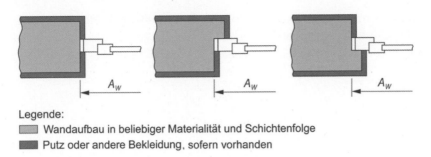

Legende:
- ▨ Wandaufbau in beliebiger Materialität und Schichtenfolge
- ▮ Putz oder andere Bekleidung, sofern vorhanden

Abb. 8.3 Beispiele zur Ermittlung des lichten Rohbaumaßes bei Fensteröffnungen

berücksichtigt werden, muss auf dynamisch-thermischen Simulationsrechnungen unter Berücksichtigung vorgegebener Randbedingungen zurückgegriffen werden.

Zur Bestimmung der Fensterfläche A_W wird das lichte Rohbaumaß verwendet, d. h. das Blendrahmenaußenmaß (einschließlich aller Rahmenaufdoppelungen) zuzüglich Einbaufuge oder Montagefuge (vgl. Abb. 8.3). Dabei sind Putz oder ggf. vorhandene Bekleidungen nicht zu berücksichtigen.

Bei Dachflächenfenstern kann analog das Außenmaß des Blendrahmens als lichtes Rohbaumaß angenommen werden. Dies gilt unabhängig vom Glasanteil und der Rahmenausbildung.

8.2.3 Verfahren Sonneneintragskennwerte

Das Sonneneintragskennwerte-Verfahren stellt ein vereinfachtes Verfahren zum Nachweis des sommerlichen Wärmeschutzes dar. Für den zu bewertenden Raum oder Raumbereich ist jeweils der vorhandene Sonneneintragskennwert gemäß Abschn. 8.2.3.1 zu bestimmen und dem gemäß Abschn. 8.2.3.2 ermittelten maximal zulässigen Sonneneintragskennwert gegenüberzustellen.

Der Nachweis der Einhaltung der Anforderungen an den sommerlichen Wärmeschutz ist erbracht, wenn der vorhandene Sonneneintragskennwert den zulässigen Sonneneintragskennwert gemäß Gl. (8.1) nicht übersteigt.

$$S_{\text{vorh}} \leq S_{\text{zul}} \qquad (8.1)$$

Nicht geführt werden kann der Nachweis mit dem in diesem Abschnitt beschriebenen vereinfachten Verfahren, wenn die für den Nachweis in Frage kommenden Räume oder Raumbereiche in Verbindung mit folgenden baulichen Einrichtungen stehen:

- Doppelfassaden oder
- transparente Wärmedämmsysteme (TWD).

8.2.3.1 Bestimmung des vorhandenen Sonneneintragskennwertes

Für den bezüglich sommerlicher Überhitzung zu untersuchenden Raum oder Raumbereich ist der vorhandene Sonneneintragskennwert S_vorh nach Gl. (8.2) zu ermitteln.

$$S_\text{vorh} = \sum_j \frac{A_{\text{w},j} \cdot g_{\text{total},j}}{A_\text{G}} \tag{8.2}$$

Dabei ist

A_w	die Fensterfläche, in m²; siehe Abb. 8.3;
g_total	der Gesamtenergiedurchlassgrad des Glases einschließlich Sonnenschutz, berechnet nach Gl. (8.3) bzw. nach DIN EN ISO 52022-1 [6], DIN EN ISO 52022-2 [7] oder angelehnt nach DIN EN 410 [8] bzw. zugesicherten Herstellerangaben;
A_G	die Nettogrundfläche des Raumes oder des Raumbereichs in m².

Die Summe erstreckt sich über alle Fenster des Raumes oder des Raumbereiches.

Der Gesamtenergiedurchlassgrad des Glases einschließlich Sonnenschutz g_total kann vereinfacht nach Gl. (8.3) berechnet werden. Alternativ kann das Berechnungsverfahren für gtotai nach DIN V 4108-6, Anhang B verwendet werden.

$$g_\text{total} = g \cdot F_\text{C} \tag{8.3}$$

Dabei ist

g	der Gesamtenergiedurchlassgrad des Glases für senkrechten Strahlungseinfall nach DIN EN 410;
F_C	der Abminderungsfaktor für Sonnenschutzvorrichtungen nach Tab. 8.4.

Sind für Glasflächen bauliche Verschattungen zu berücksichtigen, kann g_total aus Gl. (8.3) anhand der Teilbestrahlungsfaktoren F_S gemäß DIN V 18599-2, Anhang A.2 modifiziert werden. E$_\text{S}$ sind die jeweiligen Faktoren für den Sommerfall zu verwenden. Die Mehrfachberücksichtigung von einzelnen Einflüssen (insbes. Vordächer) ist hierbei ausgeschlossen.

8.2.3.2 Bestimmung des zulässigen Sonneneintragskennwertes

Der höchstens zulässige Sonneneintragskennwert S_zul ergibt sich aus Gl. (8.4).

$$S_\text{zul} = \sum S_\text{x} \tag{8.4}$$

Dabei ist	
S_x	anteiliger Sonneneintragskennwert nach Tab. 8.5

Tab. 8.4 Anhaltswerte für Abminderungsfaktoren Fc von fest installierten Sonnenschutzvorrichtungen in Abhängigkeit von der Glasart

Zeile	Sonnenschutzvorrichtung[a]	zweifach Sonnen- schutzglas	dreifach Wärme- dämmglas	zweifach Wärme- dämmglas
1	**ohne Sonnenschutzvorrichtung**	1,00	1,00	1,00
2	**Innenliegend oder zwischen den Scheiben[b]**			
2.1	weiß oder hochreflektierende Oberflächen mit geringer Transparenz[c]	0,65	0,70	0,65
2.2	helle Farben oder geringe Transparenz[d]	0,75	0,80	0,75
2.3	dunkle Farben oder höhere Transparenz	0,90	0,90	0,85
3	**Außenliegend**			
3.1	Fensterläden, Rollläden			
3.1.1	Fensterläden, Rollläden, ¾ geschlossen	0,35	0,30	0,30
3.1.2	Fensterläden, Rollläden, geschlossen[e]	0,15	0,10	0,10
3.2	Jalousie und Raffstore; drehbare Lamellen			
3.2.1	Jalousie und Raffstore; drehbare Lamellen, 45° Lamellenstellung	0,30	0,25	0,25
3.2.2	Jalousie und Raffstore; drehbare Lamellen, 10° Lamellenstellung[e]	0,20	0,15	0,15
3.3	Markise, parallel zur Verglasung	0,30	0,25	0,25
3.4	Vordächer, Markisen allgemein, freistehende Lamellen[f]	0,55	0,50	0,50

[a]Die Sonnenschutzvorrichtung muss fest installiert sein. Übliche dekorative Vorhänge gelten nicht als Sonnenschutzvorrichtung
[b]für innenliegende Sonnenschutzvorrichtungen ist eine genaue Ermittlung zu empfehlen
[c]hochreflektierende Oberflächen mit geringer Transparenz, Transparenz $\leq$ 10 %, Reflexion $\geq$ 60 %
[d]geringe Transparenz, Transparenz < 15 %
[e]durch den geschlossenen Sonnenschutz ist sehr geringer bis kein Einfall des natürlichen Tageslichts vorhanden
[f]Bauliche Verschattungen durch eigene oder fremde Gebäude können geometrisch berücksichtigt werden
Dabei muss näherungsweise sichergestellt sein, dass keine direkte Besonnung des Fensters erfolgt. Dies ist der Fall, wenn
– bei Südorientierung der Abdeckwinkel $\beta \geq 50°$ ist
– bei Ost- und Westorientierung der Abdeckwinkel $\beta \geq 85°$ und $\gamma \geq 115°$ ist
Der Fc-Wert darf auch für beschattete Teilflächen des Fensters angesetzt werden
Zu den jeweiligen Orientierungen gehören Winkelbereiche von +22,5°. Bei Zwischenorientierungen ist der Abdeckwinkel $\beta \geq 80°$ erforderlich

Tab. 8.5 Anteilige Sonneneintragskennwerte zur Bestimmung zulässigen Sonneneintragskennwertes

Nutzung		Anteiliger Sonneneintragskennwert S_x					
		Wohngebäude			Nichtwohngebäude		
Klimaregion[a]		A	B	C	A	B	C
Nachtlüftung und Bauart							
	Nachtlüftung	Bauart[b]					
	ohne	leicht	0,071	0,056	0,041	0,013	0,007	0,000
		mittel	0,080	0,067	0,054	0,020	0,013	0,006
		schwer	0,087	0,074	0,061	0,025	0,018	0,011
S_1	erhöhte Nachtlüftung[c] mit $n \geq 2h^{-1}$	leicht	0,098	0,088	0,078	0,071	0,060	0,048
		mittel	0,114	0,103	0,092	0,089	0,081	0,072
		schwer	0,125	0,113	0,101	0,101	0,092	0,083
	hohe Nachtlüftung[d] mit $n \geq 5h^{-1}$:	leicht	0,128	0,117	0,105	0,090	0,082	0,074
		mittel	0,160	0,152	0,143	0,135	0,124	0,113
		schwer	0,181	0,171	0,160	0,170	0,158	0,145
Grundflächenbezogener Fensterflächenanteil f_{WG}[e]							
S_2	$S_2 = a - b \cdot f_{WG}$	a	0,060			0,030		
		b	0,231			0,115		
Sonnenschutzglas[f]							
S_3	Fenster mit Sonnenschutzglas mit $g \leq 0,4$	0,03					
Fensterneigung[g]							
S_4	$0° \leq$ Neigung $\leq 60°$ (gegenüber der Horizontalen) bei $f_{WG} \leq 0,15$	$-0,035\, f_{neig}$[g]					
Orientierung							
S_5	Nord-, Nordost- und Nordwestorientierte Fenster soweit die Neigung gegenüber der Horizontalen $> 60°$ ist sowie Fenster, die dauernd vom Gebäude selbst verschattet sind	$+0,10\, f_{nord}$[h]					
Einsatz passiver Kühlung[j]							
	Bauart						
S_6	leicht	0,02					
	mittel	0,04					
	schwer	0,06					

[a]Ermittlung der Klimaregion nach Abb. 8.2
[b]Ohne Nachweis der wirksamen Wärmespeicherfähigkeit ist von leichter Bauart auszugehen, wenn keine der im Folgenden genannten Eigenschaften für mittlere oder schwere Bauart nachgewiesen sind
Vereinfachend kann von
• mittlerer Bauart ausgegangen werden, wenn folgende Eigenschaften vorliegen:
 – Stahlbetondecke
 – massive Innen- und Außenbauteile (mittlere Rohdichte ≥ 600 kg/m³)
 – keine innenliegende Wärmedämmung an den Außenbauteilen
 – keine abgehängte oder thermisch abgedeckte Decke
 – keine hohen Räume ($> 4,5$ m) wie z. B. Turnhallen, Museen usw.

(Fortsetzung)

Tab. 8.5   (Fortsetzung)

• schwerer Bauart ausgegangen werden, wenn folgende Eigenschaften vorliegen:
  – Stahlbetondecke
  – massive Innen- und Außenbauteile (mittlere Rohdichte > 1600 kg/m^3)
  – keine innenliegende Wärmedämmung an den Außenbauteilen
  – keine abgehängte oder thermisch abgedeckte Decke
  – keine hohen Räume (> 4,5 m) wie z. B. Turnhallen, Museen usw

Die wirksame Wärmespeicherfähigkeit darf auch nach DIN EN ISO 13786 (Periodendauer 1 d) für den betrachteten Raum bzw. Raumbereich bestimmt werden, um die Bauart einzuordnen; dabei ist folgende Einstufung vorzunehmen:
– leichte Bauart liegt vor, wenn $C_{wirk}/A_G < 50$ Wh/(K · m^2)
  mit C_{wirk} wirksame Wärmekapazität
    A_g Nettogrundfläche nach 8.2.2.4 a)
– mittlere Bauart liegt vor, wenn 50 Wh/(K · m^2) $\leq C_{wirk}/A_G \leq$ 130 Wh/(K · m^2)
– schwere Bauart liegt vor, wenn $C_{wirk}/A_G >$ 130 Wh/(K · m^2)

[c]Bei der Wohnnutzung kann in der Regel von der Möglichkeit zu erhöhter Nachtlüftung ausgegangen werden
Der Ansatz der erhöhten Nachtlüftung darf auch erfolgen, wenn durch eine Lüftungsanlage ein nächtlicher Luftwechsel von mindestens n = 2 h^{-1} sichergestellt werden kann

[d]Von hoher Nachtlüftung kann ausgegangen werden, wenn für den zu bewertende Raum oder Raumbereich die Möglichkeit besteht, geschossübergreifende Nachtlüftung zu nutzen (z. B. über angeschlossenes Atrium, Treppenhaus oder Galerieebene). Der Ansatz der hohen Nachtlüftung darf auch erfolgen, wenn eine Lüftungsanlage so ausgelegt ist, dass durch die Lüftungsanlage ein nächtlicher Luftwechsel von mindestens $n = 5$ h^{-1} sichergestellt wird

[e]$f_{WG} = A_W/A_G$
mit Aw   Fensterfläche
    A_G Netto grundfläche

Hinweis   Die durch S$_1$ vorgegebenen anteiligen Sonneneintragskennwerte gelten für grundflächenbezogene Fensterflächenanteile von etwa 25 %. Durch den anteiligen Sonneneintragskennwert S$_2$ erfolgt eine Korrektur des S$_1$-Wertes in Abhängigkeit vom Fensterflächenanteil, wodurch die Anwendbarkeit des Verfahrens auf Räume mit grundflächenbezogenen Fensterflächenanteilen abweichend von 25 % gewährleistet wird. Für Fensterflächenanteile kleiner 25 % wird S$_2$ positiv, für Fensterflächenanteile größer 25 % wird S$_2$ negativ

[f]Als gleichwertige Maßnahme gilt eine Sonnenschutzvorrichtung, welche die diffuse Strahlung nutzerunabhängig permanent reduziert und hierdurch ein $g_{tot} \leq 0,4$ erreicht wird. Bei Lensterflächen mit unterschiedlichem g_{tot} wird S$_3$ flächenanteilig gemittelt:
S$_3$ = 0,03 · $A_{W,gtot \leq 0,4}/A_{W,gesamt}$
Dabei ist
    $A_{W,gtot \leq 0,4}$ die geneigte Fensterfläche mit $g_{tot} \leq 0,4$
    $A_{W,gesamt}$ die gesamte Fensterfläche

[g]$f_{neig} = A_{W,neig}/A_{W,gesamt}$
Dabei ist
    $A_{W,neig}$ die geneigte Fensterfläche
    $A_{W,gesamt}$ die gesamte Fensterfläche

[h]$f_{nord} = A_{W,nord}/A_{W,gesamt}$
Dabei ist

(Fortsetzung)

Tab. 8.5 (Fortsetzung)

$A_{W,nord}$ die Nord-, Nordost- und Nordwest-orientierte Fensterfläche soweit die Neigung gegenüber der Horizontalen > 60° ist sowie Fensterflächen, die dauernd vom Gebäude selbst verschattet sind; $A_{W,gesamt}$ die gesamte Fensterfläche

Fenster, die dauernd vom Gebäude selbst verschattet werden: werden für die Verschattung F_s Werte nach DIN V 18599-2:2011-12 verwendet, so ist für jene Fenster $S_5 = 0$ zu setzen

[i]Gegebenenfalls flächenanteilig gemittelt zwischen der gesamten Fensterfläche und jener Flächenfläche, auf die diese Bedingung zutrifft.

Eine Einschätzung der Einstufung der Bauart kann anhand der schematischen Bauteildarstellungen in Abb. 8.4 getroffen werden. Der Holzbau findet sich dabei üblicherweise in der Kategorie „leicht" wieder. Schwere Bauart liegt i. d. R. bei reinen Beton- oder Kalksandsteinkonstruktionen vor. Bei Einsatz von Porenbetonbauteilen wird bei einer Rohdichte bis ca. 700 kg/m^3 die mittlere Bauart vorliegen.

8.2.3.3 Beispielrechnung zum Sonneneintragskennwerte-Verfahren

Randbedingungen:	Nutzung	Wohngebäude	
	Alle Fenster	$g = 0,58$	
	Kein Sonnenschutz	$F_C = 1$	
	Standort	Kassel	
$A_W = 2 \cdot 2 \cdot 1,7 + 0,5 \cdot 1,7 = 7,65 \text{ m}^2$		und	$A_G = 4,5 \cdot 4,5 = 20,25 \text{ m}^2$

Berechnung des vorhandenen Sonneneintragskennwertes:

$$S_{vorh} = \frac{7,65 \cdot 0,58 \cdot 1}{20,25} = \mathbf{0,219}$$

Berechnung des zulässigen Sonneneintragskennwertes:

Die anteiligen Sonneneintragskennwerte S_1 bis S_6 werden mit Hilfe von Tab. 8.5 ermittelt.

Der erste anteilige Sonneneintragskennwert wird durch vier unterschiedliche Einflussfaktoren bestimmt:

- die Art der Nutzung
- die Klimaregion
- die Höhe der Nachtlüftung
- sowie die Bauart (leicht, mittel oder schwer)

Das Wohngebäude soll in Kassel errichtet werden, dies entspricht Klimaregion B. Es wird angenommen, dass erhöhte Nachtlüftung mit einem Luftwechsel ≥ 2 h^{-1} stattfinden kann. Um die Bauart zu ermitteln, muss die wirksame Wärmespeicherfähigkeit für den betrachteten Raum bestimmt werden (Abb. 8.5).

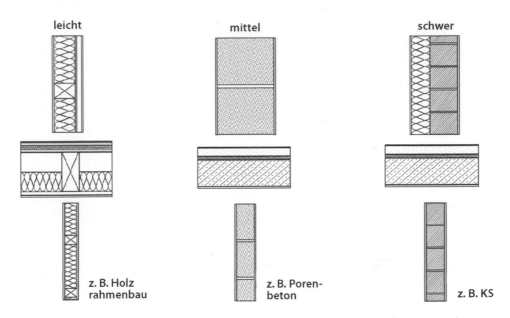

Abb. 8.4 Einstufung der Bauart anhand der vorgesehenen Baukonstruktionen

Berechnung von Cwirk

$$C_{\text{wirk}} = \sum_i \left(c_i \cdot \rho_i \cdot d_i \cdot A_i \right) \qquad (8.5)$$

mit:		
c_i	J/(kg · K) o. Wh/(kg · K)	spezifische Wärmekapazität
ρ_i	kg/m³	Rohdichte des jeweiligen Stoffes
d_i	m	Dicke des jeweiligen Stoffes
A_i	m²	Fläche des Bauteils

Bauteil	Baustoff	Spez. Wärmekapazität c [J/(kg · K)]	Dichte ρ [kg/m³]	Dicke d [m]	Fläche A [m²]	C_{wirk} [J/K]	C_{wirk} [Wh/K]
AW	Gipsputz	1000	1400	0,015	17,55	368.550	102.375
	KS MW	1000	1600	0,085	17,55	2.386.800	663
Decke	Kalkgipsputz	1000	1400	0,01	20,25	283.500	78,75
	Betondecke	1000	2400	0,09	20,25	4.374.000	1215
Boden	Estrich	1000	2000	0,05	20,25	2.025.000	562,5
IW	Kalkgipsputz	1000	1400	0,01	23,31	326.340	90,65
	KS-MW	1000	1600	0,058	23,31	2.163.168	600,88
Tür	Holz	1000	500	0,02	1,89	18.900	5,25
Summe							3318,4
C_{wirk}/A_G [Wh/(m²K)]							163,9

Damit ergibt sich eine Einstufung der Bauart in die Kategorie „schwer".

Abb. 8.5 Geometrie des
Beispielraums

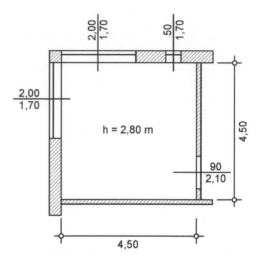

Aus Tab. 8.5 lässt sich der Sonneneintragskennwert ablesen:

$$S_1 = 0,113$$

Der zweite anteilige Sonneneintragskennwert ergibt sich aus dem grundflächen-bezogenen Fensterflächenanteil f_{WG} und folgender Gleichung:

$$S_2 = a - b \cdot f_{WG} \quad \text{mit}$$
$$f_{WG} = A_W / A_G$$

Die Werte für a und b lassen sich aus der Tabelle ablesen, damit ergibt sich für den Raum:

$$A_W = 7,65\,\text{m}^2$$

$$A_G = 20,25\,\text{m}^2$$

$$S_2 = 0,060 - 0,231 \cdot 7,65 / 20,25$$

$$S_2 = -0,0273$$

Da kein Sonnenschutzglas vorhanden ist, die Fensterneigung gegenüber der Horizonta-len 90° (nicht unter 60°) beträgt, keine nach Norden orientierte Fenster vorhanden sind sowie keine passive Kühlung eingesetzt wird, sind alle weiteren Sonneneintragskennwerte S_3 bis S_6 mit 0 anzusetzen.

$$S_{zul} = S_1 + S_2 + S_3 + S_4 + S_5 + S_6$$

$$S_{zul} = 0,113 - 0,0273 + 0 + 0 + 0 + 0$$

$$S_{zul} = 0,0857$$

Nachweis

$S > S_{zul}$ → Der Nachweis des sommerlichen Wärmeschutzes ohne Sonnenschutzvorrichtung wird nicht erfüllt!

Um den sommerlichen Wärmeschutz erfüllen zu können, kann eine außenliegende Sonnenschutzvorrichtung mit einem F_C-Wert von 0,25 eingesetzt werden.

Der Sonneneintragskennwert ergibt sich zu

$$S = \left(7{,}65 \cdot 0{,}58 \cdot 0{,}25\right) / 20{,}25 = \mathbf{0,0548}$$

$$S_{zul} = \mathbf{0,0857}$$

$S \leq S_{zul}$ → Die Anforderung an den sommerlichen Wärmeschutz wird erfüllt!

8.3 Gebäudeenergiegesetz 2020

8.3.1 Einführung

Das Gebäudeenergiegesetz 2020 (GEG) [2] stellt die wesentliche ordnungspolitische Komponente zur Minderung des Energieverbrauchs im Gebäudebereich dar. Hiermit soll ein wichtiger Beitrag zur CO_2-Emissionsminderung (Klimaschutz) und zur Daseinsvorsorge (Schonung fossiler Ressourcen und Minderung der Abhängigkeit von Energieimporten) geleistet werden.

Wesentliche praktische Konsequenzen des Gebäudeenergiegesetzes laufen darauf hinaus, dass in einem frühen Stadium die Abstimmung zwischen den Planern des baulichen Wärmeschutzes und der Anlagentechnik erfolgt. Über „Bonusanreize", die eine gute Detailplanung – und natürlich auch eine gute Detailausführung – belohnen, wird eine verbesserte Qualität der Baukonstruktion erreicht. Darüber hinaus wird in dem Nachweisverfahren des Gesetzes die Effizienz einer guten Gebäudeanlagentechnik deutlich herausgestellt und es resultieren Anreize für den Einsatz optimierter Heizungs- und Warmwasserbereitungssysteme sowie bei Nichtwohngebäuden effizienter Klimatechnik und Beleuchtung.

Auf der Grundlage des Energieeinspargesetzes aus dem Jahre 1976 wurden die diesen Bereich behandelnden Wärmeschutz- und Heizungsanlagenverordnung 2002 zu einer Verordnung, der Energieeinsparverordnung (EnEV 2002) [9], zusammengefasst. Die ganzheitliche Betrachtung und Einbeziehung der Anlagen- und Bautechnik soll die erforderliche integrative energetische Planung fördern. Mit der Novellierung der Energieeinsparverordnung 2007 (EnEV 2007) [10] wurde für Nichtwohngebäude ein neues Nachweisverfahren nach DIN V 18599 [11] sowie das sogenannte Referenzgebäudeverfahren zur Berechnung der Anforderungsgröße Primärenergiebedarf eingeführt. Die normativen Rechengrundlagen für Wohngebäude änderten sich nicht. Eine weitere wichtige Neuerung war die Pflicht zur Erstellung eines Energieausweises bei Verkauf oder Vermietung eines

Gebäudes. Vorher gab es vergleichbare Verpflichtungen nur für Neubauten sowie im Einzelfall bei wesentlichen Änderungen bestehender Gebäude.

Im Zuge der Umsetzung der Energieeinsparverordnung 2009 (EnEV 2009) [12] wurden erstmals seit der Einführung der EnEV 2002 die Anforderungen verschärft. Die Verschärfung des Anforderungsniveaus betrug beim Primärenergiebedarf sowie beim zulässigen U-Wert im Falle von Bauteiländerungen durchschnittlich 30 %, bei der energetischen Qualität der Gebäudehülle durchschnittlich 15 %. Hinzu kam die Einführung des Referenzgebäudeverfahrens auch für Wohngebäude sowie die Möglichkeit, auch Wohngebäude alternativ zu den bereits vorher gültigen Rechenverfahren mit dem Rechenverfahren nach DIN V 18599 zu bewerten.

Die Energieeinsparverordnung 2014 [13] führte mit dem Datum 1. Januar 2016 ein neues Anforderungsniveau ein. Gegenüber der EnEV 2009 erfolgte eine Senkung des Jahres-Primärenergiebedarfs um 25 % und durch Verbesserung des baulichen Wärmeschutzes eine Senkung der Transmissionswärmeverluste um ca. 20 %. Das flankierend zur EnEV eingeführte Erneuerbare-Energien-Wärmegesetz (EEWärmeG) in der fortgeschriebenen Fassung vom 1. Mai 2011 [14] hatte Auswirkungen auf die Gestaltung der Anforderungen der Energieeinsparverordnung.

Das mit dem Gebäudeenergiegesetz eingeführte „Niedrigstenergiegebäude" wird über den Jahres-Primärenergiebedarf des im Gesetz vorgegebenen Referenzgebäudes definiert. Es muss diesen Wert um 25 Prozent unterschreiten. Hiermit bleibt das Anforderungsniveau gegenüber der letzten Energieeinsparverordnung mit dem Stand von 2016 unverändert. Auch die Höhe des baulichen Wärmeschutzes ändert sich gegenüber den Anforderungen der EnEV 2016 nicht.

Im Zuge der zur Erreichung der nationalen und internationalen Klimaschutzziele erforderlichen Umsetzungsmaßnahmen ist davon auszugehen, dass weitergehende Anforderungen an die Energieeffizienz im Rahmen des GEG bis 2025 gestellt werden.

8.3.2   Wohngebäude – Neubau

8.3.2.1 Anforderungen

Die wesentlichen Anforderungen des Gebäudeenergiegesetzes werden bei Wohngebäuden über den Jahres-Primärenergiebedarf Q_P formuliert. Zusätzlich wird eine Anforderung an den spezifischen, auf die Wärme übertragende Umfassungsfläche bezogenen Transmissionswärmeverlust H_T' (mittlerer Wärmedurchgangskoeffizient) gestellt.

Mit dem Gebäudeenergiegesetz 2020 wird das Anforderungsmodell der EnEV 2016 fortgeschrieben. Die Vorgabe einer Referenzbautechnik in Verbindung mit einer

Referenzanlagentechnik führt zu einem Referenzgebäude, aus dem der maximal zulässige Jahres-Primärenergiebedarf eines Gebäudes abgeleitet wird.

Die Formulierung der Anforderungen über das Referenzgebäudeverfahren geschieht wie folgt: Unter Zugrundelegung der geplanten Gebäudegeometrie (Gebäudevolumen und

Umfassungsfläche), der geplanten Gebäudeausrichtung und der Fenstergrößen sowie unter Berücksichtigung des sommerlichen Wärmeschutzes (s. Abschn. 8.2) wird die Gebäudehülle mit einer bestimmten Ausführung des baulichen Wärmeschutzes und mit einer bestimmten vorgegebenen Anlagentechnik ausgestattet. Berechnet man den Jahres-Primärenergiebedarf dieses Referenzgebäudes und zieht von diesem Wert 25 % ab, so resultiert ein spezifischer Anforderungswert – der maximal zulässige Jahres-Primärenergiebedarf. Dieser zulässige Jahres-Primärenergiebedarf ist von dem tatsächlich zu errichtenden Gebäude mit der tatsächlich geplanten baulichen Ausführung und der tatsächlich geplanten Anlagentechnik einzuhalten bzw. zu unterschreiten. Der beschriebene Ablauf ist in Abb. 8.6 schematisch dargestellt.

Die bauliche Ausführung des Referenzgebäudes „Wohngebäude" ist in Tab. 8.6 aufgeführt. Eine grafische Darstellung aller wesentlichen Komponenten des Referenzgebäudes – auch der anlagentechnischen Elemente – zeigt Abb. 8.7.

Zusätzlich zu den genannten Anforderungen an den Jahres-Primärenergiebedarf Q_p wird der spezifische Transmissionswärmeverlust H_T' begrenzt. Analog zur Bestimmung des zulässigen Jahres-Primärenergiebedarfs resultiert der Maximalwert des spezifischen Transmissionswärmeverlusts aus der baulichen Qualität des Referenzgebäudes, vgl. Abb. 8.6.

Schritt 1: Gebäudeentwurf

- Ausrichtung (Orientierung)
- Geometrie (Abmessungen)
- Bauteilflächen
- sommerlicher Wärmeschutz

Schritt 2: Berechnung
$Q_{P,Referenz}$ mit Wärmeschutz und Anlagentechnik gem. Referenzgebäude
sowie
$H_T'_{,Referenz}$ mit Wärmeschutz gem. Referenzgebäude

Schritt 3: Berechnung
$Q_{P,vorh}$ mit Wärmeschutz und Anlagentechnik gem. tatsächlicher Ausführung
sowie
$H_T'_{,vorh}$ mit Wärmeschutz gem. tatsächlicher Ausführung

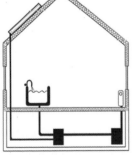
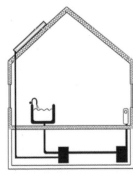
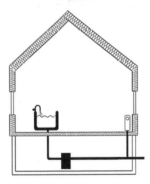
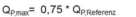

$$Q_{P,max} = 0{,}75 * Q_{P,Referenz} \quad \geq \quad Q_{P,vorh}$$

$$H_T'_{,max} = 1{,}0 * H_T'_{,Referenz} \quad \geq \quad H_T'_{,vorh}$$

Abb. 8.6 Das Referenzgebäudeverfahren – Schritte im Nachweisverfahren des Gebäudeenergiegesetzes

Tab. 8.6 Bauliche Ausführung des Referenzgebäudes „Wohngebäude" gemäß Gebäudeenergiegesetz 2020

Zeile	Bauteil/System	Referenzausführung bzw. Wert (Maßeinheit)
1.1	Außenwand, Geschossdecke gegen Außenluft	$U = 0{,}28$ W/(m² · K)
1.2	Außenwand gegen Erdreich, Bodenplatte, Wände und Decken zu unbeheizten Räumen (außer solche nach Zeile 1.1)	$U = 0{,}35$ W/(m² · K)
1.3	Dach, oberste Geschossdecke, Wände zu Abseiten	$U = 0{,}20$ W/(m² · K)
1.4	Fenster, Fenstertüren	$U = 1{,}3$ W/(m² · K); $g = 0{,}60$
1.5	Dachflächenfenster	$U = 1{,}4$ W/(m² · K); $g = 0{,}60$
1.6	Lichtkuppeln	$U = 2{,}7$ W/(m² · K); $g = 0{,}64$
1.7	Außentüren	$U = 1{,}8$ W/(m² · K)
2	Wärmebrückenzuschlag (Bauteile nach 1.1 bis 1.7)	$\Delta U_{WB} = 0{,}05$ W/(m² · K)

3	Luftdichtheit der Gebäudehülle	Bei Berechnung nach
		• DIN V 4108-6:
		  2003-06: mit
		  Dichtheitsprüfung
		• DIN V 18599-2:
		  2007-02: nach Kategorie I

Eine umfassende Erläuterung der Rechenverfahren zur energetischen Bilanzierung ist in Kap. 5 gegeben. Der Berechnungsgang ist anhand eines Beispiels im Weiteren nachvollziehbar.

8.3.2.2 Beispiel

Der Nachweis gem. Gebäudeenergiegesetz soll anhand eines Formblattes [15] beispielhaft für ein Einfamilienhaus vorgestellt werden (Abb. 8.9).

Bei dem Gebäude handelt es sich um ein freistehendes Einfamilienhaus mit den in der Skizze (Abb. 8.8) angegebenen Abmessungen und der dargestellten Gebäudeorientierung. Der Keller und das Dachgeschoss sind beheizt, der Spitzboden ist unbeheizt.

Die geometrischen Daten des Gebäudes sind im Formblatt eingetragen, ebenso die Wärmedurchgangskoeffizienten, für die hier keine gesonderte Berechnung angestellt wird. Für die Bestimmung der Transmissionswärmeverluste ist neben der Bauteilfläche und dem Wärmedurchgangskoeffizienten der Temperaturkorrekturfaktor, der nach Art und Einbausituation des Bauteils festgelegt ist, von Bedeutung. Das Produkt der genannten Größen ist in der letzten Spalte der Tabelle einzutragen und abschließend sind die Werte aufzusummieren. Unter Berücksichtigung des Wärmebrückenkorrekturwertes $\Delta U_{WB} = 0{,}05$ W/(m² · K) wird der Transmissionswärmeverlust H$_T$ bestimmt. Bei der Bestimmung der Lüftungswärmeverluste H_V wird davon ausgegangen, dass eine Dichtheitsprüfung des Gebäudes erfolgt.

Mit der angegebenen Gebäudeorientierung, der Fenstergröße und dem Gesamtenergiedurchlassgrad werden die passiven Solarenergiegewinne berechnet. Die internen Wärme-

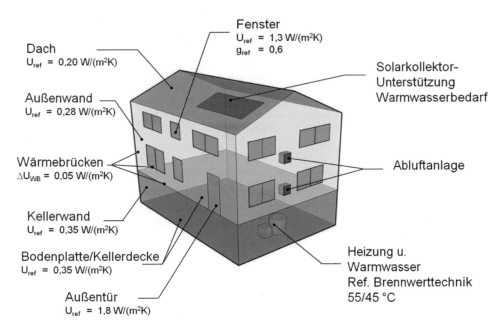

Abb. 8.7 Referenzausführung für Wohngebäude gemäß Gebäudeenergiegesetz (schematische Darstellung der wesentlichen Komponenten)

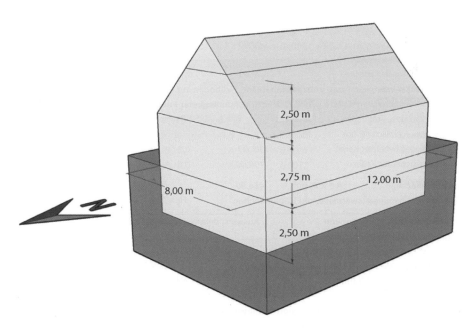

Abb. 8.8 Skizze eines Einfamilienhauses für das Berechnungsbeispiel

---

4 Wirksame Wärmespeicherfähigkeit C_{wirk} [Wh/K]

			Auswahl: schwere Bauweise	
für Ausnutzungsgrad	leichte Bauweise	Volumenbezug	$C_{wirk,n}' = 15$ [Wh/(m³K)]	
	schwere Bauweise	Volumenbezug	$C_{wirk,n}' = 50$ [Wh/(m³K)]	50
	detaillierte Berechnung	Volumenbezug	$C_{wirk,n}' = $ Eingabe [Wh/(m³K)]	
		absolut	$C_{wirk,\eta} = C_{wirk,\eta}' * V_e$ [Wh/K] =	33.450,00
bei Nachtabschaltung	leichte Bauweise	Volumenbezug	$C_{wirk,NA}' = 12$ [Wh/(m³K)]	
	schwere Bauweise	Volumenbezug	$C_{wirk,NA}' = 18$ [Wh/(m³K)]	18
	detaillierte Berechnung	Volumenbezug	$C_{wirk,NA}' = $ Eingabe [Wh/(m³K)]	
		absolut	$C_{wirk,NA} = C_{wirk,NA}' * V_e$ [Wh/K] =	12.042,00

---

5 Jahres-Heizwärmebedarf Q_h [kWh/a] bzw. flächenbezogen Q_h'' [kWh/(m²a)]

Wärmeverlust ohne Nachtabschaltung	$Q_{l,M} = 0,024 * (H_T + H_V) * (19\ °C - \theta_{e,M}) * t_M$ [kWh/a] =	17.984,76
Wärmeverlust bei 7 h Nachtabschaltung	gemäß DIN V 4108-6 Anhang C $Q_{l,NA.M}$ [kWh/a] =	17.471,76
Wärmeverlust abzüglich solare Gewinne opake Bauteile	$Q_{l^*,M} = Q_{l,NA.M} - Q_{s,op,M}$ [kWh/a] =	17.249,46
Summe Wärmegewinn transparente Bauteile und intern	$Q_{g,M} = Q_{s,t,M} + Q_{i,M}$ [kWh/a] =	16.179,02
Wärmegewinn-/-verlustverhältnis	$\gamma_M = Q_{g,M} / Q_{l^*,M}$ [-] = Monatswerte	
numerischer Parmeter	$a = a_0 + \tau/\tau_0 = 1 + (C_{wirk,\eta} / (H_T + H_V)) / (16\ h)$ [-] =	10,6278
Ausnutzungsgrad Wärmegewinne	$\eta_M = (1 - \gamma_M^a) / (1 - \gamma_M^{a+1})$ [-] wenn $\gamma \neq 1$ Monatswerte	
	$\eta_M = a / (a + 1)$ [-] wenn $\gamma = 1$	
Jahres-Heizwärmebedarf	$Q_{h,M} = Q_{l,NA.M} - Q_{s,op,M} - \eta_M * (Q_{s,t,M} + Q_{i,M})$ [kWh/a] =	**7.725,94**
Flächenbezogener Jahres-Heizwärmebedarf	$Q_h'' = q_h = Q_h / A_N$ [kWh/(m²a)] =	**36,09**

---

6 Spezifischer flächenbezogener Transmissionswärmeverlust H_T' [W/(m²K)]

vorhandener spezifischer auf die Hüllfläche bezogener Transmissionswärmeverlust

$$H_{T'vorh} = H_T / A \text{ [W/(m²K)]} = \quad 0,250$$

spez. flächenbez. Transmissionswärmeverlust des **Referenzgebäudes** und **Nebenanforderung** $H_{T',max}$

$$H_{T'Ref} = H_{T'max} \text{ [W/(m²K)]} = \quad 0,341$$

Anforderung an den baulichen Wärmeschutz $H_{T'vorh} <= H_{T'max}$ **erfüllt**

---

7 Auswahl Anlagentechnik und Primärenergieaufwandszahl gemäß DIN V 4701-10 e_P [-]

Verfahren gemäß DIN V 4701-10	Auswahl: Musteranlage	
Musteranlage		
Auswahl: Anlage 3 – Brennwert-Kessel und Lüftungsanlage mit Wärmerückgewinnung und solare Trinkwassererwärmung		
Anlagen-Aufwandszahl	e_P [-]	**0,84**
Berechnung gemäß Tabellenverfahren - siehe Blatt „Technik"		
- nicht ausgewählt	e_P [-]	
Musteranlage aus Beiblatt 1, Eingabe Kennwerte - Nachweise und Berechnungen liegen bei		
Anlagen-Aufwandszahl	e_P [-]	
Endenergie Wärme Flächenbezug	$q_{WE,E} = Q_{WE,E}''$ [kWh/(m²a)]	
Endenergie Hilfsenergie Flächenbezug	$q_{HE,E} = Q_{HE,E}''$ [kWh/(m²a)]	
Anlagen-Aufwandszahl	e_P [-]	**0,84**
Jahres-Endenergiebedarf (ohne Hilfsenergie)	$q_{WE,E} = Q_{WE,E}''$ [kWh/(m²a)] =	28,35
Jahres-Hilfsenergiebedarf	$q_{HE,E} = Q_{HE,E}''$ [kWh/(m²a)] =	2,08
Treibhausgasemissionen CO_2-Äquivalent	x_{CO2} [kg/(m²a)] =	9,79

Abb. 8.9   (Fortsetzung)

8 Anrechnung von Strom aus erneuerbaren Energien (GEG § 23)

9 Jahres-Primärenergiebedarf $q_{P,vorh}$ [kWh/(m²a)] und Treibhausgasemissionen x_{CO2} [kg/(m²a)]

Jahres-Primärenergiebedarf des **Referenzgebäudes**	$q_{P,Ref} = Q_{P,Ref}''$ [kWh/(m²a)] =	*66,03*
zulässiger Jahres-Primärenergiebedarf		
gem. GEG 2020	$q_{P,max} = Q_{p,max}'' = 0,75 * q_{P,Ref}$ [kWh/(m²a)] =	**49,53**
vorhandener Jahres-Primärenergiebedarf	$q_{P,vorh} = Q_{P,vorh}'' = e_P * (q_h + 12,5)$ [kWh/(m²a)] =	*40,80*
Anrechnung von Strom aus erneuerbaren Energien	$q_{P,vorh} = q_{P,vorh} - \Delta q_P$ [kWh/(m²a)] =	
vorhandener Jahres-Primärenergiebedarf – inkl. Anrechnung PV-Strom	$q_{P,vorh}$ [kWh/(m²a)] =	**40,80**
Energieeffizienzklasse gem. Anlage 10 des GEG 2020	[Energieklasse]	*A*
Treibhausgasemissionen CO_2-Äquivalent	x_{CO2} [kg/(m²a)] =	*9,79*
Anforderung an den Jahres-Primärenergiebedarf	$q_{P,vorh} <= q_{P,max}$	*erfüllt*

10.1 Nutzung von erneuerbaren Energien zur Wärme- und Kälteerzeugung (GEG Abschnitt 4)

Die Pflicht der Nutzung erneuerbarer Energien wird erfüllt durch   Auswahl: Solar Amin 2WE

den Einsatz solarthermischer Anlagen mit einer Fläche von mindestens 0,04 Quadratmetern Aperturfläche je Quadratmeter Nutzfläche bei Wohngebäuden mit höchstens zwei Wohnungen

Hinweis: die jeweilige Maßnahme wird über eine Kurzbezeichnung (nächster Abschnitt) ausgewählt, die genauen Bedingungen sind dort der jeweiligen Langform zu entnehmen.

10.2 Nutzung von EE - Liste möglicher Maßnahmen (Auswahl über Kurzbezeichnung)

11 Zwischenergebnisse Heizwärmebedarf

12 Vereinfachte Berechnung der Gebäudeheizlast angelehnt an DIN EN 12831

13 Klimadaten Monatswerte

Abb. 8.9 (Fortsetzung)

gewinne lassen sich einfach durch Multiplikation des Gebäudevolumens mit einem Faktor für die spezifischen Wärmegewinne bestimmen.

Der Jahres-Heizwärmebedarf Q_h wird nach DIN V 4108-6 [16] berechnet.

Die Primärenergieaufwandszahl wird auf der Basis des berechneten Jahres Heizwärmebedarfs nach DIN V 4701-10 [17] bestimmt. Als Anlagentechnik wird die Anlage 32 aus DIN V 4701-10 Bbl. 1 [18] angenommen:

- **Heizung:** Brennwert-Kessel (verbessert), 55/45 °C, zentrales Verteilsystem innerhalb der thermischen Hülle, innen liegende Stränge und Anbindeleitungen, Pumpe auf Bedarf ausgelegt (geregelt, Δp konstant), Rohrnetz hydraulisch abgeglichen, Wärmedämmung der Rohrleitungen gemäß GEG 2020.
- **Trinkwarmwasser:** zentrale Wärmwasserbereitung gemeinsam mit Heizungsanlage, Solaranlage, indirekt beheizter Speicher im beheizten Bereich, Verteilsystem innerhalb der thermischen Hülle, innen liegende Stränge, Wärmedämmung der Rohrleitungen gemäß GEG 2020, ohne Zirkulation, Pumpe auf Bedarf ausgelegt.
- **Lüftung:** keine Lüftungsanlage.

- Hotel: Heizung: 70 % Pellet, 30 % Gas-Brennwert; Trinkwarmwasser:
- 57 % Pellet, 43 % Gas-Brennwert

Die Anteile des Jahres-Primärenergiebedarfs für Heizung, Kühlung (Raum und RLT), Warmwasser, Beleuchtung, Lufttransport und Hilfsenergie (Heizung und Kühlung) sind für die drei Beispielgebäude in Abb. 8.11 grafisch wiedergegeben. Hierbei ist das Anforderungsniveau des Gebäudeenergiegesetzes berücksichtigt.

Der größte Heizenergiebedarf tritt aufgrund des vergleichsweise hohen A/V_e – Verhältnisses und der reinen Fensterlüftung (keine Wärmerückgewinnung) beim Schulgebäude auf. Der Jahres-Primärenergiebedarf für Beleuchtung ist beim Bürogebäude am größten. Hier liegen die höchsten Anforderungen an die Beleuchtungsstärke vor. Beim Hotel resultiert aus dem hohen Wärmebedarf für Trinkwarmwasser ein entsprechend hoher Primärenergiebedarf.

8.3.4 Das Erneuerbare-Energien-Wärmegesetz

Die bisherigen Regelungen des Erneuerbare-Energien-Wärmegesetzes (EEWärmeG) wurden nahezu unverändert in das Gebäudeenergiegesetz überführt. Ziel der Regelungen ist es, den Ausbau der Nutzung erneuerbarer Wärme für die Gebäudekonditionierung voranzutreiben und damit den Wärmeenergiebedarf anteilig mit erneuerbaren Energien zu decken. Der Wärmeenergiebedarf stellt die Energiemenge (ohne Hilfsenergie) dar, die vom Wärmeerzeuger zu Heizzwecken und zur Warmwasserbereitung bereitgestellt werden

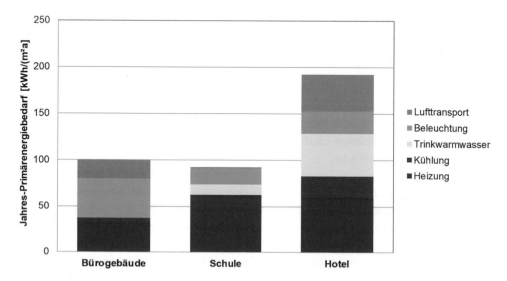

Abb. 8.11 Jahres-Primärenergiebedarf für die Beispielgebäude gemäß Anforderungsniveau des Gebäudeenergiegesetzes 2020

Abb. 8.12 Definition des Wärmeenergiebedarfs für Heizung und Warmwasserbereitung. Im Falle der Gebäudekühlung ist der dazu erforderliche Energieanteil zusätzlich einzubeziehen

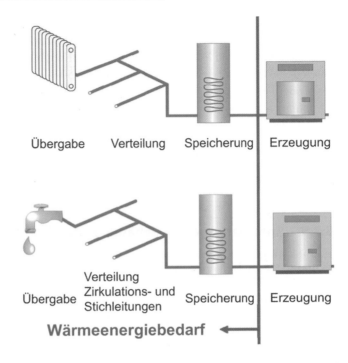

muss (Abb. 8.12). Im Falle der Gebäudekühlung zählt auch die Energiemenge für Kühlzwecke dazu.

Bei Verwendung fester Biomasse (z. B. Holzpellets oder Holzhackschnitzel), Erdwärme oder Umweltwärme (z. B. unter Einsatz von Wärmepumpen) muss der Wärmeenergiebedarf zu mindestens 50 % daraus gedeckt werden. Zusätzlich gelten bestimmte Anforderungen an die technischen Komponenten, wie z. B. Jahresarbeitszahlen von Wärmepumpen. Eine Deckung des Wärmeenergiebedarfs zu mindestens 30 % ist bei Einsatz von Biogas in einer KWK-Anlage und zu mindestens 50 % in einem Brennwertkessel erforderlich. Wird eine solarthermische Anlage oder Strom aus erneuerbaren Energien genutzt, beträgt der Deckungsanteil am Wärmeenergiebedarf mindestens 15 %.

Die oben genannten Maßnahmen können auch kombiniert werden (z. B. 25 % über eine Wärmepumpe und 15 % über Nutzung von Biogas).

Eine Pauschalisierung sieht das Gesetz vor, wenn die Warmwasserbereitung oder die Heizung durch eine Solaranlage unterstützt wird. Bei Ein- und Zweifamilienhäusern müssen 4 m^2 Kollektorfläche pro 100 m^2 beheizter Nutzfläche (gemäß GEG) installiert werden. Bei größeren Gebäuden sind es 3 m^2 pro 100 m^2 beheizter Nutzfläche.

Auch bei Einsatz einer Photovoltaikanlage kann ein Pauschalansatz verwendet werden. Die Anforderungen an die Nutzung von erneuerbaren Energien zur Wärme- und Kälteerzeugung gilt als erfüllt, wenn eine PV-Anlage mit 3 kW Nennleistung pro 100 m^2 Gebäudenutzfläche geteilt durch die Anzahl der beheizten oder gekühlten Geschosse installiert wird.

Tab. 8.9 Wärmedämmung von Wärmeverteilungs- und Warmwasserleitungen, Kälteverteilungs- und Kaltwasserleitungen sowie Armaturen

Zeile	Art der Leitungen/Armaturen	Mindestdicke der Dämmschicht, bezogen auf eine Wärmeleitfähigkeit von 0,035 W/(m · K)
1	Innendurchmesser bis 22 mm	20 mm
2	Innendurchmesser über 22 mm bis 35 mm	30 mm
3	Innendurchmesser über 35 mm bis 100 mm	gleich Innendurchmesser
4	Innendurchmesser über 100 mm	100 mm
5	Leitungen und Armaturen nach den Zeilen 1 bis 4 in Wand- und Deckendurchbrüchen, im Kreuzungsbereich von Leitungen, an Leitungsverbindungsstellen, bei zentralen Leitungsnetzverteilern	½ der Anforderungen der Zeilen 1 bis 4
6	Leitungen von Zentralheizungen nach den Zeilen 1 bis 4, die nach dem 31. Januar 2002 in Bauteilen zwischen beheizten Räumen verschiedener Nutzer verlegt werden	½ der Anforderungen der Zeilen 1 bis 4
7	Leitungen nach Zeile 6 im Fußbodenaufbau	6 mm
8	Kälteverteilungs- und Kaltwasserleitungen sowie Armaturen von Raumlufttechnik- und Klimakältesystemen	6 mm

gedeckt wird, wenn kein Anschluss an ein Gas- oder Fernwärmenetz hergestellt werden kann oder wenn die Anforderung zu einer unbilligen Härte führt.

Heizungsanlagen sind grundsätzlich mit Einrichtungen auszustatten, die es ermöglichen, die gesamte Anlage oder auch Teile (Pumpen, Ventile) zeitabhängig oder in Abhängigkeit einer geeigneten Führungsgröße zu steuern bzw. zu regeln. Weiterhin müssen Heizungsanlagen raumweise regelbar sein (z. B. Thermostatventile).

Umwälzpumpen sind selbsttätig steuer- oder regelbar auszuführen. Darüber hinaus gelten für neu zu errichtende Gebäude die in Tab. 8.9 aufgeführten Anforderungen an die Wärmedämmung von Wärmeverteilungs- und Warmwasserleitungen sowie Armaturen.

Strom aus erneuerbaren Energien darf im Nachweisverfahren angerechnet werden, wenn er unmittelbar am Gebäude erzeugt wird (z. B. PV- oder Windkraft-Anlagen) und vorrangig in dem Gebäude unmittelbar nach der Erzeugung oder nach vorübergehender Speicherung vorwiegend selbst genutzt wird. Die anrechenbare Strommenge hängt ab von der installierten Leistung der PV-Anlage, dem Vorhandensein eines Stromspeichers sowie der Höhe des absoluten elektrischen Endenergiebedarfs der Anlagentechnik. Unter Berücksichtigung der genannten Einflussgrößen wird ein anrechenbarer Wert des Jahres-Primärenergiebedarfs als „Bonuswert" ΔQ_P ausgerechnet und von dem Bilanzergebnis des zu errichtenden Gebäudes abgezogen. Der anrechenbare „Bonuswert" darf bei Vorhandensein eines Stromspeichers 45 % des maximal zulässigen Jahres-Primärenergiebedarfs (= Anforderungswert gemäß GEG) nicht überschreiten. Ist kein Stromspeicher vorhanden, dürfen maximal 30 % des Jahres-Primärenergiebedarfs des Referenzgebäudes angerechnet werden. Bei hohem Stromeinsatz (z. B. Stromdirektheizung) ist eine monatliche Bilanzierung von Stromerträgen und Energiebedarfen unter Anwendung von DIN V 18599 vorzunehmen. Der letztgenannte Punkt wurde unverändert aus der EnEV 2016 § 5 in das Gebäudeenergiegesetz übernommen.

8.3.7 Energieausweise

Wird ein Gebäude errichtet oder geändert und werden im Zusammenhang mit der Änderung die erforderlichen Berechnungen gemäß Gebäudeenergiegesetz durchgeführt, so ist dem Eigentümer ein Energieausweis unter Zugrundelegung der energetischen Eigenschaften des fertiggestellten oder geänderten Gebäudes auszustellen. Der Eigentümer hat den Energieausweis der nach Landesrecht zuständigen Behörde auf Verlangen vorzulegen und zu übergeben. Beim Verkauf eines Gebäudes hat der Verkäufer oder Immobilienmakler dem Kaufinteressenten einen Energieausweis (inklusive ggf. vorliegender Modernisierungsempfehlungen) spätestens bei der Besichtigung vorzulegen bzw. bei Abschluss des Kaufvertrages zu übergeben.

Der Energieausweis bezieht sich – auch beim Verkauf von Wohnungs- und Teileigentum – auf das gesamte Gebäude. Im Falle gemischt genutzter Gebäude (z. B. Gebäude, die teilweise Büronutzung und teilweise Wohnnutzung aufweisen) ist der Energieausweis für die entsprechenden Teile des Gebäudes auszustellen.

Für Gebäude mit mehr als 500 m² (bei öffentlichen Gebäuden mehr als 250 m²) Nettogrundfläche, die einen starken Publikumsverkehr aufweisen, sind vorhandene Energieausweise an einer für die Öffentlichkeit gut sichtbaren Stelle auszuhängen. In Immobilienanzeigen sind – sofern ein Energieausweis vorliegt – umfassende Aussagen zur energetischen Qualität des Gebäudes zu treffen.

Während für Neubauten und in größerem Umfang energetisch modernisierte Bestandsgebäude der Energieausweis auf Basis des Energiebedarfs (berechnete Größe) zu erstellen ist, kann bei bestehenden Gebäuden auch der Energieverbrauch (messtechnisch ermittelte Größe) angegeben werden. Besondere Regelungen zur Aufnahme der Daten von Bestandsgebäuden zur Erstellung von Energiebedarfsausweisen sowie die Vorgehensweise zu Aufnahme und Witterungsbereinigung von Verbrauchsdaten sind in gesonderten Richtlinien zum Gebäudeenergiegesetz aufgeführt.

Die Ermittlung des Energieverbrauchskennwertes auf Grundlage des aufgetretenen Verbrauchs erfolgt nach den Regeln für Energieverbrauchskennwerte im Wohngebäudebestand. In diesem Fall wird die 3. Seite des Energieausweises ausgefüllt. Über die „Vergleichswerte Endenergiebedarf" können die Nutzer die Werte in Beziehung zu anderen Gebäuden setzen. Die Unterscheidung des Endenergiebedarfs bzw. des Verbrauchs für die verschiedenen Energieträger gibt dem Nutzer Anhaltswerte über die zu erwartenden Energiekosten. Zu beachten ist hierbei jedoch, dass beim Energiebedarf normierte Randbedingungen zugrunde gelegt werden, wie z. B. 19 °C Innentemperatur, und der Energieverbrauch stark vom jeweiligen Nutzerverhalten abhängig ist. In beiden Fällen kann es daher zu stark abweichenden Werten vom real auftretenden Verbrauch kommen.

gebäudes um 45 %. Der spezifische Transmissionswärmeverlust ist gegenüber dem Niveau des Referenzgebäudes auf 70 bzw. 55 % abzusenken.

Das Effizienzhaus 40 Plus erfüllt die Anforderungen an ein KfW-Effizienzhaus 40 und verfügt zusätzlich über eine stromerzeugende Anlage auf Basis erneuerbarer Energien, einen Stromspeicher, eine Lüftungsanlage mit Wärmerückgewinnung und eine Visualisierung von Stromerzeugung und Stromverbrauch über ein entsprechendes Benutzerinterface.

8.3.8.3 Passivhaus

Die Projektierung und Kennzeichnung des Passivhauses erfolgt nach einem Nachweisverfahren des Passivhaus-Instituts (PHPP, Passivhaus-Projektierungs-Paket) und bezieht zusätzlich zum Gebäudeenergiegesetz für Wohngebäude den Haushaltsstrom mit in die Berechnung ein.

Der Jahres-Heizwärmebedarf darf 15 kWh/(m^2 · a) (Bezug beheizte Wohnfläche ohne Balkon) nicht überschreiten. Der Energiekennwert Primärenergie darf max. 120 kWh/ (m^2 · a) inklusive Haushaltsstrom betragen. Es werden Anforderungen an die wärmeschutztechnische Qualität der Gebäudehülle, die Luftdichtheit des Gebäudes und die Qualität der Lüftungsanlage gestellt.

8.3.8.4 Nullenergiehaus (Netto-Nullenergiehaus)/Plusenergiehaus

Nullenergiehaus und Plusenergiehaus bauen auf dem Standard von Gebäuden mit geringem Energiebedarf (z. B. Effizienzhaus oder Passivhaus) auf. Die Nutzung von Solarenergie – Strom einer Photovoltaikanlage oder thermische Solarenergie zur Warmwasserbereitung und Heizungsunterstützung – deckt den Energiebedarf bzw. führt zu einem Energieüberschuss.

Mit dem Zusatz „Netto" soll verdeutlicht werden, dass die Energiebilanz über das Jahr gesehen neutral sein muss. Ein Netto-Nullenergiehaus ist somit kein energieautarkes Haus, sondern es ist eine Ankopplung an das Stromnetz vorhanden.

8.3.8.5 Nullemissionshaus (Netto-Nullemissionshaus)

Das Nullemissionshaus – konkreter gesagt das Null-CO$_2$-Emissionshaus – weist über das Jahr gesehen eine ausgeglichene CO$_2$-Bilanz auf. Die ausgeglichene Bilanz wird durch Gutschriften aus eigener Stromerzeugung (Photovoltaik, Kraft-Wärmekopplung, Kleinwindräder) erreicht. Es existieren auch Ansätze, die eine umfassendere Bilanzgrenze, z. B. Gebäudegruppen oder Siedlungen betrachten.

Je nach verwendetem Energieträger für die Wärmeversorgung (z. B. Holzpellets oder Fernwärme aus erneuerbaren Energien) kann ein Nullemissionshaus durchaus einen recht hohen Energiebedarf aufweisen!

Literatur

1. DIN 4108-2:2013-02: Wärmeschutz und Energieeinsparung in Gebäuden, Teil 2: Mindestanforderungen an den Wärmeschutz.

2. Gesetz zur Einsparung von Energie und zur Nutzung erneuerbarer Energien zur Wärme- und Kälteerzeugung in Gebäuden (Gebäudeenergiegesetz – GEG), Bundesgesetzblatt, Jahrgang 2020, Teil I, Nr. 37, Bundesanzeiger Verlag, 13. August 2020, S. 1728–1794.

3. DIN EN ISO 10077-1:2020-10: Wärmetechnisches Verhalten von Fenstern, Türen und Abschlüssen – Berechnung des Wärmedurchgangskoeffizienten – Teil 1: Allgemeines.

4. DIN 4108-4:2020:11: Wärmeschutz und Energie-Einsparung in Gebäuden. Teil 4: Wärme und feuchteschutztechnische Bemessungswerte.

5. DIN EN ISO 10456:2010-05: Baustoffe und Bauprodukte – Wärme- und feuchtetechnische Eigenschaften – Tabellierte Bemessungswerte und Verfahren zur Bestimmung der wärmeschutztechnischen Nenn- und Bemessungswerte.

6. DIN EN ISO 52022-1:2018-01: Sonnenschutzeinrichtungen in Kombination mit Verglasungen. Berechnung der Solarstrahlung und des Lichttransmissionsgrades. Teil 1: Vereinfachtes Verfahren.

7. DIN EN ISO 52022-2:2018-01: Sonnenschutzeinrichtungen in Kombination mit Verglasungen. Berechnung der Solarstrahlung und des Lichttransmissionsgrades. Teil 2: Detailliertes Berechnungsverfahren.

8. DIN EN 410:2011-04: Glas im Bauwesen – Bestimmung der lichttechnischen und strahlungsphysikalischen. Kenngrößen von Verglasungen.

9. Verordnung über energiesparenden Wärmeschutz und energiesparende Anlagentechnik bei Gebäuden (Energieeinsparverordnung – EnEV) vom 16. Nov. 2001. Bundesgesetzblatt Jahrgang 2001 Teil I Nr. 59 (21. Nov. 2001), Seite 3085–3102. Neufassung vom 2. Dezember 2004. Bundesgesetzblatt Jahrgang 2004 Teil I Nr. 64 (7. Dezember 2004), Seite 3147–3162.

10. Verordnung über energiesparenden Wärmeschutz und energiesparende Anlagentechnik bei Gebäuden (Energieeinsparverordnung EnEV) vom 24. Juli 2007. Bundesgesetzblatt Jahrgang 2007 Teil I Nr. 34 (26. Juli 2007).

11. DIN V 18599:2011-12: Energetische Bewertung von Gebäuden – Berechnung des Nutz-, End- und Primärenergiebedarfs für Heizung, Kühlung, Lüftung, Trinkwarmwasser und Beleuchtung.

12. Verordnung zur Änderung der Energieeinsparverordnung, 29.04.2009, Bundesgesetzblatt, Jahrgang 2009, Teil I, Nr. 23., Bundesanzeiger Verlag, 30. April 2009, Seite 954 bis 989.

13. Verordnung zur Änderung der Energieeinsparverordnung, Bundesgesetzblatt, Jahrgang 2013, Teil I, Nr. 67, Bundesanzeiger Verlag, 21. November 2013, S. 3951–3990.

14. Gesetz zur Förderung Erneuerbarer Energien im Wärmebereich (Erneuerbare-Energien-Wärmegesetz – EEWärmeG) vom 7. August 2008, Bundesgesetzblatt, Jahrgang 2011, Teil I, Nr. 17, 15. April 2011, S. 619–635.

15. Maas, A. und Höttges, K.: GEG 2020 - Berechnungshilfe für das Berechnungsverfahren für Wohngebäude gemäß Gebäudeenergiegesetz 2020 (DIN V 4108-6/DIN V 4701-10, Referenzgebäudeverfahren) auf Basis von Microsoft-Excel. Erhältlich unter: http://www.uni-kassel.de/fb06/fachgebiete/architektur/bauphysik

16. DIN V 4108-6:2003-06: Wärmeschutz und Energieeinsparung in Gebäuden, Teil 6: Berechnung des Jahres-Heizwärme- und des Jahresheizenergiebedarfs.

17. DIN V 4701-10:2003-08: Energetische Bewertung heiz- und raumlufttechnischer Anlagen.

18. DIN V 4701-10 Bbl 1:2007-02: Energetische Bewertung heiz- und raumlufttechnischer Anlagen – Teil 10: Heizung, Trinkwassererwärmung, Lüftung; Beiblatt 1: Anlagenbeispiele.

19. Maas, A., Erhorn, H., Oschatz, B., Schiller, H.: Untersuchung zur weiteren Verschärfung der energetischen Anforderungen an Gebäude mit der EnEV 2012 – Anforderungsmethodik, Regelwerk und Wirtschaftlichkeit BMVBS-Online-Publikation 05/2012, Hrsg.: BMVBS, Juni 2012.

20. Maas, A., Erhorn, H., Oschatz, B., Schiller, H.: Ergänzungsgutachten – Untersuchung zur weiteren Verschärfung der energetischen Anforderungen an Gebäude mit der EnEV 2012 – Anforderungsmethodik, Regelwerk und Wirtschaftlichkeit BMVBS-Online-Publikation 30/12, Hrsg.: BMVBS, Dezember 2012.

21. Hauser, G., Maas, A. und Lüking, R.-M.: Der Energiepass für Gebäude. Gesellschaft für Rationelle Energieverwendung e. V. Berlin, Kassel (Februar 2004).
22. Europäische Union: Richtlinie 2010/31/EU des Europäischen Parlaments und des Rats vom 19. Mai 2010 über die Gesamtenergieeffizienz von Gebäuden (EPBD). Amtsblatt der Europäischen Union, 53. Jahrgang, 18. Juni 2010, S. 13–35.

Teil II

Feuchteschutz

Ziele und Strategien des Feuchteschutzes

9

Martin Homann

9.1 Ziele

Der Staat darf durch Vorschriften in das Baugeschehen nur dann eingreifen, wenn eine Gefährdung des Lebens oder der Gesundheit der Menschen oder der Umwelt zu befürchten ist. In den Bauordnungen der Bundesländer wird in diesem Sinne Folgendes gefordert (Auszüge aus BauO NW) [1]:

- „Anlagen sind so anzuordnen, zu errichten, zu ändern und instand zu halten, dass die öffentliche Sicherheit und Ordnung, insbesondere Leben, Gesundheit und die natürlichen Lebensgrundlagen, nicht gefährdet werden, …" (§ 3)
- „Bauliche Anlagen müssen so angeordnet, beschaffen und gebrauchstauglich sein, dass durch Wasser, Feuchtigkeit, pflanzliche und tierische Schädlinge sowie andere chemische, physikalische oder biologische Einflüsse Gefahren oder unzumutbare Belästigungen nicht entstehen." (§ 13)

Mit welchen Maßnahmen den Gefahren oder unzumutbaren Belästigungen durch Wasser und Feuchtigkeit begegnet werden soll, ist dem Bauherrn weitgehend freigestellt. Er muss allerdings eine geregelte Bauweise (z. B. gemäß DIN-Normen) oder eine generell oder für den Einzelfall zugelassene Bauweise wählen. Für Aufenthaltsräume fordert der Staat jedoch aus den oben genannten Gründen zwingend die Einhaltung der DIN 4108-3 [2]. Dort heißt es in Abschnitt 1:

M. Homann (✉)
Fachhochschule Münster, FB Bauingenieurwesen, Labor Bauphysik, Münster, Deutschland
E-Mail: mhomann@fh-muenster.de

© Springer Fachmedien Wiesbaden GmbH, ein Teil von Springer Nature 2022
W. M. Willems (Hrsg.), *Lehrbuch der Bauphysik*,
https://doi.org/10.1007/978-3-658-34093-3_9

da hier das Gefälle ein Höchstmaß besitzt. Auch bei Rinnenauskleidungen, Gesimsen, Dränrohren usw. ist die Ableitung des Wassers im Gefälle mit sich überlappenden Elementen eine häufig angewendete Strategie. Dränschichten an Wänden und unter Bodenplatten im Erdreich sowie auf erdbedeckten Deckenflächen entlasten durch Ableiten des Wassers das Bauwerk bezüglich der Intensität der Wassereinwirkung.

c) **Inaktivierung des kapillaren Wassertransports**

Durch kapillares Saugen kann von einem feinporigen, wasserbenetzbaren Baustoffgefüge in kurzer Zeit viel Wasser aufgenommen werden. Diese Flüssigwasseraufnahme kann in relativ einfacher Weise durch Imprägnierung oder Anstriche verhindert werden. Als Imprägniermittel werden heute Silikonemulsionen oder Polymerisate in gelöster oder dispergierter Form verwendet. Nach dem Imprägnieren sind die behandelten Oberflächen hydrophob, so dass auftretendes Wasser zunächst sichtbar perlend abtropft. Diese Hydrophobie an der Oberfläche verschwindet unter Witterungseinfluss im Laufe einiger Zeit. Das ist jedoch von untergeordneter Bedeutung, weil das bis in eine Tiefe von einigen Millimetern imprägnierte Baustoffgefüge seine Hydrophobie für eine längere Zeit beibehält. Auch durch filmbildende oder hydrophobe Anstriche auf der Basis von organischen Polymeren kann die Oberfläche saugfähiger Baustoffschichten wie mit einer Membran vor Wasseraufnahme geschützt werden. Doch ist wegen der geringen Schichtdicke der meisten Anstriche weder eine völlige Fehlstellenfreiheit noch ein sicheres Rissüberbrückungsvermögen gegeben, wie das bei einer Abdichtung oder bei ausdrücklich als rissüberbrückend bezeichneten Beschichtungen der Fall sein muss. Daher werden Imprägnierungen und Beschichtungen vorzugsweise dann angewendet, wenn die Wassereinwirkung immer nur relativ kurze Zeiträume umfasst und von Trocknungsperioden abgelöst wird, z. B. bei Wetterbelastung. Zu beachten ist, dass nicht alle Arten von Beschichtungen filmbildend oder hydrophob und damit wirksam gegen kapillare Wasseraufnahme sind.

Manche Baustoffe können schon bei ihrer Herstellung durch Zusätze (Seifen, hydrophobe Polymere) mit einem hydrophoben Gefüge ausgestattet werden, wodurch der Schutz vor Flüssigwasseraufnahme nicht nur auf eine Oberflächenzone begrenzt ist.

d) **Feuchtemanagement (Bauphysikalische Strategie)**

Durch sinnvolle Wahl der Schichtenfolge, der Schichtdicken und der Materialien können Bauteile so dimensioniert werden, dass die Wassergehalte beim bestimmungsgemäßen Einsatz in den maßgeblichen Schichten dauerhaft unterhalb einer zulässigen Grenze bleiben. Diese Strategie wird angewendet, seitdem eine realitätsnahe Erfassung der Feuchtetransportprozesse in einem Bauteil mit den Hilfsmitteln der Bauphysik möglich ist. Zum Beispiel. hat

Glaser die nach ihm benannte Methode erfunden, mit der eine stark vereinfachte Bilanzierung der Tauwassermasse im Jahresverlauf unter bestimmten klimatischen Bedingungen möglich ist. Noch heute wird das Glaserverfahren mit in DIN 4108-3 vorgegebenen Randbedingungen in großem Umfang zur Beurteilung der Tauwassergefahr im Inneren von Außenbauteilen bei Aufenthaltsräumen im Klimagebiet „Deutschland" eingesetzt. Außerdem enthält DIN 4108 eine Liste von durch Feuchteakkumulation im

Bauteilquerschnitt erfahrungsgemäß nicht gefährdeten Außenbauteilen, wenn die dort genannten bauphysikalischen Regeln eingehalten werden (s. Abschn. 13.2.4).

Darüber hinaus können mit Computerprogrammen instationäre Wärme- und Feuchtetransportvorgänge in geschichteten Bauteilen unter nahezu beliebigen Anfangs- oder Randbedingungen berechnet werden, so dass die notwendigen Maßnahmen zur Einhaltung eines unschädlichen Wassergehaltes ermittelt werden können.

Die Möglichkeit des Feuchtemanagements in Bauteilen fördert die „diffusionsoffene" Bauweise und reduziert die früher verbreitete Anwendung von Dampfsperren, welche zu Fallen für eingedrungene Feuchtigkeit werden können, und von Hinterlüftungen, welche den Wärmeschutz schädigen und die Einfallspforte für vielerlei schädigende Stoffe bilden können. Auch kann durch die Vermeidung von Luftschichten oder Luftkanälen oft die Bauteildicke verringert und die Bauweise vereinfacht werden.

Um die jeweils optimalen Maßnahmen zum Feuchteschutz finden zu können, werden im vorliegenden Buchkapitel die dafür erforderlichen Kenntnisse vermittelt. Nach Erläuterung der Zielsetzung in Kap. 9 werden die wissenschaftlichen Grundlagen in den Kap. 10, 11, 12 betrachtet: Wie das Wasser in Baustoffen und in der Luft gespeichert und in welch vielfältiger Weise es in den Baustoffen transportiert wird, beschreiben die Kap. 10 und 11. In der Raumluft enthaltener Wasserdampf, der an den raumseitigen Oberflächen von Bauteilen kondensieren kann, wird hinsichtlich der möglichen Gegenmaßnahmen betrachtet. Der Übergang des Wassers von einem Baustoff zu einem anderen oder an die Atmosphäre wird in Kap. 12 behandelt. Die Planungsinstrumente zur Lösung praktischer Feuchteprobleme in Bauteilen unter stationären und instationären Bedingungen, d. h. das Werkzeug zum sog. Feuchtemanagement, werden in den Kap. 13 und 14 erläutert. Unter stationären Bedingungen ist das sogenannte Glaserverfahren, unter instationären Bedingungen die Computerberechnung das wichtigste Planungsinstrument. Mögliche Maßnahmen gegen Tauwasserbildung im Bauteilinneren werden besprochen. Im abschließenden Kap. 15 werden die mechanischen Folgen der hygrischen Belastung der Baustoffe, d. h. der Spannungen, Verformungen, Rissbildungen usw. aufgezeigt.

Literatur

A) Normen und andere Regelwerke

1. Bauordnung für das Land Nordrhein-Westfalen (Landesbauordnung 2018 - BauO NRW 2018). Vom 15. März 2021
2. DIN 4108 Teil 3: Klimabedingter Feuchteschutz; Anforderungen, Berechnungsverfahren und Hinweise für Planung und Ausführung. Ausgabe 2018-10

B) Bücher und Broschüren

3. Bauschäden-Sammlung, Sachverhalt – Ursachen – Sanierung. Hrsg. Günter Zimmermann. Bd. 1 bis 14. Fraunhofer IRB Verlag, Stuttgart: 1974 bis 2003

Feuchtespeicherung

10

Martin Homann

10.1 Feuchtespeicherung in Luft

10.1.1 Wasserdampfgehalt der Luft

Luft kann bis zur Sättigung eine begrenzte Menge Wasser in Gasform (Wasserdampf) aufnehmen. Diese Menge ist von der Temperatur θ abhängig, wobei die Aufnahmefähigkeit mit der Temperatur zunimmt (Tab. 10.1). Auch Luft, die kälter als 0 °C ist, kann noch eine entsprechend kleine Menge Wasserdampf enthalten. Ab 100 °C kann der Wasserdampf einen vorgegebenen Raum völlig ausfüllen, so dass dann im Extremfall nur noch Wasserdampf und gar keine Luft mehr vorliegt.

Luft kann aber auch mit Wasserdampf übersättigt sein. Das bedeutet, die lösliche Menge Wasserdampf, welche unsichtbar ist wie die Luft selbst, wurde überschritten. Der Überschuss ist nicht mehr in der Luft als Wasserdampf gelöst, sondern bildet feine Tropfen, welche als Nebel oder Wolken in Erscheinung treten.

Ungesättigt ist die Luft, wenn der Wasserdampf in geringerer Konzentration vorhanden ist als bei der betreffenden Temperatur löslich wäre. Zur Kennzeichnung dieses Zustandes gibt man das Verhältnis der vorhandenen Wasserdampfkonzentration v zur maximal löslichen Konzentration v_{sat} bei der betreffenden Temperatur an und bezeichnet es als relative Luftfeuchte ϕ:

$$\phi = \frac{v}{v_{sat}} \tag{10.1}$$

M. Homann (✉)
Fachhochschule Münster, FB Bauingenieurwesen, Labor Bauphysik, Münster, Deutschland
E-Mail: mhomann@fh-muenster.de

© Springer Fachmedien Wiesbaden GmbH, ein Teil von Springer Nature 2022
W. M. Willems (Hrsg.), *Lehrbuch der Bauphysik*,
https://doi.org/10.1007/978-3-658-34093-3_10

Tab. 10.1 Wasserdampfkonzentration in Luft im Sättigungszustand als Funktion der Temperatur

θ [°C]	ν_{sat} [g/m³]	θ [°C]	ν_{sat} [g/m³]	θ [°C]	ν_{sat} [g/m³]	θ [°C]	ν_{sat} [g/m³]
−10	2,1	±0	4,8	+10	9,4	+20	17,3
−9	2,3	+1	5,2	+11	10,0	+21	18,3
−8	2,5	+2	5,6	+12	10,6	+22	19,4
−7	2,7	+3	5,9	+13	11,3	+23	20,5
−6	3,0	+4	6,4	+14	12,0	+24	21,7
−5	3,2	+5	6,8	+15	12,8	+25	23,0
−4	3,5	+6	7,3	+16	13,6	+26	24,3
−3	3,8	+7	7,7	+17	14,5	+27	25,7
−2	4,1	+8	8,3	+18	15,3	+28	27,2
−1	4,5	+9	8,8	+19	16,3	+29	28,7

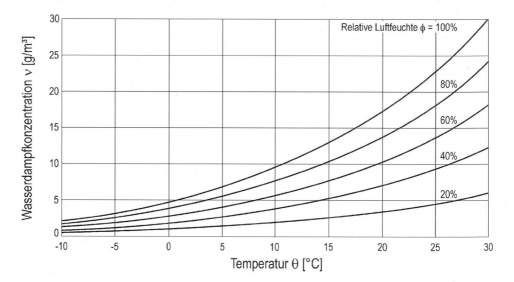

Abb. 10.1 Carrier-Diagramm (Wasserdampfgehalt der Luft als Funktion der Temperatur und der relativen Luftfeuchte)

Die relative Luftfeuchte wird entweder in Prozent oder als Zahl angegeben, z. B. 45 % oder 0,45. In Analogie zum Begriff „relative Luftfeuchte" bezeichnet man die Wasserdampfkonzentration in Luft als „absolute Luftfeuchte". Auf Abb. 10.1 ist der Wasserdampfgehalt von Luft im so genannten Carrier-Diagramm in Abhängigkeit von der Temperatur und der relativen Luftfeuchte dargestellt, wobei derjenige Temperaturbereich herausgegriffen wurde, in dem sich die Außenluft in Mitteleuropa normalerweise bewegt. Die mit ϕ = 100 % bezeichnete Kurve stellt die Sättigungsfeuchte dar; die Kurven für kleinere relative Luftfeuchten verlaufen so, dass sie bei jeder Temperatur den Ordinatenabschnitt zwischen der Temperaturachse und der Sättigungsfeuchte entsprechend dem durch die relative Luftfeuchte gegebenen Verhältnis teilen. Bei der Temperatur von 0 °C hat der Verlauf der Kurven einen kaum erkennbaren Knick mit nach oben zeigender Spitze.

Es ist in der Bauphysik üblich, die Wasserdampfmenge in Luft nicht als Konzentration, sondern als Partialdruck anzugeben. Der sog. Wasserdampfpartialdruck ist derjenige Druck, den man dem Wasserdampf entsprechend seinem Anteil am Gasgemisch Luft zuteilen müsste, damit zusammen mit den übrigen Gasbestandteilen der Luft, die ebenfalls einen ihrer Menge entsprechenden Partialdruck zugeteilt bekommen, ein Gesamtdruck von etwa 1 bar vorliegt, der für das Luftgemisch auf der Erdoberfläche kennzeichnend ist. Viele Missverständnisse beruhen darauf, dass man statt der korrekten, aber umständlichen Bezeichnung „Wasserdampfpartialdruck" oft kurz „Wasserdampfdruck" sagt. Daraus wird dann gelegentlich der falsche Schluss gezogen, der in der Luft vorhandene Wasserdampf könne einen mechanischen Druck ausüben, während tatsächlich nur das Gasgemisch „Luft" als Ganzes einen Druck auf Festkörper- und Flüssigkeitsoberflächen ausüben kann.

Mit für baupraktische Belange ausreichender Genauigkeit kann Luft als „ideales" Gas angesehen werden. Das bedeutet, dass zwischen dem Wasserdampfpartialdruck p und der Wasserdampfkonzentration v unter Beachtung der Gaskonstante des Wasserdampfes von $R_v = 461{,}5$ J/kgK und der Temperatur T gemäß folgender Beziehung Proportionalität besteht, die unter dem Namen „ideale Gasgleichung" bekannt ist:

$$p = v \cdot R_v \cdot T \tag{10.2}$$

Der Wasserdampfkonzentration v entspricht der Wasserdampfpartialdruck p, der maximalen Wasserdampfkonzentration v_{sat} oder Sättigungs feuchte entspricht ein maximaler Wasserdampfdruck p_{sat} oder Sattdampfdruck. In Tab. 10.2 ist der Sattdampfdruck als Funktion der Temperatur für ein Temperaturintervall von 0,1 K angegeben.

Aus der Definition der relativen Luftfeuchte ϕ und der Proportionalität zwischen Partialdruck p und Konzentration v folgt, dass die relative Luftfeuchte ϕ als das Verhältnis von vorhandenem

Wert zu maximalem Wert nicht nur der Wasserdampfkonzentration, sondern auch des Wasserdampfpartialdrucks angesehen werden kann:

$$\phi = \frac{v}{v_{sat}} = \frac{p}{p_{sat}} \tag{10.3}$$

Der Wasserdampfpartialdruck p_{sat} im Sättigungszustand kann für die im folgenden angegebenen Temperaturbereiche mit einer Zahlenwertgleichung berechnet werden [1]:

$$p_{sat} = a\left(b + \frac{\theta}{100\,°C}\right)^n \tag{10.4}$$

p_{sat}	θ	a	b	n
Pa	°C	Pa	–	–

die Lösung im Überschuss mit Salz versieht, sodass die gesättigte Salzlösung einen Bodenkörper aus zugehörigem Salz besitzt. Wird dann nämlich dem Luftraum über der Salzlösung aus irgendeiner Quelle Wasserdampf zugeführt, so steigt die relative Luftfeuchte dennoch nicht an, weil der von der Salzlösung aufgenommene Wasserdampf Salz aus dem Bodenkörper löst und damit die Menge an gesättigter Salzlösung vermehrt. Wird dem Luftraum dagegen Wasserdampf entzogen, so verdunstet Wasser aus der gesättigten Salzlösung und der Bodenkörper wächst. Da es viel Aufwand erfordert, die Temperatur eines Luftraumes über längere Zeit genügend genau konstant zu halten, ist es erwünscht, solche Salze zur Herstellung gesättigter Salzlösungen zur Verfügung zu haben, deren Gleichgewichts-Luftfeuchte sich nur wenig mit der Temperatur ändert. Die in Abb. 10.2 genannten Salze erfüllen diese Forderung weitgehend.

Die relative Luftfeuchte der Außenluft ändert sich gemäß Abb. 10.3 im Normalfall im Laufe eines Tages so, dass am frühen Nachmittag zur Zeit der größten Temperatur die relative Luftfeuchte auf einen Minimalwert absinkt und am frühen Morgen kurz vor Sonnenaufgang bei der tiefsten Temperatur Maximalwerte erreicht werden. Die absolute Luftfeuchte ändert sich dabei bemerkenswert wenig. Daraus lässt sich folgern, dass die relative Luftfeuchte der Außenluft im Tagesrhythmus in erster Linie durch die Temperaturänderung der Luft gesteuert wird und dass die Feuchtigkeitsaufnahme der Luft beim Kontakt mit dem Erdboden, freien Wasserspiegeln usw. und die Feuchtigkeitsabgabe durch z. B. Tauwasserausscheidung für den Tagesgang der relativen Luftfeuchte nur von untergeordneter Bedeutung sind.

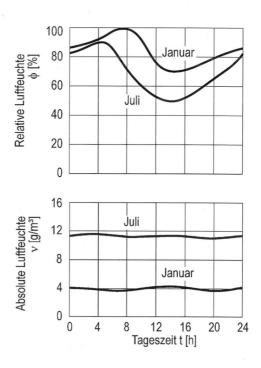

Abb. 10.3 Relative und absolute Luftfeuchte der Außenluft im Tageslauf

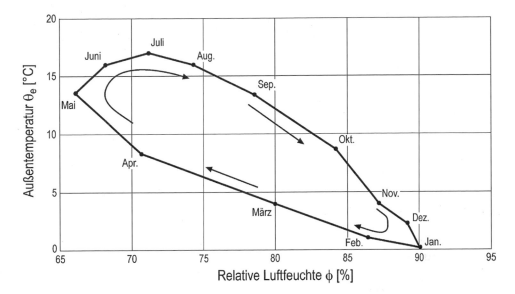

Abb. 10.4 Temperatur und relative Luftfeuchte der Außenluft in Hannover im Jahreslauf (Monats-mittelwerte)

Einen Überblick über die jahreszeitliche Veränderung der relativen Luftfeuchte und der Temperatur der Außenluft (Monatsmittelwerte) in einer mitteleuropäischen Stadt (Hannover) erhält man durch Abb. 10.4. Die Hystereseschleife zeigt, dass die Temperaturen und die relativen Luftfeuchten in der ersten Jahreshälfte niedriger sind als in der zweiten (Aufheiz- und Abkühlphase). Ferner nehmen die relativen Luftfeuchten generell mit abnehmender Temperatur zu. Bemerkenswert ist auch die hohe relative Luftfeuchte von etwa 82 %, welche den Mittelwert für das Freiluftklima in der Bundesrepublik darstellt (Tab. 10.3). Bei Nebel und bei Regen sind stets 100 % relative Luftfeuchte vorhanden. Die in Räumen sich einstellenden, durch die Bauweise, die Nutzung und die Lüftung bedingten relativen Luftfeuchten werden in Abschn. 10.3 näher untersucht.

10.1.2 Abkühlung und Erwärmung feuchter Luft

Der Zusammenhang zwischen der Wasserdampfkonzentration in Luft ν, der Temperatur θ und der relativen Luftfeuchte ϕ ist durch Abb. 10.1 vollständig beschrieben. Auf Abb. 10.5 ist das Carrier-Diagramm nochmals wiedergegeben und mit weiteren Einzelheiten versehen, welche seine Anwendungsmöglichkeiten erläutern. Dazu folgende Beispiele:

Wird feuchte Luft unter solchen Bedingungen (z. B. sehr schnell) abgekühlt, dass sie dabei keinen Wasserdampf abgeben kann, so bedeutet dies in Abb. 10.5, dass der geometrische Ort des Luftzustandes sich auf einer Geraden parallel zur Temperaturachse in Richtung fallender Temperatur bewegen muss (beispielsweise von A nach B). Bei einer ditionierte Luft wird beim Hochwirbeln in den freien Luftraum erwärmt, indem sie dort mit wärmerer Luft und wärmeren Oberflächen in Kontakt tritt. Dem entspricht auf Abb. 10.5 eine Ortsveränderung von Punkt X parallel zur Temperaturachse in den Bereich niederer relativer Luftfeuchte hinein, z. B. nach Y.

Es ist also möglich, durch Anhebung der Lufttemperatur über die Wassertemperatur die Raumluft auf eine bestimmte relative Luftfeuchte zu senken. Das ist für die Werkstoffe der Einbauteile und die Baustoffe der raumbegrenzenden Bauteile in Hallenbädern von Wichtigkeit, weil gemäß den Ausführungen in Abschn. 10.2.2 der Wassergehalt von Baustoffen entscheidend von der relativen Luftfeuchte, aber kaum von der Temperatur bestimmt wird. Diese Überlegung setzt aber voraus, dass das Luftvolumen keinen Luftaustausch erfährt, d. h., sie gilt beim Beispiel Hallenbad nur für den betriebsfreien Zustand, wenn alle Lüftungsgeräte abgestellt sind. In diesem Fall steht die wärmere Raumluft im hygrischen Gleichgewicht zur kälteren Wasseroberfläche und es ist dann auch kein Anlass zur Wasserverdunstung vorhanden.

Schließlich sei noch der die Raumluftfeuchte senkende Effekt der Stoßlüftung angesprochen. Dabei wird durch kurzfristiges, kräftiges Lüften die „verbrauchte" und bei der Raumnutzung befeuchtete warme Luft durch trockene, kalte Außenluft ersetzt. Wenn der Luftaustausch abgeschlossen ist und die Lüftungsöffnungen wieder geschlossen werden, so erwärmt sich die Außenluft im Raum rasch, ohne zunächst Feuchte mit den Raumbegrenzungsflächen oder den im Raum aufgestellten Gegenständen austauschen zu können. Darauf wird in Abschn. 10.3 eingegangen.

10.1.3 Die Raumluftfeuchte als Gleichgewichtszustand

Die in einem Raum unter stationären Bedingungen sich einstellende relative Luftfeuchte stellt einen Gleichgewichtszustand dar, welcher in einer Bilanzbetrachtung ermittelt werden kann. Vereinfachend wird angenommen, dass die Luftfeuchte im Raum gleichmäßig verteilt ist und dass nur Außenluft in den Raum einströmt. Es ist die im Raum bei dessen Nutzung produzierte sowie die in der zufließenden Außenluft enthaltene Wasserdampfmenge derjenigen Wasserdampfmenge gegenüberzustellen, welche mit der entweichenden Raumluft abtransportiert wird (Abb. 10.6). Der Austausch der Raumluft wird in erster Linie durch bewusstes Lüften und durch windbedingte Fugenspaltströmungen an Fenstern und Türen hervorgerufen. Bei der Bilanz-Betrachtung greift man einen bestimmten Zeitabschnitt, zweckmäßig eine Stunde, heraus und vernachlässigt die Wasserdampfmenge, welche durch die Wände, Decken usw. nach außen diffundiert. Es kann leicht gezeigt werden, dass durch Luftwechsel in Form von beabsichtigter Lüftung und infolge der Fugendurchlässigkeit an Fenstern, Türen, Anschlussfugen von Bauteilen usw. viel mehr Wasserdampf abgeführt wird als durch das Diffundieren von Wasserdampf durch Bauteile hindurch.

Für die Bilanz muss bekannt sein, in welchem Umfang Raumluft durch Außenluft ersetzt wird, wofür als Maß die Luftwechselrate n gewählt wird. Diese gibt an, wie oft das

Abb. 10.6 Zur Bilanz der Wasserdampfströme in einem durchlüfteten Raum bei konstantem Feuchteeintrag (vereinfachte Berechnung)

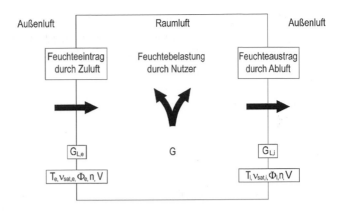

Raumvolumen V je Stunde ausgetauscht wird. Welche Luftwechselraten zu erwarten sind, wird später (s. Abschn. 11.3.3) eingehender untersucht. Damit kann für den von außen in den Raum eindringenden Wasserdampfstrom $G_{L,e}$ wie folgt geschrieben werden:

$$G_{L,e} = n \cdot V \cdot v_{sat,e} \cdot \phi_e \cdot \frac{T_e}{T_i} \qquad (10.6)$$

Durch das Verhältnis der absoluten Temperaturen T_e und T_i wird berücksichtigt, dass die Luft sich beim Erwärmen ausdehnt.

Analog ist der mit der entweichenden Luft abfließende Wasserdampfstrom $G_{L,i}$ anzugeben:

$$G_{L,i} = n \cdot V \cdot v_{sat,i} \cdot \phi_i \qquad (10.7)$$

Der im Raum produzierte Wasserdampfstrom G muss ebenfalls bekannt sein. Er ergibt sich aus der Art der Raumnutzung. Damit kann nun die Bilanz aufgestellt werden:

$$G_{L,e} + G = G_{L,i} \qquad (10.8)$$

Durch Einsetzen von (10.6) und (10.7) in (10.8) erhält man:

$$n \cdot V \cdot v_{sat,e} \cdot \phi_e \cdot \frac{T_e}{T_i} + G = n \cdot V \cdot v_{sat,i} \cdot \phi_i \qquad (10.9)$$

Die Auflösung nach ϕ_i ergibt:

$$\phi_i = \phi_e \cdot \frac{v_{sat,e}}{v_{sat,i}} \cdot \frac{T_e}{T_i} + \frac{G}{n \cdot V \cdot v_{sat,i}} \qquad (10.10)$$

Die rechte Seite von Gl. (10.10) lässt die beiden Beiträge zur Raumluftfeuchte erkennen: Der erste Anteil ist der Beitrag der Außenluft, der zweite Anteil ist der durch Wasserdampfproduktion im Raum verursachte.

10.2   Feuchtespeicherung in Baustoffen

10.2.1 Charakteristische Werte der Baustoff-Feuchte

Die in einem Baustoff enthaltene Menge an Wasser (Feuchte) kann als baustoffvolumenbezogene Masse des Wassers w, als baustoffvolumenbezogenes Volumen des Wassers ψ
oder als baustoffmassebezogene Masse des Wassers u angegeben werden:

$$w = \frac{\text{Masse des Wassers}}{\text{Volumen des Baustoffs}}$$

$$\psi = \frac{\text{Volumen des Wassers}}{\text{Volumen des Baustoffs}}$$

$$u = \frac{\text{Masse des Wassers}}{\text{Masse des Baustoffs}}$$

Während die baustoffvolumenbezogene Masse des Wassers in kg/m^3 angegeben wird,
sind die volumen- und massebezogenen Wassergehalte ψ und u dimensionslose Größen
und werden entweder als Brüche oder in Prozent angegeben. Es gilt die Beziehung:

$$u = \frac{\rho_{\text{wasser}}}{\rho_{\text{Baustoff}}} \cdot \psi \tag{10.13}$$

Die möglichen Wassergehalte in einem feinporigen, mineralischen Baustoff von absoluter Trockenheit bis zur völligen Porenfüllung mit Wasser sind im Diagramm auf
Abb. 10.8 schematisch dargestellt. Man kann danach drei Wassergehaltsbereiche unterscheiden [14]:

- **Bereich niedriger Feuchte (hygroskopischer Bereich)**
  Diffusionsvorgänge bestimmen den Feuchtetransport und Absorptionsvorgänge die
  Wasserspeicherung.
- **Bereich höherer Feuchte (Kapillarwasserbereich)**
  Der Wassertransport wird durch die ungesättigte Porenwasserströmung bestimmt und
  die Oberflächenspannung des Wassers und der dadurch bedingte Kapillardruck beein-
  flussen das Wasser entscheidend. Die Wasserspeicherung wird durch Füllung von
  Porenbereichen, beginnend bei den kleinsten Porenweiten und ansteigend zu immer
  größeren Porenweiten, bewerkstelligt.
- **Übersättigungsbereich**
  Die relative Luftfeuchte hat den Wert 1, die Menisken sind entspannt und ein echter
  Gleichgewichtszustand zwischen Luft- und Wassergehalt existiert nicht mehr.

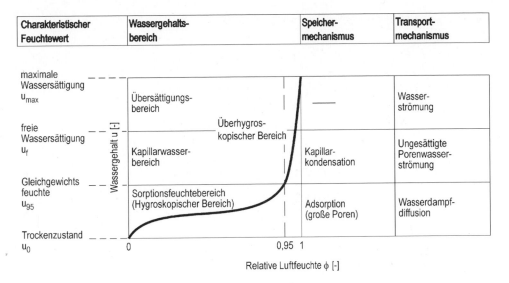

Abb. 10.8 Wassergehaltsbereiche in einem feinporigen, hygroskopischen Baustoff

Folgende charakteristische Feuchtewerte sind in Baustoffen möglich:

- **Gleichgewichtsfeuchte u_ϕ**

  Im Sorptionsfeuchtebereich, auch bezeichnet als hygroskopischer Wassergehaltsbereich, bestimmt die relative Luftfeuchte die Baustoff-Feuchte. Die hygroskopischen Gleichgewichtsfeuchten kennzeichnet man durch einen Index derjenigen relativen Luftfeuchte, mit der sie im Gleichgewicht stehen. So entspricht z. B. die Feuchte u_{50} dem Wassergehalt bei 50 % relativer Luftfeuchte und damit etwa dem Wert, den Baustoffe in bewohnten Räumen annehmen. Die Stofffeuchte u_{95} kennzeichnet den Zustand, in dem alle Mikroporen mit Wasser gefüllt sind: Dann herrscht in der Porenluft eine relative Luftfeuchte von etwa 95 % und ein Massetransport durch Dampfdiffusion in den Poren ist nur noch im Temperaturgefälle möglich. Die obere Grenze des hygroskopischen Wassergehaltsbereiches ist hier erreicht.

  Im Sorptionsfeuchtebereich ist der Einfluss der Temperatur für bauphysikalische Betrachtungen vernachlässigbar.

  Zur Festsetzung der Wärmeleitfähigkeit von Baustoffen wird der Begriff Ausgleichsfeuchtegehalt verwendet, welcher bei einer Temperatur von 23 °C mit der Gleichgewichtsfeuchte zu 80 % Luftfeuchte u_{80} oder Ψ_{80} identisch ist (Tab. 10.6).

- **Freie Wassersättigung u_f**

  Die freie Wassersättigung stellt sich dann ein, wenn man einen Stoff einige Zeit der Einwirkung drucklosen Wassers aussetzt. Grobporige, wasserbenetzbare Stoffe durchfeuchten dann rasch und vollständig ($u_f = u_{max}$). Bei hydrophilen, feinporigen Stoffen (wie fast alle mineralischen Baustoffe) stellt sich dagegen zunächst eine Teildurchfeuchtung ein. Im Laufe vieler Jahre nimmt der Wassergehalt eines ständig mit drucklosem Wasser beaufschlagten Baustoffes allerdings über den Wert von u_f hinaus langsam zu und erreicht schließlich den Wert u_{max}, denn die das Eindringen weiteren Wassers

Tab. 10.6 Ausgleichfeuchtegehalte von Baustoffen gemäß DIN 4108-4 [4] und DIN EN 10456 [5]

Baustoff	Feuchtegehalt	
	u [kg/kg]	Ψ [m³/m³]
DIN 4108-4		
Beton mit geschlossenem Gefüge mit porigen Zuschlägen	0,13	
Leichtbeton mit haufwerkporigem Gefüge mit dichten Zuschlägen nach DIN 4226-1	0,03	
Leichtbeton mit haufwerkporigem Gefüge mit porigen Zuschlägen nach DIN 4226-2	0,045	
Gips, Anhydrit	0,02	
Gussasphalt, Asphaltmastix	0	
Holz, Sperrholz, Spanplatten, Holzfaserplatten, Schilfrohrplatten und -matten, organische Faserdämmstoffe	0,15	
Pflanzliche Faserdämmstoffe aus Seegras, Holz-, Torf- und Kokosfasern und sonstige Fasern	0,15	
DIN EN 12524		
Expandierter Polystyrol-Hartschaum, $\rho = 10 \dots 50$ kg/m³		0
Extrudierter Polystyrol-Hartschaum, $\rho = 20 \dots 65$ kg/m³		0
Polyurethan-Hartschaum, $\rho = 28 \dots 55$ kg/m³		0
Mineralwolle, $\rho = 10 \dots 200$ kg/m³		0
Phenolharz-Hartschaum, $\rho = 20 \dots 50$ kg/m³		0
Schaumglas, $\rho = 100 \dots 150$ kg/m³	0	
Perliteplatten, $\rho = 140 \dots 240$ kg/m³	0,03	
Expandierter Kork, $\rho = 90 \dots 140$ kg/m³		0,011
Holzwolle-Leichtbauplatten, $\rho = 250 \dots 450$ kg/m³		0,05
Holzfaserdämmplatten, $\rho = 150 \dots 250$ kg/m³	0,16	
Harnstoff-Formaldehydschaum, $\rho = 10 \dots 30$ kg/m³	0,15	
Polyurethan-Spritzschaum, $\rho = 30 \dots 50$ kg/m³		0
Lose Mineralwolle, $\rho = 15 \dots 60$ kg/m³		0
Lose Zellulosefasern, $\rho = 20 \dots 60$ kg/m³	0,18	
Blähperlite-Schüttung, $\rho = 30 \dots 150$ kg/m³	0,02	
Schüttung aus expandiertem Vermiculit, $\rho = 30 \dots 150$ kg/m³	0,02	
Blähtonschüttung, $\rho = 200 \dots 400$ kg/m³	0,001	
Polystyrol-Partikelschüttung, $\rho = 10 \dots 30$ kg/m³		0
Vollziegel (gebrannter Ton), $\rho = 1000 \dots 2400$ kg/m³		0,012
Kalksandstein, $\rho = 900 \dots 2200$ kg/m³		0,024
Beton mit Bimszuschlägen, $\rho = 500 \dots 1300$ kg/m³		0,035
Beton mit nichtporigen Zuschlägen und Kunststein, $\rho = 1600 \dots 2400$ kg/m³		0,04
Beton mit Polystyrolzuschlägen, $\rho = 500 \dots 800$ kg/m³		0,025
Beton mit Blähtonzuschlägen, $\rho = 400 \dots 700$ kg/m³	0,03	
Beton mit überwiegend Blähtonzuschlägen, $\rho = 800 \dots 1700$ kg/m³	0,03	

(Fortsetzung)

Tab. 10.6   (Fortsetzung)

Baustoff	Feuchtegehalt	
	u [kg/kg]	Ψ [m³/m³]
Beton mit mehr als 70 % geblähter Hochofenschlacke, $\rho = 1100 \ldots$ 1700 kg/m³	0,04	
Beton mit vorwiegend aus hochtemperaturbehandeltem taubem Gestein aufbereitet, $\rho = 1100 \ldots 1500$ kg/m³	0,04	
Porenbeton, $\rho = 300 \ldots 1000$ kg/m³	0,045	
Beton mit Leichtzuschlägen, $\rho = 500 \ldots 2000$ kg/m³		0,05
Mörtel (Mauermörtel und Putzmörtel), $\rho = 250 \ldots 2000$ kg/m³		0,06

zunächst verhindernde eingeschlossene Luft löst sich langsam im Porenwasser und entweicht dadurch. Bei Holz bezeichnet man u_f traditionsgemäß als Faser-Sättigungsfeuchte. Bei hohlraumfreien wasserquellbaren Stoffen fallen u_f, u_{100} und u_{max} zusammen. Die Differenz zwischen dem maximalen und dem freiwilligen Wassergehalt ist für die Frostbeständigkeit von Baustoffen von Bedeutung.

- **Maximale Wassersättigung u_{max}**
  Der maximale Wassergehalt entspricht bei einem feinporigen Baustoff der völligen Füllung aller dem Wasser zugänglichen Hohlräume oder der maximalen Wasseraufnahme quellbarer porenfreier Stoffe.

Darüber hinaus werden folgende Begriffe verwendet:

- **Kritischer Wassergehalt u_{kr}**
  Er gibt die Grenze an, wann die Leistungsfähigkeit für Flüssigwassertransport in einem austrocknenden Baustoff so weit abgesunken ist, dass die Wasserverdunstung an der Baustoffoberfläche nicht mehr befriedigt werden kann. Dann sinkt die Baustoff-Feuchte in der Oberflächenzone in kurzer Zeit stark ab und die Verdunstung geht stark zurück. Der kritische Wassergehalt ist also dem Knickpunkt in der Knickpunktskurve nach Krischer zugeordnet (s. Abschn. 14.5).

- **Wassergehalt u_H**
  Bei zementgebundenen Baustoffen gibt es den weiteren charakteristischen Wassergehalt u_H, der nach dem völligen Hydratisieren des Zementes vorliegt, wenn in dieser Zeit keine Wasserabgabe an die Umgebung erfolgt ist. Es handelt sich also um die „Ausgangsfeuchte", mit welcher der betreffende Baustoff nach Abschluss seiner Verfestigung in seine Nutzungsphase hineingeht.

Auf Abb. 10.9 sind die Säulendiagramme von 6 Baustoffen dargestellt. Die drei Wassergehaltsbereiche sind jeweils gekennzeichnet. Beton zeichnet sich von den anderen mineralischen Baustoffen durch seinen kleinen Kapillarbereich aus. Polymerbeschichtungen besitzen nur einen Sorptionsbereich, während der Extruderschaum nur einen sehr kleinen

Abb. 10.9 Säulendiagramme verschiedener Baustoffe mit Kennzeichnung der Bereiche der Sorptionsfeuchte, der Kapillarkondensation und der Übersättigung

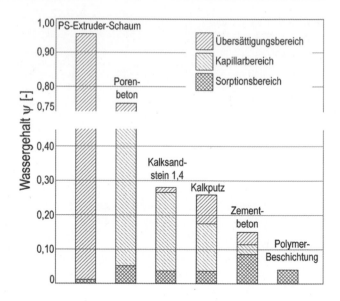

Sorptionsbereich und einen sehr großen Übersättigungsbereich aufweist, und ein Kapillarbereich völlig fehlt.

Auf Tab. 10.7 sind für einige mineralische Baustoffe weitere kennzeichnende Wassergehalte und die innere Oberfläche verzeichnet.

Beim zunehmenden Durchfeuchten poröser Stoffe können nach Rose [18] sechs verschiedene Stadien unterschieden werden, welche in Abb. 10.10 dargestellt sind. Dabei soll in der Reihenfolge von A bis F der Wassergehalt zunehmen:

In einem sehr trockenen Baustoff (A) wird aller in die Poren eindringende Wasserdampf an den Wänden absorbiert (s. Abschn. 10.2.2), sodass in diesem Stadium von einem „Transport" noch nicht gesprochen werden kann. Es wird nur gespeichert. Sind die Porenwände dann mit einer oder mehreren Molekülschichten belegt (B), ist der Porenraum für Wasserdampf diffundierbar. Die Dicke des absorbierten Wasserfilms steht im Gleichgewicht zur relativen Luftfeuchte der Porenluft.

Im Stadium C sind die Porenengpässe als Folge von Kapillarkondensation mit flüssigem Wasser gefüllt, während sich in den Erweiterungen Luft und Wasserdampf und an den Wänden eine Sorbatschicht befindet. Bei Stadium C ist die Sorbatschicht noch so dünn, sodass der Wassertransport in der Porenerweiterung nur durch Wasserdampfdiffusion erfolgt, während in den Engpässen der Wassertransport in der Flüssigphase mit nur kleinem Widerstand bewerkstelligt wird.

Im Stadium D ist die Dicke der Sorbatschicht in der Erweiterung so angewachsen, dass in ihr infolge von Flüssigwassertransport (s. Abschn. 11.2) Wasser in nennenswerter Menge transportiert wird. Weil nun kontinuierlicher Wassertransport in der Flüssigphase möglich ist, ist die Leistungsfähigkeit für Wassertransport im Vergleich zur Wasserdampfdiffusion deutlich gesteigert.

Tab. 10.7 Maximaler Wassergehalt u_{max}, freier Wassergehalt u_f, Gleichgewichtsfeuchten u_ϕ für 95 % und 50 % relativer Luftfeuchte und die Größe der inneren Oberfläche O_i von verschiedenen Baustoffen

Baustoff	u_{max} [−]	u_f [−]	u_{95} [−]	u_{50} [−]	O_i [m²/g]
Schlaitdorfer Sandstein	0,16	0,11	0,006	0,002	1,5
Rüthener Sandstein	0,22	0,16	0,016	0,005	4,3
Obernkirchner Sandstein	0,17	0,11	0,0050	0,0014	1,2
Krenzheimer Muschelkalk	0,14	0,07	0,0050	0,0020	0,4
Klinker	0,17	0,16	0,075	0,040	0,2
Vormauerziegel	0,19	0,16	0,050	0,027	0,2
Leichthochziegel	0,26	0,24	0,15	0,070	0,4
Handschlagziegel	0,24	0,18	0,035	0,021	0,3
Kalksandstein $\rho = 1,4$	0,28	0,27	0,024	0,009	10
$\rho = 1,8$	0,25	0,24	0,050	0,019	18
$\rho = 2,0$	0,21	0,20	0,050	0,023	25
Beton, alkalisch B15 (C 12/15)	0,14	0,11	0,061	0,022	24
B25 (C 20/25)	0,16	0,12	0,064	0,024	25
B35 (C 30/37)	0,15	0,12	0,072	0,027	31
B45 (C 35/45)	0,14	0,11	0,079	0,032	39
Porenbeton	0,72	0,40	0,050	0,010	38
Zementputz	0,14	0,13	0,08	0,02	16
Kalkzementputz	0,15	0,14	0,065	0,013	11
Kalkputz	0,24	0,18	0,020	0,004	3
Gipsputz (Maschinenputz)	0,52	0,40	0,015	0,0025	6
Brandschutzputz	0,75	0,30	0,20	0,075	250

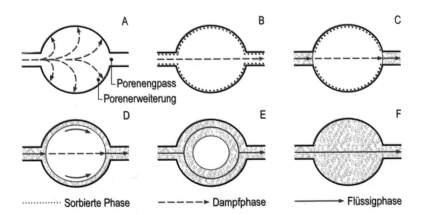

Abb. 10.10 Schematische Darstellung der fortschreitenden Wassereinlagerung in einer Baustoffpore bei steigendem Wassergehalt

Im Stadium E enthalten die Erweiterungen bereits so viel Wasser, dass sich eine wirksame ungesättigte Strömung nach dem Gesetz von Krischer (s. Abschn. 11.2.2) ausbilden kann. In der Porenerweiterung ist zwar noch eine Luftblase eingeschlossen, doch kann diese als im Wasser frei schwimmend charakterisiert werden.

Im Stadium F ist der Porenraum wassergesättigt und der Transport gehorcht voll dem Darcy'schen Gesetz (s. Abschn. 11.4).

10.2.2 Hygroskopische Wassergehalte

Derjenige Wassergehalt, der sich in einem Baustoff nach längerer Lagerung in Luft konstanter relativer Luftfeuchte und Temperatur einstellt, wird als Gleichgewichtsfeuchte zu der betreffenden Luft bezeichnet. Die in Bezug auf feuchte Luft möglichen Gleichgewichtsfeuchten eines Baustoffes fasst man in der sogenannten Sorptionsisotherme zusammen, d. h. in einem für jeden Baustoff charakteristischen funktionalen Zusammenhang zwischen dessen Wassergehalt und der relativen Luftfeuchte. Man bezeichnet diese Gleichgewichtsfeuchten auch als hygroskopische Feuchten. Es ist bemerkenswert, dass der Verlauf von Sorptionsisothermen poröser mineralischer Baustoffe im Achsensystem „relative Luftfeuchte – Wassergehalt" so wenig von der Temperatur abhängt, dass für die Belange des Bauwesens die Temperaturabhängigkeit außer Betracht bleiben kann (Abb. 10.11). Das ist keineswegs selbstverständlich, weil der Gehalt an Wasserdampf in Luft in einem ausgeprägten Maße temperaturabhängig ist und die Sorptionsisotherme den

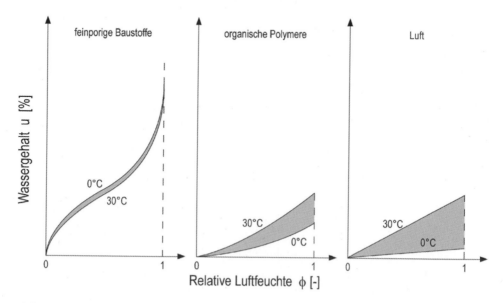

Abb. 10.11 Der generelle Verlauf der Speicherisothermen von feinporigen Baustoffen, organischen Polymeren und Luft

Gleichgewichtszustand zwischen feuchter Luft und dem am Feststoff absorbierten Wasser beschreibt. Der Verlauf der „Sorptionsisotherme von Wasserdampf in Luft" ist linear, weil die relative Luftfeuchte in diesem Sinne definiert ist, und deutlich temperaturabhängig. Bei organischen Polymeren ist der Temperatureinfluss nicht immer vernachlässigbar.

Sorptionsisothermen, ermittelt nach DIN EN ISO 12571 [6], gehen immer durch den Koordinatenursprung. Bei porigen Baustoffen haben sie bei $\phi \to 1$ einen steilen Verlauf, während sie bei quellbaren Polymeren in einem mehr oder weniger stumpfen Winkel gegen die Vertikale bei $\phi = 1$ stoßen.

Der Verlauf der Sorptionsisothermen kann mit der von Stephen Brunauer, Paul Hugh Emmett und Edward Teller [19] aufgestellten und später [20] verbesserten, sogenannten BET-Theorie gut erklärt werden: Die Gleichung der Sorptionsisotherme lautet dort:

$$u\left(\phi\right) = u \cdot \frac{c \cdot \phi}{1-\phi} \cdot \frac{1-\left(n+1\right) \cdot \phi^{n} + n \cdot \phi^{n+1}}{1+\left(c-1\right) \cdot \phi - c \cdot \phi^{n+1}} \qquad (10.14)$$

Danach wird der Verlauf von drei Parametern bestimmt:

- u ist derjenige Wassergehalt, der ausreicht, die gesamte innere (und äußere) Oberfläche des Baustoffes mit einer monomolekularen Wasserschicht zu bedecken.
- c ist der Wechselwirkungsparameter, der die Energie beschreibt, mit welcher die erste Lage Wassermoleküle physikalisch an die Oberfläche des Baustoffs gebunden wird.
- n ist die mittlere Anzahl der Lagen Wassermoleküle, welche die Oberfläche bedecken.

Auf Abb. 10.12 ist schematisch die Auswirkung der drei genannten Parameter auf den Verlauf der Isothermen dargestellt:

- u_m geht linear in die Größe des Wassergehalts ein, verändert aber die Form der Isotherme nicht.
- Der Wechselwirkungsparameter c bestimmt, ob die erste Lage Wassermoleküle schon bei niedrigen oder erst bei höheren Luftfeuchten voll ausgebildet ist, d. h. c bestimmt die Steigung der Sorptionsisotherme bei $\phi = 0$.
- Mit zunehmender Anzahl n sich anlagernder, weiterer Wassermolekülschichten tritt ein Steilanstieg der Sorptionsisothermen bei höheren Luftfeuchten auf.

Wenn $n \to \infty$ geht, vereinfacht sich Gl. (10.14) zu

$$u\left(\phi\right) = u \cdot \frac{c \cdot \phi}{1-\phi} \cdot \frac{1}{1+\left(c-1\right) \cdot \phi} \qquad (10.15)$$

Diese Näherung ist bei großen Porenweiten oder spaltartigen Poren brauchbar. Wenn zur Bedingung $n \to \infty$ noch $c \gg 1$ hinzukommt, wird aus (10.15):

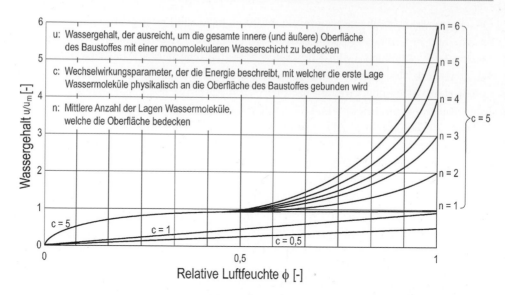

Abb. 10.12 Der Einfluss der drei Bestimmungsgrößen u_m, c und n auf die Gestalt der Sorptionsisotherme gemäß der BET-Theorie

$$u(\phi) = u \cdot \frac{1}{1-\phi} \qquad (10.16)$$

Diese Näherung gilt für mineralische und metallische Oberflächen (c $\gg$ 1) und große Poren-bzw. Spaltweiten (n $\rightarrow \infty$), jedoch nicht bei sehr kleinen relativen Luftfeuchten. Bei porigen, mineralischen Baustoffen kann die Größe der inneren Oberfläche O_i aus u wie folgt berechnet werden:

$$O_i = u \cdot O_o \qquad (10.17)$$

Die Größe O_o hat den Zahlenwert 3850 m²/g. Sie gibt an, wie viel Quadratmeter Oberfläche mit 1 g Wasser bedeckt werden können. Zahlenwerte von O_i findet man in Tab. 10.7.

Die spezifische Oberfläche von Feststoffen durch Gasadsorption nach dem BET-Verfahren wird nach DIN ISO 9277 [7] bestimmt.

Die Sorptionsisothermen feinporiger mineralischer Baustoffe zeigen einen s-förmig gekrümmten Verlauf, dessen unterer Teil dadurch verursacht wird, dass die Anlagerung der ersten Molekülschicht Wasser auf der inneren Baustoffoberfläche bei niederen relativen Luftfeuchten stark exotherm (c $\geq$ 1) erfolgt. Die weiteren Schichten Wasser werden erst bei deutlich höheren Luftfeuchten und mit geringerer Wärmetönung (der Kondensationswärme von Wasser) aufgenommen.

Organische Polymere, die sich bei mikroskopischer Betrachtung als von Natur aus porenfrei erweisen, nehmen als (eingefrorene) Flüssigkeiten Wasser vorzugsweise durch einen Lösungsvorgang auf. Ihre Sorptionsisothermen haben in der Regel einen nur langsam ansteigenden (c < 1) und nur schwach und einseitig gekrümmten Verlauf. Die Menge an aufgenommenem Wasser hängt nicht von der Größe der (nicht vorhandenen) inneren Oberfläche, sondern von der Dichte polarer Gruppen im Polymermolekül entscheidend ab, doch spielen auch die Vernetzungsdichte und die Anteile kristalliner Bereiche im normalerweise amorphen Polymer eine Rolle. In mit Füllstoffen und Pigmenten versehenen Polymeren bilden sich unter Umständen Wasserhüllen um diese „Fremdkörperteilchen" oder es lagert sich aufgrund osmotischer Effekte bei höheren relativen Luftfeuchten Wasser in das Gefüge ein. Dann zeigt die Sorptionsisotherme bei höheren relativen Luftfeuchten einen deutlichen Anstieg, ähnlich wie bei porigen Baustoffen. Das gilt auch für geschäumte Polymere.

Auf den Abb. 10.13, 10.14, 10.15, 10.16, 10.17 und 10.18 sind Sorptionsisothermen von feinporigen, mineralischen Baustoffen, Hölzern sowie von synthetischen organischen Polymeren, welche im Bauwesen viel verwendet werden, dargestellt. Organische Polymere haben im Vergleich zu den meisten Baustoffen kleine Wassergehalte, weshalb der Ordinatenmaßstab bei den Bildern verschieden gewählt wurde. Außerdem münden die Isothermen von organischen Polymeren in einem definierten Winkel in die vertikale Gerade ein, welche 100 % Luftfeuchte entspricht.

Bei der Messung von Sorptionsisothermen ist es üblich, die Wassergehalte entweder bei allmählicher Steigerung oder bei allmählicher Erniedrigung der relativen Luftfeuchte

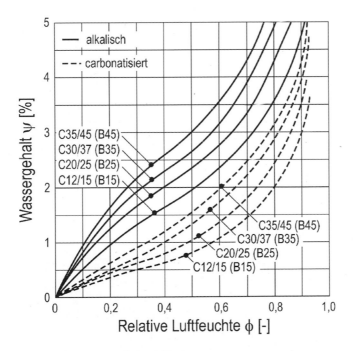

Abb. 10.13 Speicherisothermen von Zementbetonen

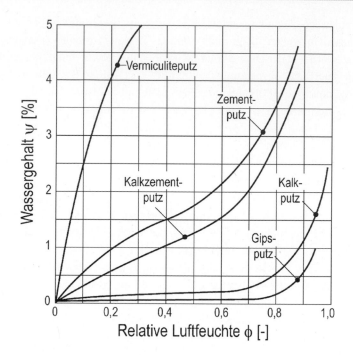

Abb. 10.14 Speicherisothermen von Putzen

Abb. 10.15 Speicherisothermen von Natursteinen

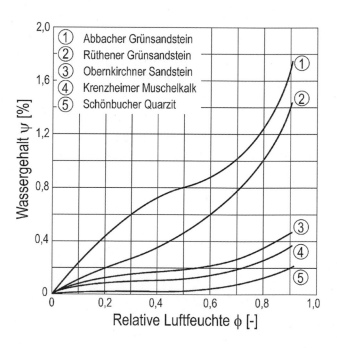

Abb. 10.16 Speicherisothermen von künst-
lichen Steinen

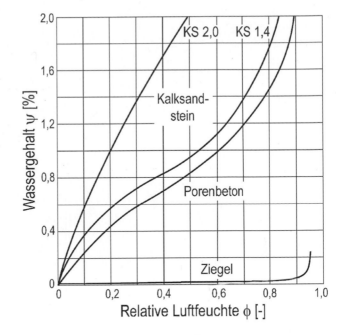

Abb. 10.17 Speicherisothermen von Hölzern und Kork

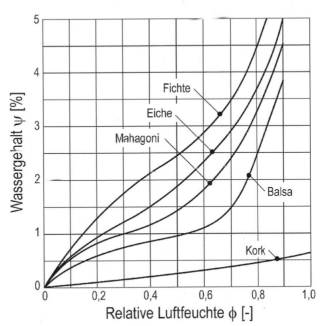

Abb. 10.18 Speicherisothermen von synthetischen
organischen Polymeren

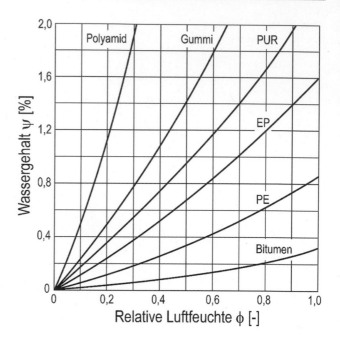

zu bestimmen. Dann erhält man beim üblichen Vorgehen zwei verschiedene Isothermen, einen sog. Adsorptionsast und einen sog. Desorptionsast und spricht von Hysterese.

Enthalten Baustoffe wasserlösliche Salze in nennenswerter Menge, z. B. in alten Bauwerken, dann steigt die Gleichgewichtsfeuchte bei derjenigen Luftfeuchte sprunghaft an, welche für die Bildung einer gesättigten Salzlösung bei dem betreffenden Salz notwendig ist. Abb. 10.19 zeigt dies am Beispiel zweier Baustoffe und dreier Salze. Beim Salz Natriumsulfat tritt die Besonderheit auf, dass infolge Hydratwasseranlagerung keine sprungartige Wassergehaltserhöhung sondern eine allmählich verstärkt ansteigende auftritt.

10.2.3 Überhygroskopische Wassergehalte

Wassergehalte, welche größer sind als die Gleichgewichtsfeuchten zu 95 % relativer Luftfeuchte, werden als überhygroskopisch bezeichnet. Man unterscheidet dabei zwei Bereiche (s. Abb. 10.8):

- Kapillarwasserbereich, der von der Gleichgewichtsfeuchte zu 95 % bis zur freien Wasseraufnahme u_f reicht
- Übersättigungsbereich, der sich von u_f bis zu u_{max} erstreckt

Von Kapillarporen spricht man nur dann, wenn diese für flüssiges Wasser zugänglich sind, und eine wasserbenetzbare Porenwandung vorliegt. Wegen der nur teilweisen Fül-

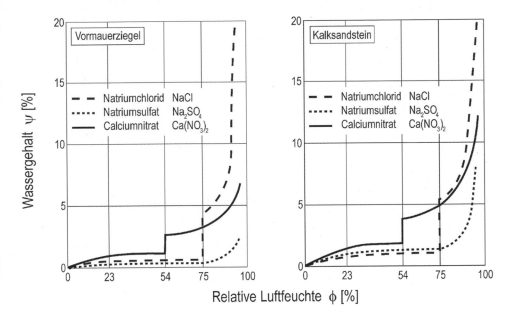

Abb. 10.19 Der Einfluss von drei wasserlöslichen Salzen auf den Verlauf von Speicherisothermen

lung des Porenraums mit Wasser treten an zahlreichen Stellen Menisken auf, welche die Wassergehaltsverteilung dadurch beeinflussen, dass an engen Querschnitten größere Kapillardrücke auftreten als an weiteren Querschnitten (s. Abschn. 11.2.1). Daher saugen die feinen Poren die weiteren leer, so lange, bis alle Porenräume bis zu einem bestimmten Durchmesser wassergefüllt sind und ein einheitlicher Kapillardruck als Unterdruck im Porenwasser vorliegt. Die Porendurchmesser, in welchen dieses Geschehen abläuft, reichen von etwa 0,1 mm bis etwa 100 nm.

Im Übersättigungsbereich kann eine Porenfüllung nur durch Überdruck, Tauwasserniederschlag oder sehr lange Wassereinwirkung erreicht werden. Dies wird dadurch bedingt, dass bei zunehmender Porenfüllung mit Wasser in Erweiterungen des Porenraums Luftblasen eingeschlossen werden. Diese Luft kann nur durch Diffusion in das Porenwasser hinein entweichen, was unter natürlichen Bedingungen sehr lange dauert.

Weil im Gleichgewichtszustand alle Kapillarporen bis zu einem bestimmten Durchmesser wassergefüllt und alle weiteren Poren (von der Sorptionsfeuchte abgesehen) leer sind, kann jedem hygroskopischen Wassergehalt ein größter Porendurchmesser und der entsprechende Kapillardruck zugeordnet werden. Für das Porengefüge in einem Baustoff ist der funktionale Zusammenhang zwischen dem Wassergehalt und dem Kapillardruck die entscheidende Charakterisierung für sein kapillares Wasserspeichervermögen. Erst Krus [15] hat die in der Bodenmechanik seit längerem gebräuchliche Saugspannungsmessung auf Baustoffe angewendet, und damit die Charakterisierung der kapillaren Wasserspeicherung von Baustoffen in befriedigender Weise ermöglicht. Die von ihm ver-

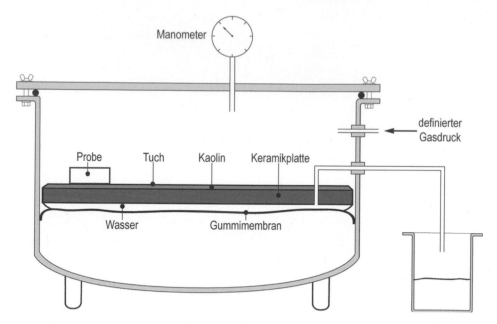

Abb. 10.20 Saugspannungsmessgerät nach Krus [15]

wendete Saugspannungsmessanlage ist auf Abb. 10.20 dargestellt: In einen stählernen Drucktopf wird die bis zur freiwilligen Wasseraufnahme uf gewässerte Baustoffprobe eingelegt. Dabei wird sie auf wassergesättigtem Kaolinmehl gelagert, das wiederum auf einer wassergesättigten Keramikplatte aufliegt, deren Wassergehalt sich nach außen entspannen kann. Wenn nun der die Probe oben umgebende Luftraum unter Überdruck gesetzt wird, verdrängt die Luft einen Teil des Wassergehaltes der Probe, bis der Kapillardruck mit dem Luftdruck im Gleichgewicht ist. Durch wiederholtes Wägen der Probe, jeweils nach definierter Überdruckbelastung, erhält man den gewünschten Zusammenhang zwischen Wassergehalt und Kapillardruck, die sogenannte Saugspannungskurve.

Auf Abb. 10.21 sind solche Saugspannungskurven für sechs verschiedene Baustoffe dargestellt. Der Druckbereich beginnt bei 1 Millibar, dem die Baustoffe mit ihrem Wassergehalt uf ausgesetzt werden. Mit steigendem Druck nimmt der Wassergehalt in einer für das Porensystem kennzeichnenden Weise ab. Weil der Zusammenhang zwischen dem Durchmesser einer kreisförmigen Kapillarröhre und dem Kapillardruck bei Wasser und sehr gut benetzbarer Porenwandung eindeutig bekannt ist (Gl. 11.16), wurde der obere Bildrand mit dem entsprechenden Kapillarenradius bemaßt.

Nach einer Theorie von William Thomson alias Lord Kelvin tritt über Wassermenisken in sehr feinen Kapillaren eine Dampfdruckerniedrigung auf, was bedeutet, dass Wasserdampf dort bereits vor Erreichen seiner Sättigung kondensiert und damit die Poren mit flüssigem Wasser füllt. Die betreffende Beziehung lautet:

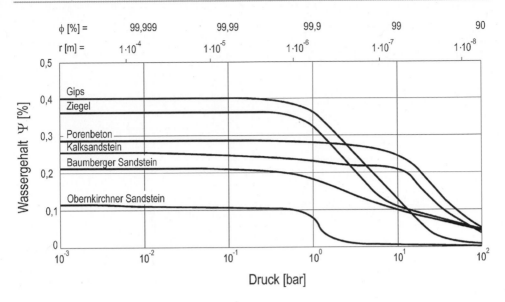

Abb. 10.21 Saugspannungskurven verschiedener Baustoffe

$$\phi_K = \exp\left(-\frac{2\sigma}{\rho_w \cdot r \cdot R \cdot T}\right) \tag{10.18}$$

Der in Gl. (10.18) enthaltene Zusammenhang zwischen der relativen Luftfeuchte und dem Radius der größten noch mit Wasser gefüllten Pore geht aus der folgenden Aufstellung hervor:

$$\phi = 0{,}9 \qquad r = 10^{-8}\,\mathrm{m}$$
$$\phi = 0{,}99 \qquad r = 10^{-7}\,\mathrm{m}$$
$$\phi = 0{,}999 \qquad r = 10^{-6}\,\mathrm{m}$$
$$\phi = 0{,}9999 \quad r = 10^{-5}\,\mathrm{m}$$
$$\ldots \qquad \ldots$$

Aufgrund dieser für Kapillarporen gültigen Beziehung konnten auf Abb. 10.21 am oberen Bildrand die dort angegebenen Kapillar-Halbmesser mit den zugehörigen relativen Luftfeuchten ergänzt werden. Damit verfügt man für die Kapillarporen mit den Saugspannungskurven über eine ähnliche Kennfunktion wie für die Mikroporen mit den Sorptionsisothermen: In beiden Fällen wird der Wassergehalt auf die relative Luftfeuchte zurückgeführt. Die Kombination von Sorptionsisotherme und Saugspannungskurve wird als Speicherfunktion des betreffenden Baustoffes bezeichnet (s. Abb. 10.22), wie Kießl [16] vorgeschlagen hat. Die Speicherisotherme ist die umfassende Kenngröße für das Wasserspeichervermögen von Baustoffen, da sie sowohl die hygroskopischen als auch die

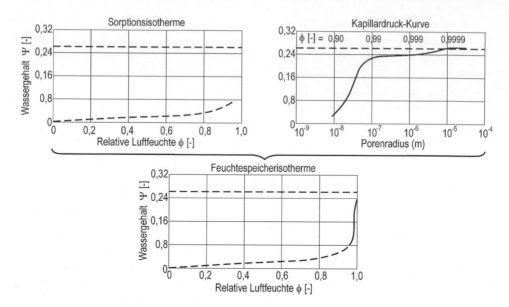

Abb. 10.22 Zusammenfügen von Sorptionsisotherme und Saugspannungskurve eines Baustoffs zur Speicherisotherme

überhygroskopischen (kapillaren) Wassergehalte als Funktion der relativen Luftfeuchte erfasst.

Während die obere Grenze des Messbereichs für Sorptionsisothermen bei einer relativen Luftfeuchte von $\phi = 95\ \%$ liegt, wird der Kurvenverlauf bis zur freien Wassersättigung im überhygroskopischen Bereich auf Basis von Saugspannungsmessungen ermittelt und schließt ohne Unterbrechung an die Sorptionsisotherme an (Abb. 10.22). Für abschätzende Berechnungen schlägt Künzel [14] folgende Näherung für eine Feuchtespeicherfunktion vor, die jedoch nicht generell für alle Baustoffe geeignet ist:

$$\psi = \psi_f \cdot \frac{(b-1) \cdot \phi}{b - \phi} \qquad (10.19)$$

Der Approximationsfaktor b wird aus der Gleichgewichtsfeuchte bei einer relativen Luftfeuchte von $\phi = 80\ \%$ durch Einsetzen der Zahlenwerte in Gl. (10.19) bestimmt. Für die Baustoffe Kalksandstein, Porenbeton, Ziegel und Gipskarton hat Künzel [14] eine gute Übereinstimmung zwischen Approximation und Messwerten dieser Baustoffe festgestellt.

Die der Feuchtespeicherisotherme zugrunde liegende Feuchtespeicherfunktion wird bei der Berechnung instationären Feuchtetransports benötigt, wenn das betrachtete Bauteil direkt kapillarverbundene Schichten aufweist und der Flüssigwassertransport von Schicht zu Schicht von Bedeutung ist, beispielsweise von Putz auf Mauerwerk. Bei diesen Baustoffen ist der überhygroskopische Wassergehalt größer als der hygroskopische. Bei feinporigen Baustoffen wie Beton ist die Sorptionsfeuchte bei $\phi = 93\ \%$ bereits so hoch, dass der Isothermenverlauf im überhygroskopischen Bereich bis zur freien Wasseraufnahme extrapoliert werden kann [17]. Dies gilt ebenfalls für Holz und Holzwerkstoffe. Bei nicht hygroskopischen Baustoffen wie Glas, Metall oder einigen Schaumkunststoffen lagert sich ohne Unterschreitung der Tautemperatur kein Wasser ein. Sie trocknen bei Umgebungsbedingungen unter $\phi = 100\ \%$ vollständig aus.

10.2.4 Feuchtetechnische Eigenschaften einiger Baustoffklassen

a) **Metalle und Gläser**
   Metalle und Gläser sind als erstarrte und nicht quellfähige Schmelzen völlig undurchlässig für Wassermoleküle. Sie haben deshalb keine Wassergehalte und zeigen weder Quellen noch Schwinden. Geschäumtes Glas mit geschlossenen Zellen ist deshalb durchfeuchtungsresistent. Metallfolien werden als Dampfsperren verwendet. Glasuren, d. h. dünne Glasschichten, z. B. auf Fliesen und Ziegeln, verhindern dort die Wasseraufnahme. Bei Flächen aus glasierten Fliesen oder Ziegeln muss jedoch an die Fugen gedacht werden. Bei hoher Wasserbelastung sind auch die (geringe) Wasserlöslichkeit von manchen Glasurarten und die Korrosionsbeständigkeit des betreffenden Metalls zu bedenken.

b) **Bitumen und thermoplastische Kunststoffe**
   Bei Bitumen und thermoplastischen Kunststoffen handelt es sich um unterkühlte organische Flüssigkeiten, welche selbst keine Poren enthalten und dennoch Wassermoleküle in einem Lösungsvorgang unter Quellung aufnehmen und durch Diffusion weiterleiten können. Kapillarer Wassertransport ist bei geringen Füllstoffgehalten deswegen ausgeschlossen. Die Wassergehalte sind im Allgemeinen klein, die Weitergabe des Wassers durch Diffusion ist in der Menge sehr begrenzt und nur bei sehr geringen Schichtdicken beachtlich. Als Dampfsperre werden z. B. 0,2 bis 0,4 mm dicke Polyethylenfolien eingesetzt. Beschichtungen und Dichtungsbahnen auf Bitumenbasis sind immer noch die wichtigsten Abdichtungsstoffe gegen das Wasser im Baugrund.

   Durch Füllstoffe können Bitumen und Kunststoffe abgemagert und bei reichlicher Füllstoffzugabe zu mörtelartigen, u. U. porigen Stoffen modifiziert werden, z. B. Asphalt und Polymer-Zement-Mörtel. Die Speicherfähigkeit und Durchlässigkeit für Wassermoleküle kann dadurch beachtlich zunehmen. Der hydrophobe Charakter dieser Bindemittel und die dann größeren Schichtdicken halten die Durchlässigkeit dieser Schichten für Wassermoleküle auch dann meist noch auf kleinem Niveau.

   Durch Aufschäumen von Kunststoffen können Schaumkunststoffe hergestellt werden, welche ein großes Porenvolumen und deshalb eine kleine Wärmeleitfähigkeit haben. Wenn die Poren geschlossenzellig sind und die Porenwände aus hydrophobem Kunststoff bestehen, ist eine Durchfeuchtung der Schaumkunststoffe nur durch Tauwasserausfall im Gefolge von Wasserdampfdiffusion möglich, was besonders für Extruderschaum auf Polystyrolbasis gilt.

Tab. 10.10 Zuordnung der Gefährdungsklasse und der Prüfprädikate der Holzschutzmittel zur Belastung/Anwendung von Holzbauteilen gemäß DIN 68800-3 [9]

Beanspruchung durch Niederschlag, Spritzwasser oder dergleichen	Anwendung			Gefähr-dungs-klasse	Prüfprädikate des chemischen Holzschutzes
nicht möglich	Innenbauteile	$\phi_i \leq 70\ \%$	Insektenbefall kontrollierbar oder unmöglich	0	–
			Insektenbefall möglich oder nicht kontrollierbar	1	Iv
		$\phi_i > 70\ \%$		2	I_V, P
		Nassräume			
	Außenbauteile				
möglich	Erd- und/oder Wasserkontakt	nicht ständig		3	I_V, P, W
		ständig		4	I_V, P, W, E

I_V: Gegen Insekten vorbeugend wirksam
P: Gegen Pilze vorbeugend wirksam (Fäulnisschutz)
W: Auch für Holz, das der Witterung ausgesetzt ist, jedoch nicht im ständigen Kontakt mit Wasser
E: Auch für Holz, das extremer Beanspruchung ausgesetzt ist (im ständigen Erdkontakt und/oder im ständigen Kontakt mit Wasser sowie bei Schmutzablagerungen in Rissen und Fugen)

ist, zu vermeiden. Dabei sind Wechsel von nass und trocken schädlicher als z. B. eine ständige Unterwasserlagerung.

10.2.5 Mögliche Folgen hoher Wassergehalte in Baustoffen

a) **Quellen**

Unter Quellung von Baustoffen ist die nach außen in Erscheinung tretende Volumenzunahme eines Baustoffes infolge erhöhten Wassergehaltes zu verstehen. Mit einer Quellung können weitere Folgen verbunden sein, welche oft schwerwiegender sind als die primäre Volumenzunahme: Risse und Verformungen können auftreten, die Festigkeit und der Elastizitätsmodul können abnehmen und die Kriechverformungen sich verstärken. An Haftflächen, insbesondere von Polymerbeschichtungen, kann ein Nachlassen des Verbundes bis zum völligen Haftverlust eintreten. Im gequollenen Zustand sind auch die chemische und die mechanische Widerstandsfähigkeit beeinträchtigt. Mit strömendem Wasser können Inhaltsstoffe aus dem gequollenen Baustoff auswandern, was aus optischen Gründen meist störend ist und für die Baustoffeigenschaften positiv oder negativ zu werten ist, je nachdem ob die betreffenden Inhaltsstoffe (z. B. Alkalien oder Emulgatoren) günstig oder ungünstig gewirkt haben.

b) **Biologisch bedingter Materialzerfall**

Der biologisch bedingte Materialzerfall wird als Verrottung bezeichnet. Er wird vorzugsweise von Bakterien, Pilzen, Kleinlebewesen, Insekten oder deren Larven vorangetrieben und tritt nur bei genügend hohen Wassergehalten und nur bei solchen Stoffen auf, welche als Nahrungsmittel oder Lebensraum für die genannten Organismen dienen. Bei Holz sind es vor allem bestimmte Pilze und Schadinsekten, welche die Festigkeit von Holzbauteilen schädigen können. Daher muss Holz durch baukonstruktive Maßnahmen möglichst trocken gehalten und vor dem Zutritt von Schadinsekten geschützt, oder, wenn das nicht in ausreichendem Maße möglich ist, durch chemische Holzschutzmittel geschützt werden.

Gewisse Bakterien spalten als Stoffwechselprodukte Säuren ab, z. B. Salpetersäure oder Schwefelsäure, welche dann säureempfindliche Steine, wie Kalksteine, Kalksandsteine, kalk- oder zementgebundene Putze und Betone, auf oder in dem die Bakterien leben, zersetzen.

Allein schon das Vorliegen eines biologischen Bewuchses auf einer Bauteiloberfläche kann deren Zerfall fördern, weil ein biologischer Rasen Wasser speichern kann und die Wasserdampfdiffusion behindert. Wenn Oberflächen in einem Aufenthaltsraum mit biologischem Bewuchs bedeckt sind, ist dies aus hygienischen Gründen bedenklich. Denn die Anwesenheit merklicher Mengen von Mikroorganismen hat die Abgabe von Geruchsstoffen und von Keimen an die Luft zur Folge. Daher müssen in Aufenthaltsräumen die Bauteiloberflächen so trocken sein, dass ein biologischer Bewuchs sich nicht einstellen kann.

c) **Chemisch-physikalisch bedingter Materialzerfall**

Mit steigender Temperatur und Feuchte erhöht sich die Geschwindigkeit des chemisch-physikalisch bedingten Materialzerfalls. Denn Wasser ist ein gutes Lösemittel für viele Stoffe und die Löslichkeit sowie die Reaktionsgeschwindigkeit nehmen mit der Temperatur zu. Auch bei einer geringen Löslichkeit in Wasser kann bei langfristiger, immer wieder erfolgender Wasserbelastung der Abtransport merklicher Stoffmengen durch Wasser verursacht werden. In der Regel wird der durch Wasserlöslichkeit bedingte Stoffverlust bei mineralischen Baustoffen wesentlich gesteigert, wenn der pH-Wert des Wassers sinkt. Beispiele dafür sind die Auswaschung des Fugenmörtels in Sichtmauerwerk durch sauren Regen und die Aufrauhung glattgeschalter Sichtbetonoberflächen durch sauren Regen oder saure Wässer im Laufe der Jahre.

d) **Korrosion**

Die Korrosion von Metallen setzt die Anwesenheit von flüssigem Wasser an der Metalloberfläche voraus. Z. B. beginnt Eisen zu korrodieren, wenn die Luftfeuchte etwa 65 Prozent übersteigt, d. h. der adsorbierte Wasserfilm an der Metalloberfläche genügend dick ist. Die Abbauprodukte organischer Baustoffe, z. B. von Holz oder Bitumen, haben sauren Charakter und können damit beaufschlagte Metalle, z. B. Verbindungsmittel, Blechabdeckungen, Blechrinnen usw. beschleunigt korrodieren. Daher sind die Aspekte des Korrosionsschutzes der Baumetalle mit zunehmender Feuchtigkeitsbelastung gründlich zu berücksichtigen.

$$f_{Rsi} = \frac{\theta_{si} - \theta_e}{\theta_i - \theta_e} \tag{10.21}$$

bedeutet dies, dass

$$f_{Rsi} \geq 0,70$$

sein muss.

Die Tauwasserbildung bzw. der Schimmelbefall treten im Normalfall zuerst an den raumseitigen Oberflächen von Wärmebrücken auf, weil dort die geringsten Temperaturen vorliegen. Die Mindestwerte für den Wärmedurchlasswiderstand von Außenbauteilen sind in DIN 4108-2 [10] so gewählt, dass bei günstig gestalteten Wärmebrücken die Bedingung $f_{Rsi} \geq 0,70$ erfüllt wird. Die richtige Vorgehensweise besteht also darin, mit Hilfe von Wärmebrückenkatalogen oder Berechnungen alle Wärmebrücken in den Außenbauteilen daraufhin zu überprüfen, ob der Temperaturfaktor f_{Rsi} über dem Grenzwert von 0,70 liegt. Ist dies der Fall, ist bei Schimmelbefall die Ursache nicht in der unzureichenden wärmetechnischen Qualität der Außenbauteile zu sehen. Dabei wird vorausgesetzt, dass die Räume gleichmäßig beheizt und ausreichend belüftet werden und dass an den raumseitigen Außenbauteiloberflächen die Luft ungehindert zirkulieren kann.

Im üblichen Wohnungsbau oder in vergleichbaren Situationen ist die Forderung, dass der Temperaturfaktor $f_{Rsi} \geq 0,7$ betragen muss, aus den genormten Klimarandbedingungen herleitbar. In besonderen Situationen jedoch, z. B. bei der wärme- und feuchtetechnischen Dimensionierung von Außenbauteilen privater Schwimmbäder, muss der erforderliche Temperaturfaktor zunächst ermittelt werden. Beispielhaft davon ausgehend, dass die Raumlufttemperatur $\theta_i = 34\ °C$ beträgt und die relative Raumluftfeuchte in einem Schwimmbad durch Klimatisierung auf $\phi_i = 0,7$ konstant gehalten werden kann, errechnet sich der Wasserdampf-Partialdruck der Raumluft gemäß Gl. (10.3) zu $p_i = 3723$ Pa. An einem durchschnittlichen Wintertag mit einer Temperatur von −5 °C und einer relativen Luftfeuchte von $\phi_e = 0,8$ beträgt der außenseitige Wasserdampf-Partialdruck $p_e = 321$ Pa. Gemäß Gl. (10.22) und (10.23) nach DIN EN ISO 13788 [11] werden der niedrigste zulässige Sattdampfdruck an der Bauteiloberfläche p_{sat} und die niedrigste zulässige Oberflächentemperatur $\theta_{si,min}$ berechnet:

$$p_{sat}\left(\theta_{si}\right) = p_i / 0,8 \tag{10.22}$$

$$p_{sat}\left(\theta_{si}\right) = 3723 / 0,8 = 4654\,Pa$$

$$\theta_{si,min} = \frac{237,3 \cdot \log_e\left(\dfrac{p_{sat}}{610,5}\right)}{17,269 - \log_e\left(\dfrac{p_{sat}}{610,5}\right)} \tag{10.23}$$

$$\theta_{si,min} = \frac{237,3 \cdot \log_e\left(\dfrac{4654}{610,5}\right)}{17,269 - \log_e\left(\dfrac{4654}{610,5}\right)} = 31,6\ ^\circ C$$

Der Mindestwert des Temperaturfaktors $f_{Rsi,min}$ ergibt sich nach Gl. (10.21):

$$f_{Rsi} = \frac{31,6 - (-5)}{34 - (-5)} = 0,94\,[-]$$

Der Temperaturfaktor des vorgesehenen Wärmebrückendetails muss mindestens den Wert des erforderlichen Temperaturfaktors erreichen. Dieser kann durch Berechnungen mit Hilfe von PC-Programmen ermittelt werden (s. Kapitel „Wärme").

10.3.2 Tauwasserschutz für Bauteiloberflächen

Wenn „Tauwasser" an raumseitigen Bauteiloberflächen erwartet wird (s. Abschn. 10.1.2), können folgende Gegenmaßnahmen in Erwägung gezogen werden:

a) **Wasserdampfproduktion drosseln**
Menschen, Tiere und Pflanzen geben ständig Wasserdampf ab. Auch viele menschliche Tätigkeiten, wie Baden, Duschen, Kochen, Waschen, Backen sind mit einer erheblichen Wasserdampfproduktion verbunden (Tab. 10.4 und 10.5). Je größer die auf das Raumvolumen bezogene Wasserdampfproduktion ist, desto höhere Luftfeuchten werden erreicht. Erfahrungsgemäß steigt die Wahrscheinlichkeit des Auftretens von Tauwasser in gleichen Wohnungen mit wachsender Bewohnerzahl.
Ist die auf das Raumvolumen bezogene Wasserdampfproduktion zu hoch, sollte auf eine Drosselung hingewirkt werden, indem z. B. Pflanzen entfernt werden, das Waschen oder das Wäschetrocknen an einen anderen Ort verlegt wird usw. Manchmal ist es auch möglich, die Wasserdampfquelle einzukapseln, z. B. einen Pflanzenbehälter, ein Aquarium oder ein Schwimmbad abzudecken, oder den produzierten Wasserdampf der Abluft direkt zuzuführen, z. B. durch einen Abzug über Herd.

b) **Lüftung verbessern**
Die Folgeschäden von Tauwasserbildung auf den Innenseiten von Außenbauteilen, nämlich Schimmelbefall, Ablösung von Wandbelägen, Fäulnis usw., hängen von dem Ausmaß der Raumlüftung ab. So wird beim Austausch alter Fenster gegen neue, welche dicht schließende umlaufende Dichtungsbänder im Spalt zwischen Rahmen und Flügel enthalten müssen, der bauwerksbedingte Luftwechsel (Infiltration) stark vermindert. Das hebt die relative Luftfeuchte u. U. über den Grenzwert von 50 % an, welcher der Bemessung zugrunde liegt. Auch haben sich wegen der stark gestiegenen

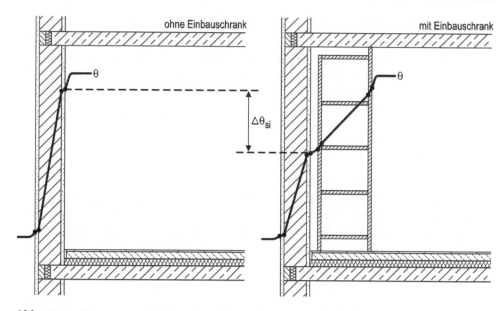

Abb. 10.24 Temperaturverlauf an einer Außenwand mit und ohne Wandschrank

Literatur

A) Normen und andere Regelwerke

1. DIN 4108: Wärmeschutz und Energie-Einsparung in Gebäuden
2. DIN 50008: Klimate und ihre technische Anwendung; Konstantklimate über wässrigen Lösungen – Teil 1: Gesättigte Salzlösungen, Glycerinlösungen. Ausgabe 1981-02
3. DIN 4108 Teil 8: Vermeidung von Schimmelwachstum in Wohngebäuden. Ausgabe 2010-09
4. DIN 4108 Teil 4: Wärme- und feuerschutztechnische Bemessungswerte. Ausgabe 2020-11
5. DIN EN ISO 10456: Baustoffe und Bauprodukte; Wärme- und feuchtetechnische Eigenschaften; Tabellierte Bemessungswerte und Verfahren zur Bestimmung der wärmeschutztechnischen Nenn- und Bemessungswerte. Ausgabe 2010-05
6. DIN EN ISO 12571: Wärme- und feuchtetechnisches Verhalten von Baustoffen und Bauprodukten – Bestimmung der hygroskopischen Sorptionseigenschaften. Ausgabe 2013-12
7. DIN ISO 9277: Bestimmung der spezifischen Oberfläche von Feststoffen durch Gasadsorption nach dem BET-Verfahren. Ausgabe 2014-01
8. DIN 1045: Tragwerke aus Beton, Stahlbeton und Spannbeton – Teil 2: Beton; Festlegung, Eigenschaften, Herstellung und Konformität; Anwendungsregeln zu DIN EN 206-1. Ausgabe 2014-08
9. DIN 68800 Teil 3: Vorbeugender Schutz von Holz mit Holzschutzmitteln. Ausgabe 2020-03
10. DIN 4108 Teil 2: Mindestanforderungen an den Wärmeschutz. Ausgabe 2013-02
11. DIN EN ISO 13788: Wärme- und feuchtetechnisches Verhalten von Bauteilen und Bauelementen – Raumseitige Oberflächentemperatur zur Vermeidung kritischer Oberflächenfeuchte und Tauwasserbildung im Bauteilinneren – Berechnungsverfahren. Ausgabe 2013-05

12. DIN 1946: Raumlufttechnik – Teil 6: Lüftung von Wohnungen – Allgemeine Anforderungen, Anforderungen zur Bemessung, Ausführung und Kennzeichnung, Übergabe/Übernahme (Abnahme) und Instandhaltung. Ausgabe 2019-12

13. Gesetz zur Einsparung von Energie und zur Nutzung erneuerbarer Energien zur Wärme- und Kälteerzeugung in Gebäuden (Gebäudeenergiegestz - GEG). Vom 8. August 2020

B) Bücher und Broschüren

14. Künzel, H. M.: Verfahren zur ein- und zweidimensionalen Berechnung des gekoppelten Wärme- und Feuchtetransports in Bauteilen mit einfachen Kennwerten. Diss. Universität Stuttgart 1994

15. Krus, M.: Feuchtetransport- und Speicherkoeffizienten poröser mineralischer Baustoffe. Theoretische Grundlagen und neue Messtechniken. Diss. Universität Stuttgart, 1995

16. Kießl, K.: Kapillarer und dampfförmiger Feuchtetransport in mehrschichtigen Bauteilen. Rechnerische Erfassung und bauphysikalische Anwendung. Diss. Universität Essen (Gesamthochschule), 1983

17. Fraunhofer Institut Bauphysik: WUFI-Wärme und Feuchte instationär; PC-Programm zur Berechnung des gekoppelten Wärme- und Feuchtetransports in Bauteilen.

C) Aufsätze

18. Rose, D.A.: Water movement in unsaturated porous materials. In: Rilem Bulletin No. 29, Decembre 1965, S. 119 bis 123

19. Brunauer, S.; Emmett, P. H.; Teller, E.: Adsorption of Gases in Multimolecular Layers. In: J. Am. Chem.Soc. February (1938), S. 309 bis 319

20. Brunauer, S.; Deming, L. S.; Deming, W.E.; Teller, E.: On a Theorie of the van der Waals Adsorption of Gases. In: J. Am.Chem.Soc. July (1940), S. 1723 bis 1732

21. Informationsdienst Holz: Wohngesundheit im Holzbau. Arbeitsgemeinschaft Holz e.V., Düsseldorf, 1998

den betrachteten Temperaturbereich angegeben. Man kann daraus entnehmen, dass der Stefan-Faktor erst bei Temperaturen über etwa 30 °C merklich größer als eins wird und daher im Bauwesen normalerweise nicht berücksichtigt zu werden braucht.

Betrachtet man die Diffusion der Wassermoleküle in Baustoffen als Wasserdampf-diffusion, so kann das Transportgesetz aus Gl. (11.5) abgeleitet werden. Die geringere Diffundierbarkeit der Baustoffe im Vergleich zu ruhender Luft wird nach einem Vorschlag von Krischer durch sogenannte Diffusionswiderstandszahlen μ der Baustoffe im Sinne eines Abminderungsfaktors berücksichtigt:

$$g = \frac{\delta_a}{\mu} \cdot \frac{\Delta p}{\Delta x} \tag{11.7}$$

Der Diffusionsleitkoeffizient δ_a ändert sich mit der Temperatur nur wenig (s. Tab. 11.1). Daher ist es erlaubt, bei der Berechnung der Diffusionsstromdichte im für das Bauwesen maßgeblichen Temperaturbereich von etwa −10 °C bis etwa +20 °C von einem Mittelwert auszugehen. Dementsprechend ist in DIN 4108-3 folgende Zahlenwertgleichung zur Berechnung der Diffusionsstromdichte beim Nachweis des Tauwasserschutzes zu finden:

$$g = \frac{\Delta p}{1,5 \cdot 10^6 \cdot \mu \cdot d} \qquad \begin{array}{|c|c|c|c|} \hline \mathbf{g} & \mathbf{p} & \mathbf{\mu} & \mathbf{d} \\ \hline kg/m^2 h & Pa & - & m \\ \hline \end{array} \tag{11.8}$$

Der Zahlenfaktor $1{,}5 \cdot 10^6$ als Kehrwert des Wasserdampf-Diffusionsleitkoeffizienten δ_a entspricht, wie aus Tab. 11.1 hervorgeht, der Temperatur von 5 °C und ist daran gebunden, dass die bei Gl. (11.8) angegebenen Dimensionen zur Berechnung der Massenstromdichte verwendet werden.

Tab. 11.1 Verschiedene Kenngrößen der Theorie der Wasserdampfdiffusion als Funktion der Temperatur

θ [°C]	$R_v \cdot T$ [kJ/kg]	D_0 [m²/h]	δ_a [kg/m · h · Pa]	$1/\delta_a$ [m · h · Pa/kg]	$p/(p - p_{sat})$ [−]
30	140,2	0,1010	$0{,}723 \cdot 10^{-6}$	$1{,}38 \cdot 10^6$	1,044
25	137,9	0,0976	$0{,}710 \cdot 10^{-6}$	$1{,}41 \cdot 10^6$	1,0331
20	135,6	0,0943	$0{,}697 \cdot 10^{-6}$	$1{,}43 \cdot 10^6$	1,024
15	133,3	0,0914	$0{,}685 \cdot 10^{-6}$	$1{,}46 \cdot 10^6$	1,017
10	131,0	0,0886	$0{,}675 \cdot 10^{-6}$	$1{,}48 \cdot 10^6$	1,012
5	128,7	0,0857	$0{,}665 \cdot 10^{-6}$	$1{,}50 \cdot 10^6$	1,009
0	126,3	0,0828	$0{,}655 \cdot 10^{-6}$	$1{,}53 \cdot 10^6$	1,006
−5	124,0	0,0803	$0{,}646 \cdot 10^{-6}$	$1{,}55 \cdot 10^6$	1,004
−10	121,7	0,0774	$0{,}637 \cdot 10^{-6}$	$1{,}57 \cdot 10^6$	1,003
−15	119,4	0,0745	$0{,}628 \cdot 10^{-6}$	$1{,}59 \cdot 10^6$	1,002
−20	117,1	0,0724	$0{,}619 \cdot 10^{-6}$	$1{,}62 \cdot 10^6$	1,001

11.1.3 Diffusionswiderstandszahl μ und wasserdampfdiffusionsäquivalente Luftschichtdicke s_d

Als Maß für die Dichtigkeit eines Baustoffgefüges gegen diffundierende Wassermoleküle wird die (Wasserdampf-)Diffusionswiderstandszahl μ verwendet. Sie ist eine dimensionslose Größe, deren Zahlenwert angibt, wie viel Mal kleiner die Massenstromdichte ist, wenn die diffundierenden Wassermoleküle nicht durch ruhende Luft sondern durch das Baustoffgefüge diffundieren.

Als Grund dafür, dass es sinnvoll ist, bei der Definition der Diffusionswiderstandszahl den bei einem Baustoff vorliegenden Widerstand gegen Wasserdampfdiffusion auf den analogen Widerstand in ruhender Luft zu beziehen, kann man Folgendes sagen: Würde man einen zunächst sehr dichten Stoff durch immer weitere Vergrößerung des Porenraumes entmaterialisieren, so würde die Diffusionswiderstandszahl von anfänglich großen Zahlenwerten ausgehend immer kleiner werden. Wenn das die Poren bildende Festkörpergerüst schließlich fast verschwunden ist, wie z. B. bei Mineralwolle, so steht den Wassermolekülen praktisch nur noch die ruhende Luft als Hindernis entgegen. Das ist die kleinste mögliche Behinderung für die diffundierenden Wassermoleküle in der Erdatmosphäre. Da der Widerstand ruhender Luft als Bezugspunkt dient, hat diese die Diffusionswiderstandszahl μ = 1. Das heißt, dass der mögliche Wertebereich von Diffusionswiderstandszahlen zwischen eins und unendlich liegt:

$$1 \leq \mu \leq \infty \qquad (11.9)$$

Gegen diffundierende Wassermoleküle absolut dichte Werkstoffgefüge entsprechend einer unendlich großen Diffusionswiderstandszahl haben nur Metalle und Gläser, alle anderen Stoffe sind mehr oder weniger wasserdampfdurchlässig.

Um die Dichtigkeit einer Baustoffschicht, nicht eines Baustoffes, gegen Wasserdampfdiffusion zu kennzeichnen, genügt die Angabe der Diffusionswiderstandszahl des verwendeten Baustoffes nicht, da sowohl die Art des Baustoffes als auch die Dicke einer Schicht für das Ausmaß des Widerstandes gegen Wasserdampfdiffusion entscheidend sind. Die einfachste Definition, welche den Widerstand einer Baustoffschicht kennzeichnet, ist deshalb das Produkt aus Schichtdicke d und Diffusionswiderstandszahl μ. Daher wird der Begriff „äquivalente Luftschichtdicke s_d" gemäß folgender Definition als Maß für den Diffusionswiderstand einer Baustoffschicht verwendet:

$$s_d = \mu \cdot d \qquad (11.10)$$

Der Name „äquivalente Luftschichtdicke" gibt die Bedeutung sehr anschaulich wieder: Die Dichtigkeit einer Baustoffschicht gegen diffundierende Wassermoleküle unter stationären Bedingungen wird durch diejenige Dicke einer Schicht ruhender Luft angegeben, die vorhanden sein müsste, damit in dieser Luftschicht unter den vorgegebenen Bedingungen die Massenstromdichte der diffundierenden Wassermoleküle genau so groß wie in der Baustoffschicht ist.

Tab. 11.2 Diffusionswiderstand von Beschichtungen, Abdichtungen und Bodenbelägen auf Polymerbasis

Kategorie	Stoff	d [mm]	s_d [m]
Beschichtungen	Silikatanstrich	0,15	0,03
	Acryldispersionsanstrich	0,15	0,05
	Polyesterbeschichtung, flexibel	1,0	2,5
	2-K-PUR, flexibel, lösemittelhaltig	0,25	0,12
	PUR, feuchtigkeitshärtend	0,08	1,5
	Acryl-Zement-Spachtel, feinkörnig	1,0	0,15
	Acryl-Zement-Spachtel, grobkörnig	2,0	0,2
	Kunstharzdispersionsputz	3,0	0,45
Abdichtungen	Dispersionszementschlämme, starr	3,0	0,6
	Dispersionszementschlämme, flexibel	3,0	2,0
	Bitumenvoranstrich, wässerig	0,15	0,15
	Heißbitumenaufstrich	1,5	150
	Bitumenemulsion, fasergefüllt	2,0	5,0
	Bitumenlösung, gefüllt	0,3	30
	Bitumenmastix	3,0	100
	Bitumendachbahn	2,5	100
	PVC-Folie	0,1	4,0
	PE-Folie	0,4	40,0
Bodenbeläge	Teppichboden	6,0	0,15
	Linoleum	3,0	30
	PVC-Bahnen	2,5	50
	Gummibelag	3,0	90
	Epoxidbeschichtung	3,0	50

Tab. 11.3 Benennung von Baustoffschichten nach der Größe ihrer wasserdampfdiffusionsäquivalenten Luftschichtdicken (s_d-Werte) [DIN 4108-3]

Benennung	s_d [m]
diffusionsoffen	$\leq 0,5$
diffusionsbremsend	$0,5 < s_d \leq 10$
diffusionshemmend	$10 < s_d \leq 100$
diffusionssperrend	$100 < s_d < 1500$
diffusionsdicht	≥ 1500

11.2 Wassertransport in ungesättigten Poren

11.2.1 Grenzflächenspannung σ, Randwinkel θ und Kapillardruck P_K

Auf Abb. 11.5 sind einige Beispiele dargestellt, bei denen die physikalischen Erscheinungen von einer spezifischen Kraftwirkung an der Flüssigkeitsoberfläche maßgeb-

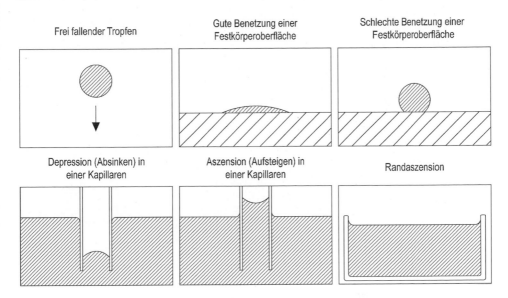

Frei fallender Tropfen

Gute Benetzung einer Festkörperoberfläche

Schlechte Benetzung einer Festkörperoberfläche

Depression (Absinken) in einer Kapillaren

Aszension (Aufsteigen) in einer Kapillaren

Randaszension

Abb. 11.5 Häufig beobachtete Wirkungen der Oberflächenspannung des Wassers

lich beeinflusst werden. Zu erkennen sind die Kugelgestalt von frei fallenden Tropfen, die gute und schlechte Benetzung einer Festkörperoberfläche, die Depression (Absinken) und die Aszension (Aufsteigen) des Wassers in einer engen Röhre und die Ausbildung von Menisken an Berandungen von Wasserflächen.

Die diese Erscheinungen verursachende Kraftwirkung wird Grenzflächenspannung genannt. Dieser Begriff ist mit dem der mechanischen Spannung in einem Festkörper als Folge einer Krafteinwirkung nur verwandt, jedoch nicht wesensgleich.

Die mechanische Spannung σ ist definiert als Kraft F pro Fläche A (Abb. 11.6). Eine solche Spannung tritt dann auf, wenn Körper gewaltsam verformt werden. Mit zunehmender Verformung wachsen die Spannungen an, bis schließlich der Zusammenhalt des Festkörpers durch Bruch verlorengeht. Die Grenzflächenspannung σ dagegen ist die an der Grenzfläche zwischen zwei Stoffen in einer sehr dünnen Schicht auftretende Kraft F pro Randlänge l_R, wobei die Länge einer gedachten Schnittkante in der Grenzfläche gemeint ist.

Die Grenzflächenspannung als physikalisches Phänomen kann auf zwei identische Weisen gedeutet werden: Einmal als die Kraft F pro Randlänge l_R in einem gedachten Schnitt senkrecht durch die Grenzfläche, womit diese als eine spezielle Membran aufgefasst wird. Die entsprechende mathematische Behandlung der Grenzfläche idealisiert diese Übergangszone zwischen zwei Stoffen als dickenlose Fläche, während in Wirklichkeit die Grenzfläche eine gewisse Dicke von allerdings nur wenigen Moleküllagen hat. Andererseits kann die Grenzflächenspannung σ als die auf eine Fläche A bezogene Energie E gedeutet werden, die notwendig ist, eine neue Grenzfläche zu schaffen bzw. als die Energie, die frei wird, wenn die Grenzfläche sich um ein bestimmtes Maß verkleinert:

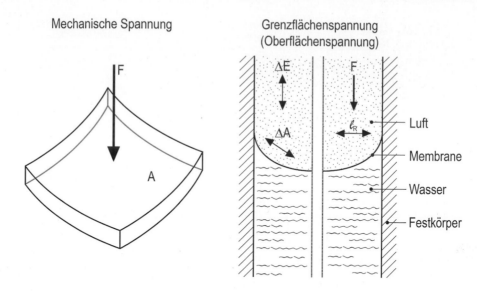

Mechanische Spannung   Grenzflächenspannung
                                          (Oberflächenspannung)

Abb. 11.6 Mechanische Spannung und Grenzflächenspannung

$$\sigma = \frac{\Delta E}{\Delta A} = \frac{W}{\Delta A} = \frac{F \cdot \Delta b}{2 \cdot 1 \cdot \Delta b} = \frac{F}{2 \cdot 1} = \frac{F}{l_R} \tag{11.11}$$

Die beiden Deutungsmöglichkeiten gehen auch aus der Dimension der Grenzflächenspannung hervor:

$$\sigma \text{ in N/m ist} \begin{cases} \text{Kraft in N} & / \text{ Schnittlänge in m} \\ \text{Energie in N} \cdot \text{m} / \text{ Fläche in m}^2 \end{cases}$$

Oberflächenspannung (Grenzflächenspannung zwischen Flüssigkeiten und Gasen)
In diesem Abschnitt wird die Grenzfläche von Wasser gegen Luft betrachtet. Grenzflächen gegen Gase werden Oberflächen genannt, die entsprechende Grenzflächenspannung bezeichnet man daher auch als Oberflächenspannung. Oberflächen sind in ihrer mechanischen Wirkung mit Membranen gleichzusetzen, die an allen Stellen und in jeder Richtung tangential zur Grenzfläche unter einer stets gleich großen Zugkraft stehen und sich gegen den Widerstand der flüssigen Phase zusammenziehen wollen. Aus diesem Grunde nehmen Flüssigkeitstropfen im schwerelosen Raum Kugelgestalt an, und die Flüssigkeit im Tropfen steht unter Überdruck. Unabhängig davon, ob die Grenzfläche sich krümmt, sich verkleinert oder vergrößert, die Kraft pro Länge in der Oberfläche bleibt dennoch konstant. Demzufolge hat ein Flüssigkeitstropfen, der im Schwerefeld auf einer Unterlage aufliegt, keine exakte Kugelgestalt, da der im liegenden Tropfen zusätzlich vorhandene hydrostatische Druck höhenveränderlich ist und die konstante Oberflächenspannung dem

veränderlichen Innendruck nur durch veränderliche Krümmung der Oberfläche das Gleichgewicht halten kann.

Ein weiterer charakteristischer Unterschied zwischen der mechanischen Spannung in einem Festkörper und einer Grenzflächenspannung ist der, dass die mechanischen Spannungen in Festkörpern im Wesentlichen nur von der Verformung des Körpers und kaum von den Umgebungsbedingungen abhängen, in welchen der Festkörper sich befindet. Umgekehrt wird die Größe von Grenzflächenspannungen durch eine Biegung oder Dehnung der Grenzfläche nicht beeinflusst. Für den Zahlenwert der Grenzflächenspannung entscheidend sind die stoffliche Natur der beiden aneinandergrenzenden Partner bzw. die Verhältnisse im Gasraum über der Flüssigkeitsoberfläche. Wenn daher vereinfachend nur von der „Oberflächenspannung einer Flüssigkeit" gesprochen wird, ohne die Verhältnisse im Gasraum näher zu beschreiben, dann ist dabei stillschweigend vorausgesetzt, dass der Gasraum in der unmittelbaren Nähe der Flüssigkeitsoberfläche aus Luft besteht, welche den Dampf der jenseits der Grenzfläche befindlichen Flüssigkeit in maximal möglicher Menge enthält. Denn das ist der natürliche Zustand über einer Flüssigkeitsoberfläche.

Grenzflächenspannung und Randwinkel

Die Grenzflächenspannung wirkt nicht nur in den Grenzflächen zwischen Flüssigkeiten und Gasen (Oberflächenspannung), sie tritt auch zwischen verschiedenen Flüssigkeiten, zwischen Festkörpern und Flüssigkeiten, zwischen zwei Festkörpern sowie an den Grenzflächen zwischen Festkörpern und Gasen auf.

Die Größe der Grenzflächenspannung hängt von den Kraftwirkungen zwischen den jeweiligen Molekülen oder Atomen der beiden Stoffe diesseits und jenseits der Grenzfläche entscheidend ab [21]. Die Temperaturabhängigkeit ist in bauphysikalischen Zusammenhängen vergleichsweise gering.

Ein besonderer Effekt tritt dort auf, wo drei verschiedene Stoffe, z. B. ein Festkörper, eine Flüssigkeit und ein Gas aneinandergrenzen. Diese Situation ist auf Abb. 11.7 dargestellt. Nur im Punkt A, der in Wirklichkeit eine Kante ist, greifen drei Grenzflächenspannungen, gekennzeichnet durch die beiden Indizes, welche den beiden Stoffen diesseits und jenseits der Grenzfläche zugeordnet sind, gemeinsam an. Der rechte Teil von Abb. 11.7 zeigt das Vektordiagramm dieser Kräftekonstellation. Die Gleichgewichtsbedingung für Horizontalkräfte lautet:

$$\sigma_{1,2} + \sigma_{2,3} \cdot \cos\theta = \sigma_{1,3} \qquad (11.12)$$

Daraus folgt für den Randwinkel θ:

$$\cos\theta = \frac{\sigma_{1,3} - \sigma_{1,2}}{\sigma_{2,3}} \qquad (11.13)$$

Gl. (11.13) heißt nach ihrem Entdecker „Zweiter Laplace'scher Satz". Danach ist der Randwinkel festgelegt durch die Größe der drei Grenzflächenspannungen und nicht etwa

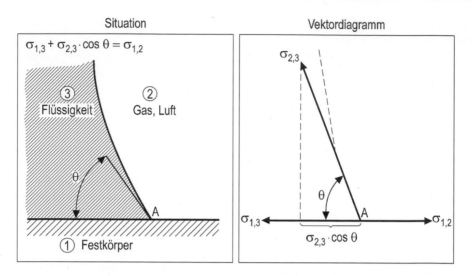

Abb. 11.7 Zum Kräftegleichgewicht an der gemeinsamen Kante von Festkörper, Flüssigkeit und Gas

durch die geometrische Situation in der Umgebung von A. Es kommt demnach für die Größe von 0 nur auf die stoffliche Natur der drei aneinandergrenzenden Medien an. Bei einer gegebenen Kombination von drei Stoffen hat also der sich einstellende Randwinkel immer die gleiche Größe. Vorausgesetzt ist dabei allerdings, dass die Festkörperoberfläche ideal eben und energetisch homogen ist. Durch Alterung, Oxidation, Adsorption, Verschmutzung, Aufrauhung usw. einer Oberfläche wird der Randwinkel einer berührenden Flüssigkeit jedoch verändert.

Zur Erläuterung des zweiten Laplace'schen Satzes seien folgende Überlegungen angestellt:

Ein Gleichgewicht mit definiertem Randwinkel θ ist wegen des beschränkten Existenzbereiches der Cosinusfunktion nur möglich, wenn die rechte Seite von Gl. (11.13) zwischen den beiden Grenzen -1 und $+1$ liegt, wenn also die drei Grenzflächenspannungen innerhalb gewisser Grenzen in einem bestimmten gegenseitigen Verhältnis vorliegen. Nach Gl. (11.12) dürfen sich die Grenzflächenspannungen des Festkörpers gegen das Gas einerseits und gegen die Flüssigkeit andererseits maximal um den Wert der Grenzflächenspannung der Flüssigkeit gegen das Gas unterscheiden, wenn ein Gleichgewicht möglich sein soll.

Wenn bei einer gegebenen Kombination von Festkörper, Flüssigkeit und Gas die Oberflächenspannung $\sigma_{2,3}$ zwischen Flüssigkeit und Gas z. B. durch Zugabe bestimmter Chemikalien zur Flüssigkeit reduziert wird, dann muss nach Gl. (11.13) der Randwinkel θ kleiner werden. Das ist die Wirkungsweise der Tenside, welche die Oberflächenspannung des Wassers reduzieren und damit die Benetzung eines von reinem Wasser nicht oder schlecht benetzbaren Festkörpers verbessern bzw. überhaupt ermöglichen.

Die Oberflächenspannung von Metallen und Mineralien gegen Luft ist sehr groß. Benetzt man Festkörper mit derart großer Oberflächenspannung mit Wasser, so bedeutet dies für Gl. (11.12), dass $\sigma_{1,3}$ die überragende Größe ist und die Gleichung nicht erfüllt werden kann. Der Punkt A auf Abb. 11.7 wandert wegen des nicht kompensierbaren Überschusses an nach rechts ziehender Kraft unaufhörlich nach rechts, die Flüssigkeit breitet sich auf dem Festkörper aus und der Benetzungswinkel θ ist Null. Aus Gl. (11.12) wird dann die Ungleichung

$$\sigma_{1,3} > \sigma_{1,2} + \sigma_{2,3} \tag{11.14}$$

Die überschüssige Kraft am Punkt A, welche das Ausbreiten der Flüssigkeit, das sog. Spreiten, bewirkt, heißt man den Spreitungsdruck P_{sp}:

$$P_{sp} = \sigma_{1,3} - \left(\sigma_{1,2} + \sigma_{2,3}\right) \tag{11.15}$$

Die Spreitung des Wassers auf einer Baustoffoberfläche ist vermutlich die Voraussetzung für das kapillare Aufsaugen von Wasser durch feinporige Baustoffe.

Durch Beschichten einer Festkörperoberfläche mit einer Substanz kleiner Oberflächenspannung, z. B. mit Silikon, wird erreicht, dass $\sigma_{1,3}$ die kleinste Größe unter den drei Grenzflächenspannungen am Rande eines aufgebrachten Flüssigkeitstropfens wird. Die rechte Seite von Gl. (11.13) wird nun negativ und damit der Randwinkel θ größer als $\pi/2$. In dieser Situation wirken die Oberflächenspannungen am Punkt A so, dass sie die Flüssigkeit an der Ausbreitung auf der Oberfläche behindern. Man klassifiziert daher nach der Größe von θ die Benetzbarkeit eines Festkörpers wie folgt (Abb. 11.8):

vollständig benetzbar	$\theta = 0°$
unvollständig benetzbar	$0° < \theta \leq 90°$
nicht benetzbar	$90° < \theta \leq 180°$

In Abb. 11.9 sind die Oberflächenspannungen von Festkörpern und die zugehörigen Randwinkel aufliegender Wassertropfen nach Untersuchungen von Neumann und Sell [31] einander gegenübergestellt. Zahlenwerte der Oberflächenspannung von Wasser als Funktion der Temperatur sind in Tab. 11.16 zu finden. Organische Polymere haben relativ kleine Oberflächenspannungen, während alle anorganischen Stoffe große Oberflächenspannungen haben. Im Bereich zwischen $\sigma = 0$ und $\sigma = 72{,}8$ mN/m (Wasser) ist der sich einstellende Randwinkel eines Wassertropfens angegeben, welcher die entsprechende Festkörperoberfläche kontaktiert.

Kapillardruck P_K

Ist eine Grenzfläche gekrümmt, so folgt aus der Deutung der Grenzflächenspannung als Kraft pro Schnittlänge, dass ein Druck von der Grenzfläche in Richtung senkrecht zur Grenzfläche ausgeübt wird. Wäre ein solcher Druck nicht existent, dann müsste die Grenzfläche immer eben sein, denn eine unter Zugspannung stehende Membran nimmt immer eine ebenflächige Gestalt an, es sei denn, sie wird durch seitliche Drücke ausgelenkt.

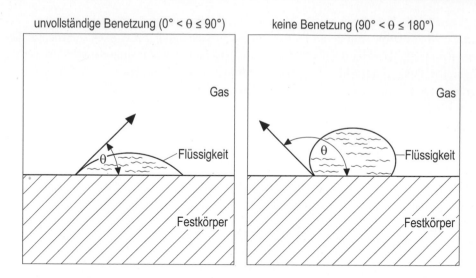

Abb. 11.8 Klassifizierung der Benetzbarkeit eines Festkörpers nach dem Randwinkel θ

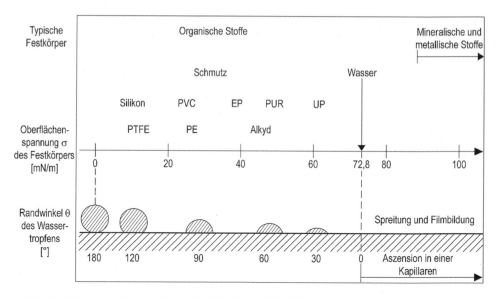

Abb. 11.9 Zusammenhang zwischen der Festkörper-Oberflächenspannung σ und dem Randwinkel θ eines aufliegenden Wassertropfens

Schon Laplace hat die Beziehung zwischen der Grenzflächenspannung σ, den beiden Hauptkrümmungsradien R_1 und R_2 der Grenzfläche und dem erzeugten Druck, dem sog. Kapillardruck P_K, angegeben (Erster Laplace'scher Satz):

$$P_K = \sigma \left(\frac{1}{R_1} + \frac{1}{R_2} \right) \tag{11.16}$$

Für rotationssymmetrische Oberflächen gilt

$$r = R_1 = R_2 \rightarrow P_K = \frac{2\sigma}{r} \tag{11.17}$$

Nach Gl. (11.17) nimmt die Größe des Kapillardrucks mit steigender Krümmung der Oberfläche, das heißt mit kleiner werdenden Krümmungsradien zu. Der Kapillardruck wird als positiv bezeichnet, wenn er Zugspannungen bzw. Unterdruck erzeugt. Das ist dann der Fall, wenn die Grenzfläche vom unter Zugspannung stehenden Stoff als konkav erscheint. Für die ebene Flüssigkeitsoberfläche, das heißt für unendlich große Krümmungsradien, wird der Kapillardruck nach Gl. (11.17) zu Null.

11.2.2 Der Flüssigkeitsleitkoeffizient κ

Beim heutigen Kenntnisstand erscheint eine das tatsächliche Geschehen nachbildende, mathematische Erfassung des Feuchtetransports in teilweise wassergefüllten Poren der Baustoffe wegen deren bizarren Wandungen und Verästelungen und der chaotischen Verteilung von luftgefüllten und wassergefüllten Porenbereichen als aussichtlos. Deshalb hat Krischer eine makroskopische Betrachtungsweise vorgeschlagen: Es wird das Wassergehaltsgefälle und nicht der Kapillarduck als treibendes Potenzial angesehen. Der Ansatz für das betreffende Transportgesetz lautet [22]:

$$g = \rho_w \cdot \kappa(u) \cdot \frac{du_v}{dx} \tag{11.18}$$

Der Flüssigkeitsleitkoeffizient κ ist die zentrale Kennfunktion dieser Theorie. Sie verknüpft die Feuchtestromdichte mit dem Wassergehaltsgefälle. Weil die Anwendung des Flüssigkeitsleitkoeffizienten in einem großen Wassergehaltsbereich der Baustoffe erfolgen soll, in dem mit Sicherheit eine sehr unterschiedliche Leistungsfähigkeit für Wassertransport vorliegt, muss κ eine ausgeprägte Abhängigkeit vom Wassergehalt aufweisen. Die Bestimmung von κ aus Experimenten ergibt sich aus folgender Überlegung (Abb. 11.10):

Sind in einem Baustoff die Wassergehaltsverteilungen zur Zeit t und kurz danach (t + Δt) in der Umgebung eines Ortes x bekannt, so kann das Wassergehaltsgefälle Δu : Δx direkt abgelesen werden. Die Feuchtestromdichte ergibt sich aus der Wassergehaltsänderung Δu_v an der betreffenden Stelle im Zeitraum Δt zu

$$g = \frac{M}{A \cdot \Delta t} = \frac{A \cdot \Delta x \cdot \rho_w \cdot u_v}{A \cdot \Delta t} = \frac{\rho_w \cdot \Delta u_v \cdot \Delta x}{\Delta t} \tag{11.19}$$

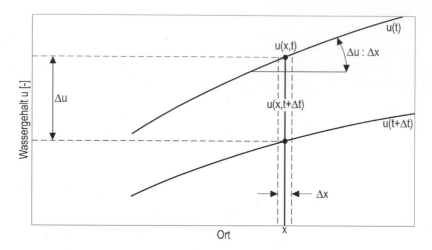

Abb. 11.10 Zur Ableitung des Flüssigkeitsleitkoeffizienten κ aus gemessenen Wassergehaltsverteilungen

Damit hat der Flüssigkeitsleitkoeffizient κ an der Stelle x zur Zeit t folgende Größe:

$$\kappa(x,t) = \frac{g}{\rho_w \cdot \frac{\Delta u_v}{\Delta x}} = \frac{\Delta u_v \cdot \Delta x}{\frac{\Delta u_v}{\Delta x} \cdot \Delta t} \tag{11.20}$$

Wurden in einem Baustoff an verschiedenen Stellen x und zu verschiedenen Zeiten t die Wassergehalte ermittelt, so können entsprechend viele Zahlenwerte des Flüssigkeitsleitkoeffizienten daraus abgeleitet werden. Wenn der Ansatz nach Gl. (11.18) sinnvoll gewählt ist, hängt κ weder von x noch von t ab, wenn der Baustoff homogen ist und sich während der Messung nicht verändert hat. Dagegen muss eine Abhängigkeit vom Wassergehalt u_v erwartet werden, da mit zunehmendem Wassergehalt mehr transportierbares Wasser zur Verfügung steht und die Transportleistung steigt.

Als ein typisches Beispiel einer solchen Analyse ist auf Abb. 11.11 der Funktionsverlauf $\kappa(u_v)$ für den vollen Wassergehaltsbereich von Porenbeton dargestellt. Die natürliche Streuung der Einzelwerte ist nicht dargestellt, sondern nur der gemittelte Kurvenzug durch die Einzelwerte. Dazu ist folgendes anzumerken:

a) Der Austrocknungsvorgang ergibt eine andere Kurve als der Befeuchtungsvorgang. Es sollte demgemäß bei κ unterschieden werden in Werte für das „Saugen" und für das „Umverteilen" von Wasser.

b) Der Bereich von 0 bis etwa 7 Prozent Feuchte (u_{95}) entspricht dem Gültigkeitsbereich der Wasserdampfdiffusion (Bereich ①). Ob hier noch Flüssigwassertransport erfolgt und wenn ja, in welcher Größe, wird in der Fachwelt noch diskutiert.

c) Der Kurvenanstieg um mehr als zwei Zehnerpotenzen im Bereich von etwa 7 bis etwa 35 Prozent volumenbezogener Feuchte (Bereich ②) gibt die beschleunigende Wirkung des zunehmenden Wassergehaltes auf den Flüssigwassertransport wieder. Dies ist der eigentliche Gültigkeitsbereich des Transportgesetzes von Krischer gemäß Gl. (11.17).

d) Oberhalb der freiwilligen Wasseraufnahme, also im Übersättigungsbereich ③, gilt der Krischer'sche Ansatz nur für den Trocknungsvorgang, während bei der einseitigen Wasserbelastung nur noch extrem langsam Wasser aufgenommen wird und deshalb κ steil absinkt.

e) Bei Annäherung an u_{max} steigt κ asymptotisch gegen unendlich, weil im dann wassergesättigten Porenbeton ohne Wassergehaltsgefälle nach dem Mechanismus der gesättigten Porenströmung (s. Abschn. 11.4) Wasser durch den Baustoff bewegt werden kann.

Vereinfachend darf bei vielen Überlegungen bei feinporigen mineralischen Baustoffen ein im semilogarithmischen Achsensystem linearer Anstieg des Flüssigkeitsleitkoeffizienten κ mit dem Wassergehalt angenommen werden. Verlängert man, wie auf Abb. 11.11 dargestellt, die entsprechende Gerade bis u = 0, so kann dort für den Flüssigkeitsleitleitkoeffizienten κ der Wert κ_0 angegeben werden, ebenso wie für u = u_f ein Wert $\kappa = \kappa_f$ existiert. Der gradlinige ansteigende Verlauf von κ kann also mit den beiden Punkten

$$u = 0 \rightarrow \kappa = \kappa_0$$
$$u = u_f \rightarrow \kappa = \kappa_f$$

festgelegt und nach einem Vorschlag von Kießl [23] wie folgt formuliert werden:

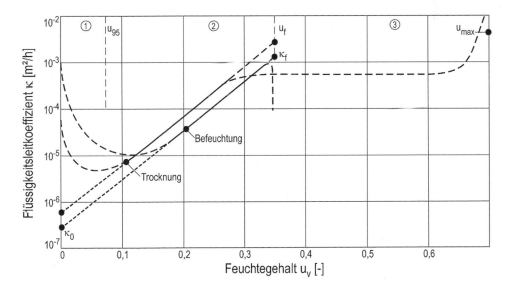

Abb. 11.11 Gemessener Funktionsverlauf von $\kappa(u_v)$ für Porenbeton beim Befeuchten und beim Trocknen

$$\kappa\left(u\right) = \kappa_0 \cdot \exp\left(\frac{u}{u_f} \cdot \ln\frac{\kappa_f}{\kappa_0}\right) \tag{11.21}$$

Das Transportgesetz (Gl. (11.18)) und in vielen Fällen auch der exponentiell wassergehaltsabhängige Flüssigkeitsleitkoeffizient (Gl. (11.21)) charakterisieren den Flüssigwassertransport im ungesättigten Porensystem von Baustoffen, den sogenannten kapillaren Wassertransport.

In Tab. 11.4 sind die Extremwerte κ_0 und κ_f der Flüssigkeitsleitkoeffizienten einiger Baustoffe nach Kießl [23] und Krus [24] angegeben. Diese Werte können nur die Größenordnung kennzeichnen. Insbesondere Krus hat viele Wassergehaltsmessungen nach der NMR-Methode, welche eine rasche und zerstörungsfreie Wassergehaltsbestimmung im Labor an allerdings recht kleinen Baustoffproben ermöglicht, durchgeführt und daraus die Flüssigkeitsleitkoeffizienten errechnet. Er fand unter anderem, dass beim Umverteilen des Wassers die κ-Werte bei hohen Wassergehalten etwa 10 mal kleiner sind als solche, welche beim Saugen gemessen werden.

11.2.3 Der Wasseraufnahmekoeffizient W_w

Wenn porige, wasserbenetzbare Baustoffe mit Wasser in Kontakt kommen, zieht der an den Menisken erzeugte Kapillardruck dieses in die Poren hinein. Dabei wird mit zunehmender Eindringtiefe der viskose Fließwiderstand des Wassers immer größer. Deshalb nimmt die Eindringtiefe h des Wassers mit der Zeit immer langsamer zu, was sowohl Berechnungen auf der Basis des Gesetzes von Krischer für den ungesättigten Flüssigwassertransport (Gl. (11.18)) als auch zahlreiche Experimente bestätigen. Die Eindringtiefe nimmt nur mit der Wurzel der Zeit zu:

Tab. 11.4 Extremwerte κ_0 und κ_F des Flüssigwasserleitkoeffizienten nach Krus [24] und anderen

Baustoff	κ (u=0) [m²/h]	$\kappa(u_f)$ [m²/h]	$\kappa_f : \kappa_0$ [−]
Porenbeton	$8 \cdot 10^{-6}$	$8 \cdot 10^{-4}$	100
Obernkirchner Sandstein	$1 \cdot 10^{-5}$	$1 \cdot 10^{-3}$	100
Baumberger Sandstein	$8 \cdot 10^{-6}$	$1 \cdot 10^{-4}$	12
Ziegel	$5 \cdot 10^{-4}$	$1 \cdot 10^{-2}$	20
Kalksandstein	$4 \cdot 10^{-6}$	$1 \cdot 10^{-4}$	25
Zementputz	$8 \cdot 10^{-9}$	$4 \cdot 10^{-6}$	500
Kalkzementputz	$8 \cdot 10^{-9}$	$4 \cdot 10^{-5}$	5000
Kalkputz	$2 \cdot 10^{-8}$	$2 \cdot 10^{-3}$	100000
Beton B 25 (C 20/25)	$1 \cdot 10^{-8}$	$3 \cdot 10^{-6}$	300
Beton B 35 (C 30/37)	$1 \cdot 10^{-8}$	$2 \cdot 10^{-6}$	200
Beton B 45 (C 35/45)	$1 \cdot 10^{-8}$	$1 \cdot 10^{-6}$	100

$$h = W'_w \cdot \sqrt{t} \qquad (11.22)$$

Der vor der Wurzel stehende Ausdruck wird nach Künzel als Wassereindringkoeffizient W'_w bezeichnet. Durch zahlreiche Experimente an realen Baustoffen ist das theoretisch vorausgesagte parabolische Zeitgesetz des Eindringens von Wasser in saugfähige Baustoffe sehr gut bestätigt worden. Darauf basiert die folgende Prüfmethode zur Charakterisierung der kapillaren Saugfähigkeit von Baustoffoberflächen. Man taucht die zu prüfende Baustoffprobe mit der maßgeblichen Oberfläche nach unten gerichtet wenige Millimeter in ein Wasserbad ein (Abb. 11.12). Durch regelmäßiges Beobachten der Baustoffprobe ermittelt man den zeitlichen Verlauf der Eindringtiefe des Wassers. Trägt man die Eindringtiefe in Abhängigkeit von der Eintauchzeit in ein Diagramm ein, erhält man die erwartete Parabel. Zweckmäßiger ist es allerdings, die Zeitachse im Wurzelmaßstab zu teilen, dann verläuft die Eindringtiefe als Funktion der Zeit entsprechend einer Geraden.

Entsprechendes gilt auch für die pro Flächeneinheit und als Funktion der Zeit aufgenommene Wassermasse Δm, welche sich leichter und genauer bestimmen lässt als die Saughöhe und deshalb zur Kennzeichnung des kapillaren Saugvermögens von Baustoffen bevorzugt wird. In Analogie zu Gl. (11.22) kann die flächenbezogene Wasseraufnahme Δm bzw. der Wasseraufnahmekoeffizient W_w wie folgt definiert werden:

$$\Delta m = W_w \cdot \sqrt{t} \qquad (11.23)$$

Gemäß DIN EN ISO 15148 [3] wird die aufgenommene Wassermasse Δm aus der Ausgangsmasse eines Probekörpers m_i und der Masse eines Probekörpers m_t nach der Zeit t berechnet (Gl. (11.24)) und in ein Auswertediagramm über der Wurzel der Wägezeit $\sqrt{t}$ eingetragen (Abb. 11.13).

$$\Delta m = \frac{\left(m_t - m_i \right)}{A} \qquad (11.24)$$

Nach einer kurzen, anfänglichen Stabilisierungsphase nimmt die Wasseraufnahme als Funktion der Zeit (im Wurzelmaßstab) einen linearen Verlauf an. Der Wasseraufnahmekoeffizient W_w wird dann aus dem Wert der Wasseraufnahme zum Zeitpunkt t ermittelt:

$$W_w = \frac{\Delta m}{\sqrt{t}} \qquad (11.25)$$

Der Zahlenwert des Wasseraufnahmekoeffizienten W_w ist die als Ergebnis eines Saugversuchs ermittelbare aufgesaugte, flächenbezogene Wassermasse für eine bestimmte Saugzeit, im Regelfall von einer Stunde:

$$W_w = \frac{\Delta m_{1h}}{\sqrt{1}} \qquad (11.26)$$

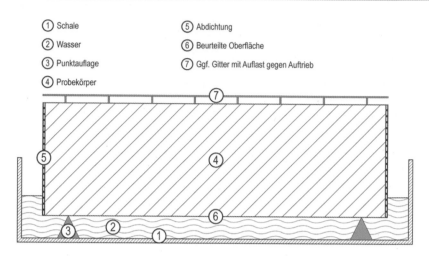

Abb. 11.12 Versuchsanordnung zur Bestimmung der kapillaren Wasseraufnahme von Baustoffen (Saugversuch)

In Tab. 11.5 sind Wasseraufnahmekoeffizienten von Baustoffen zusammengestellt. Der Wasseraufnahmekoeffizient kann nach DIN EN ISO 9346 und DIN EN ISO 15148 auch sekundenbezogen angegeben werden. In diesem Fall lautet das Formelzeichen A_w. Es sei darauf hingewiesen, dass zur Ermittlung der Wasseraufnahme von Baustoffen auch produktspezifische Normen vorliegen. Während DIN EN ISO 15148 für Bau- und Dämmstoffe gilt, ist die Wasseraufnahme von Ziegel, Betonwerkstein, Porenbeton und Naturstein in DIN EN 772-11 [4] sowie von Putz und Sanierputz in DIN EN 1015-18 [5] geregelt. Dabei ist zu beachten, dass die Prüfbedingungen und die Ergebnisse zum Teil unterschiedlich, d. h. nicht vergleichbar sind. Verschiedene Normen haben die frühere DIN 52617 [6] abgelöst.

Die durch wiederholtes Wägen feststellbare Wasseraufnahme als Funktion der Zeit (im Wurzelmaßstab) nimmt in aller Regel den in Abb. 11.13 bezeichneten Verlauf. Das Saugverhalten kann aber auch andere Verläufe zeigen (Abb. 11.14): Der linear ansteigende Ast entspricht dem eigentlichen kapillaren Saugen (Kurve A). Der an der Ordinate auftretende Schwellenwert wird von Haftwasser verursacht, das an der Saugfläche verbleibt, wenn die Probe zum Wägen aus dem Wasserbad entnommen wird. Am Knickpunkt hat die vordringende Wasserfront die Oberseite der Probescheibe erreicht. Der flach ansteigende weitere Verlauf von A entspricht dem Umverteilen des Wassers von gröberen in feinere Kapillaren und ist verbunden mit einem geringen Nachsaugen. Bei manchen Baustoffen, z. B. mit Kunststoffen oder Hydrophobierungsmitteln ausgestatteten mineralischen Baustoffen, findet man eine gekrümmte Saugkurve (Kurve B). Dann wird vereinbarungsgemäß der Wasseraufnahmekoeffizient aus der Wasseraufnahme nach 24 Stunden wie folgt berechnet:

Tab. 11.5 Wasseraufnahmekoeffizienten W_w von Baustoffen

Baustoff	W_w [kg/m²h^{0,5}]
Klinker	0,5 … 5
Handschlagziegel	5 … 25
Hochlochziegel	5 … 10
Vormauerziegel	5 … 10
Kalksandstein	2,5 … 10
Schlaitdorfer Sandstein	1,5
Rüthener Sandstein	6 … 15
Obernkirchner Sandstein	1,5 … 3,0
Krenzheimer Muschelkalk	1,5
Zementbeton	0,1 … 1,0
Bimsbeton	2 … 4
Porenbeton	2 … 8
Gips, Gipsmörtel	20 … 70
Weißkalkputz	7 … 15
Kalkzementputz	0,5 … 4,0
Zementputz	0,1 … 2,0
Polymerdispersionbeschichtung	0,05 … 0,2
2-Komponenten-Polymerbeschichtung	< 0,01
Silikonimprägnierte mineralische Baustoffe	0,01 … 0,1

$$W_w = \frac{\Delta m_{24h}}{\sqrt{24}} \qquad (11.27)$$

Die kapillare Saugfähigkeit von Baustoffen kann durch die Größe des Wasseraufnahmekoeffizienten W_w wie folgt klassifiziert werden (Tab. 11.6):

Zwischen dem Wasseraufnahmekoeffizienten W_w und den Flüssigkeitsleitkoeffizienten κ_f und k_0 für das Saugen muss eine Beziehung bestehen, da beide die Wasseraufnahme eines kapillar saugenden Baustoffes beschreiben können. Diese lautet, wie aus Abschn. 13.4 deutlich werden wird:

$$\kappa_f = \frac{W_w^{\,2}}{4 \cdot \rho_w \cdot u_f^{\,2}} \cdot \ln \frac{\kappa_f}{\kappa_0} \qquad (11.28)$$

Dabei ist der Einfluss des Faktors $\ln \kappa_f/\kappa_0$ sehr gering, sodass er mit einem Schätzwert berücksichtigt werden kann. Mit Gl. (11.28) kann also aus dem relativ leicht zu messenden Wasseraufnahmekoeffizienten W_w der Flüssigkeitsleitkoeffizient κ_f bestimmt werden.

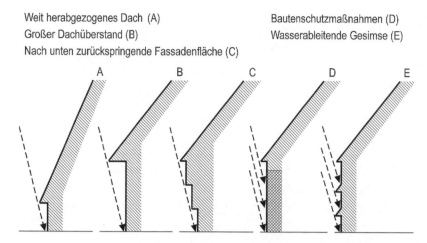

Abb. 11.18 Schlagregenschutz durch Gestaltung der Fassade

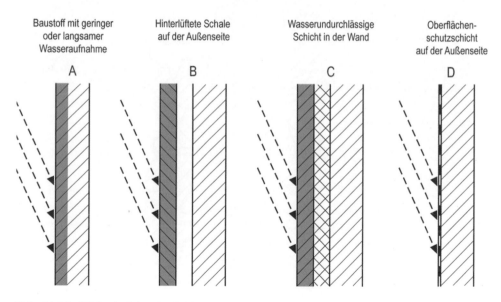

Abb. 11.19 Wirkprinzipien der Schlagregendichtheit von Wandquerschnitten

schale ohne Luftschicht bezüglich Schlagregendichtigkeit in der Vergangenheit als riskante Bauweise erwiesen.

Weit verbreitet, bewährt und sehr wirtschaftlich ist die Möglichkeit, Sichtbeton, Sichtmauerwerk, Putz, Porenbeton usw. mit Imprägniermitteln oder Anstrichen gegen Wasseraufnahme zu behandeln. Die Imprägnierung mit Silikonen ist bei Sichtmauerwerk sehr beliebt, da sie das Aussehen der Wandflächen nicht verändert, preiswert ist und eine Schutzdauer von mehr als 20 Jahren ohne weiteres erreichbar ist [8]. Fassadenputze werden praktisch ausnahmslos mit Anstrichen geschützt und dadurch länger erhalten. Ziel

Tab. 11.9 Beispiele für die Zuordnung von Wandbauarten und Beanspruchungsgruppen gemäß DIN 4108-3

Schlagregenbeanspruchungsgruppe

I geringe Schlagregenbeanspruchung	II mittlere Schlagregenbeanspruchung	III starke Schlagregenbeanspruchung
Außenputz ohne besondere Anforderungen an den Schlagregenschutz auf	wasserabweisender Außenputz nach DIN 4018-3 Tabelle 6 auf	
– Außenwänden aus Mauerwerk, Wandbauplatten, Beton u. Ä.		
– sowie verputzten außenseitigen Wärmebrückendämmungen		
einschaliges Sichtmauerwerk mit einer Dicke von 31 cm (mit Innenputz)	einschaliges Sichtmauerwerk mit einer Dicke von 37,5 cm (mit Innenputz)	zweischaliges Verblendmauerwerk mit Luftschicht und Wärmedämmung oder mit Kerndämmung (mit Innenputz)
Außenwände mit im Dickbett oder Dünnbett angemörtelten Fliesen oder Platten		Außenwände mit im Dickbett oder Dünnbett angemörtelten Fliesen oder Platten nach DIN 18515-1 mit wasserabweisendem Ansetzmörtel
Außenwände mit gefügedichter Betonaußenschicht		
Wände mit hinterlüfteten Außenwandbekleidungen		
Wande mit Außendämmung, z. B. durch ein Wärmedämmverbundsystem oder durch ein bauaufsichtlich zugelassenes Wärmedämmverbundsystem		
Außenwände in Holzbauart mit Wetterschutz nach DIN 68800-2		

dieser Maßnahmen ist aus bauphysikalischer Sicht die Reduzierung der kapillaren Wasseraufnahme, weshalb nur in diesem Sinne wirksame Produkte verwendet werden sollten. Für Putze und Beschichtungen zum Schlagregenschutz werden in DIN 4108-3 die in Tab. 11.10 angegebenen Anforderungen genannt.

In DIN 4108-3 werden auch Empfehlungen zur Ausbildung der Fugen zwischen vorgefertigten großformatigen Wandplatten aus Fertigbeton gegeben (Abb. 11.20 und Tab. 11.11). Hierbei werden an Vertikalfugen nur bei Vorliegen der Schlagregen-Beanspruchungsgruppe III Maßnahmen für notwendig gehalten. Horizontalfugen sollen entweder offen sein und müssen dann in bestimmter Weise schwellenförmig ausgebildet werden. Sie können aber auch mit dauerelastischen Dichtstoffen verschlossen werden und brauchen dann nur noch mit entsprechend kleineren Schwellen ausgestattet sein.

Auf die besonders problematischen Fassaden aus Sichtfachwerk wird in DIN 4108-3 nicht eingegangen. An den Fugen zwischen dem Fachwerkholz und der Ausfachung bilden sich unvermeidbar Risse, in die Niederschlagswasser eindringen kann. Das macht solche Fassaden sehr schlagregenempfindlich. Aus verschiedenen Veröffentlichungen [10] können Empfehlungen entnommen werden, wann welche Bauweise bei Fachwerkfassaden

Tab. 11.13 Mindestmaße für die Abmessung von Ortgangblechen und Abstandsmaße von Tropfkanten nach den Fachregeln des Klempnerhandwerks [12]

Gebäude höhe [m]	Maße Ortgang h_1 [mm] [3)]	Abschluss h_2 [4)] [mm]	Tropfkanten-abstand h_3 [1)] [mm]	
< 8	40 … 60	> 50	20 … 30 [2)]	
8 … 20	40 … 60	> 80	30 … 40 [2)]	
> 20	60 … 100	> 100	40 … 50 [2)]	

1) Bei ungünstiger Lage höherer Mindestabstand
2) Bei Kupfer Mindestabstand 50 … 60 mm
3) Ortgangaufkantung ab Oberkante Dachbelag
4) Überdeckung senkrechter Bauwerksteile ab Unterkante Schalung

fahnen, Auswaschungseffekte, biologischer Bewuchs usw. sind nicht selten Folgen der Beaufschlagung von Fassaden durch Regen. Die meisten Beanstandungen erfolgen wegen ungenügend ausgebildeter oder sogar fehlender Tropfkanten an Fensterbänken, Ortgängen, Mauerkronen und Attiken. Mindestabmessungen bei Ortgangblechen gehen aus Tab. 11.13 hervor.

11.3.3 Luftströmungen in Kanälen und Luftschichten

Luftströmungen, die in vertikal vor Fassadenflächen montierten Rohren auftraten, wurden gleichzeitig mit der Anströmgeschwindigkeit des Windes gegen diese Fassadenflächen festgestellt. Die aufgezeichneten Strömungsgeschwindigkeiten können Abb. 11.22 entnommen werden. Dort ist zu erkennen, dass mit dem Rohrdurchmesser die Geschwindigkeiten ansteigen und dass bei Windstille eine nach oben gerichtete Luftströmung infolge thermischen Auftriebs eintritt. Mit steigender Windgeschwindigkeit kehrt sich die Richtung der Luftströmung um. Dies ist wie folgt zu erklären:

Für die Luftströmung in Luftspalten oder in Luftkanälen, die an der gleichen Gebäudeseite, aber in verschiedener Höhenlage ihre Ein- und Austrittsöffnung haben, ist die Druckdifferenz ΔP_W aus Windbelastung durch Einsetzen von Gl. (11.29) und (11.30) in (11.31) zu gewinnen:

$$\Delta P_W = C \cdot \frac{\rho_L}{2} \cdot v_{10m^2} \cdot \left[\left(\frac{h_0}{10\,m} \right)^{2n} - \left(\frac{h_u}{10\,m} \right)^{2n} \right] \tag{11.32}$$

Die aus Dichteunterschieden der Luft herrührenden Druckunterschiede ΔP_A lassen sich wie folgt angeben, wenn h die Höhenausdehnung der Luftsäule angibt:

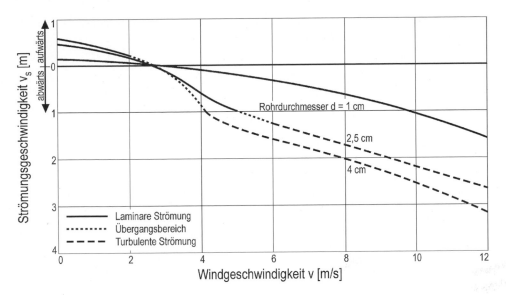

Abb. 11.22 Gemessene Strömungsgeschwindigkeiten v_s in einer vertikal angeordneten Röhre vor einer Fassade

$$\Delta P_A = g \cdot h \cdot \left(\rho_{Lo} - \rho_{Lu} \right) \qquad (11.33)$$

Die Dichte von Luft in Abhängigkeit von der Temperatur und der relativen Luftfeuchte kann Tab. 11.14 entnommen werden. Es ist zu erkennen, dass die Dichte ρ_L feuchter Luft sowohl mit der Temperatur θ als auch mit der relativen Luftfeuchte ϕ abnimmt, wobei jedoch die relative Luftfeuchte im Vergleich zur Temperatur nur einen bescheidenen Einfluss ausübt.

Bei der Berechnung der Strömungsgeschwindigkeit in Kanälen muss man also die gleichzeitige Wirkung des Windes, der stets eine nach unten gerichtete Strömung bewirken will und des thermischen Auftriebs als Motor der Strömung sowie die Reibung der strömenden Luft als Bremse berücksichtigen [26]. Nach den Gesetzen der Strömungslehre (Gleichung von Bernoulli) erhält man dann die mittlere Strömungsgeschwindigkeit v_s zu:

$$v_s = \sqrt{\frac{2}{\rho_L} \cdot \frac{\Delta P_W - \Delta P_A}{1 + \lambda \cdot \dfrac{1}{d} + \lambda_E + \lambda_A + \ldots}} \qquad (11.34)$$

Der Reibungsbeiwert λ kann aus der bekannten Darstellung von Colebrook, Prandtl und Karman in Abhängigkeit von der Reynolds-Zahl der Strömung entnommen werden:

Tab. 11.14 Dichte ρ_L, dynamische Viskosität η und kinematische Viskosität ν von Luft als Funktion der Temperatur

θ [°C]	ρ_L [kg/m³]		η [Pa · s]	ν [m²/s]
	$\phi = 0$	$\phi = 1$		
−20	1,394	1,393	$16{,}2 \cdot 10^{-6}$	$11{,}6 \cdot 10^{-6}$
−10	1,341	1,340	$16{,}7 \cdot 10^{-6}$	$12{,}4 \cdot 10^{-6}$
0	1,292	1,290	$17{,}1 \cdot 10^{-6}$	$13{,}2 \cdot 10^{-6}$
10	1,246	1,241	$17{,}6 \cdot 10^{-6}$	$14{,}1 \cdot 10^{-6}$
20	1,204	1,193	$18{,}1 \cdot 10^{-6}$	$15{,}0 \cdot 10^{-6}$
30	1,164	1,146	$18{,}6 \cdot 10^{-6}$	$16{,}0 \cdot 10^{-6}$
40	1,127	1,096	$19{,}1 \cdot 10^{-6}$	$16{,}9 \cdot 10^{-6}$
50	1,092	1,042	$19{,}5 \cdot 10^{-6}$	$17{,}9 \cdot 10^{-6}$
60	1,060	0,981	$20{,}0 \cdot 10^{-6}$	$18{,}9 \cdot 10^{-6}$
70	1,028	0,909	$20{,}5 \cdot 10^{-6}$	$19{,}9 \cdot 10^{-6}$
80	0,999	0,823	$20{,}9 \cdot 10^{-6}$	$20{,}9 \cdot 10^{-6}$
90	0,972	0,718	$21{,}4 \cdot 10^{-6}$	$21{,}9 \cdot 10^{-6}$
100	0,946	0,588	$21{,}8 \cdot 10^{-6}$	$23{,}0 \cdot 10^{-6}$

$$\mathrm{Re} = \frac{v_s \cdot d \cdot \rho_L}{\eta_L} \tag{11.35}$$

Dieser und die weiteren Reibungsbeiwerte λ für lokale Strömungswiderstände, z. B. am Einlauf, am Auslauf usw. sind in der einschlägigen Fachliteratur zu finden [27, 28, 29]. Beim Nachrechnen baupraktischer Verhältnisse mit den angegebenen Formeln ist festzustellen, dass die hier behandelten Rohr- oder Spaltströmungen Geschwindigkeiten von 0,1 bis 2 m/s aufweisen und die Reynolds-Zahl oft im Bereich des Übergangs von der laminaren zur turbulenten Strömung liegt. Wegen der vielen Imponderabilien bei der Berechnung von Durchlüftungsströmungen wird es daher als ausreichend angesehen, vereinfachend mit einem Reibungsbeiwert von $\lambda = 0{,}04$ zu rechnen.

Die wasserdampfabführende Wirkung der strömenden Luft ergibt sich aus einer Betrachtung an einem Streifen der Höhe dh des Kanals bzw. Luftspaltes (Abb. 11.23). Die zugeführte Feuchte g_D, meist infolge der Wasserdampfdiffusion von innen, wird durch die nach oben strömende Luft abgeführt, wobei deren relative Luftfeuchte ansteigt. Dies ergibt:

$$g_D \cdot b \cdot dh = d\phi \cdot v_{sat}\left(\theta_L\right) \cdot V_L \cdot d \cdot b \tag{11.36}$$

Daraus folgt der Anstieg der relativen Luftfeuchte im luftführenden Querschnitt entlang der Strömungsrichtung zu

$$\frac{d\phi}{dh} = \frac{g_D}{v_{sat}\left(\theta_L\right) \cdot V_L \cdot d} \tag{11.37}$$

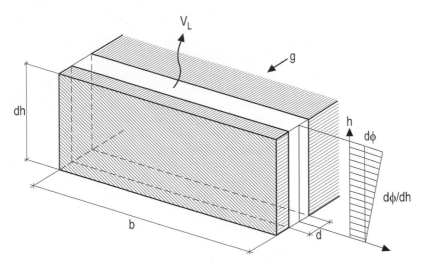

Abb. 11.23 Zur Feuchtebilanz an einem Wandelement mit einer hinterlüfteten Vorsatzschale

Auf Abb. 11.24 ist schematisch ein Vertikalschnitt durch eine hinterlüftete Fassade mit dem Verlauf der relativen Luftfeuchte in der Hinterlüftung dargestellt:

Nach dem Einströmen der Außenluft in den Kanal bzw. Spalt tritt zunächst eine Erwärmung durch die von innen her zugeleitete Wärme auf, wobei die relative Luftfeuchte an der Lufteintrittsöffnung zurückgeht

$$\text{von } \phi_e \text{ auf } \phi_e \cdot \frac{v_{sat,e}}{v_{sat,i}} \tag{11.38}$$

Dann folgt die Anreicherungsphase der strömenden Luft mit Wasserdampf, welche bei entsprechend großem Strömungsweg zur Luftsättigung und Tauwasseranfall führt.

Durchströmte bzw. hinterlüftete Bauteile, welche zudringende Feuchte abführen sollen, dürfen also nicht zu lange Strömungswege haben und sollen weder zu stark noch zu schwach durchströmt werden, weil man zwar einerseits den Wärmeschutz nicht schädigen, andererseits je nach Situation die entfeuchtende Wirkung der Luftströmung nutzen will.

11.3.4 Fugenspaltströmungen und Raumdurchlüftung

Die baupraktische Bedeutung der unter atmosphärischen Druckunterschieden auftretenden Fugenspaltströmungen ist zum einen in der natürlichen Durchlüftung von Räumen mit Auswirkung auf das Raumklima zu sehen (siehe Abschn. 10.1.3 und 11.3.3). Ferner kann an Undichtheiten in den raumumschließenden Bauteilen Raumluft in die Baukonstruktion eindringen und der in der strömenden Luft enthaltene Wasserdampf an einer unerwünschten Stelle kondensieren. Eine solche Wasseranreicherung an Wandungen durchströmter Spalte

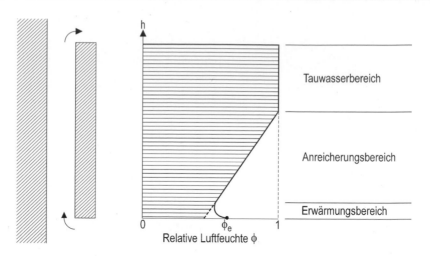

Abb. 11.24 Verteilung der relativen Luftfeuchte ϕ über die Höhe eines Luftspaltes

ist besonders im Winterhalbjahr zu erwarten. Es muss daher an Außenbauteile die Forderung der Luftdichtheit gestellt werden, nicht nur um unnötige Heizenergieverluste zu vermeiden, sondern auch um die Gebäudehülle vor Durchfeuchtungsschäden zu schützen.

Spalte, die durchlässig für strömende Luft sind, können vor allem im Bereich von Überlappungen, Anschlüssen und Durchdringungen von Luftdichtheitsbahnen, an Stößen und Anschlüssen von Plattenmaterialien zur Sicherstellung der Luftdichtheit und an Fensteranschlüssen auftreten. Aber auch unverputztes Mauerwerk stellt eine nicht luftdichte Fläche dar. Daher ist zur Sicherstellung der Luftdichtheit stets eine Putzlage aufzubringen.

In DIN 4108-7 [13] werden Anforderungen an die Luftdichtheit von Gebäuden benannt. Des Weiteren können der Norm viele Planungs- und Ausführungsempfehlungen sowie Ausführungsbeispiele entnommen werden. Die dort gezeigten Vorschläge dienen zum einen dem energiesparenden Wärmeschutz (siehe Kapitel „Wärme"), zum anderen der Vermeidung des Eindringens feuchtwarmer Raumluft in die Konstruktion.

Die Größe des durch eine einzelne Fuge der Länge l dringenden Luftvolumenstromes V ergibt sich aus folgender Gleichung:

$$\dot{V} = 1 \cdot a \cdot \Delta p^{2/3} \qquad (11.39)$$

Der Exponent 2/3 bei der Druckdifferenz ist durch die turbulente Strömung bedingt. Unter Fugenlänge l ist die Fugenlänge des Fensters als Flügelumfang zu verstehen.

Wenn in Strömungsrichtung nacheinander verschiedene Fugen der Länge l_i und der Fugendurchlasskoeffizienten a_i auftreten, z. B. Fensterfugen – Zwischenwandtürfugen – Fensterfugen (Abb. 11.25), so stellt sich ein Luftvolumenstrom $\dot{V}$ folgender Größe ein:

$$\dot{V} = \frac{\Delta p^{2/3}}{\left[\sum_i \left(\frac{1}{l_i \cdot a_i}\right)^{3/2}\right]^{2/3}} \tag{11.40}$$

Der Druckabfall Δp_i an der Fuge i besitzt den Wert:

$$\Delta p_i = \left(\frac{\dot{V}}{l_i \cdot a_i}\right)^{3/2} = \frac{\Delta p}{\left(l_i \cdot a_i\right)^{3/2} \cdot \sum \left(\frac{1}{l_i \cdot a_i}\right)^{3/2}} \tag{11.41}$$

Die Luftwechselrate n im Raum i mit dem Volumen V_i hat dann die Größe:

$$n = \frac{\dot{V}}{V_i} \tag{11.42}$$

Übliche Fugendurchlasskoeffizienten a von Bauteilen älterer Gebäude können Tab. 11.15 entnommen werden [14]. In der Energieeinsparverordnung wird die Dichtheit funktionsbedingter Fugen neuer außenliegender Fenster, Fenstertüren und Dachflächenfenster durch Einhaltung vorgegebener Klassen der Fugendurchlässigkeit begrenzt. Für Gebäude bis zu zwei Vollgeschossen ist Klasse 2 (entsprechend a $\leq$ 0,3 m³/(m · h · Pa²ᐟ³) und für Gebäude mit mehr als 2 Vollgeschossen ist Klasse 3 (entsprechend a $\leq$ 0,1 m³ (m · h · Pa²ᐟ³) einzuhalten.

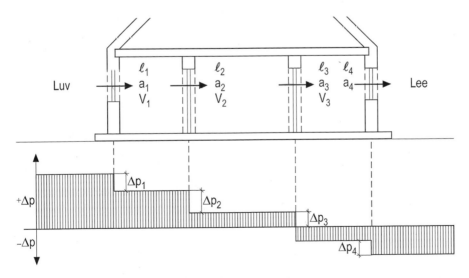

Abb. 11.25 Druckverteilung in einem durchströmten Gebäude

– Beginn der Luftschicht:
  Mindestens 10 cm über Erdgleiche
– Lage der Lüftungsöffnungen:
  Am oberen und am unteren Spaltende, auch im Brüstungsbereich
– Größe der Lüftungsöffnungen oben und unten:
  Jeweils 7500 mm^2 Fläche pro 20 m^2 Wandfläche
  Diese in DIN 1053 genannten Forderungen führen zu einer gebremsten Hinter-
  lüftung, welche zur Abfuhr des im Winter an der Rückseite der Außenschale anfallenden
  Tauwassers im Jahreszyklus ausreicht.

d) **Durchlüftete Kanäle**

Bei durchlüfteten Kanälen in Bauteilen, die zur Entfeuchtung dienen sollen, ist ein
rechnerischer Nachweis der Wirksamkeit empfehlenswert, da hier im Gegensatz zu
Luftschichten der Strömungswiderstand für die Luft relativ groß ist.

e) **Spalten, Fugen und Risse**

Enge Spalte, Fugen, Risse usw. in Außenbauteilen müssen luftundurchlässig ausgebildet bzw. abgedichtet werden, um Tauwasserbildung, Energieverluste, Schall-
durchgang und Rauchdurchtritt zu verhindern. Deshalb ist bei Neubauten und vielfach
bei der energetischen Instandsetzung bestehender Gebäude das Aufstellen eines Luftdichtheitskonzeptes obligatorisch.

11.4 Strömung von Wasser in gesättigten Poren und in Rissen

Wenn Flüssigkeiten genügend langsam, d. h. „laminar" strömen, ändern sich die Geschwindigkeit und deren Richtungssinn von Teilchen zu Teilchen nur allmählich. Daher ist
es möglich, Stromlinien und Geschwindigkeitsprofile anzugeben. Die auch in strömenden
Flüssigkeiten oder Gasen auftretende Diffusion der Teilchen führt zu einer Art Verzahnung
unterschiedlich schnell fließender Schichten. Der entsprechende Widerstand in den Grenzflächen zwischen Schichten mit verschiedenen Fließgeschwindigkeiten wird durch den
sogenannten Viskositätskoeffizienten η gekennzeichnet, der im Newton'schen Fließgesetz
definiert ist:

Gemäß Abb. 11.26 sei eine Flüssigkeitsschicht der Dicke dx betrachtet, die sich zwischen zwei Platten der Fläche A befindet. Werden die Platten relativ langsam und parallel
so gegeneinander verschoben, dass ihre Relativgeschwindigkeit dv ist, dann wird diesem
Verschieben ein Widerstand F entgegengesetzt, der in hohem Maß von der Art der Flüssigkeit und ihrer Temperatur abhängt. Bezeichnet man wie üblich die Widerstandskraft F
bezogen auf die Fläche A als Scherspannung τ und die Relativgeschwindigkeit dv der
Platten bezogen auf den Plattenabstand dx als Geschwindigkeitsgefälle (v′), so ist nach
Messungen an zahlreichen Flüssigkeiten und Gasen bei nicht zu großen Geschwindig-
keitsgefällen die Scherspannung τ mit guter Genauigkeit proportional dem Geschwindigkeitsgefälle (Newton'sches Fließgesetz):

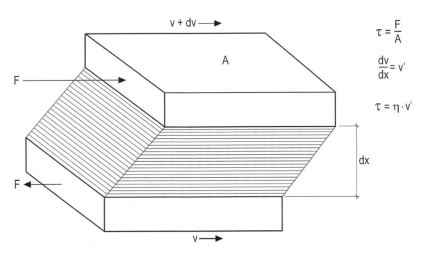

$$\tau = \frac{F}{A}$$

$$\frac{dv}{dx} = v'$$

$$\tau = \eta \cdot v'$$

Abb. 11.26 Zur Erläuterung des Newton'schen Fließgesetzes an einem planparallelen Spalt mit Scherströmung

Tab. 11.16 Dichte ρ_W, dynamische Viskosität η, kinematische Viskosität ν und Oberflächenspannung σ von Wasser als Funktion der Temperatur

θ [°C]	ρ_W [kg/m³]	η [Pa · s]	ν [m²/s]	σ [N/m]
0	1000	$1{,}787 \cdot 10^{-6}$	$1{,}787 \cdot 10^{-6}$	0,0756
10	1000	$1{,}307 \cdot 10^{-6}$	$1{,}307 \cdot 10^{-6}$	0,0742
20	998	$1{,}002 \cdot 10^{-6}$	$1{,}004 \cdot 10^{-6}$	0,0727
30	996	$0{,}798 \cdot 10^{-6}$	$0{,}801 \cdot 10^{-6}$	0,0712
40	992	$0{,}653 \cdot 10^{-6}$	$0{,}658 \cdot 10^{-6}$	0,0696
50	988	$0{,}547 \cdot 10^{-6}$	$0{,}554 \cdot 10^{-6}$	0,0679
60	983	$0{,}467 \cdot 10^{-6}$	$0{,}475 \cdot 10^{-6}$	0,0662
70	978	$0{,}404 \cdot 10^{-6}$	$0{,}413 \cdot 10^{-6}$	0,0646
80	972	$0{,}355 \cdot 10^{-6}$	$0{,}365 \cdot 10^{-6}$	0,0626
90	965	$0{,}315 \cdot 10^{-6}$	$0{,}326 \cdot 10^{-6}$	0,0608
100	958	$0{,}282 \cdot 10^{-6}$	$0{,}294 \cdot 10^{-6}$	0,0589

$$\tau = \eta \cdot \frac{dv}{dx} = \nu \cdot \rho \cdot \frac{dv}{dx} \tag{11.43}$$

Der dynamische Viskositätskoeffizient η ist ebenso wie der analoge kinematische Viskositätskoeffizient ν eine charakteristische Stoffkenngröße von Flüssigkeiten und Gasen und ist in der Regel sehr temperaturabhängig. Zahlenwerte des dynamischen und des kinematischen Viskositätskoeffizienten sowie die Dichte von Wasser als Funktion der Temperatur sind in Tab. 11.16 zusammengestellt. Dabei gilt die Definition:

$$\eta = v \cdot \rho \tag{11.44}$$

Wenn das Strömen von Flüssigkeiten und Gasen dem Newton'schen Fließgesetz (Gl. (11.43)) genügt, spricht man von viskosem Fließen.

Im Weiteren soll eine kreiszylindrische glatte Röhre vom Durchmesser d betrachtet werden (Abb. 11.27 links), in der Wasser unter der Wirkung eines Druckunterschiedes dp zwischen zwei im Abstand dx voneinander entfernten Querschnitten viskos fließt. Hagen und Poiseuille haben das Gesetz dieser Rohrströmung errechnet. Es lautet:

$$g = \frac{\rho_w \cdot d^2}{32 \cdot \eta} \cdot \frac{dp}{dx} \quad \text{bzw.} \quad G = \frac{\rho_w \cdot \pi \cdot d^4}{128 \cdot \eta} \cdot \frac{dp}{dx} \tag{11.45}$$

Die rechten Seiten von Gl. (11.45) können, wie durch den unterbrochenen Bruchstrich angezeigt, als das Produkt zweier Größen aufgefasst werden: Der erste Bruch ändert sich nicht, wenn stets der gleiche Rohrdurchmesser und die gleiche Flüssigkeit (mit gleicher Dichte p und gleichem Viskositätskoeffizienten η) vorhanden sind. Der zweite Bruch stellt das Druckgefälle dar, d. h. der auf die Rohrlänge bezogene Druckverlust zur Überwindung der Viskosität des Wassers.

Für einen Spalt der Weite d zwischen zwei ebenen, glatten, planparallelen Wandungen (Abb. 11.27 rechts) ergibt sich die Massenstromdichte g laminar fließenden Wassers bzw. der Massenstrom G bei der Spaltlänge L bei analoger Berechnung zu

$$g = \frac{\rho_w \cdot d^2}{12 \cdot \eta} \cdot \frac{dp}{dx} \quad \text{bzw.} \quad G = \frac{\rho_w \cdot d^3 \cdot L}{12 \cdot \eta} \cdot \frac{dp}{dx} \tag{11.46}$$

Vorausgesetzt wird, dass wiederum die Viskosität der einzige Widerstand für das Strömen des Wassers darstellt.

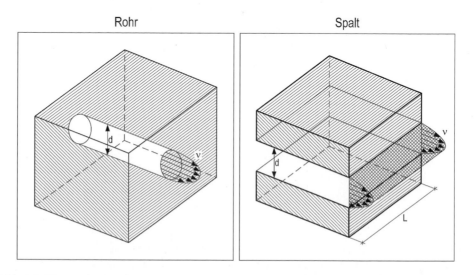

Abb. 11.27 Vergleich der viskosen Strömung durch ein Rohr und durch einen Spalt

Poren in Böden bzw Baustoffen sind keine kreiszylindrischen Röhren, sondern dreidimensionale, bizarr gestaltete Hohlräume. Ebenso sind die Wandungen von Poren und
von Rissen nicht glatt und der Strömungsquerschnitt ist an allen Stellen nicht gleich groß.
Deshalb treten durch Querströmungen, Wirbel, Beschleunigungen an Engpässen und Ver-
langsamungen an Erweiterungen usw. beachtliche Energieverluste auf, die zur Folge
haben, dass die Massenstromdichte G weit kleiner ausfällt, als man aufgrund der Gleichungen (11.45) und (11.46) erwarten würde.

Für die gesättigte Porenwasserströmung in rolligen Böden hat deshalb Darcy folgende
Formulierung vorgeschlagen:

$$g = k_D \cdot \frac{dp}{dx} \qquad (11.47)$$

Die mit k_D bezeichnete Größe ist die spezifische Durchlässigkeit nach Darcy. Sie wird
ausschließlich durch Messung ermittelt. Zahlenwerte für rollige Böden enthält Tab. 11.17.

Der Einfachheit halber wird bei der Berechnung der Massenstromdichte in Gl. (11.47)
der gesamte Probenquerschnitt A anstelle der Querschnittsfläche der Stromkanäle in
Rechnung gestellt. In Wirklichkeit strömt das Wasser natürlich nur durch die Poren des
betrachteten Körpers. Nachdem aber k_D stets durch Messungen ermittelt werden muss,
bedeutet der Bezug auf den gesamten Querschnitt des durchströmten Stoffes lediglich eine
Änderung der Kenngröße k_D um einen bestimmten Faktor gegenüber dem auf die Poren-
fläche bezogenen Wert.

Bei der Anwendung des Darcy'schen Gesetzes ist zu beachten, dass die spezifischen
Durchlässigkeiten k_D immer nur an völlig wassergesättigten Porensystemen gemessen
werden. Das bedeutet, dass in den Porenkanälen neben Wasser keine Luft vorhanden sein
darf, weil sonst die Oberflächenspannung große Kräfte auf das Wasser ausüben könnte. In
weitporigen Körpern, z. B. in Kiesen, tritt der Effekt der Oberflächenspannung bei Anwesenheit von Luft außerdem in den Hintergrund.

Tab. 11.17 Spezifische Durchlässigkeit nach Darcy für einige Bodenarten

Bodenart	Durchlässigkeitsbeiwert k	
	[m/s]	$\left[\dfrac{g}{m^2 \cdot h} \cdot \dfrac{m}{Pa} \right]$
Feinkies	10^{-4} bis $3 \cdot 10^{-4}$	40 bis 120
Grobsand	$0,5 \cdot 10^{-4}$ bis 10^{-4}	20 bis 40
Mittelsand	$0,5 \cdot 10^{-5}$ bis 10^{-5}	2 bis 4
Feinsand	10^{-7} bis 10^{-6}	0,04 bis 0,4
Schluff, sandig	10^{-6} bis 10^{-4}	0,4 bis 40
Schluff	10^{-9} bis 10^{-6}	0,0004 bis 0,4
Löss	10^{-8} bis 10^{-5}	0,004 bis 4
Lehm	10^{-10} bis 10^{-6}	0,00004 bis 0,4

Das Darcy'sche Gesetz der laminaren Porenwasserströmung findet seine praktische Anwendung im Bauwesen vor allem bei der Berechnung von Sickerwasserströmungen in rolligen Böden und Sickerschichten und bei Konsolidationsvorgängen in bindigen Böden. Für die klassischen Baustoffe liegen nur wenige Werte der spezifischen Durchlässigkeit k_D vor, weil die Gültigkeit des Darcy'schen Gesetzes an eine völlige Wassersättigung und an Gesamtdruckunterschiede gebunden ist. Dies sind Voraussetzungen, die in Bauteilen selten erfüllt sind.

Der für die Bauphysik wichtigste Fall einer gesättigten Strömung von Wasser ist derjenige durch Risse in Bauteilen, insbesondere in Beton. Der hemmende Einfluss der Rauigkeit der Spaltwandungen wird durch einen sog. Durchflussbeiwert ξ berücksichtigt, mit dem Gl. (11.46) jetzt wie folgt lautet:

$$G = \xi \cdot \frac{\rho_w \cdot d^3 \cdot L}{12 \cdot \eta} \cdot \frac{dp}{dx} \qquad (11.48)$$

Der Durchflussbeiwert nähert sich nach Versuchen an Beton [30] bei glatten Wandungen und weiten Rissen dem oberen Grenzwert 1, und geht bei Spaltweiten von etwa 0,05 mm gegen Null. Je größer die Wandrauigkeit im Vergleich zur Spaltweite ist, desto kleiner ist der Durchflussbeiwert ξ. So liegt er bei Rissen in Beton mit einem Größtkorn von 16 mm und bei einer Spaltweite von 0,15 mm bei 0,01. Im Laufe der Zeit fällt der Beiwert um bis zu 90 % ab, wenn die Spaltwandungen sich nicht bewegen und das Wasser nicht betonaggressiv ist, weil ein enger Riss als Filter wirkt, der sich langsam zusetzt. Weil Risse nicht geradlinig verlaufen und eine Wandrauigkeit haben und weil sie nicht nur Aufweitbewegungen sondern auch Scherbewegungen zeigen, kommt es in Betonbauteilen bei Rissweiten von ~ 0,1 mm und kleiner zu lokalem Verschluss und die Risse können wasserundurchlässig sein.

11.5   Elektrokinese

Das in wassergesättigten, feinporigen Stoffen wie Steinen, Putzen, bindigen und sandigen Böden, Baumstämmen, Ästen und Pflanzenstengeln sowie in organischen Polymeren enthaltene Wasser beginnt zu fließen, wenn das Wasser elektrisch geladene Teilchen (Ionen) enthält und einem elektrischen Spannungsgefälle ausgesetzt wird. Dabei wird das Wasser in Richtung zur Kathode hin bewegt. Umgekehrt beobachtet man ein Spannungsgefälle, wenn Porenwasser, das geladene Teilchen enthält, aus irgendeinem Grunde zum Fließen gebracht wird. Diese Art des Wassertransports wird gewöhnlich als „Elektro-Osmose" bezeichnet; hier soll von „elektrokinetischem Wassertransport" gesprochen werden.

Die Erscheinung der Elektrokinese kann durch folgenden Versuch (Abb. 11.28) erläutert werden:

Ein Probekörper wird in eine u-förmige Apparatur eingesetzt, so dass er unterhalb des Wasserspiegels liegt und der Wirkung einer elektrischen Spannung ausgesetzt ist. Dass er

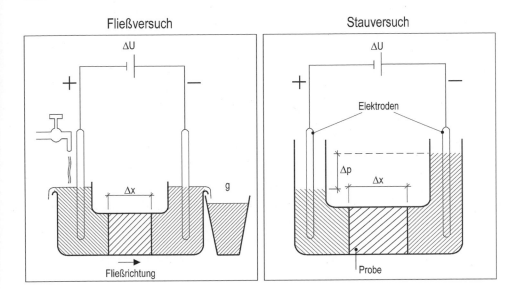

Abb. 11.28 Prinzip der elektrokinetischen Stau- und Fließversuche

von Wasser durchströmt wird, zeigt ein entsprechender Abfluss. Längs der Probe angebrachte Piezometerrohre lassen erkennen, dass in der Probe kein Gesamtdruck-Gefälle vorliegt, solange der Abfluss des Wassers gewährleistet ist. Eine derartige Versuchsanordnung wird als Fließversuch (Abb. 11.28 links) bezeichnet und dazu genutzt, den Zusammenhang zwischen dem elektrischen Spannungsgefälle ΔU und der Massenstromdichte g an Wasser zu messen.

Der beschriebene Versuch lässt sich dadurch abwandeln, indem der Abfluss des Wassers verhindert und statt dessen ein Steigrohr angebracht wird, sodass die durch die Probe strömende Wassermenge allmählich einen Druck aufbauen muss. Dann spricht man von einem Stauversuch (Abb. 11.28 rechts). Nach einer gewissen Anlaufzeit stellt sich ein Gleichgewichtszustand ein, derart, dass zu jedem elektrischen Spannungsgefälle ΔU im Fließversuch ein bestimmtes Gesamtdruckgefälle Δp im Stauversuch gehört.

Die theoretischen Zusammenhänge zwischen der Gesamtdruckdifferenz und der elektrischen Spannungsdifferenz beim Stauversuch sowie zwischen dem elektrischen Spannungsgefälle und der transportierten Wassermenge beim Fließversuch wurden von Helmholtz, Lamb, Perrin und Smoluchowsky aufgeklärt. Die entsprechenden Gleichungen enthalten einige physikalische Größen, die nur schwer messbar und für die technische Anwendung ohne direkten Belang sind. Es hat sich daher eingebürgert, in Analogie zum Darcy'schen Gesetz (s. Abschn. 11.4) die beim „Fließversuch" transportierte Wassermenge durch eine vereinfachte Gleichung zu beschreiben, die nur noch den Zusammenhang zwischen dem Spannungsgefälle dU und der geförderten Wassermenge wiedergibt:

$$g = k_e \cdot \frac{dU}{dx} \qquad (11.49)$$

Betrachtet man nun den Gleichgewichtszustand beim Stauversuch als eine exakte Kompensation einer Darcy'schen Sickerströmung gemäß Gl. (11.47) durch elektrokinetischen Wassertransport gemäß Gl. (11.49), so liefert das Gleichsetzen der beiden Gleichungen folgende Beziehung:

$$dp = \frac{k_e}{k_D} \cdot dU = h_e \cdot dU \qquad (11.50)$$

Die spezifische elektrokinetische Steighöhe h_e ist, wie in Gl. (11.50) angegeben, das Verhältnis der beiden Durchlässigkeitskoeffizienten für gesättigte Porenwasserströmung unter hydrostatischem Wasserdruckgefälle (k_D) und für elektrokinetischen Wassertransport (k_e). Anwendungen findet der elektrokinetische Wassertransport in der Form, dass er als Methode zur Messung von Wasserbewegungen in Bauteilen, Böden und Bäumen [32], zur Verbesserung von Bodeneigenschaften durch Entwässerung und Eintragung stabilisierender Fremdionen [33], zur Entwässerung von Baustoffen und zur Verhinderung des Aufsteigens der Bodenfeuchte in Wänden [31, 34] genutzt wird.

11.6 Abführen der Baufeuchte

Bauteile haben häufig unmittelbar nach der Erstellung eines Bauwerkes hohe Wassergehalte, die auf die Herstellung, den Transport, die Zwischenlagerung der Baustoffe und auf den möglicherweise schlecht geschützten Zustandes im Rohbau zurückzuführen sind. Man spricht von der sogenannten Baufeuchte.

Der Termin- und Kostendruck beim heutigen Bauen lässt Wartefristen und Leerstandszeiten nicht mehr zu. Deshalb wird heute einerseits über die Wahl der Baustoffe (z. B. Gussasphalt-Estrich statt Zementestrich, diffusionsoffener Teppich statt relativ dampfdichter PVC-Belag, diffusionsoffene Unterspannbahnen statt Unterspannfolie, trocken einzubauende Gipskartonplatten statt Putz) und durch die Anordnung von Sperrschichten gegen Feuchteumlagerungen, z. B. aus Betondecken in Estriche, schon im Planungszustand die zu erwartende Baufeuchte berücksichtigt. Andererseits kann durch künstliches Trocknen eine beschleunigte Abfuhr der Baufeuchte vor dem Einbau feuchteempfindlicher Ausbaumaterialien erreicht werden. Auch müssen die Nutzer von Neubauwohnungen, Büros usw. in der Anfangszeit zu kräftiger Lüftung angehalten werden.

Die Geschwindigkeit des Austrocknens bzw. der Feuchteumlagerung in einem Bauteil hängt von vielen Faktoren ab. Diese sind vor allem:

- Ausgangswassergehalt
- Verhältnis von feuchtem Baustoff-Volumen zu Verdunstungsoberfläche
- Bedingungen an der Verdunstungsoberfläche, d. h. die Konvektionsverhältnisse und das Dampfdruckgefälle vom Baustoff in die angrenzende Luft
- Oberflächenschichten, welche eine Austrocknung verzögern

Tab. 11.18 Austrocknungszeiten für Betonplatten bei ein- und zweiseitiger Austrocknungsmöglichkeit nach DIN 4227 [18]

Plattendicke [cm]	Austrocknungszeit [a]	
	beidseitig	einseitig
5	0,25	0,6
10	0,60	1,5
20	1,5	4
40	4	8
80	8	16
160	16	30
Faktoren für die Austrocknungszeit: Trockene Luft: 1,0		
Allgemein im Freien: 1,5		
Sehr feuchte Luft: 5,0		

Bei der Planung und Ausführung von Holzkonstruktionen wird heute konsequent auf die Trockenheit des Holzes geachtet, um auf chemischen Holzschutz gegen Pilzbefall verzichten zu können.

Besonders langsam trocknen Betonbauteile. Zu deren Austrocknungsgeschwindigkeit lassen sich folgende Angaben machen:

Beton enthält nach seiner Herstellung im Durchschnitt etwa 80 kg/m^3 austrocknungsfähiges Wasser, das wegen der besonderen Porenstruktur des Zementsteins und der oft reichlichen.

Dicke von Betonbauteilen nur relativ langsam austrocknet. Mit zunehmender Dicke der Betonteile beträgt die Zeit vom Betonieren bis zum Erreichen der Ausgleichsfeuchte mehrere Monate bis mehrere Jahrzehnte. Dies geht aus Tab. 11.18 hervor, welche für Betonbauteile in trockener Luft die notwendige Zeit bis zum Austrocknen angibt. Umrechnungsfaktoren für die Austrocknungszeit bei zwei anderen Luftbedingungen sind zusätzlich angegeben.

Die Baufeuchte ist auch hinsichtlich der sogenannten Belegreife von jungen Estrichflächen von Belang. Ob ein Bodenbelag bereits aufgebracht werden darf, muss der Bodenbeleger durch eine Wassergehaltsmessung nach der Calciumcarbid-Methode prüfen und dann durch Vergleich mit vorgegebenen Grenzwerten (Tab. 11.19) entscheiden. Dies gilt für Zement-und Anhydrit-Estriche und ist besonders dann zu beachten, wenn feuchteempfindliche Kleber oder Bodenbeläge z. B. aus Holz oder Linoleum verwendet oder relativ dampfdichte Bodenbeläge aufgebracht werden sollen. Magnesia-Estriche sollten nicht beschichtet oder belegt werden.

Heizestriche trocknen besonders rasch und gründlich aus, sobald die Heizung in Betrieb genommen wird. Die Pfeile in Abb. 11.29 geben die Richtung des Diffusionsstromes an, der wegen der unterseitigen Wärmedämmung vorzugsweise nach oben strebt. Ist der Bodenbelag gut wasserdampfdurchlässig, wäre mit schüsselförmigen Verkrümmungen und mit Schwindverformungen zu rechnen. Ist der Bodenbelag relativ dampfdicht, könnte

Tab. 11.19 Vom Bodenleger einzuhaltende maximale Estrichfeuchten (sog. Belegreife), gemessen mit der Carbid-Methode, nach [19]

Bodenbelag		Maximaler Feuchtegehalt u [%]	
		Zementestrich	Calciumsulfatestrich
Elastische Beläge	dampfdicht	1,8	0,3
Textile Beläge	dampfdurchlässig	3,0	1,0
Parkett Kork		1,8	0,3
Laminat		1,8	0,3
Keramische Fliesen	Dickbett	3,0	–
Natur-/Betonwerksteine	Dünnbett	2,0	0,3

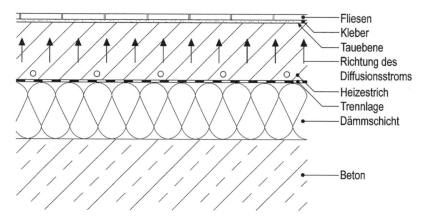

Abb. 11.29 Richtung des Diffusionsstromes bei austrocknenden Heiz-Estrichen

es zu Tauwasserausfall an seiner Unterseite kommen. Daher wird ein Heizestrich gemäß DIN 18560-2 [20] nach einer ausreichenden Erhärtungszeit zuerst vorsichtig vorgeheizt. In dieser Phase trocknet der Estrich aus und schwindet. Erst dann darf der Bodenbelag aufgebracht werden, sofern er feuchtempfindlich ist oder das Schwinden des Estrichs behindern würde.

Durch die Lage einer Wärmedämmschicht kann die Temperatur eines feuchten Bauteils und damit sein Austrocknungsverhalten beeinflusst werden: Wärmedämmverbundsysteme an Außenwänden fördern einerseits die Austrocknung durch Erhöhen der mittleren Temperatur im Außenwandquerschnitt, aber sie erschweren andererseits auch das Austrocknen nach außen. Wenn eine Dämmschicht über einer erdberührenden Betonplatte liegt, erfolgt nur eine sehr geringe Austrocknung nach oben hin. Liegt die Wärmedämmschicht unter einer erdberührenden Betonbodenplatte, wird die Austrocknung nach oben hin gefördert Auf Abb. 11.30 sind beide Situationen vergleichend dargestellt, wobei das auszutrocknende Feuchtevolumen durch Schraffur hervorgehoben und das mittlere Dampfdruckgefälle durch einen Pfeil angedeutet ist.

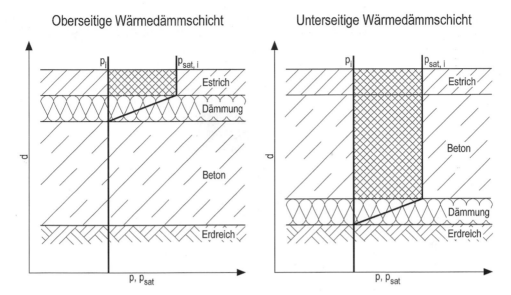

Oberseitige Wärmedämmschicht   Unterseitige Wärmedämmschicht

Abb. 11.30 Austrocknungsverhalten erdberührender Betonbodenplatten

Abb. 11.31 Sanierputze für
die Bekleidung feuchter Wände

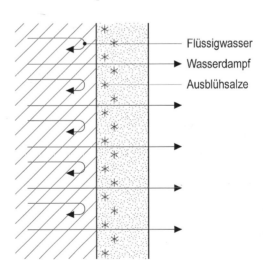

Flüssigwasser

Wasserdampf

Ausblühsalze

Besonders geeignet als Bekleidung für feuchtes (und salzhaltiges) Mauerwerk, z. B. in Altbauten und in Baudenkmälern sowie generell an Kellerwänden und an Sockeln, sind sogenannte Sanierputze. Dies sind zementgebundene Leichtputze mit einem Porenanteil von mindestens 40 %. Sie sind nach bauphysikalischen Gesichtspunkten entwickelt worden, haben einen kleinen Diffusionswiderstand und zeigen nur geringes kapillares Saugen. Daher ermöglichen sie eine rasche Feuchteabgabe vom Bauteil an die Luft und zeigen dabei eine trockene Oberfläche. Im Kapillarwasser transportierte Salze aus dem verputzten Bauteil können im Porenvolumen der Sanierputze schadlos abgelagert werden (Abb. 11.31).

Feuchteübergang

12

Martin Homann

12.1 Stoffübergangskoeffizienten β_p und β_v

Luftbespülten Oberflächen von Bauteilen oder Gewässern haftet eine wenige Millimeter dicke, mehr oder weniger ruhende Luftschicht an, welche Grenzschicht heißt und den Übergang zur Atmosphäre darstellt (Abb. 12.1). Feuchtetransport durch diese Grenzschicht hindurch ist nur möglich nach dem Mechanismus der Wasserdampfdiffusion. Die Massenstromdichte g durch die Grenzschicht hindurch kann berechnet werden, wenn die Wasserdampfpartialdruckdifferenz $p_O - p_L$ und die effektive Dicke d bekannt sind, weil die Diffusionswiderstandszahl von Luft bekanntlich $\mu = 1$ ist. Es ist jedoch üblich, für den Feuchtetransport durch die Grenzschicht folgenden Ansatz zu wählen:

$$g = \beta_p \cdot \Delta p \tag{12.1}$$

Dabei ist β_p der Wasserdampfübergangskoeffizient. Anstelle der Dicke d, welche im Wesentlichen von der Luftbewegung beeinflusst wird, wird der Wasserdampfübergangskoeffizient direkt in Abhängigkeit von der Luftgeschwindigkeit angegeben. Als treibendes Potenzial für den Stoffübergang kann die Wasserdampfpartialdruckdifferenz gemäß Gl. (12.1) oder die Konzentrationsdifferenz Δv des Wasserdampfes verwendet werden. Auch die Benutzung der äquivalenten Luftschichtdicke s_d der Grenzschicht als das Maß für deren Widerstand gegen Wasserdampfdiffusion ist möglich:

$$g = \beta_p \cdot \Delta p = \beta_v \cdot \Delta v = \frac{\delta}{s_d} \cdot \Delta p \tag{12.2}$$

M. Homann (✉)
Fachhochschule Münster, FB Bauingenieurwesen, Labor Bauphysik, Münster, Deutschland
E-Mail: mhomann@fh-muenster.de

© Springer Fachmedien Wiesbaden GmbH, ein Teil von Springer Nature 2022
W. M. Willems (Hrsg.), *Lehrbuch der Bauphysik*,
https://doi.org/10.1007/978-3-658-34093-3_12

Literatur

A) Bücher und Broschüren

1. Krischer, O.; Kast, W.: Die wissenschaftlichen Grundlagen der Trocknungstechnik. 3. Aufl. Berlin/Heidelberg/New York: Springer-Verlag, 1978
2. Gertis, K: Belüftete Wandkonstruktionen. Thermodynamische, feuchtigkeitstechnische und strömungsmechanische Vorgänge in Kanälen und Spalten von Außenwänden. Wärme- und Feuchtigkeitshaushalt belüfteter Wandkonstruktionen. Heft 72, 1972
3. Recknagel, Sprenger, Hönmann: Taschenbuch für Heizung und Klimatechnik. 66. Auflage. R. Oldenbourg Verlag München-Wien, 1992

B) Aufsätze

4. Biasin, K.; Krumme, W.: Die Wasserverdunstung in einem Innenschwimmbad. In: Elektrowärme, Heft 32 (1974), S. 85 bis 99

Stationärer Feuchtetransport in Bauteilen 13

Martin Homann

13.1 Formeln für s_d-Werte zusammengesetzter Schichten

Es wird angenommen, dass sich ein Schichtenpaket aus planparallel begrenzten Einzelschichten der Dicken d_i mit den Diffusionswiderstandszahlen μ_i zusammensetzt. Der Diffusionsstrom durchdringt das Schichtenpaket senkrecht zu den Schichtebenen und es herrschen stationäre Verhältnisse.

Die Voraussetzung stationärer Verhältnisse bedeutet, dass die Massestromdichte in allen Einzelschichten gleich groß ist. Wäre dies nicht der Fall, so würde es entweder zur Anreicherung oder Verarmung an Wasser in einer der Schichten kommen, d. h. die Wassergehaltsverteilung würde sich ändern. Das aber widerspricht der Voraussetzung stationärer Verhältnisse. Es gilt also:

$$g_1 = g_2 = \ldots = \frac{\Delta p_1}{1,5 \cdot 10^6 \cdot s_{d1}} = \ldots \qquad (13.1)$$

Gl. (13.1) besagt, dass das Verhältnis von Wasserdampfpartialdruckabfall Δp_i zu zugehöriger äquivalenter Luftschichtdicke s_{di} in allen Schichten des Schichtenpakets gleich groß sein muss. Deshalb wurde auf Abb. 13.1 das im Querschnitt dargestellte Schichtenpaket so verzerrt abgebildet, dass die Schichten nicht in ihrer wahren Dicke, sondern in ihrer äquivalenten Luftschichtdicke erscheinen. Die Steigung des Wasserdampfpartialdruckes muss hier nicht nur in jeder Einzelschicht die gleiche sein, sondern auch der gesamte Verlauf durch das Schichtenpaket muss eine Gerade sein und nicht etwa ein geknickter Linienzug. Denn nur dann ist immer der Partialdruckabfall Δp_i proportional der

M. Homann (✉)
Fachhochschule Münster, FB Bauingenieurwesen, Labor Bauphysik, Münster, Deutschland
E-Mail: mhomann@fh-muenster.de

© Springer Fachmedien Wiesbaden GmbH, ein Teil von Springer Nature 2022
W. M. Willems (Hrsg.), *Lehrbuch der Bauphysik*,
https://doi.org/10.1007/978-3-658-34093-3_13

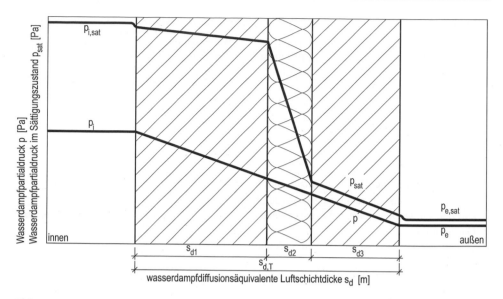

Abb. 13.4 Schematische Darstellung eines Glaser-Diagramms für die Tauperiode

Abschn. 13.1 den Verlauf des Wasserdampfpartialdruckes im Bauteil darstellt. Die Werte für p_i und p_e an den Bauteiloberflächen ergeben sich aus den Temperaturen und relativen Luftfeuchten der beidseitigen Klimate. Ist die lineare Verbindung möglich, ohne den Polygonzug des Sattdampfdruckes zu schneiden, ist der lineare Wasserdampfdruckverlauf richtig und eine Tauwasserbildung ist im ganzen Querschnitt nicht zu erwarten. Ist die lineare Verbindung zwischen den beiden Dampfdruckwerten an den Bauteiloberflächen nicht möglich, ohne den Polygonzug des Sattdampfdruckprofils zu schneiden, so muss der Dampfdruckverlauf nach der Seilregel bestimmt werden (Abb. 13.5): Die beiden Punkte, welche den bekannten Wasserdampfpartialdrücken pi und pe an den Bauteiloberflächen entsprechen, stellt man sich als Seilrollen vor, über die ein gewichtsloses Seil mit reichlichem Durchhang (durch Strichelung gekennzeichnet) gelegt sei. Der Sattdampfdruckverlauf stelle die untere Kante eines nicht überschreitbaren Hindernisses dar. Wird nun an den beiden Seilenden jeweils außerhalb des Bauteilquerschnittes gezogen, bis sich das Seil strammt, dann legt es sich an bestimmten Stellen an das ein unüberwindliches Hindernis darstellende Sattdampfdruckprofil an; in den übrigen Bereichen verläuft das Seil gradlinig und berührungslos. Der Verlauf des straffgespannten Seiles ist der Verlauf des Wasserdampfpartialdruckes. An Berührungsstellen mit dem Sattdampfdruckprofil wird Wasserdampf ausgeschieden.

Auch dann, wenn im Wandquerschnitt unter den betrachteten Klimabedingungen kein Tauwasser auftritt, gibt die Seilregel den Dampfdruckverlauf richtig wieder, nämlich als lineare Verbindung zwischen den Dampfdrücken an den beiden Bauteiloberflächen mit gleich großer Stromdichte beim Eindiffundieren wie beim Ausdiffundieren.

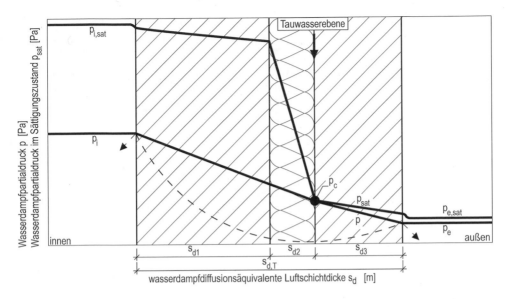

Abb. 13.5 Die Seilregel zur Ermittlung des Dampfdruckverlaufs im Glaser-Diagramm bei Tauwasserabscheidung

c) **Berechnung der Tauwassermasse M_c und der Verdunstungswassermasse M_{ev}**

Tauwasser kann nicht nur in einer Ebene ausfallen, wie in Abb. 13.5 gezeigt wurde, sondern auch in zwei Ebenen oder in einem Bereich. Aus Abb. 13.6 können Diffusions-diagramme für vier systematische Fälle des Tauwasserausfalls und der zugehörigen Tauwasserverdunstung entnommen werden.

Tauwasserausfall in einer Ebene (Fall b)

Die Diffusionsstromdichte g_c, welche sich in der 90 Tage dauernden Tauperiode an der Tauebene einstellt, ergibt sich gemäß Abb. 13.7 zu:

$$g_c = g_{ci} - g_{ce} = \delta_0 \cdot \left(\frac{p_i - p_c}{s_{d,c}} - \frac{p_c - p_e}{s_{d,T} - s_{d,c}} \right) \qquad (13.12)$$

Die Tauwassermasse M_c wird unter Beachtung der Dauer t_c der Tauperiode wie folgt ermittelt:

$$M_c = g_c \cdot t_c \qquad (13.13)$$

In dem der Tauperiode zugehörigen Diagramm soll der Index i den Bereich des Ein-diffundierens vom Raum her bis zur Stelle des Tauwasseranfalls, der Index e den Bereich des Ausdiffundierens vom Tauwasserbereich weg kennzeichnen. $p_i - p_e$ und s_{dc} stellen die Dampfdruckdifferenz und die äquivalente Luftschichtdicke dar, die der Wasserdampf beim Vordringen zur Tauwasserebene überwinden muss. Entsprechendes gilt für den Be-reich des Ausdiffundierens. Die Diffusionsstromdichte g ist also nichts anderes als die

Verdunstungsperiode, Tauwasserebene c_2

Wasserdampf-Diffusionsstromdichte g_{ev2}

$$g_{ev2} = \delta_0 \cdot \left(\frac{p_c - p_e}{s_{d,T} - s_{d,c2}} \right) \tag{13.22}$$

Verdunstungszeiträume t_{ev}

$$t_{ev1} = \frac{M_{c1}}{g_{ev1}} \tag{13.23}$$

$$t_{ev2} = \frac{M_{c2}}{g_{ev2}} \tag{13.24}$$

Verdunstungswassermasse M_{ev}, falls $t_{ev1} > t_{ev}$ und $t_{ev2} > t_{ev}$

$$M_{ev1} = g_{ev1} \cdot t_{ev} \tag{13.25}$$

$$M_{ev2} = g_{ev2} \cdot t_{ev} \tag{13.26}$$

$$M_{ev} = M_{ev1} + M_{ev2} \tag{13.27}$$

Verdunstungswassermasse M_{ev}, falls $t_{ev1} < t_{ev2}$

$$M_{ev1} = g_{ev1} \cdot t_{ev1} \tag{13.28}$$

$$M_{ev2} = g_{ev2} \cdot t_{ev1} + \left(\delta_0 \cdot \frac{p_{c2} - p_i}{s_{d,c2}} + g_{ev,2} \right) \cdot \left(t_{ev} - t_{ev1} \right) \tag{13.29}$$

$$M_{ev} = M_{ev1} + M_{ev2} \tag{13.30}$$

Verdunstungswassermasse M_{ev}, falls $t_{ev2} < t_{ev1}$

$$M_{ev2} = g_{ev2} \cdot t_{ev2} \tag{13.31}$$

$$M_{ev1} = g_{ev1} \cdot t_{ev2} + \left(g_{ev1} + \delta_0 \cdot \frac{p_{c1} - p_e}{s_{d,T} - s_{d,c1}} \right) \cdot \left(t_{ev} - t_{ev2} \right) \tag{13.32}$$

$$M_{ev} = M_{ev1} + M_{ev2} \tag{13.33}$$

Tauwasserausfall in einem Bereich (Fall d)

Tauperiode

Wasserdampf-Diffusionsstromdichte g_c

$$g_c = \delta_0 \cdot \left(\frac{p_i - p_{c1}}{s_{d,c1}} - \frac{p_{c2} - p_e}{s_{d,T} - s_{d,c2}} \right) \tag{13.34}$$

Tauwassermasse M_c

$$M_c = g_c \cdot t_c \tag{13.35}$$

Verdunstungsperiode
Wasserdampf-Diffusionsstromdichte g_{ev}

$$g_{ev} = \delta_0 \cdot \left(\frac{p_c - p_i}{s_{d,c,m}} - \frac{p_c - p_e}{s_{d,T} - s_{d,c,m}} \right) \tag{13.36}$$

mit

$$s_{d,c,m} = s_{d,c1} + 0,5 \cdot \left(s_{d,c2} - s_{d,c1} \right) \tag{13.37}$$

Verdunstungswassermasse M_{ev}

$$M_{ev} = g_{ev} + t_{ev} \tag{13.38}$$

Anders als in DIN 4108-3 wird in DIN EN ISO 13788 die Berechnung der Tauwasserbildung im Bauteilinneren so geregelt, dass für jeden Monat eines Jahres unter Beachtung der monatlichen mittleren Außenbedingungen die Tauwasserbildung und die Verdunstung festgestellt werden. Die akkumulierte Masse des Tauwassers am Ende der Monate, in denen sich Tauwasser gebildet hat, wird mit dem Gesamtwert der Verdunstung während der verbleibenden Monate des Jahres verglichen.

13.2.2 Wahl der Randbedingungen

Bei der Untersuchung der Frage, ob mit Tauwasserausfall im Inneren von Außenbauteilen im Winterhalbjahr unter deutschen Außenklimabedingungen zu rechnen ist, sind drei Situationen zu unterscheiden:

a) Beim Bauteil handelt es sich um eine bekannte und bewährte Bauweise, bei der erfahrungsgemäß beim Einsatz in Wohn- und Bürogebäuden oder Gebäuden ähnlicher Nutzung keine Tauwasserbildung zu erwarten ist. Eine Aufzählung von in diesem Sinne unbedenklichen Außenwänden, belüfteten und nicht belüfteten Dächern enthält DIN 4108-3 (s. auch Abschn. 13.2.4). Vorausgesetzt wird dabei, dass das Gebäude nicht klimatisiert ist, dass in ihm Wohn- bzw. Büroklima, also etwa 20 °C und 50 % r.L. herrscht, und es im Gebiet der Bundesrepublik Deutschland gelegen ist. Durch diese Bedingungen soll sichergestellt werden, dass die vorausgesetzten Klimarandbedingungen innen und außen auch tatsächlich vorliegen. Selbst wenn eine Berechnung nach b) ein negatives Ergebnis liefern sollte, wäre die praktische Bewährung dennoch das entscheidende Kriterium.

b) Die Bauteile erfüllen die bereits genannten Klimabedingungen, sind jedoch nicht von der in DIN 4108-3 enthaltenen Aufzählung (Abschn. 13.2.4) erfasst und nicht erfahrungsgemäß eindeutig unbedenklich. Dann ist das Glaser-Verfahren, wie in Abschn. 13.2.1 beschrieben, mit den genannten Klimarandbedingungen anzuwenden.

c) Das Glaser-Verfahren wird zunächst für die Winterbedingungen repräsentierende Tauperiode durchgeführt. Tritt dabei kein Tauwasser auf, ist die Unbedenklichkeit hinsichtlich Tauwasserausfall als gegeben anzusehen. Tritt jedoch in der Tauperiode Tauwasser auf, so ist dieses dennoch als unbedenklich anzusehen, sofern folgende weitere Bedingungen (gemäß DIN 4108-3, Nr. 4.2.1) erfüllt sind:

• Das in der Tauperiode ausgefallene Wasser kann gemäß einer weiteren Berechnung nach dem Glaser-Verfahren unter den für die Verdunstungsperiode genannten Bedingungen wieder austrocknen. Je ein typisches Glaser-Diagramm für die Tauperiode bei Tauwasseranfall und für die zugehörige Verdunstungsperiode zeigt Abb. 13.7.

• Die Baustoffe, welche mit dem Tauwasser in Berührung kommen, dürfen dadurch nicht geschädigt werden, z. B. durch Korrosion, Pilzbefall usw.

• Bei Dächern und Wänden darf die in der Tauperiode ausfallende Tauwassermasse M_c insgesamt 1,0 kg/m^2 nicht überschreiten, ausgenommen in den folgenden beiden Fällen.

  – Tritt das Tauwasser an der Grenzfläche von nicht kapillar saugenden Schichten auf, so darf zwecks Begrenzung des Ablaufens oder Abtropfens die Tauwassermasse M_c den Betrag von 0,5 kg/m^2 nicht überschreiten. Zu den kapillar nicht wasseraufnahmefähigen Schichten zählen z. B. Metalle, Folien und Normalbeton sowie die überwiegende Zahl der Dämmstoffe aus Schaumkunststoffen oder Mineralwolle oder Stoffe mit einem Wasseraufnahmekoeffizienten von $W_w < 0{,}5$ kg/(m$^2 \cdot$ h^{0,5}).

  – Bei Holz darf durch den Tauwasserausfall der massebezogene Feuchtegehalt u nicht mehr als 5 %, bei Holzwerkstoffen (Holzwolleleichtbauplatten und Mehrschichtleichtbauplatten nach DIN EN 13168 [4] sind davon ausgenommen) nicht mehr als 3 % zunehmen.

  – Außerdem wird für Holzkonstruktionen in DIN 68800-2 Folgendes gefordert:

  – „Der ausreichende Schutz beidseitig geschlossener Bauteile gegen das Auftreten und Eindringen unzulässiger Feuchte durch Diffusion oder Konvektion ist sicherzustellen. Dazu ist für allseitig geschlossene Bauteile nach DIN 4108-3 oder DIN EN 15026 eine zusätzliche rechnerische Trocknungsreserve von ≥ 250 g/m^2 nachzuweisen."

c) Darf das Bauteil wegen eines speziellen Außenklimas, z. B. infolge Hochgebirgslage, oder wegen eines besonderen Innenklimas, z. B. als Hallenbad oder wegen Klimatisierung, nicht mit den genormten Klimarandbedingungen gemäß b) beurteilt werden, so kann auf folgende Berechnungsmethoden zurückgegriffen werden, welche ebenfalls das GlaserVerfahren zur Grundlage haben, jedoch die speziellen Bedingungen berücksichtigen und deshalb arbeitsaufwendiger sind:

R. Jenisch [2] hat ein Verfahren hergeleitet, das von dem Jahresmittelwert der Außenluft ausgehend zunächst festzustellen gestattet, ob die Kondensations-Austrocknungsbilanz insgesamt positiv oder negativ ist. Dann wird diejenige Außentemperatur rechnerisch festgestellt, ab welcher Kondensat in der Wand auftritt. Für die sieben Städte Braunschweig, Bremen, Clausthal, Hamburg, Karlsruhe, München und Münster kann dann aus einer Tabelle entnommen werden, wie lange die Tauperiode dauert und welche mittlere Temperatur die Außenluft in dieser Zeit hat. Aus einem Glaser-Diagramm für die mittlere Temperatur der Außenluft in der Tauperiode kann die Tauwassermenge berechnet werden.

Recht einfach und durchsichtig ist die alternative Methode, die Berechnung nach dem Glaser-Verfahren für jeden Monat des Jahres mit den dazugehörigen tatsächlichen Monatsmittelwerten der Temperatur und der Luftfeuchte des Außenklimas durchzuführen. Dabei erhält man für die Winterperiode, sofern in dieser überhaupt Tauwasser auftritt, die gesamte Tauwassermenge und den Ort des Tauwasserausfalls. Setzt man dann am Ort des Tauwasserausfalls die relative Luftfeuchte in der Verdunstungsperiode mit 100 % an, so erhält man die Wassermasse, die in der wärmeren Jahreszeit austrocknen kann.

Bei der Beurteilung von Berechnungsergebnissen nach dem Glaser-Verfahren ist zu bedenken, dass stationäre Verhältnisse vorausgesetzt werden. Solche sind z. B. gegeben, wenn eine Trennwand zwischen zwei Räumen betrachtet wird, die konstante aber verschiedene Klimate haben. In einem solchen Fall ist das Glaserverfahren grundsätzlich ein geeignetes und recht realitätsnahes Kriterium. Wenn aber ein konstantes Raumklima, jedoch ein veränderliches Außenklima vorliegt, wie dies meist der Fall ist, darf das Glaserverfahren nur mit den in DIN 4108-3 aufgeführten Klimarandbedingungen und Bewertungskriterien für den Nachweis verwendet werden, denn:

a) Es wird nur der Transportmechanismus „Wasserdampfdiffusion" berücksichtigt. Bei größeren Stofffeuchten tritt in fast allen Baustoffen eine starke Steigerung der Wassertransportfähigkeit auf, welche beim Glaser-Verfahren keine Beachtung findet.

b) Die Speicherfähigkeit der Baustoffe für Feuchte wird nicht berücksichtigt. Daher liefert das Glaser-Verfahren nur dann realitätsnahe Aussagen, wenn die Baustoffe relativ wenig Feuchte speichern,

c) Die genormten Klimarandbedingungen sind gegenüber den tatsächlichen Gegebenheiten eines Jahresablaufs radikal vereinfacht und verschärft.

Aus den genannten Gründen ist die Berechnung von Außenbauteilen mit deutschem Außenklima nach Glaser mit den genormten Randbedingungen und Bewertungskriterien nicht als realitätsnah anzusehen. Eine Tauwassermasse nach Glaser wird in Außenbauteilen also nur zufällig mit einer an einem Bauobjekt feststellbaren Tauwassermasse übereinstimmen. Das Ergebnis liegt aber auf der sicheren Seite: Wenn ein Außenbauteil nach Glaser mit den Normbedingungen als unbedenklich bewertet wird, ist es immer auch tatsächlich unbedenklich. Wird ein Außenbauteil bei der Beurteilung mittels des Glaser-Verfahrens jedoch als bedenklich angesehen, so kann es bedenklich sein, muss es aber nicht sein.

Das Glaser-Verfahren darf nicht bei begrünten Dachkonstruktionen sowie zur Berechnung des natürlichen Austrocknungsverhaltens von Bauteilen angewendet werden.

13.2.3 Beispiele typischer Glaserdiagramme

Glaser-Diagramme von Bauteilquerschnitten mit Wärmedämmschichten werden wesentlich von deren Lage beeinflusst. Die möglichen Formen der Diagramme sollen beispielhaft an Abb. 13.8 erklärt werden, in dem vier Wandaufbauten aus einem Wandbildner oder aus jeweils einem Wandbildner und einem Wärmedämmstoff in unterschiedlicher Anordnung dargestellt sind:

Wandaufbau A ist eine homogene Wand aus einem einzigen Baustoff. Wandaufbau B stellt eine Wand aus einem Wandbaustoff mit innenliegender Wärmedämmschicht dar. Wandaufbau C behandelt den analogen Fall mit außenliegender Wärmedämmschicht, während Fall D den Wandbildner mit Kerndämmung darstellt. Es ist zu erkennen, dass der Sattdampfdruck p_{sat} relativ hohe Werte im Wandquerschnitt annimmt, wenn die Wärmedämmschicht an der Außenseite angeordnet ist, und dass er eine nach unten orientierte, ungünstige Spitze erhält, wenn die Wärmedämmschicht innenseitig platziert ist. Diese Spitze wird um so gefährlicher, je kleiner die äquivalente Luftschichtdicke des innen-

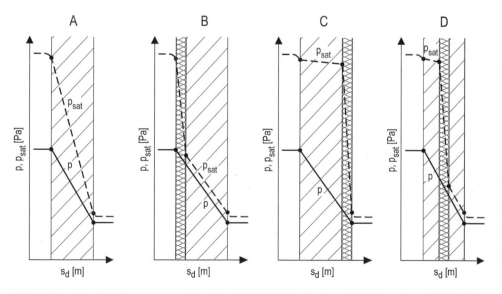

Abb. 13.8 Glaser-Diagramme von Bauteilquerschnitten mit unterschiedlicher Lage der Wärmedämmschicht

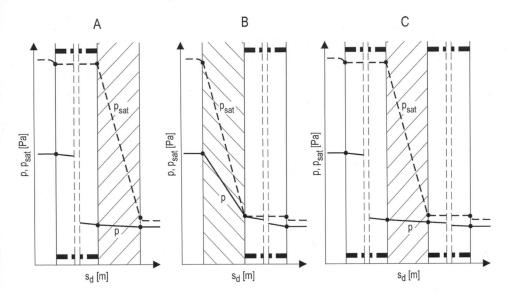

Abb. 13.9 Glaser-Diagramme von Bauteilquerschnitten mit unterschiedlicher Lage von Dampf
sperrschichten

liegenden Wandbildners und je größer der Wärmedurchlasswiderstand der Dämmschicht
ausfällt.

Die Wirkung einer Dampfsperre im Wandquerschnitt ist in Abb. 13.9 dargestellt: Der
Wandaufbau A besteht aus einem Wandbildner mit raumseitig angeordneter Dampfsperre,
der Wandaufbau B mit außenliegender Dampfsperre. Ein Wandbildner mit beidseitiger
Dampfsperre ist unter Buchstabe C dargestellt. Eigentlich muss eine Dampfsperre im
Glaserdiagramm durch eine Schicht von unendlich großem s_d-Wert, d. h. unendlich großem Abzissenwert dargestellt werden, was natürlich unmöglich ist. Denkt man sich jedoch
ein solches Diagramm dargestellt und schneidet die Dampfsperre durch zwei Schnitte
parallel zur Ordinate heraus und fügt die beiden übrigen Teile des Diagramms wieder zusammen, so erhält man die mit A, B und C bezeichneten Glaser-Diagramme.

Der Verlauf des Sattdampfdrucks ist praktisch unabhängig davon, ob eine Dampfsperre
angebracht ist oder nicht, denn die geringe Schichtdicke der gebräuchlichen Dampfsperr-
schichten beeinflusst das Temperaturprofil im Wandquerschnitt, und damit den Sattdampfdruckverlauf nicht. Der Dampfdruckverlauf im „normalen" Glaserdiagramm kommt
durch lineare Verbindung von p_i und p_e zustande, sofern kein Tauwasserausfall erfolgt.
Weil nun aus den Glaserdiagrammen die Dampfsperren mit unendlich großem s_d-Wert
herausgetrennt wurden, sind die Dampfdrücke p_i und p_e bei den Rest-Querschnitten eigentlich unendlich weit voneinander entfernt. Deshalb muss der Dampfdruckverlauf zwischen
p_i und p_e eigentlich horizontal verlaufen. Beim Schichtaufbau A pflanzt sich der Dampfdruck p_e deshalb in gleichbleibender Größe in das Innere des Querschnittes hinein, während sich der Dampfdruck p_i wegen der innenseitigen Dampfsperre auf den Querschnitt
nicht auswirken kann. Die Anordnung A bleibt daher nach Glaser tauwasserfrei. Bei der

Anordnung B kann der Dampfdruck p_e wegen der außenseitigen Dampfsperre im Inneren des Bauteils nicht wirksam werden. Da jedoch p_i im Querschnitt bei horizontalem Verlauf in spitzem Winkel auf p_c treffen würde, was wegen der Seilregel unmöglich ist, treffen sich p und p_c erst an der Innenseite der außenseitigen Dampfsperre. Dort fällt dann Tauwasser aus.

Beim Sandwich C verhindern die beiden Dampfsperren sowohl eine Einwirkung des innenseitigen als auch des außenseitigen Dampfdruckes auf den Baustoff zwischen den Dampfsperren. Es stellt sich daher bei nicht zu hohen Wassergehalten ein horizontaler Dampfdruckverlauf im Bauteil ein, dessen Betrag p_1, p_2 usw. von der Größe des Wassergehaltes des Baustoffes vor dem Aufbringen der beiden Dampfsperren bestimmt wird.

13.2.4 Unbedenkliche Bauteile

DIN 4108-3 enthält eine Auflistung von Bauteilen, für die kein rechnerischer Nachweis des Tauwasserausfalls infolge Wasserdampfdiffusion erforderlich ist. Dabei wird vorausgesetzt, dass die Bauteile die Anforderungen an den Mindestwärmeschutz aufweisen, luftdicht ausgeführt werden und die Klimarandbedingungen aus Abschn. 13.2.1 gelten. Bei den aufgeführten Bauteilen besteht erfahrungsgemäß kein Tauwasserrisiko, selbst dann, wenn die Berechnung mit Hilfe des Glaser-Verfahrens zu diesem Ergebnis führen würde. Dies gilt insbesondere für kapillaraktive Baustoffe, in denen der Feuchtetransport im Wesentlichen durch Kapillaritätseffekte und nur zum Teil durch die beim Glaser-Verfahren allein berücksichtigten Diffusionsvorgänge bestimmt wird. Für folgende Bauteile ist ein rechnerischer Tauwasser-Nachweis nicht erforderlich:

Wände aus Mauerwerk (DIN EN 1996-1-1), **Wände aus Normalbeton** (DIN EN 206-1 bzw. DIN 1045-2), **Wände aus gefügedichtem Leichtbeton** (DIN 1045-2, DIN EN 206, DIN EN 1992-1-1), **Wände aus haufwerksporigem Leichtbeton** (DIN 4213, DIN EN 992, DIN EN 1520), jeweils mit Innenputz und folgenden Außenschichten:

- Wasserabweisender Außenputz (Tab. 16.22)
- Außendämmungen (DIN 4108-10) oder wasserabweisender Wärmedämmputz oder genormtes WDVS (DIN EN 13499, DIN EN 13500)
- Verblendmauerwerk (DIN EN 1996-1-1)
- Angemörtelte Außenwandbekleidungen (DIN 18515-1), Fugenanteil $\geq 5\,\%$
- Hinterlüftete Außenwandbekleidungen (DIN 18516-1) mit und ohne Wärmedämmung
- Einseitig belüftete Außenwandbekleidungen mit einer Lüftungsöffnung von $100\ cm^2/m$
- Kleinformatige luftdurchlässige Außenwandbekleidungen mit und ohne Belüftung

Wände mit Innendämmung
- Wände wie vor, jedoch ohne Schlagregenbeanspruchung
- Innendämmung: $R \leq 0{,}5$ m^2 · K/W
- Falls Innendämmung $0{,}5$ m^2 · K/W $< R \leq 1$ m^2 · K/W: $s_{d,i} \geq 0{,}5$ m der Innendämmung einschließlich raumseitiger Bekleidung

Wände in Holzbauart (DIN 68800-2)
- Beidseitig bekleidete oder beplankte Wände in Holzbauart mit vorgehängten Außenwandbekleidungen, raumseitig $s_{d,i} \geq 2$ m, außenseitig $s_{d,e} \leq 0{,}3$ m oder Holzfaserdämmplatte (DIN EN 13171); dies gilt auch für nicht belüftete Außenwandbekleidungen aus kleinformatigen Elementen, wenn auf der äußeren Beplankung eine zusätzliche wasserableitende Schicht mit $s_{d,e} \leq 0{,}3$ m aufgebracht ist
- Raumseitig bekleidete oder beplankte Wände in Holzbauart, raumseitig $s_{d,i} \geq 2$ m und mit WDVS aus mineralischem Faserdämmstoff (DIN EN 13162) oder Holzfaserdämmplatten (DIN EN 13171) und einem wasserabweisenden Putzsystem mit $s_d \leq 0{,}7$ m
- Beidseitig bekleidete oder beplankte Wände in Holzbauart, raumseitig $s_{d,i} \geq 2$ m sowie mit einer äußeren Beplankung $s_d \leq 0{,}3$ m in Verbindung mit einem WDVS aus mineralischem Faserdämmstoff (DIN EN 13162) oder Holzfaserdämmplatten (DIN EN 13171) sowie einem wasserabweisenden Putzsystem mit $s_d \leq 0{,}7$ m
- Beidseitig bekleidete oder beplankte Elemente mit WDVS aus Polystyrol oder Mauerwerks-Vorsatzschalen (DIN 68800-2)
- Massivholzbauart mit vorgehängten Außenwandbekleidungen oder WDVS (DIN 68800-2)

Holzfachwerkwände mit raumseitiger Luftdichtheitsschicht und
- Wärmedämmender Ausfachung (Sichtfachwerk) sowie Innenbekleidung mit 1 m $\leq s_{d,i} \leq 2$ m
- Innendämmung (über Fachwerk und Gefach, ohne Schlagregenbeanspruchung) mit $R \leq 0{,}5$ m^2 · K/W, falls $0{,}5$ m^2 · K/W $< R \leq 1$ m^2 · K/W: Wärmedämmschicht einschließlich der raumseitigen Bekleidung 1 m $\leq s_{d,i} \leq 2$ m
- Außendämmung (über Fachwerk und Gefach) als genormtes WDVS oder Wärmedämmputz, äußere Konstruktionsschichten mit $s_{d,e} \leq 2$ m, oder mit hinterlüfteter Außenwandbekleidung

Erdberührte Kelleraußenwände mit Bauwerksabdichtung
Aus einschaligem wärmedämmendem Mauerwerk oder Mauerwerk/Beton mit Perimeterdämmung

Bodenplatten mit Perimeterdämmung mit Bauwerksabdichtung

Der Anteil der raumseitigen Schichten darf höchstens 20 % des Gesamtwärmedurchlasswiderstandes der Bodenplatte betragen.

Nicht belüftete Dächer

Der Wärmedurchlasswiderstand der Bauteilschichten unterhalb einer raumseitigen diffusionshemmenden oder diffusionsdichten Schicht darf bei Dächern ohne rechnerischen Nachweis höchstens 20 % des Gesamtwärmedurchlasswiderstandes betragen.

- Mit Zwischensparrendämmung und gegebenenfalls Aufsparrendämmung und nicht belüftete Dächer mit Aufsparrendämmung (Abb. 13.10 und Tab. 13.3)
- Mit Aufsparrendämmung (Abb. 13.11 und Tab. 13.4)
- Mit von außen in das Gefach eingelegter und über den Sparren geführter diffusionsstrombegrenzender Schicht mit variablem s_d-Wert bei bestehenden Konstruktionen (Abb. 13.12)
- Mit diffusionsdichter Untersparrendämmung, ggf. in Kombination mit Zwischensparrendämmung (Abb. 13.13)
- Mit Dachabdichtung (Abb. 13.14)

  Bei diffusionssperrenden oder diffusionsdichten Dämmstoffen auf Massivdecken kann gegebenenfalls auf eine zusätzliche diffusionshemmende Schicht verzichtet werden. Zwischen der Schicht mit $s_{d,i}$ und der Dachabdichtung darf sich kein Holz oder Holzwerkstoff befinden.

- Aus Porenbeton (DIN EN 12602) mit Dachabdichtung und ohne diffusionshemmende Schicht an der Unterseite und ohne zusätzlicher Wärmedämmung
- Mit Dachabdichtung und Wärmedämmung oberhalb der Dachabdichtung, sog. „Umkehrdächer" (DIN 4108-2, -10)

Belüftete Dächer

- Dachneigung < 5° (Abb. 13.15)
  - Schichten unterhalb der diffusionsstrombegrenzenden Schicht: $R \leq 20$ % des Gesamtwärmedurchlasswiderstandes. Sparren-/Luftraumlänge ≤ 10 m
  - Lüftungsquerschnitt an mindestens zwei gegenüberliegenden Dachrändern: $Q \geq 2$ ‰ der zugehörigen geneigten Dachfläche, mindestens 200 cm^2/m
  - Höhe des freien Lüftungsquerschnitts innerhalb des Dachbereichs über der Wärmedämmschicht: $Q \geq 2$ ‰ der zugehörigen geneigten Dachfläche, mindestens 5 cm
- Dachneigung ≥ 5° (Abb. 13.16)
  - Freier Lüftungsquerschnitt an Traufe: $Q \geq 2$ ‰ der zugehörigen geneigten Dachfläche, mindestens 200 cm^2/m
  - Lüftungsquerschnitt an First und Grat: $Q \geq 0{,}5$ ‰ der zugehörigen geneigten Dachfläche, mindestens 50 cm^2/m

Abb. 13.10 siehe auch
Tab. 13.3. Nicht belüftete
Dächer (mit
Zwischensparrendämmung und
gegebenenfalls
Aufsparrendämmung oder nur
Aufsparrendämmung)

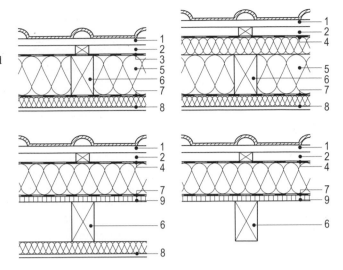

1   Belüftete Dachdeckung (Dachdeckung auf Trag- und Konterlattung) oder
    nicht belüftete Dachdeckung mit darunterliegender belüfteter Luftschicht
    (Dachdeckung auf Konterlattung, Schalung und Vordeckung) oder
    Dachabdichtung mit darunterliegender belüfteter Luftschicht (Dachab-
    dichtung auf Konterlattung und Schalung)

2   Belüftete Luftschicht

3   Unterdeckung, ggf. mit Schalung, $s_{d,e}$ s.u.

4   Unterdeckung und Aufsparrendämmung, $s_{d,e}$ s.u.

5   Zwischensparrendämmung

6   Sparren

7   Diffusionshemmende Schicht, $s_{d,i}$ s.u.

8   Raumseitige Bekleidung, ggf. mit Dämmung

9   Schalung

Tab. 13.3 Wasserdampfdiffusionsäquivalente Luftschichtdicke s_d von Schichten nicht belüfteter
Dächer (zu Abb. 13.10)

Wasserdampfdiffusionsäquivalente Luftschichtdicke s_d [m]	
außen $s_{d,e}$ [a]	innen $s_{d,i}$ [b]
$\leq 0,1$	$\geq 1,0$
$0,1 < s_{d,e} \leq 0,3$	$\geq 2,0$
$0,3 < s_{d,e} \leq 2,0$	$\geq 6 \cdot s_{d,e}$

[a] $s_{d,e}$ ist die Summe der Werte der wasserdampfdiffusionsäquivalenten Luftschichtdicken aller
Schichten, die sich oberhalb der Wärmedämmschicht bis zur ersten belüfteten Luftschicht befinden
[b] $s_{d,i}$ ist die Summe der Werte der wasserdampfdiffusionsäquivalenten Luftschichtdicken aller
Schichten, die sich unterhalb der Wärmedämmschicht befinden

Abb. 13.13 Nicht belüftete
Dächer (mit diffusionsdichter
Untersparrendämmung, ggf. in
Kombination mit
Zwischensparrendämmung)

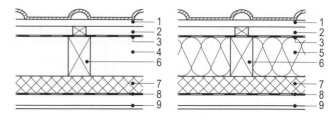

1 Belüftete Dachdeckung (Dachdeckung auf Trag- und Konterlattung) oder
nicht belüftete Dachdeckung mit darunterliegender belüfteter Luftschicht
(Dachdeckung auf Konterlattung, Schalung und Vordeckung) oder
Dachabdichtung mit darunterliegender belüfteter Luftschicht (Dachabdichtung auf Konterlattung und Schalung)

2 Belüftete Luftschicht

3 Unterdeckung, $s_{d,e} \leq 0{,}5$ m

4 Luftschicht

5 Zwischensparrendämmung

6 Sparren

7 Untersparrendämmung (diffusionsdicht)

8 Diffusionshemmende Schicht, $s_{d,i} \geq 10$ m

9 Raumseitige Bekleidung, ggf. mit Dämmung

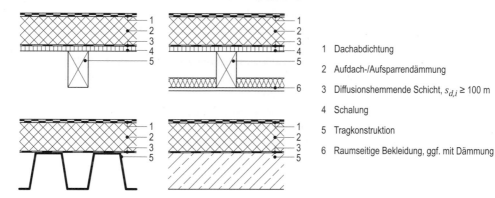

1 Dachabdichtung

2 Aufdach-/Aufsparrendämmung

3 Diffusionshemmende Schicht, $s_{d,i} \geq 100$ m

4 Schalung

5 Tragkonstruktion

6 Raumseitige Bekleidung, ggf. mit Dämmung

Abb. 13.14 Nicht belüftete Dächer (mit Dachabdichtung)

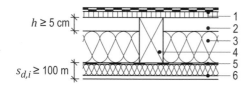

$h \geq 5$ cm

$s_{d,i} \geq 100$ m

1 Dachabdichtung auf Schalung

2 Belüftete Luftschicht

3 Zwischensparrendämmung

4 Sparren

5 Diffusionshemmende Schicht

6 Raumseitige Bekleidung mit Unterkonstruktion, ggf.
mit Dämmung

Abb. 13.15 Belüftete Dächer (Dachneigung < 5°)

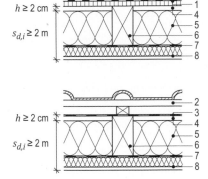

1   Nicht belüftete Dachdeckung (Dachdeckung auf Schalung und Vor-
    deckung) oder
    Dachabdichtung (Dachabdichtung auf Schalung)

2   Belüftete Dachdeckung (Dachdeckung auf Trag- und Konterlattung)

3   Unterspannung

4   Belüftungsebene

5   Zwischensparrendämmung

6   Sparren

7   Diffusionshemmende Schicht

8   Raumseitige Bekleidung, ggf. mit Dämmung

Abb. 13.16   Belüftete Dächer (Dachneigung $\geq 5°$)

13.2.5 Berechnungsbeispiele zum Nachweis des Tauwasserausfalls im Bauteilinneren

Gemäß der Ausführungen in den Abschn. 13.2.1 und 13.2.2 erfolgt für den Fall, dass ein zu untersuchendes Bauteil nicht in der Liste der unbedenklichen Bauteile enthalten ist (Abschn. 13.2.4), der weitere Nachweis im Wesentlichen in folgenden Schritten (Abb. 13.17).

Am Beispiel von zwei Außenbauteilen, die der DIN 4108-3 entnommen wurden, soll der Ablauf des Nachweises des Tauwasserausfalls im Bauteilinneren mit Hilfe des Glaser-Verfahrens erläutert werden.

a) **Außenwand**

Eine Bauteilskizze und die tabellarische Vorberechnung geben Abb. 13.18 und Tab. 13.5 wieder. Das Glaser-Diagramm für die Tauperiode enthält Abb. 13.19.

Das Glaser-Diagramm zeigt Tauwasserausfall zwischen der Wärmedämmschicht und der äußeren Spanplatte. Die Wasserdampf-Diffusionsstromdichte und die Tauwassermasse berechnen sich unter Beachtung des Diffusionsleitkoeffizienten nach Gl. (11.8) und der Klimarandbedingungen (Abschn. 13.2.1) nach Gl. (13.12) und (13.13) zu

$$g_c = 2 \cdot 10^{-10} \cdot \left(\frac{1168 - 437}{3,11} - \frac{437 - 321}{5,01 - 3,11} \right) = 3,48 \cdot 10^{-8} \, \text{kg} / \left(\text{m}^2 \cdot \text{s} \right)$$

$$M_c = 3,48 \cdot 10^{-8} \cdot 7776 \cdot 10^3 = 0,27 \, \text{kg} / \text{m}^2$$

Die baustoffbezogene zulässige Grenze der Tauwasserbildung wird nicht überschritten:

$$M_c = 0,27 \, \text{kg} / \text{m}^2 < M_{c,max} = 0,5 \, \text{kg} / \text{m}^2$$

Im nächsten Schritt ist zu prüfen, ob die Anforderungen an die Menge des in der Tauperiode ausfallenden Wassers eingehalten werden. Für Holzwerkstoffe gilt, dass der auf

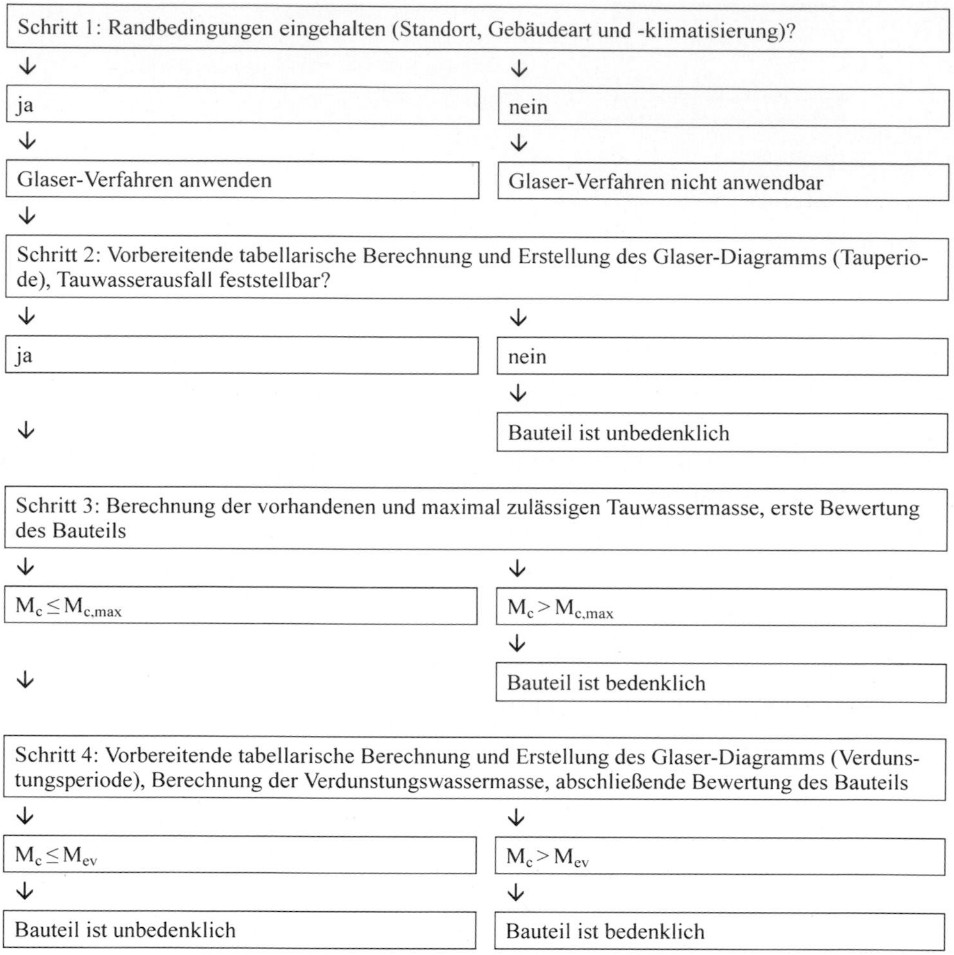

Schritt 1: Randbedingungen eingehalten (Standort, Gebäudeart und -klimatisierung)?	
↓	↓
ja	nein
↓	↓
Glaser-Verfahren anwenden	Glaser-Verfahren nicht anwendbar
↓	

Schritt 2: Vorbereitende tabellarische Berechnung und Erstellung des Glaser-Diagramms (Tauperiode), Tauwasserausfall feststellbar?	
↓	↓
ja	nein
	↓
↓	Bauteil ist unbedenklich

Schritt 3: Berechnung der vorhandenen und maximal zulässigen Tauwassermasse, erste Bewertung des Bauteils	
↓	↓
$M_c \leq M_{c,max}$	$M_c > M_{c,max}$
	↓
↓	Bauteil ist bedenklich

Schritt 4: Vorbereitende tabellarische Berechnung und Erstellung des Glaser-Diagramms (Verdunstungsperiode), Berechnung der Verdunstungswassermasse, abschließende Bewertung des Bauteils	
↓	↓
$M_c \leq M_{ev}$	$M_c > M_{ev}$
↓	↓
Bauteil ist unbedenklich	Bauteil ist bedenklich

Abb. 13.17 Ablauf des Nachweises zum Tauwasserausfall im Bauteilinneren

die Masse des Werkstoffs bezogene Wassergehalt um nicht mehr als 3 % zunehmen darf. Die Zunahme des massebezogenen Feuchtegehalts der Spanplatte beträgt:

$$\Delta u = \frac{M_c}{\rho \cdot d} \tag{13.39}$$

$$\Delta u = \frac{0,27}{700 \cdot 0,019} = 0,02 [-] = 2\,\%$$

Da beide Voraussetzungen erfüllt werden, kann im nächsten Schritt überprüft werden, ob die während der Tauperiode ausfallende Tauwassermasse in der Verdunstungsperiode wieder austrocknen kann. Hierzu wird zunächst das Glaserdiagramm für die Verdunstungs-

Tab. 13.5 Vorbereitende tabellarische Berechnung für das Glaser-Diagramm für die Tauperiode (Beispiel Außenwand)

Schicht	d [m]	μ [−]	s_d [m]	$\sum s_d/s_{d,T}$ [−]	λ [W/(m · K)]	R, R_{si}, R_{se} [m² · K/W]	θ [°C]	p_{sat} [Pa]
Raumluft	−	−	−	−	−	−		
							20,0	2337
Wärmeübergang innen	−	−	−	−	−	0,250		
							18,6	2142
Spanplatte V 20	0,019	50	0,95	0,190	0,127	0,150		
							17,8	2037
diffusionshemmende Schicht	$5 \cdot 10^5$	40000	2,00	0,589	−	−		
							17,8	2037
Mineralwolle	0,160	1	0,16	0,621	0,040	4,000		
							−4,0	437
Spanplatte V 100	0,019	100	1,90	1,000	0,127	0,150		
							−4,8	408
Wärmeübergang außen	−	−	−	−	−	0,040		
							−5,0	401
Außenluft	−	−	−	−	−	−		
Summe	$d_T =$ 0,1981m		$s_{d,T} =$ 5,01m			$R_T = 4{,}590$ m² · K/W		

Wärmedurchgangskoeffizient:	$U = 1/R_T = 1/4{,}590 = 0{,}218 \ \text{W/(m}^2 \cdot \text{K)}$
Wärmestromdichte:	$q = U \cdot (\theta_i - \theta_e) = 0{,}218 \cdot (20 - (-5)) = 5{,}447 \ \text{W/m}^2$

Abb. 13.18 Aufbau und Beschreibung des Bauteils (Beispiel Außenwand)

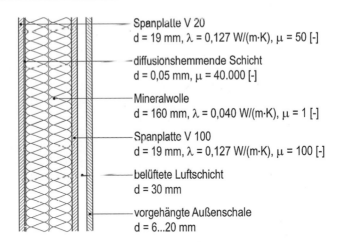

Spanplatte V 20
d = 19 mm, λ = 0,127 W/(m·K), μ = 50 [-]

–diffusionshemmende Schicht
d = 0,05 mm, μ = 40.000 [-]

Mineralwolle
d = 160 mm, λ = 0,040 W/(m·K), μ = 1 [-]

Spanplatte V 100
d = 19 mm, λ = 0,127 W/(m·K), μ = 100 [-]

belüftete Luftschicht
d = 30 mm

vorgehängte Außenschale
d = 6...20 mm

periode erstellt (Abb. 13.20) und danach die Wasserdampf-Diffusionsstromdichte und die Verdunstungswassermasse gemäß Gl. (13.14) und (13.15) berechnet.

$$g_{ev} = 2 \cdot 10^{-10} \cdot \left(\frac{1700 - 1200}{3,11} + \frac{1700 - 1200}{5,01 - 3,11} \right) = 8,48 \cdot 10^{-8} \ \text{kg} / \left(\text{m}^2 \cdot \text{s} \right)$$

$$M_{ev} = 8,48 \cdot 10^{-8} \cdot 7776 \cdot 10^3 = 0,659 \ \text{kg} / \text{m}^2$$

Die Bewertung des Bauteils führt zu dem Ergebnis, dass die Tauwasserbildung unschädlich ist, da die drei o. g. Bedingungen erfüllt sind:

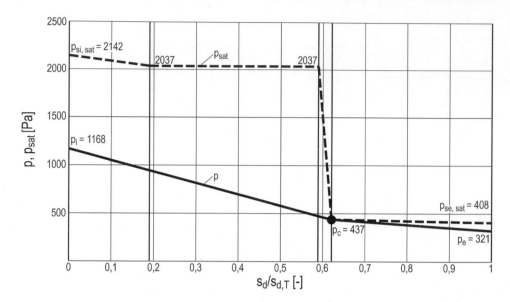

Abb. 13.19 Glaser-Diagramm für die Tauperiode (Beispiel Außenwand)

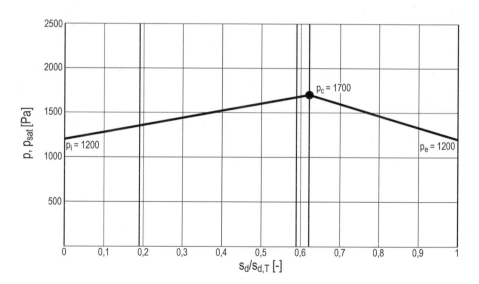

Abb. 13.20 Glaser-Diagramm für die Verdunstungsperiode (Beispiel Außenwand)

– Die zulässige Tauwassermasse wird nicht überschritten:

$$M_c = 0,27 \, kg \, / \, m^2 < M_{c,max} = 0,5 \, kg \, / \, m^2$$

– Die zulässige Zunahme des massebezogenen Feuchtegehaltes wird nicht überschritten:

$$\Delta u = 2 \, \% < \Delta u_{max} = 3 \, \%$$

– Die Tauwassermasse ist kleiner als die Verdunstungswassermasse:

$$M_c = 0,27 \, kg \, / \, m^2 < M_{ev} = 0,659 \, kg \, / \, m^2$$

b) **Beispiel Flachdach**

Das Glaser-Diagramm zeigt Tauwasserausfall zwischen der Wärmedämmschicht und der äußeren Spanplatte. Die Wasserdampf-Diffusionsstromdichte und die Tauwassermasse berechnen sich unter Beachtung des Diffusionsleitkoeffizienten nach Gl. (11.8) und der Klimarandbedingungen (Abschn. 13.2.1) nach Gl. (13.12) und (13.13) zu

$$g_c = 2 \cdot 10^{-10} \cdot \left(\frac{1168 - 412}{36,8} + \frac{412 - 321}{636,8 - 36,8} \right) = 4,078 \cdot 10^{-9} \, kg \, / \left(m^2 \cdot s \right)$$

$$M_c = 4,078 \cdot 10^{-9} \cdot 7776 \cdot 10^3 = 0,032 \, kg \, / \, m^2$$

Die baustoffbezogene zulässige Grenze der Tauwasserbildung wird nicht überschritten:

$$M_c = 0,032 \, kg \, / \, m^2 < M_{c,max} = 0,5 \, kg \, / \, m^2$$

Wasserdampf-Diffusionsstromdichte

$$g_{ev} = 2 \cdot 10^{-10} \cdot \left(\frac{2000 - 1200}{36,8} + \frac{2000 - 1200}{636,8 - 36,8} \right) = 4,614 \cdot 10^{-9} \, kg \, / \left(m^2 \cdot s \right)$$

Verdunstungswassermasse

$$M_{ev} = 4,614 \cdot 10^{-9} \cdot 7776 \cdot 10^3 = 0,036 \, kg \, / \, m^2$$

Die Bewertung des Bauteils führt zu dem Ergebnis, dass die Tauwasserbildung unschädlich ist, da die zwei o. g. Bedingungen erfüllt sind:

Tab. 13.6 Vorbereitende tabellarische Berechnung für das Glaser-Diagramm für die Tauperiode (Beispiel Flachdach)

Schicht	d [m]	μ [–]	s_d [m]	$\sum s_d/s_{d,T}$ [–]	λ [W/(m · K)]	R, R_{si}, R_{se} [m² · K/W]	θ [°C]	p_{sat} [Pa]
Raumluft	–	–	–	–	–	–	20,0	2337
Wärmeübergang innen	–	–	–	–	–	0,250		
Stahlbeton	0,18	70	12,6	0,020	2,100	0,086	18,4	2115
diffusionshemmende Schicht	0,002	10000	20	0,051	–	–	17,8	2037
							17,8	2037
Polystyrol-Partikelschaum	0,140	30	4,2	0,058	0,040	3,500		
Dachabdichtung	0,006	100000	600	1,000	–	–	–4,7	412
Wärmeübergang außen	–	–	–	–	–	0,040	–4,7	412
Außenluft	–	–	–	–	–	–	–5,0	401
Summe	d_T = 0,328m		$s_{d,T}$ = 636,8m			R_T = 3,876 m² · K/W		

Wärmedurchgangskoeffizient:	U = 1/R_T = 1/3,876 = 0,258 W/(m² · K)
Wärmestromdichte:	q = U · ($\theta_i - \theta_e$) = 0,258 · (20 – (–5)) = 6,45 W/m²

– Die zulässige Tauwassermasse wird nicht überschritten (Tab. 13.6):

$$M_c = 0,032\,\text{kg} / \text{m}^2 < M_{c,max} = 0,5\,\text{kg} / \text{m}^2$$

– Die Tauwassermasse ist kleiner als die Verdunstungswassermasse (Abb. 13.21, 13.22 und 13.23):

$$M_c = 0,027\,\text{kg} / \text{m}^2 < M_{ev} = 0,659\,\text{kg} / \text{m}^2$$

13.3 Maßnahmen gegen Tauwasserausfall im Bauteilinneren

Wenn Tauwasser im Inneren von Bauteilen zu erwarten wäre (s. Abschn. 13.2.1), kann entweder durch Veränderung der angrenzenden Klimate (sofern dies überhaupt möglich ist) oder durch nachstehende Maßnahmen am Bauteil die Tauwassergefahr gesenkt oder beseitigt werden:

a) **Verändern der Schichtenfolge**

Das Bestreben sollte sein, die Schichten so anzuordnen, dass deren s_d-Werte von innen nach außen abnehmen und deren Wärmedurchlasswiderstände von innen nach außen zunehmen, damit der Sattdampfdruck möglichst hoch verläuft (Abb. 13.24).

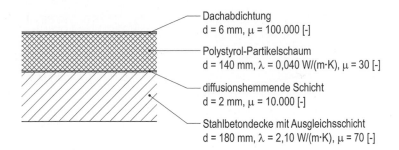

Abb. 13.21   Aufbau und Beschreibung des Bauteils (Beispiel Flachdach)

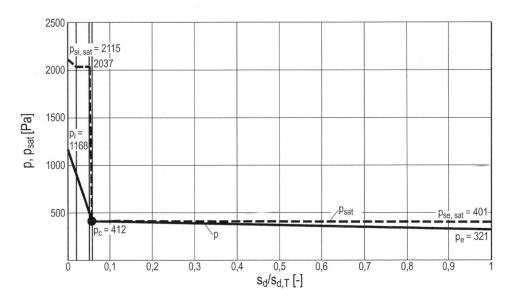

Abb. 13.22   Glaser-Diagramm für die Tauperiode (Beispiel Flachdach)

b) **Austausch von Baustoffen**

   Bei der Baustoffwahl wird auch über die Diffusionswiderstandszahl und die Wärmeleitfähigkeit entschieden (siehe a). Bei Innendämmung und bei Kerndämmung ist es
zur Vermeidung von Tauwasser in bestimmten Situationen günstig, Dämmstoffe mit
großen Diffusionswiderstandszahlen zu wählen. Die Auswahl des Diffusionswider-
standes von Innendämmungen hängt jedoch von der Feuchtebeanspruchung der Wand
z. B. durch Schlagregen ab und darf dann das Austrocknen auch nach innen nicht zu
sehr behindern. Die feuchtetechnische Betrachtung innengedämmter Konstruktionen
ist sehr komplex und muss im Einzelfall unter Berücksichtigung instationärer Verhältnisse detailliert untersucht werden. Bei homogenem Wandaufbau und bei außen liegender Wärmedämmung spielen die s_d-Werte der Schichten keine entscheidende Rolle.
Bei Flachdächern kann z. B. eine feucht gewordene Wärmedämmschicht dann ge-

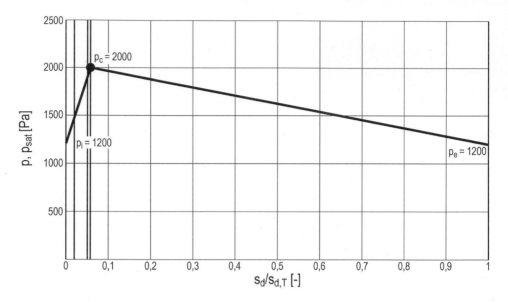

Abb. 13.23 Glaser-Diagramm für die Verdunstungsperiode (Beispiel Flachdach)

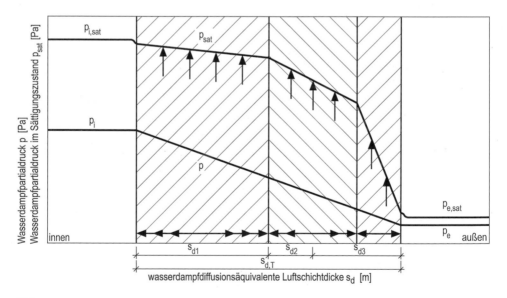

Abb. 13.24 Vermeidung der Tauwassergefahr durch sinnvolle Reihenfolge der Teilschichten in einem Bauteilquerschnitt

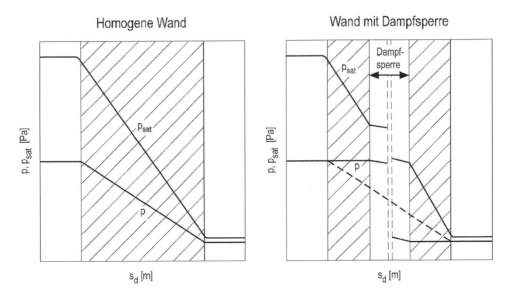

Abb. 13.25 Wirkung von Dampfbremsen bzw. Dampfsperren in Schichtenpaketen

legentlich belassen werden, wenn eine besonders wasserdampfdurchlässige Kunst-
stoffabdichtungsbahn anstelle einer Bitumenabdichtungsbahn eingesetzt wird. Allgemein sind diffusionsoffene Bauweisen von Vorteil, weil dadurch unbeabsichtigt
aufgenommene Feuchte schneller wieder abgegeben werden kann.

c) **Einbau von Dampfbremsen bzw. Dampfsperren**

Durch Einbau von Dampfbremsen ($10 \, \text{m} \leq s_d < 100 \, \text{m}$) und Dampfsperren ($s_d \geq 100 \, \text{m}$)
in ein Schichtenpaket wird der Dampfdruck in dem vor dem Diffusionsstrom ge-
schützten Bereich des Bauteils erniedrigt, im übrigen Bereich erhöht (Abb. 13.25).
Daher sollten solche Sperrschichten möglichst nahe an diejenige Bauteiloberfläche,
welche an das Tauwasser liefernde Klima angrenzt, gelegt werden. Auf mechanischen
Schutz der Abdichtungsschicht und auf das Vorliegen ausreichender Kondensatpuffer
an der Oberfläche ist unabhängig von diesem Grundsatz zu achten.

d) **Hinterlüften, Belüften**

Durch Hinterlüften innen oder außen liegender Schichten werden diese in Bezug auf
Wasserdampfdiffusion von dem übrigen Bauteil abgekoppelt. Das ist insbesondere bei
außen liegenden Schichten mit großen sd-Werten, z. B. Metallfassaden, sinnvoll oder
gar erforderlich. Oft wird dabei jedoch der Wärmeschutz des Bauteils verringert. Auch
müssen bestimmte Bedingungen erfüllt sein, wenn die Hinterlüftung wirksam sein
soll, wozu in Abschn. 11.3.2 weitere Angaben zu finden sind.

e) **Sicherstellung der Luftdichtheit**

Wenn Außenbauteile für strömende Luft durchlässig sind, kann im Winter mit von
innen nach außen strömender Luft in relativ kurzer Zeit viel Wasserdampf in Quer-
schnittsbereiche niedriger Temperatur transportiert werden, wo er sich dann als Tau-
wasserbelag niederschlagen kann. Daher müssen Außenbauteile luftdicht ausgebildet sein.

$$\frac{u}{u_f} = 1 + \frac{\ln\left(1 - \frac{x}{\bar{x}}\right)}{\ln\frac{\kappa_f}{\kappa_0}} \quad\quad (13.46)$$

Auf Abb. 13.27 sind Wassergehaltsprofile, berechnet mit Gl. (13.46), dargestellt. Der Abstand $\bar{x}$ von der wasserbelasteten zur luftbespülten Oberfläche wurde von 0,1 m bis zu 0,4 m variiert. Unter Verwendung der entsprechenden Daten von Beton wurde zu jeder Schichtdicke x die zugehörige Massenstromdichte gemäß Gl. (13.43) ermittelt und diese an dem betreffenden Wassergehaltsprofil angeschrieben. Weil die Massenstromdichte bei den hier vorgestellten Betrachtungen als konstant vorausgesetzt ist (stationärer Zustand), muss man sich vorstellen, dass das Flüssigwasser mit der jeweils angegebenen Feuchtestromdichte bei x = 0 in den Baustoff eindringt und bei x = $\bar{x}$ aus dem Baustoff austritt bzw. durch Verdampfen verschwindet.

13.4.2 Flüssigwassertransport und Diffusion in Serienschaltung

Normalerweise stellt sich in einer einseitig wasserbeaufschlagten, genügend feinporigen und wasserbenetzbaren Baustoffschicht in der Nähe der wasserabgewandten Seite eine trockene Zone geringer Dicke ein. In dieser nur hygroskopisch feuchten Schicht findet Wasserdampfdiffusion statt, während in der dem Wasser zugewandten Teilschicht

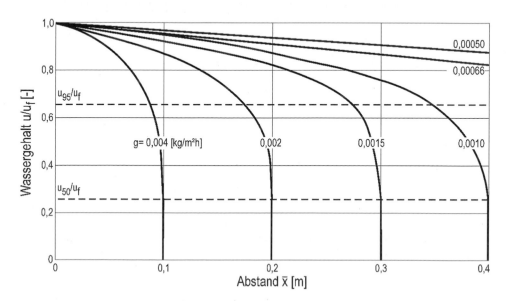

Abb. 13.27 Berechnete Wassergehaltsprofile für den Kapillartransportbereich bei einseitiger Wasserbenetzung einer Betonschicht

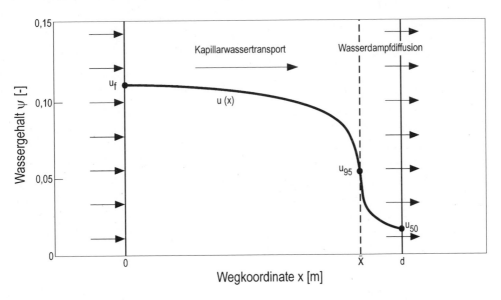

Abb. 13.28 Flüssigwassertransportbereich und Dampfdiffusionsbereich in einer einseitig wasser-benetzten, feinporigen Baustoffschicht

Flüssigwassertransport bestimmend ist (Abb. 13.28). Die Grenze zwischen diesen beiden Teilschichten habe die Koordinate $x = \overline{x}$, der Wassergehalt an dieser Stelle sei die Gleichgewichtsfeuchte zu 95 % relativer Luftfeuchte, also die obere Grenze des hygroskopischen Bereiches. Eine genaue Festlegung der relativen Luftfeuchte an dieser Grenze ist ohne große Bedeutung, da das Wassergehaltsprofil dort sehr steil verläuft. Im stationären Zustand, der hier betrachtet wird, müssen die Massenstromdichten in beiden Teilschichten gleich groß sein. Für diese gilt aber:

Flüssigwassertransport:

$$g_{FL} = \frac{\rho_W \cdot u_f \cdot \kappa_f}{\overline{x} \cdot \ln \dfrac{\kappa_f}{\kappa_0}} \qquad (13.47)$$

Diffusion:

$$g_D = \frac{\delta \cdot \Delta p}{\mu \cdot (d - \overline{x})} \qquad (13.48)$$

Das Gleichsetzen von Gl. (13.46) mit Gl. (13.47) liefert nach kurzer Zwischenrechnung:

$$\frac{\overline{x}}{d} = \frac{1}{1 + \dfrac{\delta \cdot \Delta p \cdot \ln \dfrac{\kappa_f}{\kappa_0}}{\mu \cdot \rho_W \cdot u_f \cdot \kappa_f}} \tag{13.49}$$

Wird das zweite Glied im Nenner der rechten Seite von Gl. (13.49) im Zähler und im Nenner um die beliebige Dicke d erweitert, so steht dort das Verhältnis der Massenstromdichten infolge Diffusion und infolge von Flüssigwassertransport in Schichten aus dem betreffenden Baustoff, wenn beide die gleiche Dicke d hätten. Das bedeutet:

$$\frac{\overline{x}}{d} = \frac{g_{FL}}{g_{FL} + g_D} \tag{13.50}$$

Weil der Flüssigwassertransport sehr viel leistungsfähiger ist als die Dampfdiffusion, hat das Dickenverhältnis $\overline{x} : d$ bei den meisten Baustoffen Werte zwischen 0,9 und 1,0. Wegen der geringen Dicke der Diffusionszone darf nun allerdings der an der Oberfläche zur Luft auftretende Übergangswiderstand nicht vernachlässigt werden. Für die Diffusionsstromdichte gilt dann anstelle von Gl. (13.48) genauer:

$$g_D = \frac{\Delta p}{\dfrac{\mu}{\delta} \cdot (d - \overline{x}) + \dfrac{1}{\beta_p}} \tag{13.51}$$

Wird Gl. (13.47) mit Gl. (13.51) gleichgesetzt und nach $\overline{x}$ aufgelöst, so ergibt sich:

$$\frac{\overline{x}}{d} = \frac{1 + \dfrac{\delta}{\mu \cdot \beta_p \cdot p}}{1 + \dfrac{\delta \cdot \Delta p \cdot \ln \dfrac{\kappa_f}{\kappa_0}}{\mu \cdot \rho_W \cdot u_f \cdot \kappa_f}} \tag{13.52}$$

Eine lufttrockene Diffusionszone ist vorhanden, solange $\overline{x}$ kleiner als d ist. Diese Bedingung eingesetzt in Gl. (13.52) führt zu der Ungleichung:

$$\frac{\rho_W \cdot u_f \cdot \kappa_f}{d \cdot \beta_p \cdot \Delta p \cdot \ln \dfrac{\kappa_f}{\kappa_0}} < 1 \tag{13.53}$$

Dies ist die Bedingung für einen wasserundurchlässigen Baustoff. Für diese Eigenschaft müssen also u_f und k_f möglichst klein und die Dicke d sowie die Verdunstungsstromdichte $\beta_p \times \Delta p$ möglichst groß sein. Wird Gl. (13.53) mit den Kennwerten der gebräuchlichen Baustoffe ausgeweitet, so wird deutlich, dass nur bei Beton diese Forderung sicher erreichbar ist, wie die Praxis mit wasserundurchlässigem Beton belegt.

Literatur

A) Aufsätze

1. Glaser, H.: Graphisches Verfahren zur Untersuchung von Diffusionsvorgängen. In: Kältetechnik, Heft 10 (1959), S. 345 bis 349
2. Jenisch, R.: Berechnung der Feuchtigkeitskondensation und die Austrocknung, abhängig vom Außenklima. In: Gesundheits-Ingenieur, Teil 1, Heft 9 (1971), S. 257 bis 284 und Teil 2, Heft 10 (1971), S. 299 bis 307

B) Normen und andere Regelwerke

3. DIN 4108: Wärmeschutz und Energie-Einsparung in Gebäuden
4. DIN 1101: Holzwolle-Leichtbauplatten und Mehrschicht-Leichtbauplatten als Dämmstoffe für das Bauwesen – Anforderungen, Prüfung. Ausgabe 2000-06

Instationärer Feuchtetransport in Bauteilen 14

Martin Homann

14.1 Wasserdampfspeicherung in Baustoffoberflächen

Findet in Räumen eine gleichmäßige Wasserdampfproduktion statt und liegt eine gleichmäßige Durchlüftung vor, hat die relative Luftfeuchte der Raumluft einen bestimmten Wert und die dem Wasserdampf zugänglichen Oberflächen der raumbegrenzenden Bauteile und der Raumausstattung haben einen bestimmten und konstanten Wassergehalt. Dessen Größe richtet sich nach der relativen Luftfeuchte der Raumluft, die sich hierbei eingestellt hat und kann nach den Ausführungen in Abschn. 10.1.3 berechnet werden (stationärer Zustand).

Erfolgt nun zusätzlich eine vorübergehende Feuchtefreisetzung im Raum, so erhöht sich in dieser Zeit, in der auch die relative Raumluftfeuchte ansteigt, in den genannten Oberflächen der Wassergehalt, um nach Beendigung der zusätzlichen Feuchteproduktion wieder zu fallen. Diese vorübergehende Feuchtespeicherung in den Festkörperoberflächen im Raum bremst den sonst zu erwartenden Anstieg der relativen Luftfeuchte und ist deshalb ein erwünschter Effekt.

Dabei sind die Fragen von Bedeutung, in welchem Maß eine bestimmte Oberfläche Wasserdampf speichern kann, wenn die Luftfeuchte ansteigt, und in welchem Maß ein Raum bei instationärer Feuchteproduktion mit speichernden Oberflächen ausgestattet werden muss, damit der Anstieg der Raumluftfeuchte einen bestimmten Grenzwert nicht überschreitet.

F. Otto [1] hat die Wasserdampfaufnahme von Baustoffproben bei einer Temperatur von 20 °C bei erhöhter Luftfeuchte durch Wiegen ermittelt. Für den Zeitverlauf der relativen Luftfeuchte wurden folgende Varianten ausgewählt:

M. Homann (✉)
Fachhochschule Münster, FB Bauingenieurwesen, Labor Bauphysik, Münster, Deutschland
E-Mail: mhomann@fh-muenster.de

© Springer Fachmedien Wiesbaden GmbH, ein Teil von Springer Nature 2022
W. M. Willems (Hrsg.), *Lehrbuch der Bauphysik*,
https://doi.org/10.1007/978-3-658-34093-3_14

Speicherung der Wassermoleküle an den Porenwandungen. Ist die Ursache der Speicherung ein spontaner Anstieg der Raumluftfeuchte zur Zeit t = 0 um den Betrag $\Delta\phi$, dann dringt dieser Vorgang mit guter Näherung proportional der Wurzel der Zeit in die Tiefe der Oberfläche ein, wobei der Stoffübergang und der Diffusionswiderstand des Baustoffes als Bremse wirken. Die Berechnung führt zu folgender Beziehung:

$$m_s\left(t\right) = \frac{\delta \cdot \rho_W \cdot \Delta u}{2 \cdot \mu \cdot \beta_p} \cdot \left(\sqrt{1 + \frac{\beta_p^{\ 2} \cdot 4 \cdot \mu \cdot p_{sat} \cdot \Delta\phi}{\delta \cdot \rho_W \cdot \Delta u} \cdot t} - 1 \right) \tag{14.2}$$

Diese Gleichung genügt der Bedingung

$$\text{für } t = 0 \rightarrow m_s\left(t\right) = 0$$

Vernachlässigt man den Stoffübergangswiderstand ($\beta p \rightarrow \infty$), so erhält man anstelle von Gl. (14.2):

$$\text{für } \beta_p \rightarrow \infty : m_s\left(t\right) = \sqrt{\frac{\delta \cdot \rho_W \cdot p_{sat} \cdot \Delta\phi \cdot \Delta u}{\mu} \cdot t} \tag{14.3}$$

Die Wasserdampfaufnahme bei spontaner Erhöhung der Raumluftfeuchte gehorcht also desto präziser dem Wurzel-Zeit-Gesetz, je größer der Stoffübergangskoeffizient und die Einwirkungsdauer sind. Dann kann in Analogie zum Wasseraufnahmekoeffizienten W_w (siehe Abschn. 11.2.3) ein Wasserdampfaufnahmekoeffizient W_D definiert werden:

$$\Delta m_D = W_D \cdot \sqrt{t} \tag{14.4}$$

Der Wasserdampfaufnahmekoeffizient kann gemessen und mit Gl. (14.3) abgeschätzt werden.

14.2 Kapillares Saugen bei begrenztem Wasserangebot

Bei einer Fassade mit saugfähiger Oberfläche und bei starkem Schlagregen kann beobachtet werden, dass zu Beginn einer Regenbelastung noch alles Wasser von der Oberfläche aufgesaugt wird. Nach einer gewissen Zeit beginnt dann nicht mehr aufgesaugtes Wasser an der Fassade der Schwerkraft folgend abzulaufen. Die Erklärung ist Abb. 14.2 zu entnehmen: Angenommen, der Schlagregen trifft mit gleichbleibender Massenstromdichte g_R auf die Fassadenfläche auf. Dann setzt das kapillare Saugen ein, das gemäß dem in Abschn. 11.2.3 erläuterten Saugversuch zu einer mit der Wurzel der Zeit zunehmenden Menge an aufgesaugtem Wasser führen würde, wenn immer genügend Wasser vorhanden wäre. Die Stromdichte g_B des Saugens ergibt sich durch Differenzieren von Gl. (11.21) nach der Zeit zu:

$$g_B = \frac{\delta}{\delta t} \cdot \left(W_w \cdot \sqrt{t} \right) = \frac{W_w}{2 \cdot \sqrt{t}} \qquad (14.5)$$

Diese Stromdichte g_B hat bei kleinen Zeiten, wie auf Abb. 14.2 dargestellt, sehr hohe Werte, welche mit zunehmender Zeit und Wassereindringtiefe allmählich kleiner werden. Die als konstant angenommene Regenstromdichte g_R ist in der Anfangsphase der Beregnung daher noch kleiner als das Saugvermögen m_B der beregneten Oberfläche. Deshalb wird anfangs aller auftreffende Regen von der Oberfläche aufgesaugt.

Der Zeitpunkt t_R, zu dem die Regenstromdichte g_R gerade so groß ist wie die Saugstromdichte g_B, ergibt sich durch Gleichsetzen der beiden Stromdichten:

$$g_R = g_B \left(t \right) = \frac{W_w}{2 \cdot \sqrt{t_R}} \qquad (14.6)$$

woraus folgt:

$$t_R = \frac{W_w^2}{4 \cdot \left(g_R \right)^2} \qquad (14.7)$$

Weil bei Kontakt von kapillar saugfähigen Baustoffen mit flüssigem Wasser sich der Wassergehalt u_f einstellt, kann die zur Zeit t_R erreichte Wassereindringtiefe x_R wie folgt angegeben werden:

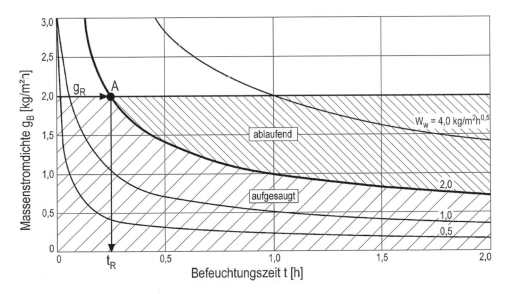

Abb. 14.2 Massenstromdichte g_B des kapillaren Saugens bei begrenztem und bei unbegrenztem Wasserangebot

$$x_R = \frac{m_R(t)}{\rho_W \cdot u_f} = \frac{g_R \cdot t_R}{\rho_W \cdot u_f} = \frac{W_W{}^2}{\rho_W \cdot u_f \cdot g_R} \cdot \frac{1}{4} \tag{14.8}$$

Auf Abb. 14.2 ist die Massenstromdichte g_B an einer saugenden Oberfläche als Funktion der Zeit in Abhängigkeit einiger Wasseraufnahmekoeffizienten W_w dargestellt. Wenn nun eine zeitlich konstante Schlagregenstromdichte g_R die Oberfläche belastet, so ergibt der Schnittpunkt der horizontalen Geraden für die Regenstromdichte mit der Hyperbel für die zeitlich veränderliche Stromdichte g_B des Saugvermögens des Baustoffs den Zeitpunkt t_R, an dem beide gleiches leisten können. Solange die Zeit t_R nicht erreicht ist, wird das Saugen vom Schlagregenangebot begrenzt, danach läuft ein Teil des Schlagregens an der Fassade ab, der andere Teil wird aufgesaugt.

Auf Abb. 14.2 ist für einen Baustoff mit einem Wasseraufnahmekoeffizienten von $W_w = 2$ kg/m²h^{0,5} und eine Schlagregenstromdichte g_R von 2 kg/m²h der Punkt gleicher Saugfähigkeit mit A bezeichnet. Er entspricht einer Beregnungszeit t_R von 0,25 Stunden, ab der Niederschlagswasser an der Fassade abzulaufen beginnt. Die zur Zeit t_R erreichte zugehörige Durchfeuchtungstiefe x_R kann mit Hilfe von Gl. (14.8) errechnet werden.

Aus Gründen der Materialerhaltung ist einerseits eine kleine Durchfeuchtungstiefe einer Fassadenfläche erwünscht, was eine geringe Wasseraufnahme der beregneten Oberfläche bedingt. Das hat aber ein Abfließen des nicht aufgesaugten Niederschlages zur Folge, der dann bei evtl. vorhandenen Rissen dort zu einer erhöhten Wasseraufnahme führt. An Fassaden mit unvermeidbaren Rissen, z. B. bei Sichtfachwerk, ist also ein Kompromiss erforderlich, weshalb für den Wasseraufnahmekoeffizienten W_w der Ausfachung von Sichtfachwerk der Wertebereich

$$0,3 \leq W_W \leq 2,0 \, \text{kg} / \text{m}^2 \text{h}^{0,5}$$

empfohlen wird [6].

14.3 Austrocknungs- und Befeuchtungsvorgänge

Von Krischer [2] an Porenbeton gemessene Wassergehaltsverteilungen beim Durchfeuchten infolge Wasserkontakt und beim Austrocknen in angrenzende Luft sind auf Abb. 14.3 dargestellt. Jeweils die rechtsseitige Oberfläche war wasserdicht, die Austrocknung bzw. die Befeuchtung erfolgt durch die linksseitige Oberfläche. Die Linien geben die Wassergehaltsprofile zu den angegebenen Zeiten wieder. Dazu sei folgendes bemerkt:

Der Wassergehalt im Porenbeton zu Beginn der Austrocknung lag infolge „gewaltsamer" Maßnahmen nahe der Porensättigung. Anschließend lag in der Probe ständig ein relativ kleines Wassergehaltsgefälle zu der Verdunstungsfläche hin vor. Die Austrocknungsgeschwindigkeit wird also offenbar von der Verdunstungsgeschwindigkeit des Wasserdampfes in die umgebende Luft bestimmt. Etwa ab der 14. Stunde sinkt der Wassergehalt in der Nähe der Oberfläche stark ab, die Porenbetonoberfläche hellt sichtbar auf.

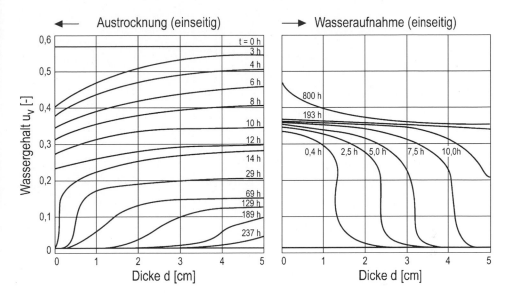

Abb. 14.3 Gemessene Wassergehaltsverteilungen in Porenbeton bei einseitiger Wasseraufnahme und bei einseitiger Austrocknung nach Krischer [2]

Nun wird weniger Wasser an der Oberfläche verdunstet. Der Knickpunkt in der Krischer'schen Knickpunktskurve ist erreicht (s. unten). Das weitere Austrocknen durch die in der Dicke laufend größer werdende, relativ trockene Oberflächenzone erfolgt nur noch nach dem Mechanismus Diffusion. Man erkennt das am konkaven Kurvenverlauf in Oberflächennähe, dessen Ausdehnung sich allmählich auf die ganze Probendicke erstreckt. Schließlich wird der kleine Wassergehalt erreicht, welcher das Gleichgewicht zur umgebenden feuchten Luft darstellt.

Zeichnet man die bei der Austrocknung eines kapillarporösen Baustoffes auftretende Massenstromdichte an der Verdunstungsfläche über der Zeit auf, erhält man die nach Krischer benannte Knickpunktkurve (Abb. 14.4): Die Stromdichte des Massenverlustes bleibt so lange weitgehend konstant, als der Körper bis zu seiner Oberfläche relativ feucht ist und der Nachschub aus dem Körperinneren leistungsfähiger ist als die Verdunstung. Das war beim Trocknungsprozess gemäß Abb. 14.3 in den ersten 15 Stunden der Fall. In dieser Zeit herrscht an der Körperoberfläche 100 % relative Luftfeuchte. Am Knickpunkt ist derjenige Wassergehalt erreicht, bei dem die Verdunstungsstromdichte nicht mehr voll durch kapillaren Nachschub befriedigt werden kann und der Wassergehalt und die relative Luftfeuchte an der Oberfläche stark zurückgehen. Bei einem Wassergehalt von $u_V = 0,08$ im Porenbeton tritt ein weiterer, wenig ausgeprägter Knick in der Kurve auf, weil jetzt nur noch reine Dampfdiffusion ohne beschleunigenden Flüssigwassertransport möglich ist.

Bei dem auf Abb. 14.3 dargestellten Befeuchtungsversuch war an der wasseraufnehmenden Oberfläche ständig flüssiges Wasser vorhanden. Deshalb hat sich dort zunächst der kennzeichnende Wassergehalt u_V eingestellt. Die Wassergehaltsprofile zu verschiedenen Zeiten zeigen deutlich die in den Porenbeton hinein fortschreitende Wasserfront,

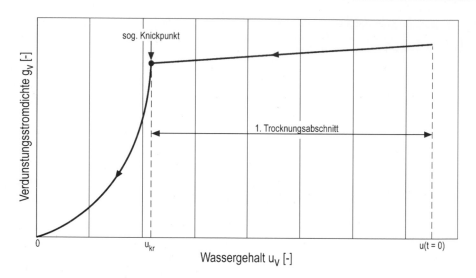

Abb. 14.4 Verdunstungsstromdichte g_V als Funktion der Zeit bei austrocknendem Porenbeton (Knickpunktkurve)

welche in Abschn. 13.4 erklärt ist. Die Wasseraufnahme gehorcht dem Wurzel-Zeit-Gesetz. Der Endzustand der Befeuchtung wird wesentlich schneller erreicht als der End-zustand der Austrocknung, nämlich nach etwa 10 Stunden anstatt nach etwa 200 Stunden. Die Wassergehaltsverteilung für 800 h zeigt, dass der Wassergehalt „freiwillige Wasser-aufnahme" langfristig nicht stabil ist, sondern dass allmählich Porensättigung eintritt.

Das Zusammenwirken von Diffusion und Flüssigwassertransport wird in Abb. 14.5 er-läutert: Die Berechnung simuliert das Austrocknen von 5 cm dickem Porenbeton, der als Ausgangsfeuchte den nach der Hydratation vorliegenden Wassergehalt $u_H = 0{,}14$ aufweist. Im Bildteil A sind die Wassergehaltsverteilungen für den Fall dargestellt, dass Diffusion und Flüssigwassertransport wie in der Realität zusammenwirken. Auf Bildteil B ist der hypothetische Fall nachgerechnet, dass nur Flüssigwassertransport möglich ist und keine Diffusion, auf Bildteil C der ebenfalls hypothetische Fall, dass nur Diffusion möglich ist. Eine 95 %ige Austrocknung ist nach folgenden Zeiten erreicht:

- Diffusion und Kapillarität: 8 Tage
- Nur Kapillarität (hypothetisch): 20 Tage
- Nur Diffusion (hypothetisch): 40 Tage

Dass der reale Fall des Zusammenwirkens von Kapillarität (bei den höheren Feuchten) und Diffusion (bei den niederen Feuchten) zur kleinsten Austrocknungszeit führt, kann damit erklärt werden, dass bei niedrigen Wassergehalten die Wasserdampfdiffusion leis-tungsfähiger ist als der Flüssigwassertransport.

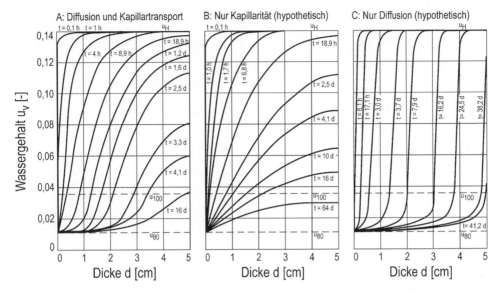

Abb. 14.5 Berechnete Wassergehaltsverteilungen in austrocknendem Porenbeton, sofern Wasserdampfdiffusion und Flüssigwassertransport gemeinsam und getrennt wirken würden

14.4 Instationäre Feuchtebewegungen in Bauteilen

Im allgemeinen Fall sind bei Feuchtebewegungen in Bauteilen die Transportmechanismen Wasserdampfdiffusion und kapillarer Wassertransport gleichzeitig wirksam, die Feuchtespeicherung erfolgt adsorptiv und durch Kapillarkondensation, das Bauteil setzt sich aus Schichten verschiedener Baustoffe zusammen und Wassergehalt sowie Temperatur im Bauteil und die Randbedingungen an den Bauteiloberflächen sind ausgeprägt instationär. Die instationären Feuchte- und Wärmebewegungen auf Basis von Feuchte- und Wärmebilanzen in mehrschichtigen Bauteilen sind aufwendig und können mit Computerprogrammen, z. B. mit WUFI [3] oder Delphin [4], berechnet werden. Zwei Merkblätter der Wissenschaftlich-Technischen Arbeitsgemeinschaft für Bauwerkserhaltung und Denkmalpflege [7, 8] enthalten Hinweise zur Durchführung hygrothermischer Simulationsberechnungen.

Als Eingabe- und Berechnungsparameter für Computerprogramme wie WUFI müssen u. a. Angaben zu den Bauteilen vorliegen (Tab. 14.2). Dazu gehören z. B. die Baustoffauswahl und die Orientierung der Bauteile. Außerdem werden Angaben zu den Oberflächenübergangseigenschaften benötigt und die als Anfangsbedingungen zu verwendenden Temperaturen und Wassergehalte müssen bekannt sein, können aber auch oft frei gewählt werden, weil nach einiger Zeit die Anfangsbedingungen keinen Einfluss mehr haben. Als Randbedingungen für feuchtetechnische Simulationsberechnungen werden Angaben zum Außen- und Innenklima benötigt und es sind weitere Einstellungen zur Programmsteuerung und Programmnumerik erforderlich.

Tab. 14.2 Eingabe- und Berechnungsparameter für Computerprogramme, z. B. WUFI [3]

Kriterium	Kenngröße	
Bauteil/ Baustoffe	Schichtdicke d, in m	
	Wärmespeicherung	Rohdichte ρ_s, in kg/m³ spezifische Wärmekapazität (trocken) $c_{p,s}$, in J/(kg · K)
	Wärmetransport	Wärmeleitfähigkeit (trocken) λ_0, in W/(m · K) Flüssigwassergehalt w, in kg/m³ Wärmeleitfähigkeit (feuchteabhängig) $\lambda(w)$, in W/(m · K) Wärmeleitfähigkeitszuschlag $b(u)$, in %/M.-% Wärmeleitfähigkeit (temperaturabhängig) $\lambda(\theta)$, in W/(m · K) Wärmeleitfähigkeitszuschlag $b(\theta)$, in W/m · K²
	Feuchtespeicherung (hygroskopischer Bereich)	Gleichgewichtsfeuchte (Sorptionsisotherme) $w(\phi)$, in kg/m³ Ausgleichsfeuchte w_{80}, in kg/m³
	Feuchtespeicherung (überhygroskopischer Bereich)	Feuchtespeicherfunktion (Saugdruckkurve) $w(p_c)$, in kg/m³ freie Wassersättigung w_f, in kg/m³ maximale Wassersättigung w_{max}, in kg/m³
	Feuchtetransport (Wasserdampf-diffusion)	Diffusionsleitkoeffizient für Luft δ_a, in kg/(m · h · Pa) absolute Temperatur T, in K Luftdruck p, in Pa Wasserdampf-Diffusionswiderstandszahl $\mu(\phi)$, [−] Wasserdampf-Diffusionswiderstandszahl μ_{dry}, [−] Wasserdampf-Diffusionswiderstandszahl μ_{wet}, [−]
	Feuchtetransport (Flüssigwasser-transport)	Flüssigwassertransportkoeffizient (Saugspannung) κ_l in kg/(m · s · Pa) Flüssigwassertransportkoeffizient (Wassergehalt) D_w, in m²/s Flüssigwassertransportkoeffizient (relative Luftfeuchte) D_ϕ, in kg/(m · s)
	Porosität ε, [−]	
	Enthalpie H, in J/kg	
Bauteil/Quellen und Senken	Wärme	
	Feuchte	
	Luftwechsel	

(Fortsetzung)

Tab. 14.2 (Fortsetzung)

Kriterium	Kenngröße	
Bauteil/ Orientierung	Himmelsrichtung der außenseitigen Bauteiloberfläche	
	Bauteilneigung über der Horizontalen α, in °	
	Bauteilhöhe über Geländeoberfläche h, in m	
	Schlagregenkoeffizienten R_1 und R_2, [–]	
Bauteil/ Oberflächen- übergang	Wärmeübergangskoeffizient innen h_i und außen h_e, in W/m$^2 \cdot$ K	
	Wasserdampfübergangskoeffizient innen β_i und außen β_e, in kg/(m$^2 \cdot$ s $\cdot$ Pa)	
	wasserdampfdiffusionsäquivalente Luftschichtdicke innen $s_{d,i}$ und außen $s_{d,e}$, in m	
	kurzwellige Strahlungsabsorptionszahl außen, [–]	
	langwellige Strahlungsabsorptionszahl außen, [–]	
	Regenwasserabsorptionszahl außen, [–]	
	terrestrischer kurzwelliger Absorptionsgrad, [–]	
	bei expliziter Strahlungsbilanz	terrestrischer langwelliger Absorptionsgrad, [–]
		terrestrischer langwelliger Reflexionsgrad, [–]
		Bewölkungsgrad, [–]
Bauteil/ Anfangs- bedingungen	relative Anfangsfeuchte im Bauteil ϕ, in %	
	Anfangstemperatur im Bauteil θ, in °C	
	Anfangswassergehalt in den einzelnen Baustoffschichten w, in kg/m^3	
Klima/ Außenklima (Standort)	Temperatur θ, in °C	
	relative Luftfeuchte ϕ, in %	
	Sonnenstrahlung I, in W/m^2	
	Luftdruck p, in hPa	
	atmosphärische Gegenstrahlung A, in W/m^2	
	Proportionalitätsfaktor r_s, in s/m	
	Windgeschwindigkeit v, in m/s	
	Normalregenmenge R_N, in mm/h	
	Niederschlagsabsorptionszahl α_r, [–]	
	senkrechte Regenmenge R, in 1/m$^2 \cdot$ h	
Klima/ Innenklima	Temperatur θ, in °C	
	Amplitude $\Delta\theta$, in °C	
	relative Luftfeuchte (Mittelwert) ϕ, in %	
	Amplitude $\Delta\phi$, in %	
Programm- steuerung	Startdatum und -uhrzeit des Berechnungszeitraums	
	Enddatum und -uhrzeit des Berechnungszeitraums	
	Rechenzeitschritt Δt, in h	
Programm- numerik	Berechnungsart (Wärmetransportberechnung/Feuchtetransportberechnung)	
	Wärmeleitfähigkeit (temperatur- und feuchteabhängig/konstant)	
	hygrothermische Sondereinstellungen	ohne Kapillarleitung
		ohne Latentwärme dampfförmig-flüssig
		ohne Latentwärme flüssig-fest
	numerische Parameter (erhöhte Genauigkeit/Konvergenzverbesserung/Gitterstruktur)	
	adaptive Zeitsteuerung in Schritten und Stufen	
	Geometrie kartesisch oder radialsymmetrisch	

Mit Hilfe von Berechnungen zu instationären Wärme- und Feuchtebewegungen können viele Aussagen getroffen werden, z. B. zu Gesamtwassergehalten in Bauteilen, zu Wassergehalten in einzelnen Baustoffschichten und zur Entwicklung von Wassergehalten im Laufe mehrerer Jahre. Die Prognose möglicher Feuchteschäden kann dadurch erleichtert werden. Dies soll an einem Beispiel gezeigt werden.

Nicht belüftete, zwischensparrengedämmte Flachdächer in Holzbauweise können eine feuchtekritische Konstruktion darstellen, wenn der Feuchtegehalt in der Konstruktion infolge eindringender Feuchte oder zu hoher Baufeuchte zu groß ist. Ein Entweichen der Feuchte wird möglicherweise dadurch verhindert, dass auf der Unterseite der Konstruktion eine wasser-dampfdiffusionshemmende Schicht und auf der Oberseite der Konstruktion eine Abdichtungsschicht mit jeweils zu hohem Wasserdampfdiffusionswiderstand angeordnet sind. Von verschiedenen Fachleuten [5] wird daher vorgeschlagen, eine nicht belüftete, zwischen-sparrengedämmte Flachdachkonstruktion nach den sogenannten sieben goldenen Regeln zu errichten (Abb. 14.6). Durch Festlegung weiterer Faktoren wie Strahlungsabsorption auf der Dachaußenfläche soll sichergestellt werden, dass es in solchen Dächern auch ohne feuchtetechnische Nachweisberechnungen nicht zur Feuchteakkumulation kommt. Dies wird durch instationäre hygrothermische Berechnungen bestätigt (Abb. 14.7): Wählt man als Untersuchungsgegenstand die im Dachaufbau enthaltene Holzwerkstoffplatte (OSB) aus, so ist zu sehen, dass der massebezogene Feuchtegehalt über viele Jahre hinweg unter der Grenze von $u = 18~\%$ liegt. Dieser Grenzwert ist DIN 68800-2 [9] für OSB/3-Platten in Feuchtebereichen der Gebrauchsklasse 0 zu entnehmen. Ausgehend von einer Einbaufeuchte $u = 15~\%$ zeigt das Diagramm, dass die Strahlungsabsorptionsfähigkeit der Dachoberfläche von großen Einfluss auf die feuchtetechnische Situation innerhalb der Konstruktion und insbesondere der OSB-Platte ist. Weniger gra-

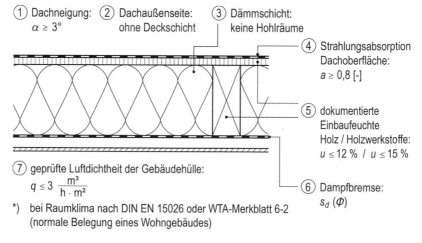

Abb. 14.6 Aufbau eines Flachdachs in Holzbauweise mit Zwischensparrendämmung (ohne Deckschicht) nach den sogenannten sieben goldenen Regeln

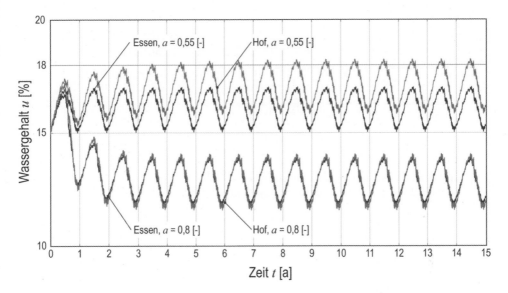

Abb. 14.7 Wassergehalt in der OSB-Platte eines Flachdachs in Holzbauweise mit Zwischensparrendämmung (ohne Deckschicht) für die Standorte Essen und Hof sowie mit unterschiedlichen Strahlungsabsorptionsgraden für die Oberfläche

vierend, jedoch erkennbar ist der Einfluss eines Standortes mit gemäßigtem Klima (Essen) gegenüber einem Standort mit ausgeprägterem Klima (Hof). Streng genommen liegt der Wassergehalt in der OSB-Platte einer Flachdachkonstruktion in Hof mit einem Strahlungsabsorptionsgrad von $\alpha = 0,55$ knapp über $u = 18\ \%$.

Niedrige Strahlungsabsorptionsgrade liegen z. B. dann vor, wenn das Dach eine Deckschicht in Form einer Bekiesung oder Begrünung aufweist oder wenn das Dach verschattet wird. Der somit ungünstige Einfluss auf die feuchtetechnische Situation im Dach kann z. B. durch eine zusätzliche Dämmstoffschicht kompensiert werden (Abb. 14.8). Hier zeigen die Berechnungen (Abb. 14.9), dass der Wassergehalt in der OSB-Platte mit zunehmender Dämmstoffdicke sinkt und bei ungünstigem Klima und dünner Zusatzdämmung im Laufe der Zeit so weit steigt, dass der zulässige Wassergehalt überschritten wird.

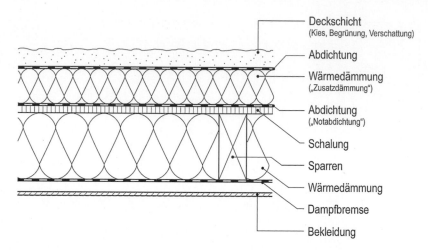

Abb. 14.8 Aufbau eines Flachdachs in Holzbauweise mit Zwischensparrendämmung und außenseitiger Deckschicht

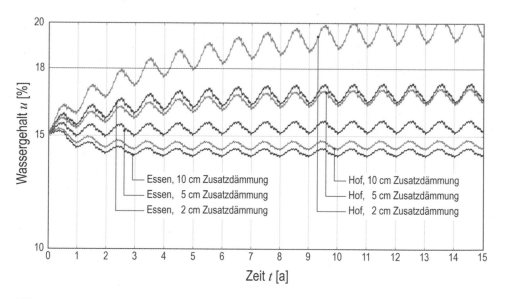

Abb. 14.9 Wassergehalt in der OSB-Platte eines Flachdachs in Holzbauweise mit Zwischensparrendämmung und außenseitiger Deckschicht für die Standorte Essen und Hof sowie mit unterschiedlichen Dicken der Zusatzdämmung

---

Literatur

A) Bücher und Broschüren

1. Otto, F.: Einfluss von Soiptionsvorgängen auf die Raumluftfeuchte. Diss. Universität Kassel, 1995
2. Krischer, O.; Kast, W.: Die wissenschaftlichen Grundlagen der Trocknungstechnik. 3. Aufl. Berlin/Heidelberg/New York: Springer-Verlag, 1978

3. Fraunhofer Institut Bauphysik: WUFI-Wärme und Feuchte instationär; PC-Programm zur Berechnung des gekoppelten Wärme- und Feuchtetransports in Bauteilen.
4. Technische Universität Dresden: Delphin. Simulationsprogramm für den gekoppelten Wärme-, Feuchte- und Stofftransport in kapillarporösen Baustoffen
5. Arbeitskreis Ökologischer Holzbau e.V. (AKÖH) (Herausgeber): Holzschutz und Bauphysik. Tagungsband des 2. Internationalen Holz(Bau) Physik-Kongresses. Leipzig 2011

B) Normen und andere Regelwerke

6. Bundesverband Porenbetonindustrie e.V.: Bericht 9 – Ausmauerung von Holzfachwerk. Ausgabe Dezember 2000
7. Wissenschaftlich-Technische Arbeitsgemeinschaft für Bauwerkserhaltung und Denkmalpflege e.V.: Merkblatt 6-1-01/D; Leitfaden für hygrothermische Simulationsberechnungen. Ausgabe Mai 2002
8. Wissenschaftlich-Technische Arbeitsgemeinschaft für Bauwerkserhaltung und Denkmalpflege e.V.: Merkblatt 6-2; Simulation wärme- und feuchtetechnischer Prozesse. Ausgabe 2014-12
9. DIN 68800 Teil 3: Vorbeugender Schutz von Holz mit Holzschutzmitteln. Ausgabe 1990-042012-02

Hygrische Beanspruchung von Bauteilen 15

Martin Homann

15.1 Quellen und Schwinden der Baustoffe

Definitionsgemäß ist Schwinden bzw. Quellen von Baustoffen die Volumenänderung oder Längenänderung als Folge von Austrocknung bzw. Wasseraufnahme. Die meisten Baustoffe zeigen ein reversibles Quellen und Schwinden als Folge wechselnder Wassergehalte, manche Baustoffe zusätzlich ein irreversibles Anfangsschwinden, wie frisches Holz oder neue zementgebundene Bauteile, wenn sie erstmalig austrocknen.

Auf Abb. 15.1 sind die Minimal- und die Maximalwerte der Vertikalverformungen von Außenwänden aus fünf verschiedenen Mauerwerksarten als Folge der möglichen Ursachen vergleichend nebeneinander gestellt. Die Verformung ist als Höhenänderung bezogen auf 1 m Höhe angegeben. Das Schwinden und Quellen der Baustoffe ist also in der Regel nur für einen gewissen Anteil der Formänderungen eines Bauteils ursächlich und kann in relativ weiten Grenzen schwanken.

Da die durch Quellen und Schwinden ausgelösten Längenänderungen Δl proportional der betroffenen Länge l_0 sind, ist es sinnvoll, das Ausmaß des Quellens und Schwindens durch die hygrische Dehnung ε_h zu beschreiben:

$$\varepsilon_h = \Delta l / l_0 \qquad (15.1)$$

Die hygrische Dehnung hängt von der Größe der Wassergehaltsänderung ab. Auf Abb. 15.2 ist die reversible hygrische Dehnung ε_h von Kiefern- und Buchenholz in den drei natürlichen Richtungen eines Stammes in Abhängigkeit von der Holzfeuchte u dargestellt. Zwischen der hygrischen Dehnung und dem Wassergehalt besteht demgemäß bei Holz Pro-

M. Homann (✉)
Fachhochschule Münster, FB Bauingenieurwesen, Labor Bauphysik, Münster, Deutschland
E-Mail: mhomann@fh-muenster.de

© Springer Fachmedien Wiesbaden GmbH, ein Teil von Springer Nature 2022
W. M. Willems (Hrsg.), *Lehrbuch der Bauphysik*,
https://doi.org/10.1007/978-3-658-34093-3_15

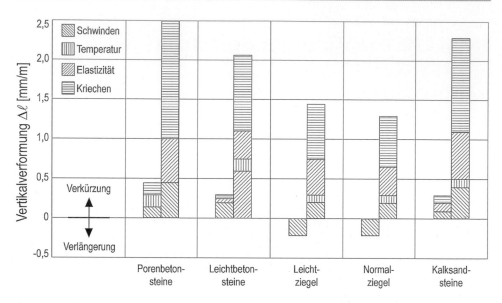

Abb. 15.1 Vertikalverformung Δl verschiedener Mauerwerksarten [1]

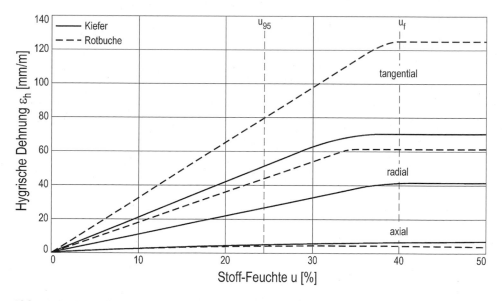

Abb. 15.2 Reversible hygrische Dehnung ε_h von Holz als Funktion des Wassergehalts [2]

portionalität, sofern die Feuchte 40 % nicht übersteigt. Bei dieser Stoff-Feuchte, welche als Fasersättigungsfeuchte bezeichnet wird und dem Wassergehalt uf entspricht, ist das Zellgerüst des Holzes vollständig gequollen, und eine weitere Wasseraufnahme des Holzes erfolgt nur noch in die Zellhohlräume ohne weitere Quellung (Übersättigungsbereich).

Auf den Abb. 15.3 und 15.4 sind die reversiblen hygrischen Dehnungen als Funktion der Stoff-Feuchte für einige Natursteine und einige künstliche Steine dargestellt. Die Gleichgewichtsfeuchte zu 90 % relativer Luftfeuchte ist jeweils durch einen Punkt am Kurvenverlauf angedeutet. Dadurch erkennt man, dass bei Porenbeton und bei Kalksandstein die hygrischen Dehnungen auf den hygroskopischen Wassergehaltsbereich beschränkt sind, bei den betrachteten Natursteinen und bei Klinkern jedoch nicht. Auch sind die Kurven gekrümmt, d. h. einer bestimmten Feuchteänderung entspricht nicht stets die gleiche Dehnungsänderung, wie es gemäß Abb. 15.2 für Holz typisch ist. Es gilt hier:

$$\varepsilon_h = f(u) \tag{15.2}$$

Auf Abb. 15.5 ist das durch Austrocknen von jungem Beton in Luft von 50 % und 70 % relativer Luftfeuchte bedingte irreversible Schwinden als Funktion der Zeit dargestellt. Das sogenannte Endschwindmaß ε_h beschreibt das gesamte noch zu erwartende Schwinden bis zum Gleichgewichtszustand. Aus dieser DIN 4227 [5] entnommenen Darstellung geht hervor, dass dünne Querschnitte rascher schwinden als dicke und dass in einer Umgebung mit höherer Luftfeuchte ein geringeres Schwinden auftritt. Ferner erkennt man, dass im Alter von 90 Tagen erst ein Bruchteil der hygrischen Dehnung eingetreten ist. Die dargestellten Kurven gelten für unter Normaltemperatur erhärteten Beton üblicher Beschaffenheit.

Nur wenn Schwinden bei großen Längenabmessungen auftritt und sich ohne Behinderung vollziehen kann, wirkt es sich in merklichen Längenänderungen aus. Zum Beispiel ist bei Stützen und Balken aus Beton nur die Schwindverformung in der Längsrichtung und bei Betonplatten nur in Breiten- und Längenrichtung von bautechnischem Interesse.

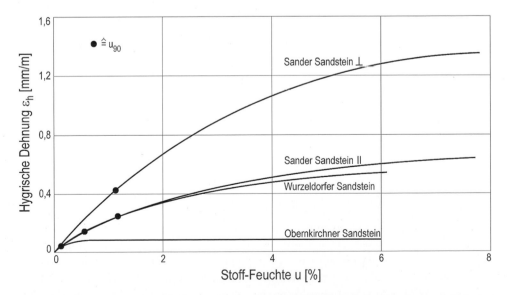

Abb. 15.3 Reversible hygrische Dehnung ε_h von Natursteinen als Funktion des Wassergehalts [3]

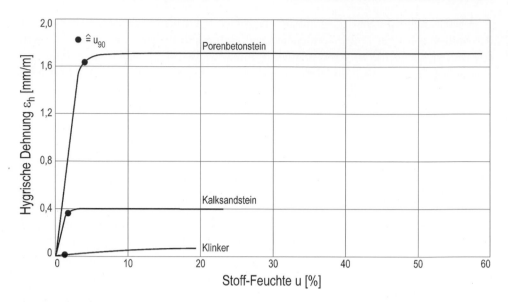

Abb. 15.4 Reversible hygrische Dehnung ε_h von künstlichen Steinen als Funktion des Wassergehalts [3]

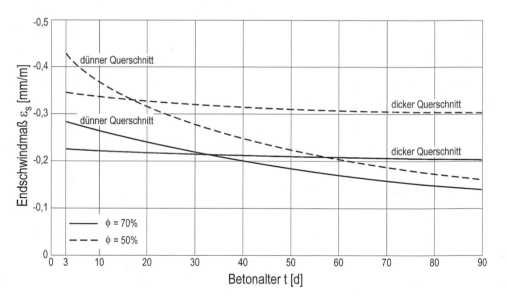

Abb. 15.5 Irreversibles Endschwindmaß ε_s junger Betonbauteile gemäß DIN 4227

Das Gegenteil gilt für das Quellen und Schwinden von Holz, das in Faserrichtung unbedeutend ist, jedoch senkrecht zur Faser ausgeprägt auftritt und beachtet werden muss.

Bei behinderter Längenänderung kommt es zu Spannungen, unter Umständen zu Rissbildungen: Wird eine angestrebte hygrische Dehnung in vollem Umfang unterbunden,

d. h. muss sie durch eine spannungsbedingte Dehnung kompensiert werden, dann gilt bei elastischen Baustoffen:

$$-\varepsilon_h = \varepsilon_\sigma = \frac{\sigma}{E} \qquad (15.3)$$

Die statt der Verformung auftretende hygrische Spannung wird also durch

$$\sigma_h = E \cdot \varepsilon_h \qquad (15.4)$$

angegeben. Bemerkenswert ist, dass diese Spannung von der Länge des dehnungsbehinderten Bauteils unabhängig ist.

Als weiteres Beispiel für das meist komplexe Verhalten von Baustoffen unter Mitwirkung hygrischer Spannungen zeigt Abb. 15.6 das gegensätzliche Krümmen eines Streifens aus Metall und eines Holzbrettes, nachdem diese von oben her, z. B. durch Sonneneinstrahlung, erwärmt wurden. Das Metall krümmt sich buckelförmig, weil es oberseitig wärmer ist als unterseitig. Das Holz krümmt sich schüsselförmig, weil die oberseitige Austrocknung eine größere Verkürzung erzeugt als die Ausdehnung durch das oberseitige Erwärmen.

Die vorstehenden Ausführungen zeigen, dass sich den hygrisch bedingten Verformungen in der Regel weitere Verformungen überlagern: Die elastischen Formänderungen einschließlich der statischen Randbedingungen, die Temperatureinwirkung sowie Kriech- bzw. Relaxationsvorgänge, welche Spannungen bzw. Verformungen wieder abbauen können. Außerdem sind die Elastizitätsmoduln der Baustoffe in der Regel wassergehaltsabhängig und Wassergehaltsverteilungen in Bauteilquerschnitten sehr zeitveränderlich.

15.2 Verformungen und Risse in Mauerwerk zwischen Betondecken

Die im Büro- und Wohnungsbau bevorzugt praktizierte Bauweise ist die Kombination von Wänden aus Mauerwerk mit Ortbetondeckenplatten. Würden die Mauerwerkswände in gleichem Maße und mit gleicher Geschwindigkeit schwinden wie die Betondecken, wären

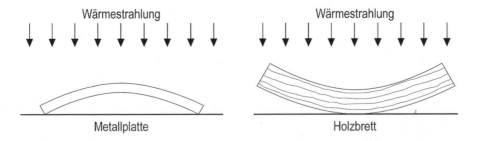

Abb. 15.6 Krümmung eines Holzbrettes und einer Metallplatte infolge Wärmestrahlung von oben

hygrische Spannungen und Verformungen in dieser Bauteilkombination nicht zu befürchten. Welche Verformungen und welche Risse zu erwarten sind, wenn die Betondecken stärker oder schneller schwinden als das Mauerwerk, ist im unteren Teil von Abb. 15.7 schematisch dargestellt, wobei die Verformungen zur Verdeutlichung übertrieben wiedergegeben sind. Wenn umgekehrt das Mauerwerk stärker oder schneller schwindet als die Betondecke, treten die im oberen Bildteil gezeigten Verformungen und Risse auf. Beide sind im obersten Geschoss am stärksten ausgeprägt und nehmen nach unten hin ab, weil die senkrechten Pressungen der Wände durch die darüber befindliche Auflast nach unten hin zunehmende Querdehnungen bewirken, welche einer Rissbildung entgegenwirken. Bei geringer Auflast ist nach Pfefferkorn [4] dann mit vertikalen Rissen im Mauerwerk zu rechnen, wenn das Anfangsschwindmaß des Mauerwerks dasjenige der Betondecke um mehr als $\Delta \varepsilon_s = 0{,}2$ mm überschreitet.

Für das irreversible Anfangsschwinden der in Frage kommenden Baustoffe können etwa folgende Rechenwerte angegeben werden:

Mauer-Ziegel	$\varepsilon_s = 0$ mm/m
Beton	$\varepsilon_s = -0{,}2$ mm/m
Kalksandsteine, Porenbeton	$\varepsilon_s = -0{,}4$ mm/m
Leichtbetonsteine	$\varepsilon_s = -0{,}2$ mm/m

Die Größe der irreversiblen Schwindverkürzung wird davon beeinflusst, ob die Mauersteine vor ihrer Vermauerung abgelagert wurden und dabei austrocknen und schwinden konnten und wie sehr sie im Rohbau durchfeuchten. Auch kann ein weicher Mauermörtel, z. B. ein Leichtmörtel, die Spannungen „entschärfen", während ein Dünnbettkleber eine unverschiebliche Fuge bildet.

Der nahe liegende Gedanke, Schwindunterschiede zwischen Mauerwerk und Betondecke durch Fugen oder Gleitlager unwirksam zu machen, erweist sich als wenig hilfreich,

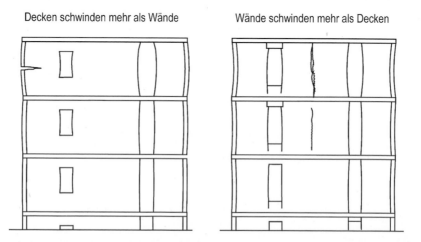

Abb. 15.7 Verformungen und Risse im Mauerwerk [4]

da man aus Gründen der Standsicherheit dreidimensional ausgesteifte Raumstrukturen aus druck-sowie schubfest verbundenen Wänden und Decken herstellen muss.

Nicht nur zwischen Stahlbetondecken und Mauerwerk können geometrische Verträglichkeitsprobleme auftreten, sondern auch zwischen Innenwänden und Außenwänden. Außenwände werden in der Regel mit geringeren statischen Lasten beaufschlagt und zwecks Wärmedämmung aus leichten Steinen erstellt. Bei Innenwänden bevorzugt man aus Schallschutzgründen und wegen der höheren Belastung schwere Steine. Daher bestehen Innenwände im Regelfall aus einem anderen Mauerwerk als Außenwände und zeigen deshalb auch meist ein anderes Verformungsverhalten. Auf Abb. 15.8 sind die in Außenwänden zu erwartenden Horizontalrisse dargestellt für den Fall, dass die Innenwände weniger schwinden als die Außenwände. Auch hier nehmen Zahl, Länge und Spaltweite der Risse nach den tiefer liegenden Geschossen hin wegen der zunehmenden Pressung ab. Bei geringer Auflast ist nach Pfefferkorn schon eine Schwinddifferenz von $0{,}1$ mm/m in vertikaler Richtung ausreichend, um Horizontalrisse im stärker schwindenden Mauerwerk zu erzeugen. Ebenso ist bekannt, dass Risse an Innenwänden auftreten, wenn diese mehr schwinden als die Außenwände.

Ein weiteres Beispiel für ein schädliches Schwinden im Mauerwerksbau ist das unterschiedliche Schwinden zweier übereinanderliegender Geschossdecken, wodurch das dazwischenliegende Mauerwerk auf Scherung beansprucht wird und sich gegebenenfalls typische, geneigte Schubrisse bilden. Auf Abb. 15.9 ist oben der Fall dargestellt, dass die obere Decke sich um die Länge Δl im Vergleich zur darunter liegenden verkürzt hat, im unteren Bildteil wird der umgekehrte Fall betrachtet. Ein solches unterschiedliches

Beton schwindet mehr als Innenwände

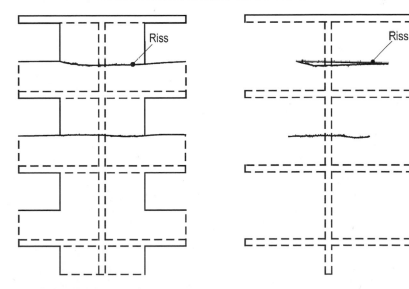

Abb. 15.8 Schwindrisse im Außenmauerwerk [4]

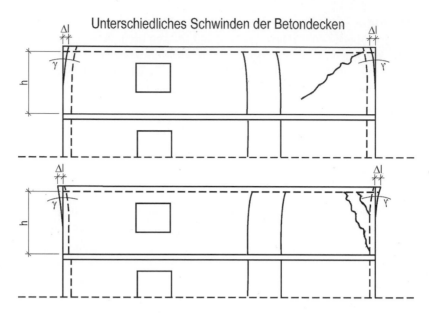

Abb. 15.9 Verformungen und Risse im Mauerwerk infolge unterschiedlichen Schwindens der Betondecken [4]

Schwinden kann darin seine Ursache haben, dass die obere Decke beidseitig luftbespült ist, während die untere auf Erdreich aufliegt. Auch könnte eine der beiden Decken nur aus Ortbeton erstellt worden sein, während die andere auf einem vorgefertigten, 5 cm dicken Betonfertigteil durch Aufbetonieren hergestellt wurde. Nach Pfefferkorn ist mit Schubrissen im Mauerwerk zu rechnen, wenn der auf Abb. 15.9 erläuterte Schubwinkel γ größer wird als

$$\gamma = \frac{\Delta l}{h} = 1 : 2500 \tag{15.5}$$

Ein letztes Beispiel für Risse in Konstruktionen aus Beton und Mauerwerk ist auf Abb. 15.10 dargestellt: Ein zur Aussteifung auf einen Mauerwerksgiebel aufgebrachter Stahlbetongurt erzeugte nahe der Traufe Horizontalrisse im Mauerwerk, weil der Stahlbetongurt mehr schwindet als das Mauerwerk. Durch dünne Gurtquerschnitte mit starker Längsbewehrung kann das Schwinden der Gurte klein gehalten werden. Im Übrigen ist bei Beton in aller Regel nur das Anfangsschwinden von Bedeutung, nicht aber reversibles Quellen und Schwinden, weil Beton einer späteren Durchfeuchtung einen hohen Widerstand entgegensetzt, im Gegensatz zu Mauerwerk.

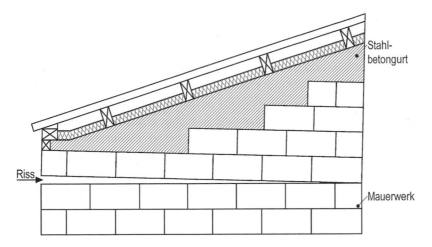

Abb. 15.10   Risse im Mauerwerk als Folge des Schwindens eines Stahlbetongurtes [6]

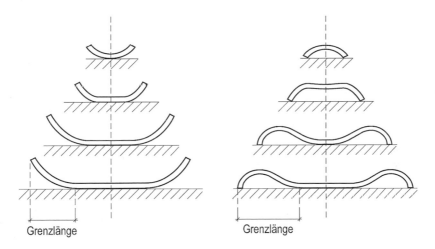

Abb. 15.11   Krümmung von Estrichplatten bei konkavem und konvexem Krümmungsbestreben [7]

15.3   Verformungen und Risse in Estrichen und Betonbodenplatten

Wenn Estriche auf einer Trennlage oder auf einer Dämmschicht, also ohne Haftung an einem festen Untergrund, erhärten und dabei austrocknen, so neigen sie, sofern sie nicht von weiteren Schichten mit versteifenden oder trocknungsbehindernden Eigenschaften bedeckt werden, zu schüsselförmigen Verformungen. Denn eine auf festem Untergrund lose aufliegende Estrichschicht trocknet in ihren oberen Zonen schneller als in tieferen und schwindet daher zunächst oben stärker als in den tieferen Schichten. Die sich einstellende Verformung ist von der Ausdehnung des Estrichfeldes abhängig, wie auf Abb. 15.11 links

Anordnung einer Dampfbremse auf der Oberseite der Betondecke vor dem Aufbringen der Estriche vorgebeugt werden.

15.4   Verformungen und Risse in Holzbauteilen

Wuchsbedingt hat ein Baumstamm drei natürliche Koordinaten (axiale, radiale und tangentiale Richtung). In axialer Richtung (Faser- bzw. Stammrichtung) sind die hygrischen Dehnungen relativ klein. Dies wird beim Sperrholz ausgenutzt, in dem man die einzelnen Teilschichten so verleimt, dass die Faserrichtung jeweils um einen rechten Winkel verdreht ist. Bei den sog. Spanplatten liegen die Späne in der Ebene der Platte (sog. Flachpressplatte), jedoch ohne eine bestimmte Richtung zu bevorzugen. In beiden Fällen behindern die in axialer Richtung geringen Verformungen der Holzfasern die Verformungen der Platte in allen Richtungen der Plattenebene.

Betrachtet man einen Holzstamm im Querschnitt, so lässt sich dieser vereinfacht als Kreisfläche ansehen. Das Schwinden eines solchen Querschnitts wäre spannungsfrei dann möglich, wenn das Holz langsam, d. h. mit kleinem Feuchtegradient trocknen würde, und wenn die hygrischen Dehnungen in tangentialer Richtung genau so groß wären wie in radialer Richtung. Da Holz aber in tangentialer Richtung etwa zwei Mal so große hygrische Dehnungen ausführen will als in radialer Richtung, trocknen kleine Holzquerschnitte mit typischen Querschnittsverzerrungen (Abb. 15.14). Größere Holzquerschnitte, welche das Zentrum des Stammes (das sog. Mark) enthalten, trocknen nach dem Zuschneiden nicht nur mit Querschnittsverzerrungen, sondern auch unter starker Rissbildung mit radialem Rissverlauf (sog. Trockenrisse). Wenn sie das Zentrum nicht einschließen, trocknen sie mit geringerer Neigung zur Rissbildung aber mit Querschnittsverzerrungen (Abb. 15.15). Daher sind Holzbalken in der Regel rissig und nicht ebenflächig.

Abb. 15.14 Verformung schwindender kleinformatiger Holzprofile gemäß ihrer Lage im Stammquerschnitt [8]

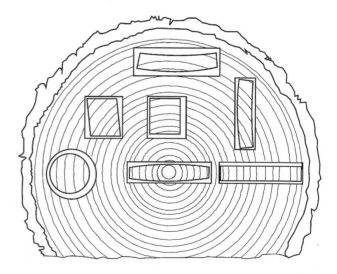

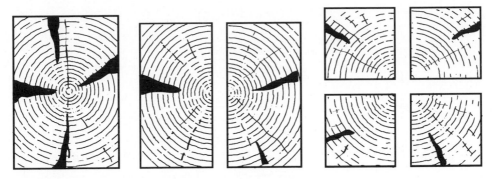

Abb. 15.15 Rissbildung in großformatigen Holzprofilen entsprechend ihrer Lage im Stammquerschnitt [9]

Trockenrisse in größeren Holzquerschnitten beeinflussen vor allem die Scher- und die Druckfestigkeit, weniger die Zug- und die Biegefestigkeit. Trockenrisse bilden auch Eintrittspforten für Schädlinge und Wasser und sind deshalb bei Balken, welche Niederschlägen ausgesetzt sind, sehr schädlich. Trockenrissen kann entgegengewirkt werden durch langsame Trocknung und durch die Schnittführung im Sägewerk.

Da die Lage der radialen und tangentialen Richtung bei der Verarbeitung von Holz normalerweise nicht berücksichtigt wird, wird im Holzbau nur mit einem mittleren Schwindmaß quer zur Faserrichtung gerechnet. Dabei ist von folgenden reversiblen Quell- und Schwindmaßen für eine Holzfeuchteänderung von 1 Masseprozent auszugehen:

Nadelholz	0,01 % längs der Faser
	0,24 % quer zur Faser
Spanplatten	0,035 % in Plattenebene
Funiersperrholz	0,02 % in Plattenebene

Um die reversiblen Quell- und Schwind-Verformungen von Holz im eingebauten Zustand so wenig wie möglich zur Wirkung kommen zu lassen, sollen Holzteile mit demjenigen Wassergehalt eingebaut werden, welcher die Gleichgewichtsfeuchte zur später im Mittel vorhandenen Luftfeuchte darstellt (Abb. 15.16). Deshalb wird Holz vor dem Einbau manchmal künstlich getrocknet.

Holzbauteile mit kleinen Abmessungen quer zur Faser, die mit einem allseitigen Anstrich gegen rasche Feuchtewechsel geschützt sind, heißen „maßhaltig" und bleiben meist rissfrei. Sie werden z. B. für Türen, Fenster, Möbel, Klappläden usw. eingesetzt. Großformatige Holzquerschnitte, in welchen Trockenrisse zu erwarten sind, sowie kleinere Querschnitte ohne Oberflächenschutz, welche bei Wetterbelastung zu Oberflächenrissen neigen, werden als „nicht maßhaltig" bezeichnet. Sie müssen vor dem Zutritt von flüssigem Wasser gegebenenfalls konstruktiv geschützt werden und chemischen Holzschutz oder Imprägnierungen erhalten.

Flächige Bauteile aus Holz, wie Verkleidungen, Beplankungen, Verschalungen, müssen wegen des Quellens und Schwindens quer zur Faser aus verschieblich verbundenen Einzelteilen (Nut- und Federschalung, Rahmen mit Füllung) oder aus Sperrholz- oder

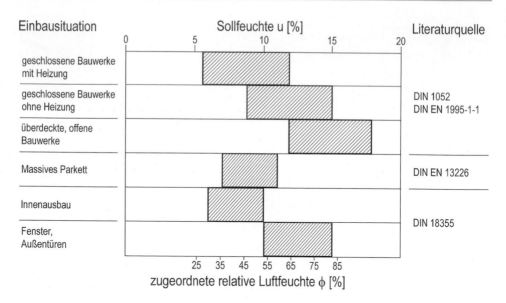

Abb. 15.16 Sollfeuchten u von Holz beim Einbau in das Bauwerk

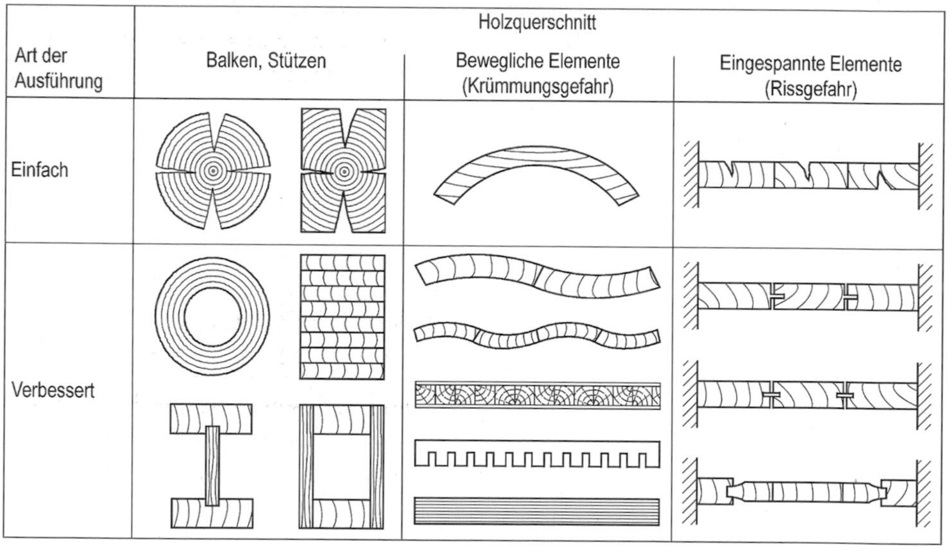

Art der Ausführung	Holzquerschnitt		
	Balken, Stützen	Bewegliche Elemente (Krümmungsgefahr)	Eingespannte Elemente (Rissgefahr)
Einfach			
Verbessert			

Abb. 15.17 Folgen des Schwindens einfacher Holzquerschnitte und konstruktive Gegen-maßnahmen

Spanplatten erzeugt werden. Wenn Massivholz zunächst in kleinere Querschnitte aufge-teilt, dann getrocknet und danach wieder zu größeren Querschnitten verleimt wird, kann die Rissbildung deutlich eingeschränkt werden (z. B. bei der Brettschichtbauweise und bei zusammengesetzten Querschnitten, wie Hohlkästen, Gitterträger usw.). Konstruktive Möglichkeiten, der schädlichen Verformung und Rissbildung entgegenzuwirken, sind auf Abb. 15.17 dargestellt.

Hygrische Verformungen können auch gewaltsam unterdrückt werden, z. B. indem die Spanplatte eines Türblattes durch beidseitige Beplankung mit Aluminiumblech biegesteif gemacht und dampfdicht eingeschlossen wird.

Wegen der außergewöhnlich großen und reversiblen Schwind- und Quell-Verformungen von Holz senkrecht zur Faserrichtung hat sich bezüglich der Verklebung von Parkett auf Estrichen die bewährte Fachregel herausgebildet, dass dazu nur Kleber mit hartplastischer Verformungscharakteristik eingesetzt werden dürfen, welche langsam sich einstellende Scherbelastungen z. B. als Folge des Quellens oder Schwindens spannungsfrei abbauen, bei den schnell und kurzfristig auftretenden Verkehrsbelastungen aber wie eine starre Verbindung wirken.

Literatur

A) Bücher und Broschüren

1. Schubert, P: Eigenschaftswerte von Mauerwerk, Mauersteinen und Mauermörtel. Mauerwerk-Kalender 1991
2. Kollmann, F.: Technologie des Holzes und der Holzwerktoffe. 2. Auflage. Springer-Verlag Berlin 1951
3. Möller, U.: Thermohygrische Formänderungen und Eigenspannungen von natürlichen und künstlichen Mauersteinen. Dissertation Stuttgart 1993
4. Pfefferkorn, W.: Rissschäden an Mauerwerk. Uraschen erkennen, Rissschäden vermeiden. IRB-Verlag Stuttgart 1994

B) Normen und andere Regelwerke

5. DIN 4227: Spannbeton – Teil 1: Bauteile aus Normalbeton mit beschränkter oder voller Vorspannung. Ausgabe Juli 1988
6. DIN EN 206: Beton – Teil 1: Festlegung, Eigenschaften, Herstellung und Konformität. Ausgabe 2014-07

C) Aufsätze

7. Klopfer, H.: Spannungen und Verformungen von Industrie-Estrichen. boden – wand – decke (1988), Heft 2, S. 120 bis 128, Heft 3, S. 71 bis 77
8. Schulze, H.: Baulicher Holzschutz. Informationsdienst Holz, Holzbauhandbuch Reihe 3, Teil 5, Düsseldorf 1997
9. Frech, P.: Beurteilungskriterien für Rissbildung bei Bauholz im konstruktiven Holzbau, bauen mit holz 9/87

3.1 Einführung, Definitionen und bauklimatische Relevanz

Der Begriff Klima umschließt nach einer Definition, die *Alexander von Humboldt* – aus geophysikalischer Sicht – gegeben hat [1], „alle Veränderungen der Atmosphäre, von denen unsere Organe merklich affiziert werden; solche sind: die Temperatur, die Feuchtigkeit…" Auf das Gebäude und seine Umgebung übertragen, lässt sich im Anschluss daran Klima definieren als die Summe aller Umweltfaktoren, die unmittelbar oder mittelbar Einfluss nehmen auf die Gesundheit und das Befinden von Menschen und Tieren, auf die Entwicklung von Pflanzen sowie auf den Zustand von Lagergütern, Produktionsverfahren, Maschinen, Apparaten und Bauwerken [2, 3]. Auf den bauklimatischen Sachverhalt reduziert, ist es die Aufgabe der Gebäude

1. Mensch, Tier, Lagergut und Produktion vor den „Unbilden der Witterung" zu schützen und
2. ein den Bedürfnissen der Nutzer genügendes Raumklima zu schaffen, ohne dass
3. dabei an den Gebäuden selbst klimabedingte Schäden entstehen.

Die Erfüllung dieser drei Forderungen kann unter dem Begriff „Klimagerechtes Bauen" zusammengefasst werden. Klimagerecht Bauen heißt nach *Karl Petzold* [2] **die Bauweise, Gestalt und Konstruktion von Gebäuden sowie die Anlage von Städten und Siedlungen so an das (lokale) Außenklima anzupassen, dass mit minimalem Aufwand ein nutzungsgerechtes Raumklima sowie eine optimale Standzeit der Gebäude zu sichern sind.** In Hinblick auf das klimagerechte Bauen von besonderem Interesse sind Temperatur und Feuchte, die sowohl das Empfinden des Menschen beeinflussen als auch häufig die Ursachen von Bauschäden sind; der Schall, der zunehmend zur Quelle von Belästigungen wird, dessen Beherrschung aber auch die Qualität von Konzert- und Vortragssälen bestimmt; und das Licht, das – sowohl als Tages- als auch als Kunstlicht – eine unabdingbare Voraussetzung für die Nutzbarkeit der Gebäude ist. Die Phänomene „Licht" und „Schall" sind eindeutig an einzelne Klimaelemente gebunden und werden in den speziellen Kapiteln behandelt.

Die Zustandsgrößen „Temperatur" und „Feuchte" sind in Ursache und Wirkung untereinander verknüpft. Deswegen werden im Abschn. 1 die thermisch-hygrischen Komponenten des Außenklimas ausführlich und zusammenhängend dargestellt: Außenlufttemperatur, kurzwellige direkte und diffuse Wärmestrahlungsbelastung der Gebäudeoberflächen, langwelliger Strahlungsaustausch zwischen Gebäudeoberflächen und Umgebung, relative Luftfeuchtigkeit bzw. Partialdruck des Wasserdampfes und schließlich Niederschlag, Windgeschwindigkeit und Windrichtung als Grundlage für die Umströmung und Schlagregenbelastung der Gebäude [4, 5, 6, 7]. Das Gleiche gilt für die wärmephysiologischen Forderungen, die aus hygienischer Sicht an die thermisch-hygrischen Komponenten des Raumklimas (Raumlufttemperatur, Oberflächentemperatur der Raumumschließungsflächen, innerer Strahlungsaustausch, relative Luftfeuchtigkeit der Raumluft, Raumluftströmungen) zu stellen sind (Abschn. 2), [8, 9, 10].

Damit werden die baulichen Konsequenzen begründet, die sich aus der Außenklimabelastung und den wärme- und feuchtetechnischen Raumklimaforderungen ergeben. Klimagerechtes Bauen verursacht sowohl baulichen als auch energetischen Aufwand. Außer der Beleuchtung beeinflusst insbesondere der hier behandelte thermisch-hygrische Komplex beide, denn es muss zeitweilig auch geheizt und evtl. auch gekühlt werden, und der dazu benötigte Energiebedarf ist von den baulichen Voraussetzungen abhängig. Um diesen Aufwand einzuschränken, sind zwei Aufgaben zu lösen, [2, 3, 11, 12]

1. Während eines möglichst großen Teiles des Jahres muss das Raumklima innerhalb der zulässigen Grenzen gehalten werden können, auch ohne dass dazu Heiz- oder Kühlenergie eingesetzt werden muss. Bei einer solchen freien Klimatisierung ist – neben dem Einfluss des Nutzers – allein die Anlage des Gebäudes, seine Gestalt und seine Konstruktion sowie die Lüftung für das Raumklima maßgebend; Das Gebäude klimatisiert sich selbst (autogen).

2. Bei sehr eng vorgegebenen Raumklimatoleranzen, wie sie z. B. für manche Produktionsprozesse benötigt werden, sowie allgemein bei extremen Außenklimazuständen sind die an das Raumklima gestellten Forderungen durch freie Klimatisierung nicht mehr zu erfüllen (z. B. in Mitteleuropa im Winter). Es muss dann zeitweilig geheizt oder über eine Klimaanlage gekühlt werden. Bei einer solchen erzwungenen (energogenen) Klimatisierung ist das Gebäude mit ökonomisch optimalem Aufwand gegen übermäßige Wärmeverluste (im Winter) bzw. Energiezufuhr (im Sommer) zu schützen [2, 13].

Im Abschn. 3 wird ein Modell und Programm zur Berechnung der Stundenwerte der Raumlufttemperatur und der Raumluftfeuchte im Jahresgang aus den Daten des Außenklimas, der Gebäudekonstruktion und der Gebäudenutzung vorgestellt.

Nach *Neef* [14] wird die Erde in 14 Klimazonen unterteilt (vergleiche Abschn. 4.1): Polarklima (Arktis, Antarktis, Grönland), Subpolares Klima (Nordkanada, Nordrussland), Seeklima der Westseiten (Westeuropa, Westküste Nordamerikas), Übergangsklima (Mitteleuropa), Kühles Kontinentalklima (Russland, Mittlerer Westen der USA, Zentralkanada), Sommerwarmes Kontinentalklima (Zentralasien, Arizona), Ostseitenklima (Ostküste Nordamerikas, Nordostchina, Korea, Nordjapan), Winterregenklima der Westseiten (Mittelmeerraum, Kalifornien), Subtropisches Ostseitenklima (Mittleres China, Südstaaten der USA, Mittleres Argentinien), Trockenes Passatklima (Sahara, Arabien, Zentralaustralien, Atacamawüste, Südwestafrika), Feuchtes Passatklima (Ostküste Australiens, Südbrasilien, Südostafrika, Karibik), Tropisches Wechselklima (Indien, Südostasien, Mittleres Afrika, Brasilien, Nordaustralien), Äquatorialklima (Amazonien, Äquatorialafrika, Indonesien), Hochgebirgsklimate (Tibet, Nepal, Nord-und Südamerikanische Kordilleren). Für die Untersuchungen in diesem Kapitel wird ein mitteleuropäisches Klimafile benutzt.

Das Klima größerer Gebiete wird als Regional-, Makro- oder Großraumklima bezeichnet. Unter einem Mesoklima ist das Lokalklima eines größeren Gebietes, einer Stadt, eines Wald-und Seengebietes, eines größeren Tales oder eines Berges zu verstehen. Als Mikroklima wird das Lokalklima einer Straße, eines Parks oder ähnliches bezeichnet. Die lokalklimatischen Einflüsse können die Lufttemperatur verringern (z. B. Seen, Wälder im Sommer) oder erhöhen (z. B. im Sommer über Felsboden, in Städten), je nachdem, ob die Sonnenstrahlungsenergie zu einem nennenswerten Teil durch Verdunstung von Wasser gebunden, vorübergehend im Boden gespeichert oder zum überwiegenden Teil sofort an die Luft abgegeben wird. Küstennahe Standorte sind im Sommer begünstigt. Dort sind die Temperaturen wegen der Wärmeträgheit der Meere ausgeglichener. Die Erwärmung der Landmasse durch die Sonneneinstrahlung sorgt für thermischen Auftrieb, der, wenn die Großraumwinde nicht zu stark wehen, kühle Seewinde (auflandige Winde) verursacht und für eine zeitweilige deutliche Abkühlung sorgt. Auch in der Nähe von Hochgebirgen können zeitweilig kühle Winde auftreten. Bergketten können den Wind abhalten, so dass in Talkesseln und dergleichen die Temperaturen höher liegen als im Umland. An den Hängen von Bergen ist die nächtliche Auskühlung besonders stark, vor allem wenn sie mit einer dichten Pflanzendecke, einer Schneedecke oder einem ähnlich gut „wärmedämmenden" Belag bedeckt sind. Gleitet diese Kaltluft an den Hängen ab, bilden sich „Kaltluftseen", die das Klima im Sommer wenigstens nachts erheblich verbessern können. Eine Bebauung quer zum Hang und quer zur Talsohle behindert den Abfluss der Kaltluft und damit die Durchspülung der Siedlung im Tal. Am bemerkenswertesten ist wohl das Stadtklima [3, 15–17]. Die große Bodenrauhigkeit vermindert die Durchlüftung des städtischen Freiraumes erheblich, sie gewinnt dadurch Einfluss auf die Temperaturen. Diese liegen im städtischen Freiraum im Tagesmittel um etwa 0,5 bis 3 K höher als im Umland. Besonders aber wirkt sich die verminderte Durchlüftung auf den Schadstoffgehalt der Luft aus, sofern diese Schadstoffe in der Stadt selbst emittiert werden. Die Stadt dämpft die tägliche Temperaturamplitude, so dass sich die Maximaltemperaturen (am Nachmittag) in der Stadt nur wenig von denen des Umlandes unterscheiden. Es sind vor allem die Nachttemperaturen, die in den Ballungsgebieten höher liegen. Ursache dafür sind:

1. Die Wärmeabgabe beheizter Gebäude, der Straßenbeleuchtung, der Industriebauten und dergleichen kann erheblich sein (das 1,5- bis 6-fache der im Winter eingestrahlten Sonnenstrahlungsenergie).

2. In den Städten ist der Pflanzenbestand geringer, und von den versiegelten Flächen fließt das Regenwasser rasch ab; die Verdunstung und der damit verbundene Kühleffekt sind deswegen bedeutend vermindert.

3. Die Städtische „Dunstglocke", die infolge der größeren Lufttrübung entsteht, verringert zwar die Energiezufuhr durch Sonnenstrahlung; noch stärker reduziert sie aber die nächtliche Auskühlung durch (langwellige) Abstrahlung; denn diese wird besonders durch den Wasserdampf bereits in den unteren Atmosphärenschichten absorbiert.

4. Als Folge der höheren Temperaturen bilden sich bei geringen Windgeschwindigkeiten „Wärmeinseln" aus, die eine Mächtigkeit von der 3- bis 5-fachen mittleren Gebäudehöhe erreichen (mittlere Städte 30 bis 40 m, Großstädte 100 bis 150 m). Infolge des Auftriebs über dem Stadtkern entstehen bei Großraumwinden mit Windgeschwindigkeiten bis zu 3 m/s sogenannte Flurwinde, die vor Sonnenaufgang beginnen, bis Mittag andauern und den Dunst und die „vorgewärmte" Luft der Vorstädte in die Innenstadt verfrachten. Dieses Verhalten ist im Stadtkern besonders ausgeprägt, und zwischen den einzelnen Gassen einer Altstadt sind schon Temperaturunterschiede bis zu 7 K gemessen worden. Plätze und breite Straßen haben demgegenüber eine Art „Landklima" mit stärkeren täglichen Temperaturschwankungen. Lokalklimate haben einen relevanten Einfluss auf das klimagerechte Bauen und müssen zukünftig in weit stärkerem Maße quantifiziert werden [2, 3, 18–25].

Die folgenden Untersuchungen werden anhand konkreter Klimadateien erläutert, wie sie zur hygrothermischen Bemessung von Gebäuden und Bauteilen benutzt werden können.

3.2   Literatur

Part III

[1] Humboldt, A. v.: Fragments des Climatologie et de Geologie asiatiques I, II, Paris, 1831

[2] Petzold, K.: Raumlufttemperaturen, 2. Auflage, Verlag Technik Berlin und Bauverlag, Wiesbaden, 1983

[3] Petzold, K.: Wärmelast, 2. Auflage, Verlag Technik, Berlin, 1980

[4] Blümel, K.et. al.: Die Entwicklung von Testreferenzjahren (TRY) für Klimagebiete der Bundesrepublik Deutschland, BMFT-Bericht TB-T-86-051, 1986

[5] Böer, W.: Technische Meteorologie, B. G. Teubner Verlag, Leipzig,1964

[6] Fülle, C.: Klimarandbedingungen in der hygrothermischen Bauteilsimulation, Diss. TU Dresden, 2011

[7] Meteorologischer Dienst der DDR: Handbuch für die Praxis, Reihe 3, Band 14, Klimatologische Normalwerte 1951 bis 1980, Potsdam, 1987

[8]   Angus, T. C: The Control of Indoor Climate, Pergamon Press Ltd., Oxford, 1968

[9]   DIN 1946: Raumlufttechnik Teil 2: Gesundheitstechnische Anforderungen, Beuth Verlag GmbH, Berlin, 1994

[10] Fanger P. O.:Thermal Comfort – Analysis and Applications in Environmental Engneering, Danish Technical Press, Copenhagen, 1970

[11] DIN 4108: Wärmeschutz und Energieeinsparung in Gebäuden, Teil 6 Berechnung des Jahresheizwärme- und Jahresheizenergiebedarfes, Beuth Verlag GmbH, Berlin, 2000

[12] DIN 18599 01-09: Energetische Bewertung von Gebäuden. Berechnung des Nutz, End und Primärenergiebedarfs für Heizung, Kühlung, Lüftung, Trinkwarmwasser und Beleuchtung, Beuth Verlag GmbH, Berlin, 2006

[13] DIN EN ISO 13792: Wärmetechnisches Verhalten von Gebäuden – sommerliche Raumtemperaturen bei Gebäuden ohne Anlagentechnik – Allgemeine Kriterien für vereinfachte Berechnungsverfahren, Beuth Verlag GmbH, Berlin, 1997

[14] Neef, E.: Das Gesicht der Erde, 867 S., F.A. Brockhaus Verlag, Leipzig, 1967

[15] Defraeye, T., Carmeliet, J.: A methodology to assess the influence of local wind conditions and building on the convective heat transfer at building surfaces, Environmental Modelling & Software, p. 1–12, 2010

[16] DIN EN ISO 7730: Gemäßigtes Umgebungsklima, Berlin, Beuth Verlag GmbH, 1987

[17] Probst, R.: Modellierung der kleinräumigen saisonalen Variabilität der Energiebilanz des Einzugsgebietes Spissibach mittels eines geografischen Informationssystems, Universität Bern, 2000

[18] Aronin, J.E.: Climate and Architecture, Reinhold Publ. Corp., New York, 1953

[19] Egli, E.: Die neue Stadt in Landschaft und Klima, Erlenbach, Verlag für Architektur, Zürich, 1981

[20] Ferstl, K.: Traditionelle Bauweisen und deren Bedeutung für die klimagerechte Gestaltung moderner Bauten, Schriftenreihe der Sektion Architektur, H. 16, S. 59–69, TU Dresden, 1980

[21] Gertis, K. (Hrsg.): Gebaute Bauphysik, Fraunhofer IRB Verlag, Stuttgart, 1998

[22] Hausladen, de Saldhana, Liedl: Einführung in die Bauklimatik, Ernst & Sohn Verlag, Berlin, 2004

[23] Hillmann, G.; Nagel, J.; Schreck, H.: Klimagerechte und energiesparende Architektur, C. F. Müller Verlag, Karlsruhe, 1981

[24] Keller, B.; Magyari, E.; Tian, Y.: Klimatisch angepasstes Bauen – Eine allgemeingültige Methode, 11. Bauklimatisches Symposium, Tagungsband 1, S. 113–125, TU Dresden, 2002

[25] Olgay, V.; Olgay, A.: Design with climate, Princeton University Press, Princeton N. J., 1963

Komponenten des Außenklimas

16

Peter Häupl

Das wärme- und feuchtetechnische Verhalten des Gebäudess und der einzelnen Bauwerksteile wird ganzjährig (in Mitteleuropa während der Heizperiode und in der Jahreszeit mit zweitgehend freier Klimatisierung) vom Außenklima maßgeblich beeinflusst. Die bauklimatisch relevanten Komponenten [1, 2, 3, 4, 5] sind im ersten Abb. 16.1 als Belastung schematisch dargestellt und aufgelistet. **Für eine bauphysikalische Gebäude- und Bauteilsimulierung [6, 7, 8, 9, 10, 11, 12, 13, 14, 15] ist eine Quantifizierung dieser Außenklimakomponenten erforderlich.**

- Lufttemperatur θ_e in °C
- Absolute Luftfeuchtigkeit x in kg Wasserdampf/kg Luft bzw. Partialdruck des Wasserdampfes p_D in Pa oder relative Luftfeuchtigkeit ϕ_e in % bzw. in 1
- Strahlungswärmestromdichte durch kurzwellige direkte und diffuse Strahlung der Sonne G_{dir}, G_{dif} sowie durch langwellige Abstrahlung und Gegenstrahlung G_{lang} jeweils in W/m²
- Volumenstromdichte N bzw. Massenstromdichte g des Niederschlages in m³/m²s oder 1/m²h bzw. kg/m²s
- Schlagregenstromdichte g_R (Komponente aus Wind und Niederschlag) senkrecht zur Bauteiloberfläche in kg/m²s
- Luftdruck p_L in Pa.

Für die folgenden Kapitel sind im wesentlichen Klimadatein mit 8760 Stundenwerten für Dresden für das Jahr 1997 [10] und mit 52560 Zehnminutenwerten für Cottbus für das relativ warme Jahr 2014 benutzt worden. Die Tab. 16.1a und 16.1b zeigen die Messwerte

P. Häupl (✉)
Technische Universität Dresden, Dresden, Deutschland

© Springer Fachmedien Wiesbaden GmbH, ein Teil von Springer Nature 2022
W. M. Willems (Hrsg.), *Lehrbuch der Bauphysik*,
https://doi.org/10.1007/978-3-658-34093-3_16

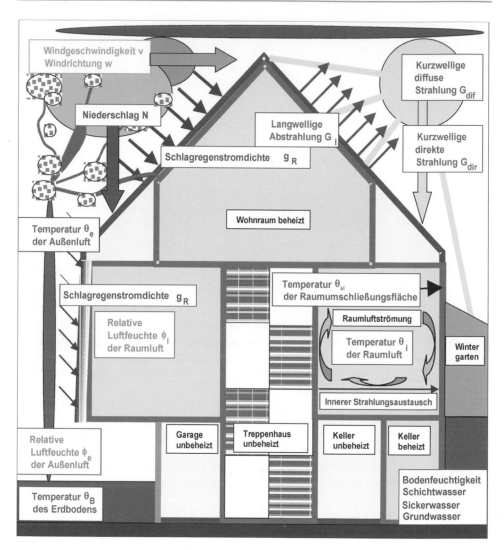

Abb. 16.1 Bauklimatische Belastungen eines Gebäudes

aller Klimakomponenten in Form einer Klimamatrix KD für die ersten 12 Stunden des Jahres 1997 und einer Klimamatrix KC10 für die nächsten 120 Minuten für das Jahr 2014

0 Zeit in h bzw. min	4 Diffuse Strahlung in W/m²
1 Außenlufttemperatur in °C	5 Niederschlag in m³/m²h
2 Relative Luftfeuchtigkeit in %	6 Windgeschwindigkeit in m/s
3 Direkte Strahlung in W/m²	7 Windrichtung in ° (von Osten im Urzeigersinn aus gerechnet)

16.1 Außenlufttemperatur

16.1.1 Jahresgang der Außenlufttemperatur

Die Tab. 16.1a und 16.1b enthalten als Spalte 1 die gemessenen Werte für die Temperatur für Dresden (1997) bzw. für Cottbus (2014). Für das Übergangsklima in Mitteleuropa kann der Jahresgang der Außenlufttemperatur näherungsweise durch eine harmonische Funktion

(Grundschwingung) beschrieben werden. In der Abb. 16.2 ist der gemessene Temperaturverlauf für Dresden 1997 (repräsentiert gut den Jahrestemperaturverlauf in Mitteleuropa) mit einer gefitteten Kosinusfunktion (16.1) dargestellt.

Tab. 16.1a Gemessene Klimamatrix Dresden 1997 (Stunden 1 bis 12)

KD =		0	1	2	3	4	5	6	7
	0	0,00	0,00	0,00	0,00	0,00	0,00	0,00	0,00
	1	1,00	−14,00	90,59	0,00	0,00	0,00	0,00	34,40
	2	2,00	−14,55	90,62	0,00	0,00	0,00	0,00	56,00
	3	3,00	−14,53	90,58	0,00	0,00	0,00	0,00	34,90
	4	4,00	−15,52	90,94	0,00	0,00	0,00	0,00	14,80
	5	5,00	15,90	91,43	0,00	0,00	0,00	0,00	41,20
	6	6,00	−15,96	91,43	0,00	0,00	0,00	0,00	69,90
	7	7,00	−15,97	91,44	0,00	0,00	0,00	0,20	117,20
	8	8,00	−16,38	91,42	0,00	0,00	0,00	0,10	106,10
	9	9,00	−16,91	91,41	3,72	6,48	0,00	0,10	233,50
	10	10,00	−16,02	90,81	38,76	30,84	0,00	0,10	180,40
	11	11,00	−14,28	98,63	85,23	68,87	0,00	0,00	26,10
	12	12,00	−12,38	85,91	122,60	91,12	0,00	0,20	220,80

Tab. 16.1b Gemessene Klimamatrix Cottbus 2014 (Minuten 720 bis 840)

KC10 =		0	1	2	3	4	5	6	7
	72	720,00	5,50	66,00	51,30	108,50	0,00	2,50	93,00
	73	730,00	5,60	65,00	77,50	134,90	0,00	2,50	109,00
	74	740,00	5,90	63,00	88,00	151,50	0,00	2,70	45,00
	75	750,00	6,10	63,00	57,70	111,10	0,00	2,20	110,00
	76	760,00	5,70	64,00	18,50	62,80	0,00	1,90	102,00
	77	770,00	5,50	65,00	19,70	72,10	0,00	1,60	85,00
	78	780,00	5,60	65,00	25,40	85,90	0,00	1,20	99,00
	79	790,00	5,70	65,00	21,40	78,50	0,00	1,90	81,00
	80	800,00	5,60	66,00	17,00	67,90	0,00	2,10	87,00
	81	810,00	5,60	66,00	14,30	60,00	0,00	1,40	91,00
	82	820,00	5,70	65,00	16,40	63,20	0,00	1,70	98,00
	83	830,00	5,80	64,00	18,30	67,50	0,00	1,60	101,00
	84	840,00	5,90	64,00	16,80	60,90	0,00	1,50	90,00

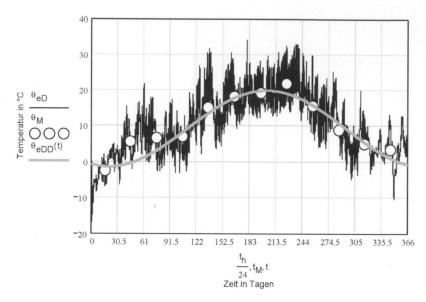

Abb. 16.2 Jahresgang der Außenlufttemperatur für Dresden, gemessen 1997(Tab. 16.1a, schwarz), Monatsmittelwerte 1997 (Punkte) und berechnet nach Gl. (16.1) (grau), auf der Zeitachse sind die Tage am Monatsende (äquidistant) markiert

Zahlenwerte für Dresden:

- Jahresmitteltemperatur für die Stadt Dresden $\theta_{emD} = 9{,}2\ °C$
- Amplitude der jährlichen Temperaturschwankung $\Delta\theta_{eD} = 10{,}6\ K$
- Dauer eines Jahres $T_a = 365\ d$

Zeitverschiebung des Jahrestemperaturmaximums oder – minimums $t_a = 20\ d$

$$t = 0, \frac{1}{24}.366$$

$$\theta_{emD} = 9,2 \qquad\qquad \Delta\theta_{eD} = 10,6$$

$$T_a = 365 \qquad\qquad t_a = 20 \tag{16.1a}$$

$$\theta_{eDD}\left(t\right) = \theta_{emD} - \Delta\theta_{eD} \cdot \cos\left[\frac{2 \cdot \pi}{T_a} \cdot \left(t - t_a\right)\right]$$

$$\theta_{eDD}\left(15\right) = -1,36 \qquad \theta_{eDD}\left(197,5\right) = 19,76$$

In der Abb. 16.3 werden die harmonischen Jahrestemperaturverläufe nach (16.1) für die Städte Dresden und das Testreferenzjahr TRY Essen (TRY siehe Abschn. 16.6) verglichen. Die Jahresmitteltemperaturen unterscheiden sich nur geringfügig. Die Jahrestemperatur-

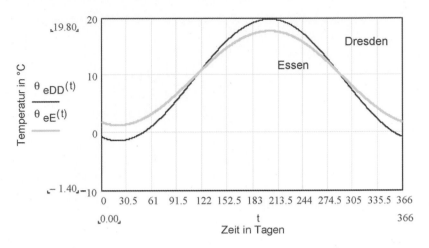

Abb. 16.3 Vereinfachter Jahresgang der Außenlufttemperatur für Dresden und Essen

schwankung ist in Essen (eher Seeklima der Westseiten) gegenüber Dresden (eher sommerwarmes Kontinentalklima) jedoch gedämpft (Maximum Dresden 19,8 °C, Maximum
Essen 17,7 °C, Minimum Dresden −1,4 °C, Minimum Essen + 1,3 °C). Die Zeitver-
schiebungen für das Jahrsmaximum (Juli) und Jahresminimum (Januar) betragen in beiden Fällen etwa 20 Tage.

Zahlenwerte für Essen:

$$\theta_{emE} = 9.5 \qquad \Delta\theta_{eE} = 8.2$$
$$T_a = 365 \qquad t_a = 20$$

$$\theta_{eE}(t) - \theta_{emE} - \Delta\theta_{eE} \cdot \cos\left[\frac{2 \cdot \pi}{T_a} \cdot (t - t_a)\right] \qquad (16.1b)$$

$$\theta_{eE}(15) = 1.33 \qquad \theta_{eE}(197.5) = 17.67$$

16.1.2 Analytische Simulation des tatsächlichen Temperaturganges

Der Einfluss der Tages- und Witterungsgänge auf die Außenlufttemperatur können durch
eine Überlagerung von harmonischen Funktionen mit unterschiedlichen Periodendauern
und unterschiedlichen Amplituden simuliert werden (Gl. (16.2)). Dieses Klima soll Analytisches Referenzklima (**ARY Analytical Reference Year**, siehe auch [16]) genannt
werden. Der Tagesgang der Temperatur wird außerdem noch durch eine Exponentialfunktion etwas deformiert, um den Einfluss der Wärmespeicherfähigkeit des Erdbodens zu
berücksichtigen (Ansatz (16.2)), vergleiche auch Tagesgänge Abb. 16.9, 16.10, 16.11, 16.12.

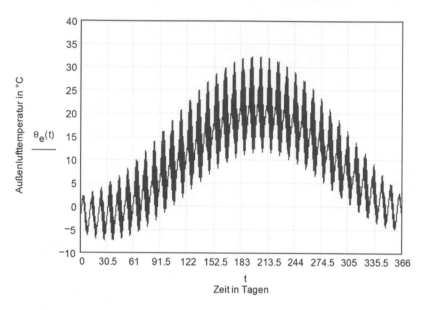

Abb. 16.4 Simulierter Verlauf der Außenlufttemperatur nach (16.2)

Die folgende Abb. 16.4 zeigt (angelehnt an die Klimamatrix von Dresden 1997) das Ergebnis für Mitteleuropa: Zeit t in Tagen, Dauer des Jahres $T_a = 365d$, Dauer einer Witterungsperiode $T_p = 10d$, Dauer eines Tages $T_d = 1d$, alle Temperaturen θ und Temperaturamplituden $\Delta\theta$ in °C bzw. K. Durch Änderung der genannten Parameter lassen sich andere Temperaturfiles erzeugen und damit andere Klimate in den oben genannten 14 Klimazonen simulieren.

$\Delta\theta_{em}, \Delta\theta_{ea}$	$\Delta\theta_{eP}$	$\Delta\theta_{ed}$	T_a, T_p, T_d	t_a, t_d
Jahresmitteltemperatur	Witterungsamplitude	Tagesamplitude	Zeitperioden	
Jahresamplitude			Zeitverschiebungen	
$\theta_{em} = 8{,}6\ °C$	$\Delta\theta_{eP} = 3{,}4K$	$\Delta\theta_{ed} = 12{,}0K$	$T_a = 365d, T_p = 10d, T_d = 1d$	
$\Delta\theta_{ea} = 11{,}0K$			$t_a = 20d, t_d = 9/24d$	

$$\theta_e(t) = \theta_{em} - \Delta\theta_{ea} \cdot \cos\left[\frac{2\cdot\pi}{T_a}\cdot(t - t_a)\right] + \Delta\theta_{eP}\cdot\sin\left(\frac{2\cdot\pi}{T_p}\cdot t\right) +$$

$$\Delta\theta_{ed}\cdot\left[\left(\sin\left(\frac{\pi}{T_p}\cdot t\right)\right)^2\cdot\left(\sin\left(\left|\frac{\pi}{T_a}\cdot t\right|\right)\right)^{0.6}\right]\cdot\cos\left[\frac{2\cdot\pi}{T_d}\cdot(t + t_d)\right]\cdot e^{-\cos\left(\frac{\pi}{T_d}\cdot t\right)}$$

(16.2)

Ein direkter Vergleich der gemessenen Temperaturen (Spalte 1 in Tab. 16.1a) und berechneten Temperaturen für das Jahr 1997 zeigt Abb. 16.5. Lediglich die warme erste Märzdekade 1997 wird nicht gut abgebildet. Für eine Witterungsperiode im Juli ist in der Abb. 16.6 der Temperaturgang, gemessen und berechnet nach (16.2), noch einmal heraus-

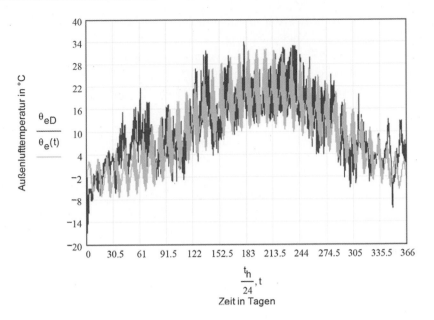

Abb. 16.5 Vergleich der gemessenen Temperatur im Jahr 1997 (schwarz) mit den Rechenwerten nach (16.2) (grau)

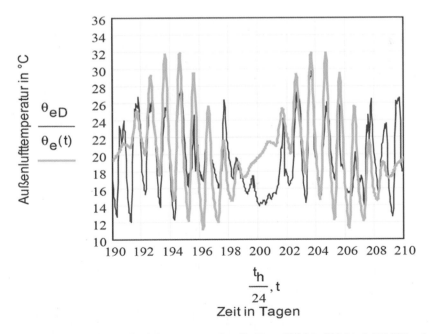

Abb. 16.6 Tagesgang der Außenlufttemperatur für die Tage 190 bis 210 im Juli 1997 mit zwei Schönwetterperioden (gemessen (schwarz) und simuliert (grau) nach (16.2))

gezoomt. Die Spitzenwerte der Außenlufttemperatur liegen bei + 32 °C, die Minimalwerte
bei −8 °C. Eine Tag- und Nachtmittelung vom Tag 202 bis Tag 204 ergibt als Höchst-
temperatur 24 °C. Dieser Wert wird für eine vereinfachte Sommerbemessung der Gebäude
in Mitteleuropa verwendet [17, 18]. Die tiefste Mitteltemperatur von −5 °C ergibt sich aus
einer Tag- und Nachtmittelung der Tage 16 bis 18. Dieser Wert dient als rechnerische
Wintertemperatur für die wärme- und feuchtetechnische Bauteilbemessung [19]. Die Modellierung nach (16.2) ist bauklimatisch ausreichend genau, wie auch Abb. 16.7 bestätigt.

Natürlich können für exakte hygrothermische Bauteil- und Gebäudesimulationen die
gemessenen Werte (in der Regel Stundenwerte, für Schlagregen auch 10 Minuten Werte)
oder die Dateien der sogenannten Testreferenzjahre (TRY [3, 5]), die für alle Klimakomponenten und Klimagebiete der Erde vorliegen, verwendet werden. Zur Beurteilung
der Güte des so definierten Referenzklimas ARY werden in Abb. 16.7 die berechneten
gegen die gemessenen Temperaturen aufgetragen. Die Korrespondenz befriedigt. Die bisherigen Ergebnisse werden in Tab. 16.2 durch den Mittelwert für die zwei heißesten Tage
im Juli (23,8 °C), die zwei kältesten Tage im Januar (−5,2 °C), den Jahresmittelwert
(9,1 °C), den Mittelwert über die Heizperiode von Anfang Oktober bis Mitte April (190
Tage, +2,2 °C) komplettiert. Außerdem sind in dieser Tabelle die berechneten Monatsmittelwerte (Januar −2,0 °C, Februar −0,9 °C, März 2,9 °C, April 8,4 °C, Mai 14,3 °C,
Juni 18,5 °C, Juli 20,1 °C, August 18,5 °C, September 14,4 °C Oktober 8,7 °C, November
2,5 °C, Dezember −0,1 °C) aufgeführt. Werden die Monatsmittelwerte θ_m aus Tab. 16.2

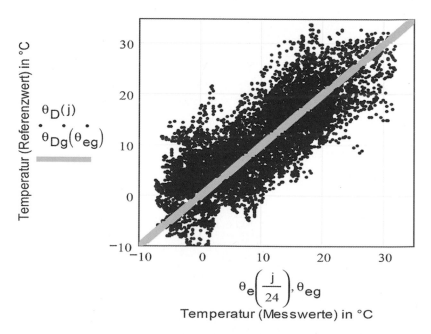

Abb. 16.7 Berechnete Temperatur nach (16.2) aufgetragen gegen die gemessenen Temperaturen
zur Beurteilung der Güte des Referenzklimas

Tab. 16.2 Ausgewählte Temperaturwerte für die Außenluft

Mittelwert für die 2 heißesten Tage im Juli		und die 2 kältesten Tage im Januar
$\int_{202}^{204}\left(\theta_e(t)\right)dt \cdot \frac{1}{2} = 23,8$		$\int_{16}^{18}\left(\theta_t(t)\right)dt \cdot \frac{1}{2} = -5 \cdot 2$
Jahresmittelwert	Mittelwert für die Heizperiode	
$\int_{1}^{365}\theta_e(t)dt \cdot \frac{1}{365} = 9,1$		$\int_{-85}^{105}\theta_e(t)dt \cdot \frac{1}{206} = 2,2$
Monatsmittelwerte		
Januar	Februar	März
$\int_{1}^{31}\theta_e(t)dt \cdot \frac{1}{31} = -2,0$	$\int_{32}^{59}\theta_e(t)dt \cdot \frac{1}{28} = -0,9$	$\int_{60}^{91}\theta_e(t)dt \cdot \frac{1}{31} = 2,9$
April	Mai	Juni
$\int_{92}^{122}\theta_e(t)dt \cdot \frac{1}{30} = 8,4$	$\int_{123}^{154}\theta_e(t)dt \cdot \frac{1}{31} = 14,3$	$\int_{155}^{185}\theta_e(t)dt \cdot \frac{1}{30} = 18,5$
Juli	August	September
$\int_{186}^{217}\theta_e(t)dt \cdot \frac{1}{31} = 20,1$	$\int_{218}^{249}\theta_e(t)dt \cdot \frac{1}{31} = 18,5$	$\int_{250}^{280}\theta_e(t)dt \cdot \frac{1}{30} = 14,4$
Oktober	November	Dezember
$\int_{281}^{312}\theta_e(t)dt \cdot \frac{1}{31} = 8,7$	$\int_{313}^{333}\theta_e(t)dt \cdot \frac{1}{30} = 2,5$	$\int_{334}^{365}\theta_e(t)dt \cdot \frac{1}{31} = -0,1$

über der Zeit aufgetragen, ergibt sich in etwa wieder der harmonische Jahresverlauf (16.1), siehe Abb. 16.8. In Abb. 16.8 sind außerdem die Monatsmittelwerte der Messungen von 1997 (Tab. 16.1a, Temperaturvektor Spalte 1) θ_M und die Monatsmittelwerte von Dresden-Klotzsche θ_K (100 m über der Innenstadt) gemittelt über den Zeitraum 1981 bis 1990 [5] eingetragen. Die Messwerte 1997 weichen vom Verlauf (16.1) etwas ab, die andcren Monatsmittelwerte liegen gut im Kurvenverlauf (Tab. 16.3).

16.1.3 Tagesgang der Außenlufttemperatur

Die Amplitude des Tagesgangs der Außenlufttemperatur hängt von der Jahreszeit (im Sommer größer als im Winter) und vom Wolkenbedeckungsgrad (an wolkenlosen Tagen größer als an trüben Tagen) ab. Außerdem wird die Außenlufttemperatur durch den Wärmespeichereffekt des Erdbodens im Vergleich zum harmonischen Verlauf leicht deformiert. Der Aufheizvorgang am Vormittag und der Abkühlvorgang am Nachmittag lässt sich eher jeweils durch eine Exponentialfunktion beschreiben. Der Ansatz (16.2) für den Temperaturgang wird diesem Phänomen gerecht, wie die Einzelbetrachtung typischer Tagesgänge in den Abb. 16.9, 16.10, 16.11 und 16.12 bestätigt.

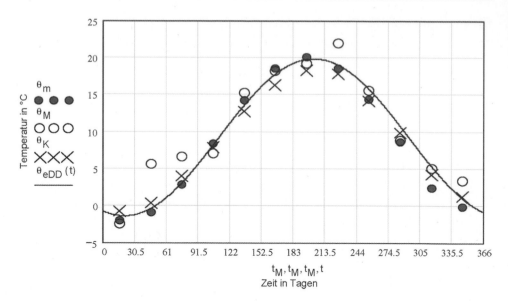

Abb. 16.8 Jahresgang der Außenlufttemperatur nach (16.1) in Dresden (schwarz durchgezogene Kurve) im Vergleich mit verschiedenen Monatsmittelwerten, θ_m Monatsmittelwerte Referenzklima (16.2), θ_M Monatsmittelwerte Messwerte Dresden 1997, θ_K Monatsmittelwerte Dresden Klotzsche

Tab. 16.3 Zeitvektor und Vektoren der Monatsmittelwerte der Außenlufttemperatur

	t_M	θ_m	θ_M	θ_K
Jan	15,0	−2,0	−2,4	−0,7
Feb	45,0	−0,9	5,6	0,4
März	75,0	2,9	6,7	4,0
April	105,0	8,4	7,1	7,9
Mai	135,0	14,3	15,2	12,7
Juni	165,0	18,5	18,2	16,2
Juli	195,0	20,1	19,2	18,2
Aug	225,0	18,5	21,9	17,8
Sept	255,0	14,4	15,6	14,1
Okt	285,0	8,7	8,8	9,8
Nov	315,0	2,5	5,1	4,2
Dez	345,0	−0,1	3,4	1,2

Spalte 1: Zeitvektor, t_M in Tagen
Spalte 2: MonatsmittelwerteReferenzklima ARY (16.2),
Spalte 3: MonatsmittelwerteMesswerte Dresden 1997,
Spalte 4: MonatsmittelwerteDresden Klotzsche

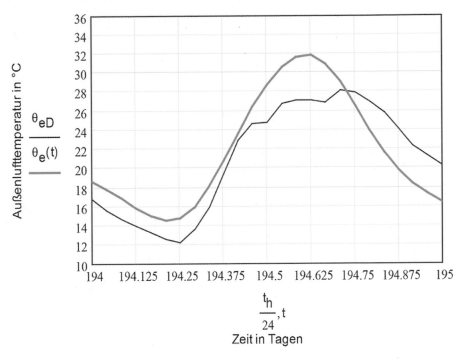

Abb. 16.9 Tagesgang der Außenlufttemperatur für einen heiteren Tag (Tag 194) im Juli 1997 in Dresden, gemessen (schwarz) und simuliert (grau) nach (16.2)

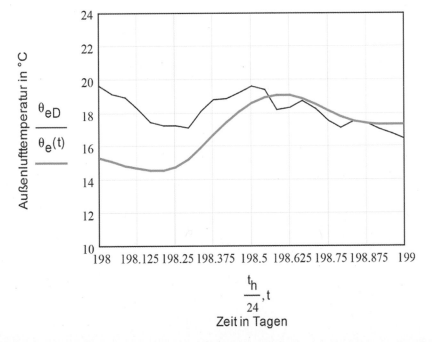

Abb. 16.10 Tagesgang der Außenlufttemperatur für einen Regentag (Tag 197) im Juli 1997 in Dresden, gemessen (schwarz) und simuliert (grau) nach (16.2)

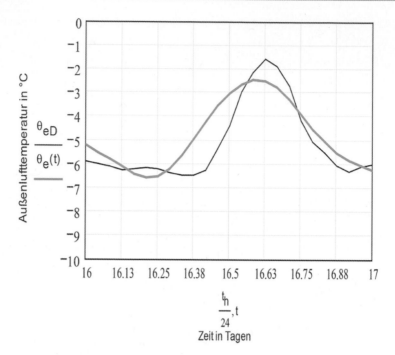

Abb. 16.11 Tagesgang der Außenlufttemperatur für einen wolkenlosen Frosttag (Tag 13) im Januar 1997 in Dresden, gemessen (schwarz) und simuliert (grau) nach (16.2)

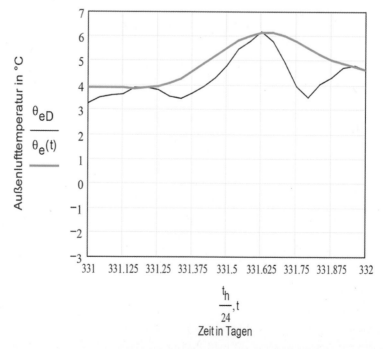

Abb. 16.12 Tagesgang der Außenlufttemperatur für einen bewölkten Tauwettertag(Tag 331) im Dezember 1997 in Dresden, gemessen (schwarz) und simuliert (grau) nach (16.2)

16.1.4 Summenhäufigkeit der Außenlufttemperatur

Relevant für die thermische Bemessung von Gebäuden und Bauteilen ist auch **die Summenhäufigkeit des Auftretens einer bestimmten Temperatur**, hier $\theta 1(n)$ laufend von $-25\,°C$ bis $+40\,°C$ in $0{,}5K$ Schritten. Zur mathematischen Beschreibung von Klimaphänomenen wird in diesem Kapitel zuweilen die Funktion $\Phi(x) = 0$ für $x \le 0$ und $\Phi(x) = 1$ für $x > 0$ (*Heaviside*sche Sprungfunktion) benutzt. Die Funktionen (16.3) summieren beispielhaft alle Temperaturmesswerte $\theta_D(j)$ (Dresden 1997) und $\theta_eC(j)$ (Cottbus 2014) im 6-Stundentakt bis zur vorgegebenen Temperatur $\theta 1(n)$ auf, zeigt demnach die Zahl der Tage mit Temperaturen an, die kälter als die vorgegebene Temperatur $\theta 1(n)$ sind. Die dunkelgrauen Kurven in Abb. 16.13a und 16.13b zeigen das Ergebnis. Zum Vergleich sind die Werte nach den Fehlerintegralfunktion (16.4a, b) (dünne schwarze Kurve) eingetragen. Abb. 16.13a enthält zusätzlich die Kurve mit den ARY-Temperaturen nach (16.2) anstelle der Messwerte $\theta_D(j)$ (hellgraue Kurve) Die Übereinstimmung befriedigt in allen Fällen

$n = 1{,}1.5 \ldots 60$	$j = 0{,}6 \ldots 8760$	$n := 1{,}1.5 \ldots 60$	$j := 0{,}6 \ldots 8754$
$\theta 1(n\,) = -25 + n$		$\theta_{1C}(n\,) := -25 + n$	

$$z_D\left(n\right) = \left(\sum_j \Phi\left(\theta 1(\mathfrak{u}) - \theta_D\left(j\right)\right) \right) \cdot \frac{1}{4} \tag{16.3a}$$

$$z_C\left(n\right) := \left(\sum_j \Phi\left(\theta_{1C}\left(n\right) - \theta_{eC}\left(j\right)\right) \right) \cdot \frac{1}{4} \tag{16.3b}$$

In den Fehlerintegralfunktionen (16.4a, b) sind die Jahresmitteltemperaturen $\theta_{emD} = 9{,}5\,°C$ (Dresden 1997) und $\theta_{emC} = 11{,}1\,°C$ (sehr warmes Jahr, Cottbus 2014) eingesetzt worden

$$Z(\theta) := -\left(\frac{\sqrt{\pi}}{2} \cdot 205 \right) \cdot \text{fehlf}\left(\frac{\theta_{emD} - \theta}{13} \right) + 182{,}5 \tag{16.4a}$$

$$Z(\theta) := -\left(\frac{\sqrt{\pi}}{2} \cdot 205 \right) \cdot \text{fehlf}\left(\frac{\theta_{emC} - \theta}{10} \right) + 182{,}5 \tag{16.4b}$$

Etwas sehr grob kann die Summenhäufigkeit auch durch Geraden angenähert warden

$$Z_G\left(\theta\right) = 12 \cdot \theta + 70 \qquad \text{Dresden 1997} \tag{16.5a}$$

$$Z_{CG}\left(\theta\right) = 14{,}5 \cdot \theta + 20 \qquad \text{Cottbus 2014} \tag{16.5b}$$

In die Summenhäufigkeitsfunktion (16.4a) werden nun die in der Tab. 16.4 genannten bauklimatisch relevanten Außenlufttemperaturen θ_e eingesetzt, um die Häufigkeit ihres Auftretens auszurechnen. Die Wintertemperatur $-5\,°C$ [19] wird in Mitteleuropa an 21

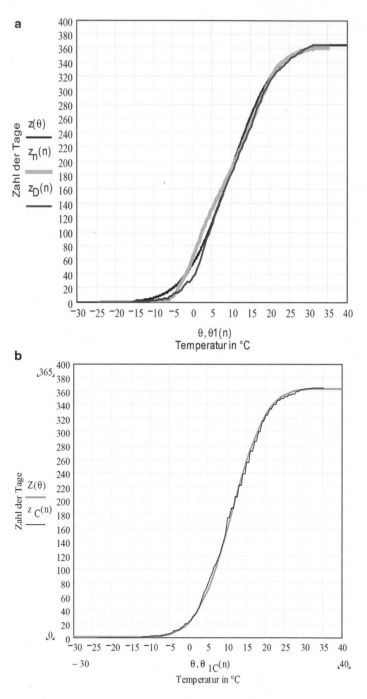

Abb. 16.13 **a** Aus Ansatz (16.3a) generierte Häufigkeitsverteilung der Außenlufttemperatur im Vergleich mit dem Gaußschen Fehlerintegral (16.4a) für Dresden 1997. **b** Aus Ansatz (16.3b) generierte Häufigkeitsverteilung der Außenlufttemperatur im Vergleich mit dem Gaußschen Fehlerintegral (16.4b) für Cottbus 2014

Tab. 16.4 Bauklimatisch wichtige Außenlufttemperaturen und die Häufigkeit ihres Auftretens in Tagen

$-5\,°C$	Wintertemperatur für den Nachweis des Mindestwärme- und Feuchteschutzes	$z(-5) = 21$
$0\,°C$	Frost-Tauwechseltemperatur	$z(0) = 55$
$9,5\,°C$	Jahresmitteltemperatur	$z(9) = 183$
$10\,°C$	Heizgrenztemperatur für den Nachweis des Heizwärmebedarfs eines Gebäudes	$z(10) = 190$
$15\,°C$	Sommertemperatur für den Nachweis der Trocknung eines kondensatbefallenen Bauteils	$z(15) = 255$
$24\,°C$	Sommertemperatur für den Nachweis des sommerlichen Wärmeschutzes eines Gebäudes	$z(24) = 344$

Tagen unterschritten. Etwa 2 Monate herrscht Frost. 6 Monate sind kälter (wärmer) als die Jahresmitteltemperatur.

Die aus den thermischen Eigenschaften des Gebäudes abgeleitete Heizgrenztemperatur (Außenlufttemperatur ab der geheizt werden muss) von z. B. 10 °C wird an 190 Tagen unterschritten [20, 21]. Etwa 3 Monate sind wärmer als 15 °C, was für die Trocknung der Bauteile nach winterlichem Kondensatbefall wichtig [19] ist. Schließlich wird an 3 Wochen im Jahr die mittlere Außenlufttemperatur von 24 °C überschritten. Für diesen Zeitraum soll die sommerliche Auslegung der Gebäude erfolgen [17, 18, 22, 23]. Natürlich treten die genannten Zeiträume nicht am „Stück" auf.

16.2 Kurzwellige und langwellige Wärmestrahlungsbelastung

Auf ein Gebäude wirken energetisch eine Reihe von solar verursachten Wärmestromdichten ein: direkte kurzwellige Sonnenstrahlung G_{dir}, diffuse kurzwellige Strahlung G_{dif}, zusätzlich langwellige Abstrahlung und langwellige Gegenstrahlung G_{lang} oder G_{re} [2, 4, 5, 16, 24, 25]. Diese Strahlungswärmestromdichten reduzieren in der kalten Jahreszeit den Heizwärmeverbrauch, können aber im Sommer zu einer unzulässigen Erhöhung der Raumtemperaturen führen. Strahlung verursacht außerdem häufig eine übermäßige Erwärmung der äußeren Bauteiloberflächen verbunden mit mechanischen Spannungen und hygrischen Umkehrdiffusionseffekten. G_{dir} und G_{dif} werden für eine Horizontalfläche gemessen und für beliebig orientierte Flächen durch eine modifizierte Addition zur Gesamtstrahlung G zusammengefasst.

Bei kurzwelliger Strahlung in der Bauklimatik handelt es sich um elektromagnetische Wellen, die von Flächen mit einer Temperatur von 5785 K (Sonnenoberfläche) abgegeben werden. Diese Strahlungsleistungsdichte lässt sich nach dem *Stefan-Boltzmann-Gesetz*, multipliziert mit dem Raumwinkel unter dem die Sonne erscheint, geteilt durch den Vollraumwinkel mittels Gl. (16.6) berechnen (σ *Stefan-Boltzmann-Konstante* in W/m^2K^4, d_S Durchmesser der Sonne in m, r_{ES} Abstand Erde–Sonne in m). Der Maximalwert G_0 in

2000 km Höhe an der Atmosphärengrenze auf eine normal gerichtete Fläche beträgt 1380 W/m² **(Solarkonstante)**. Beim Eintritt in die Atmosphäre wird diese Strahlung zum Teil absorbiert, zum Teil aber gestreut und als diffuse Strahlung energetisch wieder wirksam. Eine detaillierte Literaturauswertung zu den physikalischen Vorgängen in der Atmosphäre befindet sich in [26].

$$\sigma = 5{,}67 \cdot 10^{-8} \quad T = 5785 \quad d_S = 1392 \cdot 10^5 \quad r_{ES} = 1493 \cdot 10^7$$

$$G_0 = \sigma \cdot T^4 \cdot \frac{\pi \cdot d_S^2}{r_{ES}^2 \cdot 4 \cdot \pi} \quad G_0 = 1380{,}1 \tag{16.6}$$

Der Anteil, der bei völlig trockener und unverschmutzter Luft die Normalfläche des Gebäudes erreicht, soll G_{no} und der wirkliche Wert G_n genannt werden. Mit diesen Informationen lässt sich ein Trübungsfaktor Tr für die Atmosphäre wie folgt definieren [27]:

$$Tr = \frac{\ln\left(\dfrac{G_o}{G_n}\right)}{\ln\left(\dfrac{G_o}{G_{no}}\right)} \tag{16.7}$$

Gl. (16.7) nach der wirklichen Strahlungsleistungsdichte umgestellt, liefert für die Trübungen 1 bis 6 die in der Tab. 16.5 aufgelisteten Werte für G_n in W/m².

Bei Tr = 6 erreicht also nur noch die Hälfte (G_n = 585 W/m²) der Strahlung bei sauberer Luft (G_{no} = 1175 W/m²) die Erdoberfläche

16.2.1 Kurzwellige Strahlungswärmestromdichte auf eine Horizontalfläche

Abb. 16.14 a und b zeigen die gemessene kurzwellige direkte und diffuse Strahlungswärmestromdichte G_{dirD}, G_{difD} in W/m² auf eine Horizontalfläche in Dresden 1997 (Spalten

Tab. 16.5 Trübung und ankommende Leistung

	$G_n(Tr) := G_0 \cdot e^{Tr \cdot \ln(0{,}87)}$	
	Tr =	$G_n(Tr)$ =
Tr = 1 Saubere, trockene Luft	1	1174,5
Tr = 2 Landluft Winter	2	1021,8
Tr = 3 Stadtluft Winter	3	889,0
Tr = 4 Landluft Sommer	4	773,4
Tr = 5 Stadtluft Sommer	5	672,9
Tr = 6 Industriegebiet, sehr verschmutzte Luft	6	585,4

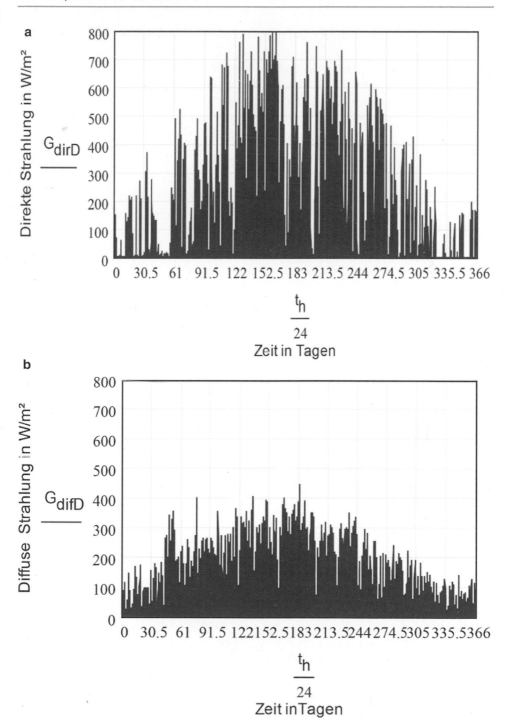

Abb. 16.14 a Gemessene direkte Strahlungswärmestromdichte in W/m² Dresden 1997. **b** Gemessene diffuse Strahlungswärmestromdichte in W/m² Dresden 1997

3 und 4 in der Klimamatrix Tab. 16.1a, Cottbus 2014 siehe Tab. 16.1b und Abb. 16.48 und 16.49).

Durch eine Überlagerung von Tages-, Witterungs- und Jahresgang lässt sich der Strahlungsverlauf ebenfalls näherungsweise mathematisch als Referenzklimakomponente des ARY darstellen, wobei die lageslange D(t) (Zeit zwischen Sonnenaul- und Sonnenuntergang) wieder mit der Sprungfunktion Φ simuliert wird. Daraus folgt zunächst die **Tageslängenfunktion** in Abhängigkeit von der Jahreszeit:

$$D(t) = \Phi\big(h(t)\big) \tag{16.8}$$

h ist der Höhenwinkel der Sonne über dem Horizont. Er wird später im Abschn. 16.2.2 berechnet. Ist h > 0 scheint die Sonne (Tag) und D(t) = 1, ist h < 0 steht die Sonne unter dem Horizont (Nacht) und D(t) = 0 (Abb. 16.15).

Ähnlich wie bei der Außenlufttemperatur wird für die kurzwellige direkte Strahlung auf eine Horizontalfläche ein Verlauf mit signifikanten periodischen Anteilen (ARY Jahresgang, Tagesgang, Witterungsgang) in Anlehnung an die Messungen für Mitteleuropa angesetzt (Trübung etwa 4, Zeiten T und t in Tagen, G und ΔG in W/m²)

Jahreslänge	Jahreszeitverschiebung	Tageslänge	Länge einer Witterungsperiode	Zeit
$T_a = 365$	$ta = 10$	$T_d = 1$	$T_p = 10$	$t = 0{,}96..365$
$G_{dir1} = 379$	$G_{dir2} = -62 \quad \Delta G_{dir} = 242$			

$$G_{dir}(t) =$$
$$\left[G_{dir2} - \Delta G_{dir} \cdot \cos\left[\frac{2 \cdot \pi}{T_a} \cdot (t + t_a) \right] - G_{dir1} \cdot \cos\left(\frac{2 \cdot \pi}{T_d} \cdot t \right) \right] \cdot \left(\sin\left(\frac{2 \cdot \pi}{T_p} \cdot t \right)^2 \right) \cdot D(t) \tag{16.9}$$

Die kurzwellige diffuse Strahlung auf eine Horizontalfläche für Mitteleuropa (Trübung ebenfalls etwa 4) wird mit den gleichen Argumenten wie folgt angenähert (Abb. 16.16 und 16.17)

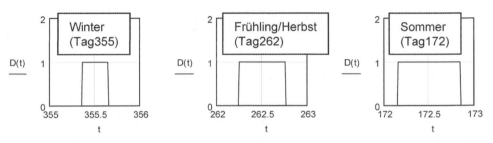

Abb. 16.15 Sonnenscheindauer (Tageslängenfunktion) in Abhängigkeit von der Jahreszeit für 52 °Nord

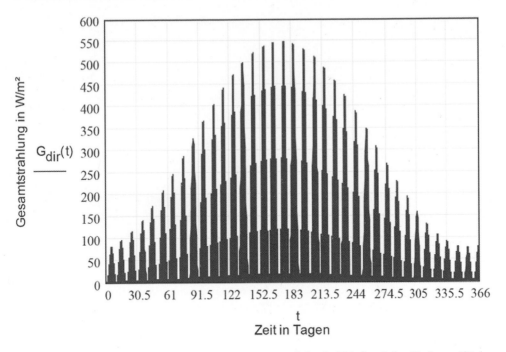

Abb. 16.16 Kurzwellige direkte Strahlungswärmestromdichte in W/m² auf eine Horizontalfläche nach ARY (16.8)

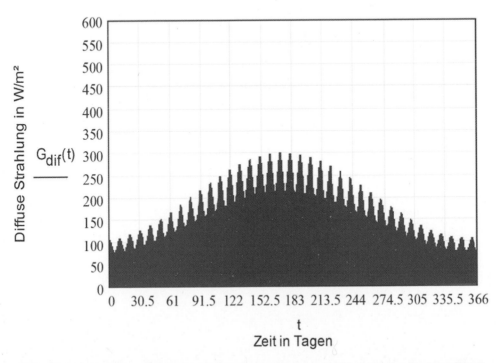

Abb. 16.17 Kurzwellige diffuse Strahlungswärmestromdichte in W/m² auf eine Horizontalfläche nach ARY (16.10)

$G_{dif1} = 190$	$G_{dif2} = 12$	$\Delta G_{dif} = 98$	
$T_a = 365$	$T_p = 10$	$T_d = 1$	$t_a = 10$

$$G_{dif}\left(t\right) = \left[G_{dif2} - \Delta G_{dif} \cdot \cos\left[\frac{2 \cdot \pi}{T_a} \cdot \left(t + t_a\right)\right] - G_{dif1} \cdot \cos\left(\frac{2 \cdot \pi}{T_d} \cdot t\right)\right]$$
$$\cdot \left(\cos\left(\frac{2 \cdot \pi}{T_p} \cdot t\right)^2 \cdot 0{,}3 + 0{,}7\right) \cdot D\left(t\right) \tag{16.10}$$

Daraus ergibt sich der Jahresgang für die kurzwellige Gesamtstrahlungswärmestromdichte auf eine Horizontalfläche (**Globalstrahlung**) für Mitteleuropa (Trübung etwa 4), Gl. (16.11):

$$G\left(t\right) = G_{dir}\left(t\right) + G_{dif}\left(t\right) \tag{16.11}$$

Eine Mittelung der Gesamtstrahlung auf eine Horizontalfläche über die winterliche Heizperiode von 190 Tagen von Oktober (Tag − 87) bis April (Tag + 103) ergibt 55 W/m², eine Mittelung über eine Schönwetterperiode von 5 Tagen im Juni (Tag 173 bis 178) ergibt 276 W/m².

$$\frac{\int_{-86.8}^{102.8} G\left(t\right)dt}{190} = 55{,}0 \qquad \frac{\int_{173}^{178} G\left(t\right)dt}{5} = 276{,}3$$

Näherungsweise kann der Jahresgang der Gesamtstrahlung auf eine Horizontalfläche, wie die Außenlufttemperatur auch, durch eine einfache harmonische Funktion dargestellt werden. Das Maximum liegt im Juni, das Minimum im Dezember. Die Mittelung über die Heizperiode ergibt mit den angegebenen Werten ebenfalls 55 W/m² (Abb. 16.18).

$$G_h\left(t\right) = G_{hm} - \Delta G_h \cdot \cos\left[\frac{2 \cdot \pi}{T_a} \cdot \left(t + t_a\right)\right] \qquad \frac{\int_{-85}^{110} G_h\left(t\right)dt}{190} = 55{,}1 \tag{16.12}$$
$$G_{hm} = 114 \quad \Delta G_h = 110$$

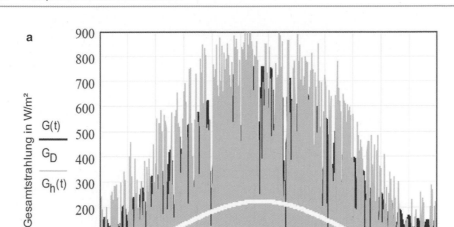

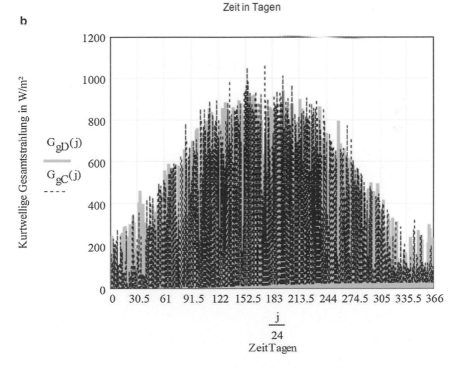

Abb. 16.18 **a** Kurzwellige Gesamtstrahlungswärmestromdichte auf eine Horizontalfläche (Globalstrahlung) nach (16.11) (schwarz), Messwerte für Dresden 1997 (grau) und Mittelung (weiß) nach (16.12). **b** Kurzwellige Gesamtstrahlungsdichte: Vergleich der Messwerte für Dresden 1997 (grau) und Cottbus 2014 (schwarz gestrichelt) in W/m²

16.2.2 Strahlungswärmestromdichte auf beliebig orientierte und geneigte Flächen

Aus den Strahlungswerten der direkten Strahlung auf die Horizontalfläche lässt sich die direkte Strahlung auf eine beliebige Bauteilfläche (charakterisiert durch den Winkel β zur Nordrichtung und die Neigung α) in Abhängigkeit vom Sonnenstand (charakterisiert durch Höhenwinkel h und den Azimutwinkel a) berechnen [27, 28, 29].

In der Abb. 16.19 sind alle erforderlichen Winkel zwischen Sonnenstrahl (direkte Strahlung) und Bauteilflächennormale dargestellt. Daraus wird eine im Jahresgang veränderliche Winkelhilfsfunktion B(t,α,β) abgeleitet, mit der die Strahlung auf eine Horizontalfläche multipliziert werden muss um die Strahlungswärmestromdichte auf eine beliebig orientierte und geneigte Fläche auszuweisen.

Daraus folgt die direkte Strahlungswärmestromdichte der Sonne auf eine beliebige Bauteilfläche

$$G_{dir\,\alpha\beta} = G_{dir\,hor} \cdot \left(\cos\alpha + \sin\alpha \cdot \frac{\cos(a-\beta)}{\tanh} \right) \qquad (16.13)$$

h	Höhenwinkel der Sonne – Winkel zwischen Sonnenstrahl und dessen „Schatten" auf die Horizontalfläche
a	Azimutwinkel der Sonne – Winkel zwischen dem „Schatten des Sonnenstrahls" und der Nordrichtung
β	Winkel zwischen Flächennormale und Nordrichtung

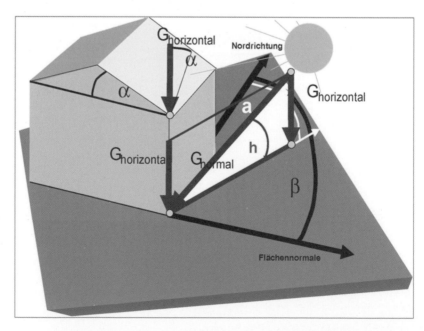

Abb. 16.19 Winkelbeziehungen zwischen direkter Sonnenstrahlung und den Gebäudeoberflächen

α	Neigungswinkel der Bauteilfläche
$G_{horizontal}$	Strahlungswärmestromdichte der direkten Sonnenstrahlung auf eine Horizontalfläche in W/m²

Diese Gleichung ist wieder mit der Sprungfunktion für Sonnenauf- und Sonnenuntergang sowie zusätzlich für die Eigenverschattung (Sonne verschwindet hinter dem Gebäudewinkel) zu multiplizieren. Außerdem sind der Sonnenhöhenwinkel h und der Azimutwinkel a in Abhängigkeit von der geografischen Lage (Breitengrad χ) und der Jahreszeit darzustellen. Diese Prozedur ist etwas aufwendig und wird im Folgenden wiedergegeben:

Sonnenhöhenwinkel h(t) (vgl. Abb. 16.19, 16.20 und 16.21)

$$\sin\big(h(t)\big) = \sin(\chi) \cdot \sin\big(\delta(t)\big) - \cos(\chi) \cdot \cos\big(\delta(t)\big) \cdot \cos\left(\frac{2 \cdot \pi}{T_d} \cdot t\right)$$

$$h(t) = a\sin\left(\sin(\chi) \cdot \sin\big(\delta(t)\big) - \cos(\chi) \cdot \cos\big(\delta(t)\big) \cdot \cos\left(\frac{2 \cdot \pi}{T_d} \cdot t\right)\right)$$

$$h(t) = h(t) \cdot \Phi\big(h(t)\big) \Phi \ Heaviside \ \text{Sprungfunktion} \qquad (16.14)$$

$$\chi = \frac{52}{180} \cdot \pi \qquad\qquad T_d = 1$$

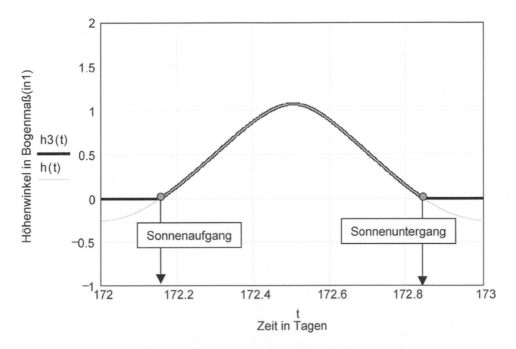

Abb. 16.20 Tagesgang des Höhenwinkels der Sonne am Tag 172 (Sommertag).

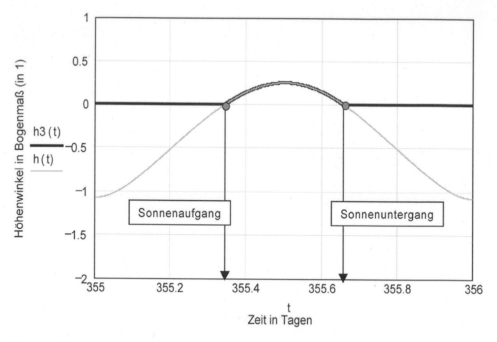

Abb. 16.21 Tagesgang des Höhenwinkels der Sonne am Tag 355 (Wintertag)

Breitengrad, Tageslänge
Jahreslänge, Jahreszeitverschiebung

$$T_a = 365 \quad t_a = 10$$

Deklinationswinkel δ(t) der Sonne (Abb. 16.22)

$$\delta(t) = -\frac{23{,}5}{180} \cdot \pi \cdot \sin\left[\frac{2 \cdot \pi}{T_a} \cdot \left(t + t_a + \frac{T_a}{4}\right)\right] \tag{16.15}$$

Azimutwinkel a(t) der Sonne (Abb. 16.23 und 16.24)

$$A(t) = \sin(a(t)) = \frac{\cos(\delta(t))}{\cos(h(t))} \cdot \sin\left(\frac{2 \cdot \pi}{T_d} \cdot t\right)$$

$$a(t) = a\sin\left(\frac{\cos(\delta(t))}{\cos(h(t))} \cdot \sin\left(\frac{2 \cdot \pi}{T_d} \cdot t\right)\right)$$

Bei der Berechnung des Azimutwinkels ist der Vorzeichenwechsel (Signumfunktion oder +/− Funktion) von A(t) zu beachten. Daraus folgen A1(t) und der im Tagesverlauf stetig zunehmende wirkliche Azimutwinkel a(t), Gl. (16.16).

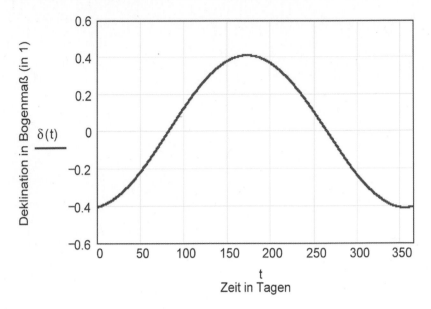

Abb. 16.22 Jahresgang der Deklination der Sonne

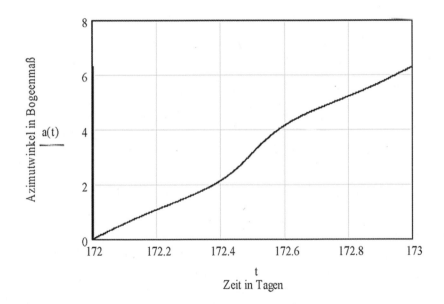

Abb. 16.23 Tagesgang des Azimutwinkels der Sonne am Tag 172 (Sommertag)

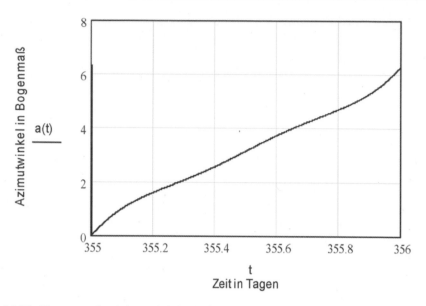

Abb. 16.24 Tagesgang des Azimutwinkels der Sonne am Tag 355 (Wintertag)

$$A1(t) = -A(t)\,\text{signum}\!\left(\frac{d}{dt}A(t)\right).\tag{16.16}$$

$$a(t) = \text{asin}(-A1(t)) + \pi \cdot \Phi\!\left(-\text{signum}\!\left(\frac{d}{dt}A(t)\right)\right) +$$

$$+\,2 \cdot \pi\,\Phi\!\left(-\text{asin}(-A1(t)) - \pi \cdot \Phi\!\left(-\text{signum}\!\left(\frac{d}{dt}A(t)\right)\right)\right).$$

Die Winkelhilfsfunktion B(t,β) (letzter Term in Gl. (16.13)) für die direkte Strahlung auf eine Bauteilfläche) folgt aus Gl. (16.13) und ist mit der Sonnenscheindauerfunktion (Tageslängenfunktion D(t,h), (16.8)) in Abhängigkeit vom Höhenwinkel h zu multiplizieren. Daraus folgt zunächst eine Hilfsfunktion B1(t, β) (16.17). Mit Gl. (16.18) wird eine **Eigenverschattungsfunktion S$_E$ (t,α,β)** definiert. Sie hat den Wert 1 solange die Sonne wirklich die Bauteilfläche bescheint, ansonsten verschwindet sie. Daraus ergibt sich die **allgemeine Winkelhilfsfunktion B(t,α,β)** (16.19) für die **direkte Strahlung auf eine beliebige Bauteilfläche**. In den Abb. 16.25, 16.26 und 16.27 ist die Winkelhilfsfunktion für eine vertikale Wand (α = π/2) mit unterschiedlicher Himmelsrichtung β dargestellt. Abschließend wird noch die allgemeine Winkelhilfsfunktion (16.19) für eine Dachneigung von 54° für den Tag 172 (vergleiche Abb. 16.19) im Abb. 16.28 aufgezeichnet. Es sei noch einmal darauf hingewiesen, dass mit dieser Winkelhilfsfunktion die direkte Strahlungswärmestromdichte auf eine Horizontalfläche multipliziert werden muss, um die Strahlungswärmestromdichte auf eine beliebig geneigte α und eine beliebig orientierte β Bauteiloberfläche zu berechnen.

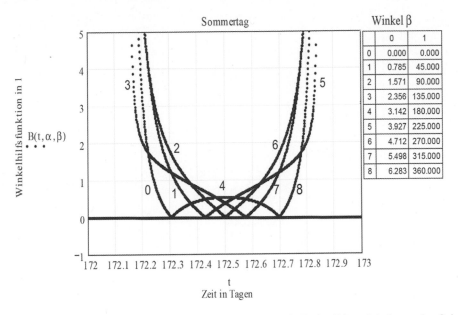

Abb. 16.25 Winkelhilfsfunktion B(t,α,β) für eine vertikale Fläche in Abhängigkeit von der Orientierung (Haupthimmelsrichtungen) β für den Tag 172 (Sommertag) für einen Ort auf dem Breitengrad χ=52°

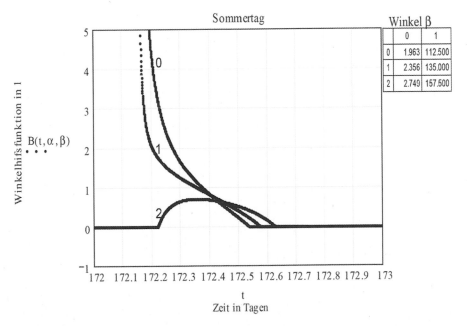

Abb. 16.26 Winkelhilfsfunktion B(t,α,β) für eine vertikale Fläche in Abhängigkeit von der Orientierung (Haupthimmelsrichtungen) β für den Tag 172 (Sommertag) für einen Ort auf dem Breitengrad χ=52°

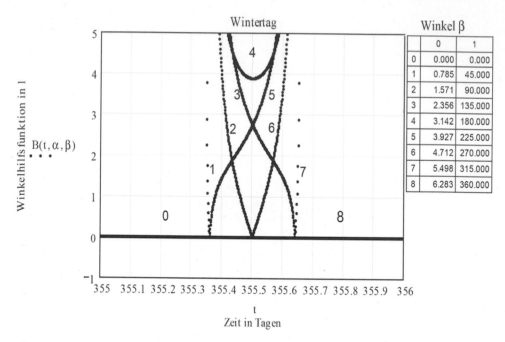

Abb. 16.27 Winkelhilfsfunktion B(t,α,β) für eine vertikale Fläche in Abhängigkeit von der Orientierung (Haupthimmelsrichtungen) β für den Tag 355 (Wintertag) für einen Ort auf dem Breitengrad χ=52°

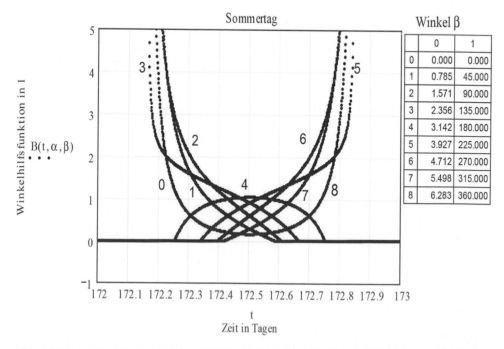

Abb. 16.28 Winkelhilfsfunktion für eine 54° geneigte Dachfläche in Abhängigkeit von der Orientierung β für den Tag 172 (Sommertag) für einen Ort auf dem Breitengrad χ=52°

$$B(t,\beta) = \frac{\cos(a-\beta)}{\tanh} = \frac{\cos(a)\cdot\cos(\beta)+\sin(a)\cdot\sin(a)}{\tan(h)} \tag{16.17}$$

$$D(t) = \Phi\big((h(t))\big)$$

$$B1(t,\beta) = \frac{\sqrt{1-(A(t))^2}\cdot\cos(\beta)\cdot\operatorname{signum}\left(\dfrac{d}{dt}A(t)\right)+A(t)\cdot\sin(\beta)}{\tan(h(t))}\cdot D(t)$$

$$S_E(t,\alpha,\beta) = \Phi\big(\cos(\alpha)\cdot D(t)+\sin(\alpha)\cdot B1(t,\beta)\cdot D(t)\big) \tag{16.18}$$

$$B1(t,\beta,\alpha) =$$
$$\frac{\sqrt{1-(A(t))^2}\cdot\cos(\beta)\cdot\operatorname{signum}\left(\dfrac{d}{dt}A(t)\right)+A(t)\cdot\sin(\beta)}{\tan(h(t))}\cdot S_E(t,\alpha,\beta)\cdot D(t) \tag{16.19}$$

Mit der diskutierten Winkelhilfsfunktion ergibt sich schließlich für eine **beliebig orientierte β und beliebig geneigte α Bauteilfläche für die direkte Strahlungswärmestromdichte.** (16.20). Die Funktion B erreicht bei streifendem Strahlungseinfall den Wert unendlich (siehe Abb. 16.25, 16.26, 16.27 und 16.28), muss aber für das praktische Rechnen begrenzt werden (B < 5, siehe auch Masken in den Abb. 16.93 a und b) Die **diffuse Strahlung ist lediglich vom Neigungswinkel α abhängig,** wofür ein empirischer Ansatz gemacht wird. Daraus folgt für die **Gesamtstrahlung auf eine beliebige Bauteilfläche (16.21):**

$$G_{dir\alpha\beta}(t,\alpha,\beta) = G_{dir}(t)\cdot B(t,\alpha,\beta) \tag{16.20a}$$

$$G_{dif\alpha}(t,\alpha) = G_{dif}(t)\cdot\left(0{,}65+0{,}35\cos(\alpha)^3\right) \tag{16.20b}$$

$$G_{ges\alpha\beta}(t,\alpha,\beta) = G_{dif\alpha}(t,\alpha)+G_{dir\alpha\beta}(t,\alpha,\beta) \tag{16.20c}$$

Neigung Orientierung

$$\alpha = \frac{\pi}{2} \quad \beta = 0,\frac{\pi}{4}.2\cdot\pi$$

Orientierung

$$\beta = \pi\cdot\frac{5}{8},\pi\cdot\frac{6}{8}.\pi\cdot\frac{7}{8}$$

Orientierung

$$\beta = 0,\frac{\pi}{4}.2\cdot\pi$$

Neigung	Orientierung
$\alpha = \dfrac{54}{360} \cdot 2 \cdot \pi$	$\beta = 0, \dfrac{\pi}{4} \cdot 2 \cdot \pi$

In den Abb. 16.29, 16.30, 16.31, 16.32, 16.33 und 16.34 ist die Gesamtstrahlung auf die Nord-, Ost- und Südseite entsprechend der Näherungen des ARY (16.9), (16.10) und (16.20) dargestellt. In den Bildern für den Tagesgang ist der Unterschied zwischen direkter und diffuser Strahlung (bei Eigenverschattung) deutlich sichtbar.

Zum Vergleich sind in den folgenden Abb. 16.35, 16.36, 16.37 und 16.38 die Strahlungs-wärmestromdichten auf die Bauteiloberflächen in Ost-, Süd-, West- und Nordrichtung unter Benutzung der gemessenen Klimadatei (vergleiche Klimamatrix Tab. 16.1b) von Cottbus 2014 für den Schönwettertag 184 dargestellt. Der Übergang von der Gesamt-strahlung (z. B. Ostwand am Vormittag) zur lediglich diffusen Strahlung (z. B. Ostwand ab Mittag) im Falle der Eigenverschattung ist in den Abb. 16.30, 16.32 und 16.34 sowie 16.35, 16.36, 16.37 und 16.38 gut zu erkennen. Außerdem sei darauf hingewiesen, dass die Maximalwerte auf die Südseite im Sommer wegen des hohen Sonnenstandes geringer sind als Strahlungswerte auf die Ost- oder Westseite.

Die nächsten Abb. 16.39, 16.40, 16.41 und 16.42 zeigen die direkte (schwarz) und die gesamte (grau) Strahlungswärmestromdichte auf ein um 54° geneigtes Steildach (ver-gleiche auch Abb. 16.28) in Abhängigkeit von der Himmelsrichtung und für verschiedene Tage im Jahr (alles Strahlungstage aus den Ansätzen (16.9), (16.10) sowie (16.20). Zum

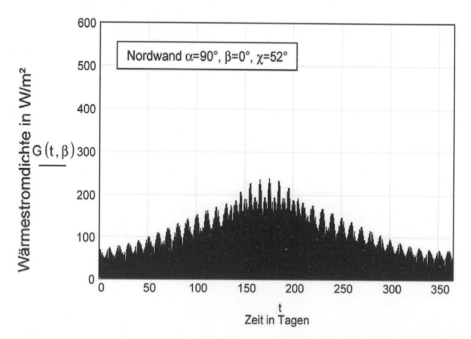

Abb. 16.29 Jahresgang der Gesamtstrahlungswärmestromdichte nach (16.21) auf eine Nordwand

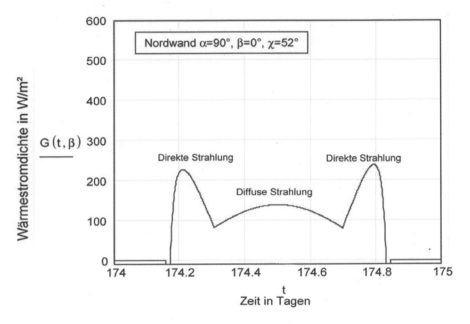

Abb. 16.30 Tagesgang (Sommertag 174) der Gesamtstrahlungswärmestromdichte nach (16.21) auf eine Nordwand

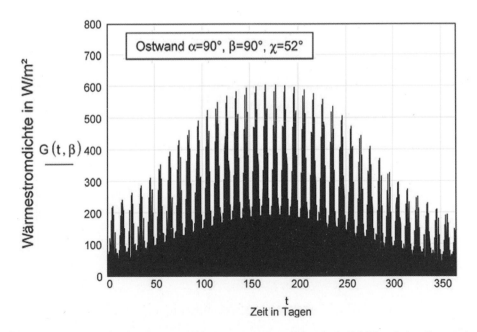

Abb. 16.31 Jahresgang der Gesamtstrahlungswärmestromdichte nach (16.21) auf eine Ostwand

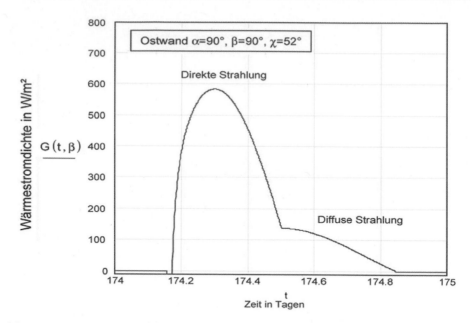

Abb. 16.32 Tagesgang (Sommertag 174) der Gesamtstrahlungswärmestromdichte nach (16.21) auf eine Ostwand

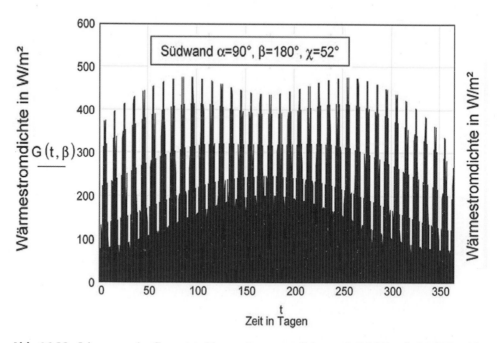

Abb. 16.33 Jahresgang der Gesamtstrahlungswärmestromdichte nach (16.21) auf eine Südwand

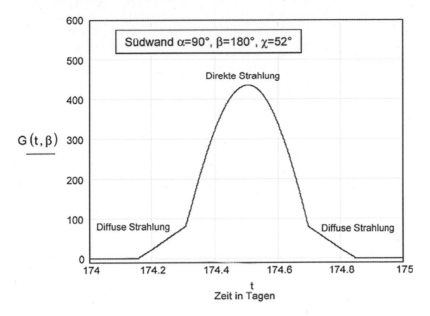

Abb. 16.34 Tagesgang (Sommertag 174) der Gesamtstrahlungswärmestromdichte nach (16.21) auf eine Südwand

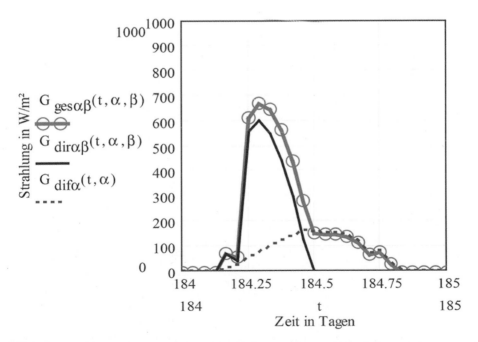

Abb. 16.35 Tagesgang der Strahlungswärmestromdichten (gesamt, direkt, diffus) auf eine Ostwand in Cottbus 2014, Tag 184

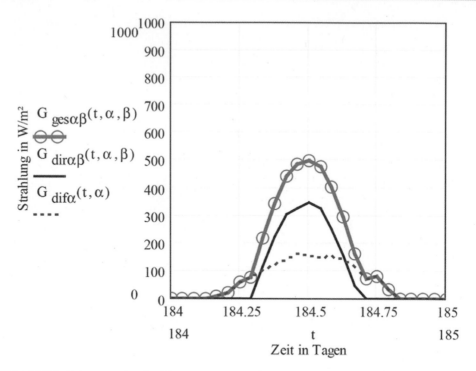

Abb. 16.36 Tagesgang der Strahlungswärmestromdichten (gesamt, direkt, diffus) auf eine Süd-wand in Cottbus 2014, Tag 184

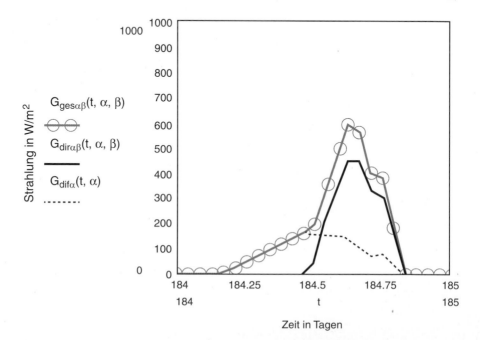

Abb. 16.37 Tagesgang der Strahlungswärmestromdichten (gesamt, direkt, diffus) auf eine West-wand in Cottbus 2014, Tag 184

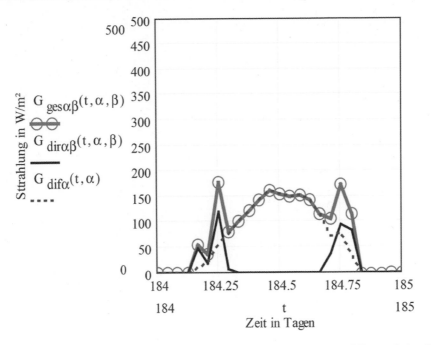

Abb. 16.38 Tagesgang der Strahlungswärmestromdichten (gesamt, direkt, diffus) auf eine Nordwand in Cottbus 2014, Tag 184

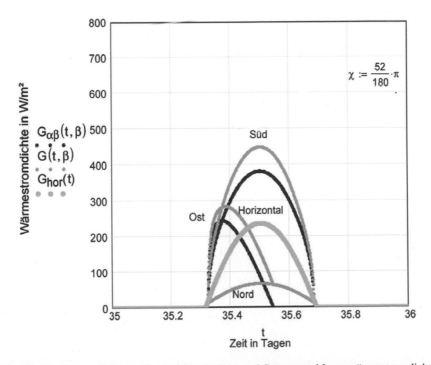

Abb. 16.39 Tagesgang (Februar, Tag 35) der direkten und Gesamtstrahlungswärmestromdichte auf unterschiedlich orientierte Flächen

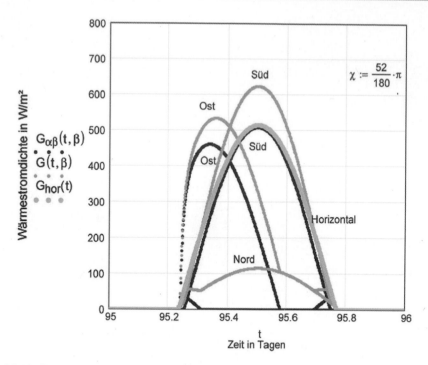

Abb. 16.40 Tagesgang (April, Tag 95) der direkten und Gesamtstrahlungswärmestromdichte auf unterschiedlich orientierte Flächen

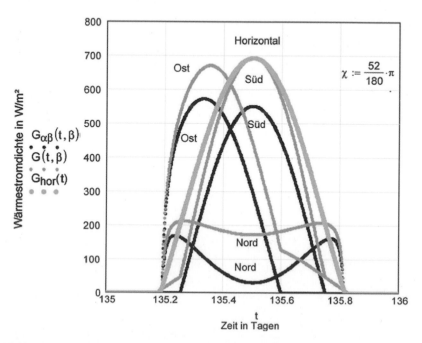

Abb. 16.41 Tagesgang (Mai, Tag 135) der direkten und Gesamtstrahlungswärmestromdichte auf unterschiedlich orientierte Flächen

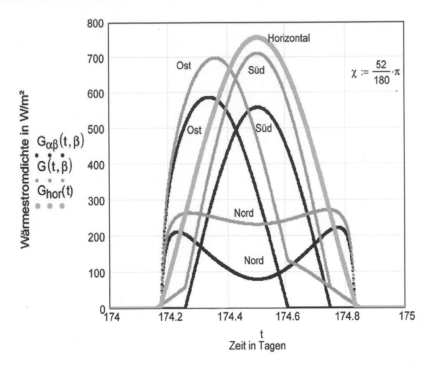

Abb. 16.42 Tagesgang (Juni, Tag 174) der direkten und Gesamtstrahlungswärmestromdichte auf unterschiedlich orientierte Flächen

Vergleich ist die Gesamtstrahlung auf eine Horizontalfläche (dick, hellgrau) ebenfalls eingetragen. Der Breitengrad beträgt wie bisher in allen Abbildungen 52° Nord.

Für die wärmetechnische Bemessung der Bauteile und Gebäude während der winterlichen Heizperiode von hier 190 Tagen und einer sommerlichen Hitzeperiode von 5 Tagen [17, 18, 23] sind die Mittelwerte durch Integration über die Strahlungswärmestromdichten $G_{ges\alpha\beta}(t,\alpha,\beta)$ nach (16.9), (16.10) und (16.20) im Folgenden für Wände und 45° geneigte Dächer für die vier Haupthimmelsrichtungen tabellarisch zusammengestellt. Um eine mathematische Konvergenz der Zeitintegrale zu erreichen, schwanken die Grenzen geringfügig.

Daraus ergeben sich die folgenden gerundeten Werte für die mittleren Strahlungswärmebelastung der unterschiedlich orientierten Bauteilflächen (Tab. 16.7). Sie können zur Quantifizierung des Heizwärmebedarfs (Kapitel Wärme) während der Heizperiode und zur Berechnung der Raumtemperaturen bei freier Klimatisierung außerhalb der Heizperiode (Abschn. 18.3) benutzt werden [16] (Tab. 16.6 und 16.7).

In der nächsten Abb. 16.43 soll die Abhängigkeit der Gesamtstrahlungswärmestromdichte vom Bedeckungsgrad verdeutlicht werden. Sie enthalten den Strahlungsgang auf eine Ostwand für eine Witterungsperiode im Juni (Tage 170 bis 175). Abschließend sollen noch einige Befunde zur Korrespondenz zwischen Strahlung, Außenlufttemperatur und Regen aufgezeigt werden. An wolkenlosen Strahlungstagen ergibt sich auch die größte Tagesschwankung der Außenlufttemperatur und umgekehrt. (Für die Temperaturkurve (grau) entspricht im Abb. 16.44 die Zahl 200 an der Ordinate 20 °C). Durch Regenschauer erfährt die

Tab. 16.6 Strahlungsbelastungen nach (16.21) in W/m² auf Wände und Dächer

Mittelwert Heizperiode 190 Tage Oktober bis April	Mittelwert Hitzeperiode 5 Tage Ende Juni	Mittelwert Heizperiode 190 Tage Oktober bis April	Mittelwert Hitzeperiode 5 Tage Ende Juni
Nordwand $\dfrac{\int_{-87,8}^{102} G_{ges\alpha\beta}(t,\alpha,\beta)\,dt}{190} = 22{,}4$	Nordwand $\dfrac{\int_{173}^{178} G_{ges\alpha\beta}(t,\alpha,\beta)\,dt}{5} = 90{,}4$	Norddach 45° $\dfrac{\int_{-87,8}^{102} G_{ges\alpha\beta}(t,\alpha,\beta)\,dt}{190} = 26{,}8$	Norddach 45° $\dfrac{\int_{173}^{178} G_{ges\alpha\beta}(t,\alpha,\beta)\,dt}{5} = 178.2$
Nordostwand $\dfrac{\int_{-88}^{102} G_{ges\alpha\beta}(t,\alpha,\beta)\,dt}{190} = 24{,}0$	Nordostwand $\dfrac{\int_{173}^{178} G_{ges\alpha\beta}(t,\alpha,\beta)\,dt}{5} = 126.7$	Nordostdach 45° $\dfrac{\int_{-87,1}^{102} G_{ges\alpha\beta}(t,\alpha,\beta)\,dt}{190} = 30{,}7$	Nordostdach 45° $\dfrac{\int_{173}^{178} G_{ges\alpha\beta}(t,\alpha,\beta)\,dt}{5} = 193.0$
Ostwand $\dfrac{\int_{-87,8}^{102} G_{ges\alpha\beta}(t,\alpha,\beta)\,dt}{190} = 33{,}8$	Ostwand $\dfrac{\int_{173}^{178} G_{ges\alpha\beta}(t,\alpha,\beta)\,dt}{5} = 160.7$	Ostdach 45° $\dfrac{\int_{-87,1}^{102} G_{ges\alpha\beta}(t,\alpha,\beta)\,dt}{190} = 43{,}9$	Ostdach 45° $\dfrac{\int_{173}^{178} G_{ges\alpha\beta}(t,\alpha,\beta)\,dt}{5} = 229.9$
Südostwand $\dfrac{\int_{-87,8}^{102} G_{ges\alpha\beta}(t,\alpha,\beta)\,dt}{190} = 52{,}1$	Südostwand $\dfrac{\int_{173}^{178} G_{ges\alpha\beta}(t,\alpha,\beta)\,dt}{5} = 150.0$	Südostdach 45° $\dfrac{\int_{-87,8}^{102} G_{ges\alpha\beta}(t,\alpha,\beta)\,dt}{190} = 61{,}2$	Südostdach 45° $\dfrac{\int_{173}^{178} G_{ges\alpha\beta}(t,\alpha,\beta)\,dt}{5} = 239.4$
Südwand $\dfrac{\int_{-87,8}^{102} G_{ges\alpha\beta}(t,\alpha,\beta)\,dt}{190} = 62{,}2$	Südwand $\dfrac{\int_{173}^{178} G_{ges\alpha\beta}(t,\alpha,\beta)\,dt}{5} = 123.7$	Süddach 45° $\dfrac{\int_{-87,8}^{102} G_{ges\alpha\beta}(t,\alpha,\beta)\,dt}{190} = 69{,}1$	Süddach 45° $\dfrac{\int_{173}^{178} G_{ges\alpha\beta}(t,\alpha,\beta)\,dt}{5} = 233.8$

Tab. 16.7 Wichtige mittlere Strahlungsbelastungen in W/m² auf Wände und Dächer

Horizontal	Nord-90°	NO-90°	Ost-90°	SO-90°	Süd-90°	Nord-45°	NO-45°	Ost-45°	SO-45°	Süd-45°
Strahlungswärmestromdichte während der Heizperiode von 190 Tagen von Oktober bis April auf Wände (90°) und Dächer (45°) in W/m²										
55	22	24	34	52	62	27	31	44	61	69
Strahlungswärmestromdichte während einer sommerlichen Hitzeperiode von 5 Tagen Ende Juni auf Wände (90°) und Dächer (45°) in W/m²										
276	90	127	161	150	124	178	193	230	239	234

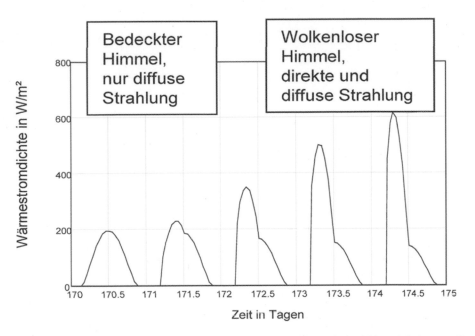

Abb. 16.43 Gesamtwärmestromdichte im Juni (Tage 170 bis 175) in Abhängigkeit vom Bedeckungsgrad

direkte Strahlung natürlich Einbrüche (Abb. 16.45, Tag 176). Die direkte Strahlung wird für Regenereignisse nach Gl. (16.38) im Abschn. 16.4.1 mittels Sprungfunktion O null gesetzt. Trägt man die Gesamtwärmestromdichte auf eine Horizontafläche über der Temperatur für das gesamte Jahr auf (Abb. 16.46), zeigt die Häufigkeitswolke: Hohe Temperaturen gehören auch zu hohen Strahlungswerten, niedrige Strahlungswerte treten aber sowohl im Winter als auch im Sommer auf. Zwischen Temperatur und Strahlung existiert eine jährliche Phasen- bzw. Zeitverschiebung. Die durchgezogene Kurve stellt den Tagesmittelwert der Gesamtstrahlung (Gl. (16.12)) über den Tagesmittelwerten der Temperatur (Gl. (16.1)) dar.

Abschließend sei darauf hingewiesen, dass die Globalstrahlung ohne Einzelmessung hinreichend genau in direkte und diffuse Strahlung aufgeteilt werden kann ([30]). Hier wird die eigene Aufteilungsfunktion (16.22), getestet an zahlreichen Klimafiles (siehe Abb. 16.47), Gs=1380 W/m²) benutzt.

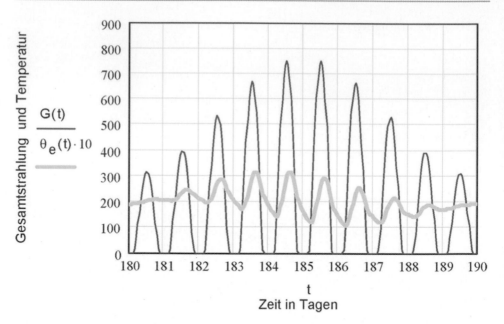

Abb. 16.44 Gesamtstrahlungswärmestromdichte (schwarz) auf eine Horizontalfläche und Außenlufttemperatur im Juni (grau), Tage 175 bis 180 in Abhängigkeit vom Bedeckungsgrad

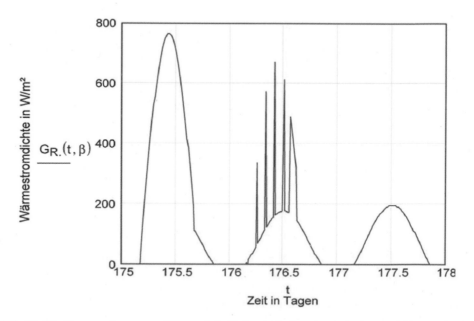

Abb. 16.45 Gesamtwärmestromdichte auf ein Südostdach (45°) im Juni (Tage 175 bis 178) in Abhängigkeit vom Bedeckungsgrad und modifiziert durch Regenereignisse am Tag 176

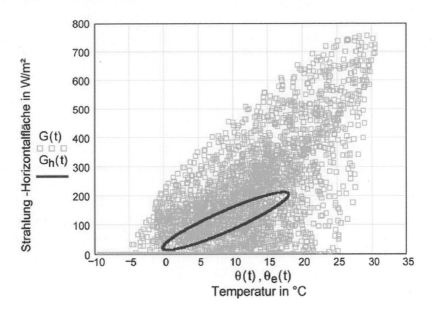

Abb. 16.46 Häufigkeitsverteilung der Gesamtwärmestromdichte auf eine Horizontalfläche in Abhängigkeit von der Außenlufttemperatur

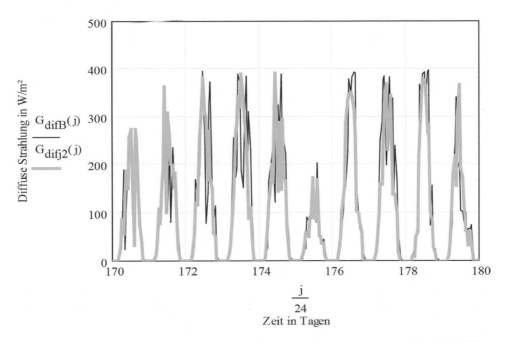

Abb. 16.47 Vergleich der gemessenen (hell) mit der nach (16.21) berechneten (dunkel) Diffuswärmestromdichte für die Tage 170 bis 180 des Jahres 2014 für Cottbus

$$G_{difB}\left(j\right) = 0,75 \cdot G_{gesB}\left(j\right) \cdot \left[1 - \left(\frac{G_{gesB}\left(j\right)}{G_{s}}\right)^{1} \cdot 1,0\right]^{0.5} \tag{16.21}$$

16.2.3 Langwellige Abstrahlung

Der langwellige Wärmestrahlungsaustausch zwischen Bauteiloberfläche und Umgebung findet zwischen Flächen im 300 K Temperaturbereich (im Gegensatz zur kurzwelligen Strahlung emittiert von Flächen mit 6000 K) statt. Sein Einfluss auf den Energiehaushalt eines Gebäudes und die Raumlufttemperatur ist eher gering, allerdings können sich Oberflächen nachts durch langwellige Abstrahlung stark abkühlen. Daraus folgen Betauung und langsameres Abtrocknen der Bauteiloberflächen nach Schlagregenbelastungen mit der Gefahr der Veralgung. Die insgesamt vom Gebäude abgegebene Strahlungswärmestromdichte soll auf der Basis des *Stefan-Boltzmann*-Gesetzes (16.6) abgeleitet werden.

$$G_{lang} = \sigma \cdot T_{B}^{4} \cdot \varepsilon_{B} \tag{16.22}$$

Der Emissionskoeffizient ε_B liegt im langwelligen Bereich für alle Baustoffe bei 0,95 (ausgenommen polierte Metalle 0,05). Die Himmelsgegenstrahlung wird durch das gleiche Gesetz beschrieben, wobei der Emissionskoeffizient ε_H von der physikalischen Situation der atmosphärischen Schichten abhängt. In Anlehnung an *Brutseart* [31] und *Konzelmann* [32] sowie nach Auswertung zahlreicher Klimadateien wird eine Beziehung für ε_H in Abhängigkeit der Außenlufttemperatur, der relativen Luftfeuchte (siehe nächster Abschn. 16.3) und dem Bedeckungsgrad n entwickelt. Er liegt zwischen 0,95 (bedeckter Himmel) und 0,55 (klarer Himmel). Der Bedeckungsgrad fehlt häufig in den Klimadateien (siehe auch Klimamatrix Tab. 16.1b, Abb. 16.48 und 16.49).

Er lässt sich allerdings aus dem Verhältnis von kurzwelliger Diffusstrahlung zu kurzwelliger Gesamtstrahlung berechnen, weil der Direktanteil mit dem Bedeckungsgrad abnimmt. Eine Abnahme erfolgt an wolkenlosen Tagen auch durch die erhöhte Streuung der kurzwelligen Strahlung am Vormittag und am Nachmittag, sodass lediglich das Verhältnis am Mittag (Messwerte Cottbus 2014, Gl. (16.23)) benutzt und zwischenzeitlich (auch über die Nacht hinweg) linear interpoliert werden soll (eine Verfeinerung zeigt Abb. 16.53)

$j = 0,12..8760$ Laufindex für die Mittagszeit

$$V_{G}\left(j\right) = \frac{G_{difD}\left(j\right)}{G_{difD}\left(j\right) + G_{dirD}\left(j\right)} \qquad \text{Strahlungswertverhältnis am Mittag} \tag{16.23}$$

$i = 0, 1 \ldots 362$	Tagesindex für das laufende Jahr
$j\left(i\right) = 12 + 24 \cdot i$	Laufindex für die Mittagszeit
$k = 0, 1 \ldots 24$	Index für die Stundenwerte eines laufenden Tages

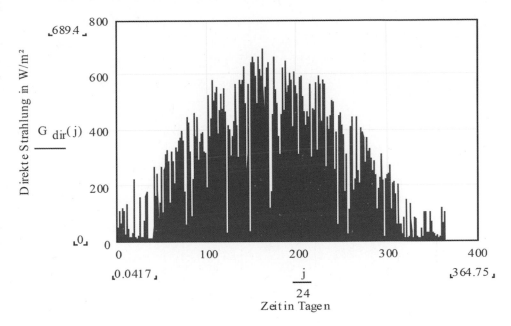

Abb. 16.48 Jahresgang der direkten Strahlungswärmestromdichte in W/m^2 für Cottbus 2014 (Tab. 16.1b, Spalte 3)

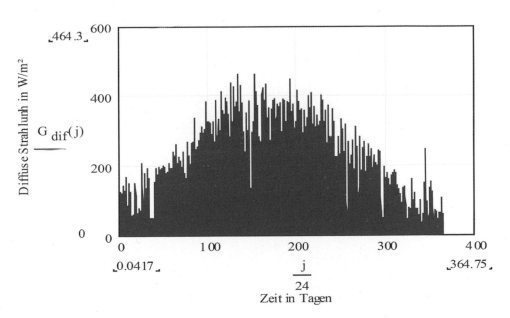

Abb. 16.49 Jahresgang der diffusen Strahlungswärmestromdichte in W/m^2 für Cottbus 2014 (Tab. 16.1b, Spalte 4)

$$V_{aG}(i) = \frac{V_G(j(i+1)) - V_G(j(i))}{24}$$
Anstieg des Strahlungsverhältnisses

$$V_{jG}(i,k) = V_G(j(i)) + \frac{V_G(j(i+1)) - V_G(j(i))}{24} \cdot k$$
Interpolierte Stundenwerte für das Strahlungswertverhältnis

$$n(i,k) = V_{jG}(i,k) \qquad \text{Bedeckungsgradfunktion} \qquad (16.24)$$

Die Abb. 16.50 zeigt den aufdiese Weise generierten Verlauf des Wolkenbedeckungsgrades. Daraus ergibt sich (ohne Herleitung, vergleiche auch [26]) für den Emissionskoeffizienten des bewölkten Himmels für die langwellige Himmelsgegenstrahlung (Abb. 16.51)

$$\varepsilon_j(i,k) = \left(\frac{\phi(i,k)}{100}\right)^{0.3} \cdot \left[\left(\frac{T(i,k)}{400}\right)^{0.5} \cdot \left[1 - \left(n(i,k)\right)^4\right] + \left(n(i,k)\right)^4\right]^{0.75} \qquad (16.25)$$

Hierin bedeuten ϕ die relative Luftfeuchtigkeit (Spalte 3 in Tab. 16.2 und Abschn. 16.3.2), $T=273,1K+\theta_e$ die absolute Temperatur und n der in (16.24) und Abb. 16.48 dargestellte Bedeckungsgrad. Der Emissionskoeffizient ε_H (Cottbus 2014) liegt zwischen 0,55 und 0,92.

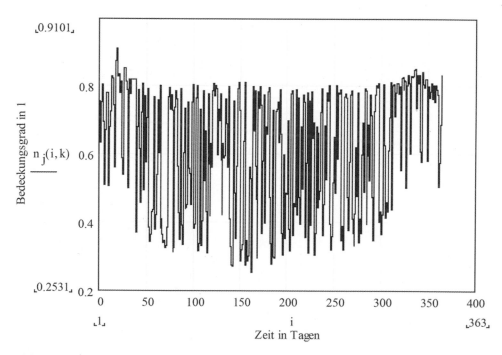

Abb. 16.50 Wolkenbedeckungsgrad für Cottbus 2014, Messwerte aus Tab. 16.1b, Spalten 3 und 4 nach Gl. (16.24)

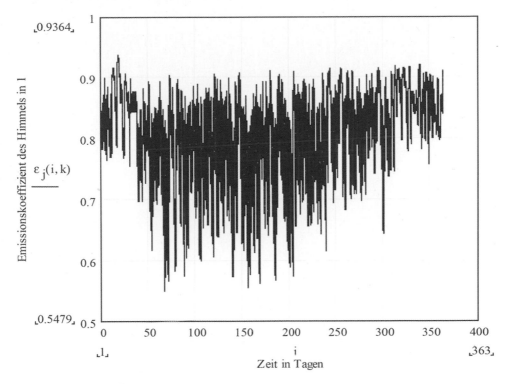

Abb. 16.51 Emissionskoeffizient für die langwellige Gegenstrahlung des bewölkten Himmel für Cottbus 2014 (Messwerte aus Tab. 16.1b, Spalten 1,2,3 und 4) nach Gl. (16.25)

Daraus folgt der Gesamtwert für die langwellige Abstrahlung einer horizontalen Bauteilfläche in W/m²

$$G_{langD}\left(i,k\right) := \sigma \cdot T_g\left(i,k\right)^4 \cdot \left(\varepsilon_j\left(i,k\right) - 0.93\right) \tag{16.26}$$

$$\sigma = 5.67 \cdot 10^{-8}\ \frac{W}{m^2 \cdot K^4} \qquad Stefan-Boltzmann-Konstante$$

Die Gesamtabstrahlung für eine horizontale Bauteilfläche nach Gl. (16.26) mit $\varepsilon_B =$ 0,94 ist in Abb. 16.50 dargestellt. Für geneigte und vertikale Bauteilflächen (α Winkel der Flächennormalen zur Vertikalen) ist der langwellige Strahlungsverlust geringer, weil der Flächenanteil des Himmels mit seinem niedrigeren Emissionskoeffizienten (16.25) abnimmt und der Anteil des gegenüberliegendem Gebäudes und Bewuchses mit $\varepsilon = 0,94$ zunimmt, Gl. (16.27) (Abb. 16.52, 16.53, 16.54 und 16.55).

$$G_{lang\alpha}\left(i, k, \alpha\right) = G_{langD}\left(i, k\right) \cdot \left(0.4 + 0.6\cos\left(\alpha\right)^3\right) \tag{16.27}$$

Die langwellige Gesamtabstrahlung einer horizontalen Bauteilfläche liegt in Mitteleuropa zwischen 0 W/m² (bedeckter Himmel im Winter) und −170 W/m² (wolkenloser

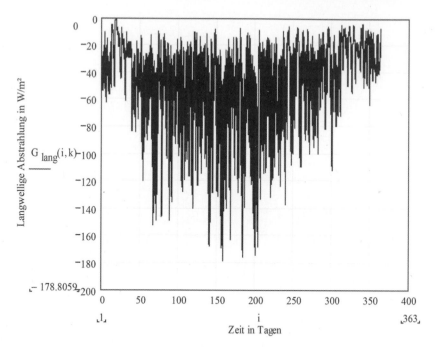

Abb. 16.52 Jahresgang der von einer horizontalen Fläche abgegebenen langwelligen Wärmestromdichte in W/m², Cottbus 2014, berechnet mit (16.25) und (16.26) aus den Messwerten Tab. 16.1, Spalten 1,2,3 und 4

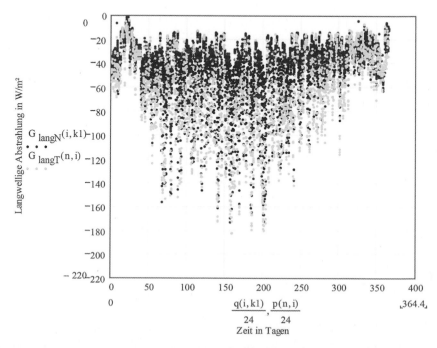

Abb. 16.53 Verlauf der von einer horizontalen Fläche abgegebenen langwelligen Wärmestromdichte in W/m² in Cottbus 2014, differenziert nach Tag (hell) und Nacht (dunkel)

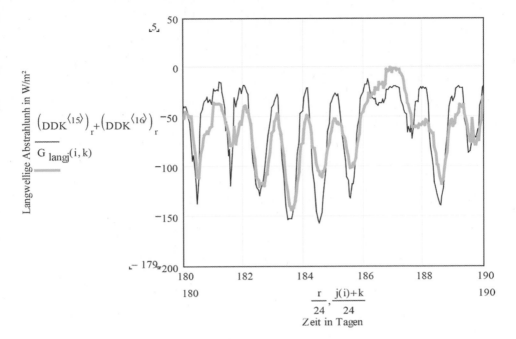

Abb. 16.54 Jahresgang der abgegebenen langwelligen Wärmestromdichte in W/m², gemesse Werte Dresden Klotsche (dunkel, Klimamatrix DDK hier aus Platzgründen nicht mitgeteilt), berechnet (hell) mit (16.25) und (16.26)

Himmel im Sommer, vergleiche auch [5]). Sie hängt sehr stark von der Temperatur (hauptsächlich über das *Stefan-Boltzmann*-Gesetz) und dem Bedeckungsgrad und schwach von der relativen Luftfeuchte (Streuung an den Wasserdampfmolekülen) ab. Der jährliche Mittelwert für Cottbus 2014 liegt nach Gl. (16.28) bei $-46{,}7$ W/m².

$$\frac{\sum_{i=1}^{362}\sum_{k=0}^{24} G_{\text{lang}}(i,k)}{8760} = -46{,}66 \tag{16.28}$$

Der Mittelwert für Dresden 1997 liegt bei $-52{,}9$ W/m² und für Dresden-Klotzsche für die Jahre 1981 bis 1990 bei $-49{,}2$ W/m².

Bei vertikalen Flächen sinkt der Maximalwert lediglich auf -60 W/m² entsprechend Gl. (16.27) ab.

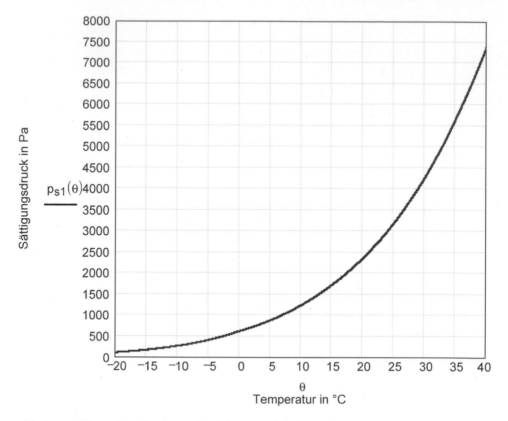

Abb. 16.55 Wasserdampfsättigungsdruck in Abhängigkeit von der Temperatur, berechnet aus den Gl. (16.29) und (16.30)

16.3   Wasserdampfdruck und relative Luftfeuchtigkeit

In der Außen- und in der Raumluft ist grundsätzlich immer auch Wasserdampf, ein unsichtbares geruchloses und nichttoxisches Gas, enthalten (siehe auch Kapitel Feuchte). Der Anteil wird in x kg Wasserdampf/1 kg Luft angegeben oder durch seinen Partialdruck p_D in Pa gekennzeichnet. Die relative Luftfeuchte ϕ ist definiert als Verhältnis von Partialdruck des Wasserdampfes p_D in der Luft zum Sättigungsdruck p_s des Wasserdampfes. Der Sättigungsdruck p_s ist laut Phasenumwandlungsgesetzen der Thermodynamik sehr stark von der Temperatur abhängig, so dass außenklimatisch zwischen Tag und Nacht starke Schwankungen der relativen Luftfeuchte auftreten können. Einige physikalische Zusammenhänge zwischen x, p, θ und ϕ werden im Rahmen der Ableitung der *Mollierschen* Enthalpie-Wasserdampfgehalts-Funktion (h-x-Diagramm [33, 34]) im Abschn. 17.2.2 besprochen.

16.3.1 Wasserdampfsättigungsdruck

Im Folgenden ist die Abhängigkeit des Wasserdampfsättigungsdruckes p_s von der Temperatur für $\theta < 0\ °C$ (Sublimationskurve) und $\theta > 0\ °C$ (Sättigungsdruckkurve) grafisch dargestellt. Die Gl. (16.29) und (16.30) geben analytische Berechnungsmöglichkeiten für den Sättigungsdruck in Abhängigkeit von der Temperatur an. In (16.31) sind sie mittels Sprungfunktion zusammengefasst.

$\theta < 0\ °C$

$$p_s(\theta) = 610,5 \cdot e^{\frac{21,87 \cdot \theta}{265,5+\theta}} \text{ oder } p_s(\theta) = 610,5 \cdot \left(1 + \frac{\theta}{148,57}\right)^{12.3} \tag{16.29}$$

$\theta > 0\ °C$

$$p_s(\theta) = 610.5 \cdot \left(e^{\frac{17.26 \cdot \theta}{237.3+\theta}}\right) \text{ oder } p_s(\theta) = 610.5 \cdot \left(1 + \frac{\theta}{109.8}\right)^{8.02} \tag{16.30}$$

Setzt man für die Temperatur θ in den Gleichungen (16.29) und (16.30) den Temperaturvektor θ_D (Spalte 1 in Tab. 16.1) bzw. die Referenzkurve (16.2) ein, ergibt sich der Jahresverlauf des Sättigungsdruckes (16.31) in der mitteleuropäischen Atmosphäre, dargestellt in Abb. 16.56.

$j = 1, 2..8760$

$$p_{sD}(j) = 610.5 \left[\left(1 + \frac{\theta_D(j)}{148.57}\right)^{12.3} \cdot \Phi\left(-\theta_D(j)\right) + \left(1 + \frac{\theta_D(j)}{109.8}\right)^{8.02} \cdot \Phi\left(\theta_D(j)\right)\right] \tag{16.31}$$

16.3.2 Relative Luftfeuchtigkeit

Der Quotient aus tatsächlich vorhandenem Wasserdampfdruck und Sättigungsdruck ergibt die relative Luftfeuchte ϕ, Gl. (16.32). Die Messwerte für Dresden 1997 sind in der Spalte 2 in Tab. 16.1a enthalten. Abb. 16.57 zeigt die Stundenwerte des gemessenen Jahresverlaufs für ϕ.

$$\phi(t) = \frac{p_D(t)}{p_s(t)} \tag{16.32}$$

Die weiße Kurve in Abb. 16.57 zeigt die an die Messwerte angepasste harmonische Funktion (16.33) für den Jahresgang der relativen Luftfeuchte in Dresden.

$$\phi_n(t) = \phi_o + \Delta\phi \cdot \cos\left[\frac{2 \cdot \pi}{T_a} \cdot \left(t - t_{\phi a}\right)\right] \tag{16.33}$$

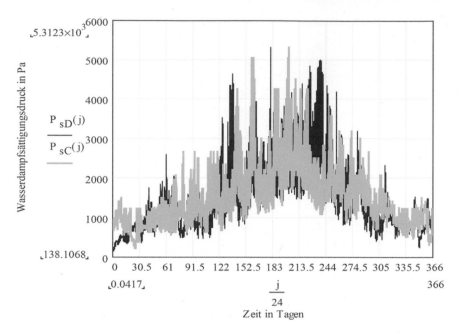

Abb. 16.56 Jahresgang des Wasserdampfsättigungsdrucks in der Außenluft in Dresden 1997 (dunkel) und Cottbus 2014 (hell)

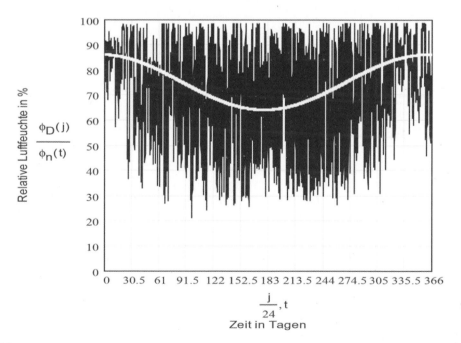

Abb. 16.57 Jahresgang der gemessenen relativen Luftfeuchte 1997 in Dresden, Messwerte Tab. 16.1a, Spalte 2, weiße Kurve berechnet aus Gl. (16.33)

16.3.3 Tatsächlicher Wasserdampfdruck

Mittelwert, Amplitude und Zeitverschiebung betragen:

$$\phi_o = 78\,\% \quad \Delta\phi = 11\,\% \quad T_a = 365 \quad t_{\phi a} = -5.$$

Wegen der niedrigen Temperaturen und der damit verbundenen geringen Wasserdampfaufnahme (kleiner Sättigungsdruck p_s) ist die relative Luftfeuchte der Außenluft im Winter grundsätzlich hoch. Im Sommer folgt sie den größeren temperaturabhängigen Sättigungsdruckschwankungen und liegt somit zwischen 25 % und 100 %.

Der tatsächliche Dampfdruckverlauf oder Partialdruck im Laufe eines Jahres wird entsprechend der Definition der relativen Luftfeuchtigkeit nach folgenden Gl. (16.34a, b) ermittelt.

$$P_{eD}\left(j\right) := P_{sD}\left(j\right) \cdot \phi_{eD}\left(j\right) \cdot 0.01 \qquad (16.34a)$$

$$P_{eC}\left(j\right) := P_{sC}\left(j\right) \cdot \phi_{eC}\left(j\right) \cdot 0.01 \qquad (16.34b)$$

Das Ergebnis ist in Abb. 16.58 dargestellt. Ebenso wie für die Temperatur, die direkte und die diffuse Strahlung wird für den Partialdruck des Wasserdampfes ein analytischer Referenzverlauf ARY (16.35) formuliert:

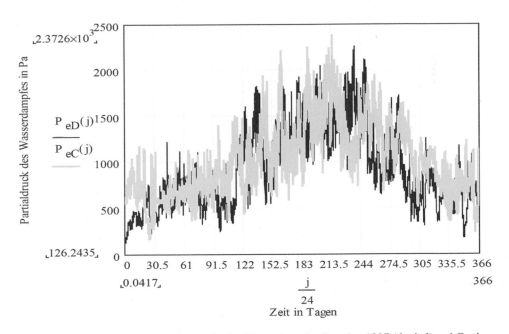

Abb. 16.58 Jahresgang des Partialdrucks des Wasserdampfes Dresden 1997 (dunkel) und Cottbus 2014 (hell) Messwerte Tab. 16.1a und 16.1b, Spalten 1 und 2, berechnet aus Gl. (16.34a) und (16.34b)

Jahresmittel-wert in Pa	Druckamplitude des Jahresganges in Pa	Jahreszeitverschiebung in Tagen	Witterungsbedingte Amplitude in Pa	Tages-amplitude des Druckes in Pa
$p_{em} = 1290$	$\Delta p_{ea} = 580$	$t_a = 15$	$\Delta p_p = 500$	$\Delta p_{ed} = 200$

$$p(t) = \begin{bmatrix} p_{em} - \Delta p_{ea} \cdot \cos\left[\dfrac{2 \cdot \pi}{T_a} \cdot (t - t_a)\right] \dots \\[2ex] + \Delta p_p \cdot \cos\left[\dfrac{\pi \cdot 2}{T_p} \cdot (t - t_p)\right] \cdot \sin\left[\left|\dfrac{\pi}{T_a} \cdot (t - t_a)\right|\right] \\[2ex] - \Delta p_{ed} \cdot \cos\left(\dfrac{2 \cdot \pi}{T_d} \cdot t\right) \cdot \left[\sin\left[\dfrac{\pi}{T_p} \cdot (t - t_p)\right]\right]^2 \end{bmatrix}^{0.5} \qquad (16.35)$$

Übersteigt der Partialdruck nach (16.35) den Sättigungsdruck nach (16.31) wird mittels der Φ Funktion $p = p_s$ gesetzt, Daraus folgt (Abb. 16.59)

$$p_D(t) = p(t) \cdot \Phi\left(p_{se}(t) - p(t)\right) + \left(-p_{se}(t) \cdot \Phi\left(p_{se}(t) - p(t)\right)\right) + p_{se}(t) \qquad (16.36)$$

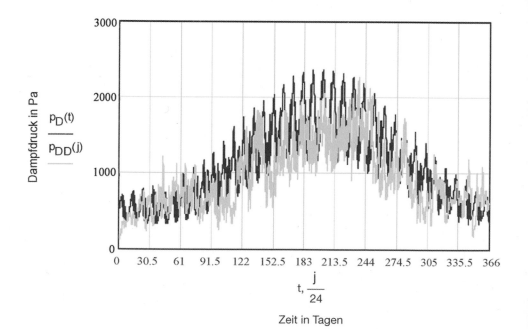

Abb. 16.59 Jahresgang des Partialdrucks des Wasserdampfes nach (16.35) und (16.36), Messwerte 1997 in Dresden (grau) zum Vergleich

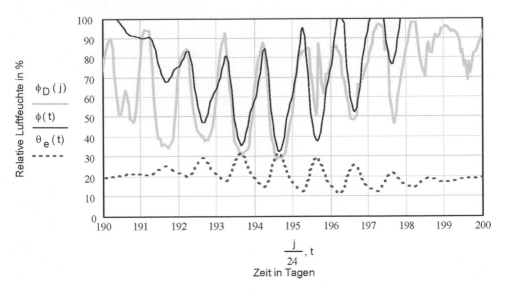

Abb. 16.60 Relative Luftfeuchte in % berechnet nach (16.37) (schwarz) und gemessen in Dresden 1997 (grau), Temperatur nach (16.2)(gepunktet) zum Vergleich und zur Einordnung

Damit lassen sich schließlich die Referenzwerte ARY für die relative Luftfeuchtigkeit herleiten, indem man (16.36) durch (16.31) teilt. In Abb. 16.60 werden die berechneten Werte nach (16.37) mit den Messwerten (Spalte 2 in Tab. 16.1a, Dresden 1997) für die Tage 190 bis 200 verglichen.

$$\phi(t) = \frac{p_D(t)}{p_{se}(t)} \cdot 100. \tag{16.37}$$

In der letzten Abb. 16.61 sind die Temperaturen in Korrespondenz zu den Dampfdrücken als Häufigkeitswolke aufgetragen. Das Ergebnis entspricht der Darstellung atmosphärischer Zustände im Enthalpie-Wasserdampfgehaltsdiagramm (h-x-Diagramm, siehe Abschn. 17.2.2). Die untere Grenzkurve ist identisch mit der Sättigungsdruckkurve.

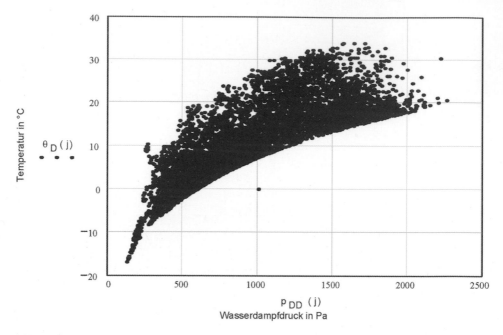

Abb. 16.61 Lufttemperatur in Abhängigkeit vom Wasserdampfpartialdruck, Messwerte Dresden 1997, Tab. 16.1a, Spalte1 gegen Spalte 2 aufgetragen

16.4   Niederschlag und Wind

16.4.1 Regenstromdichte

Niederschlag und Wind sind stochastisch mit der Jahreszeit und der Witterung wechselnde Größen. Bauklimatisch relevant für feuchtetechnische Bemessungen äußerer Bauteiloberflächen hinsichtlich eindringenden Schlagregens in Verbindung mit der Windgeschwindigkeit und der Windrichtung ist zunächst die Regenstromdichte $g_R = dm_R/dtA$ in kg/m^{2}s bzw. als Volumenstromdichte $N = dV_R/dtA$ in m^3/m^{2}s oder in 1/m^{2}h. Die Abb. 16.62 zeigt die Messwerte auf eine Horizontalfläche für Dresden 1997. Die größten Regenmengen treten in Mitteleuropa im Sommer auf. Mit Gl. (16.38) wird wieder ein Referenzklima ARY, jetzt für die Niederschlagsereignisse in Mitteleuropa definiert (Abb. 16.63).

$$t = 0, \frac{1}{120}.366 \quad T_a = 365 \quad T_p = 10 \quad T_d = 1 \quad \Delta N = 2 \cdot 10^{-3} \tag{16.38}$$

$$C_p(t) = \Phi\left[0,35 \cdot \left(\sin\left(\frac{22 \cdot t}{T_p}\right) \right)^2 + 0,75 \cdot \sin\left(\frac{6,9 \cdot t}{T_p}\right)^2 - 0,96 \right]$$

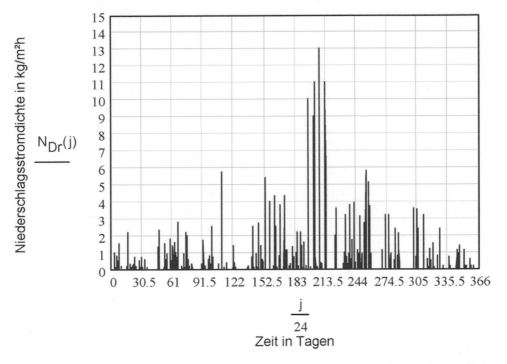

Abb. 16.62 Gemessene Regenstromdichte auf eine Horizontalfläche in l/m²h oder in kg/m²h in Dresden 1997, Messwerte Tab. 16.1a, Spalte 5 (in den ersten 24 Stunden des Jahres 1997 kein Niederschlag), l/m²h=(10−6/3,6)m³/m²s

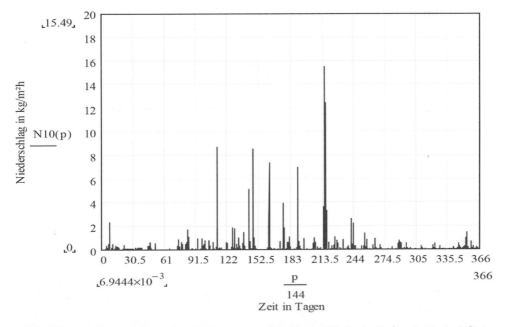

Abb. 16.63 Gemessene Regenstromdichte auf eine Horizontalfläche in l/m²h oder in kg/m²h in Cottbus 2014, Zehnminutenmesswerte Tab. 16.1b, Spalte 5

$$N(t) = \Delta N \cdot \left[1 + 2 \cdot \sin \left[\frac{1.25 \cdot \pi}{T_a} \cdot (t - 70) \right]^2 \right] \cdot \left(\sin \left(\pi \cdot 8 \cdot \frac{t}{T_d} \right)^2 \right) \cdot \cos \left(\frac{\pi}{T_p} \cdot t \right)^2 \cdot C_p(t)$$

Die Abb. 16.64 enthält die grafische Darstellung der mathematischen Regensimulation nach Gl. (16.38) ($C_p(t)$ „Regentagefunktion"). Die Messwerte nach Abb. 16.62 sind grau hinterlegt. Das Zeitintegral ergibt die Jahresniederschlagsmenge in m^3/m^2, die hier mit der gemessenen Jahresmenge von 635 mm (0,635 m^3 Niederschlag/m^2) aus Abb. 16.64 übereinstimmt. Durch Variation der Parameter können wie bei den bereits besprochenen Außenklimakomponenten Temperatur, Wärmestrahlung und Luftfeuchtigkeit andere Niederschlagsfiles erzeugt werden. Die Abb. 16.65 und 16.66 zeigen die Monatsmittelwerte für die Klimadateien Dresden 1997, Analytisches Referenzklima ARY und Dresden Klotzsche (Mittelwerte 1981 bis 1990). Daraus folgen auch die Jahresniederschlagsmengen: Dresden 1997 0,635 m^3/m^2, ARY 0,612 m^3/m^2, Dresden-Klotzsche 0,668 m^3/m^2. Die Monatsmittelwerte für Cottbus 2014 (Abb. 16.66) weichen durch die niederschlagsarmen Monate Juni und Juli etwas ab, der Jahresmittelwert liegt aber mit 0,513 m^3/m^2 in der gleichen Größenordnung. Cottbus gehört zu den niederschlagsarmen Städten in Deutschland.

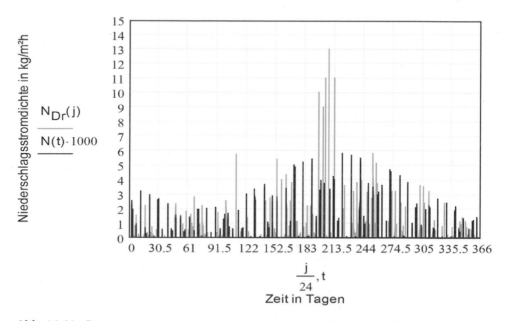

Abb. 16.64 Gemessene Regenstromdichte auf eine Horizontalfläche in l/m^2h oder in kg/m^2h in Dresden 1997, Messwerte Tab. 16.1a, Spalte (grau), zum Vergleich simulierte Regenstromdichte auf eine Horizontalfläche in l/m^2h oder kg/m^2h nach ARY Gl. (16.38), schwarz

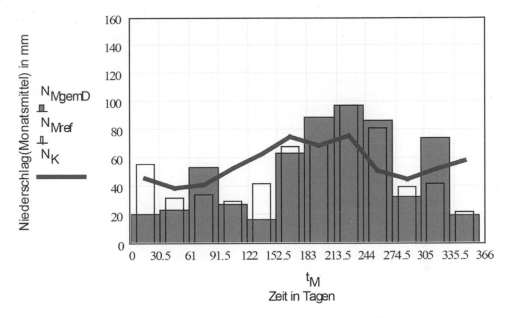

Abb. 16.65 Grafische Darstellung der Monatsmittelwerte des Niederschlages in mm (1 mm = 0,001 m³/m²) Balken dunkel, aus Messwerten Tab. 16.1a Dresden 1997 Balken hell aus ARY Werten, durchgezogene Kurve aus Mittelwerten Dresden-Klotzsche (Jahre 1981 bis 1990)

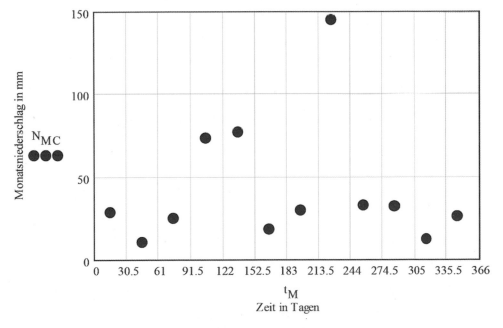

Abb. 16.66 Grafische Darstellung der Monatsmittelwerte des Niederschlages in mm (1 mm = 0,001 m³/m²) ermittelt aus den Messwerten Tab. 16.1b für Cottbus 2014

Die Formel (16.38) für den Niederschlag gestattet eine Modifikation der Formel (16.37) für die Luftfeuchtigkeit, indem diese im Falle eines Regenereignisses auf wenigstens 95 % steigt.

$$\phi 1(t) = 0,95 \cdot \Phi\left(N(t) - 10^{-4}\right) + \phi(t) \cdot \left(1 - \Phi\left(N(t) - 10^{-4}\right)\right) \qquad (16.39)$$

Φ *Heavisidesche* Sprungfunktion

16.4.2 Windgeschwindigkeit und Windrichtung

In ähnlicher Weise können die Windgeschwindigkeit und die Windrichtung in Anpassung an die Messwerte für Dresden 1997 Tab. 16.1a, Spalten 6 und 7, dargestellt in den Abb. 16.67 und 16.68, simuliert werden.

Die mittlere Geschwindigkeit beträgt $v_{mittel} = 2{,}73$ m/s,

Die mittlere Windrichtung liegt bei 178° und zeigt nach Westen.

Die Geschwindigkeit für das Referenzklima ARY $v_{ref}(t)$ in m/s wird mittels Gl. (16.40) mathematisch simuliert

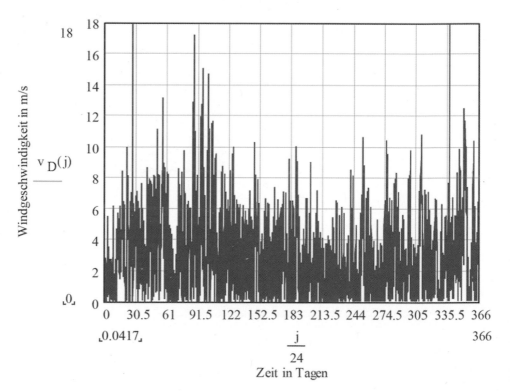

Abb. 16.67 Grafische Darstellung der gemessenen Windgeschwindigkeit, Dresden 1997, Tab. 16.1, Spalte 6

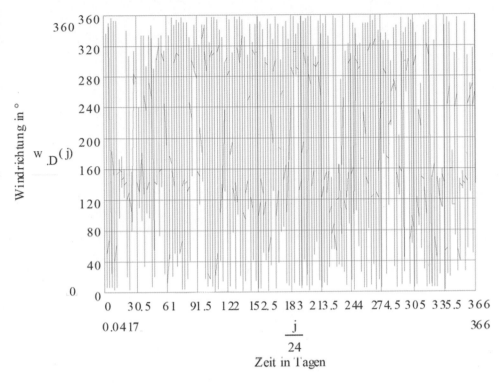

Abb. 16.68 Grafische Darstellung der gemessenen Windrichtung, Dresden 1997, Tab. 16.1, Spalte 7

$$T_p(t) = 10 + \cos(0.2 \cdot t) \qquad T_a = 365 \qquad T_d = 1 \qquad v_m = 2.9 \qquad t = 0, \frac{1}{24}..365$$

$$v_{ref}(t) = v_m \cdot \left[0.4 + 0.4 \cdot \cos\left[\frac{3.46}{T_a} \cdot (t - 20) \right]^4 \right]$$

$$\cdot \left[0.8 + 6 \cdot \cos\left[\frac{4.71}{T_p(t)} \cdot (t - 9) \right]^2 \right] \cdot \left[0.3 + 0.35 \cdot \cos\left[\frac{3.46}{T_d} \cdot (t - 0.1) \right]^2 \right] \qquad (16.40)$$

Abb. 16.69 zeigt den Jahresverlauf der Windgeschwindigkeit nach Gl. (16.40) (vergleiche Abb. 16.67). Die mittlere Windgeschwindigkeit v_{mittel} beträgt in etwa 3 m/s. Dieser Wert liegt z. B. der Berechnung des konvektiven Wärmeübergangs an der Außenoberfläche von Bauteilen und der Abschätzung windbedingter Luftwechselraten in den Gebäuden zugrunde.

$$\frac{\int_1^{365} v_{ref}(t)\,dt}{365} = 3.01$$

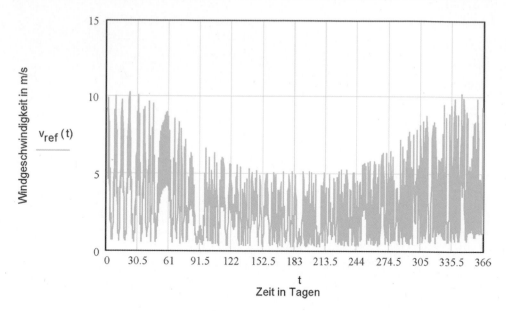

Abb. 16.69 Grafische Darstellung der berechneten Windgeschwindigkeit ARY nach (16.40), mittlere Windgeschwindigkeit 3,01 m/s.

Gl. (16.41) beinhaltet die mathematische Darstellung der Windrichtung für das Referenzklimafile ARY. Der Jahresmittelwert der Windrichtung w_{mittel} liegt bei 114,5°, wenn von der Ostrichtung 0° aus gezählt wird. Der Wind weht also vorwiegend aus westlichen Richtungen.

$$w_m = 360 \qquad t = 0, \frac{1}{24} .366 \tag{16.41}$$

$$T_1(t) = 0{,}8 \cdot \cos(0{,}4 \cdot t)^2 + 0{,}2 \qquad T_2(t) = 1 \cdot \cos(67 \cdot t)^2$$

$$w_{ref}(t) = -225 \cdot \left[0{,}2 + 0{,}8 \cdot \cos\left[\frac{0.074}{T_1(t)} \cdot (t-130) \right] \right] \cdot \left[0{,}5 + 0{,}5 \cdot \cos\left[\frac{12(t-2{,}2)}{T_2(t)} \right] \right] + 225$$

Die Abb. 16.70a und b zeigen die Jahreswindrose (Geschwindigkeit aufgetragen über der Windrichtung in Polarkoordinaten, gezählt von der Ostrichtung im Gegenuhrzeigersinn). Es herrschten in Dresden im Jahre 1997 vorwiegend Südwest-, Nordwest- und Nordostwinde. Der mittlere Windvektor zeigt aber nach Westen. In Cottbus wehte der Wind im Jahre 2014 ebenfalls hauptsächlich aus Richtung Westen, wenngleich die Verteilung weitaus homogener war. Außerdem war der Betrag der Geschwindigkeit kleiner.

Abschließend sei auf Folgendes hingewiesen: Bildet man für den Wind aus den Zehnminutenwerten das vektorielle Mittel und ordnet es den Stundenintervallen zu, erhält man

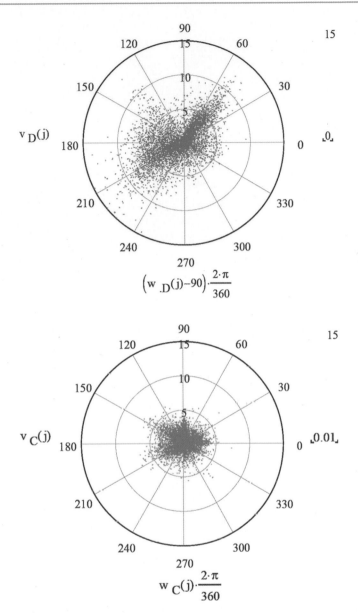

Abb. 16.70 **a** Grafische Darstellung der gemessenen Windgeschwindigkeit über der Windrichtung in Polarkoordinaten Dresden 1997, Tab. 16.1a, Spalten 6 und 7, mittlere Windgeschwindigkeit 2,73 m/s, mittlere Windrichtung 178°. **b** Grafische Darstellung der gemessenen Windgeschwindigkeit über der Windrichtung in Polarkoordinaten Cottbus 2014 Tab. 16.1b, Spalten 6 und 7 mittlere Windgeschwindigkeit 1,57 m/s, mittlere Windrichtung 148°.

Tab. 16.8a und 16.8b

Gebiet 1:	Jährliche Niederschlagsmenge	N < 600 mm niedrige Belastung
Gebiet 2:	Jährliche Niederschlagsmenge 600 mm <	N < 800 mm mittlere Belastung
Gebiet 3:	Jährliche Niederschlagsmenge	N > 800 mm hohe Belastung

wesentlich kleinere Werte als bei der Zuordnung jedes sechsten Messwertes. Im nächsten Abschnitt 1,5 Schlagregen wird darauf eingegangen.

Die Wind-Regenbeanspruchung der Gebäudeoberflächen lässt sich grob durch folgende Wetterschutzkriterien charakterisieren [19] (Tab. 16.8a und 16.8b):

Der sogenannte Windniederschlagsindex ergibt sich aus dem Produkt von jährlicher Niederschlagsmenge und mittlerer Windgeschwindigkeit. Er ist ein einfaches und halbwegs aussagekräftiges Wetterbelastungskriterium.

$$WNI = N \cdot v \left(s/m^2\right) \qquad N \text{ in m, } v \text{ in m/s} \tag{16.42}$$

Gebiet 1 :	Windniederschlagsindex		WNI < 2	niedrige Belastung
Gebiet 2:	Windniederschlagsindex	2 <	WNI < 3	mittlere Belastung
Gebiet 3:	Windniederschlagsindex		WNI > 3	hohe Belastung

Windgeschwindigkeit und Windrichtung beeinflussen die Druckverhältnisse am Gebäude und damit die Durchströmung eines Gebäudes und die Luftwechselrate sowie den Lüftungswärmeverlust während der Heizperiode bzw. die Raumlufttemperatur während einer sommerlichen Hitzeperiode [28, 35, 36]. In Verbindung mit dem Niederschlag lässt sich die Schlagregenbeanspruchung (kapillare Wasseraufnahme der Wetterschutzschichten und Fugenabdichtungen) quantifizieren [12, 14, 37, 38, 39, 40].

16.5 Gebäudeumströmung und Schlagregenbelastung

Aus Niederschlagsmenge, Windgeschwindigkeit und Windrichtung soll der Vektor der Regenstromdichte (Schlagregen) in kg/m²s oder kg/m²h bzw. 1/m²h senkrecht zur Bauteiloberfläche als Grundlage für eine im Vergleich zur simplen Beziehung (16.42) genaue wetterschutztechnische Bemessung und die Quantifizierung des eventuell eindringenden Schlagregens näherungsweise berechnet werden, wobei auf eine CFD (Computational Fluid Dynamics) Simulation verzichtet wird (vergleiche auch [37, 38, 39, 40, 41].)

Auf einen Regentropfen im ungestörten Windfeld wirken die vertikale Schwerkraft F_g, die horizontale Windkraft F_w und die Reibungskraft F_r (v_L Windgeschwindigkeit), Abb. 16.71.

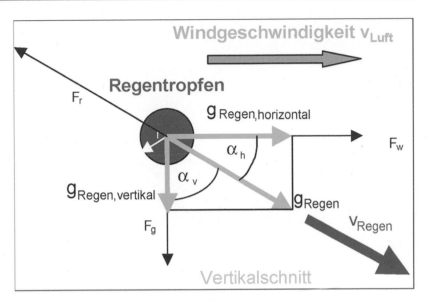

Abb. 16.71 Schematische Darstellung der Regengeschwindigkeit auf eine Westwand. Der Radius r ist als Mittelwert einer Größenverteilung der Tropfen zu verstehen

$F_g = \rho_w \cdot \dfrac{4}{3} \, \pi \cdot r^3 \cdot g$	$F_w = c \cdot \dfrac{\rho L}{2} \cdot v_L^2 \cdot \pi \cdot r^2$		$F_r = c \cdot \dfrac{\rho L}{2} \cdot v_R^2 \cdot \pi \cdot r^2$
Dichte des Regenwassers	Erdbeschleunigung	Dichte der Luft	Widerstandsbeiwert
$\rho_w = 1000 \ \text{kg/m}^3$	$g = 9.81 \ \text{m/s}^2$	$\rho_L = 1.24 \ \text{kg/m}^3$	c

Aus dem Kräftegleichgewicht (16.43) folgen die resultierende Geschwindigkeit v_R der Regentropfen und der vertikale Richtungswinkel α_v des Geschwindigkeitsvektors v_R bzw. der Regenstromdichte g_R zur Bauteilflächennormalen. Wird die Windgeschwindigkeit $v_L = 0$ fällt der Regen senkrecht nach unten, d. h. $\cos\alpha_v = 0$ bzw. $\alpha_v = \pi/2$. Die Geschwindigkeit der Regentropfen beträgt dann $v_R = 8{,}4$ m/s für die Zahlenwerte Regentropfenradius r = 1 mm, Wider-standsbeiwert für den Regentropfen c = 0,3. Die folgenden Abb. 16.72 und 16.73 zeigen die resultierende Regengeschwindigkeit v_R (16.44) und den Richtungswinkel α_v (16.45) in Abhängigkeit von der Windgeschwindigkeit v_L und dem Radius r des Regentropfens.

$$F_r^2 = F_g^2 + F_w^2 \tag{16.43}$$

$$\left(c \cdot \frac{\rho_L}{2} \cdot v_R^2 \cdot \pi \cdot r^2 \right)^2 = \left(\rho w \cdot \frac{4}{3} \cdot \pi \cdot r^3 \cdot g \right)^2 + \left(c \cdot \frac{\rho_L}{2} \cdot v_L^2 \cdot \pi \cdot r^2 \right)^2$$

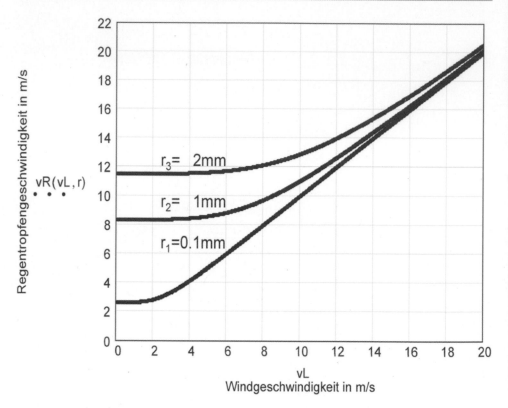

Abb. 16.72 Resultierende Regengeschwindigkeit vR(v_L, r) nach (16.44) Windgeschwindigkeit, Halbmesser und Widerstandsbeiwert der Regentropfen:

$v_L = 0{,}001 \ldots 20$

$r := 10^{-4}, 10^{-3} \ldots 10^{-3} \cdot 2$

$c = 0{,}3$

$$v_R\left(v_L, r\right) = v_L \cdot \left[1 + \left(\frac{\rho_w}{\rho_L} \cdot \frac{8 \cdot r \cdot g}{3 \cdot c \cdot v_L^{\,2}}\right)^2\right]^{\frac{1}{4}} \tag{16.44}$$

$$\cos\left(\alpha_v\right) = \frac{c \cdot \dfrac{\rho_L}{2} \cdot v_L^{\,2} \cdot \pi \cdot r^2}{\sqrt{\left(\rho_w \cdot \dfrac{4}{3} \cdot \pi \cdot r^3 \cdot g\right)^2 + \left(c \cdot \dfrac{\rho_L}{2} \cdot v_L^{\,2} \cdot \pi \cdot r^2\right)^2}} \tag{16.45}$$

$$v_{R0} = \sqrt{\frac{\rho_w}{\rho_L} \cdot \frac{8}{3} \cdot \frac{g}{c} \cdot r} \qquad v_{R0} = 8{,}39 \qquad a\cos\left(0\right) = 1571$$

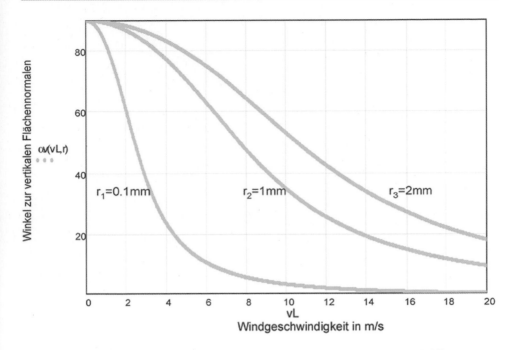

Abb. 16.73 Grafische Darstellung des Vertikalwinkels α_v (α_v in Gradmaß) nach (16.45)

Die Normalkomponente der Regenstromdichte, die auf eine (hier vertikale) Bauteil-fläche auftrifft, hängt nicht nur vom vorab berechneten Winkel (16.45) α_v, sondern auch von der Windrichtung gekennzeichnet durch den Winkel β (β_{Luft} in Abb. 16.74) zur Nord-richtung ab. Daraus folgt Gl. (16.46).

$$g_{Rhn} = g_R \cdot \cos\left(\alpha_v\right) \cdot \cos\left(\beta - \frac{\pi}{2}\right) \qquad (16.46)$$

Aus der Regengeschwindigkeit v_R lässt sich näherungsweise die Regenstromdichte be-rechnen. Die in der Zeit dt transportierte Regenmasse dm_R ergibt sich aus der Masse eines Tropfens multipliziert mit der Tropfenzahl dn. Die Zahl der Tropfen dn wächst in etwa mit $r^{1/2}$ und mit der resultierenden Regengeschwindigkeit (16.44). Daraus folgen für die Regenstromdichte im freien Feld in kg/m²s (16.48) und (16.49). Weht kein Wind $v_L = 0$, vereinfacht sich g_R zu (16.50). Stellt man (16.50) nach r um folgt (16.51). Der mittlere Radius des Regentropfens (de facto liegt natürlich eine Größenverteilung der Regen-tropfen vor) wächst mit der vierten Wurzel aus der Regenstromdichte. Ersetzt man r durch v_R mittels Gl. (16.44) ergibt sich (16.52):

$$g_R = \frac{dm_R}{dt \cdot A} \cdot \frac{dm_R}{dt} = \rho_w \cdot \frac{4}{3} \cdot \pi \cdot r^3 \cdot \frac{dn}{dt}. \qquad \frac{dn}{dt} = k_0 \sqrt{r} \cdot v_R \qquad (16.47)$$

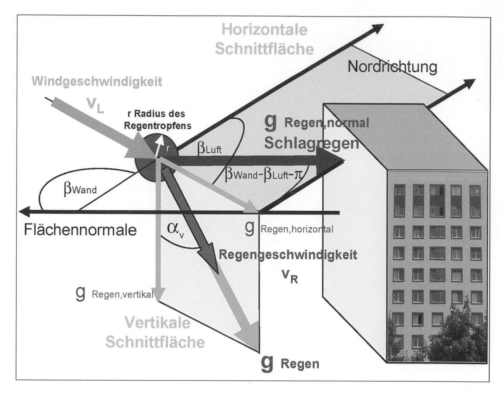

Abb. 16.74 Schematische Darstellung der Normalkomponente der Regenstrom dichte (Schlag-regenstrom dichte)

$$g_R = \frac{k_0}{A} v_R \cdot \rho_w \cdot \frac{4}{3} \cdot \pi \cdot r^{3.5} \tag{16.48}$$

$$g_R(v_L, r) = \frac{k_0}{A} \cdot v_L \cdot \left[1 + \left(\frac{\rho_w}{\rho_L} \cdot 8 \cdot \frac{r \cdot g}{3 \cdot c \cdot v_L^2} \right)^2 \right]^{0.25} \cdot \rho_w \cdot \frac{4}{3} \cdot \pi \cdot r^{3.5} \tag{16.49}$$

$$g_R(r) = \frac{k_0}{A} \cdot \left(\frac{\rho_w}{\rho_L} \cdot 8 \cdot \frac{r \cdot g}{3 \cdot c} \right)^{0.5} \cdot \rho_w \cdot \frac{4}{3} \cdot \pi \cdot r^{3.5} \tag{16.50}$$

$$r(g_R) = B \cdot g_R^{0.25} \tag{16.51}$$

$$v_R(g_R) = D \cdot g_R^{0.125} \tag{16.52}$$

Die mittlere Regengeschwindigkeit wächst mit der achten Wurzel aus der Regen-stromdichte. In Abb. 16.75 ist die Regenstromdichte in kg/m²s im freien Feld nach (16.44) für realistische Parameterwerte dargestellt. Die Koeffizienten B und D hängen von den in Abb. 16.75 angegebenen Parametern ab.

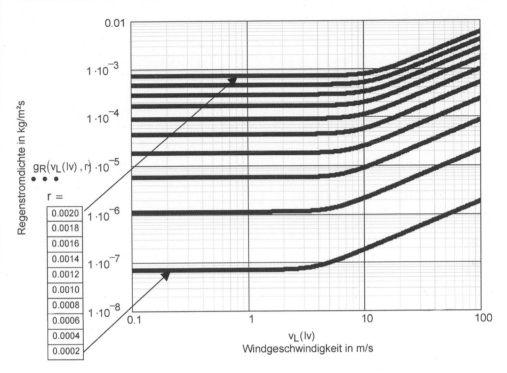

Abb. 16.75 Regenstromdichte im freien Feld in Abhängigkeit von der Windgeschwindigkeit, Regentropfenradius in m als Parameter, $c = 0,3$, $k_0 = 40$, $A = 1$, $\rho_w = 10^3$, $\rho_L = 1,23$, $g = 9,81$

Die Beziehungen (16.49) bis (16.52) gelten nur im freien Feld, also im großen Abstand vom Gebäude. Das Gebäude selbst ist von einem komplizierten Strömungsfeld umgeben [42], Abb. 16.76. Hier wird lediglich eine einfache Grenzschicht der Dicke L betrachtet, in der die Regentropfen abgebremst werden (Abb. 16.77).

Das führt zu einer Abminderung der Normalkomponente der Regenstromdichte auf die Bauteilfläche auf den Wert g_{Rhs}. Die Abminderung wird durch den Faktor D_R charakterisiert. g_{Rhs} stellt die eigentliche Belastung der vertikalen Bauteilfläche mit Regen dar. D_R soll im Folgenden abgeschätzt werden. Die Horizontalkomponente der Regentropfengeschwindigkeit v_R wird durch eine quadratische Reibungskraft (siehe (16.43)) abgebremst, Gl. (16.54).

$$g_{Rhs} = D_R g_{Rh} \qquad (16.53)$$

$$-c \cdot \rho_L \cdot \frac{v_{Rh}^2}{2} \cdot \pi \cdot r^2 = m_R \cdot \frac{dv_{Rh}}{dt} = \rho_w \cdot 4 \cdot \pi \cdot \frac{r^3}{3} \cdot \frac{dv_{Rh}}{dt} \qquad (16.54)$$

Die Lösung (Ortskoordinate x(t)) dieser einfachen Bewegungsgleichung lautet:

$$x(t) = \frac{8 \cdot r}{3 \cdot c} \cdot \frac{\rho_w}{\rho_L} \cdot \ln\left(1 + v_{Rho} \cdot \frac{3}{8} \cdot \frac{c}{r} \cdot \frac{\rho_L}{\rho_w} \cdot t\right) \qquad (16.55)$$

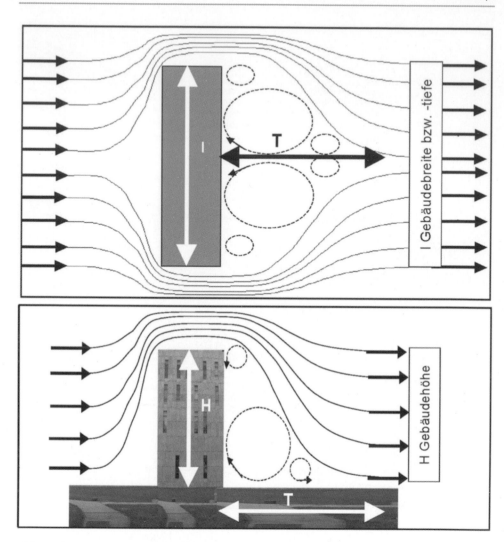

Abb. 16.76 Schematische Darstellung der Umströmung eines Gebäudes in Draufsicht und Seitenansicht

$$x\left(v_{Rh}\right) = \left(\frac{\rho_w}{\rho_L} \cdot \frac{8}{3} \cdot \frac{r}{c}\right) \cdot \ln\left(\frac{v_{Rh}}{v_{Rhs}}\right)$$

$$v_{Rhs}\left(L\right) = v_{Rh} \cdot e^{-\frac{\rho_L}{\rho_w} \cdot \frac{3 \cdot c}{8 \cdot r} \cdot L} \tag{16.56}$$

$$g_{Rhs} = g_{Rh} \cdot e^{-3\frac{\rho_L}{\rho_w} \cdot \frac{c}{r} \cdot L} = D_R \cdot g_{Rh} \tag{16.57}$$

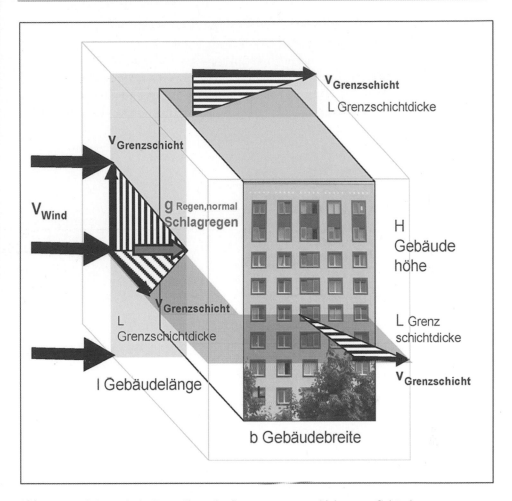

Abb. 16.77 Schematische Darstellung der Strömungsgrenzschichten am Gebäude

Daraus ergibt sich die Regentropfengeschwindigkeit (16.56) bzw. mit (16.52) die **Regenstromdichte** (16.57) (bzw. allgemein Gl. (16.62)) $g_{Regen,normal}$ **direkt an der Fassade**. Die Breite der Grenzschicht L wird mittels mechanischem Energieerhaltungssatz abgeschätzt. Die anfängliche Windenergie im Volumen der Grenzschicht ergibt sich nach (16.58), wobei durch die Querschnittsverengung laut Kontinuitätsgleichung zunächst eine Erhöhung der Strömungsgeschwindigkeit erfolgt. Allerdings wird ein Teil der Bewegungsenergie durch die Arbeit der Reibungskräfte (η_L=1,8 · 10^{-6} Pas, Zähigkeit der Luft) in der Grenzschicht abgebaut. Daraus folgt als Breite für die Grenzschicht die Gl. (16.59). Wird die Grenzschichtbreite L in (16.56) eingesetzt, ergibt sich schließlich mit der Beziehung (16.46) $r(gR) = Bg_R^{1/4}$ für die **Schlagregenstromdichte** $g_{Regen,normal}$ (**Normalkomponente der Regenstromdichte unmittelbar auf der Bauteiloberfläche**) die Gl. (16.60). Die geschilderte vereinfachte Situation ist im Abb. 16.77 schematisch dargestellt. In Gl. (16.60) lässt sich der Abminderungsfaktor Dr zur Berechnung der wirklich an der Gebäudeoberfläche ankommenden Regenstromdichte in Abhängigkeit der Windgeschwindigkeit und der auf eine Horizontalfläche auffallenden Regenstromdichte abspalten. Der Parameter E ist abhängig vom Widerstandsbeiwert c des Regentropfens, von der Luftdichte ρ_L und der Luftzähigkeit η_L, von der Wasserdichte ρ_W, der Erdbeschleunigung g und dem Bremsweg l_{brems}, den die Luft in Oberflächennähe der Luvseite des Gebäudes zurücklegen muss.

$$W_{kin} = L \cdot H \cdot I \cdot \rho_L \cdot \frac{v_G^2}{2} \qquad \text{Bewegungsenergie} \qquad (16.58)$$

$$H \cdot I \cdot v_L = L \cdot I \cdot v_G \qquad \text{Kontinuitätsgleichung}$$

$$L \cdot H \cdot I \cdot \rho_L \cdot \frac{v_L^2}{2} \cdot \frac{H^2}{L^2} = \eta_L \cdot \frac{v_L}{L} \cdot \frac{H}{L} \cdot H \cdot I \cdot I \qquad \text{Bewegungsenergie = Reibungsarbeit}$$

$$L = \frac{C}{H \cdot v_L} \qquad \text{Grenzschichtbreite} \qquad (16.59)$$

$$g_{Rhs} = g_{Rh} \cdot e^{-3 \cdot \frac{\rho_L}{\rho_W} \cdot \frac{c}{r} \cdot \frac{C}{H \cdot v_L}} = e^{-\frac{E}{v_L \cdot H \cdot g_R^{0.25}}} g_{Rh} = D_R \cdot g_{Rh} \qquad (16.60)$$

E Gebäudeparameter in $kg^{1/4}\ m^2/s^{1/2}$, betragsmäßig $E=0{,}5l_{brems}$

$$v_L \text{ in m/s,} \qquad g_R \text{ in } kg/m^2h,$$

H Gebäudehöhe bzw. Abstand des Aufpunktes vom Staupunkt auf der Luvseite des Gebäudes in m (vergleiche Abb. 16.78), l_{brems} entspricht der kleinsten Seite der Luvfläche.

$$D_R\left(v_L, n\right) = e^{-\frac{E}{v_L \cdot \left(\frac{g_R(n)}{3600}\right)^{0.25} \cdot H}} \qquad (16.61)$$

$$E = 0{,}5 \cdot 76 = 38 \quad H = 20$$

$$n = 2{,}1\ldots -2$$

$$g_{R(n)} = 10^n$$

$$v_L = 0{,}0{,}01\ldots 20$$

Die Regenstromdichte wird durch die Niederschlagsmenge N, die Windgeschwindigkeit durch v und die Windrichtung β durch die Gl. (16.38), (16.40) und (16.41) ersetzt. Daraus folgt der Abminderungsfaktor D_R nach (16.61) in Abhängigkeit von der Windgeschwindigkeit (Abb. 16.79) oder der Regenstromdichte (Abb. 16.80), im Normalfall ein Wert zwischen 0 und 0,3.

Im Folgenden soll die Schlagregenbelastungen unter Verwendung der gemessene Zehnminutendatei für Cottbus (Tab. 16.1b) nach der allgemeinen Gl. (16.62) ermittelt werden.

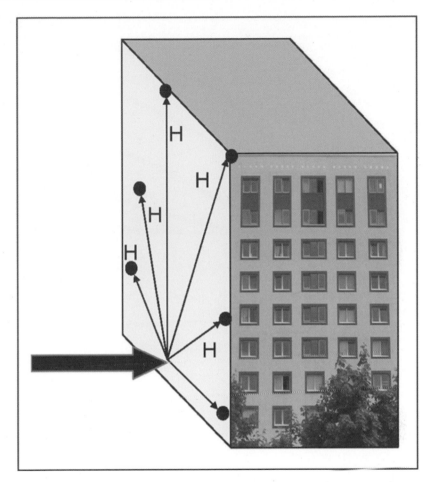

Abb. 16.78 Zur Berechnung der Schlagregenstromdichte an verschiedenen Punkten H an der Luvseite eines Gebäudes

Es handelt sich dabei um einen Riegel Höhe h = 20 m, Breite l = 100 m, oberer Eckpunkt H = 54 m, ((50²+20²)^{0,5}), Bremsweg gleich Gebäudehöhe h = 20 m. Negative Werte werden durch die Funktion Φ(t) wieder ausgeschlossen (Abb. 16.81 und 16.82).

Riegel:

$$E = 10\,\mathrm{kg}^{1/4}\mathrm{m}^2\,/\,\mathrm{s}^{1/2},\ \ H = 54\mathrm{m},\ \ j = 0,1::8760\mathrm{h}, i = 1\,\mathrm{Ost}, i = 2\,\mathrm{Süd}, i = 3\,\mathrm{West}, i = 4\,\mathrm{Nord}$$

$$g_{R1v}(j,i) = e^{\dfrac{-E}{v(j)\cdot H\cdot\left(\dfrac{N(j)}{3600}\right)^{0.25}}} \cdot N(j)\cdot\cos\left(\pi\cdot\dfrac{i}{2} - w(j)\cdot\dfrac{2\cdot\pi}{360}\right)$$

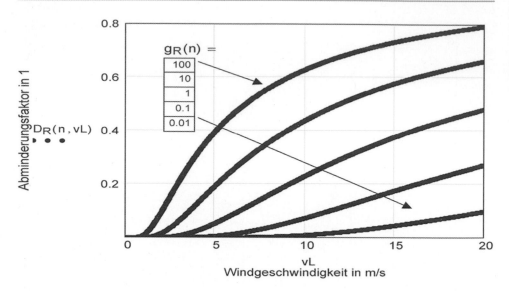

Abb. 16.79 Abminderungsfaktor DR für den Schlagregen in Abhängigkeit von der Windgeschwindigkeit, Regenstromdichte in kg/m²h als Parameter

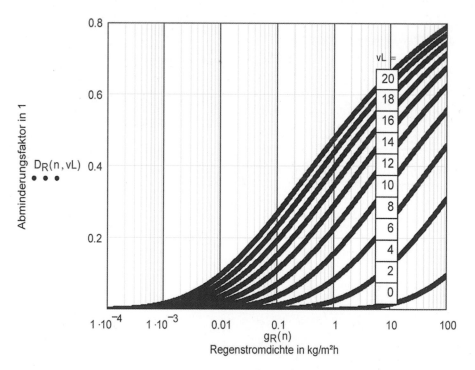

Abb. 16.80 Abminderungsfaktor für den Schlagregen in Abhängigkeit von der Regen strom dichte g_R in kg/m²h, Wind geschwin digkeit in v_L m/s als Parameter

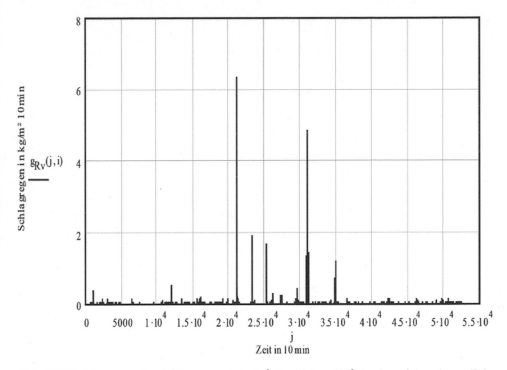

Abb. 16.81 Jahresgang des Schlagregens in kg/m²10 min bzw. l/m²10 min auf den oberen Eckpunkt einer Ostwand (h=20 m, l=100 m), Cottbus 2014

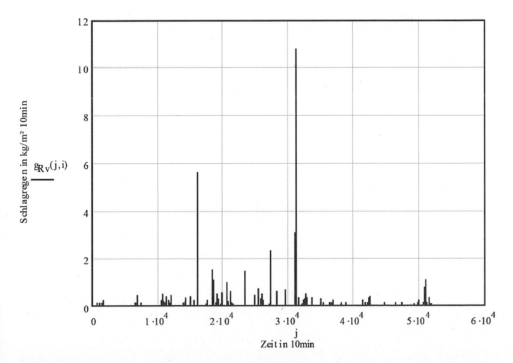

Abb. 16.82 Jahresgang des Schlagregens in kg/m²10 in bzw. l/m²10 min auf den oberen Eckpunkt einer Westwand (h=20 m, l=100 m), Cottbus 2014

$$g_{Rv}(j,i) = e^{\frac{-E}{v(j) \cdot H \cdot \left(\frac{N(j)}{3600}\right)^{0.25}}} \cdot N(j) \cdot \cos\left(\frac{\pi \cdot i}{2} - w(j) \cdot \frac{2 \cdot \pi}{360}\right) \cdot \Phi\left(g_{R1v}(j,i)\right) \quad (16.62)$$

In Mitteleuropa wird die Westwand am meisten, die Ostwand wird am wenigstens belastet.

Für eine genaue Verarbeitung (z. B. Berechnung der Feuchteverteilung in Außenwänden) der Schlagregenwerte sollte ein Zehnminutenfile verwendet werden. **Die vektorielle Mittelung der Windgeschwindigkeit führt zu einer geringeren Schlagregenbelastung** wie Abb. 16.83 zeigt.

In den Stundendateien (siehe Tab. 16.1a Dresden 1997) werden für gewöhnlich die Regenmenge der vergangenen Stunde und die Windgeschwindigkeit und Windrichtung am Ende des Stundeninterwalls aufgeführt.

In einem zweiten Beispiel handelt es sich um ein Hochhaus Höhe h = 60 m, Breite l = 50 m oberer Eckpunkt H = 65m, ((25²+60²)^{0,5}), Bremsweg gleich Gebäudebreite l = 50 m (E=25 kg^{1/4} m²/s^{1/2}). Die Berechnung erfolgt jetzt mit der Stundendatei (Tab. 16.1a) für Dresden 1997 für die vier Haupthimmelsrichtungen (i = 1 Ost, i = 2 Süd, i = 3 West, i = 4 Nord).

Die Jahressummenwerte betragen für das Hochhaus ausgerichtet nach den Haupthimmelsrichtungen:

Ostwand	Südwand	Westwand	Nordwand
$\sum_{j=1}^{8760} g_{Rv}(j,i) = 22,96$	$\sum_{j=1}^{8760} g_{Rv}(j,i) = 30,99$	$\sum_{j=1}^{8760} g_{Rv}(j,i) = 113,41$	$\sum_{j=1}^{8760} g_{Rv}(j,i) = 47,44$

Die Jahressummenwerte für das genannte Hochhaus ermittelt aus den Daten des ARY für Niederschlag, Windgeschwindigkeit und Windrichtung betragen zum Vergleich in kg/m² bzw. in l/m²:

Ostwand	Südwand	Westwand	Nordwand
$\sum_{j=1}^{8760} g_{Rv}(j,i) = 54,9$	$\sum_{j=1}^{8760} g_{Rv}(j,i) = 106,7$	$\sum_{j=1}^{8760} g_{Rv}(j,i) = 134,2$	$\sum_{j=1}^{8760} g_{Rv}(j,i) = 103,5$

Auch hier ist die Belastung der Westseite am höchsten und die der Ostseite am niedrigsten, wenngleich die Unterschiede zwischen den Haupthimmelsrichtungen geringer sind. Die jährliche Schlagregenbelastung übertrifft jetzt die Werte ermittelt mit dem

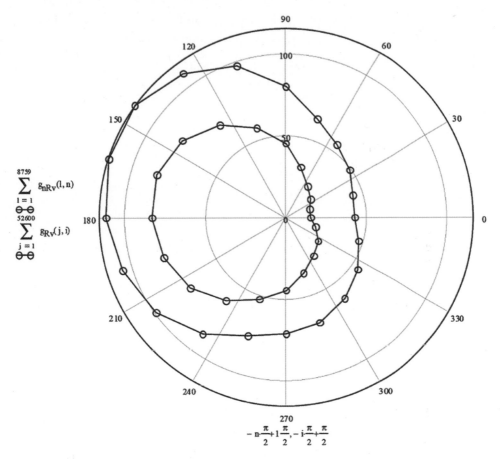

$$\sum_{l=1}^{8759} g_{nRv}(l,n)$$

$$\ominus\text{-}\ominus$$

$$\sum_{j=1}^{52600} g_{Rv}(j,i)$$

$$\ominus\text{-}\ominus$$

$$-n\cdot\frac{\pi}{2}+1\frac{\pi}{2}, -i\cdot\frac{\pi}{2}+\frac{\pi}{2}$$

Abb. 16.83 Jahressumme des Schlagregens in Abhängigkeit von der Wandstellung (0° Ostwand 42,5 kg/m², 90° Nordwand 79,7 kg/m², 180° Westwand 111,4 kg/m², 270° Südwand 71,6 kg/m²) für Cottbus 2014
Äußere Kurve: Aus 10 Minutenmesswerten für Niederschlag auf eine Horizontalfläche, Windgeschwindigkeit und Windrichtung berechnet.
Innere Kurve: Aus der stündlichen Niederschlagssumme auf eine Horizontalfläche und der im Stundenintervall geometrisch gemittelten Windgeschwindigkeitsvektoren der Zehnminutenwerte berechnet.

gemessnen Klima von 1997. In Tab. 16.9 werden die berechneten Schlagregen-belastungen für die Westseiten der beiden Gebäude mit den Berechnungen des numeri-schen CFD Modells von *Blocken* [37] verglichen. Die Werte stimmen für die obere Ge-

Tab. 16.9 Schlagregenstromdichten nach (16.62) (Zeilen 3 und 4) und [37] (Zeilen 5 und 6).

Schlagregenstromdichte	Jahressummen in kg/m²a = mm/a	Jahressummen in kg/m²a = mm/a	Jahressummen in kg/m²a = mm/a
Klimadatensatz mit Jahressumme der horizontalen Regenstromdichte R_h	Messwerte Dresden 1997 R_h = 553 mm/a	TRY Bremerhaven R_h = 784 mm/a	TRY München R_h = 1066 mm/a
h = 20 m, l = 100 m, H = 54 m (entspricht lowslab_Pos1 in [37])	**167**	227	364
h = 60 m, l = 50 m, H = 65 m (entspricht highslab_Pos1 in [37])	**113**	152	211
highslab_Pos1 in [37]	**112**	164	222
lowslab_Pos1 in [37]	**178**	317	358

bäudeecke für das gemessene Klima in Dresden 1997 und die Testreferenzjahre Bremerhaven und München für die Wohnscheibe (lowslab in [37]) und das Hochhaus (highslab in [37]) sehr gut überein. Die ASHREA Norm [43] liefert etwa doppelt so hohe Werte, das im Simulationsprogramm WUFI [12] implementierte Modell nur etwa halb so große Jahressummen für den Schlagregen. Die Gl. (16.62) kann demnach als bauklimatische Randbedingung für die hygrothermische Gebäude- und Bauteilsimulation benutzt werden.

16.6 Testreferenzjahr

Aus langjährigen Messungen aller Klimakomponenten, Wetterbeobachtungen und gewichteten Mittelwerten sind von der Meteorologie Kunstjahre, sogenannte Testreferenzjahre (Test Reference Year TRY) für alle Städte und Klimagebiete der Erde erstellt worden [1, 3, 5]. Im Folgenden sind die Stundenwerte für die Klimakomponenten Außenlufttemperatur, kurzwellige direkte Strahlung, kurzwellige diffuse Strahlung, kurzwellige Gesamtstrahlung, langwellige Gesamtstrahlung (bestehend aus langwelliger Abstrahlung im 300 K-Bereich und langwelliger Himmelsgegenstrahlung bzw. Umgebungsstrahlung), relative Luftfeuchte, Windrichtung und Windgeschwindigkeit sowie Niederschlag auf eine Horizontalfläche für das TRY Essen dargestellt. Das Temperaturfile TRY Essen (schwarz) korrespondiert wieder relativ gut mit dem Jahresgang (grau) nach den Gleichungen des ARY (Analytical Reference Year, Parameter gegenüber Dresden geringfügig modifiziert).

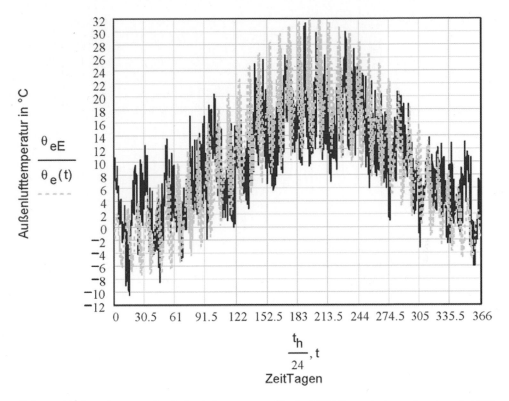

Abb. 16.84 Stundenwerte der Außenlufttemperatur für das TRY Essen (schwarz) und nach ARY (16.2), grau

Die Jahresmittelwerte für das TRY Essen betragen: $\theta_m = 9{,}6$ °C, $G_{dir,m} = 43{,}8$ W/m², $G_{dif,m}$ = 59,4 W/m², $G_{lang,m} = -47{,}0$ W/m², $v_m = 3{,}5$ m/s, $w_m = 126°$ (Südwestwind) und die Gesamtniederschlagsmenge $N_m = 919$ mm (Abb. 16.84, 16.85, 16.86, 16.87, 16.88, 16.89, 16.90 und 16.91).

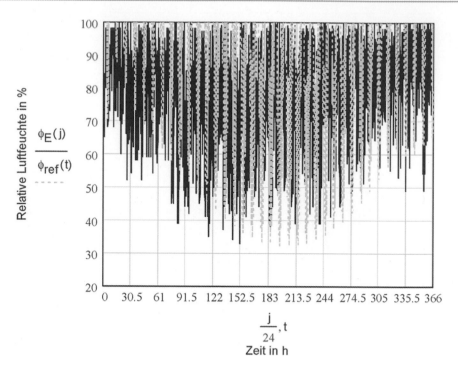

Abb. 16.85 Stundenwerte der relativen Luftfeuchtigkeit für das TRY Essen und nach ARY (16.39), grau

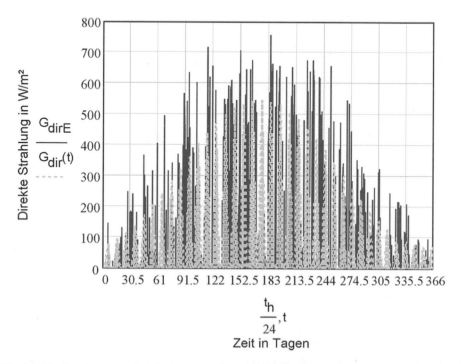

Abb. 16.86 Stundenwerte der direkten Strahlung in W/m² für das TRY Essen und nach ARY (16.9), grau

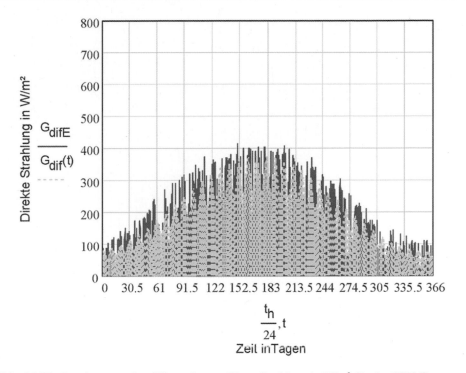

Abb. 16.87 Stundenwerte der diffusen kurzwelligen Strahlung in W/m² für das TRY Essen und nach ARY (16.10), grau

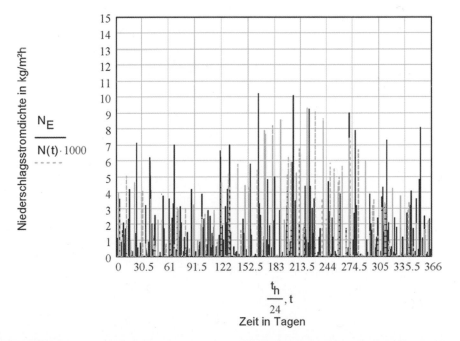

Abb. 16.88 Stundenwerte des Niederschlags in kg/m²h bzw. in l/m²h für das TRY Essen und nach ARY (16.38), grau

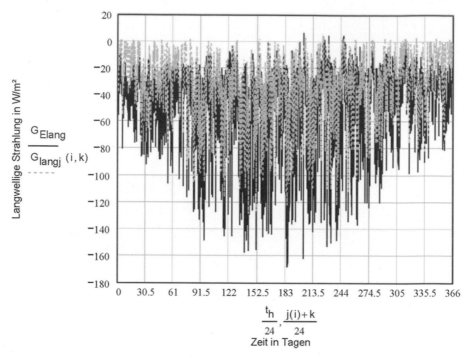

Abb. 16.89 Stundenwerte der langwelligen Gesamtabstrahlung in W/m² für das TRY Essen und nach ARY (16.26), grau

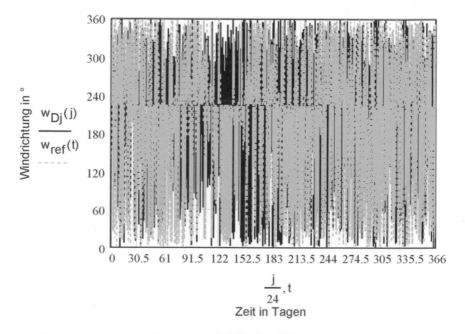

Abb. 16.90 Stundenwerte der Windrichtung in ° für das TRY Essen und nach ARY (16.41), grau

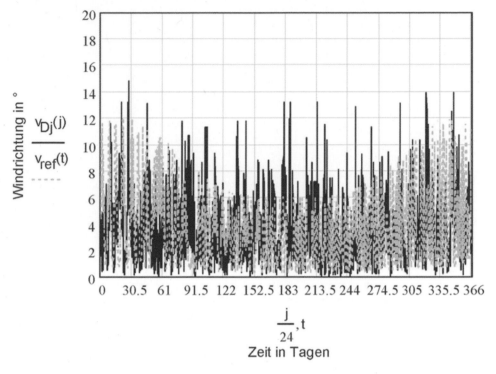

Abb. 16.91 Stundenwerte der Windgeschwindigkeit in m/s für das TRY Essen und nach ARY (16.40), grau

16.7 Klimagenerator

Alle Berechnungsformeln der vorangegangenen Abschnitte zum Außenklima sind in C++ programmiert und zu einem „Klimagenerator" verdichtet worden. Steht eine Klimamatrix mit den Stundenwerten für Temperatur, relative Luftfeuchte, direkte kurzwellige Strahlung, diffuse kurzwellige Strahlung, Niederschlag, Windgeschwindigkeit und Windrichtung (vergleiche Tab. 16.1a bzw. jeden sechsten Wert in Tab. 16.1b) im txt Format zur Verfügung lassen sich die Stundenwerte aller relevanten klimatischen Gebäudebelastungen (kurzwellige Gesamtstrahlung auf eine beliebig ausgerichtete und geneigte Fläche, langwellige Abstrahlung, Schlagregenbelastung auf eine beliebig ausgerichtete Vertikalfläche und natürlich Außenlufttemperatur sowie relative Luftfeuchte) berechnen und im txt Format ausgeben und grafisch darstellen. Die folgenden Abbildungen zeigen die Eingabemasken mit den Grobdarstellungen der Ergebnisse für die genannten gebäuderelevanten Außenklimadaten sowie eine beispielhafte Ergebnisdarstellung für die Temperatur, Luftfeuchte und Gesamtstrahlung auf eine Ostwand (Dresden 1997) (Abb. 16.92, 16.93 und 16.94).

Klimadaten Input

	Minimum	Maximum		Minimum	Maximum		Minimum	Maximum
Temperatur	-16.9	34.0	Windrichtung	0.0	356.3	Globalstrahlung	0.0	0.0
rel. Feuchte	0.0	98.0	Windgeschwindigkeit	0.0	17.2	Direktstrahlung	0.0	825.2
			Niederschlag	0.0	13.0	Diffusstrahlung	0.0	472.3

Spaltenbelegung
Temperatur: 2
rel. Feuchte: 3
Globalstrahlung: 7
Direktstrahlung: 4
Diffusstrahlung: 5
Windrichtung: 8
Windgeschwindigkeit: 7
Niederschlag: 6

Spaltentrennzeichen
- ○ Komma
- ○ Semikolon
- ⦿ Tabulator

Zeitbezug
- ⦿ Stundenmittelwerte
- ○ Stundenanfang
- ○ Stundenende

Kopfzeilen: 0
Breitengrad: 52.0

Skalierungsfaktoren
- Temperatur: 1.00
- Feuchte: 1.00
- Strahlung: 1.00

Datensätze: 8760
Inkonsistenzen: 1

[Neu einlesen] [OK]

Abb. 16.92 Eingabemaske: Unter „neu einlesen" wird die vorgegebene txt Jahresklimadatei (hier Messwerte Dresden 1997, 8760 Stundenwerte) eingelesen, wobei die Spaltenbelegung und Formatierung zu beachten sind. Im oberen Teil werden die Maxima und Minima der Klimakomponenten zur Orientierung angezeigt

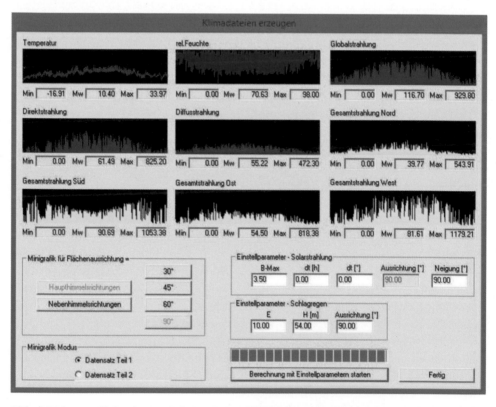

Abb. 16.93 a und b Im unteren Teil der Masken sind die Winkelbeziehungen für die Stellung (Ausrichtung und Neigung) des Bauteils einzugeben, um die Solarstrahlungsbelastung und Schlagregenbelastung (hier auch die Parameter E und H für die Gebäudegeometrie) zu berechnen. Mit B-Max ist die Winkelhilfsfunktion (siehe z. B. Abb. 16.25) zu begrenzen. Im oberen Teil wird der Jahresverlauf aller Komponenten grob dargestellt

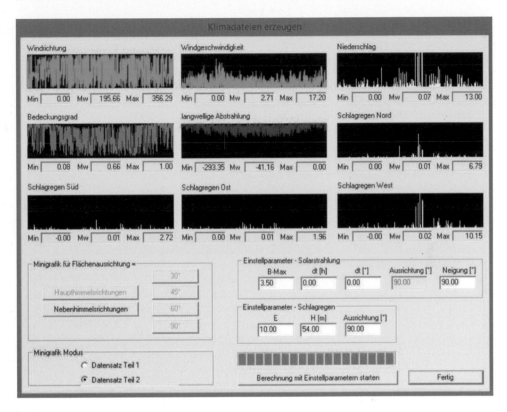

Abb. 16.93 (Fortsetzung)

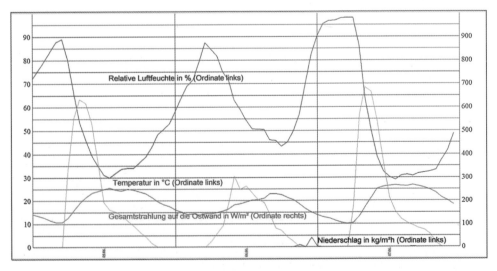

Abb. 16.94 zeigt beispielhaft für die Ergebnisse des Klimagenerators den Verlauf der relativen Luftfeuchte, der Temperatur, der Gesamtstrahlung auf eine Ostwand und die Niederschlagsmenge vom 5. bis 7. Juni in Dresden 1997 (Messwerte siehe Tab. 16.1a)

Literatur

1. Blümel, K.et. al.: Die Entwicklung von Testreferenzjahren (TRY) für Klimagebiete der Bundesrepublik Deutschland, BMFT-Bericht TB-T-86-051, 1986
2. Böer, W.: Technische Meteorologie, B. G. Teubner Verlag, Leipzig,1964
3. Deutscher Wetterdienst: Testreferenzjahre für Deutschland für mittlere und extreme Witterungsverhältnisse TRY, Eigenverlag Deutscher Wetterdienst, Offenbach, 2004
4. Meteorologischer Dienst der DDR: Handbuch für die Praxis, Reihe 3, Band 14, Klimatologische Normalwerte 1951 bis 1980, Potsdam, 1987
5. METEONORM Version 6.1: Globale meteorologische Datenbank für Ingenieure, Planer und Universitäten, Edition 2009, Bern 2009
6. Gertis, K. (Hrsg.): Gebaute Bauphysik, Fraunhofer IRB Verlag, Stuttgart, 1998
7. Grunewald, J.et. al.: Gekoppelter Feuchte-, Luft-, Salz- und Wärmetransport in porösen Baustoffen, In: Bauphysikkalender 2003, S. 377–435, Ernst & Sohn Verlag, Berlin, 2003
8. Häupl, P.; Bishara, A.; Hansel, F.: Modell und Programm CLIMT zur einfachen Ermittlung der Raumlufttemperatur und Raumluftfeuchte bei quasifreier Klimatisierung, Bauphysik, H. 3, S. 185–206. Ernst & Sohn Verlag, Berlin, 2010
9. Häupl, P.; Stopp, H.: Feuchtetransport in Baustoffen und Bauteilen, TU Dresden, Diss. B. 1986
10. Häupl, P. et. al.: Entwicklung leistungsfähiger Wärmedämmsysteme mit wirksamen physikalischem Feuchteschutz, Forschungsbericht für das BMWT (Nr. 0329 663 B/0), TU Dresden, 2003
11. Klein, S.A.: TRNSYS a Transient system simulation Program, Madison USA, 2000
12. Künzel, H.M.; Holm A.: WUFI 4.1-Wärme und Feuchte Instationär, Holzkirchen, 2007
13. Künzel, H. M.: Verfahren zur ein- und zweidimensionalen Berechnung des gekoppelten Wärme- und Feuchtetransportes in Bauteilen mit einfachen Kennwerten, Diss. Uni Stuttgart, 1994
14. Nicolai A.; Grunewald, J.:DELPHIN 5 – Coupled Heat Air Moisture and Salt Transport, Institut für Bauklimatik, Fakultät Architektur, TU Dresden, 2009
15. Petzold, K.; Graupner, K.; Roloff, J.: Zur Praktikabilität von Verfahren zur Ermittlung des jährlichen Heizenergiebedarfs. Schriftenreihe der Sektion Architektur H. 30, S. 179–186, TU Dresden, 1990
16. Häupl, P.: Bauphysik – Klima, Wärme, Feuchte, Schall, 550 S., Ernst & Sohn Verlag, Berlin, 2008
17. Häupl, P.: Praktische Ermittlung des Tagesganges der sommerlichen Raumtemperatur zur Validierung der EN ISO 13792, wksb, H. 45, S. 17–23, Zeittechnik Verlag GmbH, Wiesbaden, 2000
18. Petzold, K.; Hahn, H.: Ein allgemeines Verfahren zur Berechnung des sommerlichen Wärmeschutzes frei klimatisierter Gebäude. In: Luft- und Kältetechnik H. 24, S. 146–154, Dresden 1988
19. DIN 4108-03: Wärmeschutz und Energieeinsparung in Gebäuden, Teil 3 Feuchtigkeitsschutz, Beuth Verlag GmbH, Berlin, 2001
20. DIN 4108: Wärmeschutz und Energieeinsparung in Gebäuden, Teil 6 Berechnung des Jahresheizwärme- und Jahresheizenergiebedarfes, Beuth Verlag GmbH, Berlin, 2000
21. DIN 18599 01-09: Energetische Bewertung von Gebäuden. Berechnung des Nutz, End und Primärenergiebedarfs für Heizung, Kühlung, Lüftung, Trinkwarmwasser und Beleuchtung, Beuth Verlag GmbH, Berlin, 2006
22. DIN EN ISO 13792: Wärmetechnisches Verhalten von Gebäuden – sommerliche Raumtemperaturen bei Gebäuden ohne Anlagentechnik – Allgemeine Kriterien für vereinfachte Berechnungsverfahren, Beuth Verlag GmbH, Berlin, 1997
23. Häupl, P.: Ein einfaches Nachweisverfahren für den sommerlichen Wärmeschutz, wksb, H. 37, S. 12–15, Zeittechnik Verlag GmbH, Wiesbaden, 1996

24. Hinzpeter, H: Studie zum Strahlungsklima von Potsdam. Veröff. d. meteorol. u. hydrol. Dienstes d. DDR Nr. 10, Potsdam, 1953

25. Verein Deutscher Ingenieure VDI (Hrsg.): Umweltmeteorologie, Blatt 2: VDI-Richtlinie Nr. 3789, Wechselwirkungen zwischen Atmosphäre und Oberflächen. Berechnung der kurz- und langwelligen Strahlung, 52 S., Beuth Verlag GmbH, Berlin, 1994

26. Fülle, C.: Klimarandbedingungen in der hygrothermischen Bauteilsimulation, Diss. TU Dresden, 2011

27. Petzold, K.: Raumlufttemperaturen, 2. Auflage, Verlag Technik Berlin und Bauverlag, Wiesbaden, 1983

28. Petzold, K.: Wärmelast, 2. Auflage, Verlag Technik, Berlin, 1980

29. Züricher, C.; Frank, Th.: Bauphysik, Bau und Energie, B. G. Teubner Verlag Stuttgart und Hochschulverlag Zürich, 1997

30. Schuhmacher, J., Digitale Simulation regenerativer elektrischer Energieversorgungssysteme, Diss. Univ. Oldenburg, 1991

31. Brutsaert, W.: On a derivable formula for long-wave radiation from clear skies. Water Resources Research Vol.11, p. 742–744, 1975

32. Konzelmann, T. et al.: Parameterisation of global and longwave incoming radiation for the Greenland ice sheet. Global Planetary Change Vol. 9, p. 143–164, 1994

33. Elsner, N.; Dittmann, A.: Grundlagen der technischen Thermodynamik, Akademie Verlag, Berlin, 1993

34. Haussier, W.: Das Mollier-ix-Diagramm für feuchte Luft und seine technischen Anwendungen, Verlag v. Theodor Steinkopff, Dresden und Leipzig, 1960

35. Defraeye, T., Carmeliet, J.: A methodology to assess the influence of local wind conditions and building on the convective heat transfer at building surfaces, Environmental Modelling & Software, p. 1–12, 2010

36. Petzold, K.: Raumklimaforderungen und Belastungen – Thermische Bemessung der Gebäude; Lüftung und Klimatisierung. Abschn. 5.4 bis 5.6 in H.-J. Papke (Hrsg.): Handbuch der Industrieprojektierung. 2. Aufl. Verlag Technik, Berlin, 1983

37. Blocken, B.: Wind – Driven Rain on buildings, Ph. D. thesis, KU Leuven, 2004

38. Blocken B. and Carmeliet J.: Validation of CFD simulations of wind-driven rain on a low-rise building facade. Building and Environment Vol. 42, p. 2530–2548, 2007

39. Gao G.; Grunewald J.; Xu Yg.: Wind field and driving rain intensity analysis in urban street canyon. CESBP proc., p. 561–568, Cracow, 2010

40. Janssen H. et al.: Wind-driven rain as a boundary condition for HAM simulations: Analysis of simplified modelling approaches. Building and Env. Vol. 42, p. 1555–1567, 2007

41. Häupl, P.; Fechner, H.; Stopp, H.: Study of Driving Rain, Feuchtetag 1995, Tagungsband 3. S. 81–93, BAM Berlin, 1995

42. DIN EN ISO 77: Ergonomie der thermischen Umgebung, Analytische Bestimmung und Interpretation der thermischen Behaglichkeit durch Berechnung des PMV- und des PPD – Indexes und Kriterien der lokalen thermischen Behaglichkeit, Beuth Verlag GmbH, Berlin, 2006

43. American Society of Heating, Refrigerating and Air Conditioning Engineers ASHRAE: Proposed New Standard 160, Design Criteria for Moisture Control in Buildings, 1996

Peter Häupl

Für die hygrothermische Bemessung der Bauteile und Gebäude sind auch die die raumseitigen Klimakomponenten zu quantifizieren. Neben der Eigensicherung des Gebäude dient das Raumklima auch der Gewährleistung der Funktionssicherung, z. B. der Behaglichkeit in Wohn- und Bürobauten oder der Sonderklimate in Produktionshallen, Museen usw. [1, 2, 3, 4, 5, 6, 7]. Auf Schadstoffe und Verunreinigungen in der Raumluft wird hier nicht eingegangen.

- Lufttemperatur θ_i in °C
- Oberflächentemperatur der Raumumschließungsflächen θ_{si} bzw. θ_{oi} in °C
- Empfindungstemperatur θ_E in °C
- Absolute Luftfeuchte x in kg Dampf/kg Luft, Partialdruck des Wasserdampfes p_{Di} in Pa
- Relative Luftfeuchte f_i in % oder in 1
- Strömungsgeschwindigkeit der Raumluft v_{Li} in m/s
- Luftwechselrate n_L in 1/h oder Lüftungsvolumenstrom dV_L/dt in m³/h bzw. in m³/h Person

17.1 Raumtemperaturen

17.1.1 Energieumsatz des Menschen

Zur Realisierung der thermischen Behaglichkeit muss ein Gleichgewicht zwischen der im menschlichen Körper erzeugten Wärmeleistung F_e und dem vom Körper abgegebenen Wärmestrom F_a mit minimalem physiologischen Thermoregulationsaufwand hergestellt werden (Abb. 17.1). Die abgegebene Wärmeleistung wird maßgeblich von der Umgebungstemperatur,

P. Häupl (✉)
Technische Universität Dresden, Dresden, Deutschland

© Springer Fachmedien Wiesbaden GmbH, ein Teil von Springer Nature 2022
W. M. Willems (Hrsg.), *Lehrbuch der Bauphysik*,
https://doi.org/10.1007/978-3-658-34093-3_17

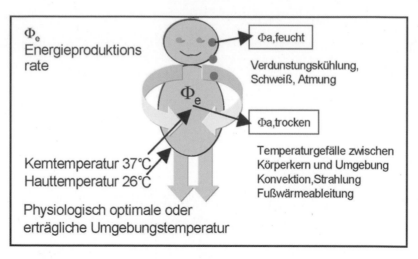

Abb. 17.1 Thermisch wirksame Komponenten des menschlichen Wärmehaushaltes

der körperlichen Tätigkeit aber auch vom Wärmewiderstand (siehe Kapitel Wärme) der Bekleidung beeinflusst. In der Bekleidungshygiene wird für den Wärmewiderstand die Einheit clo-unit anstelle von m²K/W benutzt: R = 0,15 m²K/W = 1 clo. Abb. 17.2 zeigt die trockene und feuchte Leistungsabgabe des Menschen in W bei üblicher Bekleidung (0,7 clo = 0,1 m² K/W) in Abhängigkeit von der Umgebungstemperatur (genauer Empfindungstemperatur). Die Aktivitätsstufen 1 bis 4 dienen als Parameter. **Bei 20 °C und ruhigem Sitzen beträgt die trockene Wärmestromabgabe 100 W.** Bei sehr hohen Umgebungstemperaturen und/oder schwerer körperlicher Arbeit erfolgt die Entwärmung ausschließlich über die feuchte Wärmeabgabe infolge der Enthalpietönung (hier Verdunstungskühlung) bei der Phasenumwandlung flüssiges Wasser/Wasserdampf. Diese Situation wird nicht mehr als behaglich bzw. erträglich empfunden. Der Grundumsatz von Warmblütern in Abhängigkeit von ihrer Masse dargestellt in doppellogarithmischer Skalierung ergibt eine Gerade (Abb. 17.3). Für m = 80 kg lassen sich die oben erwähnten 100 W ablesen.

Aus der Diskussion zur Abb. 17.2 folgt eine signifikante Abnahme der körperlichen und geistigen Arbeitsproduktivität bei Empfindungstemperaturen θ_E größer als 20 °C (Abb. 17.4). Bei 26 °C ist sie etwa auf 2/3 des Ausgangswertes gesunken. **Die Empfindungstemperatur sollte demnach in der warmen Jahreszeit 26 °C nicht übersteigen** [8, 9, 10]. Der Behaglichkeitsbereich liegt zwischen 18 °C und 23 °C.

17.1.2 Raumlufttemperatur, Umschließungsflächen- und Empfindungstemperatur

Der menschliche Körper gibt den trockenen Wärmestrom in Form von Konvektion an die umgebende Raumluft und in Form von Strahlung an die umgebenden Raumumschließungs-

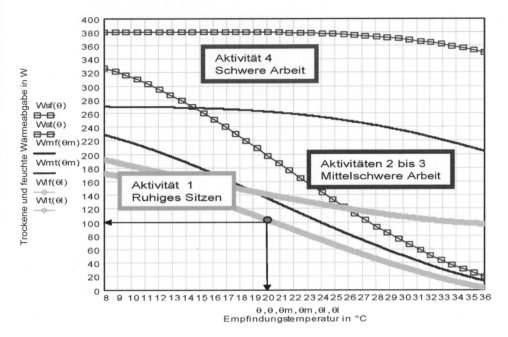

Abb. 17.2 Trockene und feuchte Wärmeabgabe in Abhängigkeit von der Umgebungstemperatur und der Schwere der Tätigkeit. Grundumsatz 85 W Sitzen (Aktivität 1) 100 W Leichte Tätigkeit (Aktivität 2) 150 … 200 W Mittelschwere Tätigkeit (Aktivität 3) 200 … 300 W Schwere Tätigkeit (Aktivität 4) 300 … 700 W

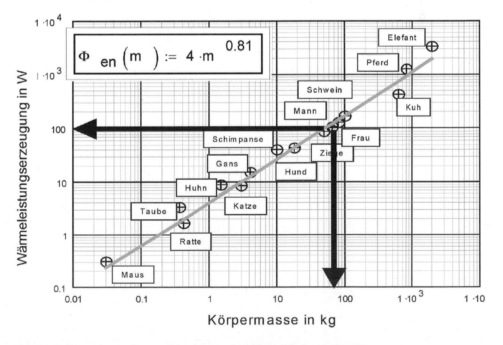

Abb. 17.3 Energieumsatz von Warmblütern in Abhängigkeit von der Körpermasse

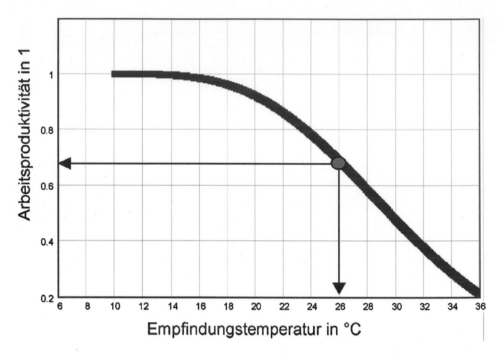

Abb. 17.4 Abnahme der menschlichen Produktivität mit der Empfindungstemperatur

flächen ab. Vom Körperkern (θ_{Kern}= 37 °C) wird die Wärme durchblutungsabhängig zur Oberfläche (Temperatur der Haut $q_{sKöper}$) geleitet.

$$\Phi_a = h_c \cdot \left(\theta_{sKörper} - \theta_i \right) \cdot A + h_r \cdot \left(\theta_{sKörper} - \theta_{sKörper} \right) \cdot A \qquad (17.1)$$

Hierin	$h_c = 3{,}5$	Wärmeübergangskoeffizient infolge Strömung in W/m²K
bedeuten	$h_r = 4{,}5$	Wärmeübergangskoeffizient infolge Strahlung in W/m²K
(Zahlenwerte	$\theta_{sKöper} = 26$	Temperatur der Körperoberfläche in °C
beispielhaft):	$\theta_i = 20$	Temperatur der Raumluft in °C
	$\theta_{sWand} = 17$	Temperatur der Raumumschließungsfläche in °C
	$A = 1{,}8$	Körperoberfläche in m²
	$\Phi_a = 110{,}7$	Wärmeabgabe in W/m² für die angegebenen Zahlenwerte

Werden beide Vorgänge zusammengefasst, lässt sich mit dem abgegebenen Wärmestrom die **Empfindungstemperatur** θ_E definieren

$$\Phi_s = \left(h_c + h_r \right) \cdot \left(\theta_{sKörper} - \theta_E \right) \cdot A \qquad (17.2)$$

(17.1) und (17.2) gleichgesetzt, ergibt die Empfindungstemperatur als gewichtetes Mittel aus der Raumluft- und der Umschließungsflächentemperatur. Die konvektiven und radiativen Überganskoeffizienten hc und hr werden im Kapitel Wärme behandelt.

$$\theta_E = \frac{h_c \cdot \theta_i + h_r \cdot \theta_{sWand}}{h_c + h_r} \qquad (17.3)$$

Mit den obigen Zahlenwerten ergibt sich $\theta_E = 18{,}3\ °C$. Kalte Wände lassen sich durch hohe Raumlufttemperaturen kompensieren. Umgekehrt kann die Raumlufttemperatur abgesenkt werden, wenn die Raumumschließungsflächen höher temperiert sind. In der folgenden Abb. 17.5 ist das Behaglichkeitsfeld für das Wertepaar RaumluftTemperatur/Deckentemperatur dargestellt [11]. Es ist aus bauphysikalischer Sicht wichtig, dass die Temperatur der Raumumschließungsfläche nicht unter die Taupunkttemperatur bzw. die kritische „Schimmeltemperatur" (φ erreicht den Wert 80 %) absinkt. Die Taupunkttemperatur wird im Abschn. 17.2.3 diskutiert. Aus hygienischen Gründen (Wärmeentzug durch Strahlung, Fußwärmeableitung) sollte die raumseitige Oberflächentemperatur

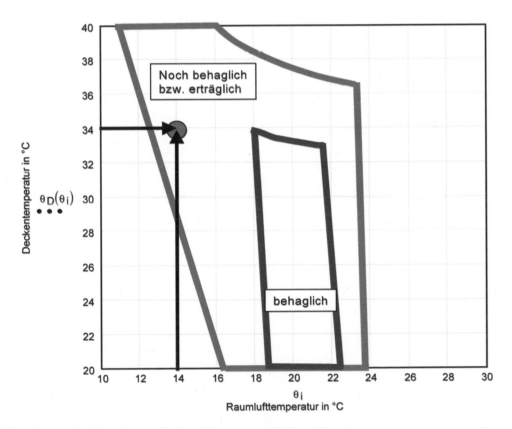

Abb. 17.5 Behaglichkeitsfeld Raumlufttemperatur/Deckentemperatur

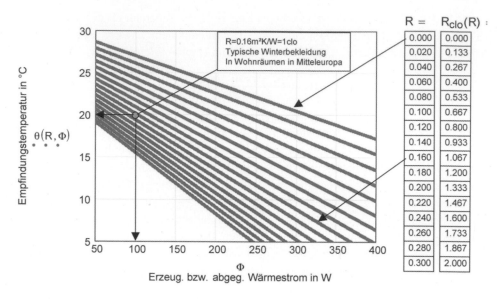

Abb. 17.6 Optimale Empfindungstemperatur in Abhängigkeit vom Energieumsatz und von der Bekleidung

(außer bei Fenstern) nicht unter 17 °C liegen. Der optimale Wert der Empfindungstemperatur (auch operative oder effektive Temperatur) lässt sich auch in Abhängigkeit von der Tätigkeit (Wärmeproduktionsrate Φ_e bzw. vom Körper abgegebener Wärmestrom Φ_a) und vom Wärmewiderstand der Bekleidung angeben. Diese Funktion ist mathematisch (17.4) und grafisch (Abb. 17.6) im Folgenden dargestellt, relative Luftfeuchte etwa 50 %, Raumluftgeschwindigkeit unter 0,25 m/s.

$$\theta(R,\Phi) = \frac{3,3 + \left(24 - \Phi \cdot 1,8^{-1}\right) \cdot \left(R^{1.06} \cdot 0,07 + 0,01\right)^{1.085}}{0,09 + 3,6 \cdot \left(R^{1.06} \cdot 0,07 + 0,01\right)^{1.085}} \tag{17.4}$$

Die Tab. 17.1 enthält den Bekleidungswärmewiderstand in m^2K/W und in clo und seine anschauliche Zuordnung zu typischen Bekleidungsgewohnheiten.

Tab. 17.1 Wärmewiderstände typischer Bekleidung

Wärmewiderstand in m²K/W in clo		Bekleidung
R =	R_{clo} (R) =	
0,000	0,000	Unbekleidet
0,020	0,133	Typische Bekleidung in tropischen Gebieten
0,040	0,267	
0,060	0,400	Leichte Sommerbekleidung in Mitteleuropa
0,080	0,533	Leichte Arbeitsbekleidung
0,100	0,667	
0,120	0,800	Typische Winterbekleidung für Wohnräume in Mitteleuropa
0,140	0,933	
0,160	1,067	
0,180	1,200	
0,200	1,333	
0,220	1,467	Typische Winterbekleidung für Büroräume in Mitteleuropa
0,240	1,600	
0,260	1,733	
0,280	1,867	
0,300	2,000	Typische Straßenbekleidung im Frühjahr/Herbst

Schließlich folgen daraus die angegebenen Richtwerte für die optimalen bzw. „wirtschaftlichen" Empfindungstemperaturen.

| Heizperiode : $\theta_i = 19\,°C \ldots 20\,°C$ |
| Sommer : $\theta_i < 26\,°C$ |

17.2 Raumluftfeuchte

17.2.1 Relative Luftfeuchtigkeit

Feuchte Luft ist, wie zu Beginn des Abschn. 16.3 und im Kapitel Feuchte beschrieben, ein Gemisch aus trockener Luft und Wasserdampf. Der Feuchtegehalt kann als Partialdruck des Wasserdampfes p_D in Pa oder als absoluter Feuchtegehalt $f = m_D/V_L$ in kg/m³ bzw. $x = m_D/m_L$ in kg/kg angegeben werden. Die relative Luftfeuchtigkeit ist definiert als Verhältnis des Dampfdruckes zum Sättigungsdruck $\phi = p_D/p_S$ (siehe Abschn. 16.3.3). Der Feuchtegehalt der Raumluft ergibt sich aus der Raumlufttemperatur, der Ergiebigkeit der Feuchtequellen im Raum, der Temperatur und relativen Luftfeuchte der Außenluft, dem Lufvolumenstrom bzw. der Luftwechselrate zwischen Außen- und Raumluft sowie dem Feuchtespeichervermögen der Raumumschließungsflächen und der Einrichtungsgegenstände [7, 8, 12, 13]. Letzteres soll erst in den Abschn. 18.3 und 18.4 berücksichtigt werden.

Die Außenluftströme (Gl. (17.9)) dienen auch der Zufuhr von Sauerstoff und zum Abtransport von Luftverunreinigungen. Die Tab. 17.2 enthält einige Richtwerte für den personen- (Spalte 0) und nutzflächenbezogenen (Spalte 1) Luftstrom in m^3/h Person bzw. m^3/m^2h und die Luftwechselrate (Spalte 2) in 1/h.

Die Feuchtebilanz bzw. Wasserdampfstrombilanz für einen Raum unter Beachtung aller genannten Abhängigkeiten ist in der Abb. 17.7 und Gl. (17.5) dargestellt.

$$\frac{dm_{Dzu}}{dt} + \frac{dm_{DQu}}{dt} = \frac{dm_{Dab}}{dt} + \frac{dm_{DSp}}{dt} \tag{17.5}$$

Mit den folgenden Definitionen und Gesetzen (17.6) bis (17.9) ergibt daraus sich die Gl. (17.10) für die Luftfeuchte im Raum.

Relative Luftfeuchte im Raum in % oder in 1

$$\phi_i = \frac{p_{Di}}{p_{si}(\theta_i)}$$

(17.6) Wasserdampfdruck im Raum in Pa

$$p_{Di} = p_{De} + p_{Dp} \tag{17.6}$$

(17.7) Von der Feuchtequelle im Raum produzierter Wasserdampfdruck in Pa

$$p_{Dp} = \frac{\left(\frac{d}{dt} m_{Dp}\right) \cdot R_D \cdot T_i}{\frac{d}{dt} V_i} \tag{17.7}$$

(17.8) Feuchteproduktionsrate m_{pt} in kg/h, Gaskonstante für Wasserdampf R_D in Ws/kgK

$$\frac{d}{dt} m_{Dp} = m_{pt} \tag{17.8}$$

$$R_D = 462$$

(17.9) Volumen des Raumes V_i in m^3, Luftvolumenstrom dV_i/dt in m^3/h, nL Luftwechselrate in 1/h

$$\frac{d}{dt} V_i \quad n_{L.} = \frac{\frac{d}{dt} V_i}{V_i} \tag{17.9}$$

(Vergleiche auch Lüftungswerte in Abb. 17.7)

Tab. 17.2 Relative Luftfeuchte der Raumluft als Funktion der Luftwechselrate und der Feuchtequellstärke

nL in 1/h in kg/m³h		0,20	0,40	0,60	0,80	1,00	1,20	1,40	1,60	1,80	2,00	2,20	2,40	2,60	2,80	3,00	3,20	3,40	3,60	3,80	4,00
		0	1	2	3	4	5	6	7	8	9	10	11	12	13	14	15	16	17	18	19
0,000	0	13,7	13,7	13,1	13,7	13,7	13,7	13,7	13,7	13,7	13,7	13,7	13,7	13,7	13,7	13,7	13,7	13,7	13,7	13,7	13,7
0,001	1	42,7	28,2	23,4	21,0	19,5	18,6	17,9	17,4	17,0	16,6	16,4	16,2	16,0	15,8	15,7	15,6	15,4	15,4	15,3	15,2
0,002	2	71,7	42,7	33,1	28,2	25,3	23,4	22,0	21,0	20,2	19,5	19,0	18,6	18,2	17,9	17,6	17,4	17,2	17,0	16,8	16,6
0,003	3	100,7	57,2	42,7	35,5	31,1	28,2	26,2	24,6	23,4	22,4	21,6	21,0	20,4	20,0	19,5	19,2	18,9	18,6	18,3	18,1
0,004	4		71,7	52,4	42,7	36,9	33,1	30,3	28,2	26,6	25,3	24,3	23,4	22,7	22,0	21,5	21,0	20,6	20,2	19,8	19,5
0,005	5		86,2	62,0	50,0	42,7	37,9	34,4	31,9	29,8	28,2	26,9	25,8	24,9	24,1	23,4	22,8	22,3	21,8	21,4	21,0
0,006	6		100,7	71,7	57,2	48,5	42,7	38,6	35,5	33,1	31,1	29,6	28,2	27,1	26,2	25,3	24,6	24,0	23,4	22,9	22,4
0,006	7			81,4	64,5	54,3	47,6	42,7	39,1	36,3	34,0	32,2	30,7	29,4	28,2	27,3	26,4	25,7	25,0	24,4	23,9
0,008	8			91,0	71,7	60,1	52,4	46,9	42,1	39,5	36,9	34,8	33,1	31,6	30,3	29,2	28,2	27,4	26,6	25,9	25,3
0,009	9			100,7	79,0	65,9	57,2	51,0	46,3	42,7	39,8	37,5	35,5	33,8	32,4	31,1	30,0	29,1	28,2	27,5	26,8
0,010	10				86,2	71,7	62,0	55,1	50,0	45,9	42,7	40,1	37,9	36,0	34,4	33,1	31,9	30,8	29,8	29,0	28,2

Lüftungsströme	(0) in m³/hPerson		
und Luftwechselraten	(1) in m³/m²h		
	(2) in 1/h		
		0	1	2
Wohnung	0	40.0	2.0	0.7
Einzelbüro	1	40.0	4.0	1.3
Großraumbüro	2	60.0	6.0	2.0
Versamlungsraum	3	20.0	12.0	4.0
Klassenraum	4	30.0	15.0	5.0
Lesesaal	5	20.0	12.0	4.0
Verkaufsraum	6	20.0	5.0	1.7
Gaststätte	7	40.0	8.0	2.7

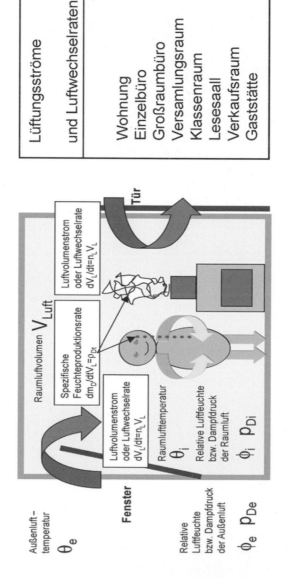

Abb. 17.7 Schematische Darstellung der Feuchtebilanz in einem Raum

Wasserdampfdruck außen in Pa

$$p_{De} = \phi_e \cdot P_{se}$$

Daraus folgt für die **relative Luftfeuchte** im Raum

$$\phi_i\left(n_L, m_{pt}\right) = \theta_e \cdot \frac{p_{se}\left(\theta_e\right)}{p_{si}\left(\theta_i\right)} + m_{pt} \cdot R_D \cdot \frac{273 + \theta_i}{n_L \cdot V_i \cdot p_{si}\left(\theta_i\right)} \qquad (17.10)$$

Die Abb. 17.8 zeigt als Ergebnis für die relative Raumluftfeuchte in Abhängigkeit von der Luftwechselrate n_L ($0 < n_L < 10/h$) mit der volumenbezogenen Feuchteproduktionsrate $m_{PtV} = dm_p/dtV_i$ ($0 < m_{ptV} < 0.01$ kg/m³h) als Parameter bei winterlichen Außenluftverhältnissen (-5 °C, 80 %). Die Feuchtespeicherung durch die Raumumschließungsflächen und Einrichtungsgegenstände ist an dieser Stelle wiederum vernachlässigt worden, findet aber in den Abschn. 18.3 bis 18.5 Berücksichtigung. Bei Normalverhältnissen – Feuchteproduktionsrate 4 g/m³h (Feuchteabgabe der Bewohner, Zimmerpflanzen, Kochen) und Luftwechselrate 0,7/h ergibt sich eine Raumluftfeuchte von 47 %.

Fenster geschlossen	0/h–0,5/h	Fenster geöffnet	5,0/h–15,0/h
Fenster gekippt	0,8/h–4,0/h	Fenster geöffnet (Querlüftung)	bis 40/h

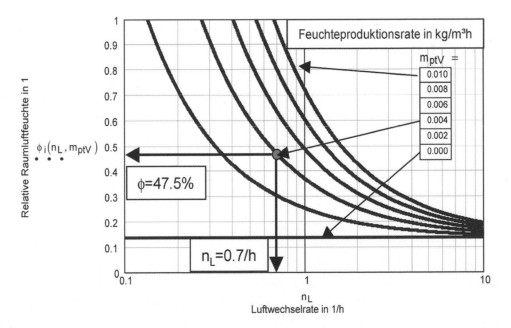

Abb. 17.8 Relative Luftfeuchte in Abhängigkeit von der Luftwechselrate, Luftwechselrate bei Fensterlüftung Feuchtequellstärke als Parameter

Abb. 17.9 Feuchteabgabe des
Menschen in kg/h Person

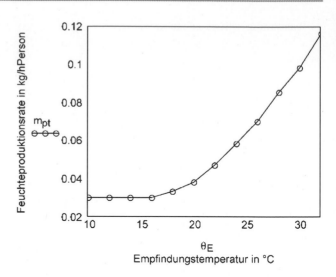

θ_E
Empfindungstemperatur in °C

Außenklima	Raumklima	Raumluftfeuchte
$\theta_e = -5$	$\theta_i = 20$	
$p_{se}(\theta_e) = 610.500$	$p_{si}(\theta_i) = 2.335.317$	$\phi_i\left(n_L, m_{pt}\right) = \theta_e \cdot \dfrac{p_{se}\left(\theta_e\right)}{p_{si}\left(\theta_i\right)} + m_{pt} \cdot R_D \cdot \dfrac{273 + \theta_i}{n_L \cdot V_i \cdot p_{si}\left(\theta_i\right)}$
$\phi_e = 0.8$		
Feuchtequellrate	Luftwechselrate	
Feuchtequellrate	Luftwechselrate	$\phi_i = (n_L, m_{ptV}) = 0{,}469 \rightarrow \phi_i = 47\ \%$
$m_{ptV} = 0{,}010,$ 0,008 … 0,0	$n_L = 0{,}01,\ 0{,}0105$ … 10,0	

Die Feuchteabgabe des Menschen bei der Aktivität 1 (Sitzen) in Abhängigkeit von der Empfindungstemperatur ist zur Orientierung in der Grafik in der Abb. 17.9 ausgewiesen. Die relative Luftfeuchte der Raumluft ist in der Tab. 17.2 auch zahlenmäßig (jetzt in %) in Abhängigkeit von der volumenbezogenen Feuchteproduktionsrate $m_{ptV} = dm_p/dt V_L$ und der Luftwechselrate n_L dargestellt. Werte größer als 100 % (kleine Luftwechselraten und hohe Feuchteproduktionsraten) können nicht auftreten und bedeuten: Es bildet sich Tauwasser in der Raumluft bzw. an kälteren Bauteiloberflächen. Wird keine Feuchtigkeit im Raum produziert, ergibt die Zufuhr der trocken kalten Außenluft eine relative Luftfeuchte für die obigen Klimawerte von lediglich 13,7 % im Raum.

Abschließend soll die Raumluftfeuchte mit dem ARY Außenklima (Gl. (16.2) für die Temperatur, (16.31b) für den Sättigungsdruck, (16.32) für die Luftfeuchte) und (16.35) bzw. (16.36) für den Partialdruck des Wasserdampfes aus dem Kap. 16 berechnet werden. Die Luftwechselrate wird periodisch im Jahresgang angesetzt: nL = 1,2/h als winterliches Minimum, $n_L = 2{,}2/h$ als sommerliches Maximum. Die

Feuchteproduktionsrate findet in etwa mit dem Durchschnittswert von 4,5 g/m^{3}h Eingang in die Rechnung. Die Feuchtespeicherung der Raumumschließungsfläche (siehe Abschn. 18.3 bis 18.5) wird wiederum an dieser Stelle nicht berücksichtigt, wodurch die großen Schwankungen der Raumluftfeuchte zu erklären sind. ◄

Beispiel

$$\theta_{io} = 22 \; \Delta\theta_i = 2 \; t_1 = -20 \; n_o = 1,7 \; \Delta n = 0,5$$

$$\theta_i\left(t\right) = \theta_{io} - \Delta\theta_i \cdot \cos\left[\frac{2 \cdot \pi}{T_a}\left(t + t_1\right)\right] \tag{17.11}$$

$$n\left(t\right) = n_o - \Delta n \cdot \cos\left[\frac{2 \cdot \pi}{T_a}\left(t + t_1\right)\right] m_{ptV} = 0,0045 \tag{17.12}$$

$$\phi_i\left(t\right) = \phi_{ie}\left(t\right) \cdot \frac{p_{se}\left(t\right)}{p_{si}\left(t\right)} + m_{ptV} \cdot R_D \cdot \frac{273 + \theta_i t}{n\left(t\right) \cdot p_{si}\left(t\right)} \tag{17.13}$$

Näherungsweise lässt sich hier der Jahresgang der Raumluftfeuchte durch eine harmonische Funktion mit einer Zeitverschiebung von 20 Tagen darstellen. Demnach tritt im Beispiel das Minimum mit 43 % im Januar das Maximum mit 62 % im Juli auf.

$$t_{na} = 20 \; \text{Zeitverschiebung in Tagen}$$

$$\phi_{io} = 0,52 \; \Delta\phi_i = 0,09$$

$$\phi_n\left(t\right) = \phi_{io} - \Delta\phi_i \cdot \cos\left[\frac{2 \cdot \pi}{T_a}\left(t - t_{na}\right)\right] \tag{17.14}$$

Ein ähnliches Verhalten zeigt die im Jahre 1997 gemessene Raumluftfeuchte in einem Testhaus Dresden-Talstraße [14]. Die Schwankungen (Abb. 17.10) sind jedoch durch die Feuchtepufferung der Raumumschließungsfläche gedämpft (Abschn. 18.3, 18.4 und 18.5). ◄

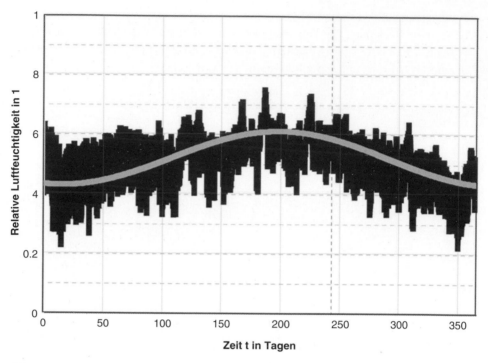

Abb. 17.10 Jahresgang der gemessenen Luftfeuchte der Raumluft, Dresden-Talstraße [14]

17.2.2 Enthalpie und Wasserdampfgehalt – h-x-Diagramm

Ergänzend sollen die Zusammenhänge zwischen den eingangs definierten Luftfeuchten und den Enthalpieänderungen feuchter Luft bei thermodynamischen Zustandänderungen mitgeteilt werden [8, 15]. Grundlage bilden die Gasgleichungen für Wasserdampf und Luft.

$$p_D = \frac{m_D}{V_L} R_D \cdot T \qquad R_D = 462 \qquad p_L = \frac{m_L}{V_L} \cdot R_L \cdot T \qquad R_L = 287 \qquad (17.15)$$

Daraus ergeben sich die folgenden Beziehungen für die absolute Feuchte x in kg/kg

$$x = \frac{R_L}{R_D} \cdot \frac{p_D}{p_L} \quad x = 0,662 \cdot \frac{p_D}{p_L} \quad p = p_L + p_D \qquad (17.16)$$

$$x = 0,662 \cdot \frac{p_D}{p - p_D} \quad x(\theta) = \frac{0,622 k.\phi \cdot p_s(\theta)}{p - \phi \cdot p_s(\theta)}$$

bzw. für die relative Luftfeuchte

$$\phi(\theta) = \frac{x}{0,622 + x} \cdot \frac{p}{p_s(\theta)} \quad p_s(\theta) = 610,5 \cdot \left(e^{\frac{17,26 \cdot \theta}{237,3 + \theta}} \cdot \Phi(\theta) + e^{\frac{21,87 \cdot \theta}{265,5 + \theta}} \cdot \Phi(-\theta) \right) (17.17)$$

Für die Dichte feuchter Luft folgt

$$\rho = \frac{m_L + m_D}{V_L} \qquad \rho = \frac{1}{R_L} \cdot \frac{p}{T} - \left(\frac{1}{R_L} - \frac{1}{R_D}\right) \cdot \frac{p_D}{T} \qquad (17.18)$$

Feuchte Luft ist also grundsätzlich leichter als trockene Luft.

Die meisten Zustandsänderungen in der Bauphysik laufen isobar ab, sodass die Wärme-aufnahme oder Wärmeabgabe bei Zustandsänderungen aus den Enthalpieänderungen be-stimmt werden kann. Die spezifische Enthalpie feuchter Luft lautet

$$h = h_L + x(q) \cdot h_D \quad h_L = c_{pL} \cdot (\theta - \theta_0) \quad h_D = c_{pD} \cdot (\theta - \theta_0) + r \cdot \theta_0 \quad r = 2,5 \cdot 10^6 \qquad (17.19)$$

mit den spezifischen Wärmekapazitäten von Luft bzw. Wasserdampf in Ws/kgK:

$$c_{pL} = 1000 \quad c_{pD} = 1860$$

und der spezifische Phasenumwandlungsenthalpie r (Wasser in Wasserdampf) in Ws/kg.

Die Umstellung nach θ ergibt

$$\theta(x,h) = \theta_o + \frac{h - x \cdot r}{c_{pL} + x \cdot c_{pD}} \qquad (17.20)$$

Die Darstellung dieser Beziehung zeigt das *Molliersche* h-x-Diagramm (Abb. 17.11).

Beispiel

50 kg feuchte Luft (Gesamtdruck p = 101,3 kPa, relative Luftfeuchte φ = 50 %) der Temperatur θ_1 = 35 °C werden auf θ_2 = 20 °C abgekühlt. Wie viel Kondensat m_K ent-steht und welche Wärmmenge Q wird an die Luft abgegeben?

$\theta_1 = 35 \quad m_L = 50$	$\theta_2 = 20$	
$\phi_1 = 0,5 \quad p = 1,013 \cdot 10^5$	$\phi_2 = 1 \quad r = 2,5 \cdot 10^6$	$c_{pL} = 1,005 \cdot 10^3$
$p_s(\theta_1) = 5613 \cdot 10^3$	$p_s(\theta_2) = 2335 \cdot 10^3$	$c_{pD} = 1,86 \cdot 10^3$
$x_1(\theta_1) = \dfrac{0,622 \cdot \phi_1 \cdot p_s(\theta_1)}{p - \phi_1 \cdot p_s(\theta_1)}$	$x_1(\theta_1) = 0,0177$	
$x_2(\theta_2) = \dfrac{0,622 \cdot \phi_2 \cdot p_s(\theta_2)}{p - \phi_2 \cdot p_s(\theta_2)}$	$x_2(\theta_2) = 0,0147$	
$m_K = m_L \cdot (x_1(\theta_1) - x_2(\theta2))$	$m_K = 0,152$ in kg	
$\Delta h = (c_{pL} + x_1(\theta_1) \cdot c_{pD}) \cdot (\theta_1 - \theta_o) + x_1(\theta_1) \cdot r - [(c_{pL} + x_2(\theta_2) \cdot c_{pD}) \cdot (\theta_2 - \theta_o) + x_2(\theta_2) \cdot r]$		
$\Delta h = 2,329 \cdot 10^4$		
$Q = \Delta h \cdot m_L$	$Q = 1165 \cdot 10^6$ in Ws	

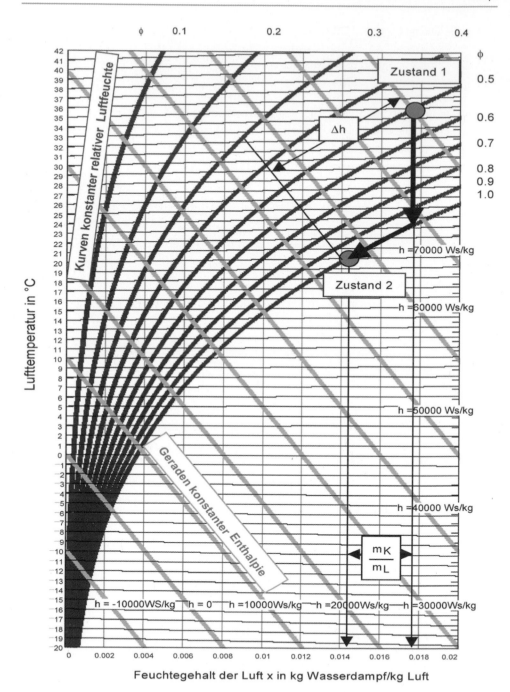

Abb. 17.11 Temperatur-, Enthalpie- und Wasserdampfgehalt (h-x-Diagramm), einschließlich Tauwasserbildung nach vorhergehendem Beispiel

Das heißt: $m_K = 152$ g Wasserdampf kondensieren und $Q = 1165 \cdot 10^6$ Ws $= 324$ kWh werden freigesetzt. Diese Zustandsänderung ist im h-x-Diagramm Abb. 17.11 auch grafisch dargestellt, und sowohl die Kondensatmenge als auch die frei werdende Energie lassen sich direkt ablesen. ◀

17.2.3 Taupunkttemperatur

Wird feuchte Luft der Temperatur θ und der relativen Luftfeuchte ϕ wie im Beispiel dargestellt, abgekühlt, steigt die relative Luftfeuchte und ab $\phi = 1$ bildet sich Tauwasser. Der bei θ vorhandene Partialdruck des Wasserdampfes wird zum Sättigungsdruck. Mit $p_s(q_T) = \phi\, p_s(\theta)$ folgt Diese Beziehung wird nach der Taupunkttemperatur θ_T umgestellt.

$$\theta_T\left(\theta,\phi\right) = \phi^{0,1247} \cdot \left(109{,}8 + \theta\right) - 109{,}8 \qquad (17.21)$$

θ_T ist abhängig von der Raumlufttemperatur θ und der relativen Feuchte ϕ der Raumluft. Die folgenden Abb. 17.12 und 17.13 zeigen die Taupunkttemperatur θ_T in Abhängigkeit von der Lufttemperatur θ und der Luftfeuchte ϕ. **Bei 20 °C Lufttemperatur und 60 % relativer Luftfeuchtigkeit beträgt die Taupunkttemperatur 12 °C.**

Die grafische Darstellung 17.13 zeigt ebenfalls die Taupunkttemperatur nach Gl. (17.18), jetzt aber in Abhängigkeit von der relativen Luftfeuchtigkeit ϕ der Raumluft und der Raumlufttemperatur θ als Parameter. Um die Eigensicherung der Bauteile zu gewährleisten, muss eine wesentliche Forderung der Bauphysik eingehalten werden: **An und in den Bauteilen ist Tauwasser zu vermeiden bzw. zu begrenzen** (siehe auch Kapitel Feuchte), [8, 16]. Abschließend wird die Taupunkttemperatur in Abhängigkeit von der Lufttemperatur und relativen Luftfeuchtigkeit noch tabellarisch für den Bereich 5 °C $< \theta <$ 40 °C und 10 % $< \phi <$ 90 % mitgeteilt. Hierbei ist zu beachten, dass für Taupunkttemperaturen kleiner als 0 °C die Sublimationskurve (16.29) anstelle der Sättigungsdruckkurve (16.30) verwendet werden muss. Die Bereiche werden wieder unter Zuhilfenahme der Sprungfunktion $\Phi\left(q_{T1}\right)$ bzw. $\Phi\left(q_{T2}\right)$ getrennt.

$$i = 0,1\ldots35 \quad j = 0,1\ldots7$$
$$\theta(i) = 1 \cdot i + 5 \quad \phi(j) = 0{,}1 \cdot j + 0{,}1$$
$$\theta_{T1}\left(i,j\right) = \phi(j)^{0,1247} \cdot \left(109{,}8 + \theta(i)\right) - 109{,}8 \qquad \theta_{T1} > 0$$
$$\theta_{T2}\left(i,j\right) = \phi(j)^{0,0813} \cdot \left(148{,}57 + \theta(i)\right) - 148{,}57 \qquad \theta_{T2} > 0$$
$$\theta_T\left(i,j\right) = \theta_{T1}\left(i,j\right) \cdot \Phi\left(\theta_{T1}\left(i,j\right)\right) + \theta_{T2}\left(i,j\right) \cdot \Phi\left(-q_{T1}\left(i,j\right)\right)$$

Das Wertetripel $\theta = 20$ °C, $\phi = 60$ %, $\theta_T = 12$ °C ist hervorgehoben. Bei $\theta = 5$ °C und $\phi = 10$ % würde eine Tauwasserbildung (besser Reifbildung) erst bei $\theta_T = -21{,}2$ °C auftreten. Bei $\theta = 35$ °C und $\phi = 90$ % bildet sich bereits bei $\theta_T = 33{,}1$ °C Tauwasser (Problem bei der Kühlung von Räumen) (Tab. 17.3).

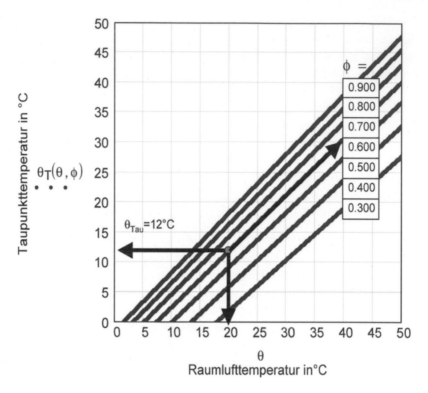

Abb. 17.12 Taupunkttemperatur in Abhängigkeit von der Lufttemperatur, relative Luftfeuchte als Parameter

---

17.3   Raumklimaklassen

Auf der Grundlage von unterschiedlichen Feuchteproduktionsraten werden vier **Raumklimaklassen** definiert und daraus mit den Gln. (17.10) bzw. (17.13) ein Jahresgang (Monatsmittelwerte) für die Raumluftfeuchte ermittelt (Tab. 17.4).

Beispiel: Berechnung von ϕ_i für Klasse 2, $m_{ptV} = 0,004$ kg/m³h

$$\theta_{io} := 22 \quad \Delta\theta_i := 3 \quad t_1 := -20 \quad n_o := 1,0 \quad \Delta n := 0,3 \quad m_{ptV} := 0,004$$

$$\theta_i(t) := \theta_{io} - \Delta\theta_i \cdot \cos\left[\frac{2 \cdot \pi}{T_a}(t + t_1)\right] \quad n(t) := n_o - \Delta n \cdot \cos\left[\frac{2 \cdot \pi}{T_a}(t + t_1)\right]$$

$$\phi_i(t) := \phi_{1e}(t) \cdot \frac{p_{se}(t)}{p_{si}(t)} + m_{ptV} \cdot R_D \frac{273 + \theta_i(t)}{n(t) \cdot p_{si}(t)}$$

Für das Außenklima in Form von $\phi_{1e}(t)$ und $p_{se}(t)$ werden die Beziehungen (16.33) und (16.31b) benutzt. Die mittlere Luftwechselrate n(t) (17.12) schwankt bei freier Fenster-

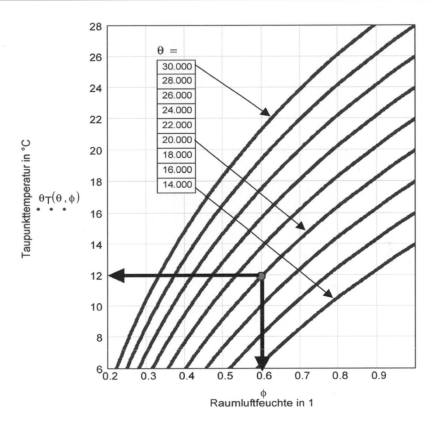

Abb. 17.13 Taupunkttemperatur in Abhängigkeit von der relativen Luftfeuchtigkeit, Lufttemperatur als Parameter

lüftung zwischen 0,7/h im Winter und 1,3/h im Sommer, die Raumlufttemperatur (17.11) zwischen 19 °C im Winter und 25 °C im Sommer. Tab. 17.5 enthält die Integrationsprozedur und die Ergebnisse. Diese sind in Abb. 17.14 auch grafisch dargestellt. Beim Vergleich der Raumklimaklassen fällt auf: Niedrige Feuchteproduktionsraten (aber auch hohe Luftwechselraten) führen namentlich im Winter zu einer sehr trockenen Raumluft ($\phi_i = 35$ %). Bei der Klasse 4 liegen die relativen Luftfeuchten jedoch bei 80 %, was grundsätzlich zu einer Schimmelbildung an den Außenbauteiloberflächen führt. Im Sommer rücken die Kurven wegen der höheren absoluten Luftfeuchtigkeit der Außenluft dichter zusammen. Die Klasse 2 liefert eine Art Normverlauf der relativen Raumluftfeuchte im Wohnungsbau in Mitteleuropa bei freier Klimatisierung. Sie kann für Bemessungen benutzt werden, falls nicht genaue Raumklimamessungen oder Berechnungen (siehe Kap. 18) vorliegen.

Daraus ergeben sich auch, wenn man nicht die Werte der Raumklimaklassen oder die tatsäch lieben Werte als Bemessungsgrundlage benutzen muss, folgende vereinfachte Eckwerte fü die relative Luftfeuchtigkeit der Raumluft:

Tab. 17.3 Taupunkttemperatur in Abhängigkeit der relativen Luftfeuchte und der Temperatur

ϕ in % θ in °C		10.0 0	20.0 1	30.0 2	40.0 3	50.0 4	60.0 5	70.0 6	80.0 7	90.0 8
5.0	0	-21.2	-13.8	-9.3	-6.0	-3.4	-1.2	0.0	1.8	3.5
6.0	1	-20.4	-13.0	-8.4	-5.1	-2.5	-0.3	1.0	2.8	4.5
7.0	2	-19.6	-12.1	-7.5	-4.2	-1.5	0.7	1.9	3.8	5.5
8.0	3	-18.7	-11.2	-6.6	-3.2	-0.6	0.7	2.9	4.8	6.5
9.0	4	-17.9	-10.3	-5.7	-2.3	0.4	1.7	3.8	5.7	7.4
10.0	5	-17.1	-9.4	-4.8	-1.4	0.1	2.6	4.8	6.7	8.4
11.0	6	-16.2	-8.6	-3.9	-0.5	1.0	3.5	5.7	7.7	9.4
12.0	7	-15.4	-7.7	-3.0	0.5	1.9	4.5	6.7	8.7	10.4
13.0	8	-14.6	-6.8	-2.1	1.4	2.8	5.4	7.7	9.6	11.4
14.0	9	-13.8	-5.9	-1.2	0.6	3.7	6.4	8.6	10.6	12.4
15.0	10	-12.9	-5.1	-0.3	1.5	4.7	7.3	9.6	11.6	13.4
16.0	11	-12.1	-4.2	0.7	2.4	5.6	8.2	10.5	12.5	14.4
17.0	12	-11.3	-3.3	1.6	3.3	6.5	9.2	11.5	13.5	15.3
18.0	13	-10.4	-2.4	0.2	4.2	7.4	10.1	12.4	14.5	16.3
19.0	14	-9.6	-1.6	1.0	5.1	8.3	11.1	13.4	15.5	17.3
20.0	15	-8.8	-0.7	1.9	6.0	9.3	12.0	14.4	16.4	18.3
21.0	16	-7.9	0.2	2.8	6.9	10.2	12.9	15.3	17.4	19.3
22.0	17	-7.1	1.1	3.6	7.8	11.1	13.9	16.3	18.4	20.3
23.0	18	-6.3	2.0	4.5	8.7	12.0	14.8	17.2	19.4	21.3
24.0	19	-5.5	2.8	5.3	9.6	12.9	15.7	18.2	20.3	22.3
25.0	20	-4.6	0.5	6.2	10.4	13.8	16.7	19.1	21.3	23.2
26.0	21	-3.8	1.3	7.1	11.3	14.8	17.6	20.1	22.3	24.2
27.0	22	-3.0	2.1	7.9	12.2	15.7	18.6	21.0	23.2	25.2
28.0	23	-2.1	2.9	8.8	13.1	16.6	19.5	22.0	24.2	26.2
29.0	24	-1.3	3.8	9.7	14.0	17.5	20.4	23.0	25.2	27.2
30.0	25	-0.5	4.6	10.5	14.9	18.4	21.4	23.9	26.2	28.2
31.0	26	0.3	5.4	11.4	15.8	19.3	22.3	24.9	27.1	29.2
32.0	27	1.2	6.2	12.2	16.7	20.3	23.2	25.8	28.1	30.1
33.0	28	2.0	7.0	13.1	17.6	21.2	24.2	26.8	29.1	31.1
34.0	29	2.8	7.9	14.0	18.5	22.1	25.1	27.7	30.1	32.1
35.0	30	3.7	8.7	14.8	19.4	23.0	26.1	28.7	31.0	33.1

Tab. 17.4 Raumklimaklassen

Klasse 4 0,008 kg/m³h
Sehr hohe Feuchtebeastung
Klasse 3 0,006 kg/m
Hohe Feuchtebelastung
Klasse 2 0,004 kg/m³h
Normale Feuchtebelastung
Klasse 1 0,002 kg/m³h
Niedrige Feuchtebelastung

Wohnräume mit kontinuierlichem Heizungsbetrieb	$\phi_{Winter} < 50\%$	$\phi_{Sommer} = 60\%$
Wohnräume mit diskontinuierlichem Heizungsbetrieb	$\phi_{Winter} < 60\%$	$\phi_{Sommer} = 60\%$

17.4 Einfluss der Raumluftparameter auf die Behaglichkeit

Der physiologisch optimale Bereich [1, 4, 5] und der noch behagliche bzw. Erträglich-keitsbereich für die Empfindungstemperatur ist in Abhängigkeit von der Tätigkeit (Wärme produktionsrate Φ_e bzw. vom Körper abgegebener Wärmestrom Φ_a, Aktivitäten 1 bis 4)) und von der Luftfeuchte noch einmal im h-x-Diagramm (Abb. 17.17) und im einfachen Luftfeuchte – Temperaturdiagramm (Abb. 17.15, Aktivität 2) dargestellt. Der menschliche Körper ist hinsichtlich der Luftfeuchte relativ tolerant wie das Behaglichkeitsfeld zeigt. Luftfeuchten von über 80 % werden ab 23 °C als schwül empfunden, weil die feuchte Entwärmung des Körpers behindert wird. Luftfeuchten unter 20 % führen zur Reizung der Schleimhäute. Die Aktivität 4 wird nicht mehr als erträglich empfunden. Das Strömungs-geschwindigkeitsfeld im Raum wird durch den Luftdurchsatz dV_L/dt bzw. die Luft-wechselrate n_L, die Lüftungsöffnungen, Fenster, Türen usw., das Temperaturfeld und die damit verbundenen Auftriebskräfte sowie die Einrichtung und Nutzung geprägt. Geschwindigkeitsfelder in Räumen lassen analytisch nicht oder nur sehr grob berechnen. Auf das hierzu erforderliche CFD Werkzeug wird nicht eingegangen. Die Strömungsver-hältnisse in der Nähe der Raumumschließungsflächen sind verantwortlich für den bau-physikalisch wichtigen konvektiven Wärmeübergangswiderstände Im folgenden ist ledig-lich das Behaglichkeitsfeld für das Wertetripel Luftgeschwindigkeit, Raumlufttemperatur, Luftfeuchte im h-x-Diagramm (Abb. 17.18) und im Abb. 17.16 die einfache Korrespon-denz zwischen Luftgeschwindigkeit und Empfindungstemperatur dargestellt. Die maxi-male Geschwindigkeit (keine Zugempfindung) wird in Abhängigkeit von der Temperatur mit (17.19) abgeschätzt.

$$v_i \le \left(-0{,}59 + 0{,}04 \cdot \frac{\theta_i}{°C} \right) \cdot \frac{m}{s} \quad 16\,°C \le \theta_i \le 26\,°C \qquad (17.19)$$

Tab. 17.5 Monatsmittelwerte der relativen Luftfeuchtigkeit der Raumluft für die vier Raumklimaklassen

	Raumlufttemperatur	φ((0,002 kg/m³h)	φ((0,004 kg/m³h)	φ((0,006 kg/m³h)	φ((0,008 kg/m³h)
Jan	$\int_0^{31}(\theta_i(t))dt\,\frac{1}{31}=19.0$	$\int_0^{31}(\phi_i(t))dt\,\frac{1}{31}=0.348$	$\int_0^{31}(\phi_i(t))dt\,\frac{1}{31}=0.511$	$\int_0^{31}(\phi_i(t))dt\,\frac{1}{31}=0.674$	$\int_1^{31}(\phi_i(t))dt\,\frac{1}{31}=0.811$
Febr	$\int_{31}^{59}(\theta_i(t))dt\,\frac{1}{28}=19.3$	$\int_{31}^{59}(\phi_i(t))dt\,\frac{1}{28}=0.337$	$\int_{31}^{59}(\phi_i(t))dt\,\frac{1}{28}=0.494$	$\int_{31}^{59}(\phi_i(t))dt\,\frac{1}{28}=0.650$	$\int_{32}^{59}(\phi_i(t))dt\,\frac{1}{28}=0.777$
März	$\int_{59}^{90}(\theta_i(t))dt\,\frac{1}{31}=20.2$	$\int_{59}^{90}(\phi_i(t))dt\,\frac{1}{31}=0.381$	$\int_{59}^{90}(\phi_i(t))dt\,\frac{1}{31}=0.515$	$\int_{59}^{90}(\phi_i(t))dt\,\frac{1}{31}=0,649$	$\int_{60}^{90}(\phi_i(t))dt\,\frac{1}{31}=0.757$
Apr	$\int_{90}^{120}(\theta_i(t))dt\,\frac{1}{30}=21.7$	$\int_{90}^{120}(\phi_i(t))dt\,\frac{1}{30}=0.448$	$\int_{90}^{120}(\phi_i(t))dt\,\frac{1}{30}=0.556$	$\int_{90}^{120}(\phi_i(t))dt\,\frac{1}{30}=0,664$	$\int_{91}^{120}(\phi_i(t))dt\,\frac{1}{30}=0.744$
Mai	$\int_{120}^{151}(\theta(t))dt\,\frac{1}{31}=23.2$	$\int_{120}^{151}(\phi_i(t))dt\,\frac{1}{31}=0\cdot526$	$\int_{120}^{151}(\phi_i(t))dt\,\frac{1}{31}=0.615$	$\int_{120}^{151}(\phi_i(t))dt\,\frac{1}{31}=0\cdot703$	$\int_{121}^{151}(\phi_i(t))dt\,\frac{1}{31}=0.764$
Juni	$\int_{151}^{181}(\theta_i(t))dt\,\frac{1}{30}=24.4$	$\int_{120}^{151}(\phi_i(t))dt\,\frac{1}{31}=0\cdot577$	$\int_{151}^{181}(\phi_i(t))dt\,\frac{1}{31}=0.654$	$\int_{151}^{181}(\phi_i(t))dt\,\frac{1}{30}=0.730$	$\int_{151}^{181}(\phi_i(t))dt\,\frac{1}{30}=0.775$
Juli	$\int_{181}^{212}(\theta_i(t))dt\,\frac{1}{31}=24.9$	$\int_{181}^{212}(\phi_i(t))dt\,\frac{1}{31}=0.619$	$\int_{181}^{212}(\phi_i(t))dt\,\frac{1}{31}=0.690$	$\int_{181}^{212}(\phi_i(t))dt\,\frac{1}{31}=0.762$	$\int_{181}^{212}(\phi_i(t))dt\,\frac{1}{31}=0.800$

Aug	$\int_{212}^{243}(\theta_i(t))\,dt\,\frac{1}{31}=24.7$	$\int_{212}^{243}(\phi_i(t))\,dt\,\frac{1}{31}=0.607$	$\int_{212}^{243}(\phi_i(t))\,dt\,\frac{1}{31}=0.681$	$\int_{212}^{243}(\phi_i(t))\,dt\,\frac{1}{31}=0.754$	$\int_{213}^{243}(\phi_i(t))\,dt\,\frac{1}{31}=0.796$
Sept	$\int_{243}^{273}(\theta_i(t))\,dt\,\frac{1}{30}=23.7$	$\int_{243}^{273}(\phi_i(t))\,dt\,\frac{1}{30}=0.560$	$\int_{243}^{273}(\phi_i(t))\,dt\,\frac{1}{30}=0.643$	$\int_{243}^{273}(\phi_i(t))\,dt\,\frac{1}{30}=0.726$	$\int_{244}^{273}(\phi_i(t))\,dt\,\frac{1}{30}=0.779$
Okt	$\int_{273}^{304}(\theta_i(t))\,dt\,\frac{1}{31}=22.3$	$\int_{273}^{304}(\phi_i(t))\,dt\,\frac{1}{31}=0.493$	$\int_{273}^{304}(\phi_i(t))\,dt\,\frac{1}{31}=0.593$	$\int_{273}^{304}(\phi_i(t))\,dt\,\frac{1}{31}=0.693$	$\int_{274}^{304}(\phi_i(t))\,dt\,\frac{1}{31}=0.766$
Nov	$\int_{304}^{334}(\theta_i(t))\,dt\,\frac{1}{30}=20.8$	$\int_{304}^{334}(\phi_i(t))\,dt\,\frac{1}{30}=0.432$	$\int_{304}^{334}(\phi_i(t))\,dt\,\frac{1}{30}=0.556$	$\int_{304}^{334}(\phi_i(t))\,dt\,\frac{1}{30}=0.680$	$\int_{305}^{334}(\phi_i(t))\,dt\,\frac{1}{30}=0.780$
Dez	$\int_{334}^{365}(\theta_i(t))\,dt\,\frac{1}{30}=19.6$	$\int_{334}^{365}(\phi_i(t))\,dt\,\frac{1}{31}=0.382$	$\int_{334}^{365}(\phi_i(t))\,dt\,\frac{1}{31}=0.532$	$\int_{334}^{364}(\phi_i(t))\,dt\,\frac{1}{30}=0.681$	$\int_{335}^{36}(\phi_i(t))\,dt\,\frac{1}{31}=0.806$

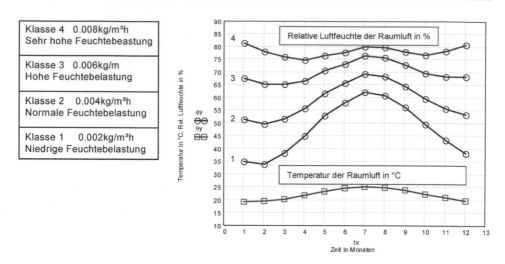

Abb. 17.14 Verlauf der relativen Luftfeuchtigkeit im Raum in % in Abhängigkeit von der Feuchte-produktionsrate in kg/m³h, untere Kurve Temperatur der Raumluft. (Tab. 17.6)

Tab. 17.6 Tabellarische Darstellung der Monatswerte für die Raumlufttemperatur und der relativen Luftfeuchtigkeit für die definierten Raumklimaklassen: 2 g/m³h, 4 g/m³h, 6 g/m³h, 8 g/m³h

	Temperatur	Klasse 1	Klasse 2	Klasse3	Klasse 4
Jan	19.0	34.8	51.1	67.4	81.1
Febr	19.3	33.7	49.4	65.0	77.7
März	20.2	38.1	51.5	64.9	75.7
Apr	21.7	44.8	55.6	66.4	74.4
Mai	23.2	52.6	61.5	70.3	76.4
Juni	24.4	57.7	65.4	73.0	77.5
Juli	24.9	61.9	69.0	76.2	80.0
Aug	24.7	60.7	68.1	75.4	79.6
Sept	23.7	56.0	64.3	72.6	77.9
Okt	22.3	49.3	59.3	69.3	76.6
Nov	20.8	43.2	55.6	68.0	78.0
Dez	19.6	38.2	53.2	68.1	80.6

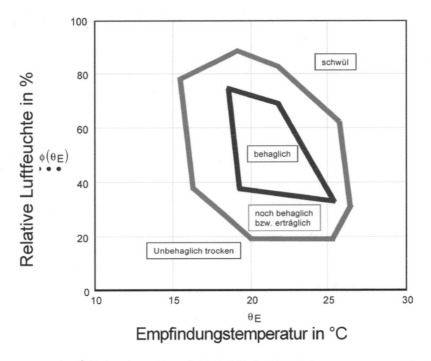

Abb. 17.15 Behaglichkeits- bzw. Erträglichkeitsfeld für Empfindungstemperatur und relative Luftfeuchte

Zur physiologischen Gesamtbewertung des Raumklimas hat *P. O. Fanger* [4] einen umfassenden und weit verbreiteten Ansatz aufgestellt. Die Europäische Norm [2] basiert ebenfalls auf dem *Fanger*modell. Ein Grund für die Etablierung dieses Modells ist darin zu sehen, dass es erstmals die praktische Bewertung einer Kombination von Bekleidung, Aktivität und Raumklimabedingungen (Lufttemperatur, mittlere Strahlungstemperatur, Luftfeuchte und Luftgeschwindigkeit) ermöglicht. Fangers Bewertungsmodell basiert auf der 1967 durch ihn aufgestellten Behaglichkeitsgleichung. Die physiologische Wärmebilanzgleichung des Menschen definiert eine thermische Belastung pro Hautoberflächeneinheit und Stunde, welche sich aus der Wärmeproduktion abzüglich der Verlustanteile durch Diffusion durch Schwitzen, durch trockene und feuchte Atmungsverluste, Wärmeleitung über Bekleidung, Strahlung und Konvektion berechnet. Die einzelnen Verlustanteilsgleichungen wurden durch die Einführung von Richtwerten vereinfacht. Beispielsweise enthalten sie Kennwerte für die Temperaturen und Wasseranteile der ein- und ausgeatmeten Luft, die effektive Abstrahlungsfläche des Körpers und den Emissionsgrad der Körperoberfläche. Die resultierende Gleichung ist daher auf die Umgebungsparameter Wasserdampfpartialdruck, Lufttemperatur, mittlerer Strahlungstemperatur der Umgebungsflächen, Luftgeschwindigkeit der Umgebung, die Aktivitätsparameter Wärmeproduktion, relative Luftgeschwindigkeit an der Körperoberfläche sowie den Bekleidungsparametern (Verhältnis bekleideter zu unbekleideter Körperoberflächen, Wärmewider-

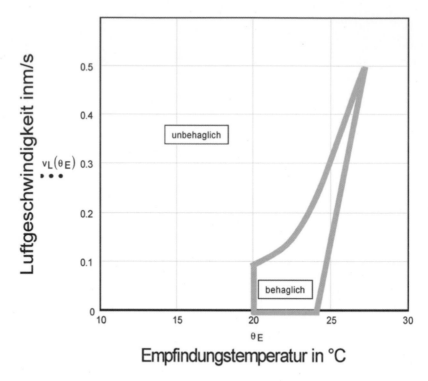

Abb. 17.16 Behaglichkeitsfeld für Raumluftgeschwindigkeit und Empfindungstemperatur

stand der Bekleidung) und die mittlere Hauttemperatur als Eingangswerte reduziert. Als Bewertungsindex wird eine 7-Punkte-Skala, wobei der neutrale Bereich den Mittelpunkt 0 darstellt, verwendet. Abweichungen vom Optimum können im negativen Bereich (Auskühlung) und im positiven Bereich (Überhitzung) bis zu einem Betrag von 3 angegeben werden. Der komfortable Bereich erstreckt sich darin vom Indexwert −1 (kühl) über 0 (Optimum) bis +1 (warm). Die ermittelten Indizes werden als PMV (Predicted Mean Vote), d. h. als mittlere zu erwartende Raumklimabewertungsindex bezeichnet.

Aus Klimakammerstudien bestimmte Fanger den Zusammenhang zwischen dem mittleren Votum der Versuchspersonen (entspricht dem PMV) und der oben beschriebenen thermischen Belastung. Zur Überführung des PMV-Index in ein praktisches Bewertungsmaß, schlug er die Berechnung des PPD-Index (Predicted Percentage of Dissatisfied) vor. Dieser gibt an, welcher Anteil einer größeren Nutzergruppe mit dem Klima unzufrieden ist, d. h. den Raumklimazustand mit einem Index |PMV| > 0,5 bewertet.

Der erreichbare PPD-Minimalwert liegt bei 5 %. Der Index wird wie folgt ermittelt:

$$PPD = 100 - 95 \cdot e^{0,03353 \cdot PMV^4 - 0,2179 \cdot PMV^2} \qquad (17.20)$$

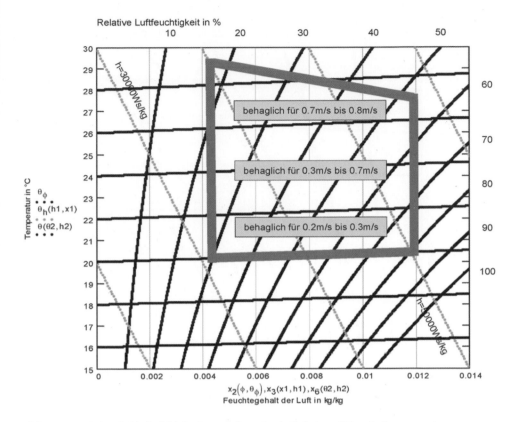

Abb. 17.17 Behaglichkeitsfeld für Raumluftgeschwindigkeit und Empfindungstemperatur

An Hand weiterer Studien ist nachgewiesen worden, dass Faktoren wie Geschlecht, Alter, Konstitution, Gewicht und Nationalität für geringe Aktivitätsgrade keine signifikante Auswirkung auf die Behaglichkeitsempfindung nehmen.

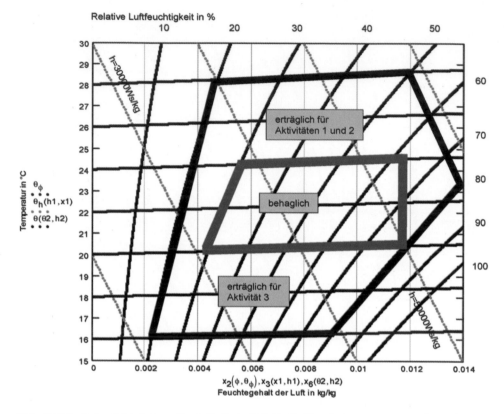

Abb. 17.18 Behaglichkeitsbzw. Erträglichkeitsfeld für die Empfindungstemperatur θ_E und die relative Luftfeuchtigkeit ϕ im h-x-Diagramm

Literatur

1. Angus, T. C: The Control of Indoor Climate, Pergamon Press Ltd., Oxford, 1968
2. DIN EN ISO 77: Ergonomie der thermischen Umgebung, Analytische Bestimmung und Interpretation der thermischen Behaglichkeit durch Berechnung des PMV- und des PPD – Indexes und Kriterien der lokalen thermischen Behaglichkeit, Beuth Verlag GmbH, Berlin, 2006
3. DIN 50019: Technoklimate, Klimate und ihre technischen Anwendungen, Beuth Verlag GmbH, Berlin, 1979
4. Fanger P. O.:Thermal Comfort – Analysis and Applications in Environmental Engneering, Danish Technical Press, Copenhagen, 1970
5. Frank, W.: Raumklima und thermische Behaglichkeit. Schriftenreihe aus der Bauforschung, H. 104, S. 1–36, Berlin, 1976
6. Petzold, K.; Martin, R.: Die Wechselwirkung zwischen der Außenwand und einem sich frei einstellenden Raumklima, Dresdner Bauklimatische Hefte, Heft 2. TU Dresden, 1996
7. Rietschel, H.; Raiß, W.: Lehrbuch der Heiz- und Lüftungstechnik. 15. Aufl., Springer Verlag, Berlin/Göttingen/Heidelberg, 1968

8. Häupl, P.: Bauphysik – Klima, Wärme, Feuchte, Schall, 550 S., Ernst & Sohn Verlag, Berlin, 2008

9. Häupl, P.: Praktische Ermittlung des Tagesganges der sommerlichen Raumtemperatur zur Validierung der EN ISO 13792, wksb, H. 45, S. 17–23, Zeittechnik Verlag GmbH, Wiesbaden, 2000

10. Petzold, K.; Hahn, H.: Ein allgemeines Verfahren zur Berechnung des sommerlichen Wärmeschutzes frei klimatisierter Gebäude. In: Luft- und Kältetechnik H. 24, S. 146–154, Dresden 1988

11. Ferstl, K.: Traditionelle Bauweisen und deren Bedeutung für die klimagerechte Gestaltung moderner Bauten, Schriftenreihe der Sektion Architektur, H. 16, S. 59–69, TU Dresden, 1980

12. JISA 1470-1: Test method of adsorption/desorption efficiency for building materials to regulate an indoor humidity Part 1, Response method of humidity, Japanese Standards Association, 2002

13. Recknagel, H.; Sprenger, E.; Schramek, E. R.: Taschenbuch für Heizungs- und Klimatechnik, München, 2001

14. Häupl, P. et. al.: Entwicklung leistungsfähiger Wärmedämmsysteme mit wirksamen physikalischem Feuchteschutz, Forschungsbericht für das BMWT (Nr. 0329 663 B/0), TU Dresden, 2003

15. Elsner, N.; Dittmann, A.: Grundlagen der technischen Thermodynamik, Akademie Verlag, Berlin, 1993

16. Hahn, H.: Zur Kondensation an raumseitigen Oberflächen unbeheizter Gebäude. Schriftenreihe der Sektion Architektur, H. 26, S. 91–97, TU Dresden, 1986

die Funktion des Gebäudes eine konstante Feuchte fordert, wird durch Luftbefeuchtung bzw. -entfeuchtung der vorgegebene Wasserdampfgehalt erzwungen. Dazu werden Klimaanlagen benötigt [2, 3, 4]. Bei freier (autogener) Klimatisierung „folgt" das Raumklima dem Außenklima. Das Raumklima ändert sich unter dem Einfluss des Außenklimas und der Nutzung ständig. Diese Änderungen werden vom Baukörper mehr oder weniger stark gedämpft. An dieser Dämpfung ist besonders auch die Innenkonstruktion beteiligt. Sie schlägt sich vor allem im Wärmeabsorptionsvermögen (Abschn. 18.2.1 und 18.2.2) nieder. Eine analoge Wirkung der raumseitigen Oberfläche des Gebäudes ergibt sich auch bei der Dämpfung des Wasserdampfgehaltes der Raumluft; diese wird durch das hygrische Absorptionsvermögen (Abschn. 18.3) gekennzeichnet. Wie oben erwähnt, müssen die Gebäude in Mitteleuropas im Winter beheizt werden; während der warmen Jahreszeit reicht in der Regel die freie Klimatisierung aus. Zur freien Klimatisierung genügt es dann, die thermischen Eigenschaften der Gebäude und die Lüftungseinrichtungen so zu bemessen, dass unter extremen sommerlichen Witterungsbedingungen eine als zulässig erachtete Raumlufttemperatur (Abschn. 17.1) nicht überschritten wird.

Im Kap. 18 werden Näherungsmodelle und analytische Verfahren zur **Berechnung der Raumlufttemperatur sowie der relativen Luftfeuchtigkeit der Raumluft bei freier Klimatisierung und einfacher energogener (Heizung im Winter)** Klimatisierung **(quasifreie Klimatisierung) vorgestellt. Der Einfluss des Außenklimas, der nutzungsbedingten Wärme-und Feuchtequellen im Raum, des Wärmewiderstandes der Hüllkonstruktion, des Wärme-**und **Feuchtespeichervermögens der Raumumschließungsfläche und des Lüftungsregimes** wird quantifiziert und exemplarisch diskutiert. Die Ergebnisse bilden den Quelltext für ein nutzerfreundliche Windows-Programm CLIMT (*Cl*imate-*I*ndoor-*M*oisture-*T*emperature) [5]. Modell und Programm CLIMT werden durch einen Vergleich mit Rechenwerten nach TRNSYS [6] und Messwerten in zwei Testgebäuden [7, 8] validiert.

18.2   Modellierung der Energiebilanzen in einem ausgewählten Raum zur Ermittlung der Raumlufttemperatur im Jahresverlauf

Die thermische Situation eines Gebäudes ist schematisch in Abb. 18.1 dargestellt. Das hier zu entwickelnde Modell basiert auf folgenden Wärmestrombilanzen (Abb. 18.2, 18.3 und 18.4):

1. Wärmestrombilanz für die Außenoberfläche der opaken Bauteile
2. Wärmestrombilanz für die Raumluft
3. Wärmestrombilanz für die innere Raumumschließungsfläche

Diese Bilanzen führen auf ein System von Bestimmungsgleichungen für die Temperatur der Außenoberfläche, der inneren Raumumschließungsfläche und die Raumluft-

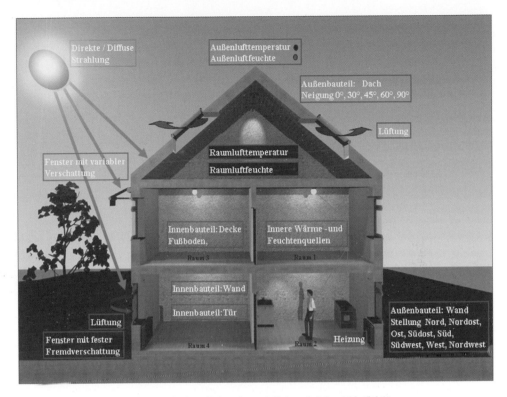

Abb. 18.1 Vereinfachtes thermisches Gebäudemodell (vergleiche Abb. 16.1)

Abb. 18.2 Energiebilanzen für die Außenoberfläche

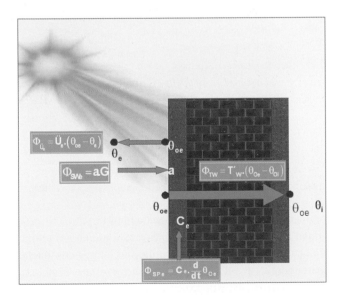

Abb. 18.3 Energiebilanzen für die Raumluft

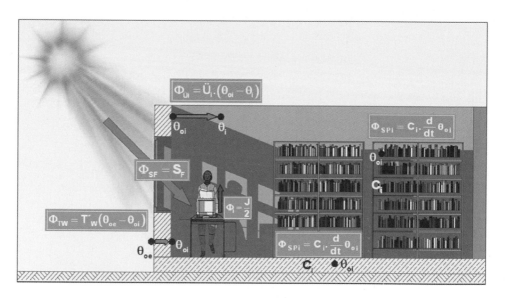

Abb. 18.4 Energiebilanzen für die Raumumschließungsfläche

temperatur. Die Differenzialgleichungen lassen sich vereinfacht lösen, indem alle thermischen Belastungen während eines einstündigen Zeitraumes konstant gehalten werden sich dann aber sprungförmig ändern. Dadurch kann das unterschiedliche Zeitverhalten der Belastungen (Außenlufttemperatur harmonische Funktion, Lüftung und innere Wärmequellen nutzungsbedingt oft sprungförmig) oder die gemessenen Stundenwerte eines Klimafiles (Kap. 16; Tab. 16.1) genügend genau abgebildet werden. Im Ergebnis liegen die

8760 Stundenwerte für den Jahresgang der Raumluft- und Raumumschließungsflächentemperatur vor. Natürlich können auch der generelle Aufheizvorgang während einer Schönwetterperiode als Grundlage der Beurteilung des sommerlichen Wärmeschutzes [9, 10, 11, 12] oder das thermische Verhalten eines Raumes für einen beliebigen Witterungsgang außerhalb der Heizperiode analytisch simuliert und analysiert werden. Der Einfluss aller Belastungen und Gebäudeparameter bleibt bei einer analytischen Formulierung transparent, und folglich können auch generelle Aussagen zum Raumklima in der Vorbemessungsphase von Gebäuden sehr schnell gemacht werden. Das Verfahren liegt auch als nutzerfreundliche Software CLIMT für den praktischen Gebrauch vor.

18.2.1 Wärmestrombilanz für die äußere Oberfläche der opaken Bauteile

Für die thermische Modellierung wird ein Raum (z. B. thermisch kritischer oder exponierter Raum eines Gebäudes Abb. 18.1 für den Sommer- oder Winterfall) herausgegriffen. In Abb. 18.2 ist die Wärmestrombilanz für die äußere Oberfläche der opaken Bauteile dargestellt.

Die Wärmeströme Φ in der Bilanzgleichung (18.1) bedeuten:

Gl. (18.2): Von der opaken Außenoberfläche (Wände, Dach) absorbierter Strahlungswärmestrom, a Absorptionskoeffizient der Außenoberfläche für kurzwellige Strahlung.

Gl. (18.3): Von der speicherwirksamen Masse der opaken Außenoberfläche aufgenommener Wärmestrom, $C_e = c_e m_e$ Wärmekapazität der äußeren speicherwirksamen Bauwerksmasse in Ws/K.

Gl. (18.4): Von der opaken Außenoberfläche zur Innenoberfläche geleitete Wärmestrom, U' spezifischer Wärmedurchgangswert der Wand (ohne Wärmeübergangskoeffizienten innen und außen) in W/m²K, $T'_W = U'A_W$ Wärmedurchgangswert der Wand in W/K, $1/T'_W$ Wärmedurchlasswiderstand des Außenbauteils in K/W. Die Wärmeleitung und die Wärmespeicherung (obwohl immer gleichzeitig stattfindend, siehe Kapitel Wärme in [9]) werden hier getrennt.

Gl. (18.5): Von der Außenoberfläche an die Umgebung zurück übertragener Wärmestrom, h_e äußerer konvektiver und radiativer Wärmeübergangskoeffizient, $\ddot{U}_e = h_e A_{We}$ Wärmeübergangswert in W/K außen.

$$\Phi_{SWe} = \Phi_{SPe} + \Phi_{TW} + \Phi_{\ddot{U}e} \tag{18.1}$$

$$\Phi_{SWe} = \sum_{j=1}^{n} a_j \cdot G_j \cdot A_{ej} = S_W \tag{18.2}$$

$$\Phi_{SPe} = \sum_{j=1}^{n} c_{ej} \cdot m_{ej} \cdot \frac{d\theta_{oe}}{dt} = C_e \cdot \frac{d\theta_{oe}}{dt} \tag{18.3}$$

$$\Phi_{TW} = \sum_{j=1}^{n} U'_j \cdot A_{Wej} \cdot \left(\theta_{oe} - \theta_{oi}\right) = T'_W \cdot \left(\theta_{oe} - \theta_{oi}\right) \tag{18.4}$$

$$\Phi_{\ddot{U}e} = \sum_{j=1}^{n} h_{ej} \cdot A_{Wej} \cdot \left(\theta_{oe} - \theta_e\right) = \ddot{U}_e \cdot \left(\theta_{oe} - \theta_e\right) \tag{18.5}$$

18.2.2 Wärmestrombilanz für den Raum

Entsprechend gilt für die Raumluft (Abb. 18.3) die Wärmestrombilanzgleichung (18.6):

Gl. (18.7): Über den Lüftungsstrom bzw. die Luftwechselrate n_L zwischen Außen- und Raumluft ausgetauschter Wärmestrom, L Wärmeübertragungswert (temperaturbezogener Lüftungswärmestrom) infolge Lüftung in W/K.

Gl. (18.8): Zwischen Außen- und Raumluft über die Fenster transmittierter Wärmestrom, U_F klassischer spezifischer Wärmedurchgangswert des Fensters in W/m²K, $T_F = U_F A_F$ Wärmedurchgangswert in W/K, $1/T_F$ Wärmedurchgangswiderstand des Fensters in K/W.

Gl. (18.9): Von der Innenoberfläche konvektiv an die Raumluft übertragener Wärmestrom, $\ddot{U}i = h_{ci}A_{Wi}$ innerer Übergangswert in W/K, $1/\ddot{U}_i$ Wärmeübergangswiderstand innen in K/W.

Gl. (18.10): Von den inneren Wärmequellen (Leistung J in W) konvektiv an die Raumluft übertragener Wärmestrom.

Gl. (18.11): Von der Raumluft gespeicherter Wärmestrom, C_L Wärmekapazität der Luft.

$$\Phi_L + \Phi_{TF} + \Phi_{\ddot{U}i} + \Phi_{ci} = \Phi_{SPL} \tag{18.6}$$

$$\Phi_L = \rho_L \cdot c_{pL} \cdot n_L \cdot V_L \left(\theta_e - \theta_i\right) = L \cdot \left(\theta_e - \theta_i\right) \tag{18.7}$$

$$\Phi_{TF} = \sum_{j=1}^{n} U_{Fj} \cdot A_{Fj} \cdot \left(\theta_e - \theta_i\right) = T_F \cdot \left(\theta_e - \theta_i\right) \tag{18.8}$$

$$\Phi_{\ddot{U}i} = \sum_{j=1}^{n} h_{cij} \cdot A_{Wij} \cdot \left(\theta_{oi} - \theta_i\right) = \ddot{U}_i \cdot \left(\theta_{oi} - \theta_i\right) \tag{18.9}$$

$$\Phi_{ci} = \frac{J}{2} \tag{18.10}$$

$$\Phi_{SPL} = C_L \cdot \frac{d}{dt} \theta_i \tag{18.11}$$

18.2.3 Wärmestrombilanz für die innere Raumumschließungsfläche

Die Wärmeströme in der Bilanzgleichung (18.12) für die Raumumschließungsfläche lauten:

Gl. (18.13): Durch die Fenster in den Raum eindringender Strahlungswärmestrom, f_R Rahmenfaktor oder Glasflächenanteil, z Verschattungsgrad, g Glasdurchlasskoeffizient, G spezifischer Strahlungswärmestrom in W/m².

Gl. (18.14): Von der Außenoberfläche zur Innenoberfläche geleiteter Wärmestrom, U' spezifischer Wärmedurchgangswert der Wand (ohne Wärmeübergangskoeffizienten innen und außen) in W/m²K, $T'_W = U'A_W$ Wärmedurchgangswert der Wand in W/K, $1/T'_W$ Wärmedurchlasswiderstand der Wand in K/W.

Gl. (18.15): Von der Innenoberfläche konvektiv an die Raumluft übertragener Wärmestrom, $\ddot{U}_i = h_{ci}A_{Wi}$ Übergangswert in W/K, $1/\ddot{U}_i$ Wärmeübergangswiderstand innen in K/W.

Gl. (18.16): Von den inneren Wärmequellen (Leistung J in W) radiativ an die Raumumschließungsfläche übertragener Wärmestrom.

Gl. (18.17): Von der speicherwirksamen Masse der Innenoberfläche und den Einrichtungsgegenständen aufgenommener Wärmestrom, $C_i = c_i m_i$ Wärmekapazität der inneren speicherwirksamen Masse in Ws/K.

$$\Phi_{SF} + \Phi_{TW} + \Phi_{\ddot{U}i} + \Phi_{ri} = \Phi_{SPi} \tag{18.12}$$

$$\Phi_{SF} = \sum_{j=1}^{n} f_{Rj} \cdot z_j \cdot g_j \cdot G_j \cdot A_{Fj} = S_F \tag{18.13}$$

$$\Phi_{TW} = \sum_{j=1}^{n} U'_j \cdot A_{Wej} \cdot (\theta_{oe} - \theta_{oi}) = T'_W \cdot (\theta_{oe} - \theta_{oi}) \tag{18.14}$$

$$\Phi_{\ddot{U}i} = \sum_{j=1}^{n} h_{cij} \cdot A_{Wij} \cdot (\theta_{oi} - \theta_i) = \ddot{U}_i \cdot (\theta_{oi} - \theta_i) \tag{18.15}$$

$$\Phi_{ri} = \frac{J}{2} \tag{18.16}$$

$$\Phi_{SPi} = \sum_{j=1}^{n} c_{ij} \cdot m_{ij} \cdot \frac{d\theta_{oi}}{dt} = C_i \cdot \frac{d\theta_{oi}}{dt} \tag{18.17}$$

Für die Berechnung der **Raumlufttemperatur** θ_i und der Oberflächentemperatur **der Raumumschließungsfläche** θ_{oi} kann die Wärmespeicherung der Raumluft (wegen der im Vergleich zu den Baustoffen kleinen Dichte) vernachlässigt werden. Daraus folgt für die drei Wärmestrombilanzen mit den in Gln. (18.1) bis (18.17) eingeführten Abkürzungen in vereinfachter Form.

$$S_W = T'_W \cdot (\theta_{oe} - \theta_{oi}) + \ddot{U}_e \cdot (\theta_{oe} - \theta_e) + C_e \cdot \frac{d\theta_{oe}}{dt} \quad \begin{matrix} \text{Wärmestrombilanz 1} \\ \text{für die Außenoberfläche} \end{matrix} \qquad (18.18)$$

$$0 = (L + T_F) \cdot (\theta_e - \theta_i) + \ddot{U}_i \cdot (\theta_{oi} - \theta_i) + \frac{J}{2} \quad \begin{matrix} \text{Wärmestrombilanz 2} \\ \text{für die Raumluft} \end{matrix} \qquad (18.19)$$

$$C_i \cdot \frac{d\theta_{oi}}{dt} = S_F + T'_W \cdot (\theta_{oe} - \theta_{oi}) + \ddot{U}_i \cdot (\theta_{oi} - \theta_i) + \frac{J}{2} \quad \begin{matrix} \text{Wärmestrombilanz 3} \\ \text{für die Raumumschließungfläche} \end{matrix} (18.20)$$

Dieses einfache Differenzialgleichungssystem lässt sich nach den drei Temperaturen θ_{oe}, θ_{oi} und θ_i auflösen, wobei nur die Zeitabläufe für die letztgenannte Raumluft- und Innenoberflächentemperatur θ_i bzw. θ_{oi} relevant für das vorliegende Problem sind. Die thermischen Belastungsgrößen Außenlufttemperatur θ_e, Strahlung durch die Fenster S_F, indirekter Strahlungseintrag über die Wand S_W, temperaturbezogener Lüftungswärmestrom L und die inneren Wärmebelastungen (innere Wärmequellen und Heizung) J sollen sich, wie oben vorausgesetzt, nach jeder Stunde sprungförmig ändern und anschließend im Zeitintervall j jeweils konstant bleiben. Daraus ergibt sich für den allgemeinen Zeitabschnitt j+1 folgende Exponentialfunktion als Lösung für die für alle Teilflächen als gleich betrachtete (und damit strahlungsneutrale) Oberflächentemperatur der Raumumschließungsfläche bei bekannten Werten zum Zeitpunkt j.

$$\theta_{oi,j+1} = \theta_{oi,j} + (\theta_{oiLIM,j} - \theta_{oi,j}) \cdot (1 - \exp(\beta_j \cdot t)) \qquad (18.21)$$

Darin bedeuten $\theta_{oi,j}$ die Ausgangstemperatur zu Beginn des Zeitintervalls j und $\theta_{oiLIM,j}$ die innere Oberflächentemperatur nach unendlich langer Aufheiz- oder Abkühlzeit mit den im Intervall j gültigen Belastungsgrößen.

$$\theta_{oiLIM,j} = \theta_{e,j} + \left[\frac{\left(\dfrac{S_{Fj}}{\ddot{U}_e} + \dfrac{S_{Fj}}{T'_W} + \dfrac{S_{Wj}}{\ddot{U}_e} \right) \cdot \left(\dfrac{1}{L_j + T_F} + \dfrac{1}{\ddot{U}_i} \right)}{\dfrac{1}{\ddot{U}_e} + \dfrac{1}{T'_W} + \dfrac{1}{\ddot{U}_i} + \dfrac{1}{L_j + T_F}} + \frac{\left(\dfrac{1}{\ddot{U}_e} + \dfrac{1}{T'_W} \right) \cdot \left[\dfrac{J_j}{2 \cdot \ddot{U}_i} + \dfrac{J_j}{2 \cdot (L_j + T_F)} \right]}{\dfrac{1}{\ddot{U}_e} + \dfrac{1}{T'_W} + \dfrac{1}{\ddot{U}_i} + \dfrac{1}{L_j + T_F}} \right] \quad (18.22)$$

Die fiktive Endtemperatur (18.22) hängt lediglich von den beiden Strahlungsbelastungen durch die Fenster bzw. Wände S_{Fj} und S_{Wj}, der inneren Belastung J_j und den Übertragungswiderständen $1/T'_W$ (Transmission durch die Wände ohne Wärmeübergangswiderstände an den Bauteiloberflächen), $1/(L_j+T_F)$ (Lüftung und Transmission durch die Fenster), $1/\ddot{U}_e$ und $1/\ddot{U}_i$ (Übertragungswiderstände an der außenseitigen und raumseitigen Bauteiloberfläche) ab. Sie steigt mit den Strahlungsbelastungen und den inneren Wärmequellen und sinkt mit der Luftwechselrate. Die Wärme speichernden Eigenschaften der Raumumschließungsfläche C_i und der Außenoberfläche C_e gehen nicht ein.

Das Zeitverhalten hängt neben den Übertragungswiderständen hauptsächlich von den Wärmespeicherfähigkeiten (Wärmekapazitäten C_i und C_e) ab, wobei die Wärmespeicherfähigkeit der inneren Oberfläche und der Einrichtungsgegenstände in der Regel wegen ihres größeren Anteils stärker eingeht. Als Zeitkonstante β_i bzw. als Einstellzeit τ_i für jeden Stundenzeitabschnitt j ergeben sich die folgenden Gleichungen

$$\beta_j = \frac{-E_j}{2} - \sqrt{\left(\frac{E_j}{2}\right)^2 + B_j} \tag{18.23}$$

$$\tau = \frac{3}{B_j} \tag{18.24}$$

$$B_j = \frac{T'_w + \ddot{U}_e}{C_i \cdot C_e} \cdot \left(\frac{1}{\dfrac{1}{\ddot{U}_i} + \dfrac{1}{L_j + T_F}} + \frac{1}{\dfrac{1}{T'_w} + \dfrac{1}{\ddot{U}_e}} \right) \tag{18.25}$$

$$E_j = \frac{\ddot{U}_i}{C_i \cdot (L_j + T_F)} \cdot \left(\frac{1}{\dfrac{1}{\ddot{U}_i} + \dfrac{1}{L_j + T_F}} \right) - \frac{T'_w + \ddot{U}_e}{C_e} - \frac{T'_w + \ddot{U}_i}{C_i} \tag{18.26}$$

Die beiden Strahlungsbelastungen durch die Fenster bzw. Wände S_{Fj} und S_{Wj}, sowie die inneren Belastung J_j haben jetzt keinen Einfluss. Da das thermische Signal während einer Zeit t_{sp} (z. B. Witterungsschwingung von 10 Tagen) entsprechend der Temperaturleitfähigkeit $\lambda/\rho c$ der Baustoffe von der Innenoberfläche etwa x_E tief in die Konstruktion eindringt (siehe [9], Abschn. 2), ist dieser Bereich zur Ermittlung der speicherwirksamen Bauwerksmassen m_i und m_e anzusetzen. Linearisiert man das eindringende Temperatursignal ergibt sich z. B. für die speicherwirksame Masse m_i der (zunächst als einschichtig betrachtete) Raumumschließungsfläche.

$$x_E = \sqrt{\frac{t_{sp}}{\pi}} \cdot \sqrt{\frac{\lambda}{\rho \cdot c}} \tag{18.27}$$

$$m_i = \frac{\rho_i \cdot x_E \cdot A_{Wi}}{2} \tag{18.28}$$

Die innere und äußere Wärmekapazität für mehrschichtige Umfassungskonstruktionen lässt sich wie folgt ermitteln.

$$m_i = \frac{1}{2} \cdot \sum_{K=1}^{K_i} \sum_{I=1}^{I_i} p_{iKI} \cdot d_{iKI} \cdot A_{iK} \tag{18.29a}$$

$$m_e = \frac{1}{2} \cdot \sum_{K=1}^{K_e} \sum_{I=1}^{I_e} p_{eKI} \cdot d_{eKI} \cdot A_{eK} \tag{18.29b}$$

$$\sum_{I=1}^{I_i} d_{iI} < x_{iE} \tag{18.30a}$$

$$\sum_{I=1}^{I_e} d_{eI} < x_{eE} \tag{18.30b}$$

$$C_i = m_i \cdot c_i \tag{18.31a}$$
$$C_e = m_e \cdot c_e \tag{18.31b}$$

Hierin bedeuten: k_i, k_e Zahl der innen (außen) liegenden Teilflächen der Hüllfläche und l_i, l_e Zahl der erfassten Schichten von der Innen (Außen) Oberfläche aus gerechnet. Die Raumlufttemperatur θ_{ij} lässt sich aus der Raumumschließungsflächentemperatur über die Bilanzgleichung 2 ermitteln (Gl. (18.32) und (18.34)). Die Empfindungstemperatur (siehe Abschn. 17.1.2) ergibt sich in etwa als arithmetisches Mittel aus beiden Temperaturen (Gl. (18.33)). In allen Gleichungen läuft der Index j entsprechend der Stundenzahl eines Jahres von 1 bis 8760. **Die Gl. (18.34) für die Raumlufttemperatur bildet das Kernstück dieses Abschnitts und des Quelltextes im Programm CLIMT** (Abschn. 18.5 und 18.6).

$$\theta_{i,j+1} = \frac{\theta_{oi,j+1} \cdot \ddot{U}_i + \theta_{oi,j+1} \cdot (L_j + T_F) + \frac{J_j}{2}}{L_j + T_F + \ddot{U}_i} \tag{18.32}$$

$$\theta_{E,j+1} = \frac{\theta_{i,j+1} + \theta_{oi,j+1}}{2} \tag{18.33}$$

$$\theta_{i,j+1} = \theta_{i,j} + \frac{\left[\theta_{e,j} - \theta_{i,j} + \dfrac{\dfrac{\left(\dfrac{S_{Fj}}{\ddot{U}_e} + \dfrac{S_{Fj}}{T'_w} + \dfrac{S_{Wj}}{\ddot{U}_e} \right)}{(L_j + T_F)}}{\dfrac{1}{\ddot{U}_e} + \dfrac{1}{T'_w} + \dfrac{1}{\ddot{U}_i} + \dfrac{1}{L_j + T_F}} + \dfrac{\dfrac{\left(\dfrac{1}{\ddot{U}_e} + \dfrac{1}{T'_w} \right)}{(L_j + T_F)} \cdot \dfrac{J_j}{2}}{\dfrac{1}{\ddot{U}_e} + \dfrac{1}{T'_w} + \dfrac{1}{\ddot{U}_i} + \dfrac{1}{L_j + T_F}} \right]}{\left(1 + \dfrac{\ddot{U}_i}{L_j + T_F + \ddot{U}_i} \right) + \dfrac{\dfrac{J_j}{2}}{L_j + \ddot{U}_i + T_F}} \cdot (1 - \exp(-\beta_j \cdot t)) \tag{18.34}$$

18.3   Modellierung der Feuchtebilanz-Tages- und Jahresgang der Raumluftfeuchte

Das Modell zur Ermittlung der Raumtemperaturen im Kap. 17 lässt sich sinngemäß zur Berechnung des **Wasserdampfdruckes bzw. der relativen Luftfeuchtigkeit der Raumluft** im Jahres- und Tagesgang bei natürlichem Außenklima und beliebiger Raumnutzung in Abhängigkeit der Gebäudeparameter übertragen [9]. Als Beispiel dient wieder der Raum in Abb. 18.3. Die Oberflächen- und Raumlufttemperatur werden zunächst nach den Gln. (18.21), (18.22) und (18.34) berechnet. Analog der Energiebilanzierung (18.18) bis (18.20) werden jetzt die Massenbilanzgleichungen für die Feuchte aufgestellt. Das Feuchtemodell zur Berechnung des Raumklimas ist vergleichsweise einfach, weil durch Transmission kaum Feuchte durch die Umfassungskonstruktion transportiert wird (es sei denn Schlagregen durchdringt das Bauteil) und es auch keine „Feuchtestrahlung" gibt. In Abb. 18.5 werden die analogen Größen p_{De}, p_{se} und ϕ_e für außen und p_{Di}, p_{si} und ϕ_i für innen sowie der Feuchtespeicherstrom **der Raumluft und der Raumumschließungsflächen sowie Einrichtungsgegenständen dm_{SPL}/dt bzw. dm_{SPi}/dt,** der über die Lüftung übertragene Feuchtestrom dm_L/dt, der Feuchteübergangsstrom $dm_{Üi}/dt$ und der Feuchtequellstrom dm_{Qu}/dt eingetragen.

$$\frac{d}{dt}m_{SPL} = C_{LF} \cdot \frac{d}{dt}p_i \quad \text{Gleichung}(18.35)\text{: In der Raumluft gespeicherter Feuchtestrom.} \tag{18.35}$$

$$\frac{d}{dt}m_{SPi} = C_{Fi} \cdot \frac{d}{dt}p_i \quad \begin{array}{l}\text{Gleichung}(18.36)\text{: Von den Raumumschließungsflächen}\\ \text{und den Einrichtungsgegenständen gespeicherter Feuchtestrom.}\end{array} \tag{18.36}$$

$$\frac{d}{dt}m_L = \frac{V_L \cdot n_L}{R_D} \cdot \left(\frac{p_e}{T_e} - \frac{p_i}{T_i}\right) \text{Gleichung}(18.37)\text{:}$$
$$\text{Durch Lüftung übertragener Feuchtestrom.} \tag{18.37}$$

Abb. 18.5   Testraum zur Ermittlung der Raumluftfeuchte

$$\frac{d}{dt}m_{\ddot{U}i} = \ddot{U}_{iF} \cdot (p_{oi} - p_i) \begin{matrix} \text{Gleichung}(18.38): \text{Von der Raumumschließungsfläche} \\ \text{abgegebener und aufgenommener Feuchtestrom.} \end{matrix} \tag{18.38}$$

$$\frac{d}{dt}m_{QU} = m_{ptV} \cdot V_L \begin{matrix} \text{Gleichung}(18.39): \text{Von den inneren} \\ \text{Feuchtequellen abgegebener Feuchtestrom.} \end{matrix} \tag{18.39}$$

Das Energiemodell aus Abschn. 18.2.3 (Gln. (18.18) bis (18.20)) wird für die Formulierung der Feuchteströme sinngemäß übernommen. Es folgen die Gln. (18.40) bis (18.42).

$$0 = 0 \quad \text{Außenoberfläche Feuchtebilanz 1} \tag{18.40}$$

$$C_{LF} \cdot \frac{dp_i}{dt} = \frac{V_L \cdot n_L}{R_D} \cdot \left(\frac{p_e}{T_e} - \frac{p_i}{T_i}\right) + \ddot{U}_{iF} \cdot (p_{oi} - p_i) + m_{ptV} \cdot V_L$$
$$\text{Raumluft Feuchtebilanz 2} \tag{18.41}$$

$$C_{LF} \cdot \frac{dp_{oi}}{dt} = \ddot{U}_{iF} \cdot (p_{oi} - p_i) \quad \text{Innenoberfläche Feuchtebilanz 3} \tag{18.42}$$

Anstelle der Temperaturen fungieren die Wasserdampfdrücke als treibende Potenziale. Die Feuchtebilanzgleichung an der Außenoberfläche ist für die Raumluftfeuchte nicht relevant und kann deshalb entfallen (symbolische Gl. (18.40)). Die Feuchtespeicherfähigkeit der Raumluft C_{LF} in kg/Pa in der Feuchtebilanzgleichung für die Raumluft (18.41) hingegen muss berücksichtigt werden. Sie folgt aus der Gasgleichung zu

$$C_{LF} = \frac{V_L}{R_D \cdot T_i} \tag{18.43}$$

Der Transmissionsterm T entfällt. Analog der spezifischen Lüftungswärmeströme L lauten die spezifischen (jetzt druckbezogenen) Lüftungsfeuchteströme L_{Fi} und L_{Fe} in Gl. (18.41)

$$L_{Fi} = \frac{V_L \cdot n_L}{R_D \cdot T_i} \tag{18.44a}$$

$$L_{Fe} = \frac{V_L \cdot n_L}{R_D \cdot T_e} \tag{18.44b}$$

In den Gln. (18.44) bedeuten $R_D = 462$ Ws/kgK die Gaskonstante für Wasserdampf und n_L die Luftwechselrate. Der Feuchteübertragungswert Raumluft/Raumumschließungsfläche in kg/sPa ergibt sich zu (vergleiche auch Gl. (18.9)).

$$\ddot{U}_{iF} = \sum_{j=1}^{n} 7,9 \cdot 10^{-9} \cdot h_c \cdot A_{Wij} \tag{18.45}$$

Der Feuchtestrom der Quellen $dm_p/dtdV = m_{ptV}$ in kg/m^3h wird komplett (und nicht zur Hälfte) an die Luft abgegeben. In der Feuchtebilanzgleichung für die Raumumschließungs-fläche (18.42) sind die Terme T und S zu streichen. Das Gleiche gilt für den Term J/2, da Feuchte nicht durch Strahlung übertragen wird. Die Feuchtespeicherung **der Raum-umschließungsfläche bzw. der Einrichtungsgegenstände C_{iF} in kg/Pa= ms²** lautet bei einer Sprungbelastung (vergleiche thermischen Gln. (18.27) und (18.28) und Abschn. 5.4.3 in [9]).

$$C_{iF} = \sum_{j=1}^{n} 2 \cdot \sqrt{\frac{t_{sp}}{\pi}} \cdot \sqrt{\rho_W \cdot \frac{\delta_L}{\mu} \cdot \frac{W_h}{p_s}} \cdot A_{Wij} \qquad (18.46)$$

Hierin bedeuten: t_{sp} die Eindringzeit für das hygrische Signal nach einer Erhöhung oder Absenkung der Raumluftfeuchte in die Raumumschließungsfläche, $\rho_W = 10^3$ kg/m^3 Dichte des Wassers, $S_L = 1.85 \cdot 10^{-10}$ s Dampfleitfähigkeit in Luft, μ^{-1} Wasserdampfleitfähigkeit in einem porösen Baustoff, w_h Anstieg der infolge Sorption vom Baustoff gebundenen Feuchte bci cincr Erhöhung der relativen Luftfeuchtigkeit von 40 % auf 80 % in m^3Feuchte/m^3Material, p_s Wasserdampfsättigungsdruck in Pa an der absorbierenden Oberfläche entsprechend der dort herrschenden Temperatur θ_{oi}. und A_{wij} absorbierende Raum-umschließungsfläche bzw. Oberfläche der Einrichtungsgegenstände in m^2. Wird die Bilanzglcichung (18.42) in die Gl. (18.41) eingesetzt, ergibt sich eine einfache Differenzial-gleichung für die Berechnung des Zeitverlaufes des Wasserdampfdruckes p_{oi} an der inne-ren Oberfläche und p_i für dic Raumluft. Die Lösung für den j+1-ten (der hier gewählten insgesamt 8760 Stundenzeitschritte für ein Jahr) Zeitabschnitt lautet (vergleiche auch (18.21) für die Temperatur):

$$p_{oi,j+1} = p_{oi,j} + \left(p_{oi,LIM,j} - p_{oi,j} \right) \cdot \left(1 - \exp\left(-\beta_{Fj} \cdot t \right) \right) \qquad (18.47)$$

Hierin bedeuten $p_{oi,LIM,j}$ der Wasserdampfdruck an der Oberfläche nach unendlich lan-ger Zeit, $p_{oi,j}$ der Druck am Anfang des j-ten Zeitschrittes, p_{oij+1} der Druck am Ende des j+1-ten Zeitschrittes und β_{Fj} die Zeitkonstante für den Feuchteeinstellvorgang innerhalb des j+1-ten Zeitschrittes. Näherungsweise ergibt sich:

$$p_{oi,LIM,j} = p_{e,j} + \frac{m_{ptV} \cdot R_D \cdot T_i}{n_{Lj}} \qquad (18.48)$$

$$\beta_{Fj} = \frac{1}{C_{iF}} \cdot \left[\frac{1}{\dfrac{R_D \cdot T_i}{V_L \cdot n_{Lj}} + \dfrac{1}{\ddot{U}_{iF}}} \right]$$

$$(18.49)$$

Um den Partialdruck des Wasserdampfes der Außenluft zum Zeitpunkt j+1 zu ermitteln, muss noch der Sättigungsdruck in Abhängigkeit von der Außenlufttemperatur berechnet werden (vgl. Gln. (16.29) und (16.30)).

$$p_{se,j} = 610,5 \cdot \left(e^{\frac{17,26 \cdot \theta_{e,j}}{273,3+\theta_{e,j}}} \cdot \Phi\left(\theta_{e,j}\right) + e^{\frac{21,87 \cdot \theta_{e,j}}{265,5+\theta_{e,j}}} \cdot \Phi\left(-\theta_{e,j}-10^{-6}\right) \right) \qquad (18.50)$$

Die hier und in den folgenden Beziehungen verwendete Sprungfunktion Φ ist 1 für positive Argumente und 0 für negative Argumente (nicht verwechseln mit dem Wärmestrom Φ in diesem Abschnitt). Mit den gemessenen Werten der relativen Luftfeuchtigkeit ϕ_{ej} außen folgt daraus der Wasserdampfdruck außen.

$$p_{e,j} = \theta_{e,j} \cdot p_{se,j} \qquad (18.51)$$

Gl. (18.48) entspricht der bekannten Formel (2.10) zur Berechnung der Raumluftfeuchte in Abhängigkeit des Wasserdampfdruckes der Außenluft, der Luftwechselrate und der Feuchtequellen im Raum bei Vernachlässigung der Feuchtespeicherung durch die Raumumschließungsfläche. Die Trägheit des Einstellvorganges β_{iF} wird von der Speicherfähigkeit der Raumluft $V_L n_{Li}/R_D T_i$, der Speicherfähigkeit der Raumumschließungsfläche sowie der Einrichtungsgegenstände C_{iF} und dem Feuchteübergangswiderstand $1/Ü_{iF}$ von der Raumluft zur Innenoberfläche bestimmt. Schließlich lässt sich analog Gl. (18.32) der Wasserdampfdruck der Raumluft ermitteln.

$$p_{i,j+1} = \frac{p_{o,j+1} \cdot Ü_{iF} + p(j) \cdot \dfrac{V1 \cdot n_L(j)}{R_D \cdot T_i} \cdot \dfrac{1}{3600}}{\dfrac{V1 \cdot n_L(j)}{R_D \cdot T_i} \cdot \dfrac{1}{3600} + Ü_{iF}} \qquad (18.52)$$

Aus dem Wasserdampfdruck (18.52) und dem Sättigungsdruck (18.50) im Raum folgt schließlich die zweite wichtige Komponente des Raumklimas, die relative Luftfeuchte (18.53) innen zum Zeitpunkt j+1.

$$\phi_{i,j+1} = \frac{p_{i,j+1}}{p_{si,j+1}} \qquad (18.53)$$

Damit ist das Problem gelöst. Aus den Werten für die Raumlufttemperatur und Raumluftfeuchte **zum Zeitpunkt j können die Werte mittels einfacher Schleife für den Zeitpunkt j+1 (hier eine Stunde später) berechnet werden.** Eine Iteration ist nicht erforderlich. Die Lüftung n(j) kann manuell oder außen- bzw. **raumklimagesteuert** eingegeben werden. Die Intensität der inneren Feuchtequellen richten sich nach der Raumnutzung. Im folgenden Abschn. 18.4 werden alle Details dieses Modells anhand eines Archivraumes einer Bibliothek mit wärme- und feuchtspeichernden Büchern exemplarisch dargestellt.

18.4   Beispielrechnung für einen wärme- und feuchteträgen Archivraum

Für einen Archivraum (Grundfläche An = 200 m², Raumhöhe h = 3 m) mit hoher wärme- und feuchtespeichernder Bauwerks- und Büchermasse im Zwischengeschoss eines Gebäudes mit re relativ kleinem Westfenster Af = 5 m² (Af/An = 5/200) sind die Stundenwerte für die Raum-lufttemperatur und der relativen Luftfeuchtigkeit für ein Jahr bei gegebener Raumnutzung und gegebenem Außenklima zu berechnen (Abb. 18.6).

18.4.1 Raum und Bauteilparameter: Speicherwirksame Massen und spezifische Transmissionswärmeströme

Das besprochene Modell wird zur Realisierung der einzelnen Rechenvorgänge der Einfachheit halber in MATHCAD [13] implementiert. Die zur Ermittlung des Raumklimas erforderlichen Größen werden in der Reihenfolge des übersichtlich algorithmierten Rechengangs eingegeben. Als Außenklima dient das im Abschnitt 1 besprochene Klimafile von Dresden aus dem Jahre 1997, wobei jetzt lediglich die Außenlufttemperatur, die kurz- und langwellige Strahlung sowie die relative Luftfeuchte der Außenluft relevant sind. Die Raumnutzung, Heizung und Lüftung w erden im Laufe der Beispielrechnung besprochen und quantifiziert. **Es soll eine möglichst konstante Raumlufttemperatur und Raumluftfeuchte bei geringstem technischen Aufwand (ohne aufwendige Klimatisierung) also hauptsächlich durch bauliche Maßnahmen realisiert werden.**

Abb. 18.6 Schematische Darstellung des Archivraumes zur Berechnung der Raumtemperaturen und der Raumluftfeuchte

Wärmeübergangswerte in W/m²K und Wärmeübergangswiderstände in m²/KW an der Innen-und Außenoberfläche der Bauteile

Eingabewerte	Wärmeübergangswerte an der Innen-und Außenoberfläche			
	$\alpha i := 7,5$	$\alpha ic := 2,2$	$\alpha e := 14$	in W/m²K
Berechnete Werte	Wärmeübergangswiderstände an der Innen-und Außenoberfläche			
	$Ri := \dfrac{1}{\alpha i}$	$Re := \dfrac{1}{\alpha e}$		
	$Ri = 0,133$	$Re = 0,071$	in m²K/W	

Flächen in m², Dichten in kg/m³ und spezifische Wärmedurchgangswerte der Außenwände (hier nur Westwand belegt) in W/m²K

Eingabewerte	Fläche in m²	Dichte in kg/m³	U-Wert in W/m²K	Absorptions koeffizient
Süd	$Awe1 := 0$	$\rho we1 := 1000$	$kwe1 := 0,5$	$aw1 := 0,6$
West	$Awe2 := 25$	$Pwe2 := 2100$	$kwe2 := 0,3$	$aw2 := 0,6$
Nord	$Awe3 := 0$	$\rho we3 := 1400$	$kwe3 := 0,4$	$aw3 := 0,3$
Ost	$Awe4 := 0$	$\rho we4 := 1000$	$kwe4 := 0,5$	$aw4 := 0,5$

Berechnete Werte	U'-Werte nur für das Bauteil, ohne Übergangswiderstände in W/m²K	
	$kwe1' := \dfrac{kwe1}{1-(Ri+Re)\cdot kwe1}$	$kwe1' = 0,557$
	$kwe2' := \dfrac{kwe2}{1-(Ri+Re)\cdot kwe2}$	$kwe2' = 0,320$
	$kwe3' := \dfrac{kwe3}{1-(Ri+Re)\cdot kwe3}$	$kwe3' = 0,436$
	$kwe4' := \dfrac{kwe4}{1-(Ri+Re)\cdot kwe4}$	$kwe4' = 0,557$

Flächen in m², Dichten in kg/m³ und spezifische Wärmedurchgangswerte der Dächer (im Zwischengeschoss keine Dachflächen) in W/m²K

Eingabewerte	Fläche in m²	Dichte in kg/m³	U-Wert in W/m²K	Absorptions koeffizient
Horizontal	$Ad1 := 0$	$\rho d1 := 2000$	$kd1 := 0,44$	$ad1 := 0,8$
Horizontal	$Ad2 := 0$	$\rho d2 := 1500$	$kd2 := 0,3$	$ad2 := 0,8$
Berechnete Werte	U'-Werte nur für das Bauteil, ohne Übergangswiderstände in W/m²K			
	$kd1' := \dfrac{kd1}{1-(Ri+Re)\cdot kd1}$			$kd1' = 0,484$

$$kd2' := \frac{kd2}{1 - (Ri + Re) \cdot kd2} \qquad\qquad kd2' = 0{,}320$$

Flächen in m^2 und Gesamtdurchlassgrad der Fenster in 1 (hier nur Westfenster)

Berechnete Werte	Gesamtdurchlassgrad aus Verschattungsgrad, Glasdurchlasskoeffizient und Rahmenfaktor	
	$sf1 := z1\ g1\ fr1$	$sf\ 1 = 0{,}193$
	$sf2 := z2\ g2\ fr2$	$sf2 = 0{,}193$
	$sf3 := z3\ g3\ fr3$	$sf3 = 0{,}193$
	$sf4 := z4\ g4\ fr4$	$sf4 = 0{,}117$
	$sf5 := z5\ g5\ fr5$	$sf5 = 0{,}070$

Flächen in m^2 und Dichten in kg/m^3 der Innenbauteilen, Volumen in m^3

Eingabewerte	Fläche in m^2	Dichte in kg/m^3	Volumen in m^3
Innenwände	$Awi1 := 60$	$\rho wi1 := 1600$	$VI := 600$
	$Awi2 := 25$	$\rho wi2 := 2100$	
	$Awi3 := 60$	$\rho wi3 := 1600$	
	$Awi4 := 30$	$\rho wi4 :- 1600$	
Decke	$Ade := 200$	$\rho de := 1400$	
Fußboden	$An := 200$	$\rho n := 1400$	
Berechnete Werte	Innere Raumumschließungsfläche in m^2		
	$Aoi := Awi1 + Awi2 + Awi3 + Awi4 + Af2 + Ad1 + Ad2 + Ade + An$		
	$Aoi = 580.000$		

Wärmespeicherwirksame Bauwerksmasse in kg

Eingabewerte	Eindringtiefe des thermischen Signals in m, Speicherzeit in s, Wärmeleitfähigkeit in W/mK, Dichte in kg/m^3, Spezifische Wärmekapazität in Ws/kgK,				
	$t_{sp} := 3600 \cdot 10 \cdot 24$	$\lambda := 0{,}7$	$\rho := 1500$	$c := 1000$	Bücher $cB := 900$
Berechnete Werte	Eindringtiefe des thermischen Signals				
			$x_E := \sqrt{\dfrac{t_{sp}}{\pi}} \cdot \sqrt{\dfrac{\lambda}{\rho \cdot c}}$		
			$x_E = 0{,}358$		
	Speicherwirksame Masse der einzelnen Raumumschließungsflächen in kg, der Einrichtungsgegenstände (Bücher) in kg und Gesamtwärmekapazität in Ws/K				
	$mwi := 0{,}18 \cdot (Awi1 \cdot \rho wi1 + Awi2 \cdot \rho wi2 + Awi3 \cdot \rho wi3 + Awi4 \cdot \rho wi4)$		$mwi = 5265 \times 10^4$		

mwe := 0,18·(Awe1·ρwe1 + Awe2·ρwe2 + Awe3·ρwe3 + Awe4·ρwe4)	mwe = 9450 × 10^3
mde := 0,18 Ade·ρde	mde = 5040 × 10^4
mn := 0,18 An·ρn	mn = 5040 × 10^4
mB := 6 · 10^4	mB = 6000 × 10^4
mi := mwi + mwe + mde + mn + mB	mi = 2229 × 10^5
Ci := c·(mwi + mwe + mde + mn) + cB·mB	Ci = 2169 × 10^8
Ce := c·mwe	Ce = 9450 × 10^6
	$\dfrac{mi + mwe}{An} = 1162 \times 10^3$

Spezifische Transmissionswärmeströme durch die opaken Außenbauwerksteile (ohne Wärmeübergänge, hier nur Westwand) und die Fenster (mit Wärmeübergängen, hier nur Westfenster) in W/K

Berechnete Werte	Spezifische Transmissionswärmeströme für Außenbauteile und Fenster	T'$_W$ und T$_F$ in W/K
T'w := kdr'·Ad1 + kd2'·Ad2 + kwe1'·Awe1 + kwe2'·Awe2 + kwe3'·Awe3 + kwe4'·Awe4	T'$_W$ = 7991
Tf := kf1·Af1 + kf2·Af2 + kf3·Af3 + kf4·Af4	T$_f$ = 9000

Spezifische Übergangswärmeströme an den äußeren und inneren opaken Bauteiloberflächen in W/K

Berechnete Werte	Spezifische Übergangswärmestrome Ü$_i$ und Ü$_e$ in W/K	
Üi := αic·Aoi nur konvektiver Übergang an der raumseitigen Oberfläche	Üi = 1.276 × 10^3
Üe := αe·(Ad1 + Ad2 + Awe1 + Awe2 + Awe3 + Awe4)	Üe = 350.000

18.4.2 Außenklimatische Belastung des Raumes

Die Tab. 18.1 stellt die gleiche Klimamatrix KD für Dresden wie in Tab. 16.1a, jetzt aber für den Tag 101 im Jahre 1997 dar. Die Zeilen 1 bis 24 repräsentieren die Stunden 2424 bis 2448 Die Bedeutung der Spalten 1 bis 7 ist ebenfalls noch einmal aufgeführt (Tab. 18.1)

In den Abb. 18.7, 18.8, 18.9 und 18.10 sind die Außenlufttemperatur, die relative Luftfeuchtigkeit sowie die direkte und diffuse kurzwellige Strahlung für Dresden für 1997 dargestellt. Auf der Zeitachse sind die Tage am Monatsende (äquidistant) markiert.

Die Raumlufttemperatur wird maßgeblich vom Strahlungswärmestrom durch die Fenster und dem indirekt über die opaken Bauteilen in den Raum eindringenden Strahlungswärmestrom beeinflusst. Der direkte Strahlungswärmestrom auf eine beliebig geneigte α

und eine beliebig orientierte β Bauteilfläche (Abb. 16.19) lässt sich aus der Strahlungswärmestromdichte auf die Horizontalfläche (Spalte 3 in Tab. 16.1 und Abb. 18.9) multipliziert mit der Winkelhilfsfunktion B(t,α,β) (Gln. (16.19) und (16.20)) ermitteln. Die diffuse Strahlung wird vereinfacht nur in Abhängigkeit von α dargestellt (Gl. (16.21)). Die

Tab. 18.1 Klimamatrix für den Tag 101 (Stunden 2424 bis 2448, vgl. Tab. 16.1a) im Jahr 1997 für Dresden

KD =		0	1	2	3	4	5	6	7
	2424	242,00	3,35	75,61	0,00	0,00	0,00	8,30	262,60
	2425	242,00	3,16	79,75	0,00	0,00	0,00	7,10	274,40
	2426	242,00	3,53	76,32	0,00	0,00	0,00	8,00	276,90
	2427	242,00	2,94	76,48	0,00	0,00	0,00	7,20	269,50
	2428	242,00	2,60	79,54	0,00	0,00	0,00	7,90	281,70
	2429	242,00	2,53	83,45	0,00	0,00	0,00	6,70	267,10
	2430	243,00	2,80	83,58	0,00	0,00	0,00	6,20	271,60
	2431	243,00	3,05	82,59	4,53	45,78	0,00	5,80	270,10
	2432	243,00	3,32	80,98	10,27	101,00	0,10	8,30	271,30
	2433	243,00	3,72	78,99	16,29	141,10	0,20	8,80	276,60
	2434	243,00	3,94	78,47	10,60	113,10	0,70	11,10	284,20
	2435	243,00	4,78	75,55	324,10	183,40	0,10	10,40	277,70
	2436	243,00	5,88	61,30	171,10	201,40	0,00	9,00	292,90
	2437	243,00	5,62	69,64	132,50	221,40	0,00	7,60	278,70
	2438	243,00	6,92	62,38	284,90	260,10	0,00	8,40	278,80
	2439	243,00	6,71	61,66	9,03	96,59	0,00	8,60	300,00
	2440	244,00	5,30	74,03	36,23	105,40	0,00	7,30	302,30
	2441	244,00	5,35	76,41	9,83	73,28	0,00	6,00	296,20
	2442	244,00	5,34	75,40	18,82	44,34	0,00	5,30	12,00
	2443	244,00	3,21	82,71	0,31	8,36	0,00	1,90	7,70
	2444	244,00	2,64	83,48	0,42	0,08	0,00	0,30	312,10
	2445	244,00	2,06	87,19	0,00	0,00	0,00	0,00	299,70
	2446	244,00	1,74	91,06	0,00	0,00	0,00	0,50	320,80
	2447	244,00	1,50	88,17	0,00	0,00	0,00	0,50	9,20
	2448	244,00	1,16	84,40	0,00	0,00	0,00	0,20	315,10

0 Zeit in h
1 Außenlufttemperatur in °C
2 Relative Luftfeuchtigkeit in %
3 Direkte Strahlung in W/m²
4 Diffuse Strahlung in W/m²
5 Niederschlag in m³/m²h
6 Windgeschwindigkeit in m/s
7 Windrichtung in °

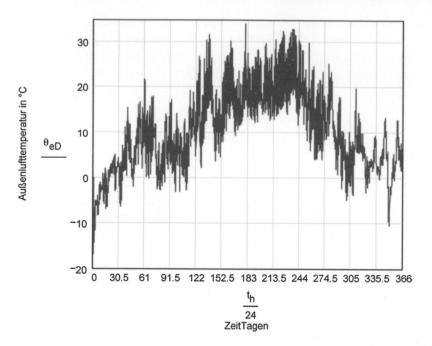

Abb. 18.7 Tagesgang der Außenlufttemperatur in Dresden, gemessen 1997, vergleiche Abb. 16.2 und 16.5

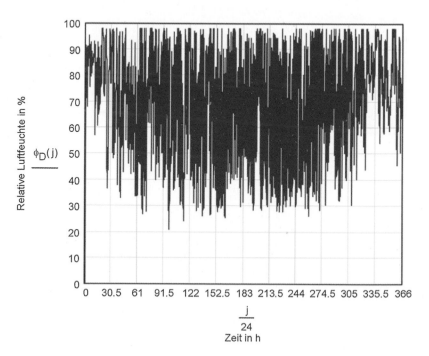

Abb. 18.8 Jahresgang der relativen Luftfeuchtigkeit in Dresden, gemessen 1997, vergleiche Abb. 16.57

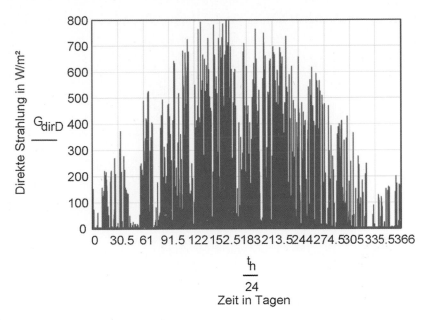

Abb. 18.9 Tagesgang der direkten Strahlung in Dresden, gemessen 1997, vergleiche Abb. 16.14a

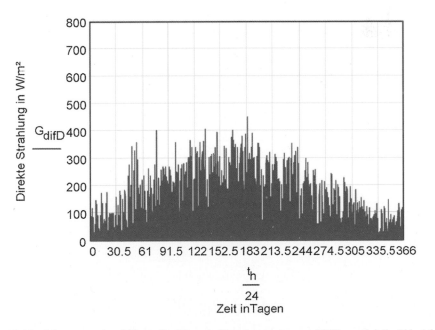

Abb. 18.10 Jahresgang der diffusen Strahlung in Dresden, gemessen 1997, vergleiche Abb. 16.14b

Berechnung der Außenklimabelastung für das Beispiel (Westwand mit Fenster) wird im Folgenden skizziert.

Vertikale Westwand

$$\alpha := \frac{\pi}{2} \qquad \beta := \frac{3}{2} \cdot \pi$$

Deklinationswinkel der Sonne δ(t), Gl. (16.15), χ Breitengrad des Gebäudestandortes

$$j := 1, 2 .. 8756$$

$$t(j) := \frac{1}{24} \cdot j$$

$$\chi := \frac{52}{180} \cdot \pi \quad T_d := 1 \quad T_a := 365 \quad t_a := 10$$

$$\delta(j) := \frac{23{,}5}{180} \cdot \pi \cdot \sin\left[\frac{2 \cdot \pi}{T_a} \cdot \left(t(j) + t_a + \frac{T_a}{4}\right)\right]$$

Höhenwinkel der Sonne h(t), Gl. (16.14)

$$h1(j) := a\sin\left[\sin(\chi) \cdot \sin(\delta(j)) \cdot (1) - \cos(\chi) \cdot \cos(\delta(j)) \cdot 1\right]$$

$$h(j) := a\sin\left[\sin(\chi) \cdot \sin(\delta(j)) - \cos(\chi) \cdot \cos(\delta(j)) \cdot \cos\left(\frac{2 \cdot \pi}{T_d} \cdot t(j)\right)\right]$$

$$h3(j) := h(j) \cdot \Phi(h(j))$$

Azimutwinkel der Sonne a(t), Gl. (16.16)

$$a(j) := a\sin\left(\frac{\cos(\delta(j))}{\cos(h(j))} \cdot \sin\left(\frac{\pi \cdot 2}{T_d} \cdot t(j)\right)\right)$$

$$A(j) := \frac{\cos(\delta(j))}{\cos(h(j))} \cdot \sin\left(\frac{\pi \cdot 2}{T_d} \cdot t(j)\right) \qquad A1(j) := -A(j)\,\text{signum}\left(\frac{A(j+1) - A(j)}{\frac{1}{1}}\right)$$

Sonnenscheindauer- bzw., Tageslängenfunktion D(t), Gl. (16.8)

$$D(j) := \Phi\big((h(j))\big)$$

Winkelhilfsfunktion $B(t,\alpha,\beta)$ mit der die direkte Strahlungswärmestromdichte auf eine Horizontalfläche multipliziert werden muss, um die Belastung auf eine beliebig orientierte β und geneigte α Bauteilfläche zu berechnen., Gl. (16.18)

$$B1(j,\beta) := \frac{\sqrt{1-\left(A1(j)\right)^2}\cdot\cos(\beta)\cdot\mathrm{signum}\left(\dfrac{A(j+1)-A(j)}{\dfrac{1}{1}}\right)+A(j)\cdot\sin(\beta)}{\tan\left(h(j)\right)}\cdot D(j)$$

Eigenverschattungsfunktion $S_E(t,\alpha,\beta)$, Gl. (16.19)

$$S2(j,\beta) := \Phi\left(\cos(\alpha)+\sin(\alpha)\cdot B1(j,\beta)\right).$$

Daraus lässt sich die direkte Strahlungswärmestromdichte auf eine beliebig geneigte α und beliebig orientierte β Bauteilfläche in W/m² berechnen, Gl. (16.20).

$$G_{\alpha\beta}(j,\beta) := G_{dir}(j)\cdot\left[\left(\cos(\alpha)\right)+\left[\sin(\alpha)\cdot B1(j,\beta)\right]\right]\cdot\left(D(j)\cdot S2(j,\beta)\right).$$

Für die Gesamtstrahlungswärmestromdichte in W/m² auf eine beliebig geneigte α und beliebig orientierte β Bauteilfläche ergibt sich Gl. (16.21)

$$G_R(j,\beta) := G_{dif}(j)\cdot\left(0{,}65+0{,}35\cdot\cos(\alpha)^3\right)+G_{\alpha\beta}(j,\beta)$$

$$G_R(j,\beta) := \left[\begin{array}{c}G_{dif}(j)\cdot\left(0{,}65+0{,}35\cdot\cos(\alpha)^3\right)\\+G_{\alpha\beta}(j,\beta)\end{array}\right]\cdot\Phi\left[\begin{array}{c}G_{dif}(j)\cdot\left(0{,}65+0{,}35\cdot\cos(\alpha)^3\right)\\+G_{\alpha\beta}(j,\beta)\end{array}\right]$$

Entsprechend des strahlungsangepassten Jahresverlaufs der Fensterverschattung wird für den Gesamtdurchlassgrad des Fensters angesetzt.

$$sf2(j) := 0{,}6\cdot\left[1-0{,}85\sin\left[\frac{1\cdot\pi}{T_a\cdot 24}\cdot(j+20)\right]^3\right].$$

Strahlungswärmestromdichte durch das Westfenster in W (Abb. 18.11 und 18.12)

$$Sf(j,\beta) := sf2(j)\cdot Af2\cdot G_R(j,\beta).$$

Von der opaken Westwand wird folgender Gesamtwärmestrom in W absorbiert (davon wird ein Teil durch die Außenwand nach innen geleitet und ein Teil in die Umgebung abgegeben) (Abb. 18.13 und 18.14).

$$Sw(j,\beta) := aw2(j) \cdot Awe2 \cdot G_R(j,\beta).$$

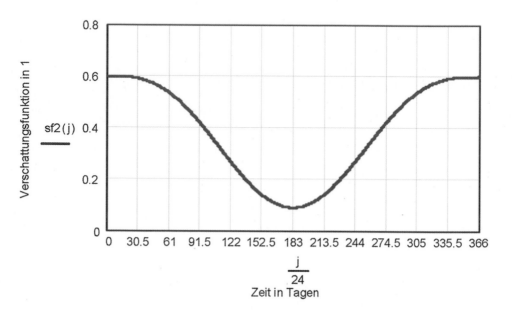

Abb. 18.11 Jahresverlauf der Verschattung

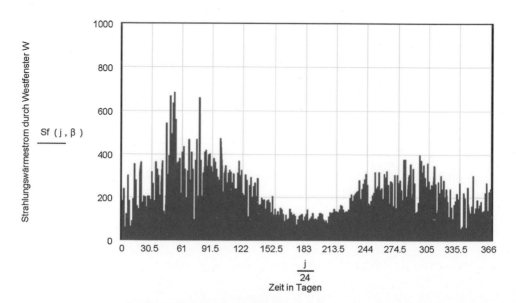

Abb. 18.12 Strahlungswärmestrom durch das Fenster

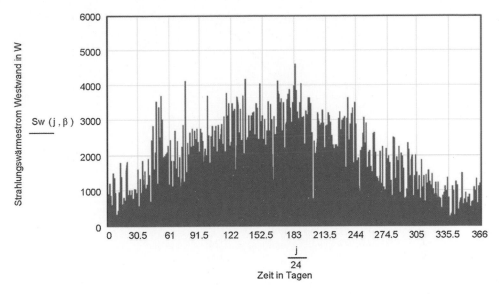

Abb. 18.13 Jahresgang der Belastung der Westwand $S_W(j,\beta)$ in W

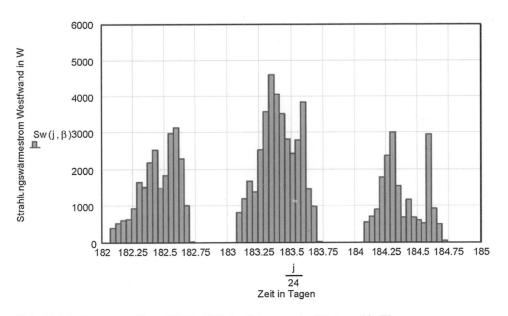

Abb. 18.14 Tagesgang (Tage 182 bis 185) der Belastung der Westwand in W

Der Jahresgang des über die Fenster bei freier Lüftung oder mittels mechanischer Lüftung ausgetauschten Lüftungswärmestromes in W/K bzw. die Luftwechselrate in 1/h wird näherungsweise dem Gang der Außenlufttemperatur angepasst. Die Luftwechselrate im Jahresgang ist eher gering, Abb. 18.15 und 18.16.

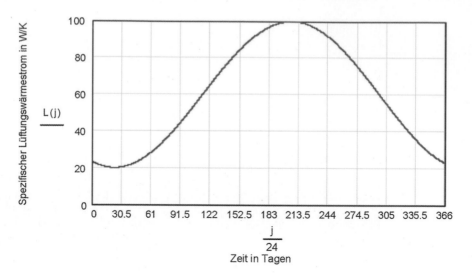

Abb. 18.15 Jahresgang des spezifischen Lüftungswärmestromes in W/K

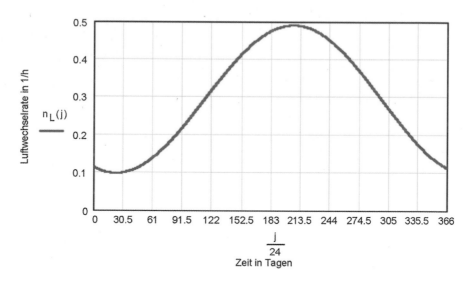

Abb. 18.16 Jahresgang der Luftwechselrate in 1/h

$$L(j) := 20 + 80 \cdot \cos\left[\frac{1 \cdot \pi}{T_a} \cdot \left(\frac{j}{24} + 160\right)\right]^2 \qquad n_L(j) := \frac{L(j)}{VI \cdot 0{,}34}$$

18.4.3 Berechnung der Raumtemperaturen

Nach diesen Vorarbeiten können jetzt die innere Oberflächentemperatur und die Raumluft-temperatur nach den Kerngleichungen (18.21), (18.22) und (18.34) berechnet werden. (Aus internen symboltechnischen Gründen von MATHCAD werden hier für diese beiden Temperaturen das Symbol T statt θ und für den Einstellkoeffizienten b statt β verwendet.) Zuvor wird noch eine Beziehung für die raumklimagesteuerte Heizleistung (bei Unter-schreitung einer vorgegebenen Raumlufttemperatur, hier 20,5 °C, springt die Heizung an) eingebaut.

$$I(j) := k \cdot \left(Tio - Ti_j\right) \cdot \Phi\left(Tio - Ti_j\right).$$

Setzt man I(j) als „innere Wärmequellen" (k = 2100 W/K Parameter für die Heizkenn-linie, T_{i1} = 20,5 °C Regelgrenztemperatur für die Raumluft, T_{i0} = 21 °C Anfangstemperatur der Raumluft zu Jahresbeginn) in die Gl. (18.34) ein, ergibt sich die Raumlufttemperatur Ti_{j+1} zum Zeitpunkt (Stunde) j+1 bei gegebener Raumlufttemperatur Ti_j zum Zeitpunkt (Stunde) j.

$$k := 2100 \qquad Tio := 21 \qquad Ti_1 := 20{,}5$$

$$Ti_{j+1} := Ti_j + \left[\theta(j) - Ti_j + \frac{\dfrac{\left(\dfrac{Sf(j,\beta)}{\ddot{U}e} + \dfrac{Sf(j,\beta)}{T'w} + \dfrac{Sw(j,\beta)}{\ddot{U}e}\right)}{\left(L(j) + Tf\right)}}{\dfrac{1}{\ddot{U}e} + \dfrac{1}{T'w} + \dfrac{1}{\ddot{U}i} + \dfrac{1}{L(j) + Tf}} \right. \\
+ \frac{\dfrac{\left(\dfrac{1}{\ddot{U}e} + \dfrac{1}{T'w}\right)}{\left(L(j) + Tf\right)} \dfrac{k \cdot \left(Tio - Ti_j\right) \cdot \Phi\left(Tio - Ti_j\right)}{2}}{\dfrac{1}{\ddot{U}e} + \dfrac{1}{T'w} + \dfrac{1}{\ddot{U}i} + \dfrac{1}{L(j) + Tf}} \\
\left. + \frac{\dfrac{k \cdot \left(Tio - Ti_j\right) \cdot \Phi\left(Tio - Ti_j\right)}{2}}{L(j) + \ddot{U}i + Tf}\right] \cdot \left(1 - \exp\left(-b(j)t_1\right)\right)$$

Zuvor muss noch der Einstellkoeffizient b bzw. die Einstellzeit t ermittelt werden.

$$El(j) := \frac{\ddot{U}i}{Ci \cdot (L(j) + Tf)} \cdot \left(\frac{1}{\frac{1}{\ddot{U}i} + \frac{1}{L(j) + Tf}} \right) - \frac{(T'w + \ddot{U}e)}{Ce} - \frac{(T'w + \ddot{U}i)}{Ci}$$

$$Bl(j) := -\frac{(T'w + \ddot{U}e)}{Ce \cdot Ci} \cdot \left(\frac{1}{\frac{1}{\ddot{U}i} + \frac{1}{L(j) + Tf}} + \frac{1}{\frac{1}{T'w} + \frac{1}{\ddot{U}e}} \right)$$

$$b(j) := -\frac{El(j)}{2} - \sqrt{\left(\frac{El(j)}{2}\right)^2 + Bl(j)} \qquad \tau(j) := \frac{3}{b(j) \cdot 3600} \qquad t_1 := 3600$$

Abb. 18.17 zeigt den Verlauf der wie beabsichtigt stark geglätteten Raumlufttemperatur Ti_{j+1} im Vergleich zur Außenlufttemperatur $\theta(j)$. Die Raumlufttemperatur schwankt zwischen 20 °C und 23 °C, wobei sich der sommerliche Spitzenwert durch eine feinere Regelung der Lüftung noch etwas dämpfen ließe. **In Räumen mit guter Wärmedämmung, hoher speicherwirksamen Bauwerksmasse, kleiner Fensterfläche und guter Außenverschattung kann in Mitteleuropa mit einer regelbaren Heizung und Lüftung ein**

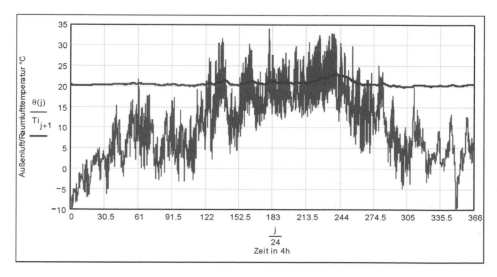

Abb. 18.17 Jahresgang der Raumlufttemperatur für den betrachteten Archivraum im Vergleich zur Außenlufttemperatur (stark schwankende Kurve, siehe auch Abb. 18.7)

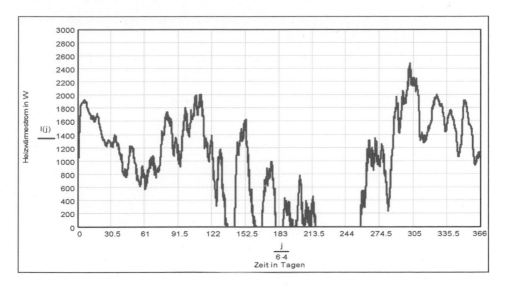

Abb. 18.18 Jahresgang der raumluftgesteuerten Heizleistung für den betrachteten Archivraum

stabiles thermisches Raumklima ohne Klimatisierung erzielt werden. (siehe auch [3, 4, 9]).

Setzt man die Raumlufttemperatur Tij in die Gleichung für die Heizleistung ein, ergibt sich der Verlauf für die erforderliche Heizleistung nach, Abb. 18.18.

$$I(j) := k \cdot \left(Tio - Ti_j \right) \cdot \Phi \left(Tio - Ti_j \right).$$

Der spezifische mittlere Heizwärmeverbrauch q_m beträgt 42,4 kWh/m^2

$$I_{Hm} := \frac{1}{8756} \cdot \sum_{j=1}^{8756} I(j) \qquad I_{Hm} = 968.542 \qquad q_m := \frac{I_{Hm}}{A_n} \cdot T_a \cdot 24 \qquad q_m = 42422,139$$

18.4.4 Berechnung der relativen Luftfeuchtigkeit im Raum

Zunächst wird der Wasserdampfsättigungsdruck in Pa innen und außen aus den jeweiligen Temperaturen berechnet.

$$p_{si}(j) := 610,5 \cdot \left(e^{\frac{17,26 \cdot Ti_{j+1}}{237,3 + Ti_{j+1}}} \cdot \Phi\left(Ti_{j+1}\right) + e^{\frac{21,87 \cdot Ti_{j+1}}{265,5 + Ti_{j+1}}} \cdot \Phi\left(-Ti_{j+1} - 10^{-6}\right) \right)$$

$$p_{si}(j) := 610,5 \cdot \left(e^{\frac{17,26 \cdot \theta(j)}{237,3 + \theta(j)}} \cdot \Phi\left(\theta(j)\right) + e^{\frac{21,87 \cdot \theta(j)}{265,5 + \theta(j)}} \cdot \Phi\left(-\theta(j) - 10^{-6}\right) \right)$$

Aus der gemessenen Luftfeuchte außen und dem Sättigungsdruck außen folgt der tatsächliche Wasserdampfdruck in Pa außen.

$$p(j) := p_{se}(j) \cdot \phi(j) \cdot 0,01$$

Die folgende Zusammenstellung enthält die Eingabedaten zur Berechnung der relativen Luftfeuchte. Hierin bedeuten: δ_L Wasserdampfleitfähigkeit in Luft in s, μ Dampfdiffusionskoeffizient im Baustoff in 1, w_h Hygroskopizität des Baustoffs in m³/m³, ρ_w Dichte des Wassers in kg/m³, h_{ic} konvektiver Wärmeübergangskoeffizient in W/m²K, b_0 Umrechnungskoeffizient vom thermischen in den hygrischen spezifischen Übergangs wert in (kgK)/(WsPa), R_D Gaskonstante für Wasserdampf in Ws/kgK, A_{Oi} innere feuchtespeichernde Raumumschließungsfläche in m², V_1 Volumen des Beispielraumes in m³, t_{sp} Speicher- bzw. Eindringzeit für das hygrische Signal in s, t_1 Zeitschritt zwischen j und j+1 in s, p_s Sättigungsdruck hier bei 293 K in Pa, T_i absolute Temperatur in K, p_{0j} Wasserdampfdruck an der inneren Oberfläche zur Startzeit j = 0, m_{ptv} Feuchteproduktionsrate der Feuchtequellen in kg/m³h, n_L Luftwechselrate in 1/h.

$\delta L :=$ 1,85 · 10⁻¹⁰	hiC := 2,2	AoiB := 16000	$T_{sp} :=$ 24 · 3600 · 10	$P_S := 2336$	$m_{ptv}(j) := 0,0005$
$\mu := 5$	bo := 79 · 10⁻⁹	VI := 600	$t_1 := 3600$	$T_i := 293$	$n_L(j) := \dfrac{L(j)}{VI \cdot 0,34}$
$w_h := 0,08$	RD := 462			$po_j :=$ 1330	
$\rho_w := 1000$					

Die Berechnungsformeln für die Raumluftfeuchte entsprechend Abschn. 18.3 lauten Feuchtekapazität C_{iF} der Raum umschließungsfläche und der Einrichtungsgegenstände (hier Bücher) in kg/Pa = s²m

$$C_{iF} := \frac{1}{2} \cdot \sqrt{\frac{t_{sp}}{\pi}} \cdot \sqrt{\frac{\delta_L}{\mu} \cdot \rho_w \cdot \frac{w_h}{p_s}} \cdot AoiB$$

$$C_{iF} = 4.723$$

Feuchteübergangswert $\ddot{U}_{iF}$ in kg/sPa = sm	$\ddot{U}_{iF} := bo \cdot hic \cdot AoiB$
	$\ddot{U}_{iF} = 2781 \times 10^{-4}$
Wasserdampfdruck p in der Außenluft in Pa	$p(j) := p_{se}(j) \cdot \phi(j) \cdot 0,01$
Hygrischer Einstellkoeffizient β_F in 1/s bzw. hygrische Einstellzeit τF in h für die Oberflächenfeuchte an den Innenbauteilen	$\beta_F(j) := \dfrac{\dfrac{1}{C_{iF}}}{\dfrac{R_D \cdot T_i}{VI \cdot n_L(j)} \cdot 3600 + \dfrac{1}{\ddot{U}_{iF}}}$ $\tau_F(j) := \dfrac{3}{\beta_F(j) \cdot 3600}$

Wasserdampfdruck p_o an der inneren Bauteiloberfläche in Pa	$po_{j+1} := po_j + \left(\dfrac{p_{De}(j) \cdot \dfrac{Ti_{j+1} + 273}{\theta(j) + 273}}{} + \dfrac{m_{ptV}(j) \cdot R_D \cdot T_i}{n_L(j)} - po_j \right) \cdot \left(1 - \exp\left(-\beta_F(j) \cdot t_1\right)\right)$
Wasserdampfdruck p_i der Raumluft in Pa	$pi_{j+1} := \dfrac{po_{j+1} \cdot \ddot{U}_{iF} + p(j) \cdot \dfrac{VI \cdot n_L(j)}{R_D \cdot T_i} \dfrac{1}{3600}}{\dfrac{VI \cdot n_L(j)}{R_D \cdot T_i} \dfrac{1}{3600} + \ddot{U}_{iF}}$
Luftfeuchte ϕ_i der Raumluft in 1	$\phi_i\left(j, m_{ptV}\right) := \dfrac{pi_{j+1}}{p_{si}(j)}$

In Abb. 18.19 ist der Verlauf der relativen Luftfeuchte im Raum im Vergleich zur Außenluftfeuchte dargestellt. **Auch die** Raumluftfeuchte **lässt sich im Sinne der Baukli-matik durch die hohe hygrische Speichermasse (hier Bücher) ohne Klimatisierung glätten.** Ohne Bücher würde die Luftfeuchte zwischen 38 % und 74 % schwanken. Die etwas höheren Werte im Herbst können durch eine geringfügig höhere Heizung gedämpft werden.

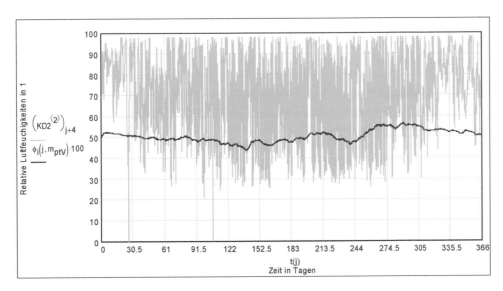

Abb. 18.19 Jahresgang der Raumluftfeuchte (dunkelgrau) für den betrachteten Archivraum im Vergleich zur Außenluftfeuchte (hellgrau)

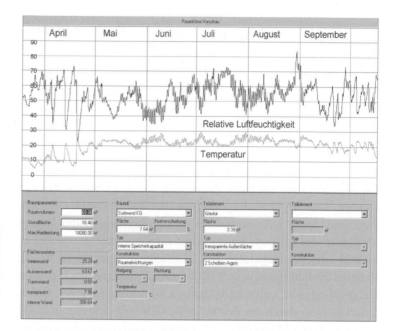

Abb. 18.20 Eingabedialogfenster für die Raumdaten (Testhaus Abschn. 18.5.2)

Außenklima beaufschlagt. Neben dem transmittiven Wärmedurchgang dringt Solarstrahlung entsprechend dem vorgegebenen Durchlassgrad in den Raum ein. **Innenoberfläche:** Das Bauteil wird als Wärme- und Feuchtespeicher berücksichtigt, wobei nur die Innenseite entsprechend der Eindringtiefe des thermischen und hygrischen Signals als aktive Fläche behandelt wird. **Interne Speicherkapazität:** Der wärme- und feuchtespeichernde Einrichtungsgegenstand wird ebenfalls entsprechend der Eindringtiefe berücksichtigt. Für die Einstellung der **Orientierung einer Außenfläche** kann (ohne Beschränkung der Allgemeinheit) aus 5 verschiedenen Neigungen gegen die Horizontale (0°, 30°, 45°, 60°, 90°) und 8 Himmelsrichtungen (Nord, Süd, Ost, West, Nordost, Nordwest, Südost, Südwest) ausgewählt werden. Der Festverschattungswert ermöglicht es, die auf eine Außenfläche auftreffende Solarstrahlung um einen festen Wert zu vermindern, um Einflüsse von Fremdverschattungen (z. B.: Nachbarbebauung, Baumbewuchs, Sonnensegel) bei Bedarf zu berücksichtigen. Variable Fensterverschattungen werden von CLIMT gesondert behandelt und sind nicht im Festverschattungswert enthalten. Nach jeder Änderung in der Raumdefinition berechnet CLIMT den Jahresverlauf des Innenklimas neu und zeigt Temperatur und relative Feuchte in einer Vorschaugrafik (Abb. 18.21) an. Dadurch kann der Benutzer die Auswirkung seiner Eingaben sofort abschätzen.

Bauteilkonstruktionsbeschreibungen

Opake Bauteile: Opake Bauteile werden durch die Beschreibung ihres Schichtaufbaus abgebildet. Ein opakes Bauteil ist eine Aneinanderreihung von Baustoffschichten. Jede Baustoffschicht wird durch ihre Dicke und eine Referenz auf einen Baustoffdatensatz cha-

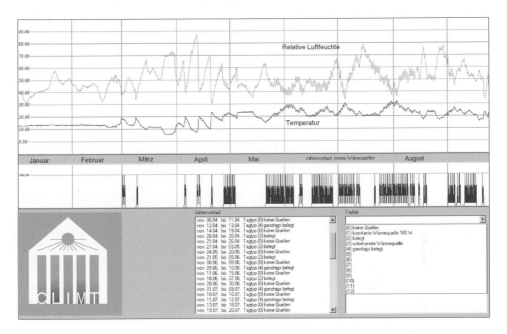

Abb. 18.21 Eingabedialogfenster für die inneren Wärmequellen, gleichzeitig Markierung der Nutzungszeiträume (Schwimmendes Haus im Abschn. 18.5.2)

rakterisiert. Baustoffdatensätze sind in der Baustoffdatenbank von CLIMT abgelegt. Die Konstruktionsbeschreibungen für opake Bauteile können mit Hilfe des Eingabedialoges Abb. 18.20 angelegt werden. Die aufklappbare Listbox „Verfügbare Konstruktionen" ermöglicht den Zugriff auf 40 verschiedene Platzhalter, denen der Benutzer Konstruktionsbeschreibungen zuordnen kann. Die gerade ausgewählte Konstruktionsbeschreibung wird im Fenster angezeigt und kann vom Benutzer bearbeitet werden. Über Mausklick auf das Listenfeld können Schichten eingefügt und entfernt werden. **Transparente Bauteile**: Die Konstruktionsbeschreibungen für transparente Bauteile beinhalten die Bezeichnung, den Gesamtenergiedurchlassgrad und den Wärmedurchgangskoeffizienten der Verglasung in W/m^{2}K sowie den Rahmenanteil des Fensters in %.

Randbedingung entsprechend der Außenklimadaten und der Raumnutzung
Die **Außenklimadaten** für CLIMT werden mit dem separaten Tool „klimagenerator.exe" (vergleiche Abschn. 16.7) erzeugt. Dieses Hilfsprogramm benötigt als Input eine Textdatei mit 8760 Datenzeilen (eine Datenzeile für jede Stunde im Jahr). Jeder Klimadatensatz muss folgende Parameter beinhalten: Außenlufttemperatur, Relative Außenluftfeuchte, Globalstrahlung (oder alternativ Direktstrahlung und Diffusstrahlung auf die Horizontalfläche). Sind Direktstrahlung und Diffusstrahlung nicht bekannt, zerlegt das Programm die Globalstrahlung unter Anwendung der Gl. (16.21) oder einer Korrelation aus [15] in die beiden Komponenten. Für die Verwendung in CLIMT müssen mit „klimagenerator. exe" erzeugte „bin-Dateien" im Programmverzeichnis von CLIMT abgespeichert werden.

Über ein Dialogfenster kann der für die Berechnung verwendete Klimadatensatz aus den verfügbaren Dateien ausgewählt werden. Außerdem wird die langwellige Abstrahlung nach Abschn. 16.23 berücksichtigt. **Luftwechselrate**: Für die Luftwechselrate sind verschiedene Definitionsmodelle für den Jahresverlauf vorgesehen. Das detaillierte Modell ermöglicht die Definition eines Jahresverlaufes bestehend aus vorgegebenen Zeitabschnitten. Ein Zeitabschnitt ist eine Reihe aufeinander folgender Tage. Jedem Zeitabschnitt muss ein Tagtyp zugewiesen werden. Ein Tagtyp ist eine Folge von 24 aufeinander folgenden Stunden, welche beliebig zu Stundensegmenten zusammengefasst werden können. Jedem Stundensegment werden Werte für die erforderlichen Randbedingungsparameter zugewiesen. Das vereinfachte Modell ermöglicht die Aktivierung einer vordefinierten Jahresverlauffunktion für den Luftwechsel. Alternativ zum detaillierten und vereinfachten Modell kann ein als Textdatei vorliegender Jahresverlauf für den Luftwechsel eingelesen werden. Die anzuwendende Datei muss 8760 Stundenwerte enthalten. **Heizung**: Die Heizleistung wird über eine lineare Heizkennlinie, definiert über die Parameter Heizfaktor, Grundleistung und Ausschalttemperatur, berechnet. Über den Eingabedialog „Projekteinstellungen" kann gewählt werden, ob die Berechnung der Heizleistung auf Grundlage des Außenklimas (Außenlufttemperatur, Strahlungseintrag durch die Fenster) oder der Innenraumlufttemperatur erfolgen soll. Das Heizungsmodell ermöglicht aber auch die Definition eines Jahresverlaufes bestehend aus definierten Zeitabschnitten. Ein Zeitabschnitt ist eine Reihe aufeinander folgender Tage. Jedem Zeitabschnitt muss wieder ein Tagtyp zugewiesen werden. Ein Tagtyp ist, wie oben beschrieben, eine Folge von 24 aufeinander folgenden Stunden, welche beliebig zu Stundensegmenten zusammengefasst werden können. Jedem Stundensegment werden Werte für die anzuwendende Heizkennlinie zugewiesen. **Innere Wärmequellen**: Wie beim Heizungsmodell erfolgt die Definition der inneren Wärmequellen über die aus Stundensegmenten zusammengesetzten Tagtypen. Jedem Stundensegment wird die Anzahl der zu berücksichtigen Personen, die Wärmeabgabe pro Person, der durch die Beleuchtung erzeugte Wärmestrom sowie die Wärme aus sonstigen Quellen zugewiesen. Die Wärmeabgabe von Personen kann in Form von Tätigkeitsmerkmalen oder als freie Zahleneingabe erfolgen. Für die Beleuchtung sind grundflächenbezogene Vorgabewerte für verschiedene Raumnutzungstypen hinterlegt. **Innere Feuchtequellen**: Die Definition der inneren Feuchtequellen erfolgt analog zur Eingabe der inneren Wärmequellen. Neben der Anzahl der zu berücksichtigen Personen und der aktivitätsabhängigen Feuchteabgabe des Menschen sind auf das Raumvolumen bezogene Vorgabewerte für verschiedene Feuchtebelastungsgruppen hinterlegt, aus denen der Benutzer auswählen kann. **Fensterverschattung**: CLIMT ermöglicht eine zeitabhängige und eine strahlungsabhängige Definition der Fensterverschattungsgrade sowie eine Kombination aus beiden. Wie beim Heizungsmodell werden Tagtypen aus Stundensegmenten zusammengesetzt und diese in einem Jahresverlauf zusammengefügt. Jedes Stundensegment erhält als Parameter einen festen Verschattungsgrad sowie einen Aktivierungsgrenzwert für die Verschattung. Der Aktivierungsgrenzwert wird im Verlauf der Jahresberechnung mit dem auf die Fensterfläche auftreffenden flächenbezogenen Strahlungswärmestrom verglichen. Bei Überschreitung des für die aktuell berechnete Stunde eingegebenen Grenzwertes wird der zugehörige Verschattungsgrad angewendet, ansonsten ignoriert. Für jede der vier Haupthimmelsrichtungen gibt es ein eigenes Verschattungsmodell, welches automatisch auf alle Fensterflächen der betreffenden Ausrichtung angewandt wird. Das bedeutet aber nicht, dass alle Fenster der gleichen Ausrichtung zu einem bestimmten Zeitpunkt immer gleich verschattet sind. Je nach Aktivierungsgrenzwert können Abweichungen bzgl. des Verschattungsgrades zwischen Fenstern mit verschiedener Neigung gegen die Horizontale auftreten, da der auf die Fensterfläche auftreffende Strahlungswärmestrom neigungsabhängig ist.

Ergebnisdarstellung
Durch Anklicken einer Kurve der aktuell berechneten Raumklimakurven können alle oben angegebenen Ergebnisse und Eingabedaten (Raumlufttemperatur in °C, Mittlere Innenoberflächentemperatur in °C, Gefühlte Temperatur in °C, Außentemperatur in °C, Relative Innenluftfeuchte in %, Relative Außenluftfeuchte in %, Globalstrahlung in W/m², Heizleistung in W, Leistung der inneren Wärmequellen in W, Leistung der Solarstrahlung durch die Fenster in W, Lüftungswärmestrom in W) grafisch dargestellt werden. Die von CLIMT erzeugten Berechnungsergebnisse können mit Hilfe des frei skalierbaren Ergebnisdiagramms betrachtet und bei Bedarf zur weiteren Verwendung in Form einer Textdatei exportiert werden. Außerdem ist die Ausgabe der berechneten Raumtemperaturen und relativen Luftfeuchten sowie der Außenklimawerte und der vom Nutzer getätigten Eingaben auf einem angeschlossenen Drucker möglich.

18.5.2 Ermittlung des Raumklimas in zwei Testgebäuden

Zur Validierung der Ergebnisse des Modells und Programms CLIMT dient das im Jahr 2006 auf dem Partwitzer See (Südbrandenburg) errichtete Testhaus [7], Abb. 18.22. Das Gebäude wird ganzjährig als Ferienunterkunft angeboten. Entsprechend der Nachfrage ändert sich das Nutzungsprofil über den Jahresverlauf recht stark. Dazu tragen auch die persönlichen Gewohnheiten der Feriengäste bei. Das Haus ist auf einem schwimmenden Betonponton aufgestellt. Die äußere Hülle des Hauses besteht aus einem Stahltragwerk mit Holz- und Gipskartonbeplankung und Mineralwolledämmung. Das Dach ist außen mit verzinktem Stahlblech verkleidet und mit einem Sonnensegel verschattet. Die Außenwände haben eine Lärchenholzverkleidung. Der Bodenrahmen liegt nicht direkt auf dem Schwimmponton auf, ist mit Holz beplankt und mit Mineralwolle wärmegedämmt. Als Fußbodenbelag sind Fliesen und im Obergeschoss Parkettbelag verwendet worden. Fenster und Glastüren besitzen eine Zweischeibenwärmeschutzverglasung mit Argonfüllung. Die Innenwände sind in Massivholzbauweise erstellt worden. Das zweigeschossige Gebäude ist räumlich in Eingangsflur, Sanitärraum, Schlafzimmer und Wohnraum unterteilt. Der Wohnraum ist der thermisch am meisten belastete Raum. Er erstreckt sich über beide Geschosse. Im Erdgeschoss befindet sich der Aufenthaltsbereich mit Küche. Über eine Treppe ist eine kleine, im Obergeschoß befindliche, Sitzecke mit Fernsehgerät erreichbar.

Abb. 18.22 Südansicht des schwimmenden Testhauses

Die Außenwände des Raumes besitzen ein Fenster mit Ostausrichtung und zwei Glastüren mit Südausrichtung. Die Glastüren können gegen Sonneneinstrahlung extern verschattet werden. Der Raum ist mit elektrischen Heizgeräten ausgestattet. Die konstruktiven Daten des Wohnraumes werden entsprechend der Konstruktionsunterlagen in CLIMT eingegeben. Als Randbedingungen für die Berechnung dienen die im Jahr 2008 aufgezeichneten Messwerte für Außenlufttemperatur, relativer Außenluftfeuchte und Globalstrahlung. Die langwellige Abstrahlung wird nach Abschn. 16.23 berechnet. Auf Grundlage der Angaben des Vermieters wird ein Nutzerprofil für diesen Zeitraum erstellt (vergleiche Verlauf der inneren Wärmequellen in Abb. 18.21).

Die Ergebnisse werden mit den im Innenraum aufgezeichneten Messwerten für Raumlufttemperatur und relativer Innenraumluftfeuchte verglichen. Der untersuchte Aufenthaltsraum befindet sich, wie bereits erwähnt, auf der Südseite des Gebäudes (Abb. 18.22). Die wichtigsten Abmessungen betragen: Volumen 69,80 m^3, Grundfläche 18,40 m^2, Innenwände 17,76 m^2, opake Außenwände: Südrichtung 8,5 m^2, Ostrichtung 19,03 m^2, Westrichtung 20,13 m^2, Fensterflächen: Südrichtung 6,76 m^2, Ostrichtung 1,20 m^2, Dachfäche 14,55 m^2, Anteil zur Terrasse 3,85 m^2, Zwischendecke 7,52 m^2, Küchentrennwand 2,38 m^2. Die Glasflächen in Südrichtung sind weitgehend komplett außen verschattet worden. Das Ostfenster bleibt unverschattet.

Das Testhaus war am Jahresanfang und Jahresende 2008 nicht bewohnt. Während der Monate März und April erfolgte lediglich eine sporadische Nutzung an den Wochenenden. Von Mai bis Oktober war das Haus fast durchgängig mit Urlaubern mit unterschiedlichen Nutzungsgewohnheiten belegt. Im November und Dezember fanden Instandsetzungs- und Umbauarbeiten statt, wobei die Elektroenergieversorgung des Hauses über längere Zeit unterbrochen war. Das Haus ist mit zwei raumthermostatgeregelten Elektroheizkörpern von je 1,5 kW Leistung ausgestattet. In CLIMT wird deshalb das Berechnungsmodell für die innenraumtemperaturgeregelte Heizung mit einer Leistungsbegrenzung für die Heizleistung von 3 kW aktiviert. Da während des Jahresverlaufes sehr unterschiedliche Raumsolltemperaturen (Frostschutz 6 °C, Heizperiode aber unbewohnter Zeitraum 14 °C, bewohnter Zeitraum 21 °C bis 24 °C) an den Heizkörpern eingestellt worden sind, mussten mehrere „Tagtypen" für die Berechnung der Raumlufttemperaturen erzeugt werden. Für jede relevante Thermostateinstellung ist ein Tagtyp mit einem Heizfaktor von 40 W/m^{2}K definiert worden. Für die Anreise- und Abreisetage werden spezielle Tagtypen mit einem Zeitschaltprogramm für die Heizung erzeugt. Für den Luftwechsel erweisen sich zwei unterschiedliche Tagtypen als ausreichend. Während der Heizperiode (unbewohnt) wird eine konstante Luftwechselrate von 0,3/h bis 0,5/h angenommen. Für die warme (genutzte) Sommerperiode wird folgendes Regime erstellt: 00:00 Uhr bis 07:00 Uhr Luftwechselrate 0,7/h, 07:00 Uhr bis 20:00 Uhr Luftwechselrate 3,0/h, 20:00 Uhr bis 24:00 Uhr Luftwechselrate 0,7/h. Eine erhöhte Nachtlüftung zur Kühlung des Wohnraumes ist von den Urlaubern offenbar nicht realisiert worden. Die inneren Wärme- und Feuchtequellen werden anhand der vom Verwalter zur Verfügung gestellten Angaben in den Jahresverlauf eingefügt. Die Tagtypen werden so definiert, dass während einer vorhandenen Belegungsphase während der Heizperiode von 07:00 Uhr bis 24:00 Uhr und während einer Belegungsphase im Sommer von 7:00 bis 09:00 Uhr, 11:00 bis 13:00 Uhr und 19:00 bis 24:00 Uhr 2 Personen im Raum anwesend sind. Für die Zeit von 11:00 bis 13:00 Uhr und 19:00 bis 24:00 Uhr sind zusätzliche Wärme- und Feuchtequellen für die Abbildung der Raumnutzung als Küche und Wohnraum aktiviert worden. Kühlschrank, Warmwasserbereitung und andere kleine Dauerwärmequellen werden mit einem konstanten Wert berücksichtigt. Zahlenmäßig bedeutet das: Die Leistung der inneren Wärmequellen liegt zwischen 100 W und 500 W, und die Ergiebigkeit der Feuchtequellen wird mit 0,07 kg/h während der Normalnutzung zuzüglich 0,56 kg/h wären des Kochens, Abwaschens etc. angesetzt.

Die Abb. 18.24 und 18.25 enthalten die wichtigsten Ergebnisse. In Abb. 18.23 ist der Verlauf der gemessenen Außenlufttemperatur und Außenluftfeuchtigkeit am Partwitzer See in Südbrandenburg für das Jahr 2008 dargestellt. Die gemessene Globalstrahlung wird nach der *Erbs*-Korrelation [15] in direkte und diffuse Strahlung aufgeteilt. Abb. 18.24 zeigt den Vergleich der gemessenen Raumlufttemperatur mit den Rechenwerten nach CLIMT und TRNSYS. Der Verlauf spiegelt das oben beschriebene Belegungsregime wider: Das Schwimmhaus war im Januar und Februar 2008 nicht bewohnt und die Raumlufttemperatur durch entsprechende Heizung auf 14 °C eingestellt. Während der Monate

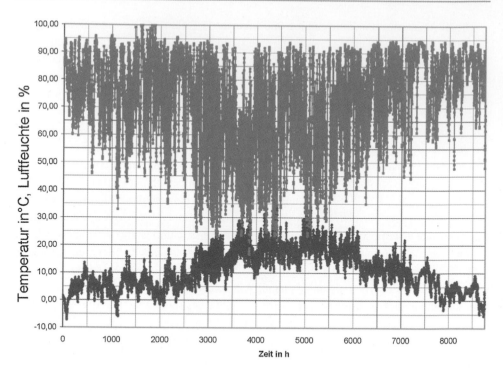

Abb. 18.23 Jahresgang der Außenlufttemperatur (dunkelgrau) und Außenluftfeuchte (hellgrau) am Schwimmhaus Partwitzer See 2008

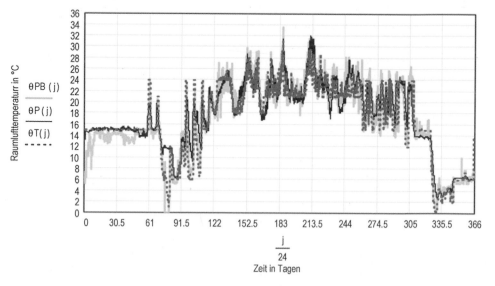

Abb. 18.24 Jahresgang der Temperatur gemessen (grau), berechnet nach CLIMT (schwarz) und berechnet nach TRNSYS (gepunktet) für das Schwimmhaus

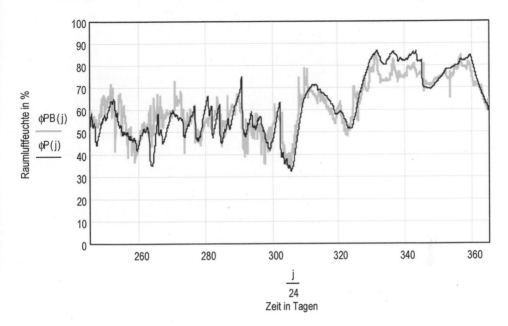

Abb. 18.25 Jahresgang der relativen Luftfeuchtigkeit gemessen (grau) und berechnet nach CLIMT (schwarz) für das Schwimmhaus

März und April erfolgt lediglich eine sporadische Belegung hauptsächlich an den Wochenenden. Von Mai bis Oktober ist das Haus fast durchgängig von Urlaubern genutzt worden (siehe auch Abb. 18.21). Nach den Reparaturarbeiten im November/Dezember ist die Raumlufttemperatur auf 6 °C (Frostschutz) eingestellt worden. Die Übereinstimmung zwischen Messung und Rechnung kann als nahezu perfekt angesehen werden, zumal das Lüftungsregime nur sehr vereinfacht nachgestellt worden ist. Die Korrespondenz betrifft sowohl die Absolutwerte der Temperaturen als auch die Amplituden der Temperaturschwankungen sowie das thermische Trägheitsverhalten des Gebäudes. Die Übereinstimmung der relativen Luftfeuchtigkeiten (Abb. 18.25) im Raum ist zwar weniger gut, befriedigt aber immer noch.

Die Raumluftfeuchte reagiert empfindlicher auf Lüftung, Temperaturschwankungen und innere Feuchtequellen. Während der sommerlichen Nutzung des Gebäudes müssten die „Tagestypen" sehr genau nachgestellt werden. Die Feuchte speichernden Eigenschaften der inneren Raumumschließungsflächen gehen ebenfalls richtig in die Rechnung ein. Für die Berechnung der Raumlufttemperatur und der relativen Luftfeuchtigkeit im Raum ist das Näherungsmodell und Programm CLIMT gut geeignet.

Das bestätigt auch ein zweites Beispiel: Magazingebäude für eine Bibliothek in Magdeburg ([8] Abb. 18.26). Im Archiv (Abb. 18.27) soll ein Raumklima 15 °C < Temperatur < 20 °C, 40 % < rel.Luftfeuchte < 55 % (Abb. 18.28, vergleiche auch Abschn. 18.4) realisiert werden.

Abb. 18.26 Magazinneubau
für die Bibliothek in
Magdeburg

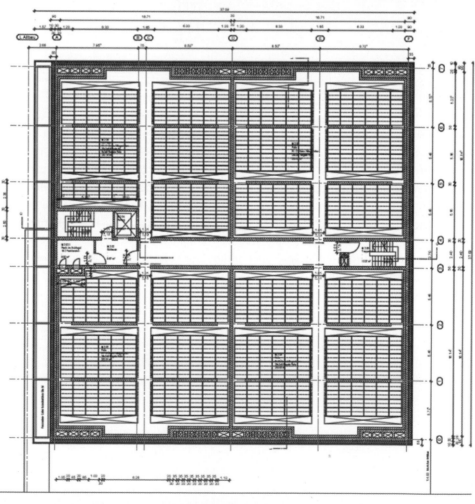

Abb. 18.27 Grundriss des untersuchten Archivraumes

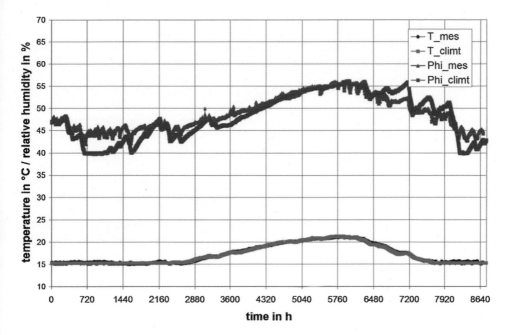

Abb. 18.28 Mit dem Außenklima von Magdeburg im Jahre 2012 ist das Raumklima unter Berücksichtigung der Gebäudeparameter und der Gebäudenutzung mit dem Programm CLIMT die Temperatur (grün) und die Luftfeuchte (rot) berechnet worden Die oben genannten Parameter werden eingehalten. Die Übereinstimmung mit den Messungen (Temperatur schwarz, relative Luftfeuchte blau) ist beinahe perfekt

Wird weniger Archivgut eingelagert und dadurch die Feuchtespeicherkapazität des Materials und der Raumumschliessungsflächen halbiert schwankt mit der vorgegebenen Heizung und Lüftung die relative Luftfeuchtigkeit zwischen 40 % und unzulässig hohen 65 %.

Die außenklimatische Belastung ist in dem fensterlosen massiven Gebäude eher gering. Die Stabilisierung des Raumklimas wird durch eine einfache mechanische Lüftung und Heizung erreicht. Die große Feuchtespeicherkapazität des Archivgutes sorgt für die geringe Schwankung der Luftfeuchte.

Literatur

1. Aronin, J.E.: Climate and Architecture, Reinhold Publ. Corp., New York, 1953
2. Glück, B.: Wärmetechnisches Raummodell – Gekoppelte Berechnungen und wärmephysiologische Untersuchungen, C. F. Müller Verlag, Heidelberg, 1997
3. Petzold, K.: Raumlufttemperaturen, 2. Auflage, Verlag Technik Berlin und Bauverlag, Wiesbaden, 1983
4. Petzold, K.: Wärmelast, 2. Auflage, Verlag Technik, Berlin, 1980
5. Hansel, F.: Dokumentation CLIMT, unveröffentlicht, Hochschule Lausitz 2011
6. Klein, S.A.: TRNSYS a Transient system simulation Program, Madison USA, 2000

7. Hansel, F.; Stopp, H.; Strangfeld, P.; Toepel T.: Schwimmende Häuser für die Lausitzer Seenkette – ein Produkt der Lausitz, Hochschule Lausitz, Cottbus, 2010
8. Stopp, H., Strangfeld, P., Passive Klimatisierung zur Langzeitaufbewahrung von Archivgut, FE Bericht (Bundesministerium für Wirtschaft und Technologie FKZ: 0327241F), BTU Cottbus, 2014
9. Häupl, P.: Bauphysik – Klima, Wärme, Feuchte, Schall, 550 S., Ernst & Sohn Verlag, Berlin, 2008
10. Häupl, P.: Praktische Ermittlung des Tagesganges der sommerlichen Raumtemperatur zur Validierung der EN ISO 13792, wksb, H. 45, S. 17–23, Zeittechnik Verlag GmbH, Wiesbaden, 2000
11. Häupl, P.: Ein einfaches Nachweisverfahren für den sommerlichen Wärmeschutz, wksb, H. 37, S. 12–15, Zeittechnik Verlag GmbH, Wiesbaden, 1996
12. Petzold, K.; Hahn, H.: Ein allgemeines Verfahren zur Berechnung des sommerlichen Wärmeschutzes frei klimatisierter Gebäude. In: Luft- und Kältetechnik H. 24, S. 146–154, Dresden 1988
13. Mathsoft, Inc.: MATHCAD 8 Professional, Cambridge, 1991–1998
14. Häupl, P.; Bishara, A.; Hansel, F.: Modell und Programm CLIMT zur einfachen Ermittlung der Raumlufttemperatur und Raumluftfeuchte bei quasifreier Klimatisierung, Bauphysik, H. 3, S. 185–206. Ernst & Sohn Verlag, Berlin, 2010
15. Schuhmacher, J., Digitale Simulation regenerativer elektrischer Energieversorgungssysteme, Diss. Univ. Oldenburg, 1991

Klimagerechtes Bauen

19

Wolfgang M. Willems

19.1 Klimazonen der Erde

Was versteht man unter Klima? Der Begriff des „Klimas" kann durchaus unterschiedliche Bedeutungen in sich tragen, wie beispielsweise das soziale, das meteorologische oder das geographische Klima, wobei im Zusammenhang mit Architektur und Baukonstruktionen jedoch letztere üblicherweise gemeint sein wird.

Während das „Wetter" im Allgemeinen die lokalen Konditionen hinsichtlich Sonneneinstrahlung, Lufttemperatur, Wind, Niederschlag, Luftfeuchte etc. über einen relativ kurzen Zeitraum im Bereich von Stunden oder wenigen Tagen beschreibt, versteht am unter der „Witterung" eine entsprechende Beschreibung über einen längeren Zeitraum, ggf. bis hin zu einer jahreszeitlichen Erscheinung. Die statistische Aufbereitung dieser Einzeldaten über einen mehrere Jahrzehnte reichenden Zeitraum (klassischerweise 30 Jahre, vgl. auch Definition des IPCC [International Panel of Climate Change]) zu einem „Durchschnittswetter" beschreibt dann das lokale Klima.

Für die Beschreibung bzw. die Klassifizierung unterschiedlicher Klimata werden vor dem Hintergrund des Bauwesens als zentrale Größen üblicherweise die Außenlufttemperatur sowie die daran gekoppelte relative Luftfeuchte herangezogen.

Grundsätzlich ist in einem ersten Schritt natürlich zunächst die Sonneneinstrahlung für die Temperaturbildung verantwortlich, aufgrund derer sich die Erde in sogenannte Solarzonen aufteilen lässt, vgl. schematische Darstellung in Abb. 19.1.

Die Klimazonen der Erde an diese Solarzonen zu binden, wäre jedoch zu kurz gegriffen, da die sich tatsächlich einstellenden Klimata von weiteren Einflüssen, wie dem Vorhandensein größerer Wassermengen, der Höhenlage, der Vegetation etc. abhängig sind. In

W. M. Willems (✉)
Technische Universität Dortmund, Dortmund, Deutschland
E-Mail: wolfgang.willems@tu-dortmund.de

© Springer Fachmedien Wiesbaden GmbH, ein Teil von Springer Nature 2022
W. M. Willems (Hrsg.), *Lehrbuch der Bauphysik*,
https://doi.org/10.1007/978-3-658-34093-3_19

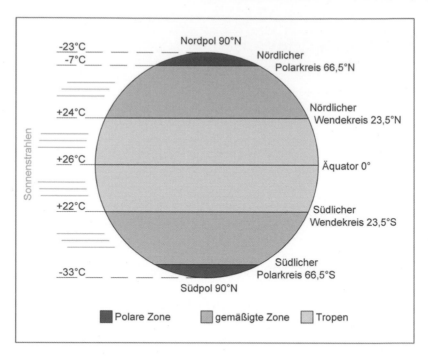

Abb. 19.1 Einteilung der Erde in Solarzonen

Abhängigkeit der jeweiligen Gewichtung der einzelnen Merkmale entstanden dann die unterschiedlichen Klassifikationen, beispielhaft seien hier Klimaklassifikationen nach Neef, Flohn, Köppen oder Troll und Pfaffen genannt. In der nachfolgenden Abb. 19.2 ist als eine der üblichen Klassifikationen die Einteilung der Erde in Klimazonen nach Ernst Neef dargestellt.

Die genannten Klimazonen lassen sich – je nach Ziel der Betrachtungen und den verwendeten methodischen Ansätzen – weiter differenzieren; bewährt hat sich folgende Einteilung:

- Das *Makroklima* beschreibt kontinentale und globale Zusammenhänge, vgl. oben stehende Abbildung.
- Die nächste Ebene beschreibt die klimatischen Eigenschaften einzelner Länder, einzelner großflächiger Landesteile mit Abmessungen von einigen hundert Kilometern bis hin zu denen ausgeprägter Landschaften. Diese klimatische Betrachtungsebene wird üblicherweise als *Mesoklima* bezeichnet.
- Die nächste klimatische Betrachtungsebene – das sogenannte *Mikroklima* – beschäftigt sich mit ausgeprägt lokalen Klimaerscheinungen, z. B. in begrenzten Stadtquartieren oder auch innerhalb eines bestimmten Gebäudes.

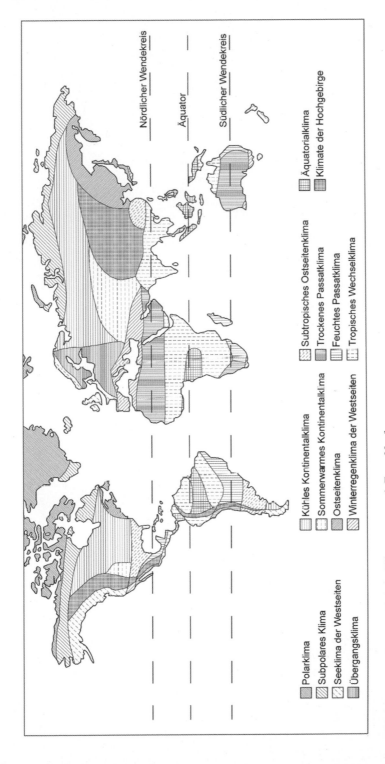

Abb. 19.2 Einteilung der Erde in Klimazonen nach Ernst Neef

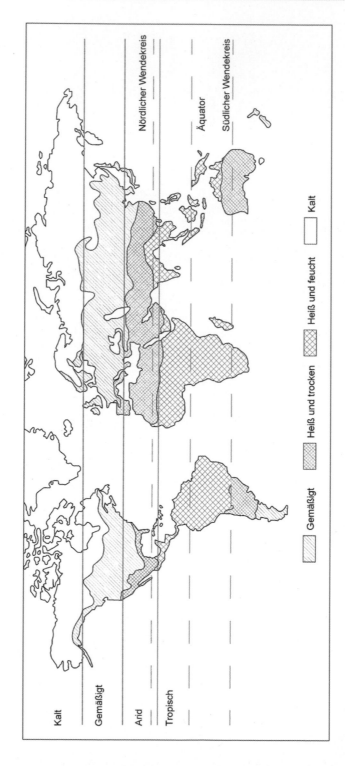

Abb. 19.3 Eine für die nachfolgenden Betrachtungen weiter vereinfachte Einteilung der Erde in Klimazonen

Im Sinne einer deutlich pauschaleren Betrachtung lässt sich die in Abb. 19.2 beschriebene Einteilung der Erde weiter vereinfachen und – bewusst ganz überschlägig – in kalte, gemäßigte, aride und tropische Klimazonen unterteilen. Die nachfolgende Abb. 19.3 zeigt diese vereinfachte Einteilung, die im Rahmen der hier in diesem Abschnitt vorliegenden kurzen Skizzierung einiger wesentlicher Gedanken zum klimagerechten Bauen auch weiter verwendet werden wird.

19.2 Autochthone Bauweisen und Architektur

Die im vorangegangenen Abschnitt vorgestellten unterschiedlichen Klimazonen bedeuten für den Menschen an sich eine deutliche Ungleichverteilung der Lebens-, oder besser der Überlebensbedingungen. Die Gewichtung der unterschiedlichen Klimazonen der Erde hinsichtlich der günstigsten und ungünstigsten Lebensbedingungen zeigt die Darstellung nach [4] in Abb. 19.4, nach der die für den Menschen günstigste Klimazone der Mittelmeerraum, also das mediterrane Klima ist.

Vorrangiges Ziel des Bauens ist in erster Linie also das Überleben des Menschen in einem von ihm unbeeinflussbaren Klima. Und das bedeutet in erster Linie Schutz vor widrigen Witterungen unter Nutzung der lokal vorhanden, zunächst einmal grundsätzlich

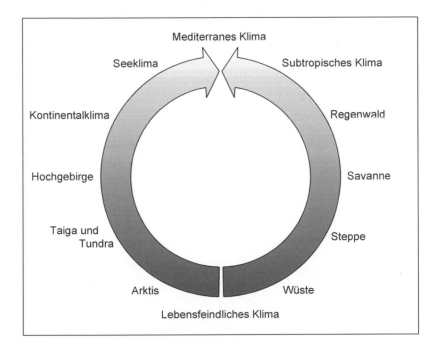

Abb. 19.4 Gewichtung der unterschiedlichen Klimazonen der Erde hinsichtlich der jeweiligen menschlichen Lebensbedingungen zwischen lebensfeindlichem und dem besten vorhandenen Klima (mediterranes Klima) nach [4]

regenerativen Baustoffressourcen, wobei vor dem Hintergrund der ggf. nur beschränkt vorhandenen Ressourcen die jeweils verwendete Bautechnik einen hohen Grad an Effizienz (hinsichtlich des dauerhaften Betriebs des Bauwerks auch Energieeffizienz) aufweisen muss. In einem nächsten Schritt wird das reine Schutzbedürfnis um – beliebig erweiterbare – Aspekte des Komforts erweitert.

Dieser zunächst für alle Klimazonen grundlegende und nicht verhandelbare Ansatz des Bauens wird auch als *autochthones Bauen* bezeichnet. Bei der Beurteilung dieser Bautechniken aus unserem quasi eingefahrenen „europäischen" Gesichtspunkt ist zu bedenken, dass unsere Vorstellungen von Behaglichkeit hier kein Maßstab sind – es geht wie gesagt in erster Linie ums Überleben bzw. um erste Erleichterungen klimatischer Randbedingungen.

Die Architektur als Kunstform des Bauens ist in diesem Zusammenhang erst viel später zu nennen; nach [4] war „Architektur immer das Privileg einer kleinen reichen Elite. Und nur diejenigen, die sich Architektur leisten konnten, konnten sich auch über energieeffiziente Bauweisen und Unterhaltskosten hinwegsetzten." Die Einordnung der Architektur in das Thema des klimagerechten Bauens versucht das Diagramm in Abb. 19.5 darzustellen.

19.3   Kalt

Die sogenannte „kalte" Klimazone in den polaren und subpolaren Gebieten der Erde zeichnet sich zunächst einmal durch zum Teil extrem niedrige Temperaturen aus, die über lange Zeiträume andauern und nur durch kurze „Hochtemperatur"-Intervalle unterbrochen

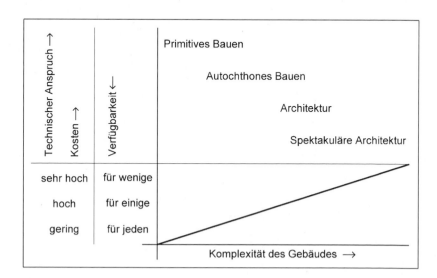

Abb. 19.5 Verknüpfung der unterschiedlichen Ansprüche an ein Gebäude (vom primitiven Bauen bis zur spektakulären Architektur) mit Komplexität des Gebäudes, technischem Anspruch, Kosten und Verfügbarkeit in Anlehnung an [4]

werden. Als Monatsmittelwerte für die kältesten Jahreszeiten können bis zu −60 °C angenommen werden, die Jahreshöchsttemperaturen liegen zwischen −5 °C und +17 °C [5]. Weitere Kennzeichen sind hoher Schneefall und Starkwinde; das Angebot an solarer Strahlung ist sehr gering. Als Beispiel für den jahreszeitlichen Verlauf von Monatsmitteltemperatur und Niederschlag im kalten Klima sind in Abb. 19.6 die entsprechenden Messwerte für Thule in Nord-Grönland dargestellt.

Grundsätzlich zielt die Baukonstruktion daher auf eine Minimierung der Transmissions- und Lüftungswärmeverluste bei maximaler Ausnutzung aller zur Verfügung stehen Heizwärme.

Im polaren Klima steht als quasi unbegrenzt verfügbare Ressource der Baustoff „Schnee" zur Verfügung, dessen Wärmeleitzahl λ je nach Verdichtungsgrad des Schnees zwischen λ = 0,05 W/(mK) (frisch gefallen) und 0,60 (verharscht) liegt. Andere Baustoffe sind – abgesehen von Stein – nur unmaßgeblich verfügbar.

Die damit verbundene autochthone Bauweise ist der Iglu der Eskimos: Die Form ist aus statischen Gründen halbkugelförmig und weist damit ein unter den gegebenen Randbedingungen optimales Verhältnis von beheiztem Volumen und wärmeübertragender Umfassungsfläche auf. Als Bauweisen kommen der kontinuierlich genutzte Iglu in Massivbauweise mit den Blockformaten Länge × Breite × Dicke = 60 × 40 × 50 cm sowie der temporär – in der Regel als Schutzunterkunft – genutzte Iglu in Spiralbauweise mit den maximalen Blockformaten Länge × Breite × Dicke = 100 × 50 × 20 cm zur Anwendung. Die erreichbaren U-Werte liegen damit im Bereich 1,0 bis 2,5 W/(m²K). Durch das „Aneinanderfrieren" der einzelnen Schneeblöcke in den Fugen wird eine luftdichte Wand gewährleist. Als weitere Option zur Verbesserung der Wärmedämmung können die Innenoberflächen mit Tierhäuten abgehängt werden. Die Beheizung erfolgt lediglich über die inneren Wärmequellen „Körperwärme" und „Beleuchtung" durch Tranlampen.

Abb. 19.6 Jahreszeitlicher Verlauf von Monatsmitteltemperaturen und monatlichen Niederschlägen sowie mittlere Jahrestemperatur und kumulierter Jahresniederschlag in Thule (Nord-Grönland) als Beispiel für kalte Klimazonen

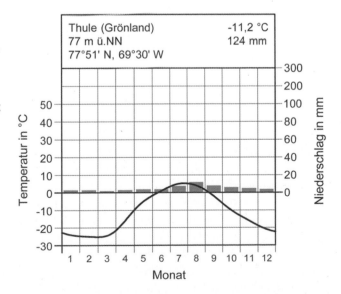

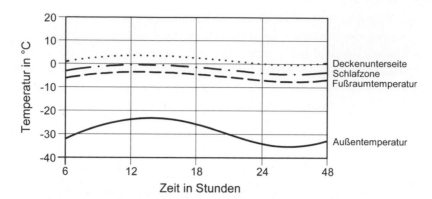

Abb. 19.7 Darstellung der in Abhängigkeit der von der Außentemperatur erreichbaren Innentemperaturen an unterschiedlichen Bezugsorten eines Iglus nach [4]

Abb. 19.8 Massive Mehrfamilienhäuser (links) und Einfamilienhäuser in Holzbauweise (rechts) in Sisimiut (Grönland)

Abb. 19.7 zeigt die in Abhängigkeit der Außentemperatur erreichbaren Innentemperaturen an unterschiedlichen Bezugsorten nach [4].

Diese autochthone Bauweise ist jedoch seit den 50er-Jahren des letzten Jahrhunderts durch konventionelle Massivbauten (Mehrfamilienhäuser) und auf Betonfundamenten aufgeständerte, unterlüftete Holzhäuser (Einfamilienhäuser) komplett verdrängt worden. Da der Baustoff „Holz" in polaren Zonen nicht ausreichend vorhanden ist, werden diese Häuser als Bausatz (im Container in einzelnen Baumaterialien – und nicht (!) in vorgefertigten Bauelementen – geliefert) aus dem Ausland bezogen. Nach der Errichtung zeigen diese Häuser jedoch infolge von Undichtigkeiten und Wärmebrücken sehr häufig eine völlig unbefriedigende Energieeffizienz, vgl. dazu Ausführung beispielsweise in [17]. Ansätze für eine Verbesserung bzw. Weiterentwicklung der Konstruktion bei Beibehaltung des grundlegenden Konzeptes finden sich zum Beispiel in [18] (Abb. 19.8).

Als Beispiel für die Weiterentwicklung der Bauweisen hin zu energetisch nachhaltigen Gebäuden zeigt Abb. 19.9 ein 2005 in Nutzung genommenes Niedrigenergiehaus in Sisimiut, Grönland, das wissenschaftlich von der Technischen Universität Dänemark betreut wird, vgl. dazu detaillierte Ausführungen in [12].

Abb. 19.9 Niedrigenergiehaus in Sisimiut (Grönland)

Abb. 19.10 Erdhäuser in Glaumter (Island) mit den windabgewandten Fronten (links) und den wind-zugewandten Rückseiten (rechts) aus der Mitte des 19. Jahrhunderts

Im subpolaren (ebenso wie auch im kalt-gemäßigten) Klima erweitert sich das Angebot natürlicher Baustoffe um Holz, Erde und Gras; hier finden sich als autochthone Bauweisen die erdüberdeckten Häuser. Dabei wird die tragende Struktur des Gebäudes, das häufig aus wärmeschutztechnischen Gründen zusätzlich noch teilweise in den Boden abgesenkt wird, aus einer Holzkonstruktion erstellt. Die gesamte Konstruktion wird dann – mit Ausnahme der windabgewandten Front – mit Erde angefüllt bzw. überdeckt und zum Regenschutz und gegen die Erosion der Anschüttungen mit Rasensoden bedeckt. Mit dem damit erreichbaren, recht guten Wärmeschutz reichen die inneren Lasten von Menschen (und ggf. Tieren) in Verbindung mit dem Kochfeuer aus, befriedigende Innenlufttemperaturen zu erreichen. Ein Beispiel für diese Bauweise findet sich in Abb. 19.10, das die Erdhäuser

Tab. 19.1 Zusammenfassende Übersicht über die zentralen Daten (Klimabeschreibung, bauphysikalische Erfordernisse und Grundprinzipien der Baukonstruktion) zum Bauen in kalten Klimazonen

Kaltes Klima

Beschreibung	Bauphysikalische Erfordernis	Grundprinzipien der Baukonstruktion
– Sehr geringe solare Strahlung – Kontinuierlich tiefe bzw. sehr tiefe Lufttemperaturen	☑ Wärmedämmung ☐ Wärmespeicherung ☐ Schutz vor solarer Einstrahlung ☐ Intensivierte Lüftung ☐ Regenschutz	– Minimierte wärmeübertragende Umschließungsfläche – Hochwärmegedämmte Außenbauteile

von Glaumbær in Nordisland zeigt, die bis in die 30er-Jahre des letzten Jahrhunderts bewohnt waren.

In Tab. 19.1 werden für die kalte Klimazone die zentralen Daten (Klimabeschreibung, bauphysikalische Erfordernisse und Grundprinzipien der Gebäudekonstruktion) in einer Übersicht zusammengefasst.

19.4 Gemäßigt

Grundsätzlich lässt sich die Zone gemäßigten Klimas weiter aufteilen in kalt-gemäßigte, kühl-gemäßigte und warm-gemäßigte Bereiche, vgl. in diesem Sinne auch die Differenzierungen in Abb. 8.2. Als Monatsmittelwerte für die kältesten Jahreszeiten können bis zu $-15\,°C$ angenommen werden, die entsprechenden Mittelwerte in den wärmsten Monaten liegen etwa zwischen $+10\,°C$ und $+25\,°C$.

Als Beispiel für den jahreszeitlichen Verlauf von Monatsmitteltemperatur und Niederschlag im gemäßigten Klima sind in Abb. 19.11 die entsprechenden Messwerte für Berlin in Deutschland dargestellt.

Grundsätzlich ist in diesem Klima zwar baukonstruktiv keinen extremen Klimabedingungen zu entsprechen, dennoch ist das Anforderungsprofil bauphysikalischer Aspekte aufgrund ihrer ausgeprägten Änderungen über das Jahr sehr breit angelegt. Im Winter wird von der Baukonstruktion Wärmeschutz und Wärmespeicherung bei gleichzeitiger Nutzung der solaren Wärmeeinstrahlung erwartet, im Sommer ist eine Überhitzung der Aufenthaltsräume durch Sonnenschutz, Wärmespeicherung und Luftaustausch erforderlich. Im Winter sind die wesentlichen Gebäudeteile dann gezielt zu beheizen. Über das ganze Jahr bestehen Anforderungen gegenüber dem Niederschlag, sei es als Regen oder als Schnee.

Diesem breiten Anforderungsprofil steht im Bereich der gemäßigten Klimazonen jedoch auch ein eher reichhaltiges Angebot an Baustoffen gegenüber, gleiches gilt in der Regel ebenso für die Versorgung mit Brennstoffen (wenngleich natürlich eine effiziente Nutzung dieser Ressource grundsätzlich seit allen Zeiten angestrebt wird).

Abb. 19.11 Jahreszeitlicher
Verlauf von
Monatsmitteltemperaturen und
monatlichen Niederschlägen
sowie mittlere
Jahrestemperatur und
kumulierter Jahresniederschlag
in Berlin (Deutschland) als
Beispiel für gemäßigte
Klimazonen

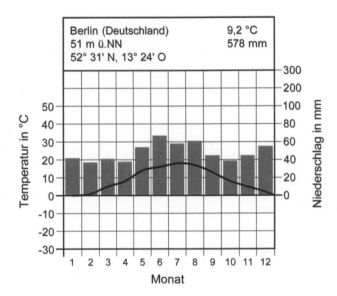

Berlin (Deutschland)   9,2 °C
51 m ü.NN   578 mm
52° 31' N, 13° 24' O

Abb. 19.12 Beispiele für unterschiedliche Formen von Fachwerkhäusern. Links ein mehrstöckiges Stadthaus (Lemgo, Deutschland) mit vorspringenden Geschossen und reicher Verzierung, rechts verschiedene dörfliche Mischbauweisen (Hagen, Deutschland)

Die Auswahl der Baustoffe erfolgt damit auch bei den autochthonen Bauweisen nach den jeweiligen zentralen Ansprüchen: Zur Dämpfung von Temperaturänderungen durch Wärmespeicherung und zur besseren Ausnutzung temporär wirkender Wärmequellen werden massive Baustoffe eingesetzt, steht die Wärmedämmung im Vordergrund, wird die erste Wahl auf den Baustoff Holz fallen – ggf. auch in Verbindung mit höher wärmedämmenden Materialien im Bereich nichttragender Bauteile. Vor diesem Hintergrund stellen Fachwerkhäuser eine effektive Lösung im gemäßigten Klima dar, vgl. Darstellungen in Abb. 19.12. Zur Verbesserung der Schlagregensicherheit werden die Geschosse nach oben vorspringend errichtet; in stark schlagregengefährdeten Gebieten wird die zur Wetterseite ausgerichtete Außenwand zusätzlich mit einer Wetterschutzschale versehen. Die Materialwahl für diese Schale erfolgt auf Basis der lokal verfügbaren Baustoffe (z. B. Schiefer, lz).

Die in der Regel vorhandene Notwendigkeit der Einsparung an Heizmaterial führt zu einer entsprechenden Grundrissgestaltung der Gebäude, in der die wärmsten Räume im Gebäudeinnern liegen und von Räumen niedrigerer Temperatur oder von Pufferräumen umschlossen werden. In Bauernhäusern werden darüber hinaus die Abwärme des Viehs sowie die wärmedämmenden Eigenschaften von Stroh und Heu in der Weise genutzt, dass die Ställe in das Gebäude integriert und – von außen gesehen – vor den Wohnräumen angeordnet werden. Heu und Stroh zur Versorgung der Tier im Winter lagert dann oberhalb des Wohnbereiches.

Die Neigung und Ausbildung des Daches ergibt sich ebenfalls aus verfügbarem Material und Beanspruchung. Typische lokale Ausbildungen sind beispielsweise das Rieddach, das schlagregendicht und diffusionsoffen ist, jedoch eine erhöhte Brandgefährdung aufweist und damit nur für solitäre Lagen geeignet ist. In kalten Gebirgs- und Vorgebirgslagen lässt sich die in Abschn. 16.3 beschriebene wärmedämmende Eigenschaft des Schnees nutzen, indem die Dächer mit so flacher Neigung ausgeführt werden, dass der Schnee während der gesamten Heizperiode auf dem Dach liegen bleiben kann.

In Tab. 19.2 werden für die gemäßigte Klimazone die zentralen Daten (Klimabeschreibung, bauphysikalische Erfordernisse und Grundprinzipien der Gebäudekonstruktion) in einer Übersicht zusammengefasst.

Tab. 19.2 Zusammenfassende Übersicht über die zentralen Daten (Klimabeschreibung, bauphysikalische Erfordernisse und Grundprinzipien der Baukonstruktion) zum Bauen in gemäßigten Klimazonen

Gemäßigtes Klima		
Beschreibung	Bauphysikalische Erfordernis	Grundprinzipien der Baukonstruktion
– Moderate solare Strahlung – Wechselnde Klimata: *Winter* mit moderat tiefen Lufttemperaturen und Niederschlägen *Sommer* mit moderat hohen Lufttemperaturen und Niederschlägen	☑ Wärmedämmung ☑ Wärmespeicherung ☑ Schutz vor solarer Einstrahlung ☑ Intensivierte Lüftung ☑ Regenschutz	– (Hoch) wärmegedämmte Außenbauteile – Sonnenschutz im Sommer – Passive Solarenergienutzung im Winter

19.5 Arid

Im Rahmen der vereinfachten Aufteilung der Erde in lediglich vier Klimazonen versteht man unter einem ariden Klima ein heißes und gleichzeitiges trockenes Klima[1], in dem die mögliche Verdunstungsrate die Niederschlagsrate während signifikanter Zeitabschnitte eines Jahres überschreitet. Man spricht in diesem Zusammenhang von *vollarid*, wenn dieser signifikante Zeitabschnitt 10 bis 12 Monate beträgt; *semiarid* ist ein Klima dann, wenn diese Bedingung in einem Zeitabschnitt von 6 bis 9 Monaten eingehalten wird.

Aufgrund der niedrigen Luftfeuchtigkeit im ariden Klima und der daraus resultierenden minimalen Wärmespeicherfähigkeit der Luft sowie der fehlenden Wolken, die den Strahlungsaustausch zwischen Erdoberfläche und Himmel deutlich beeinflussen, treten während des Tagesverlaufes recht hohe Temperaturschwankungen der Luft um einen Mittelwert auf. Ausgehend von einer sommerlichen Tagesmitteltemperatur im Bereich von rund 25 °C können Tageshöchsttemperaturen von 50 °C erreicht werden, während im Winter in der Nacht – bedingt durch die freie Abstrahlung der Erdoberfläche in den unbewölkten Himmel – Temperaturen um den Gefrierpunkt auftreten können.

Das Vorhandensein großer Wassermengen wirkt sich durch die damit verbundenen immensen Speicherkapazitäten auf die oben beschriebenen jahreszeitlichen Temperaturschwingungen deutlich dämpfend aus.

Als Beispiel für den jahreszeitlichen Verlauf von Monatsmitteltemperatur und Niederschlag im ariden Klima sind in Abb. 19.13 die entsprechenden Messwerte für Alice Springs in ZentralAustralien dargestellt.

Als Material wird beim autochthonen Bauen in nahezu allen ariden Zonen der Baustoff Lehm (in der Regel als Bauprodukt in Form sonnengetrockneter Ziegel) verwendet, vgl. [11]. Steht Bauholz zur Verfügung, weisen die Balken in den ariden Zonen jedoch nur eine sehr begrenzte Länge auf, woraus dann die Ausführung von langen und schmalen Räumen resultiert. Heute ist in weiten Teilen der Welt mehr oder weniger die komplette Bandbreite der üblichen Baumaterialien verfügbar, was jedoch häufig dazu führt, dass die historisch entwickelten – und vor allem: gut funktionierenden – Entwurfsgrundsätze in undifferenzierender Weise außer Acht gelassen und durch Gebäudeentwürfe ersetzt werden, die weltweit in beliebigen anderen Klimata zu finden sind, vgl. dazu auch die Ausführungen beispielsweise in [6]. Die Folgen dieser Vorgehensweise zeigen sich dann am Ende viel zu häufig in Form von Bauschäden und/oder ausufernder Energiebedarfe zum Betrieb des Gebäudes.

---

[1] Grundsätzlich bezeichnet *arides* Klima, basierend auf dem lateinischen Wort *aridus* = trocken oder auch dürr, lediglich ein trockenes Klima, ohne auf das jeweilige Temperaturniveau einzugehen. Damit sind dann prinzipiell auch niederschlagsarme Gebiete in polaren und subpolaren Gegenden als arid zu bezeichnen. Bedingt durch die Tatsache, dass infolge der Wirksamkeit der Passat winde bis etwa zu den 25. Breitengraden Nord und Süd jedoch die meisten Trockengebieten sich im eher äquatorialen Bereich befinden, bezeichnet man im Rahmen der hier verwendeten Grobklassifizierung in lediglich vier Zonen als aride Zone eine trocken *und* heiße Zone.

Abb. 19.13 Jahreszeitlicher
Verlauf von
Monatsmitteltemperaturen und
monatlichen Niederschlägen
sowie mittlere
Jahrestemperatur und
kumulierter Jahresniederschlag
in Alice Springs (Australien)
als Beispiel für aride
Klimazonen

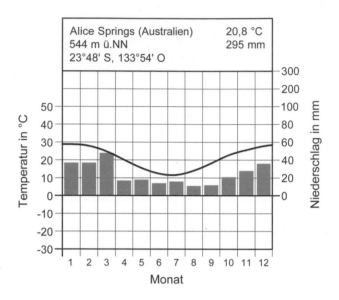

Abb. 19.14 Beispiele für die Verschattung von Fenstern und Fassaden durch eine enge und hohe Bebauung (links) und die Anordnung weniger, kleiner Fenster mit einfachen Verschattungsmöglichkeiten (hölzerne Blendläden) in der Fassade (rechts) in Montepulciano (Toskana, Italien)

Die zentralen bauphysikalischen Anforderungen im heißen und trockenen Klima sind Strahlungsreduzierung und Senkung der hohen Lufttemperaturen einschließlich Dämpfung der Temperaturamplitudenschwingungen, siehe beispielsweise auch [16].

Als Maßnahmen zur Reduzierung der solaren Einstrahlung dienen die folgenden primären Maßnahmen, vgl. auch Beispiele in Abb. 19.14:

- Reduzierung der Fensteranzahl sowie der Fensterfläche in den potenziell besonnten Außenwänden.
- Minimierung der Absorptionseigenschaften besonnter Flächen durch eine helle Oberflächengestaltung.

- Verhinderung der Temperaturaufheizung von Fassaden durch eine Verschattung der Fassaden, in der Regel erreichbar durch eine dichte und hohe Bebauung der Orte mit nur schmalen Wegen zwischen den Gebäuden oder durch Anordnung schattenspendender Bäume vor den Gebäuden.
- Die Anordnung einer Wärmedämmschicht auf einer besonnten Wand reduziert den Wärmestrom von außen nach innen entsprechend den bekannten Gesetzmäßigkeiten und kann damit eine Verschattung ersetzen. Gleichzeitig werden damit allerdings dann auch das nächtliche Auskühlen der Wand und damit ein Abführen der tagsüber in der massiven Wand eingespeicherten Wärme reduziert.
- Ausführung der Gebäude als Atriumhäuser mit innenliegenden, verschatteten Höfen.

Die Reduzierung der Schwingungsbreite zwischen den Amplituden der Lufttemperaturen lässt sich durch die Anordnung massiver raumabschließender Bauteile realisieren, vgl. auch Beispiele in Abb. 19.15: in den Raum von außen eingebrachte Wärme wird in den massiven Bauteilen temporär gespeichert, wodurch ein Ansteigen der Raumlufttemperatur verlangsamt wird. Während der nächtlichen Lüftung der Räume mit Außenluft niedriger Temperaturen wird die eingespeicherte Wärme wieder abgegeben – die Speicher entladen sich.

Als Möglichkeit, die Raumluft herunterzukühlen, bedient man sich in den heißen Gebieten der Verdunstungsenthalpie: Für den Phasenwechsel des Wassers von der flüssigen in die gasförmige Phase wird Energie benotigt, die als Wärme in der Luft zur Verfügung steht und dieser entzogen werden kann. Unterstützt wird dieser gewünschte Phasenwechsel durch die Aufteilung einer zur Verfügung stehenden Wassermenge in feine Tröpfchen (geringes Volumen bei großer Oberfläche), in der Regel durch die Anordnung von Springbrunnen oder wassergetränkter Tücher, Matten o. ä., die in den Luftstrom integriert werden.

Eine besondere Form, hohe Luftwechsel – ggf. auch mit entsprechenden zusätzlichen Kühlungsmöglichkeiten – zu erreichen, ist die Anordnung sogenannter Windtürme, die die Gebäude um mehrere Meter überragen. Diese seit Generationen funktionierenden Systeme

Abb. 19.15 Beispiele für massive wärmespeichernde Bauweisen. Links die Zitadelle von Saint-Tropez (Frankreich), rechts der Raja Birbal's Palace in Fatehpur Sikri (Indien; Photo: Britta Birkner)

den traditionellen Gebäuden im Weiteren zu einer Aufständerung und Unterlüftung des Gebäudes.

Im Gegensatz zu den trocken-heißen Gebieten sieht der städtebauliche Ansatz hier eine bewusst großzügige, lockere und luftdurchströmte Gebäudeanordnung vor; zur Maximierung der Strömungseffekte möglichst noch im ansteigenden Gelände.

Hinsichtlich weiterführender detaillierter Beschreibungen des traditionellen Bauens sei hier beispielsweise auf [3, 7, 9, 10] oder [13] verweisen.

Die Umsetzung sogenannter westlicher oder internationaler Entwürfe (vgl. weiter oben die Ausführungen zur ansteigender weltweiten Uniformität von Gebäuden) erfordert eine kritische Auseinandersetzung mit den eingeführten Baustandards, siehe dazu z. B. auch [2, 8] oder [15].

Im tropischen Klima kehren sich – gerade im Zusammenhang mit der Klimatisierung von Gebäuden – bekannte bauphysikalische Leitsätze um:

- Bedingt durch den relativ niedrigen Wasserdampfpartialdruck der Raumluft infolge der (teilweise extrem) niedrigen Innenlufttemperatur aus der Klimatisierung des Gebäudes und dem permanent hohen Wasserdampfpartialdruck der tropischen Außenluft findet sich ein kontinuierlich *in* das Gebäude gerichteter Wärme- und Wasserdampfdiffusionsstrom.
- Damit führen „europäisch" ausgelegte Baukonstruktionen, z. B. mit innenliegender Dampfbremse, sehr häufig zu Bauschäden.
- Die Anordnung einer Wärmedämmung ist nicht zur Reduzierung winterlicher Transmissionswärmeverluste erforderlich, sondern dient der Minimierung der Kühllasten im Gebäude durch drastische Reduzierung der nach innen gerichteten Wärmeströme. In diesem Fall ist die bekannte Anordnung der „richtigen" Schichtenfolge zu überdenken und entsprechend nachzuweisen (→ aus der Außendämmung wird hier durch Änderung der Diffusionsrichtung eine Innendämmung!)
- Ein weiteres Problem der Klimatisierung in Verbindung mit den hohen äußeren Wasserdampfpartialdrücken ist die sich einstellende Außenoberflächentemperatur θ_{se}. In Abhängigkeit vom U-Wert der Konstruktion unterschreitet diese schnell die Taupunkttemperatur der feuchten Luft, vgl. auch Ausführungen in [14]. Tab. 19.4 zeigt

Tab. 19.4 Beispiel für die Randbedingungen der Schimmelpilzbildung auf Außenoberflächen von Außenbauteilen klimatisierter Räume. Dabei wird für das Außenluftklima eine Lufttemperatur $\theta_e = 35\ °C$ sowie eine variierende Luftfeuchte und für die Außenbauteile ein veränderlicher U-Wert angesetzt. Tauwasserbildung tritt auf bei $\theta_{se} < \theta_s$. Die Innenlufttemperatur beträgt hier aufgrund der Klimatisierung $\theta_i = 20\ °C$

	Wärmedurchgangskoeffizient U in W/(m²K)			
	2,0	1,5	0,8	0,4
Außenoberflächentemperatur θ_{se} in °C	30	31	33	34
Taupunkttemperaturen θ_s in °C	bei einer Luftfeuchte $\phi = 70\ \% \rightarrow \theta_{se} = 29\ °C$			
	bei einer Luftfeuchte $\phi = 75\ \% \rightarrow \theta_{se} = 30\ °C$			
	bei einer Luftfeuchte $\phi = 80\ \% \rightarrow \theta_{se} = 31\ °C$			

Tab. 19.5 Zusammenfassende Übersicht über die zentralen Daten (Klimabeschreibung, bauphysikalische Erfordernisse und Grundprinzipien der Baukonstruktion) zum Bauen in tropischen Klimazonen

Tropisches Klima		
Beschreibung	Bauphysikalische Erfordernis	Grundprinzipien der Baukonstruktion
– Hohe solare Strahlung – Kontinuierliche hohe bzw. sehr hohe Lufttemperaturen	☐ Wärmedämmung ☐ Wärmespeicherung ☑ Schutz vor solarer Einstrahlung ☑ Intensivierte Lüftung ☑ Regenschutz	– Sehr leichte Außenbauteile – Große Lüftungsöffnungen – Regen- und Sonnenschutz durch weit vorgezogene Dächer – Aufgeständertes Gebäude

in einem Beispiel die sich in einem Außenluftklima mit einer Lufttemperatur $\theta_e = 35\ °C$ und variierenden Luftfeuchten ergebenden Taupunkttemperaturen θ_s sowie die sich für Außenbauteile mit veränderlichem U-Wert ergebenden Außenoberflächentemperaturen θ_{se}[2]. Tauwasserbildung – und damit auch ein Schimmelpilzbewuchs – tritt auf bei $\theta_{se} < \theta_s$, vgl. auch Darstellung in [15]. Die Innenlufttemperatur beträgt hier aufgrund der Klimatisierung $\theta_i = 20\ °C$.

In Tab. 19.5 werden für die tropische Klimazone die zentralen Daten (Klimabeschreibung, bauphysikalische Erfordernisse und Grundprinzipien der Gebäudekonstruktion) in einer Übersicht zusammengefasst.

Literatur

1. Abd-Elhafez, Mohamed Hssan Hassan: Development of Building Simulation Model for Passive Cooling in Hot Desert Climate, Dissertation, Department of Architecture, Faculty of Engineering, South Valley University, Egypt 2010
2. Ackerknecht, Dieter: Architektur und Klima, Tradition und Wandel, Schweizer Ingenieur und Architekt, Band 114, 1996
3. Al-Sapri, Radwan: Klimagerechtes Bauen in der heißfeuchten Tihama-Region im Jemen am Beispiel der Stadt Hodeida, Dissertationsschrift, Shaker-Verlag, Aachen 1998
4. Behling, Sophia; Behling, Stefan: Sol Power – Die Evolution der solaren Architektur, READ-Publikation (Renawable Energies in Architecture and design), Verlag Prestel, München, Berlin, London, New York
5. Böer, W.: Technische Meteorologie, Verlag B.G. Teubner, Leipzig 1964
6. Faskel, Bernd: Die Alten bauten besser – Energiesparen durch klimabewusste Architektur, Eichborn Verlag

---

[2] Die entsprechenden Berechnungen wurden zur Abbildung realistischer Randbedingungen im tropischen Klima mit einem gegenüber unserem DIN-basierten Wärmeübergangskoeffizient R_{se} erhöhten Wert von $R_{se} = 0,17\ m^2K/W$ durchgeführt.

Einführung in die Akustik

20

Gerrit Höfker

20.1 Physikalische Grundlagen

20.1.1 Wellen

Mit Schall bezeichnet man mechanische Schwingungen in einem elastischen Medium. Während in Fluiden nur Druckwellen, auch Longitudinalwellen genannt, möglich sind, gibt es in Festkörpern auch diverse andere Wellenformen wie beispielsweise Biegewellen. Die Ausbreitungsgeschwindigkeiten sind abhängig vom Wellentyp und dem Medium. In Fluiden treten nur Longitudinalwellen mit einer frequenzunabhängigen Ausbreitungsgeschwindigkeit auf. Diese Schallgeschwindigkeit lässt sich mit

$$c = \sqrt{\kappa R T} \tag{20.1}$$

berechnen, wobei für Luft der Adiabatenexponent mit $\kappa = 1{,}4$, für R die spezifische Gaskonstante für Luft mit 287 J/(kg K) und für T die thermodynamische Temperatur in K (20 °C = 293,15 K) einzusetzen ist. Zur einfacheren Berechnung der Temperaturabhängigkeit kann Gl. 20.1 zu folgender Zahlenwertgleichung vereinfacht werden:

$$c = 331 + 0{,}6\vartheta \tag{20.2}$$

Hierbei wird die Lufttemperatur ϑ in °C eingesetzt. Für eine Temperatur von 20 °C, wie sie häufig für Wohn- und Arbeitsräume angenommen wird, ist somit eine Schallgeschwindigkeit von c = 344 m/s anzusetzen.

G. Höfker (✉)
Hochschule Bochum, Bochum, Deutschland
E-Mail: gerrit.hoefker@hs-bochum.de

© Springer Fachmedien Wiesbaden GmbH, ein Teil von Springer Nature 2022
W. M. Willems (Hrsg.), *Lehrbuch der Bauphysik*,
https://doi.org/10.1007/978-3-658-34093-3_20

Zwischen der Schallgeschwindigkeit c, der Wellenlänge λ und der Frequenz f besteht in Fluiden folgender Zusammenhang:

$$c = \lambda f \tag{20.3}$$

Dabei hat die Wellenlänge λ die Einheit m und die Frequenz f die Einheit 1/s, was auch als 1 Hertz bezeichnet wird. Bei einer Frequenz von 100 Hz und einer Umgebungstemperatur von 20 °C ergibt sich beispielsweise eine Wellenlänge von 3,44 m, bei einer Frequenz von 10 kHz eine Wellenlänge von 3,44 cm (Abb. 20.1 und 20.2).

Einzelne Sinusschwingungen ergeben Töne, durch die Überlagerung mehrerer Töne ergeben sich Klänge und ein zusammenhangsloses Gemisch vieler Töne führt zu einem Geräusch. Dabei bilden alle beteiligten Frequenzen das Spektrum des Geräusches. Zwischen Tönen unterschiedlicher Frequenz bestehen Intervalle; bei einer Frequenzhalbierung beziehungsweise einer Frequenzverdopplung spricht man von einer Oktave, die wiederum in drei Terzen unterteilt werden kann. Das Frequenzverhältnis ergibt sich zu

$$\frac{f_o}{f_u} = 2 \text{ bei Oktaven und } \frac{f_o}{f_u} = \sqrt[3]{2} \text{ bei Terzen.} \tag{20.4}$$

f_o und f_u begrenzen nach oben und nach unten sogenannte Frequenzbänder mit einer Bandmittenfrequenz von

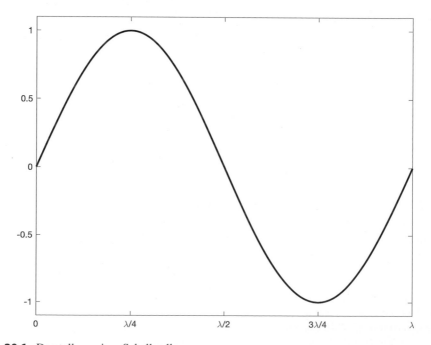

Abb. 20.1 Darstellung einer Schallwelle

Abb. 20.2 Darstellung einer
Longitudinalwelle in einem
Dichteplot

$$f_{\mathrm{m}} = \sqrt{f_{\mathrm{o}} f_{\mathrm{u}}}\,. \qquad (20.5)$$

Schallwellen sind dem atmosphärischen Luftdruck überlagerte Wechseldrücke, die als Schalldruck bezeichnet werden, und Wechselgeschwindigkeiten, die man als Schallschnelle bezeichnet. Die Amplituden des Schalldrucks und der Schallschnelle führen dazu, dass der Schall mehr oder weniger laut wahrgenommen wird. Das menschliche Gehör reagiert jedoch nur auf Wechseldrücke, so dass im Folgenden nur der Schalldruck näher erläutert wird.

Überlagern sich zwei Schallwellen, so addieren sich die Einzelschalldrücke der beteiligten Wellen zum resultierenden Schalldruck.

$$p_{\mathrm{res}} = \hat{p}_{1} \sin\left(\omega_{1} t - \phi_{1}\right) + \hat{p}_{2} \sin\left(\omega_{2} t - \phi_{2}\right) \qquad (20.6)$$

Mit $\hat{p}_{i}$ werden die Amplituden der Wellen, mit $\omega_{i} = 2\pi f_{i}$ die zugehörigen Eigenkreisfrequenzen, mit φ_{i} die Phasen, also die Anfangspunkte der Sinusschwingungen, und mit t die Zeit angegeben. Die Überlagerung von Wellen bezeichnet man als Interferenz, die je nach Frequenz und Phasen zu unterschiedlichen Ergebnissen führt.

- Konstruktive Interferenz liegt vor, wenn Maxima und Minima der beteiligten Wellen zusammenfallen und sich somit eine größere Amplitude p_{res} einstellt
- Destruktive Interferenz liegt vor, wenn die Maxima der einen Welle mit den Minima der anderen Welle zusammenfallen. Im extremen Fall von Antischall wird die zweite Welle mit gleicher Frequenz und einer Phasenverschiebung von π der ersten Welle überlagert, was zur kompletten Auslöschung führt
- Schwebungen ergeben sich, wenn zwei Wellen mit ähnlichen Frequenzen interferieren und es zu einem niederfrequenten Ab- und Anschwellen führt

In den Abb. 20.3, 20.4, 20.5 und 20.6 werden Beispiele für einige Interferenzerscheinungen gezeigt.

Gibt man Wellenvorgänge in komplexer Schreibweise an, so ergibt sich aus Gl. 20.6

$$p_{\text{res}} = \hat{p}_1 e^{j\omega_1 t} + \hat{p}_2 e^{j\omega_2 t}. \tag{20.7}$$

Zur detaillierten Auseinandersetzung mit komplexen Zahlen wird auf Mathematikbücher verwiesen. Für die in diesem Lehrbuch erforderlichen Berechnungen mit komplexen Größen können Tabellenkalkulationsprogramme und Mathematikprogramme verwendet werden. Zur tiefergehenden Betrachtung der physikalischen Grundlagen der Akustik sind Werke wie [2], [3], [4], [6], [7], [8], [9], [10], [11], [16], … heranzuziehen.

20.1.2 Schallfeldgrößen

Der vom Menschen als Schall wahrnehmbare Schalldruck umfasst einen Wertebereich von 0,00002 Pa bis zu etwa 20 Pa. Dies ist ein enorm großer Schalldruckbereich zwischen der menschlichen Hörschwelle und der sogenannten Schmerzgrenze.

Aus der Psychophysik ist bekannt, dass lineare Veränderungen von Reizempfindungen beim Sehen, Riechen, Tasten und Hören nur durch eine Vervielfachung der Reizstärke bewirkt werden können. Diese logarithmische Adaption der menschlichen Wahrnehmungen wird durch das Weber-Fechner-Gesetz beschrieben. Angewendet auf die akustische Praxis

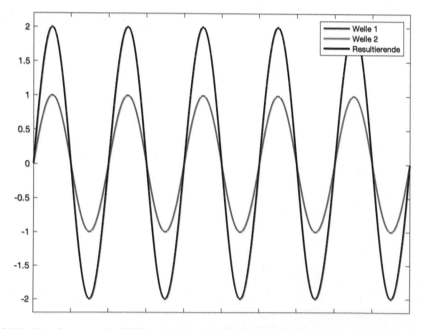

Abb. 20.3 Interferenz zweier Wellen gleicher Amplitude, gleicher Frequenz und gleicher Phase

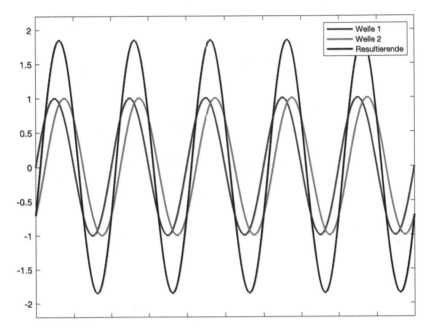

Abb. 20.4 Interferenz zweier Wellen gleicher Amplitude, unterschiedlicher Frequenz und gleicher Phase

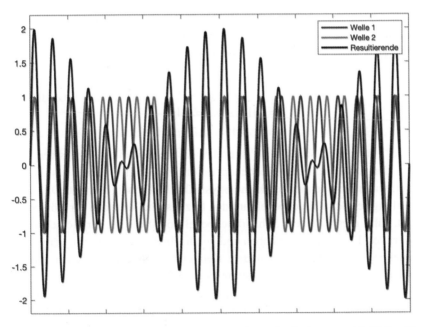

Abb. 20.5 Interferenz zweier Wellen gleicher Amplitude, geringfügig unterschiedlicher Frequenz und gleicher Phase (Schwebung sichtbar)

Tab. 20.1 Begriffe der Akustik nach DIN 1320:2009 – Allgemeine Begriffe (Auszug)

Begriff	Definition
Schall	Elastodynamische Schwingungen und Wellen
Hörfrequenzbereich	Frequenzbereich ausgeprägten Hörvermögens beim Menschen
Infraschall	Schall im Frequenzbereich unterhalb des Hörfrequenzbereichs
Ultraschall	Schall im Frequenzbereich oberhalb des Hörfrequenzbereichs
Geräusch	Schall, der nicht vorwiegend zur Übertragung von Informationen dient
Echo	Durch Reflexion oder Streuung umgelenkter Schall, der vom Ursprungsschall getrennt werden kann
Fremdgeräusch	Schall am Beobachtungsort, der unabhängig von dem interessierenden Schall vorhanden ist
Luftschall	Schall in gasförmiger Luft
Körperschall	Schall in einem festen Medium
Schallemission	Aussenden von Schall
Schallimmission	Einwirken von Schall
Schalldruck	Dem Schall zugeordneter Wechseldruck in Raum und Zeit
Schallschnelle	Dem Schall zugeordnete Wechselgeschwindigkeit
Schallenergie	Kinetische und potenzielle Energie des Schalles
Schallleistung	Zeitliche Ableitung der Schallenergie

zeichnet, wobei der Index 95 daraufhinweist, dass dieser Pegel zu 95 % während des Betrachtungszeitraumes überschritten wird. Analog dazu wird ein Spitzenpegel beispielsweise mit L_1 bezeichnet, wobei hier durch den Index 1 angegeben wird, dass der Pegel in 1 % des Betrachtungszeitraumes überschritten wird. Bei den pegelstatistischen Analysen sind aber auch Angaben von L_1, L_5, L_{10}, L_{50}, L_{90}, L_{95}, L_{99} üblich.

Zum besseren Verständnis bieten die nachfolgenden Tab. 20.1, 20.2 und 20.3 eine kurze Übersicht über die für dieses Lehrbuch wichtigsten Definitionen der Akustik. Dabei werden in Tab. 20.1 gemäß DIN 1320:2009 allgemeine Begriffsdefinitionen aus der Akustik zusammengestellt, in Tab. 20.2 ein Auszug aus den Pegeldefinitionen, in Tab. 20.3 Begriffe zur Schallausbreitung.

20.2 Hören

Durch das Außenohr, das aus Ohrmuschel und Gehörgang besteht, gelangen die Schallwellen zum Trommelfell und regen dieses zu Schwingungen an. Über die drei elastisch gelagerten Gehörknöchelchen werden die Schwingungen im luftgefüllten Mittelohr bis zum ovalen Fenster, das das Mittelohr vom flüssigkeitsgefüllten Innenohr trennt, weitergeleitet. Durch das im Vergleich zum ovalen Fenster große Trommelfell, durch die Hebelwirkung der Gehörknöchelchen sowie den geringen Wellenwiderstand im Innenohr erfolgt eine deutliche Verstärkung der aufgenommenen Signale. Im Innenohr gelangen die Schallwellen zur Schnecke, auch Cochlea genannt, die in einem Gang im Felsenbeinknochen des Schädels liegt. Dieser wird durch die Basilarmembran unterteilt, auf der das eigentliche

Tab. 20.2 Begriffe der Akustik nach DIN 1320:2009 – Begriffe für Pegel (Auszug)

Begriff	Definition
Schalldruckpegel	Zehnfacher dekadischer Logarithmus des Verhältnisses des zeitbewerteten Quadrates des frequenzabhängigen Schalldruckes zum Quadrat des Bezugswertes (Bezugswert für Luft ist 20 μPa)
Schallleistungspegel	Zehnfacher dekadischer Logarithmus des Verhältnisses der Schallleistung zur Bezugsschallleistung ($P_0 = 1$ pW)
Bewerteter Schalldruckpegel	Zehnfacher dekadischer Logarithmus des Verhältnisses des Quadrates des Effektivwertes des Schalldruckes bei einer gegebenen Frequenz- und Zeitbewertung zum Quadrat des Bezugsschalldruckes (beispielsweise Frequenzbewertung A, B, C und Zeitbewertung F, S, I)
Äquivalenter Dauerschallpegel	Zehnfacher dekadischer Logarithmus des Verhältnisses eines über der Zeit gemittelten Schalldruckquadrates zum Quadrat des Bezugsschalldruckes
Beurteilungspegel	Größe zur Kennzeichnung der Schallimmission während der Beurteilungszeit unter Berücksichtigung von Zuschlägen oder Abschlägen für bestimmte Geräusche, Zeiten und Situationen; wenn keine Zu- oder Abschläge zu berücksichtigen sind, ist der äquivalente Dauerschallpegel der Beurteilungspegel

Tab. 20.3 Begriffe der Akustik nach DIN 1320:2009 – Begriffe zur Ausbreitung (Auszug)

Begriff	Definition
Schallwelle	Elastodynamischer Vorgang, der eine Funktion der Zeit und des Ortes ist und sich mit einer gewissen Geschwindigkeit, die den Vorgang beschreibt, fortpflanzt
Schallgeschwindigkeit	Betrag des Phasengeschwindigkeitsvektors einer freien, fortschreitenden Schallwelle
Biegewelle	Transversale Schallwelle in einer Platte oder einem Stab als Kombination aus Kompressions- und Schwerwelle
Schallfeld	Bereich eines elastischen Mediums, der Schall enthält
Diffuses Schallfeld	Schallfeld, in dem der Schallintensitätsvektor in jedem Augenblick isotrop ist

Schallwandlersystem, das Cortische Organ mit seinen Haarzellen, sitzt. Hohe Frequenzen werden an der Schneckenbasis und tiefe Frequenzen an der Schneckenspitze detektiert. Über die Haarzellen des Cortischen Organs wird dann der Schall in neurologische Impulse gewandelt und durch den Hörnerv zur Weiterverarbeitung ins Gehirn geleitet.

Die Wahrnehmung von Schall erfolgt beim menschlichen Gehör nur in einem bestimmten Frequenz- und Schalldruckbereich. Hieraus ergibt sich die sogenannte Hörfläche, die zwischen 16 Hz und 20 kHz liegt. Nach unten wird sie durch die Hörschwelle und nach oben durch die Schmerzgrenze begrenzt. Hörschwelle und Schmerzgrenze sind frequenzabhängig, wobei die Frequenzabhängigkeit zudem noch schalldruckabhängig ist. Abb. 20.7 zeigt die menschliche Hörfläche und die Frequenzabhängigkeit des Gehörs in einer Isophonengrafik, in der Linien gleicher Lautstärkewahrnehmung dargestellt sind. Im

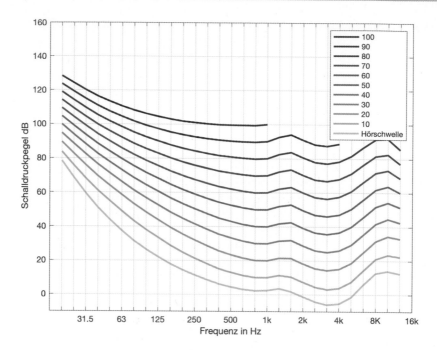

Abb. 20.7 Isophonen nach DIN ISO 226:2006, Hörfläche nach Zwicker, Feldtkeller [13]

Bereich zwischen 2000 Hz und 5000 Hz ist für das menschliche Hören der geringste Schalldruck erforderlich. Bei tieferen und höheren Frequenzen ist für die gleiche Lautstärkewahrnehmung ein höherer Schalldruck notwendig, was gleichbedeutend damit ist, dass tiefe und hohe Töne bei gleichem Schalldruck leiser als Töne mittlerer Frequenz wahrgenommen werden.

Zur Darstellung der Frequenzbereiche werden in Tab. 20.4 Hörbereiche von Kindern und Erwachsenen, die Sprachumfänge von Frauen und Männern, die Einordnung von Musik, die Frequenzbereiche der in diesem Buch dargestellten Anwendungen der technischen Akustik, der Raumakustik und der Bauakustik sowie die nachfolgend erläuterten Frequenzbewertungskurven gegenübergestellt.

20.2.1 Frequenzbewertungsverfahren

Zur Lautstärkeermittlung werden diverse Bewertungsverfahren mit unterschiedlichen Frequenzbewertungskurven verwendet. Die Frequenzbewertungskurven A und C, wie sie in Abb. 20.8 dargestellt sind, sollen jeweils für unterschiedliche Schalldruckbereiche eingesetzt werden und entsprechen in erster Näherung den inversen Isophonen aus Abb. 20.7. Schalldruckpegel, die einer solchen Bewertung unterzogen wurden, werden dann mit L_A und L_C beziehungsweise mit dB(A) und dB(C) angegeben. Durchgesetzt hat sich international die A-Bewertungskurve, die aus der 40-phon-Isophone abgeleitet wurde.

Tab. 20.4 Terzmittenfrequenzen, Frequenzbereiche, Bewertungen in der Raumakustik und der Bauakustik

	Frequenzbereich
Hören	Kinder: 20 Hz bis 20 kHz
	Erwachsene: 20 Hz bis 16 kHz
Sprechen	Frauen: 200 Hz bis 8 kHz
	Männer: 100 Hz bis 8 kHz
Musik	C_1 (33 Hz), C (66 Hz), c (131 Hz), c′ (262 Hz), a′ (440 Hz), c″ (524 Hz)
Oktavbandmittenfrequenzen	31,5 Hz, 63 Hz, 125 Hz, 250 Hz, 500 Hz, 1 kHz, 2 kHz, 4 kHz, 8 kHz, …
Terzbandmittenfrequenzen	50 Hz, 63 Hz, 80 Hz, 100 Hz, 125 Hz, 160 Hz, 200 Hz, 250 Hz, 315 Hz, 400 Hz, 500 Hz, 630 Hz, 800 Hz, 1 kHz, 1,25 kHz, 1,6 kHz, 2 kHz, …
Raumakustik	50 Hz bis 8 kHz, nach DIN 18041 zwischen 125 Hz und 4 kHz, Bewertung nach DIN EN ISO 11654 zwischen 250 Hz und 4 kHz
Bauakustik	50 Hz bis 5 kHz, Bewertung nach DIN EN ISO 717:2013 zwischen 100 Hz und 3,15 kHz

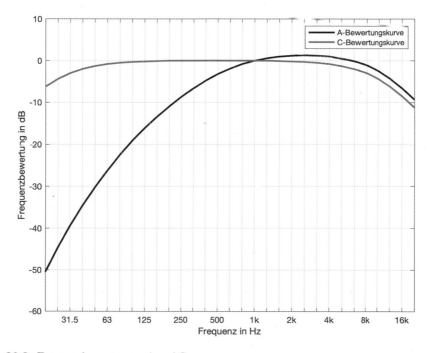

Abb. 20.8 Frequenzbewertungen A und C

20.2.2 Psychoakustik

Die A-Bewertung kann nur eine grobe Einschätzung des menschlichen Geräusch-empfindens liefern. Um die empfundene Lautheit eines Geräusches besser messen zu können, hat Eberhard Zwicker ein Verfahren entwickelt, bei dem das Signal in Frequenz-gruppen zerlegt wird, Teillautheiten ermittelt werden und die spektrale Maskierung sowie die zeitliche Verdeckung durch Ein- und Ausschwingvorgänge berücksichtigt werden. Dieses von Zwicker entwickelte Verfahren ist in DIN 45631:1991 beziehungsweise DIN 45631/A1:2010 genormt. Die Lautheit wird in der Einheit sone angegeben, wobei ein Ton von 40 phon als Referenzwert dient und einer Lautheit von 1 sone entspricht. Ver-doppelt sich der Lautstärkeeindruck, verdoppelt sich auch die Lautheit in sone.

Diese psychoakustischen Ansätze werden in der Kommunikationsakustik eingesetzt, siehe hier insbesondere [1], [12], [14], [15], und beispielsweise bei der Datenkompression für Audioformate wie mp3 oder bei modernen Hörgeräten angewendet. Im Bereich der Raum- und Bauakustik wurden psychoakustische Verfahren bisher nicht systematisch ver-wendet. Ansätze zur Implementierung wurden aber beispielsweise von Alphei und Hils [15] erarbeitet, was zu Abstufungsempfehlungen für Schalldämm-Maße und Norm-Trittschallpegel, wie sie in Kap. 22 näher erläutert werden, führte.

20.2.3 Lärm

Schall wird zu Lärm, wenn er entweder gesundheitsschädlich aufgrund zu hoher Schall-druckpegel oder belästigend ist. Im ersten Fall ist eine direkte Verbindung zwischen der physikalischen Größe des Schalldruckpegels, der Expositionszeit und dem eintretenden Hörverlust zu verzeichnen. Im zweiten Fall hingegen bestimmen nach Kalivoda [5] situa-tive und persönliche Faktoren den Grad der Lästigkeit. Als situative Faktoren werden Ein-flüsse wie Ort, Zeit und Situation, in der die Geräuschwahrnehmung auf eine Person ein-wirkt, bezeichnet. Mit den persönlichen Faktoren werden die emotionalen und kognitiven Wirkungen auf den Menschen berücksichtigt.

Lärm im Sinne der Lärm- und Vibrations-Arbeitsschutzverordnung, kurz LärmVibra-tions-ArbSchV, ist Schall, der zu einem Hörverlust oder zu einer Beeinträchtigung des Hörvermögens führen kann. Um dies zu vermeiden, werden Anforderungen an die maxi-mal zulässigen Expositionsschallpegel definiert. Hierbei werden maximal zulässige Spitzenschalldruckpegel $L_{pC,peak}$, Tages-Lärmexpositionspegel $L_{EX,8h}$ und Wochen-Lärm-expositionspegel $L_{EX,40h}$ unterschieden.

- Obere Auslösewerte: $L_{EX,8h} = 85$ dB(A) beziehungsweise $L_{pC,peak} = 137$ dB(C)
- Untere Auslösewerte: $L_{EX,8h} = 80$ dB(A) beziehungsweise $L_{pC,peak} = 135$ dB(C)

Werden die genannten Auslösewerte gemäß LärmVibrationsArbSchV überschritten, ist ein individueller Gehörschutz zu tragen. Unterhalb dieser Lärmexpositionspegel können

Schalle aber auch als Lärm empfunden werden. Gesundheitsschäden am Gehör sind dann zwar nicht mehr zu erwarten, vegetative Reaktionen wie erhöhter Blutdruck, Schlaflosigkeit, Unruhe und Konzentrationsstörungen können aber dennoch zu einer Gesundheitsbeeinträchtigung führen.

Der Mensch klassifiziert die empfangenen Schalle und lässt diese zu störendem Lärm werden. Das leise Tropfen eines Wasserhahns oder Toilettengeräusche aus der Nachbarwohnung können äußerst störend sein, wenn sie beispielsweise den nächtlichen Schlaf stören. Laute Musik hingegen wird nicht als Lärm empfunden, sofern sie dem individuellen Musikgeschmack des Menschen entspricht. Ebenso werden ein tosender Gebirgsbach oder das laute Geräusch der Brandung selten mit Lärm in Verbindung gebracht. In diesem Sinne ist auch die aktuelle Diskussion um Schallimmissionen von Kinderspielplätzen einzuordnen. Ob diese als angenehmes Zeichen eines lebendigen Stadtteils oder als nervender Lärm empfunden werden, hängt vom Empfänger und dessen Informationsverarbeitung ab.

Aus diesem Grund ist es für die weiteren Betrachtungen in der Raum- und Bauakustik und im Schallimmissionsschutz wichtig, sich mit den physikalischen Kennwerten der Akustik zu beschäftigen, doch sollte hierbei nie die Wahrnehmung des Menschen vernachlässigt werden. Ob Schalle stören, krank oder glücklich machen, ist somit nicht nur eine Frage des A-bewerteten Schalldruckpegels sondern eine sehr individuelle und wird von vielen weiteren, auch nichtakustischen, Faktoren beeinflusst.

20.3   Schallfelder

20.3.1 Schallfelder im Freien

Der zu erwartende Schalldruckpegel an einem bestimmten Ort hängt vom Schallleistungspegel der Quelle, der Ausdehnung der Schallquelle und von der Entfernung zwischen dem Empfangsort und der Quelle ab. Im Wesentlichen ergibt sich die zu erwartende Schallpegelminderung durch die geringer werdende Intensität, da sich die Schallenergie auf eine größer werdende Oberfläche verteilen muss. Bei einer Punktschallquelle, wie beispielsweise bei einem Hubschrauber oder einem Überschallknall, breitet sich die Schallenergie auf einer Kugeloberfläche aus und der Schalldruckpegel in einer Entfernung r ergibt sich aus rein geometrischen Betrachtungen zu

$$L(r) = L_{\mathrm{w}} - 10\lg\left(4\pi r^2\right) \approx L_{\mathrm{w}} - 20\lg r - 11\mathrm{dB}. \qquad (20.14)$$

Pro Entfernungsverdopplung nimmt der Schalldruckpegel um 6 dB ab. Stellt man nun diese Punktschallquelle auf eine große reflektierende Fläche, wie es beispielsweise ein Parkplatz sein könnte, erfolgt die Schallausbreitung auf einer Halbkugeloberfläche und es ist mit

$$L(r) = L_\text{w} - 10\lg\left(2\pi r^2\right) \approx L_\text{w} - 20\lg r - 8\text{dB} \tag{20.15}$$

zu rechnen. Die Pegelreduktion von 6 dB pro Entfernungsverdopplung bleibt erhalten, aufgrund der Reflexion am Boden ergibt sich jedoch insgesamt eine Pegelerhöhung um 3 dB. Stellt man sich nun eine Linienschallquelle in Form einer schwingenden Saite oder eines langen Zugs auf einer hohen Brücke vor, dann breitet sich die Schallenergie auf einer Zylinderoberfläche aus und der Schallpegel in einer Entfernung r beträgt

$$L(r) = L_\text{w} - 10\lg\left(2\pi r\right) \approx L_\text{w} - 10\lg r - 8\text{dB}. \tag{20.16}$$

Da nur noch r und nicht mehr r^2 in die Gleichung eingeht, nimmt der Schalldruckpegel mit 3 dB pro Entfernungsverdopplung ab. Analog zu oben angeführtem Beispiel ergibt sich für eine Linienschallquelle auf reflektierendem Untergrund

$$L(r) = L_\text{w} - 10\lg\left(\pi r\right) \approx L_\text{w} - 10\lg r - 5\text{dB}. \tag{20.17}$$

Betrachtet man hingegen einen Kanal, wie beispielsweise einen Tunnel, dann kommt es zu keiner Oberflächenvergrößerung und somit ist mit keiner Pegelreduktion durch zunehmende Entfernung zu rechnen.

Zusätzliche Pegelminderungen durch Dämpfung fallen geringer aus und werden in Abschn. 24.1 genauer beschrieben.

20.3.2 Schallfelder in Räumen

Schallwellen, die in einem Raum ausbreitungsfähig sind, werden als Eigenfrequenzen, Resonanzen oder Raummoden bezeichnet. Im tieffrequenten Bereich, in dem die Wellenlängen in der Größenordnung der Raumabmessungen liegen, ist eine starke Ortsabhängigkeit des Schalldruckpegels zu verzeichnen. Vor Wandflächen und insbesondere in Raumkanten und -ecken herrscht ein hoher Schalldruckpegel, während der Pegel im Raum entsprechend der Welleneigenschaften stark schwankt. Diese Raummoden können je nach Schallquellenposition im Raum mehr oder weniger stark angeregt werden, wobei eine besonders gute Anregbarkeit auf jeden Fall in den Schalldruckmaxima der Raumkanten und -ecken besteht. Dies führt zu einem Höreindruck mit Klangverfärbungen, da einzelne Frequenzen besonders stark hervortreten oder nicht hörbar sind. Bei vollständig reflektierenden Wänden lässt sich für einen quaderförmigen Raum der Schalldruck in Abhängigkeit der Ortskoordinaten mit

$$p_{xyz} = p_0 \cos\left(\frac{n_x \pi x}{1_x}\right)\cos\left(\frac{n_y \pi y}{1_y}\right)\cos\left(\frac{n_z \pi z}{1_z}\right) \tag{20.18}$$

berechnen. Hierbei stehen die Werte n für die Modennummern 0, 1, 2, etc., x, y, z für den Ort im Raum und 1_x, 1_y beziehungsweise 1_z für die Raumabmessungen. Die Frequenzen dieser Moden lassen sich mit

$$f_{n_x n_y n_z} = \frac{c}{2}\sqrt{\left(\frac{n_x}{1_x}\right)^2 + \left(\frac{n_y}{1_y}\right)^2 + \left(\frac{n_z}{1_z}\right)^2} \qquad (20.19)$$

ermitteln. Abb. 20.9 zeigt beispielhaft den Schalldruckpegelverlauf für die Raummode 320 in einer dreidimensionalen Darstellung, in Abb. 20.10 wird diese Mode als Dichteplot dargestellt.

Mit zunehmender Frequenz oder zunehmenden Raumabmessungen sind immer mehr Wellen ausbreitungsfähig und das modale Schallfeld mit seiner ausgeprägten Ortsabhängigkeit des Schalldruckes geht über in ein diffuses Schallfeld, in dem der Schallpegel ortsunabhängig ist und die Reflexionen aus allen Richtungen mit gleicher Wahrscheinlichkeit eintreffen. Man spricht dann von statistischem Schalleinfall.

Die Grenze zwischen modalem Schallfeld, in dem man das Schallfeld nur über die wellentheoretischen Phänomene beschreiben kann, und dem diffusen Schallfeld, in dem Welleneffekte nicht zwingend berücksichtigt werden müssen und in dem man sich die Schallwellen als Schallstrahlen vorstellen darf, ist fließend. Oberhalb dieser Grenzfrequenz kann von einer ausreichend guten Diffusität des Schallfeldes ausgegangen werden. Durch eine Bedämpfung der Räume über tieffrequent wirksame Schallabsorber werden die Schallwellen mit reduzierter Amplitude und verschobener Phase reflektiert. Dies führt zu einer Glättung der Schalldruckpegelschwankungen im Raum und es wird an den

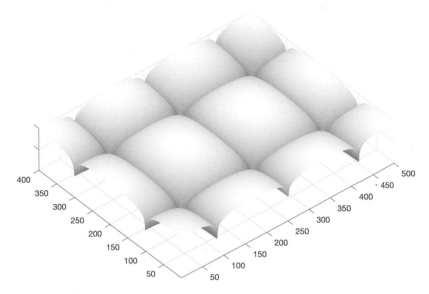

Abb. 20.9 Schalldruckpegelverlauf in einem Raum bei der Raummode 320

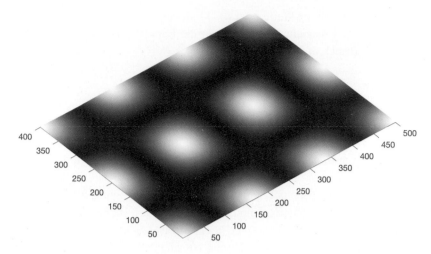

Abb. 20.10 Schalldruckpegelverlauf in einem Raum bei der Raummode 320, dargestellt als Dichteplot

Tab. 20.5 Beispiele für die untersten Eigenfrequenzen und Schroeder-Grenzfrequenzen diverser Räume der Abmessungen x, y und z

Raum	x in m	y in m	z in m	Eigenfrequenzen in Hz	Soll-Nachhallzeit in s	Grenzfrequenz in Hz
Sprecherkabine	1,2	1,8	2,4	71, 119, 143, …	0,20	393
Einzelbüro	2,5	4,0	2,5	69, 81, 97, …	0,38	246
Klassenraum	9,2	5,6	3,0	19, 36, 37, …	0,53	117
Konzertsaal	49	19	18	4, 7,10, …	1,97	22

zunächst lauten Stellen im Raum leiser, an den zuvor leisen Stellen hingegen lauter. Insgesamt nimmt der mittlere Schalldruckpegel durch die Bedämpfung des Raumes ab. Schroeder gibt die Grenze der Schallfeldbereiche mit

$$f_\mathrm{s} = 2000\sqrt{\frac{T(f)}{V}} \qquad (20.20)$$

an. Diese Grenzfrequenz wird auch Schroeder-Grenzfrequenz genannt. Die hier auftretende Nachhallzeit T(f), die durch den Einbau von Schallabsorbern zu senken ist, wird im nachfolgenden Kapitel detailliert erläutert. In Tab. 20.5 werden beispielhaft für verschiedene Räume die Eigenfrequenzen, die Soll-Nachhallzeiten sowie die Schroeder-Grenzfrequenzen angegeben. Ab dieser Grenzfrequenz f_s ist nun mit einem ausreichend diffusen Schallfeld zu rechnen und Kennwerte wie Diffusfeldpegel und Nachhallzeit sowie die geometrischen Gesetze der Reflexion (Ausfallswinkel = Einfallswinkel) sind anwendbar.

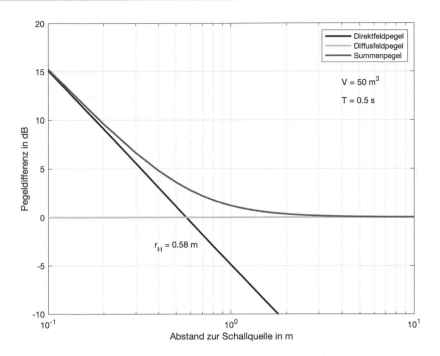

Abb. 20.11 Schalldruckpegel im Direktfeld, im Diffusfeld und Summenpegel, Kennzeichnung des Hallradius

In einem Raum wird, wie in Abb. 20.11 dargestellt, der Schalldruckpegel im Bereich einer Schallquelle zunächst abfallen und nach einer gewissen Entfernung in einen orts-unabhängigen konstanten Diffusfeldpegel, der durch die Reflexionen an den Raum-oberflächen verursacht wird, übergehen. Der Bereich, in dem Diffusfeldpegel und Direktfeldpegel gleich groß sind, wird Hallradius genannt. Dieser ist frequenzabhängig und lässt sich mit

$$r_h(f) \approx \frac{\sqrt{A(f)}}{7} \tag{20.21}$$

berechnen. Die Schallabsorption im Raum wird hier durch die sogenannte äquivalente Schallabsorptionsfläche

$$A(f) = S\alpha(f) \tag{20.22}$$

aller vorhandenen Schallabsorber dargestellt. Der Diffusfeldpegel lässt sich bei bekann-tem Schallleistungspegel L_w einer Schallquelle mit

$$L_{\text{diff}} = L_w - 10\lg\left(\frac{A}{4}\right) \tag{20.23}$$

Raumakustik

Gerrit Höfker

21.1 Nachhallzeit

Sabine [40] erforschte empirisch den Zusammenhang zwischen Volumen, schall-absorbierenden Flächen und dem Nachhall im Raum. Zur Quantifizierung des Nachhalls legte er die Zeitspanne fest, in der die Schallenergie im Raum nach Abschalten einer Schallquelle auf den millionsten Teil seines Anfangswertes abklingt. Dies entspricht einem Pegelabfall von 60 dB.

$$T_{\text{sab}}(f) = 0{,}163 \frac{V}{A(f)} \tag{21.1}$$

In der Nachhallzeitgleichung nach Sabine sind V das Raumvolumen in m³, S_i die raumseitige Oberfläche und $\alpha_i(f)$ der frequenzabhängige Schallabsorptionsgrad, der das Verhältnis von absorbierter Schallenergie zur auftreffenden Schallenergie angibt. Berücksichtigt man gemäß DIN EN 12354-6:2004 die Temperaturabhängigkeit der Schallgeschwindigkeit c_0, den raumvolumenreduzierenden Objektanteil ψ sowie die Summe aller äquivalenten Schallabsorptionsflächen von flächigen Absorbern und Objekten sowie der Luft ist die Nachhallzeit mit

$$T = \frac{55{,}3\, V (1-\psi)}{c_0} = \frac{55{,}3}{c_0} \frac{V(1-\psi)}{\sum_{i=1}^{n} S_i \alpha_i + \sum_{j=1}^{o} A_{obj,j} + \sum_{k=1}^{m} S_k \alpha_k + 4m\, V (1-\psi)} \tag{21.2}$$

G. Höfker (✉)
Hochschule Bochum, Bochum, Deutschland
E-Mail: gerrit.hoefker@hs-bochum.de

ermittelt werden. Hierbei sind $k_0 = 2\pi/\lambda$ die Wellenzahl und $Z_0 = \rho c$ die Schallkennimpedanz der Luft. Für den tieffrequenten Bereich von $C \geq 60$ muss die Ausbreitungskonstante mit

$$\underline{\Gamma} = k_0 \sqrt{-1{,}466 + j0{,}212C} \tag{21.13}$$

und der Wellenwiderstand des porösen Absorbers mit

$$\underline{Z}_a = Z_0 \frac{\dfrac{C}{2\pi} + j1{,}403}{\sqrt{-1{,}466 + j0{,}212C}} \tag{21.14}$$

berechnet werden. Anhand dieser Kenngrößen lässt sich dann für einen porösen Absorber der Dicke d vor schallharter Wand, wie in Abb. 21.1 dargestellt, die Wandimpedanz ermitteln.

$$\underline{Z}_1 = Z_a \coth\left(\underline{\Gamma} d\right) \tag{21.15}$$

Sollte das verwendete Rechenprogramm nicht zur direkten Berechnung des coth einer komplexen Zahl in der Lage sein, kann die Substitution gemäß Tab. 20.4 vorgenommen werden. In Abb. 21.2 sind beispielhaft für einen porösen Absorber vor schallharter Wand die Frequenzgänge der Wandimpedanz, der Betrag des Reflexionsfaktors, die Phase sowie der Schallabsorptionsgrad für senkrechten Schalleinfall dargestellt. Es ist deutlich zu erkennen, dass hohe Schallabsorptionsgrade erst bei hohen Frequenzen gegeben sind. Eine Verschiebung zu mittleren Frequenzen kann durch eine größere Dicke d erreicht werden, wie in Abb. 21.3 dargestellt. Eine Eignung für die tieffrequente Absorption ergibt sich allerdings nur durch sehr große und für die Baupraxis unübliche Materialdicken.

In Abb. 21.4 wird weiterhin der Einfluss eines variierenden Strömungswiderstandes Ξ bei konstanter Absorberdicke d dargestellt.

Da die Schallschnelle vor einer schallharten Wand 0 betragen muss und das Absorbermaterial dicht vor der Wand nur wenig zur Schallabsorption beiträgt, ist es durchaus

Abb. 21.1 Poröser Absorber der Dicke d vor schallharter Wand

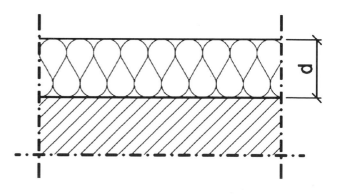

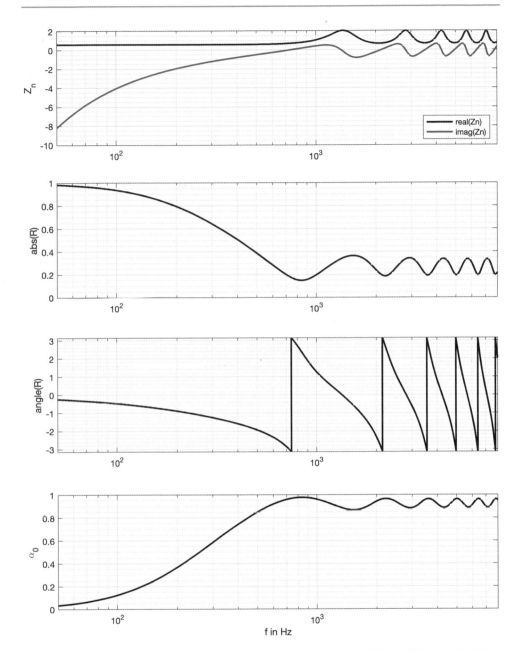

Abb. 21.2 Frequenzverläufe von Impedanz, Betrag des Reflexionsfaktors, Phase und Schall-absorptionsgrad für senkrechten Schalleinfall für einen 100 mm dicken porösen Schallabsorber mit einem längenbezogenen Strömungswiderstand von 5000 Ns/m⁴

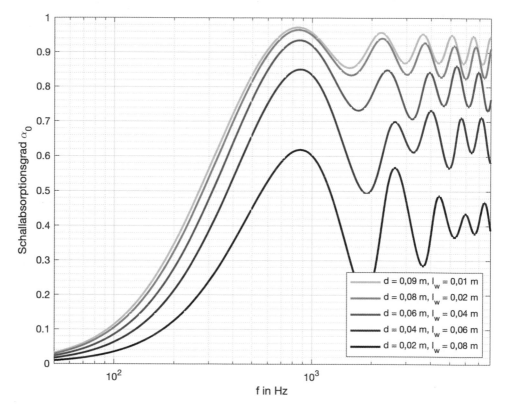

Abb. 21.6 Vergleich des Schallabsorptionsgradverlaufes von porösen Schallabsorbern mit Wandabstand vor schallharter Wand (Gesamtdicke 100 mm, $\Xi = 5000$ Ns/m^4)

Nimmt man statt eines Schallabsorbermaterials mit der Dicke d und mit dem längenbezogenen Strömungswiderstand Ξ eine Stoffbespannung, so lässt sich gemäß Heckl [10] die Wandimpedanz zu

$$\underline{Z}_1 = \frac{R\,j\omega m'}{R + j\omega m'} - jZ_0 \cot\left(k_0 l_w\right) \tag{21.18}$$

berechnen. Da üblicherweise die Dicke der Stoffbespannung nicht bekannt ist, wird hier anstatt des längenbezogenen Strömungswiderstandes Ξ der Strömungswiderstand R des Materials verwendet.

In der Regel entsprechen die porösen Schallabsorber in Form von Mineralwolle, offenzelligen Schäumen, Filzen oder Vliesen nicht den gestalterischen Ansprüchen der Architektur. Auch die mechanische Beständigkeit ist für praktische Anwendungen häufig unzureichend. Daher sind in der Praxis optisch ansprechende und mechanisch ausreichend beständige Deckschichten notwendig, die allerdings die akustische Wirksamkeit des porösen Schallabsorbers möglichst wenig beeinflussen sollen. Eine Lösung stellen beispielsweise Stoffkaschierungen für Wandabsorber aus offenzelligen Schaumstoffen oder Lochbleche für Vliese dar. Der Strömungswiderstand dieser Deckschichten sollte möglichst klein sein, sofern man den Schallabsorptionsgradverlauf des Schallabsorbers nicht bewusst verändern möchte. Bei dünnen Lochblechen wird dies beispielsweise ab einem Lochflächenanteil von etwa 25 % erreicht. Verwendet man hingegen Folien, beispielsweise als Rieselschutz für Mineralwolleabsorber, dann sollten diese sehr dünn sein, da ansonsten ein Plattenresonator entsteht, wie er im folgenden Kapitel erläutert wird. Detaillierte Betrachtungen zur Wirkung verschiedenartiger Deckschichten sind beispielsweise bei Mechel [13], [14], [15] nachzulesen.

21.2.2 Plattenresonatoren

In Abb. 21.6 ist zu erkennen, dass die zuvor beschriebenen porösen Schallabsorber nicht zur tieffrequenten Schallabsorption geeignet sind. Um eine tieffrequente Wirksamkeit zu erreichen, sind Resonanzabsorber zu verwenden, bei denen Masse-Feder-Systeme in Form von Plattenresonatoren oder Helmholtzresonatoren zur Anwendung kommen. Diesen Absorbern ist gemeinsam, dass eine Masse gegen eine Feder schwingt und so mit der dahinter liegenden Wand ein Masse-Feder-System bildet. Abb. 21.7 zeigt ein Modell eines Masse-Feder-Systems.

Bei Plattenresonatoren, bestehend aus einer Platte mit einer geringen flächenbezogenen Masse m'_1, einer Luft- oder Dämmstoffffeder der dynamischen Steifigkeit s' und einer Platte mit einer größeren flächenbezogenen Masse m'_2, ergibt sich die Resonanzfrequenz des Masse-FederSystems zu

$$f_0 = \frac{1}{2\pi} \sqrt{s'\left(\frac{1}{m'_1} + \frac{1}{m'_2}\right)}. \tag{21.19}$$

Da bei Plattenresonatoren für raumakustische Anwendungen in der Regel $m'_1 \ll m'_2$ ist, kann auch mit folgender Gleichung gerechnet werden.

$$f_0 = \frac{1}{2\pi} \sqrt{\frac{s'}{m'_1}} \tag{21.20}$$

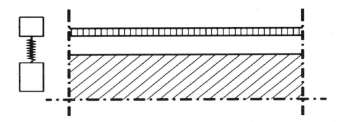

Abb. 21.7 Plattenresonator, Masse-Feder-System

Bei der Resonanzfrequenz schwingen die Platten mit maximaler Amplitude, so dass Schallabsorption und Schalltransmission maximale Werte erreichen. Wählt man anstatt einer Dämmstofffeder eine Luftfeder der Dicke l_w, ist die dynamische Steifigkeit mit

$$s' = \frac{\rho c^2}{l_\mathrm{w}} \tag{21.21}$$

zu berechnen. Die Impedanz eines Plattenresonators mit biegeweicher Vorschaltmasse und Dämmstofffeder ergibt sich für senkrechten Schalleinfall zu

$$\underline{Z}_1 = j\omega m_1' + \underline{Z}_\mathrm{a}\coth\left(\underline{\Gamma}d\right). \tag{21.22}$$

In Abb. 21.8 sind beispielhaft für einen porösen Absorber mit biegeweicher Vorschaltmasse die Frequenzgänge der Wandimpedanz, der Betrag des Reflexionsfaktors, die Phase sowie der Schallabsorptionsgrad für senkrechten Schalleinfall aufgezeigt.

Es ist zu erkennen, dass dieser Plattenresonator ein selektiver Schallabsorber mit einem stark ausgeprägten Maximum bei einer bestimmten Frequenz ist. Abb. 21.9 zeigt die Verschiebung des Schallabsorptionsgradmaximums bei der Resonanzfrequenz f_0 für verschiedene biegeweiche Vorschaltmassen.

Bei den hier gezeigten Plattenresonatoren ist zu erkennen, dass auch bei geringen Aufbaudicken hohe Schallabsorptionsgrade im tieffrequenten Bereich erzielt werden. Somit stellen diese Absorber in der raumakustischen Planungspraxis eine ideale Ergänzung zu den porösen Absorbern für mittlere und hohe Frequenzen dar.

Sind die Platten nicht absolut biegeweich, besitzen also eine nicht zu vernachlässigende Biegesteifigkeit, ergeben sich neben der Resonanz gemäß Gl. 21.19 noch Resonanzen aus den Biegeeigenschwingungen der Platte. Diese hängen vom Plattenmaterial, von der Plattendicke und der Randeinspannung ab. Da Plattenresonatoren mit biegesteifen Platten geringere Schallabsorptionsgrade als solche mit biegeweichen Platten aufweisen, ist bei der Planung für raumakustische Zwecke auf möglichst biegeweiche Vorschaltmassen zu achten. Auf den speziellen Fall der biegesteifen Platten bei Plattenresonatoren, wie sie beispielsweise bei Mechel [14] beschrieben werden, kann im Rahmen dieses Lehrbuches nicht eingegangen werden.

21.2.3 Helmholtzresonatoren

Anstatt einer schwingenden Platte ist es auch möglich, Luftmassen in Schlitzen und Löchern gegen Luftfedern schwingen zu lassen und somit bei der Resonanzfrequenz hohe Schallabsorptionsgrade zu erzielen. Diese Schallabsorber, wie in Abb. 21.10 skizziert, werden Helmholtzresonatoren genannt und werden unter anderem bei Mechel [13], [14], [15], Fasold [6], [7], [8], [9] näher beschrieben.

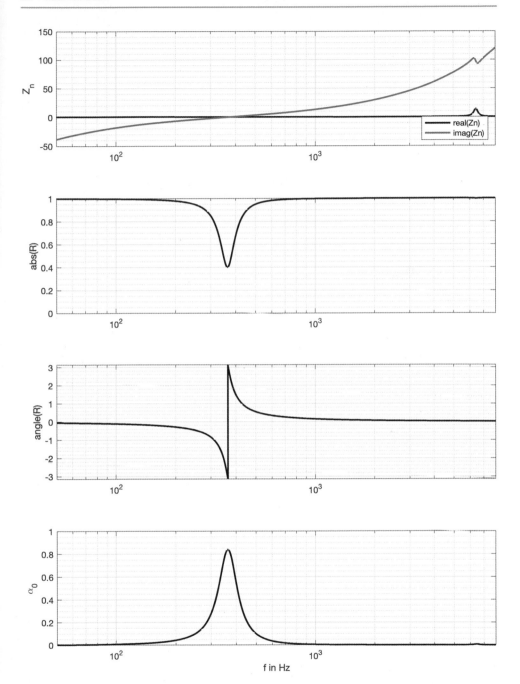

Abb. 21.8 Poröser Absorber mit biegeweicher Vorschaltmasse, die Frequenzgänge der Wandimpedanz, der Betrag des Reflexionsfaktors, die Phase sowie der Schallabsorptionsgrad für senkrechten Schalleinfall

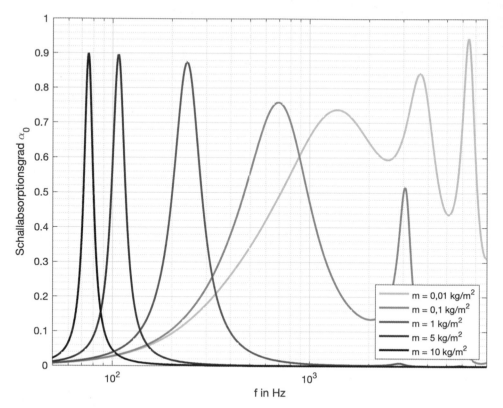

Abb. 21.9 Plattenresonator, biegeweiche Vorschaltmasse vor einem porösen Absorbermaterial

Abb. 21.10 Prinzipskizze
eines Helmholtzresonators aus
einer Loch- oder Schlitzplatte
vor einem kassettierten
Luftraum

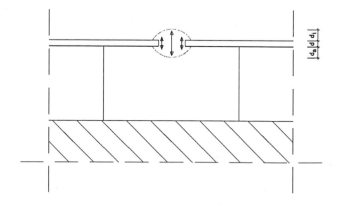

   Bestimmend für die Lage des Schallabsorptionsgradmaximums ist die Loch- oder
Schlitzgeometrie bezüglich Länge und Form sowie das einem Loch oder Schlitz zu-
zuordnende Luftvolumen. Zunächst soll ein Einzelresonator mit einer schwingenden Luftmasse und einem Luftvolumen der Steifigkeit

$$s' = \frac{\rho c^2 S^2}{V} \qquad (21.23)$$

betrachtet werden. Hierbei ist S die Querschnittsfläche des Resonatorhalses und V das zugehörige Luftvolumen. Die schwingende Luftmasse ergibt sich aus

$$m = m_h + m_m = \rho S d + \rho S\left(\Delta d_i + \Delta d_a\right), \qquad (21.24)$$

wobei m_h die Luftmasse im Resonatorhals und m_m die zusätzlich mitschwingende Luftmasse an den Lochmündungen innen und außen ist, die auch Mündungskorrekturen Δd genannt werden. Die Resonanzfrequenz des Helmholtzresonators ergibt sich zu

$$f_0 = \frac{c_0}{2\pi} \sqrt{\frac{S}{V\left(d + \Delta d_i + \Delta d_a\right)}}. \qquad (21.25)$$

Detaillierte Angaben zu den Mündungskorrekturen Δd_i und Δd_a sind beispielsweise in Publikationen von Mechel [14] zu finden. Überschlägig können diese auch nach Fasold [8] mit

$$\Delta d_i + \Delta d_a = \frac{r\pi}{2} \text{ bei runden Löchern mit dem Radius } r \qquad (21.26)$$

und

$$\Delta d_i + \Delta d_a = \frac{a\sqrt{\pi}}{2} \text{ bei quadratischen Löchern mit der Kantenlänge } a \qquad (21.27)$$

ermittelt werden. Die Mündungskorrekturen für Schlitze sind zudem noch frequenzabhängig.

Die erreichbare äquivalente Schallabsorptionsfläche von Helmholtzresonatoren hängt zudem von der Anordnung im Raum ab. Da diese Helmholtzresonatoren vorwiegend für die Schallabsorption tiefer Frequenzen gebaut werden und dabei im Raum ein modales Schallfeld besteht, kann in den Kanten und Ecken des Raumes aufgrund des dort bestehenden hohen Schalldrucks gemäß Fasold [8] eine Vervielfachung der äquivalenten Schallabsorptionsfläche A erreicht werden.

Für die flächenhafte Anwendung sind Anordnungen vieler einzelner Helmholtzresonatoren üblich, beispielsweise in gelochten oder geschlitzten Platten, deren Loch- beziehungsweise Schlitzabstand klein gegenüber der Wellenlänge ist. Das führt durch die gegenseitige Beeinflussung zu einer Verstimmung der Resonatoren und zu einer breitbandigeren Absorption. Diese Schallabsorberaufbauten werden in der Praxis verwendet, beispielsweise in Form von perforierten Holzpaneelen oder Gipskartonlochplatten.

Bei unkassettierten Hohlräumen hinter Loch- oder Schlitzplatten ergeben sich hohe Schallabsorptionsgrade nur bei senkrechtem Schalleinfall. Möchte man bei schrägem

Schalleinfall auch hohe Schallabsorptionsgrade erreichen, ist die Luftschicht in Einzel-volumen zu kassettieren, so dass der Absorber lokal wirksam wird und keine Schallaus-breitung in der Luftschicht erfolgen kann.

21.2.4 Mikroperforierte Absorber

Eine besondere Art der Helmholtzresonatoren sind sogenannte mikroperforierte Absorber, wie in Abb. 21.11 schematisch dargestellt, bei denen der Lochflächenanteil sehr gering ist und die Lochdurchmesser im Sub-Millimeterbereich liegen. Zum besseren Verständnis ist eine nähere Betrachtung der Strömungsverhältnisse in den Löchern erforderlich. Der hy-draulische Durchmesser der Löcher ist hier so gering, dass sich eine laminare Strömung ausbildet und die Schallabsorption im Wesentlichen auf der Reibung der Luftmoleküle untereinander beruht. Die Wandimpedanz einer mikroperforierten Platte oder Folie ergibt sich aus der Summe des akustischen Reibungswiderstandes r', der Impedanz der Platte mit der akustisch wirksamen Masse m' und der Impedanz der Luftschicht.

$$\underline{Z}_1 = r' + j\omega m' - jZ_0 \cot\left(k_0 l_\mathrm{w}\right) \tag{21.28}$$

Nach Maa 1 [35], [36] beträgt der akustische Reibungswiderstand

$$r' = \frac{32\eta t}{\sigma \rho c d^2}\left(\sqrt{1+\frac{k^2}{32}} + \frac{\sqrt{2}\,kd}{32t}\right) \tag{21.29}$$

und die akustisch wirksame Masse

Abb. 21.11 Strömungsprofil im Loch/Schlitz eines mikroperforierten Schallabsorbers im Vergleich zu einem Helmholtzresonator (rechts)

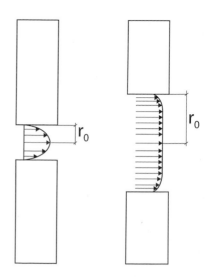

$$m' = \frac{t}{c\sigma}\left(1 + \frac{1}{\sqrt{1 + \frac{k^2}{2}}} + 0.85\frac{d}{t}\right). \tag{21.30}$$

Hier sind $\eta = 1{,}789 \cdot 10^{-5}$ kg/ms die dynamische Viskosität von Luft für Plattenmaterialien mit geringer Wärmeleitfähigkeit, t die Plattendicke, d der Lochdurchmesser und σ der Lochflächenanteil. Der Grenzschichtparameter k ergibt sich zu

$$k = d\sqrt{\frac{\omega\rho}{4\eta}}. \tag{21.31}$$

Liegt der Grenzschichtparameter k zwischen 1 und 10, so spricht man von einem mikroperforierten Absorber. In Abb. 21.12 ist der berechnete Schallabsorptionsgradverlauf eines mikroperforierten Absorbers nach [35], [36] dargestellt.

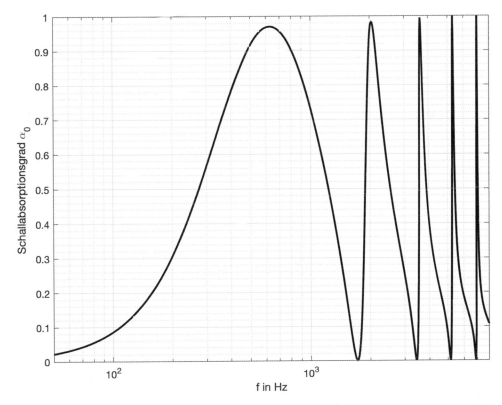

Abb. 21.12 Mikroperforierter Schallabsorber (d = 0,2 mm, t = 0,2 mm, l_w = 100 mm, σ = 0,0109), berechnet nach [35], [36]

Mikroperforierte Schallabsorber sind in Deutschland erstmals im Plenarsaal des Deutschen Bundestages in Bonn eingesetzt worden, wie von Fuchs und Zha [28] erwähnt. Dafür wurde die Mikroperforation in transparente Acrylglasscheiben eingebracht und der entstehende Hohlraum blieb unbedämpft. Somit war es möglich, transparente Schallabsorber zu bauen. Aufgrund der hohen Herstellungskosten werden heute jedoch meist dünne Folien oder Holzplatten genadelt, was zu kostengünstigeren Schallabsorbern als bei gebohrten Platten führt. Weiterführende Literatur zur Wirkungsweise von mikroperforierten Schallabsorbern stellen beispielsweise den Arbeiten [30], [34] und [39] zu entnehmen.

Tab. 21.4 Beispiel einer Nachhallzeitberechnung für einen Seminarraum gemäß DIN 18041:2016

	Beschreibung					
Seminarraum	Quaderförmiger Raum (Breite b = 5,0 m, Länge l = 8,0 m, Höhe h = 3,2 m) Volumen V = 128 m³, Objektvolumen 2,25 m³ Nutzung Unterricht/Kommunikation, ϑ = 20 °C Soll-Nachhallzeit $T_{soll,A3}$ = 0,50 s					
	Schallabsorptionsgrade					
	125	**250**	**500**	**1 k**	**2 k**	**4 k**
Parkett auf Beton	0,02	0,03	0,04	0,05	0,05	0,06
Gipskartonwand	0,15	0,12	0,10	0,08	0,07	0,06
Glatter Beton	0,01	0,01	0,01	0,02	0,02	0,03
Rasterdecke, Glasfaser, l_w = 200 mm	0,30	0,50	0,60	0,71	0,89	0,81
Glasfassade	0,12	0,08	0,05	0,04	0,03	0,02
Türen aus Holz	0,14	0,10	0,08	0,08	0,08	0,08
	Äquivalente Schallabsorptionsflächen in m²					
	125	**250**	**500**	**1 k**	**2 k**	**4 k**
Parkett auf Beton, 40,0 m²	0,8	1,20	1,60	2,00	2,00	2,40
Gipskartonwand, 52,6 m²	7,89	6,31	5,26	4,21	3,68	3,16
Glatter Beton, 15,0 m²	0,15	0,15	0,15	0,30	0,30	0,45
Rasterdecke, 200 mm Abhängehöhe, 25,0 m²	7,50	12,50	15,00	17,75	22,25	20,25
Glasfassade, 25,6 m²	3,07	2,05	1,82	1,02	0,77	0,51
Türen aus Holz, 5 m²	0,70	0,40	0,40	0,40	0,40	0,40
	Sonstige äquivalente Schallabsorptionsflächen in m²					
	125	**250**	**500**	**1 k**	**2 k**	**4 k**
Einfache Polsterstühle, 30 Stück	4,50	7,50	9,00	10,50	15,00	19,50
Tische, 15 Stück, 0,15 m³	4,23	4,23	4,23	4,23	4,23	4,23
	Äquivalente Schallabsorptionsfläche in m²					
	125	**250**	**500**	**1 k**	**2 k**	**4 k**
Luftabsorption (20 °C, φ = 50 %)	0,05	0,15	0,30	0,50	0,86	2,06
	Nachhallzeiten in s					
	125	**250**	**500**	**1 k**	**2 k**	**4 k**
Toleranz oben	0,73	0,60	0,60	0,60	0,60	0,60
Toleranz unten	0,33	0,40	0,40	0,40	0,40	0,33
Nachhallzeit nach DIN EN 12354-6:2004	0,70	0,59	0,54	0,50	0,41	0,38

Tab. 21.5 Schallabsorptionsgradangaben aus verschiedenen Regelwerken

Form der Angabe	Bedeutung	Ermittlung
$\alpha_0(f)$ nach DIN EN ISO 10534-1:2001 oder DIN EN ISO 10534-2:2001	frequenzabhängiger Schallabsorptionsgrad für senkrechten Schalleinfall, in der Regel in Terzen oder schmalbandiger	durch Messung im Impedanzrohr
$\alpha_s(f)$ nach DIN EN ISO 354:2003	frequenzabhängiger Schallabsorptionsgrad für statistischen Schalleinfall, in Terzen oder Oktaven	durch Hallraummessungen
praktischer Schallabsorptionsgrad α_p nach DIN EN ISO 11654:1997	Grundlage für die Ermittlung von α_w	durch Mittelung der Terzwerte berechnete Oktavwerte und Rundung auf ein Vielfaches von 0,05 ($\alpha_p \leq 1{,}00$)
bewerteter Schallabsorptionsgrad aw nach DIN EN ISO 11654:1997	soll dem einfacheren Verständnis dienen	durch Verschiebung einer Bezugskurve ermittelte Einzahlangabe, Summe der Überschreitung $\leq 0{,}15$, α_w entspricht dem Wert der Bezugskurve bei 500 Hz
Noise Reduction Coefficient NRC nach ASTM C423	soll dem einfacheren Verständnis dienen	durch Mittelung der Terzwerte bei 250 Hz, 500 Hz, 1 kHz, 2 kHz berechnete Größe und Rundung auf Vielfaches von 0,05
Schallabsorptionsgradklassen nach DIN EN ISO 11654:1997	soll dem einfacheren Verständnis dienen	A ($0{,}90 < \alpha_w < 1{,}00$) B ($0{,}80 < \alpha_w < 0{,}85$) C ($0{,}60 < \alpha_w < 0{,}75$) D ($0{,}30 < \alpha_w < 0{,}55$)
Formindikatoren	bietet Zusatzinformationen über den Frequenzgang des Absorptionsgrades bei Angabe von α_w	Angabe bei Überschreitung der Bezugskurve von 0,25, Indikatoren L, M, H

Für ein grundlegendes Verständnis von Raumakustik und Schallabsorbern sind die frequenzabhängigen Schallabsorptionsgradverläufe von essenzieller Bedeutung. Die Kenngrößen wie α_w, NRC, Schallabsorptionsgradklassen oder Frequenzgangindikatoren hingegen sind nicht zwingend erforderlich.

21.3   Schallreflektoren

21.3.1 Reflektoren für geometrische Reflexionen

Insbesondere in großen Räumen ist es erforderlich, Schall in bestimmte Bereiche zu lenken. Hierzu werden beispielsweise über einer Bühne oder an den Wänden geneigte Schallreflektoren in Form von Platten angebracht. Damit deren Wirksamkeit auch gewährleistet ist, müssen sie einerseits für die interessierenden Frequenzen ausreichend schallhart sein, um auch den Schall reflektieren zu können, und andererseits eine Mindestgröße aufweisen, damit die interessierenden Schallwellen sich nicht darum beugen. Fasold [8] gibt als Grenzfrequenz zwischen diffuser und geometrischer Reflexion an einem Schallreflektor

$$f_{\mathrm{g}} = \frac{2c}{\left(l\cos\vartheta\right)^2}\frac{es}{e+s} \tag{21.32}$$

an. Hierbei ist l die Länge der kürzeren Seite des Reflektors, s der Abstand zwischen Schallsender und -reflektor und e der Abstand zwischen Schallreflektor und -empfänger. ϑ ist der Schalleinfallswinkel auf den Reflektor, wie in Abb. 21.13 dargestellt.

Zwischen schallharten, reflektierenden Flächen kann es, wie in Abb. 21.14 gezeigt, zu störenden Flatterechos kommen, die die Nutzbarkeit eines Raumes deutlich beeinträchtigen können. Gerade bei akustisch hochwertigen Räumen mit einer Primärgeometrie in Form eines Schuhkartons ist die Ausbildung einer Sekundärstruktur zur Vermeidung von Flatterechos wichtig. Dies kann, sofern die Nachhallzeitanforderungen dies erlauben, durch Absorber erfolgen. In Abb. 21.15 sind schallabsorbierende Maßnahmen gezeigt, die zur Vermeidung von Flatterechobildung in jeder Raumachse positioniert werden. Sofern allerdings keine Nachhallzeitminderung gewünscht wird, kann dies auch durch schräg gestellte Flächen mit einem Neigungswinkel von > 5° erfolgen. Abb. 21.16 zeigt beispielhaft eine geeignete Auffaltung einer Wand zur Vermeidung von

Abb. 21.13 Darstellung eines Reflektors für geometrische Reflexionen

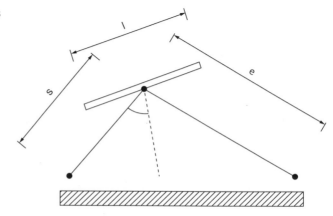

Abb. 21.14 Störende
Flatterechos zwischen
parallelen,
schallharten Wänden

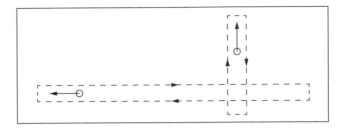

Abb. 21.15 Vermeidung von
Flatterechos durch
schallabsorbierende
Maßnahmen

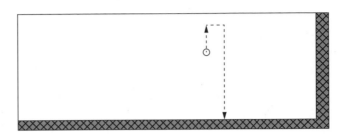

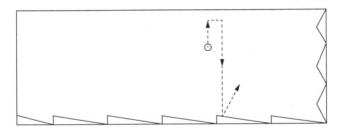

Abb. 21.16 Vermeidung von Flatterechos durch geeignete Strukturierung der schallharten Flächen

Flatterechos. Hier ist darauf zu achten, dass die Größe der geneigten Flächen dem Kriterium aus Gl. 21.32 genügen muss.

21.3.2 Reflektoren für diffuse Reflexionen

Zusätzlich zur geometrischen Reflexion besteht die Möglichkeit der diffusen Schallreflexion. Was sich in alten Konzertsälen von allein über die Phasenverschiebungen der reflektierten Schallwellen durch Vor- und Rücksprünge, Ornamente oder geometrische Verzierungen ergab, muss bei der heutigen Architektur bewusst geplant werden. Daher werden im Folgenden kurz die physikalischen Hintergründe von diffus reflektierenden Flächen erläutert.

Liegt neben einem Wandstreifen ein zurückspringender Wandstreifen, so kommt es bei der Reflexion einer Schallwelle, deren Wellenlänge viermal der Streifentiefe entspricht, zu einer Phasendrehung um π. Man nennt diese Vertiefungen $\lambda/4$-Resonatoren. Ordnet man nun mehrere Streifen nebeneinander an, ergeben sich unterschiedliche Phasen der reflek-

Abb. 21.17 Quadratic
Residue Diffusor nach
Schroeder, basierend auf der
Primzahl 7

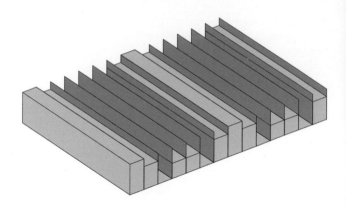

tierten Wellen und der reflektierte Schall wird abgelenkt. Diese Strukturen werden Phasengitter genannt, führen aber nur in einem begrenzten Frequenzbereich, der von der Streifentiefe abhängt, zu einer Ablenkung der reflektierten Wellen. Bei einer Phasenverschiebung um 2π geht schließlich der positive Effekt verloren. Um eine breitbandige und wirklich diffuse Reflexion an Wänden zu erreichen, ist eine stochastische Verteilung der Wandimpedanzen erforderlich. Da dies in der Praxis schwer umzusetzen ist, hat Schroeder auf der Basis von Zahlenfolgen pseudostochastische Anordnungen von $\lambda/4$-Resonatoren entwickelt, mit denen eine gute diffuse Reflexion in einem breiteren Frequenzbereich erzielt werden kann.

Unter den verschiedenen Schroeder-Diffusoren sind Quadratic Residue Diffusoren, wie in Abb. 21.17 dargestellt, die verbreitetsten. Diese basieren auf der Zahlenfolge

$$S_n = n^2 \bmod P, \tag{21.33}$$

wobei n eine ganze Zahl und P eine Primzahl darstellt. Tab. 21.6 zeigt beispielhaft die Zahlenfolge eines QRD auf der Basis 7 sowie die Berechnung der Wandstreifenvertiefungen.

Die Designfrequenz, bei der in einem Frequenzbereich von ± einer Oktave mit maximaler diffuser Reflexion zu rechnen ist, ergibt sich zu

$$f_D = \frac{S_{n,\max}\, c_0}{2\, P\, l_{n,\max}}. \tag{21.34}$$

Hierbei ist $S_{n,\max}$ der höchste Wert der Zahlenfolge und $l_{n,\max}$ die maximale Bautiefe. Da diese Diffusoren aber für manche Anwendung eine zu große Bautiefe aufweisen, gibt es Vorschläge, u. a. von Hunecke [31], wie man durch Lochplattenresonatoren bei geringerer Bautiefe ähnliche Schallstreuung erreichen kann. Zu bedenken ist allerdings, wie Mechel [15] beschreibt, dass diese Wandstrukturen mitunter hohe Schallabsorptionsgrade aufweisen, die dem Anspruch an reflektierende Oberflächen widersprechen.

Tab. 21.6 Beispiel eines Quadratic-Residue-Diffusors (Primzahl P = 7, Designfrequenz f_D = 500 Hz, Streifenbreite d = λ/P = 98 mm)

Zahlenfolge	n^2		S_n	l_n
S_0	0	0/7 = 0 Rest 0	0	0
S_1	1	1/7 = 0 Rest 1	1	0,049
S_2	4	4/7 = 0 Rest 4	4	0,196
S_3	9	9/7 = 1 Rest 2	2	0,098
S_4	16	16/7 = 2 Rest 2	2	0,098
S_5	25	25/7 = 3 Rest 4	4	0,196
S_6	36	36/7 = 5 Rest 1	1	0,049
S_7	49	49/7 = 7 Rest 0	0 (erneuter Beginn der Zahlenfolge)	0

21.3.3 Schallschirme in Räumen

Schallschirme werden mit dem Ziel der Pegelminderung eingesetzt, indem zwischen Sender und Empfänger Hindernisse aufgebaut werden. Die erzielbare Pegelminderung auf dem Ausbreitungsweg hängt von den Abständen zwischen Quelle und Schallschirm, Schallschirm und Empfänger, der effektiven Schallschirmhöhe sowie der Wellenlänge ab. Dabei wird bei großen Wellenlängen mehr um die Schirmkante gebeugt als bei kleinen Wellenlängen. Die maximale erreichbare Pegelminderung ergibt sich nach Kurze und Nürnberger [33] durch das Abschirmmaß D_z mit

$$D_z = 10 \lg\left(3 + 40\frac{z}{\lambda}\right), \tag{21.35}$$

wobei z der Umweg des Schalls im Vergleich zum direkten Schall und λ die Wellenlänge ist. Werden Schallschirme in Räumen verwendet, wird der Empfangspegel hinter dem Schallschirm durch weitere Größen beeinflusst. Dies sind Beugungserscheinungen an mehreren Schirmkanten und Reflexionen an den Raumbegrenzungsflächen. Das Abschirmmaß reduziert sich dann auf

$$D_{z,r} = 10 \lg\left(1 + 20\frac{z}{\lambda}\right). \tag{21.36}$$

Voraussetzung für die Anwendung der Gl. 21.35 und 21.36 ist die Lage des Schallschirms innerhalb des Hallradius der Schallquelle.

In Abb. 21.19 werden beispielhaft die Abschirmmaße für Schallschirme zwischen Arbeitsplätzen in Abhängigkeit der Frequenz dargestellt.

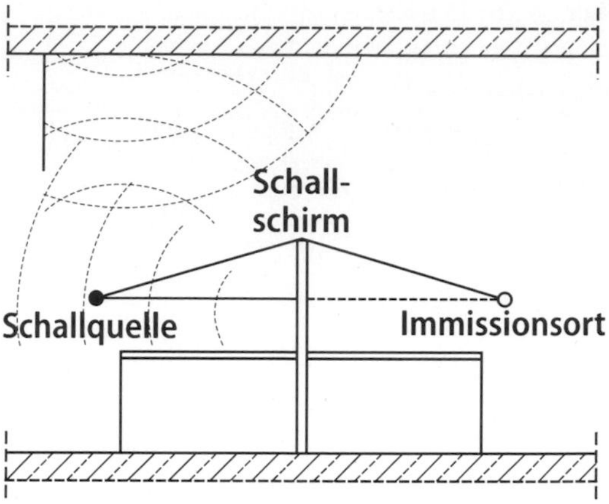

Abb. 21.18 Schallschirm
zwischen zwei
Büroarbeitsplätzen

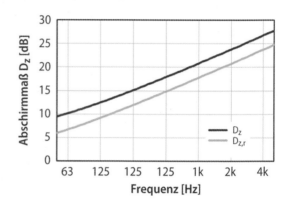

Abb. 21.19 Diagramm
Abschirmmaß Schallschirm im
Büro über der Frequenz

21.4 Schallausbreitung in Räumen

Insbesondere in großen Räumen können die Laufwegdifferenzen des Schalls groß sein, so dass die Reflexionen mit deutlicher Zeitverzögerung am Ohr ankommen. Für die Hörsamkeit, die eine Raumeigenschaft darstellt, ist deshalb die zeitliche Struktur des empfangenen Schalls von großer Bedeutung. Die Trägheit des menschlichen Gehörs führt dazu, dass Reflexionen, die innerhalb von etwa 50 ms nach Eintreffen des Direktschalls zum Ohr gelangen, nicht aufgelöst werden können und zu einer Erhöhung der Deutlichkeit führen, während Reflexionen, die danach eintreffen, als Einzelsignal wahrgenommen werden und zu einer Verminderung der Deutlichkeit führen.

21.4.1 Raumimpulsantwort

Das zeitliche Verhalten der Schallausbreitung in einem Raum wird durch sogenannte Raumimpulsantworten dargestellt. Wie in Abb. 21.20 exemplarisch angegeben, zeigen

Abb. 21.20 Beispiel einer gemessenen Raumimpulsantwort

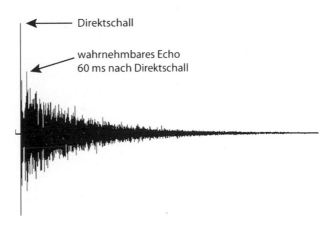

Direktschall

wahrnehmbares Echo
60 ms nach Direktschall

diese an einem bestimmten Empfangsort die Antwort des Raumes auf einen ausgesendeten Impuls. Neben den zeitlichen Informationen beinhalten die Raumimpulsantworten auch die Frequenzinformationen. Mithilfe der Fourier-Transformation lässt sich aus der Raumimpulsantwort das zugehörige Spektrum berechnen.

Raumimpulsantworten lassen sich entweder messen oder durch raumakustische Simulationsprogramme berechnen. In der Impulsantwort können starke Reflexionen erkannt werden und es kann beurteilt werden, ob diese beispielsweise bei Sprache deutlichkeitsfördernd oder deutlichkeitssenkend sind.

21.4.2 Raumakustische Parameter

Des Weiteren lassen sich aus der Raumimpulsantwort raumakustische Parameter ermitteln, die insbesondere bei großen Räumen wie bei Hörsälen, Konzertsälen oder Großraumbüros zur Beurteilung herangezogen werden. Als Kriterium für die Sprachverständlichkeit kann der Deutlichkeitsgrad nach DIN EN ISO 3382-1:2009 verwendet werden, der das Verhältnis aus eintreffender Schallenergie innerhalb der ersten 50 ms zur insgesamt eintreffenden Schallenergie angibt.

$$D_{50} = \frac{\int\limits_0^{50\,\text{ms}} p^2(t)\,dt}{\int\limits_0^{\infty} p^2(t)\,dt} \tag{21.37}$$

Der Deutlichkeitsgrad D_{50} wird in % angegeben, wobei ein hoher Wert für eine hohe Sprachverständlichkeit steht. Für Sprachdarbietungen sind Deutlichkeitsgrade von D > 50 % anzustreben. Inzwischen ist zudem der in DIN EN ISO 9921:2004 und DIN EN IEC 60268-16:2021 beschriebene Sprachübertragungsindex STI eine eingeführte Größe zur Beurteilung der Sprachverständlichkeit über akustische und elektroakustische Übertragungskanäle. Der STI kann Werte zwischen 0 und 1 annehmen. Bei der Berechnung wird die Schwankung eines Sprachsignals als wichtigstes Merkmal der Sprachverständlichkeit durch Modulationsübertragungsfunktionen ermittelt. Sprachverständlichkeitsmindernde Einflüsse wie Nachhall, Störgeräusche oder Verzerrungen eines elektroakustischen Kanals werden berücksichtigt. Für eine ausreichende Sprachverständlichkeit sind STI > 0,5 anzustreben, eine hohe Sprachverständlichkeit wird ab STI > 0,7 erreicht.

Zur Beurteilung von Musikräumen wird hingegen das Klarheitsmaß nach DIN EN ISO 3382-1:2009 verwendet. Dieses beschreibt das Verhältnis von eintreffender Schallenergie innerhalb der ersten 80 ms zu der danach eintreffenden Schallenergie.

$$C_{80} = 10 \lg \frac{\int_{0}^{80\ ms} p^2(t)\, dt}{\int_{80\ ms}^{\infty} p^2(t)\, dt} \tag{21.38}$$

Das Klarheitsmaß wird in dB angegeben, wobei höhere Zahlenwerte einer höheren Klarheit in der Wahrnehmung von Musik entsprechen.

21.5   Raumformen

21.5.1 Günstige Raumformen

Die zeitliche Struktur der empfangenen Signale hängt wesentlich von der Raumform und der Raumgröße ab. Im Folgenden werden daher kurz Empfehlungen für verschiedene Raumgeometrien dargestellt.

In kleinen Räumen besteht nicht die Gefahr, dass die Laufwegdifferenzen zwischen den Reflexionen zu groß werden und sich mehr als 50 ms Zeitdifferenz beziehungsweise 17 m Umweg ergeben. Daher kann in der Regel auf die detaillierte Betrachtung zeitabhängiger raumakustischer Parameter wie Deutlichkeitsgrad und Klarheitsmaß verzichtet werden.

Zur Vermeidung von Flatterechos sollte darauf geachtet werden, dass sich keine schallharten Flächen parallel gegenüber stehen. Sekundäre Raumstrukturen können hier Abhilfe schaffen. Entweder können in diesem Fall Schallabsorber oder Diffusoren angeordnet werden oder die schallharte Fläche ist um mindestens 5° zu neigen.

Besondere Beachtung muss den tiefen Frequenzen geschenkt werden. Aufgrund des hier vorliegenden modalen Schallfeldes ist es vorteilhaft, wenn Länge, Breite und Höhe nicht in einem ganzzahligen Verhältnis zueinander stehen, da sonst die Eigenfrequenzen des Raumes zusammenfallen.

In großen Räumen ist aufgrund der Abmessungen im interessierenden Frequenzbereich nicht mit modalen Schallfeldern zu rechnen, so dass diesen keine besondere Beachtung geschenkt werden muss. Wichtig hingegen wird hier die Verteilung der reflektierenden Flächen, damit die gewünschte Deutlichkeit beziehungsweise Klarheit an möglichst vielen Empfangspositionen erzielt werden kann.

Für ein hohes Klarheitsmaß sollten innerhalb der ersten 80 ms nach Eintreffen des Direktschalls genügend Reflexionen beim Empfänger ankommen. Dies entspricht einem maximalen Umweg des Schalls von 27 m. Hieraus ergeben sich indirekt für die verschiedenen Nutzungen maximale Raumvolumina. So lässt sich auch erklären, warum die meisten Konzertsäle ein Volumen V von weniger als 25.000 m³ aufweisen.

Neben den bereits genannten Parametern sind zudem zur Erlangung von zeitlich und räumlich optimalen Schallfeldern möglichst viele seitliche Schallreflexionen anzustreben.

In Tab. 21.7 werden gemäß Fasold, Veres [9] und gemäß DIN 18041:2016 Angaben zu empfohlenen Volumen und Volumenkennzahlen für verschiedene Nutzungen dargestellt. Tab. 21.8 zeigt beispielhaft die raumakustischen Kenndaten diverser Konzertsäle, wie sie in Beranek [3] und Fasold, Veres [9] beschrieben werden.

Tab. 21.7 Volumenkennzahlen K und maximale Volumina V für Räume verschiedener Nutzung nach Fasold, Veres [9] sowie nach DIN 18041:2016

Nutzung	Volumenkennzahl K in m³/Sitzplatz	Maximales Volumen V in m³
Seminarräume	3 bis 5	1000
Sprechtheater, Hörsäle	4 bis 6	5000
Mehrzwecksäle für Sprache und Musik	4 bis 7	8000
Kammermusiksäle	6 bis 10	10.000
Konzertsäle für sinfonische Musik	8 bis 12	25.000
Sprache nach DIN 18041:2016	4 bis 6	
Musik und Sprache nach DIN 18041:2016	6 bis 8	
Musik nach DIN 18041:2016	7 bis 12	

Tab. 21.8 Raumakustische Kenndaten diverser Konzertsäle gemäß Beranek [3] und Fasold, Veres [9] (Volumen V in m³, Anzahl der Sitzplätze n, Volumenkennzahl K in m³/Platz, Nachhallzeit T in s bei mittleren Frequenzen im besetzten Zustand, Klarheitsmaß C_{80} in dB im unbesetzten Zustand)

Konzertsaal	V in m³	n in Plätze	K in m³/Platz	T in s	C_{80} in dB
Concertgebouw Amsterdam	18.780	2037	9,2	2,0	−3,3
Philharmonie Berlin	24.500	2220	11,0	1,9	−0,5
Großer Saal Musikverein Wien	15.000	1680	8,9	2,0	−3,7
Großer Saal Tonhalle Zürich	11.400	1546	7,4	1,6	−3,6
Beethovensaal Liederhalle Stuttgart	16.000	2000	8,0	1,6	−0,2

Abb. 21.21 Schallreflexion
an einer gekrümmten Fläche

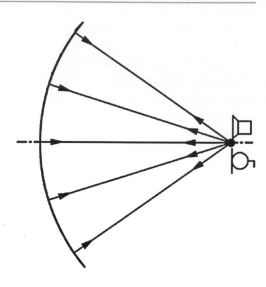

21.5.2 Gekrümmte Flächen

Schall wird an großen gekrümmten Flächen geometrisch reflektiert. Je nach Krümmung ergeben sich Auffächerungen oder Bündelungen der Schallstrahlen. Während im ersten Fall die Schallversorgung in bestimmten Raumbereichen unzureichend sein kann, führt im zweiten Fall die Bündelung zur Fokussierung und Brennpunktbildung. Besonders konvexe Kreisbögen, wie in Abb. 21.21 dargestellt, bergen diese Gefahr und sollten deshalb vermieden werden. Konkave Flächen hingegen können insbesondere dann eingesetzt werden, wenn diffuse Reflexion erwünscht ist.

Ein interessanter Effekt ergibt sich in runden Räumen bei streifendem Schalleinfall. Der Schall wird entlang der Wand weitergeleitet und es entsteht eine sogenannte Flüstergalerie, wie sie in der St.-Pauls-Kathedrale in London zu finden ist. Selbst geflüsterter Schall, der unmittelbar an der Wand ausgesendet wird, kann in großer Entfernung, wiederum in Wandnähe, deutlich wahrgenommen werden, ohne dass dieser den mittleren Raumbereich erreicht.

21.6   Raumakustische Anforderungen

Beim raumakustischen Nachweis sind zunächst die Anforderungen zu ermitteln und schließlich ist durch Berechnungen oder Messungen nachzuweisen, dass diese Anforderungen erfüllt werden. Die DIN 18041:2016 gibt in Anhang A Hinweise für die Nachweisführung verschiedener Raumarten, der Entwurf der ISO/DIS 23591:2020 gibt Hinweise für raumakustische Kriterien von Musikproberäumen. Sofern die Hörsamkeit in einem Raum im Vordergrund steht, ist die wichtigste Größe zur Charakterisierung der akustischen Eigenschaften eines Raumes die Nachhallzeit. Je nach Nutzung und Volumen sind unterschiedliche Werte der Nachhallzeit anzustreben. In Kirchen, in denen beispielsweise gregorianische Gesänge oder Orgelmusik aufgeführt werden sollen, sind deutlich längere Nachhallzeiten erforderlich als in Konzertsälen für sinfonische Musik. Etwas kürzere Nachhallzeiten werden in Räumen für Kammermusik benötigt, kurze Nachhallzeiten in Räumen für Sprache und sehr kurze Nachhallzeiten in Aufnahmestudios.

In DIN 18041:2016 werden Anforderungen an Soll-Nachhallzeiten T_{soll} für Räume der Gruppe A, in denen über große Entfernungen die Hörsamkeit sichergestellt werden muss, aufgeführt. Diese Soll-Nachhallzeit wird nutzungsabhängig und volumenabhängig durch folgende empirische Gleichungen ermittelt:

$$T_{soll,A1} = 0,45 \lg V + 0,07 \quad \text{für Musik} \left(30 \text{m}^3 \le V < 1000 \text{m}^3\right) \qquad (21.39)$$

$$T_{soll,A2} = 0,37 \lg V - 0,14 \quad \text{für Sprache/Vortrag} \left(50 \text{m}^3 \le V < 5000 \text{m}^3\right) \qquad (21.40)$$

$$T_{soll,A3} = 0,32 \lg V - 0,17 \quad \text{für Unterricht/Kommunikation} \left(V \le 1000 \text{ m}^3\right) \qquad (21.41)$$

$$T_{soll,A3} = 0,32 \lg V - 0,17 \quad \text{für Sprache/Vortrag inklusiv} \left(V \le 5000 \text{ m}^3\right) \qquad (21.42)$$

$$T_{soll,A4} = 0,26 \lg V - 0,14 \text{ für Unterricht /Kommunikation inklusiv} \left(30 \text{ m}^3 \le V < 500 \text{ m}^3\right) (21.43)$$

$$T_{soll,A5} = 0,75 \lg V - 1,00 \quad \text{für Sport} \left(200 \text{ m}^3 \le V < 10000 \text{ m}^3\right) \qquad (21.44)$$

$$T_{soll,A5} = 2,0 \text{s} \quad \text{für Sport} \left(V \ge 10000 \text{ m}^3\right) \qquad (21.45)$$

Die Nachhallzeiten sollten überdies möglichst gleichmäßig verlaufen und bei hohen Frequenzen sollten sie nur geringfügig abfallen. In Räumen für Musik kann zudem ein Tiefenanstieg der Nachhallzeit wünschenswert sein, um dem Klang etwas „Wärme" zu verleihen. In Abb. 21.22 wird der Toleranzbereich gemäß DIN 18041:2016 in Form von Nachhallzeitverhältnissen dargestellt. Die nach der betreffenden Gleichung ermittelte Soll-Nachhallzeit entspricht hier also immer dem Wert 1,0. Abb. 21.23 zeigt den auf eine Soll-nachhallzeit angepassten Toleranzbereich.

Für Räume der Gruppe B, in denen über geringe Entfernungen die Hörsamkeit sichergestellt werden muss, werden in DIN 18041:2016 ebenfalls Anforderungen aufgeführt. Hier werden Maßnahmen zur Raumbedämpfung empfohlen, mit denen einerseits die Halligkeit begrenzt und andererseits der Grundgeräuschpegel gesenkt werden soll. Die Empfehlungen beziehen sich auf das Verhältnis von äquivalenter Schallabsorptionsfläche A und Raumvolumen V.

Räume der Nutzungsart B1 sind beispielsweise Eingangshallen und Treppenhäuser, weisen keine Aufenthaltsqualität auf und daher werden auch keine raumakustischen Anforderungen gestellt. Der Nutzungsart B2 sind Räume zum kurzfristigen Verweilen, wie beispielsweise Verkehrsflächen mit Aufenthaltsqualität oder Schalterhallen, zugeordnet. Die Empfehlung für die Raumbedämpfung ist

$$\left(\frac{A}{V}\right)_{B2} \ge 0,15 \quad \text{bei } h \le 2,5 \text{ m und} \quad \left(\frac{A}{V}\right)_{B2} = \frac{1}{4,80 + 4,69 \lg h} \quad \text{bei } h > 2,5 \text{ m.} \qquad (21.46)$$

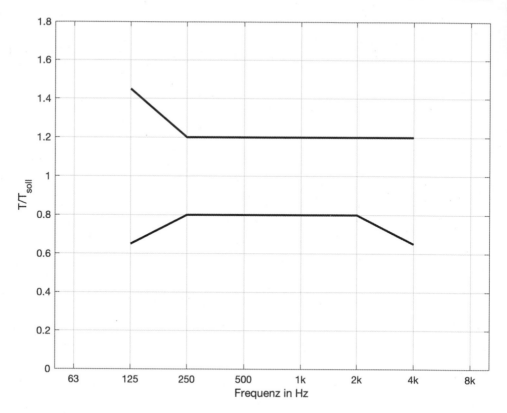

Abb. 21.22 Toleranzbereich der Nachhallzeit nach DIN 18041:2016 für die Nutzungsarten A1 bis A4, angegeben als Nachhallzeitverhältnis

Räume der Nutzungsart B3 dienen dem längerfristigen Verweilen. Beispiele sind Kantinen, Verkehrsflächen in Schulen oder Pausenräume.

$$\left(\frac{A}{V}\right)_{B3} \geq 0,20 \quad \text{bei } h \leq 2,5 \text{ m und} \quad \left(\frac{A}{V}\right)_{B3} = \frac{1}{3,13 + 4,69 \lg h} \quad \text{bei } h > 2,5 \text{ m.} \quad (21.47)$$

Bei Räumen mit einem hohen Bedarf an Lärmminderung und Raumkomfort, wie beispielsweise in den Ausgabebereichen einer Kantine oder in einem Bürgerbüro, wird die Nutzungsart B4 zugrunde gelegt.

$$\left(\frac{A}{V}\right)_{B4} \geq 0,25 \quad \text{bei } h \leq 2,5 \text{ m und} \quad \left(\frac{A}{V}\right)_{B4} = \frac{1}{2,13 + 4,69 \lg h} \quad \text{bei } h > 2,5 \text{ m.} \quad (21.48)$$

Die Nutzungsart B5 ist für Räume mit einem besonderen Bedarf an Lärmminderung und Raumkomfort gedacht. Hierunter fallen zum Beispiel Speiseräume in Schulen und Krankenhäusern, Großküchen Leitstellen und Spielflure in Kindertageseinrichtungen.

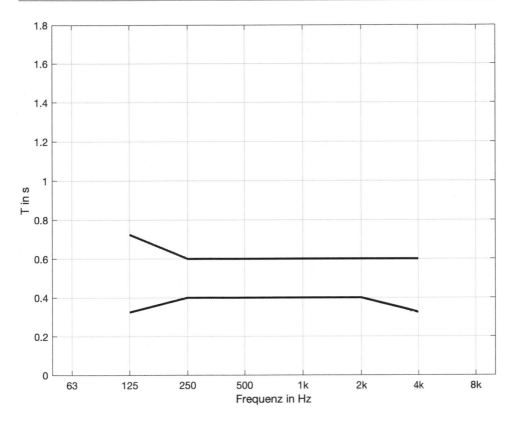

Abb. 21.23 Toleranzbereich der Nachhallzeit nach DIN 18041:2016 für $T_{soll} = 0,5$ s

$$\left(\frac{A}{V}\right)_{B5} \geq 0,30 \quad \text{bei } h \leq 2,5 \, \text{m und} \quad \left(\frac{A}{V}\right)_{B5} = \frac{1}{1,47 + 4,69 \lg h} \quad \text{bei } h > 2,5 \, \text{m.} \quad (21.49)$$

Gemäß DIN 18041:2016 werden Mehrpersonenbüros zunächst der Gruppe B4 zugeordnet, aufgrund der besonderen Anforderungen, wie in Höfker, Meis, Schröder [11] beschrieben, ist jedoch eine detailliertere Betrachtung angeraten. Insbesondere in großen Mehrpersonenbüros, in denen die wesentliche Störung durch andere Personen verursacht wird, sollte eine deutliche Schallpegelabnahme mit der Entfernung angestrebt werden. Im Entwurf VDI 2569:2019 werden raumakustische Empfehlungen für Mehrpersonenbüros, die je nach Nutzung unterschiedlichen Raumakustik-Klassen zuzuordnen sind, vorgestellt. Neben der Nachhallzeit werden Empfehlungen für einen zulässigen Störschalldruckpegel bauseitiger Geräusche $L_{NA,Bau}$ benannt. Des Weiteren fließen die Kriterien des A-bewerteten Schalldruckpegels der Sprache in 4 m Abstand $L_{p,A,S,4m}$ sowie die räumliche Abklingrate von Sprache bei Abstandsverdopplung $D_{2,S}$ ein. Hier werden Anforderungen gestellt, die teilweise über der Pegelabnahme des Freifelds liegen und die nur durch wirksame Schallschirme erreicht werden können. In Tab. 21.9 werden diese Empfehlungen aufgelistet.

Besondere Leistungen für die raumakustische Planung sind beispielsweise:

- Erstellen eines fachübergreifenden Bauteilkataloges
- Raumakustische Simulationsrechnungen
- Raumakustische Messungen
- Modelluntersuchungen
- Planung elektroakustischer Anlagen
- Mitwirken bei Audits in Zertifizierungsprozessen

21.7.1 Räume mit hohen Schallpegeln

In Räumen mit hohen Schallpegeln, wie beispielsweise Industriehallen oder Werkstätten, stehen raumakustische Maßnahmen zur Senkung des Schallpegels im Vordergrund der Planung. Schallabsorber dienen hier im Wesentlichen der Schallpegelsenkung, und Schallschirme werden eingesetzt, um weitere Pegelreduktionen bei der Schallausbreitung zu bewirken. Die Planung von Räumen mit hohen Schallpegeln gliedert sich in folgende Schritte:

- Recherche oder Bestimmung der Schallleistungspegel der Schallquellen
- Belegung der möglichen Flächen mit Schallabsorbern
- Berechnung der äquivalenten Schallabsorptionsfläche und des zu erwartenden Schalldruckpegels
- Erarbeitung etwaiger weiterer pegelsenkender Maßnahmen

Darüber hinaus bieten sich raumtrennende Maßnahmen an, die im folgenden Kapitel Bauakustik behandelt werden, und mit denen deutlich bessere pegelsenkende Wirkungen erzielt werden können. Werden durch die raumakustischen Maßnahmen an den Arbeitsplätzen die Anforderungen an zulässige Expositionsschallpegel nach LärmVibrations-ArbSchV nicht eingehalten, ist ein geeigneter Gehörschutz zu tragen, um Hörschädigungen vorzubeugen.

Eine Besonderheit bilden hier Musikübungsräume und insbesondere Orchestergräben, bei denen einerseits die Anforderungen bezüglich Nachhallzeit und Frequenzabhängigkeit einzuhalten sind und andererseits die Musikerinnen und Musiker vor zu hohen Schallpegeln zu schützen sind. Möglichst große Abstände zwischen den Musikerinnen und Musikern, sehr kurze Nachhallzeiten und eine leise Spielweise würden zwar die Situation verbessern, widersprechen aber meist den musikalischen Anforderungen. Da die Schallleistungspegel von Musikinstrumenten, die für ausreichend hohe Schallpegel in Konzertsälen sorgen sollen, in kleinen Räumen mit einem Bruchteil an äquivalenter Schallabsorptionsfläche unweigerlich zu sehr hohen Schalldruckpegeln führen, ist der Zielkonflikt offensichtlich und es müssen Kompromisse eingegangen werden. Raumakustische Maßnahmen, wie etwas kürzere Nachhallzeiten als aus rein musikalischen

Erwägungen gewünscht oder Schallschirme zwischen den Musikerinnen und Musikern sind daher im Bedarfsfall durch einen geeigneten individuellen Musikergehörschutz mit einem nahezu linearen Frequenzgang zu ergänzen.

21.7.2 Räume für Musik

Sollen Musikräume raumakustisch geplant werden, ist zunächst die Nutzung zu spezifizieren. Im Vergleich zu Räumen für Sprache wird hier eine längere Soll-Nachhallzeit angestrebt und ein geringer Anstieg der Nachhallzeiten bei tiefen Frequenzen ist sogar erwünscht. Um eine gute Räumlichkeit zu erhalten, sollten möglichst viele seitliche Reflexionen zu den Zuhörern gelangen. Wesentliche Publikationen zur Raumakustik von Musikaufführungsräumen sind [2], [3], [9], [17], [18], [19], [24]. Die raumakustische Planung gliedert sich in folgende Schritte:

- Bestimmung der Volumenkennzahlen und des Toleranzbereiches nach DIN 18041:2016 bzw. nach dem Entwurf der ISO/DIS 23591:2020
- Ermittlung einer für diese Kategorie sinnvollen Volumenkennzahl
- Festlegung der Primärstruktur
- Festlegung der Sekundärstruktur
- Bei großen Räumen erste geometrische Überlegungen durch strahlengeometrische Konstruktionen (von Hand auf den Plänen)
- Bei großen Räumen raumakustische Computersimulationen oder Modellmessungen
- Festlegen der schallabsorbierenden Flächen

Räume, in denen elektroakustische Musik aufgenommen oder gehört werden soll, wie beispielsweise in Tonstudios, zugehörigen Abhörräumen oder auch in privaten Hörräumen, gehören nicht zu den Räumen für Musik im Sinne der DIN 18041:2016. Hier sollten eher kürzere Nachhallzeiten zugrunde gelegt werden, um eine zufriedenstellende Nachhallzeit zu erzielen. Aufgrund der abgestrahlten tiefen Frequenzen liegt die besondere Herausforderung darin, die Nachhallzeit auch hier ausreichend zu reduzieren. Werden besondere Anforderungen an die Gleichmäßigkeit der Nachhallzeit gestellt, sind des Weiteren die hohen Anforderungen der DIN 15996:2020 zu beachten, deren Einhaltung nur durch baubegleitende Messungen und eine anschließende Feinjustierung sicherzustellen ist.

21.7.3 Räume für Sprache

Als Räume für Sprache gelten Besprechungsräume, Klassenräume und Hörsäle. Für diese liegt die wesentliche raumakustische Anforderung in der Verwirklichung einer hohen Sprachverständlichkeit, was durch eine vergleichsweise kurze Nachhallzeit erreicht werden kann. Grundlegende Arbeiten zur Klassenraumakustik sind beispielsweise [12], [18], [20], [32], [41]. Die raumakustische Planung gliedert sich in folgende Schritte:

- Bestimmung der Nutzung und Festlegung der Soll-Nachhallzeit gemäß DIN 18041:2016
- Identifikation von möglichen Konfliktbereichen (beispielsweise könnte aus thermischer Sicht eine unverkleidete Betondecke sinnvoll sein)
- Belegung der möglichen Flächen mit geeigneten Schallabsorbern (aus akustischer Sicht ist eine möglichst gleichmäßige Verteilung auf alle Raumachsen vorteilhaft) und Berechnung der frequenzabhängigen Nachhallzeiten
- Bei großen Räumen ist auf geeignete Schallreflektoren zu achten, um den Deutlichkeitsgrad hoch zu halten

21.7.4 Mehrpersonenbüros

Große Mehrpersonenbüros stellen eine besondere Kategorie der Räume für Sprache dar. Einerseits sollte der Störschalldruckpegel durch bauseitige Geräusche gering gehalten werden und andererseits führt ein zu niedriger Störschalldruckpegel, der durch eine zu große Bedämpfung des Raumes erreicht wird, zu einer Verbesserung der Sprachverständlichkeit. Eine hohe Sprachverständlichkeit über große Distanzen ist aber nicht wünschenswert, da die Störung durch Sprache über der Störwirkung anderer Geräusche liegt. Um die kognitive Leistungsfähigkeit nicht allzu sehr zu beeinträchtigen, sollten daher die Störgeräusche und die Nachhallzeit nicht zu gering sein. Hierzu liefern beispielhaft die Arbeiten [21], [29] und [43] detailliertere Einblicke. Sofern durch bau- und raumakustische Maßnahmen keine ausreichend niedrige Sprachverständlichkeit erzielt werden kann, stehen zudem Maskierungsmöglichkeiten durch sogenannte Sound-Masking-Systeme zur Verfügung, die informationsarme Schalle in Großraumbüros aussenden und somit die Sprachverständlichkeit senken. Diese elektroakustischen Zusatzmaßnahmen sind zwar bekannt, die Akzeptanz ist in Deutschland aber nicht groß und daher sollten sie möglichst vermieden werden.

Die raumakustische Planung gliedert sich in folgende Schritte:

- Mitwirkung bei der Erarbeitung eines Zonierungskonzeptes und bei der Festlegung der Raumakustik-Klasse gemäß VDI 2569:2019
- Identifikation von möglichen Konfliktbereichen (beispielsweise könnte aus thermischer Sicht eine unverkleidete Betondecke sinnvoll sein)
- Mitwirkung beim Einrichtungskonzept und Positionierung von schallschirmenden Maßnahmen. Belegung geeigneter Flächen mit Schallabsorbern oder/und Wahl geeigneter schallabsorbierender Möbel
- Mitwirkung bei der Mitarbeiterbeteiligung
- Festlegung geeigneter Messpfade in Abhängigkeit von Bürogröße und Arbeitsplatzanzahl

- Berechnung akustischer Kenngrößen wie Nachhallzeit, räumliche Abklingrate, Sprach-schalldruckpegel in 4 m Abstand und Ablenkungsabstand
- Entscheidung über die Notwendigkeit zusätzlicher Sound-Masking-Systeme unter Beteiligung der Mitarbeiterinnen und Mitarbeiter

21.7.5 Kirchen

Bei der raumakustischen Planung von Kirchen ergeben sich besondere Herausforderungen, da sowohl eine gute Sprachverständlichkeit für die Predigt als auch lange Nachhallzeiten für die Orgelmusik gewünscht sind. Hierbei handelt es sich um zwei nahezu unvereinbare Ziele, so dass unter Berücksichtigung der jeweiligen Priorität der Gemeinde Kompromisse einzugehen sind. Desarnoulds et al. [27] haben bei einer Untersuchung zur Raumakustik von Schweizer Kirchen festgestellt, dass in evangelischen Kirchen etwas kürzere Nachhallzeiten vorzufinden sind als in katholischen Kirchen. Angaben und Empfehlungen für die raumakustische Gestaltung von Kirchenräumen sind ausführlich und übersichtlich von Meyer [16] beschrieben worden. Besonderes Augenmerk ist bei der Umgestaltung von historischen Kirchenräumen auf die Beibehaltung oder auch bewusste Änderung der Raumakustik zu legen. Die notwendigen Entscheidungen hierzu sind im Vorfeld mit möglichst allen Beteiligten abzustimmen.

21.7.6 Planungswerkzeuge

Je nach Nutzung und Raumgröße gestaltet sich die raumakustische Planung von vergleichsweise einfach bis sehr anspruchsvoll. Einfach ist beispielsweise die Planung eines Besprechungsraumes mit handelsüblichen Schallabsorbern und bereits gemessenen und veröffentlichten Schallabsorptionsgraden. Mit Taschenrechner oder Tabellenkalkulationsprogramm lassen sich hierfür mit geringem Zeitaufwand die Soll-Nachhallzeit und die zu erwartenden frequenzabhängigen Nachhallzeiten berechnen.

Sind die Räume klein oder bestehen Nachhallzeitanforderungen bei tiefen Frequenzen, wie es beispielsweise bei Abhörräumen von Tonstudios der Fall ist, so stehen nur eingeschränkt Berechnungsmöglichkeiten zur Verfügung und die Planung ist durch begleitende Messungen während der Bauphase zu überprüfen. Justiermöglichkeiten, um eine zufriedenstellende Raumakustik bei tiefen Frequenzen zu erreichen, sollten daher frühzeitig eingeplant werden.

In großen Räumen spielt neben der Nachhallzeit die zeitliche Struktur des eintreffenden Schalls eine wesentliche Rolle. Um diese vorab zu berechnen, verwendet man heute Computersimulationsprogramme, in denen die Grundsätze der geometrischen Raumakustik Anwendung finden. Schallwellen werden hier durch Schallstrahlen abgebildet, was bei Wellenlängen, die im Vergleich zu den Raumabmessungen klein sind, eine ausreichende Näherung ist. Eine Schallquelle sendet hierbei sehr viele Schallstrahlen aus, die von zahlreichen, das Auditorium darstellenden Empfängern, erfasst werden. Entsprechend der unterschiedlichen Laufweglängen der Schallstrahlen und der zu berücksichtigenden Pegelabnahme bei der Ausbreitung und der Reflexion an einer Wand, ergibt sich für jeden Empfänger eine Raumimpulsantwort. Aus dieser können mit Hilfe von Computerprogrammen die zuvor beschriebenen raumakustischen Parameter berechnet werden. In der Computersimulation wird dies dann für alle Plätze eines Saales durchgeführt. Auch raumakustische Berechnungen für Mehrpersonenbüros und der dort geforderten Kenngrößen können mit diesen Simulationsprogrammen durchgeführt werden. Abb. 21.24 zeigt das Simulationsergebnis der Schalldruckpegelverteilung in einem Mehrpersonenbüro, in Abb. 21.25 wird die STI-Verteilung dargestellt. In jedem Fall ist darauf zu achten, dass die verwendeten Modelle und die darin enthaltenen Vereinfachungen, wie die Annahme von Schallstrahlen und die geometrische Reflexion, Gültigkeit haben. Nähere Informationen zur raumakustischen Simulation sind beispielsweise bei Blauert, Xiang [4], Stephenson [42] und Vorländer [23] zu finden.

Eine weitere Möglichkeit zur Bestimmung der zeitlichen Struktur des eintreffenden Schalls ist die sogenannte Modellmesstechnik. Hierbei werden sowohl der zu planende

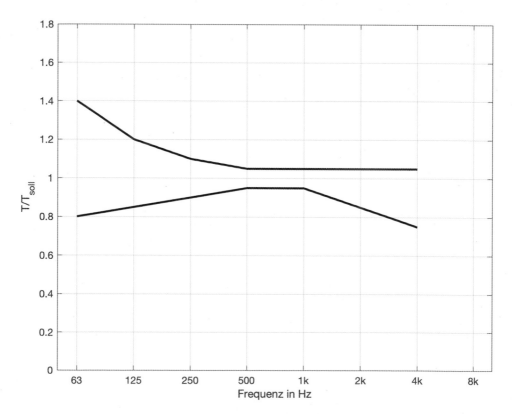

Abb. 21.24 Toleranzbereich der Nachhallzeit nach dem Entwurf der ISO/DIS 23591:2020 für Musikproberäume bei unverstärkter Musik

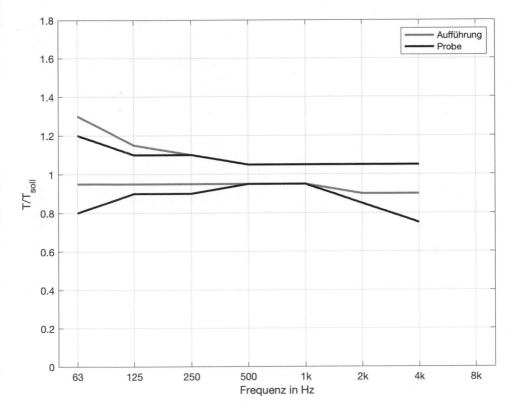

Abb. 21.25 Toleranzbereich der Nachhallzeit nach dem Entwurf der ISO/DIS 23591:2020 für Musikräume bei verstärkter Musik

Raum als auch die Schallabsorber maßstabsgetreu verkleinert. Entsprechend ist auch das frequenzabhängige Verhalten der Absorber anzupassen. Danach wird an einzelnen Sitzplätzen des Raummodells die Raumimpulsantwort gemessen. Mit dieser Technik können im Gegensatz zu den Computersimulationen Welleneffekte berücksichtigt werden. Nachteilig ist jedoch der erhebliche Aufwand dieses Verfahrens.

21.7.7 Unsicherheiten bei der raumakustischen Planung

Wie bei allen physikalischen Messungen und den daraus ermittelten Eingabegrößen für Berechnungsverfahren ist auch bei der raumakustischen Planung mit Unsicherheiten zu rechnen. Die Gründe liegen einerseits in den erforderlichen Vereinfachungen der Berechnungsverfahren und andererseits in streuenden Messergebnissen für Impedanzen und Schallabsorptionsgrade und in der Verwendung der am besten geeigneten Berechnungsverfahren.

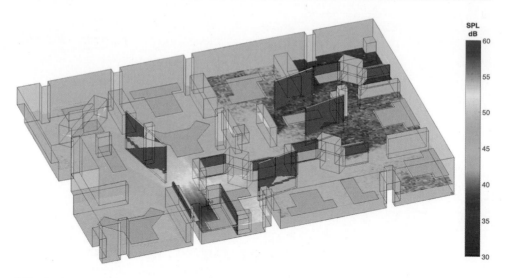

Abb. 21.26 Ergebnis der raumakustischen Simulation eines Mehrpersonenbüros, Darstellung des Schalldruckpegels

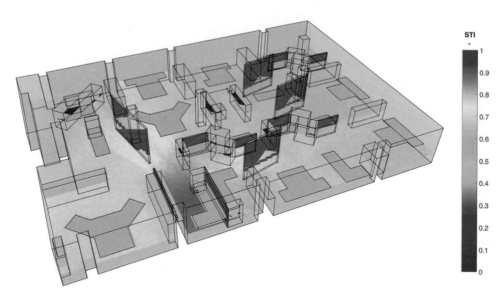

Abb. 21.27 Ergebnis der raumakustischen Simulation eines Mehrpersonenbüros, Darstellung des STI

Als ein Beispiel für die Unsicherheiten soll hier eine Messung des Schallabsorptionsgrades eines Absorbers im Hallraum herangezogen werden, bei der zumindest für den mittleren bis hohen Frequenzbereich von einem diffusen Schallfeld ausgegangen werden kann. Die Auswertung der Schallabsorptionsgrade erfolgt auf der Grundlage der

Nachhallzeitgleichung, die in der Regel auch für die raumakustische Planung verwendet wird. Im realen Raum kann man aber kaum von einer vergleichbaren Diffusität wie im Hallraum ausgehen.

Als weiteres Beispiel für Unsicherheiten soll eine Planung für einen Konzertsaal oder ein Großraumbüro mit Hilfe von Computersimulationen angeführt werden. Die in der Simulationstechnik verwendeten Algorithmen, wie beispielsweise Ray-Tracing, vernachlässigen den Wellencharakter des Schalls und können somit Beugung und Interferenz nicht abbilden. Zudem werden regelmäßig aus Mangel an detaillierten Angaben die aus Hallraummessungen bestimmten Schallabsorptionsgrade für statistischen Schalleinfall verwendet, was für einen Schalleinfall unter einem bestimmten Winkel bestenfalls als grobe Näherung angesehen werden kann.

Für die raumakustische Planung ist es daher wichtig, die Unsicherheiten der Messungen und Berechnungen zu kennen und gegebenenfalls verschiedene Verfahren zu kombinieren, um schließlich ein überzeugendes raumakustisches Ergebnis zu erzielen. Üblich sind beispielsweise baubegleitende Messungen und die darauffolgende Feinjustierung der akustischen Maßnahmen.

Literatur

A) Bücher

1. Allard, J. F.: Propagation of sound in porous media. Elsevier London New York 1993
2. Barron, M.: Auditorium Acoustics and Architectural Design. 2nd Edition, Spon Press New York 2010
3. Beranek, L.: Concert halls and opera houses. 2nd Edition, Springer-Verlag New York/Berlin/Heidelberg 1996
4. Blauert, J.; Xiang, N.: Acoustics for Engineers. Springer-Verlag Berlin/Heidelberg 2008
5. Cox, T.J.; D'Antonio, P.: Acoustic Absorbers and Diffusors. 3rd Edition, Taylor & Francis New York 2016
6. Fasold, W.; Kraak, W., Schirmer, W.: Taschenbuch Akustik Teil 1. VEB Verlag Technik Berlin 1984
7. Fasold, W.; Kraak, W., Schirmer, W.: Taschenbuch Akustik Teil 2. VEB Verlag Technik Berlin 1984
8. Fasold, W.; Sonntag, E.; Winkler, H.: Bauphysikalische Entwurfslehre, Bau- und Raumakustik. 1. Auflage, VEB Verlag für Bauwesen Berlin 1987
9. Fasold, W.; Veres, E: Schallschutz und Raumakustik in der Praxis. 2. Auflage, Verlag Bauwesen Berlin 2003
10. Heckl, M.; Müller, H.A. (Hrsg): Taschenbuch der Technischen Akustik. 2. Auflage, Springer-Verlag Berlin/Heidelberg 1994
11. Höfker, G.; Meis, M.; Schröder E.: Auditiver Komfort. In: Wagner, A.; Höfker, G.; Lützkendorf, T.; Moosmann, C.; Schakib-Ekbatan, K.; Schweiker, M. (Hrsg.): Nutzerzufriedenheit in Bürogebäuden. FIZ Karlsruhe; BINE Informationsdienst. Fraunhofer IRB Verlag, Stuttgart 2015

12. Huber, L.; Kahlert, J.; Klatte, M. (Hrsg): Die akustisch gestaltete Schule. Vandenhoeck & Ruprecht Göttingen 2002
13. Mechel, F. P.: Schallabsorber Band I – Äußere Schallfelder · Wechselwirkungen. S. Hirzel Verlag Stuttgart 1989
14. Mechel, F. P.: Schallabsorber Band II – Innere Schallfelder · Strukturen · Anwendungen. S. Hirzel Verlag Stuttgart 1995
15. Mechel, F. P.: Schallabsorber Band III – Anwendungen. S. Hirzel Verlag Stuttgart 1998
16. Meyer, J.: Kirchenakustik. Edition Bochinsky Bergkirchen 2003
17. Meyer, J.: Akustik und musikalische Aufführungspraxis. 5., aktualisierte Auflage, Edition Bochinsky Bergkirchen 2004
18. Mommertz, E.: Akustik und Schallschutz. Redaktion Detail Institut für internationale Architekturdokumentation München 2008
19. Reichardt, W.: Gute Akustik – aber wie?. VEB Verlag Technik Berlin 1979
20. Schick, A.; Meis, M.; Klatte, M.; Nocke, C.: Beiträge zur psychologischen Akustik, Hören in Schulen. 2. durchgesehene Auflage, BIS-Verlag Oldenburg 2003
21. Schick, A.; Meis, M.; Nocke, C.: Beiträge zur psychologischen Akustik, Akustik in Büro und Objekt. Isensee Verlag Oldenburg 2010
22. Schirmer, W. (Hrsg.): Technischer Lärmschutz. 2. bearbeitete und erweiterte Auflage, Springer-Verlag Berlin/Heidelberg 2006
23. Vorländer, M.: Auralization. Springer-Verlag Berlin/Heidelberg 2008
24. Weisse, K.: Leitfaden der Raumakustik für Architekten. Verlag des Druckhauses Tempelhof Berlin 1949
25. Zwikker, C., Kosten, C. W.: Sound absorbing materials. Elsevier New York/Amsterdam 1949

B) Aufsätze und Forschungsberichte

26. Deutscher Normenausschuss (DNA): Schallabsorptionsgrad-Tabelle. Beuth-Vertrieb GmbH Berlin/Köln Frankfurt(M) 1968
27. Desarnaulds, V.; Bossoney, S.; Eggenschwiler, K.: Studie zur Raumakustik von Schweizer Kirchen. Fortschritte der Akustik. DAGA 1998, Zürich 1998
28. Fuchs, H. V.; Zha, X.: Transparente Vorsatzschalen als alternative Schallabsorber im Plenarsaal des Bundestages. Bauphysik 16, Ernst & Sohn Berlin 1994
29. Guski, R.; Wühler, K.; Vössing, J.: Belastungen durch Geräusche an Arbeitsplätzen mit sprachlicher Kommunikation. Schriftenreihe der Bundesanstalt für Arbeitsschutz und Arbeitsmedizin, Forschungsbericht Fb 545, Dortmund/Berlin 1988
30. Hilge, C.; Nocke, C.: Properties and application of micro-perforated stretched ceilings, Research Symposium 2003, Acoustics characteristics of surfaces: measurement, predictions and applications, Proc. Institute of Acoustics, Vol. 25, Pt. 5, 2003
31. Hunecke, J.: Schallstreuung und Schallabsorption von Oberflächen aus mikroperforierten Streifen. Dissertation Universität Stuttgart 1997
32. Klatte, M.; Meis, M.; Nocke, C.; Schick, A.: Akustik in Schulen: Könnt ihr denn nicht zuhören?!, Einblicke – Forschungsmagazin der Carl von Ossietzky Universität Oldenburg, H. Nr. 35, 2002
33. Kurze, U.-J.; Nürnberger, H.: Schallschirme für Fertigungs- und Büroräume. Schriftenreihe der Bundesanstalt für Arbeitsschutz und Arbeitsmedizin, Forschungsbericht Fb 896, Dortmund/Berlin 2000
34. Liu, K.; Nocke, C.; Maa, D.-Y.: Experimental investigation on sound absorption characteristics of microperforated panel in diffuse field, Acta Acustica 25 (3), 2000 (in Chinesisch)

35. Maa, D.-Y.: Theory and design of microperforated-panel sound-absorbing construction. Sci. Sin. XVIII 1975
36. Maa, D.-Y.: Potential of microperforated panel absorber. J. Acoust. Soc. Am., Vol. 104, No.5, 1998
37. Mechel, F. P.: Akustische Kennwerte von Faserabsorbern, Band I, IBP-Bericht BS 85/83. Fraunhofer-Institut für Bauphysik Stuttgart 1983
38. Mechel, F. P.; Grundmann, R.: Akustische Kennwerte von Faserabsorbern, Band II, IBP-Bericht BS 75/82. Fraunhofer-Institut für Bauphysik Stuttgart 1982
39. Nocke, C.; Liu, K.; Maa, D.-Y.: Statistical absorption coefficient of microperforated absorbers, Chinese Journal of Acoustics 19 (2) 2000
40. Sabine, W. C.: Am. Arch. and Building News, 1920
41. Schanda, U.; Schröder, E.; Wulff, S.: Schallschutz/Raumakustik in Großraumbüros. In: Bauphysik Kalender 2009, Schallschutz und Akustik. Ernst & Sohn Berlin 2009
42. Stephenson, U. M: Beugungssimulation ohne Rechenzeitexplosion: Die Methode der quantisierten Pyramidenstrahlen ein neues Berechnungsverfahren für Raumakustik und Lärmimmissionsprognose, Vergleiche, Ansätze, Lösungen. Dissertation RWTH Aachen 2004
43. Sust, C.; Lazarus, H.: Bildschirmarbeit und Geräusche. Schriftenreihe der Bundesanstalt für Arbeitsschutz und Arbeitsmedizin, Forschungsbericht Fb 974, Dortmund/Berlin/Dresden 2002

C) Regelwerke

44. ASTM C423:2009 Standard Test Method for Sound Absorption and Sound Absorption Coefficients by the Reverberation Room Method
45. DIN 15996:2020-12. Bild- und Tonbearbeitung in Film-, Video- und Rundfunkbetrieben – Grundsätze und Festlegungen für den Arbeitsplatz
46. DIN 18041:2016-03. Hörsamkeit in Räumen – Anforderungen, Empfehlungen und Hinweise für die Planung
47. DIN EN 12354-6:2004-04. Bauakustik – Berechnung der akustischen Eigenschaften von Gebäuden aus den Bauteileigenschaften – Schallabsorption in Räumen
48. DIN EN IEC 60268-16:2021-10. Elektroakustische Geräte – Objektive Bewertung der Sprachverständlichkeit durch den Sprachübertragungsindex
49. DIN EN ISO 354:2003-12. Akustik – Messung der Schallabsorption in Hallräumen
50. DIN EN ISO 3382-1:2009-10. Akustik – Messung von Parametern der Raumakustik – Teil 1: Aufführungsräume
51. DIN EN ISO 3382-2: 2008-09. Akustik – Messung von Parametern der Raumakustik – Teil 2: Nachhallzeit in gewöhnlichen Räumen
52. DIN EN ISO 3382-2 Berichtigung 1:2009-09. Akustik – Messung von Parametern der Raumakustik – Teil 2: Nachhallzeit in gewöhnlichen Räumen
53. DIN EN ISO 3382-3:2012-05. Akustik – Messung von Parametern der Raumakustik – Teil 3: Großraumbüros
54. DIN EN ISO 9921:2003. Ergonomie – Beurteilung der Sprachkommunikation
55. DIN EN ISO 10534-1:2001-10. Akustik – Bestimmung des Schallabsorptionsgrades und der Impedanz in Impedanzrohren – Teil 1: Verfahren mit Stehwellenverhältnis
56. DIN EN ISO 10534-2:2001-10. Akustik – Bestimmung des Schallabsorptionsgrades und der Impedanz in Impedanzrohren – Teil 2: Verfahren mit Übertragungsfunktion
57. DIN EN ISO 10534-2 Berichtigung 1:2007-11. Akustik – Bestimmung des Schallabsorptionsgrades und der Impedanz in Impedanzrohren – Teil 2: Verfahren mit Übertragungsfunktion

Abb. 22.1 Spurwelle in einer durch Luftschall angeregten Platte

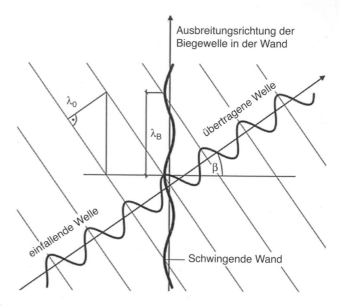

In der Platte wiederum stellen sich freie Biegewellen ein, die sich aus der Biegesteifigkeit B′ und somit aus der Plattendicke d und dem dynamischen Elastizitätsmodul E_{dyn} ergeben.

$$B' = \frac{E_{dyn} d^3}{12\left(1 - \mu^2\right)}\tag{22.2}$$

Für die Poissonsche Querkontraktionszahl µ liegt in einem Bereich von etwa 0,20 bis 0,35 angesetzt. Im Gegensatz zur Longitudinalwellengeschwindigkeit ergibt sich die Biegewellengeschwindigkeit aus

$$c_B = \sqrt[4]{\frac{B'}{m'}}\sqrt{\omega}\tag{22.3}$$

und ist somit abhängig von der Eigenkreisfrequenz ω = 2πf und der flächenbezogenen Masse der Platte m′. Die zugehörige Wellenlänge lässt sich mit

$$\lambda_B = \sqrt[4]{\frac{B'}{m'}}\frac{2\pi}{\sqrt{\omega}}\tag{22.4}$$

berechnen. In Abb. 22.2 werden exemplarisch für verschiedene Platten die freien Biegewellenlängen der Luftschallwellenlänge gegenüber gestellt. Ist die Wellenlänge der durch Luftschall verursachten Spurwelle und der sich in der Platte einstellenden freien Biegewelle gleich, kommt es zu einer resonanzartigen Überhöhung der Amplituden und somit zu einer Erhöhung des Transmissionsgrades τ beziehungsweise zu einer Verminderung des Schalldämm-Maßes R.

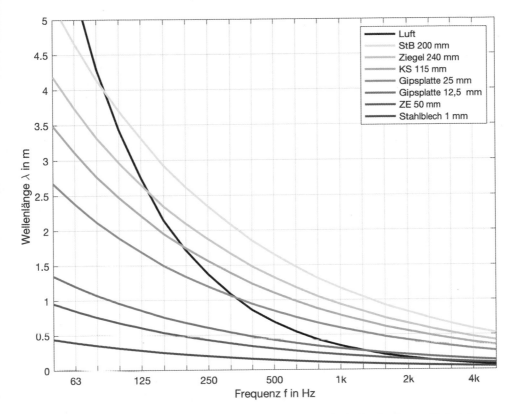

Abb. 22.2 Biegewellenlängen verschiedener Platten und Luftschallwellenlänge (Beispiele aus Tab. 22.1)

Die niedrigste Frequenz, bei der diese Spuranpassung auftreten kann, nennt man Koinzidenzgrenzfrequenz und diese ergibt sich zu

$$f_\mathrm{c} = \frac{c^2}{2\pi}\sqrt{\frac{m'}{B'}} = \frac{c^2}{2\pi d}\sqrt{\frac{12\left(1-\mu^2\right)\rho}{E_\mathrm{dyn}}}. \tag{22.5}$$

Hierbei ist für c die Schallgeschwindigkeit in Luft einzusetzen. Die Schnittpunkte der Graphen von Luftschallwellenlänge und Biegewellenlängen in Abb. 22.2 zeigen die Koinzidenzgrenzfrequenzen. Unterhalb der Koinzidenzgrenzfrequenz sind die Wellenlängen der Biegewellen kleiner als die des Luftschalls, oberhalb sind die Biegewellen größer. In Tab. 22.1 sind zudem die zugehörigen Materialkennwerte angegeben.

Auch die Abstrahlung des Schalls von der Platte beziehungsweise Wand ist wiederum abhängig vom Biegewellenfeld der Platte. Bei kleinen Biegewellenlängen, wie sie sich in dünnen Platten einstellen, liegen unmittelbar vor der Platte die Gebiete hohen und niedrigen Schalldrucks so nah beieinander, dass sich gemäß Cremer, Heckl [1] ein Druckausgleich einstellt und der Schall nur vermindert abgestrahlt werden kann. Dieser

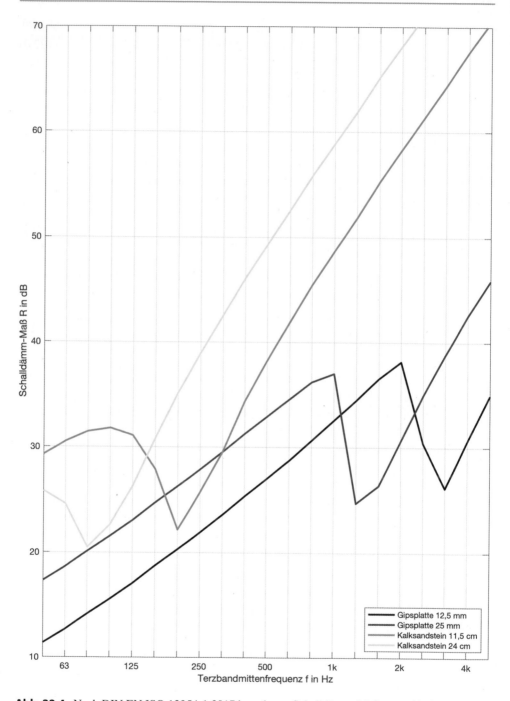

Abb. 22.4 Nach DIN EN ISO 12354-1:2017 berechnete Schalldämm-Maße verschiedener Platten

Energieableitung in den Baukörper berücksichtigt. Mit σ wird hier der Abstrahlgrad bezeichnet, der nach DIN EN ISO 12354-1:2017 Anhang B ermittelt werden kann. Nur im Fall eines hydrodynamischen Kurzschlusses gemäß Abb. 22.3 nimmt dieser Werte < 1 an. Im letzten Summand aus Gl. 22.10 ist S die Bauteilfläche, l_k die gemeinsame Länge mit dem angrenzenden Flankenbauteil und α_k der Körperschallabsorptionsgrad. Dieser Körperschallabsorptionsgrad α_k wird mit

$$\alpha_k = \sum_{j=1}^{3} \sqrt{\frac{f_{c,j}}{1000 \text{ Hz}} 10^{-\frac{K_{ij}}{10}}} \qquad (22.11)$$

berechnet, wobei f_c die Koinzidenzgrenzfrequenz des Trennbauteils ist. Für K_{ij} sind die Stoßstellendämm-Maße einzusetzen, die in Abschn. 22.2.2 näher erläutert werden.

Analog zur Raumakustik lässt sich aus dem Gesamtverlustfaktor η_{tot} und der Frequenz f eine Körperschall-Nachhallzeit

$$T_s = \frac{2,2}{f\,\eta_{tot}} \qquad (22.12)$$

berechnen. Durch Messung dieser Körperschall-Nachhallzeit lässt sich der Gesamtverlustfaktor η_{tot} experimentell bestimmen.

22.1.2 Zweischalige Bauteile

Nur wenn zwei einschalige Bauteile in äußerst großem Abstand zueinander stehen und Nebenwege die Schallübertragung nicht beeinflussen, kann man die Einzelschalldämm-Maße der beiden Schalen addieren. Ist der Abstand zwischen den Schalen hingegen klein, dann wirkt die Luftschicht wie eine Feder, die die beiden Schalen untereinander koppelt. Es entsteht ein zweischaliges Bauteil, ein sogenanntes Masse-Feder-System, bei dessen Resonanzfrequenz das Schalldämm-Maß reduziert ist.

Die Federn in diesen Masse-Feder-Systemen können entweder aus Luft oder aus Dämmstoff bestehen. Diese Resonanzfrequenz f_0 des Masse-Feder-Systems ergibt sich zu

$$f_0 = \frac{1}{2\pi} \sqrt{s'\left(\frac{1}{m_1'} + \frac{1}{m_2'}\right)}. \qquad (22.13)$$

Hierbei sind s' die dynamische Steifigkeit der Feder und m_1' und m_2' die flächenbezogenen Massen der beiden Schalen. Möchte man die praxisüblichen Einheiten für die dynamische Steifigkeit von MN/m^3 und für die flächenbezogenen Massen von kg/m^2 einsetzen, kann folgende Zahlenwertgleichung verwendet werden:

$$f_0 = 160 \sqrt{s'\left(\frac{1}{m_1'} + \frac{1}{m_2'}\right)} \tag{22.14}$$

Bei freistehenden Vorsatzkonstruktionen aus Holzständern oder Blechprofilen, deren Hohlraum zu mindestens 70 % mit einem porösen Dämmstoff mit einem längenbezogenen Strömungswiderstand zwischen 5000 Ns/m⁴ und 50000 Ns/m⁴ gefüllt ist, wird gemäß DIN 4109-34:2016 folgende Zahlenwertgleichung verwendet, wobei die Hohlraumtiefe d in m einzusetzen ist:

$$f_0 = 160 \sqrt{\frac{0{,}80}{d}\left(\frac{1}{m_1'} + \frac{1}{m_2'}\right)} \tag{22.15}$$

Unterhalb der Resonanzfrequenz f_0 entspricht die Schalldämmung eines zweischaligen Bauteils der eines gleich schweren einschaligen Bauteils. Die Feder ist unwirksam und beide Schalen sind starr gekoppelt und schwingen mit gleicher Phase. Bei der Resonanzfrequenz f_0 ist die Schalldämmung schlechter, da die Amplitude der über die Feder angekoppelten Platte größer ist als die der direkt angeregten Platte.

Bei $\sqrt{2}\,f_0$ entspricht die Schalldämmung wieder der eines gleich schweren einschaligen Bauteils (vgl. Abb. 23.2). Erst oberhalb dieser Frequenz ergeben sich die schalltechnischen Vorteile gegenüber einschaligen Bauteilen und das Schalldämm-Maß verbessert sich im Vergleich zu einschaligen Bauteilen mit

$$\Delta R = 40 \lg \frac{f}{f_0}. \tag{22.16}$$

Somit steigt das Schalldämm-Maß mit 18 dB pro Oktave an. Bei ausreichend niedriger Resonanzfrequenz, die für übliche bauakustische Anwendungen deutlich unter 100 Hz liegen sollte, können diese Konstruktionen auch bei vergleichsweise geringer Masse der Einzelschalen hohe Schalldämm-Maße erreichen. Eine praktische Verbesserung der Schalldämmung von Wänden und Decken besteht in der Anbringung einer biegeweichen Vorsatzschale mit einer ausreichend niedrigen Resonanzfrequenz f_0.

Zur Veranschaulichung des frequenzabhängigen Verhaltens von zweischaligen Bauteilen werden in Abb. 22.5 verschiedene Konstruktionen gezeigt. Zu beachten ist jeweils die Lage der Koinzidenzgrenzfrequenzen f_c, der Resonanzfrequenz f_0 sowie der Anstieg des Schalldämm-Maßes R über der Frequenz, wie es beim zweischaligen Bauteil dargestellt ist. Bei hohen Frequenzen fällt beim zweischaligen Bauteil der Anstieg des Schalldämm-Maßes aufgrund von Hohlraumresonanzen geringer als die Prognose gemäß Gl. 22.16 aus.

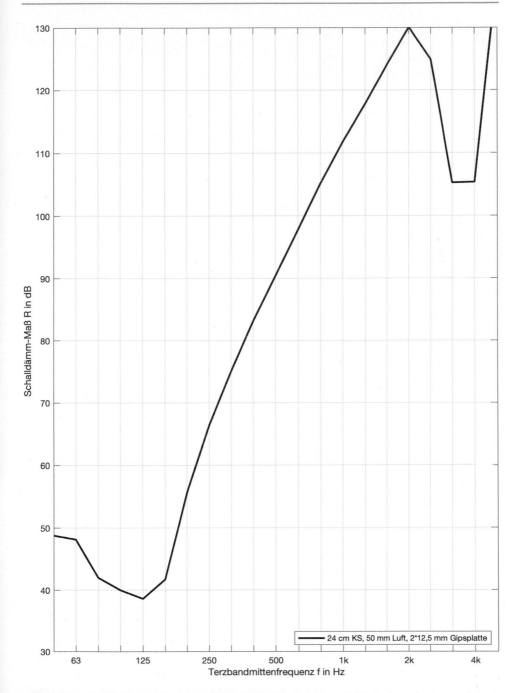

Abb. 22.5 Schalldämm-Maß einer Massivwand mit Vorsatzkonstruktion, berechnet nach Grundfelt [10]

Abb. 22.6 Zusammen-
gesetztes Bauteil, bestehend aus
der Fläche S_1 mit dem
Schalldämm-Maß R_1 und der
Fläche S_2 mit dem
Schalldämm-Maß R_2

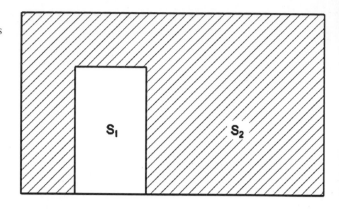

22.1.3 Zusammengesetzte Bauteile

Erfolgt die Schallübertragung über mehrere Bauteile, wie beispielsweise Wand und Fenster, wie in Abb. 22.6 gezeigt, ergibt sich das resultierende Schalldämm-Maß aus dem flächengewichteten Mittelwert der Einzelschalldämm-Maße zu

$$R_{res} = -10\lg\left(\frac{1}{S_{ges}}\sum_i S_i\, 10^{-\frac{R_i}{10}}\right). \tag{22.17}$$

Hier ist S_i die Fläche des einzelnen Bauteils und R_i das Schalldämm-Maß der einzelnen Fläche S_i. S_{ges} ist die gesamte Fläche aller beteiligten Bauteile. Aufgrund des logarithmischen Zusammenhangs bestimmen in diesem Fall die Bauteile mit geringer Schalldämmung das resultierende Schalldämm-Maß R_{res}.

22.2 Luftschallübertragung

22.2.1 Luftschallübertragung zwischen Räumen

Die Schallübertragung zwischen Räumen erfolgt über die trennende Wand oder Decke auf dem Weg Dd sowie über die flankierenden Wände und Decken. Abb. 22.7 zeigt exemplarisch an einer Trennwand und einer flankierenden Wand die verschiedenen Übertragungswege. Für jedes Bauteil ergeben sich drei Übertragungswege. Im Einzelnen sind dies:

- Weg Ff: das Flankenbauteil nimmt im Senderaum Schall auf, leitet ihn an das Flankenbauteil im Empfangsraum weiter und strahlt den Schall in den Empfangsraum ab
- Weg Fd: das Flankenbauteil nimmt im Senderaum Schall auf, leitet ihn in das Trennbauteil und strahlt den Schall in den Empfangsraum ab
- Weg Df: das Trennbauteil nimmt im Senderaum Schall auf, leitet ihn in das Flankenbauteil im Empfangsraum weiter und strahlt den Schall in den Empfangsraum ab

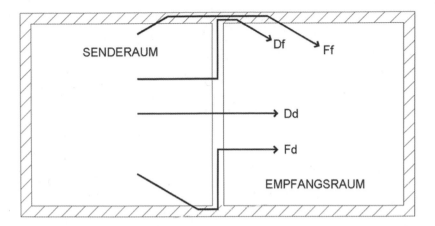

Abb. 22.7 Kennzeichnung der Schallübertragungswege zwischen zwei Räumen

Für eine einfache Raumtrennung mit einer Trennwand, jeweils zwei flankierenden Wänden und Decken ergeben sich somit 13 Übertragungswege, die bei der Berechnung des Bau-Schalldämm-Maßes R′ zu berücksichtigen sind. Mit dem′ wird gekennzeichnet, dass die Nebenwege über die Flankenbauteile bei der Berechnung berücksichtigt werden.

Bei der Ermittlung der Flanken-Schalldämm-Maße sind die sogenannten Stoßstellen von Bedeutung für das resultierende Bau-Schalldämm-Maß R′. Besteht beispielsweise eine kraftschlüssige Verbindung zwischen einer Trennwand und einer flankierenden Außenwand, so wird die Flankenübertragung im Vergleich zu einer nicht kraftschlüssigen Verbindung deutlich reduziert. Ist hingegen keine ausreichende kraftschlüssige Verbindung vorhanden, wie beispielsweise bei einer gerissenen Mörtelfuge zwischen Trenn- und Außenwand, wird über das flankierende Bauteil aufgrund des niedrigen Stoßstellendämm-Maßes mehr Schall übertragen.

Zur Berechnung der firequenzabhängigen Bau-Schalldämm-Maße R′ sind also alle Schalldämm-Maße R der einzelnen Übertragungswege in den interessierenden Frequenzbändern zwischen 125 Hz und 4 kHz in Oktaven zu betrachten. Die DIN EN ISO 12354-1:2017 bietet hierzu ein detailliertes Verfahren an. Entsprechende Berechnungen werden in der Regel mithilfe von Computerprogrammen durchgeführt. Um den Rechenaufwand einerseits und die Informationsmenge andererseits zu reduzieren, kann auch mit Einzahlangaben gerechnet werden.

Hierzu werden sogenannte bewertete Schalldämm-Maße R_w verwendet, bei denen aus dem frequenzabhängigen Verlauf des Schalldämm-Maßes gemäß DIN EN ISO 717-1:2021 eine Einzahlangabe durch den Vergleich mit einer Bezugskurve berechnet wird, wie Abb. 22.8 zeigt. Diese Bezugskurve wird in Schritten von 1 dB gegen die Messwertkurve verschoben, bis die Summe der ungünstigen Abweichungen (Messwertkurve liegt somit unter der Bezugskurve) so nah wie möglich an 32 dB liegt, diesen Wert aber nicht überschreitet. Bei der Bewertung werden nur die Unterschreitungen der Bezugskurve berücksichtigt, eine Kompensation guter und schlechter Werte findet nicht statt. Der Einzahlwert

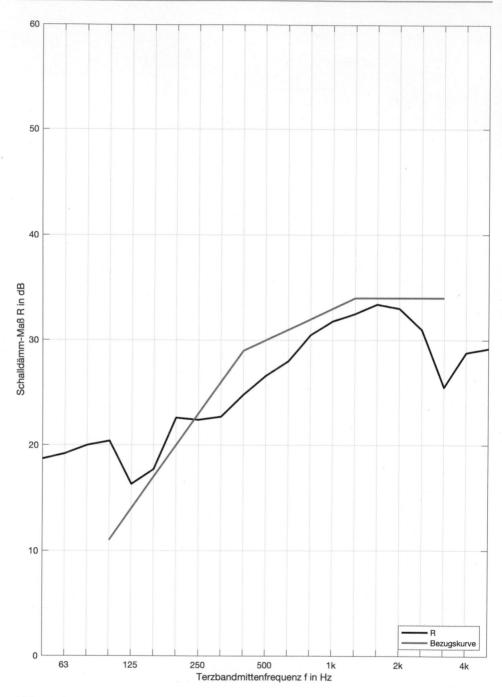

Abb. 22.8 Ermittlung des bewerteten Schalldämm-Maßes durch Vergleich mit der Bezugskurve nach DIN EN ISO 717-1:2021

entspricht dem Wert der Bezugskurve bei 500 Hz und hat keine Dezimalstelle. Für eine größere Berechnungsgenauigkeit kann die Bezugskurve in Schritten von 0,1 dB verschoben werden und der Einzahlwert mit einer Nachkommastelle angegeben werden.

Neben der Einzahlangabe können Spektrum-Anpassungswerte für unterschiedliche Geräuschspektren nach DIN EN ISO 717-1:2021 ermittelt werden, die zusätzliche Informationen über den Frequenzgang enthalten. Bei der Berechnung der Spektrum-Anpassungswerte werden die frequenzabhängigen Differenzen eines vorgegebenen Geräuschspektrums und des frequenzabhängigen Schalldämm-Maßes energetisch addiert, die Summe logarithmiert und mit −10 multipliziert. Durch Abzug des bewerteten Schalldämm-Maßes ergibt sich der jeweilige Spektrum-Anpassungswert. In Tab. 22.2 werden die Bezugskurve für den Luftschall sowie die Spektren zur Ermittlung der Spektrum-Anpassungswerte C und C_{tr} angegeben.

Im vereinfachten Verfahren gemäß DIN EN ISO 12354-1:2017 beziehungsweise DIN 4109-2:2018 wird mit diesen Einzahlangaben R_w gerechnet. Somit reduziert sich der Berechnungsaufwand auf die Ermittlung von bewerteten Schalldämm-Maßen R_w für jeden der beteiligten 13 Übertragungswege. Aus diesen Werten wird das bewertete Bau-Schalldämm-Maßermittelt. Mit der Novellierung der DIN 4109 im Jahr 2016 wurde diese Berechnungssystematik der DIN EN ISO 12354−1:2017 weitgehend übernommen.

Tab. 22.2 Bezugskurve zur Ermittlung des bewerteten Schalldämm-Maßes und Spektren für die Ermittlung der Spektrum-Anpassungswerte C und Ctr nach DIN EN ISO 717-1:2021

Frequenz	Bezugswerte für den Luftschall zur Ermittlung von R_w	Spektrum 1 (Wohnaktivitäten, Betriebe mit überwiegend mittel- und hochfrequenter Geräuschabstrahlung, etc.) zur Ermittlung von C	Spektrum 2 (Städtischer Verkehr, Betriebe mit überwiegend nieder- und mittelfrequenter Geräuschabstrahlung, etc.) zur Ermittlung von C_{tr}
100	33	−29	−20
125	36	−26	−20
160	39	−23	−18
200	42	−21	−16
250	45	−19	−15
315	48	−17	−14
400	51	−15	−13
500	52	−13	−12
630	53	−12	−11
800	54	−11	−9
1k	55	−10	−8
1,25k	56	−9	−9
1,6k	56	−9	−10
2k	56	−9	−11
2,5k	56	−9	−13
3,15k	56	−9	−15

$$R'_w = -10 \lg \left(10^{-\frac{R_{Dd,w}}{10}} + \sum_{F=f=1}^{n} 10^{-\frac{R_{Ff,w}}{10}} + \sum_{f=1}^{n} 10^{-\frac{R_{Df,w}}{10}} + \sum_{F=1}^{n} 10^{-\frac{R_{Fd,w}}{10}} \right) \tag{22.18}$$

Die Ermittlung der bewerteten Schalldämm-Maße für Trennbauteil und flankierende Bauteile wird nachfolgend erläutert. Hierbei wird für die Vorstellung der Berechnungen die Struktur der DIN 4109:2018 aufgegriffen, die sich wie folgt gliedert:

- DIN 4109-2:2018: Rechnerische Nachweise
- DIN 4109-31:2016 bis DIN 4109-36:2016: Daten für die rechnerischen Nachweise (Bauteilkatalog) für den Massivbau, für den Holz-, Leicht- und Trockenbau, für Vorsatzkonstruktionen vor massiven Bauteilen, für Elemente, Fenster, Türen, Vorhangfassaden, für gebäudetechnische Anlagen

Zur Beschreibung der Schallübertragung zwischen Räumen ist bisher das Schalldämm-Maß R' beziehungsweise das bewertete Schalldämm-Maß R'$_w$ verwendet worden, das die auf die Fläche des Trennbauteils bezogene Schalldämmung angibt.

$$R' = L_S - L_E + 10 \lg \frac{S_S}{A} \tag{22.19}$$

Zur Beschreibung des Schallschutzes zwischen Räumen kann statt R' beziehungsweise R'$_w$ die Schallpegeldifferenz D verwendet werden, bei der als Bezugsgröße die Nachhallzeit T des Empfangsraumes herangezogen wird. Die Norm-Schallpegeldifferenz ergibt sich zu

$$D_n = L_S - L_E + 10 \lg \frac{A}{A_0}, \tag{22.20}$$

bei der die Korrektur über die äquivalente Schallabsorptionsfläche A des Empfangsraumes vorgenommen wird. A_0 ist hier die Bezugsabsorptionsfläche und wird für Wohnräume mit 10 m^2 angesetzt. Eine weitere Möglichkeit zur Beschreibung des Schallschutzes besteht durch die Standard-Schallpegeldifferenz

$$D_{nT} = L_S - L_E + 10 \lg \frac{T}{T_0}. \tag{22.21}$$

T_0 ist hier die Bezugsnachhallzeit und wird für Wohnräume mit 0,5 s angesetzt. Die Standard-Schallpegeldifferenz kann unter Verwendung des Empfangsraumvolumens V_E aus dem zuvor bestimmten Bau-Schalldämm-Maß wie folgt bestimmt werden:

$$D_{nT} = R' + 10 \lg \frac{0,16 V_E}{T_0 S_S} = R' + 10 \lg \frac{0,32 V_E}{S_S}. \tag{22.22}$$

22.2.2 Luftschallübertragung im Massivbau

Bei der Berechnung der bewerteten Schalldämm-Maße R_w für Massivbauteile erfolgt nach DIN 4109-32:2016 eine Differenzierung nach Baustoffen. Für Bauteile aus Beton, Kalksandstein, Mauerziegeln oder Verfüllsteinen mit einer flächenbezogenen Masse von 65 kg/m² $< m'_{ges} < 720$ kg/m² kann das bewertete Schalldämm-Maß mit

$$R_w = 30,9 \ \lg \frac{m'_{ges}}{m'_0} - 22,2 \ \mathrm{dB} \qquad (22.23)$$

berechnet werden, wobei m′₀ mit 1 kg/m² einzusetzen ist. In Tab. 22.3 werden Rohdichten von Mauerwerk, Beton und Putzen aufgelistet, mit denen die flächenbezogene Masse m′_{ges} aus der des unverputzten Bauteils m′_{Wand} und der Putzschichten m′_{Putz, ges} ermittelt werden kann. Zur Berücksichtigung der höheren inneren Dämpfung werden für Leichtbeton und Porenbeton die folgenden empirischen Gleichungen verwendet. Bei Leichtbetonbauteilen ist

Tab. 22.3 Rohdichten von Bauteilen aus Mauerwerk mit Angabe der Rohdichteklassen RDK oder Beton sowie von Putzen für die Ermittlung der flächenbezogenen Masse gemäß DIN 4109-32:2016

Konstruktion	Rohdichte
Mauerwerk mit Normalmörtel	$\rho_w = 900 \cdot RDK + 100$ $(2,2 \geq RDK \geq 0,35)$
Mauerwerk mit Leichtmörtel	$\rho_w = 900 \cdot RDK + 50$ $(1,0 \geq RDK \geq 0,35)$
Mauerwerk mit Dünnbettmörtel	$\rho_w = 1000 \cdot RDK - 100$ (RDK > 1,0) $\rho_w = 1000 \cdot RDK - 50$ (Klassenbreite 100 kg/m³, RDK $\leq$ 1,0) $\rho_w = 1000 \cdot RDK - 25$ (Klassenbreite 50 kg/m³, RDK $\leq$ 1,0)
Mauerwerk aus Hohlblocksteinen, umgekehrt vermauert, Hohlräume mit Sand oder Normalmörtel gefüllt	RDK + 0,4
Mauerwerk aus Füllsteinen	$\rho_{w,res} = \rho_{Stein} \cdot V_{Stege} + \rho_{Beton} \cdot V_{Füll}$
Betonbauteile	$\rho_{Beton} = 2400$ kg/m³ (bewehrt, verdichtet) $\rho_{Beton} = 2350$ kg/m³ (unbewehrt, verdichtet) $\rho_{Aufbeton} = 2100$ kg/m³ (unbewehrt, unverdichtet) $\rho_{Zementestrich} = 2000$ kg/m³ (unbewehrt, unverdichtet)
Gips- und Dünnlagenputze	$\rho_{Putz} = 1000$ kg/m³
Kalk- und Kalkzementputze	$\rho_{Putz} = 1600$ kg/m³
Leichtputze	$\rho_{Putz} = 900$ kg/m³
Wärmedämmputze	$\rho_{Putz} = 250$ kg/m³

$$R_w = 30,9 \lg \frac{m'_{ges}}{m'_0} - 20,2\,\text{dB} \tag{22.24}$$

bei einer flächenbezogenen Masse von $140\,\text{kg/m}^2 < m'_{ges} < 480\,\text{kg/m}^2$ zu verwenden. Porenbetonbauteile sind mit

$$R_w = 32,6 \lg \frac{m'_{ges}}{m'_0} - 22,5\,\text{dB} \tag{22.25}$$

zu berechnen, wenn die flächenbezogene Masse im Bereich von $50\,\text{kg/m}^2 < m'_{ges} < 150\,\text{kg/m}^2$ liegt und mit

$$R_w = 26,1 \lg \frac{m'_{ges}}{m'_0} - 8,4\,\text{dB} \tag{22.26}$$

in einem Bereich der flächenbezogenen Masse von $150\,\text{kg/m}^2 < m'_{ges} < 300\,\text{kg/m}^2$.

In den Gl. 22.23, 22.24, 22.25 und 22.26 wurde ein Bau-Verlustfaktor zugrunde gelegt, der nur bei einer Ankopplung an allen Rändern zutreffend ist. Wird jedoch durch Entkopplungen an einzelnen Bauteilrändern die Energieableitung in den Baukörper reduziert, fällt die Direktdämmung kleiner aus und das bewertete Schalldämm-Maß ist um den Korrekturwert K_E nach DIN 4109-32:2016 bzw. nach Fischer et al. [9] gemäß Tab. 22.4 abzumindern.

Das bewertete Schalldämm-Maß für die direkte Übertragung Dd beträgt unter Berücksichtigung des Schalldämm-Maßes des Trennbauteils $R_{s,w}$ sowie etwaiger Verbesserungen $\Delta R_{Dd,w}$ durch Vorsatzkonstruktionen

$$R_{Dd,w} = R_{s,w} + \Delta R_{Dd,w}. \tag{22.27}$$

Verbesserungsmaße für Vorsatzkonstruktionen ΔR können anhand von Tab. 22.5 ermittelt werden. Diese hängen von der Resonanzfrequenz des Masse-Feder-Systems ab und können bei ungünstiger Lage im bauakustisch interessierenden Frequenzbereich das Schalldämm-Maß verschlechtern. Sind Vorsatzkonstruktionen nur über eine Dämmschicht mit dem Grundbauteil verbunden, ist die Resonanzfrequenz gemäß Gl. 22.14 zu ermitteln. Bei freistehenden Vorsatzkonstruktionen ist die Resonanzfrequenz gemäß Gl. 22.15 zu berechnen.

Tab. 22.4 Korrekturwerte K_E zur Abminderung des bewerteten Schalldämm-Maßes bei teilweise oder vollständig entkoppelten Bauteilen gemäß DIN 4109-32:2016

flächenbezogene Masse m'_{ges} der Wand in kg/m²	entkoppelte Kanten	K_E in dB
≤150	$2 \le n \le 3$	2
	4	4
>150	$2 \le n \le 3$	3
	4	6

Tab. 22.5 Bewertete Verbesserung der Direktschalldämmung durch Vorsatzkonstruktionen in Abhängigkeit von der Resonanzfrequenz f_0 gemäß DIN 4109-34:2016

Resonanzfrequenz f_0 der Vorsatzkonstruktion in Hz	ΔR_w in dB
$30 \leq f_0 \leq 160$	$\max(0; 74{,}4 - 20 \lg f_0 - 0{,}5\ R_w)$
200	-1
250	-3
315	-5
400	-7
500	-9
$630 \leq f_0 \leq 1600$	-10
$1600 < f_0 \leq 5000$	-5

Werden am Trennbauteil beidseitig Vorsatzkonstruktionen angebracht, setzt sich die bewertete Verbesserung $\Delta R_{Dd,w}$ aus der Verbesserung einer Vorsatzkonstruktion und der halben Verbesserung der anderen Vorsatzkonstruktion zusammen.

$$\Delta R_{Dd,w} = \Delta R_{D,w} + \frac{\Delta R_{d,w}}{2} \text{ für } \Delta R_{D,w} \geq \Delta R_{d,w} \text{ und } \Delta R_{D,w} > 0 \qquad (22.28)$$

$$\Delta R_{Dd,w} = \Delta R_{d,w} + \frac{\Delta R_{D,w}}{2} \text{ für } \Delta R_{d,w} \geq \Delta R_{D,w} \text{ und } \Delta R_{d,w} > 0 \qquad (22.29)$$

Sofern beide bewerteten Verbesserungen negativ sind, sind folgende Gleichungen anzuwenden:

$$\Delta R_{Dd,w} = \Delta R_{D,w} + \frac{\Delta R_{d,w}}{2} \text{ für } \left| \Delta R_{D,w} \right| \geq \left| \Delta R_{d,w} \right| \qquad (22.30)$$

$$\Delta R_{Dd,w} = \Delta R_{d,w} + \frac{\Delta R_{D,w}}{2} \text{ für } \left| \Delta R_{d,w} \right| \geq \left| \Delta R_{D,w} \right| \qquad (22.31)$$

Für die flankierenden Bauteile sind die bewerteten Flankendämm-Maße für jeden der möglichen Übertragungswege zu ermitteln und betragen

$$R_{Ff,w} = \frac{R_{F,w} + R_{f,w}}{2} + \Delta R_{Ff,w} + K_{Ff} + 10 \lg \frac{S_S}{l_0 l_f} \qquad (22.32)$$

$$R_{Fd,w} = \frac{R_{F,w} + R_{s,w}}{2} + \Delta R_{Fd,w} + K_{Fd} + 10 \lg \frac{S_S}{l_0 l_f} \qquad (22.33)$$

$$R_{Dd,w} = \frac{R_{s,w} + R_{f,w}}{2} + \Delta R_{Df,w} + K_{Df} + 10 \lg \frac{S_S}{l_0 l_f} \qquad (22.34)$$

Hierbei sind $R_{F,w}$ das bewertete Schalldämm-Maß des flankierenden Bauteils F im Senderaum, $R_{f,w}$ das bewertete Schalldämm-Maß des flankierenden Bauteils f im Empfangsraum und ΔR_{ij} die gesamten Verbesserungen durch Vorsatzkonstruktionen auf den durch Indizes bezeichneten Übertragungswegen. Die Stoßstellendämm-Maße K_{ij} sind ebenfalls für die einzelnen Übertragungswege zu ermitteln. S_S stellt bei den Gl. 22.32, 22.33 und 22.34 die Trennbauteilfläche, l_f die Kopplungslänge und l_0 die Bezugskopplungslänge von 1 m, dar.

Die Ermittlung der Stoßstellendämm-Maße K_{ij} erfolgt nach DIN 4109-32:2016 über empirisch ermittelte Beziehungen. Hierzu ist zunächst das logarithmische Verhältnis

$$M = \lg \frac{m'_{\perp i}}{m'_i} \tag{22.35}$$

der an der Stoßstelle beteiligten Bauteile mit den flächenbezogenen Massen m'_i und $m'_{\perp i}$ zu bilden. Bei einem Dickenwechsel von Bauteilen ergibt sich das Stoßstellendämm-Maß zu

$$K_{12} = 5M^2 - 5 \tag{22.36}$$

und für einen Eckstoß zu

$$K_{12} = 2,7 + 2,7M^2. \tag{22.37}$$

Für einen Kreuzstoß ergibt sich ein Stoßstellendämm-Maß bei geradem Durchgang zu

$$K_{13} = 8,7 + 17,1M + 5,7M^2 \quad \text{für } M < 0,182 \tag{22.38}$$

und zu

$$K_{13} = 9,6 + 11M \quad \text{für } M \geq 0,182. \tag{22.39}$$

Bei der Flankenübertragung über Eck ergibt sich beim Kreuzstoß

$$K_{12} = 5,7 + 15,4M^2. \tag{22.40}$$

Für einen T-Stoß ergibt sich ein Stoßstellendämm-Maß bei geradem Durchgang zu

$$K_{13} = 5,7 + 14,1M + 5,7M^2 \quad \text{für } M < 0,215 \tag{22.41}$$

und zu

$$K_{13} = 8 + 6,8M \quad \text{für } M > 0,215. \tag{22.42}$$

Bei der Flankenübertragung über Eck ergibt sich beim T-Stoß

$$K_{12} = 4,7 + 5,7M^2. \tag{22.43}$$

Für die Berechnung ist ein Mindestwert für das Stoßstellendämm-Maß $K_{ij,min}$ zu ermitteln, der anzuwenden ist, wenn die Berechnungen kleinere Ergebnisse liefern.

$$K_{ij,min} = 10 \ \lg\left(l_f l_0 \left(\frac{1}{S_i} + \frac{1}{S_j} \right) \right). \tag{22.44}$$

Es wird ersichtlich, dass die Flankenübertragung einen wesentlichen Einfluss auf das Bau-Schalldämm-Maß R'_w haben kann. Insbesondere leichten flankierenden Bauteilen, wie es einerseits wärmedämmende Mauerwerkswände oder andererseits leichte biegesteife Innenwände sein können, ist Beachtung zu schenken. Solche Konstruktionen sind entweder für Bauten mit hohen bauakustischen Anforderungen unbrauchbar oder es muss die Flankenübertragung durch den Einbau von elastischen Zwischenschichten, wie in Abb. 22.9 dargestellt, reduziert werden.

Stoßstellen, bei denen die biegesteifen Bauteile durch elastische Zwischenschichten mit dem Elastizitätsmodul E und der Dicke t entkoppelt werden, sind mit

$$K_{ij,E} = K_{ij} + \Delta K_{ij} \tag{22.45}$$

zu berücksichtigen. Das Stoßstellendämm-Maß K_{ij} eines starren Stoßes ist um den Stoßstellenkorrekturwert in einem Steifigkeitsbereich von $20 \ \text{MN/m}^2 \leq \text{E/t} \leq 200 \ \text{MN/m}^2$ zu erhöhen.

$$\Delta K_{ij} = 36 - 15 \lg \frac{E}{t} \tag{22.46}$$

Wie bereits beschrieben, können sich bei Mauerwerk aus Lochsteinen Dickenresonanzen ausbilden, so dass die durch die Masse zu erwartende Schalldämmung nicht erreicht wird. Die Schalldämmung ist hier durch Messungen zu ermitteln. Um die in Prüf-

Abb. 22.9 Elastische Zwischenschichten an leichten massiven Innenwänden aus Gips-Wandbauplatten zur Reduktion der Flankenübertragung

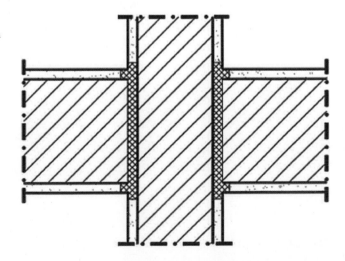

ständen gemessenen Schalldämm-Maße für die Berechnungen zu verwenden, ist das Ergebnis des Labors mit dem dortigen Gesamtverlustfaktor η_{lab} auf einen massivbautypischen mittleren Bauverlustfaktor $\eta_{Bau,ref}$ zu korrigieren. In Prüfberichten wird daher neben R_w und den Spektrum-Anpassungswerten $R_{w,Bau,ref}$ angegeben.

Zur Berechnung zweischaliger massiver Haustrennwände, bei denen die Schalen in der Regel nicht vollständig getrennt sind, stehen derzeit keine Daten zur Verfügung, die eine Anwendung analog zur bisher verwendeten Systematik nach DIN 4109-2:2018 zulassen. Aus diesem Grund wird das Verfahren der DIN 4109 BB1:1989, bei dem Schalldämm-Maße für Bauteile unter Berücksichtigung der bauüblichen Nebenwege angegeben wurden, mit Modifikationen angewendet. Dieses Prognoseverfahren zur Bestimmung der Luftschalldämmung von Haustrennwänden mit einer Trennfuge der Dicke d $\geq$ 30 mm ermöglicht die Berechnung unter Berücksichtigung einer unvollständigen Trennung im untersten Geschoss. Zunächst wird aus der flächenbezogenen Masse beider Wandschalen $m'_{Tr,ges}$ das bewertete Schalldämm-Maß

$$R'_{w,l} = 28 \lg m'_{Tr,ges} - 18 \tag{22.47}$$

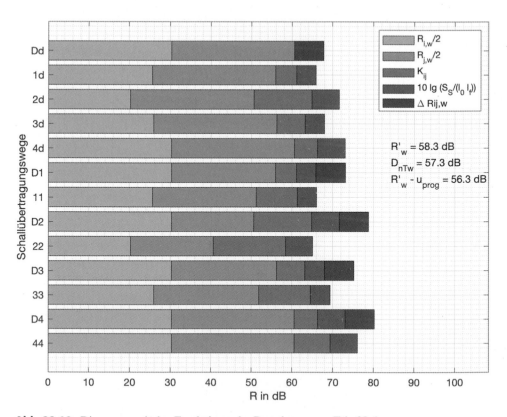

Abb. 22.10 Diagramm mit den Ergebnissen der Berechnung aus Tab. 22.6

Tab. 22.6 Berechnungsbeispiel nach DIN 4109-2:2018 für die vertikale Luftschallübertragung im Massivbau

Decke mit schwimmendem Estrich	180 mm Stahlbetondecke (ρ = 2400 kg/m^3), mit 45 mm Zementestrich auf einer Dämmung (s' = 10 MN/m^3)
Flanke 1: Außenwand aus	175 mm Kalksandstein (ρ_w = 1700 kg/m^3), innen verputzt, außen Wärmedämmverbundsystem
Flanke 2: Innenwand aus	115 mm Kalksandstein (ρ = 1700 kg/m^3), beidseitig verputzt
Flanke 3: Innenwand aus	115 mm Kalksandstein (ρ = 1700 kg/m^3), beidseitig verputzt
Flanke 4: Wohnungstrennwand aus	240 mm Kalksandstein (ρ = 1700 kg/m^3), beidseitig verputzt Flanken in Senderaum und Empfangsraum gleich Raumhöhe 2,5 m

Trennbauteilfläche S_S	14,2 m^2
flächenbezogene Masse Rohdecke m'	432 kg/m^2
Direktschalldämm-Maß $R_{s,w}$	59,2 dB
Resonanzfrequenz Vörsatzkonstruktion f_0	58,6 Hz
Verbesserung Vörsatzkonstruktion $\Delta R_{Dd,w}$	9,4 dB
Direktschalldämm-Maß $R_{Dd,W}$	68,6 dB

	Flanke 1	Flanke 2	Flanke 3	Flanke 4
Kopplungslänge l_f	4.65 m	3,05 m	4,65 m	3,05 m
flächenbezogene Masse m'	308 kg/m^2	216 kg/m^2	216 kg/m^2	428 kg/m^2
Direktschalldämm-Maß R_w	54,7 dB	49,9 dB	49,9 dB	59,1 dB
Verbesserung Vörsatzkonstruktion $\Delta R_{Ff,w}$	–	–	–	–
Verbesserung Vörsatzkonstruktion $\Delta R_{Fd,w}$	–	–	–	–
Verbesserung Vörsatzkonstruktion $\Delta R_{Df,w}$	9,4 dB	9,4 dB	9,4 dB	9,4 dB
Stoßstellentyp	T starr	Kreuz starr	Kreuz starr	Kreuz starr
Stoßstellendämm-Maß K_{Ff}	7,9 dB	12,9 dB	12,9 dB	8,8 dB
Stoßstellendämm-Maß K_{Fd}	4,8 dB	7,1 dB	7,1 dB	5,7 dB
Stoßstellendämm-Maß K_{Df}	4,8 dB	7,1 dB	7,1 dB	5,7 dB
Flankenschalldämm-Maß $R_{Ff,w}$	67,4 dB	69,5 dB	67,7 dB	74,6 dB
Flankenschalldämm-Maß $R_{Fd,w}$	66,6 dB	68,3 dB	66,5 dB	71,5 dB
Flankenschalldämm-Maß $R_{Df,w}$	76,0 dB	77,8 dB	75,9 dB	81,0 dB

Bau-Schalldämm-Maß R'_w	58,6 dB
Standard-Schallpegeldifferenz $D_{nT,w}$	57,7 dB
Sicherheitsbeiwert u_{prog}	2 dB
Bau-Schalldämm-Maß für den Vergleich mit Anforderung $R'_w - u_{prog}$	56,6 dB

gebildet und durch die Berücksichtigung eines Zweischaligkeitszuschlages $\Delta R_{w,Tr}$ und eines Korrekturwertes K das Schalldämm-Maß der zweischaligen Haustrennwand

$$R'_{w,2} = R'_{w,1} + \Delta R_{w,Tr} - K \qquad (22.48)$$

ermittelt. Mit $\Delta R_{w,Tr}$ aus Tab. 22.7 wird die jeweilige Übertragungssituation, also die Art der Trennung sowie die Lage der schutzbedürftigen Räume, berücksichtigt. Der Korrekturwert

$$K = 0,6 + 5,5 \lg \frac{m'_{Tr,l}}{m'_{f,m}} \tag{22.49}$$

wird nur für den Fall aus Tab. 22.7, Zeile 1, benötigt, bei dem die Übertragung im Fundamentbereich vernachlässigt werden kann und die flächenbezogene Masse der Trennwandschale im Empfangsraum $m'_{Tr,l}$ kleiner als die mittlere flächenbezogene Masse der unverkleideten Flankenbauteile $m'_{f,m}$ ist. Größere Schalenabstände wirken sich bei vollständig getrennten Konstruktionen positiv aus und daher kann ab einer Trennfugendicke von $d \geq 50$ mm der Zweischaligkeitszuschlag um 2 dB höher angesetzt werden als in Tab. 22.7 angegeben.

22.2.3 Luftschallübertragung im Holz-/Leicht- und Trockenbau

Unter Holz-/Leicht- und Trockenbau versteht man Bauten mit Last abtragenden Stützen, Trockenbaukonstruktionen für den Innenausbau und leichten, nicht tragenden Fassaden. Zudem werden Wandbauten in Holzrahmen- beziehungsweise Holztafelbauweise hierunter gefasst.

Diese Bauteile sind untereinander nicht biegesteif verbunden, so dass für die Schallübertragung zwischen Räumen nur der direkte Weg Dd sowie die beteiligten Flanken Ff gemäß Abb. 22.7 bedeutend sind. Berechnungen der zu erwartenden Luftschalldämmung können nicht direkt aus Konstruktionszeichnungen erfolgen, da zu viele Einflussfaktoren das zu erwartende Schalldämm-Maß beeinflussen. Auch die Flankenschalldämm-Maße können nicht aus den Direktschalldämm-Maßen abgeleitet werden, da nur eine Schale die

Tab. 22.7 Zweischaligkeitszuschläge $\Delta R_{w,Tr}$ für unterschiedliche Übertragungssituationen bei zweischaligen Haustrennwänden mit einer Trennfugendicke $d \geq 30$ mm nach DIN 4109-2:2018

	$\Delta R_{w,Tr}$ in dB
Trennung der Schalen und der flankierenden Bauteile ab Oberkante Bodenplatte, gültig ab Erdgeschoss bei unterkellertem Gebäude	12
Durchgehende Außenwände, gültig für Erdgeschoss bei unterkellertem Gebäude	9
Durchgehende Außenwände, gültig für Kellergeschoss	3
Trennung der Schalen, der Außenwände und der Bodenplatte, gültig für Erdgeschoss bei nicht unterkellertem Gebäude	9
Trennung der Schalen und der Außenwände, Bodenplatte getrennt auf gemeinsamen Fundament, gültig für Erdgeschoss bei nicht unterkellertem Gebäude	6
Trennung der Schalen und der Außenwände, Bodenplatte durchgehend mit m' 575 kg/m², gültig für Erdgeschoss bei nicht unterkellertem Gebäude	6

Tab. 22.8 Berechnungsbeispiel nach DIN 4109-2:2018 für die horizontale Luftschallübertragung einer Reihenhaustrennwand

Zweischalige Haustrennwand (nicht unterkellertes Gebäude)	175 mm Kalksandstein (ρ_w = 1700 kg/m³), verputzt 50 mm Trennfuge, vollflächig mit Mineralfaserdämmung verfüllt 175 mm Kalksandstein (ρ_w = 1700 kg/m³), verputzt
Flanke 1: Außenwand aus	Zweischaliges Mauerwerk, innen 175 mm KS (ρ_w = 1700 kg/m³), verputzt, Trennung im Bereich der Haustrennwand
Flanke 2: Innenwand aus	175 mm Kalksandstein (ρ_w = 1700 kg/m³), beidseitig verputzt, Trennung im Bereich der Haustrennwand
Flanke 3: Decke aus	180 mm Stahlbetondecke (ρ = 2400 kg/m³), Trennung im Bereich der Haustrennwand
Flanke 4: Bodenplatte aus	300mm Stahlbetondecke (ρ = 2400 kg/m³) mit schwimmendem Estrich, Fundamenttrennung im Bereich der Haustrennwand Flanken in Senderaum und Empfangsraum gleich Raumlänge Empfangsraum 3,7 m

Trennbauteilfläche S_S	10,1 m²
flächenbezogene Masse Wandschale 1 m'_1	308 kg/m²
flächenbezogene Masse Wandschale 2 m'_2	308kg/m²
Schalldämm-Maß $R'_{w,1}$	60,1 dB
Fugenbreite	50 mm

	Flanke 1	Flanke 2	Flanke 3	Flanke 4
flächenbezogene Masse m'	308 kg/m²	318 kg/m²	432 kg/m²	–

mittlere flächenbezogene Masse $m'_{f,m}$	352 kg/m²
Korrekturwert K	0 dB
Zweischaligkeitszuschlag $\Delta R_{w,1r}$	11 dB

Bau-Schalldämm-Maß $R'_{w,2}$	71,1 dB
Standard-Schallpegeldifferenz $D_{nT,w}$	71,8 dB
Sicherheitsbeiwert u_{prog}	2 dB
Bau-Schalldämm-Maß für den Vergleich mit Anforderung $R'_w - u_{prog}$	69,1 dB

Flankenübertragung bestimmt. Daher muss auf Messwerte aus Prüfständen zurückgegriffen werden, die dann auf die jeweilige Bausituation zu adaptieren sind. Werte für Direktschalldämm-Maße R_w und Norm-Flankenschallpegeldifferenzen $D_{n,f,w}$ sind beispielsweise der DIN 4109-33:2016 oder den Tab. 22.10, 22.11, 22.12 und 22.13 zu entnehmen.

Zur ersten Abschätzung für die Luftschalldämmung im Holz- und Leichtbau können Bauteile gewählt werden, deren bewertetes Direktschalldämm-Maß R_w beziehungsweise deren bewertete Norm-Flankenschallpegeldifferenz $D_{n,f,w}$ jeweils um mindestens 5 dB

Tab. 22.9 Berechnungsbeispiel nach DIN 4109-2:2018 für die horizontale Luftschallübertragung im Holz-/Leichtbau

Metallständerwand	75 mm Metallständerprofile, dazwischen 60 mm Dämmstoff, beidseitig doppellagig mit 12,5 mm Gipskartonplatten beplankt
Flanke 1: Außenwand aus	Holztafelwand mit Vorsatzschale, Vorsatzschale durch Trennwand unterbrochen
Flanke 2: Innenwand aus	50 mm Metallständerprofile, 40 mm Dämmstoff, doppellagig beplankt, durchgehende Fuge an innenseitiger Beplankung
Flanke 3: Decke aus	Holzbalkendecke mit biegeweicher Unterdecke, durchgehende Fuge im Bereich des Trennwandanschlusses
Flanke 4: Boden aus	Holzbalkendecke mit schwimmendem Estrich, durch Trennwand unterbrochen Flanken in Senderaum und Empfangsraum gleich Raumtiefe Empfangsraum 6,25 m

Trennbauteilfläche S_S	12,5 m²
Direktschalldämm-Maß $R_{Dd,w}$	51,0 dB

	Flanke 1	Flanke 2	Flanke 3	Flanke 4
Kopplungslänge l_f	2,50 m	2,50 m	5,00 m	5,00 m
Kopplungslänge l_{lab}	2,80 m	2,80 m	4,50 m	4,50 m
Norm-Flankenschallpegel differenz $D_{n,f,w}$	68,0 dB	60,0 dB	54,0 dB	67,0 dB
Flankenschalldämm-Maß $R_{Ff,w}$	69,5 dB	61,5 dB	54,5 dB	67,5 dB

Bau-Schalldämm-Maß R'_w	49,0 dB
Standard-Schallpegeldifferenz $D_{nT,w}$	48,1 dB
Sicherheitsbeiwert u_{prog}	2 dB
Bau-Schalldämm-Maß für den Vergleich mit Anforderung $R'_w - u_{prog}$	47,0 dB

über dem anzustrebenden Bau-Schalldämm-Maß R'_w liegt. Bei der genaueren Betrachtung wird das Bau-Schalldämm-Maß

$$R'_w = -10 \lg \left(10^{-\frac{R_{Dd,w}}{10}} + \sum_{F=f=1}^{n} 10^{-\frac{R_{Ff,w}}{10}} \right) \tag{22.50}$$

über die Anpassung der Norm-Flankenschallpegeldifferenzen $D_{n,f,w}$ an die tatsächlichen geometrischen Verhältnisse und schließlich durch Addition aller Übertragungswege ermittelt. Das Flankenschalldämm-Maß berechnet sich zu

$$R_{Ff,w} = D_{n,f,w} + 10 \lg \frac{l_{lab}}{l_f} + 10 \lg \frac{S_S}{A_0}. \tag{22.51}$$

Als Bezugsgrößen werden hier nach den Vorgaben der DIN 4109–2:2018 für A_0 10 m² angesetzt, bei Decken und Böden für l_{lab} 4,5 m und bei Wänden 2,8 m. Bei Räumen ohne

Tab. 22.10 Bewertete Schalldämm-Maße R_w für Innenwände in Holztafelbauweise und für Metallständerwände gemäß DIN 4109-33:2016

Aufbau	Schichtenfolge	R_w in dB
	12,5 mm Gipskartonplatte 40 mm Mineralwolledämmung zwischen 60 mm Holzständerwerk 12,5 mm Gipskartonplatte	38
	2·12,5 mm Gipskartonplatte 40 mm Mineralwolledämmung zwischen 60 mm Holzständerwerk 2·12,5 mm Gipskartonplatte	43
	12,5 mm Gipskartonplatte 40 mm Mineralwolledämmung zwischen 50 mm Metallständerwerk 12,5 mm Gipskartonplatte	41
	2 · 12,5 mm Gipskartonplatte 60 mm Mineralwolledämmung zwischen 75 mm Metallständerwerk 2·12,5 mm Gipskartonplatte	51
	2·12,5 mm Gipskartonplatte schwer 2·40 mm Mineralwolledämmung zwischen 2·50 mm Metallständerwerken getrennt 2·12,5 mm Gipskartonplatte schwer	60

gemeinsame Trennfläche, wie beispielsweise bei diagonal angeordneten Räumen, wird die bewertete Norm-Schallpegeldifferenz D_w ermittelt.

$$D_w = -10 \lg\left(\sum_{i=1}^{2} 10^{-\frac{D_{n,f,w}}{10}} \right) \tag{22.52}$$

Im Skelettbau werden häufig Pfosten-Riegel-Fassaden eingesetzt, deren Pfostenbreite mit etwa 50 mm unter der üblichen Trennwandbreite von 75 mm bis 125 mm liegt. Aus diesem Grund werden in den fassadennahen Bereichen sogenannte Fassadenanschlussschwerter, wie in Abb. 22.11 dargestellt, konstruiert, die das resultierende Schalldämm-Maß der Trennwand nicht signifikant verringern sollten. Um dies zu erreichen, werden hier besonders schwere Platten zur Beplankung eingesetzt und zusätzlich zur Erhöhung der flächenbezogenen Masse m′ Bleche oder Schwerfolien in die Konstruktion eingebracht.

Bei flankierenden Metallständerwänden, die durch ein massives Trennbauteil mit einer flächenbezogenen Masse $\geq$ 350 kg/m² unterbrochen werden, kann eine Norm-

Tab. 22.11 Bewertete Norm-Flankenschallpegeldifferenz $D_{n,f,w}$ für Metallständerwände gemäß DIN 4109-33:2016

Aufbau	Schichtenfolge	$D_{n,f,w}$ in dB
	12,5 mm Gipskartonplatte auf der Innenseite Mineralwolledämmung zwischen 50 mm Metallständerwerk	53
	Mit 2·12,5 mm Gipskartonplatte	56
	12,5 mm Beplankung durch Fuge getrennt	57
	2·12,5 mm Beplankung d. Fuge getrennt	60
	12,5 mm Gipskartonplatte auf der Innenseite Mineralwolledämmung zwischen 100 mm Metallständerwerk	65

Flankenschallpegeldifferenz $D_{n,f,w}$ = 76 dB angenommen werden. Erfolgt die Trennung über eine Holzbalkendecke oder eine Massivholzdecke ist $D_{n,f,w}$ = 67 dB anzusetzen.

22.2.4 Luftschallübertragung von Außenlärm

Zur Beschreibung der Luftschalldämmung von Außenwänden, Fenstern in Außenwänden und Fassaden ist festzuhalten, dass es im Gegensatz zur Schalldämmung einer Innenwand keine beidseitig diffusen Schallfelder gibt. Wie aus Gl. 22.7 zu entnehmen ist, hängt die Schalldämmung vom Einfallswinkel ϑ ab. Gemäß DIN EN ISO 12354-3:2017 ist für das Bau-Schalldämm-Maß einer Fassade folgende Beziehung anzusetzen:

$$R'_{45°} = R' + 1 \, dB \tag{22.53}$$

Hierbei ist $R'_{45°}$ das Schalldämm-Maß einer Fassade für einen Schalleinfallswinkel von $\vartheta = 45°$ und R' das Schalldämm-Maß für diffusen Schalleinfall. Ist Verkehrslärm die pegelbestimmende Schallquelle, dann ist das Bau-Schalldämm-Maß

$$R'_{tr,s} = R'. \tag{22.54}$$

Tab. 22.12 Bewertete Norm-Flankenschallpegeldifferenz $D_{n,f,w}$ von schwimmenden Estrichen bei horizontaler Schallübertragung gemäß DIN 4109-33:2016

Aufbau	Konstruktion	$D_{n,f,w}$ in dB
	Trennwand als Einfach- oder Doppelständerwand mit Unterkonstruktion aus Holz oder Metall	40
	Elementierte Trennwand	
	Auf durchlaufendem schwimmendem Estrich aus Zement oder Calciumsulfat	
	Trennwand als Einfach- oder Doppelständerwand mit Unterkonstruktion aus Holz oder Metall	
	Elementierte Trennwand	
	Auf schwimmendem Estrich mit Trennfuge unter der Wand	57
	Auf schwimmendem Estrich mit Trennfuge seitlich der Wand	<57
	Estrich durch Trennwandanschluss konstruktiv getrennt	
	Auf Massivdecken	Ermittlung nach DIN 4109-2.2016
	Auf Holzbalkendecken	67 dB (DIN 4109-Beiblatt 1:1989, $R_{L,w,R}$ + 2 dB)
	Hohlraumboden Wand auf Hohlraumboden Wand auf Hohlraumboden mit Trennfuge	siehe oben abhängig von Schallübertragung in Hohlraum und Bodenöffnungen

Tab. 22.13 Bewertete Norm-Flankenschallpegeldifferenz $D_{n,f,w}$ von Unterdecken unter Massivdecken bei horizontaler Schallübertragung gemäß DIN 4109-33:2016

Konstruktion	$D_{n,f,w}$ in dB
Trennwand an Unterdecke aus Gipsplatten anschließend, einlagig, 40 mm Mineralwolleauflage, durchlaufend ohne Fuge	49
Trennwand an Unterdecke aus Gipsplatten anschließend, einlagig, 40 mm Mineralwolleauflage, Trennung der Unterdecke durch Fugenschnitt ≥ 3 mm im Bereich des Trennwandanschlusses	54
Trennwand an Unterdecke aus Gipsplatten anschließend, zweilagig, 40 mm Mineralwolleauflage, Trennung der Unterdecke in Trennwanddicke	59
Trennwandanschluss an Massivdecke, Unterdecke aus Gipsplatten anschließend, zweilagig, 40 mm Mineralwolleauflage	65

Tab. 22.14 Berechnungsbeispiel nach DIN 4109-2:2018 für die Luftschallübertragung einer Fassade

Fassade, bestehend aus:	
Außenwand	365 mm Ziegelmauerwerk mit integrierter Dämmstofffüllung, beidseitig verputzt ($R_{w,Bau,ref}$ = 51,9 dB)
Fenster	Fenster, R_w = 35 dB, Fugenschalldämm-Maß $R_{s,w,k}$ mindestens 10 dB über dem Schalldämm-Maß des Fensters
Rolladenkasten	Rolladenkasten, $D_{n,e,w}$ = 50 dB
	Flankenübertragung kann hier vernachlässigt werden Raumtiefe 3,1 m
Fassadenfläche S_S	11,6 m²

	Außenwand	Fenster	Rolladenkasten
Fläche S	7,5 m²	3,4 m²	–
Schalldämm-Maß R_w	47,9 dB	35,0 dB	–
Norm-Schallpegeldifferenz $D_{n,e,w}$	–	–	50,0 dB
Schalldämm-Maß $R_{e,w}$	49,8 dB	40,3 dB	50,7 dB

Gesamtes Schalldämm-Maß $R'_{w,ges}$	39,5 dB
Standard-Schallpegeldifferenz $D_{nT,w,ges}$	39,4 dB
Sicherheitsbeiwert u_{prog}	2 dB
Gesamtes Schalldämm-Maß für den Vergleich mit Anforderung $R'_{w,ges} - U_{prog}$	37,5 dB

blätter, die Türzargen und deren Anschluss an den Baukörper sowie die Anzahl und die Art der Dichtungen im Bereich der Türzarge und insbesondere die Art der Bodendichtungen.

Bei den in der Regel zum Einsatz kommenden Einfachtüren ist die flächenbezogene Masse des Türblattes m' von entscheidender Bedeutung für das zu erwartende Schalldämm-Maß R.

Bei den üblichen Türblattdicken liegt die Koinzidenzgrenzfrequenz f_c allerdings in einem sehr ungünstigen Bereich und es kann daher bei einem Türblatt aus einer Platte, wie in Abb. 22.12 dargestellt, mit keinem allzu hohen Schalldämm-Maß gerechnet werden. Zur Erhöhung des Schalldämm-Maßes R sind, wie Abb. 22.13 zeigt, mehrere dünne Platten mit dementsprechend hohen Koinzidenzgrenzfrequenzen zu schichten. Diese dürfen dabei nur punktuell miteinander verbunden werden, um die Biegesteifigkeit nicht zu erhöhen.

Alternativ können auch mehrschalige Türblätter, wie in Abb. 22.14 für ein Holztürblatt und in Abb. 22.15 für ein Stahltürblatt gezeigt, verwendet werden. Hierbei ist allerdings, wie bei allen mehrschaligen Systemen, mit einer schlechten Schalldämmung R bei der Resonanzfrequenz f_0 zu rechnen.

Neben der Schalldämmung des Türblatts sind die weiteren Übertragungswege der jeweiligen bauakustischen Anforderung anzupassen. Einen Überblick gibt Tab. 22.16, in der die Konstruktionsmerkmale von Türen mit Schallschutzanforderungen zusammengestellt sind.

Tab. 22.15 Schalldämmung von Außenbauteilen gemäß DIN 4109-33:2016 und [7]

Aufbau	Schichtenfolge von außen nach innen	R_w (C; C_{tr})
Dach mit Zwischensparrendämmung	Dachsteine Lattung, Konterlattung Winddichtende Folie 120 mm bis 180 mm Mineralwolle- oder Holzfaserdämmung zwischen Sparren (Abstand $\geq$ 600 mm) Luftdichtende Folie Lattung 12,5 mm Gipskartonplatte	50 (–3; –9) dB
Dach mit Zwischensparrendämmung	Dachziegel Biberschwanz, Doppeldeckung Lattung, Konterlattung Winddichtende Folie $\geq$200 mm Mineralwolle- oder Holzfaserdämmung zwischen Sparren Luftdichtende Folie Mineralwolle zwischen Lattung 2 · 12,5 mm Gipsfaserplatte	59 (–4; –11) dB
Dach mit Aufsparrendämmung	Dachsteine Lattung, Konterlattung Winddichtende Folie $\geq$ 100 mm Hartschaumdämmung aus EPS, XPS oder PUR Luftdichtende Folie $\geq$ 19 mm Holzwerkstoffplatte Sichtbare Sparren	34 (–2; –6) dB
Dach mit Aufsparrendämmung	Dachziegel Biberschwanz, Doppeldeckung Lattung, Konterlattung Winddichtende Folie $\geq$ 100 mm Hartschaumdämmung aus EPS, XPS oder PUR Luftdichtende Folie Mehrlagige Beschwerungslage m' $\geq$ 20 kg/m² $\geq$ 19 mm Holzwerkstoffplatte Sichtbare Sparren	40 (–2; –7) dB
Stahltrapezblechdach (Stahltrapezprofil mit 1,0 mm Stahlblech)		25 dB
Stahltrapezblechdach (Stahltrapezprofil mit 0,75 mm Stahlblech innen und außen mit 100 mm Mineralfaserplatten)		40 dB
Stahltrapezblechdach (Stahl trapezprofil mit 0,75 mm Stahlblech außen, 0,88 mm Lochblech (28 % Lochanteil) innen, mit 100 mm Mineralfaserplatten)		34 dB

Abb. 22.12 Einschaliges
Türblatt

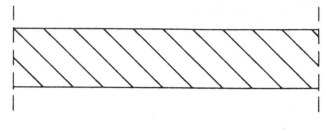

Abb. 22.13 Mehrschichtiges
Türblatt

Eine zentrale Bedeutung haben die Dichtungen zwischen Türblatt und Türzarge, die Mehrfachverriegelungen bei hochschalldämmenden Türen und die Bodendichtung. Üblich sind hier entweder automatisch absenkende Bodendichtungen oder Schleppdichtungen über Höckerschwellen. Diese Bodendichtungsvarianten sind in den Abb. 22.15 und 22.16 dargestellt. Im Bereich von Innentüren mit Schallschutzanforderungen, wie beispielsweise im eigenen Bürobereich, ist darauf zu achten, dass schwimmende Estriche oder Hohlraumböden unter der Tür getrennt werden und sich die Bodendichtungen nicht auf den Teppich absenken. Ansonsten begrenzt die Flankenübertragung über die Estrichplatte das erreichbare Schalldämm-Maß. Neben der Schallübertragung über das Türblatt und die Undichtheiten, kann die Zarge ein bedeutender Schallnebenweg sein. Um dies zu vermeiden, sind Stahlzargen im Massivbau zu vermörteln. Holzzargen hingegen sind mit Mineralwolle zu hinterfüllen und beidseitig dauerelastisch zu verfugen. Aushärtende Montageschäume mit einer geringen Masse und einer hohen Steifigkeit sind für schalldämmende Türkonstruktionen wenig geeignet.

Aus den zuvor erläuterten Konstruktionsregeln können Hersteller von Türen und mobilen Trennwänden geeignete Konstruktionen entwerfen. Allerdings ist bei den vielen Einflussgrößen eine Vorherberechnung des Schalldämm-Maßes R nicht möglich. Hier sind entsprechende Labormessungen erforderlich. Zur Berücksichtigung von Abweichungen zwischen der Laborsituation und der gebrauchsfertigen Tür am Bau, setzt die DIN 4109-2:2016 einen Sicherheitsbeiwert von $u_{prog} = 5$ dB an.

Eine altbekannte und nach wie vor geeignete Variante ist die Verwendung von Doppeltüren. Bereits mit zwei vergleichsweise einfachen Türen, die mit einem möglichst großen Abstand zueinander eingebaut werden, kann ein hohes Schalldämm-Maß erzielt werden. Der Grund hierfür liegt in der niedrigen Resonanzfrequenz der Doppeltüranlage, da die Luftschicht zwischen den Türen eine sehr geringe Steifigkeit s′ aufweist. Um den Einfluss von Fugen einerseits und stehenden Wellen im Luftraum zwischen den Türen andererseits, zu minimieren, kann die Laibung zusätzlich mit einer schallabsorbierenden Verkleidung versehen werden.

Abb. 22.14 Zweischaliges
Türblatt aus Holz

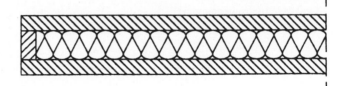

Abb. 22.15 Türblatt aus
Stahlblech mit
Mineralwollefüllung

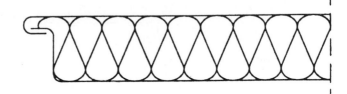

Tab. 22.16 Konstruktionsmerkmale von Türen mit Schallschutzanforderungen gemäß Sälzer
et al. [6]

Erf. Schalldämm-Maß R_w	Konstruktionsmerkmale
30 dB	Schalldämm-Maß im Labor Türblatt $R_w = 37$ dB
	beidseitig gedichtete Holzzarge, hinterfüllt mit Mineralwolle, oder:
	beidseitig gedichtete Stahlzarge, vermörtelt
	eine Dichtungsebene
	eine Absenkdichtung
	normale Bänder
35 dB	Schalldämm-Maß im Labor Türblatt $R_w = 42$ dB
	beidseitig gedichtete Holzzarge, beschwert, hinterfüllt mit Mineralwolle,
	oder: beidseitig gedichtete Stahlzarge mit hoher Masse,
	vermörtelt
	zwei Dichtungsebenen
	eine Absenkdichtung
	starke Bänder
40 dB	Schalldämm-Maß im Labor Türblatt $R_w = 47$ dB
	beidseitig gedichtete Holzzarge, beschwert, hinterfüllt mit Mineralwolle,
	oder: beidseitig gedichtete Stahlzarge mit hoher Masse, vermörtelt
	zwei Dichtungsebenen
	eine Absenkdichtung
	starke Bänder
	individuelle Einmessung jeder Tür und Feinjustierung erforderlich
≥ 40 dB	Spezialtüren, individuelle Einmessung erforderlich, oder: Doppeltüren

Abb. 22.16 Automatisch
absenkende Bodendichtung
unter einem Türblatt

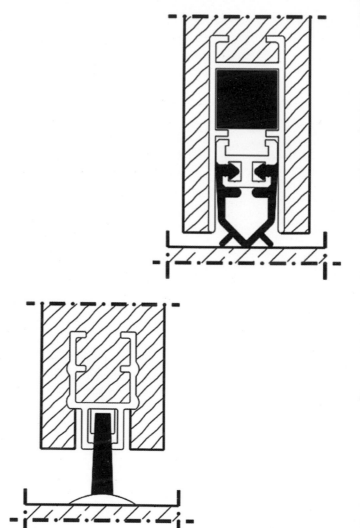

Abb. 22.17 Höckerschwellendichtung unter einem Türblatt

22.2.6 Schalldämmung von Fenstern

Nachfolgend aufgeführte Fensterkonstruktionen werden im Bauwesen eingesetzt:

- Fenster und verglaste Wände mit Einfachverglasungen für die Anwendung im Innenbereich zwischen Räumen
- Fenster und verglaste Wände mit Zweifachverglasung für die Anwendung im Innenbereich zwischen Räumen

- Fenster und Fassaden mit Zweifachverglasung in Außenbauteilen mit zusätzlichen Anforderungen in den Bereichen Wärmeschutz, Sonnenschutz und Lichttransmission
- Fenster und Fassaden mit Dreifachverglasung in Außenbauteilen mit zusätzlichen Anforderungen in den Bereichen Wärmeschutz, Sonnenschutz und Lichttransmission
- Kastenfenster aus zwei hintereinanderliegenden Fenstern

Je nach Einsatzbereich sind unterschiedliche bauakustische Anforderungen an Fenster zustellen, woraus sich bestimmte Konstruktionsmerkmale an die zu verwendenden Verglasungen, die Blend- und Flügelrahmen, die Anzahl und Art der Dichtungen sowie die Ausführung der Bauanschlussfugen, ergeben.

Bei Einfachverglasungen ist die flächenbezogene Masse der Glasscheibe m' von entscheidender Bedeutung für das Schalldämm-Maß R. Werden die Scheiben allerdings zu dick, ist mit einer merklich verringerten Schalldämmung im Bereich der Koinzidenzgrenzfrequenz f_c zu rechnen. Einfachverglasungen werden in der Regel im Innenbereich eingesetzt, und zur Vermeidung des Glasbruchs kommen Verbundsicherheitsgläser zur Anwendung, bei denen durch Schichtung mehrerer Gläser mit dazwischenliegenden Folien ein Laminat entsteht. Diese Verbindung bewirkt eine höhere innere Dämpfung, was sich bauakustisch positiv auswirkt.

Bei Zweifachverglasungen entsteht, wie bei allen mehrschaligen Konstruktionen, ein Masse-Feder-System. Hierbei sind hohe Schalldämm-Maße R deutlich oberhalb der Resonanzfrequenz f_0 und niedrige Schalldämm-Maße bei der Resonanzfrequenz f_0 zu erwarten. Da Verglasungen im Vergleich zu zweischaligen Wänden relativ geringe flächenbezogene Massen der Einzelscheiben aufweisen, der Scheibenzwischenraum vergleichsweise klein ausfällt und zudem keine Hohlraumbedämpfung eingebracht werden kann, ist bei vielen Verglasungen mit einem deutlichen Resonanzeinbruch der Schalldämmkurve im bauakustisch interessierenden Frequenzbereich zu rechnen. Aus diesem Grund sollte zunächst ein möglichst großer Scheibenabstand gewählt werden, damit die Federsteifigkeit der Luftschicht sinkt und somit die Resonanzfrequenz f_0 reduziert werden kann. Hierbei ist allerdings im Gesamtkontext einer bauphysikalischen Planung zu beachten, dass eine Vergrößerung des Scheibenzwischenraumes zu einer Verschlechterung des Wärmedurchgangskoeffizienten U führt. Des Weiteren sind möglichst Glasscheiben unterschiedlicher Dicke zu verwenden, damit die Koinzidenzgrenzfrequenzen der Einzelscheiben nicht zusammenfallen. Eine weitere Möglichkeit zur Verbesserung des Schalldämm-Maßes R besteht in der bereits angesprochenen Bedämpfung der Einzelscheiben durch einlaminierte PVB-Folien oder durch Gießharzschichten. Gemäß Hessinger, Saß [11] können beispielsweise mit einem Verbundglas, bestehend aus 2 Lagen zu je 4 mm Floatglas und einer dazwischen liegenden PVB-Folie, Schalldämm-Maße von $R_w = 38$ dB erwartet werden. Zu beachten ist bei Verbundgläsern mit Folien oder Gießharz die starke Abhängigkeit des Schalldämm-Maßes von der Glastemperatur.

Um geringe Wärmedurchgangskoeffizienten U zu erlangen und somit die nationalen Energiesparziele zu erreichen, werden zunehmend Dreifachverglasungen eingesetzt. Hierbei ist zu beachten, dass durch die drei Glasscheiben und die zwei Luftschichten ein

Tab. 22.18 Schallschutzklassen für Fenster nach VDI 2719:1987. (Anmerkung: Hier werden noch die Indizes R für Rechenwert (entspricht $R_w - u_{prog}$) und P für Prüfstandswert verwendet)

Schallschutzklasse	Schalldämm-Maß am Bau $R_{w,R}$	Schalldämm-Maß im Labor $R_{w,P}$
1	25 bis 29 dB	≥ 27 dB
2	30 bis 34 dB	≥ 32 dB
3	35 bis 39 dB	≥ 37 dB
4	40 bis 44 dB	≥ 42 dB
5	45 bis 49 dB	≥ 47 dB
6	≥ 50 dB	≥ 52 dB

22.3 Trittschallübertragung

22.3.1 Trittschallübertragiung in Räumen

Beim Begehen einer Decke wird diese impulsartig angeregt, was zu einer Anregung im gesamten Frequenzbereich führt. Eine Rohdecke, egal ob in Form einer massiven Beton-decke oder einer Holzbalkendecke, weist grundsätzlich einen zu geringen Trittschall-schutz auf, um bauakustische Anforderungen zu erfüllen. Ein zusätzlicher Deckenaufbau in Form eines schwimmenden Estrichs oder eines weichfedernden Bodenbelages ist er-forderlich, um einen angemessenen Trittschallschutz sowohl in vertikaler als auch in hori-zontaler Übertragungsrichtung zu erfüllen. Schwimmende Estriche, wie in Abb. 22.20 dargestellt, stellen die übliche Konstruktion dar, da durch diese dem Nutzer die Wahl des eigentlichen Bodenbelages überlassen werden kann.

Bei der Herstellung eines schwimmenden Estrichs ist darauf zu achten, dass dieser ent-sprechend seiner Bezeichnung aus einer frei schwimmenden Platte auf einer elastischen Zwischenschicht besteht. Da Bauteile wie Rohdecke, Estrichplatte und monolithische Wände als biegesteif einzuordnen sind, führen bereits kleinste Schallbrücken zu deutlich höheren Schallpegeln in den Empfangsräumen. Schwimmende Estriche weisen wie alle Masse-Feder-Systeme eine Resonanzfrequenz f_0 mit verstärkter Schallübertragung und eine Verbesserung der Schalldämmung ab $\sqrt{2}f_0$ auf. Um einen ausreichenden Trittschall-schutz im Wohnungsbau zu erzielen, ist diese Resonanzfrequenz daher möglichst in einen Bereich um etwa 70 Hz zu legen.

Zur Beurteilung des Trittschallschutzes von Decken oder Treppen wird eine genormte Schallquelle, das sogenannte Norm-Trittschallhammerwerk, herangezogen. Dieses Norm-Trittschallhammerwerk verursacht im Empfangsraum einen Schallpegel, der in der Regel weit über den zu erwartenden Schallpegeln durch das Begehen der Decke liegt. Da sowohl die Trittschallmessungen als auch die entsprechenden Rechenverfahren auf dieser nor-mierten Körperschallquelle beruhen, sind Vergleiche und Beurteilungen von Deckenkons-truktionen möglich.

Zur Berechnung der frequenzabhängigen Norm-Trittschallpegel L'_n sind alle interes-sierenden Frequenzbänder zwischen 125 Hz und 4 kHz in Oktaven zu betrachten. Die DIN

Abb. 22.20 Schwimmender
Estrich in einem Wohnraum
(links) und einem gefliesten
Bad (rechts)

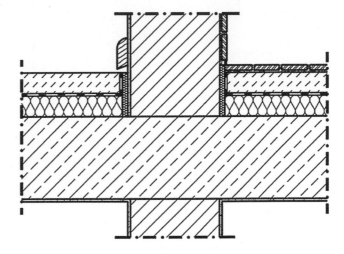

EN ISO 12354-2:2017 bietet hierzu ein detailliertes Berechnungsverfahren an. Um Aufwand
und Informationsmenge klein zu halten, kann auch mit Einzahlangaben gerechnet werden.
Hierzu wird der bewertete Norm-Trittschallpegel $L'_{n,w}$ verwendet, bei dem aus dem
frequenzabhängigen Verlauf des Norm-Trittschallpegels gemäß DIN EN ISO 717-2:2013
eine Einzahlangabe durch den Vergleich mit einer Bezugskurve berechnet wird. Die Bestimmung des bewerteten Norm-Trittschallpegels $L'_{n,w}$ erfolgt in Analogie zum bewerteten
Schalldämm-Maß R'_w durch den Vergleich der frequenzabhängigen Terzpegel mit einer
Bezugskurve gemäß DIN EN ISO 717-2:2021. Diese Bezugskurve wird in Schritten von
1 dB gegen die Messwertkurve verschoben, bis die Summe der ungünstigen Abweichungen
(Messwertkurve liegt somit über der Bezugskurve) so nah wie möglich an 32 dB liegt,
diesen Wert aber nicht überschreitet. Bei der Bewertung werden nur die Überschreitungen
der Bezugskurve berücksichtigt, eine Kompensation guter und schlechter Werte findet
nicht statt. Der Einzahlwert entspricht dem Wert der Bezugskurve bei 500 Hz und hat
keine Dezimalstelle. Für eine größere Berechnungsgenauigkeit kann die Bezugskurve in
Schritten von 0,1 dB verschoben werden und der Einzahlwert mit einer Nachkommastelle
angegeben werden.

Neben der Einzahlangabe können Spektrum-Anpassungswerte nach DIN EN ISO
717-2:2021 ermittelt werden, die zusätzliche Informationen über den Frequenzgang enthalten. Bei der Berechnung des Spektrum-Anpassungswertes C_I werden die frequenzabhängigen Norm-Trittschallpegel energetisch addiert und auf eine ganze Zahl gerundet.
Durch Abzug von 15 dB und des bewerteten Norm-Trittschallpegels ergibt sich der
Spektrum-Anpassungswert C_I.

Zur Beschreibung der Trittschallübertragung ist bisher der Norm-Trittschallpegel L'_n
beziehungsweise der bewertete Norm-Trittschallpegel $L'_{n,w}$ verwendet worden.

$$L'_n = L_i + 10 \lg \frac{A}{A_0}. \tag{22.61}$$

Tab. 22.19 Bezugskurve zur Ermittlung des bewerteten Norm-Trittschallpegels nach DIN EN ISO 717-2:2021

Frequenz	Bezugswerte für Trittschall zur Ermittlung von $L_{n,w}$	Frequenz	Bezugswerte für Trittschall zur Ermittlung von $L_{n,w}$
100	62	630	59
125	62	800	58
160	62	1k	57
200	62	1,25k	54
250	62	1,6k	51
315	62	2k	48
400	61	2,5k	45
500	60	3,15k	42

Zur Beschreibung des Schallschutzes kann der Standard-Trittschallpegel L'_{nT} beziehungsweise der bewertete Standard-Trittschallpegel $L'_{nT,w}$ herangezogen werden.

$$L'_{nT} = L_i - 10 \lg \frac{T}{T_0}. \tag{22.62}$$

Als Bezugsgrößen wird für A_0 die Bezugsabsorptionsfläche von 10 m² und für T_0 die Bezugsnachhallzeit von 0,5 s angesetzt. Der Standard-Trittschallpegel kann unter Verwendung des Empfangsraumvolumens V_E aus dem zuvor bestimmten Norm-Trittschallpegel wie folgt bestimmt werden:

$$L'_{nT} = L'_n - 10 \lg \frac{0{,}16 V_E}{A_0 T_0} = L'_n - 10 \lg \left(0{,}032 \, V_E\right). \tag{22.63}$$

22.3.2 Trittschallübertragung von Massivdecken

Die Berechnung des bewerteten Norm-Trittschallpegels $L'_{n,w}$ wird nach DIN 4109-2:2018 mit

$$L'_{n,w} = L_{n,eq,0,w} - \Delta L_w + K \tag{22.64}$$

bei übereinander liegenden Räumen durchgeführt. Hierbei ist $L_{n,eq,0,w}$ der äquivalente bewertete Norm-Trittschallpegel der Rohdecke, ΔL_w die Trittschallminderung der Deckenauflage und K der Korrekturwert zur Berücksichtigung der Trittschallübertragung über die flankierenden Bauteile im Empfangsraum. Bei nicht übereinander liegenden Räumen wird mit dem Korrekturwert K_T die Übertragungssituation zwischen Sende- und Empfangsraum berücksichtigt, die Tab. 22.20 entnommen werden kann.

$$L'_{n,w} = L_{n,eq,0,w} - \Delta L_w - K_T \tag{22.65}$$

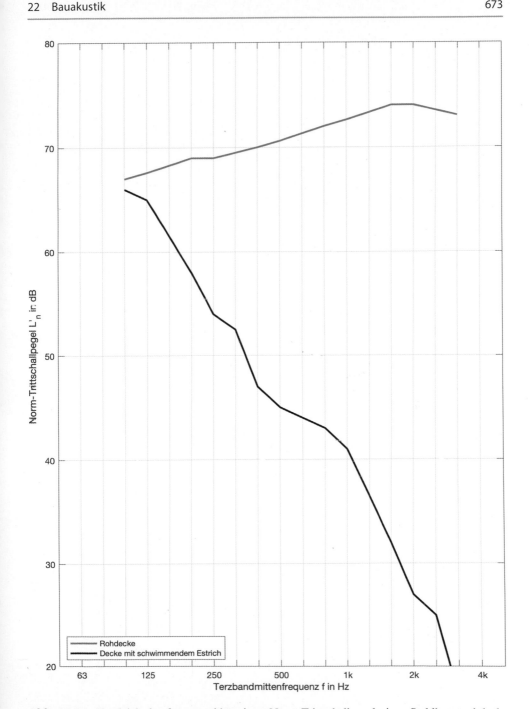

Abb. 22.21 Vergleich der frequenzabhängigen Norm-Trittschallpegel einer Stahlbetonrohdecke und einer Stahlbetonrohdecke mit schwimmendem Estrich

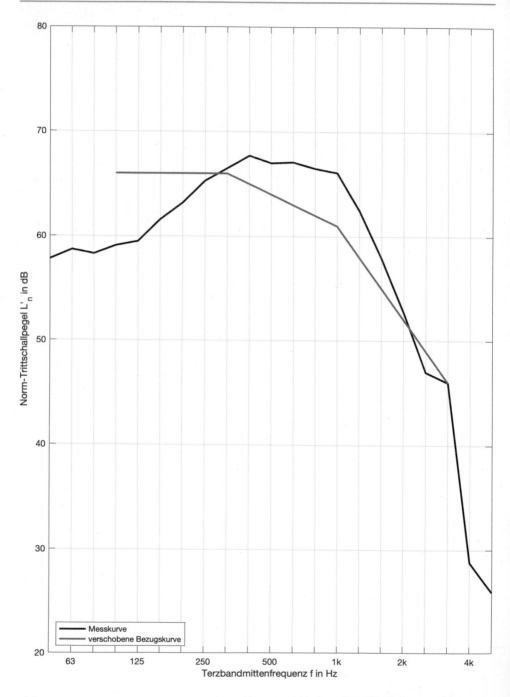

Abb. 22.22 Ermittlung des bewerteten Normtrittschallpegels $L'_{n,w}$ durch Vergleich mit der Bezugskurve nach DIN EN ISO 717-1:2021

Tab. 22.20 Korrekturwerte K_T gemäß DIN 4109-2:2018 für unterschiedliche räumliche Zuordnungen

Räumliche Zuordnung	KT in dB
	0
	10 (Massivbau mit tragenden Wänden) 20 (Skelettbau)
	5
	10
	15

Der äquivalente bewertete Norm-Trittschallpegel ist mit der flächenbezogenen Masse der Rohdecke ohne Deckenauflage m′ und der Bezugsmasse von m′₀ = 1 kg/m² zu berechnen.

$$L_{n,eq,0,w} = 164 - 35 \lg \frac{m'}{m'_0} \qquad (22.66)$$

Bei Massivdecken ohne schalldämmende Unterdecken ist der Korrekturwert K über folgende Beziehung zu berechnen, wobei m′ₛ für die flächenbezogene Masse der Rohdecke und m′_{f,m} für die flächenbezogene Masse der nicht mit Vorsatzkonstruktionen bekleideten massiven flankierenden Bauteile steht:

$$K = 0,6 + 5,5 \lg \frac{m'_s}{m'_{f,m}}. \qquad (22.67)$$

Diese Gleichung gilt für einen Wertebereich von 100 kg/m² ≤ m′ₛ ≤ 900 kg/m² und 100 kg/m² ≤ m′_{f, m} ≤ 500 kg/m² und ist für den Fall m′_{f,m} ≤ m′ₛ anzuwenden. Für m′_{f,m} > m′ₛ ist K = 0 dB.

Bei Massivdecken mit schalldämmenden Unterdecken kann die Trittschallübertragung der Trenndecke deutlich reduziert werden, die Schallübertragung auf die flankierenden Bauteile wird hingegen nicht beeinflusst. Für den Fall m′_{f,m} ≤ m′ₛ und einer Verbesserung der Unterdecke von ΔR_w ≥ 10 dB beträgt

$$K = -5,3 + 10,2 \lg \frac{m'_s}{m'_{f,m}}. \qquad (22.68)$$

Wie bereits beschrieben, weisen Rohdecken einen zu geringen Trittschallschutz auf, um bauakustische Anforderungen zu erfüllen. Schwimmende Estriche stellen die übliche Konstruktion dar, um einen angemessenen Trittschallschutz zu erreichen.

Die bewertete Trittschallminderung ΔL_w schwimmender Mörtelestriche aus Zement, Calciumsulfat, Magnesia oder Kunstharz lässt sich durch

$$\Delta L_w = 13 \lg m' - 14,2 \lg s' + 20,8 \qquad (22.69)$$

ermitteln. Hierbei ist m′ die flächenbezogene Masse der Estrichplatte im Bereich von 60 kg/m² ≤ m′ ≤ 160 kg/m² und s′ die dynamische Steifigkeit der Dämmschicht im Bereich 6 MN/m³ ≤ s′ ≤ 50 MN/m³. Bei schwimmenden Gussasphaltestrichen oder bei Fertigteilestrichen ist

$$\Delta L_w = (-0,21 m' - 5,45) \lg s' - 0,46 m' + 23,8 \qquad (22.70)$$

anzuwenden. Gl. 22.70 ist gültig für einen Wertebereich von 58 kg/m² ≤ m′ ≤ 87 kg/m² und 15 MN/m³ ≤ s′ ≤ 50 MN/m³ bei Gussasphaltestrichen und 15 kg/m² ≤ m′ ≤ 40 kg/m² und 15 MN/m³ ≤ s′ ≤ 40 MN/m³ bei Fertigteilestrichen.

Bei zwei übereinander liegenden und durchgehend verlegten Trittschalldämmschichten ergibt sich die resultierende dynamische Steifigkeit zu

$$s'_{tot} = \frac{1}{\sum\limits_{i=1}^{2} \frac{1}{s'_i}}. \tag{22.71}$$

Wird ein weichfedernder Bodenbelag, wie in Tab. 22.21 aufgeführt, auf einem Estrich verlegt, ist nur die höhere Trittschallminderung von Estrich oder Bodenbelag zu berücksichtigen.

22.3.3 Trittschallübertragung von Holzbalkendecken

Der Schallschutz von alten oder einfach gebauten Holzbalkendecken im Allgemeinen und insbesondere der Trittschallschutz ist deutlich schlechter als der von Massivdecken mit schwimmendem Estrich. Gründe für den schlechten Schallschutz liegen zum einen in den ungünstigen Resonanzfrequenzen der beteiligten Masse-Feder-Systeme, den bauakustisch ungünstigen Schichtdicken der verwendeten Platten hinsichtlich ihrer Koinzidenzgrenzfrequenzen und zum anderen in der Schallübertragung über die Balken und eine häufig steife Befestigung der Deckenbekleidung.

Eine rechnerische Prognose der zu erwartenden Luft- und Trittschalldämmung ist aufgrund der vielen Einflussparameter kaum möglich und es sind daher Messwerte heranzuziehen. Tab. 22.25 zeigt eine Zusammenstellung verschiedener Holzbalkendecken, das zugehörige Direkt-Schalldämm-Maß R_w sowie den bewerteten Norm-Trittschallpegel $L'_{n,w}$.

Schwimmend verlegte Deckenaufbauten verbessern auch den Trittschallschutz von Holzbalkendecken, können jedoch die Trittschallminderungen von schwimmenden Estrichen auf Massivdecken nicht erreichen. Betrachtet man die Einzahlangabe für die Tritt-

Tab. 22.21 Bewertete Trittschallminderung ΔL_w weichfedernder Bodenbeläge auf Massivdecken gemäß DIN 4109-34:2016

weichfedernder Bodenbelag	ΔL_w in dB
Linoleum-Verbundbelag	14
PVC-Verbundbelag mit Unterschicht aus Schaumstoff oder Korkment als Träger	16
Nadelvlies 5 mm	20
Polteppich 4 mm, Unterseite geschäumt	19
Polteppich 4 mm, Unterseite ungeschäumt	19
Polteppich 6 mm, Unterseite geschäumt	24
Polteppich 6 mm, Unterseite ungeschäumt	21
Polteppich 8 mm, Unterseite geschäumt	28
Polteppich 8 mm, Unterseite ungeschäumt	24

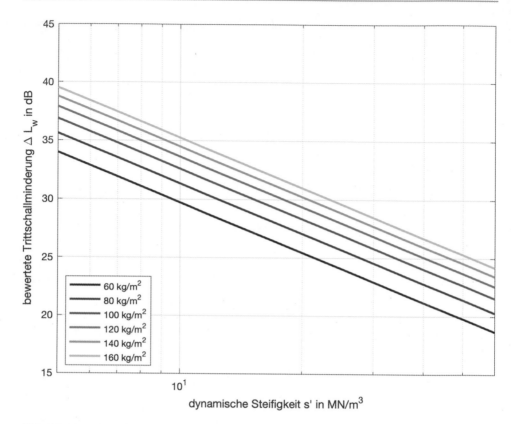

Abb. 22.23 Trittschallminderung von schwimmenden Estrichen aus Zement, Calciumsulfat, Magnesia oder Kunstharz auf einer Dämmschicht gemäß DIN 4109-34:2016

schallminderung ΔL_w, ist in erster Näherung bei Holzbalkendecken nur mit einem halb so hohen Wert zu rechnen.

Zur Erstellung bauakustisch hochwertiger Holzbalkendecken ist die nachfolgend beschriebene Schichtenfolge, von oben nach unten, zu beachten:

- Variante 1: Estrich in verlorener Stahlblechschalung aus Schwalbenschwanzplatten [19], gelagert auf Elastomerstreifen, mit oder ohne obere Deckenbeplankung
- Variante 2: Estrich, Trittschalldämmung, biegeweiche Beschwerung in Form von Schüttungen oder kleinformatigen Betonplatten, Holzwerkstoffplatten als obere Deckenbeplankung
- Bedämpfung der Gefache
- Vermeiden von festen Verbindungen zwischen Unterkonstruktion für die Deckenbekleidung und Holzbalken (Federschienen oder Unterkonstruktion hängt mit etwa 1 mm Abstand zum Holzbalken in den Schrauben)
- Beplankung aus $n \cdot 12{,}5$ mm dicken Gipskartonplatten

Tab. 22.22 Beispiel zur Berechnung der Trittschalldämmung nach DIN 4109-2:2018

Decke mit schwimmendem Estrich	180 mm Stahlbetondecke (ρ = 2400 kg/m³), mit 45 mm Zementestrich auf einer Dämmung (s' = 10MN/m³)
Flanke 1: Außenwand aus	175 mm Kalksandstein (ρ = 1700 kg/m³), innen verputzt, außen Wärmedämmverbundsystem
Flanke 2 und 3: Innenwand aus	115 mm Kalksandstein (ρ = 1700 kg/m³), beidseitig verputzt
Flanke 4: Wohnungstrennwand aus	240 mm Kalksandstein (ρ = 1700 kg/m³), beidseitig verputzt Volumen Empfangsraum 2,5 m

flächenbezogene Masse Rohdecke m'_s	432 kg/m²
äquivalenter Norm-Trittschallpegel $L_{n,eq,0,w}$	71,8 dB
flächenbezogene Masse Estrich m'	90 kg/m²
dynamische Steifigkeit Dämmschicht s'	10 MN/m³
Trittschallminderung $\Delta L_{,w}$	32,0 dB
mittlere flächenbezogene Masse der unverkleideten massiven flankierenden Bauteile $m'_{f,m}$	292 kg/m²
Korrekturwert für die Trittschallübertragung über flankierende Bauteile K	1,5 dB

Norm-Trittschallpegel $L'_{n,w}$	41.3 dB
Standard-Trittschallpegel $L'_{nT,w}$	40,7 dB
Sicherheitsbeiwert u_{prog}	3 dB
Norm-Trittschallpegel für den Vergleich mit Anforderung $L'_{n,w}$ + u_{prog}	44,3 dB

Zu beachten ist, dass Konstruktionen mit zeitgemäßem Norm-Trittschallpegel Direktschalldämm-Maße aufweisen, die deutlich über den Anforderungen an den Luftschallschutz liegen und dass daher im Rahmen der Planung zunächst dem Trittschallschutz von Holzbalkendecken Beachtung geschenkt werden muss. Ist der Norm-Trittschallpegel der Holzbalkendecken gering genug, kann in Holzhäusern mit leichtem Innenausbau aus Wänden mit biegeweichen Schalen und somit geringer Flankenschallübertragung ein sehr guter Schallschutz erzielt werden.

Gemäß DIN 4109-2:2018 wird die vertikale Trittschallübertragung über Decken in Holzbauweise mit

$$L'_{n,w} = L_{n,w} + K_1 + K_2 \qquad (22.72)$$

ermittelt. K_1 ist der Korrekturwert zur Berücksichtigung der Flankenübertragung auf dem Weg Df. Mit K_2 wird der im Holz-/Leicht- und Trockenbau relevante Flankenweg DFf berücksichtigt, der den Übertragungsweg über den Randanschluss des schwimmenden Estrichs beinhaltet. Ein Nachweis des Trittschallschutzes ist rechnerisch nicht möglich.

Tab. 22.25 Konstruktionen von Holzbalkendecken und deren bauakustische Kennwerte gemäß DIN 4109-33:2016, [15] und [12]

Aufbau	Schichtenfolge	R_w (C; C_{tr}) $L_{n,w}$ (CI)
	Dielenboden Balken dazwischen Einschub mit Beschwerung aus Asche, Lehm oder Sand Rabitz oder Schalbretter und Putz	– –
	Holzwerkstoffplatte Balken dazwischen Hohlraumbedämpfung Lattung Gipskartonplatte 12,5 mm	63 (−5; −11) dB 54 (2) dB
	Trockenestrich $m' \geq 29$ kg/m² Trittschalldämmplatte $s' \leq 30$ MN/m³ trockene Schüttung $m' \geq 45$ kg/m² Holzwerkstoffplatte Balken dazwischen Hohlraumbedämpfung Federschiene Gipskartonplatte 12,5 mm	69 (−4;−11) dB 41 (2) dB
	Estrich mineralisch $m' \geq 120$ kg/m² Mineralwolledämmung $s' \leq 6$ MN/m³ Betonplatten $m' \geq 100$ kg/m² Brettstapeldecke	≥ 70 dB 45 (−1) dB
	Estrich mineralisch $m' \geq 120$ kg/m² Mineralwolledämmung $s' \leq 6$ MN/m³ Holzwerkstoffplatte Balken dazwischen Hohlraumbedämpfung Federschiene Gipskartonplatte 12,5 mm	70 (−3;−9) dB 46 (0) dB

(Fortsetzung)

Belästigung der Nachbarn. Die üblicherweise geforderten bewerteten Norm-Trittschallpegel $L'_{n,w}$ werden zwar regelmäßig erfüllt, dennoch klagen die Nutzer über einen subjektiv unzureichenden Trittschallschutz, insbesondere bei tiefen Frequenzen. Der Grund für die Diskrepanz zwischen einem guten Messergebnis, das über die Bewertung gemäß DIN EN ISO 717-2:2021 ermittelt wird, einerseits und der dennoch vorhandenen Belästigung andererseits, liegt darin, dass die tiefen Frequenzen bei der Ermittlung der Einzahlangabe $L'_{n,w}$ nicht berücksichtigt werden. Zudem bildet nach Scheck et al. [17] das zu verwendende

Tab. 22.25 (Fortsetzung)

Aufbau	Schichtenfolge	Rw (C; C$_{tr}$) L$_{n,w}$ (C$_I$)
	Estrich mineralisch m′ ≥ 120 kg/m² Mineralwolledämmung s′ ≤ 6 MN/m³ Betonplatten m′ ≥ 100 kg/m² Holzwerkstoffplatte Balken dazwischen Hohlraumbedämpfung Federschiene Gipskartonplatte 12,5 mm	≥ 70 dB 30 (0) dB
	Zementestrich in Trapezblech Elastomerlager auf Balken Balken dazwischen Hohlraumbedämpfung Federschiene Gipskarton 2 · 12,5 mm	77 dB 38 dB gemäß [15]

Norm-Trittschallhammerwerk die tatsächliche Anregung beim Begehen nicht ausreichend ab.

Wie Massivtreppen sollten auch leichte Montagetreppen elastisch gelagert werden. Im Gegensatz zu den elastisch gelagerten Massivtreppen können bei leichten Montagetreppen vergleichbar tiefe Resonanzfrequenzen nur schwer realisiert werden und daher ist hier mit einer stärkeren Übertragung des Körperschalls zu rechnen. Um einerseits möglichst tiefe Resonanzfrequenzen zu erzielen und andererseits die direkte Anregung der Trennwand zum Nachbarn zu vermeiden, sollten aus bauakustischer Sicht Wangentreppen bevorzugt eingesetzt werden. Diese Wangentreppen weisen weniger Auflagerpunkte auf und müssen nicht an der Trennwand zum Nachbarn befestigt werden. Bolzentreppen hingegen, bei denen jede Stufe an der Trennwand gelagert ist, stellen hier ein größeres trittschallspezifisches Problem dar. Derzeit existiert kein Nachweisverfahren nach DIN 4109-2:2018, um diese leichten Montagetreppen nachweisen zu können.

22.3.5 Gehschall im eigenen Raum

Im Gegensatz zum Trittschall spricht man von Gehschall, wenn die Lärmbelastung durch Gehen im eigenen Raum beurteilt werden soll. Die Problematik kommt, wie beispielsweise bei Sarradj [16] näher erläutert, insbesondere bei schwimmend verlegten Laminatböden, die beim Begehen leicht zu Schwingungen angeregt werden und großflächig den Schall in den eigenen Raum abstrahlen, vor. Bauordnungsrechtlich ist diese Lärmbelästigung jedoch ohne Relevanz, da man nur sich selbst stört.

Abb. 22.25 Elastisch
gelagerter Treppenlauf,
Treppenpodest mit
schwimmendem Estrich

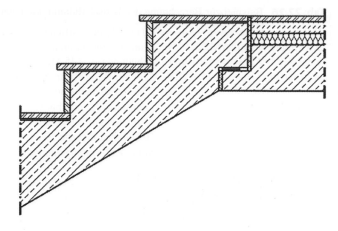

Abb. 22.26 Elastische
Lagerung des Treppenpodestes.
Der dargestellte schwimmende
Estrich ist dann nicht
grundsätzlich erforderlich

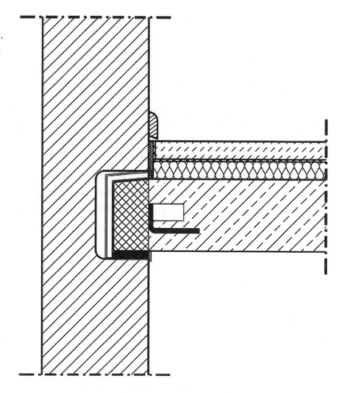

- Schallschutz im eigenen Wohn- und Arbeitsbereich: Der Schallschutz im eigenen
  Wohn- und Arbeitsbereich ist nicht Bestandteil des Bauordnungsrechts und daher werden in DIN 4109 keine Anforderungen definiert. Hinweise für bauakustische Anforderungen im eigenen Wohnbereich werden in VDI 4100:2012 mit der Erläuterung
  der Schallschutzstufen SSt EB I und der SSt EB II gegeben.

Tab. 22.27 Äquivalente bewertete Norm-Trittschallpegel und bewertete Norm-Trittschallpegel für unterschiedliche Treppenläufe und -podeste in Massivbauweise gemäß DIN 4109-32:2016

Treppenkonstruktion	$L_{n,eq,0,w}$ $L'_{n,w}$
Treppenpodest aus Stahlbeton, fest verbunden mit einschaliger, biegesteifer	63 dB
Treppenraumwand ($m' \geq 380$ kg/m^2)	67 dB
Treppenlauf aus Stahlbeton, abgesetzt von einschaliger, biegesteifer Treppenraumwand	63 dB
	67 dB
Treppenlauf aus Stahlbeton, abgesetzt von einschaliger, biegesteifer Treppenraumwand	60 dB
	64 dB
Treppenpodest aus Stahlbeton, fest verbunden mit Treppenraumwand, durchgehende	≤ 50 dB
Gebäudetrennfuge	≤ 47 dB
Treppenlauf aus Stahlbeton, abgesetzt von Treppenraum wand, durchgehende	≤ 43 dB
Gebäudetrennfuge	≤ 40 dB
Treppenlauf aus Stahlbeton, abgesetzt von Treppenraum wand, durchgehende	35 dB
Gebäudetrennfuge, auf Treppenpodest elastisch gelagert	39 dB

Zur Vermeidung von Problemen ist es daher ratsam, im Bauvertrag möglichst präzise die angestrebten Schallschutzanforderungen zu definieren.

Die geforderten gesamten bewerteten Bau-Schalldämm-Maße sind nach DIN 4109-1:2018 mit

$$R'_{w,ges} = L_a - K_{Raumart} \qquad (22.73)$$

zu ermitteln. Der maßgebliche Außenlärmpegel L_a ist Tab. 22.29 zu entnehmen, $K_{Raumart}$ ist für Bettenräume in Krankenanstalten und Sanatorien mit 25 dB anzusetzen, für Aufenthaltsräume in Wohnungen, Unterrichtsräume und Übernachtungsräume in Beherbungsstätten ist 30 dB und für Büros ist $K_{Raumart} = 35$ dB. Mindestens einzuhalten ist $R'_{w,ges} = 35$ dB für Bettenräume und $R'_{w,ges} = 30$ dB für Aufenthaltsräume. Zur Berücksichtigung von Fassadenfläche S_S und Raumgrundfläche S_G sind die geforderten Bau-Schalldämm-Maße nach DIN 4109-2:2018 um K_{AL} zu erhöhen.

$$K_{AL} = 10 \lg \frac{S_S}{0,8 \ S_G} \qquad (22.74)$$

Eine Bestimmung der Standard-Schallpegeldifferenz aufgrund von individuell festzulegenden Vertraulichkeitskriterien kann beispielsweise auf der Grundlage von Moll [14] bzw. der VDI 4100:2012 Anhang A mit

$$D_{nT,w} = L_{WA} + 6dB - 10 \lg A_S - L_{GA} + \Delta L + 10 \lg \frac{T_E}{T_0} \qquad (22.75)$$

erfolgen. Zur Ermittlung der Eingangsgrößen ist Tab. 22.31 heranzuziehen.

Tab. 22.28 Auszug von Anforderungen und Empfehlungen aus DIN 4109-1:2018 und DIN 4109-5:2020, aus DIN 4109:1989, dem zugehörigen Beiblatt 2 sowie den Schallschutzstufen der VDI 4100:2012

Bauteil	Mindest-anforderungen DIN 4109-1:2018	Erhöhte Anforderungen DIN 4109-5:2020	SSt I/II/III der VDI 4100:2012	Anforderungen DIN 4109:1989	Vorschläge für erhöhten Schallschutz DIN 4109 BB 2:1989
Wohnungstrenn-wände	$R'_w \geq 53$ dB	$R'_w \geq 56$ dB	$D_{nT,w} \geq$ 56/59/64 dB	$R'_w = 53$ dB	$R'_w \geq 55$ dB
Wohnungstrenn-decken	$R'_w \geq 54$ dB $L'_{n,w} \leq 50$ dB (Massivdecken) $L'_{n,w} \leq 53$ dB (Holzdecken)	$R'_w \geq 57$ dB $L'_{n,w} \leq 45$ dB	$D_{NT,W} \geq$ 56/59/64 dB $L'_{nT,w} \leq$ 51/44/37 dB	$R'_w = 54$ dB $L'_{n,w} = 53$ dB	$R'w \geq 55$ $L'_{n,w} \leq 46$ dB
Treppenläufe und -podeste	$L'_{n,w} \leq 53$ dB	$L'_{n,w} \leq 47$ dB	$L'_{nT,w} \leq$ 51/44/37 dB	$L'_{n,w} = 53$ dB	$L'_{n,w} \leq 46$ dB
Türen in Flure von Wohnungen	$R_w \geq 27$ dB	$R_w \geq 32$ dB	$D_{nT,w} >$ 45/50/55 dB (Wand mit Tür)	$R_w = 27$ dB	$R_w \geq 37$ dB
Türen in Wohnungs-aufenthaltsräume	$R_w \geq 37$ dB	$R_w \geq 42$ dB	$D_{nT,w} \geq$ 56/59/64 dB	$R_w = 37$ dB	-
Haustrennwände von Reihenhäusern (1. UG/2, ab EG bei Unterkellerung)	$R'_w \geq 59$ dB (nicht unterkellert) $R'_w \geq 62$ dB (mind. ein Geschoss darunter)	$R'_w \geq 62$ dB (nicht unterkellert) $R'_w \geq 64$ dB (ein Geschoss darunter mit Weißer Wanne) $R'_w \geq$ 67 dB (mind. ein Geschoss darunter)	$D_{nT,w} \geq$ 65/69/73 dB	$R'_w = 57$ dB	$R'_w = \geq 67$ dB
Decken in Einfamilien-Reihenhäusern (horizontal)	$L'_{n,w} \leq 41$ dB $L'_{n,w} \leq 46$ dB (Bodenplatte auf Erdreich)	$L'_{n,w} \leq 36$ dB $L'_{n,w} \leq 41$ dB (Bodenplatte auf Erdreich)	$L'_{nT,w} \leq$ 46/39/32 dB	$L'_{n,w} = 48$ dB	$L'_{n,w} \leq 38$ dB
Treppenläufe- und podeste in Einfamilien-Reihenhäusem (horizontal)	$L'_{n,w} \leq 46$ dB	$L'_{n,w} \leq 41$ dB	$L'_{nT,w} \leq$ 46/39/32 dB	$L'_{n,w} = 53$ dB	$L'_{n,w}$ 5 46 dB

(Fortsetzung)

Tab. 22.28 (Fortsetzung)

Bauteil	Mindestanforderungen DIN 4109-1:2018	Erhöhte Anforderungen DIN 4109-5:2020	SSt I/II/III der VDI 4100:2012	Anforderungen DIN 4109:1989	Vorschläge für erhöhten Schallschutz DIN 4109 BB 2:1989
Wände zwischen Übernachtungsräumen in Beherbergungsstätten	$R'_w \geq 47$ dB	$R'_w \geq 52$ dB		$R'_w = 47$ dB	$R'_w \geq 52$ dB
Türen zwischen Fluren und Übernachtungsräumen	$R_w \geq 32$ dB	$R_w \geq 37$ dB		$R_w = 32$ dB	$R_w \geq 37$ dB
Wände zwischen Krankenräumen in Krankenanstalten	$R'_w \geq 47$ dB	$R'_w \geq 52$ dB	-	$R'_w = 47$ dB	$R'_w \geq 52$ dB
Türen zwischen Fluren und Krankenräumen	$R_w \geq 32$ dB	$R_w \geq 52$ dB	-	$R_w = 32$ dB	$R_w \geq 37$ dB
Türen zwischen Untersuchungs und Sprechzimmern	$R_w \geq 37$ dB	$R_w \geq 52$ dB	-	$R_w = 37$ dB	-
Wände zwischen Unterrichtsräumen in Schulen	$R'_w \geq 47$ dB		-	$R'_w = 47$ dB	
Wände zwischen Unterrichtsräumen und bes, lauten Räumen in Schulen	$R'_w \geq 55$ dB		-	$R'_w = 55$ dB	-
Decken zwischen Unterrichtsräumen in Schulen	$R'_w \geq 55$ dB $L'_{n,w} \leq 53$ dB		-	$R'w = 55$ dB $L'_{n,w} = 53$ dB	-
Türen zw. Unterrichtsräumen und zw. Unterrichtsräumen und Fluren	$R_w \geq 32$ dB		-	$R_w = 32$ dB	-
Schalldruckpegel durch gebäudetechnische Anlagen in fremden schutzbedürftigen Wohnräumen	$L_{AF,max,n} \leq 30$ dB(A)	$L_{AF,max,n} \leq 27$ dB(A) in Mehrfamilienhäusern	$L_{AF,max,nT} \leq 30/27/24$ dB(A)		

Tab. 22.33 Wahrnehmung von Geräuschen aus Nachbarwohnungen und Zuordnung zu den Schallschutzstufen, Auszug aus VDI 4100:2012

Geräusch	Wahrnehmbarkeit von Geräuschen bei einem Grundgeräuschpegel von 20 dB(A)		
	SSt I	SSt II	SSt III
laute Sprache	undeutlich verstehbar	kaum verstehbar	im Allgemeinen nicht verstehbar
Sprache in angehobener Sprechweise	im Allgemeinen kaum verstehbar	im Allgemeinen nicht verstehbar	nicht verstehbar
Sprache in normaler Sprechweise	im Allgemeinen nicht verstehbar	nicht verstehbar	nicht hörbar
sehr laute Musikpartys	sehr deutlich hörbar	deutlich hörbar	noch hörbar
Musik in normaler Lautstärke	noch hörbar	kaum hörbar	nicht hörbar
spielende Kinder	hörbar	noch hörbar	kaum hörbar
Gehgeräusche	im Allgemeinen kaum störend	im Allgemeinen nicht störend	nicht störend
Haushaltsgeräte	noch hörbar	kaum hörbar	im Allgemeinen nicht hörbar

- Rechnerischer Nachweis für den Luft- und Trittschallschutz, für den Luftschallschutz gegen Außenlärm sowie gegen Installationsgeräusche

22.6.4 Gebäude mit hohen bauakustischen Anforderungen

Die Planung von Gebäuden mit hohen bauakustischen Anforderungen, wie bei Tonstudios, Musikhochschulen oder Kinos, erfordert ein Vorgehen, das teilweise nicht mehr mit DIN 4109:2018 zufriedenstellend zu lösen ist. Die Planung gliedert sich dann in folgende Schritte:

- Detaillierte Abstimmung des geforderten Schallschutzes mit den Nutzern. Eventuell sind frequenzabhängige Anforderungen zu stellen
- Einflussnahme bei Grundrissgestaltung (möglichst keine sensiblen Räume neben- oder übereinander)
- Einflussnahme bei der Bauweise (Massivbauweise erfordert Raum-in-Raum-Bauweise oder biegeweiche Vorsatzschalen)
- Rechnerischer Nachweis, soweit möglich, für den Luft- und Trittschallschutz, für den Luftschallschutz gegen Außenlärm sowie gegen Geräusche aus haustechnischen Anlagen. Häufig sind bauakustische Messungen erforderlich.

22.6.5 Unsicherheiten bei der bauakustischen Planung

Wie bei allen Messungen gibt es auch in der Bauakustik mehr oder weniger große Streuungen. Die Gründe für streuende Messergebnisse liegen an Prüfständen mit unterschiedlicher Bauteilankopplung an den Baukörper, an Streuungen bei der Schallfeldabtastung, an unterschiedlich großen Bauteilflächen und somit unterschiedlicher Modenausbildung auf den Platten, am Luftdruck, an der Messausrüstung und den Messteams und vielen Einflüssen mehr. Auf der anderen Seite liegen den Berechnungsverfahren, die als Eingabegrößen Messwerte benötigen, zusätzliche Vereinfachungen zugrunde. Hieraus wird klar, dass Berechnungsergebnisse, die Grundlage einer Planung sind, mit einer Unsicherheit behaftet sein müssen.

Die Eingangsdaten für die rechnerischen Nachweise nach DIN 4109-2:2018 enthalten im Gegensatz zur Vorgängernorm keine Zu- oder Abschläge. Das Sicherheitskonzept der DIN 4109:2018 sieht vor, dass die Prognoseunsicherheit durch einen Sicherheitsbeiwert u_{prog} berücksichtigt wird. Dieser beträgt bei Luftschallberechnungen $u_{prog} = 2$ dB mit der Ausnahme von Türen mit $u_{prog} = 5$ dB. Bei Trittschallberechnungen ist $u_{prog} = 3$ dB anzusetzen.

Zur detaillierten Ermittlung der Unsicherheit beziehungsweise zur Berücksichtigung der erweiterten Unsicherheit wird auf [18], den informativen Anhang C der DIN 4109-2:2018 und auf DIN EN ISO 12999-1:2021 verwiesen.

Literatur

A) Bücher

1. Cremer, L.; Heckl, M.: Körperschall. 2. neu bearbeitete Auflage, Springer-Verlag Berlin/Heidelberg 1996
2. Fasold, W.; Veres, E: Schallschutz und Raumakustik in der Praxis. 2. Auflage, Verlag Bauwesen Berlin 2003
3. Locher-Weiß, S.; Pohlenz, R.: Schallschutzmängel, juristisch kommentiert für Sachverständige, technisch kommentiert für Juristen. In: Zöller, M.; Boldt, A. (Hrsg.): Baurechtliche und -technische Themensammlung, Heft 9, Reguvis Bundesanzeiger Verlag Köln, Fraunhofer IRB Verlag Stuttgart 2019
4. Möser, M.: Technische Akustik. 8. aktualisierte Auflage, Springer-Verlag Berlin 2009
5. RAL-Gütegemeinschaft Fenster und Haustüren e.V.: Leitfaden zur Planung und Ausführung der Montage von Fenstern und Haustüren. Frankfurt 2006
6. Sälzer, E.; Moll, W.; Wilhelm, H.-U.: Schallschutz elementierter Bauteile. Bauverlag GmbH Wiesbaden und Berlin 1979
7. Willems, W; Schild, K.; Stricker, D.: Formeln und Tabellen Bauphysik. 5. Auflage, Springer Fachmedien Wiesbaden 2019

Schall aus Anlagen der Gebäudetechnik

23

Gerrit Höfker

23.1 Maschinenlagerung

Durch den Betrieb von Maschinen und Aggregaten innerhalb eines Gebäudes werden am Aufstellort Schwingungen in den Baukörper eingeleitet und von dort als Körperschall weitergeleitet, was in anderen Gebäudeteilen zu störenden Vibrationen oder Luftschallemissionen führt. Besondere Bedeutung kommt bei Maschinen mit drehenden Anlagenteilen der Drehzahl zu, die direkt in die Betriebsfrequenz f umgerechnet werden kann. Neben der periodischen Anregung mit einer diskreten Frequenz ist aber auch die impulsartige Körperschallanregung mit einem breiten Frequenzspektrum denkbar.

Zur Quellenisolierung, also zur Reduktion der Körperschalleinleitung in den Baukörper, bietet sich in der Regel eine elastische Lagerung der entsprechenden Maschinen und Aggregate an, wie in Abb. 23.1 skizziert. Diese elastische Lagerung kann aber auch zur Empfängerisolierung eingesetzt werden, wenn Schwingungen aus dem Fundament beispielsweise den Betrieb einer empfindlichen Maschine beeinträchtigen. Als weichfedernde Zwischenschichten werden dafür häufig Elastomerlager oder Stahlfedern eingesetzt. Stahlfedern eignen sich dabei besonders zur punkt- beziehungsweise linienweisen Lagerung; bei vollflächiger Auflage von Maschinen oder Fundamenten können spezielle Gummi- oder Schaumstoffmatten aus Polyurethan zur Anwendung kommen.

Im Einzelfall sind dabei immer die elastodynamischen Eigenschaften der Zwischenschichten zu beachten. Durch das Einbringen von elastischen Schichten ergibt sich in der Regel ein Masse-Feder-System, das durch die Maschinen und Aggregate zu Schwingungen angeregt wird. Charakteristisch für solche Systeme ist die Eigenfrequenz oder auch

G. Höfker (✉)
Hochschule Bochum, Bochum, Deutschland
E-Mail: gerrit.hoefker@hs-bochum.de

© Springer Fachmedien Wiesbaden GmbH, ein Teil von Springer Nature 2022
W. M. Willems (Hrsg.), *Lehrbuch der Bauphysik*,
https://doi.org/10.1007/978-3-658-34093-3_23

unendlich große Werte annehmen. Mit zunehmender Dämpfung reduziert sich die durch das Masse-Feder-System übertragene Kraft im Resonanzfall. Gleichzeitig sorgt eine zunehmende Dämpfung auch für geringere Verbesserungen der Körperschallisolierung oberhalb der Resonanzfrequenz f_0.

Der Erfolg einer elastischen Maschinenlagerung kann auch als Dämm-Maß R angegeben werden. In diesem Fall ist die Körperschallpegelreduktion durch die elastische Lagerung im Vergleich zu einer direkten Aufstellung der Maschine auf dem Fundament von Interesse. Diese wird als Einfügungsdämmung bezeichnet. Abb. 23.3 zeigt die theoretisch erzielbare Einfügungsdämmung durch die elastische Lagerung in Abhängigkeit von der Frequenz. In der Praxis ist die Dämmkurve meist durch Einbrüche im hohen Frequenzbereich geprägt, die beispielsweise durch Eigenresonanzen der Federelemente hervorgerufen werden.

Wird die Resonanzfrequenz f_0 durch Ein- und Ausschalten der Maschine während der Betriebszeit häufig durchlaufen, so eignen sich Materialien mit hoher Dämpfung, um die Krafteinleitung in den Baukörper bei der Resonanzfrequenz f_0 zu minimieren. Maschinen, die dauerhaft in Betrieb sind und ständig durch ihre Betriebsdrehzahl Schwingungen

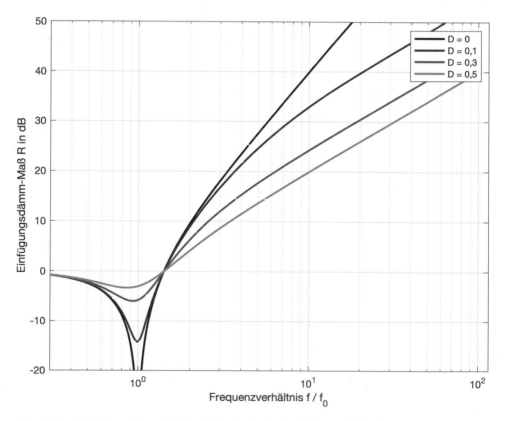

Abb. 23.3 Einfügungsdämm-Maß bei einfach-elastischer Körperschallisolierung in Abhängigkeit des Frequenzverhältnisses f/f_0 und des Dämpfungsgrades D

verursachen, sollten hingegen eher auf Materialien mit geringer Dämpfung aufgestellt werden, damit die Einfügungsdämmung bei der Betriebsfrequenz f möglichst groß wird.

Die Diskussion der Übertragungsfunktion und der erzielbaren Einfügungsdämmung hat gezeigt, dass der Resonanzfrequenz f_0 des Schwingungssystems eine besondere Bedeutung zukommt. In vielen Anwendungsfällen wird das Planungsziel daher lauten, die Resonanzfrequenz möglichst gering abzustimmen. Aus Gl. 22.13 ist ersichtlich, dass neben der Steifigkeit der Feder die an der Schwingung beteiligte Masse auf die Lage der Resonanzfrequenz Einfluss hat. Zur Erhöhung der Masse werden Maschinen daher, wie in Abb. 23.4 dargestellt, häufig zunächst auf einem Zwischenfundament aus Stahlbeton oder Stahl aufgestellt, das elastisch auf dem eigentlichen Fundament gelagert ist.

Die Vergrößerung der ständigen Lasten durch ein Zwischenfundament führt allerdings nicht nur zu einer kleineren Resonanzfrequenz. Durch den steigenden Anteil ständiger Lasten aus dem Zwischenfundament verringert sich auch der Anteil der veränderlichen Lasten im Gebrauchszustand. Dies erleichtert in der Regel die Wahl der Feder, da sich der Arbeitsbereich, also die Schwankungen in der durch die Feder aufzunehmenden Spannungen bezogen auf die absoluten Spannungen, verkleinert.

Bei der Berechnung der Resonanzfrequenz wird davon ausgegangen, dass die schwingende Masse selbst starr ist und sich im Fundament keine Wellen ausbreiten. Diese Annahme ist bei tieffrequenter Abstimmung des Masse-Feder-Systems gerechtfertigt. Bei großen Zwischenfundamenten und/oder hohen Resonanzfrequenzen besteht jedoch die Möglichkeit, dass sich Biegewellen auf dem elastisch gelagerten Zwischenfundament ausbilden. Das führt gemäß Heckl [1] dazu, dass die Kraft aus der Maschine nicht phasengleich an alle Federn weitergeleitet wird. Die für die Lage der Resonanzfrequenz

Abb. 23.4 Elastische Maschinenlagerung mit Federn und Dämpfern mit Zwischenfundament zur Erhöhung der ständigen Last

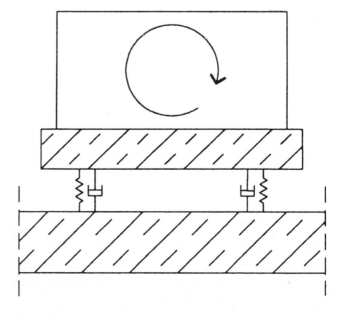

Abb. 23.5 Doppeltelastische
Maschinenlagerung mit Federn
und Dämpfern

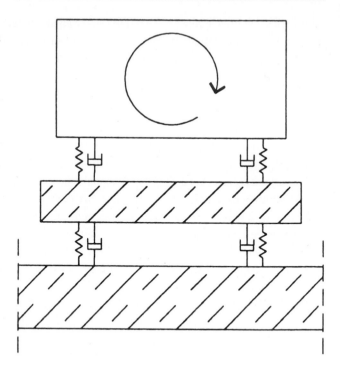

entscheidende dynamische Masse ist in diesem Fall geringer als die Gesamtmasse aus der Konstruktion.

Bei punktweiser Lagerung eines Maschinenfundamentes ist auf eine gleichmäßige Belastung der einzelnen Federn zu achten, damit eine homogene Einfederung aller elastischen Lagerpunkte erzielt wird. Im Vorfeld ist dazu die Federpositionierung auf den Schwerpunkt der schwingenden Masse abzustimmen. Bei allen Maschinen ist des Weiteren darauf zu achten, dass die Versorgungsleitungen von der massiven Konstruktion entkoppelt sind und somit keine Schallbrücken entstehen.

Bei besonderen Anforderungen an die Körperschalldämmung einer Maschinenlagerung kann eine doppeltelastische Lagerung, wie in Abb. 23.5 dargestellt, zweckmäßig sein. Diese Schwingungssysteme weisen dann zwei Resonanzfrequenzen auf. Die Dämmwirkung oberhalb der höchsten Resonanzfrequenz steigt hierbei stärker als bei einer einfachelastischen Lagerung.

23.2 Schall aus raumlufttechnischen Anlagen

Im Zuge von Energieeinsparbemühungen in Gebäuden gewinnen raumlufttechnische Anlagen immer mehr an Bedeutung, da neben einer thermisch gut gedämmten Gebäudehülle die Lüftungswärmeverluste in den Mittelpunkt der Betrachtung rücken. Auch die gestiegenen Komfortansprüche der Bewohner hinsichtlich der Luftqualität können oftmals nur mit entsprechenden raumlufttechnischen Anlagen erfüllt werden. Hier sind exemplarisch mechanische Lüftungsanlagen mit Wärmerückgewinnung genannt, die sowohl im Verwaltungsbau als auch im Wohnungsbau verwendet werden. Mit diesem technischen Fortschritt entstehen jedoch zusätzliche Lärmquellen, die sich störend auswirken können. Die Störgeräusche müssen im Rahmen der akustischen Betrachtung und bei der Auslegung solcher Anlagen berücksichtigt und entsprechende Maßnahmen zur Minimierung dieser Störgeräusche ergriffen werden.

In Wohn- sowie in Arbeitsräumen soll, in Abhängigkeit der Raumnutzung, ein maximaler Dauergeräuschpegel, verursacht durch Geräusche aus Anlagen der technischen Gebäudeausrüstung, nicht überschritten werden. Die VDI 2081 Blatt 1:2019 gibt Richtwerte für den Schalldruckpegel aus raumlufttechnischen Anlagen vor. Dabei wird zwischen hohen und niedrigen Anforderungen differenziert, wie Tab. 23.1 entnommen werden kann. Die Angabe von Einzahlwerten in dB(A) ist nicht immer ausreichend, denn damit werden markante tonale Störsignale im Dauergeräusch nicht ausreichend erfasst. Insbesondere wenn hohe Anforderungen bestehen, ist eine frequenzabhängige Vorgabe für das

Tab. 23.1 Richtwerte für Schalldruckpegel aus RLT-Anlagen nach VDI 2081 Blatt 1:2019 (Auszug)

Raumart	Schalldruckpegel L_p in dB(A)	
	Hohe Anforderung	Niedrige Anforderung
Arbeitsräume		
Einzelbüro	30	35
Großraumbüro	35	45
Werkstätten	50	–
Versammlungsräume		
Konzertsaal, Opernhaus	25	30
Theater, Kino	30	35
Konferenzraum	35	40
Wohnräume		
Hotelzimmer	30	35
Unterrichtsräume		
Lesesaal	30	35
Klassenraum, Hörsaal	30	35
Krankenhaus		
Bettenraum	25	35
Operationssäle	48	48
Räume mit Publikumsverkehr		
Museum	30	35
Gaststätte	35	50
Verkaufsraum	40	50
Sportstätten		
Sporthallen, Schwimmbäder	45	50
Sonstige Räume		
Rundfunkstudio	15	25
Fernsehstudio	25	30

Dauergeräusch sinnvoll. Hier werden anstelle von Einzahlangaben sogenannte Geräusch-bewertungskurven vorgegeben, die bei eingeschalteten Anlagen der technischen Gebäude-ausrüstung nicht überschritten werden sollen. Die Abb. 23.6 und 23.7 zeigen diese Geräuschbewertungskurven.

Näherungsweise liegt der von raumlufttechnischen Anlagen verursachte und A-bewertete Schalldruckpegel etwa 5 dB über dem Wert der Geräuschbewertungskurve. Üblich ist die Anwendung folgender Geräuschbewertungskurven:

- NR-Kurven (Noise-Rating) in Oktavschritten gemäß ISO 1996–1:2016 beziehungs-weise VDI 2081 Blatt 1:2019
- GK-Kurven in Terzschritten gemäß DIN 15996:2020

Zu beachten ist, dass Dauergeräusche von nutzerspezifischen Anlagen, wie zum Bei-spiel Computern, nicht berücksichtigt werden. Die Vorgabe für maximale Schalldruckpe-gel in Räumen mit RLT-Anlagen in Form von Geräuschbewertungskurven ist somit nur

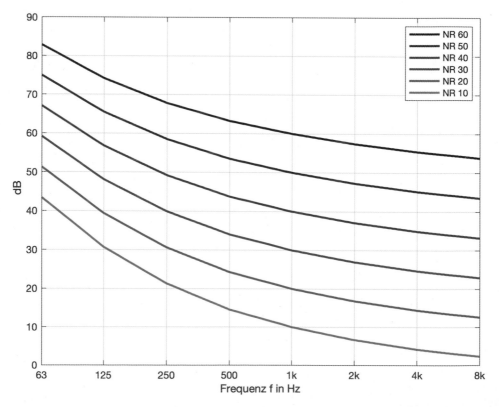

Abb. 23.6 NR-Kurven (noise rating curves) nach ISO 1996–1:2016 beziehungsweise VDI 2081 Blatt 1:2019

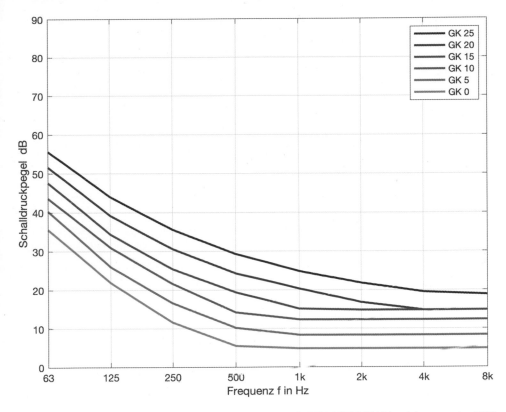

Abb. 23.7 GK-Kurven (Geräuschbewertungskurven) nach DIN 15996:2020 beziehungsweise VDI 2081 Blatt 1:2019

dann sinnvoll, wenn die Störgeräusche anderer Schallquellen nicht höher als die angegebenen Richtwerte sind.

Betrachtet man Geräuscherzeugung und Schallausbreitung in raumlufttechnischen Anlagen, so ist der Fokus auf die vom Ventilator erzeugten Geräusche zu richten, die in der Regel die Hauptgeräuschquelle darstellen. Diese Lüftungsgeräusche entstehen durch Turbulenzen, die bei der Durchströmung des Laufrades auftreten und sind somit vornehmlich aerodynamischer Natur. Es handelt sich hierbei um ein breitbandiges Rauschen, mitunter überlagert von Drehklang. Die vom Ventilator verursachten Geräusche sind abhängig von der Bauart, von der Förderleistung sowie dem Luftwiderstand aller Bauteile entlang der Kanalstrecke. Mit zunehmender Fördermenge und damit steigender Drehzahl nimmt die Schallleistung des Ventilatorgeräuschs mit 12 bis 18 dB pro Verdopplung der Strömungsgeschwindigkeit zu. Die Schallleistung des Ventilatorgeräuschs wird dabei nahezu vollständig in das angeschlossene Kanalnetz übertragen. Sie muss mit pegelsenkenden Einbauten, wie zum Beispiel Schalldämpfern, minimiert werden, damit sie in den zu belüftenden Räumen nicht als Störgeräusche wahrgenommen werden.

Im Rahmen der Planung kann mit Hilfe von Kanalnetzberechnungen der, durch die raumlufttechnische Anlage verursachte, Grundgeräuschpegel für belüftete Räume berechnet werden. Entsprechende Berechnungsvorgaben finden sich in der VDI 2081 Blatt 1:2019. Demnach wird die Schallausbreitung für den gesamten Lüftungsweg unter Berücksichtigung aller pegelrelevanten Bauelemente im Kanal berechnet. Dabei wird der pegelmindernde Einfluss, sowie das durch Turbulenzen verursachte Strömungsrauschen jedes Bauteils berücksichtigt. Sämtliche Einbauelemente wie Kanal, Abzweigungen, Umlenkungen, Luftdurchlässe, Filter, usw. und ebenso der eingesetzte Ventilator sind dabei als Einzelschallquellen zu betrachten, deren Schallleistung von der Strömungsgeschwindigkeit im Kanal sowie der Dämpfung des gesamten Lüftungssystems abhängig ist.

Neben dem Ventilator und den Einbauelementen können die Luftdurchlässe pegelbestimmend im Raum werden, wenn beispielsweise Querschnittsflächen zu klein gewählt werden und sich dadurch Geräusche infolge hoher Strömungsgeschwindigkeit ergeben. Für Räume mit hohen Anforderungen an den Grundgeräuschpegel sind daher prinzipiell große Kanalquerschnitte und Luftdurchlässe einzuplanen. Bei tiefen Frequenzen ist zudem die Mündungsreflexion zu berücksichtigen, da in der Regel die Abmessung der Austrittsöffnung klein gegenüber der Wellenlänge des auftreffenden Schalls ist. Infolgedessen werden tieffrequente Schallanteile zu einem großen Teil reflektiert. Bei der Kanalnetzberechnung sind neben der Raumdämpfung auch die Lage der Aus- und Einlassöffnungen akustisch relevant. Die aus einem Luftdurchlass in einen Raum eingetragene Schallleistung verursacht im Empfangsraum einen Schalldruckpegel, der abhängig ist von der Raumdämpfung sowie der Lage der Aus- und Einlassöffnungen und deren Abstand r zur Empfangsposition. Dieser Schalldruckpegel L_p lässt sich im Empfangsraum mit diffusem Schallfeld mit

$$L_\mathrm{p} = L_\mathrm{w} + 10 \lg \left(\frac{Q}{4\pi r^2} + \frac{4}{A} \right) \qquad (23.2)$$

berechnen. In dieser Gleichung ist L_w der Schallleistungspegel der Zu- und Abluftdurchlässe, Q das Richtwirkungs-Maß aus Abb. 23.8 oder Abb. 23.9, A die äquivalente Schallabsorptionsfläche des Raumes und r der Abstand zwischen Durchlass und dem Raumpunkt.

Ziel der Kanalnetzberechnung ist primär die Minimierung des Ventilatorgeräuschs und die Vermeidung von pegelbestimmenden Strömungsgeräuschen an Einbauelementen entlang der Kanalstrecke. Danach sind entsprechende Schalldämpfer auszulegen, um die vorgegebenen Richtwerte in den Räumen einhalten zu können. Es werden vorwiegend folgende Schalldämpfertypen eingesetzt:

- Absorptionsschalldämpfer und
- Resonanzschalldämpfer

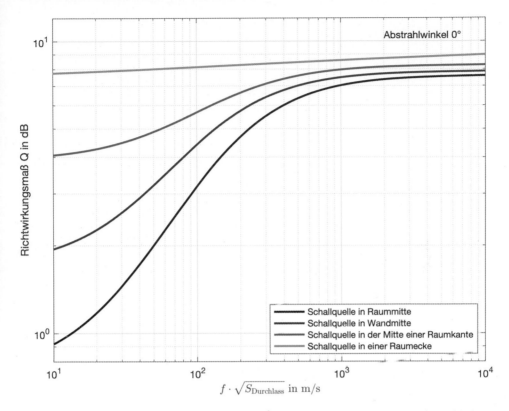

Abb. 23.8 Richtwirkungsmaß Q für einen Abstrahlwinkel von 0° nach VDI 2081 Blatt 1:2019

Absorptionsschalldämpfer finden in weiten Bereichen des technischen Schallschutzes entweder als Kulissenschalldämpfer (Abb. 23.10) oder als Rohrschalldämpfer (Abb. 23.11) ihre Anwendung.

Die Absorptionswirkung dieser Schalldämpfer beruht auf dem Wirkprinzip von porösen Absorbern, wie es in Kap. 21 vorgestellt wird. Sie weisen vergleichsweise breitbandige Dämpfungseigenschaften mit hohen Absorptionswerten im mittleren und hohen Frequenzbereich auf. Je größer die Kulissendicke d und je schmaler die Spaltbreite 2s gewählt wird, desto breiter ist auch das wirksame Dämpfungsspektrum des Absorptionsschalldämpfers. Zu berücksichtigen sind aber das durch die Schalldämpferkulissen verursachte Strömungsrauschen sowie der ansteigende Druckverlust bei kleinen Spaltbreiten. Im Bedarfsfall können auch aerodynamisch optimierte Schalldämpferkulissen, wie in Abb. 23.13 dargestellt, verwendet werden.

Die Schalldämpferkulissen bestehen aus einem Stahlblechrahmen, der mit einem Faserdämmstoff, wie Glas- oder Mineralwolle, gefüllt ist. Um sie vor Abrieb zu schützen, ist die verbaute Mineral wolle mit einem Faservlies ausgestattet. Eine Abdeckung aus Lochblech oder Streckmetall kann zudem vor mechanischen Beschädigungen schützen. Kulissenschalldämpfer werden parallel zur Luftrichtung in einem bestimmten

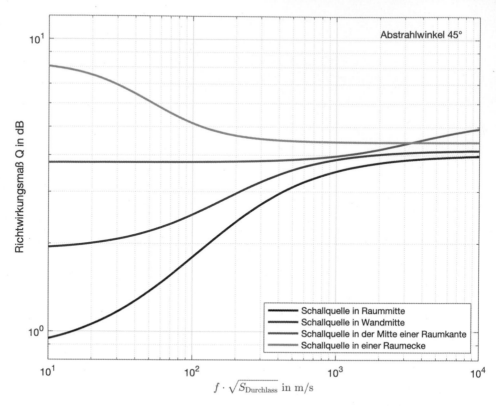

Abb. 23.9 Richtwirkungsmaß Q für einen Abstrahlwinkel von 45° nach VDI 2081 Blatt 1:2019

Abb. 23.10 Kulissen-
schalldämpfer in einem
Rechteckkanal

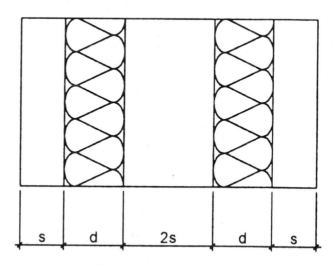

Abb. 23.11 Rohrschalldämpfer
mit fliegendem Kern

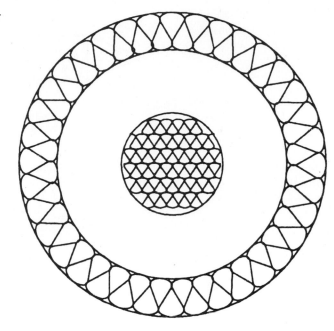

Abb. 23.12 Umlenkschall-
dämpfer

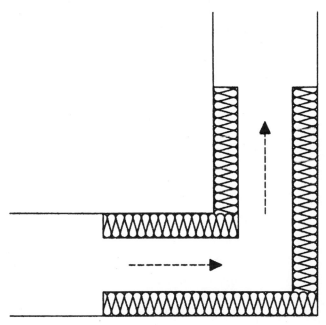

Abb. 23.13 Schalldämp-
ferkulisse mit aerodynamisch
optimiertem An- und Ab-
strömprofil

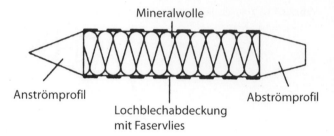

Anströmprofil   Abströmprofil
Lochblechabdeckung
mit Faservlies

Ausstellungsverhältnis zueinander im Lüftungskanal verbaut. Für Schalldämpfer mit Mittelkulisse beträgt das Ausstellungsverhältnis

$$m = \frac{d}{s}, \tag{23.3}$$

wobei d die Kulissendicke und s der Kulissenspalt ist. Die Kulissenanzahl n ergibt sich in Abhängigkeit der Gehäusebreite B zu

$$n = \frac{B}{2(d+s)}. \tag{23.4}$$

Für runde Kanäle sind Rohrschalldämpfer geeignet, die eine schallabsorbierende Wandung und je nach Rohrdurchmesser und gewünschtem Dämpfungsspektrum einen schallabsorbierenden Zentralkörper aufweisen.

Üblicherweise werden die Einfügungsdämpfungen in einem Schalldämpferprüfstand messtechnisch in Oktavbandbreite ermittelt. Nach Piening [3] kann jedoch die frequenzabhängige Einfügungsdämpfung von Absorptionsschalldämpfern mit

$$D = 1{,}5\alpha \Delta x \frac{U}{S} \tag{23.5}$$

abgeschätzt werden, wobei für α der Schallabsorptionsgrad, für Δx die Schalldämpferlänge, für U der absorbierende Umfang der Kanalauskleidung und für S die freie Querschnittsfläche einzusetzen ist. Aus Gl. 23.5 wird ersichtlich, dass ein möglichst großes Verhältnis von absorbierendem Umfang zu freiem Querschnitt geschaffen werden sollte. Abb. 23.14 zeigt beispielhaft für verschiedene Schalldämpferlängen die zu erwartende frequenzabhängige Einfügungsdämpfung. Da im tiefen Frequenzbereich, wie bei allen porösen Schallabsorbern geringer Dicke, die Absorptionswirkung gering ist, werden Absorptionsschalldämpfer oft in Kombination mit tieffrequent wirksamen Resonanzschalldämpfern verwendet.

Aus akustischer Sicht ist der Schallübertragung zwischen zwei Räumen, die durch ein Lüftungssystem miteinander verbunden sind, Beachtung zu schenken. Über diese Nebenweg kann die erreichbare Luftschalldämmung zwischen Räumen begrenzt werden. Der

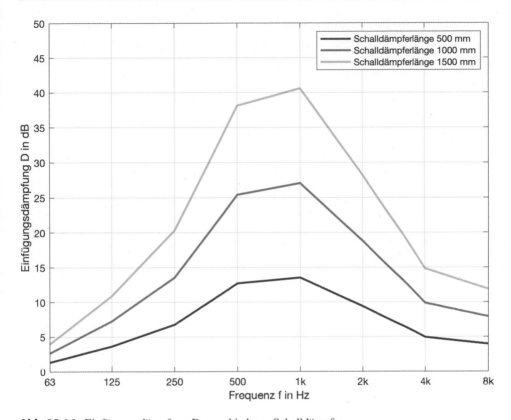

Abb. 23.14 Einfügungsdämpfung D verschiedener Schalldämpfer

VDI 2081 Blatt 1:2019 sind die Berechnungsverfahren zur Schallübertragung über das Kanalnetz zu entnehmen.

Literatur

A) Bücher

1. Heckl, M.; Müller, H.A. (Hrsg): Taschenbuch der Technischen Akustik. 2. Auflage, Springer-Verlag Berlin/Heidelberg 1994
2. Veit, I.: Technische Akustik. 4. Auflage, Vogel Buchverlag Würzburg 1988

B) Aufsätze und Forschungsberichte

3. Piening, W.: Schalldämpfung der Ansaug- und Auspuffgeräusche von Dieselanlagen auf Schiffen. VDI-Zeitschrift 81, Nr. 26, 1937

C) Regelwerke

4. DIN 15996:2020-12. Bild- und Tonbearbeitung in Film-, Video- und Rundfunkbetrieben – Grundsätze und Festlegungen für den Arbeitsplatz
5. ISO 1996-1:2016-03. Akustik – Beschreibung, Messung und Beurteilung von Umgebungslärm – Teil 1: Grundlegende Größen und Beurteilungsverfahren
6. VDI 2081 Blatt 1:2019-03. Raumlufttechnik – Geräuscherzeugung und Lärmminderung
7. VDI 2081 Blatt 2: 2019-03. Raumlufttechnik – Geräuscherzeugung und Lärmminderung – Beispiele
8. Institut für Rundfunktechnik: Akustische Information 1.11-1/1995, Höchstzulässige Schalldruckpegel von Dauergeräuschen in Studios und Bearbeitungsräumen bei Hörfunk und Fernsehen, 1995

Schallimmissionsschutz

Christian Nocke

Das Teilgebiet Schallimmissionsschutz beschäftigt sich mit verschiedenen Aspekten der Entstehung, der Ausbreitung und des Empfangs von Schall im Freien. In Deutschland existieren zahlreiche Rechtsvorschriften und Regelwerke zu dieser Thematik, die im Rahmen eines Lehrbuchs für Bauphysik nur angerissen und kurz vorgestellt werden können. Die rechtlichen Vorgaben führen beispielsweise dazu, dass eine teilweise für Laien nicht nachvollziehbare Unterscheidung verschiedener Lärmarten durchgeführt wird. Beispielhaft sei auf die Unterscheidung zwischen Gewerbelärm, Verkehrslärm oder auch Freizeitlärm hingewiesen, die für viele Lärmbetroffene nur schwer verständlich ist. Bevor die rechtlichen Rahmenbedingungen sowie die maßgeblichen Regelwerke für den Schallimmissionsschutz vorgestellt werden, sollen zunächst die prinzipiellen Einflussgrößen oder auch physikalischen Grundlagen bei der Schallausbreitung im Freien aufgeführt werden.

24.1 Berechnung der Schallausbreitung im Freien

Die wesentlichen Grundlagen zur Ausbreitung von Schall wurden im Abschn. 20.3 bereits ausgeführt. Die Gl. 20.14, 20.15, 20.16 und 20.17 beschreiben hierbei die freie, d. h. ungestörte Ausbreitung einer punktförmig oder linienförmig abstrahlenden Schallquelle in den dreidimensionalen Raum oder Halbraum.

Bei der Ausbreitung von Schall in der Atmosphäre sind nun weitere Aspekte zu berücksichtigen, die die Schallausbreitung beeinflussen können. Die folgenden Einflussgrößen führen in der Summe zu einem bestimmten Pegel an einem Empfangspunkt:

C. Nocke (✉)
Oldenburg, Deutschland
E-Mail: nocker@akustikbuero-oldenburg.de

© Springer Fachmedien Wiesbaden GmbH, ein Teil von Springer Nature 2022   715
W. M. Willems (Hrsg.), *Lehrbuch der Bauphysik*,
https://doi.org/10.1007/978-3-658-34093-3_24

Dies erfolgt für jedes Oktavband durch Addition der Punktschallquellen und eventuell vorhandener Spiegelschallquellen.

$$L_{fT}(DW) = 10 \lg \left(\sum_{i=1}^{n} \left(\sum_{j=1}^{8} 10^{0,1\left(L_{fT(ij)} + A_f(j)\right)} \right) \right) \tag{24.3}$$

Hierbei ist n die Anzahl der Beiträge der verschiedenen Schallquellen und Ausbreitungswege, j der Index für die acht Oktavmittenfrequenzen zwischen 63 Hz und 8000 kHz und A_f die genormte A-Bewertung. Der A-bewertete Langzeit-Mittelungspegel $L_{AT}(LT)$ am Empfangspunkt ist dann unter Berücksichtigung der meteorologischen Korrektur C_{met} wie folgt zu berechnen:

$$L_{AT}(LT) = L_{AT}(DW) - C_{met} \tag{24.4}$$

Die Details zu den einzelnen Termen zur Dämpfung A sowie zu den meteorologischen Korrekturen werden in den folgenden Abschnitten dargestellt. Abschließend wird in Abschn. 23.1.6 die Genauigkeit und Gültigkeit des Verfahrens der DIN ISO 9613-2:1996 [1] diskutiert.

Schallpegelminderung durch geometrische Ausbreitung – Die Schallpegelminderung durch geometrische Ausbreitung wird beschrieben durch folgende Gleichung:

$$A_{div} = 20 \lg \frac{d}{d_0} + 11 \, dB \tag{24.5}$$

Der Abstand d zwischen Schallquelle und Empfänger wird auf einen Bezugsabstand von $d_0 = 1$ m normiert. Der Zusammenhang in Gl. 24.5 entspricht der Pegelabnahme in Abhängigkeit vom Abstand einer ungerichtet abstrahlenden Punktschallquelle, wie bereits in Gl. 20.14 dargestellt.

Schallpegelminderung durch Luftabsorption – Die Dämpfung durch Luftabsorption während der Schallausbreitung in Abhängigkeit der Distanz d beträgt

$$A_{atm} = \alpha \frac{d}{1000}. \tag{24.6}$$

Tab. 24.1 Luft-Dämpfungskoeffizient α für Oktavbänder nach DIN ISO 9613-2:1996 [1]

Temperatur in °C	relative Feuchte in %	Luft-Dämpfungskoeffizient a in dB/km							
		63 Hz	125 Hz	250 Hz	500 Hz	1 kHz	2 kHz	4 kHz	8 kHz
10	70	0,1	0,4	1,0	1,9	3,7	9,7	32,8	117
20	70	0,1	0,3	1,1	2,8	5,0	9,0	22,9	76,6
30	70	0,1	0,3	1,0	3,1	7,4	12,7	23,1	59,3
15	20	0,3	0,6	1,2	2,7	8,2	28,2	88,8	202
15	50	0,1	0,5	1,2	2,2	4,2	10,8	36,2	129
15	80	0,1	0,3	1,1	2,4	4,1	8,3	23,7	81,8

Der Absorptionskoeffizient α in dB/km kann für einige Temperaturen und Werte der relativen Luftfeuchtigkeit der Tab. 24.1 entnommen werden. α ist stark von der Frequenz des Schalls, der Temperatur sowie der Luftfeuchte abhängig. Der atmosphärische Luftdruck hat hingegen nur einen geringen Einfluss auf α. Der hier verwendete Absorptionskoeffizient ist nicht zu verwechseln mit dem Schallabsorptionsgrad eines Materials, der ebenfalls mit dem griechischen Buchstaben α bezeichnet wird.

Angaben zum Absorptionskoeffizienten α für andere Witterungsbedingungen sind der ISO 9613-1:1993 [2] zu entnehmen. Der Absorptionskoeffizient α ist jeweils so zu wählen, dass die ortsüblichen Schwankungen der Witterungsbedingungen als Mittelwert möglichst repräsentativ wiedergegeben werden.

Schallpegelminderung durch den Bodeneffekt – Durch den Dämpfungsterm des Bodeneffekts A_{gr} werden die Auswirkungen erfasst, die sich durch die Überlagerung des an der Bodenfläche reflektierten und des direkten Schallanteils bei der Ausbreitung zwischen Quelle und Empfänger ergeben. Aus rein physikalischer Sicht handelt es sich somit um eine Auswirkung der Schallreflexion an der Bodenfläche.

Das in der DIN ISO 9613-2:1996 [1] verwendete Berechnungsschema geht von einem weitestgehend flachen, waagerecht oder konstant geneigten, Boden aus. Weiterhin wird angenommen, dass die Dämpfung vornehmlich durch die Bodenbeschaffenheit in der Nähe der Quelle und des Empfängers bestimmt wird. Drei Bereiche zur Bestimmung der Bodendämpfung sind in der Norm definiert, siehe Abb. 24.2.

Bezogen auf die Quellenhöhe über dem Boden h_s sowie die Empfängerhöhe h_r wird der quellennahe Bereich, der Empfangspunktbereich sowie ein Mittelbereich betrachtet. Sofern der auf die Bodenebene projizierte Abstand d_p zwischen Quelle und Empfänger kleiner ist als die Summe $30\,h_s + 30\,h_r$ existiert kein Mittelbereich. Die Bodendämpfung wird maßgeblich durch die Bodeneigenschaften im Bereich von $30\,h_s$ um die Quelle und $30\,h_r$ um den Empfänger bestimmt.

Die akustischen Eigenschaften des Bodens werden nun nicht durch den in Abschn. 21.2 beschriebenen Absorptionsgrad beschrieben. Vielmehr wird in der DIN ISO 9613-2:1996 [1] ein Bodenfaktor G definiert, wobei folgende Unterscheidung getroffen wird:

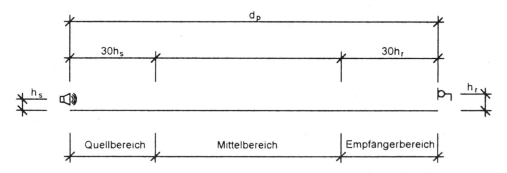

Abb. 24.2 Drei verschiedene Bereiche für die Bestimmung der Bodendämpfung nach DIN ISO 9613-2:1996 [1]

- $G = 0$ – harter Boden, wie beispielsweise Straßenpflaster, Wasser, Eis, Beton, jede Fläche mit geringer Porosität
- $G = 1$ – poröser Boden, wie beispielsweise Gras, Böden mit Bäumen und anderem Bewuchs, Ackerland und andere Flächen, die für Pflanzenwachstum geeignet sind
- $0 < G < 1$ – Mischboden, Oberflächen aus hartem und porösem Boden, der Wert von G beschreibt den Anteil des porösen Bodens

Die Berechnung der Bodendämpfung A_{gr} wird im Folgenden exemplarisch für eine Oktavfrequenz von 500 Hz dargestellt. Die Details zur Berechnung der weiteren Bandmittenfrequenzen von 63 Hz bis 8000 Hz sind unter Ziffer 7.3 der DIN ISO 9613-2:1996 [1] zu finden. Die gesamte Bodendämpfung A_{gr} ergibt sich aus der Summe der Bodendämpfung A_s im Bereich des Senders, des Empfängers A_r und des Mittelbereichs A_m, d. h.

$$A_{gr} = A_h + A_r + A_m. \tag{24.7}$$

In jedem der drei Bereiche ist der Bodenfaktor G zu bestimmen. Anhand dessen werden anschließend mit den Formeln der Tab. 3 der DIN ISO 9613-2:1996 [1] die Bodendämpfungen A_s, A_r und A_m berechnet. Für das 500 Hz-Oktavband gilt im Sender- und Empfängerbereich

$$A_s = A_r = -1,5 + G \; c'(h) \tag{24.8}$$

mit der Funktion

$$c'(h) = 1,5 + 14,0e^{-0,46h^2}\left(1 - e^{-\frac{d_p}{50}}\right), \tag{24.9}$$

wobei $h = h_s$ beziehungsweise $h = h_r$ ist, je nachdem, ob der Sender- oder Empfängerbereich betrachtet wird. Für die anderen Oktavbänder sind für den Sender- und Empfängerbereich andere Gleichungen zu verwenden, die in DIN ISO 9613-2:1996 [1] aufgeführt sind. In allen Oktavbändern identisch ist die Berechnung der Bodendämpfung im Mittelbereich

$$A_m = 3q + (1 - G_m) \tag{24.10}$$

mit

$$q = 0 \; \text{für } d_p \leq 30(h_s + h_r) \tag{24.11}$$

und

$$q = 1 - \frac{30(h_s + h_r)}{d_p} \text{für } dp > 30(hs + hr) \tag{24.12}$$

Die Berechnung der Gesamt-Bodendämpfung A_{gr} gemäß Gl. 24.5 entspricht eher einer computergestützten Vorgehensweise, die vereinfacht werden kann, wenn

- nur der A-bewertete Schalldruckpegel am Empfangspunkt von Interesse ist,
- sich der Schall über porösen oder gemischten, jedoch überwiegend porösen Boden ausbreitet und
- der Schall kein reiner Ton ist.

Für diesen Fall kann die Bodendämpfung A_{gr} für beliebig geformte Bodenoberflächen gemäß der folgenden Gleichung berechnet werden:

$$A_{gr} = 4,8 - \frac{2h_m}{d}\left(17 + \frac{300}{d}\right) \geq 0 \text{ dB} \qquad (24.13)$$

mit der mittleren Höhe h_m des Schallausbreitungswegs über dem Boden in Metern und dem Abstand d zwischen Quelle und Empfänger in Metern. Für weitere Details der Berechnung wird auf die DIN ISO 9613-2:1996 [1] verwiesen.

Schallpegelminderung durch Abschirmung – Lärmschutzwände, Lärmschutzwälle und andere Anlagen und Hindernisse bewirken unter bestimmten Voraussetzungen ebenfalls eine Pegelminderung auf dem Schallausbreitungsweg zwischen Quelle und Empfänger, die als Dämpfung durch Abschirmung bezeichnet wird. Ein schallabschirmendes Hindernis ist nach den Vorgaben der DIN ISO 9613-2:1996 [1] auf dem Ausbreitungsweg zu berücksichtigen, wenn die folgenden Gegebenheiten vorhanden sind:

- die flächenbezogene Masse beträgt mindestens 10 kg/m²
- das Objekt hat eine geschlossene Oberfläche ohne große Risse und Lücken
- die horizontale Abmessung des Objekts senkrecht zur Verbindungslinie zwischen Quelle und Empfänger ist größer als die akustische Wellenlänge λ bei der betrachteten Oktavmittenfrequenz

Insbesondere die letzte Bedingung zeigt, dass erst ab einer gewissen Horizontalabmessung beziehungsweise Breite überhaupt eine pegelmindernde Wirkung zu erreichen ist. Das Größenkriterium ist in dem folgenden Abb. 24.3 dargestellt (Abb. 24.4).

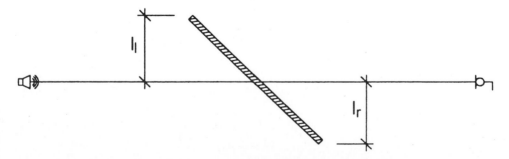

Abb. 24.3 Draufsicht zweier Hindernisse zwischen Quelle S und Aufpunkt R

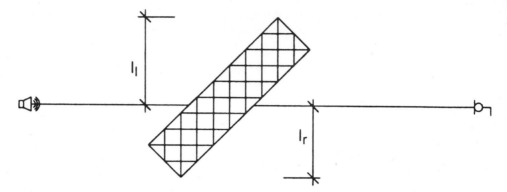

Abb. 24.4 Draufsicht zweier Hindernisse zwischen Quelle S und Aufpunkt R

Abb. 24.5 Verschiedene
Schallausbreitungswege an
einem Schirm nach DIN ISO
9613-2:1996 [1]

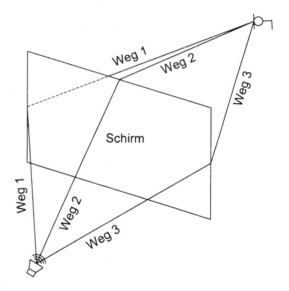

Neben der Breite des Hindernisses ist auch die Höhe für die schallabschirmende Wirkung von entscheidender Bedeutung. Es ist plausibel, dass große Schallschirme effektiver sind als kleine Elemente. Die Dämpfung beziehungsweise Pegelminderung A_{bar} wird durch das Einfügungsdämpfungsmaß angegeben.

Das Abschirmmaß D_Z für den Weg 1 aus Abb. 24.5 kann gemäß DIN ISO 9613-2:1996 [1] wie folgt berechnet werden:

$$D_Z = 10\lg\left(3 + \frac{C_2}{\lambda} z K_{met}\right) \qquad (24.14)$$

Hierbei ist $C_2 = 20$ unter Berücksichtigung der Bodenreflexionen oder $C_2 = 40$ bei spezieller Berücksichtigung von Bodenreflexionen durch Spiegelquellen. Bei Einfachbeugung ist $C_3 = 1$ und bei Doppelbeugung beträgt, wie auch in Abb. 24.8 dargestellt,

$$C_3 = \frac{1 + \left(5\dfrac{\lambda}{e}\right)^2}{\dfrac{1}{3} + \left(5\dfrac{\lambda}{e}\right)^2}. \qquad (24.15)$$

Hierbei ist λ die Wellenlänge des Schalls und z der sogenannte Schirmwert, der die Differenz zwischen den Weglängen des gebeugten und des direkten Schalls angibt. Die Berechnung des Schirmwertes z ergibt sich für die Einfachbeugung aus

$$z = \sqrt{\left(d_{ss} + d_{sr}\right)^2 + a^2} - d \qquad (24.16)$$

und für die Doppelbeugung aus

$$z = \sqrt{\left(d_{ss} + d_{sr} + e\right)^2 + a^2} - d, \qquad (24.17)$$

Wobei die Größen d_{ss}, d_{sr}, e und a dem Abb. 24.6 entnommen werden können. Für $z > 0$ ist der Korrekturfaktor für meteorologische Effekte

$$K_{met} = e^{-\frac{1}{2000}\sqrt{\frac{d_{ss}d_{sr}d}{2z}}} \qquad (24.18)$$

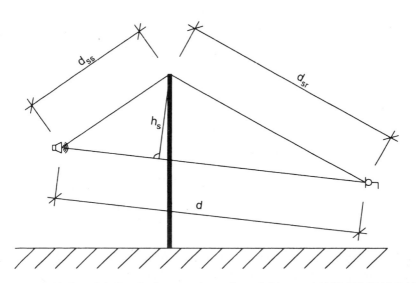

Abb. 24.6 Verschiedene Schallausbreitungswege an einem Schirm nach DIN ISO 9613-2:1996 [1]

A_{site} durch zumindest in einer Dimension kleine schallabschirmende beziehungsweise dann auch schallstreuende Elemente wie Rohrleitungen, Ventile, Kästen etc. ausgelöst. Unter Ziffer A.2 der DIN ISO 9613-2:1996 [1] wird empfohlen, A_{site} aufgrund der Abhängigkeit von der Art des Geländes durch Messungen zu ermitteln. Zur groben Orientierung werden Oktavwerte für A_{site} von 63 Hz bis 8000 Hz angegeben, die mit maximalen Werten von 0,2 dB/m sehr gering liegen. Als Höchstwert für A_{site} wird 10 dB angeführt.

Die Dämpfung durch Bebauung A_{hous} gilt für den Fall, dass sowohl die Schallquelle als auch der Empfangspunkt in einem mit Häusern bebauten Gebiet liegt. Hierbei tritt eine Dämpfung durch die Häuser wie auch durch Reflexionen an den Häusern auf. Bei hoher Bebauungsdichte dominiert die Dämpfung A_{hous}, während bei geringer Bebauungsdichte der Wert der Bodendämpfung A_{gr} dominiert. Prinzipiell ist die Dämpfung A_{hous} stark situationsabhängig und kann durch die Kombination von Abschirmung und Reflexion bestimmt werden. Als Maximalwert von A_{hous} wird wiederum 10 dB angegeben.

Die DIN ISO 9613-2:1996 [1] gibt eine Möglichkeit zur Abschätzung von A_{hous} an. Demnach setzt sich A_{hous} aus zwei Anteilen, d. h.

$$A_{hous} = A_{hous1} + A_{hous2}, \tag{24.21}$$

zusammen. Näherungsweise kann A_{hous1} aus der Bebauungsdichte B, die als das Verhältnis von der Gesamtgrundfläche der Häuser zu der gesamten Baugrundfläche definiert ist, sowie der Länge des Schallwegs d_b durch das bebaute Gebiet berechnet werden. Es gilt:

$$A_{hous1} = 0,1 \ Bd_b \tag{24.22}$$

Der Term A_{hous2} berücksichtigt die Schallausbreitung entlang von Gebäudereihen einer Straße, einer Eisenbahnlinie oder anderer korridorähnlicher Situationen. Vorauszusetzen ist, dass der Term A_{hous2} kleiner ist als das Einfügungsdämpfungsmaß eines angenommenen Schirms mit der mittleren Höhe der Gebäude. Dann gilt

$$A_{hous2} = -10 \ \lg\left(1 - \frac{p}{100}\right) \tag{24.23}$$

mit p als Prozentsatz der Länge der Fassaden bezogen auf die Gesamtlänge der Straße/ Eisen-bahn in der Nähe, wobei $p \leq 90 \%$ ist.

Meteorologische Korrektur – Eine Vielzahl von Immissionsrichtwerten, Grenzwerten oder auch Orientierungswerten beziehen sich auf möglichst für lange Zeiträume repräsentative Schalleinwirkungen. Hierbei werden durchaus Monate oder auch ein Jahr als Zeitraum verwendet. Neben den Variationen, die sich aus den einzelnen Schallquellen und deren Nutzungsdauern und -arten ergeben, können auch die Witterungsbedingungen den A-bewerteten Langzeitmittelungspegel $L_{AT}(LT)$ beeinflussen. Zur Berücksichtigung der Effekte unterschiedlicher Witterungsbedingungen dient der Korrektursummand C_{met} in den Gl. 24.24 und 24.25. Mit diesen wird die Abweichung von den als ideal angenommenen Witterungsbedingungen, d. h. maximal 5 m/s Windgeschwindigkeit und Mitwind-Schallausbreitung, berücksichtigt. Gemäß der DIN ISO 9613-2:1996 [1] wird für C_{met} folgender Ansatz gewählt:

$$C_{met} = 0, \text{ wenn } d_p \leq 10\left(h_s + h_r\right) \tag{24.24}$$

$$C_{met} = C_0 \left(1 - 10\frac{h_s + h_r}{d_p}\right), \text{wenn } d_p > 10\left(h_s + h_r\right) \tag{24.25}$$

Hierbei ist h_s die Höhe der Quelle in Metern, h_r die Höhe des Empfangspunkts in Metern, d_p der horizontale Abstand zwischen Quelle und Empfänger und C_0 ein Faktor in dB, der von der örtlichen Wetterstatistik für Windgeschwindigkeit und richtung sowie dem Temperaturgradienten abhängt.

Für kleine Abstände d_p ist der Einfluss der Witterungsbedingungen auf die Schallausbreitung gering. Erst bei größeren Abständen oder Höhen von Sender oder Empfänger kommt es zu einem nennenswerten Einfluss der Witterungsbedingungen. Der Faktor C_0 kann von den örtlichen Behörden festgelegt werden oder er ist anhand einer Analyse der örtlichen Wetterstatistik abzuleiten. Erfahrungsgemäß zeigt C_{met} Werte zwischen 0 dB und 5 dB, wobei Werte von mehr als 2 dB nur selten auftreten.

Genauigkeit und Einschränkungen der Ausbreitungsrechnung – Die Schallausbreitung im Freien unterliegt vielen Einflussfaktoren, von denen diejenigen, die in der DIN ISO 9613-2:1996 [1] erfasst werden, beschrieben wurden. Ausgehend von einer unbewegten Quelle auf ebenem Terrain mit breitbandiger Geräuschcharakteristik und bei leichtem Mitwind kann die Genauigkeit der Berechnung geschätzt werden. In der Tab. 24.2 sind die geschätzten Abweichungen gemäß Tab. 5 der DIN ISO 9613-2:1996 [1] dargestellt.

Als weitere Unsicherheit bei der Prognose von Schallimmissionen an einem bestimmten Empfangspunkt ist die Unsicherheit bei der Bestimmung der Schallleistung zu berücksichtigen. Insgesamt sind bei Schallimmissionsprognosen immer die ungünstigsten Abweichungen zu betrachten, da nur auf diese Weise eine ausreichende Absicherung der prognostizierten Werte sichergestellt werden kann.

Tab. 24.2 Geschätzte Genauigkeit für den Pegel L_{AT} (DW) von breitbandigen Geräuschquellen nach Tab. 5 der DIN EN 9613-2:1996

Mittlere Höhe h von Quelle und Empfänger	Abstand d zwischen Quelle und Empfänger	
	0 m < d < 100 m	100 m < d < 1000 m
0 m < h < 5m	±3 dB	±3 dB
5 m < h < 30 m	±1 dB	±3 dB

24.2   Lärmschutzwände

Lärmschutzwände beziehungsweise schallabschirmende Aufbauten stellen häufig die einzige Möglichkeit dar, um die Schallausbreitung zwischen Schallquelle und Immissionsort zu minimieren. Letztlich wird die akustische Wirksamkeit einer Lärmschutzwand durch das Abschirmmaß D_Z beziehungsweise die Dämpfung A_{bar} beschrieben. Es existieren eine Vielzahl von Ausführungen. Die Wirksamkeit einer Lärmschutzwand wird von den folgenden Faktoren bestimmt:

- Höhe der Wand
- Breite der Wand
- Position von Quelle und Empfangsort
- Material der Lärmschutzwand

Die allgemeine Anforderung eines minimalen Flächengewichts von 10 kg/m^2 kann durch eine Vielzahl von Materialien erreicht werden. Das Spektrum der Materialien reicht hierbei von transparenten Lärmschutzwänden aus Glas beziehungsweise Kunststoff, Metall, Stein, Holz bis hin zu bewachsenen Lärmschutzaufbauten. Durch das genannte Minimalgewicht wird die Luftschalldämmung des Aufbaus sichergestellt, d. h. der Durchgang des Schalls minimiert.

Durch die Ausstattung der Oberfläche als reflektierende oder absorbierende Fläche werden Reflexionen in der Wand gegenüberliegende Bereiche definiert. Hinsichtlich der schalldämmenden Wirkung ist die Oberfläche nicht relevant. Unterschieden wird bei der Schallabsorption von Lärmschutzwänden zwischen fünf Qualitätsstufen:

- A0 – ohne Prüfzeugnis
- A1 – reflektierend bis 4 dB
- A2 – absorbierend 4 dB bis 7 dB
- A3 – hochabsorbierend 8 dB bis 11 dB
- A4 – hochabsorbierend über 11 dB

Details zu Lärmschutzwänden sind der ZTV LSW:2006 [3] zu entnehmen.

24.3   Rechtliche Rahmenbedingungen des Immissionsschutzes

Im rechtlichen Sinne kann Lärm als schädliche Umwelteinwirkung aufgefasst werden, vor der der Mensch geschützt werden muss. Im Bundes-Immissionsschutzgesetz BImSchG [4], heißt es im § 1 hierzu:

„Zweck dieses Gesetzes ist es, Menschen, Tiere und Pflanzen, den Boden, das Wasser, die Atmosphäre sowie Kultur- und sonstige Sachgüter vor schädlichen Umwelteinwirkungen

und soweit es sich um genehmigungsbedürftige Anlagen handelt, auch vor Gefahren, er-
heblichen Nachteilen und erheblichen Belästigungen, die auf andere Weise herbei geführt
werden, zu schützen und dem Entstehen schädlicher Umwelteinwirkungen vorzubeugen."

Im Gesetzestext werden anschließend Geräusche, wie auch Erschütterungen, Licht, Wärme, Strahlen und ähnliche Umwelteinwirkungen als mögliche Emissionen angeführt. Diese sehr allgemeine Begriffsbildung wird in der Sechsten Allgemeinen Verwaltungsvorschrift zum BImSchG, der Technischen Anleitung zum Schutz gegen Lärm – c [5], konkretisiert. Diese TA Lärm [5] stellt somit die rechtlichen Rahmenbedingungen zur Erfassung und Bewertung von Lärm dar und wird gemäß Hansmann [34] in der Anwendung weitestgehend als Rechtsnorm verwendet, auch wenn sie lediglich als Verwaltungsvorschrift verfasst wurde.

Schalltechnische Fragestellungen betreffen zum einen Belange der Bauleitplanung sowie zum anderen schalltechnische Fragen zum Schutz gegen Außenlärm von Gebäuden. Bei der Bauleitplanung, d. h. der Erstellung von Flächennutzungs- und Bebauungsplänen, werden verschiedene schalltechnische Regelwerke herangezogen. Je nach Lärmart, in der Regel orientiert an der Art der Lärmentstehung, werden unterschiedliche Berechnungs- und Bewertungskriterien definiert. Die schalltechnischen Angaben in einem Bebauungsplan umfassen neben der Angabe der je nach Lärmart vorhandenen Pegelwerte idealerweise auch die Angabe der Lärmpegelbereiche nach DIN 4109:1989 [6]. Die bauleitplanerische Festsetzung in einem Bebauungsplan kann dann bis hin zu hochbautechnischen Anforderungen an die Gebäudehülle reichen.

Die Anforderung an die schalltechnische Dimensionierung einer Gebäudehülle richtet sich nach diesen in der DIN 4109:1989 [6] definierten Lärmpegelbereichen. Zur Bestimmung des jeweiligen Lärmpegelbereichs ist der sogenannte „maßgebliche Außenlärmpegel" zu ermitteln.

Die städtebaulichen Belange des Schallschutzes werden in der DIN 18005-1:2002 [7] „Schallschutz im Städtebau" behandelt. Die DIN 18005:2002 enthält eine Reihe von Verweisen auf andere Regelwerke und gibt im Beiblatt 1 Orientierungswerte für die Lärmbelastung in Baugebieten vor. Wie viele andere Regelwerke auch richten sich die Orientierungswerte nach der jeweiligen Nutzung beziehungsweise Ausweisung des Gebiets. Die Gebietskategorien orientieren sich an den Definitionen der Gebietstypen der Baunutzungsverordnung BauNVO [8].

In der Verkehrslärmschutzverordnung, kurz 16. BImSchV, werden rechtlich verbindliche Grenzwerte beim Neubau oder einer wesentlichen Änderung von Straßen und Schienenwegen definiert. Hierdurch wird die 16. BImSchV auch für die Bauleitplanung verbindlich.

Als weiteres wichtiges schalltechnisches Regelwerk ist die Sportanlagenlärmschutzverordnung, kurz 18. BImSchV, zu nennen, die weitgehend verbindliche Richtwerte für die Verträglichkeit bei der Planung und dem Betrieb von Sportanlagen angibt.

Schließlich ist die bereits genannte TA Lärm [9] zu beachten, die Immissionsrichtwerte für die Zulässigkeit von Anlagen und konkreten Bauvorhaben liefert. Seit der Neufassung der TA Lärm [9] im Jahr 1989 gilt diese Richtlinie mit einigen explizit genannten

Ausnahmen für nahezu alle Anlagen, die dem BImSchG [4] unterliegen. Schwerpunkt bei der Anwendung der TA Lärm [5] ist die Ermittlung und Bewertung von Gewerbelärm. Hierzu werden Immissionsrichtwerte definiert, deren Einhaltung anzustreben ist. Die Höhe dieser Immissionsrichtwerte richtet sich, wie auch in den anderen Regelwerken, nach dem Gebietstyp der BauNVO [8].

Die verschiedenen Regelwerke führen mitunter bei der gleichen schalltechnischen Ausgangslage zu unterschiedlichen Ergebnissen. Weiterhin ist zu beachten, dass die verschiedenen Lärmarten unterschiedlich bewertet werden. Beispielsweise können Geräusche von Fahrzeugen zum einen Verkehrslärm auslösen und entsprechend der Verkehrslärmschutzverordnung bewertet werden, zum anderen können dieselben Fahrzeuge im Kontext eines gewerblichen Betriebs nach den Vorgaben der TA Lärm [5] bewertet werden. Diese bestenfalls aus rechtlicher Sicht nachvollziehbare Sachlage ist vielfach lärmgeplagten Anwohnern und auch bauinteressierten Lärmverursachern nur schwer vermittelbar.

24.4 Regelwerke zum Schallimmissionsschutz

24.4.1 Gewerbelärm nach TA Lärm

Der Anwendungsbereich der TA Lärm [5] ist sehr weit gefasst, da lediglich die Anlagen genannt werden, für die diese Technische Anleitung nicht gilt. Somit ist die TA Lärm [5] bei sämtlichen Anlagen, die nach den Vorgaben des BImSchG [4] behandelt werden müssen, anzuwenden, unabhängig davon ob eine Genehmigungsbedürftigkeit besteht oder nicht. Die unter Ziffer 1 der TA Lärm [5] genannten Ausnahmen sind:

- Sportanlagen, die der Sportanlagenlärmschutzverordnung (18. BImschV) unterliegen
- sonstige nicht genehmigungsbedürftige Freizeitanlagen sowie Freiluftgaststätten
- nicht genehmigungsbedürftige landwirtschaftliche Anlagen
- Schießplätze, auf denen mit Waffen ab Kaliber 20 mm geschossen wird
- Tagebaue und die zum Betrieb eines Tagebaus erforderlichen Anlagen
- Baustellen
- Seehafenumschlagsanlagen
- Anlagen für soziale Zwecke

Bei diesen Ausnahmen handelt es sich um Anlagen, für die eigenständige Regelungen bestehen, wie bei den Sportanlagen oder Schießplätzen, oder Anlagen, bei denen die Regeln und Bewertungsmaßstäbe der TA Lärm [5] in der Regel zu unbefriedigenden oder unplausiblen Ergebnissen führen. Hierbei sei an die Anlagen für soziale Zwecke und die aktuelle Diskussion um Kinderlärm erinnert, der in der Vergangenheit ab und an auf Grundlage der TA Lärm [5] bewertet wurde.

Detailliert führt die TA Lärm [5] aus, in welchen Fällen bei genehmigungsbedürftigen und nichtgenehmigungsbedürftigen Anlagen die Regelungen der Anleitung anzuwenden sind.

Explizit werden Anträge in Baugenehmigungsverfahren genannt, bei denen nach § 22 des BImschG die Prüfung auf schädliche Umwelteinwirkungen durchzuführen ist. Schädliche Umwelteinwirkungen, nicht nur durch Lärm, sind generell nach dem Stand der Technik zu verhindern oder auf ein Mindestmaß zu reduzieren.

Die Ermittlung von Geräuschimmissionen wird im Anhang der TA Lärm [5] geregelt, wobei zwischen einer rechnerischen Prognose und der Messung von Geräuschimmissionen unterschieden wird. Insgesamt wird auf eine Vielzahl von DIN-Normen, VDI-Richtlinien und andere Regelwerke verwiesen, nach denen die Prognoserechnungen wie auch Messungen durchzuführen sind. Die Geräuschimmissionen sind an maßgeblichen Immissionsorten zu ermitteln. Diese liegen bei bebauten Flächen 0,5 m außerhalb der Mitte des geöffneten Fensters des vom Geräusch am stärksten betroffenen schutzbedürftigen Raumes nach DIN 4109:1989 [10]. Auch bei unbebauten Flächen sowie bei baulich verbundenen Räumen verweist die TA Lärm [10] auf die Lage der nächstgelegenen schutzbedürftigen Räume nach DIN 4109:1989 [10].

Ziel einer Prognose oder Messung ist jeweils der Beurteilungspegel L_r, der nach Ziffer A.1.4 der TA Lärm [5] wie folgt zu bestimmen ist:

$$L_r = 10 \lg \left(\frac{1}{T_r} \sum_{j=1}^{N} T_j 10^{0,1\left(L_{Aeq,j} - C_{met} + K_{T,j} + K_{R,j}\right)} \right) \tag{24.26}$$

Hierbei ist T_r die Beurteilungszeit, N die Anzahl der gewählten Teilzeiten, $L_{Aeq,j}$ der Mittelungspegel während der Teilzeit T_j, C_{met} die meteorologische Korrektur nach DIN ISO 9613-2:1996 [1], $K_{T,j}$ der Zuschlag für Ton- und Informationshaltigkeit, $K_{I,j}$ der Zuschlag für Impulshaltigkeit sowie $K_{R,j}$ der Zuschlag für Tageszeiten mit erhöhter Empfindlichkeit.

Die Beurteilungszeit umfasst nach Ziffer 6.4 der TA Lärm [5] tagsüber eine Zeitdauer von 16 Stunden (6:00 Uhr bis 22:00 Uhr) und nachts 1 Stunde, und zwar diejenige volle Stunde zwischen 22:00 Uhr und 6:00 Uhr mit dem höchsten Beurteilungspegel. Sofern unterschiedliche Geräusche auftreten beziehungsweise verschiedene Geräuschsituationen identifiziert werden können, ist die Beurteilungszeit in Teilzeiten zu unterteilen. Ein Beispiel hierfür ist ein Unternehmen im Einschichtbetrieb, das lediglich acht Stunden im Tageszeitraum Geräusche emittiert.

Der Mittelungspegel $L_{Aeq,j}$ während der einzelnen Teilzeiten ist bei einer Prognose nach den Regeln der DIN ISO 9613-2:1996 [1] durchzuführen. Explizit wird in der TA Lärm [5] darauf hingewiesen, dass die Rechnung für jede Schallquelle und jede Oktave durchzuführen und anschließend der Mittelungspegel am maßgeblichen Immissionsort zu bestimmen ist. Messungen sind nach den Vorgaben der DIN 45645-1:1996 [11] am maßgeblichen Immissionsort durchzuführen. Die Zuschläge $K_{T,j}$, $K_{I,j}$ und $K_{R,j}$ dienen dazu, besondere Charakteristiken der auftretenden Geräusche zu berücksichtigen. Bei Prognosen sind

Weitere Regelungen der TA Lärm [5] betreffen die Immissionen von sogenannten seltenen Ereignissen, d. h. voraussehbaren Ereignissen beim Betrieb einer Anlage, die in seltenen Fällen oder für einen begrenzten Zeitraum auftreten. Für diese seltenen Ereignisse betragen die Immissionsrichtwerte außerhalb von Gebäuden unabhängig von der Gebietsausweisung 70 dB(A) tagsüber und 55 dB(A) nachts. Weitere Details sind der TA Lärm [5] sowie entsprechenden Kommentaren [34, 35] zu entnehmen.

Abschließend ist darauf hinzuweisen, dass sich die Immissionsrichtwerte der TA Lärm [5] auf die Gesamtgeräuschbelastung an den einzelnen Immissionsorten beziehen. Sofern eine neue Anlage oder ein neuer Betrieb geplant wird, ist daher jeweils zu prüfen, ob die bestehende Belastung schon die jeweiligen Immissionsrichtwerte ausschöpft. Derjenige Anteil an den Immissionen, der von der zu beurteilenden Anlage, egal ob neu oder bestehend, ausgeht, wird im Sinne der TA Lärm [5] als Zusatzbelastung bezeichnet. Die Vorbelastung hingegen ergibt sich aus den Immissionen, die von bestehenden Anlagen ausgehen, für die die TA Lärm [5] gilt. Aus der Vor- und Zusatzbelastung ergibt sich dann die Gesamtbelastung. Geräusche aus Quellen, wie öffentliche Straßen, Sportanlagen etc., für die die TA Lärm [5] nicht gilt, sind hierbei nicht zu berücksichtigen. Verkehrsgeräusche hingegen, die im Zusammenhang mit der zu beurteilenden Anlage stehen, sind gemäß TA Lärm [5] zu berücksichtigen. Fremdgeräusche sind nach Definition der TA Lärm [5] alle Geräusche, die nicht von der zu beurteilenden Anlage ausgehen, also auch die Geräusche, für die die TA Lärm [5] nicht gilt.

Hinweise zur Dimensionierung von Außenbauteilen und zur Minimierung der Schallabstrahlung, beispielsweise aus lauten Werkhallen, Diskotheken oder anderen lauten Räumen sind in der VDI 2571 aufgeführt, siehe auch Tab. 22.15.

24.4.2 Schallschutz im Städtebau

Die DIN 18005 besteht aus zwei Teilen sowie einem Beiblatt. In DIN 18005-1:2002 [18] werden Hinweise an Gemeinden, Städteplaner, Architekten und Bauaufsichtsbehörden zur Berücksichtigung des Schallschutzes bei der städtebaulichen Planung gegeben. Der Teil 2 beschreibt die kartenmäßige Darstellung von Schallimmissionen in einem Gebiet und hat das Ziel einer Vereinheitlichung der entsprechenden Darstellungen. Im zugehörigen Beiblatt 1 werden Orientierungswerte für den Beurteilungspegel angegeben.

Die DIN 18005-1:2002 [18] zielt somit in erster Linie darauf ab, die schalltechnischen Belange in der Bauleitplanung angemessen zu berücksichtigen. Für konkrete Bauvorhaben haben diese Vorgaben keine Relevanz, können jedoch Anhaltspunkte für eine Bewertung geben. Sie enthält keine eigenen Berechnungs- oder Messverfahren, sondern verweist auf andere Regelwerke, wobei die Schallausbreitung hierbei durchgängig nach den Vorgaben der DIN ISO 9613-2:1996 [1] durchgeführt wird. Für Punktquellen wird eine überschlägige Abschätzung zur Pegeldifferenz grafisch dargestellt. Anhand dieser kann ein notwendiger Mindestabstand zu einer Punktschallquelle abgeschätzt werden, sofern bestimmte Werte des Beurteilungspegels einzuhalten sind. Die grafische Darstellung ist in Abb. 24.9 aufgegriffen worden.

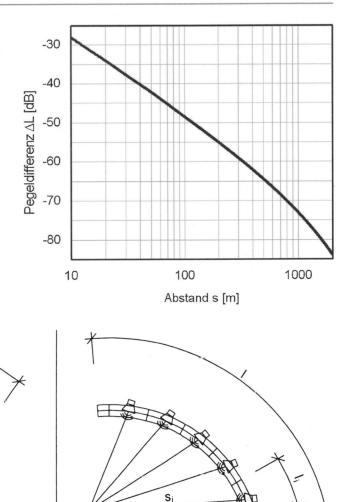

Abb. 24.9 Notwendiger Mindestabstand zu einer Punktschallquelle gemäß DIN 18005-1:2002 [18]

Abb. 24.10 Unterteilung in Teilschallquellen bei Linienschallquellen nach DIN 18005-1:2002 [18]

Sofern ein Empfangs- oder Immissionsort nicht weiter als die doppelte maximale Ausdehnung einer Linien- oder Punktschallquelle vom Mittelpunkt der Linie oder Fläche entfernt ist, kann die entsprechende Linien- oder Punktschallquelle nicht näherungsweise als Punktschallquelle angenommen werden. Bevor eine entsprechende Ausbreitungsrechnung für Punktschallquellen durchgeführt werden kann, sind die Linien- und Flächenquellen entsprechend zu unterteilen bis jede der Teillinien oder -flächen eine maximale Ausdehnung besitzt, die kleiner als die Hälfte des Abstands zum Empfangspunkt ist. Dieses sogenannte Teilschallquellenverfahren wird in der Regel in entsprechenden Programmen zur Schallausbreitungsrechnung automatisiert durchgeführt. Die folgenden Abb. 24.10

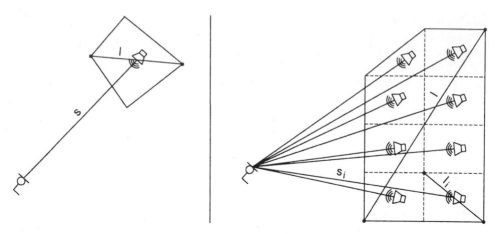

Abb. 24.11 Unterteilung in Teilschallquellen bei Flächenschallquellen nach DIN 18005-1:2002 [18]

und 24.11 zeigen die Unterteilung einer Linienschallquelle beziehungsweise einer Flächenschallquelle.

Die skizzierte Aufspaltung von Linien- und Flächenschallquellen wird ebenfalls in der DIN ISO 9316-2:1996 beschrieben und in der DIN 18005-1:2002 [18] konkret ausgeführt. Weitere Details zu diesem Teilschallquellenverfahren sind unter Ziffer 4.1 der DIN 18005-1:2002 [18] dargestellt.

Die Schallausbreitungsrechnung wird für sämtliche Teilschallquellen durchgeführt und anschließend aus den jeweiligen Teil-Beurteilungspegeln $L_{r,i}$ der Gesamt-Beurteilungspegel $L_{r,ges}$ durch energetische Summation ermittelt.

$$L_{r \cdot ges} = 10 \ \lg \sum 10^{0,1 L_{r,i}} \tag{24.27}$$

Als Eingabeparameter für eine Schallausbreitungsrechnung werden Angaben zu den Schallemissionen der jeweiligen Schallquellen benötigt. Hier konkretisiert die DIN 18005-1:2002 [18] die Regelwerke, die für verschiedene Schallquellen verwendet werden können. In der Tab. 24.4 sind die Verweise der DIN 18005-1:2002 [18] zusammengefasst dargestellt.

Weiterhin beschreibt die DIN 18005-1:2002 [18] eine Reihe von grundsätzlichen Maßnahmen zur Minderung von Schallimmissionen im Rahmen der städtebaulichen Planung. Neben der Minderung der Schallemissionen, zum Beispiel durch eine Geräuschkontingentierung nach den Vorgaben der DIN 45691:2006 [26], werden Mindestabstände zu Verkehrswegen und Industrie- und Gewerbegebieten wie auch Hinweise zur schalltechnisch günstigen Anordnung von Gebäuden aufgeführt. Im Anhang der DIN 18005-1:2002 [18] befinden sich eine Reihe von Diagrammen, mit deren Hilfe der Beurteilungspegel für

Tab. 24.4 Verweise zur Ermittlung der Immissionen durch verschiedene Schallquellen nach DIN 18005-1:2002 [18]

Schallquelle	Regelwerk
Straßen	RLS 90 [19]
Parkplätze	Öffentliche Parkplätze: RLS 90 [19] andere Parkplätze: Parkplatzlärmstudie [20]
Schienenverkehr	Schall 03 [21]
Rangier- und Umschlagbahnhöfe	Akustik 04 [22]
Luftverkehr	Fluglärmgesetz [23]
Schiffsverkehr	Modifikation und Anpassung der RLS 90 [19], siehe Ziffer 7.4. der DIN 18005-1:2002 [18]
Gewerbliche Anlagen	TA Lärm [5] in Verbindung mit DIN ISO 9613-2:1996 [1]
Sportanlagen	Sportanlagenlärmschutzverordnung [24]
Schießanlagen	TA Lärm [5] beziehungsweise VDI 3745 Blatt 1:1993 [14]
Freizeitanlagen	Ländervorschriften, wie beispielsweise die Niedersächsische Freizeitlärm-Richtlinie [25]

Tab. 24.5 Orientierungswerte für den Beurteilungspegel gemäß DIN 18005 Beiblatt 1:1987 [7]

Gebietstyp	Orientierungswert		
	tags	nachts Verkehrslärm	nachts Gewerbe-, Industrie-, Freizeitlärm
Industriegebiete	Kein Wert		
Gewerbegebiete, Kerngebiete	65 dB(A)	55 dB(A)	50 dB(A)
Dorfgebiete, Mischgebiete	60 dB(A)	50 dB(A)	45 dB(A)
Besondere Wohngebiete	60 dB(A)	45 dB(A)	40 dB(A)
Friedhöfe, Kleingartenanlagen, Parkanlagen	55 dB(A)		
Allgemeine Wohngebiete, Kleinsiedlungsgebiete, Campingplatzgebiete	55 dB(A)	45 dB(A)	40 dB(A)
Reine Wohngebiete, Wochenendhausgebiete, Ferienhausgebiete	50 dB(A)	40 dB(A)	35 dB(A)
Sonstige Sondergebiete, soweit sie schutzbedürftig sind	45 bis 65 dB(A)	35 bis 65 dB(A)	

vereinfachte Schallausbreitungsund Abstrahlbedingungen abgeschätzt werden kann. Hierbei wird von langen, geraden Verkehrswegen und einer ungehinderten Schallausbreitung ausgegangen.

Die Einhaltung der Orientierungswerte des Beiblatts 1 der DIN 18005:2002 [7] sollen bei der städtebaulichen Planung angestrebt werden. In der Tab. 24.5 sind die

Orientierungswerte angegeben, die bereits am Rand der jeweiligen Bauflächen eingehalten werden sollten.

Die Beurteilung bezieht sich tagsüber auf einen Zeitraum von 6:00 Uhr bis 22:00 Uhr sowie nachts auf den Zeitraum von 22:00 Uhr bis 6:00 Uhr. Zu beachten ist, dass bei Beurteilungspegeln von mehr als 45 dB(A) ein ungestörter Schlaf selbst bei nur teilweise geöffnetem Fenster nicht mehr möglich ist. Zur Situation bei bereits bebauten Flächen wird im Beiblatt 1 der DIN18005:2002 ausgeführt:

„In vorbelasteten Bereichen, insbesondere bei vorhandener Bebauung, bestehenden Verkehrswegen und in Gemengelagen, lassen sich die Orientierungswerte oft nicht einhalten. "

Hieraus ergeben sich in der Bauleitplanung häufig Probleme, die zu rechtlichen Auseinandersetzungen führen und Gerichte bis hin zum Bundesverwaltungsgericht beschäftigen, siehe beispielsweise [36].

24.4.3 Weitere Regelwerke des Schallimmissionsschutzes

In diesem Abschnitt werden eine Reihe weiterer Regelwerke vorgestellt, die den Bereich des Schallimmissionsschutzes betreffen, allerdings aus bauphysikalischer Sicht weniger relevant erscheinen.

Verkehrslärmschutzverordnung – 16. BImSchV – Diese Verordnung gilt für den Bau oder die wesentliche Änderung von öffentlichen Straßen und Schienenwegen der Eisenbahnen und Straßenbahnen. Im Gegensatz zu der TA Lärm [5], die nach Möglichkeit einzuhaltende Immissionsrichtwerte festlegt, und der DIN 18005-1:2002 [18], die anzustrebende Orientierungswerte definiert, werden in der Verkehrslärmschutzverordnung rechtlich bindende Immissionsgrenzwerte vorgegeben. Diese Immissionsgrenzwerte sind in der folgenden Tab. 24.6 zusammengefasst.

Für die Berechnung des Beurteilungspegels werden in zwei Anlagen Verfahren für Straßenverkehrsgeräusche und Schienenverkehrsgeräusche angegeben, mit denen der Beurteilungspegel für den Tageszeitraum (6 Uhr bis 22 Uhr) und den Nachtzeitraum (22 Uhr

Tab. 24.6 Immissionsgrenzwerte für den Beurteilungspegel gemäß Verkehrslärmschutzverordnung

Gebietstyp	Immissionsrichtwert außerhalb von Gebäuden	
	tags	nachts, lauteste Stunde
Gewerbegebiete	69 dB(A)	59 dB(A)
in Kerngebieten, Dorfgebieten, Mischgebieten	64 dB(A)	54 dB(A)
in reinen und allgemeinen Wohngebieten und Kleinsiedlungsgebieten	59 dB(A)	49 dB(A)
an Krankenhäusern, Schulen, Kurheimen und Altenheimen	57 dB(A)	47 dB(A)

bis 6 Uhr) ermittelt werden kann. Die Schallausbreitungsberechnung erfolgt analog zu der Methode der RLS 90 [19].

Im Hinblick auf bauphysikalische Aspekte ist anzumerken, dass bei einem Überschreiten der Grenzwerte Ansprüche auf aktiven und gegebenenfalls passiven Lärmschutz am Gebäude ausgelöst werden.

Verkehrswege-Schallschutzmaßnahmenverordnung – 24. BImSchV – In dieser Verordnung werden Schallschutzmaßnahmen für schutzbedürftige Räume in Gebäuden abgeleitet, wenn die Immissionsgrenzwerte der Verkehrslärmschutzverordnung durch den Bau oder eine wesentliche Änderung öffentlicher Straßen sowie von Schienenwegen überschritten werden. Zu den baulichen Verbesserungen wird auch der Einbau von Lüftungseinrichtungen gezählt.

In der Anlage dieser Verordnung wird ein Verfahren zur Berechnung des erforderlichen bewerteten Schalldämm-Maßes eines einzelnen Bauteils angegeben. Der Ansatz beruht auf dem resultierenden Schalldämm-Maß $R'_{w,res}$ der gesamten Außenfläche eines Raums (siehe Abschn. 22.5). Als Besonderheit ist zu nennen, dass je nach Raumtyp Korrektursummanden angegeben werden, die die jeweilige Raumnutzung berücksichtigen. Schlafräume enthalten entsprechend einen geringeren Korrektursummanden als Wohnräume, Konferenzräume oder Großraumbüros. Weiterhin werden die unterschiedlichen Eigenschaften verschiedener Verkehrswege durch einen weiteren Korrektursummanden berücksichtigt. Insgesamt liefert die Verkehrs-wege-Schallschutzmaßnahmenverordnung eine Verbindung zwischen den Verkehrslärmimmissionen und den erforderlichen bauakustischen Maßnahmen.

Sportanlagenlärmschutzverordnung – 18. BImSchV – Die Sportanlagenlärmschutzverordnung gilt für den Neubau und Betrieb von Sportanlagen. Diese sind nach der Definition der Sportanlagenlärmschutzverordnung ortsfeste Einrichtungen, die zur Sportausübung verwendet werden. Dazu zählen insbesondere Fußballstadien, Schwimmbäder, Turnhallen, Tennisplätze etc. Bei bestimmten Anlagen wie beispielsweise Skateboardanlagen, Bowling-Bahnen, Erlebnisbädern ist unter Umständen zu klären, ob es sich eher um Freizeitanlagen handelt, s. a. [37]. Die Verordnung gibt vor, dass auch Einrichtungen, die mit der Sportanlage in enger räumlicher und betrieblicher Verbindung stehen, zu der Sportanlage hinzuzurechnen und zu betrachten sind. Dies betrifft häufig Vereinsheime oder auch Spielplätze. Ähnlich wie die TA Lärm [5] gibt die Sportanlagenlärmschutzverordnung Immissionsrichtwerte vor, die in der folgenden Tab. 24.7 dargestellt sind.

Analog zur Regelung der TA Lärm [5] werden für Aufenthaltsräume von Wohnungen, die baulich, aber nicht betrieblich mit der Sportanlage verbunden sind, die Geräuschimmissionen eingeschränkt. Unabhängig von dem Gebietstyp sind folgende Immissionsrichtwerte für den Beurteilungspegel einzuhalten:

- tags 35 dB(A)
- nachts 25 dB(A)

Tab. 24.7 Immissionsrichtwerte für den Beurteilungspegel außerhalb von Gebäuden nach der Sportanlagenlärmschutzverordnung

Gebietstyp	Immissionsrichtwert außerhalb von Gebäuden		
	tags, außerhalb der Ruhezeit	tags, innerhalb der Ruhezeit	nachts
Industriegebiete	–		
Gewerbegebiete	65 dB(A)	60 dB(A)	50 dB(A)
Kerngebiete, Dorfgebiete, Mischgebiete	60 dB(A)	55 dB(A)	45 dB(A)
Allgemeine Wohngebiete, Kleinsiedlungsgebiete	55 dB(A)	50 dB(A)	40 dB(A)
Reine Wohngebiete	50 dB(A)	45 dB(A)	35 dB(A)
Kurgebiete, für Krankenhäuser und Pflegeanstalten	45 dB(A)	45 dB(A)	35 dB(A)

Tab. 24.8 Bezugszeiträume der Immissionsrichtwerte nach der Sportanlagenlärmschutzverordnung

Gebietstyp	Zeiträume	
	an Werktagen	an Sonn- und Feiertagen
tags	6:00 Uhr bis 22:00 Uhr	7:00 Uhr bis 22:00 Uhr
nachts	0:00 Uhr bis 6:00 Uhr und 22:00 Uhr bis 24:00 Uhr	0:00 Uhr bis 7:00 Uhr und 22:00 Uhr bis 24:00 Uhr
Ruhezeit	6:00 Uhr bis 8:00 Uhr und 20:00 Uhr bis 22:00 Uhr	7:00 Uhr bis 9:00 Uhr und 13:00 Uhr bis 15:00 Uhr und 20:00 Uhr bis 22:00 Uhr

Für die Immissionsorte außerhalb von Gebäuden dürfen kurzzeitige Geräuschspitzen tags nicht mehr als 30 dB(A) und nachts nicht mehr als 20 dB(A) über den jeweils für den Beurteilungspegel geltenden Immissionsrichtwerten liegen. Innerhalb von Gebäuden dürfen die Immissionen durch kurzzeitige Geräuschspitzen sowohl tags als auch nachts nicht mehr als 10 dB(A) über den Immissionsrichtwerten liegen, was den Regelungen der TA Lärm [5] entspricht. Anders als in der TA Lärm [5] sind die Bezugszeiten in der Sportanlagenlärmschutzverordnung definiert. Die Immissionsrichtwerte beziehen sich auf die in Tab. 24.8 angegebenen Zeiträume.

Die Ruhezeit liegt innerhalb des Tageszeitraums. Anders als in der TA Lärm [5], bei der Tageszeiten mit besonderer Empfindlichkeit durch einen Zuschlag von 6 dB(A) berücksichtigt werden, sind in der Sportanlagenlärmschutzverordnung die Immissionsrichtwerte zu den Ruhezeiten um 5 dB(A) abgesenkt. Weiterhin wird die Regelung getroffen, dass die Ruhezeit von 13:00 Uhr bis 15:00 Uhr an Sonn- und Feiertagen nur zu berücksichtigen ist, wenn die Gesamtnutzungsdauer der Sportanlage an Sonn- und Feiertagen zwischen 9:00 Uhr und 20:00 Uhr länger als 4 Stunden ist. Dies bedeutet, dass das sonntägliche

Fußballspiel auch in der Mittagszeit stattfinden kann, sofern keine anderen Aktivitäten an dem Tag durchgeführt werden. Dieser Passus wurde vor dem Hintergrund eingeführt, dass ansonsten bei kleinen Vereinen ohne Flutlichtanlage im Winter keine Spiele stattfinden könnten.

Die Ermittlung der von der Sportanlage verursachten Geräuschimmissionen ist im Anhang der Verordnung geregelt und ist weitgehend analog zu den Verfahren der TA Lärm [5] zur Prognose und Messung der Immissionen.

RLS 90 – Die Richtlinien für den Lärmschutz an Straßen, kurz RLS 90 [19], gibt Berechnungsverfahren zur Schallabstrahlung von Straßen sowie Lärmschutzmaßnahmen an Straßen vor. Ziel der Richtlinie ist eine Vereinheitlichung der Berechnungen. Die Berechnung des durch Straßen verursachten Beurteilungspegels beruht auf Verkehrszahlen, die mehr oder weniger regelmäßig von den zuständigen Behörden ermittelt werden. Neben diesen Zähldaten zur Verkehrsstärke gehen Faktoren wie die zulässige Geschwindigkeit, die Fahrbahnbeschaffenheit und die Steigung der Straße in die Berechnung ein. Ergänzungen und Berichtigungen zur RLS 90 [19] berücksichtigen Entwicklungen wie offenporige Deckschichten beziehungsweise den sogenannten Flüsterasphalt. Neben den Schallemissionen von Straßen werden auch Vorgaben zur Berechnung der Emissionen von Parkplätzen aufgeführt. Weiterhin sind ähnlich der Vorgaben der DIN ISO 9613-2:1996 [1] Angaben zur Berücksichtigung von abschirmenden Elementen wie Lärmschutzwänden und -wällen zu finden. Die Angaben und Vorgaben der RLS 90 [19] werden u. a. auch bei Immissionsprognosen nach TA Lärm [5] benötigt, wenn Verkehrsgeräusche auf einem Betriebsgrundstück zu berücksichtigen sind. Weiterhin verweist die DIN 18005-1:2002 [18] auf die RLS 90 [19] als Regelwerk zur Berechnung von Straßenverkehrsgeräuschen.

Parkplatzlärmstudie – Die Parkplatzlärmstudie des Bayerischen Landesamts für Umwelt [20] wurde erstmalig im Jahr 1989 veröffentlicht und liefert ein Verfahren zur Berechnung der Schallemissionen von Parkplätzen. In der 2007 erschienenen 6. Auflage ist das Verfahren mittlerweile stark verfeinert worden und umfasst neben der Schallabstrahlung von ebenerdigen Parkflächen auch die Schallabstrahlung aus Parkhäusern. Differenziert nach Zuordnung der Parkplätze zu bestimmten Nutzungen wie Parkplatz an Wohnanlage, P+R-Parkplatz oder auch Parkplatz an Gaststätte wird ein Emissionsansatz aufgeführt, der letztlich den flächenbezogenen Schallleistungspegel des Parkplatzes liefert. Weiterhin sind Angaben zu kurzzeitigen Geräuschereignissen wie dem Türen- oder Kofferraumzuschlagen oder das Überfahren einer Regenrinne enthalten. Die Grundlage der Parkplatzlärmstudie ist eine Reihe von messtechnischen Untersuchungen, sodass der Emissionsansatz der Studie als empirisch abgeleitet bezeichnet werden kann. Nach den Vorgaben der DIN 18005-1:2002 [18] sollte von den Berechnungsansätzen der Parkplatzlärmstudie nur im begründeten Einzelfall abgewichen werden.

Schall 03 und Akustik 04 – Die Richtlinie zur Berechnung der Schallimmissionen von Schienenwegen Schall 03 [21] sowie die Richtlinie für schalltechnische Untersuchungen bei der Planung von Rangier- und Umschlagbahnhöfen Akustik 04 [22] dienen der Berechnung des Beurteilungspegels beim Betrieb von Schienenfahrzeugen. Unter Berücksichtigung verschiedener Eingangsparameter wie beispielsweise den verschiedenen

Zugarten, Bremsbauarten, Zuglängen und Geschwindigkeiten bei der Berechnung des Emissionspegels sowie weiteren Einflüssen wie Schallschutzwänden, Schallschutzwällen und Reflexionen bei der Ausbreitungsrechnung wird der Pegel am Immissionsort berechnet. In der Richtlinie Akustik 04 [22] findet sich ein Schallquellenkatalog für verschiedene bahnbezogene Geräusche wie beispielsweise Gleisbremsen, Kurvenquietschen und Hemmschuhaufläufe.

Schießlärm – Die VDI 3745 Blatt 1:1993 definiert Verfahren zur Messung und Bewertung von Immissionen von Schießanlagen. Aufgrund der besonderen zeitlichen Charakteristik von Schussgeräuschen, d. h. Knalle mit teilweise sehr hoher Schallenergie in sehr kurzer Zeit, sind hier andere Methoden zur Messung und Bewertung zu verwenden als bei anderen Geräuscharten. Neben der Erfassung der Schallausbreitungssituation wird insbesondere das Vorgehen zu Messungen beschrieben. Kennzeichnend für die Geräuschimmissionen durch Schießgeräusche ist neben der Schallausbreitungssituation insbesondere auch die Art der verwendeten Waffen. Bei entsprechenden Messungen sind daher nach Möglichkeit Waffenart und -typ, Kaliber, Munitionsart, Schussrichtung etc. zu erfassen. Die Gesamtheit aller Einflussgrößen wird als Emissionssituation zusammengefasst. Hierbei ist jede Variation, zum Beispiel durch Wechsel der Munitionsart, als eigene Emissionssituation zu erfassen.

Freizeitlärm-Richtlinien – Die Freizeitlärm-Richtlinien unterliegen der Landesgesetzgebung und sind somit bundesweit nicht einheitlich. Die Niedersächsische Freizeitlärm-Richtlinie [25] beispielsweise umfasst lediglich eine DIN A4-Seite und lehnt sich mit zwei Änderungen an die TA Lärm [5] an. Diese Änderungen betreffen die Vergabe von Ruhezeiten-Zuschlägen sowie die Anzahl der seltenen Ereignisse, 18 statt 10 wie in der TA Lärm [5]. Die Freizeitlärm-Richtlinie in Nordrhein-Westfalen [27] ist umfassender und formuliert weitere Abweichungen gegenüber der TA Lärm [5]. Typischerweise werden durch die Freizeitlärm-Richtlinien der Bundesländer Regelungen zu Grundstücken, auf denen in Zelten oder im Freien beispielsweise Volksfeste, Traditionsveranstaltungen und Rockveranstaltungen stattfinden, getroffen. Aber auch Abenteuerspielplätze, Hundedressurplätze, Freizeit- und Vergnügungsparks, Erlebnisbäder, Sommerrodelbahnen, Zirkusse fallen darunter.

Weitere Studien zu Emissionsansätzen – In der Tab. 24.9 sind weitere Dokumente mit Angaben zu Schallquellen angegeben, die für Schallimmissionsprognosen herangezogen werden können.

24.4.4 Maßgeblicher Außenlärmpegel nach DIN 4109

Zur Dimensionierung von Außenbauteilen wird in der DIN 4109:1989 [10] auf die verschiedenen Lärmarten hingewiesen. Die einzelnen Beiträge werden bei Überlagerung von verschiedenen Quellen addiert. Unterschieden wird in der DIN 4109:1989 [10] nach Lärm aus Straßenverkehr, Schienenverkehr, Wasserverkehr, Luftverkehr sowie Lärm aus Gewerbe- und Industrieanlagen. Der Straßenverkehrs-, Schienenverkehrs- und

Tab. 24.9 Exemplarische Verweise zur Ermittlung der Emissionen durch verschiedene Schallquellen

Quelle	Anwendungsbereich
Sächsische Freizeitlärmstudie [28]	Emissionsansätze zu Rummelplätzen, Volksfesten, Freiluftkonzerten, Freilichtbühnen, Zirkussen, Anlagen für Modellflugzeuge, Hundedressurplätze, Märkte, Freizeit- und Vergnügungsparks, Abenteuerspielplätze, ortsfeste Wasserskianlagen, Vereins- und Bürgerhäuser, Sommerrodelbahnen
Sportanlagen und Sportgeräte [39]	Emissionsansätze zu Geräuschen von Menschen, Publikum, Fußballspielen, Hockeyspielen, American Football, Tennisanlagen, Eishockey, Publikums-Eislauf, Eisstockschießen, Sommerstockbahnen, Freibädern und Spaß-Anlagen, Leichtathletik-Veranstaltungen, Bolzplätze, Parkplätze
Technischer Bericht Hessisches Landesamt für Umwelt und Geologie, Heft 1 [29]	Emissionen von Anlagen zur Abfallbehandlung und -verwertung sowie Kläranlagen
Technischer Bericht Hessisches Landesamt für Umwelt und Geologie, Heft 2 [9]	Emissionen von verschiedensten Baggern, Kleinladern, Raupen, Walzen, Rüttlern, Stampfern, Fugenschneidern, Motorrollbesen und vielen weiteren Geräten in unterschiedlichen Betriebszuständen
Technischer Bericht Hessisches Landesamt für Umwelt und Geologie, Heft 3 [30]	Emissionen von LKW-Betriebsgeräuschen, LKW-Fahrgeräusche, Ein- und Ausstapeln von Einkaufswagen, Handhubwagen auf verschiedenen Oberflächen
Technischer Bericht Hessisches Landesamt für Umwelt und Geologie, Heft 247 [31]	Emissionen von Baumaschinen, verschiedenste Bagger, Lader, Raupen, Presslufthämmer, Bohrgeräte, Sägen etc.
Technischer Bericht Hessisches Landesamt für Umwelt und Geologie, Heft 275 [32]	Emissionen von Tankstellen, verschiedenste Aktivitäten wie PKW-Türenschlagen, Kofferraumschlagen, Tankdeckel schließen etc.
Leitfaden zur Prognose von Geräuschen bei der Be- und Entladung von LKW [33]	Emissionsansätze für die Beladung von Muldenkippern, dem Absetzen von Containern, Befüllen von Silofahrzeugen, den Gabelstaplereinsatz und vielen anderen Geräuschen

Wasserverkehrslärm ist hierbei nach den Vorgaben der DIN 18005-1:2002 [18] zu bestimmen, wobei dem errechneten Beurteilungspegel bei Straßenverkehrs- und Schienenverkehrslärm ein Wert von 3 dB(A) zu addieren ist. Der Luftverkehrslärm ist nach dem Gesetz zum Schutz gegen Fluglärm zu bestimmen. Für Gewerbelärm verweist die DIN 4109:1989 [10] auf die TA Lärm [5]. In der Regel werden die Lärmbelastungen berechnet; Messungen kommen nur im Ausnahmefall zur Anwendung.

Literatur

A) Regelwerke

1. DIN EN ISO 3747: Akustik – Bestimmung der Schallleistungs- und Schallenergiepegel von Geräuschquellen aus Schalldruckmessungen – Verfahren der Genauigkeitsklassen 2 und 3 zur Anwendung in situ in einer halligen Umgebung, Ausgabe 2011-03
2. DIN EN ISO 11654: Akustik – Schallabsorber für die Anwendung in Gebäuden – Bewertung der Schallabsorption, Ausgabe 1997-07
3. Technischer Bericht zur Untersuchung der Geräuschemissionen von Anlagen zur Abfallbehandlung und – verwertung sowie Kläranlagen. Lärmschutz in Hessen, Heft 1, Hessisches Landesamt für Umwelt und Geologie 2002
4. VDI 3745 Blatt 1: Beurteilung von Schießgeräuschimmissionen, Ausgabe 1993-05
5. Messung, Beurteilung und Verminderung von Geräuschimmissionen bei Freizeitanlagen Nordrhein-Westfalen: Gemeinsamer Runderlass vom 23.10.2006
6. DIN 4109: Schallschutz im Hochbau – Anforderungen und Nachweise, Ausgabe 1989-11
7. DIN 18005-1: Schallschutz im Städtebau – Grundlagen und Hinweise für die Planung, Ausgabe 2002-07
8. Technischer Bericht zur Untersuchung der Geräuschemissionen von Baumaschinen. Heft 247, Hessische Landesanstalt für Umwelt 1998
9. Sechste Allgemeine Verwaltungsvorschrift zum Bundes-Immissionsschutzgesetz (Technische Anleitung zum Schutz gegen Lärm – TA Lärm) 1998
10. DIN 4109-31: Schallschutz im Hochbau – Daten für die rechnerischen Nachweise des Schallschutzes (Bauteilkatalog) – Rahmendokument, Ausgabe 2016-07
11. DIN 45635-1: Geräuschmessung an Maschinen; Luftschallemission, Hüllflächen-Verfahren; Rahmenverfahren für 3 Genauigkeitsklassen, Ausgabe 1984-04
12. DIN 45645-1 Ermittlung von Beurteilungspegeln aus Messungen – Geräuschimmissionen in der Nachbarschaft, Ausgabe 1996-07
13. DIN 45641: Mittelung von Schallpegeln, Ausgabe 1990-06
14. VDI 2081 Blatt 1: Geräuscherzeugung und Lärmminderung in Raumlufttechnischen Anlagen, Ausgabe 2001-07
15. DIN 45631: Berechnung des Lautstärkepegels und der Lautheit aus dem Geräuschspektrum, Verfahren nach E. Zwicker, Ausgabe 1991-03
16. DIN EN ISO 354: Akustik – Messung der Schallabsorption in Hallräumen, Ausgabe 2003-12
17. DIN EN ISO 3382-1: Akustik – Messung von Parametern der Raumakustik – Aufführungsräume, Ausgabe 2009-10
18. DIN 4109-4: Schallschutz im Hochbau – Daten für die rechnerischen Nachweise des Schallschutzes (Bauteilkatalog) – Bauakustische Prüfungen, Ausgabe 2016-07
19. Hamburger Leitfaden – Lärm in der Bauleitplanung 2010. Behörde für Stadtentwicklung und Umwelt, Amt für Landes- und Landschaftsplanung, 1995
20. Gesetz zum Schutz vor schädlichen Umwelteinwirkungen durch Luftverunreinigungen, Geräusche, Erschütterungen und ähnliche Vorgänge (Bundes-Immissionsschutzgesetz – BImSchG) 1974
21. Institut für Rundfunktechnik: Akustische Information 1.11-1/1995, Höchstzulässige Schalldruckpegel von Dauergeräuschen in Studios und Bearbeitungsräumen bei Hörfunk und Fernsehen, 1995
22. Leitfaden zur Prognose von Geräuschen bei der Be- und Entladung von LKW. Merkblätter Nr. 25, Landesumweltamt Nordrhein-Westfalen 2000

23. Technischer Bericht zur Untersuchung der Geräuschemissionen von Baumaschinen. Lärmschutz in Hessen, Heft 2, Hessisches Landesamt für Umwelt und Geologie 2004

24. Technischer Bericht zur Untersuchung der Geräuschemissionen durch Lastkraftwagen auf Betriebsgeländen von Frachtzentren, Auslieferungslagern, Speditionen und Verbrauchermärkten sowie weiterer typischer Geräusche insbesondere von Verbrauchermärkten. Lärmschutz in Hessen, Heft 3, Hessisches Landesamt für Umwelt und Geologie 2005

25. VDI 3728: Schalldämmung beweglicher Raumabschlüsse; Türen und Mobilwände, Ausgabe 2012-03

26. DIN 45680: Messung und Bewertung tieffrequenter Geräuschimmissionen in der Nachbarschaft, Ausgabe 1997-03

27. Freizeitlärm-Richtlinie Niedersachsen: Gemeinsamer Runderlass vom 08.01.2001

28. Parkplatzlärmstudie. 6. überarbeitete Auflage, Bayerisches Landesamt für Umweltschutz 2007

29. Richtlinie für schalltechnische Untersuchungen bei der Planung von Rangier- und Umschlagbahnhöfen Akustik 04. Deutsche Bahn 1990

30. Sächsische Freizeitlärmstudie. Sächsisches Landesamt für Umwelt und Geologie 2002

31. Richtlinie für den Lärmschutz an Straßen RLS-90. Der Bundesminister für Verkehr 1990

32. Richtlinie zur Berechnung der Schallimmissionen von Schienenwegen Schall 03. Deutsche Bahn 1990

33. VDI 4100: Schallschutz im Hochbau – Wohnungen – Beurteilung und Vorschläge für erhöhten Schallschutz, Ausgabe 2012-10

B) Bücher

34. Höfker, G.; Meis, M.; Schröder E.: Auditiver Komfort. In: Wagner, A.; Höfker, G.; Lützkendorf, T.; Moosmann, C.; Schakib-Ekbatan, K.; Schweiker, M. (Hrsg.): Nutzerzufriedenheit in Bürogebäuden. FIZ Karlsruhe; BINE Informationsdienst. Fraunhofer IRB Verlag, Stuttgart 2015

35. Beckert, C.; Chotjewitz, I.: TA Lärm. Erich Schmidt Verlag Berlin 2000

36. Locher-Weiß, S.: Rechtliche Probleme des Schallschutzes. 4. Auflage, Werner Verlag München 2004

37. Kuschnerus, U.: Der sachgerechte Bebauungsplan. 4. Auflage, vhw-Verlag Bonn 2010

38. Jenisch, R.: Berechnung der Feuchtigkeitskondensation und die Austrocknung, abhängig vom Außenklima. In: Gesundheits-Ingenieur, Teil 1, Heft 9 (1971), S. 257 bis 284 und Teil 2, Heft 10 (1971), S. 299 bis 307

C) Aufsätze und Forschungsberichte

39. Scheck, J.; Fischer, H. M.; Kurz, R.: Anregevorgänge bei Treppenkonstruktionen. Fortschritte der Akustik. DAGA 2001, Hamburg 2001

Teil V

Licht

Einführung

Christian Kölzow

Die Beleuchtung von Räumen für uns Menschen ist eine physiologische Notwendigkeit, welche am Tage am besten mit dem Licht der Sonne erreicht wird, nachts mit künstlichen Lichtquellen. Eine Grundbeleuchtung mit Tageslicht wäre schon durch eine Öffnung in einer Behausung gegeben, die Grundbeleuchtung nachts mit einem Feuer. Bereits an diesen einfachen Beispielen wird der Zusammenhang von Beleuchtung mit klimatischen und energetischen Aspekten deutlich. Die Öffnung muss vor der Witterung und im Winter vor Wärmeverlust geschützt sein, das Feuer gibt nicht nur Licht, sondern auch Wärme ab, zudem muss der Rauch abziehen und frische Luft nachströmen können. Die Sonne spendet am Tage nicht nur Licht, sondern auch Sonnenwärme, beides schwankt jedoch extrem, je nach Größe, Position, Orientierung und Verbauung der Öffnung sowie Witterung, Tages- und Jahreszeit, geographischer Lage und Klimazone.

So wird sofort die Notwendigkeit deutlich, die Planung eines Gebäudes an die klimatischen, geographischen und Umgebungsbedingungen anzupassen. Diese Notwendigkeit besteht heute genauso wie vor Tausenden von Jahren, will man nicht eine dies vernachlässigende Planung durch Mangel an Raumqualität und unnötig hohen Energiebedarf bezahlen. Schon hier wird der Unterschied zwischen sog. Tageslichtplanung und Kunstlichtplanung deutlich, indem die Tageslichtplanung von Anfang an Einfluss hat bzw. haben sollte auf Gebäudeausrichtung, Anordnung und Größe der Lichtöffnungen, bestmögliche Nutzung der Sonnenenergie in all ihren Formen bzw. dem Schutz vor ihr.

Unabhängig von diesem Vorrang der Tageslichtplanung, der sich bereits im wesentlich größeren Planungsaufwand gerade zu Beginn einer Gebäudeplanung zeigt, muss jeder Raum auch nachts, je nach Verwendungszweck, bestmöglich mit Kunstlicht beleuchtet werden können bzw. bei zu wenig zu Verfügung stehendem Tageslicht auch tagsüber.

C. Kölzow (✉)
Inst Tageslichttechnik Stuttgart, Stuttgart, Deutschland
E-Mail: Tageslichttechnik@IFT-Stuttgart.de

© Springer Fachmedien Wiesbaden GmbH, ein Teil von Springer Nature 2022
W. M. Willems (Hrsg.), *Lehrbuch der Bauphysik*,
https://doi.org/10.1007/978-3-658-34093-3_25

Die Kriterien guter Raumbeleuchtung gelten gleichermaßen im Hinblick auf ausreichende Beleuchtungsstärken, geeignete Lichtführung und Lichtverteilung im Raum, Blendfreiheit sowie reichhaltiges Frequenzspektrum des Lichts. Insofern greifen Tages- und Kunstlichtplanung ineinander; man denke an die Gestaltung der Raumoberflächen, die bestimmend für die Gleichmäßigkeit der Lichtverteilung im Raum sind oder an die Anordnung von Fenstern oder Leuchten.

Zur Erfüllung dieser Kriterien guter Raumbeleuchtung muss immer der Aufwand für Erstellung und Unterhalt zum physiologischen und sonstigen Nutzen ins vernünftige Verhältnis gesetzt werden.

Ökonomische Zwänge sollten nicht nur als Einschränkung, sondern als Ansporn gesehen werden, möglichst effiziente Lösungen zu finden. Oft können einfache und wirksame Lösungen mit geringem Aufwand zu sehr guten Ergebnissen führen (z. B. starre Blenden, nach Süden orientiert, als wirksamer Sonnenschutz gegenüber beweglichen Anlagen, oder Indirektbeleuchtung anstelle teurer blendungsfreier Leuchten).

Die Kenntnis physikalischer und physiologischer, aber auch technischer Grundlagen, z. B. beim Kunstlicht, sind für eine gute Planung essenziell. Planungsbücher gibt es etliche; hier soll es vorrangig darum gehen, ein Verständnis der theoretischen Zusammenhänge als Basis für jede sinnvolle Planung zu vermitteln. Auch wenn diese sich im Laufe der Zeit nicht verändern, so verschieben sich mit fortschreitender Entwicklung die Schwerpunkte und Kenngrößen ändern sich, was regelmäßige Neuauflagen bedingt. In diesem Zuge wurde in dieser Auflage vor allem das Kap. 30 Lichtregelung vertieft.

Grundlagen

26

Christian Kölzow

26.1   Elektromagnetische Strahlung

Licht ist elektromagnetische Strahlung, die mit der *spektralen Helligkeitsempfindlichkeit des menschlichen Auges* gewichtet ist (s. Abb. 26.5). Die Kurve zeigt, dass sie vom Maximum aus sowohl gegen 380 nm als auch gegen 780 nm bereits asymptotisch gegen Null geht. Die Einbettung in das *elektromagnetische Frequenzspektrum* zeigt die Tab. 26.1.

Für die Betrachtung der Beleuchtung mit Tages- und Kunstlicht sind ebenfalls der UV-Bereich (100–380 nm) und der IR-Bereich (780–3000 nm) relevant.

Die zur Beschreibung von Licht verwendeten Einheiten besitzen direkte Entsprechungen zu den strahlungsphysikalischen Einheiten, deren Verständnis somit Voraussetzung für das Verständnis der Lichttechnik ist (s. u. 2.3 Grundgrößen der Lichttechnik).

Die abgestrahlte Leistung P ist der Energiefluss ϕ_e einer Strahlungsquelle in den Umraum (Indices e für *energetic* und V für *visible*, s. a. Tab. 26.3). Die Strahlungsleistung wird in Watt [W] angegeben, als abgestrahlte Energie in Joule [J] pro Zeit in Sekunden [s]

$$Leistung\, P\left[W\right] = Energiesfluss\, \Phi_e\left[W\right] = \frac{Energies\left[J\right]}{Zeit\left[s\right]} \tag{26.1}$$

Im Allgemeinen wird die zeitliche Konstanz der Strahlung (später Lichtleistung) vorausgesetzt.

In einer bestimmten Zeit wird eine bestimmte Energiemenge abgestrahlt.

$$Strahlungsenergie\, Q_e\left[J\right] bzw. \left[W\cdot s\right] = Energiefluss\, \Phi_e\left[W\right]\cdot Zeit\left[s\right] \tag{26.2}$$

C. Kölzow (✉)
Inst Tageslichttechnik Stuttgart, Stuttgart, Deutschland
E-Mail: Tageslichttechnik@IFT-Stuttgart.de

© Springer Fachmedien Wiesbaden GmbH, ein Teil von Springer Nature 2022
W. M. Willems (Hrsg.), *Lehrbuch der Bauphysik*,
https://doi.org/10.1007/978-3-658-34093-3_26

Tab. 26.1 Einbettung von Licht in das elektromagnetische Frequenzspektrum

Bezeichnung		Wellenlänge	
Gammastrahlen			<0,005 nm
Röntgenstrahlen		0,005 nm	10 nm
UV-Strahlen	Extremes UV	10 nm	100 nm
	UV-C	100 nm	280 nm
	UV-B	280 nm	315 nm
	UV-A	315 nm	380 nm
Licht	**VIS**	**380 nm**	**780 nm**
Nahes Infrarot	IR-A	780 nm	1400 nm
	IR-B	1400 nm	3000 nm
Mittleres u. Fernes Infrarot	IR-C	3000 nm	1 mm
Mikrowellen		1 mm	1 m
Radiowellen		1 m	10 km
Niederfrequenz		10 km	100.000 km

Elektromagnetische Strahlung wird teilweise im Korpuskelmodell beschrieben (z. B. Photoeffekt), deren einzelne Quanten Photonen genannt werden. Die Photonenenergie beträgt:

$$E_{Photon} = h \cdot \upsilon$$
$$\left(h \, \text{Plancksches Wirkungsquantum} \right)$$

$$(26.3)$$

Ein Photon ist umso energiereicher, je höher seine Frequenz ν bzw. je kürzer seine Wellenlänge ist. Dies sagt noch nichts über die Strahlungsintensität [W/m²] aus, welche von der Photonendichte abhängt.

Beispiel: Die u. g. UV-Strahlung der Sonne besteht aus nur relativ wenigen, aber energiereichen Photonen, ihre Strahlungsintensität im UV-Bereich ist jedoch gering. Umgekehrt besteht die IR-Strahlung der Sonne aus vielen, aber energiearmen Photonen, ihre Strahlungsintensität im IR-Bereich ist jedoch hoch (s. Abb. 26.2).

Die UV-Strahlung wird in der Literatur teilweise als UV-Licht bezeichnet, obwohl wir sie nicht sehen. Wir spüren diese und kürzerwellige Strahlung nicht, während unser Körper dennoch darauf reagiert: Bräunung der Haut bei UV-Strahlung, je nach Zelltyp unterschiedlich starke und schädigende Absorption kurzwelliger Strahlung. Die IR-Strahlung spüren wir als Wärme.

26.1.1 Strahlungsintensität – Strahlungsflussdichte

Die *Strahlungsintensität* bzw. *Strahlungsflussdichte* auf oder durch eine definierte (Ober-) Fläche ist entsprechend angegeben als

Abb. 26.1 Strahlungsintensität bzw. Strahlungsflussdichte
in [W/m²]

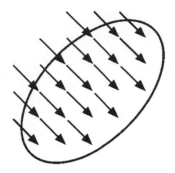

$$\frac{Strahlung\ \Phi_e\left[W\right]}{Fläche\ A\left[m^2\right]} \qquad (26.4)$$

Wichtig: Sowohl die *Bestrahlungsstärke* als auch die (flächen-) *spezifische Abstrahlung* besitzen die Einheit [W/m²]. Dabei liegt bereits der Zusammenhang zwischen Strahlungsempfang und Strahlungsabgabe nahe, der bei den unten definierten lichttechnischen Größen abgeleitet wird.

Näheres zur physikalischen Beschreibung von Licht befindet sich in [1] und – tiefer gehend – in gängigen Standardwerken der Physik. In [1] findet sich auch ein Überblick über die physiologische Wahrnehmung von Licht. Man kann Licht nur sehen, wenn man direkt in die Strahlungsquelle blickt oder auf Flächen, welche auftreffendes Licht reflektieren (Abb. 26.1).

26.2 Sonnenspektrum – Temperaturstrahler

Das natürlichste Licht ist das des *Temperaturstrahlers* (auch *Schwarzer Strahler* oder *Planckscher Strahler*). Dies kann ein glühendes Metall sein oder der Faden einer Glühlampe. Die Sonne ist – wie jeder leuchtende Stern – ebenfalls ein *Temperaturstrahler*.

Die Einhüllende des gezeigten Sonnenspektrums in Abb. 26.2 entspricht dem idealen Spektralverlauf des Planckschen Strahlers, s. Abb. 26.3.

Die leichte Abweichung des realen extraterrestrischen Spektrums der Sonne (außerhalb der Atmosphäre), s. äußere Umrandung des dunkleren grauen Bereichs in Abbildung, ist bedingt durch die besonderen Emissionsprozesse der Sonne; die noch größere Inhomogenität des terrestrischen Sonnenspektrums (unterhalb der Atmosphäre) ist bedingt durch Absorptionsund Streuprozesse in der Atmosphäre, s. innere Abgrenzung des dunkleren Bereichs.

Die hellgrauen Bereiche jenseits des sichtbaren Lichts stellen den UV- und IR-Bereich dar.

Die quantitative Aufteilung der terrestrischen Strahlungsintensität der Sonne beträgt UV = 5 % Licht = 45 % IR = 50 %.

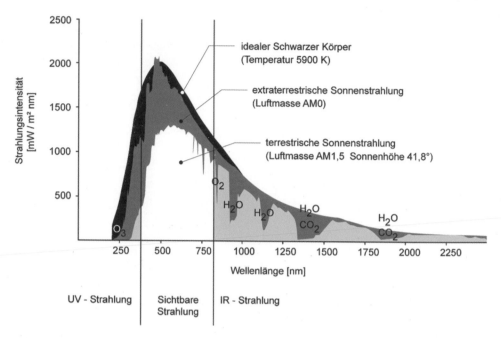

Abb. 26.2 Strahlungsspektrum der Sonne dunkelgrau: Extraterrestrische Strahlung schwarz: Einhüllende Spektrum schwarzer Strahler hellgrau: terrestrische Strahlung auf Meereshöhe, bei klarem Himmel auf waagerechter Fläche, Sonnenhöhe 41,8°, davon sichtbarer Bereich weiß

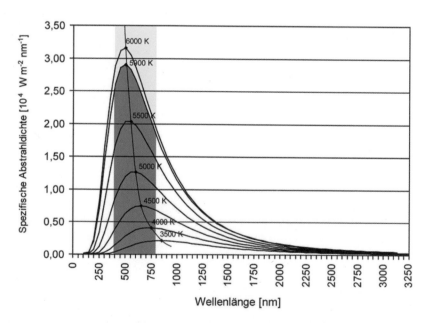

Abb. 26.3 Plancksche Strahler Wiensches Verschiebungsgesetz 6000 K−3500 K Grauer Bereich: Lichtanteil der Sonne

26.2.1 Minderung der Solarstrahlung – Airmass-Faktor

Der Empfang der Sonnenstrahlung oberhalb der Atmosphäre wird *Solarkonstante* I_0 genannt und beträgt $I_0 \approx 1350$ W/m². Der Strahlungsempfang auf der Erde hängt von der Minderung bei Durchgang durch die Atmosphäre ab. Die zu durchdringende Schicht bei klarem Himmel wird klassifiziert im *Airmass-Faktor AM*.

Der *Airmass-Faktor AM* ist definiert als Verhältnis der entsprechend Sonnenstand zu durchdringenden Schichtdicke L der Atmosphäre zur minimalen Schichtdicke L_0 der Atmosphäre (normal zum Horizont).

$$AM := \frac{L}{L_0} \qquad (26.5)$$

Bei L_0 steht die Sonne somit im Zenit. Der *Zenit* ist definiert als der Punkt der Himmelssphäre, auf den die Flächennormale des Horizonts zeigt. Die Sonne kann nur zwischen nördlichem und südlichem Wendekreis im Zenit stehen (s. a. 3.6 Besonnung).

Der Zenit ist nicht zu verwechseln mit dem Sonnenhöchststand, der allg. *Kulminationspunkt* oder kurz *Kulmination* genannt wird (zur Vertiefung. s. [2, 3, 4, 15]).

Als *Zenitwinkel* z wird der Winkel zwischen Sonnenstand und Zenit bezeichnet.

Für den Airmass-Faktor AM kann in Näherung mit $L_0 - L \cdot cos\ z$ für Zenitwinkel der Sonne z < 75° für Normalnull [5] und gemäßigte Höhen gelten:

$$AM = \frac{1}{\cos z} \qquad (26.6)$$

Der Formel entnimmt man, dass der Airmass-Faktor mit zunehmendem Zenitwinkel größer wird (s. Tab. 26.2). Für größere Zenitwinkel als 75° gibt es verschiedene Berechnungsmodelle, welche die Erdkrümmung u. a. berücksichtigen.

Folgende Klassifizierungen mit zugehörigen horizontalen Bestrahlungsstärken sind üblich:

Tab. 26.2 Klassifizierung von Airmass-Faktoren

Zenitwinkel	AM	Klassifizierung	Bestrahlungsstärke horizontal [W/m²]
	AM0	Außerhalb der Atmosphäre	1350
0°–23°	AM1 – AM1,1	Sonnenstand im Zenit (AM1). Tropische Zonen um den Äquator°	1042–1021
48°	AM1,5	Für gemäßigte Breiten	931
60°–70°	AM2 ~ 3	Für hohe Breitengrade (z. B. Nordeuropa)	842–713

26.2.2 Wiensches Verschiebungsgesetz – Farbtemperatur

Je heißer ein Temperaturstrahler ist, bei umso höherer Frequenz liegt sein Maximum der Strahlungsintensität, wie Abb. 26.3 zeigt. Diesen Zusammenhang beschreibt das sog. Wiensche Verschiebungsgesetz [6].

In der Abb. 26.3 zeigt der graue Bereich das sichtbare Spektrum. Die Temperatur der Sonne entspricht ca. 5900 K. Man sieht, dass die Strahlung der heißen Sonne ihre maximale Abstrahlung im sichtbaren Bereich bei ca. 500 nm besitzt (Farbe Grün). Dies erklärt, warum das Tageslicht höchst effizient ist im Sinne des Verhältnisses von Licht zu Gesamtstrahlung.

Die Verschiebung hin zu niedrigeren Temperaturen zeigt Abb. 26.3. Im Vergleich zur Sonne besitzt eine Glühlampe ihr Maximum der Abstrahldichte bei ca. 2700 K entsprechend ca. 1100 nm, d. h. außerhalb des sichtbaren Bereichs zum Langwelligen hin (s. Abb. 26.4). Dies erklärt, warum die Glühlampe wesentlich ineffizienter ist als das Tageslicht und zum größten Teil Wärme abgibt.

Farbtemperatur

Das Licht mit höherer Frequenz bzw. kürzerer Wellenlänge ist zum Blauen hin verschoben, im Sprachgebrauch ‚kühler‘. Das zum Längerwelligen mit niedrigerer Frequenz hin verschobene Licht verschiebt sich zum Roten hin, wird somit im Sprachgebrauch ‚wärmer‘.

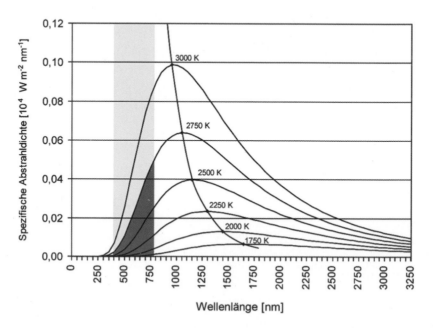

Abb. 26.4 Plancksche Strahler Wiensches Verschiebungsgesetz 3000 K−1750 K Grauer Bereich: Lichtanteil der Glühlampe

Dieser Zusammenhang legt es nahe, die Lage des Maximums der Abstrahldichte des Temperaturstrahlers bzw. die zugehörige Temperatur als Klassifizierung für den Farbton, d. h. ‚Warmton‘ oder ‚Kaltton‘ einer Lichtquelle zu verwenden. Das Kriterium ist somit die sog.

Farbtemperatur.

26.3   Grundgrößen der Lichttechnik

Diese sind notwendig für die Beschreibung und Bewertung von Licht sowie für lichttechnische Berechnungen und Messungen. Sie korrelieren mit physikalischen Größen (Tab. 26.3).

26.3.1   Photometrisches Strahlungsäquivalent K_m – $V(\lambda)$-Kurve

Damit elektromagnetische Strahlung überhaupt als Licht vom Auge wahrgenommen wird, muss sie auf der Netzhaut einen (photoelektrischen) Lichtreiz auslösen. Dies geschieht nur für Strahlung mit bestimmten Wellenlängen bzw. Frequenzen und zudem je nach wahrnehmbarer Frequenz mit unterschiedlicher Intensität. **Das Helligkeitsempfinden des Auges ist somit die Grundlage aller lichttechnischen Größen.**

Tab. 26.3 Zusammenhang zwischen strahlungstechnischen und lichttechnischen Größen

Strahlungstechnische Größe	Einheit	Lichttechnische Größe	Einheit
Strahlungsleistung Φ_e	W	Lichtstrom Φ_v	Lumen lm = cd sr
Strahlungsenergie Q_e	W s	Lichtmenge Q_v	lm s
spezifische Ausstrahlung M_e	W m^{-2}	spezifische Lichtabstrahlung M_v	lm m^{-2}
Strahlstärke I_e	W sr^{-1}	Lichtstärke I_v	Candela cd
Strahldichte L_e	W sr^{-1}m^{-2}	Leuchtdichte L_v	cd m^{-2}
Bestrahlungsstärke E_e	W m^{-2}	Beleuchtungsstärke E_v	Lux 1x = lm m^{-2}
Bestrahlung H_e	W m^{-2} s	Belichtung H_v	lm m^{-2} s
Strahlungsausbeute η_e d. h. Strahlungsabgabe pro strahlungserzeugende Energie	%	Lichtausbeute η_v d. h. Lichtabgabe pro strahlungserzeugende Energie	lm W^{-1}
Transmissionsgrad τ_e Reflexionsgrad ρ_e Absorptionsgrad α_e	%	Transmissionsgrad τ_v Reflexionsgrad ρ_v Absorptionsgrad α_v	%
(Index wird oft weggelassen)		(Index wird oft weggelassen)	

Zu dessen quantitativer Bestimmung wurde zunächst ermittelt, welche Frequenz bei gleicher Strahlungsintensität am hellsten wahrgenommen wird – alle physiologisch-lichttechnischen

Untersuchungen wurden an einer großen Anzahl von Probanden durchgeführt. Es stellte sich heraus, dass das Auge die

größte Helligkeitsempfindlichkeit für eine Wellenlänge **von 555 nm (540 THz)** besitzt.

Da der Sehapparat aufgrund seiner weiten Adaptationsspanne nicht in der Lage ist, absolut quantitativ wahrzunehmen, jedoch sehr genau relative Intensitätsunterschiede wahrnehmen kann, wurde mit der Strahlungsleistung dieser am hellsten wahrgenommenen Strahlungsfrequenz als Referenz die Strahlungsleistung für andere Frequenzen so weit erhöht, bis diese Frequenz als so hell empfunden wurde wie die Referenzfrequenz. Die Reziprozität dieser notwendigen Strahlungsleistung ist dann ein Maß für die relative frequenzabhängige Helligkeitsempfindung gegenüber dessen Maximum und wurde in der Hellempfindlichkeitskurve standardisiert (s. Abb. 26.5). Das Maximum ist auf 1 (entsprechend 100 %) gesetzt. Diese Kurve wird als **V(λ)** (V von lambda – Kurve) bezeichnet und ist dimensionslos.

Da Helligkeit nachts anders (empfindlicher) wahrgenommen wird als tags, gibt es zwei Kurven für die Helligkeitsempfindung des Auges (weiteres s. [6, 7, 8, 16]). Es wird das *Tagsehen photopisches Sehen,* das *Nachtsehen skotopisches Sehen* genannt. Das Verhältnis der Tag- und Nachtempfindlichkeit ist aufgrund der Messungen bekannt. In der Photometrie wird weitgehend die Kurve für Tagsehen V(λ) verwendet.

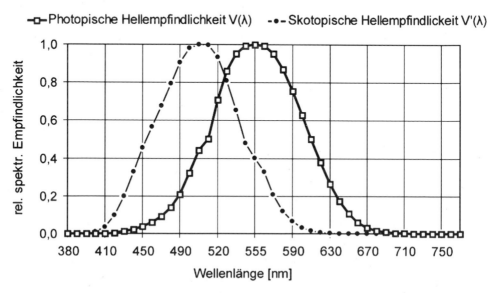

Abb. 26.5 Hellempfindlichkeitskurven für (photopisches) Tagsehen V(λ) und (skotopisches) Nachtsehen V'(λ) des menschlichen Auges

Nun hat man zwar eine relative Verhältniskurve der Lichtwahrnehmung zum elektromagnetischen Strahlungsspektrum, jedoch noch kein quantitatives Verhältnis. Dieses kann im Prinzip willkürlich als Standard gewählt werden. Es läge also nahe, dem Maximum der V(λ)-Kurve einen Relativwert zur wahrgenommenen Strahlung zuzuschreiben, ein sog. *photometrisches Strahlungsäquivalent.*

Vorweg: Als dem elektromagnetischen Strahlungsfluss analoge lichttechnische Größe ist der Lichtstrom definiert (s. Abschn. 26.3.2). Alle weiteren, dann in der Lichttechnik noch benötigten und sinnvollerweise zu definierenden Größen würden dann von dieser quantitativen Relation abhängen.

In der Physik werden alle Zusammenhänge auf wenige Grundgrößen reduziert, z. Zt. gefasst im sog. **SI- System (m, s, kg, K, A, Cd, mol). Demnach wird für die gesamte Photometrie bzw. Lichttechnik nur eine einzige Grundgröße benötigt.**

Aus physiologischen und technischen Gründen (man müsste sonst die Sphäre messtechnisch abtasten) ist jedoch nachvollziehbar, dass man eher als den Lichtstrom die Intensität eines (hypothetisch in das Auge fallenden) Lichtstrahls (s. u. Lichtstärke [cd]) standardisiert. Da die Hellempfindlichkeit frequenzabhängig ist, ist es plausibel, die bestmögliche Standardisierung bei monofrequenter Strahlung bzw. monochromatischem Licht zu erzielen, und zwar dem, welches am hellsten wahrgenommen wird.

So lautet die **aktuelle Definition der einzigen physikalischen Grundgröße der Photometrie:**

Die Candela (cd) ist die Lichtstärke einer Strahlungsquelle in einer bestimmten Richtung, die monochromatische Strahlung der Frequenz 540 THz (bzw. 555 nm) aussendet und deren Strahlstärke in dieser Richtung 1/683 W·sr^{-1} beträgt. [6]

Anmerkungen

Die definierte Leistungsabgabe beruht auf bisherigen Definitionen der Candela (Hefner-Kerze, schwarzer Strahler bei der Temperatur von Platin beim Übergang von flüssig nach fest).

Der Richtungsbegriff ist unter Abschn. 26.3.4 Lichtstärke genauer erläutert.

Aus der Definition ergibt sich das photometrische Strahlungsäquivalent K$_m$ für das Tagsehen:

$$1Cd = K_m \cdot 1/683 W \cdot sr^{-1} \quad mit \quad K_m = 683cd \cdot sr \cdot W^{-1} \qquad (26.7)$$

Mit dem bekannten Verhältnis der Helligkeitsempfindlichkeit tags und nachts berechnet sich der Wert für das Nachtsehen zu

$$K'_m = 1700cd \cdot sr \cdot W^{-1} \qquad (26.8)$$

Alle photometrischen Grundgrößen (Platzhalter X$_v$, v für *visible*) berechnen sich somit mittels K$_m$ und V(λ) aus den strahlungsphysikalischen Größen (Platzhalter X$_e$, e für *energetic*) durch:

$$X_v = K_m \cdot \int_0^\infty X_e(\lambda) \cdot V(\lambda) \cdot d\lambda \qquad (26.9)$$

Die Größen für das dunkeladaptierte Auge werden analog mit K'_m und $V'(\lambda)$ berechnet.

26.3.2 Lichtstrom

Der *Lichtstrom* Φ ist die in den Raum abgegebene Lichtleistung, d. h. Lichtenergie pro Zeit. Es ist die mit der Helladaptationskurve (Abb. 26.5) gewichtete elektromagnetische Abstrahlung, multipliziert mit dem photometrischen Strahlungsäquivalent. Die Einheit ist *Lumen* [lm].

$$\Phi_v = K_m \cdot \int_0^\infty \Phi_e(\lambda) \cdot V(\lambda) \cdot d\lambda \qquad (26.10)$$

Dabei ist nicht differenziert, in welche Richtung die Lichtabstrahlung erfolgt und ob womöglich in verschiedene Richtungen mit unterschiedlicher Intensität. Es ist somit ein integraler Wert über den gesamten Umraum.

Man stelle sich eine. Punktlichtquelle mit gleicher Lichtabgabe in alle Richtungen vor, z. B. in Annäherung die Sonne (Abb. 26.6).

Dann wird der Lichtstrom durch eine die Lichtquelle umschließende Oberfläche vollständig erfasst. Dabei spielt die Form der umschließenden Oberfläche keine Rolle, sofern sie die Lichtquelle nur vollständig umschließt und ein Lichtstrahl nicht doppelt durch ein Oberflächenelement strahlen kann.. Dies leuchtet intuitiv ein. Der Einfachheit halber wird immer mit einer umfassenden Kugel operiert in deren Mittelpunkt die Lichtquelle sitzt. Es leuchtet ebenfalls ein, dass durch eine größere Kugel nicht mehr Lichtstrom fließt als durch eine kleinere. Man kann also immer eine Einheitskugel mit dem Radius 1 verwenden.

Abb. 26.6 Punktlichtquelle, Lichtstrom Φ durch beliebige Umhüllung

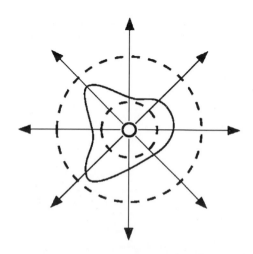

Anmerkung

Betrachtet man das Beispiel des (zeitlich konstanten) und in alle Richtungen gleich großen Lichtstroms in Abb. 26.6, leuchtet ein, dass die Flussdichte [lm/m²] durch ein Einheits-Flächenelement der Kugeloberfläche bei Zunahme der Kugelgröße mit $1/r^2$ abnimmt, da die Kugeloberfläche mit $4{\cdot}\pi{\cdot}r^2$ zunimmt. (s. a. 2.4 Photometrisches Entfernungsgesetz).

26.3.3 Lichtmenge

Die *Lichtenergie* bzw. *Lichtmenge* Qv [lm s] ist – analog der Strahlungsenergie – Lichtstrom mal Zeit (stationärer Lichtstrom vorausgesetzt, sonst Integral über die Zeit).

26.3.3.1 Raumwinkel

Der Raumwinkel ist im engen Sinne keine lichttechnische Grundgröße, sondern eine mathematisch-physikalische: Er ist jedoch **die (!) zentrale Größe für lichttechnische Berechnungen**. Sein vollständiges Verständnis ist daher für das Verständnis der Lichttechnik – Tages- wie Kunstlicht – unerlässlich.

Für den Fall, dass Licht mit unterschiedlicher Intensität in die Raumbereiche des Umraums abgestrahlt wird (in der Regel der Fall) und vice versa (aus den einzelnen Raumbereichen wird Licht unterschiedlicher Intensität empfangen), muss der Raum in Teilbereiche unterteilt werden, um diese unterschiedliche Intensität der Lichtabgabe (des Lichtempfangs) räumlich zu erfassen.

Hierzu wird der sog. *Raumwinkel ω* definiert.

Wird auf der Oberfläche einer Kugel mit Radius r die Umrandung einer geschlossenen Fläche $A = 1\ r^2$ mit dem Kugelmittelpunkt verbunden, so wird der von dem so entstandenen ‚Raumkegel' gebildete Raumbereich **Raumwinkel ω = 1 Steradiant [sr]** genannt. Für die Berechnung des Raumwinkels gilt allgemein:

$$\omega = \frac{A}{r^2} \tag{26.11}$$

Erläuterungen

Die Fläche A auf der Kugeloberfläche kann beliebig umrandet sein, kreisförmig, rechteckig oder sonst wie (s. Abb. 26.7).

Auf die Größe der Kugel kommt es dabei nicht an (s. Abb. 26.8), da es nur auf das Verhältnis von Oberflächensegment zum Quadrat des Radius' ankommt, welches für 1 sr numerisch 1 beträgt. Ist die Fläche A auf der Kugeloberfläche kleiner 1 r^2, so wird der Raumwinkel <1 sr, geht der Raumwinkel gegen 0, wird durch ihn eine Richtung angegeben (s. a. 2.3.4 Lichtstärke).

Abb. 26.7 Die Teilfläche A
auf der Kugel mit Radius r
bestimmt den Raumwinkel
$\omega = A/r^2$, unabhängig von der
Ausformung der Fläche A. Mit
$A = r^2$ ist $\omega = 1$. Bei der
Einheitskugel ist die
Flächengröße gleich dem
Raumwinkel

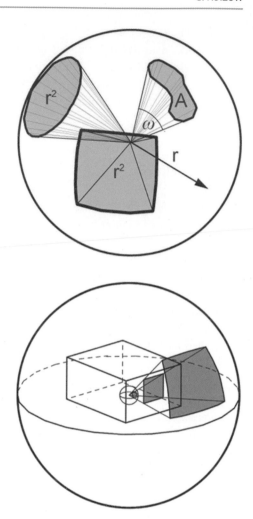

Abb. 26.8 Der Raumwinkel
ist unabh. vom Radius der
Kugel, auf die projiziert wird

Für den Raumwinkel einer irgendwie im Raum orientierten Fläche (oder eines Gegenstands) ist nur die *Projektion* der Fläche (oder des Gegenstands) auf die Kugeloberfläche relevant – praktisch, wie der Umriss der Fläche bzw. des Gegenstandes vom Kugelmittelpunkt aus ‚gesehen' wird (s. Abb. 26.9).

Prinzipdarstellungen zum Raumwinkel

Da der Raumwinkel eine sog. Verhältnisgröße ist, ist seine Einheit zwar dimensionslos, bei Formeln, die den Raumwinkel enthalten, sollte jedoch der zugrunde liegende Quotient

$$\left[sr\right] = \left[m^2/m^2\right] \tag{26.12}$$

mitgeführt werden, da oft nur so Zusammenhänge und Umformungen nachvollzogen werden können. Je nach Zusammenhang ist es zweckmäßig, [sr] mitzuführen oder [m²/m²].

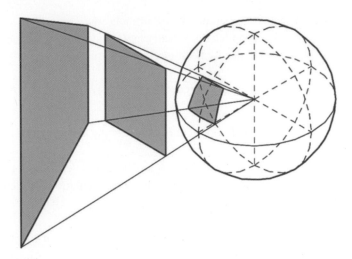

Abb. 26.9 Der Raumwinkel einer beliebig orientierten Fläche entspricht deren Projektion auf die (Einheits-) Kugeloberfläche. Je nach Orientierung können unterschiedlich große Flächen den gleichen Raumwinkel einnehmen

Der Raumwinkel ist *die* zentrale Größe der Photometrie und Lichttechnik. Er dient nicht nur zur Angabe der Abstrahlung einer Lichtquelle in eine Richtung oder einen Raumbereich, sondern wird benötigt zur Berechnung, wie viel Licht eine bestimmte Fläche bzw. ein Flächenelement von einer ihr gegenüber beliebig orientierten anderen Fläche empfängt (s. 2.5 Formfaktoren Photometrisches Grundgesetz).

Der Raumwinkel einer Sphäre von ihrem Mittelpunkt aus, d. h. der gesamte Umraum ist somit $4\,\pi$ ($4\,\pi\,r^2/r^2$) sr bzw. 12,566.. sr, der der Hemisphäre (Halbraum) $2\,\pi$ sr bzw. 6,283… sr.

26.3.4 Lichtstärke

Um den Lichtstrom in eine bestimmte Richtung zu beschreiben, wird folgende Größe definiert

Eine Lichtquelle strahlt mit der **Lichtstärke** 1 cd bzw. einer *Candela* (lat. Kerze) in eine Richtung, wenn diese konstante Abstrahlung in einen Raumwinkel 1 sr einem Lichtstrom von 1 lm entspricht.

$$I[cd] = \frac{\Phi[\text{lm}]}{\omega[sr]} \tag{26.13}$$

Die Candela ist die einzige physikalische Grundgröße in der Photometrie. Alle sonstigen Grundgrößen sind aus physikalischen Grundgrößen abgeleitet. Sie ist die am schwersten quantitativ exakt festlegbare physikalische Grundgröße (genaue Def. s. 2.3.1 Photometrisches Strahlungsäquivalent).

Das Verständnis dieser Größe bereitet häufig in mehrerlei Hinsicht Schwierigkeiten. Obwohl die Lichtstärke die eigentliche physikalische Grundgröße ist, ist sie doch erst in Ableitung einer anderen Größe, des Lichtstroms, definiert mit

$$I = \frac{d\Phi}{d\omega}, \quad \text{bzw. in integraler Form} \quad \Phi = \int I(\omega) \cdot d\omega \qquad (26.14)$$

Damit ist Φ die Stammfunktion von I und I beschreibt die differenzielle Änderung des Lichtstroms mit der Richtung.

Der Richtungsbegriff im Zusammenhang mit der Definition der Lichtstärke als ‚Lichtstrom in einen unendlich kleinen Raumwinkel' bereitet ebenfalls zuweilen Schwierigkeiten des Verständnisses.

Der folgende einfache Vergleich mag das Verständnis erhöhen.

Wird bei einem Fahrzeug an einem Punkt eine Geschwindigkeit von 50 km/h gemessen, bedeutet dies, dass es, wenn es mit genau dieser Geschwindigkeit eine Stunde fährt, 50 km zurücklegt.

Analog gilt: Wird für eine Lichtquelle eine Lichtstärke von 50 cd in eine Richtung gemessen, bedeutet dies, dass die Lichtquelle, wenn sie mit genau dieser Lichtstärke in einen Raumwinkel von 1 sr leuchtet, sie 50 lm abstrahlt (Abb. 26.10).

Genau, wie für die Messung der Geschwindigkeit eine kleine Strecke erforderlich ist, sie also nicht exakt an einem Punkt gemessen wird, so muss auch der Raumwinkel, in dem gemessen wird, eine gewisse Ausdehnung besitzen.

26.3.5 Leuchtdichte

Während sich die bisherige Betrachtung auf die Lichtabgabe einer Punktlichtquelle in verschiedene Richtungen bezog, ist die Lichtabgabe einer Fläche von deren Größe und von der Lichtabstrahlrichtung relativ zu ihr abhängig. Dementsprechend wird folgende Größe eingeführt.

Abb. 26.10 Die Lichtstärke [cd] zeigt den Lichtstrom in eine bestimmte Richtung. Differenziell betrachtet gilt $I = d\varphi/d\omega$

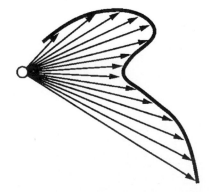

Abb. 26.11 Die Leuchtdichte L einer Fläche A_0 ist deren Lichtstärke I(ε) in eine Richtung, bezogen auf die in diese Richtung projizierte Fläche A(ε)

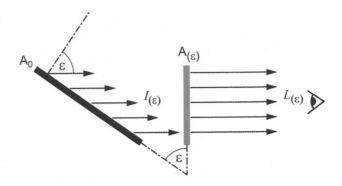

Die **Leuchtdichte L** ist definiert als die von einer Fläche ausgehende Lichtstärke in eine Richtung, bezogen auf die in die Abstrahlrichtung projizierte Fläche. Die Einheit ist [cd/m^2] bzw. [lm/(sr·m^2)] (Abb. 26.11).

$$L(\varepsilon) = \frac{I(\varepsilon)}{A_0 \cdot \cos \varepsilon} \tag{26.15}$$

Einfallswinkel/Abstrahlwinkel

Der Winkel ε zwischen Flächennormale und einfallendem oder abgehendem Lichtstrahl wird *Einfallswinkel* oder *Abstrahlwinkel* genannt.

Der Zusammenhang zwischen ‚gesehener‘ und realer Fläche sei für die Definition der Leuchtdichte kurz erläutert:

Die (orthogonale) Projektion einer Fläche A_0 in eine Richtung bildet die Fläche auf eine Ebene ab, deren Normalenvektor in diese Richtung zeigt. Diese Ebene wird Projektionsebene genannt. Für die projizierte Fläche *A(ε)* und den Winkel ε zwischen der Flächennormalen und dem Richtungsvektor ist für $\varepsilon > 0$ die Fläche *A(ε) < A$_0$* mit:

$$A(\varepsilon) = A_0 \cdot \cos \varepsilon \tag{26.16}$$

Für gekrümmte Flächen gilt für jedes Teilelement dA_0 jeweils

$$dA(\varepsilon) = dA_0 \cdot \cos \varepsilon \tag{26.17}$$

Die Leuchtdichte beschreibt die richtungsabhängige Abstrahlung sowohl von licht-reflektierenden als auch von selbstleuchtenden Flächen. Die zugrunde liegende Licht-stärkeverteilung *I(ε)* kann theoretisch beliebig komplex sein. Abb. 26.12 gibt eine Übersicht.

Im Extremfall der Spiegelung ist der Ausfallswinkel gleich dem Einfallswinkel ε. Da der Spiegel das Licht einer Lichtquelle nur in Richtung des Ausfallsstrahls reflektiert, sieht man die Lichtquelle aus einer anderen Blickrichtung gar nicht und der Spiegel sieht dann meist dunkel aus.

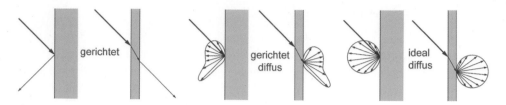

Abb. 26.12 Unterschiedliche Eigenschaften von Reflexion und Transmission: Links gerichtet; Mitte teilgerichtet; rechts ideal lichtstreuend

Im anderen Extremfall der idealen Lichtstreuung sieht die Fläche aus allen Richtungen gleich hell aus, unabhängig davon, aus welcher Richtung eine oder mehrere Lichtquellen auf diese strahlen.

Es gibt beliebige Zwischenstufen zwischen glänzend und matt, die durch unterschiedliche komplexe mathematische Modelle abgebildet werden können, [9, 10]; die Oberflächen eines Raumes werden jedoch bei lichttechnischen Berechnungen i. d. R. als ideal lichtstreuend (matt) vorausgesetzt.

26.3.5.1 Lambertscher Strahler

Der Lambertsche Strahler ist, wie der Raumwinkel, ist engen Sinne keine lichttechnische Grundgröße, er spielt jedoch in der Lichttechnik eine zentrale Rolle und seine Abstrahl-Charakteristik wird bei den grundlegenden lichttechnischen Berechnungen vorausgesetzt, ist somit tief in die Theorie der Photometrie eingebunden. Sein vollständiges Verständnis ist daher für das Verständnis der Lichttechnik – Tages- wie Kunstlicht – unerlässlich.

Dreht man ein weißes Blatt Papier im Raum, bleibt es immer gleich hell. Soll nun ein Modell beschreiben, dass eine Fläche aus allen Richtungen gleich hell gesehen wird, somit ideal lichtstreuend ist, bedarf es der Definition einer Abstrahlcharakteristik $I(\varepsilon)$, die unabhängig von der Abstrahlrichtung zu einer konstanten Leuchtdichte L führt.

Dies wird erreicht, **wenn die Abstrahlcharakteristik $I(\varepsilon)$ dem Projektionsgesetz entspricht.**

$$I(\varepsilon) = I_0 \cdot \cos \varepsilon \tag{26.18}$$

Eingesetzt in Formel Gl. 26.15 ergibt sich für die Leuchtdichte $L(\varepsilon)$:

$$L(\varepsilon) = \frac{I_0 \cdot \cos \varepsilon}{A_0 \cdot \cos \varepsilon} = \frac{I_0}{A_0} = L_0 \tag{26.19}$$

Abb. 26.14 zeigt, dass die mit dem Abstrahlwinkel ε scheinbar abnehmende Fläche durch die in gleichem Maße abnehmende Lichtstärke ideal kompensiert wird, so dass die Leuchtdichte L unabhängig vom Abstrahlwinkel wird (Abb. 26.13).

Diese Richtungsunabhängigkeit der Leuchtdichte vereinfacht Berechnungen entscheidend. Da die meisten realen Oberflächen ohnehin eher matt als glänzend sind, wird das Lambertsche Gesetz bei den gängigen Berechnungsmodellen verwendet. Ver-

Abb. 26.13 Abstrahl-
charakteristik des Lambertschen Strahlers nach dem
Cosinus-Gesetz Lichtstärke
$I(\varepsilon) = I_0 \cdot \cos \varepsilon$

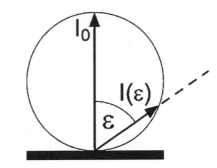

Abb. 26.14 Die Leuchtdichte
L des Lambertschen Strahlers
ist in alle Richtungen konstant,
da die aus einer Richtung
gesehene Fläche in gleichem
Maße abnimmt, wie die
Lichtstärke in diese Richtung

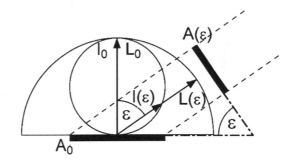

gleichende Berechnungen und Messungen realer baulicher Situation ergeben hohe
Übereinstimmung. Dies liegt auch daran, dass sich über viele Reflexionsgänge des Lichts
eine Nivellierung der Lichtverteilung ergibt.

Die Leuchtdichte ist das Maß für die wahrgenommene Helligkeit von Flächen.

26.3.6 Spezifische Lichtabstrahlung

Oft ist die gesamte Lichtabgabe einer ideal streuenden Fläche in den Halbraumraum von
Interesse, wobei die Fläche reflektierend (z. B. eine Wandfläche), transmittierend
(z. B. Tageslichtdecke) oder ‚selbstleuchtend' (z. B. Kunstlichtdecke, die natürlich ebenfalls transmittiert) sein kann.

Die zugehörige Größe ist die (flächen-) spezifische Lichtabstrahlung M_v. Sie besitzt die
gleiche Einheit wie die Beleuchtungsstärke, $[lm/m_2]$, wobei es sich hier nicht um den aus
dem Halbraum pro Einheitsfläche empfangenen Lichtstrom handelt, sondern um den pro
Einheitsfläche in den Halbraum abgegebenen.

Die *spezifische Abstrahlung* M_v einer ideal diffus strahlenden Fläche mit der Leuchtdichte L beträgt:

$$M_v = L_{out} \cdot \pi \qquad (26.20)$$

Der Index *out* gibt an, dass es sich um Lichtabgabe handelt.

26.3.7 Beleuchtungsstärke

Während es bisher um die Beschreibung der Abgabe von Licht ging – in den Umraum, in eine bestimmte Richtung oder relativ zur leuchtenden Fläche – geht es nun um den Lichtempfang einer Fläche.

Die *Beleuchtungsstärke E* (Éclairage) ist definiert als **Lichtstrom pro Fläche**. Die Einheit ist **Lux [lx]** mit **1 lx = 1 lm/1 m²**. Bei geneigter Empfangsfläche um den Winkel ε gegenüber der Einfallsrichtung nimmt der flächenspezifische Lichtstrom um $\cos\varepsilon$ ab.

$$E_{A(\varepsilon)} = \frac{\Phi}{A(\varepsilon)} = \frac{\Phi \cdot \cos\varepsilon}{A_0} \text{ mit } A(\varepsilon) = \frac{A_0}{\cos\varepsilon} \tag{26.21}$$

In der Regel kommt das Licht (der Lichtstrom) nicht nur aus einer Richtung, sondern aus dem gesamten Halbraum oberhalb des Messpunktes.

$$E = \int_H L(\omega) \cdot \cos\varepsilon \cdot d\omega \text{ in Einheiten } [lx] = \left[\frac{cd \cdot sr}{m^2}\right] = \left[\frac{lm \cdot sr}{sr \cdot m^2}\right] = \left[\frac{lm}{m^2}\right] \tag{26.22}$$

Die Empfangsfläche ist immer als Ebene definiert bzw. es wird immer der Lichtempfang aus dem Halbraum oberhalb der Empfangsfläche berechnet.

Die Cosinus-Gewichtung **reduziert die ‚Wirkung' des einfallenden Lichtstroms**. Sie spiegelt sich in der Größe der Fläche auf der Grundebene des Einheitshalbraums wider, die sich aus der Projektion eines Raumwinkels auf diese ergibt.

Man spricht dabei vom *projizierten Raumwinkel* (s. Abb. 26.15 und 26.16)

Abb. 26.15 Die Beleuchtungsstärke ist Lichtstrom pro Fläche [lm/m²]. Bei Neigung der Empfangsfläche um den Winkel ε nimmt die Beleuchtungsstärke mit $\cos\varepsilon$ ab

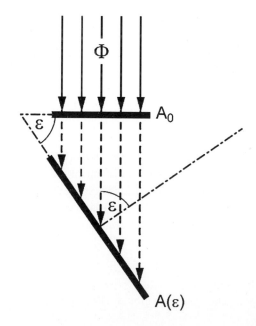

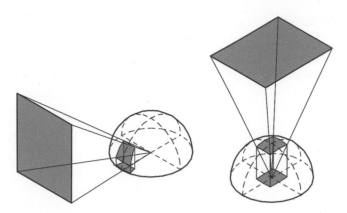

Abb. 26.16 Cosinus-gewichteter oder projizierter Raumwinkel. Die beiden Abbildungen zeigen, dass die projizierte Fläche eines gleich großen Raumwinkelelements und damit die Wirkung des Lichtstroms umso größer ist, je kleiner der Einfallswinkel und damit umso weniger streifend der Einfall ist

Wichtig: Die Grundebene bzw. Projektionsebene ist nicht zu verwechseln mit der Empfangsebene. Die Hemisphäre mit ihrer Grundebene ist ein mathematisches Konstrukt, welches plan – bzw. bei gekrümmten Flächen tangential – am Untersuchungspunkt auf die Empfangsebene gelegt wird (Mittelpunkt der Einheits-Hemisphäre). Die Polachse der Hemisphäre entspricht somit der Flächennormalen der Empfangsfläche.

26.3.7.1 Zusammenhang zwischen Leuchtdichte und Beleuchtungsstärke

Für den einfachsten Fall konstanter Leuchtdichte des Umraums berechnet sich die Beleuchtungsstärke zu

$$E = \int_H L_{in} \cdot \cos\varepsilon \cdot d\omega = L_{in} \cdot \pi \qquad (26.23)$$

Der Integrationsbereich H bezeichnet den Halbraum, der Index in den Lichteinfall. (In der Regel ergibt sich jedoch die Beleuchtungsstärke aus Flächen unterschiedlicher Leuchtdichte, die – mehr oder weniger streifend – Licht aus dem Halbraum auf die untersuchte Fläche strahlen.)

Betrachtet man die Empfangsebene als ideal lichtstreuende Lichtdecke mit dem Lichttransmissionsgrad τ, so gilt mit (Gl. 26.20):

$$M_\upsilon = E \cdot \tau = L_{in} \cdot \pi \cdot \tau = L_{out} \cdot \pi \ \textit{damit gilt}: \tau = \frac{L_{out}}{L_{in}} \qquad (26.24)$$

Häufiger als die Abstrahldichte wird aus der Beleuchtungsstärke durch simultane Leuchtdichtemessung der Reflexionsgrad bestimmt oder, soweit dieser bekannt ist, kann daraus die Leuchtdichte bestimmt werden über:

$$E \cdot \rho = L_{out} \cdot \pi \qquad (26.25)$$

26.3.8 Belichtung

Die Belichtung H_v ist das Produkt aus Beleuchtungsstärke und Beleuchtungsdauer; bei nicht-konstanter Beleuchtungsstärke das Integral. Die Einheit ist [lx s] (Abb. 26.17).

$$H_v = \int_{t_1}^{t_2} E(t) \cdot dt \tag{26.26}$$

26.3.9 Lichtausbeute – Leistungsausbeute

Die Lichtausbeute h_v einer Lichtquelle beschreibt die Lichtabgabe pro strahlungs-erzeugender Leistung in [lm/W].

$$\eta_v = \frac{\Phi_v}{P} = \frac{K_m}{P} \cdot \int_0^\infty \Phi_e(\lambda) \cdot V(\lambda) \cdot d(\lambda) \tag{26.27}$$

Für die Lichtausbeute *des Tageslichts* ist folgende Abschätzung bei der Planung hin-reichend genau: Die Außenbeleuchtungsstärke horizontal beträgt maximal ca. 100.000 lx, die Bestrahlungsstärke maximal ca. 1000 W.

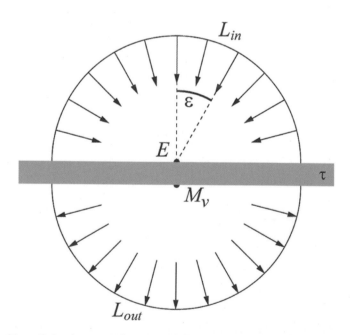

Abb. 26.17 Oben: Beleuchtungsstärke E aus Halbraum mit konstanter Leuchtdichte L_{in} Unten: Abstrahldichte M_v von Lichtdecke mit Lichttransmissionsgrad τ und Lambertscher Abstrahl-charakteristik $M_v = E \cdot \tau$

Es ergibt sich eine Lichtausbeute des Tageslichts von ca. 100 lm/W.

$$\text{(Leistungsausbeute)}\quad \eta_{P_v}$$

Wird nun η_v durch K_m geteilt, erhält man das Verhältnis der lichtwirksamen Strahlungsleistung P_v (nicht Lichtstrom) zur Gesamtleistung, eine (visuelle) Leistungsausbeute, die angibt, welcher Anteil der Gesamtleistung lichtwirksam wird.

$$\eta_{P_v} = \frac{P_v}{P} = \frac{\eta_v}{K_m} \tag{26.28}$$

So beträgt die Leistungsausbeute von Tageslicht 100 lm/W: 683 lm/W $\approx$ 14 %, die einer Hochdruck-Quecksilberdampflampe 60 lm/W: 683 lm/W $\approx$ 9 % und die von Glühlampen 12 lm/W: 683 lm/W $\approx$ 2 %. Dies bedeutet, dass 98 % der elektrischen Leistung von Glühlampen direkt in Wärme übergehen.

Zu Wirkungsgraden von künstlichen Lichtquellen s. Kap. 28. Kunstlicht.

26.3.10 Transmission – Reflexion – Absorption

Die Wechselwirkung zwischen Strahlung und Materie setzt sich zusammen aus Transmission, Reflexion und Absorption.

Transmission ist der Durchgang von Strahlung durch ein Medium ohne Veränderung ihrer Wellenlängen, wobei der spektrale Verlauf des Transmissionsgrades inhomogen sein kann (s. Glasspektren in Abschn. 27.5.4).

Für Absorption und Reflexion gilt dasselbe analog. In der Regel wird der integrale Wert angegeben, der in der Photometrie mit Messgeräten mit V(λ)-Empfindlichkeit gemessen wird. Eine andere Wechselwirkung gibt es nicht. Die relativen Anteile von auftreffender Strahlung heißen dementsprechend **Transmissionsgrad τ, Reflexionsgrad ρ, Absorptionsgrad α.**

Demnach gilt (Abb. 26.18)

$$\tau + \rho + \alpha = 1\left(bzw.\,100\,\%\right) \tag{26.29}$$

Angabe der Einzelgrößen in Werten ≤ 1 oder in Prozent

Einzelne Komponenten können gleich 0 sein. Bei opaken (lichtundurchlässigen) Flächen ist beispielsweise τ gleich 0. Beim (idealen) schwarzen Körper sind τ und $\rho = 0$, demnach $\alpha = 1$.

Die Reflexion kann zwischen spiegelnd und ideal streuend, die Transmission zwischen direktem und ideal gestreutem Durchgang liegen (s. a. Abb. 26.12).

Kommt es auf das spektrale Verhalten, z. B. von Verglasungen an, werden Spektren angegeben, die die spektrale Transmission und Reflexion enthalten. Aus Gl. 26.29 ergibt sich die spektrale Absorption, welche wesentlich schwieriger zu messen ist als Transmission

Abb. 26.18 Prinzipdarstellung Transmission, Absorption, Reflexion
$\pi + \rho + \alpha = 1$

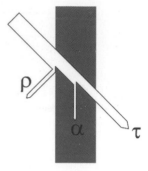

und Reflexion. Besonders für Farb-, Sonnenschutz- und andere Sondergläser werden oft Transmissions- und Reflexionsspektren angegeben (siehe Abschn. 27.5 Verglasungen).

26.4 Photometrisches Entfernungsgesetz

Zur Berechnung der Beleuchtungsstärke an einem Punkt, die durch eine Lichtquelle erzeugt wird, die nur einen kleinen Raumwinkel vom Empfangspunkt aus einnimmt, wie Glühlampen, Strahler etc., kann das sog. ***photometrische bzw. quadratische Entfernungsgesetz*** angewandt werden.

Eine sehr einfache Herleitung ist:

$$E = \frac{\Phi}{A(\varepsilon)} = \frac{\Phi}{A_0} \cdot \cos\varepsilon = \frac{I \cdot \omega}{r^2 \cdot \omega} \cdot \cos\varepsilon = \frac{I}{r^2} \quad \text{mit} \quad \left[\frac{cd}{m^2} = \frac{lm}{sr \cdot m^2} = \frac{lm}{m^2} \right] \quad (26.30)$$

Das photometrische Entfernungsgesetz wird umso ungenauer, je größer der Raumwinkel wird (da eben nicht integriert, sondern nur multipliziert wird). Bleibt das Verhältnis zwischen Ausdehnung und Entfernung der Lichtquelle jedoch kleiner 1:10, so bleibt der Fehler < 1 % (Abb. 26.19).

$$E = \frac{1}{r^2} \cdot \cos\varepsilon$$

26.5 Formfaktoren Photometrisches Grundgesetz

Für die Berechnung der Lichtverteilung in einem Raum spielt der Lichtaustausch zwischen dessen Oberflächen eine entscheidende Rolle. Der Lichtaustausch zwischen zwei (nicht in einer Ebene liegenden) Teilflächen oder Flächenelementen soll daher näher betrachtet werden. Abgesehen von der physiologischen Wahrnehmung handelt es sich um Strahlungsaustausch zwischen Flächen, für den es Standardwerke gibt (z. B. [11]).

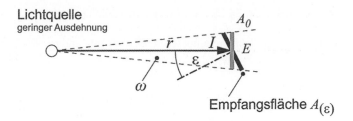

Abb. 26.19 Zum photometrischen Entfernungsgesetz: Die Beleuchtungsstärke, die durch eine Lichtquelle geringer Ausdehnung an einem Punkt auf einer Fläche erzeugt wird, ist allein durch den Abstand Lichtquelle – Untersuchungspunkt, die Lichtstärke in Richtung Untersuchungspunkt und deren Einfallswinkel ε bestimmt

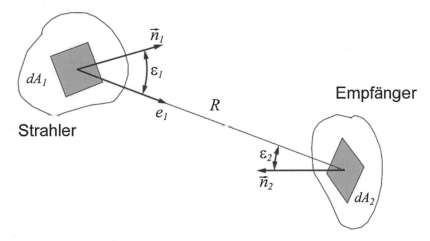

Abb. 26.20 Photometrisches Grundgesetz: Die Lichtströme, die zwischen zwei Flächenelementen beliebiger Orientierag zueinander ausgetauscht werden, sind bei gleicher Leuchtdichte gleich groß

Betrachtet sei zunächst der Lichtaustausch zwischen zwei Flächenelementen dA_1 und dA_2, die beliebig zueinander orientiert sind (s. Abb. 26.20).

Der Lichtstrom, der von dA_1 nach dA_2 fließt, ist:

$$\Phi_{d1-d2} = L_1 \cdot dA_1 \cdot \cos\varepsilon_1 \cdot \omega_{d1-d2} \tag{26.31}$$

Mit dem Raumwinkel $\omega_{d1-d2} = \dfrac{dA_2 \cdot \cos\varepsilon_2}{r^2}$

gilt: $\Phi_{d1-d2} = L_1 \cdot \dfrac{\cos\varepsilon_1 \cdot \cos\varepsilon_2}{r^2} dA_1 \cdot dA_2$ $\tag{26.32}$

Der Lichtstrom, der von dA_2 nach dA_1 fließt, ist analog:

$$\Phi_{d2-d1} = L_2 \cdot \frac{\cos\varepsilon_1 \cdot \cos\varepsilon_2}{r^2} dA_1 \cdot dA_2 \tag{26.33}$$

Aus diesen Gl. 26.33 und 26.34 lässt sich folgendes ableiten:

1) Die Lichtströme, die die Flächenelemente auf das jeweils andere abgeben, stehen im gleichen Verhältnis zueinander wie deren Leuchtdichten.

$$\frac{\Phi_{1-2}}{\Phi_{2-1}} = \frac{L_1 \cdot \dfrac{\cos\varepsilon_1 \cdot \cos\varepsilon_2}{r^2} dA_1 \cdot dA_2}{L_2 \cdot \dfrac{\cos\varepsilon_1 \cdot \cos\varepsilon_2}{r^2} dA_1 \cdot dA_2} = \frac{L_1}{L_2} \qquad (26.34)$$

2) Bei gleicher Leuchtdichte sind mithin die Lichtströme, die die Flächen austauschen, gleich (*Photometrisches Grundgesetz*).
3) Gl. 26.34 legt es nahe, einen rein geometrischen Anteil von der Leuchtdichte zu separieren:

$$\frac{\cos\varepsilon_1 \cdot \cos\varepsilon_2}{r^2} dA_1 \cdot dA_2 \qquad (26.35)$$

Dieser geometrische Term, verallgemeinerbar auf zwei Flächen A_1 und A_2 beliebiger Größe, enthält die Information, welcher Anteil der jeweils von einer Fläche abgegebenen Strahlung auf die andere fällt.

Der *(geometrische) Formfaktor $F_{1\text{-}2}$* ist definiert als der Anteil der gesamten von Fläche A_1 abgegebenen Strahlung, der auf Fläche A_2 fällt.

$$F_{1-2} = \frac{\Phi_{1-2}}{\Phi_{1ges}} = \frac{L_1 \cdot A_1 \cdot \cos\varepsilon_1 \cdot \omega_{1-2}}{L_1 \cdot \pi \cdot A_1} = \frac{\cos\varepsilon_1 \cdot \omega_{1-2}}{\pi} \qquad (26.36)$$

Der Formfaktor ist somit der auf 1 normierte (Teilung durch π) projizierte Raumwinkel, den A_2 von A_1 aus einnimmt.

Die Darstellung 2.21 ist insofern vereinfachend, als bei großen Flächen sowohl über die abstrahlende als auch über die empfangende Fläche integriert wird [11], veranschaulicht in Abb. 26.21 und 26.22.

Für diese Oberflächenintegrale (Raumwinkel) gibt es nur bei bestimmten geometrischen Konfigurationen der Teilflächen zueinander analytische Lösungen. In der Literatur [11] finden sich Sammlungen von solchen Konfigurationen (daher Konfigurationsfaktor). Für nicht analytisch lösbare Oberflächenintegrale gibt es andere Verfahren (s. Abschn. 26.7).

Mithilfe des Formfaktors vereinfacht sich die Angabe des Lichtstroms von A_1 auf A_2 zu

$$F_{1-2} = \frac{\Phi_{1-2}}{\Phi_{1ges}} \text{ bzw. } \Phi_{1-2} = F_{1-2} \cdot \Phi_{1ges} \text{ bzw. } \Phi_{1-2} = F_{1-2} \cdot L_1 \cdot \pi \cdot A_1 = F_{1-2} \cdot M_{v1} \cdot A_1 \qquad (26.37)$$

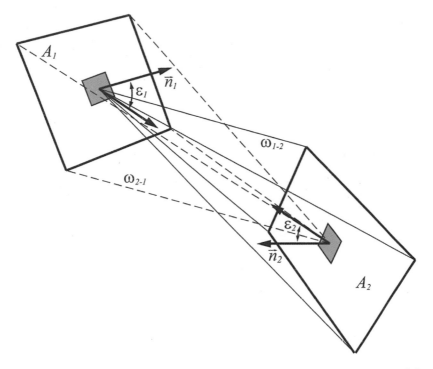

Abb. 26.21 Raumwinkel, die zwei Flächen jeweils voneinander aus einnehmen; projiziert und normiert stellen sie das Formfaktorpaar der beiden Flächen dar (s. Formel Gl. 26.36)

26.5.1 Reziprozitätsbeziehungen

Zwischen den Formfaktoren zweier Flächenelemente, einem Flächenelement und einer Fläche, oder zwei (großen) Flächen, bestehen aufgrund derer geometrischer Lage zueinander folgende sog. **Reziprozitätsbeziehungen:**

$$\frac{F_{d1-2}}{dF_{2-d_1}} = \frac{A_2}{dA_1} \quad \frac{dF_{1-d2}}{F_{d2-1}} = \frac{dA_2}{A_1} \quad \frac{F_{1-2}}{F_{2-1}} = \frac{A_2}{A_1} \tag{26.38}$$

(Ist die Empfangsfläche ein Flächenelement, wird der Formfaktor als Differenzial geschrieben)

Die Formfaktoren von Flächenpaaren sind umgekehrt proportional (reziprok) zu den Flächen. Bei gleich großen Flächen sind auch die Formfaktoren gleich groß.

Die Reziprozitätsbeziehungen ergeben sich aus dem photometrischen Grundgesetz und setzen Lambertsche (diffuse) Abstrahlung voraus.

Sie vereinfachen die lichttechnischen Berechnungen entscheidend.

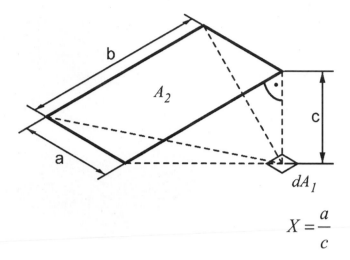

$$X = \frac{a}{c}$$

Abb. 26.24 Formfaktor zwischen einem Flächenelement dA_1 und einem parallelen, ebenen Rechteck A_2; Normale von dA_1 zeigt auf eine Ecke von A_2

Abb. 26.25 Formfaktor zwischen einem Flächenelement dA_1 und einem dazu senkrechten Rechteck A_2; dA_1 liegt auf der Flächen normalen von A_2, welche von einem ihrer Eckpunkte ausgeht

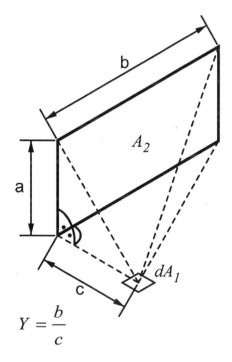

$$Y = \frac{b}{c}$$

Formfaktor entwickelt werden, sofern die Bedingung erfüllt ist, dass das Flächenelement parallel oder senkrecht zur Fläche steht.

Damit stellen diese beiden Formfaktoren das entscheidende Element für Interreflexionsberechnungen in rechteckigen Räumen, wie sie meistens zu berechnen sind, dar. Bei kom-

Abb. 26.26 Formfaktor $F_{d0\text{-}2}$ zwischen einem Flächenelement dA_0 und einem dazu senkrechten Rechteck A_2; dA_0 liegt nicht in der Flucht mit einem der Eckpunkte von A_2

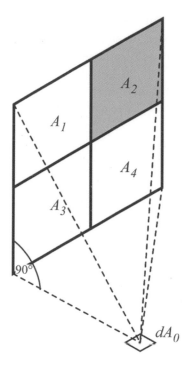

plexeren Raumformen (Räume mit schrägen Flächen, z. B. Sheds, Räume mit verdeckten Flächen, etc.) kommen jedoch andere Berechnungsmethoden zur Anwendung (s. Abschn. 26.7).

$$F_{d0-2} = F_{d0-1234} - F_{d0-13} - F_{d0-34} + F_{d0-3}$$

26.6 Berechnung der Lichtverteilung im Raum durch Interreflexion

Die Berechnung der Lichtverteilung im Raum erfolgt meistens durch das Interreflexionsverfahren (Interflexionsverfahren), auch *Radiosity*-Verfahren genannt, in Anlehnung an den Strahlungsaustausch zwischen Flächen. Dabei wird zunächst der Direktlichtempfang jeder einzelnen Fläche im Raum berechnet. Bei leuchtenden Flächen (Tageslicht- oder Kunstlichtdecke) kann dies mittels Abstrahldichte und Formfaktor berechnet werden (s. Gl. 26.43), bei Leuchten oder einzelnen Lichtquellen über deren LVK (s. Kap. 28. Kunstlicht). Unabhängig von der Quelle des Lichtempfangs wird die Lichtverteilung dann durch Interreflexion berechnet. In der Regel wird der Raum hierzu in viele kleine Teilflächen (patches) unterteilt.

Tab. 26.6 Beleuchtungsstärken auf den Raumflächen, unterteilt in Direktlicht- und Reflexlicht-anteil, für die einzelnen Reflexionsgänge unter Voraussetzung von 20.000 lx Beleuchtungsstärke horizontal im Freien an unverbauter Stelle

			E_0	E_1	Eref_1	E_2	Eref_2	E_3	Eref_3	...	E_5	Eref_5
Boden	E1	**UP1**	**585**	676	91	123	717	717	132	...	**720**	135
Wand	E2	**UP2**	**361**	458	97	125	494	494	133	...	**497**	136
Wand	E3	**UP3**	**343**	444	102	130	481	481	139	...	**484**	142
Wand	E4	**UP4**	**361**	458	97	125	494	494	133	...	**497**	136
Wand	E5	**UP5**	**343**	444	102	130	481	481	139	...	**484**	142
Decke	E6	**UP6**	**0**	134	134	166	175	175	175	...	**179**	179

Der Tageslichtquotient beträgt also in diesem Beispiel in Bodenmitte 3,6 %, auf den Längswänden jeweils mittig 2,5 % und auf den Querwänden 2,4 %. Der enthaltene Reflex-lichtanteil beträgt bei diesen Werten ca. 0,7 %.

Zur Veranschaulichung ist dasselbe Beispiel in Beleuchtungsstärken gezeigt. Bei einer horizontalen Beleuchtungsstärke von 20.000 lx im Freien an unverbauter Stelle ergeben sich folgende Werte (Tab. 26.6):

Diese entsprechen direkt den für den Tageslichtquotienten berechneten relativen Werten.

26.7 Nicht-analytische Ermittlung von Formfaktoren

Die bisherigen Beispielberechnungen zur Interreflexion wurden anhand von kon-ventionellen, quaderförmigen Raumformen durchgeführt. Bei diesen gibt es auch bei be-liebig feiner Unterteilung der Raumflächen in Teilflächen analytische Lösungen der Ober-flächenintegrale für die benötigten Formfaktoren als Grundlage für die Interreflexion. Bei verwinkelten Raumformen mit Teilverdeckungen und schrägen Flächen, gibt es diese ana-lytischen Lösungen meistens nicht. Der Raum wird nach wie vor in Teilflächen unterteilt und das Prinzip der Interreflexion ist weiterhin, dass der Lichtaustausch aller Flächen untereinander berechnet wird, wie im vorherigen Abschnitt beschrieben. Für die Er-mittlung der Formfaktoren F_{di-j}, bei denen das Flächenelement d_i (meist) den Mittelpunkt der empfangenden Teilfläche, j die lichtspendende Teilfläche repräsentiert, gibt es gängige Methoden, die entweder mit grafischen Hilfsmitteln oder in ein Computerprogramm ge-fasst anzuwenden sind. In beiden Fällen werden die nicht analytisch lösbaren Oberflächen-integrale in einer Summe kleiner Teillösungen approximiert.

26.7.1 Graphische Methoden

26.7.1.1 Orthogonale Projektion

Vorbemerkung: Die graphischen Verfahren werden aufgrund des immensen Zeitaufwands seit langem kaum noch für umfangreiche Berechnungen angewandt, wobei sie für Stichprobenuntersuchungen nach wie vor wertvoll sind; anhand ihrer Funktionsweise

können jedoch allg. Verfahren verstanden werden, die auch Grundlage von Computerprogrammen sind.

Man erinnere sich, dass der Formfaktor ein orthogonal auf die Empfangsebene projizierter und auf 1 normierter Raumwinkel ist, in dem die jeweilige Wirkung eines Lichtabgebenden Raumwinkelelements, d. h., die Gewichtung nach Einfallswinkel, bereits enthalten ist. Ferner erinnere man sich, dass die über einen Untersuchungspunkt gelegte
Hemisphäre ein mathematisches Konstrukt zur Erfassung des Umraums darstellt.

Das graphische Verfahren (wie das Computerverfahren) besteht nun in der Umkehrung
dieses Zusammenhangs. Unterteilt man die Grundfläche dieser Hemisphäre in eine große
Anzahl gleich großer Flächen (häufig 1000 ‚Kästchen‘) und projiziert diese orthogonal an
die Hemisphäre, so wird diese in Teilflächen unterteilt, die in der Größe zum ‚Horizont‘
hin stark zunehmen, zum ‚Zenit‘ hin abnehmen (s. Abb. 26.28 links).

Damit wurde der Halbraum in unterschiedlich große Raumwinkel unterteilt derart, dass
jedes Raumwinkelelement unabhängig von dessen Höhen- und Seitenwinkel auf der
Empfangsfläche den gleichen projizierten Raumwinkel ergibt. Eine Fläche, für die der
projizierte Raumwinkel bestimmt werden soll, wird zunächst auf die Kugeloberfläche projiziert – das Oberflächenelement entspricht dann dem zu ermittelnden Raumwinkel – und
von dort (orthogonal) auf die Grundebene – wenn nicht anders angegeben, ist bei Projektion die orthogonale Projektion gemeint (s. Abb. 26.28 rechts). Zählt man anschließend die
Kästchen, die von diesem projizierten Kurvenzug umfasst sind, setzt die Anzahl ins Verhältnis zur Gesamtanzahl der Kästchen, so hat man damit den gesuchten Formfaktor ermittelt (Beispiel: Zählt man 352 Kästchen von insges. 1000, so beträgt der Formfaktor

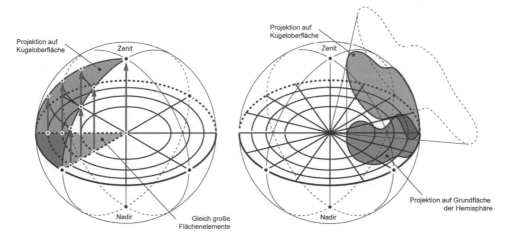

Abb. 26.28 links: Die Grundebene wird in Flächen gleicher Größe eingeteilt, welche orthogonal
an die Hemisphäre projiziert werden. Es entstehen Raumwinkelelemente gleicher ‚Wirkung‘. rechts:
Wird ein beliebiger Raumwinkel orthogonal auf die unterteilte Grundebene projiziert und werden
dann die Kästchen gezählt, die dieser einnimmt, wird dann diese Anzahl durch die Gesamtanzahl der
Kästchen geteilt, so ergibt sich mit einer Zahl ≤ 1 der normierte projizierte Raumwinkel, d. h. der
Formfaktor (auch Nusselt's Analogon genannt [9])

0,352). Das Blatt mit den 1000 Kästchen in einem Kreis heißt daher ,Zählblatt', wobei in der Tageslichttechnik weitgehend die stereographische Projektion benutzt wird (s. u.).

Bei der Ermittlung des primären Lichtempfangs der Teilflächen wird der Formfaktor von Teilflächen, die eine primäre Leuchtdichte besitzen, mit deren Abstrahldichte multipliziert. Je feiner die Unterteilung ist (je größer die Anzahl der Kästchen), desto genauer ist die Lösung, aber desto aufwändiger auch dessen Ermittlung. I. d. R. wird jedoch nicht nur eine Fläche ermittelt, sondern ein ganzer Raum mit seinen begrenzenden Kanten, wie er von einem Untersuchungspunkt aus ,gesehen' wird (s. Abb. 26.32).

26.7.1.2 Stereographische Projektion

Im Randbereich (in Horizontnähe) werden die Kästchen jedoch sehr klein, so dass sich in der Tageslichttechnik eine andere Projektion durchgesetzt hat.

Bei dieser wird die Grundfläche der Hemisphäre ebenfalls in eine Anzahl gleich großer Kästchen unterteilt und orthogonal an die Hemisphäre projiziert (wie in Abb. 26.28 oben links): die gleich großen Teilflächen auf der Grundebene werden danach nicht mehr benötigt. Die Umgrenzungen der Teilflächen der Kugeloberfläche werden mit dem Nadir, Gegenpol des Zenits, verbunden. Bei Durchdringung dieser Projektionsstrahlen durch die Grundebene entsteht ein neues Kästchen-Muster, bei dem die Problematik zu kleiner Kästchen im Horizontbereich vermieden ist. Der Vergleich zwischen orthogonaler und stereographischer Projektion ist in Abb. 26.30 gezeigt (Abb. 26.29).

Bei einem Zählblatt für horizontale Empfangsebene kann in die Teilung der Kästchen auch direkt die Leuchtdichteverteilung des Himmels nach Moon und Spencer zur Ermittlung von Tageslichtquotienten integriert werden (bei Zählblättern für geneigte Flächen ist dies nicht möglich). Auch Sonnenstandsdiagramme basieren meistens auf stereographischer Projektion der Sonnenbahnen im Jahresverlauf auf den Horizont, weil bei dieser Projektion die Sonnenbahnen jeweils Kreisbahnsegmente darstellen (wichtig zur geometrischen Konstruktion). Damit kann das System neben der allg. Ermittlung von Formfaktoren in der Tageslichttechnik sowohl zur Bestimmung von (Direktlichtanteilen von) Tageslichtquotienten als auch für Besonnungsuntersuchungen – meist im Rahmen einer tageslichttechnischen Gesamtuntersuchung – verwendet werden (s. Abschn. 27.6 Besonnung).

Ein Gesamtsystem graphischer Hilfsmittel zur Tageslichttechnik, welches auch Konstruktionsblätter für die stereographische Projektion von Flächen und Kanten enthält, wurde Mitte des letzten Jhs. von Tonne [12] entwickelt, den der schwedische Architekt und Wegbereiter der Tageslichttechnik Gunnar Pleijel (1908–1962) [13] bewogen hatte, die von ihm wie auch von der Commonwealth Experimental Building Station in Sydney, Australien, schon länger benutzte stereographische Projektion zu übernehmen (Abb. 26.31).

26.7.2   Computergestützte Methode

Einfacher ist es jedoch, dem Computer die ,Zählarbeit' zu überlassen. Dabei werden vom Zentrum der Hemisphäre aus Strahlen durch die Mittelpunkte der Teilflächen auf ihrer

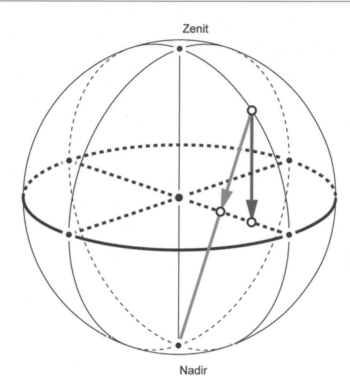

Zenit

Nadir

Abb. 26.29 Stereographische Projektion: Jeder Punkt der Hemisphäre wird mit dem Nadir verbunden. Der Durchdringungspunkt der Grundebene beschreibt die stereographische Projektion. Gezeigt ist auch die unterschiedliche Lage des Punktes bei orthogonaler Projektion

Oberfläche in den Raum geschickt. Jedem Strahl entspricht damit ein Formfaktorwert bzw. ‚Kästchen' bei der graphischen Methode. Der Formfaktor einer Fläche wird dann durch eine Summierung aller Formfaktorwerte der die Fläche treffenden Strahlen ermittelt werden.

Auch hier werden aus nicht bzw. nicht ohne weiteres analytisch lösbaren Integralen diskrete Summenbildungen. In der englisch-sprachigen Literatur wird hier auch sehr bildhaft von ‚*brute force integration*' gesprochen. Auch hier gilt, dass diese Näherungslösungen umso genauer sind, je mehr Strahlen ausgesandt werden bzw. je feiner die Unterteilung der Grundfläche der Hemisphäre wird.

Die bei analytischen Lösungen der Formfaktoren nicht berücksichtigbare (Teil-) Verdeckung von Flächen ist durch das Aussenden von einzelnen Strahlen (math. Vektoren) in den Raum einfach lösbar. Hierbei wird für jeden Strahl geprüft, welche Fläche er als erstes trifft. Die allgemeine Vorgehensweise sei hier kurz beschrieben:

Jede Fläche liegt in einer Ebene im Raum. Für diese existiert eine Ebenengleichung, aus der ein evtl. vorhandener Durchdringungspunkt eines Strahls berechnet werden kann. Kann ein solcher Punkt gefunden werden, wird geprüft, ob sich dieser innerhalb der auf dieser Ebene liegenden Fläche befindet. Auf diese Weise werden alle Flächen ermittelt, die der Strahl durchstößt. Die dem Ursprung am nächsten liegende Fläche gilt als unverdeckt.

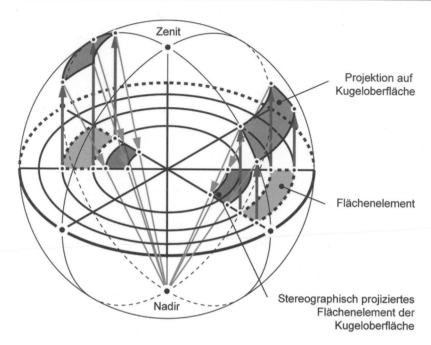

Abb. 26.30 Vergleich Zählblatterstellung mittels orthogonaler und stereographischer Projektion. Im Randbereich (Horizontbereich) werden die Kästchen bei stereographischer Projektion deutlich größer (Zählergebnis genauer)

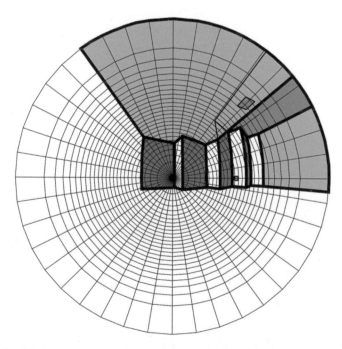

Abb. 26.31 Graphische Methode: Lichtempfang an einem Bodenpunkt durch die Shedöffnungen, wie in Abb. 26.32 gezeigt. Zählblatt mit stereographischer Projektion des Umraums

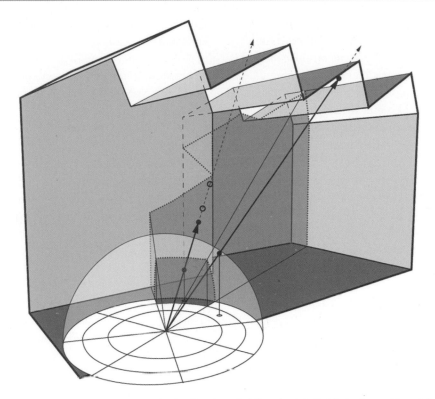

Abb. 26.32 Computergestützte Methode: Gezeigt wird die prinzipielle Methode, um Formfaktoren für Flächenelemente bei verdeckten Kanten zu ermitteln. Projiziert wird die (Teil-)Fläche, die von einem Strahl zuerst durchstoßen wird

Als Vorbereitung für die Interreflexion werden auch hier die Flächen eines Raumes in kleine Teilflächen (patches) unterteilt. Nach Bestimmung ihrer Reflexionsgrade und Leuchtdichten sowie aller Formfaktoren, die die patches untereinander einnehmen, kann die Interreflexion nach Gl. 26.46 durchgeführt werden (Abb. 26.32).

26.8 Computergraphik und lichttechnische Berechnungsverfahren

Im Bestreben, die Realität möglichst exakt mittels Computer am Bildschirm wiederzugeben, wurden bereits in den 60er-Jahren Verfahren und Methoden entwickelt, aus abstrakten 3-dimensionalen Raumdefinitionen blickrichtungsabhängige, zweidimensionale Darstellungen zu erzeugen.

Dabei ging es zuallererst darum, Raumgeometrien und -flächen perspektivisch richtig und unter Berücksichtigung der gegenseitigen Verdeckung darzustellen. Die Berechnung von zweidimensionalen Bildern aus geometrischen Daten wird i. A. *Rendering* genannt (dies ist oft auch die Bezeichnung für das erzeugte Bild).

Das optische Abbildungsmodell, welches den meisten Darstellungen zugrunde liegt, wird definiert durch einen Betrachtungspunkt im Raum, eine Blickrichtung und einer in dieser Richtung liegenden Bildebene, auf der eine Abbildungsfläche endlicher Größe liegt. Zur Bildgeneration unterteilt man nun die Abbildungsfläche in beliebig kleine Elemente (beim Monitor entsprächen dieser Unterteilung die Pixel). Nun schickt man Zeile für Zeile durch jedes dieser Elemente einen **Sehstrahl (ray)** in den 3D-Raum.

Bereits in der Antike entwickelte Plato eine Theorie des Sehens, nach der das Auge mittels ausgesandter Sehstrahlen die Umwelt abtastet.

Durchstößt ein solcher Sehstrahl eine oder mehrere Flächen im Raum, so ist diejenige Fläche mit dem kleinsten Abstand zum Augpunkt die zuvorderst sichtbare. Ist die Fläche zu einer Lichtquelle im Raum hin orientiert, wird sie als beleuchtet angesehen, unabhängig von möglichen Verschattungen. Der Farbwert, der dem Element der Bildebene, von dem der Sehstrahl ausgeht, zugeordnet wird berechnet sich aus der Intensität der Lichtquelle, der Farbe der Raumfläche und dem Einfallswinkel des Sehstrahls (Cosinus). Das beschriebene Verfahren wird als *ray casting* bezeichnet.

Als Ergebnis erhält man eine Darstellung, die einem perspektivischen, flächigen Bild der 3D-Szene vom Augpunkt aus entspricht, mit Hell-Dunkel-Werten, jedoch ohne Schatten und ohne Flächenkanten. (Die Darstellung der Flächenkanten als Linien erhält man durch einen ähnlichen Algorithmus, bei dem jedoch statt der Bildpunkte die Flächenkanten zur Strahlgenerierung dienen). Um welche Art der Perspektive es sich handelt und welches Sichtfeld die Darstellung umfasst, bestimmen die Größe der Bildebene gegenüber dem Abstand zum Augpunkt sowie deren Rotation und Neigung gegenüber der Blickrichtung.

Ende der 70er-Jahre wurde der Algorithmus weiter verbessert. Trifft ein Sehstrahl eine Fläche im Raum, können von dem Auftreffpunkt drei weitere Strahlentypen in den Raum geschickt werden, abhängig von den Oberflächeneigenschaften. Bei spiegelnden Oberflächen sog. *reflection rays*, bei transparenten Materialien *refraction rays* und immer *shadow rays*. Reflection rays werden entsprechend dem Einfallswinkel weiter in den Raum ausgesendet. Die am nächsten liegende, von dem Strahl getroffene Fläche liefert den Farbwert für den ursprünglichen Sehstrahl. Entsprechend wird bei refraction rays der Strahlengang durch transparente Medien in Abhängigkeit vom Brechungsindex verfolgt. Shadow rays werden von dem Auftreffpunkt zu jeder definierten Lichtquelle geschickt. Trifft ein shadow ray auf die Lichtquelle, ohne zuvor einen Schnittpunkt mit einer Fläche aufzuweisen, gilt der Punkt als beleuchtet, verdeckt eine Fläche die Lichtquelle, gilt er als beschattet. Dieses verfeinerte Verfahren wird *ray tracing* genannt.

Da bei beiden Verfahren Sehstrahlen vom Auge zur Lichtquelle (auch beleuchtete Flächen stellen in diesem Sinne Lichtquellen dar) ausgesandt werden und die Richtung umgekehrt zu der der physikalisch korrekten Lichtausbreitungsrichtung ist, wird manchmal auch von *backwards ray tracing* gesprochen. Da dieser Begriff jedoch nicht einheitlich gebraucht wird, ist es besser, anzugeben, von wo die Strahlen ausgehen; im Folgenden wird daher, wo eine Unterscheidung notwendig ist, von *eye-based* und *light-based ray tracing* gesprochen.

Die mit ray tracing erzeugten Bilder zeichnen sich im Prinzip durch hohen Realismus hinsichtlich Lichtreflexion und Lichtbrechung aus und ebenfalls durch korrekt wiedergegebene Schattenwürfe. Allerdings berücksichtigen beide Algorithmen nur die direkte Beleuchtung von Flächen durch Lichtquellen: Flächen, die im Schatten liegen oder nicht einer Lichtquelle zugewandt sind, empfangen in diesen Modellen kein Licht und werden zunächst schwarz dargestellt. Um diesen unrealistischen Aspekt der Bilder aufzubessern, wird allen Flächen ein einstellbarer minimaler Lichtempfang zugewiesen, sog. *ambient light*.

Es wurden nun verschiedene Verfahren entwickelt, die **die physikalisch korrekte Lichtverteilung im Raum berechnen sollten**. Die entwickelten Algorithmen werden gemeinhin unter dem Begriff *global illumination* zusammengefasst.

Eines der ersten Verfahren war das unter Abschn. 26.6 beschriebene *Radiosity*-Verfahren, welches v. a. für diffuse Flächen und ausgedehnte Lichtquellen korrekte Ergebnisse liefert.

Andere Verfahren basieren darauf, in einem ersten Rechenschritt von der Lichtquelle eine gewisse Anzahl von (Licht-) Strahlen auszusenden und deren Weg im Raum zu verfolgen. Die Lichtstrahlen werden dabei auf den Oberflächen zu Teilen absorbiert, reflektiert (gerichtet bis ideal diffus) oder (bei transparenten Materialien) gebrochen. Bei Absorption wird die Beleuchtungsintensität durch den Lichtstrahl für den Auftreffpunkt abgespeichert. Die reflektierten und gebrochenen Lichtstrahlen werden weiter verfolgt, bis entweder ihr ‚virtuelles‘ Energieniveau unter eine definiert Grenze fällt oder in der Szene nur noch eine bestimmte Anzahl an Lichtstrahlen vorhanden ist. Bei genügend hoher Strahldichte zu Beginn der Berechnung entsteht so ein dichtes Netz an Lichtauftreffpunkten auf den Oberflächen im Raum. Durch den zweiten Rechenschritt, das eye-based ray tracing, wird dann das zweidimensionale Bild aufgebaut. Trifft ein Strahl eine Oberfläche, fragt er den zuvor berechneten Lichtempfang ab und berechnet u. a. aus diesem den Farbwert für das Pixel. Dieses Verfahren wird *photon mapping* genannt. Neben diesem sind noch andere ‚light-based ray tracing‘-Algorithmen entwickelt worden, deren Darstellung jedoch über den Rahmen dieses Buches hinausgehen würde. Die meisten dieser Berechnungsmethoden basieren darauf, dass Strahlen im Raum in ihrem Verlauf verfolgt werden.

Je mehr Strahlen von einer Lichtquelle ausgehen, desto genauer ist die Berechnung der Lichtverteilung, desto höher ist allerdings auch der Rechenaufwand. U. a. um den Rechenaufwand zu minimieren, wurden daher stochastische Methoden eingeführt, die z. B. die Verteilung der Strahlen in den Raum abschätzen indem sie anhand verschiedener Bewertungskriterien bestimmte Strahlrichtungen als wichtiger erkennen als andere. Ein Beispiel wäre ein Innenraum, bei dem nur durch einen Türspalt Licht von einem angrenzenden Raum in den Raum selbst gelangt. Von der Lichtquelle im anderen Raum aus ist daher hauptsächlich der Raumwinkel, den der Türspalt einnimmt, relevant. Dieser Raumwinkel wird dann durch das Aussenden von vielen Strahlen in geringerem Abstand genauer untersucht, wodurch mit vergleichsweise geringem Rechenaufwand sehr realistische Bilder entstehen. Diese Methode wird *metropolis light transport* (MLT) genannt.

Obwohl die vorhandene Rechenleistung, selbst von PCs, heutzutage enorm ist und die verwendeten Algorithmen äußerst ausgeklügelt sind, bleibt die Anzahl der zur Berechnung einer einzelnen Szene verwendeten Strahlen begrenzt. Vor allem bei geometrischen Modellen, bei denen im Vergleich zur Innenraumgröße sehr kleine Geometrien den Lichteintritt bestimmen (man denke an Lamellenstrukturen oder Raster), ist leicht nachvollziehbar, dass die Ergebnisse der Berechnungen nicht zwangsläufig physikalisch korrekt sind. Hier sind Untersuchungen an Geometrieausschnitten notwendig, um z. B. den Lichteintrag über eine solche Ebene mit Lamellen genau berechnen zu können.

Eine weitere Problematik all dieser Verfahren ist, dass selbst physikalisch korrekt berechnete Leuchtdichten der Raumoberflächen nicht physiologisch exakt am Monitor, oder noch schwieriger, in gedruckter Form auf dem Papier dargestellt werden können, da der Farbraum der Medien und die darstellbaren Leuchtdichtekontraste zu klein sind. Um dennoch ansprechende und realistish wirkende Bilder zu erhalten, wird der Farbumfang der berechneten Bilder anhand komplizierter Algorithmen (*tone mapping*) auf den darstellbaren Farbraum heruntergerechnet – mit den notwendigerweise damit einhergehenden Informationsverlusten.

(Weiterführende Literatur s. z. B. [9, 10], [88])

26.9   Wahrnehmung von Licht

Die Physiologie des Sehens ist sehr komplex und bedingt die Kenntnis der Anatomie des Sehapparats. Als Standardliteratur seien zum Beispiel [7] genannt, zu Wahrnehmungsphänomenen [14], und im Hinblick auf die Lichttechnik [1].

26.9.1   Helligkeitswahrnehmung Adaptation

Bei Vollmond und klarem Himmel sehen wir noch gut, Messen jedoch schwerlich 1 lx. Im Sommer bei hoch stehender Sonne messen wir teilweise über 100.000 lx und sind dennoch, wenn wir nicht direkt in die Sonne sehen, meistens nicht geblendet. Dies zeigt die hohe Anpassungsfähigkeit des Auges an die Helligkeit der Umgebung (s. a. 2.9.2). Genannt wird die *Helligkeitsanpassung Adaptation*, das *Scharfstellen Akkommodation*.

Aber nicht nur die sich zeitlich (schnell) ändernde Helligkeit der Umgebung fordert das Auge, sondern auch Flächen mit hohem Helligkeitsunterschieden (Leuchtdichten) im Gesichtsfeld. Das Auge mittelt diese in einem komplexen Anpassungsvorgang (aktive Schaltgruppenbildung hinter der Netzhaut) zu einer mittleren Umgebungsleuchtdichte, auf die es adaptiert. Flächen mit großen Leuchtdichteunterschieden (im Extremfall wären dies helles Weiß und Schwarz.) Werden als umso störender empfunden, je größer sie sind (Kontrastblendung). Es ist also nachvollziehbar, dass man als Beleuchtungskriterium für einen Raum dessen Leuchtdichteverteilung heranzieht, dessen mittlere und niedrigste (oder höchste) Leuchtdichte nicht zu weit auseinander liegen sollten. Auf der anderen Seite benötigt man möglichst hohen Kontrast, um kleinere Strukturen noch auflösen zu können; so liest man zum Beispiel kleine Schrift am besten schwarz auf weißem Grund. Zudem braucht man hierzu hinreichende Leuchtdichten der betrachteten Flächen oder Gegenstände, woraus sich ableitet, dass die Anforderungen an Arbeitsplatzbeleuchtung von den jeweiligen Arbeitsaufgaben abhängen (je diffiziler die Arbeit, desto höher die geforderten Beleuchtungsstärken).

Eine gleich helle Fläche sehen wir vor dunklen Hintergrund heller als vor hellem, was zeigt, wie schwer es ist, Helligkeitswahrnehmung zu objektivieren oder gar zu messen.

26.9.2 Weber-Fechnersches Gesetz

Die meisten Sinneswahrnehmungen verlaufen – im vornehmlichen Empfindungsbereich – proportional zum Logarithmus der Reizintensität. Das bedeutet, dass Wahrnehmungsunterschiede nicht von den absoluten, sondern von den relativen Intensitätsunterschieden des Reizes abhängen (*Weber-Fechnersches Gesetz*).

$$\Delta \tilde{I} \approx \frac{\Delta I}{I} \text{ bzw. integriert } \tilde{I} \approx \log I \qquad (26.47)$$

mit der Reizintensität I und der Sinnesempfindung $\tilde{I}$

Wird in einem Raum die Beleuchtungsstärke von 1 lx um 1 lx auf 2 lx erhöht, spüren wir dies deutlich; wird die Beleuchtungsstärke von 100 lx um 1 lx erhöht, werden wir dies nicht wahrnehmen. Der gleiche relative Unterschied wäre bei Verdoppelung der Beleuchtungsstärke gegeben und würde dann auch als gleiche Helligkeitsänderung wahrgenommen.

Bei der Schallempfindung wird dem bereits durch die Wahrnehmungseinheit dB(A) Rechnung getragen, welche den Logarithmus der Intensitätsänderung, d. h. die relative Änderung beschreibt und als Bezugspunkt die absolute Hörschwelle hat. Eine entsprechende Einheit für das Sehen ist nicht definiert. Man kann dem jedoch insofern Rechnung tragen, als man Beleuchtungsstärken oder Tageslichtquotienten logarithmisch aufträgt, beispielsweise bei der Darstellung von Untersuchungsergebnissen (s. Abb. 26.33) oder bei der Datenaufzeichnung von Lichtmesswerten, z. B. im Rahmen einer Lichtregelung (s. Abb. dort).

Die logarithmische Darstellung hat nicht nur den Vorteil, dass sie der Helligkeitsempfindung entspricht, sondern es lassen sich auch große Bereiche von Beleuchtungsstärken darstellen und so Beleuchtungsstärken außen und im Raum miteinander vergleichen, z. B. zur Überprüfung der Wirksamkeit einer Lichtregelung (s. Kap. 30) oder von sonnenstandsabhängigen Sonnenschutzmaßnahmen.

Aufgrund des Zusammenhangs

$$\log a \cdot b = \log a + \log b \qquad (26.48)$$

wird aus einer Lichtminderung, z. B. durch eine Verglasung, welche im Linearen als Faktor eingeht, im Logarithmischen eine Verschiebung der Kurve auf der Ordinate *ohne* Ver-

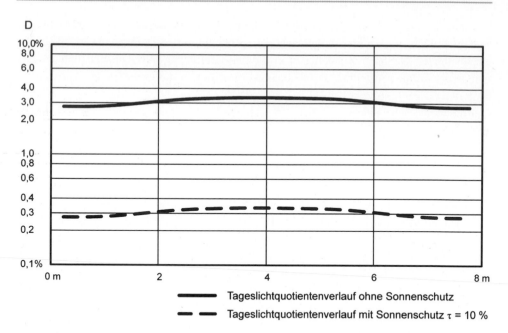

Abb. 26.33 Typische Tageslichtschnitte (horizontale Tageslichtquotientenverläufe auf Wand) in logarithmischer Darstellung. Die Kurve wird bei Multiplikation mit einem Vergrößerungs- oder Verkleinerungsfaktor nur auf der Skala verschoben, ändert dabei jedoch ihren Verlauf nicht

änderung ihrer Form. Das zeigt auch, dass Tageslichtquotientenverläufe eine qualitative Bewertung der Lichtverteilung im Raum gestatten unabhängig von der vorausgesetzten Außenbeleuchtungsstärke.

26.9.3 Blendung

Bei Blendung werden zwar begrifflich drei Arten unterschieden, der Übergang zwischen ihnen ist jedoch fließend. Die wohl stärkste Art der Blendung ist die ‚*blind machende'* beim Blick in die Sonne oder andere Lichtquellen sehr hoher Leuchtdichte, was zu kurzzeitiger bis hin zur dauerhaften Erblindung führen kann. Wie im Freien wird man jedoch auch bei besonnten Räumen nicht direkt in die Sonne blicken.

Um *physiologische Blendung* handelt es sich, wenn das Sehen messbar beeinträchtigt ist. Diese Art der Blendung wird i. d. R. bewusst wahrgenommen, so zum Beispiel in einem langen Gang, bei dem das Ende voll nach außen verglast ist. Hat man seinen Arbeitsplatz direkt am Fenster, was zunächst wegen des Außenbezugs als angenehm empfunden wird, wird hingegen das Auge zu ständiger Adaptation an die starken Wechsel der Außenbeleuchtungsstärke veranlasst und ermüdet damit schnell. Dies wird nicht als Einschränkung des Sehens durch Blendung wahrgenommen, führt aber zu einem oft unerklär-lichen Unwohlsein. Es handelt sich dabei um *psychologische Blendung*.

Gleiches gilt für *Kontrastblendung* in Räumen mit hohen Leuchtdichteunterschieden, wozu allein schon ein großes Fenster in Blickrichtung neben der dagegen dunklen Wand zählt. Es ist also auch notwendig, sich durch geeignete Maßnahmen wie Vorhänge, Blend-schutzrollos, Jalousetten, aber auch schon Gardinen, gegen die Blendung des Himmels ohne Sonne schützen zu können.

Eine weitere störende Art der Blendung ist die Form von Blendung, die zur *Silhouetten-wahrnehmung* führt – eine Form der Kontrastblendung. Sie entsteht, wenn sich die be-trachtete Person oder ein Gegenstand vor einer Fläche hoher Leuchtdichte wie einem Fenster befindet. Dies kann auch schon der Fall sein, wenn der Arbeitsplatz oder Sitzplatz in der Schule die Hauptblickrichtung in Richtung Fenster hat. Wenn nicht innerhalb des Raumes leicht durch entsprechende Anordnung der Plätze oder Wechsel der Position des Vortragenden Abhilfe geschaffen werden kann, zum Beispiel bei Konferenzsälen oder bei Sporthallen, muss dies von Anbeginn planerisch berücksichtigt werden. Bei Konferenz-sälen zum Beispiel darf natürlich hinter dem Vortragenden kein Fenster sein, nach Möglichkeit kann jedoch durch ein Oberlicht Tageslicht in den Vortragsbereich gelangen. Auch bei Sporthallen mit seitlichen hohen Lichtbändern kann, sofern die Halle längs und quer bespielt wird, nur durch effiziente Licht- und Sonnenschutzmaßnahmen Blendung vermieden werden. Auch hier gilt, dass, wenn trotzdem ausreichend Tageslicht in den Raum gelangen soll, Oberlichter, am besten lichtstreuend verglast, die Halle ausreichend beleuchten können. Die Größe und Anordnung der Oberlichter sollte dann unter Voraus-setzung geschlossener seitlicher Sonnenschutzmaßnahmen bestimmt werden. Bei der Kunstlichtplanung sollte Blendung durch direkt sichtbare Lichtquellen vermieden werden.

26.9.4   Farbmetrik – Farbwiedergabe

Farbmetrik ist wohl der komplexeste Teil der Photometrie, da die Beschreibung der Hellig-keitsempfindlichkeit nochmals differenziert wird in die der drei einzelnen chromatischen Rezeptoren (Abb. 26.34). Eine genaue Behandlung befindet sich z. B. in [1]. *Farbsehen* ist nur mit den **Zapfen** (Tagsehen) möglich, nicht mit den Stäbchen (**Nachtsehen**). Wenn ein Maler empirisch feststellt, dass er sich jede Farbe aus den drei Grundfarben Rot, Grün und Blau zusammenmischen kann, lässt sich daraus bereits auf das Vorhandensein von drei Farbrezeptoren des Auges schließen. Die Farbempfindung des Menschen ist dennoch eine individuelle und subjektive. Anhand von Untersuchungen an Testpersonen konnte die Existenz dreier unterschiedlicher *Farbrezeptoren, l, m, s,* für *long-, middle-, short-wave-length*, entsprechend Rot, Grün, Blau, nachgewiesen werden, deren *Absorptionsspektren* in Abb. 26.34 in normierter Form dargestellt sind. Aufgrund der gemittelten Resultate wurde dann ein sog. **Normalbeobachter** mit standardisierter Wahrnehmungscharakteristik definiert.

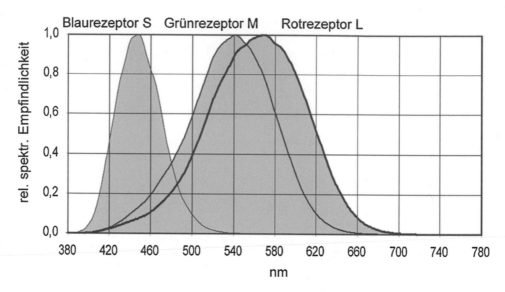

Abb. 26.34 Relative spektrale Empfindlichkeitskurven der drei Zapfentypen für 10° Sichtfeld; S-Typ (Blaurezeptor), M-Typ (Grünrezeptor) und L-Typ (Rotrezeptor)

Für die Beleuchtungstechnik ist ein Grundverständnis der Farbmetrik wichtig, da hohe Farbwiedergabequalität nicht nur in Museen bei Kunstlicht und (!) Tageslicht unerlässlich ist, sondern auch zu größerem Wohlbefinden in Wohn- und Arbeitsräumen entscheidend beiträgt, auch wenn sie nicht direkt bewusst wahrgenommen wird. Eine systematische Erfassung der *Farbempfindung des Menschen* und ein daraus abgeleiteter mathematisch-technischer Formalismus sind notwendig zur Klassifizierung von Leuchten sowie von Licht transmittierenden und reflektierenden Materialien. Auch für die chromatische Kalibrierung von Druckern, Monitoren etc. ist eine mathematisch eindeutige Beschreibung von Farben unerlässlich. Die betrachterunabhängige Definition von Farben kann damit eindeutiger Bewertungsmaßstab für Reproduzierbarkeit sein (Lacke, Stofffarben, etc.). Die Grundprinzipien der Farbmetrik sind zum Beispiel in [1, 6, 16, 17] umfassend dargestellt: Im Folgenden soll der Farbwiedergabeindex näher betrachtet werden.

Die möglichst unverfälschte Wiedergabe von Farben bei Beleuchtung, kurz **Farbwiedergabe**, definiert in [18], ist ein Gütekriterium für Lichtquellen und transmittierende Materialien wie Folien u. v. a. Verglasungen. Sie wird als ***allgemeiner Farbwiedergabe-Index R_a*** beschrieben (im Gegensatz zu R_i, s. u.). Für die Bestimmung von R_a einer Lichtquelle werden i. d. R. 8 von 14 definierten Farbproben nacheinander mit der Testlichtquelle und einer definierten Bezugslichtart beleuchtet (s. Abb. 26.35).

Bei dem Bewertungsverfahren werden die Änderungen der Farborte, d. h. die Farbverschiebungen ΔE_i, bei Beleuchtung der Farbproben mit den beiden Lichtquellen ermittelt (s. Abb. 26.36).

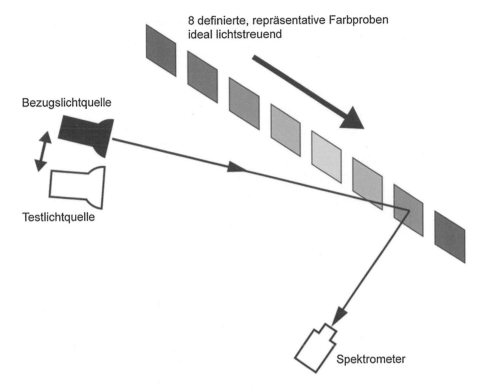

Abb. 26.35 Messaufbau zur Ermittlung des Farbwiedergabeindex'. Für jede Testfarbe wird das Reflexionsspektrum der Testlichtquelle mit dem der Referenzlichtquelle verglichen und daraus die Farbortverschiebung ΔE_i berechnet. Aus den Abweichungen wird der Farbwiedergabeindex R_a berechnet

Ein Farbort ist ein Punkt in der CIE Normfarbtafel (oder einem anderen Farb-Darstellungs-sytem), durch den eine Farbe eindeutig beschrieben wird. (Meistens wird jedoch die Farbvalenz des Normvalenzsystems in den Farbraum CIE 1964 L*u*v über-führt, welcher die empfundenen Farbunterschiede äquidistant darstellt).

Der *spezielle Farbwiedergabe-Index* R_i bezieht sich auf jeweils eine Referenzfarbe und ist definiert wie folgt:

$$R_i = 100 - 4,6 \cdot \Delta E_i. \tag{26.49}$$

Der Faktor 4,6 ist so gewählt, damit eine warmweiße Standard-TL-Leuchtstofflampe ungefähr einen R_a-Wert von 50 besitzt. Für den allgemeinen Farbwiedergabeindex R_a gilt nun:

$$R_a = \frac{1}{8} \cdot \sum_{i=1}^{8} R_i \tag{26.50}$$

Tageslicht

Christian Kölzow

Bei der Planung von Gebäuden mit Tagesbeleuchtung geht es immer um zwei Schwerpunkte: Die Beleuchtungssituation bei bedecktem Himmel und die bei Besonnung. Entsprechend unterschiedlich sind auch die zugehörigen Planungswerkzeuge und Berechnungsmethoden.

Zur Charakterisierung der Beleuchtungsverhältnisse mit Tageslicht im Raum wird aus gutem Grund der vollständig bedeckte Himmel herangezogen. Damit ist die Bewertung unabhängig vom Sonnenstand und somit von Tages- und Jahreszeit (wobei die maximale Sonnenhöhe in die Zenitleuchtdichte des bedeckten Himmels eingeht, s. Abschn. 27.2). Vereinfacht gesagt ist der Tageslichtquotient das Verhältnis von Beleuchtungsstärke im Raum zur Außenbeleuchtungsstärke. (Definition und Berechnung s. Abschn. 27.3)

Der Tageslichtquotient an kennzeichnenden Stellen im Raum, zum Beispiel auf Arbeitsebene oder – bei Museen – auf Bildebene ist eine den Raum tageslichttechnisch charakterisierende Größe. Der Tageslichtquotientenverlauf auf Arbeits- oder Bodenebene bzw. im vertikalen oder horizontalen Verlauf auf Wandebene charakterisiert die Lichtverteilung und damit die Beleuchtungsqualität im Raum.

Während man bei Neuplanungen die Lichtöffnungen durch begleitende tageslichttechnische Berechnungen so bestimmen kann, dass sich nach Fertigstellung der gewünschte Tageslichtquotient bzw. dessen Verlauf im Raum ergibt, gilt es bei Sanierungen, durch geeignete Verglasungen, eventuell Lichtführungselemente, Vergrößerung oder Neuschaffung von Tageslichtöffnungen. aber auch Teilschließungen bei zu viel Licht, die Beleuchtungssituation zu optimieren.

Die genannten Planungsschritte und Berechnungen sind, unabhängig von der Besonnungssituation der Lichtöffnungen, immer durchzuführen.

C. Kölzow (✉)
Inst Tageslichttechnik Stuttgart, Stuttgart, Deutschland
E-Mail: Tageslichttechnik@IFT-Stuttgart.de

Ob, und wie lange und intensiv eine Lichtöffnung besonnt werden kann, muss bei der Planung gesondert untersucht werden, sowohl zur Bestimmung geeigneter Licht- und Sonnenschutzmaßnahmen, als auch zur energetischen Betrachtung. Dies setzt geometrisch-astronomische Berechnungen voraus, die im Abschn. 27.6 ‚Besonnung' beschrieben sind. Besonnungsuntersuchungen sind aber nicht nur notwendig zur Bestimmung von Besonnungszeiten von Oberlichtern, Fenstern und durch diese von Arbeits- und sonstigen relevanten Ebenen im Raum, sondern auch zur geometrisch-astronomischen Konfiguration von Sonnenschutzmaßnahmen, man denke an Sonnenschutzraster, die auf die Neigung und Orientierung von Dachglasflächen entsprechend geographischer Lage abgestimmt werden.

Zwischen den Extremen eines einzelnen Fensters oder Oberlichts, welche eine Minimalbeleuchtung mit Tageslicht schafft und des Gewächshauses, das auf höchsten Gewinn an Sonnenstrahlung angelegt ist, gibt es viele Möglichkeiten, Tageslicht in Räume einfallen zu lassen. Überlegungen dazu betreffen zunächst immer Geometrie und Ausrichtung des Gebäudes oder Raumes und seiner Lichtöffnungen und prägen entscheidend jeden Gebäudeentwurf. Bei Verständnis der wesentlichen Zusammenhänge werden bereits mit den ersten Entwurfsideen die Problempunkte erkannt, die der genauen Bearbeitung bedürfen.

27.1 Qualitative Abschätzungen zum Lichteinfall – Projektionsverfahren

Wie viel Tageslicht in einen Raum gelangt, hängt nicht nur von der Größe einer Lichtöffnung ab, sondern auch von deren Lage. Qualitativ kann dies bereits zweidimensional abgeschätzt werden. Dabei können entweder Vergleiche hinsichtlich der Positionierung eines Fensters oder Oberlichts angestellt werden, oder eine Fensterhöhe (Oberlichtbreite) wird variiert und dessen Nutzen vergleichend abgeschätzt. Dieses wertvolle, da einfache und aussagefähige Verfahren wird vornan gestellt, um die darauffolgenden qualitativen Abschätzungen nachvollziehen zu können.

Bei Vernachlässigung der Leuchtdichteverteilung des Himmels und der üblichen Minderungsfaktoren von Verglasung, Versprossung, Verschmutzung, gibt der Formfaktor F_{d1-2}, d. h. der projizierte (und normierte) Raumwinkel, den eine **hier als unendlich lang vorausgesetzte Lichtöffnung** von einem Punkt von Interesse aus einnimmt, maßgeblich Auskunft über den Lichteintrag, insbesondere bei vergleichender Betrachtung. Der gesuchte Formfaktor ergibt sich entsprechend Abb. 27.1 zu:

$$F_{d1-2} = \frac{1}{2} \cdot \left(\sin \varepsilon_1 - \sin \varepsilon_2 \right) \tag{27.1}$$

Im Schnitt wird die Halbkugel als Halbkreis gesehen (s. Abb. 27.1 links). Der Faktor $\frac{1}{2}$ ist darin begründet, dass die Projektion des Viertelkreises auf die Grundlinie bereits 1

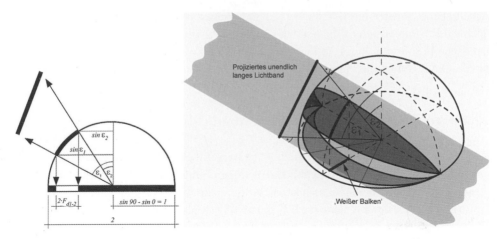

Abb. 27.1 Projektions-Verfahren 2-dimensional. Projizierter Raumwinkel eines unendlich langen Lichtbandes (unendlich breiten Fensters) auf eine Empfangsebene. Die an den Enden spitz zulaufende Fläche auf der Projektionsebene zeigt, dass der Lichtempfang von einem unendlich langen Lichtband sich wenig unterscheidet von dem eines endlich langen

ergibt ($\sin 90° - \sin 0°$), das Ergebnis für den ganzen Halbkreis muss daher zur Normierung halbiert werden.

Im Abb. 27.1 links zeigt der **'weiße Balken'** den zweidimensionalen projizierten Raumwinkel. Auf diesen ist in allen weiteren Darstellungen zu achten. Der Formfaktor ergibt sich aus dem Verhältnis von weißem Balken zur Grundlinie und ist damit als Verhältnisangabe dem Tageslichtquotienten analog.

Bei qualitativen vergleichenden Abschätzungen reicht es, mit Zirkel und Lineal diese Projektionen vorzunehmen und die Breite der entstehenden Streifen auf der Grundlinie zu vergleichen.

Im Abb. 27.1 rechts ist dieselbe Projektion dreidimensional gezeigt. Aus dem Stück 'Apfelsinenschale' ist abzulesen, dass die Abschätzung mit Lichtstreifen. die gegen unendlich gehen, ziemlich gut ist, da deren wirksamer Anteil mit zunehmendem Seitenwinkel rapide abnimmt.

Mit diesen Voraussetzungen seien folgende Vergleiche angestellt.

Vorab: Die in den Zeichnungen angegebenen Formfaktoren gelten für unendlich lange Lichtöffnungen exakt.

27.1.1 Fenster niedrig/hoch angeordnet

Durch die hohe Anordnung des Fensters ist der Lichtempfang auf Bodenebene nahezu doppelt so hoch. Das Beispiel ist extrem gewählt, aber allgemein gilt, dass die Wirksamkeit von Fenstern oder Lichtbändern zur Raumausleuchtung umso mehr steigt, je höher sie angeordnet sind. Dies liegt einerseits am kleineren, daher günstigeren Einfallswinkel auf

Arbeitsebene, andererseits fällt die Verbauung weniger ins Gewicht. Die Leuchtdichteverteilung des Himmel steigt zudem mit der Höhe an – zwischen Horizont und Zenit um das Dreifache (s. Abschn. 27.2). In Fensternähe sinkt der Wert bei hohen Fenstern natürlich rapide. Die Position muss je nach Aufgabenstellung optimiert werden (Abb. 27.2).

27.1.2 Vergleich von Seitenlicht und Oberlicht

Bei diesem Beispiel ist die nahezu dreimal so hohe Effizienz eines Oberlichts gegenüber einem Fenster gezeigt. Sie beruht auf dem niedrigen Einfallswinkel und dementsprechend dessen Cosinus nahe 1. Würde man bei dieser Betrachtung die Leuchtdichteverteilung des Himmels berücksichtigen, wäre die Effizienz des Oberlichts nochmals erhöht (Abb. 27.3).

27.1.3 Lichtempfang horizontal/vertikal in Fensternähe und in Raumtiefe

Bei Lichtempfang auf Arbeitsebene ist allein anhand der Breitenabnahme der weißen Grundlinie – unabhängig von den numerischen Werten – deutlich zu erkennen, dass dieser vom Fenster zur Raumtiefe hin stark abnimmt (hier auf ca. 1/7). Dies ist sowohl auf die Abnahme des Raumwinkels als auch auf die Zunahme des Einfallswinkels zurückzuführen.

Bei vertikaler Empfangsebene ist der Raumwinkel derselbe wie bei horizontaler; der Einfallswinkel ist jedoch kleiner und nimmt zur Raumtiefe hin weniger stark ab (vergl. 3.4 links und rechts). Der Lichtempfang ist daher an allen drei Punkten höher, in Raumtiefe mehr als 5 mal so hoch (Abb. 27.4).

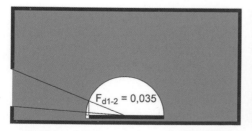 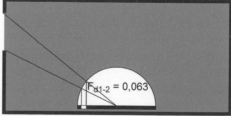

Abb. 27.2 Der horizontale Lichtempfang ist bei hoch gelegenem Fenster fast doppelt so hoch wie bei niedrig gelegenem gleicher Größe

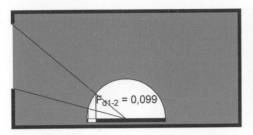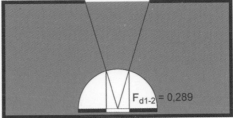

Abb. 27.3 Der Lichtempfang bei einem Oberlicht ist fast dreimal so hoch wie bei einem vertikalen Fenster gleicher Größe

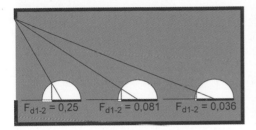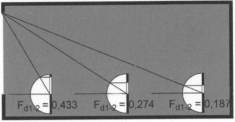

Abb. 27.4 Lichtempfang in Seitenlichträumen, Empfangsebene horizontal/vertikal Bei horizontaler Empfangsfläche nimmt der Lichtempfang in Raumtiefe wesentlich stärker ab als bei vertikaler

27.1.4 Licht von oben in Raummitte und am Rand – horizontal/vertikal

Bei Lichtempfang von oben auf horizontaler Empfangsebene ist die Abnahme des Lichtempfangs auf Punkten zur Seite hin hauptsächlich bedingt durch die Abnahme des Raumwinkels, den die Lichtöffnung einnimmt. Der auf vertikaler Empfangsebene in allen drei Punkten mehr oder weniger stark streifende Lichteinfall lässt den Lichtempfang trotz großer Lichtdecke gering ausfallen; zudem wird jeweils nur ein Teil der Lichtdecke zur Beleuchtung der Empfangsfläche wirksam (vergl. a. numerische Werte) (Abb. 27.5).

Die Beispiele haben gezeigt, wie viel man zur Tagesbeleuchtung bereits mit einfachsten elementar-geometrischen Überlegungen qualitativ (mit etwas Erfahrung auch quantitativ) und vergleichend einschätzen kann. Wie gesehen, sind **die entscheidenden Größen** bei tageslichttechnischen Überlegungen **Raumwinkel und Einfallswinkel**.

27.2 Leuchtdichteverteilung des Himmels

Die bei Berechnungen des Tageslichtquotienten vorausgesetzte Leuchtdichteverteilung des bedeckten Himmels ist azimutinvariant, die Himmelsleuchtdichte nimmt jedoch nach dem verwendeten Himmelsmodell von Moon & Spencer [1] vom Horizont zum Zenit um das Dreifache zu. Dieser Zusammenhang wird beschrieben durch:

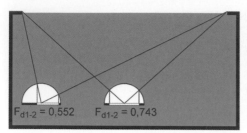 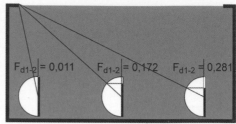

Abb. 27.5 li.: Der Lichtempfang auf Arbeitsebene nimmt bei Lichtdecke/Oberlicht zum Raumrand hin ab. Re.: Der vertikale Lichtempfang in Oberlichträumen wird bei Verschieben der Empfangs-fläche in Richtung gegenüber liegender Wand verschwindend gering und besteht bei keinem Direkt-lichtempfang mehr nur noch aus Reflexlicht. Bei Verschieben der Empfangsebene in Richtung Wand hinter dieser nimmt der Lichtempfang zu

$$L(\varepsilon) = L_z \cdot \frac{1 + 2 \cdot \cos\varepsilon}{3} \qquad (27.2)$$

Bisher wurde ε als Einfallswinkel definiert. Hier ist es im Grunde der gleiche Winkel, wird jedoch in Bezug auf die Sonne als Zenitwinkel bezeichnet.

Die angesetzte Zenitleuchtdichte L_z beträgt

$$L_z = \frac{9}{7 \cdot \pi} \cdot \left(300 + 2100 \cdot \sin\gamma_s\right) \text{cd/m}^2 \qquad (27.3)$$

Darin ist γ_s die Sonnenhöhe. Die Formel zeigt, dass der Wert der Himmelsleuchtdichte von der Sonnenhöhe abhängig ist. Der formale Zusammenhang wurde abgeleitet aus Mes-sungen der Außenbeleuchtungsstärke E_a in Abhängigkeit von γ_s. Folgende Formel ist in guter Übereinstimmung mit den Werten:

$$E_a = 300 + 2100 \cdot \sin\gamma_s \ \text{lx} \qquad (27.4)$$

Hieraus ergeben sich die in Tab. 27.1 aufgeführten Außenbeleuchtungsstärken auf waa-gerechter Ebene bei bedecktem Himmel je nach Sonnenhöhe.

Der Vorfaktor $\dfrac{9}{7 \cdot \pi}$ bei L_z in Gl. 27.3 hat sich daraus ergeben, dass man bei angesetzter Außenbeleuchtungsstärke entsprechend Gl. 27.4 über die Hemisphäre mit dem Integran-den $L(\varepsilon)$ integriert hat mit dem Ergebnis $\dfrac{7 \cdot \pi}{9}$. Bei Normierung des Ergebnisses auf 1 (Tageslichtquotient auf unverbauter Fläche 100 %, s. u.) ergibt sich als Kehrwert der Vor-faktor von L_z. Die relative Leuchtdichteverteilung des Himmels verläuft nach diesem Himmelsmodell wie in Abb. 27.6 gezeigt:

Ein Himmelsmodell für den klaren Himmel ist auch vom Azimutwinkel der Sonne ab-hängig, wie beispielhaft Darstellung 3.7 zeigt [12].

Für Mischzustände zwischen klarem und bedecktem Himmel gibt es nach CIE etliche Himmelsmodelle [13] (Abb. 27.7).

Tab. 27.1 Beleuchtungsstärken bei vollständig bedecktem Himmel für verschiedene Sonnenhöhen auf horizontaler, unverbauter Ebene

Sonnenhöhe γ_S	Beleuchtungsstärke E_a [lx]
0	300
10	3947
20	7482
30	10800
40	13799
50	16387
60	18487
65	19332
70	20034
80	20981
90	21300

Abb. 27.6 Relative Leuchtdichteverteilung des vollständig bedeckten Himmels nach Gl. 27.2 gemäß [1]

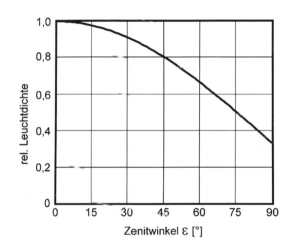

Für die wichtigsten Himmelsmodelle sind die horizontalen Beleuchtungsstärken in Abhängigkeit von der Sonnenhöhe in Diagramm Abb. 27.8 dargestellt. Anhand der beiden unteren Kurven sieht man, dass der Unterschied zwischen vollständig bedecktem Himmel und klarem Himmel ohne Sonne sehr gering ist.

27.3 Tageslichtquotient

Der *Tageslichtquotient D* *(daylight factor)* ist definiert als der Prozentsatz an Tageslicht an einem Punkt auf ebener Fläche im Innen- oder Außenbereich im Verhältnis zu einem Punkt im Freien auf waagerechter Fläche ohne Verbauung bei vollständig bedecktem Himmel. Er ist als Verhältnisgröße dimensionslos. Seine Angabe erfolgt in Prozent (Tab. 27.2).

Abb. 27.7 Leuchtdichteverteilung des klaren Himmels,
normiert auf $L_z = 1$, Sonnenhöhe 30°: 51° N, 21. Mai/Juli
7.30 Uhr WOZ

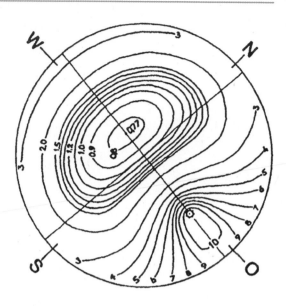

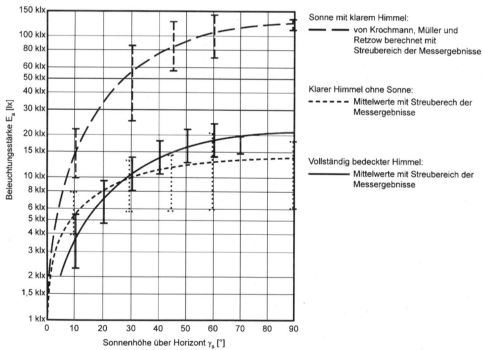

Abb. 27.8 Von verschiedenen Himmelszuständen auf unverbauter waagerechter Fläche im Freien
erzeugte Beleuchtungsstärken E_a in Abhängigkeit von der Sonnenhöhe γ_S [2, 3]

Tab. 27.2 Referenzbeleuchtungsstärken bei bedecktem Himmel

geogr. Breitengrad	Dezember 10 u. 14 Uhr WOZ [lx]	Dezember 12 Uhr WOZ [lx]	März bis September 10 bis 14 Uhr WOZ [lx]
48° N	6800	9150	18100
49° N	6300	8750	18000
50° N	5900	8250	17800
51° N	5500	7750	17600
52° N	5100	7250	17300
53° N	4700	6750	17000

$$D = \frac{E_i}{E_a} \qquad (27.5)$$

Der Tageslichtquotient ist eine jedem Raumpunkt eigene, quasi geometrische Größe, abhängig von den Raumabmessungen, den Reflexionsgraden der Flächen, Anzahl, Anordnung und Größe der Lichtöffnungen sowie der Art der Verglasung. Weil er aus den ihn bestimmender Faktoren schon vor Baubeginn errechnet werden kann, lassen sich schon während der Planung wichtige Entscheidungen in Bezug auf die Raumgeometrie und die Verglasung treffen. Es hat sich überdies gezeigt, dass der Tageslichtquotient an vergleichbaren Untersuchungspunkten eine recht zuverlässige Kenngröße für den subjektiv wahrgenommenen Helligkeitseindruck im Raum ist.

Der Tageslichtquotient D setzt sich zusammen aus folgenden Komponenten:

$$D = D_H + D_V + D_R \qquad (27.6)$$

Dabei sind

D_H der *Himmelslichtanteil,* d. h. das direkt am Untersuchungspunkt auftreffende Himmelslicht,

D_V der *Außenreflexionsanteil,* d. h. das Reflexlicht, das von der Verbauung aus auf den Untersuchungspunkt fällt (unter Verbauung ist subsummiert, was ,beim Blick nach außen' vom Untersuchungspunkt aus nicht Himmel ist),

D_R der *Innenreflexionsanteil,* d. h. das im (Innen-)Raum interreflektierte Himmelslicht, das auf den Untersuchungspunkt fällt.

D_H und *D_V* werden direkt über den Raumwinkel ermittelt (s. Abschn. 27.3.1), und werden daher zusammenfassend auch als Direktlichtanteil *D_{dir}* bezeichnet. Der Innenreflexionsanteil des Tageslichtquotienten wird meistens nach dem in [14] angegebenen Verfahren berechnet, welches den Raum als aus diffus strahlenden Flächen bestehend voraussetzt, was in der Regel auch gut gegeben ist (Berechnung s. Abschn. 27.3.1). Bei Interreflexionsberechnungen ist der Reflexlichtanteil bereits enthalten (s. Abschn. 27.3.2).

Stark lichtstreuenden Verglasungen (z. B. Milchüberfangglas oder bei Glas mit Glasgespinsteinlage), bei denen nicht zwischen direktem Himmelslicht und Verbauung unterschieden werden kann, gelten als *selbstleuchtende Flächen* (wie auch lichtstreuende

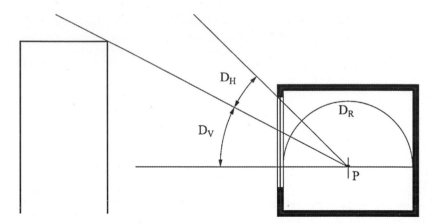

Abb. 27.9 Anteile des Tageslichtquotienten

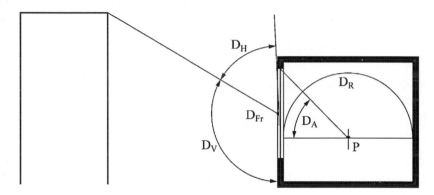

Abb. 27.10 Anteile des Tageslichtquotienten für lichtstreuende Verglasungen

Lichtdecken, Oberlichter, etc.). In diesem Falle (s. Abb. 27.9 und 27.10) wird der Tageslichtquotient auf dem Fenstermittelpunkt ermittelt und dieser stellt, gemindert um Fensterfaktoren (s. u.) die relative Abstrahldichte der leuchtenden Fläche dar. Der von ihr erzeugte Direktlichtanteil am Untersuchungspunkt wird mit D_A bezeichnet. Bei Oberlichtern wird ebenfalls der Tageslichtquotient außen auf der Glasebene berechnet, der je nach Neigung und Verbauung kleiner 100 % ist: bei Lichtdecken muss auf diese ‚heruntergerechnet' werden. Mit dem Innenreflexionsanteil D_R ergibt sich:

$$D = D_A + D_R \qquad (27.7)$$

Um die Minderung von Fensterkonstruktionen und Verglasung in die Berechnung aufnehmen zu können, werden für die Summanden des Tageslichtquotienten die der *Rohbaumaße* vorausgesetzt, durch den Index *r* klassifiziert, und die Summe mit den Faktoren k_1, k_2 und *x* multipliziert.

Damit ergibt sich:

$$D = \left(D_{Hr} + D_{Vr} + D_{Rr} \right) \cdot k_1 \cdot k_2 \cdot \tau \text{ bzw. } D = \left(D_{Ar} + D_{Rr} \right) \cdot k_1 \cdot k_2 \cdot \tau \qquad (27.8)$$

Die Faktoren stehen für Versprossung k_1, *Verschmutzung* k_2, Lichttransmissionsgrad τ (Berücksichtigung des Einfallswinkels s. u.) des Fenster bzw der Tageslicht spendenden Fläche (Lichtdecke, Oberlicht, etc.).

Andere Lichtquellen als der bedeckte Himmel werden in die Berechnung nicht einbezogen.

Für Tageslichtquotienten gilt das Superpositionsprinzip: Die Tageslichtquotienten, die sich aufgrund einzelner Tageslicht spendender Flächen ergeben, können (und müssen) einzeln berechnet werden. Die Anteile werden an jeder Stelle addiert und beeinflussen sich quantitativ nicht gegenseitig (sehr wohl aber in der physiologischen Wahrnehmung). So können Tageslichtquotientenverläufe, resultierend aus verschiedenen Lichtöffnungen, in einer Skala dargestellt werden einschl. deren Summe als resultierender Tageslichtquotientenverlauf (s. Abb. 27.11). Auch kann der Verlauf differenziert werden in Direktlichtanteil und Reflexlichtanteil, um beispielsweise den Einfluss der Reflexionsgrade der Raumoberflächen hervorzuheben (s. Abb. 27.12).

27.3.1 Berechnung des Direktlichtanteil

Die folgend angegebenen Lösungen gelten zunächst ohne die Minderungsfaktoren k_1, k_2 und τ, können somit als Rohbauanteile gelten.

In Abschn. 26.5 wurden Lösungen von Formfaktoren für rechteckige Öffnungen angegeben, die parallel oder im rechten Winkel zur Auftreffebene liegen (Fenster und Deckenöffnung bei Empfangsebene Boden; vice versa bei Empfangsebene Wand).

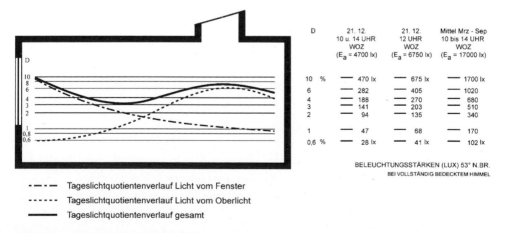

--·-- Tageslichtquotientenverlauf Licht vom Fenster
······ Tageslichtquotientenverlauf Licht vom Oberlicht
—— Tageslichtquotientenverlauf gesamt

Abb. 27.11 Tageslichtquotientenverläufe verschiedener Lichtöffnungen können addiert werden

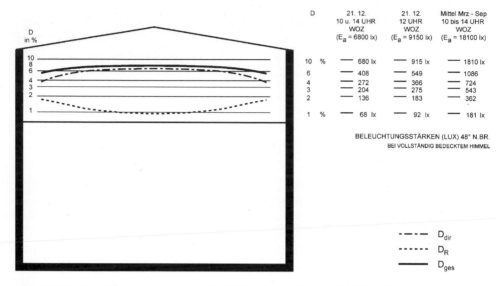

D	21. 12. 10 u. 14 UHR WOZ (E_a = 6800 lx)	21. 12. 12 UHR WOZ (E_a = 9150 lx)	Mittel Mrz - Sep 10 bis 14 UHR WOZ (E_a = 18100 lx)
10 %	— 680 lx	— 915 lx	— 1810 lx
6	— 408	— 549	— 1086
4	— 272	— 366	— 724
3	— 204	— 275	— 543
2	— 136	— 183	— 362
1 %	— 68 lx	— 92 lx	— 181 lx

BELEUCHTUNGSSTÄRKEN (LUX) 48° N.BR.
BEI VOLLSTÄNDIG BEDECKTEM HIMMEL

- – – – D_{dir}
- · · · · · · D_R
- ——— D_{ges}

Abb. 27.12 Tageslichtquotientenverlauf auf Lichtdecke, Kurven des Direktlicht- und Reflexlichtempfangs und die Resultierende

Für selbstleuchtende Flächen stellen diese Lösungen, gewichtet mit der Abstrahldichte der Flächen, bereits den Direktlichtanteil D_A dar.

Bei klar durchsichtiger Verglasung sind die Außenanteile D_H und D_V zu bestimmen. In [14] gibt es dafür Lösungen in Kugelkoordinaten, in welchen die Leuchtdichteverteilung des bedeckten Himmels bereits enthalten ist. In Anbetracht der rechteckigen Öffnungen ist es jedoch angebracht, die Lösungen in kartesische Koordinaten zu überführen. Wie bei [4] angegeben, kann für Fenster die folgende Gleichung verwendet werden, um D_H zu berechnen:

Für Fensterflächen (Abb. 27.13) gilt – ohne die Minderungsfaktoren – für D_H:

$$D_H = \frac{3}{7 \cdot \pi} \cdot \left[\begin{array}{l} \frac{1}{2} \cdot \left(\arctan Y - \frac{1}{\sqrt{X^2+1}} \cdot \arctan \frac{Y}{\sqrt{X^2+1}} \right) \\ + \frac{2}{3} \cdot \left(\arctan \frac{X \cdot Y}{\sqrt{X^2+Y^2+1}} - \frac{X \cdot Y}{\left(X^2+1\right) \cdot \sqrt{X^2+Y^2+1}} \right) \end{array} \right] \quad (27.9)$$

Für Oberlichtflächen (Abb. 27.14) gilt:

$$D_H = \frac{3}{7 \cdot \pi} \left[\begin{array}{l} \frac{1}{2} \cdot \left(\frac{X}{\sqrt{X^2+1}} \cdot \arctan \frac{Y}{\sqrt{X^2+1}} + \frac{Y}{\sqrt{Y^2+1}} \cdot \arctan \frac{X}{\sqrt{Y^2+1}} \right) \\ + \frac{2}{3} \cdot \left(\arctan \frac{X \cdot Y}{\sqrt{X^2+Y^2+1}} + \frac{X \cdot Y}{\sqrt{X^2+Y^2+1}} \cdot \left(\frac{1}{X^2+1} + \frac{1}{Y^2+1} \right) \right) \end{array} \right] \quad (27.10)$$

Abb. 27.13 Lichtempfang an
der Stelle dA₁ von
Fensterfläche A₂

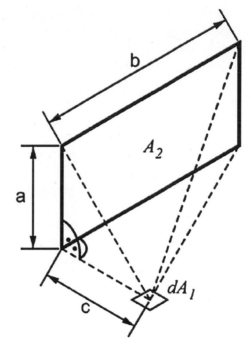

$$X = \frac{a}{c}$$

Abb. 27.14 Lichtempfang an
der Stelle dA₁ von
Oberlichtfläche A₂

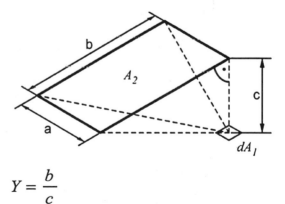

$$Y = \frac{b}{c}$$

D_V kann mit denselben Formeln wie für den Himmelslichtanteil D_H berechnet werden, sofern es eine horizontale Trennlinie zwischen Himmel und Verbauung gibt, z. B. durch ein breites gegenüberliegendes Gebäude mit durchgängiger First- oder Trauflinie, nur dass das Ergebnis mit einem **einheitlichen Minderungsfaktor von i. d. R. 0,15** multipliziert wird.

Sollte der Reflexionsgrad der Verbauung davon stark abweichen, z. B. eine helle Hauswand, so sollte der passende Reflexionsgrad angesetzt werden.

Eine horizontale Trennlinie zwischen Himmel und Verbauung kann auch approximiert werden oder der Verbauungsanteil wird durch senkrechte und waagerechte Linien umgrenzt. Ist dies nicht möglich so können die in Abschn. 26.7 angegebenen Verfahren angewandt werden.

27.3.2 Berechnung des Innenreflexionsanteils

Das auch in [14] angegebene Verfahren nach [5] basiert auf der Theorie der Lichtverteilung in der Ulbrichtschen Kugel, die besagt, dass der Lichtstrom, der in die Kugel gelangt, sich bei ideal diffus reflektierender Innenoberfläche vollständig gleichmäßig verteilt.

Der Indirektlichtanteil der Beleuchtungsstärke, bzw. deren relativer Anteil als Teil des Tageslichtquotienten, ergibt sich **für Räume mit selbstleuchtenden Flächen** zu einer geometrischen Reihe nach [5, 6].

$$E_{ind} = \frac{\Phi_0 \cdot \bar{\rho}}{A_{ges} \cdot (1 - \bar{\rho})} \qquad (27.11)$$

Statt des Gesamtlichtstroms, der durch eine Fläche in den Raum tritt, kann auch der relative Lichtanteil D_{Fr}, der auf eine Fensterfläche fällt, multipliziert mit der Öffnungsfläche A_{Fr}, eingefügt werden. Man erhält dann:

$$D_{R\,diff} = \frac{D_{Fr} \cdot A_{Fr} \cdot \bar{\rho}}{A_{ges} \cdot (1 - \bar{\rho})} \qquad (27.12)$$

mit dem mittleren Reflexionsgrad der Raumoberflächen (s. Abb. 27.15 links)

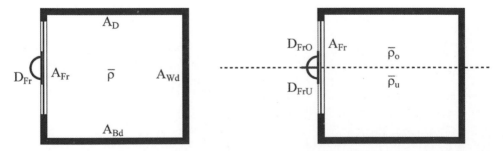

Abb. 27.15 Innenreflexionsanteil für Räume mit selbstleuchtenden Flächen links, mit klar verglasten Fenstern rechts

$$\bar{\rho} = \frac{\sum_i A_i \cdot \rho_i}{\sum_i A_i} \qquad (27.13)$$

Bei mehreren Lichtöffnungen muss der Indirektlichtanteil getrennt berechnet werden. Die Formel gilt auch für Oberlichter.

Innenreflexionsanteil für Räume mit klarverglasten Fensteröffnungen.

Hierbei wird der Lichteintrag in den Raum mit dem Reflexionsgrad der jeweiligen Hauptempfangsflächen gewichtet: Dazu wird der Raum gedanklich auf der Höhe des Tageslichtquotienten auf der Fenstermitte horizontal in zwei Hälften unterteilt (s. Abb. 27.15 rechts), ebenso der Tageslichtquotient in einen oberen Anteil D_{FrO} und einen unteren Anteil D_{FrU}. Für die beiden Raumhälften werden ebenfalls zwei mittlere Reflexionsgrade $\bar{\rho}_o$ und $\bar{\rho}_u$ nach Gl. 27.13 bestimmt.

Der untere Teil des Raumes empfängt überwiegend direktes Licht aus dem oberen (Himmels-) Bereich, d. h. Multiplikation mit der oberen Hälfte von D_{Fr}, der obere Teil Licht aus dem unteren (Verbauungs-) Bereich. Entsprechend ergibt sich (s. Abb. 27.15 rechts):

$$D_R = \frac{\left(D_{FrO} \cdot \bar{\rho}_u + D_{FrU} \cdot \bar{\rho}_o\right) \cdot A_{Fr}}{A_{ges} \cdot \left(1 - \bar{\rho}\right)} \qquad (27.14)$$

27.3.3 Minderungsfaktoren

Der ***Versprossungsfaktor*** $k_1 = \dfrac{lichte\,\ddot{O}ffnungsfl\ddot{a}che}{erfasste\;\ddot{O}ffnungsfl\ddot{a}che}$ (Minderung durch Konstruktionsteile) birgt insofern eine Ungenauigkeit als die Sprossen, Kämpfer usw., die als opake Fläche in ihn eingehen, real eine Ausdehnung besitzen. Es sollte daher soweit wie möglich bei der Ermittlung des Direktlichtanteils gleich die effektive lichte Öffnung angesetzt werden, so dass sich die Flächen, die noch in k_1 eingehen müssen, auf ein Minimum reduzieren. Daher steht auch im Nenner nicht ‚Fläche der Rohbauöffnung' sondern ‚erfasste Öffnungsfläche'. Tiefe Mauersprossen etc. sind dreidimensional zu berücksichtigen.

Die Werte in Tab. 27.3 gelten für Rohbaumaße und sind lediglich grobe Richtwerte.

Der ***Verschmutzungsfaktor*** k_2 (Minderung durch Verschmutzung) ist zwar aufgrund der dünnen Schmutzschicht ein ‚echter' Minderungsfaktor, allerdings ändert sich die Verschmutzung im Laufe der Zeit; der Wert ist daher extrem approximativ. Außerdem besteht nach Eröffnung noch so gut wie keine Verschmutzung, so dass die gerade fertiggestellten Gebäude heller sind als vorausberechnet; man stelle sich Oberlichtsäle eines Museums mit Dach- und Lichtdeckenverglasung vor. Beim ‚Nachmessen' nach Eröffnung kann es daher zu höheren als berechneten Tageslichtquotienten kommen (Tab. 27.4).

Zum Lichttransmissionsgrad von Verglasungen s. Abschn. 27.5.

Tab. 27.3 Lichtminderungsfaktoren lichtundurchlässiger Fensterkonstruktionsteile k_1 (Anhaltswerte)

Art der Lichtöffnung	k_1
Kunststofffenster, zwei- und mehrflüglig	$\leq 0,55$
Holzfenster zum Öffnen	0,6 bis 0,65
sehr kleine Fenster oder enge Teilung	$\geq 0,35$
Holzfenster ohne Flügel	0,75 bis 0,8
Großflächenfenster	$\leq 0,85$
Metallfenster zum Öffnen	0,7 bis 0,8
bei kleinen Fenstern oder enger Teilung	$\leq 0,65$
Metallfenster ohne Flügel	0,8 bis 0,9
Oberlichter mit Metallsprossen	0,85 bis 0,9

Tab. 27.4 Lichtminderungsfaktoren infolge verschmutzter Verglasung k_2 (Anhaltswerte)

Art der Lichtöffnung	k_2
Wohnungsfenster	1,0 bis 0,95
Fenster sauberer Arbeitsräume (Schulen, Büros usw.),	0,95 bis 0,9
regelmäßig gereinigt bei normaler Anordnung	0,85 bis 0,8
bei Spritzwasser (z. B. dicht oberhalb von Dächern, starren Sonnenblenden)	0,8 bis 0,75
selten gereinigt (schlechter Zugang)	
Oberlichter, normal verschmutzt*) Glasneigung 90° bis 75°	0,8
Glasneigung 70° bis 45°	0,75
Glasneigung 40° bis 10°	0,7

*) Bei starker Schmutzentwicklung außen oder innen nur das 0,85- bis 0,8fache der Angaben für k_2!

27.4 Richtwerte von Tageslichtquotienten (Tab. 27.5 und 27.6)

Tab. 27.5 Anforderungen an Fenster in Wohn- und Arbeitsräumen bezüglich Beleuchtung und Sichtbezug (nach [15])

Anforderungen	Wohnraum	Arbeitsraum (Raumhöhe bis 3,5 m, Raumtiefe bis 6 m und Grundfläche bis 50 m²)
Sichtverbindung zum Außenraum	Glasoberkante Fenster	$\geq 2,2$ m ü.OK FFB
	Glasunterkante Fenster Lichte	$\leq 0,95$ m ü.OK FFB
	Glasbreite (bei mehreren Fenstern Summe)	$\geq 55\ \%$ der Breite der Fensterwand

Tab. 27.5 (Fortsetzung)

		Glasflächen einzeln
		    Raumtiefe < 5 m ≥ 1,25 m²
		    Raumtiefe ≥ 5 m ≥ 1,50 m²
		Gesamtfensterfläche
		    Mindestens 10 % der Grundfläche
		    Mindestens 30 % des Produkts aus
		    Raumhöhe und Raumbreite

Tageslichtquotient		Referenzpunkte der Tagesbeleuchtung liegen in halber Raumtiefe von der Fensterwand aus in 1 m Abstand zu den Seitenwänden Bei einseitiger Befensterung: Mittelwert ≥ 0,9 %, niedrigerer Wert $D \geq 0{,}75\,\%$ Bei Befensterung zweier angrenzender Wände $D \geq 1{,}0\,\%$ in beiden Punkten

Tab. 27.6 Anforderungen an Oberlichter in Arbeitsräumen (nach [15])

Sichtverbindung zum Außenraum	Für Raumgrundflächen < 2000 m² sind Fenster notwendig Fenstergrößen s. Anforderungen an Fenster
Tageslichtquotient	Tageslichtquotienten für horizontale Empfangsflächen $D_{mittel} = 4\,\%\cdot D_{min} = 2\,\%$
Gleichmäßigkeit der Beleuchtung	Verhältnis von $D_{min} : D_{mittel} \geq 1{:}2$

27.5 Verglasungen

Glas ist kein Kristall. Daher muss es nicht aufwendig aus einer reinen Schmelze gezüchtet werden, wie beispielsweise kristallines Silizium für Solarzellen, sondern man kann es direkt aus der Schmelze heraus gießen, ziehen, oder in Form fließen lassen. Entsprechend entsteht Gussglas, Ziehglas oder Floatglas, das mit Abstand am häufigsten verwendete Fensterglas. Die Schmelze muss, im Vergleich zur Kristallzüchtung, auch nicht rein sein. Der Grünstich bei normalem Floatglas ist auf Verunreinigungen mit Eisenoxid in der Schmelze zurückzuführen.

Die Herstellung einer reinen Schmelze ist aufwendig, weshalb besonders reines Glas teurer und extra klassifiziert ist. Es beginnt mit eisenoxidarm bis hin zur Bezeichnung Weißglas, die irreführend ist, da dieses Glas ja grade sehr klar und durchsichtig ist. Von der Herstellung her ist Weißglas auch ein Floatglas. Die Mehrkosten für solches Glas sind nicht nur in Museen, sondern auch im Wohn- und Arbeitsbereich wegen der deutlich besseren Farbneutralität gerechtfertigt (siehe Spektren im Vergleich) (Abb. 27.16).

Da die Verunreinigung im Volumen verteilt ist, ist der Grünstich und damit auch die Abnahme des Lichttransmissionsgrades dickenabhängig (s. Abb. 27.17).

Wegen seiner amorphen inneren Struktur ‚fließt' Glas auch im erhärteten Zustand, wenn auch nur sehr langsam. Durch *thermische Behandlung* der Glasscheiben können deren Härte und Bruchverhalten verbessert werden; die Termini sind ESG, Einscheibensicherheitsglas (zerbricht in kleine Krümel), und TVG, teilvorgespanntes Glas.

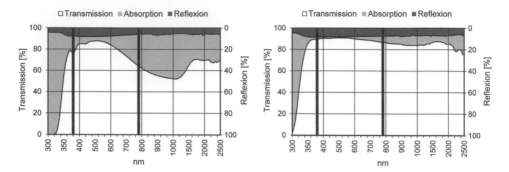

Abb. 27.16 Spektrale Kennwerte von Einfachglas 10 mm li. Floatglas, re. Weißglas

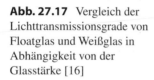 **Abb. 27.17** Vergleich der Lichttransmissionsgrade von Floatglas und Weißglas in Abhängigkeit von der Glasstärke [16]

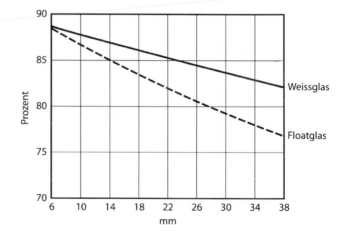

Zur weiteren Festigkeit, Splitterbindung, und Durchdringungshemmung werden die Glasscheiben auch mit Kunststofffolien zusammengeklebt zu sog. VSG, Verbundsicherheitsglas. Auch starke VSG mit mehreren Folienlagen sind für bestimmte Anwendungen möglich (Intrusionsschutz).

Glas ist für Licht transparent, lässt aber auch einen Teil der UV-Strahlung hindurch, bis ca. 320 nm, also den UVA-Bereich. Bei ca. 320 nm geht die Transmission abrupt gegen Null. Dieser Übergang wird als *Absorptionskante* bezeichnet (s. Abb. 27.18). Der UVA-Bereich wird von uns nicht gesehen und ist daher nicht von Nutzen für die Beleuchtung, führt jedoch aufgrund der Härte seiner Strahlung zum Ausbleichen von Materialien, insbesondere lichtempfindlichen. Dort, wo ein UV-Schutz gefordert ist, wie für Museen, ist dieser bereits durch die Verwendung von VSG mit ausreichender Foliendicke gegeben, da die Klebefolien, sog. PVB-Folien (Polyvinylbutyral) eine Absorptionskante bei ca. 390 nm besitzen.

Im längerwelligen Spektralbereich (IR Bereich) besitzt Glas bei ca. 2800 nm eine weitere Absorptionskante; bei größeren Wellenlängen geht die Transmission weitgehend gegen Null (s. Abb. 27.18).

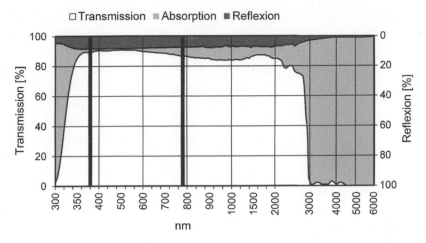

Abb. **27.18** Prinzipdarstellung: Spektrale Kennwerte Weißglas mit Absorptionskante im IR-Bereich

Jenseits dieser Absorptionskante ist Glas für Strahlung undurchlässig mit entsprechend hoher Strahlungsabsorption und -emission.

Die Absorptionskante von Glas im IR-Bereich findet meistens zu geringe Beachtung, was sich schon darin widerspiegelt, dass die meisten Darstellungen von Glasspektren kurz vorher enden. Sie ist der Grund für den sog. *Treibhauseffekt*, indem Glas die solare Strahlung, die nahezu vollständig im kürzerwelligen Bereich ‚links' neben der Absorptionskante liegt, durchlässt, die im Raum nach Absorption in längerwellige umgewandelte Strahlung (sog. Frequenzshift), die ‚rechts' der Absorptionskante liegt, jedoch nicht mehr hinauslässt. Der globale Treibhauseffekt funktioniert im Prinzip genauso, indem die Spurengase in der Stratosphäre zwar die kurzwellige Solarstrahlung hindurchlassen, die nach Frequenzshift langwellige Wärmeabstrahlung der Erde jedoch einschränken.

Durch die hohe Absorption und Emission im Langwelligen sowie eine gute Wärmeleitung und Konvektion ist der Wärmedurchgang durch Glasscheiben hoch. Der U-Wert (s. Abschn. 27.5.1) einer einfachen Glasscheibe beträgt ca. 5–6 W/m²K.

Zu dessen Senkung gab es zwei entscheidende Innovationen: Isolierverglasung und Oberflächenbeschichtung, letztere in Kombination mit ersterer.

Durch Isolierverglasung wird im Wesentlichen die Konvektion gebrochen, zudem wird der Tauwasseranfall gesenkt. Der U-Wert einer Isolierverglasung ohne Beschichtung beträgt ca. 2,5–3 W/m²K.

Aufgrund des hohen Abstrahlverhaltens von Glas, sog. Emissivität ca. 85 %, bestehen jedoch weiterhin zwei Drittel des Wärmeverlustes aus Strahlung und nur ein Drittel aus Wärmeleitung und Konvektion.

Mithilfe einer sehr dünnen Metalloxidbeschichtung mindestens einer Glasoberfläche zum Scheibenzwischenraum hin, deren Transparenz noch hoch sein muss, konnte die Emissivität der beschichteten Scheibe in diese Richtung drastisch gesenkt werden auf inzwischen ca. 3 %. Durch diese Unterbrechung des Strahlungsaustausches zwischen den beiden Scheiben und damit des effektiven Strahlungsdurchgangs durch die Isolierverglasung konnte der U-Wert nochmals halbiert werden auf ca. 1,5 W/m²K.

Während diese Maßnahme hauptsächlich auf die Minimierung des Wärmeverlustes vom Raum nach außen bei hohem Licht- und IR-Strahlungseintrag ausgerichtet ist (Wärmeschutzbeschichtung, s. Abb. 27.19 li), möchte man häufig auch den solaren Energieeintrag minimieren (Sonnenschutzbeschichtung, s. Abb. 27.19 re).

Hierzu sollte die Beschichtung im Idealfall im sichtbaren Bereich transparent sein, für alle anderen Wellenlängen jedoch opak (Rechteckfilter). Durch besondere, u. a. Halbleiterbeschichtungen, die mehr spektrale Selektivität ermöglichen, konnte man sich diesem Ziel annähern; da es dabei jedoch auch im sichtbaren Bereich zu spektral inhomogener Transmission kommt (kein scharfer Rechteckfilter), sind damit meistens auch Farbverfälschungen verbunden. Die Güte einer Sonnenschutzbeschichtung wird entsprechend der Zielsetzung durch ein möglichst großes Verhältnis von Lichttransmissionsgrad zu g-Wert beschrieben, der sog. *Selektivität*.

Wärmeleitung und Konvektion im Scheibenzwischenraum können durch den Einsatz von Edelgasen weiter gesenkt werden. Meistens wird Argon verwendet, womit der U-Wert auf ca. 1,1 W/m²K gesenkt werden kann. Wirksamer ist Krypton und, noch wirksamer, aber aus Kostengründen praktisch nicht angewendet, Xenon.

Durch Dreifach-Isolierverglasungen mit zwei Beschichtungen konnte der Wärmedurchgang weiter gesenkt werden auf ca. 0,7 W/m²K.

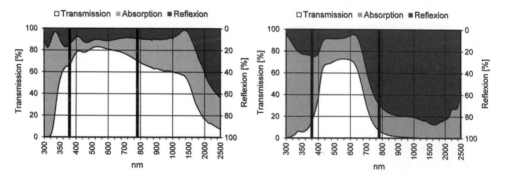

Abb. 27.19 Spektrale Kennwerte von Scheiben (6 mm) mit li. Wärmeschutzbeschichtung, τ = 84 %, g-Wert 0,77, und re. Sonnenschutzbeschichtung, τ = 72 %, g-Wert 0,31. In Isolierverglasungen 2-fach erreicht man mit der Wärmeschutzbeschichtung auf Position 3 einen U-Wert von 1,6 W/m²K bei Werten von 77/76, mit Beschichtungen auf Pos. 2 u. 4 einen Wert von 1,4 W/m²K mit 77/70. Die Sonnenschutzverglasung im Isolierglas auf Position. 2 ergibt Werte von 64/27 mit einem U-Wert von 1,5 W/m²K

27.5.1 Glaskennwerte

Der Strahlungsdurchgang wird meistens differenziert in *Lichttransmissionsgrad* τ_v (oft auch ohne Index), bei besonderer Fragestellung *UV-Transmissionsgrad* und *IR-Transmissionsgrad*, sowie eingehend in den g-Wert, *Gesamtstrahlungsdurchgang* τ_e. Der *g-Wert* ist definiert als die gesamte eingehende Strahlung einschließlich der nach Absorption zum Raum hin abgegebenen Wärme (Genaue Def. in [17]). Der g-Wert dient der Einschätzung der eingestrahlten solaren Energie. Alle bisher genannten sind relative Größen und damit dimensionslos mit Werten zwischen 0 und 1 oder 0 bis 100 %.

Der Klassifizierung der Fähigkeit, Wärme im Raum zu halten, dient der Wärmedurchgangskoeffizient, als *U-Wert* (vormals k-Wert) bezeichnet, mit der Einheit **[W/m²K]**. Wird der Kennwert einer Verglasung mit der Temperaturdifferenz DT zwischen innen und außen in K multipliziert, erhält man den (flächen)spezifischen Wärmeverlust W/m².

Weitere instruktive technische Spezifikationen und Erläuterungen sind in den Handbüchern der Glashersteller enthalten.

Daneben gibt es *nicht oder nur unzureichend numerisch klassifizierbare Glaseigenschaften*, die dennoch bei der Tageslichtplanung relevant sind. Dazu gehören Streuverhalten und Farbneutralität. Beide Kriterien lassen sich am besten durch vergleichende (!) Bemusterung bewerten. Ein hoher Farbwiedergabeindex R_a ist zwar eine notwendige, aber nicht immer hinreichende Bedingung. Vergleichende Bemusterungen von Glasscheiben gleicher Dicke bei Tageslicht auf weißem Untergrund sind aussagefähiger. Der Grünstich von Verglasungen ist dickenabhängig (s. Abb. 27.17). Daher müssen bei der Planung die lichttechnischen Anforderungen mit denen an die Glasstärken (z. B. bei erhöhtem Intrusionsschutz) in Einklang gehalten werden, bei Bedarf durch Wahl von Weißglas. Auch die Farbverfälschung durch Sonnenschutzbeschichtungen lässt sich am besten vergleichend bemustern.

Die folgende Tabelle gibt einen Überblick über die wichtigsten Kennwerte von Verglasungen (Tab. 27.7).

27.5.2 Lichttransmissionsgrad für nicht-senkrechten Lichteinfall

Der **Lichttransmissionsgrad** τ von Verglasungen wird von Herstellerseite meistens ohne weitere Differenzierung angegeben und gilt dann i. d. R. für normal auftreffendes Licht, bezeichnet als $\tau_\perp$ oder τ_0. Bei Tageslichtberechnungen wäre jedoch die Abhängigkeit des Lichttransmissionsgrades vom Einfallswinkel zu berücksichtigen. Diese ist für klare Verglasungen in Abb. 27.20 für verschiedene τ_0 dargestellt.

Daraus ergibt sich ein allg. Minderungsfaktor von 0,875 von τ_0 für diffus aus dem Halbraum auftreffendes Licht. **Bei Ober**lichtern mit nicht nennenswerter Verbauung wäre dies zutreffend; in allen anderen Fällen wäre der Lichttransmissionsgrad entsprechend der Haupteinfallsrichtung des – mit Abstand hellsten – Himmelslichtes zu gewichten. Dies wird oft in einem weiteren Minderungsfaktor k_3 berücksichtigt mit: $\tau = \tau_0 \cdot k_3$.

Tab. 27.7 Überblick über Glaskennwerte von klar durchsichtigen Verglasungen

Typ	SZR [mm]	Beschichtung Position	U_g-Wert [W/m²K]	τ_v [%]	ρ_v außen [%]	g-Wert [%]
Einfachverglasung 8 mm Float			5,7	88	8	80
Einfachverglasung 8 mm Weißglas			5,7	91	8	90
IV 2-fach 2 × 4 mm Float/ Wärmeschutz	16	3	1,1	80	13	61
IV 2-fach 6 u. 4 mm Float/ Sonnenschutz	16	2	1,1	71	10	43
IV 3-fach 3 × 4 mm Float/ Wärmeschutz	2 × 14	2 + 5	0,7	73	19	61
IV 3-fach 3 × 4 mm Float/ Sonnenschutz	2 × 14	2 + 5	0,6	63	13	39

Gasfüllung des Scheibenzwischenraum immer Argon [7]

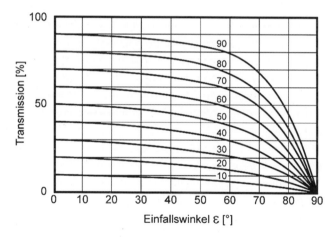

Abb. 27.20 Einfallswinkelabhängige Transmission: Transmissionsgradkurven für klare Materialien mit Brechzahl n = 1,5 und unterschiedliche $\tau_{v\ \text{senkrecht}}$ nach [4]

Eine differenziertere Darstellung der Wahl von k_3 findet sich in [4] sowie in [14].

27.5.3 Glasaufbau

Einfachscheiben werden fast nur noch als Schutzverglasungen verwendet, z. B. bei Überdachungen, als Fassaden, oder im Innenbereich, und meist als ESG, TVG und/oder VSG (Abb. 27.21).

Isolierverglasungen sind als Zweifach-Isolierverglasung am verbreitetsten, wobei Dreifach-Isolierverglasungen aus energetischen Gründen zunehmend zum Einsatz kommen.

Abb. 27.21 Bezeichnungen der Positionen an Isolierverglasungen erfolgt von außen nach innen; hier sind (Wärmeschutz-) Beschichtungen auf den Positionen 2 u. 5

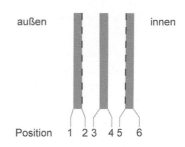

Für die Positionsangabe der Beschichtungen werden die Scheibenoberflächen von außen nach innen nummeriert.

27.5.4 Verglasungsarten

Klar durchsichtige, d. h. *transparente* Gläser werden am häufigsten eingesetzt, meistens für Fenster oder Fassaden, aber auch für Oberlichter, z. B. Sheds oder Laternen, fast nie für Lichtdecken (s. u. lichtstreuende Gläser). Es gibt sie aber auch durchgefärbt, zum Beispiel in verschiedenen Graustufen oder mit pyrolytischer Beschichtung als sog. **K-Glas** zum Sonnen und Wärmeschutz, welches dann auch als Einfachglas verwendet werden kann, während Beschichtungen meistens zum SZR (Scheibenzwischenraum) hin geschützt sein müssen.

Lichtstreuende Gläser mindern die Durchsicht teilweise bis vollständig. Die Lichtstreuung kann durch verschiedene Maßnahmen erreicht werden. Strukturierte Gläser, **Guss- oder Ornamentgläser**, belassen meistens eine Teildurchsicht, lassen sich schwerlich zu Isolierverglasung oder VSG verarbeiten und verschmutzen leicht. Lichtstreuung kann auch durch Oberflächenbehandlung erreicht werden, durch **Sandstrahlung** oder **Ätzmattierung**. Sandstrahlung ist wesentlich gröber, damit schmutzanfälliger, und sollte bei Isolierverglasungen daher zum SZR zeigen. Ätzmattierung ist wesentlich feiner und damit weniger schmutzanfällig und auch zum Raum hin anwendbar, z. B. bei Lichtdecken, da damit auch Spiegelungen an der Lichtdecke vermieden werden. Es gibt verschiedene Ätz- und damit Streuungsgrade. Eine Mattierung hebt jedoch den Grünstich hervor, so dass in diesem Falle die Verwendung von Weißglas besonders angeraten ist. Ätzmattierung stellt die Streumaßnahme dar, die mit der geringsten Minderung des Lichtdurchgangs verbunden ist, ca. 5 %.

Mit die stärkste Lichtstreuung wird durch **Milchüberfangglas** erreicht. Dabei wird eine weiß durchgefärbte Glasschmelze als dünne Schicht auf das Glas aufgetragen. Die Reinigung ist hier am unproblematischsten; allerdings ist der Lichtdurchgang um über die Hälfte reduziert. Zudem ist die Lichtstreuung so stark, dass beispielsweise bei Einsatz in Lichtdecken so gut wie keine Lebhaftigkeit des Tageslichts mehr spürbar ist.

Lichtstreuung kann auch durch **Bedruckung oder Mattfolieneinlage** im VSG erreicht werden. Beide Maßnahmen mindern den Lichtdurchgang deutlich stärker als Oberflächenbehandlungen; die Raumwirkung ist zudem spürbar schlechter als bei beispielsweise ätzmattierter Verglasung in Fenstern oder Lichtdecken. Eine ursprünglich in Industriehallen verwendete Streumaßnahme ist die **Glasgespinsteinlage**, entweder als Vlies oder als gewebte Einlage, jeweils zwischen zwei Einfachscheiben gefasst, bekannt als *Thermolux*. Auch hier ist keine Durchsicht mehr möglich, dennoch erhält diese Streumaßnahme die Lebhaftigkeit des Tageslichts sehr gut. Der Lichtdurchgang ist jedoch je nach Gespinstdicke erheblich gemindert, in der Regel ebenfalls um ca. die Hälfte. Durch den Einsatz in Dachverglasungen und Lichtdecken von Museen ist diese ursprünglich reine Industrieverglasung inzwischen in der Architektur etabliert. Gleiches gilt für so genanntes **Profilit**, im Schnitt u-förmig aufrecht eingebaute nach außen strukturierte Glasstreifen, die man vormals nur aus Parkhäusern kannte.

Lichtlenkende Gläser sollen das Licht in eine bestimmte Richtung lenken, einerseits zur Optimierung der Raumbeleuchtung, meist zur Lichtlenkung in die Raumtiefe, andererseits zum Ausschluss direkter Besonnung.

Bei Gläsern mit **Kapillareinlage** verschiedenen Durchmessers kommt es jedoch je nach Einstrahlrichtung direkten Sonnenlichts zu störenden Brillanzeffekten und deren lichtlenkende Wirkung ist begrenzt. **Spiegelraster im SZR**, astronomisch richtig konfiguriert, funktionieren gut als Sonnenschutz, indem sie direktes Sonnenlicht spiegelnd hinausreflektieren. Allerdings lassen sie damit nur ausschließlich kühles Nordlicht in den Raum und der Lichttransmissionsgrad ist umso stärker gemindert, je umfassender die Sonnenschutzwirkung ist.

Gläser mit **prismierten Einsätzen aus Kunststoff** können das Licht sowohl lenken als auch – richtig eingesetzt – direktes Sonnenlicht reflektieren; Lichtlenkung ist hier jedoch immer mit **Dispersion** (Regenbogen) verbunden, welche im Raum fast ausnahmslos inakzeptabel ist. Sie sind damit vornehmlich als oberste Verglasung mit darunter liegenden Streumaßnahmen, die das dispergierte Licht wieder zusammenführen, einsetzbar.

Störende Dispersion ist auch der Grund, warum **Gläser mit lichtlenkenden Folien**, holographische oder Polarisationseffekte nutzend, nicht die gewünschte Verbreitung gefunden haben.

27.6 Besonnung

Untersuchungen zu Besonnung im Rahmen der Gebäudeplanung sind neben den Berechnungen von Tageslichtquotienten die zweite Säule der Tageslichttechnik. Auch wenn in Normen nur geringe Anforderungen an Mindestbesonnbarkeit von Wohn- und Arbeitsräumen gestellt werden (In [15] heißt es beispielsweise zur Besonnung von Wohnräumen lediglich: Ein Wohnraum gilt als ausreichend besonnt, wenn seine Besonnungsdauer am 17. Januar mindestens 1 h beträgt. Eine Wohnung gilt als ausreichend besonnt, wenn in ihr mindestens ein Wohnraum ausreichend besonnt wird), ist deren Wertsteigerung durch Besonnung unbestritten.

Damit kommt bereits der Orientierung von Gebäuden und Fenstern eine besondere Bedeutung zu. Mit Besonnung verbunden sind Sonnenwärmeeinstrahlung und ein derart hoher Lichteintrag, dass meistens ein Schutz vor beidem notwendig wird. Der Schutz vor Sonnenwärme liegt der Wirksamkeit wegen am besten außerhalb der Fenster oder Lichtöffnungen bzw. bei Doppelfassaden außerhalb der Isolierverglasung und erfüllt zusätzlich die Schutzfunktion vor zu viel Sonnenlicht. Aber auch zur Nutzung der Sonnenenergie, in Form von Photovoltaik, Solarthermie oder zur Raumerwärmung sowie zur Ermittlung von Kühllasten werden Besonnungsuntersuchungen benötigt, hier am besten mit Bestimmung der Energieeinstrahlung auf eine Fläche im Jahresverlauf. Da dies stark von der Orientierung der bestrahlten Fläche und deren Neigung abhängt, sind differenzierte astronomisch-geometrische Hilfsmittel und Wetterdaten unerlässlich.

Allein für Grundsatzüberlegungen zu genannten Aufgabenstellungen sind astronomische Grundlagen wichtig, die im Folgenden knapp zusammengefasst sind, auch als Voraussetzung für die Beschreibung von Hilfsmitteln und Untersuchungsmethoden.

27.6.1 Astronomische Gegebenheiten

27.6.1.1 Die Bahn der Erde um die Sonne

Die Erde bewegt sich auf einer elliptischen Bahn, in deren einem Brennpunkt die Sonne ist (s. Apsidenlinie in Abb. 27.22, die den sonnenfernsten und den sonnnächsten Punkt der Erde, Aphel und Perihel miteinander verbindet). Die Exzentrizität der Ellipse ist jedoch mit 0,167 ... so gering, dass bei Betrachtungen zur Besonnung eine Kreisbahn der Erde um die Sonne vorausgesetzt werden kann. Die Ebene der Erdbahn wird *Ekliptik* genannt. Die Erde dreht sich nach unserem gültigen Kalender in 24 h um die eigene Achse. Diese ist um 23° 26,5′, entspr. ca. 23,5°, gegen die Ekliptiknormale geneigt und präzediert um diese mit einer Periode von ca. 24.000 a. Für unsere Zeitmaßstäbe gilt sie daher als konstant, d. h. ändert ihre Orientierung (und Neigung) im Jahresverlauf nicht. Die Rotationsrichtung und die Umlaufrichtung der Erde gehen miteinander einher, wie im Bild gezeigt. Durch die Neigung der Erde kommt es zu unterschiedlichen Tageslängen und Sonnenhöhen bzw. Einstrahlwinkeln und damit eingestrahlter Energie im Tages- und Jahresverlauf, die zudem breitengradabhängig ist. Die unterschiedlichen Taglängen und Einstrahlmengen bedingen die Jahreszeiten, die um die Äquatorlinie gespiegelt sind.

In der Abb. 27.22 sind die Äquinoktien (Frühlingspunkt und Herbstpunkt), verbunden durch die Äquinoktiallinie, sowie Punkte der Sommer- und Wintersonnenwende, verbunden durch die Solstitiallinie, gezeigt. Anhand dieser besonderen Erdpositionen werden die Polarkreise und der nördliche Wendekreis (des Krebses) und der südliche (des Steinbocks) verständlich. Auf der Fläche oberhalb des nördlichen Polarkreises geht im Sommer (um den 21,6.) die Sonne nie unter, um den 21,12. hingegen nie auf (auf der Südhalbkugel

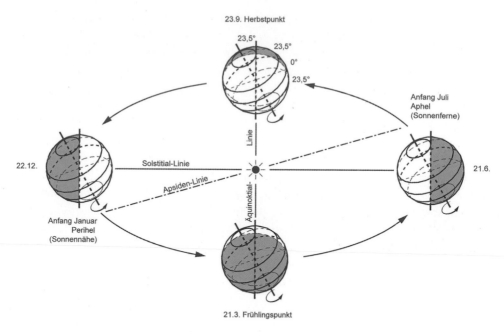

Abb. 27.22 System Sonne – Erde

ist es genau umgekehrt). Am 21,6. trifft die Sonne mittags auf 23,45° nördl. Breite normal auf die Erde auf, d. h. die Sonne steht im Zenit. Auf der Südhalbkugel steht sie am 21,12. bei 23,45° südl. Breite im Zenit. Der Zenit ist per definitionem die Flächennormale des Horizonts. Demnach kann die Sonne nur zwischen den beiden Wendekreisen im Zenit stehen. Der Zenit ist nicht zu verwechseln mit dem Sonnenhöchststand, der als Kulminationspunkt bezeichnet wird.

Wie gezeigt, ist immer eine Seite des Erdballs besonnt, die andere liegt im Schatten. An Frühlings- und Herbstpunkt verläuft der Großkreis, der diese Hälften trennt, durch die beiden Pole. Ein Großkreis, der durch die Pole läuft, heißt Meridian. Der Null-Meridian verläuft per definitionem durch Greenwich (Greenwich Mean Time GMT). An diesen beiden Tagen sind an allen Punkten der Erde Tag und Nacht gleich lang.

27.6.1.2 Horizontsystem/Sonnenbahnen

Astronomische Positionen werden in Kugelkoordinaten dargestellt. Dabei kommt es nur auf die Richtung an, die ein Stern, hier die Sonne, von einem Untersuchungspunkt auf einer Bezugsebene aus einnimmt. Demnach reichen zwei eindeutige Winkelangaben für die Positionsbestimmung aus. Da bei Besonnung die scheinbare Bewegung der Sonne am Himmel ausschlaggebend ist, wird das Horizontsystem mit dem astronomischen Horizont (Tangentialebene am Erdstandpunkt) als Grundebene und dem Winkelpaar Azimut (Himmelsrichtung) und Höhe als Bezugssystem verwendet. (Neben diesem gibt es in der Astronomie das sog. Äquatorialsystem und das Ekliptiksystem.)

Der Azimutwinkel beginnt mit $0°$ Nord und wird am Horizont über Ost gezählt bis $360°$ bzw. $0°$ Nord. Bestimmt wird er, indem von der Sonnenposition das Lot auf den Horizont gefällt wird. Der Höhenwinkel wird ab Azimut von der Horizontebene aus auf dem Großkreis in Richtung Zenit gezählt.

27.6.2 Sonnenstandsdiagramme/Zeitumrechnung

Sonnenstandsdiagramme stellen die Sonnenbahnen im Jahresverlauf durch die Hemisphäre über dem Horizont in stereographischer Projektion auf den Horizont bzw. die Grundebene einer Einheits-Hemisphären dar (s. a. stereographischer Projektion in Abschn. 27.7.1.2) (Abb. 27.23, 27.24, 27.25 und 27.26 und Tab. 27.8).

Im Bild unten sind aussagefähige Sonnenstandsdiagramme gezeigt, links für gemäßigte nördl. Breiten, rechts für $25°$ südlicher Breite.

Der Vorteil der stereographischen Projektion ist, dass die Sonnenbahnen Kreissegmente darstellen (vormals wichtig für geometrische Konstruktion von Sonnenstandsdiagrammen). Die Sonnenhöhe zu einem bestimmten Zeitpunkt kann durch Zirkelschlag auf der Höhenskala direkt abgelesen werden (s. Abb. 27.27), der (oder das) Azimut auf der Randskala. Die äußere Kreisbegrenzung stellt den Horizont dar ($h = 0°$), der Mittelpunkt entspricht dem Untersuchungspunkt und dem Zenit ($h = 90°$).

Abb. 27.23 Horizontsystem

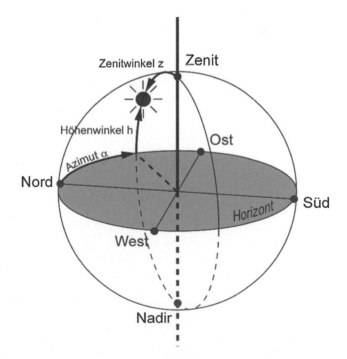

Abb. 27.24 φ = 23,45° N
Nördlicher Wendekreis

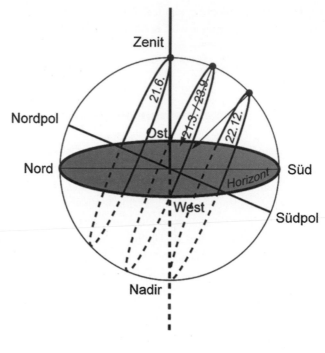

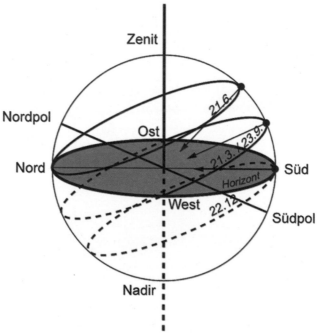

Abb. 27.25 φ = 67,5° N Nördlicher Polarkreis

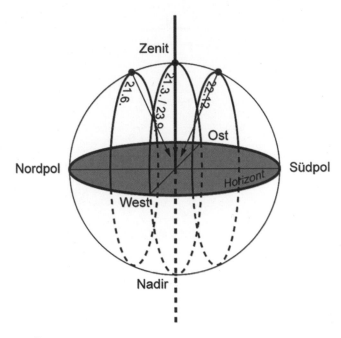

Abb. 27.26 $\varphi = 0^\circ$ Äquator

Tab. 27.8 Übersicht astronomische Größen

Bezeichnung	Symbol
Breitengrad	φ
Längengrad	λ
Sonnenhöhe	h
Zenitwinkel	$z = 90^\circ - h$
Sonnenazimut	α
h_{max} 21. Juni*	$h_{max} = 90^\circ - \varphi + 23{,}45^\circ$
h_{max} 21. Dezember*	$h_{min} = 90^\circ - \varphi - 23{,}45^\circ$

*Diese Formeln gelten nur für Breitengrade zwischen den Pol- und den Wendekreisen

Die Uhrzeit auf den Sonnenstandsdiagrammen zeigt **wahre Ortszeit WOZ**, auch **Sonnenzeit** genannt. Für die Umrechnung in die **mittlere Ortszeit MOZ** (gleichförmige Zeit der Uhren) gilt:

$$MOZ = WOZ - ZGL(T) \qquad (27.15)$$

Darin ist ZGL(T) die **Zeitgleichung**, welche die Exzentrizität der Sonnenbahn und die Schiefe der Ekliptik aufgrund der Neigung der Erdachse berücksichtigt.

Zuweilen werden auch Sonnenstandsdiagramme mit mittlerer Ortszeit verwendet; die Analemmata führen jedoch zu einer Überfrachtung des Sonnenstandsdiagramms, wenn

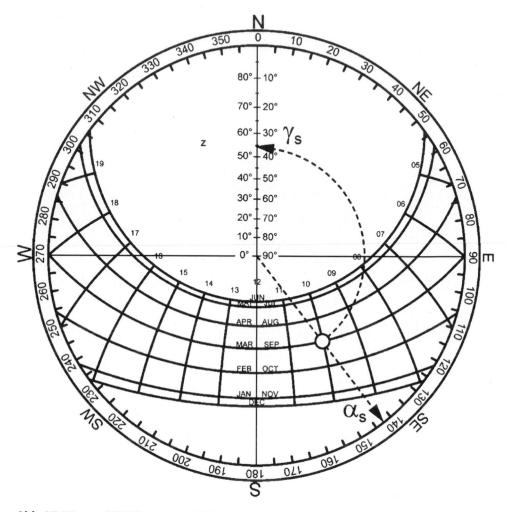

Abb. 27.27 φ = 48° N Sonnenstandsdiagramm

auch noch der Umraum stereographisch in dieses projiziert wird (siehe Beispiel unten) (Abb. 27.28).

In die Zonenzeit wird wie folgt umgerechnet: Mit dem Längengrad Λ des Zentral-meridians der gesuchten Zonenzeit (z. B. 15° Ost für MEZ) und dem Längengrad λ des Ortes ist:

$$Zonenzeit = WOZ + (\Lambda - \lambda) \cdot 4 \, \text{min}/° \tag{27.16}$$

Für die Umrechnung in Sommerzeit gilt:

$$Sommerzeit = Zonenzeit + 1h \tag{27.17}$$

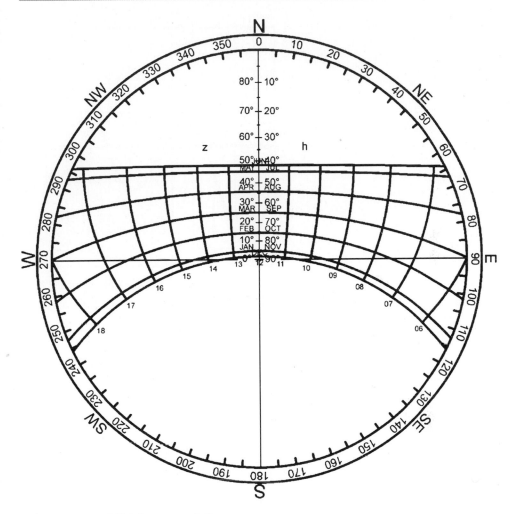

Abb. 27.28 φ = 25° S Sonnenstandsdiagramm

(Eine klare Darstellung des Formalismus der astronomischen Gesetzmäßigkeiten bietet [18]) (Abb. 27.29 und 27.30)

27.6.3 Besonnungsuntersuchungen

Bei Besonnungsuntersuchungen geht es meistens darum, die Spitzenwerte an Sonnenlicht und Sonnenwärme zu kennen, um diesen planerisch adäquat zu begegnen. Beim Sonnenlicht reichen hierfür die höchsten erreichbaren Beleuchtungsstärken an Punkten von Interesse, bei der Sonnenwärmeeinstrahlung werden meistens Perioden von Spitzenlast, z. B. einige Wochen vorausgesetzt. Bei diesen Betrachtungen spielen meteorologische

Abb. 27.29 Zeitgleichung

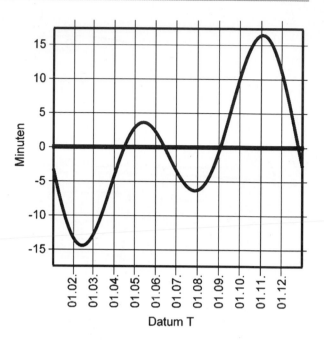

Abb. 27.30 $\varphi = 48°$ N Sonnenstandsdiagramm mit Analemmata der Zeitgleichung

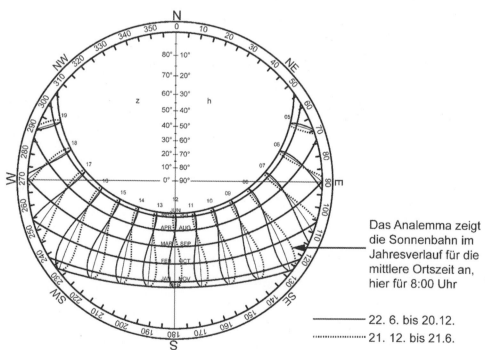

Das Analemma zeigt die Sonnenbahn im Jahresverlauf für die mittlere Ortszeit an, hier für 8:00 Uhr

——— 22. 6. bis 20.12.
.... 21. 12. bis 21.6.

Umstände keine Rolle, wohl aber sind die Größen abhängig vom Standort (Breitengrad), von der Orientierung der Fenster, Oberlichter, etc. sowie vom angesetzten Airmass- und Trübungsfaktor.

Für gesamtenergetische Betrachtungen oder die Planung von solarthermischen oder photovoltaischen Anlagen sind der mittlere Licht- und Strahlungsempfang und deren Jahressummen von Interesse. Hierfür müssen meteorologische Erfahrungsdaten herangezogen werden, die von den Wetterdiensten zur Verfügung gestellt werden ([8, 9]).

Obwohl das Wetter immer größere Ausschläge zeigt, ist die Annahme für eine **mittlere Sonnenscheinwahrscheinlichkeit von 35 % für gemäßigte Breiten** nach wie vor ein guter Richtwert.

Für Besonnungsuntersuchungen gibt es zwei gängige Verfahren

Stereographische Projektion der Verbauung auf ein – ebenfalls stereographisch projiziertes – Sonnenstandsdiagramm (s. u.). Dabei geht es darum, die Besonnung an einem Untersuchungspunkt von Interesse auf einen Blick über das ganze Jahr zu sehen, kurz, den gesamten zeitlichen Verlauf der Besonnung an einem räumlichen Punkt.

Schattenwurf

Beim Schattenwurf hingegen wird die Besonnung des gesamten Raums bzw. die Schattenverteilung darin zu einem bestimmten Zeitpunkt betrachtet. Der Schattenwurf wurde früher von Hand aufwändig konstruiert; heute werden diese Darstellungen auf dem Computer mittels Raytracing erzeugt.

Darüber hinaus möchte man oft wissen, ob und wie lange bestimmte (Teil-)Flächen einer Fassade oder in einem Raum an einem Stichtag, in einem Monat oder über das gesamte Jahr besonnt werden. Dies kann kumulativ mit Hilfe von Backwards-Raytracing berechnet werden.

Je nach Aufgabenstellung haben beide Darstellungen ihre Vor- und Nachteile.

27.6.3.1 Stereographische Projektion in ein Sonnenstandsdiagramm

Die Verbauung wird in richtiger Orientierung in ein Sonnenstandsdiagramm für den Breitengrad des Standortes projiziert. Die folgende Darstellung 3,31 zeigt das 3D-Modell eines einfachen Hauses, für welches die Sonnenschutzwirkung einer starren Blende oberhalb des nach Süden orientierten Fensters untersucht werden soll.

Da es bei der Besonnungsuntersuchung lediglich auf die himmelsbegrenzenden Kanten ankommt, entspricht das Modell einem Drahtgittermodell mit einzelnen Oberflächen. Der Untersuchungspunkt liegt hier horizontal auf Brüstungsebene. Aus dem Sonnenstandsdiagramm der Abb. 27.32 können direkt die Besonnungsintervalle über das ganze Jahr am Untersuchungspunkt abgelesen werden. Man sieht auf einen Blick, dass jeglicher direkter Sonnenlichteinfall in den Raum von April bis August unterbunden ist, mit kurzen Ausnahmen in den Früh- und Abendstunden (Abb. 27.31).

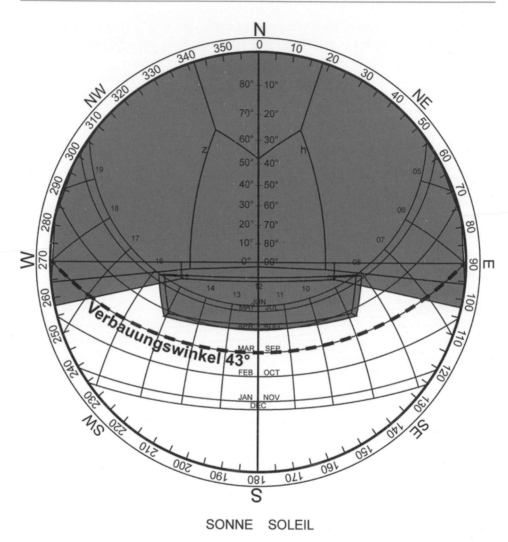

SONNE   SOLEIL

Abb. 27.31 Südorientiertes Fenster mit starrer Sonnenschutzblende (nicht sonnenschutztechnisch optimiert)

27.6.3.2 Schattenkonstruktion

Für die Schattenkonstruktion wurde an drei Stichtage im Jahr (21. Dezember, 21. März/September bzw. Tag und Nachtgleiche, 21. Juni) die Besonnung für 12:00 Uhr WOZ dargestellt.

Im Dezember kann die Sonne tief in den Raum hinein scheinen und wirft lediglich Schatten im Sturzbereich. Man kann sich nun durch vergleichende Darstellungen von Besonnungssituationen zu verschiedenen Tages- und Jahreszeiten einen Überblick über die Besonnbarkeit von Fenstern oder Fassaden verschaffen (Abb. 27.33).

Abb. 27.32 Stereographische
Projektion von Verbauung aus
‚Sicht' des
Untersuchungspunktes

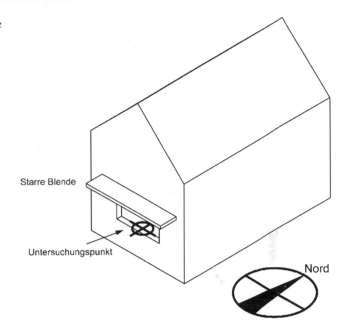

27.6.3.3 Kumulierte Besonnungszeiten für Teilflächen

Mit geeigneter Programmierung können aus diesen Raytracing-Darstellungen auch die
Tages-Besonnungszeiten an Stichtagen (oder für andere frei wählbare Intervalle) für Teilflächen von Interesse dargestellt werden, so dass auf einen Blick die flächenanteils-
bezogene Besonnung z. B. eines Fensters an einem Stichtag überblickt werden kann
(s. Abb. 27.34).

27.6.3.4 Orientierungsabhängige solare Bestrahlung

Die jährliche Bestrahlung von (gegen die Horizontale) geneigten und in eine bestimmte
Himmelsrichtung orientierten Flächen kann entweder mit einem Computerprogramm berechnet, oder – einfacher – einem geeigneten sog. Nomogramm entnommen werden
(s. Abb. 27.35).

Beim Ablesen der Werte ist darauf zu achten, dass man sich immer entlang von Parallelen der Hauptachsen der Isometrie bewegt, wie gezeigt im Ablesebeispiel:

Eine um 60° aufgestellte (unverbaute), nach O orientierte Fläche kann im Jahr maximal
ca. 800 kWh/m² solare Strahlungsenergie empfangen. Der Wert ist realistisch, da bereits
der mittlere Himmel vorausgesetzt ist, welcher die statistische Sonnenscheinwahrscheinlichkeit und die Minderung durch die Trübung und Dicke der Atmosphäre berücksichtigt
berücksichtigt [4].

Oft möchte man wissen, wie hoch die tägliche solare Einstrahlung durch waagerechte
(Oberlicht-)verglasung oder, vergleichend je nach Orientierung, durch senkrechte Fenster-
verglasung bei bestimmten Strahlungsdurchlassgraden der Verglasungen ist.

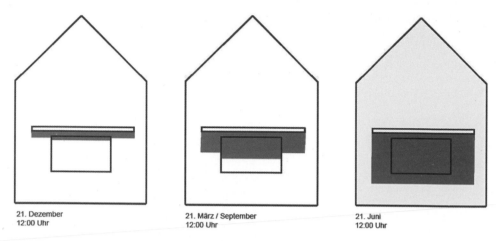

Abb. 27.33 Schattenwurf jeweils 12:00 Uhr WOZ

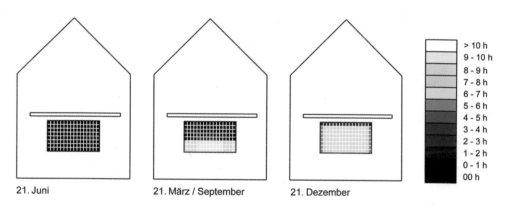

Abb. 27.34 Kumulierte Besonnungszeiten von Teilflächen an Stichtagen

Die Darstellung 3.36 gibt hier einen Überblick. Allein die qualitativen Zusammenhänge sind interessant: Je höher die Sonne steht (Sommer), desto erheblich größer ist die Einstrahlung durch horizontale Verglasung. Mit Abnahme der maximalen Sonnenhöhe (Tag- Und Nachtgleiche) ist bereits bei um S orientierten senkrechten Verglasungen der Energieeintrag höher. Bei niedrigen Sonnenhöchstständen (Winter) ist bei senkrechten Verglasungen zwischen Orientierung O über S nach W die Einstrahlung höher als bei waagerechter Verglasung. Eine um S orientierte senkrechte Verglasung hat im Sommer geringere Einträge als im ganzen restlichen Jahr und auch geringere als alle anderen bis auf die um N herum orientierten senkrechten Verglasungen (Abb. 27.36).

Für Verglasungen mit anderem Gesamtenergiedurchlass τ_e kann der Energieeintrag mittels Dreisatz durch einen Korrekturfaktor k_e aus den oben abgelesenen Werten ermittelt werden mit $k_e = \tau_e/0{,}5$.

Abb. 27.35 Mittlere jährliche
Bestrahlung für 53° N auf
horizontalen bis senkrechten
Flächen unterschiedlicher
Orientierung

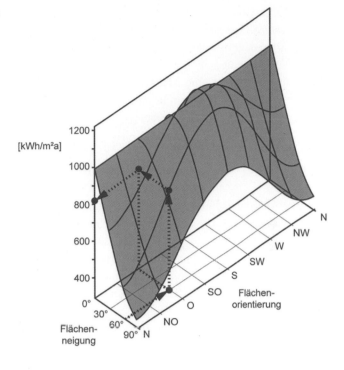

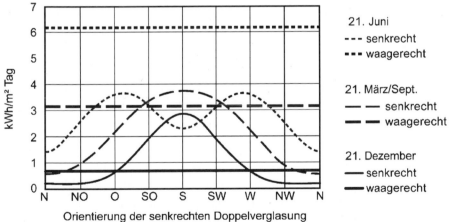

Orientierung der senkrechten Doppelverglasung

Abb. 27.36 Tagessummen der flächenbezogenen solaren Gesamteinstrahlung bei klarem Himmel
(*) durch unverbaute waagerechte sowie verschieden orientierte senkrechte 2-fach-Isolierverglasung
mit farbneutraler Wärmeschutzbeschichtung (τ_v = 80 %, g-Wert = 0,6, τ_e = 0,5), ermittelt für 49°
nördl. Breite mit Hilfe von [10, 11]

Für solare Gewinne im Winter und geringe solare Einträge im Sommer sind somit senkrechte, nach S orientierte Verglasungen am besten geeignet, bes. auch in Kombination mit einer starren oder beweglichen Blende über dem Fenster (s. Abschn. 27.6.4).

(*) Voraussetzungen: AM 1,5, Trübungsfaktor nach Linke T = 2,75 (Der Trübungsfaktor nach Linke ist eine Maßzahl für die Minderung durch Trübung der Atmosphäre, welche über einen Formalismus angibt, wieviele ungetrübte sog. Rayleigh-Atmosphären rechnerisch der angesetzten Trübung entsprechen.)

27.6.4 Blend- und Sonnenschutzmaßnahmen

Die Begriffe Blendschutz und Sonnenschutz überschneiden sich und sind auch nicht genau voneinander abgegrenzt definiert. In der Planung sind sie meistens beide genannt, wobei eher intuitiv die eine oder die andere Maßnahme gemeint ist. Sonnenschutzmaßnahmen müssen wirksam vor Sonnenwärmeeintrag und dem extrem hohen Lichteintrag bei direkter Besonnung von Fenstern, Glasdächern und Oberlichtern schützen. Sie dienen somit auch zur Vermeidung von Blendung. Sonnenschutzmaßnahmen mindern den Lichteintrag entsprechend stark und sind oft geometrisch an den Sonnenlauf angepasst.

Auch ohne direkte Besonnung eines Raumes kann es jedoch zu Blendung, zum Beispiel durch den Himmel kommen, vor der man sich schützen muss, etwa bei Bildschirmarbeitsplätzen. Hierfür gibt es zum Beispiel Blendschutzrollos, aber auch Jalousetten etc. Wenn nur eine Maßnahme möglich ist, muss diese beide Funktionen erfüllen.

27.6.4.1 Rollos

Sonnenschutzrollos sollten, wie alle Sonnenschutzmaßnahmen, vorzugsweise außerhalb der wärmeisolierenden Verglasung liegen. Ihr Lichttransmissionsgrad muss so niedrig sein, dass die vorgegebenen Höchstbeleuchtungsstärken im Raum, zum Beispiel auf Arbeits- oder auf Wandebene, selbst bei direkter Besonnung des Fensters nicht überschritten werden.

Zu beachten wäre, ob die Durchsicht durch den Stoff erhalten bleiben soll. Ist dies gefordert, so kommt ein sog. Screen zum Einsatz, ein netzartig gewebter Stoff mit Öffnungen, durch die gesehen werden kann (openess factor). Der Lichttransmissionsgrad muss jedoch entsprechend gering sein, bei strikt geforderten Höchstbeleuchtungsstärken im einstelligen Prozentbereich, da es wegen der kaum vorhanden Streuung zu lokal hohen Beleuchtungsstärken kommen kann. Bei nicht voller Besonnung ist der Tageslichteinfall in den Raum dann schnell viel zu niedrig.

Braucht die Durchsicht nicht erhalten zu werden, kann ein – am besten ideal – lichtstreuender Behang zum Einsatz kommen. Durch dessen Lambertsches Abstrahlverhalten wird der hohe Lichtstrom bei direkter Besonnung um den integralen Lichttransmissionsgrad des Behangs gemindert gut in den Raum verteilt. Es kommt nicht zu so hohen Beleuchtungsstärken. Der Lichttransmissionsgrad des streuenden Stoffes kann daher bei gleicher Anforderung an Höchstbeleuchtungsstärken deutlich höher sein. Das ideale

Streuverhalten birgt jedoch auch Nachteile, da der aufgehellte Stoff aus jeder Richtung wie ein heller Lampenschirm wirkt. Ist der Stoff auch noch hell, kann allein dieser trotz geringen Lichttransmissionsgrades zu Blendungen im Raum führen. Aus rein licht-technischer Sicht wäre es daher von Vorteil, wenn der Behang raumseitig tendenziell dunkel wäre, nach außen hin jedoch hochreflektierend, entweder weiß oder metallbedampft. Allerdings ist ein ideal streuender Stoff in dunkler Ausführung kaum möglich, da er dann schnell lichtundurchlässig wird. Da auch ästhetische und mechanische Belange zu berück-sichtigen sind, ist die Stoffauswahl i. d. R. aufwändig.

Blendschutzrollos können je nach Einsatzort und -bestimmung einen höheren Licht-transmissionsgrad besitzen, wenn sie zum Beispiel zusätzlich zu Sonnenschutzmaß-nahmen eingesetzt werden oder der Raum nicht direkt besonnt werden kann.

Lichtdosierung durch Teilschließung

Werden Rollos nur ganz geöffnet oder geschlossen, ergibt sich daraus nur eine Licht-minderungsstufe. Ist eine differenziertere Lichtdosierung gewünscht, können die Rollos auch in Stufen gefahren werden. In der Regel sind Rollos im Sturzbereich angebracht und eine Teilschließung lässt den fensternahen Bereich hell, die Raumtiefe eher dunkel (Abb. 27.37). Steht beispielsweise ein Schreibtisch in Raumtiefe mit Blick in Richtung Fenster, kann eine Teilschließung hinreichenden Blend- und Sonnenschutz bieten. Soll jedoch möglichst lange der Raum auch in Raumtiefe gut beleuchtet sein, bietet sich die Teilschließung bei Schließverlauf von unten nach oben an (Abb. 27.38).

27.6.4.2 An den Sonnenlauf angepasste Sonnenschutzmaßnahmen

Astronomisch-geometrisch angepasste Sonnenschutzmaßnahmen haben zum Ziel, direkte Sonnenlichteinstrahlung zu unterbinden, Himmelslicht jedoch in den Raum zu lassen. Die Maßnahmen können beweglich oder starr konfiguriert sein. Sie können den Azimutwinkel der Sonneneinstrahlung begrenzen oder den Höhenwinkel oder – meistens – beide. Die

Abb. 27.37 Rollos, Laufrichtung von oben nach unten schließend, Abstufung der Zwischenstufen logarithmisch

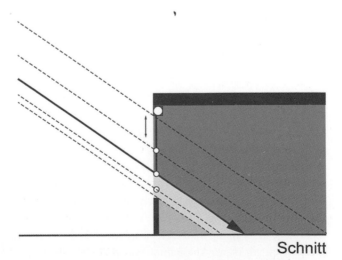

Schnitt

Abb. 27.38 Rollos, Laufrichtung von unten nach oben schließend, Abstufung der Zwischenstufen logarithmisch

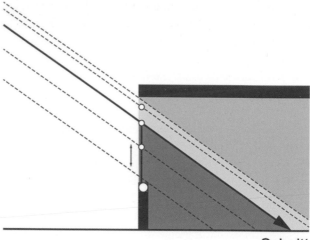

Abb. 27.39 Horizontale Auskragung

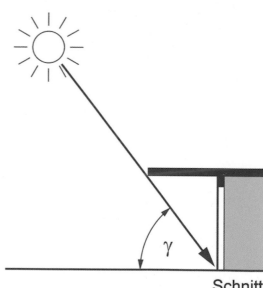

geometrisch astronomische Konfiguration trägt sowohl der Orientierung des Gebäudes Rechnung als auch dem Breitengrad seines Standorts.

Im Folgenden sollen Beispiele für hiesige Breiten und für den Äquator in ihrer jeweils unterschiedlichen Wirksamkeit gegenübergestellt werden.

Horizontale Auskragung über einer Fassadenöffnung

Eine starre nach Süden orientierte Blende, beispielsweise in Form einer Balkonplatte oder sonstiger Auskragung über einer Fassadenöffnung stellt eine sonnenschutztechnisch und energetisch wirksame Maßnahme dar (Abb. 27.39). Steht die Sonne höher als der Winkel γ, so scheint sie überhaupt nicht in den Raum; steht sie in Höhe von γ, reicht die Schattenkante an das Fenster heran; je tiefer sie steht, umso tiefer scheint sie in den Raum. So bleibt der Raum im Sommer schattig, die flach stehende Wintersonne führt jedoch zu hohem Sonnenwärmeeintrag. Ein Sonnenschutz ist jedoch notwendig.

Die Maßnahme ist umso weniger wirksam, je weiter die Gebäudeorientierung von Süd abweicht (Abb. 27.40). Bei leichter Orientierung nach Westen (gepunktete Linie) scheint die Sonne nachmittags auch im Sommer noch in den Raum. Bei genauer Ostorientierung (gestrichelte Linie) kann die Sonne das ganze Jahr über vormittags in den Raum hinein-scheinen. Da die Nord-Süd-Linie ohnehin die Fassadengrenze darstellt, würde die Blende nur in den Mittagsstunden, dann jedoch vorzugsweise im Hochsommer, für maximal zweieinhalb Stunden Sonnenschutz bieten.

Am Äquator (Abb. 27.41) bietet die Blende das ganze Jahr über einen sehr guten Sonnenschutz; lediglich in November/Dezember kann die Sonne morgens und abends flach für ein bis zwei Stunden in den Raum hinein scheinen. Zum Schutz hiervor wären azimutbegrenzende Maßnahmen geeignet (siehe weiter unten).

Statt einer weit auskragenden Blende können auch mehrere kleine Elemente über-einander mit geringerem Abstand zueinander vor der Lichtöffnung angeordnet werden (Abb. 27.42). Das Prinzip ist das gleiche: Der Höhenwinkel γ bestimmt den Grad der Durchsonnung und somit kann die gleiche Projektion zur Besonnungsuntersuchung an-

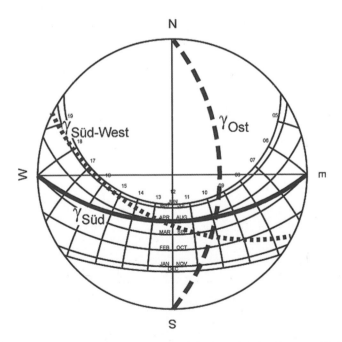

Abb. 27.40 Sonnenstandsdiagramm für 48° N mit Höhenwinkel γ für verschiedene Fassaden-orientierungen

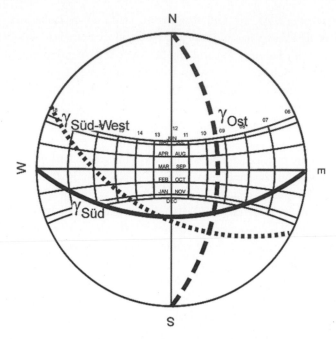

Abb. 27.41 Sonnenstandsdiagramm für 0° mit Höhenwinkel γ für verschiedene Fassaden-orientierungen

Abb. 27.42 Lamellen,
Längsachse horizontal,
Querachse horizontal orientiert

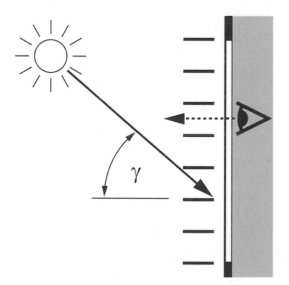

Abb. 27.43 Lamellen,
Längsachse horizontal,
Querachse geneigt

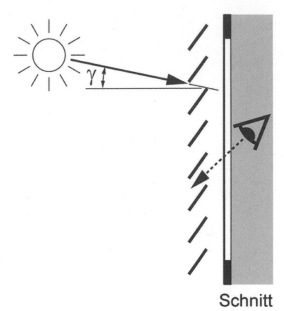

Schnitt

wendet werden. Nachteilig ist der gegenüber der freien Fensterfläche eingeschränkte Durchblick. Durch Neigung der einzelnen Elemente kann die Besonnung weiter eingeschränkt werden (Abb. 27.43). Auch hier ist der Höhenwinkel γ für die (Teil-) Durchsonnung bestimmend. Die Prinzipskizzen verdeutlichen die richtungsselektive Durchsicht durch die Ebenen der Sonnenschutzelemente.

Vertikale Sonnenschutzelemente vor Fassadenöffnungen
Die vertikalen Elemente schützen vor Besonnung bei seitlich auf die Fassade einfallendem Sonnenlicht, unabhängig von der jeweiligen Sonnenhöhe.

Der Winkelbereich $\Delta\alpha$ des Azimutwinkels α (s. Abb. 27.44) beschreibt den seitlichen Durchscheinwinkel aus einer Richtung durch starre, vertikale Lamellen, Der doppelte Winkel $2\Delta\alpha$ zeigt den gesamten Azimutbereich möglicher Besonnung, dem je nach Orientierung und Breitengrad bestimmte Besonnungszeiten in Tages- und Jahresverlauf entsprechen.

Abb. 27.45 und 27.46 zeigen die stereographische Projektion zweier vertikaler Sonnenschutzlamellen in ein Sonnenstandsdiagramm jeweils für 48° nördlicher Breite und für den Äquator. Vertikale Geraden werden in stereographischer Projektion zu radialen Geraden. Die durchgezogenen Linien zeigen ein Lamellenpaar bei genauer Südorientierung der Fassade, die gepunkteten Orientierung nach Südosten.

In hiesigen Breiten ist die Sonnenschutzwirkung der Vertikallamellen bei hinsichtlich Durchsicht vertretbar geringem gegenseitigem Abstand (Abb. 27.44) unabhängig von der Gebäudeorientierung sehr gering.

Abb. 27.44 Lamellen,
Längsachse vertikal,
Querachse senkrecht zur
Fensterfläche

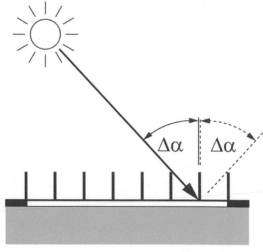

Grundriss

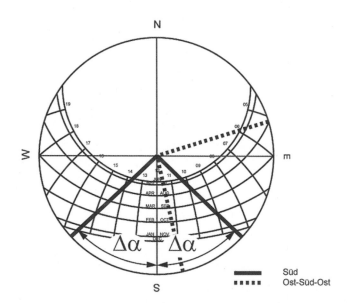

Abb. 27.45 Sonnenstandsdiagramm für 48° N mit Azimutwinkel α für verschiedene F assaden-
orientierungen

Das ganze Jahr über kann die Sonne viele Stunden am Tag in den Raum hineinscheinen
(Abb. 27.45), bei Südorientierung zudem um die kritische Mittagszeit.

Am Äquator sind die gleichen Maßnahmen hoch wirksam, allerdings nur bei Südorientierung der Fassade (Abb. 27.46). Hier kann die Sonne im Dezember maximal zweieinhalb Stunden steil von oben in den Raum hinein scheinen, im Oktober ist es nur noch
ca. eine Stunde.

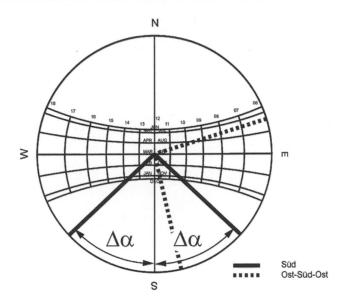

Abb. 27.46 Sonnenstandsdiagramm für 0° mit Azimutwinkel α für verschiedene Fassadenorientierungen

Dass der Durchscheinwinkel die **tägliche Besonnungszeit** bestimmt, gilt je nach Laibungsiefe auch für jedes Fenster, fällt jedoch nur bei verhältnismäßig großen Mauerstärken gegenüber der Fensterbreite ins Gewicht (siehe Abb. 27.47).

Hier sieht man auch, wie sehr Lichteintrag und Ausblick bei Anschrägen der Laibungen nach außen hin verbessert werden. Besonders deutlich wird dies an historischen Bauten mit großen Mauerstärken, jedoch aufgrund der zunehmenden Dämmschichtdicken auch bei Neubauten.

Geneigte Sonnenschutzlamellen horizontal über Oberlichtern angeordnet
Lamellen oberhalb von Oberlichtern werden, sofern sie annähern in O-W-Richtung verlaufen, am besten in Richtung Sonne orientiert, d. h. schräg gestellt, erkennbar an den beiden unterschiedlichen Zenitwinkeln z_1 und z_2 (Abb. 27.48).

Bei Projektion der Zenitwinkel in ein Sonnenstandsdiagramm (Abb. 27.49) wird deutlich, wie durch den kleinen Zenitwinkel z_1 die Sonne selbst im Hochsommer über die Mittagsstunden ausgeblendet wird und auch den restlichen Sommer über nur für wenige Stunden morgens und abends direkter Sonnenlichtdurchgang möglich ist.

Dieses könnte ebenfalls durch um 90° gedrehte senkrechte Stege ganz ausgeblendet werden (gestrichelte Linien in Sonnenstandsdiagramm): man hätte dann ein Sonnenschutzraster.

Das Winterhalbjahr über ist direktes Sonnenlicht ganz ausblendet.

Der größere Zenitwinkel z_2 führt dazu, den Lichteintrag aus dem Himmelsbereich ohne Sonne zu erhöhen (Shedkonstruktionen basieren auf dem gleichen Prinzip).

Abb. 27.47 Sonnenschutzwirkung einer großen
Laibungstiefe bei Fenstern

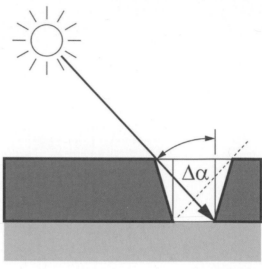

Grundriss

Abb. 27.48 Lamellen,
Längsachse horizontal,
Querachse geneigt

Schnitt

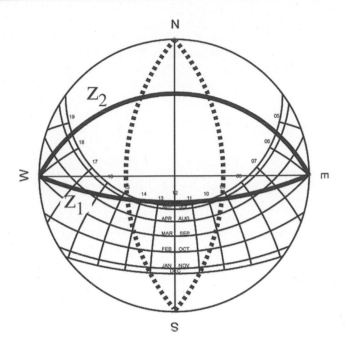

Abb. 27.49 Sonnenstandsdiagramm für 48° N mit asymmetrischen Höhenwinkeln γ_1 und γ_2 Durch Stege in N-S-Richtung (gestrichelte Linien) könnte der direkte Sonnenlichtdurchgang vollständig unterbunden werden

Literatur

A) Monografien u. sonstige Quellen

1. Moon, P. und Eberle Spencer, D.: Illumination from a Non-Uniform Sky. New York, Illuminating Engineering. 1942. S. 707
2. Krochmann, J.: Über die Horizontalbeleuchtungsstärke der Tagesbeleuchtung. Lichttechnik 1963, Heft 11, S. 559 bis 562
3. Krochmann, J.; Müller, K.; Retzow, U.: Über die Horizontalbeleuchtungsstärke und die Zenitleuchtdichte des klaren Himmels. Lichttechnik 1970, Heft 11, S. 551 bis 554
4. Fischer, U.: Tageslichttechnik. Köln-Braunsfeld: R. Müller GmbH, 1982
5. Hopkinson, R.G., Petherbridge, P., Longmore, J.: daylighting. London: William Heinemann Ltd., 1966
6. Hopkinson, R. G.; Longmore, J.; Petherbridge, P.: An Empirical Formula for the Computation of the Indirect Component of Daylight Factor. Transactions of the Illuminating Engineering Society 19 (1954), Heft 7, S. 201 bis 219
7. Flachglas Markenkreis: Glashandbuch 2010. Flachglas MarkenKreis GmbH, 2010
8. European Database of Daylight and Solar Radiation, http://www.satel-light.com/core.htm

9. Deutscher Wetterdienst, http://www.dwd.de
10. Freymuth, H. und G.: Diagrammsatz Sonnenwärme. Veröffentlichung 135 der Forschungs-gemeinschaft Bauen und Wohnen Stuttgart (FBW), 1982. 26 + 3 Diagramme und 16 S. Text
11. Freymuth, H. und G.: Diagrammsatz Sonnenwärme. Eine Art Rechenscheibe zur schnellen Bestimmung des Sonnenwärme-Strahlungsempfangs. FBW-Blätter 1–1983

B) Normen, Richtlinien, Vorschriften

12. Internationale Beleuchtungskommission (CIE): Standardization of luminance distribution on clear skies. CJE-Veröffentlichung Nr. 22 (TC-4.2), 1973, ersetzt durch [83]
13. Internationale Beleuchtungskommission (CIE): CIE S003 Spatial distribution of daylight – CIE standard overcast sky and clear sky, 1996
14. DIN 5034 „Tageslicht in Innenräumen", Teil 3 „Berechnung", Februar 2007
15. DIN 5034 „Tageslicht in Innenräumen", Teil 1 „Allgemeine Anforderungen", Oktober 1999
16. Deutsche Lichttechnische Gesellschaft: Projektierung von Beleuchtungsanlagen nach dem Wirkungsgradverfahren. LiTG-Publikationen, 1988
17. DIN EN 410 „Glas im Bauwesen – Bestimmung der lichttechnischen und strahlungs-physikalischen Kenngrößen von Verglasungen.", April 2011
18. DIN 5034 „Tageslicht in Innenräumen", Teil 2 „Grundlagen", Februar 1985

Kunstlicht

28

Christian Kölzow

28.1 Einführung

Künstliches Licht ist rein sprachlich der Gegenpart zu natürlichem Licht, als welches gemeinhin das Tageslicht bezeichnet wird. Es ist also das Licht, welches wir zunächst zum Sehen in der Nacht erzeugen, einschl. Feuer, Kerzen etc., dem auch ‚natürliche' Prozesse im Sinne von physikalischen zugrunde liegen.

Für die Beleuchtung mit Kunstlicht kann es ganz unterschiedliche Aufgabenstellungen geben:

- Einen Raum (Wohn- oder Arbeitsbereich) gut beleuchten
- Etwas für einen Betrachter gut sichtbar machen (Sportarena, Operationstisch, etc.)
- Die Aufmerksamkeit des Betrachters auf etwas lenken
- Eine Stimmung beim Betrachter erzeugen

Bei den ersten beiden Aufgaben geht es v. a. darum, die physiologischen Anforderungen an eine gute Beleuchtung zu beachten wie ausreichende Beleuchtungsstärken für eine bestimmte Sehaufgabe, Vermeidung von Blendung durch eine ausgewogene Leuchtdichteverteilung im Raum, zumindest im Sehfeld, Berücksichtigung von Lichtfarbe und Farbwiedergabe.

Für die Aufgabe, die Aufmerksamkeit auf etwas zu lenken, können die allgemeinen Anforderungen an Beleuchtung für gutes Sehen zunächst in den Hintergrund treten. Von größerer Bedeutung ist die Hervorhebung von Personen, Gegenstände, Raumzonen, etc. durch gerichtete Beleuchtung, andere Lichtfarben der Leuchtmittel oder sogar durch

C. Kölzow (✉)
Inst Tageslichttechnik Stuttgart, Stuttgart, Deutschland
E-Mail: Tageslichttechnik@IFT-Stuttgart.de

© Springer Fachmedien Wiesbaden GmbH, ein Teil von Springer Nature 2022
W. M. Willems (Hrsg.), *Lehrbuch der Bauphysik*,
https://doi.org/10.1007/978-3-658-34093-3_28

farbiges Licht. Man denke nur an die jeweils unterschiedliche Wirkung einer Skulptur, die einmal gleichmäßig von allen Seiten diffus, vor einem hellen Hintergrund stehend, beleuchtet wird, ein anderes Mal bei gerichtetem, seitlichen Licht vor einem dunklen Hintergrund oder gar mit Licht von unten, was zu einer effektvollen Wirkung führt.

Um eine Stimmung im Betrachter zu erzeugen, sind die Anforderungen an Beleuchtung für gutes Sehen ebenfalls sekundär. Die Wahl der Beleuchtungsart, ob indirekt oder direkt, und der Lichtfarben bestimmt, wie ein Raum empfunden wird. So kann ein Raum bei kühlem, direkten Licht abweisend, in einem wärmeren, indirekten Licht hingegen einladend wirken. Man denke auch an Kathedralen, in die das Sonnenlicht durch bunte Mosaikfenster fällt.

Um diese grundsätzlichen Aufgabenstellungen durch geeignete Planung erfüllen zu können, ist sowohl technisches Wissen über die Erzeugung künstlichen Lichts und über die Lichtlenkung als auch über grundlegende Beleuchtungsprinzipien notwendig. Diese Themen sollen hier vorrangig vermittelt werden.

Die im Folgenden dargestellten Spektren werden der Deutlichkeit halber invers dargestellt, um ihren Verlauf im Lichtspektrum deutlicher hervorzuheben.

Anmerkungen zu LED

Die Entwicklung der LED-Technik (Licht emittierende Dioden) ist seit der letzten Auflage rasant fortgeschritten und hat Industrie-Standard erreicht. Doch wie bei jeder Revolution sollte man sich von Altbewährtem nicht vorschnell verabschieden, zumal noch unzureichende Langzeiterfahrungen mit LED-Leuchten vorliegen. Man erinnere sich an die sog. Energiesparlampen vor gut 15 Jahren, die im Prinzip aus gewendelten kleinen Leuchtsoffröhren bestanden und denen über eine EU-Energiesparverordnung, die das weitgehende Verbot von Glühlampen beinhaltete, zur Verbreitung verholfen werden sollte. Mittlerweile sind sie weitgehend vom Markt verschwunden und es steht der bei Entsorgung anfallende Sondermüll in Form von Quecksilber und anderen giftigen Beschichtungsstoffen im Vordergrund. Auch LED enthalten, z. B. durch giftige Dotierung, aber auch die meistens mitentsorgte enthaltene Elektronik, Sondermüll. Die Dimmung von LED erfolgt weitgehend durch Pulswellenmodulation, PWM, einem schnellen Ein- und Ausschalten mit variabler Auszeit. Die physiologischen Auswirkungen sind noch nicht umfassend untersucht. Bisherige Leuchtmittel sind weiterhin verbreitet und für bestimmte Anwendungen bleiben sie geeignet. Dieses Kapitel behandelt daher weiterhin alle gängigen künstlichen Lichtquellen, auch wenn viele fortschreitend in den Hintergrund treten.

28.2 Lichterzeugung

In der Beleuchtungstechnik werden ausschließlich Leuchtmittel verwendet, deren Lichterzeugung auf der Zuführung von elektrischer Energie beruht. Im diesem Kapitel werden nun die unterschiedlichen Arten der Lichterzeugung bei den gängigen Leuchtmitteln beschrieben sowie die sich hieraus ergebenden Eigenschaften des jeweils erzeugten Lichts, wie z. B. dessen spektrale Zusammensetzung. Dabei wird für jedes Leuchtmittel auch dessen Effizienz angegeben.

Nach [1] wird eine künstliche Lichtquelle per Festlegung als *Lampe* bezeichnet, das Gehäuse, in dem sie verbaut ist und das für die Lichtlenkung, den Schutz der Lampe, etc. verantwortlich ist als *Leuchte*.

Die im Bauwesen gängigen Lampen lassen sich in zwei Gruppen aufteilen: *Festkörper- lampen* und *Entladungslampen*. Festkörperlampen können auf zwei unterschiedlichen physikalischen Effekten basieren: *Temperaturstrahlung* und *Elektroluminiszenz*.

Beim *Temperaturstrahler* wird ein Festkörper bis zum Glühen erhitzt. Hierbei strahlt er ein kontinuierliches Spektrum ab, welches sein spektrales Maximum mit steigender Temperatur zum kurzwelligen (blauen) Bereich des Spektrums hin verschiebt (s. Abschn. 2.2.2).

Für die Lichterzeugung durch *Elektroluminiszenz* wurden Halbleiter dahingehend modifiziert, dass bei angelegter elektrischer Spannung frei werdende Elektronen bei Rekombination Photonen (Lichtquanten) abgeben. Dabei wird je nach Halbleitertyp monochromatisches Licht unterschiedlicher Wellenlänge emittiert.

Entladungslampen beruhen auf dem physikalischen Effekt, dass bestimmte Gasgemische (als Gas gilt auch ein sich in gasförmigem Aggregatzustand befindliches Metall) bei Anregung durch ein angelegtes elektrisches Feld (meist Wechselfeld) Strahlung aussenden. Im Wesentlichen unterscheiden sich Entladungslampen aufgrund der Partialdrücke der Gasgemische und der Temperaturen, bei denen die Entladungsvorgänge stattfinden. Je nach Entladungslampe wird die Strahlung im ultravioletten, im sichtbaren oder (selten) im infraroten Bereich erzeugt, so dass mitunter eine Konversion von nicht-sichtbarer Strahlung in Licht notwendig ist. Hierzu werden dann meist die Wandungen der Glaskörper mit Leuchtstoffen beschichtet, die bei Anregung durch UV-Strahlung Licht in einem breiteren Spektralbereich erzeugen (s. u. Spektren).

Folgende Zeichnung und Tabelle zeigen die künstlichen Lichtquellen im Überblick (Abb. 28.1 und Tab. 28.1).

28.2.1 Temperaturstrahler

28.2.1.1 Glühlampen

Lampentyp	Leistung [W]	Lichtstrom [lm]	Lichtausbeute [lm/W]	Farbtemperatur [K]	Farbwiedergabe [Ra]	Energieeffizienzklasse
Glühlampe	15–200	100–2500	6–12	~ 2700	100	E–G

Die Lichterzeugung bei Glühlampen erfolgt durch Aufheizen eines Wolframdrahtes durch elektrischen Strom bis zum Glühen. Das abgestrahlte Licht weist ein kontinuierliches Spektrum auf (s. a. Abschn. 26.2.2). Zum Schutz vor Oxidation und Verdampfung befindet

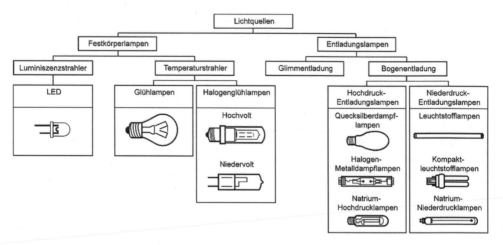

Abb. 28.1   Schema Kunstlichtquellen [10]

sich der Wolframdraht in einem teilevakuierten und mit Inert-Gas gefüllten Glaskolben. Da keine geeigneten Materialien mit höherem Schmelzpunkt als Wolfram (Schmelzpunkt bei ca. 3680 K) zur Verfügung stehen, liegt das Strahlungsmaximum im Infrarot-Bereich und die Lichtausbeute ist mit 5–15 lm/W die geringste aller elektrischen Lichtquellen (s. a. Abb. zu Abschn. 26.2.2).

Das Licht der Glühlampen bietet höchste Farbwiedergabequalität und dient daher auch als Referenzlichtquelle für die Farbwiedergabe mit einem Ra-Wert von 100 (s. a. Abschn. 26.9.4). Die Lampenlebensdauer ist mit ca. 1000 h vergleichsweise niedrig [12].

Glühlampen werden direkt am 230 V/50 Hz Wechselspannungsnetz betrieben. Das Glühverhalten des Wolfram-Drahts ist wegen seiner hohen spezifischen Wärmekapazität so träge, dass die Lampen ohne wahrnehmbares Flackern an Wechselspannung betrieben werden können.

Dimmung ist mittels einfacher Spannungsreduktion möglich. Mit sinkender Betriebs-spannung nimmt jedoch die Temperatur der Wendel ab und das Strahlungsmaximum wird weiter in den langwelligen Bereich verschoben; die Lichtfarbe wird noch wärmer und der Lichtstrom nimmt überproportional ab. Gedimmte Glühlampen sind somit noch ineffizienter.

28.2.1.2 Halogenlampen

Lampentyp	Leistung [W]	Lichtstrom [lm]	Licht-ausbeute [lm/W]	Farb-temperatur [K]	Farb-wiedergabe [Ra]	Energie-effizienzklasse
Halogenlampe	5–2000	60–44000	12–27	2700–3300	100	C–D

Halogenlampen ähneln in Aufbau und Funktion herkömmlichen Glühlampen. Zur Er-höhung der Lebensdauer und des Wirkungsgrades befindet sich im Glaskolben jedoch ein Füllgas mit einer Halogenverbindung (i. d. R. bromiertes Methan). Durch dieses Gas fin-det im Betrieb im Glaskolben der sog. *Halogenkreisprozess* statt, durch den verdampfendes

Tab. 28.1 Übersicht typische Kunstlichtquellen, Einzelangaben in den Abschnitten

Lampentyp/ Herstellerkürzel	Leistung [W]	Lichtstrom [lm]	Lichtausbeute [lm/W]	Farbtemperatur [K]	Farbwiedergabe [R_a]	Energieeffizienzklasse
Glühlampe	15–200	100–2500	6–12	~ 2700	100	E–G
Halogenlampe	5–2000	60–44000	12–27	2700–3300	100	B–D
Leuchtstofflampen	5–80	200–8000	60–105	2700–6500	60–95	A–B
Kompakt-Leuchtstoff	5–165	200–12000	30–85	2700–6500	80 (–90)	A–B
Niederdruck-Natriumdampf/SOX*	18–180	1800–32500	100–200	1700	n. a.	A
Hochdruck-Quecksilberdampf/HQL, *HPL*	50–1000	1700–59000	35–60	3200–4200	40–55	A–B
Hochdruck-Natriumdampf/NAV, *SON*	50–1000	3500–130000	70–130	2000–2500	25–80	A–B
Hochdruck-Halogenmetalldampf/HQI, *MHN*	70–2000	5200–240000	75–120	3000, 4200	60–95	A–B
Keramik-Hochdruck-Halogenmetalldampf/HCI, *CDM*	20–400	1700–40000	90–100	3000, 4200	80–95	A
Festkörper LED	1–85	10–8500	30–140	2500–8000	65–95	A–B

*Herstellerkürzel Osram normal, Philips *kursiv* [10, 11]

Wolfram gebunden und wiederum am Glühdraht abgeschieden wird. Durch diesen rück-
führenden Prozess können Wendeltemperaturen nahe am Schmelzpunkt des Wolframs (ca.
3680 K) realisiert werden, wodurch die Lichtausbeute um bis zu 20 % gegenüber konventionellen Glühlampen gesteigert wird. Durch die höheren Temperaturen ist das Licht
etwas weniger warmtönig. Die Lampenlebensdauer wird auf 2000–5000 h gesteigert.
Damit der Halogenkreisprozess nicht unterbrochen wird, darf die Kolbenwandung allerdings nicht zu kalt sein (>250 °C). Aus diesem Grund sind die Kolben von Halogenlampen
um bis zu 100-mal kleiner als die von Glühlampen, was jedoch für die Konstruktion von
Reflektoren und Leuchten von Vorteil ist. Im Umgang mit den Lampen ist darauf zu achten, die Glasoberfläche nicht zu berühren. Die Ablagerungen aus Fett und Schmutz verkohlen im Betrieb und können durch die lokalen Temperaturerhöhungen zum Platzen des
Kolbens führen. Halogenlampen sind in zwei Typen unterteilt: Niedervolt-Halogenlampen
mit Betriebsspannungen von 6 V, 12 V oder 24 V Gleichspannung und Hochvolt-Halogen-
lampen, die an 230 V/50 Hz Wechselspannung betrieben werden (Abb. 28.2).

Die Dimmbarkeit beider Halogenlampentypen ist möglich, allerdings, wie bei Glühlampen, mit den Nachteilen der geringeren Effizienz und der Rotverschiebung. Zudem
führen niedrigere Kolbentemperaturen durch dauerhafte Dimmung zu einer Einschränkung
des Halogenkreisprozesses und damit zu einer starken Verkürzung der Lebensdauer. Ein
zwischenzeitlicher Betrieb bei Volllast verlängert die Lebensdauer deutlich. Steigerungen
des Wirkungsgrades sind durch spezielle Beschichtungen der Kolbenwandung möglich,
welche die Strahlung im IR- und UV-Bereich zum Glühdraht zurückreflektieren und höhere Temperaturen des Glühdrahtes bei niedrigerer Leistungsaufnahme erlauben. Kalt-
lichtreflektoren, die verstärkt UV-Strahlung und Licht in Abgaberichtung reflektieren, IR-
Strahlung hingegen durchlassen, reduzieren zwar den IR-Anteil im Lichtkegel um bis zu

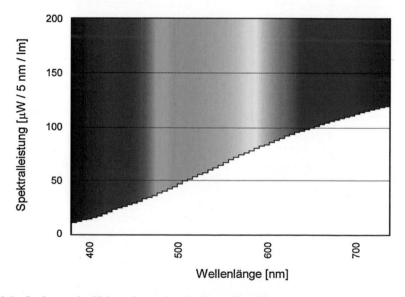

Abb. 28.2 Spektrum der Halogenlampe im sichtbaren Bereich

30 %, die Effizienz wird hierdurch jedoch nicht gesteigert. Die Farbwiedergabe liegt ebenfalls bei $R_a = 100$.

28.2.2 Niederdruckentladungslampen

28.2.2.1 Leuchtstofflampen

Lampentyp	Leistung [W]	Lichtstrom [lm]	Lichtausbeute [lm/W]	Farbtemperatur [K]	Farbwiedergabe [Ra]	Energieeffizienzklasse
Leuchtstofflampen	5–80	200–8000	60–105	2700–6500	60–95	A–B

In Leuchtstofflampen wird das Licht durch eine Gasentladung erzeugt, bei welcher gasförmige Quecksilberatome durch Anregung mit freien Elektronen UV-Strahlung emittieren. Diese regt Leuchtstoffe auf der Glaswandung an, die Licht in unterschiedlicher spektraler Verteilung abgeben (s. Abb. 28.3). Da hierbei auch ein geringer Teil der UV-Strahlung abgegeben wird, gibt es z. B. in Museen UV-Schutzrohre oder -schläuche aus Kunststoff.

Für die Erzeugung von weißem Licht sind mindestens zwei Leuchtstoffe notwendig, die Farbwiedergabe ist dann aufgrund des bandenartigen, schmalen Spektrums jedoch schlecht. Durch Verwendung von mehr Leuchtstoffen (i. d. R. 3 bis 5), kann die Farbwiedergabequalität deutlich gesteigert werden, was jedoch immer mit einer geringeren Lichtausbeute verbunden ist. Leuchtstofflampen zeichnen sich allgemein durch eine hohe Lichtausbeute aus.

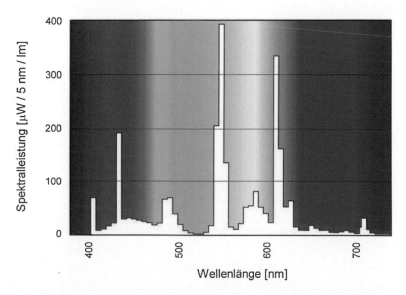

Abb. 28.3 Spektrum einer T8 Leuchtstofflampe 840

Zur Bezeichnung von Leuchtstofflampen

Für Leuchtstofflampen gibt es einen herstellerübergreifenden Bezeichnungsschlüssel. Beispiel: *T8 58W840*. Die Zahl mit dem vorangestellten T (für Tube) spezifiziert den Durchmesser. Die im Bauwesen gängigen Lampentypen sind dabei der neuere Standard **T5** mit 16 mm Durchmesser und **T8** mit 26 mm Durchmesser (manchmal werden die Lampen auch mit T16 bzw. T26 bezeichnet). Hierauf folgt die Angabe zur Leistungsaufnahme in Watt. Die letzten drei Ziffern geben Auskunft über die Farbwiedergabequalität und die Lichtfarbe der Lampe. Die **erste Ziffer steht für die Farbwiedergabequalität**; die Einteilung reicht dabei von 9 für eine sehr gute Farbwiedergabe mit Ra > 90 bis 5 für eine schlechte Farbwiedergabe mit $50 < R_a < 60$. Die **beiden letzten Ziffern klassifizieren die Lichtfarbe** in Kelvin, die Zahl 40 steht z. B. für 4000 K, die Zahl 65 für 6500 K (s. a. Abschn. 26.2.2 Abschnitt Farbtemperatur).

Das Effizienzoptimum der Lichterzeugung ist vom richtigen Quecksilberdampfdruck innerhalb des Lampenkörpers abhängig. Sinkt der Druck, nimmt die Quecksilberkonzentration im Gas und in Folge der Lichtstrom ab; steigt der Druck, nimmt der Lichtstrom durch eine erhöhte Strahlungsabsorption ebenfalls ab. Da der Gasdruck wesentlich von der Umgebungstemperatur abhängt, ist die Lichtstromausbeute bei Leuchtstofflampen stark temperaturabhängig. Im Diagramm in Abb. 28.4 ist der temperaturabhängige Lichtstrom für zwei Lampentypen mit unterschiedlichen Rohrdurchmessern, T8 und T5, dargestellt.

Leuchtstofflampen können nicht direkt am 230V-Wechselspannungsnetz betrieben werden. Sie benötigen einen Starter, der die Elektroden vorheizt und einen Spannungsstoß (Entladung eines Kondensators) erzeugt, um die Gasentladung zu starten. Da die Entladungsvorgänge im Plasma nicht stabil sind, ist für den Betrieb ein strombegrenzendes Element (z. B. Drosselspule in Reihe zur Lampe) notwendig, ein sog. *konventionelles Vorschaltgerät (KVG)*. Bei KVGs zündet und erlischt die Gasentladung mit einer Frequenz von 100 Hz. Dies ist i. d. R. kaum bewusst wahrnehmbar, kann jedoch – insbesondere bei konzentrierter Arbeit – als unangenehm und anstrengend empfunden werden. In Arbeitsbereichen mit schnell rotierenden Maschinenteilen besteht zudem die Gefahr von Unfällen, da ein sog. Stroboskop-Effekt auftreten kann, durch den die Rotation nicht sichtbar ist. *Elektronische Vorschaltgeräte (EVG)* modulieren die Wechselspannung in den kHz-Bereich. Hierdurch ist das Flackern nicht mehr wahrnehmbar. Darüber hinaus wird durch den elektronisch geregelten Startvorgang und Betrieb die Lampenlebensdauer erhöht, die Verlustleistung reduziert und damit ein höherer effektiver Wirkungsgrad erzielt.

EVGs bieten zudem die Option der Dimmbarkeit. Da die Lichtstromabnahme bei Dimmung mit EVG annähernd linear ist, kann durch geeignete Regelung des Lichtstroms der Energiebedarf für Beleuchtung gesenkt werden. Bei sehr niedrigen Dimmwerten (< 5–10 %) kann es zur Farbverschiebung in den Rotbereich kommen. Diese kann bei sonst gleicher Klassifizierung je nach Hersteller oder sogar nach Charge stark variieren. Sowohl KVGs als auch EVGs erzeugen im Betrieb elektromagnetische Felder unterschiedlicher Frequenz und Stärke, welche prinzipiell Störungen in anderen elektrischen Geräten (Rund-

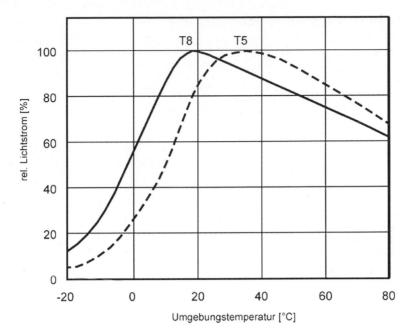

Abb. 28.4 Temperaturabhängige relative Liehtstromabgabe für T5- und T8-Leuehtstofflampen.

funk, Monitortechnik, etc.) hervorrufen könnten. Daher müssen alle am Markt befindlichen Geräte die Bestimmungen und Grenzwerte zur *elektromagnetischen Umweltverträglichkeit* erfüllen.

28.2.2.2 Kompakt-Leuchtstofflampen

Lampentyp	Leistung [W]	Lichtstrom [lm]	Licht-ausbeute [lm/W]	Farb-temperatur [K]	Farb-wiedergabe [R_a]	Energieeffizienzklasse
Kompakt-Leuchtstoff	5–165	200–12000	30–85	2700–6500	80 (–90)	A–B

Die Lichterzeugung bei kompakten Leuchtstofflampen (Energiesparlampen) erfolgt analog zu konventionellen Leuchtstofflampen. Durch die kompakte Bauform mit gebogenen Entladungsrohren, die Integration des Vorschaltgerätes in den Sockel und die Verwendung konventioneller Schraubsockel können diese Lampen anstelle von Glühlampen verwendet werden. Die Farbwiedergabe ist allerdings deutlich geringer.

Bei Leuchtstofflampen allgemein, und wegen der gekrümmten Bauform bei Kompakt-Leuchtstofflampen verstärkt, benötigen die Lampen eine Weile, bis sie die volle Lichtabgabe erreichen. Bei kühler Umgebungstemperatur kann dies mehrere Minuten dauern. Dies kann sicherheitsrelevant sein, z. B. bei deren Verwendung in Treppenhäusern.

28.2.2.3 Niederdruck-Natriumdampflampen

Lampentyp	Leistung [W]	Lichtstrom [lm]	Licht-ausbeute [lm/W]	Farb-temperatur [K]	Farbwiedergabe [R_a]	Energie-effizienzklasse
Niederdruck-Natriumdampf	18–180	1800–32500	100–200	1700	n. a.	A

Diese Entladungslampen arbeiten im Betriebszustand mit gasförmigem Natrium, welches, im Gegensatz zum Quecksilber, bei Anregung durch Elektronen unmittelbar annähernd monochromatisches Licht von ca. 590 nm emittiert (sog. Natrium-D-Linie, s. Abb. 28.5).

Aufgrund der direkten Lichterzeugung und der Wellenlänge der abgegebenen Strahlung, welche in der Nähe des Maximums der Hellempfindlichkeit des menschlichen Auges liegt, ist die Lichtausbeute bei diesem Lampentyp sehr hoch.

Im Gegenzug ist Farbensehen unter diesem Licht so gut wie gar nicht, während Kontrastsehen sehr gut möglich ist. Deshalb werden diese Lampen hauptsächlich in der Straßenbeleuchtung eingesetzt, mit dem weiteren Vorteil, dass durch das monochromatisch gelbe Licht weniger Insekten angezogen werden. Das emittierte Spektrum ermöglicht auch einen Einsatz in Dunkelkammern (Photographie), da es in dem Bereich der geringsten Empfindlichkeit der photographischen Schichten liegt.

Beim Startvorgang muss das zunächst feste Natrium durch Vorheizen verdampft werden, wodurch beim Kaltstart einige Minuten vergehen, bis die volle Lichtabgabe erreicht wird. Zur Begrenzung des Entladungsstromes ist ein Vorschaltgerät notwendig.

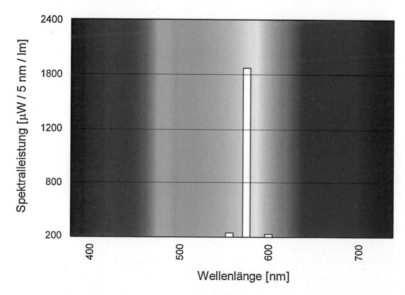

Abb. 28.5 Spektrum der Niederdruck-Natriumdampflampe

Die optimale Betriebstemperatur der Lampen liegt mit 533 K (ca. 260 °C) relativ hoch. Deshalb wird die Innenseite des Außenkolbens mit einer IR-reflektierenden Schicht versehen. Bei dieser Lampenart ist eine sofortiger Zündung nach Abschaltung möglich. Da Natrium sehr reaktiv ist, muss auf einen sicheren Einbau und eine sorgfältige Entsorgung geachtet werden.

28.2.3 Hochdruckentladungslampen

In Hochdruckentladungslampen wird das Licht direkt durch eine Gasentladung in Form einer Bogenentladung zwischen zwei nahe beieinander liegende Elektroden erzeugt. Aufgrund der hohen Temperaturen und Drücke im Glaskolben tritt eine Linienverbreiterung des sonst schmalbandigen Emissionsspektrums auf, so dass auf zusätzliche Leuchtmittel meistens verzichtet werden kann. Im Entladungsbogen entstehen Temperaturen von 6000–8000 K. Um möglichst hohe Temperaturen im Brenner selbst und an den Oberflächen des Brennerkolbens zu erhalten, wird dieser in einem äußeren Schutzkolben untergebracht, der teilevakuiert und mit Inertgas gefüllt ist. Die realisierbaren Temperaturen im Brenner hängen zudem von den Materialien ab, aus denen dieser besteht. Bei Quarz werden 1100 K, bei Keramik 1500 K erreicht. Durch die hohen Temperaturgradienten im Brennerkolben kommt es zu starken Konvektionserscheinungen, welche dazu führen, dass sich die Bogenentladung bei horizontalem Einbau zur oberen Kammerwandung hin krümmt. Daher ist oftmals auf die Einbaulage der Lampen zu achten.

28.2.3.1 Dimmbarkeit
Die Dimmbarkeit von Hochdruckentladungslampen ist technisch stark eingeschränkt. Bei einer Reduktion der Leistungsaufnahme unterhalb eines bestimmten Grenzwertes erlischt die Lampe wegen der zu niedrigen Elektrodentemperatur. Der Grenzwert liegt je nach Lampentyp zwischen 30 und 70 % der Nennleistung. Ein externes Aufheizen der Elektroden wie bei Leuchtstofflampen, bei denen hierdurch technisch eine Dimmung auf bis zu 2 % machbar ist, ist zum gegenwärtigen Zeitpunkt nicht möglich.

Sinkt die Leistungsaufnahme, so sinken Lampenbetriebstemperatur und -druck. Das bei voller Leistungsaufnahme verbreiterte Spektrum des Lichtes wird hierdurch wieder linienförmiger, wodurch sich die Lichtfarbe ändert und die Farbwiedergabe schlechter wird. Verstärkt wird dieser Effekt bei Lampentypen mit Gasgemischen. Hier ändern sich die Partialdrücke der unterschiedlichen Gase durch die niedrigeren Temperaturen verschieden stark, wodurch sich die Zusammensetzung des emittierten Spektrums ändert.

28.2.3.2 Hochdruck-Quecksilberdampflampen

Lampentyp	Leistung [W]	Lichtstrom [lm]	Lichtausbeute [lm/W]	Farbtemperatur [K]	Farbwiedergabe [R_a]	Energieeffizienzklasse
Hochdruck-Quecksilberdampf	50–1000	1700–59000	35–60	3200–4200	40–55	A-B

Als Füllgas für die Bogenentladung im Brennerkolben dient bei diesen Lampen Queck-silberdampf, dem noch ein Edelgas beigemischt ist. Der Hauptteil des im Betrieb emittier-ten Lichtes liegt weit im blauen und ultravioletten Bereich. Um die Lichtausbeute zu er-höhen und die Farbwiedergabe zu verbessern, wird deshalb der äußere Hüllkolben innen mit einem meist rötlich strahlenden Leuchtstoff beschichtet. Zur Verbesserung der Farb-wiedergabe bei höherwertigen Lampen werden 3- oder 5-Banden-Leuchtstoffgemische eingesetzt, wodurch jedoch die Lichtausbeute wieder sinkt (Abb. 28.6).

Für den Startvorgang wird zwischen einer Hilfselektrode und einer der Hauptelektroden eine Glimmentladung erzeugt, die in eine Bogenentladung übergeht. Wegen der Zünd-elektrode ist kein externer Starter notwendig, jedoch ein strombegrenzendes Bauteil (Vor-schaltgerät).

Hochdruck-Quecksilberdampflampen werden meist zur Straßen- und Industrie-beleuchtung eingesetzt.

Eine Sonderform der Hochdruck-Quecksilberdampflampen sind sog. Mischlicht-lampen (HWL), bei denen eine zusätzliche Glühwendel in der Lampe eingebaut ist. Durch das kontinuierliche rötliche Spektrum des Temperaturstrahlers wird die Farbwiedergabe verbessert und die Lichtfarbe wärmer. Da die Glühwendel neben der Lichterzeugung auch zur Strombegrenzung dient, können diese Lampen ohne Vorschaltgerät betrieben werden.

28.2.3.3 Hochdruck-Halogenmetalldampflampen

Lampentyp	Leistung [W]	Lichtstrom [lm]	Licht-ausbeute [lm/W]	Farb-temperatur [K]	Farb-wiedergabe [R_a]	Energie-effizienzklasse
Hochdruck-Halogenmetalldampf	70–2000	5200–240000	75–120	3000, 4200	60–95	A–B
Keramik-Hochdruck-Halogenmetalldampf	20–400	1700–40000	90–100	3000, 4200	80–95	A

Diese Lampen entsprechen im Aufbau den Hochdruck-Quecksilberdampflampen mit einem Hüllkolben und einem in diesem liegenden Brenner (Abb. 28.7).

Die Lichterzeugung in Hochdruck-Halogenmetalldampflampen findet durch Ent-ladungsprozesse der bei Betriebstemperatur gasförmigen Halogenverbindungen ver-schiedener Metalle sowie seltener Erden statt. Die spektrale Verteilung der emittierten Strahlung wird dabei von der Zusammensetzung der Gemische bestimmt. Geringe Anteile von Quecksilber und Xenon in der Mischung verbessern den Startvorgang und stabilisie-ren die Entladungsvorgänge (Xenonlampen für Kfz sind auf schnelles und wiederholtes Ein- und Ausschalten ausgelegt). Das abgegebene Spektrum ist trotz der hohen Lichtaus-beute sehr breit und bietet eine hohe Farbwiedergabe. Um die Lichtausbeute und die Lampenlebensdauer zu verlängern, werden für die Brennerwandungen zunehmend kera-mische Materialen statt Quarzglas verwendet (Hochdruck-Keramik-Halogenmetalldampf-lampen).

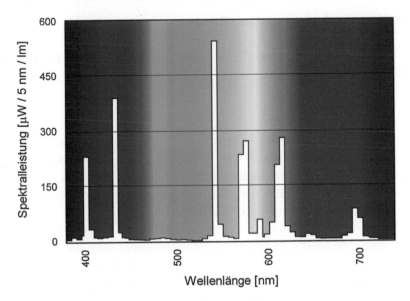

Abb. 28.6   Spektrum einer Hochdruck-Quecksilberdampf-Lampe

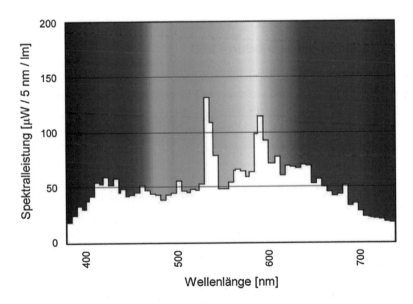

Abb. 28.7   Spektrum einer Halogenmetalldampflampe

Beim Startvorgang wird durch einen Spannungsstoß zunächst ein Lichtbogen erzeugt. Der weitere Betrieb der Lampen ist nur an strombegrenzenden Vorschaltgeräten möglich. Diese Lampen sind i. d. R. nicht dimmbar. Der mehrere Minuten dauernde Startvorgang bis zur vollen Lichtabgabe und die nach dem Abschalten notwendige Abkühlphase bis zum Wiedereinschalten sind bei der Planung zu berücksichtigen.

anteile der Einzel-LEDs verschiedene Farbtemperaturen einstellen lassen, von Warm-Weiß bis hin zu Tageslichtweiß (und theoretisch auch Bunttöne); wegen der einzelnen, banden-artigen Emissionsspektren ist jedoch die Farbwiedergabe geringer als bei Konversions-LEDs. Zudem ist durch die unterschiedliche Farbtonverschiebung bei Temperatur-änderungen die Ansteuerung der einzelnen Farb-LEDs sehr aufwendig und teuer (auch deshalb ist Wärmeabfuhr notwendig). Für Konversions-LEDs wird eine blaue LED (da dieser Typ am effizientesten ist) mit einem Leuchtstoff (meist auf Phosphor-Basis) über-zogen, der das kurzwellige Licht durch Luminiszenzkonversion in langwelligeres gelbes Licht umwandelt. Die spektrale Zusammensetzung ist breiter als bei RGB-LEDs und be-steht aus einem Peak im blauen Bereich und einem spektral breiten ‚Buckel' mit Maxi-mum im gelben Bereich. Der R_a-Wert der Farbwiedergabe liegt bei bis zu 90. Durch Ein-satz von mehreren Leuchtstoffen könnte die Farbwiedergabe weiter gesteigert werden; allerdings mit zunehmend geringerem Wirkungsgrad (Abb. 28.9 und 28.10).

Tunable White

Wie der Name sagt, kann bei diesen, nur bei Beleuchtung mit höchsten Ansprüchen, wie in Museen, die Farbtemperatur zwischen sehr niedrigen und sehr hohen Werten, z. B. 2300 – 6000 K, eingestellt werden. Dabei ist das Board mit so vielen LED der niedrigsten und der höchsten Farbtemperatur bestückt, um mit diesen allein den angegebenen Lichtstrom zu erreichen. Durch stetige gegenläufige Dimmung der beiden Arten kann ein Lichtstrom mit genau der gewünschten Farbtemperatur erreicht werden.

Die **Lichtausbeute** liegt bei Standard-LEDs derzeit bei 50–80 lm/W, bei Hochleistungs-LEDs erreichen bis zu 200 lm/W bei Zimmertemperatur. Die Lebensdauer bei Standard-

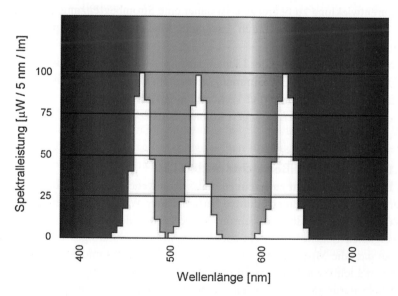

Abb. 28.9 Spektrum einer LED, die weißes Licht mittels dreier LEDs (rot, grün, blau) erzeugt

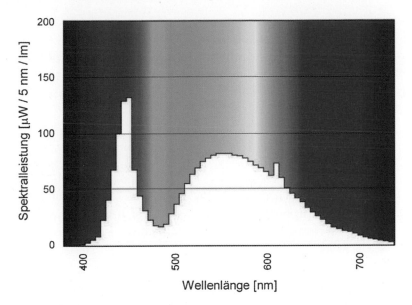

Abb. 28.10 Spektrum einer LED, die weißes Licht mittels Luminiszenzkonversion erzeugt

LEDs liegt nach Labormessungen für die Chips bei 25.000–50.000 Betriebsstunden; die der notwendige Steuerungselektronik ist jedoch weitaus niedriger. Insofern ist diese Angabe im Handel irreführend. Neben diesen wirtschaftlichen Aspekten sind es v. a. die geringen Abmessungen, die für die Konstruktion von Reflektoren und Leuchten von Vorteil sind.

Da es aufgrund der Fertigungsprozesse bei gleichen LED-Typen von demselben Hersteller zu Abweichungen der Lichtfarbe kommen kann, die im direkten Vergleich verschiedener LED sichtbar sind, werden diese nach der Fertigung farb- und lichttechnisch vermessen und in verschiedene Klassen eingeteilt. Diese Einteilung wird ***Binning*** genannt. Untersuchungen haben gezeigt [14], dass trotz gleicher Binning-Klasse LEDs bei verschiedenen Umgebungstemperaturen und Betriebsströmen sehr unterschiedliche Farborte aufweisen können.

28.3   Lichtlenkung von Leuchten

Die im vorherigen Kapitel beschriebenen Lampen strahlen das von ihnen erzeugte Licht mehr oder weniger ungerichtet ab. Für eine gute Beleuchtung ist es jedoch meistens notwendig, dem Licht eine Richtung zu geben und es in seiner Abstrahlung einzugrenzen, um z. B. Blendung zu vermeiden. Aus diesem Grund werden Leuchtmittel i. d. R. nicht frei strahlend eingesetzt, sondern in ***Leuchten*** eingebaut, die durch geeignete Reflektoren, Linsen und Abschirmungen die ***Lichtlenkung*** bewerkstelligen. Darüber hinaus haben sie die Funktion, die im Betrieb zum Teil sehr heiß werdenden Lampen vor unbeabsichtigter

Berührung, vor mechanischer Zerstörung oder schädlichen Umwelteinflüssen wie z. B. Feuchte zu schützen. Zudem besteht die Notwendigkeit, den Kontakt mit stromführenden Bauteilen und Anschlüssen, an denen teilweise hohe Spannungen anliegen zu verhindern. Für einige Leuchtmittel ist darüber hinaus eine ausgeklügelte Wärmeabfuhr notwendig. Die allgemeinen Prinzipien der Lichtlenkung sollen im Folgenden dargestellt und erläutert werden.

28.3.1 Reflektoren

Die meisten Reflektoren basieren auf spiegelnder Reflexion, d. h. Einfallswinkel = Ausfallswinkel an der Flächennormalen am Auftreffpunkt. Parallel einfallende Strahlen bleiben nach Reflexion an einer spiegelnden Ebene parallel, divergieren bei Reflexion an einer konvexen und konvergieren bei Reflexion an einer konkaven spiegelnden Fläche (s. Abb. 28.11).

Diese grundlegenden Reflexlichtverläufe liegen den unterschiedlichen Reflektorformen zugrunde. Dabei beruhen die meisten Reflektorformen auf den elementaren Kurven der *Kegelschnitte*:

Kreis, Ellipse, Parabel, Hyperbel (s. Abb. 28.12) – bei den Kegelschnitten ist vorausgesetzt, dass die Schnittebenen nicht durch die Kegelspitze laufen (es entstünden ansonsten sog. ‚ausgeartete' Kegelschnitte, d. h. Punkte oder Geraden). Als Öffnungswinkel des Kegels gilt der Winkel zwischen Kegelmittelachse und Mantelfläche.

Kreise ergeben sich durch Schnittebenen, die horizontal liegen, bzw. deren Normale in der oder parallel zur Mittelachse des Doppelkegels liegt (s. Abb. 28.12 links Ebene 1). Ihr Brennpunkt sitzt im Mittelpunkt.

Ellipsen entstehen durch Schnittebenen, deren Neigungswinkel größer als der Öffnungswinkel des Kegels ist (s. Ebene 2). Sie besitzen zwei Brennpunkte. Die Summe der Abstände eines Punktes zu den beiden Brennpunkten ist für alle Punkte auf der Ellipse gleich.

Parabeln erhält man durch Schnittebenen parallel zur Mantelfläche (s. Ebene 3). Sie besitzen einen Brennpunkt.

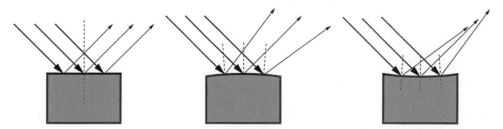

Abb. 28.11 Spiegelung an (von links nach rechts) ebenen, konvexen, konkaven Flächen, Strahlengang nach Reflexion parallel, divergierend, konvergierend

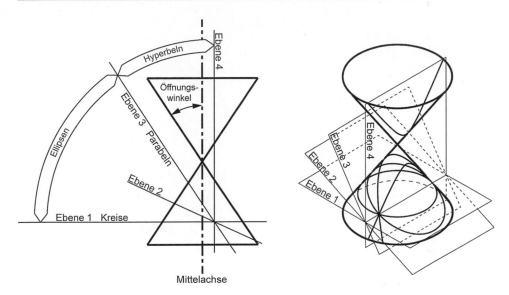

Abb. 28.12 Die vier Klassen von Kegelschnitte ergeben die Grundformen für Reflektoren

Abb. 28.13 Kreisförmiger
Reflektorquerschnitt. Das Licht
wird zur Lichtquelle im
Brennpunkt zurückreflektiert

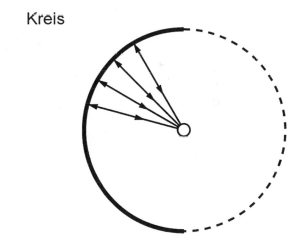

Kreis

Hyperbeln entstehen bei Schnittebenen, deren Neigungswinkel kleiner als der Öffnungswinkel ist (s. Ebene 4). Wie Ellipsen besitzen Hyperbeln zwei Brennpunkte. Für diese gilt, dass für jeden Punkt auf der Hyperbel (gilt für beide Hyperbeläste) der Betrag der Differenz der Abstände zu den beiden Brennpunkten gleich ist.

Die Reflexionseigenschaften der verschiedenen Querschnittsformen seien erläutert (s. Abb. 28.13, 28.14, 28.15 und 28.16). Dabei gelten die Ausführungen sowohl für rotationssymmetrische Reflektoren mit ideal punktförmigen Lichtquellen im Brennpunkt als auch für lineare Reflektoren mit linienförmigen Lichtquellen, die im Schnitt durch den Brennpunkt verlaufen.

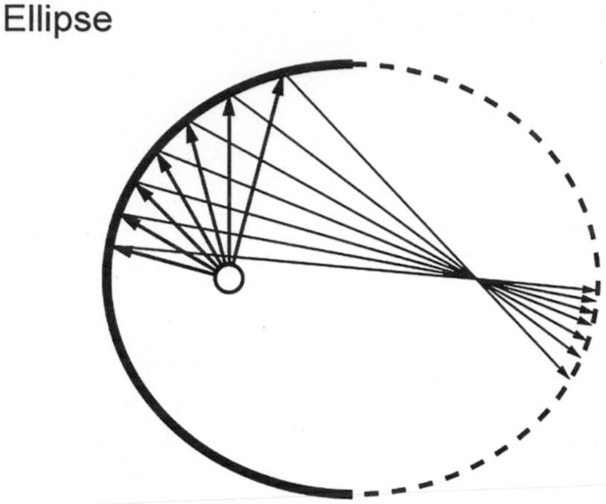

Abb. 28.14 Elliptischer Reflektorquerschnitt. Die Lichtstrahlen werden von der Lichtquelle in einem Brennpunkt aus durch einen virtuellen Lichtpunkt im zweiten Brennpunkt reflektiert

Ellipse

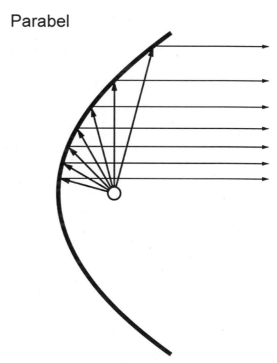

Abb. 28.15 Parabelförmiger Reflektorquerschnitt. Das Lichtempfang wird vom Brennpunkt aus zu parallelen Strahlen reflektiert

Parabel

Kreisförmige Reflektoren reflektieren das Licht direkt auf die Lichtquelle zurück und werden daher selten benutzt. Real wird für Anwendungen nicht genau die Kreisform benutzt, sondern die einer Ellipse mit sehr geringer Exzentrizität, damit die reflektierten Strahlen an der Lichtquelle vorbeistrahlen. In (idealerweise kugelförmigen) Glaskolben von Lampen kann durch besondere, IR-Strahlung reflektierende Beschichtung (IRC infra red coating) deren Betriebstemperatur und damit deren Lichtausbeute erhöht werden.

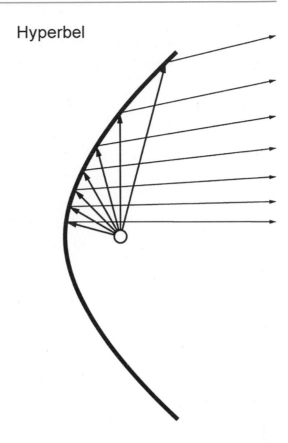

Abb. 28.16 Hyperbelför-
miger Reflektorquerschnitt.
Das Licht wird ausschließlich
divergierend reflektiert

Hyperbel

Ellipsenförmige Reflektoren lenken das Lichtdurch den zweiten Brennpunkt hindurch. Es entsteht eine virtueller Lichtpunkt. So können sehr kleine Lichtaustrittsöffnungen
von Leuchten bei dennoch hohem Leuchtenwirkungsgrad (s. u.) hergestellt werden. Von
der virtuellen Lichtquelle aus ist durch Kombination mit weiteren Reflektor- und Linsen-
formen eine gezielte Lichtlenkung möglich.

Ein **parabelförmiger Reflektor** erzeugt parallele Strahlen. Wird die Lichtquelle auf
der Parabelachse zur Parabel hin verschoben, wird das Licht divergierend reflektiert, bei
Verschiebung von der Parabel weg, konvergierend. Aufgrund dieser Eigenschaft, den
Fokus der Lichtstrahlen flexibel einstellen zu können, ist dies die häufigste Reflektorform.

Hyperbelförmige Reflektoren gibt es seltener. Sie reflektieren das Licht ausschließlich divergierend.

Im Allgemeinen werden Reflektoren nicht aus einer einzigen Kurvenform konstruiert.
Um die endliche Ausdehnung einer Lampe zu berücksichtigen, Abschirmwinkel zu realisieren, um Blendung zu reduzieren und spezielle Lichtrichtungen zu erhalten, werden verschiedene Kurvenformen miteinander kombiniert. Als Material werden für die meist spiegelnden Oberflächen entweder beschichtete Kunststoffe (günstiger, weniger haltbar) oder
poliertes hochreines Aluminium verwendet (teuer, mechanisch und thermisch stabiler).

Für eine weichere Lichtverteilung kommen statt stetig gekrümmter Reflektoren auch facettierte Flächen oder teilweise aufgeraute Oberflächen zum Einsatz. Matt weiße Reflektoroberflächen dienen hauptsächlich einer Vergrößerung der lichtabgebenden Fläche.

28.3.2 Linsen

Eine weitere Möglichkeit, die Lichtverteilung zu steuern, stellen Linsen dar. Sie lenken das Licht durch Lichtbrechung. Unterschieden wird dabei in prismierte, sog. Fresnel-Linsen und sphärische Linsen (asphärische Linsen sind meistens auf hochwertige Kameraoptiken beschränkt).

Fresnel-Linsen

Das Prinzip von Fresnel-Linsen besteht darin, die (gekrümmte) Linse in einzelne Ringe zu unterteilen und diese bei Erhalt des Krümmungsradius' auf eine Ebene zurückzuschieben. Nach diesem Prinzip können die Prismen je nach Anwendung längs verlaufen (s. Abb. 28.17 und 28.18). Prismierte Linsen zeichnen sich somit durch eine besonders geringe Konstruktionsstärke aus.

Gleichmäßige, linienförmige Prismierung führt zu einer Umlenkung der Strahlen, so dass parallele Strahlengänge auch parallel bleiben (Abb. 28.17). Durch ungleichmäßige Prismen können gezielt divergierende oder konvergierende Strahlengänge erzeugt werden (Beispiel konvergierend s. Abb. 28.18). Da die Strahlengangrichtung umgekehrt genauso ist, können Fresnel-Linsen auch genutzt werden, um divergierende Lichtstrahlen parallel in eine Richtung zu lenken (Bsp.: Leuchtturmlicht).

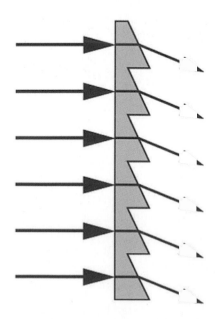

Abb. 28.17 Fresnel-Linse mit regelmäßiger Prismenanordnung, das Licht wird parallel umgelenkt, Prismen können kreisförmig oder linear verlaufen

Abb. 28.18 Fresnel-Linse mit
unregelmäßiger
Prismenanordnung, das Licht
wird gebündelt, Prismen
können kreisförmig oder linear
angeordnet sein

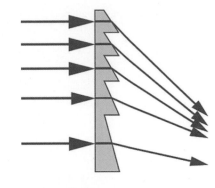

Abb. 28.19 Sammellinse
plan-konvex

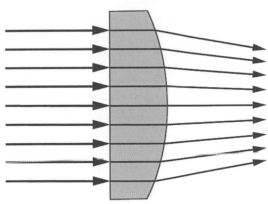

Sphärische Linsen

Diese Linsen lenken das Licht durch eine sphärische Krümmung einer oder beider Oberflächen. Je nach Grad der Krümmung wird das Licht dabei mehr oder weniger stark umgelenkt. Sind die Oberflächen konvex, wird das Licht in einem Brennpunkt konzentriert,
man spricht von **Sammellinsen**, sind sie konkav, wird das Licht divergiert und man spricht
von **Zerstreuungslinsen** (Abb. 28.19 und 28.20).

Linsen werden in der Beleuchtungstechnik häufig für abbildende Optiken benutzt, bei
denen ein möglichst geordneter und gerichteter Strahlengang wichtig ist. Solche Optiken
werden z. B. in Diaprojektoren, Projektionsscheinwerfern oder auch solchen Leuchten
benutzt, bei denen durch ein Blendensystem die zu beleuchtende Fläche genau eingegrenzt
werden soll. Daneben können Linsen zur Vermeidung von Blendung oder auch zur Ver-
zerrung der Lichtabgabe, z. B. bei sog. Skulpturenlinsen verwendet werden, bei denen aus
einem runden ein ovaler Lichtkegel gemacht wird.

Abb. 28.20 Zerstreuungslinse
plan-konkav

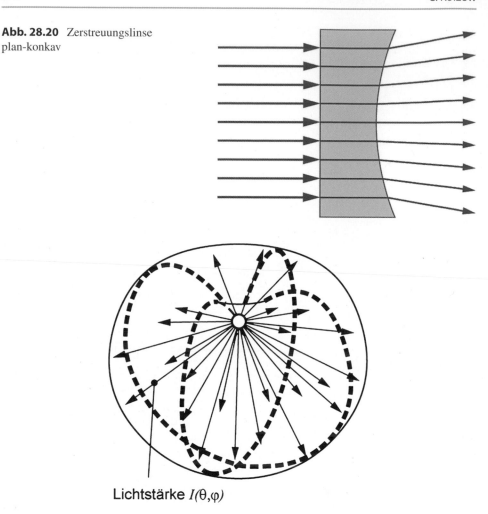

Lichtstärke *I(θ,φ)*

Abb. 28.21 Lichtstärkeverteilungskörper Leuchtquelle sitzt dort, wo ‚der Stiel des Apfels' sitzt

28.3.3 Lichtstärkeverteilungskurven LVK

Mit den bisher beschriebenen Lichtlenkungsmethoden lassen sich unterschiedlichste Leuchten herstellen: Breit oder eng strahlend, symmetrisch oder asymmetrisch strahlend, mit Direkt- und/oder Indirektlichtanteil, etc.

Die Lichtabstrahlcharakteristiken von Leuchten können dabei als Abstrahlung unterschiedlicher Lichtstärken in den Umraum angesehen werden. Werden diese als Vektoren betrachtet, deren Länge die Intensität darstellt, so bilden die Endpunkte der Vektoren die Oberfläche des sog. *Lichtstärkeverteilungskörpers* (s. Abb. 28.21).

Um die dreidimensionale Lichtabstrahlcharakteristik planerisch handhabbar zu halten, wird der Lichtstärkeverteilungskörper durch festgelegte Schnittebenen unterteilt. Die zweidimensionalen Kurven, die durch diese Schnittebenen entstehen, nennt man

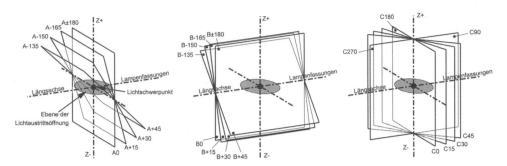

Abb. 28.22 Definition der Ebenensysteme A, B, C anhand der Längsachse der Lampenfassung (grau) und der Schnittachsen der Ebenenbüschel

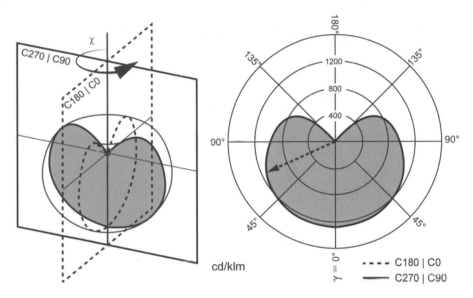

Abb. 28.23 Rotationssymmetrischer Lichtstärkeverteilungskörper: Beispiel Glühlampe mit Fassung, eine Schnittebene bzw. LVK reicht aus

Licht(stärke) verteilungskurven, kurz **LVK** (im Singular wie im Plural verwendet). Sie werden in Diagrammen mit Polarkoordinaten abgetragen (s. Abb. 28.23 und 28.24) und beschreiben die Lichtstärke, die eine Leuchte in die angegebenen Richtungen abstrahlt.

Nach [3] u. [4] sind drei Ebenensysteme – bezeichnet mit A, B und C – definiert. Diese Ebenensysteme bestehen aus Ebenenbüscheln, die sich jeweils in einer Achse schneiden.

Die Lage der Schnittachse zur Längsachse der Lampenfassung(en) bestimmt das Ebenensystem, dargestellt in Zeichnungen (Abb. 28.22). Dabei steht die z-Achse bei allen Systemen senkrecht auf der Ebene der Hauptlichtaustrittsöffnung. Die Lage jeder Halbebene, ist mit einer Winkelangabe genau bestimmt, die die Rotation gegenüber der Grundebene mit dem Winkel 0 angibt. Wie die Systeme bei verschiedenen Leuchten angewandt

28.3.6 Leuchtentypen

Die folgende Tabelle soll eine schematische Übersicht über gebräuchliche Leuchtenarten geben; die Gliederung erfolgt anhand ihres jeweiligen Verwendungs-(Beleuchtungs)zwecks. Dabei wird unterschieden in *Grundbeleuchtung*, Wandflutung, *Akzentbeleuchtung*. (Tab. 28.3)

28.4 Beleuchtungskriterien

Die Kunstlichtplanung ist i. d. R. dann am besten, wenn die künstliche Beleuchtung überhaupt nicht bewusst wahrgenommen wird und es in keinem Punkte mangelt. Das gilt selbst für Läden und für Museen, wo Auslagen oder Exponate besonders hervorgehoben sind.

Meistens fällt sie – wenn nicht gut ausgeführt – dadurch auf, dass Strahler blenden, das Beleuchtungsniveau zu hoch oder zu niedrig ist, es schlecht beleuchtete Zonen gibt, usw. Die Vermeidung all dieser Fehler definiert somit die physiologischen Beleuchtungskriterien für gute Raumbeleuchtung mit Kunstlicht:

* Blendfreiheit der Beleuchtung
* ausreichende Beleuchtungsstärken auf Referenzflächen und im Raum
* gleichmäßige Beleuchtung bei Erhalt ausreichender Kontraste, abhängig von Raumoberflächen, Beleuchtungsintention, etc.
* geeignete Lichtfarbe
* hinreichend hoher Farbwiedergabe

Daneben gibt es technische Kriterien, die von der konkreten Anwendung abhängen, denen aber immer Beachtung geschenkt werden muss.

* Lichtausbeute
* Lebensdauer (zum Beispiel bei schwerer Erreichbarkeit)
* Stabilität der Lichtabgabe bei schwankenden Umgebungstemperaturen, insbesondere niedrigen
* Startverhalten, auch in Wiederholung direkt nach dem Abschalten
* Geräuschemission

28.4.1 Energieeffizienzklassen

Mit dem Bestreben, den Energieverbrauch von Gebäuden zu minimieren, gilt es auch, den Energiebedarf für die Beleuchtung zu senken. Neben der Nutzung des Tageslichts als natürlicher und kostenloser Lichtquelle, stellt dies auch Anforderungen an die Kunstlichtplanung. Dabei sollten unter Berücksichtigung der lichttechnisch wichtigen An-

Tab. 28.3 Leuchtenarten mit typischen LVK und Beleuchtungszweck

Beleuchtungszweck	Leuchten	LVK Abstrahlcharakteristik	η_{LB}
Grundbeleuchtung mit Direkt-/Indirektanteil ungerichtet	**Lichtleisten** mit Leuchtstofflampen Beispieldarstellung	*(gleichförmig) freistrahlend*	0,90–0,98
Wandflutung	**Wandfluter** Strahler und Langfeldleuchten mit asymmetrischer Abstrahlung Beispieldarstellung	**asymetrisch strahlend**	0,55–0,65
Akzentbeleuchtung	Flexible **Spots** Beispieldarstellung **Downlights**	**eng strahlend**	0,70–0,85
Grundbeleuchtung mit Direkt-/Indirektanteil gerichtet	**Langfeldleuchten mit Reflektor** Beispieldarstellung	**direkt-/indirekt strahlend**	0,5–0,65

(Fortsetzung)

gelesen, die es für unterschiedliche Leuchtentypen z. B. von Herstellerseite gibt. Um ihn auszulesen, muss der **Raumindex k** bestimmt werden, der den Einfluss der Raumgeometrie auf den Raumwirkungsgrad beschreibt

Für überwiegend direkt strahlende Leuchten gilt:

$$k = \frac{a \cdot b}{h \cdot (a+b)} \tag{28.4}$$

Für überwiegend indirekt strahlende Leuchten:

$$k' = k \cdot 1,5 \tag{28.5}$$

Zur Berechnung der mittleren Beleuchtungsstärke $\bar{E}_{\mathrm{N}}$, bei gegebener Anzahl von Leuchten gilt:

$$\bar{E} = V \cdot \frac{n \cdot \Phi \cdot \eta_R \cdot \eta_{LB}}{a \cdot b} \tag{28.6}$$

Die Größen sind rechts neben der Zeichnung angegeben (Abb. 28.26).

Das Verfahren geht von gleichen Leuchtentypen aus. Soll eine Beleuchtung mit unterschiedlichen Leuchtentypen berechnet werden, sind die Ergebnisse der Einzelberechnungen für jeden Leuchtentyp zu addieren.

Zur Berechnung der notwendigen Anzahl an Leuchten zum Erreichen einer vorgegebenen mittleren Beleuchtungsstärke, Nennbeleuchtungsstärke $\bar{E}_N$, wird nach n umgeformt.

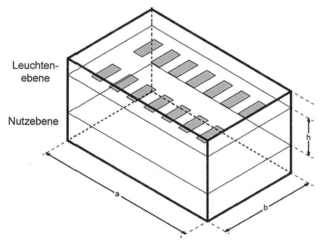

Es sind:
$\bar{E}$ Mittlere Beleuchtungsstärke
$\bar{E}_N$ Nennbeleuchtungsstärke
n Leuchtenanzahl
a Länge des Raumes in [m]
b Breite des Raumes in [m]
h Höhe der Leuchten über der Nutzebene
Φ Lampenlichtstrom je Leuchte in [lm]
η_R Raumwirkungsgrad
η_{LB} Leuchtenbetriebswirkungsgrad
V Verminderungsfaktor

Abb. 28.26 Skizze zu Maßangaben für das Wirkungsgradverfahren

$$n = \frac{1}{V} = \frac{\bar{E}_N \cdot a \cdot b}{\Phi \cdot \eta_R \cdot \eta_{LB}} \tag{28.7}$$

Der Verminderungsfaktor bezieht sich auf den Verschmutzungsgrad der Leuchte und wird vorausgesetzt wie in Tab. 28.4 angegeben (teilweise wird in der Literatur auch ein Planungsfaktor P angesetzt; es handelt sich dabei um den Kehrwert des Verminderungsfaktors V). Statt dieses einfachen Gesamtminderungsfaktors werden in der Praxis häufig Einzelminderungsfaktoren angesetzt, welche die Reinigungszyklen für die Beleuchtungsanlage und den Raum sowie die Wartungszyklen der Leuchten berücksichtigen (genauere Angaben s. [9]).

Beispielberechnung für direkt strahlende Leuchten

Gesucht ist die notwendige Anzahl von sog. tief-breit strahlenden Leuchten (nach Klassifizierung A60) für eine vorgegebene mittlere Nennbeleuchtungsstärke von 500 lx auf Nutzebene (Höhe 0,85 m) in einem Raum mit den Abmessungen a = 12 m, b = 7 m, h = 3 m.

Die Oberflächenreflexionsgrade sind $\rho_{Decke} = 0,70$ $\rho_{Wände} = 0,70$ und $\rho_{Boden} = 0,50$. Jede Leuchte liefert einen Lichtstrom von 4600 lm bei einem Leuchtenbetriebswirkungsgrad von $\eta_{LB} = 0,75$. Es ist eine normale Verschmutzung der Leuchten mit V = 0,8 angesetzt.

Um den Raumwirkungsgrad zu ermitteln, wird zunächst der Raumfaktor k berechnet

$$k = \frac{a \cdot b}{h \cdot (a+b)} = \frac{12\ m \cdot 7\ m}{(3\ m - 0,85\ m) \cdot (12\ m + 7\ m)} \approx 2 \tag{28.8}$$

η_R kann damit aus der Tabelle für ein k = 2 für die entsprechenden Oberflächenreflexionsgrade abgelesen werden. Mit einem in Tab. 28.5 abgelesenen $\eta_R = 1,17$ sind dann

$$n = \frac{1}{V} \cdot \frac{\bar{E}_N \cdot a \cdot b}{\Phi \cdot \eta_R \cdot \eta_{LB}} = \frac{1}{0,8} \cdot \frac{500\ lx \cdot 12\ m \cdot 7\ m}{4600\ lm \cdot 1,17 \cdot 0,75} \approx 13 \tag{28.9}$$

Leuchten notwendig, um auf Arbeitsebene 500 lx zu erreichen. Aus Symmetriegründen und zur Sicherheit wird man 14 Leuchten montieren.

Tab. 28.4 Verminderungsfaktoren V für den Verschmutzungsgrad der Leuchten

V	Verschmutzungsgrad
0,8	Normal
0,7	Erhöht
0,6	Stark

Lichttechnische Messungen

29

Christian Kölzow

29.1 Was gemessen wird

Gemessen wird immer der Photostrom einer Diode, welcher verstärkt und ggf. mittels A/D-Wandler digitalisiert wird.

Durch entsprechende Filtervorsätze erhält man eine $V(\lambda)$-Gewichtung (s. Grundlagen, Abschn. 26.3.1) und kann bei entsprechender Eichung direkt Beleuchtungsstärken messen.

Durch geometrisch-optische Vorrichtungen lassen sich zusätzlich Leuchtdichte und Lichtstrom von Lichtquellen, sowie Transmissions- und Reflexionsgrad von Materialien messen. Bei Messgeräten zur Beleuchtungsstärke (Luxmeter) kommt es bei der Lichtplanung eher auf die relativen als auf die absoluten Werte an, zumal das Auge über mindestens fünf Größenordnungen (Zehnerpotenzen) adaptiert.

Für die Messung von Leuchtdichten gibt es spezielle Geräte mit integrierter Optik, hinter der im Prinzip auch nur ein Luxmeter sitzt, auf welches ein gerichteter Lichtstrahl gelenkt wird. Durch synchrone Messung von Beleuchtungsstärke und Leuchtdichte an einem Material welches diffus reflektiert, lässt sich mit $E \cdot \rho = L \cdot \pi$ der Reflexionsgrad bestimmen.

29.2 Messungen mit der Ulbrichtschen Kugel

Die Ulbrichtsche Kugel ist wohl die wichtigste photometrische Messvorrichtung. Es handelt sich um eine Hohlkugel, meist aus zwei Schalenhälften öffenbar zusammengesetzt, deren innere Oberfläche ideal matt weiß ist und einen möglichst konstanten Reflexionsgrad

C. Kölzow (✉)
Inst Tageslichttechnik Stuttgart, Stuttgart, Deutschland
E-Mail: Tageslichttechnik@IFT-Stuttgart.de

© Springer Fachmedien Wiesbaden GmbH, ein Teil von Springer Nature 2022
W. M. Willems (Hrsg.), *Lehrbuch der Bauphysik*,
https://doi.org/10.1007/978-3-658-34093-3_29

über den gesamten Wellenlängenbereich aufweist, meist realisiert durch Bariumsulfat-Beschichtung.

Licht, welches irgendwie in diese Kugel gelangt, wird sich dann absolut gleichmäßig in dieser verteilen, so dass der Reflexlichtanteil (und damit sowohl Leuchtdichte als auch Beleuchtungsstärke) an allen Stellen der Kugelinnenwand gleich groß ist.

Der Reflexlicht- bzw. Indirektlichtanteil E_{ind} auf der Kugeloberfläche, der von einem in die Kugel eingebrachten konstanten Lichtstrom Φ_0 stammt, z. B. durch eine kleine Öffnung, beträgt (Ableitung in [1]):

$$E_{ind} = \frac{\Phi_0}{4 \cdot \pi \cdot r^2} \cdot \frac{\rho}{\left(1 - \rho\right)} \qquad (29.1)$$

Die Formel zeigt, dass die Beleuchtungsstärke aus reflektiertem Licht auf der gesamten Kugelinnenfläche gleich ist.

Mit dem Direktlichtanteil beträgt die Gesamtbeleuchtungsstärke:

$$E_{ges} = E_{dir} + E_{ind} = E_{dir} + \frac{\Phi_0}{4 \cdot \pi \cdot r^2} \cdot \frac{\rho}{\left(1 - \rho\right)} \qquad (29.2)$$

Sie kann jedoch aufgrund der unterschiedlichen räumlichen Abstrahlung des Leuchtmittels inhomogen sein. Für technische Messungen muss daher Direktlicht auf den Sensormessflächen durch sog. Schatter unterbunden werden, so dass $E_{dir} = 0$ (s. Abb. 29.1).

29.2.1 Messung des Lichtstroms von Lichtquellen

Der Lichtstrom Φ_0 einer Lichtquelle kann nun nach Gl 29.1 mittels Messung der Beleuchtungsstärke auf der Innenoberfläche einer Ulbrichtschen Kugel bestimmt werden.

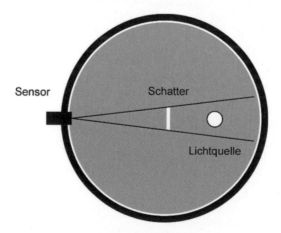

Abb. 29.1 Lichtstrommessung mit der Ulbrichtschen Kugel

Gemessen wird an einer Stelle, die kein Direktlicht der Lichtquelle empfangen kann. Hierzu wird zwischen Lichtquelle und Messkopf ein sog. Schatter angebracht (s. Abb. 29.1). Dieser besitzt denselben Reflexionsgrad wie die Kugeloberfläche.

Die Interreflexion innerhalb der Ulbricht-Kugel wird durch technisch notwendige Gerätschaften wie Schatter, Haltekonstruktionen, Kabel, die Lichtquelle selbst, etc. umso weniger beeinträchtigt, je größer die Kugel ist. Es gibt daher Ulbrichtsche Kugeln mit mehreren Metern Durchmesser.

Der Lichtstrom beträgt nach (29.1):

$$\Phi_0 = E_{ind} \cdot 4 \cdot \pi \cdot r^2 \cdot \frac{(1-\rho)}{\rho} \qquad (29.3)$$

Beispiel: Bei einer gegebenen Lichtquelle ist der Lampenlichtstrom gesucht. Hierzu wird die Beleuchtungsstärke des Reflexlichts in der Ulbrichtschen Kugel gemessen. Mit $E_{ind} = 330$ lx, $r = 1{,}50$ m und $\rho_{Bariumsulfat} = 0{,}97$ berechnet sich der Lichtstrom zu:

$$\Phi_0 = E_{ind} \cdot 4 \cdot \pi \cdot r^2 \cdot \frac{(1-\rho)}{\rho} = 330\ lx \cdot 4 \cdot \pi \cdot (1{,}5)^2 \cdot \frac{(1-0{,}97)}{0{,}97} \approx 289\ lm$$

Die Genauigkeit des Ergebnisses hängt nach Gl. 29.3 entscheidend von der richtigen Angabe des Reflexionsgrades ab.

29.2.2 Messung des Reflexionsgrades von Proben

Gemessen wird einmal das Reflexlicht von einem direkten Lichtstrahl, einmal direkt auf die Kugelwandung, das andere Mal auf die Probe (s. Abb. 29.2).

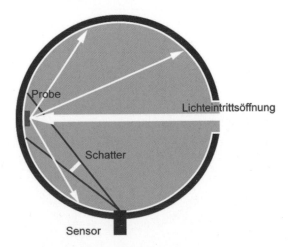

Abb. 29.2 Reflexionsgradmessung mittels Ulbrichtscher Kugel

Da sich (Reflex-) Licht in der Ulbrichtschen Kugel immer gleichmäßig verteilt, kann aus dem Verhältnis von zwei Messwerten an irgendeiner Stelle in der Kugel, einmal mit, einmal ohne Probe, direkt auf den Reflexionsgrad der Probe geschlossen werden.

$$\frac{E_{Probe}}{E_{Weiss}} = \rho \qquad (29.4)$$

Zur Messung von Transmissionsgraden τ senkrecht und τ diffus von Proben siehe z. B. [1].

Literatur

Monografien u. sonstige Quellen

1. Ch. Kölzow, J. Kühn: Detailwissen Licht, Vieweg Teubner, voraussichtlich 2012, in Bearbeitung

Lichtregelung

30

Christian Kölzow

30.1 Vorteile und Prinzip

Die Begriffe Steuerung und Regelung werden oft miteinander verwechselt. Werden beispielsweise nach einem fest in ein Steuerungselement eingegebenen Zeitplan Einstellungen des Kunstlichts oder von Licht- und Sonnenschutzanlagen vorgegeben, handelt es sich um eine Steuerung.

Werden diese Gewerke hingegen mittels Messdaten eines Lichtsensor und einer Vergleichselektronik so eingestellt, dass ein Sollwert der Beleuchtungsstärke auf Referenzebene im Raum (z. B. Arbeitsebene oder Wandebene bei Museen) mehr oder weniger exakt eingehalten wird, so handelt es sich um eine Regelung (s. Abb. 30.1).

Die Vorteile einer Heizungsregelung sind evident und betreffen die Raumbehaglichkeit und die Effizienz der Energienutzung. Die Motivation für die Regulierung des Tageslicht- und Sonnenwärmeeintrags ist im Prinzip dieselbe. Beide unterliegen denselben jahreszeitlichen Bedingungen des Wechsels von Vermeidung von Kühllasten im Sommer und der Vermeidung von Wärmeverlusten im Winter. Durch gezielte Ansteuerung der Licht- und Sonnenschutzanlagen können im Winter die solaren Gewinne maximiert und im Sommer die inneren Kühllasten minimiert werden. Bei einem Strahlungsempfang von max. 1 kW/m^2 einer Dachglasfläche ist die Außenlage der Sonnenschutzeinrichtung und vor allem deren exakte Öffnung und Schließung evident.

Prinzipiell stellen ein raumseits liegender Lichtschutz für den Winter und ein außen liegender Sonnenschutz für den Sommer – richtig bedient – einen bereits energieeffizienten Umgang mit der Sonnenwärmeeinstrahlung dar.

C. Kölzow (✉)
Inst Tageslichttechnik Stuttgart, Stuttgart, Deutschland
E-Mail: Tageslichttechnik@IFT-Stuttgart.de

© Springer Fachmedien Wiesbaden GmbH, ein Teil von Springer Nature 2022
W. M. Willems (Hrsg.), *Lehrbuch der Bauphysik*,
https://doi.org/10.1007/978-3-658-34093-3_30

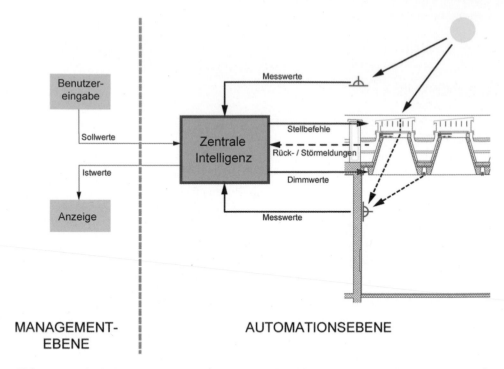

Abb. 30.1 Prinzipdarstellung Lichtregelung: Die Darstellung zeigt die wesentlichen Elemente einer tageslichtabhängigen Lichtregelung unter Einbeziehung des Kunstlicht (Kunstmuseum Basel Erweiterungsbau)

Nun stellt sich, auch bei außen liegendem Sonnenschutz oft die Frage, ob man nicht die Kühllast im Sommer weiter senken könne, indem man den Raum ganz verdunkelt und das Kunstlicht anschaltet. Das Tageslicht besitzt im Mittel einen Wirkungsgrad von > 100 lm/W bei höchster Farbwiedergabe. Betragen beispielsweise bei einer wärmeschutzbeschichteten Isolierverglasung der Lichttransmissionsgrad 75 % und der g-Wert 0,6, so beträgt dessen Verhältnis, Selektivität genannt, 1,25, bei manchen Beschichtungen deutlich höher. Damit steigt die Effizienz des einfallenden Tageslichts nochmals um mindestens 25 %. Tageslicht ist somit effizienter als alle gängigen Lichtquellen mit passabler Farbwiedergabe für die Raumbeleuchtung. Lediglich moderne hochpreisige LED-Lichtleisten erreichen inzwischen eine ähnliche Effizienz.

30.2 Optimierte Tageslichtnutzung durch Lichtregelung

Die Hauptmotivation einer anspruchsvollen Lichtregelung ist jedoch in der Regel die optimale Nutzung von Tageslicht unter Einbeziehung des Kunstlichts nur nach Bedarf.

Ziele einer solchen Regelung sind:

- das jahreszeitlich und meteorologisch gegebene Tageslichtangebot optimal für die Raumbeleuchtung zu nutzen, d. h. auch Vorrang des Tageslichts vor dem Kunstlicht
- die Spürbarkeit der Tageslichtschwankungen in den Räumen auf moderatem Niveau erhalten
- Einhaltung eines Sollwertbereichs und sichere Vermeidung zu hoher Beleuchtungsstärken
- die Entlastung des Nutzers (Wohnung, Büro, Schule, Museum etc.) vom ständigen Nachstellen einzelner Gewerke
- die Grundbeleuchtung Kunstlicht nur bei zu wenig Tageslicht hinzuzudimmen
- die Reduzierung des Energieverbrauchs, d. h. Minimierung des Stromverbrauchs für Kunstlicht und Reduktion des Sonnenwärmeeintrags durch Nutzung des effizienteren Tageslichts

Wie Abb. 30.1 bereits zeigt, geht dies nur durch moderne Gebäudeautomation, wobei die Lichtregelung ‚tunlichst' als separate Anlage geplant und ausgeführt werden, und nur definierte Bezüge zur GLT (Gebäudeleittechnik) haben sollte, wie als Beispiel Darstellung 30.2 zeigt (Abb. 30.2).

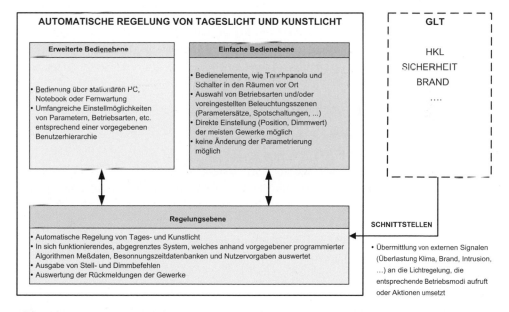

Abb. 30.2 Darstellung Struktur eines Lichtregelungssystem, Abgrenzung gegenüber anderen Systemen

30.2.1 Regelungsprinzip

Während eine Heizungsregelung für bewohnte Räume in unseren Breiten Temperaturbereiche außen von maximal −30 °C bis +40 °C auf innen maximal zwischen +15 °C und +25 °C einzuregeln hat, also weniger als eine Größenordnung (10er-Potenz), uns somit sehr träge ist, sind bei der Lichtregelung Beleuchtungsstärken außen zwischen 0–100.000 lx auf ca. 100–1000 lx im Raum einzuregeln, also von fünf auf * eine Größenordnung. Dennoch muss die Regelung auch hier träge sein, da die Lichtschwankungen im Außenbereich sehr hoch sein können (Aprilwetter) und mechanische Gewerke dem unmöglich folgen können.

Daher ist es beim Dosieren von Tageslicht in Räumen auch nicht möglich, das Licht auf einen festen Sollwert, z. B. auf Arbeitsebene, oder in Museen auf Bildebene, einzuregeln, sondern einen Toleranzbereich um einen Sollwert herum festzulegen, innerhalb dessen die Licht- und Sonnenschutz-Gewerke nicht reagieren. Es macht aber auch keinen Sinn, sofort zu reagieren, wenn dieser Bereich nur kurz verlassen wird, die gemessene Beleuchtungsstärke aber sofort wieder in diesen zurückkehrt. Man muss also auch eine Toleranzzeit einführen, für die ein Verletzen von Grenzwerten toleriert wird.

Prinzipiell gilt:

- Je weiter sich die Beleuchtungsstärke am Referenzpunkt von einem Sollwert entfernt, desto kürzer ist die Toleranzzeit, für die sie so hoch (oder niedrig) bleiben kann, bis ein Gewerk reagiert, z. B. eine Rollo- oder Lamellenebene um eine Stufe öffnet oder schließt.

30.2.2 Schutz vor direkter Besonnung

Für viele Fälle ist die Aufgabenstellung, ein Gewerk, z. B. ein Sonnenschutzrollo, bei Besonnung zu schließen und bei ausreichend langer Nicht-Besonnung wieder zu öffnen.

Hierbei gibt es zwei Kriterien.

- Wann kann die Sonne prinzipiell in den Raum bzw. auf den Referenzpunkt scheinen?
- Scheint die Sonne überhaupt?

Zur Beantwortung der ersten Frage muss einmalig eine Besonnungszeitdatenbank erstellt werden, die die täglichen Zeitintervalle möglicher Besonnung des Fensters, der Glasfassade, der Dachglasfläche etc. angibt, am praktikabelsten in Wochenabstufung – s. hierzu auch Abschn. 30.3 Besonnung, insbesondere 27.6.3.1 Stereographische Projektion in ein Sonnenstandsdiagramm.

Dies geschieht entweder

Abb. 30.3 Horizontoscop-Aufnahme von einem Bild im Museum aus, um die Zeiten im Jahresverlauf zu bestimmen, an denen direkte Besonnung möglich ist und bei Sonnenschein Schutzmaßnahmen getroffen werden müssen. Die hellen Linien zeigen die Lichtleisten an der Decke. Sie sind für diese Untersuchung nicht relevant (Beispiel Erweiterungsbau Kunstmuseum Basel) (Abb. 30.4)

- über eine oder mehrere Horizontoscop-Aufnahmen am Referenzpunkt, z. B. Mitte der Brüstung, mit hinterlegtem Sonnenstandsdiagramm für die jeweilige geographische Breite und in richtiger Orientierung (s. Abb. 30.3)

  oder

- über die stereographische Projektion der Eigen- und Fremdverbauung in ein Sonnenstandsdiagramm am Referenzpunkt mit einem Computerprogramm. Hierfür muss zunächst ein ‚Drahtgittermodell' aller an der Untersuchung beteiligten Gebäude (-teile) erstellt werden. Einmal erstellt, kann dann der Untersuchungspunkt jeweils an den gewünschten Referenzpunkt gelegt werden.

Von Interesse sind jeweils die hellen Bereiche, die den Himmelsausschnitt abbilden, in dem Sonnenbahnen verlaufen. Beginn und Ende der Besonnung können direkt für jede Woche oder jeden Monat (je nach Feinheit des Diagramms) ausgelesen werden. Zu beachten ist dabei, dass die Zeiten auf dem Sonnenstandsdiagramm in Ortszeit angegeben sind und noch in MEZ oder MESZ (Mitteleuropäische Zeit bzw. Sommerzeit) umgerechnet werden müssen (s. hierzu Abschn. 27.6.2 Sonnenstandsdiagramme/Zeitumrechnung).

Ob die Sonne überhaupt scheint, wird mittels eines Lichtsensors im Außenbereich, der in Fassadenrichtung orientiert ist, detektiert. Auch hier ist eine verzögerte Rückkehr in den Nicht-Besonnungsmodus vorzusehen (z. B. durch Hysterese), um ein ständige Auf und Zu zu vermeiden.

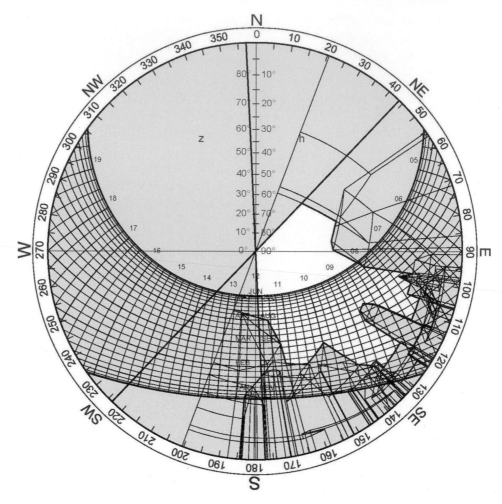

Abb. 30.4 Stereographische Projektion des Innenhofs des Schweizerischen Landesmuseums in Zürich von einem Brüstungspunkt eines Fensters aus

30.2.3 Abstufung der Schließzustände

Die Abstufung von Rollos oder drehbaren Lamellen wird oft äquidistant eingeteilt, beispielsweise werden die 90° der Lamellen in 5°-Schritte eingeteilt, um eine möglichst feine Regelung zu erreichen. Dabei werden die Gesetzmäßigkeiten der Lichtwahrnehmung nicht berücksichtigt und es hat zur Folge, dass bei den ersten Schließschritten aus der 90°-Position, z. B. über Oberlichtern, die Personen im Raum kaum eine Helligkeitsänderung wahrnehmen. Je weiter die Lamellen dann geschlossen werden, werden die Änderungen bei jeder Stufe zunehmend als störend empfunden.

Dem kann man durch eine Einteilung entsprechend dem Weber-Fechnerschen Gesetz (s. Abschn. 26.9 Wahrnehmung von Licht) begegnen, indem die Schritte aus der

Öffnungsposition von weiten zu zunehmend kleineren Schritten eingeteilt werden (Berechnung aus Formel 26.48). Das System wird damit auch träger, da weniger Schritte benötigt werden.

30.2.4 Einbindung des Kunstlichts in eine Tageslichtregelung

In eine Lichtregelung sollte meistens nur die dimmbare Grundbeleuchtung des Raums eingebunden werden. Diese hat zwei Funktionen

- Schnelles ‚Einspringen', wenn durch sehr schnell wechselnde Außenbeleuchtungsstärke die träge eingestellten mechanischen Gewerke nicht schnell genug reagieren
- Stetiges Hinzudimmen abends oder an bedeckten Tagen

Auch hier ist die Dimmung träge einzustellen, damit das Licht nach Einschalten nicht gleich auf einen Wert springt. Eine Abschaltverzögerung ist angebracht, damit es nicht zu häufig an- und ausgeht.

30.2.5 Position von Photometerköpfen

Photometerköpfe, meist Lichtsensoren genannt, sollten prinzipiell möglichst nahe der Bezugsebene angebracht werden. In Museen sollte es die Bildebene sein, wenngleich außerhalb der Haupthängeebene. Bei einer Bibliothek wurden die Sensoren unauffällig horizontal auf den Tischlampen angebracht (Abb. 30.5).

Leerrohr mit Hülse   Mit eingebautem Photometerkopf

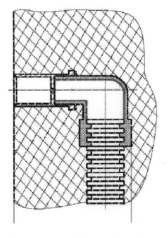 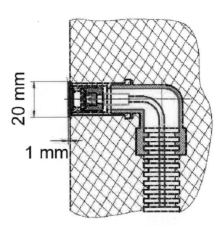

Abb. 30.5 Wandmontage von Lichtsensoren

Zusätzlich hierzu ist die Messung im Außenbereich notwendig, z. B. um Besonnung zu detektieren oder so außen liegende Gewerke für eine Vordosierung des Lichteinfalls zu regeln. Zudem kann nur so mittels graphischer Datenaufzeichnung die Funktion der Lichtregelung überprüft werden.

30.2.6 Graphische Datenaufzeichnung

Die numerische Aufzeichnung von Daten ist eigentlich nicht handhabbar, wenngleich für Berechnungen mit den Daten unabdingbar. Um sich einen Überblick über Funktion und Genauigkeit zu machen, ist die tageweise graphische Darstellung deutlich besser.

Als Beispiel für eine anspruchsvolle Lichtregelung unter Einbezug des Kunstlichts wird die Datenaufzeichnung für einen Museumsraum mit Oberlicht gezeigt. Als Dosierungsmaßnahme des Tageslichts gibt es Sonnenschutzrollos, die in Stufen gefahren werden. Bei unzureichendem Tageslichtangebot kann eine Grundbeleuchtung hinzugedimmt werden. In der Darstellung sind die gemessene Außenbeleuchtungsstärke (hohe Kurve) und die auf Wandebene gemessene Innenraumbeleuchtungsstärke abgetragen. Man sieht, wie die Beleuchtungsstärke auf der Wand um einen eingestellten Sollwert von ca. 250 lx herum schwankt, obwohl das zur Verfügung stehende Tageslicht nicht konstant ist. Um dies zu erreichen, werden die Sonnenschutzrollos mit zunehmendem Tageslicht sukzessive geschlossen; nimmt das Tageslicht ab, werden sie wieder schrittweise geöffnet (s. Kurve Position Rollos). Da man ein ständiges Bewegen der Rollos vermeiden möchte, reagieren diese eher träge. Ist das Tageslicht – temporär oder dauerhaft – nicht ausreichend und wird der eingestellte Sollwert für das Kunstlicht unterschritten, wird Kunstlicht stufenlos hinzugedimmt (s. Kurve Dimmwert Kunstlicht). Da die Kunstlichtschaltung und -dimmung nahezu instantan erfolgt, kann man damit schnelle Helligkeitsabnahmen kompensieren, bis die träge fahrenden Rollos reagieren (s. Zeitraum 14:00–16:00 Uhr) (Abb. 30.6).

30.2.7 Visualisierung und Beispiel

Von entscheidender Akzeptanz einer Lichtregelung ist die benutzerfreundlich aufgebaute Bedienoberfläche, oft Visualisierung genannt. Sie zu erstellen ist komplex, da in ihr alle Eingabe- und Anzeigepunkte mit den Datenpunkten in der SPS verknüpft werden müssen. Als Beispiel für eine Lichtregelung sei ein Raumquerschnitt gezeigt, in dem schnell ein Überblick über die Beleuchtungs- und Regelungssituation gegeben wird (Abb. 30.7).

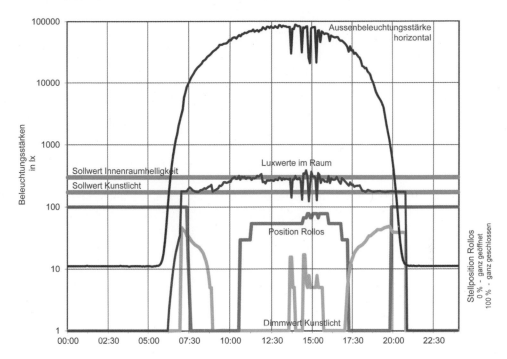

Abb. 30.6   Lichtregelung Beispiel-Datenlog

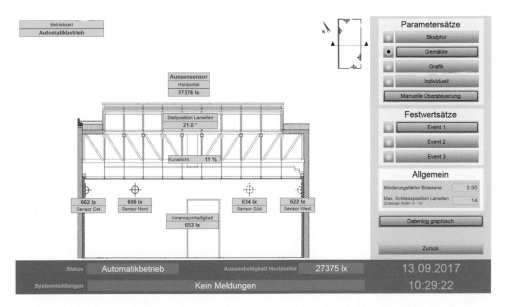

Abb. 30.7   Beispiel für Visualisierung anhand eines Museumsraums. Aus einem Stockwerkgrundriss kann in die einzelnen Räume geklickt werden und man gelangt zu einem Raumquerschnitt. In diesem sind die wichtigsten Daten im Überblick dargestellt

Einführung

Olaf Riese

Wohl von Anbeginn war die Menschheit fasziniert von der Naturerscheinung Feuer. Sie lernte es schätzen, nutzen, fürchten, und sie versuchte, sich vor ihm zu schützen. Trotzdem weisen Brandschadenstatistiken noch immer steigende Tendenz auf, und schon deshalb ist eine bessere Kenntnis der Brandschutzmöglichkeiten bei allen am Bau Beteiligten wünschenswert.

Schall, Wärme, Feuchte und Licht sind physikalische Einflüsse, denen ein Bauwerk ständig oder ständig wiederkehrend ausgesetzt ist. Es ist so auszubilden, dass es sie, ohne Schaden zu nehmen, erträgt oder sie sogar optimal nutzt. Brand ist ein physikalischer Einfluss extremer Dimensionen, dem ein Bauwerk im Laufe seiner Lebensdauer mit nur geringer Wahrscheinlichkeit je unterworfen ist. Es wäre nicht sinnvoll, vor allem wirtschaftlich nicht vertretbar, zu verlangen, dass auch dieser Einfluss ohne Schaden ertragen wird.

Unter der Katastrophenbeanspruchung Brand hat ein Bauwerk bzw. haben Bauteile jedoch eine hinreichende Tragfähigkeit und Wärmeisolierung über die gesamte oder eine ausreichende Teildauer eines Schadenfeuers zu gewährleisten. Nach Ablauf dieser Dauer werden gemäß der in der Bundesrepublik Deutschland geltenden Brandschutz-„Philosophie" keine Anforderungen an das Bauwerk gestellt. Von diesem Prinzip wird nur in wenigen Sonderfällen abgewichen. Brandschutzmaßnahmen umfassen drei Hauptgebiete:

- Abwehrender Brandschutz (Feuerwehr),
- vorbeugender und anlagentechnischer Brandschutz (Melde-, Warn- und Frühbekämpfungsanlagen),
- vorbeugender baulicher Brandschutz (Planung der Bauwerke, Ausbildung der Bauteile).

O. Riese (✉)
Braunschweig, Deutschland
E-Mail: o.riese@ibmb.tu-bs.de

© Springer Fachmedien Wiesbaden GmbH, ein Teil von Springer Nature 2022
W. M. Willems (Hrsg.), *Lehrbuch der Bauphysik*,
https://doi.org/10.1007/978-3-658-34093-3_31

Das dritte Gebiet wird hier vorwiegend behandelt. Die Regelwerke über den baulichen Brandschutz beruhen im Wesentlichen auf Erfahrungen mit wirklichen Bränden und auf Brandversuchen.

In den letzten Jahren haben sich die Randbedingungen der normativen Vorgaben stark gewandelt. Auf der einen Seite wurden europäische Normen zur Baustoff- und Bauteilbestimmung eingeführt, die die nationalen Normen sukzessive ersetzen.

Auf der anderen Seite haben sich neben den normativen Vorgaben in den letzten Jahren sogenannte leistungsorientierte Brandschutzmaßnahmen etabliert, die auf modernen Ingenieurmethoden basieren. Sie bieten dem Brandschützer ein zusätzliches Werkzeug bei der Erstellung von Brandschutzkonzepten, wenn z. B. Gebäude vorliegen, die nicht oder unzureichend durch Normen abgedeckt werden (z. B. Sonderbauten).

Beiden Entwicklungen wird im Kapitel Brand zusätzlich Aufmerksamkeit zu Teil. Hierzu wurde einerseits der Abschnitt „Ordnungen und Normen" überarbeitet und andererseits der Abschnitt „Mathematische Brandmodelle" neu erstellt.

Der Abschnitt „Grundlagen des Brandes und Verlauf" wurde in diesem Zusammenhang überarbeitet um sowohl die physikalischen Grundlagen des Brandes besser abzudecken, als auch die Grundlagen für die ingenieurgemäßen Verfahren zu beschreiben, die den Verlauf des Brandes betreffen.

Modelle, wie sie z. B. zur Berechnung der Entfluchtung (Personenstromanalyse) eingesetzt werden, sollen hier allerdings nicht besprochen werden. Da die strukturmechanische Berechnung von Bauteilen unter Einfluss eines Brandes sehr spezielle Kenntnisse voraussetzt und derzeit nur bei Spezialfragen eingesetzt wird, soll dieses Thema ebenfalls nicht besprochen werden.

Ordnungen und Normen

32

Olaf Riese

In der Bundesrepublik Deutschland liegt die Regelung des vorbeugenden baulichen Brandschutzes in der Hoheit der Länder, die sich in Zusammenarbeit mit dem Bund darum bemühen, in Musterentwürfen möglichst einheitliche Anforderungen zu formulieren.

Ein umfassender Überblick über alle bestehenden Vorschriften auf dem Gebiet des vorbeugenden baulichen Brandschutzes wird z. B. in [1] vorgelegt. An dieser Stelle kann nur eine kurz gefasste Einführung in die wichtigsten Vorschriften und Forderungen gegeben werden. Dabei wird zunächst das in Deutschland eingeführte Regelwerk vorgestellt und daran anschließend ein Ausblick auf die Europäische Brandschutznormung (EN) gegeben. Die europäische Brandschutznormung hat in den letzten Jahren neben den Bemessungsverfahren (Eurocodes) auch erhebliche Bedeutung bei den Prüf- und Produktnormen zum Brandschutz einschließlich der Klassifizierung von Baustoff- und Bauteil bekommen.

32.1 Landesbauordnungen, Verordnungen für bauliche Anlagen besonderer Art und Nutzung

Als gesetzliche Grundlagen sind zunächst die Landesbauordnungen und deren Durchführungsbestimmungen anzusehen; dort werden unter anderem Brandschutzanforderungen für bauliche Anlagen aufgestellt. Die Generalklausel des Brandschutzes, die in ähnlicher Fassung in allen Landesbauordnungen enthalten ist, lautet:

O. Riese (✉)
Braunschweig, Deutschland
E-Mail: o.riese@ibmb.tu-bs.de

© Springer Fachmedien Wiesbaden GmbH, ein Teil von Springer Nature 2022
W. M. Willems (Hrsg.), *Lehrbuch der Bauphysik*,
https://doi.org/10.1007/978-3-658-34093-3_32

„Bauliche Anlagen … müssen unter Berücksichtigung insbesondere

- *der Brennbarkeit der Baustoffe,*
- *der Feuerwiderstandsdauer der Bauteile, ausgedrückt in Feuerwiderstandsklassen,*
- *der Dichtheit der Verschlüsse von Öffnungen,*
- *der Anordnung von Rettungswegen,*

so beschaffen sein, dass der Entstehung eines Brandes und der Ausbreitung von Feuer und Rauch vorgebeugt wird und bei einem Brand die Rettung von Menschen und Tieren sowie wirksame Löscharbeiten möglich sind."

Ziel des Brandschutzes ist demnach sowohl die Sicherstellung der Rettung von Menschen, die sich im Einflussbereich eines Brandes befinden, die Verhinderung der Brandausbreitung und schließlich auch die Erhaltung von Sachwerten und die Rettung von Tieren.

Die Anforderungen an die Bauteile werden im Einzelnen festgelegt mit den Stufen „feuerhemmend", „hochfeuerhemmend" und „feuerbeständig".

Es darf unterstellt werden, dass bei Erfüllung dieser Anforderungen die betroffenen Bauwerksnutzer entfliehen können und den Rettungsmannschaften genügend Zeit zur Rettung Verletzter bleibt. Nicht definiert und auch kaum definierbar ist, ob oder in welchem Umfang der Erhalt von Sachwerten – sowohl der Bausubstanz wie des Gebäudeinhaltes – gewährleistet ist.

Für Gebäude besonderer Art und Nutzung werden die Landesbauordnungen ergänzt durch Sonderverordnungen, die besondere Gegebenheiten berücksichtigen. Die wichtigsten derzeit – allerdings nicht in allen Bundesländern eingeführten – gültigen Sonderverordnungen sind die Versammlungsstätten-, die Geschäftshaus-, die Garagen-, die Krankenhaus- und die Hochhaus-Verordnung.

Alle diese Ordnungen und Verordnungen stellen mehr oder minder präzise Forderungen an die Feuerwiderstandsfähigkeit einzelner Bauteile. Die Ausbildung der Gesamtbauwerke in brandschutztechnischer Hinsicht wird beeinflusst durch die Festlegung zulässiger Brandabschnittsgrößen oder wenigstens des maximalen Abstandes von Brandwänden. Über die Ausbildung solcher Brandwände werden sogar detaillierte Anweisungen gegeben.

32.2 Richtlinien

Ergänzend zu den Verordnungen gibt es Richtlinien, die noch detailliertere Angaben enthalten und im Übrigen rechtlich einen anderen Stellenwert besitzen. Genannt seien hier die Industriebau- und Schulbau-Richtlinien; außerdem die besonders wichtige Richtlinie für die Verwendung brennbarer Baustoffe im Hochbau.

32.3   Normen

Die im Allgemeinen baustoffbezogenen Normen für den Entwurf und die Ausführung von Tragwerken des Hochbaus gehen entweder direkt in kurzen Anweisungen auf den Brandschutz ein oder führen wenigstens die speziellen Brandschutznormen als mitgeltend an.

32.3.1   DIN 4102 „Brandverhalten von Baustoffen und Bauteilen"

DIN 4102 ist die klassische, den Bauordnungen zugeordnete Norm, die den Brennbarkeitsgrad von Baustoffen und die Feuerwiderstandsfähigkeit von Bauteilen definiert und so darlegt, wie der in den Bauordnungen geforderte bauliche Brandschutz zu realisieren ist. Sie macht grundsätzlich die Untersuchung des Brandverhaltens durch Normprüfungen zur Pflicht. DIN 4102 besteht aus folgenden Teilen:

 1   **Baustoffe;** Begriffe, Anforderungen und Prüfungen

 2   **Bauteile;** Begriffe, Anforderungen und Prüfungen

 3   **Brandwände und nichttragende Außenwände;** Begriffe, Anforderungen und Prüfungen

 4   **Zusammenstellung und Anwendung klassifizierter Baustoffe, Bauteile und Sonderbauteile**

 5   **Feuerschutzabschlüsse, Abschlüsse in Fahrschachtwänden;** Begriffe, Anforderungen und Prüfungen

 6   **Lüftungsleitungen;** Begriffe, Anforderungen und Prüfungen

 7   **Bedachungen;** Begriffe, Anforderungen und Prüfungen

 8   **Kleinprüfstand**

 9   **Kabelabschottungen;** Begriffe, Anforderungen und Prüfungen

11   **Rohrummantelungen, Rohrabschottungen, Installationsschächte und -kanäle sowie Abschlüsse ihrer Revisionsöffnungen;** Begriffe, Anforderungen und Prüfungen

12   **Funktionserhalt von elektrischen Kabelanlagen;** Begriffe, Anforderungen und Prüfungen

13   **Brandschutzverglasungen;** Begriffe, Anforderungen und Prüfungen

14   **Bodenbeläge und Bodenbeschichtungen;** Bestimmung der Flammenausbreitung bei Beanspruchung mit einem Wärmestrahler

15   **Brandschacht**

16   **Durchführung von Brandschachtprüfungen**

17   **Schmelzpunkt von Mineralfaserdämmstoffen;** Begriffe, Anforderungen und Prüfung

18   **Feuerschutzabschlüsse und Rauchschutztüren;** Prüfung der Dauerfunktionstüchtigkeit

19   Entwurf: **Wand- und Deckenbekleidung in Räumen;** Versuchsraum für zusätzliche Beurteilungen

Teil 1 befasst sich nicht mit dem gesamten Spektrum des Brandverhaltens, also der temperaturabhängigen Veränderung von Materialkennwerten der Baustoffe, sondern ausschließlich mit ihrer Brennbarkeit. Dementsprechend werden nichtbrennbare Baustoffe (Baustoffklasse A) und brennbare Baustoffe (Baustoffklasse B) unterschieden. Vereinbarungsgemäß können aber auch Baustoffe, die in geringem Umfang brennbare Bestandteile enthalten (z. B. Gipskartonplatten bestimmter Ausbildung oder Leichtbetone mit Polystyrolzuschlag) und die Normprüfungen bestehen, „nichtbrennbar" im Sinne der Norm sein. Sie werden dann in die Baustoffklasse A 2 eingeordnet, während die klassischen nichtbrennbaren Baustoffe (Beton, Stahl, Ziegel-Mauersteine, Kalksandsteine usw.) der Baustoffklasse A 1 angehören.

Brennbare Baustoffe werden nach ihrem Entflammbarkeitsgrad unterschieden. Die Baustoffklasse B 2 kennzeichnet „normalentflammbare" Baustoffe; ihr klassischer Vertreter ist das Holz. „Schwerentflammbare" Baustoffe werden als Baustoffklasse B 1 bezeichnet; als dafür typischer Baustoff sei die Holzwolle-Leichtbauplatte genannt. Die Baustoffklasse B 3 umfasst die „leichtentflammbaren" Baustoffe (z. B. unbehandelte Polystyrol-Hartschaumplatten), die nur unter ganz bestimmten Umständen überhaupt verwendet werden dürfen, nämlich wenn sie werkmäßig mit anderen Baustoffen zu mindestens normalentflammbaren Baustoffen (Baustoffklasse B 2) verarbeitet worden sind und beim Einbau diese Baustoffeigenschaft nicht verlorengeht.

Die Baustoffeigenschaften, die zu einer Einordnung in die genannten Baustoffklassen A 1 bis B 3 führen, und die Prüfverfahren sind in DIN 4102-1 definiert.

Die für das Gebiet der Bemessung von tragenden Bauteilen wichtigen Normteile sind:

- Teil 2 und 3 mit den Anforderungen (Prüfvorschriften) für Bauteile und sogenannte Sonderbauteile sowie
- Teil 4, der einen Katalog klassifizierter Baustoffe und Bauteile anbietet.

Im Teil 2 wird der Begriff „Feuerwiderstandsklasse" (F 30 bis F 180) geprägt. In eine Feuerwiderstandsklasse wird ein Bauteil eingestuft, wenn sein Prototyp (2 Prüfkörper) bei einer Wärmebeanspruchung gemäß der Einheitstemperaturzeitkurve (s. Abschn. 33.2) über eine Prüfdauer, die jeweils der Feuerwiderstandsklasse gleich oder größer ist, die Kriterien einer Normbrandprüfung erfüllt. Diese Kriterien beziehen sich zunächst auf die Aufgabe die Übertragung des Feuers auf benachbarte Räume, durch Decken und Wände, zu verhindern (*Raumabschluss*):

- Raumabschließende Bauteile dürfen sich auf der feuerabgekehrten Seite im Mittel um nicht mehr als 140 K erwärmen; für jeden einzelnen der gemessenen Werte gilt die Grenze 180 K;

- an keiner Stelle eines raumabschließenden Bauteils – einschließlich der Anschlüsse, Fugen, Stöße – dürfen Flammen durchtreten oder darf sich ein angehaltener Wattebausch durch heiße Gase entzünden;
- raumabschließende Wände müssen einer Festigkeitsprüfung mittels Pendelstoßes von 20 Nm widerstehen.

Die weiteren Kriterien betreffen die Erhaltung der *Tragfähigkeit*:

- Tragende Bauteile dürfen unter ihrer rechnerisch zulässigen Gebrauchslast und nicht-tragende Bauteile unter ihrem Eigengewicht nicht zusammenbrechen;
- bei statisch bestimmt gelagerten Bauteilen, die ganz oder überwiegend auf Biegung beansprucht werden, darf die Durchbiegungsgeschwindigkeit den Wert

$$\frac{\Delta f}{\Delta t} = \frac{l^2}{9000} \qquad (32.1)$$

worin:

l   = Stützweite in cm,
h   = statische Höhe in cm,
Δf = Durchbiegungsintervall in cm während eines Zeitintervalls von einer Minute,
Δt = Zeitintervall von einer Minute,

nicht überschreiten.

Im Teil 3 der DIN 4102 sind entsprechende Anforderungen an Brandwände und nicht-tragende Außenwände, wozu auch Brüstungselemente und Fassadenschürzen gerechnet werden, definiert. Für Brandwände wird zusätzlich zu den Forderungen gemäß Teil 2 an Wände der Feuerwiderstandsklasse F 90 gefordert, dass sie aus nichtbrennbaren Baustoffen bestehen. Die günstige Wirkung von Putzen oder anderen Bekleidungen darf nicht berücksichtigt werden. Sie sind unter ungünstiger (ausmittiger) Vertikalbelastung zu prüfen, und am Ende der Brandbeanspruchung müssen sie einer Festigkeitsprüfung mittels dreimaligen Pendelstoßes von jeweils 3000 Nm (Bleischrotsack) widerstehen.

Gegenüber anderen feuerwiderstandsfähigen Wänden sind die Forderungen an nicht-tragende Außenwände geringer: Die Begrenzung der Temperaturerhöhung auf der feuer-abgekehrten Seite entfällt bei der Brandbeanspruchung von innen, und von außen wird eine abgeminderte Temperaturbeanspruchung aufgebracht.

Die bauaufsichtliche Einführung der Eurocodes und der Nationalen Anhänge bedeutet für den konstruktiven Brandschutz, dass die Eurocode-Nachweise in ihrem für Deutschland zugelassenen Anwendungsbereich mit Stichtag 1. Juli 2012 die tabellarischen Bemessungen nach DIN 4102 Teil 4 und Teil 22 ablösen. Für die nicht in den Eurocodes enthaltenen Konstruktionen, insbesondere raumabschließende Bauteile und Sonderbauteile, wird die DIN 4102 Teil 4 als überarbeitete und konsolidierte Restnorm auch weiterhin eine unverzichtbare Bemessungsgrundlage in Deutschland bleiben. In die Restnorm werden auch die vielfältigen konstruktiven Hinweise aus der DIN 4102 Teil 4 zur „richtigen" brandschutztechnischen Ausführung von Fugen, Anschlüssen und Verbindungen übernommen.

Teil 4 der Norm enthält Angaben über Baustoffe und Bauteile, deren Prototypen die Bedingungen der Normbrandprüfungen erfüllt haben, und die entsprechend klassifiziert sind. Durch diesen Katalog werden Brandprüfungen in vielen Fällen entbehrlich. Er bietet die Möglichkeit, den Brennbarkeitsgrad von Baustoffen abzulesen und in einfacher Weise mit Hilfe von Tafeln und Bildern die Feuerwiderstandsfähigkeit nicht nur von Bauteilen, sondern auch ihrer gegenseitigen Anschlüsse, Verbindungen, Fugen usw. zu ermitteln. Die Angaben des Kataloges beziehen sich nur auf Baustoffe und Bauteile, deren Eigenschaften im Gebrauchszustand auf der Grundlage von Normen definiert und beurteilt werden können.

Die Teile 5–7 und die Teile 9–16 und 18 behandeln Anforderungen an besondere Abschlüsse und Bau- und Ausbauelemente, auf die hier nicht weiter eingegangen werden soll.

Teil 8 beschreibt einen einheitlichen Kleinprüfstand für die Untersuchung von Baustoffen und Bauteilausschnitten zur Ermittlung bestimmter brandschutztechnischer Eigenschaften, z. B. Wärmefreisetzung von Baustoffen, Wärmedurchgang durch Dämmplatten und -matten, Alterungsbeständigkeit und Schwelfeuerverhalten von dämmschichtbildenden Brandschutzbeschichtungen.

Im Teil 14 wird eine Prüfung beschrieben, die dazu dient, die Flammenausbreitung auf und die Rauchentwicklung von Bodenbelägen bzw. -beschichtungen bei definierter Beanspruchung mit einem Wärmestrahler zu ermitteln. Die Ergebnisse werden der Einreihung in die Baustoffklasse B 1 nach DIN 4102-1 zugrunde gelegt.

Teil 15 beschreibt den sogenannten Brandschacht, eines der Prüfgeräte, die dazu dienen, die Entflammbarkeit von Baustoffen zu prüfen, und Teil 16 legt die damit durchzuführenden Prüfungen fest. Die Prüfergebnisse können Grundlage für die Erteilung eines Prüfzeichens sein.

Bei einer Anzahl der in Teil 4 beschriebenen Bauteile ist deren Einreihung in eine Feuerwiderstandsklasse von der Wärmebeständigkeit der eingebauten Dämmschichten abhängig. Für Dämmstoffe aus Mineralfasern muss der Schmelzpunkt bei Temperaturen von mindestens 1000 °C liegen. Dieses Verhalten wird nach Teil 17 untersucht.

Teil 19 behandelt einen Versuchsraum für zusätzliche Beurteilungen Wand- und Deckenbekleidung in Räumen. Teil 19 hat den Status eines Entwurfs und steht in Konkurrenz zur Deutschen Fassung der EN 14390.

Teil 20 der Norm definiert ein Prüfverfahren für den ergänzenden Nachweis und die Bewertung des Brandverhaltens von Bauprodukten und Bauarten, welche zur Verwendung an bzw. auf Oberflächen von raumabschließenden Gebäudeaußenwänden bestimmt sind. Es wird das Szenario eines Wohnungsbrandes in der Brandentstehungsphase abgebildet.

Teil 24 der Norm definiert ein Prüfverfahren für den ergänzenden Nachweis und die Bewertung des Brandverhaltens von Bauprodukten und Bauarten, welche zur Verwendung an bzw. auf Oberflächen von raumabschließenden Gebäudeaußenwänden bestimmt sind. Es wird das Szenario eines Brandes am Sockel des Gebäudes in der Vollbrandphase abgebildet.

32.3.2 DIN 18 009 „Brandschutzingenieurwesen" – Teil 1: Grundsätze und Regeln für die Anwendung

Die Norm legt Anforderungen an die Ingenieurmethoden des Brandschutzes und deren Anwendung für bauliche Anlagen, z. B. Gebäude und unterirdische Verkehrsanlagen fest. Mit der Norm sollen die Grundlagen zur Bewertung von Brandgefahren und zur Beurteilung und Bemessung von Maßnahmen des Brandschutzes zur Erfüllung vorgegebener Schutzziele festgelegt. Der Teil 1 ist als Rahmennorm und Grundlage für weitere Normteile der Normreihe 18009 konzipiert, welche anwenderspezifische Regelungen und Daten bereit stellen. In der Planung ist derzeit der Teil 2 der Norm „Räumungssimulation und Personensicherheit".

32.3.3 DIN 18 230 „Baulicher Brandschutz im Industriebau"; rechnerisch erforderliche Feuerwiderstandsdauer

Ziel des Berechnungsverfahrens nach DIN 18 230 ist die Ermittlung der Feuerbeanspruchung der tragenden bzw. raumabschließenden Bauteile in industriell genutzten Gebäuden infolge des Abbrandes der in einem Brandbekämpfungsabschnitt befindlichen Stoffe. Die in diesem Zusammenhang als signifikant erachteten Einflussgrößen sind:

- Brandlast in Abhängigkeit von ihrer Größe und Anordnung im Brandbekämpfungsabschnitt,
- Ventilationsbedingungen und Wärmeabzugsmöglichkeiten,
- Größe des Brandbekämpfungsabschnittes,
- Gebäudehöhe bzw. Anzahl der Geschosse,
- Möglichkeit der Brandbekämpfung einschließlich automatischer Feuerlöschanlagen.

Der Einfluss dieser Größen auf den Brandverlauf in dem Brandbekämpfungsabschnitt und dementsprechend auf die Brandbeanspruchung der Bauteile ist unterschiedlich und wird in dem Berechnungsverfahren durch gewichtete Bewertungsfaktoren berücksichtigt. Die dabei zugrunde gelegten Größen stellen ein System aus konkretisierbaren, zum Teil aus Versuchsergebnissen ableitbaren Werten und aus vereinbarten, allgemein akzeptierten Sicherheitszuschlägen dar, durch die der Anschluss an die für bauliche Anlagen anderer Nutzung bereits geltenden Anforderungen in angemessener Weise herbeigeführt wird. Mit Hilfe einer rechnerischen Brandbelastung, die alle diese Bewertungsfaktoren berücksichtigt, werden für die Einzelbauteile erforderliche Brandschutzklassen ermittelt, die wiederum Feuerwiderstandsklassen nach DIN 4102 zugeordnet sind. Obwohl hier also ein dem Einzelobjekt angemessener Brandschutz angestrebt wird, erfolgt eine Rückführung auf die klassische Norm, wodurch das gesamte vorhandene, in jahrzehntelanger Arbeit erworbene Wissen genutzt werden kann.

Auch DIN 18 230 betrachtet bei der Bemessung nur Einzelbauteile, worauf in der Vorbemerkung ausdrücklich hingewiesen wird. Die Randbedingungen für die Anwendbarkeit von DIN 18 230 sind in der Industriebau-Richtlinie angegeben.

32.3.4 Muster-Verwaltungsvorschrift Technische Baubestimmungen

In Deutschland gibt es 16 Landesbauordnungen, die sich an einem gemeinsamen Muster – der Musterbauordnung – orientieren. Die Musterbauordnung wurde 2016 novelliert. Im Zuge der Novellierung wurden die technischen Regeln für die Planung, Bemessung und Ausführung von Bauwerken und für Bauprodukte in einem Dokument zusammengeführt, der *Muster-Verwaltungsvorschrift technische Baubestimmungen* (MVV TB).

Die Teile A und B der MVV TB enthalten im Wesentlichen Vorschriften für die Planung, Bemessung und Ausführung von Bauwerken.

In Teil C sind die Regelungen für die Verwendung von Bauprodukten zusammengestellt, die nicht die CE-Kennzeichnung nach Bauproduktenverordnung (Verordnung (EU) Nr. 305/2011) tragen. Zudem enthält dieser Teil Festlegungen zu Bauprodukten und Bauarten, für die ein allgemeines bauaufsichtliches Prüfzeugnis vorgesehen ist.

Teil D bietet Informationen zu Bauprodukten, für die kein bauaufsichtlicher Verwendbarkeitsnachweis erforderlich ist. Ferner enthält dieser Teil Regelungen zu freiwilligen Herstellerangaben in Bezug auf Wesentliche Merkmale harmonisierter Bauprodukte, die nicht von der CE-Kennzeichnung der zugrundeliegenden technischen Spezifikation erfasst sind.

Mit der Einführung der MVV TB wurden die Bauregellisten A und B und Liste C, die bis 2016 gepflegt wurden, aufgehoben. Die aktuelle MVV TB kann beim Deutschen Institut für Bautechnik unter www.dibt.de abgerufen werden.

32.4 Europäische Brandschutznormung

Im Rahmen der europäischen Harmonisierung wurden 2013 mit Durchführungsverordnung Nr. 1062/2013 vorrangig auf der Grundlage der *Bauprodukte-Verordnung* (BauPVO) [2] einheitliche Klassen für Bauprodukte erarbeitet, damit sie im gesamten europäischen Markt in Verkehr gebracht werden können. Da sowohl Baustoffe als auch Bauteile Produkte im Sinne der BauPVO sein können, wurde ein neues Klassifizierungssystem für beide entwickelt.

Diese Systeme weichen von den nationalen Systemen ab, da in Europa sowohl für Baustoffe als auch für Bauteile im bauaufsichtlichen Verfahren unterschiedliche Klassifizierungen verwendet wurden. Verglichen mit dem bisherigen Klassifizierungssystem nach DIN 4102 wurde ein völlig neues Klassifizierungssystem mit anderen Kurzzeichen entwickelt.

32.4.1 Klassifizierung von Baustoffen

Nach den Vereinbarungen mit der Europäischen Kommission werden Baustoffe zum Brandverhalten in sieben Baustoffklassen unterteilt [3]. Nach DIN EN 13501-1 „Klassifizierung von Bauprodukten und Bauarten zu ihrem Brandverhalten-Teil 1: Klassifizierung mit den Ergebnissen aus den Prüfungen zum Brandverhalten von Bauprodukten; Deutsche Fassung EN 13501-1" sind die Klassenbezeichnungen für die Euroklassen A1, A2, B, C, D, E und F und gelten für Wand- und Deckenbekleidungen. Für die Einstufung von Bodenbelägen und elektrischen Kabeln sind analoge Klassenbezeichnungen vorhanden. Die Klassifizierungsnorm DIN EN 13501-1 ist als gültiger Nachweis in die MVV TB aufgenommen. Durch die Benennung der Prüfnormen als Nachweismethode in der Klassifizierungsnorm sind die Prüfnormen ebenso eingeführt. Für die Erlangung der europäischen Baustoffklassen sind die Nachweise nach Tab. 32.1 erforderlich.

Zusätzlich zu den Euroklassen A1 bis F sind bei der Prüfung im SBI (Single Burning Item) DIN EN 13823) und im Kleinbrennertest (DIN EN ISO 11925-2) die Rauchentwicklung und das brennende Abtropfen zu bewerten [4]. Nach DIN EN 13501-1 werden für Bauprodukte sowohl hinsichtlich der Rauchentwicklung die Klassen s1, s2 und s3 als auch für das brennende Abfallen die Klassen d0, d1 und d2 für eine abschließende Klassifizierung erforderlich.

Für die Bodenbeläge wurde ein entsprechend der Wand- und Deckenbekleidungen aufgebautes Klassifizierungssystem verabschiedet. Anstelle des SBI-Tests wird der Radiant-Panel-Test verwendet, bei dem die Proben horizontal angeordnet sind. Dieses Prüfverfahren wird in DIN EN ISO 9239-1 beschrieben und entspricht bis auf den Zündbrenner dem Prüfgerät, dass in DIN 4102 Teil 14 angewandt wird. Die Änderung durch den Zündbrenner hat keinerlei Auswirkungen auf das Prüfergebnis, so dass eine direkte Übertragung möglich ist.

Die Euroklassen für die Bodenbeläge erhalten alle einen Index „fl" und für Kabel ein „ca" und sind dadurch von der Klassifizierungen der Euroklassen für Wand- und Deckenbekleidungen zu unterscheiden. Die Grenzwerte für die Euroklasse C_{fl} entsprechen denen der Baustoffklasse B1 (DIN 4102-14) für Bodenbeläge. Zusätzlich zu den Prüfungen im Radiant-Panel-Test sind ebenso die Anforderungen nach DIN EN ISO 11925-2 (Kleinbrennertest) zu erfüllen.

Durch die Festlegungen der DIN EN 13501-1 gibt es sieben Baustoffklassen. Da ebenfalls die Rauchentwicklung und das brennende Abtropfen bei der Klassifizierung mit berücksichtigt wird, entstehen vierzig unterschiedliche Möglichkeiten einer Baustoffklassi-

Tab. 32.1 Prüfverfahren für Baustoffe (EN)

		Klassen nach DIN EN 13501-1						
Prüfverfahren	Prüfnorm	A1	A2	B	C	D	E	F
ISO Ofen	DIN EN ISO 1182	✓	✓*					
Heizwert	DIN EN ISO 1716	✓	✓*					
SBI	DIN EN 13823			✓	✓	✓	✓	
Kleinbrennertest	DIN EN ISO 11925-2			✓	✓	✓	✓	✓**

✓* Bei der Baustoffklasse A2 kann zwischen den Verfahren gewählt werden.
✓** Die Anforderungen für die Baustoffklasse E wurden nicht erreicht.

fizierung. Die Anforderungen an Baustoffe in den nationalen gesetzlichen Regelungen erfassen nicht diese Vielfalt. Daher ist für die Anpassung der europäischen Klassen an das deutsche Baurecht und der Vergleich mit der Klasseneinteilung der Baustoffe nach DIN 4102 eine Zuordnungstabelle zu den jeweiligen bauaufsichtlichen Anforderungen erforderlich. Eine Zuordnung für die mindestens erforderlichen Leistungen zu den bauaufsichtlichen Anforderungen ist in Anhang 4 Tab. 1.2 zur MVV TB A Teil 1 veröffentlicht worden und wird in Tab. 32.2 dargestellt.

Tab. 32.2 Zuordnung der Baustoffklassen zu bauaufsichtlichen Benennungen

Bauaufsichtliche Anforderungen	Mindestens erforderliche Leistungen Klasse nach DIN EN 13501-1		
	1	2	3
	Bauprodukte, ausgenommen Spalte 2 und 3	lineare Rohrdämmstoffe	Bodenbeläge
nichtbrennbar [1]	A2 – s1, d0*	A2$_L$ – s1, d0*	A2$_{fl}$ – s1, d0*
schwerentflammbar und nicht brennend abfallend oder abtropfend, sowie geringe Rauchentwicklung	C – s1, d0*	C$_L$ – s1, d0*	-
schwerentflammbar und nicht brennend abfallend oder abtropfend	C – s2,d0*	C$_L$ – s2,d0*	C$_{fl}$ – s1
schwerentflammbar und geringe Rauchentwicklung	C – s1,d0*	C$_L$ – s1,d0*	C$_{fl}$ – s1
schwerentflammbar	C – s2,d2*	C$_L$ – s2,d2*	-
normalentflammbar und nicht brennend abfallend oder abtropfend	E – d2	E$_L$	-
normalentflammbar	E – d2	E$_L$ – d2	E$_{fl}$
[1] soweit erforderlich zusätzlich Schmelzpunkt > 1000 °C	Angabe: Schmelzpunkt von mindestens 1000 °C	Angabe: Schmelzpunkt von mindestens 1000 °C	-
* soweit erforderlich Glimmverhalten	Zur Bestimmung des Glimmverhaltens liegt ein europäisches Prüfverfahren DIN EN 16733 vor; die notwendige Angabe lautet: „Die Prüfung wurde bestanden: das Produkt zeigt keine Neigung zum kontinuierlichen Schwelen". Weitere Angaben siehe MVV TB.		-

In der MVV TB werden weiterhin Festlegungen zu elektrischen Leitungen und elektrischen Leitungsanlagen gemacht.

Erläuterung zu Tab. 32.2

Kurzzeichen	Kriterium	Anwendungsbereich
s (Smoke)	Rauchentwicklung	Anforderungen an die Rauchentwicklung - s1: geringe Rauchentwicklung - s2: begrenzte Rauchentwicklung
d (Droplets)	Bennendes Abtropfen/ Abfallen	Anforderungen an das brennende Abtropfen/ Abfallen - d0: kein brennendes Abtropfen/Abfallen - d1, d2: brennendes Abtropfen/Abfallen

Der Prüfung des Brandverhaltens der Baustoffe kommt eine große Bedeutung zu, da die bereits vorliegenden Ergebnisse zur Klassifizierung im nationalen Bereich nach DIN 4102-1 – sog. „historic data" – nicht verwendet werden können, weil sich die Prüfeinrichtungen für die europäische Klassifizierung verändert haben. Dies trifft insbesondere auf die Prüfungen im SBI zu. Für die Probenanordnung beim Versuch sind in DIN EN 13823 Vorgaben gemacht worden. Grundlegend müssen Produkte bei einer Prüfung entsprechend ihrer vorgesehenen Endanwendung eingebaut und befestigt werden („mounting und fixing" nach DIN EN 13501-1). Das hat zur Folge, dass die Konstruktion stärker als bei der bisherigen nationalen Klassifizierung Berücksichtigung findet.

32.4.2 Klassifizierung von Bauteilen

Bei den Bauteilen gab es – anders als bei den Baustoffen – bereits ein international anerkanntes Prüfverfahren, das Basis aller nationalen Regelungen war, die ISO 834 „Brandverhalten von Bauteilen" [5], die die generellen Temperaturbeanspruchungen, in groben Zügen die Prüfgeräte und die Versagenskriterien vorgab. Um diese Norm herum wurden in Europa modifizierte nationale Prüfverfahren mit jeweils national geprägten Klassifizierungen und Sonderregelungen entwickelt, die einer sehr einfachen Harmonisierung im Wege standen.

Da eine Vielzahl von Parametern die Prüfergebnisse beeinflussen, z. B.

- Prüföfen und Heizstoffe,
- Messung von Temperaturen,
- Lagerung von Bauteilen,
- Druckverhältnisse,
- Interpretation der Kriterien,

gibt es eine Vielzahl von Prüfnormen, um möglichst genaue Verfahren für die verschiedenen Bauteile festzulegen. Daneben wurde eine harmonisierte Klassifizierung definiert, die möglichst überzeugende Klassen schafft. Anders als in der DIN 4102 wurden getrennte Prüf- und Klassifizierungsnormen entwickelt. Die Prüf- und Klassifizierungsnormen sind in Europa noch überschaubar und logisch aufgebaut. Problematisch wird die Umsetzung in die Verwendbarkeitsnachweise, die zumindest in Deutschland über die Landesbauordnungen geregelt werden.

System der Prüfnormen

In der Reihe DIN EN 1363 werden die allgemeinen Anforderungen aufgelistet mit Beheizung, Beanspruchungen, Kriterien usw., sie decken sich weitgehend mit der Reihe DIN 4102. In den Normen der Reihe DIN EN 1364 werden nichttragende Bauteile abgehandelt, mit überschaubaren Konsequenzen, aber mit zu erwartenden Abweichungen bei den Unterdecken. Die wenigsten Abweichungen ergeben sich bei den tragenden Bauteilen (DIN EN 1365). Die Normen der Reihe „Installationen" (DIN EN 1366) sind sehr vielschichtig.

Auch die Normen der Reihe DIN V ENV 13381 (Bekleidungen und Schutzmaßnahmen) sind in ihren Auswirkungen noch nicht abschließend einzuschätzen, zumal nur wenige Bereiche nach DIN 4102 unmittelbar genormt waren:

*   Unterdecken in Verbindung mit Rohdecken und
*   Stahlträgerbekleidungen.

Alle anderen Schutzmaßnahmen ließen sich allgemein nach DIN 4102-2 nachweisen, ohne dass konkrete Prüfaufbauten vorgegeben waren. Da auch europaweit keine konkreten nationalen Normen vorhanden waren, wurde diese Reihe – ähnlich wie die Eurocodes – als europäische Vornorm entwickelt, die nach einer bestimmten Anwendungserprobung dann in eine europäische Norm umgewandelt wird.

Bauteilklassifizierungen

Die Grundlage der europäischen Bauteilprüfungen ist die DIN EN 13501-2 „Klassifizierung von Bauprodukten und Bauarten zu ihrem Brandverhalten – Teil 2: Klassifizierung mit den Ergebnissen aus den Feuerwiderstandsprüfungen, mit Ausnahme von Lüftungsanlagen; Deutsche Fassung EN 13501-2:2010", eine Norm, die sich mit der Klassifizierung der Ergebnisse aus den Feuerwiderstandsprüfungen befasst. Fortgeführt wird die Normenreihe mit dem Teil 3: „Klassifizierung mit den Ergebnissen aus den Feuerwiderstandsprüfungen an Bauteilen von haustechnischen Anlagen: Feuerwiderstandsfähige Leitungen und Brandschutzklappen", dem Teil 4: „Klassifizierung mit den Ergebnissen aus den Feuerwiderstandsprüfungen von Anlagen zur Rauchfreihaltung" und dem Teil 5: „Klassifizierung mit den Ergebnissen aus Prüfungen von Bedachungen bei Beanspruchung durch Feuer von außen".

Das damit verbundene Klassifizierungssystem ist zunächst auf den ersten Blick wesentlich komplizierter, weil es vollständig vom bisherigen „Kurzzeichensystem" im nationalen Bereich abweicht. In Tab. 32.3 sind die Feuerwiderstandsklassen von Bauteilen nach DIN EN 13501-2 und ihre Zuordnung zu den bauaufsichtlichen Anforderungen dargestellt.

Bei genauerem Hinsehen vereinfacht es jedoch die Bewertung der Bauteile, weil aus der Klassifizierung unmittelbar abgeleitet werden kann, welche Leistungsmerkmale die Bauteile erfüllen. In Tab. 32.4 ist daher eine Zusammenfassung der verschiedenen Symbole dargestellt.

Tab. 32.3 Feuerwiderstandsklassen von Bauteilen nach DIN EN 13501-2 (Auszug) und ihre Zuordnung zu den bauaufsichtlichen Anforderungen

Bauaufsichtliche Anforderung	Tragende Bauteile		Nichtragende Innenwände	Nichtragende Außenwände
	ohne Raumabschluss	mit Raumabschluss		
feuerhemmend	R 30	REI 30	EI 30	E 30 (i → o) und EI 30-ef (i ← o)
hochfeuerhemmend	R 60	REI 60	EI 60	E 60 (i → o) und EI 60-ef (i ← o)
feuerbeständig	R 90	REI 90	EI 90	E 90 (i → o) und EI 90-ef (i ← o)
Feuerwiderstandsfähigkeit 120 min	R 120	REI 120	-	-
Brandwand	-	REI 90-M	EI 90-M	-

Tab. 32.4 Erläuterung der Klassifizierungskriterien und der zusätzlichen Angaben zur Klassifizierung des Feuerwiderstandes nach DIN EN 13501-2 und DIN EN 13501-3

Herleitung des Kurzzeichens	Kriterium
R (Résistance)	Tragfähigkeit
E (Étanchéité)	Raumabschluss
I (Isolation)	Wärmedämmung (unter Brandeinwirkung)
W (Radiation)	Begrenzung des Strahlungsdurchtritts
M (Mechanical)	Mechanische Einwirkung auf Wände (Stoßbeanspruchung)
S_m (Smoke$_{max, leakage rate}$)	Begrenzung der Rauchdurchlässigkeit (Dichtheit, Leckrate)
C (Closing)	Selbstschließende Eigenschaft (ggf. mit Anzahl der Lastspiele) einschl. Dauerfunktion
P	Aufrechterhaltung der Energieversorgung und/oder Signalübermittlung
K_1, K_2	Brandschutzvermögen
I_1, I_2	Unterschiedliche Wärmedämmungskriterien
i → o i ← o i ↔ o (in – out)	Richtung der klassifizierten Feuerwiderstandsfähigkeit
a ↔ b (above – below)	Richtung der klassifizierten Feuerwiderstandsfähigkeit
v_e, h_o (vertical, horizontal)	vertikal/horizontal
U/U (uncapped/ uncapped)	Rohrende offen innerhalb des Prüfofens/Rohrende offen außerhalb des Prüfofens
C/U (capped/uncapped)	Rohrende geschlossen innerhalb des Prüfofens/Rohrende offen außerhalb des Prüfofens
U/C(uncapped/capped)	Rohrende offen innerhalb des Prüfofens/Rohrende geschlossen außerhalb des Prüfofens

Umsetzung der Klassifizierungen

Der Anwender muss insbesondere die Fortschreibung der MVV TB beachten, um zu sehen, wann welche europäische Klassifizierungen ins nationale Baurecht einfließen werden.

Die europäischen Klassifizierungsnormen sind für die Hersteller von maßgebender Bedeutung. Sie müssen entscheiden, wann sie welche Bauprodukte oder Bauarten über diese neuen europäischen Spezifikationen nachweisen wollen. Für den Planer und Bauherrn und für alle anderen Partner am Bau sind jedoch die durch Bauordnung vorgegebenen Verwendbarkeits- und Anwendbarkeitsnachweise maßgebend.

Auch nach der Einführung des europäischen Klassifizierungssystems werden im bauaufsichtlichen Verfahren die folgenden Anwendungs- bzw. Verwendbarkeitsnachweise gelten [3]:

- allgemeine bauaufsichtliche Zulassung,
- allgemeines bauaufsichtliches Prüfzeugnis und
- Zustimmung im Einzelfall.

Diese Nachweise werden ergänzt durch „Europäische Nachweise":

- europäische (harmonisierte) Produktnormen,
- europäisch technische Bewertung (ETA) auf der Grundlage der BauPVO jeweils mit dem entsprechenden CE-Zeichen, und
- auf der Grundlage der Tabellenwerte der Eurocodes.

Eine Besonderheit im zukünftigen Nachweissystem liegt darin [3], dass für gleiche Bauteile möglicherweise unterschiedliche Nachweise verwendet werden können. Insbesondere in der Übergangsphase, wo gerade für Bauteile die alten DIN 4102-Nachweise mit den DIN EN-Nachweisen konkurrieren und dabei die nationalen Zulassungen in Konkurrenz mit europäisch technischen Zulassungen stehen, z. B. auf der Grundlage von Artikel 9 (2).

32.4.3 Eurocodes

Die *Bauprodukte-Verordnung* BauPVO [2] enthält hinsichtlich des Brandschutzes Anforderungen an die Tragfähigkeit des Bauwerkes, Begrenzung von Feuer und Rauch sowie Berücksichtigung von Maßnahmen zur Rettung der Bewohner des Gebäudes und zur Sicherheit der Rettungsmannschaften. Zur Erfüllung der konstruktiven Brandschutzforderungen wurden die Eurocodes als harmonisierte Baunormen geschaffen. Die Eurocodes und ihre zugehörigen Nationalen Anhänge sind als Technische Baubestimmungen in der MVV TB übernommen und in den Bundesländern bauaufsichtlich eingeführt worden.

Grundsätzlich ist die brandschutztechnische Bemessung nach den Brandschutzteilen der Eurocodes zu führen. Ausschließlich für Nachweise, die in den Brandschutzteilen der Eurocodes nicht geregelt sind, kann die Bemessung nach DIN 4102 Teil 4 geführt werden. Im konstruktiven Ingenieurbau bestehen die Eurocodes (EC) aus folgenden Teilen:

EC 1   Grundlagen des Entwurfs, der Berechnung und Bemessung sowie Einwirkungen auf Tragwerke
EC 2   Planung von Stahlbeton- und Spannbetontragwerken
EC 3   Bemessung und Konstruktion von Stahlbauten
EC 4   Bemessung und Konstruktion von Verbundtragwerken aus Stahl und Beton
EC 5   Entwurf, Bemessung und Konstruktion von Holzbauwerken
EC 6   Bemessung von Mauerwerksbauten
EC 9   Entwurf, Berechnung und Bemessung von Aluminiumkonstruktionen

Die Anwendung der Eurocodes ist in Deutschland für Bauvorhaben, die nach dem 1. Juli 2012 eingereicht wurden, verbindlich. Zu diesem Stichtag wurden die Eurocodes in Deutschland bauaufsichtlich eingeführt und sind somit geltendes Recht (in Bayern wurde eine Übergangsfrist bis zum 31. Dezember 2013 gewährt).

Die Brandschutzteile sind den bauartspezifisch unterteilten Eurocodes für die Bemessung im Kaltzustand als Teil 1–2 angegliedert.

Die Brandschutzteile der Eurocodes besitzen eine einheitliche Gliederung; sie besteht aus

Kapitel 1   Einführung, Ziel, Definition, Symbole
Kapitel 2   Grundprinzipien
Kapitel 3   Materialeigenschaften
Kapitel 4   Tragwerksbemessung für den Brandfall und
Kapitel 5   bauartenspezifische Detailangaben.

Zusätzliche Informationen enthalten die normativen und informativen Anhänge der einzelnen Brandschutzteile.

Nach Übernahme der Arbeiten an den Eurocodes durch die europäische Normenorganisation CEN erhielt jeder Eurocode eine neue offizielle Bezeichnung: z. B. erhielt der Eurocode 2 Teil 1–2 nach CEN die Bezeichnung EN 1992-1-2 in der englischen und DIN EN 1992-1-2 in der deutschen Fassung; im Folgenden wird vereinfachend vom EC2-1-2, EC3-1-2, usw. gesprochen. Im Oktober/November 2006 wurden die Brandschutzteile vom DIN als DIN EN-Norm (Weißdruck) veröffentlicht. Für die Anwendung in Deutschland werden zusätzlich Nationale Anhänge benötigt. Diese waren im Juni 2009 als Normenentwürfe erschienen. Nach Ablauf der Einspruchsfrist im Januar 2010 wurden sie – mit Ausnahme des Nationalen Anhangs zum Mauerwerksbau – nochmals redaktionell überarbeitet und im Dezember 2010 als Weißdrucke veröffentlicht, zusammen mit den konsolidierten Fassungen (inkl. Berichtigungen) der Eurocode-Teile. In den Nationalen Anhängen werden Hinweise zu den Parametern gegeben, die im Eurocode für nationale Entscheidungen offen gelassen wurden. Die national festzulegenden Parameter (NDP) gelten für die Tragwerksplanung von Hochbauten und Ingenieurbauten in dem Land, in dem sie erstellt werden. Sie umfassen Zahlenwerte und/oder Klassen, wo die Eurocodes Alternativen eröffnen; Zahlenwerte, wo die Eurocodes nur Symbole angeben; landesspezifische, geographische und klimatische Daten, die nur für ein Mitgliedsland gelten, z. B. Schneekarten; Vorgehensweisen, wenn die Eurocodes mehrere Verfahren zur Wahl anbieten; Vorschriften zur Verwendung der informativen Anhänge und Verweise zur Anwendung des Eurocodes, soweit sie diese ergänzen und nicht widersprechen. Bei den „heißen" Eurocodes werden zwischen 16 nationalen Festlegungen beim EC2-1-2 und 5 beim EC3-1-2 geregelt. Darüber hinaus enthalten die Nationalen Anhänge ergänzende nicht widersprechende Angaben zur Anwendung der Brandschutzteile der Eurocodes, sie werden als NCCI (Non Contradictory Complementary Information) gekennzeichnet.

Die Brandschutzteile der Eurocodes enthalten in der Regel neben der aus der deutschen Brandschutznorm DIN 4102 bekannten Brandschutzbemessung mit Hilfe von Tabellen rechnerische Näherungs- und „allgemeine" Nachweisverfahren [6] und sieht damit insgesamt drei verschiedene Nachweisebenen für die Bemessung der Standsicherheit von Bauteilen und Tragwerken im Brandfall vor:

Ebene 1: Tabellarisches Bemessungsverfahren
Ebene 2: Vereinfachte Rechenverfahren
Ebene 3: Allgemeines Rechenverfahren

Damit wird der Entwicklung der letzten 10 bis 20 Jahre Rechnung getragen, das Brandverhalten der Bauteile durch theoretisch/numerische Verfahren zu bestimmten. Voraussetzung hierfür war die zunehmende Verbreitung leistungsfähiger elektronischer Rechenanlagen sowie das intensive Studium des thermischen und mechanischen Material- und Bauteilverhaltens.

In den Näherungs- wie in den allgemeinen Verfahren werden bekannte Rechenansätze aus der „kalten" Bemessung für die Anwendung im „heißen" aufbereitet. In der Regel wird nachgewiesen, dass alle maßgebenden Lasteinwirkungen auch nach Ablauf der vorgeschriebenen Feuerwiderstandsdauer eines Bauteils ohne Versagen aufgenommen werden können. Dafür werden bei den Näherungsverfahren u. a. Vereinfachungen bei der Ermittlung der temperaturbedingten Tragfähigkeitsreduzierung der Bauteilquerschnitte und bei der Beschreibung des Versagenszustandes im Brandfall (z. B. Fließgelenktheorie) getroffen.

Die „Allgemeinen Rechenverfahren" basieren auf computergestützten Lösungsansätzen, durch die das tatsächliche Trag- und Verformungsverhalten der Bauteile ermittelt wird. In den einzelnen Brandschutzteilen der Eurocodes sind die thermischen und mechanischen

Baustoffeigenschaften angegeben, die in Form von Rechenfunktionen zur Ermittlung des Brandverhaltens der Bauteile benutzt werden können. Sie geben das charakteristische Verhalten der Baustoffe in integraler Form wieder, d. h. auf einen hohen Detaillierungsgrad zur Erfassung von Einzeleinflüssen wie Legierungszusammensetzung und chemische Zusammensetzung beim Stahl oder Feuchtetransporte und Rissverhalten beim Beton wurde zugunsten möglichst einfacher mathematischer Beschreibungen verzichtet.

Die Wahl des angemessenen Verfahrens hängt von den benötigten Aussagen und der geforderten Genauigkeit ab. Die Möglichkeiten der Kombinationen der Nachweisverfahren werden im Ablaufdiagramm in Abb. 32.1 dargestellt. Der Brandschutzteil des Eurocodes 2 unterscheidet zwischen Nachweisen für Gesamttragwerke, Tragwerksausschnitte und Einzelbauteile. Der brandschutztechnische Nachweis eines Gesamttragwerks muss die maßgebende Versagensart unter Brandeinwirkung erfassen und dafür die temperaturabhängigen Veränderungen der Baustoffe und der Bauteilsteifigkeiten sowie die Wirkung der thermischen Ausdehnungen und Verformungen berücksichtigen. Für diese Nachweisform sind im Prinzip nur die allgemeinen Rechenverfahren geeignet. Für die Analyse von Teilen des Tragwerks (Tragwerksausschnitte) und von Einzelbaueilen kommen in der Regel die vereinfachten Rechenverfahren und das tabellarische Bemessungsverfahren zum Einsatz.

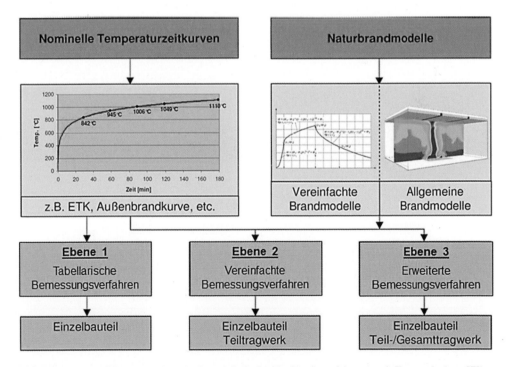

Abb. 32.1 Ablaufdiagramm brandschutztechnische Nachweisverfahren nach Eurocode (aus [7])

Literatur

1. Kordina, K.; Meyer-Ottens, C: Beton-Brandschutz-Handbuch. Düsseldorf: Beton-Verlag, 1981
2. BauPVO; Verordnung (EU) Nr. 305/2011 zur Festlegung harmonisierter Bedingungen für die Vermarktung von Bauprodukten und zur Aufhebung der Richtlinie 89/106/EWG des Rates vom 09. März 2011, Amtsblatt der Europäischen Gemeinschaften Nr. L 88 vom 04. April 2011
3. Wesche, J.: Umsetzung der europäischen Klassifizierung von Bauprodukten, Bausätzen und Bauarten, Kurzreferate, Braunschweiger Brandschutztage, 21. Fachtagung Brandschütz – Forschung und Praxis, 26. und 27. September 2007, Institut für Baustoffe, Massivbau und Brandschutz (iBMB), TU Braunschweig, Heft 185, Braunschweig 2007
4. Sommer, T.: Stand und weitere Entwicklung der Brandschutznormung in Deutschland und Europa, Kurzreferate, Braunschweiger Brandschutztage, 24. Fachtagung Brandschutz bei Sonderbauten, 21. und 22. September 2010, Institut für Baustoffe, Massivbau und Brandschutz (iBMB), TU Braunschweig, Heft 210, Braunschweig 2010
5. ISO (International Organization for Standardization): International Standard 834 – Fire resistance tests – elements of building construction, 1975
6. Hosser, D.: Brandschutzbemessung nach den Eurocodes – Vorgaben für die Anwendung in Deutschland, Kurzreferate, Braunschweiger Brandschutztage, 23. Fachtagung Brandschutz – Forschung und Praxis, 29. und 30. September 2009, Institut für Baustoffe, Massivbau und Brandschutz (iBMB), TU Braunschweig, Heft 208, Braunschweig 2009
7. Zehfuß, J. (Herausgeber): Technischer Bericht TB 04-01 „Leitfaden Ingenieurmethoden des Brandschutzes", 4., überarbeitete und ergänzte Auflage März 2020

Grundlagen des Brandes, Verlauf

33

Olaf Riese

Grundsätzlich sind vier Bedingungen für die Entstehung eines Brandes zu erfüllen. Es muss ein brennbarer Stoff vorhanden sein, eine ausreichende Menge Sauerstoff und eine ausreichend hohe Zündenergie bzw. Zündtemperatur. Liegt ein ausreichendes Mischungsverhältnis vor, kommt es zur Entzündung und ein Übergang zum offenen Brand ist wahrscheinlich.

33.1 Pyrolyse und Verbrennung

Bis es zum offenen Brand kommt unterteilt sich ein Brandgeschehen physikalisch und chemisch betrachtet in mehrere Prozesse. Die wichtigsten Grundprozesse sind hierbei der *Pyrolyse- oder Zersetzungsprozess*, der Teil des Brandgeschehens, bei dem brennbare Gase aus dem Brennstoff freigesetzt werden und der Teil in dem in der Gasphase eine *Verbrennung* stattfinden kann. Zum Verständnis und zur modellhaften Beschreibung dieser Prozesse sind mehrere Einflussfaktoren zu berücksichtigen, die zur Übersicht in Abb. 33.1 dargestellt sind.

Die thermische Stabilität eines Stoffes kann vereinfachend durch die Abhängigkeit der relativen Zersetzungsrate von seiner Temperatur T beschrieben werden [1]. In Folge der Zersetzung zerfallen die Moleküle des Stoffes in den meisten Fällen in kleinere Moleküle. Bei diesem Prozess muss man einen entscheidenden Unterschied zwischen fester und flüssiger Vergasung unterscheiden. Im Falle von Flüssigkeiten ist der Phasenwechsel nicht notwendigerweise mit einer chemischen Veränderung verbunden. Pyrolyse von festen Stoffen entspricht einem endothermen Prozess, der durch mehrere chemische

O. Riese (✉)
Braunschweig, Deutschland
E-Mail: o.riese@ibmb.tu-bs.de

© Springer Fachmedien Wiesbaden GmbH, ein Teil von Springer Nature 2022   919
W. M. Willems (Hrsg.), *Lehrbuch der Bauphysik*,
https://doi.org/10.1007/978-3-658-34093-3_33

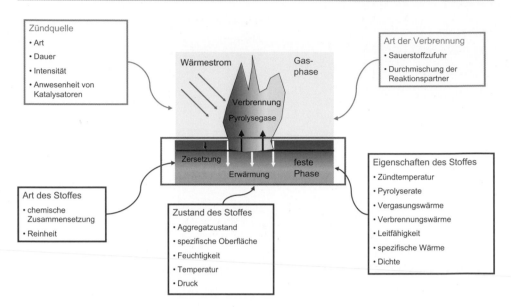

Abb. 33.1 Einflussfaktoren des Pyrolyseprozesses (im Bereich der festen Phase) und des Verbrennungsprozesses (im Bereich der Gasphase) am Beispiel eines festen Brennstoff

Reaktionen kontrolliert werden kann. Dieser Ansatz wird durch das sogenannte Arrhenius-Gesetz beschrieben, in welchem die Temperaturabhängigkeit der relativen Zersetzungsrate $\dot{m}''$ eines Stoffes durch eine einfache Beziehung beschrieben wird:

$$\dot{m}'' = \rho_s \cdot A \cdot Y_O^m Y_S^n e^{-E/(R \cdot T)} \left[kg/\left(s\, m^2 \right) \right] \tag{33.1}$$

mit

R : universelle Gaskonstante $\left[J/\left(mol\ K \right) \right] = 8,314\ J/\left(mol\ K \right)$,

T : Temperatur (der Oberfläche) des Stoffes $[K]$,

E : Aktivierungsenergie $[J/mol]$,

A : vor-exponentieller Faktor $[m/s]$,

ρ_s : Dichte des Stoffes $\left[kg/m^3 \right]$.

Y_O und Y_S repräsentieren die Massenanteile des an der Zersetzung beteiligten Sauerstoffs und Brennstoffs und m und n sind Konstanten. Für manche Stoffe besteht eine Abhängigkeit der Zersetzung von der Sauerstoffkonzentration, für manche nicht, in diesen Fällen ist m = 0. Die Zersetzung eines (heterogenen) Stoffes erfolgt thermisch betrachtet oft innerhalb mehrerer Temperaturbanden (Zersetzungsstufen), so dass die Formel (33.1) ggf. mehrfach und parallel je nach Stoffzusammensetzung durchlaufen wird. Für die jeweils charakteristischen Zersetzungstemperaturen müssen dann entsprechende Aktivierungsenergien E und vor-exponentielle Faktoren A bekannt sein. Verfahren zur Ableitung dieser Größen existieren z. B. auf Grundlage der Thermogravimetrischen Analyse (DIN 51006).

Die in Folge eines Zersetzungsprozesses freigesetzten Gase können durch Reaktion mit dem in der Luft enthaltenen Sauerstoff oxidiert werden. Besteht der Brennstoff vornehmlich aus Kohlenstoff und Wasserstoff gilt folgende Reaktionsgleichung für die Verbrennung:

$$C_a H_b O_c N_d Y_e + \left(a - \frac{h}{2} + \frac{b-e}{4} - \frac{c}{2} \right) \cdot O_2$$

$$\rightarrow (a-h) \cdot CO_2 + h \cdot CO + \frac{b-e}{2} \cdot H_2O + e \cdot HY + \frac{d}{2} \cdot N_2 \tag{33.2}$$

mit

C : Kohlenstoff	O_2 : Sauerstoffmolekül	N_2 : Stickstoffmolekül
H : Wasserstoff	CO_2 : Kohlendioxid	
O : Sauerstoff	CO : Kohlenmonoxid	
N : Stickstoff	H_2O : Wasserdampf	
Y : Halogen $(z. B.Chlor)$	HY : Hydrogenchlorid $(z.B.Salzsäure)$	

und den molaren Anteilen a, b, c, d und e der jeweiligen Atome im Brennstoff.

a : molarer Kohlenstoffanteil $\left(mol^{-1}\right)$ b : molarer Wasserstoffanteil $\left(mol^{-1}\right)$

c : molarer Sauerstoffanteil $\left(mol^{-1}\right)$ d : molarer Stickstoffanteil $\left(mol^{-1}\right)$

e : molarer Halogenanteil $\left(mol^{-1}\right)$

Liegen die Randbedingungen für eine Verbrennung nicht vor (kein Sauerstoff, zu niedrige Temperatur), kann es sein, dass ein Teil oder der überwiegende Teil der Pyrolysegase nicht verbrannt wird und daher auch keine Energie freigesetzt werden kann. Der stöchiometrische Luftbedarf für die Verbrennung berechnet sich aus der chemischen Zusammensetzung des Materials mit:

$$r = \frac{a + \dfrac{b-e}{4} - \dfrac{c}{2}}{M_{Brennstoff}} \cdot V_{m0} \cdot \frac{1}{X_{O_2}^0} \cdot \rho_0 \tag{33.3}$$

mit

$M_{Brennstoff}$: Molmasse Brennstoff $\left(g\,mol^{-1}\right)$,

$X_{O_2}^0$: Sauerstoffanteil in der Zuluft $\left(1\right)$,

V_{m0} : molares Normvolumen $\left(m^3\,mol^{-1}\right) = 0,0224136\,m^3 \,/\,mol$,

ρ_0 : Dichte der Luft unter Normalbedingungen $\left(g\,m^{-3}\right) = 1293\,g\,/\,m^3$,

r : stöchiometricher Luftbedarf $\left(g_{Luft}\,g_{Brennstoff}^{-1}\right)$.

33.2 Brandverlauf und Einflüsse

Der Verlauf eines Brandes wird im Wesentlichen bestimmt durch:

- Menge und Art der brennbaren Materialien (Brandlast), die das Gesamt-Wärmepotential darstellen,
- Konzentration und Lagerungsdichte der Brandlast,
- Verteilung der Brandlast im Brandraum,
- Geometrie des Brandraumes,
- thermische Eigenschaften – insbesondere Wärmeleitfähigkeit und Wärmekapazität – der Bauteile, die den Brandraum umschließen,
- Ventilationsbedingungen, die die Sauerstoffzufuhr zum Brandraum steuern,
- Löschmaßnahmen.

Als Beispiel ist auf Abb. 33.2 der Einfluss der Brandlastmenge und der bezogenen Größe der Ventilationsöffnungen auf die Temperaturentwicklung im Brandraum dargestellt [2, 3].

Abb. 33.2 Temperaturverlauf von Holzkrippenbränden; die Bezeichnungen geben Menge der Brandlast und Ventilationsbedingung an, z. B. 60 (1/2): 60 kg Holz je m² Bodenfläche, 1/2 einer Umfassungswand geöffnet. (ETK s. Abschn. 33.3) [2, 3]

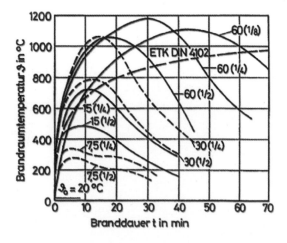

Es muss beachtet werden, dass die quantitative Bedeutung und die gegenseitige Beeinflussung beim Zusammenspiel der genannten brandbeeinflussenden Parameter noch nicht völlig bekannt sind, insbesondere deshalb, weil Messungen bisher fast ausschließlich in relativ kleinen Räumen durchgeführt werden konnten.

Beim Ablauf eines Brandes sind grundsätzlich drei Phasen zu beobachten:

Nach dem Zünden des Feuers entsteht zunächst ein *Schwelbrand*. In dieser Phase breitet sich der Brandherd aus und erhitzt die Raumluft mehr oder weniger schnell, bis deren Temperatur zum Feuerübersprung (Flashover) auf die Brandlast im gesamten Raum ausreicht. Die Charakteristik der Schwelbrandphase ist abhängig vom Raumvolumen und besonders von der Brandlast; die anderen genannten Parameter haben wenig Einfluss. So können dicht gelagerte Brandlasten lang dauernde Brandentwicklungsphasen haben, während bei Flüssigkeitsbränden von einer Schwelbrandphase kaum noch gesprochen werden kann; hier erfolgt der Flashover sehr rasch nach dem Zünden [4].

Hat der Feuerübersprung stattgefunden, beginnt die *Erwärmungsphase* des Vollbrandes. Die Raumtemperaturen wachsen nun stark an. Diese Brandphase wird außer von der Brandlast selbst (s. Abb. 33.2 und 33.3) wesentlich von der Sauerstoffmenge, die im Brandraum zur Verfügung steht, also der Brandraumgeometrie und den Ventilationsbedingungen, gesteuert. Die erreichte Temperatur ist aber auch abhängig vom Material, das den Raum umschließt. Bei hoch wärmedämmenden Baustoffen (geringe Wärmeleitfähigkeit) entstehen höhere Brandraumtemperaturen. Die Dauer der Erwärmungsphase wird bestimmt von der gesamten im Brandraum vorhandenen Abbrandenergiemenge, der sogenannten *Brandlast*.

Während der Erwärmungsphase des Vollbrandes werden die umgebenden Bauteile aufgeheizt, sie ist also als der eigentliche Brandangriff auf das Bauwerk anzusehen.

Die letzte Phase ist die *Abkühlphase*. Nun reicht die Energiemenge des abbrennenden Materials nicht mehr aus, um eine Steigerung oder Aufrechterhaltung der Brand-

Abb. 33.3 Temperaturverlauf bei Benzinbränden (ETK s. Abschn. 33.3) [4]

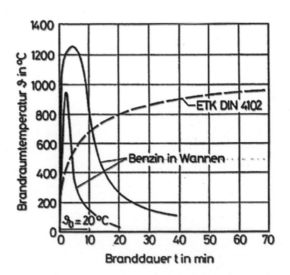

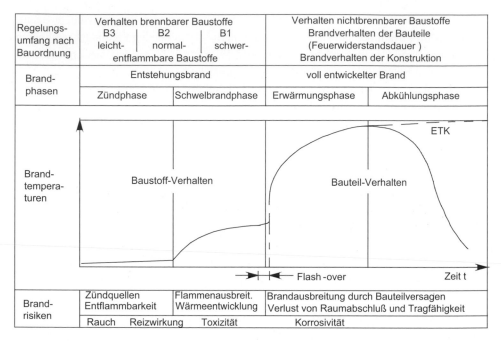

Regelungs-umfang nach Bauordnung	Verhalten brennbarer Baustoffe B3 | B2 | B1 leicht- | normal- | schwer- entflammbare Baustoffe			Verhalten nichtbrennbarer Baustoffe Brandverhalten der Bauteile (Feuerwiderstandsdauer) Brandverhalten der Konstruktion	
Brand-phasen	Entstehungsbrand			voll entwickelter Brand	
	Zündphase	Schwelbrandphase	Erwärmungsphase		Abkühlungsphase
Brand-tempera-turen	Baustoff-Verhalten		Bauteil-Verhalten		ETK
Brand-risiken	Zündquellen Entflammbarkeit	Flammenausbreit. Wärmeentwicklung	Brandausbreitung durch Bauteilversagen Verlust von Raumabschluß und Tragfähigkeit		
	Rauch Reizwirkung	Toxizität	Korrosivität		

Abb. 33.4 Phasen eines Brandes und zugehörige Regelungen der Bauordnung (ETK s. Abschn. 33.3) [nach 5]

raumtemperatur zu erzeugen. Dieser Zustand führt dazu, dass aus den aufgeheizten um-schließenden Bauteilen ein in den Brandraum gerichteter Wärmestrom zurückfließt. Die von den Bauteilen abgegebene Wärmeenergie bestimmt dann die abnehmende Tendenz der Heißgastemperatur im Brandraum weitgehend mit.

Schematisch sind die Brandphasen auf Abb. 33.4 gezeigt.

33.3   Normbrand

Um einheitliche Prüf- und Beurteilungsgrundlagen für das Brandverhalten von Bauteilen zu schaffen, wurde auf internationaler Ebene eine sogenannte Einheitstemperaturzeit-kurve (ETK) festgelegt. Ihr folgen die Bauteilprüfungen nach DIN 4102-2, -3, -5, -6, -9 und -11 bzw. nach DIN EN 1363 bis DIN EN 1366 und DIN EN 13501. Sie gehorcht dem Gesetz:

$$\vartheta - \vartheta_o = 345 \; \lg \left(8 \; t + 1\right), \tag{33.4}$$

worin:

ϑ = Brandraumtemperatur (K),
ϑ_o = Temperatur des Probekörpers bei Versuchsbeginn (K),
t = Zeit (min).

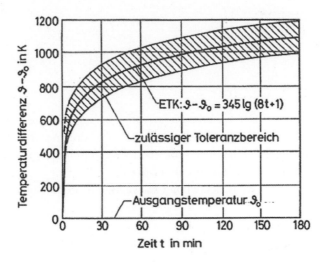

Abb. 33.5   Einheitstemperaturzeitkurve (ETK) nach DIN 4102 bzw. EC1-1-2

Die Einheitstemperaturzeitkurve ist in Abb. 33.5 dargestellt.

Ihr Verlauf ist z. B. auch in den Abb. 33.2, 33.3 und 33.4 gestrichelt eingezeichnet. Aus den Bildern wird deutlich, dass die ETK einen wirklichen Brand nur unzureichend wiedergeben kann. Weder simuliert sie den unterschiedlich schnellen Anstieg auf unterschiedlich hohe Temperatur in der Erwärmungsphase des Vollbrandes noch weist sie den abfallenden Temperaturast in der Abkühlphase auf. Sie ist lediglich der Maßstab, an dem das Brandverhalten aller Bauteile – bekleideter Stahlträger, Leichtbau-Trennwand, Stahlbeton-Kassettendecke, Stahl-Schiebetor usw. – in allen Bauwerken verschiedenster Nutzung gemessen und verglichen werden kann. Es hat sich erwiesen, dass mit bauaufsichtlichen Brandschutzforderungen, die auf diesem Brandmodell basieren, ein ausreichendes Sicherheitsniveau erreicht wird.

33.4   Äquivalente Branddauer

Das Konzept der äquivalenten Normbranddauer wurde entwickelt, um eine Vergleichbarkeit natürlicher Brände mit dem Normbrand (ETK) zu ermöglichen. Die äquivalente Normbranddauer $t_{\ddot{a}}$ ist definiert als diejenige Zeitdauer des Normbrandes, bei der näherungsweise dieselbe Schadenwirkung in einem Bauteil erreicht wird wie durch den Gesamtablauf eines natürlichen Schadenfeuers, z. B. [6]. Im Allgemeinen ist die „Schadenwirkung" gleichzusetzen mit der erreichten Temperatur an einem kritischen Punkt des Bauteils, beispielsweise in der Bewehrung eines auf Biegung beanspruchten Stahlbetonbauteils. Für ummantelte Stahlbauteile wurde empirisch eine Näherungsformel für die äquivalente Branddauer entwickelt:

$$t_{\ddot{a}} = 0,067 \frac{k_f q_t}{\left(k_f \cdot \dfrac{A\sqrt{h}}{A_t}\right)^{1/2}} (\text{min}), \tag{33.5}$$

worin:

q_t = Wärmemenge aller im Brandraum vorhandenen brennbaren Stoffe, bezogen auf die Einheit der inneren Oberfläche des Brandraumes (MJ/m^2),

k_f = Beiwert zur Erfassung unterschiedlicher thermischer Eigenschaften der Bauteile, die den Brandraum umschließen (1),

$\dfrac{A\sqrt{h}}{A_t}$ = Öffnungsfaktor zur Beschreibung der Ventilationsbedingungen ($m^{1/2}$),

mit:

A = Fläche der Fenster- und Türöffnungen (m^2),

h = mittlere Höhe der Fenster- und Türöffnungen (m),

A_t = innere Oberfläche des Brandraumes (Boden, Decke, Wände einschließl. Öffnungen) (m^2).

Unter Vorbehalt wird Gl. (33.5) auch bei Bauteilen aus anderen Baustoffen benutzt. DIN 18 230 „Baulicher Brandschutz im Industriebau" (s. Abschn. 32.3.2) bezieht weitere Einflüsse in die Ermittlung der äquivalenten Branddauer ein, um zu der Gleichung zu kommen:

$$t_a = q_R \cdot c \cdot w \quad (\text{min}) \tag{33.6}$$

worin:

q_R $= \dfrac{\Sigma\left(M_i \cdot H_{ui} \cdot m_i \cdot \psi_i\right)}{A}$ = rechnerische Brandbelastung (kWh/m^2), mit:

M_i = Masse des einzelnen brennbaren Stoffes (kg),

H_{ui} = Heizwert des einzelnen brennbaren Stoffes (kWh/kg),

A = Grundfläche des Brandraumes (Brandbekämpfungsabschnittes) (m^2),

m_i = Abbrandfaktor des einzelnen brennbaren Stoffes, der Form, Verteilung, Lagerungsdichte und Feuchte berücksichtigt (1),

ψ_i = Kombinationsbeiwert zur Berücksichtigung eines Schutzes von brennbarem Material, z. B. Heizöl in Behältern und Leitungen (1),

c = Umrechnungsfaktor zur Erfassung unterschiedlicher thermischer Eigenschaften der Bauteile, die den Brandraum (Brandbekämpfungsabschnitt) umfassen (min m^2/kWh),

w = Wärmeabzugsfaktor zur Beschreibung der Ventilationsbedingungen (1).

Gl. (33.5) und (33.6) beruhen auf den gleichen Grundansätzen und führen, wenn man in Gl. (33.6) die Beiwerte m_i und $\psi_i = 1$ setzt, zu vergleichbaren Ergebnissen für die äquivalente Branddauer.

33.5 Bemessungsbrand

Für die Verfahren des Brandschutzingenieurwesens ist neben der qualitativen Beschreibung der Brandszenarien und der Brandentstehungsorte eine quantitative Vorgabe der Brandentwicklung erforderlich [7]. Sie beschreibt die wesentlichen Brandparameter in ihrer zeitlichen Entwicklung. Die verschiedenen Brandentwicklungsstadien eines „natürlich" verlaufenden Brandes (ohne äußere Einwirkungen durch Löschmaßnahmen) sind in Abb. 33.6 dargestellt.

Der *Bemessungsbrand* (design fire) ist in der Regel ein theoretischer – aber durchaus möglicher – Brandverlauf, der eine Vielzahlzahl denkbarer Brandverläufe auf der sicheren Seite erfasst. Der Bemessungsbrand muss nicht zwingend alle möglichen Brandereignisse auf der „sicheren Seite" mit abdecken; er muss allerdings die aus den Bränden resultierenden Gefahren in ihrer Gesamtheit hinreichend sicher erfassen. Im Rahmen der Erarbeitung von Brandschutzkonzepten wird von der Annahme ausgegangen, dass der Brand nur an einer Stelle im Gebäude beginnt. Brandübertragungen auf andere Objekte sind zu berücksichtigen [7].

Die zeitlichen Verläufe für die Entstehungsraten von Wärme- und Rauchprodukten werden auch als *Quellterm* bezeichnet.

Bei der Aufstellung/Ableitung des Bemessungsbrandes müssen die Phänomene und Entwicklungen des Brandes vorausschauend analysiert werden. Hierbei sind alle Faktoren relevant, wie sie in Abschn. 33.2 bereits aufgeführt wurden. Der Bemessungsbrand stellt die zeitabhängige Freisetzungsrate von Wärme, chemischen Produkten und sichttrübenden Partikeln dar. In der Regel wird die Brandentwicklung (Wärmefreisetzungsrate, Brandausbreitungsgeschwindigkeit, Ausbeuten, Rauchpotential, etc.) als Bemessungsbrand vorgegeben.

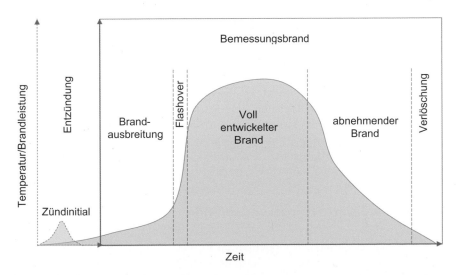

Abb. 33.6 Brandentwicklungsphasen beim Bemessungsbrand

Dabei beschreibt der Bemessungsbrand normalerweise eine „ungestörte" Brandentwicklung, also insbesondere den Brandverlauf bei ausreichender Sauerstoffzufuhr (brandlastgesteuerte Verbrennung). Der ventilationsgesteuerte Abbrand wird von vielen Rechenmodellen unter Beachtung des globalen oder lokalen Sauerstoffangebotes modelliert; bei anderen Verfahren muss dies der Anwender separat überprüfen. Eine entsprechende Abweichung vom quantitativen Verlauf des ursprünglichen Bemessungsbrandes ist zu dokumentieren. Bei einem ventilationsgesteuerten Abbrand können sich die Schadstoffausbeuten und das Rauchpotential ändern [7].

Damit kann die Wärmefreisetzungsrate HRR (*Heat Release Rate*) als zentrale Informationsquelle herangezogen werden. Von der Wärmefreisetzung lässt sich dann im Regelfall die Entstehung weiterer Brandprodukte inklusive Rauchpartikel ableiten.

Die Wärmefreisetzungsrate kann auf unterschiedliche Weise gefunden werden, z. B.:

a) durch Experimente (ähnliche Brandlast bei ähnlichen Raum- und Ventilationsbedingungen),
b) durch Berechnungen,

Hierbei ist die Nachbildung der Brandentwicklung und -ausbreitung mit Hilfe eines Pyrolysemodells derzeit noch nicht gebräuchlich, da die Prognosefähigkeit solcher Modelle wissenschaftlich noch nicht ausreichend gesichert ist. Bedingt möglich ist dagegen die Vorausrechnung der Brandentwicklung bei Brandausbreitung durch Feuerübersprünge durch Berechnung von Erwärmung, Pyrolyse und Zündung weiterer Brandlasten ausgehend von einer Primärbrandstelle.

c) durch Vereinbarung auf der Basis von Schadenauswertungen oder anderer Erkenntnisse, Verwendung von in der Literatur genannten fertigen Bemessungsbrandkurven für Spezialfälle (z. B. brennendes Sofa)
d) durch normative Vorgaben und technische Regelwerke. Bemessung nach vereinfachten theoretischen Ansätzen unter Nutzung von Kennwerten aus der Literatur

Ein Bemessungsbrand muss immer auf Grundlage eines zu untersuchenden Szenario entwickelt werden. Für die Bauteilbemessung gelten dagegen andere Voraussetzungen als z. B. für die Berechnung der Personensicherheit bzw. für die Vorausberechnung der Entfluchtung. Angaben hierzu findet man in den VDI-Richtlinien [8] und im Leitfaden der Ingenieurmethoden [7].

33.5.1 Standardisierte Bemessungsbrände

Ein häufig gewählter Ansatz zur modellhaften Beschreibung der Wärmefreisetzungsrate wird in [7] dargestellt. Der Abbrand verläuft nach Brandphasen und kann grob in die Brandausbreitungsphase (bis t_1), die Vollbrandphase (t_1 bis t_2) und den abklingenden Brand

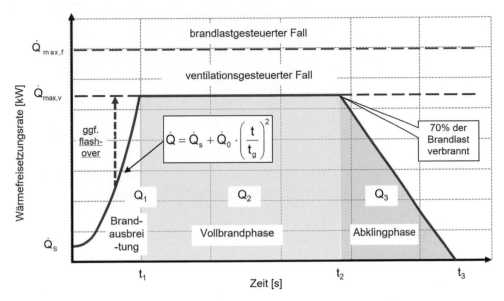

Abb. 33.7 Schematisierter Brandverlauf für einen „natürlichen Brand" mit den Brandphasen: Brandausbreitung, Vollbrand und abklingender Brand, nach [7]

(t_2 bis t_3) unterteilt werden. Für rechnerische Brandsimulationen wird der Brandverlauf in der Regel wie in Abb. 33.7 dargestellt schematisiert den Berechnungen zu Grunde gelegt, wobei

$\dot{Q}_s$	Wärmefreisetzungsrate zum Zeitpunkt t_0, an dem der Entstehungsbrand vom Schwelbrand in einen sich ausbreitenden Brand übergeht,
$\dot{Q}_0$	= 1000 kW,
t_g	Faktor zur Beschreibung der Brandentwicklung; der Zahlenwert entspricht der Branddauer (in s) bis zum Erreichen einer Brandstärke von 1 MW,
$\dot{Q}_{max,v}$	maximale Wärmefreisetzungsrate des ventilationsgesteuerten Brandes,
$\dot{Q}_{max,f}$	maximale Wärmefreisetzungsrate des brandlastgesteuerten Brandes,
Q_{1-3}	Brandlast (Bestimmtes Integral der Wärmefreisetzungsratenkurve), die in den einzelnen Brandphasen umgesetzt wird.

Die Größe von $\dot{Q}_s$ hängt vom Zündinitial und vom originär brennenden Objekt ab und kann im Allgemeinen zu $\dot{Q}_s$ = 25 kW angesetzt werden.

Die Brandausbreitungsphase wird durch einen quadratischen Ansatz beschrieben. Für die Brandentwicklungszeit t_g werden in der Literatur typischerweise Werte zwischen 75 Sekunden und 600 Sekunden angeben. Angaben hierzu finden sich z. B. in [7].

Bemessungsbrände für die Beschreibung der Vollbrandphase werden vorwiegend für die Auslegung der Konstruktionsbauteile von Gebäuden benötigt, die auch dann noch ihre Standsicherheit bewahren müssen, wenn Löschmaßnahmen erfolglos bleiben. Bei der Ermittlung der Wärmefreisetzungsrate ist das Brandregime zu berücksichtigen.

Es lassen sich zwei grundsätzlich unterschiedliche Brandregime unterscheiden:

a) Durch Begrenzung aktivierbarer Brandlasten wird, selbst wenn alle brennbaren Stoffe in das Brandgeschehen eingebunden sind, die Brandleistung limitiert (brandlastgesteuerter Brand).

b) Durch Mangel an Verbrennungsluft wird, selbst wenn alle brennbaren Stoffe in das Brandgeschehen eingebunden sind, die Gesamt-Brandleistung in Abhängigkeit von der verfügbaren Luftzufuhr begrenzt (ventilationsgesteuerter Brand).

Die maximale Wärmefreisetzungsrate $\dot{Q}_{max}$ kann als der kleinere der beiden Maximalwerte des ventilationsgesteuerten bzw. brandlastgesteuerten Falls bestimmt werden:

$$\dot{Q}_{max} = MIN\left\{\dot{Q}_{max,v}; \dot{Q}_{max,f}\right\}.$$

Für die Beschreibung des zeitlichen Verlaufs der Wärmefreisetzungsrate werden im Folgenden die bereits eingeführten Brandregime unterschieden.

Für den brandlastgesteuerten Brand gilt:

$$\dot{Q}_{max,f} = \dot{m}'' \cdot H_u \cdot \chi \cdot A_f \quad (MW) \tag{33.7}$$

mit

$\dot{m}''$: flächenspezifsiche Abbrandrate $\left(kg / \left(sm^2\right)\right)$,

H_u : unterer Heizwert $\left(MJ/kg\right)$,

χ : Verbrennungseffektivität (1),

A_f : Grundfläche des Brandraumes $\left(m^2\right)$.

Gemäß DIN EN 1991-1-2 wird vereinfachend für feststoffartige Brandlasten $\chi = 0{,}8$ angegeben, für flüssigen Brandlasten $\chi = 0{,}9$ und für gasförmigen Brandlasten $\chi = 1{,}0$.

Der ventilationsgesteuerte Brand ist eine Art des Abbrandes, bei der in dem jeweiligen Raum gemessen an den vorhandenen Brandstoffen nicht ausreichend Verbrennungsluft zur Verfügung steht. Die Verbrennung im Raum wird somit durch die über die Öffnungen ein- und ausströmenden Gasanteile limitiert.

Während im brandlastgesteuerten Fall die Abbrandrate der limitierende Faktor der Wärmefreisetzung ist, ist dies im ventilationsgesteuerten Fall der Luft- bzw. Sauerstoffzustrom. Analog zur Verbrennungseffektivität χ im brandlastgesteuerten Fall wird im ventilationsgesteuerten Fall der Sauerstoffbedarf und der Grad der Sauerstoffausnutzung χ_{O_2} mitbetrachtet.

Für den ventilationsgesteuerten Brand gilt:

$$\dot{Q}_{max,v} = \dot{m}_L \cdot \chi_{O_2} \cdot \frac{H_i}{r} \quad (MW) \tag{33.8}$$

mit:

$\dot{m}_L$: Zuluftmassenstrom(kg/s),

H_i : Heizwert der brennbaren Stoffe$\left(MJ/kg_{Brandlast}\right)$,

χ_{O_2} : Sauerstoffausnutzungsgrad $[-]$

r : stöchiometrischer Luftbedarf$\left(kg_{Luft} / kg_{Brennstoff}\right)$

Zwischen dem Heizwert organischer Brandlasten und dem stöchiometrischen Luftbedarf besteht ein mathematischer Zusammenhang. In Auswertung der in [3] dokumentierten Werte für verschiedene repräsentative Brandlasten, ist dieser Zusammenhang linear und beträgt:

$$r \approx 0,33 \cdot H_i \ \text{in} \ kg_{Luft} / kg_{Brenstoff} \tag{33.9}$$

Dieser Zusammenhang (siehe Abb. 33.8) gilt sowohl für die vollständige als auch für die unvollständige Verbrennung [9].

Der für die Ableitung der maximalen Wärmefreisetzungsrate $\dot{Q}_{max,v}$ notwendige Zuluftmassenstrom $\dot{m}_L$ kann bei Bränden in Räumen mit ausschließlich

a) mechanischer Lüftung aus dem Zuluftmassenstrom der Zwangsbelüftung abgeschätzt werden.

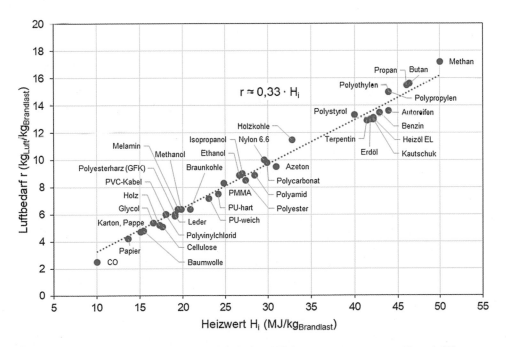

Abb. 33.8 Zusammenhang zwischen Luftbedarf und Heizwert, zusammengestellt nach [3]

b) natürlichen vertikalen Öffnungen in Wänden über die Kawagoe-Gl. (33.10) abgeschätzt werden. Die Fläche der Ventilationsöffnungen und die lichte Höhe der Öffnungen eines Raumes begrenzen hierbei den Zuluftmassenstrom.

Der Zuluftmassenstrom $\dot{m}_L$ berechnet sich nach zu

$$\dot{m}_L = 0,52 \cdot A_W \cdot \sqrt{h_W} \quad \text{in kg/s} \tag{33.10}$$

Durch Einsetzen von (33.9) und (33.10) in (33.8) lässt sich allgemein schreiben:

$$\dot{Q}_{max,v} = 1,57 \cdot \chi_{O_2} \cdot A_W \cdot \sqrt{h_W} \quad \text{in MW} \tag{33.11}$$

Wird ein Sauerstoffausnutzungsgrad von 0,8 angenommen, ergibt sich der Zusammenhang

$$\dot{Q}_{max,v} = 1,26 \cdot A_W \cdot \sqrt{h_W} \quad \text{in MW} \tag{33.12}$$

für Gl. (34.11).

Bei mehreren vertikalen Öffnungen i ermittelt sich die Höhe der Öffnungsflächen h_W aus dem Verhältnis der Summe der Höhe der Öffnungen $h_{w,i}$ multipliziert mit den bezogenen Öffnungsflächen $A_{w,i}$ zu der gesamten vorhandenen Öffnungsfläche $A_{w,ges}$

$$h_w = \sum \frac{h_{w,i} \cdot A_{w,i}}{A_{w,ges}} \quad \text{in m.} \tag{33.13}$$

Da praktisch in allen Brandsimulationsprogrammen, die Sauerstoffkonzentration kontrolliert wird, die zur Verbrennung notwendig ist, erscheint es aber sinnvoll, den brandlastgesteuerten Fall anzunehmen. Das Brandsimulationsprogramm würde dann den tatsächlichen Verlauf der „möglichen" Wärmefreisetzungsrate aus den jeweiligen Randbedingungen berechnen. Ein Flashover kann ggf. Berücksichtigung finden, der Eintrittszeitpunkt ist aber nur bei einfachen Raumgeometrien und -bränden vorhersagbar. Die durch Gl. (33.8) definierten Größen sind entweder durch die Geometrie des Raumes bestimmt oder müssen durch eine Datenbank vorgegeben sein. Die Zeitpunkte t_1, t_2 und t_3 aus Abb. 33.7 lassen sich aus den Angaben ableiten, insbesondere unter Berücksichtigung der Summe $Q = Q_1 + Q_2 + Q_3$. Die maximal freisetzbare Wärmemenge Q durch das Produkt aus Heizwert H_u und Brennstoffmasse m (bzw. die Summe dieses Produktes über alle vorhandenen Brennstoffe) gegeben und wird u. a. auch als *Brandlast* bezeichnet:

$$Q = \sum_i m_i \cdot H_{u,i} \tag{33.14}$$

mit

Q : Energieinhalt, Brandlast (MJ)

m_i : Masse eines brennbaren Stoffs (kg)

$H_{u,i}$: unterer Heizwert des brennbaren Stoffs $(\mathrm{MJ} / \mathrm{kg})$

Bei der durch (33.9) definierten Brandlast handelt es sich um einen theoretischen Wert. Tatsächlich wird die insgesamt vorhandene Brennstoffmenge nicht vollständig umgesetzt, so dass es für eine Abschätzung auch zulässig ist die effektive Verbrennungswärme bzw. den Verbrennungseffektivitätsfaktor des brennenden Stoffes χ_i, wenn bekannt, einzusetzen.

$$Q_{eff} = \sum_i m_i \cdot H_{c,eff,i} = \sum_i m_i \cdot H_{u,i} \cdot \chi_i \tag{33.15}$$

mit den weiteren Größen:

Q_{eff} : im Brandfall freisetzbare Energiemenge (MJ)

$H_{c,eff,i}$: effektive Verbrennungswärme des Stoffs $(\mathrm{MJ} / \mathrm{kg})$

33.5.2 Ausbreitung

Wenn eine Brandausbreitung nicht durch den zuvor beschriebenen Ansatz (Abschn. 33.5.1) abgedeckt werden kann, da z. B. große oder auch mehrere einzelne Brandflächen vorliegen und zeitliche Effekte bei der Berücksichtigung der Brandausbreitung einen entscheidenden Einfluss auf eine Bemessung haben können, muss die Brandausbreitung möglichst realistisch beschrieben werden. Hierbei legt man in den meisten Fällen brandgutbezogene Tabellenwerte [7, 8] für die Brandausbreitung zu Grunde, die auf experimenteller Basis ermittelt wurden. Darüber hinaus werden rechnerische Brandausbreitungsgeschwindigkeiten durch Normen (DIN 18230-1; DIN 18230-2; bzw. DIN EN 1991-1-2, Anhang E) festgelegt und können [7] entnommen werden. Eine langsame Brandausbreitung kann im Bereich um 0,15 m/min angenommen werden, eine schnelle um 3,0 m/min. Bei einem Flashover ist die Brandausbreitung praktisch unendlich, aber Werte über 4–6 m/min können als Grenzwert für das Vorliegen eines Flashover angesetzt werden. Die Übertragbarkeit von Brandausbreitungsgeschwindigkeiten auf Bemessungsbrände ist schwierig, da sie stark durch die Randbedingungen des Raumes (Luftwechsel etc.), aber auch durch die Art der Anordnung (Stapelung) des Brandgutes beeinflusst werden.

33.5.3 Löschung

Die Berücksichtigung der Löschung z. B. durch Sprinklerung oder durch Löschmaßnahmen der Feuerwehr kann in vielen Fällen ebenfalls bereits im Vorwege abgeschätzt und den weiteren Untersuchungen vorgegeben werden. Beispielsweise kann davon ausgegangen

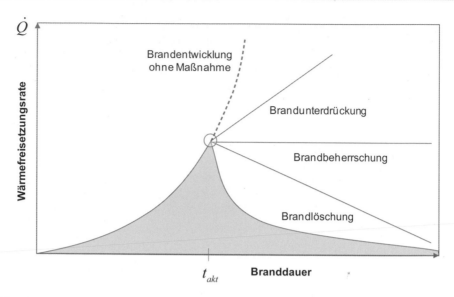

Abb. 33.9 Modellcharakteristiken für den Einfluss von Löschmaßnahmen auf die Entwicklung eines Bemessungsbrandes, nach [7]

werden, dass die Wärmefreisetzung in einem sprinklergeschützten Raum eingeschränkt wird. Je nach dem Auslösezeitpunkt und nach der abschätzbaren Effektivität der Löschmaßnahme können sich unterschiedliche Brandentwicklungen einstellen. Ein einfacher Überblick wird in Abb. 33.9 gegeben. Gezeigt werden grundsätzliche Entwicklungsverläufe der Wärmefreisetzungsrate ab dem Zeitpunkt t_{akt} einer Löschmaßnahme. Weitere Angaben können [7, 8] entnommen werden. Die Art und Weise der Berücksichtigung von Löschmaßnahmen für Bemessungsbränden muss in jedem Fall mit der jeweilig zuständigen Stelle abgestimmt werden.

Literatur

1. Drysdale, D.: An Introduction to Fire Dynamics, Wiley-Interscience, New York, 1992
2. Butcher E. G. et al.: Further experiments on temperatures reached by steel in building fires. Symposium on behaviour of structural steel in fire. Her Maj. Stationary Office, London, 1968
3. Schneider, U.: Ingenieurmethoden im baulichen Brandschutz, Grundlagen, Normung, Brandsimulationen, Materialdaten und Brandsicherheit,Unter Mitarbeit von 5 Ko-Autoren. 6., neu bearb. Aufl. Expert-Verlag, 2011
4. CIB (Conseil International du Batiment) W14 Workshop „Structural Fire Safety": A Conceptual Approach Towards a Probability Based Design Guide on Structural Fire Safety". Fire Safety Journal, Elsevier Sequoia, Lausanne, 1983
5. Schneider, U.: Grundlagen der Ingenieurmethoden im Brandschutz, Werner Verlag, Wien April 2002

6. CEB (Comite Euro-International du Beton): Design of Concrete Structures for Fire Resistance. Bull. d'Information No. 145, Paris, 1982
7. Zehfuß, J. (Herausgeber): Technischer Bericht TB 04-01 „Leitfaden Ingenieurmethoden des Brandschutzes", 4., überarbeitete und ergänzte Auflage 2020
8. VDI 6019: Ingenieurverfahren zur Bemessung der Rauchableitung aus Gebäuden, Blatt 1: Brandverläufe, Überprüfung der Wirksamkeit (Mai 2006), Blatt 2: Ingenieurmethoden (Juli 2009)
9. Osburg, M.; Wilk, E.; Geruschkat, F. J.: Differenzierung des Brandverlaufs bei Raumbränden, Eine experimentell gestützte Untersuchung zur Ventilationssteuerung des Brandverlaufs bei Raumbränden, Symposium Heißbemessung, 24.09.2019, Braunschweig, 2019

Mechanische und thermische Hochtemperatureigenschaften der Baustoffe

34

Mechanische und thermische Hochtemperatureigenschaften

Olaf Riese

Die Kennwerte für das mechanische und thermische Verhalten der Baustoffe sind temperaturabhängig. Das gilt in besonderem Maße für die mechanischen Eigenschaften, aber auch die Veränderung der thermischen Eigenschaften muss berücksichtigt werden.

Das Ergebnis von Versuchen zur Bestimmung der mechanischen Hochtemperaturkennwerte ist nicht nur bestimmt von der jeweils gewählten Prüftemperatur, sondern hängt von vielen Versuchsbedingungen ab. Grundsätzlich wird zwischen stationären und instationären Versuchen unterschieden, wobei mit „stationär" bzw. „instationär" immer die Temperatureinwirkung gemeint ist. In Tab. 34.1 ist die Versuchsart I mit einer konstanten Temperatureinwirkung den stationären und die Versuchsarten II und III mit einer variablen Temperatureinwirkung den instationären Versuchen zu zuordnen. Bei der Versuchsart I wird das Ergebnis wesentlich dadurch beeinflusst, ob die Probe während des Erwärmungsvorgangs unter mechanischer Beanspruchung (Vorlast) steht oder unbelastet ist; auch die Erwärmungsgeschwindigkeit ist in manchen Fällen wesentlich. Zur Beurteilung von vorgelegten Werten ist also die Kenntnis der Versuchsbedingungen wichtig.

Für die rechnerische Beurteilung des Trag- und Verformungsverhaltens von Bauteilen, Teil- und Gesamttragwerken mit Hilfe der vereinfachten und der allgemeinen Rechenverfahren wird in den heißen Eurocodes das Festigkeits- und Verformungsverhalten bei erhöhten Temperaturen in Form von temperaturabhängigen Spannungs-Dehnungbeziehungen beschrieben, deren Zahlenwerte im Wesentlichen aus Ergebnissen der Versuchsart II stammen.

O. Riese (✉)
Braunschweig, Deutschland
E-Mail: o.riese@ibmb.tu-bs.de

© Springer Fachmedien Wiesbaden GmbH, ein Teil von Springer Nature 2022
W. M. Willems (Hrsg.), *Lehrbuch der Bauphysik*,
https://doi.org/10.1007/978-3-658-34093-3_34

Tab. 34.1 Verschiedene Versuchsarten zur Ermittlung des mechanischen Verhaltens von Baustoffen bei hohen Temperaturen

Versuchsart	Spannung	Dehnung	Temperatur	Gesetz
I a) ohne Vorlast	variabel	gemessen	konstant	σ-ε-Diagramm
I b) mit Vorlast				
II	konstant	gemessen	variabel	Hochtemperatur-Kriechen
III	gemessen	konstant	variabel	Hochtemperatur-Relaxation

34.1 Stahl

34.1.1 Festigkeit und Verformung

Die Zusammensetzung und der Herstellungsprozess beeinflussen die Hochtemperatur-festigkeit und das Verformungsverhalten des Stahles wesentlich. Die erhöhte Festigkeit kaltverformter Beton- und Spannstähle bei Raumtemperatur wird hervorgerufen durch Verzerrungen und Versetzungen im Mikrogefüge. Diese Verfestigung wird infolge Temperatureinwirkung im Brandfall durch eine Ausheilung der Verzerrungen und Gitter-fehler zurückgebildet. Durch die größere Beweglichkeit der Versetzungen nimmt die Verformungsfähigkeit zu, und die Festigkeit verringert sich. Der Ausheilvorgang wird durch Erholung, Rekristallisation und Ausscheidungs- bzw. Koagulationsvorgänge im Werkstoffgefüge gesteuert. Die Temperaturen, bei denen diese Vorgänge einsetzen, liegen unterschiedlich hoch. Bei kaltverformten Betonstählen wird der Verfestigungseffekt bei Einwirkung von rund 400 °C über längere Zeit vollständig aufgehoben; bei höherer Temperatur verringert sich die erforderliche Einwirkungszeit.

Die festigkeitssteigernde Wirkung thermischer Nachbehandlung, die im Wesentlichen auf Ausscheidungs- und Aufspaltungsprozessen im Materialgefüge beruht, wird abgebaut, wenn die Temperatur dieser Behandlung wieder erreicht und überschritten wird.

Als Beispiele sind Spannungs-Dehnungs-Diagramme bei verschiedenen Temperaturen für zwei Spannstahlsorten gleicher Kaltfestigkeit, aber unterschiedlicher Herstellung auf den Abb. 34.1 und 34.2 aufgezeichnet [1].

Für Stähle, die bei Raumtemperatur keine ausgeprägte Streckgrenze aufweisen, wird vereinbarungsgemäß diejenige Spannung als Fließgrenze definiert, die eine nach dem Entlasten bleibende

Dehnung von 0,2 % erzeugt ($\beta_{0,2}$-Grenze). Entsprechend kann man auch – gegebenenfalls mit anderen Grenzwerten der plastischen Dehnung – im Hochtemperaturbereich vorgehen.

Es hat sich jedoch als praktisch erwiesen, da eine Übertragung auf das Brandverhalten von Bauteilen gut gelingt, für das Versagen des Stahls unter Hochtemperatur ein Verformungskriterium in Form einer bestimmten Dehngeschwindigkeit

$$\dot{\varepsilon} = 10^{-4}/\text{s} \tag{34.1}$$

Abb. 34.1 Spannungs-
Dehnungs-Diagramm für einen
vergüteten Spannstahl St
1420/1570; ermittelt aus
Messungen der
Versuchsart II [1]

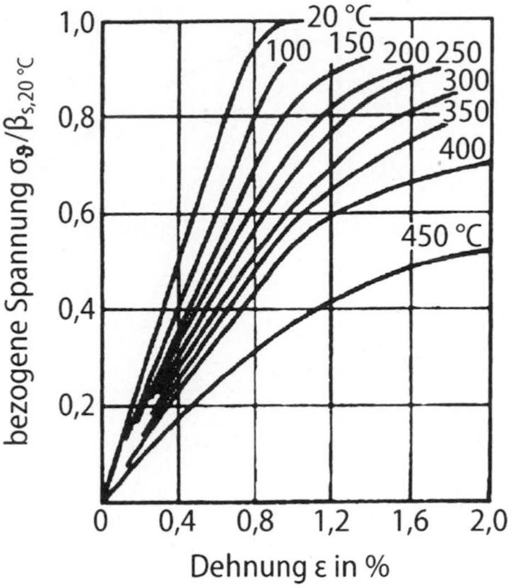

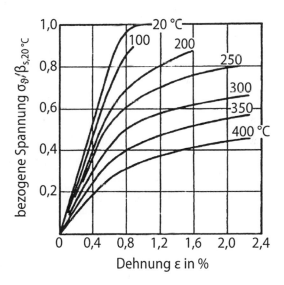

Abb. 34.2 Spannungs-
Dehnungs-Diagramm für
kaltgezogenen Spannstahl St
1375/1570; ermittelt aus
Messungen der
Versuchsart II [1]

einzuführen. Die beim Erreichen dieser Dehngeschwindigkeit vorhandene Temperatur
wird als *kritische Stahltemperatur* bezeichnet. Sie ist spannungsabhängig; je höher die auf
die Probe aufgebrachte bzw. im Bauteil wirkende Stahlspannung ist, umso niedriger wird
die kritische Stahltemperatur.

   Abb. 34.3 erläutert die Zusammenhänge:

   Auf eine Stahlprobe wird zunächst eine Zugspannung aufgebracht, die eine elastische
Dehnung erzeugt. Unter dieser Spannung wird dann die Probe erwärmt. Dabei dehnt sie
sich zunächst entsprechend der thermischen Dehnung, verlässt dann aber den der thermischen Dehnung parallelen Verlauf und dehnt sich überproportional. Der kritische Wert der

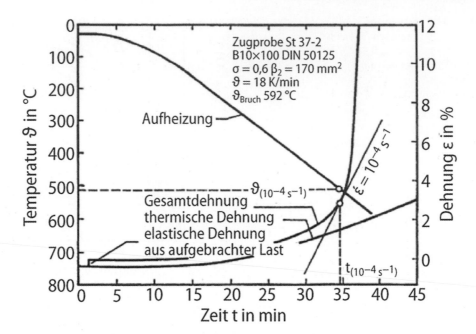

Abb. 34.3 Dehnung einer Baustahlprobe unter Last- und Temperatureinwirkung; Versuchsart II [1]

Dehngeschwindigkeit $\dot{\varepsilon} = 10^{-4}$/s. wird zu einer bestimmten Zeit t bzw. bei der kritischen Temperatur ϑ erreicht. Danach geht die Dehngeschwindigkeit $\dot{\varepsilon}$ sehr schnell gegen ∞, d. h. die Probe reißt.

Übertragen auf ein biegebeanspruchtes Bauteil bedeutet das eine rapide Zunahme der Durchbiegung bzw. der Durchbiegungsgeschwindigkeit (s. Abschn. 32.3.1) und damit einen Biege-(Zug-)Bruch. Auf Abb. 34.4 sind spannungsabhängige kritische Stahltemperaturen für gebräuchliche Stahlsorten angegeben (Richtwerte).

Die Festigkeitseigenschaften von Stahl unter Hochtemperatureinwirkung werden fast ausschließlich im Zugbereich ermittelt. Fußend auf wenigen Untersuchungen im Druckbereich wird unterstellt, dass das Druck- und Stauchungsverhalten dem Zug- und Dehnungsverhalten entspricht.

34.1.2 Elastizität

Der Elastizitätsmodul des Stahles nimmt mit steigender Temperatur ab, und zwar wiederum bei den nachbehandelten Stählen schneller als bei den naturharten. Der Unterschied ist jedoch nicht gravierend, und näherungsweise kann der in Abb. 34.5 aufgezeichnete Verlauf als für alle Stahlsorten zutreffend angenommen werden [2].

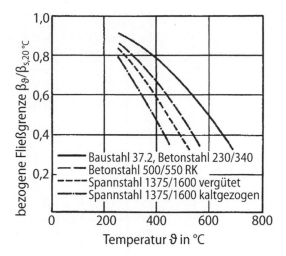

Abb. 34.4 Temperaturabhängige Veränderung der Stahl-Fließgrenze; kritische Stahltemperatur

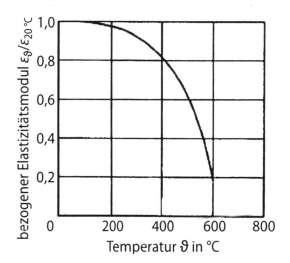

Abb. 34.5 Temperaturabhängige Veränderung des Stahl-Elastizitätsmoduls [2]

34.1.3 Thermische Dehnung

Die thermische Dehnung von Bau- und Betonstählen kann, wie Abb. 34.6 zeigt, für den im Brandfall interessierenden Bereich bis etwa 700 °C als annähernd linear mit $\alpha_\vartheta = const =$

$$\alpha_\vartheta = 1,4 \cdot 10^{-5}/K \tag{34.2}$$

angesetzt werden. Bei kaltgezogenem Spannstahl wirken sich die unter 34.1.1 beschriebenen Vorgänge in der Mikrostruktur auch auf die thermische Dehnung aus, wie

Abb. 34.6 Thermische Dehnung verschiedener Stähle [1]

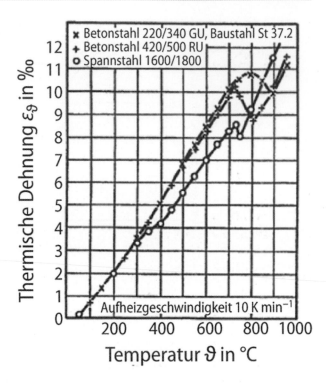

gleichfalls aus Abb. 34.6 zu ersehen ist. Die Unstetigkeiten in den Kurvenverläufen bei hohen Temperaturen sind auf Schrumpfeffekte zurückzuführen, die nicht eliminiert werden können [1].

34.1.4 Wärmeleitfähigkeit

Die Wärmeleitfähigkeit λ von Stählen hängt stark von ihrer Zusammensetzung ab. Während die im Bauwesen üblichen Stähle eine mit zunehmender Temperatur abfallende Tendenz zeigen, kann bei einigen hochlegierten Stählen ein Anwachsen der Wärmeleitfähigkeit mit zunehmender Temperatur beobachtet werden [3].

Abb. 34.7 zeigt den Verlauf bei üblichen Baustählen.

34.1.5 Spezifische Wärmekapazität

Die spezifische Wärmekapazität c_p von im Bauwesen üblichen Stählen ist auf Abb. 34.8 dargestellt [3].

Abb. 34.7 Wärmeleitfähigkeit von Baustählen S 235 und S 355 in Abhängigkeit von der Temperatur [3]

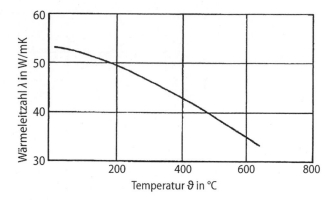

Abb. 34.8 Spezifische Wärmekapazität von üblichen Bau-, Beton- und Spannstählen in Abhängigkeit von der Temperatur [3]

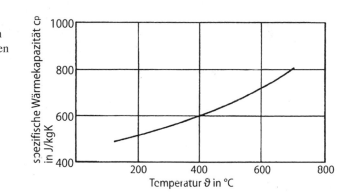

34.1.6   Dichte

Für praktische Zwecke ist es ausreichend, die Dichte im Bauwesen üblicher Stähle als konstant anzusetzen mit:

$$\rho = 7850 \, \text{kg/m}^3.$$

34.1.7   Temperaturleitfähigkeit

Die Temperaturleitfähigkeit $a = \lambda/(c_p \cdot \rho)$ ist – entsprechend der Entwicklung der Wärmeleitfähigkeit – beeinflusst von der Stahlzusammensetzung. Aus Abb. 34.9 ist der Verlauf für übliche Baustähle zu entnehmen, der näherungsweise auch für Beton- und Spannstähle gilt.

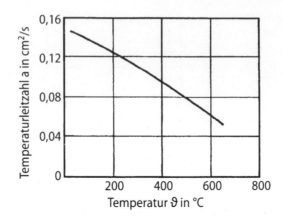

Abb. 34.9 Temperaturleitfähigkeit von Baustählen S 235 und S 355 in Abhängigkeit von der Temperatur

34.1.8 Temperaturverteilung

Da Stahlbauteile, die nicht durch eine Ummantelung vor dem direkten Wärmeangriff geschützt sind, im Brandfall sehr früh versagen und im Allgemeinen keine brandschutztechnischen Forderungen erfüllen, wird der Temperaturverlauf für bekleidete Querschnitte gezeigt, wie er in [4] ermittelt wird.

Zur Berechnung der Erwärmung von ummantelten Stahlquerschnitten werden Vereinfachungen eingeführt:

- Der Stahl setzt dem Wärmedurchgang keinen Widerstand entgegen; daher ist die Temperatur des Stahlquerschnitts gleichförmig. Bei üblichen Walzprofilen ist diese Annahme genau genug. Bei sehr massigen Querschnitten, wie z. B. Vollprofilen größerer Abmessungen, führt sie zu ungünstigen Ergebnissen, da die (höhere) Temperatur der Randbereiche als maßgebend angesetzt wird.
- Die Wärmekapazität der Bekleidung wird vernachlässigt; dadurch ergibt sich ein linearer Temperaturgradient über die Bekleidungsdicke.
- Bei sogenannter „leichter" Ummantelung durch moderne Methoden – Spezialputze, Brandschutzplatten – ist diese Maßnahme genau genug, bei „schwerer" Ummantelung konventioneller Art – Betonummantelung, Ummauerung – führt sie zu ungünstigen Ergebnissen.
- Der Widerstand gegen den Wärmefluss von der Bekleidung in den Stahl wird vernachlässigt.

Der Temperaturverlauf folgt damit dem auf Abb. 34.10 skizzierten Schema.

Der Wärmeübergang k zwischen Heißgas und Stahl kann bei vereinfachter Erfassung der Bekleidung ausgedrückt werden als:

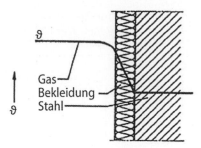

Abb. 34.10 Temperaturverlauf im Heißgas, in der Bekleidung und dem Stahlprofil

$$k = \frac{1}{\dfrac{1}{\alpha_c + \alpha_r} + \dfrac{d_i}{\lambda_i}} \qquad (34.3a)$$

α_c = konvektiver Wärmeübergangskoeffizient Heißgas-Bekleidung (W/(m²K)),
α_r = radiativer Wärmeübergangskoeffizient Heißgas-Bekleidung (W/(m²K)),
d_i = Dicke der Bekleidung (m),
λ_i = Wärmeleitfähigkeit der Bekleidung (W/(mK)).

λ_i ist hier nicht der in üblichen Tabellen zu findende Wert, sondern temperaturabhängig zu formulieren. Üblicherweise werden mit ihm gleichzeitig Effekte erfasst, die bei der Brandbeanspruchung eines bekleideten Stahlbauteils auftreten, wie Risse und Klüfte im Ummantelungsmaterial. Näherungsweise wird λ_i als konstant über den gesamten für tragende Stahlbauelemente in Frage kommenden Temperaturbereich angenommen [4].

Da $\dfrac{1}{\alpha_c + \alpha_r} \ll \dfrac{d_i}{\lambda_i}$, reduziert sich k für praktische Fälle auf:

$$k = \frac{\lambda_i}{d_i}. \qquad (34.3b)$$

Die Erwärmung eines Stahlprofils ist außer von der Bekleidung wesentlich abhängig von dem sogenannten Profilfaktor, d. h. dem Verhältnis U/A, worin

U = erwärmter Umfang (m),
A = Fläche des Stahlprofils (m²).

Für den erwärmten Umfang ist jeweils die dem Stahlprofil zugewandte Mantelfläche der Bekleidung einzusetzen; bei profilfolgender Ummantelung ist er gleich der Stahlprofilabwicklung, bei kastenförmiger Bekleidung gleich der inneren Kastenabwicklung. Beispiele zeigt Abb. 34.11.

a) vierseitige Beflam-
mung, profilfolgende
Ummantelung

U = Abwicklung des
Stahlprofils

b) vierseitige Beflam-
mung, kastenförmige
Ummantelung

U = 2(h+b)

c) dreiseitige Beflam-
mung, kastenförmige
Ummantelung

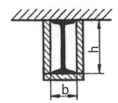

U = 2h+b

Abb. 34.11 Erwärmter Umfang von geschützten Stahlprofilen

International (im Eurocode 3 [5]) wird das Verhältnis A/V als Profilfaktor verwendet. Dieses entspricht dem Verhältnis U/A.

Bei Vernachlässigung eventuell vorhandener Feuchte des Bekleidungsmaterials kann die Temperaturerhöhung $\Delta\vartheta_s$ eines mit „leichter" Ummantelung versehenen Stahlquerschnitts während eines Zeitintervalls Δt näherungsweise angegeben werden mit:

$$\Delta\vartheta_s = \frac{\lambda_i / d_i}{c_s \rho_s} \cdot \frac{U}{A} \left(\vartheta_t - \vartheta_s\right) \cdot \Delta t \ \ (K)$$ (34.4)

worin:

ϑ_t = mittlere Heißgastemperatur während des Zeitintervalls Δt (°C),
ϑ_s = mittlere Stahltemperatur während des Zeitintervalls Δt (°C)
Δt = Zeitintervall (s),
c_s = spezifische Wärmekapazität des Stahls (J/(kgK)),
ρ_s = Rohdichte des Stahls (kg/m³).

Zur Erzielung befriedigender Konvergenz der Gl. (34.4) muss das Zeitintervall Δt ausreichend klein gewählt werden.

[4] bietet Tafeln an, mit denen die Erwärmung von Stahlquerschnitten bei Normbrandbeanspruchung (ETK) in einfacher Weise ermittelt werden kann. Nachfolgend wird ein Beispiel gegeben.

Im Brandschutzteil des Eurocodes 3 (DIN EN 1992-1-2), Abschn. 4.2.5.2 [5] wird folgende Formel für den Temperaturanstieg eines wärmegedämmten Stahlquerschnittes angegeben:

$$\Delta\vartheta_s = \frac{\lambda_p}{d_p c_s \rho_s} \cdot \frac{A}{V} \cdot \frac{\left(\vartheta_t - \vartheta_s\right)}{\left(1 + \phi/3\right)} \Delta t - \left(e^{\phi/10} - 1\right)\Delta\vartheta_t \ \left(\text{aber } \Delta\vartheta_s \geq 0 \text{ wenn } \Delta\vartheta_t > 0\right)$$ (34.5)

mit:

$$\phi = \frac{c_p \rho_p}{c_p \rho_p} d_p \frac{A}{V}$$

worin:

λ_p = Wärmeleitfähigkeit des Brandschutzsystems (W/(mK)),
d_p = Dicke des Brandschutzmaterials,
c_p = temperaturabhängige spezifische Wärmekapazität des Stahls (J/(kgK)),
ρ_p = Rohdichte des Brandschutzmaterials (kg/m³).

Durch den Term ϕ wird die Speicherfähigkeit der Bekleidung berücksichtigt. Wird $\phi = 0$ gesetzt kann Gl. (34.5) in Gl. (34.4) überführt werden. Im Nationalen Anhang des Eurocodes 3 finden sich Angaben zur Wärmeleitfähigkeit, spezifischen Wärme und Rohdichte von Brandschutzmaterialien [6].

> **Beispiel**
>
> Erwärmung eines bekleideten, allseitig beflammten Stahlquerschnitts HEB (IPB) 200 zu bestimmten Zeiten einer Normbrandbeanspruchung. Bekleidung: Spritzputz bzw. Platten auf Vermiculitebasis:
>
> $$d_i = 0,03\,\text{m}, \lambda_i = 0,15\,\text{W}/(\text{mK})\big(\text{nach}[10]\big), d_i/\lambda_i = 0,2;$$
>
> bei profilfolgender Ummantelung gemäß Abb. 34.12.a:
>
> $$U/A = 1,15/78,1 \cdot 10^{-4} = 147\,\text{m}^{-1},$$

Abb. 34.12 Bezogene Spannungs-Dehnungs-Kurven von Normalbeton mit quarzhaltigem Zuschlag bei hohen Temperaturen; Versuchsart I ohne Vorlast [1]

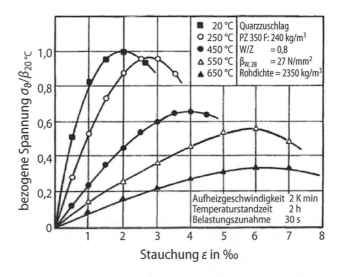

Tab. 34.2 Stahltemperatur eines bekleideten Stahlprofils HEB 200 zu bestimmten Zeiten einer Normbrandbeanspruchung (Beispiel)

Zeit t (min)	Brandraumtemperatur ϑ_t (°C)	Stahltemperatur ϑ_s (°C)	
		profilfolgende Ummantelung	kastenförmige Bekleidung
0	20	20	20
30	842	206	157
60	945	379	298
90	1006	514	417
120	1049	620	515

bei kastenförmiger Bekleidung gemäß Abb. 34.12.b:

$$U/A = 4 \cdot 0{,}20 / 78{,}1 \cdot 10^{-4} = 103 \, \mathrm{m}^{-1} \qquad \blacktriangleleft$$

Der Einfluss des Profilfaktors U/A bei sonst gleichen Bedingungen ist aus Tab. 34.2 deutlich erkennbar.

Für die Berechnung angesetztes Zeitintervall $\Delta t = 30$ s.

[4] bietet auch Rechenverfahren zur Ermittlung der Temperaturverteilung bei Berücksichtigung des Feuchtegehalts der Bekleidung, sowie bei „schwerer" Ummantelung und auch für nackte Stahlprofile an.

34.2 Beton

Bei der Erwärmung von Beton laufen in seiner Makro- und Mikrostruktur, sowohl im Zementstein wie im Zuschlag, physikalische Vorgänge und chemische und mineralogische Umsetzungen ab. Diese Prozesse, die nicht immer gleichsinnige Wirkungen haben, überlagern sich, sodass die Analyse des sehr komplexen Gesamtverhaltens schwierig ist. Generell nimmt mit steigender Temperatur die Festigkeit ab, und die Verformungsfähigkeit wächst. Schon bei Normalbetonen verschiedener Zusammensetzung – PZ, HOZ, quarzitischer oder Kalkstein-Zuschlag – sind Verhaltensunterschiede festzustellen. Ein gegenüber dem Normalbeton deutlich unterschiedliches Verhalten zeigen Konstruktionsleichtbetone mit geblähten Zuschlägen.

34.2.1 Festigkeit

Beispiele für die Betondruckfestigkeit (σ-ε-Diagramme) für Proben ohne Vorlast in der Erwärmungsphase sind für einen Normalbeton in Abb. 34.12 und für einen Leichtbeton in

Abb. 34.13 Bezogene
SpannungsDehnungs-Kurven
von Leichtbeton mit
Blähtonzuschlag; Versuchsart I
ohne Vorlast [1]

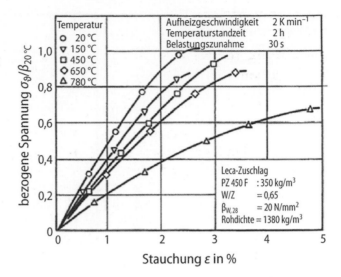

Abb. 34.14 Bezogene
Hochtemperaturfestigkeit von
Normalbeton mit
quarzhaltigem Zuschlag bei
verschiedenen Vorlasten;
Versuchsart I [1]

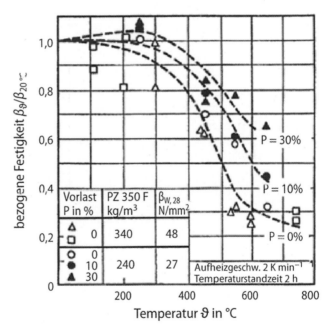

Abb. 34.13 wiedergegeben. Die Abb. 34.14 und 34.15 zeigen den Einfluss verschiedener Vorlasten auf die Hochtemperaturfestigkeit entsprechender Betone [1].

Die gezeigten Diagramme stellen Temperaturabhängigkeiten, gewonnen aus Versuchen mit *einachsiger Druckbeanspruchung* der Betonproben, dar. Die Betonzugfestigkeit wurde bisher nicht systematisch untersucht, und die Forschung zum *biaxialen Druckver-halten* unter erhöhter Temperatur steht an ihrem Anfang.

Abb. 34.15 Bezogene Hochtemperaturfestigkeit von Leichtbeton mit Blähtonzuschlag bei unterschiedlicher Vorlast; Versuchsart I [1]

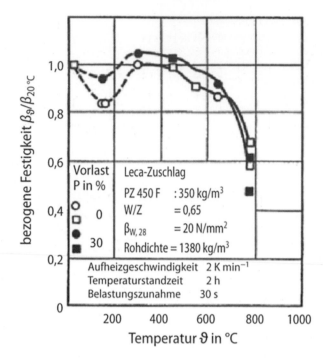

Abb. 34.16 Bezogener Hochtemperatur-E-Modul von Beton mit quarzhaltigem Zuschlag bei verschiedenen Vorlasten; Versuchsart I [1]

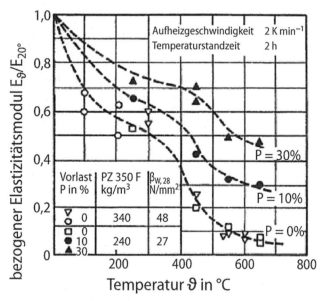

34.2.2 Elastizität

Der Elastizitätsmodul der Betone nimmt mit steigender Temperatur ab. Seine Abhängigkeit von der Zuschlagart und von der mechanischen Beanspruchung bei der Erwärmung der Proben zeigen die Abb. 34.16 und 34.17 [1].

Abb. 34.17 Bezogener Hochtemperatur-E-Modul von Beton mit Blähtonzuschlag bei verschiedenen Vorlasten; Versuchsart I [1]

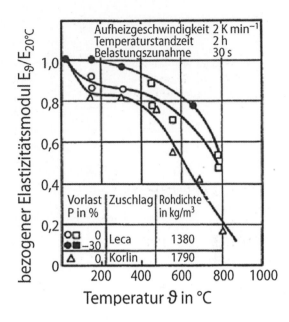

34.2.3 Gesamtverformung

Unterwirft man entsprechend der Versuchsart II während der Aufheizzeit einen Betonkörper einer konstanten Druckspannung, dann überlagern sich der thermischen Dehnung, wie sie in 34.2.6 behandelt wird, lastabhängige stauchende Verformungsanteile. Die Dehnungen gehen mit zunehmendem Belastungsgrad zurück. Das Gesamtverformungsverhalten wird dabei nicht nur von dem Hauptparameter Belastungsgrad, sondern auch noch von anderen Größen – wie Zementgehalt, Betongüte, Lagerung, Zuschlagart usw. – beeinflusst. Die Zuschlagart spielt dabei eine dominierende Rolle.

Auf den Abb. 34.18 und 34.19 sind beispielhaft die Gesamtverformungen von Betonen mit unterschiedlichem Zuschlag (Quarz und Blähton) gegenübergestellt. In Abb. 34.20 sind die Gesamtverformungen von Probekörpern aus Normalbeton mit quarzitischem Zuschlag und unterschiedlichem Zementgehalt gezeigt [1].

34.2.4 Kritische Temperatur

Kritische Betontemperaturen kann man aus Diagrammen, wie sie beispielsweise die Abb. 34.20 und 34.21 wiedergeben, ableiten. Sie sind diejenigen Temperaturen, bei denen unter konstanter Belastung die Stauchgeschwindigkeit $\dot{\varepsilon} \rightarrow \infty$.

So gewonnene Baustoffkennwerte geben am besten das Bauteilverhalten wieder, denn die Stauchgeschwindigkeit einer Probe kann beispielsweise als Stauchgeschwindigkeit der Biegedruckzone eines Stahlbetonbalkens angesehen werden. $\dot{\varepsilon} \rightarrow \infty$ bedeutet dann den Biege-(Druck-)Bruch des Bauteils.

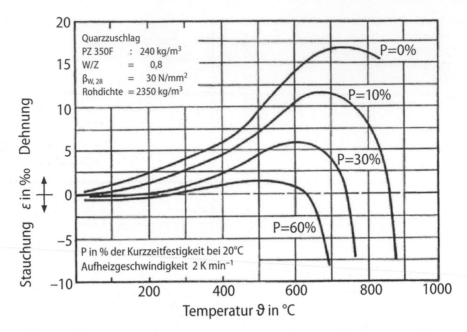

Abb. 34.18 Gesamtverformung von Probekörpern aus Normalbeton mit quarzhaltigem Zuschlag bei instationärer Wärmebeanspruchung, Versuchsart II [1]

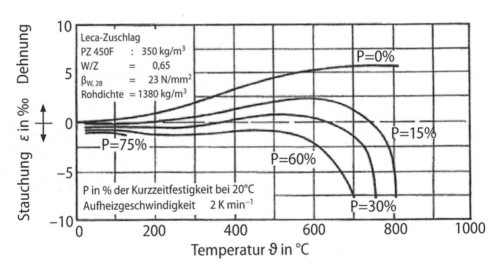

Abb. 34.19 Gesamtverformung von Probekörpern aus Leichtbeton mit Blähtonzuschlag bei instationärer Wärmebeanspruchung, Versuchsart II [1]

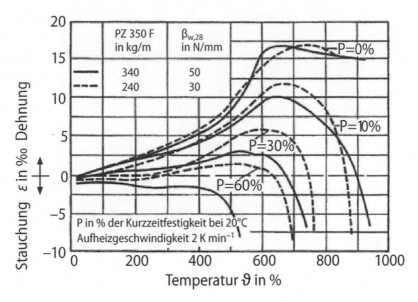

Abb. 34.20 Gesamtverformung von Probekörpern aus Normalbeton mit quarzhaltigem Zuschlag und unterschiedlichem Zementgehalt bei instationärer Wärmebeanspruchung, Versuchsart II [1]

Abb. 34.21 Kritische Betontemperaturen; ermittelt aus Messungen der Versuchsart II [1]

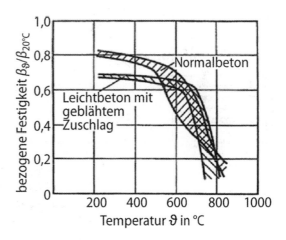

In Abb. 34.21 werden kritische Temperaturen (Streubereiche) für Normal- und Leicht-betone gezeigt [1].

34.2.5   Zwängung

Mit Versuchen der Versuchsart III (s. Tab. 34.1) erhält man die Zwängungskräfte in dehn-behinderten Betonproben. Sie sind von verschiedenen Einflussgrößen abhängig.

Abb. 34.22 Zwängungskräfte bei beheizten Betonprobekörpern mit quarzhaltigem Zuschlag unter vollständiger Dehnungsbehinderung in Abhängigkeit von Temperatur und Zeit sowie von verschieden hohen Vorlasten; Versuchsart III [1]

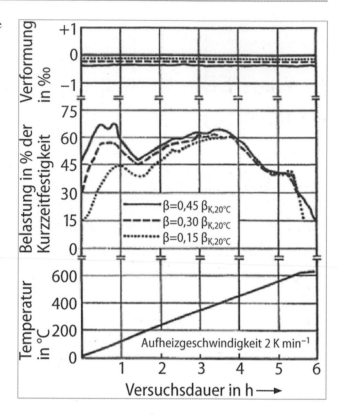

Abb. 34.22 zeigt als Beispiel die Zwängungskräfte in Probekörpern bei vollständiger Dehnungsbehinderung in Abhängigkeit von der Temperatur und Zeit sowie bei verschieden hohen Anfangsbelastungen (Vorlasten) bei 20 °C [1]. Danach ist die zeitliche Entwicklung der Zwangskräfte diskontinuierlich. Für den zeitlichen Verlauf sind vor allen Dingen die im Beton ablaufenden Entwässerungs- und Dehydratationsvorgänge von Einfluss.

34.2.6 Thermische Dehnung

Die thermische Dehnung weicht, wie aus Abb. 34.23 zu ersehen ist, deutlicher als die des Stahls von der Linearität ab. Sie ist wiederum von der Art des Betons, insbesondere von den Zuschlägen, abhängig.

34.2.7 Wärmeleitfähigkeit

Die Wärmeleitfähigkeit λ von Beton nimmt mit ansteigender Temperatur ab. Unterhalb rund 100 °C wird sie vom Feuchtegehalt mitbestimmt. Auch die Art des Zuschlags ist von wesentlichem Einfluss. Abb. 34.24 zeigt die Tendenzen.

Abb. 34.23 Thermische
Dehnung von Betonen mit
verschiedenen Zuschlägen und
von Betonstahl [1]

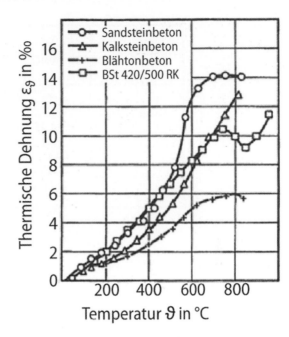

Abb. 34.24 Wärmeleitfähigkeit
verschiedener Betone in
Abhängigkeit von der
Temperatur [7]

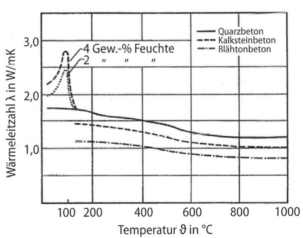

34.2.8   Spezifische Wärmekapazität

Die spezifische Wärmekapazität c_p verschiedener Betone ist auf Abb. 34.25 dargestellt.

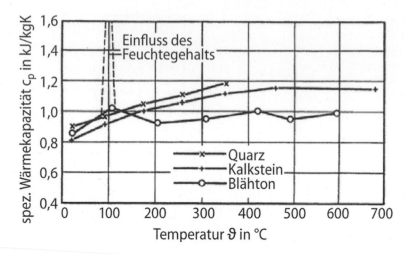

Abb. 34.25 Spezifische Wärmekapazität c_p von Beton mit verschiedenen Zuschlägen bei hohen Temperaturen [7]

34.2.9 Dichte

Für praktische Zwecke ist es ausreichend, die Dichte als konstant mit ihrem Wert bei Raumtemperatur anzusetzen. Selbstverständlich muss jedoch der bei Erwärmung auftretende Wasserverlust berücksichtigt werden.

34.2.10 Temperaturleitfähigkeit

Der temperaturabhängige Verlauf der Temperaturleitfähigkeit $a = \lambda/c_p \cdot \rho$ wird zusammengesetzt aus den vorher gezeigten Komponenten und ist für einen quarzhaltigen Beton auf Abb. 34.26 gezeigt.

34.2.11 Temperaturverteilung

Der Temperaturverlauf zwischen Heißgas und Beton ist auf Abb. 34.27 schematisch dargestellt. Die mathematische Formulierung der *Temperaturverteilung* in Querschnitten beliebigen homogenen Materials wurde erstmalig von *Fourier* angegeben. Die nach ihm benannte Differentialgleichung lautet:

$$c_p \cdot \rho \cdot \frac{\delta \vartheta}{\delta t} = \text{div } \lambda \left(\text{grad } \vartheta \right) + W \tag{34.6}$$

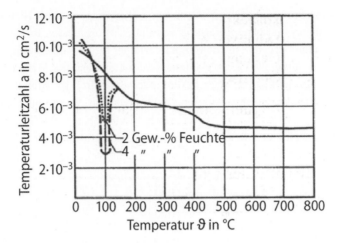

Abb. 34.26 Temperaturleitfähigkeit von quarzhaltigen Beton in Abhängigkeit von der Temperatur [7]

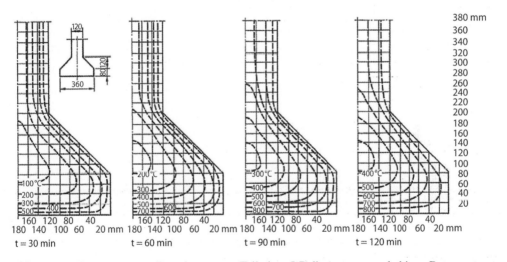

Abb. 34.27 Temperaturverteilung im unteren Teil eines I-Balkens aus quarzhaltigen Beton unter Normbrandbedingungen

worin:

c_p = spezifische Wärmekapazität (J/(kgK)),

ρ = Dichte (kg/m³),

ϑ = Temperatur (K),

t = Zeit (s),

λ = Wärmeleitfähigkeit (W/(mK)) und

W = Wärmequelle oder -senke (J/(m³s)).

Für Betonquerschnitte gibt Gl. (34.6) nur eine Näherung, da zusätzlich zum Wärme-transport ein Feuchte- und Dampftransport stattfindet. Diese beiden Prozesse überlagern sich, und eine genaue Berechnung der Temperaturfelder für den allgemeinen Fall setzt die Kenntnis und Anwendung der Gesetzmäßigkeiten für gleichzeitigen Wärme- und Massen-transport voraus. In wirklichkeitsnaher Vereinfachung wird der Massentransport ver-nachlässigt, und die durch Dehydratation des Betons und Verdampfung des Kapillar-wassers bedingten Wärmesenken werden durch Modifizierung der Wärmeleitfähigkeit berücksichtigt. Es ergibt sich dann für ein ebenes Temperaturfeld mit den Koordinaten x und y aus Gl. (34.6):

$$\frac{\delta\vartheta}{\delta t} = \frac{\lambda}{c_p \cdot \rho}\left(\frac{\delta^2\vartheta}{\partial x^2} + \frac{\delta^2\vartheta}{\partial y^2}\right) + \frac{d\lambda}{d\vartheta}\left[\left(\frac{\delta\vartheta^2}{\delta x}\right) + \left(\frac{\delta\vartheta}{\delta y}\right)^2\right] \cdot \frac{1}{c_p \cdot \rho} \tag{34.7}$$

Die Stoffwerte λ, c_p und damit auch die Temperaturleitzahl a = λ/p · cp sind als mit der Temperatur veränderlich einzusetzen (s. Abschn. 34.2.7, 34.2.8 und 34.2.9).

Für die vollständige Lösung des Problems müssen Randbedingungen für den *Wärme-übergang* vom heißen Gas in den Beton angesetzt werden, die von vielen Eigenschaften des Gases und des festen Körpers abhängen. Der Wärmefluss $\dot{q}$ je Oberflächeneinheit des Querschnitts wird ausgedrückt als:

$$\dot{q} = \alpha\left(\vartheta_t - \vartheta_{ct}\right), \tag{34.8}$$

worin:

α = $\alpha_c + \alpha_r$ = Wärmeübergangskoeffizient (W/(m^{2}K)),

α_c = konvektiver Wärmeübergangskoeffizient (W/(m^{2}K)),

α_r = radiativer Wärmeübergangskoeffizient (W/(m^{2}K)),

ϑ_t = Gastemperatur zur Zeit t (°C) und

ϑ_{ct} = Oberflächentemperatur des Querschnitts zur Zeit t (°C).

Für die Querschnittsoberfläche gilt ferner

$$\dot{q} = -\lambda\,\text{grad}\ \vartheta_{ct}. \tag{34.9}$$

Mit Hilfe der Gl. (34.8) und (34.9) kann die Oberflächentemperatur bestimmt werden.

Wärmeübergangskoeffizienten

Der konvektive Wärmeübergangskoeffizient α_c ist eine Funktion der Gasströmung, die hauptsächlich beeinflusst wird durch die Geschwindigkeit, Temperatur und Art des Gases, aber auch durch die Gestalt und Oberflächenbeschaffenheit des festen Körpers, des Beton-querschnitts.

Für Normbrandbedingungen kann α_c näherungsweise als Konstante angenommen werden:

$\alpha_c \sim 25$ W/(m^2 K) für die erwärmte Oberfläche,

$\alpha\ 9$ W/(m^2 K) für die feuerabgekehrte Oberfläche.

Der radiative Wärmeübergangskoeffizient α_r wird im Wesentlichen bestimmt durch die Emission ε der Flammen, der Brandgase und der Oberfläche des Festkörpers. Er ist temperaturabhängig.

$$\alpha_r = \frac{5{,}67 \cdot 10^{-8} \cdot \varepsilon}{\vartheta_t - \vartheta_{ct}} \left[\left(\vartheta_t + 273 \right)^4 - \left(\vartheta_{ct} + 273 \right)^4 \right] \left(W / \left(m^2 K \right) \right) \tag{34.10}$$

$(5{,}67 \cdot 10^{-8} =$ Stephan-Boltzmann-Konstante$)$

Für Normbrandbedingungen darf näherungsweise die resultierende Emissivität $\varepsilon_{res} = 0{,}7$ benutzt werden.

Temperaturfelder

Computerprogramme zur Berechnung von Temperaturfeldern in Betonquerschnitten sind von verschiedenen Autoren veröffentlicht worden, z. B. [8, 9, 10].

Abb. 34.27 zeigt als Beispiel die Temperaturfelder zu bestimmten Zeiten der Normbrandbeanspruchung in dem unteren Teil eines I-Querschnitts aus quarzhaltigen Beton.

Mit zunehmender Masse steigt die Wärmekapazität eines Querschnitts, und mit abnehmender spezifischer Oberfläche sinkt die auf das Bauteil einwirkende, auf die Masseneinheit bezogene Wärmeenergie ab. Querschnittsform und Querschnittsgröße haben dementsprechend einen Einfluss auf den Erwärmungsvorgang (s. Abb. 34.28).

Entsprechend der unterschiedlichen Wärmeleitfähigkeit (s. Abschn. 34.2.7) weisen Betone mit verschiedenen Zuschlägen andere Erwärmungsgeschwindigkeiten auf, wie in Abb. 34.29 beispielhaft gezeigt wird. Der Einfluss der Betonfeuchte auf die Erwärmung wird besonders deutlich im Bereich von rund 100 °C, wo durch den einsetzenden Verdampfungsvorgang Wärme verbraucht und die kontinuierliche Querschnitterwärmung vorübergehend verzögert wird. Die Dauer der Verzögerung ist vom Feuchtegehalt des Betons abhängig und wird deutlicher im Querschnittsinneren als in den Randbereichen.

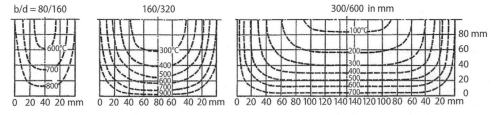

Abb. 34.28 Temperaturverteilung im unteren Bereich von Rechteckbalken aus quarzhaltigen Beton mit unterschiedlichen Abmessungen unter Normbrandbedingungen (t = 60 min)

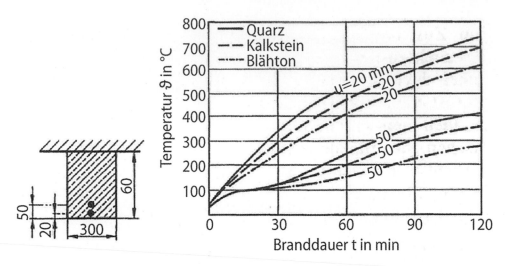

Abb. 34.29 Temperaturverlauf in der Symmetrieachse von dreiseitig beflammten (ETK) Rechteckbalken mit verschiedenen Zuschlägen [7]

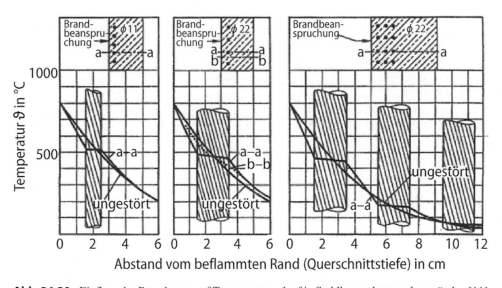

Abb. 34.30 Einfluss der Bewehrung auf Temperaturverlauf in Stahlbetonplatten oder -wänden [11]

Stahl hat aufgrund seiner Werkstoffeigenschaften eine erheblich höhere Wärmeleitfähigkeit als Beton. Daraus folgt für Stahlbetonquerschnitte in Abhängigkeit von Bewehrungsstahl und

Anzahl der Bewehrungslagen eine Abweichung gegenüber Temperaturfeldern in ungestörten Betonquerschnitten. Dieser Effekt kann im allgemeinen jedoch vernachlässigt werden.

In Abb. 34.30 sind Temperaturgradienten, die sich nach 60 min Normbrandbeanspruchung in einem ungestörten Betonquerschnitt einstellen, denjenigen gegenüber-

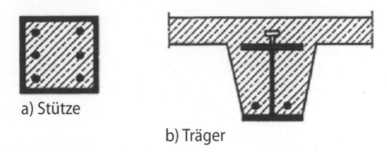

Abb. 34.31 Stahl-Verbundquerschnittausbildung (Beispiele)

gestellt, die im Bereich von Bewehrungsstäben auftreten. Es zeigt sich, dass in guter Näherung die Temperatur eines Stahlstabes mit der Temperatur des ungestörten Betons – in Achse Stab – gleichgesetzt werden kann [11].

34.2.12 Temperaturverteilung in Stahl-Verbundquerschnitten

Im Gegensatz zu Stahlbeton- oder Spannbetonquerschnitten hat bei Verbundquerschnitten, die etwa den auf Abb. 34.31 gezeigten Typen entsprechen, der Stahl einen wesentlichen Einfluss auf die Erwärmung. Außerdem müssen Feuchte und Dampf berücksichtigt werden, da sie nicht entweichen können bzw. am Entweichen behindert werden [12].

34.3 Sonderbetone

Leichtbeton mit haufwerksporigem Gefüge, hergestellt mit dichtem oder porigem Zuschlag aus natürlichen oder künstlichen mineralischen Stoffen, bringt für den Gebrauchszustand gegenüber Normalbeton den Vorteil geringerer Rohdichte und in Abhängigkeit davon besserer Wärmedämmung mit. Das Verhalten dieser Betone unter Hochtemperatur ist noch nicht systematisch untersucht worden. Die praktischen Erfahrungen zeigen, wie das auch logischerweise zu erwarten ist, dass für die Veränderung der mechanischen und thermischen Materialkennwerte mit ansteigender Temperatur die gleichen Tendenzen wie bei Normalbeton gelten. Wenn Leichtbeton mit haufwerksporigem Gefüge für raumabschließende Bauteile eingesetzt wird, kann wegen der geringeren Wärmeleitfähigkeit bei gleicher Bauteildicke gegenüber Normalbeton eine höhere Feuerwiderstandsfähigkeit erreicht werden.

Diese Aussagen gelten auch für *Porenbeton*.

Gute Erfahrungen in brandschutztechnischer Hinsicht bestehen auch mit *Polystyrolschaum-Betonen*, bei denen ein Teil der mineralischen Zuschläge durch Kunststoffkügelchen ersetzt wird, während *Polyesterschaum-Betone*, bei denen das Bindemittel Kunststoff ist, für Brandschutzzwecke nicht verwendet werden können, wenn sie nicht gegen übermäßige Erwärmung geschützt sind (s. Abschn. 34.8).

34.4   Mauerwerk

Die Veränderung der mechanischen Eigenschaften der Baustoffe, aus denen Mauerwerk besteht – Stein, Mörtel, Putz –, mit der Temperatur ist nicht erforscht. Es gelten die gleichen Tendenzen, wie sie für Beton (s. Abschn. 34.2) angegeben sind. Auch für die Berechnung der Erwärmung von Mauerwerksquerschnitten aus verschiedenen Materialien gelten die gleichen grundsätzlichen Ansätze wie bei Beton. Die theoretische Ermittlung der Temperaturfelder stößt jedoch – abgesehen von der Nichtkenntnis des Temperatureinflusses auf die thermischen Materialkennwerte – auf noch größere numerische Schwierigkeiten wegen des unterschiedlichen thermischen Verhaltens der Komponenten Putz, Stein und Mörtel, sowie der häufig in den Steinen vorhandenen Hohlräume.

Man greift auf Erfahrungswerte aus Brandversuchen zurück, um – ohne genauere Kenntnis des Temperaturverlaufs im Querschnitt und der thermischen Materialentfestigung – das Verhalten von Wänden aus Mauerwerk zu beurteilen.

34.5   Holz

34.5.1 Entzündung, Abbrand

Holz ist ein brennbarer Baustoff. Bei Erwärmung tritt eine chemische Zersetzung der Holzsubstanz – Zellulose und Lignin – unter Bildung von Holzkohle und brennbaren Gasen ein, und bei genügender Konzentration dieser Gase kann eine Entzündung stattfinden, auch ohne dass eine Zündquelle anwesend ist. Weder die Temperaturgrenze, bei der die thermische Zersetzung beginnt, noch die Entzündungstemperaturgrenze können jedoch als Materialkonstanten festgelegt werden, weil die Erwärmungsdauer einen entscheidenden Einfluss besitzt. Spontane Entzündung feinzerkleinerter Holzproben tritt im Temperaturbereich von über rund 350 °C ein. Bei Erwärmung über viele Stunden kann jedoch eine Entzündung schon unter 150 °C stattfinden. Außer der Erwärmungsdauer haben die Probengröße, die Rohdichte des Holzes und der Feuchtegehalt Einfluss auf die Entzündbarkeit; hohe Rohdichte und hoher Feuchtegehalt verzögern die Entzündung.

Das Produkt der thermischen Zersetzung des Holzes, die Holzkohle, besitzt keine nennenswerte Festigkeit. Die Tiefe ihres Eindringens in einen Querschnitt wird oft als ein Maß zur Ermittlung der Resttragfähigkeit oder der Feuerwiderstandsfähigkeit von Bauteilen benutzt. Jedoch ist auch die Temperatur, bei der die Verkohlung beginnt, keine feste Grenze; einige Forscher nennen als Richtwert 300 °C, aber Holzkohlebildung wurde auch schon bei wesentlich niedrigerer Temperatur – in der Größenordnung von 100 °C – registriert.

Die Geschwindigkeit des Eindringens der Verkohlung, die sogenannte Abbrandgeschwindigkeit, ist von einer Reihe von Parametern abhängig:

Abb. 34.32 Abbrandtiefen von Nadelholzbalken, Güteklasse II, mit Rechteckquerschnitt unter Biegespannung $\sigma \approx 11$ N/mm^2 und Temperaturbeanspruchung nach der Einheitstemperatur-Zeitkurve gemäß DIN 4102 [13]

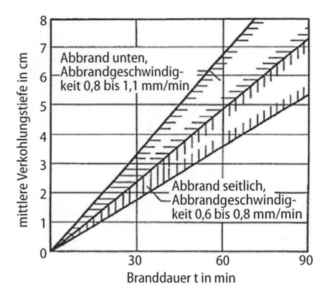

- Entwicklung der Temperatur im Brandraum,
- Rohdichte des Holzes,
- Äste, Klüfte und Risse im Querschnitt,
- Feuchtegehalt bei Beginn der thermischen Beanspruchung,
- Verformung (Dehnung) durch mechanische Beanspruchung der exponierten Faser.

Abb. 34.32 zeigt Streubreiten gemessener Abbrandtiefen an Rechteckbalken aus Nadelholz unter Biegebeanspruchung. Der obere Streubereich gilt für die unter Biegezugspannung stehende Unterseite, deren Gefüge gedehnt wird und von der die schützende Holzkohleschicht infolge der Durchbiegung leichter abfällt.

Hölzer mit den Daten

Rohdichte $\rho \geq 400$ kg/m^3 und Dicke d ≥ 2 mm oder
Rohdichte $\rho \geq 230$ kg/m^3 und Dicke d ≥ 5 mm

sind im Sinne von DIN 4102-1 normalentflammbar (Baustoffklasse B 2). Werden diese Grenzwertpaare unterschritten, kann der Baustoff Holz leichtentflammbar (B 3) werden (s. Abschn. 32.3.1). Durch spezielle Anstriche oder Imprägnierungen kann Holz schwerentflammbar (B 1) gemacht werden.

Bei Spanplatten wird die Schwerentflammbarkeit meistens durch eine Behandlung der Späne – Einsprühen oder Tränken – oder durch Zusätze zum Leim erreicht. Eine Brandschutzausrüstung von Spanplatten beeinflusst auch deren Abbrandgeschwindigkeit deutlich, wie aus Abb. 34.33 hervorgeht.

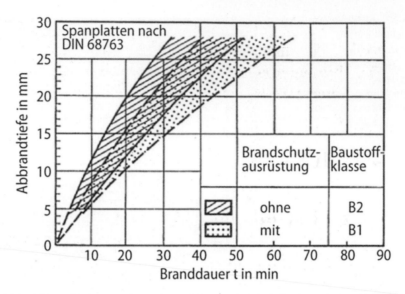

Abb. 34.33 Abbrandtiefen von Spanplatten mit $\rho > 600$ kg/m³ mit und ohne Brandschutzausrüstung bei Temperaturbeanspruchung nach der Einheitstemperatur-Zeitkurve gemäß DIN 4102 [14]

34.5.2 Festigkeit

Die Festigkeit des Holzes bei Normaltemperatur wird von seiner Struktur, aber auch von seinem Feuchtegehalt beeinflusst. Dieser Einfluss bleibt bei erhöhter Temperatur nicht nur in den Absolutwerten, sondern auch in den bezogenen Werten der Festigkeit erhalten. Allerdings gehen diese Gesetzmäßigkeiten in den weiten, durch die zufällige Beschaffenheit des Holzes bedingten Streuungen der Daten weitgehend unter. Ein Beispiel (Mittelwerte) der Feuchteabhängigkeit relativer Festigkeit bei erhöhter Temperatur zeigt Abb. 34.34 [15].

Die ansteigende Temperatur wirkt sich auf Druck-, Zug-, Biege- und Schubfestigkeit des Holzes unterschiedlich stark aus. Gemittelte Werte zeigt Abb. 34.35 [15].

34.5.3 Elastizität

Der temperaturabhängige Verlauf des Elastizitätsmoduls, errechnet aus der Stauchung oder der Durchbiegung von Proben, ist auf Abb. 34.36 gezeigt [15].

34.5.4 Thermische Dehnung

Die thermische Dehnung von Holz ist im Vergleich zu Stahl oder Beton sehr gering und wird bei rapider Erwärmung, wie z. B. im Brandfall, überlagert durch Quell- oder

Abb. 34.34 Bezogene
Hochtemperatur-
Biegefestigkeit von Nadelholz
bei unterschiedlicher
Ausgangsfeuchte
(Gew.- %) [15]

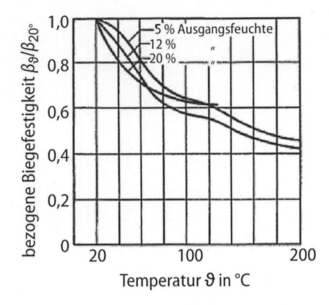

Abb. 34.35 Bezogene
Hochtemperaturfestigkeit von
laminiertem Kiefernholz,
Ausgangsfeuchte 12
Gew.- % [15]

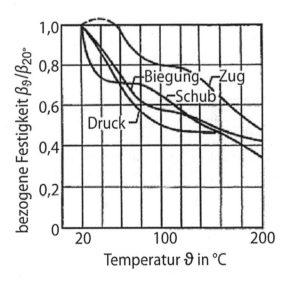

Schrumpfprozesse infolge gleichzeitig ablaufender Feuchtigkeitsumlagerungen im Querschnitt. In Faserrichtung kann die thermische Dehnung als linear angenommen werden mit:

$$\alpha_\vartheta = (0{,}3 \text{ bis } 0{,}6) \cdot 10^{-5} \text{K}^{-1} \; [12] \tag{34.11}$$

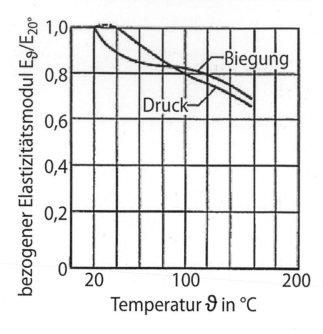

Abb. 34.36 Bezogene Hochtemperatur-Elastizitätsmoduln von laminiertem Kiefernholz, Ausgangsfeuchte 12 Gew.- %[15]

34.5.5 Wärmeleitfähigkeit

Die Wärmeleitzahl λ des Holzes kann bei Raumtemperatur in Abhängigkeit von der Rohdichte ρ und dem Feuchtegehalt m errechnet werden mit Gl. (34.12).

$$\lambda = \left(2{,}0 + 0{,}0406\ m\right)\ \rho \cdot 10^{-4} + 0{,}0238\ \left(W\,/\left(mK\right)\right)\ [12] \qquad (34.12)$$

mit m in Gew.- %, ρ in kg/m³.

Die Formel ist gültig für m < 40 Gew.- %.

Die Abhängigkeit der Wärmeleitzahl von der Temperatur kann als direkt proportional dem Verhältnis der absoluten Temperatur angegeben werden:

$$\lambda_1 = \lambda_0 \cdot T_1/T_0 \quad [12] \qquad (34.13)$$

mit T_1 und T_0 in K.

Die Formel ist gültig für ϑ ≤ 100 °C.

Wenige Untersuchungen liegen über die Wärmeleitfähigkeit von Holzkohle vor. Sie dürfte in weiten Grenzen um den Wert λ = 0,07 W/(mK) schwanken.

34.5.6 Spezifische Wärmekapazität

Die Angaben in der Literatur zur spezifischen Wärmekapazität cp divergieren stark; sie sind nur teilweise in Abhängigkeit von Rohdichte, Feuchte und Temperatur formuliert. Als Anhalts werte können angenommen werden:

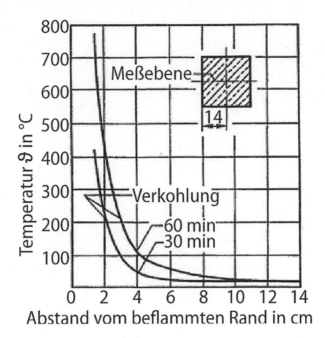

Abb. 34.37 Temperaturverlauf in der Symmetrieachse eines allseitig beflammten Nadelholzquerschnitts 28/28 (cm) nach 30 und 60 min einer Brandbeanspruchung nach der Einheitstemperatur-Zeitkurve gemäß DIN 4102 [13]

$c_p = 1,35$ kJ/(kgK) für Fichtenholz,
$c_p = 1,47$ kJ/(kgK) für Buchenholz.

Die Werte sind annähernd konstant bis $\vartheta = 50\ °C$ und gelten für trockenes Holz [15].

34.5.7 Temperaturleitfähigkeit

Wegen der Unvollständigkeit der verfügbaren Informationen über die Wärmeleitfähigkeit λ und insbesondere über die spezifische Wärmekapazität c_p wird auf Angaben zur Temperaturleitzahl $a = \lambda/c_p \cdot \rho$ verzichtet.

34.5.8 Temperaturverteilung

Wegen der unzureichenden Kenntnis der thermischen Materialwerte von Holz und Holzkohle ist es nicht möglich, die Temperaturfelder in Querschnitten unter Brandbeanspruchung zutreffend rechnerisch zu bestimmen. Temperaturmessungen sind vereinzelt durchgeführt worden, ein Beispiel zeigt Abb. 34.37 [13].

34.6   Gips

34.6.1 Produkte

Gipsbaustoffe werden in folgende Hauptproduktgruppen aufgegliedert:

- Gipsputze,
- in Formen gegossene Gipsbauelemente,
- Gipskarton-Bauplatten,
- Gipsfaserplatten,
- Glasvlies-Gipsbauplatten.

Gipsputze bestehen entweder nur aus Gips, oder sie haben Beimengungen von Sand (herkömmlich), Perlite oder Vermiculite. In Formen gegossene Gipsbauelemente werden als *Deckenplatten* zur Bekleidung oder Abhängung von Rohdecken verwendet. Die gleichfalls in Formen gegossenen *Wandbauplatten* aus Gips sind leichte Bauplatten, die in der jeweils erforderlichen Wanddicke mit Nut und Feder an den Stoß- und Lagerflächen hergestellt und dort miteinander verklebt werden. Sie werden für nichttragende Trennwände verwendet. *Gipskarton-Bauplatten* sind aus einem Gipskern bestehende Platten, deren Flächen und Längskanten mit einem festhaftenden Karton ummantelt sind. Für den Brandschutz werden im Allgemeinen Gipskarton-Bauplatten F (GKF) eingesetzt, die einen verfestigten Gipskern mit einem festgelegten Zusatz genormter Glasseide besitzen. GKF-Platten werden für abgehängte Decken und als Beplankung oder Bekleidung von Wänden gebraucht. Den gleichen Anwendungsbereich haben *Gipsfaserplatten* und *Glasvlies-Gipsbauplatten*. Die ersteren bestehen aus Gips mit einer „Bewehrung" aus Zellulosefasern, bei den letzteren ist der Gipskern beidseitig mit verstärkendem Glasfaser-Gewebe umhüllt.

Im Sinne von DIN 4102-1 ist Gips ein nichtbrennbarer Baustoff (Baustoffklasse A 1). Gipskarton-Bauplatten sind ohne besonderen Nachweis schwerentflammbar (B 1), unter bestimmten Voraussetzungen hinsichtlich der Art und Dicke des Kartons und der Plattendicke können sie jedoch die Einstufung in die nichtbrennbaren Baustoffe (A 2) erreichen. Die einzigen derzeit auf dem deutschen Markt vorhandenen Gipsfaserplatten (Fermacell) und Glasvlies-Gipsbauplatten (Fireboard) sind nichtbrennbar (A 2 bzw. A 1).

34.6.2   Physikochemische Vorgänge bei Einwirkung erhöhter Temperatur

Abgebundener Baugips ist das Calciumsulfat-Dihydrat ($CaSO_4 \cdot 2H_2O$), das zu rund 20 Gew.-% aus chemisch gebundenem Kristallwasser besteht. Unter Einwirkung von Wärme – bei länger andauernder Beaufschlagung bereits ab 42 °C – wird die Kristallstruktur verändert; der Gips entwässert und bildet sich um zu $CaSO_4 \cdot {}^{1}/_{2} H_2O$ (Hemihydrat). Bei weiter steigender Temperatur (Brandfall) wird das freigesetzte Wasser bis

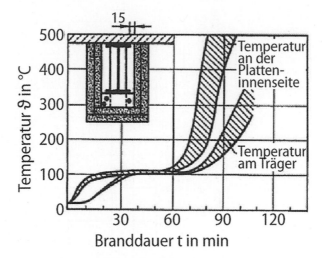

Abb. 34.38 Temperaturentwicklung bei einem mit Gipskarton-Bauplatten F ummantelten, drei-seitig beflammten I-Träger unter Normbrandbedingungen [16]

zum Verdampfungspunkt erwärmt und dann in Dampf übergeführt. Für die Verdampfung werden erhebliche Mengen von Wärmeenergie verbraucht, und während des gesamten Verdampfungsvorgangs steigt die Temperatur in der betroffenen Zone nicht über rund 100 °C an. Hierauf beruht die günstige Wirkung von Gipsprodukten beim Einsatz in der Brandschutztechnik, sowohl für den Schutz tragender Bauteile vor vorzeitiger über-mäßiger Erwärmung wie zur Einhaltung der zulässigen Temperaturerhöhung auf der Rückseite raumabschließender Bauteile.

Abb. 34.38 zeigt die Verzögerung der Erwärmung eines mit Gipskarton-Bauplatten F ummantelten Stahlträgers [16].

Dem Hemihydrat wird das restliche Kristallwasser unter Bildung des wasserfreien An-hydrits bei höherer Temperatur, ab rund 200 °C, entzogen. Bei rund 900 °C beginnt die thermische Zersetzung des Anhydrits [16].

34.6.3   Mechanische Eigenschaften

Systematische Untersuchungen über die Veränderung der mechanischen Eigenschaften von Gips und Gipsprodukten bei Erwärmung sind bisher nicht veröffentlicht worden.

34.6.4   Thermische Eigenschaften

Auch über die thermischen Eigenschaften von Gipsbaustoffen unter Hochtemperaturein-fluss liegen nur lückenhafte Informationen vor. Die oben aufgeführten Veränderungen im molekularen Gefüge des Gipses schlagen sich im temperaturabhängigen Verlauf der

Abb. 34.39 Thermische
Dehnung und Schrumpfung
von Gipsstein und
glasfaserbewehrten
Gipskarton-Bauplatten [17]

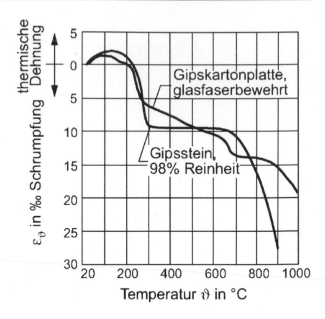

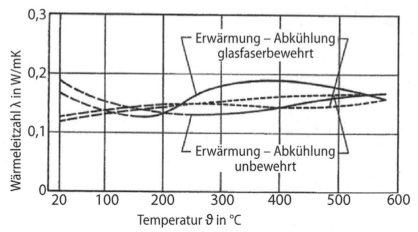

Abb. 34.40 Wärmeleitfähigkeit unbewehrter und glasfaserbewehrter Gipskarton-Bauplatten im
Aufheiz- und Abkühlungsprozess [17]

Eigenschaften nieder, und auch die in den Gipsprodukten vorhandenen Beimengungen
haben Einfluss.

Die *thermische Dehnung* von Gips erreicht schon bei rund 150 °C ihr Maximum und
geht dann in einen rapiden Schrumpfungsprozess über. Eine Glasfaserbewehrung von
Gipskarton-Bauplatten wirkt ausgleichend. Auf Abb. 34.39 sind Richtwerte gezeigt [17].

Abb. 34.40 zeigt die temperaturabhängige Entwicklung der Wärmeleitfähigkeit von
Gipskarton-Bauplatten mit und ohne Glasfaserzusatz [17]. Aus der Darstellung geht auch

hervor, dass der Kurvenverlauf während des Abkühlprozesses sich deutlich von dem während der Aufheizperiode unterscheidet. Der Unterschied ist durch das Kristallwasser bedingt, das die Wärmeleitfähigkeit während des Aufheizens beeinflusst, beim Abkühlvorgang jedoch nicht mehr vorhanden ist.

34.7   Nichteisenmetalle

Der Schmelzpunkt von *Aluminium* liegt bei 658 °C. Diese Tatsache bewirkt frühes Versagen im Brandfall und schränkt die Verwendung von Aluminium und seinen Legierungen in Bauteilen, die brandschutztechnische Forderungen zu erfüllen haben, stark ein. Eine tragende Funktion kann Leichtmetallteilen nicht zugewiesen werden, sofern sie nicht ausreichend gegen Erwärmung geschützt werden. Wenn sie als sichtbare Konstruktionselemente, z. B. als Rahmen von Verglasungen, verwendet werden, handelt es sich immer um jeweils zwei voneinander unabhängige getrennte Profile, von denen das dem Feuer abgekehrte, durch eine Wärmedämmung im Innern der Konstruktion geschützte allein die tragende oder aussteifende Funktion übernehmen kann. Andere *Nichteisenmetalle* haben in diesem Zusammenhang keine Bedeutung.

34.8   Kunststoffe

Kunststoffe sind synthetische, makromolekulare Werkstoffe organischer Grundsubstanz, die sich in die Hauptgruppen der Thermoplaste, der Elastomere und der Duromere aufgliedern. Silikone sind anorganische Polymere, deren Kette aus anorganischen Bausteinen mit organischen Seitengruppen besteht. Sie zeichnen sich durch hohe Dauer-Wärmebeständigkeit (180 bis 200 °C) aus. Tab. 34.3 gibt die hauptsächlich im Bauwesen eingesetzten Kunststoffe an [18].

Das Verhalten aller Gruppen ist in hohem Maße temperaturabhängig. Bei niedriger Temperatur sind sie glasartig starr und gehen bei höherer Temperatur in einen – teilweise gummiartigen – elastischen Bereich über. Bei einigen Thermoplasten ist das der Gebrauchszustand. Während die Thermoplaste und Elastomere bei weiter steigender Temperatur plastizieren, fehlt bei den Duromeren ein ausgeprägter plastischer Zustand. Das Schmelzen der Kunststoffe und die thermische Zersetzung beginnen bei relativ niedriger Temperatur (s. Tab. 34.4). Die Eigenschaften der Kunststoffe bzw. ihrer Produkte können durch Beimengungen wie Füller, Plastizierer, Faserbewehrung stark beeinflusst werden.

Kunststoffe können eine Brandschutzausrüstung erhalten durch Zugabe von Flammschutzmitteln, die den Verbrennungsprozess hemmen. Flammschutzmittel können je nach ihrer Beschaffenheit physikalisch und/oder chemisch in der Fest-, Flüssig- oder Gasphase wirksam werden. Häufig werden Halogene als Flammschutzmittel eingesetzt.

Tab. 34.3 Übersicht über die wichtigsten Baukunststoffe [18]

Gruppe	Kunststoff	Kurzbe- zeichnung	Gruppe	Kunststoff	Kurzbe- zeichnung
Thermoplaste	Polyäthylen	PE	Elasto- mere	Polyurethan[1]	PUR
	Polypropylen	PP		Alkyl-Polysulfid	
	Polyisobutylen	PIB		Polychlorbutadien	CR
	Polyvinylchlorid	PVC	Duro- mere	Aminoplaste	UF
	Polymethylmethacrylat	PMMA		Harnstoff- Formaldehydharze	
	Polyvinylacetat	PVAC		Melaminharze	MF
	Polystyrol	PS		Phenolharze	PF
	Polytetrafluoräthylen	PTFE		ungesättigte	UF
	Polyamide	PA		Polyesterharze[2]	
				Epoxidharz[3]	EP
			Silikone		SI

[1]auch als Zweikomponenten-Harz (Bindemittel, Lacke)
[2]Zweikomponenten-Harz: Aushärtung durch vernetzende Polymerisation
[3]Zweikomponenten-Harz: Aushärtung durch Polyaddition

Tab. 34.4 Zustand einiger Kunststoffe in Abhängigkeit von der Temperatur, nach [19, 20]

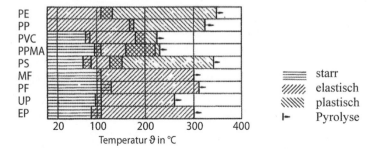

Die Produkte der thermischen Zersetzung von Kunststoffen sind auf Tab. 34.5 zusammengestellt (nach [19]). Stickstoffhaltige Kunststoffe – Aminoplaste – setzen in geringen Mengen hochgiftige Blausäure frei. Aus chlorhaltigem Kunststoff – PVC – entsteht bei der Pyrolyse unter anderem Salzsäure, die korrosiv auf Metalle wirkt und so auch die Bewehrung von Betonbauteilen angreifen kann. Außerdem werden toxische organische Halogenverbindungen gebildet, die wegen ihres geringen Anteils in Tab. 34.5 nicht aufgeführt sind.

Die Zündtemperatur (Spontanzündung; über den Zeiteinfluss liegen noch keine Untersuchungen vor) der Kunststoffe liegt in der gleichen Größenordnung wie die des Holzes, die Heizwerte sind jedoch erheblich höher, wie aus Tab. 34.6 hervorgeht.

Die in der Literatur mitgeteilten Messwerte über Kunststoffeigenschaften sind teilweise lückenhaft und/oder weichen stark voneinander ab; letzteres ist sowohl auf die Testbedingungen wie auf nicht ganz identisches Material (Einfluss von Füllern oder Weichmachern) zurückzuführen. Die Tab. 34.4, 34.5 und 34.6 können daher nur einen Überblick geben.

Tab. 34.5 Thermische Zersetzung einiger Kunststoffe, nach [19]

Kurzbe-zeich-nung	Zerset-zungs-temp. in °C	Zusammensetzung						Zerfallsprodukte				
		C	H	N	Cl	O	CO/CO$_2$	HCN	HCl	Phenol	Styrol	Acrolein
PE	350	×	×				×					
PP	320	×	×				×					
PVC	220	×	×		×		×		×			
PMMA	230	×	×			×	×					
PS	340	×	×				×					
PUR	220	×	×	×		×	×	×				
UF	250	×	×	×		×	×	×				
MF	300	×	×	×			×	×				
PF	300	×	×			×	×			×		
UP	250	×	×			×	×				×	×
EP	350	×	×			×				×		

Tab. 34.6 Rohdichte, Heizwert und Zündtemperatur einiger Kunststoffe im nicht expandierten oder aufgeschäumten Zustand nach [19, 20]

Kurz-bezeich-nung	Rohdichte in t/m^3	Heizwert in MJ/kg	Zündtemperatur (°C) mit Pilotflamme	ohne
PE	0,92 bis 1,10	34 bis 47	340	350
PP	0,91 bis 1,14	43 bis 46	320	350
PVC	0,90 bis 1,88	15 bis 22	390	450
PMMA	1,16 bis 1,25	25 bis 29	300	450
PS	≈ 1,1	37 bis 42	350	500
PTFE	≈ 2,2	4,5	560	580
PUR		24 bis 32	310	415
UF	1,45 bis 1,60	14 bis 21		
MF	1,48 bis 1,75	19	380 bis 500	570 bis 630
PF	1,18 bis 1,90	23 bis 30	335	545 bis 575
UP	≈ 1,2	18	335 bis 400	415 bis 485
EP	≈ 1,2		390	560

Kunststoffe sind im Sinne von DIN 4102-1 brennbare Baustoffe (Baustoffklasse B). Sofern sie leichtentflammbar (B 3) sind, müssen die Einschränkungen für ihre Verwendung (s. Abschn. 32.3.1) unbedingt beachtet werden. Durch besondere Brandschutzausrüstung können Kunststoffe schwerentflammbar (B 1) gemacht werden (s. o.).

Kunststoffe sind wegen ihrer thermischen Eigenschaften als tragende Bauteile, die Brandschutzforderungen erfüllen sollen, nicht zu gebrauchen. Werden sie wegen ihres geringen Gewichts und/oder ihrer hohen Wärmedämmfähigkeit im Gebrauchszustand als Hilfsbaustoffe eingesetzt, muss beachtet werden, dass die Dämmfähigkeit im Brandfall verlorengehen kann. Wenn z. B. in Stahlbeton-Rippendecken Zwischenbauteile aus Kunst-stoff (meistens Polystyrolhartschaum-Füllkörper) verwendet werden, muss man die Stahl-

betonrippen als von unten und den Seiten dem Brandangriff ausgesetzt und den Decken-
spiegel als allein maßgebend für den Raumabschluss betrachten.

Werden Kunststoffe jedoch als wärmedämmender Kern von Verbundelementen verwendet, kann durch entsprechende Deckschichten in Abhängigkeit von deren Art und
Dicke die Temperatur des Kerns in solchen Grenzen gehalten werden, dass sein Beitrag
zur Dämmfähigkeit des Elements erhalten bleibt.

Bei Polystyrolschaum-Betonen (EPS-Betonen) ist ein Teil der mineralischen Zuschläge
durch Kügelchen aus expandiertem Polystyrol ersetzt. Ab Rohdichten von > 560 kg/m^3,
d. h. entsprechenden Maximalgehalten von EPS können solche Betone nichtbrennbar
(A 2) im Sinne von DIN 4102-1 sein. Anwendungsgebiete sind vorwiegend Mauer- oder
Schalungssteine, Wandtafeln und Dämmschichten für Dächer. Brandschutztechnisch verhalten sie sich gut und können in Bauteilen für alle Feuerwiderstandsklassen eingesetzt werden.

Demgegenüber gilt für Betone, bei denen das mineralische Bindemittel durch Kunststoff ersetzt ist (z. B. Polyesterschaum-Beton) das zunächst Gesagte: Sie versagen im
Brandfall frühzeitig, wenn sie nicht gegen übermäßige Erwärmung geschützt sind.

34.9   Dämmstoffe

34.9.1 Spezialputze

Bekleidungen aus Spezial-Brandschutzputzen verzögern die Erwärmung von Bauteilen
und können so deren Feuerwiderstandsdauer verbessern. Auf dem deutschen Markt werden derzeit zugelassene Mineralfaser-Spritzputze mit Rohdichten zwischen rund 300 und
400 kg/m^3 bei Wärmeleitzahlen von 0,05 bis 0,22 W/(mK) und Vermiculite-Spritzputze
mit Rohdichten zwischen rund 450 und 850 kg/m^3 bei Wärmeleitzahlen von 0,09 bis
0,22 W/(mK) angeboten. Sie können ohne Putzträger oder Spritzbewurf aufgebracht werden; die ausreichende Haftung im Gebrauchszustand und unter Hochtemperatur wird dann
durch spezielle Haftvermittler hergestellt, die mit auf den Bauteilen befindlichen Trennschichten – Korrosionsschutzanstrichen, Schalölen, Curings – verträglich sein müssen
(s. Abschn. 35.4.1). Spezial-Brandschutzputze, die ohne konventionellen Putzträger verwendet werden, bedürfen immer eines Eignungsnachweises, z. B. durch Erteilung einer
bauaufsichtlichen Zulassung [21].

34.9.2   Dämmschichtbildner

Dämmschichtbildende Brandschutzbeschichtungen sind Anstrichsysteme, die vorwiegend
zum Schutz von Stahlbauteilen angewendet werden. Sie bestehen aus dem Korrosions-

schutz, dem Dämmschichtbildner und gegebenenfalls einem Deckanstrich. Der Dämmschichtbildner schäumt bei ansteigender Temperatur auf und bildet eine poröse, aber zunächst ausreichend standfeste Masse mit guten Wärmedämmeigenschaften. Der Schaum verändert während der Brandbeanspruchung seine Konsistenz; er kann zäh vom Untergrund abfließen oder verkohlen und veraschen. Daher können mit Dämmschichtbildnern nicht beliebig hohe Feuerwiderstandsklassen von Bauteilen erreicht werden (s. Abschn. 35.4.1). Dämmschichtbildende Brandschutzbeschichtungen müssen bauaufsichtlich zugelassen werden [21].

Die chemische Zusammensetzung von dämmschichtbildenden Brandschutzbeschichtungen wird von den Herstellerfirmen der Öffentlichkeit nicht bekanntgegeben.

34.9.3 Dämmplatten

Der Schutz von tragenden Konstruktionen vor frühzeitiger Erwärmung und die Verhinderung des Übergreifens eines Brandes in benachbarte Räume kann mit Hilfe von wärmedämmenden Platten gewährleistet werden. Dafür sind sowohl nichtbrennbare wie brennbare Werkstoffe geeignet; Platten aus Kunststoffen verlieren bei erhöhter Temperatur ihre dämmenden Eigenschaften (s. Abschn. 34.8).

Tab. 34.7 zeigt die hauptsächlich für den Brandschutz eingesetzten Dämmplattenarten.

Tab. 34.7 Übersicht über die wichtigsten Dämmplatten für Brandschutzzwecke im Bauwesen

Plattenart	Baustoffklasse gemäß DIN 4102	Wärmeleitfähigkeit λ (W/mK) im Normaltemperaturbereich
Gips		
in Formen gegossene Elemente	A 1	0,29 bis 0,58
Gipskartonbauplatten	B 1 (A 2)	0,21
Gipsfaserplatten	A2	0,29
Glasvlies-Gipsbauplatten	A 1	0,21
Fibersilikatplatten	A 1	0,08 bis 0,18
(Calciumsilikat mit Mineralfasern, Ersatz für die früher gebräuchlichen Asbestsilikatplatten)		
silikatgebundene Vermiculiteplatten	A 1	0,12
magnesit-, gips- oder zementgebundene Holzwolle-	B 1	0,095 bis 0,15
Leichtbauplatten		
Holzspanplatten	B 2 (B 1)	0,14 bis 0,20
Mineralfaserplatten	B 2 bis A 1, je nach Bindemittel	0,035 bis 0,050

Literatur

1. Kordina K. et al.: Arbeitsbericht 1978 –1980 des Sonderforschungsbereichs 148 „Brandverhalten von Bauteilen". TU Braunschweig, 1980
2. Anderberg, Y.: Behaviour of steel at high temperatures. In: RILEM PHT 44, Paris
3. Richter, F.: Die wichtigsten physikalischen Eigenschaften von 52 Eisenwerkstoffen. Stahleisen-Sonderberichte Heft 8, Verlag Stahleisen, Düsseldorf, 1973
4. ECCS (European Convention for Constructional Steelwork), Techn. Comm. 3 – Fire Safety of Steel Structures: European Recommendations for the Fire Safety of Steel Structures, Amsterdam: Elsevier, 1983
5. DIN EN 1993-1-2:2010-12: Eurocode 3; Bemessung und Konstruktion von Stahlbauten – Teil 1-2: Allgemeine Regeln – Tragwerksplanung für den Brandfall; Deutsche Fassung EN 1993-1-2:2005 + AC:2009
6. Nationaler Anhang, National festgelegte Parameter: DIN EN 1993-1-2:2010-12: Eurocode 3; Bemessung und Konstruktion von Stahlbauten – Teil 1-2: Allgemeine Regeln – Tragwerksplanung für den Brandfall; Deutsche Fassung EN 1993-1-2:2005 + AC: 2009
7. CEB (Comite Euro-International du Beton): Design of Concrete Structures for Fire Resistance. Bull. d'Information No. 145, Paris, 1982
8. Becker J. et al.: FIRES-T, a Computer Program for the Fire Response of Structures – Thermal. University of California, Berkeley (USA), Rep. No. UCB FRG 74-1, 1974
9. Rudolphi, R.; Müller, T.: ALGOL-Computerprogramm zur Berechnung zweidimensionaler instationärer Temperaturverteilungen mit Anwendungen aus dem Brand- und Wärmeschutz. BAM-Forschungsbericht 74, Berlin, 1980
10. Wickström, U.: TASEF-2, A Computer Program for Temperature Analysis of Structures Exposed to Fire. Lund Institute of Technology, Report No. 79-2, Lund, 1979
11. Kordina K. et al.: Erwärmungsvorgänge an balkenartigen Stahlbetonteilen unter Brandbeanspruchung. Schriftenreihe Deutscher Ausschuss für Stahlbeton, Heft 230, Berlin, 1975
12. Kordina K. et al.: Arbeitsbericht 1981 – 1983 des Sonderforschungsbereichs 148 „Brandverhalten von Bauteilen". TU Braunschweig, 1983
13. Kordina, K.; Meyer-Ottens, C: Holz-Brandschutz-Handbuch. Deutsche Gesellschaft für Holzforschung, München, 1983
14. Meyer-Ottens, C. et al.: Brandschutz; Untersuchungen an Wänden, Decken und Dacheindeckungen. Berichte aus der Bauforschung, Heft 70, W. Ernst & Sohn, Berlin, 1971
15. Hadvig, S.: Behaviour of wood at high temperatures. RILEM PHT 44, Paris
16. Hanusch, H.: Gipskartonplatten; Trockenbau, Montagebau, Ausbau. Köln-Braunsfeld: R. Müller, 1978
17. Alexander, B.: Behaviour of gypsum and gypsum products at high temperature. In: RTT.F.M PHT 44, Paris
18. Rostasy, F. S.: Baustoffe. Stuttgart/Berlin/Köln/Mainz: Kohlhammer, 1983
19. Cluzel, D.: Behaviour of plastics used in construction at high temperatures. RILEM PHT 44, Paris
20. Troitzsch, J. et al.: Plastics Flammability Handbook, München/Wien: Carl Hanser Verlag, 2004
21. Meyer-Ottens, C.: Brandverhalten von Bauteilen. Schriftenreihe Brandschutz im Bauwesen (BRABA), Heft 22 I und IL, E. Schmidt Verlag, Berlin, 1981

Brandverhalten von Bauteilen

35

Olaf Riese

Das Brandverhalten von Bauteilen ist abhängig von:

- der Brandbeanspruchung (Wärme- bzw. Temperaturbeaufschlagung),
- der Erwärmung des Querschnitts (Querschnittabmessungen),
- der gleichzeitig wirkenden mechanischen Beanspruchung,
- den statischen Bedingungen,
- den temperaturabhängig veränderlichen Baustoffkennwerten.

Brandbeanspruchung

Die Brandraumtemperaturentwicklung nach der Zeit ist für verschiedene Brände in Kap. 33 dargestellt. *Für die folgenden Ausführungen ist stets der Normbrand (ETK) nach DIN 4102 bzw. EC1-1-2 zugrunde gelegt.*

Querschnitterwärmung

Die Abmessungen – Masse und spezifische Oberfläche – der Bauteilquerschnitte sind maßgebend für ihre Erwärmung. Sie bestimmen damit die mit steigender Temperatur abnehmende Tragfähigkeit eines Bauteils wie auch den Wärmedurchgang auf die jeweils dem Feuer abgekehrte Seite im Hinblick auf eine bei raumabschließenden Bauteilen erforderliche Isolationswirkung.

Die Grundlagen für die rechnerische Bestimmung der Erwärmung von Beton- und ummantelten Stahlquerschnitten sind in Abschn. 34.1.7 und 34.2.10 umrissen und in den Brandschutzteilen der Eurocodes 1, 2, 3 und 4 als Gleichungen angegeben. Für die

O. Riese (✉)
Braunschweig, Deutschland
E-Mail: o.riese@ibmb.tu-bs.de

© Springer Fachmedien Wiesbaden GmbH, ein Teil von Springer Nature 2022
W. M. Willems (Hrsg.), *Lehrbuch der Bauphysik*,
https://doi.org/10.1007/978-3-658-34093-3_35

Anwendung der vereinfachten Berechnungsverfahren brauchen solche Berechnungen im Normalfall nicht durchgeführt zu werden; wenn die Kenntnis von Temperaturfeldern – beispielsweise in Stahlbetonbalken – erforderlich ist, kann auf Isothermenbilder im EC2-1-2 oder Tabellenwerke zurückgegriffen werden, z. B. [1].

Sicherheitskonzept

Die Wahrscheinlichkeit, dass ein Bauteil während eines Schadenfeuers gleichzeitig seine volle Gebrauchslast zu ertragen hat, ist gering. Sicherheitstheoretische Überlegungen zu akzeptablen Lastkombinationen werden in nationalen und internationalen Gremien angestellt [2]. Beim derzeit in der Bundesrepublik Deutschland gültigen Sicherheitskonzept wird von (direkt oder indirekt) vorgeschriebenen Feuerwiderstandsklassen ausgegangen und dafür entsprechende Bauteile aus den Bemessungstabellen der DIN 4102-4 oder den Brandschutzteilen der Eurocodes, ggf. unter Beachtung der im Brandfall vorhandenen Belastung, ausgewählt. Die Bemessungstabellen basieren auf der Normbrandbeanspruchung nach ETK. Die erforderliche Zuverlässigkeit der Brandschutzbemessung wird über die repräsentative Einheitstemperaturzeitkurve und eine bauordnungsrechtlich geforderte, auf der sicheren Seite liegende, Feuerwiderstandsklasse definiert. Der Vorteil dieses präskriptiven Auslegungskonzeptes liegt in seiner einfachen Anwendbarkeit und Überprüfbarkeit [3].

Mit Anwendung der Brandschutzteile der Eurocodes wird die Auslegung des konstruktiven Brandschutzes zu einer echten Ingenieuraufgabe, die grundsätzlich in analoger Weise gelöst werden kann wie bei der Bemessung der Konstruktion für Normaltemperatur. Man legt zunächst die erforderliche Brandschutzleistung fest, die entweder wie bisher eine Feuerwiderstandsklasse, basierend auf einer Brandbeanspruchung nach ETK, sein kann oder aber in einer natürlichen Brandbeanspruchung besteht, der die Konstruktion standhalten muss. Für den rechnerischen Nachweis können die tatsächlich vorhandenen Randbedingungen und Einwirkungen zu Grunde gelegt werden und es kann bei Bedarf auch das Zusammenwirken verschiedener Bauteile in einem Teiltragwerk oder Gesamttragwerk untersucht werden. Der Nachweis mit diesem neuen leistungsorientierten Konzept kann entweder mit einem vereinfachten Rechenverfahren oder einem allgemeinen Rechenverfahren, bei Beton- und Verbundbauteilen auch klassisch mit Hilfe von Bemessungstabellen, durchgeführt werden. Werden die Nachweise für eine Naturbrandbeanspruchung nach EC1-1-2 durchgeführt, dann muss die erforderliche Zuverlässigkeit der Brandschutzbemessung über die Definition einer hinreichend konservativen Bemessungsbrandeinwirkung sichergestellt werden. Dafür stehen im Gesamtkonzept der Eurocodes, je nach verwendetem Naturbrandmodell, die Brandlast oder die Wärmefreisetzungsrate zur Verfügung, diese Einflussgrößen müssen mit einem Teilsicherheitsbeiwert nach EC1-1-2/NA, Anhang BB.5 beaufschlagt werden.

Mechanische Einwirkungen

Die maßgebende Kombination der Einwirkungen im Brandfall $E_{fi,d}$ ergibt sich entsprechend der Kombinationsregel für außergewöhnliche Bemessungssituationen nach

Eurocode EN 1990 [4] durch Abminderung der charakteristischen Werte mit Kombinationsbeiwerten ψ_1 bzw. ψ_2. Im Nationalen Anhang des EC1-1-2 wird empfohlen, dass für die veränderliche Leiteinwirkung $Q_{k,1}$ als Kombinationsbeiwert $\psi_{2,1}$ verwendet werden soll. Dies gilt nicht für Bauteile, deren Leiteinwirkung der Wind ist. In diesem Fall ist für die Einwirkung aus Wind die Größe $\psi_{1,1} \cdot Q_{k1}$ zu verwenden.

$$E_{fi,d} = \gamma_{GA} \cdot G_k \oplus \left(\psi_{1,1} \text{ oder } \psi_{2,1}\right) \cdot Q_k \oplus \psi_{2,i} \cdot Q_{k,i} \tag{35.1}$$

mit

$G_{k,j}$	charakteristischer Wert der ständigen Einwirkungen
$Q_{k,1}$	charakteristischer Wert (des Leitwertes) der veränderlichen Einwirkung
$Q_{k,i}$	charakteristischer Wert weiterer veränderlicher Einwirkungen
γ_{GA}	Teilsicherheitsbeiwert für ständige Einwirkungen (= 1,0)
$\psi_{1,1}, \psi_{2,1}$	Kombinationsbeiwerte nach DIN EN 1990 bzw. nationalen Festlegungen

Baustoffkennwerte

Die mit der Temperatur veränderlichen mechanischen Kennwerte der Baustoffe, insbesondere die abnehmende Festigkeit und die zunehmende Verformbarkeit, bestimmen das Tragvermögen der Bauteile im Brandfall. In den Brandschutzteilen der Eurocodes werden für die brandschutztechnische Bauteil- und Tragwerksanalyse temperaturabhängige Spannungs-Dehnungslinien und thermische Dehnungen zu Verfügung gestellt. Exemplarisch sind im Abb. 35.1 temperaturabhängige Spannungs-Dehnungslinien für Beton mit überwiegend quarzhaltiger Gesteinskörnung und im Abb. 35.2 für Betonstahl B550B, warmgewalzt wiedergegeben.

In den Brandschutzteilen der Eurocodes sind alle wesentlichen Informationen zur temperaturabhängigen Veränderung der mechanischen Baustoffkennwerte enthalten. Zur numerischen Beschreibung der temperaturabhängigen Spannungs-Dehnungslinien und der thermischen Dehnungen sind Gleichungen angegeben.

Statische Bedingungen

Das statische System beeinflusst das Tragverhalten von Bauteilen insofern, als bei statisch unbestimmten Systemen plastische Reserven aktiviert werden und durch Behinderung der thermischen Verformungen Schnittkraftumlagerungen stattfinden. Dieses Verhalten soll am Beispiel einer Stahlbetonkonstruktion erklärt werden.

Bei statisch unbestimmten Systemen treten unter Brandangriff Zwangsschnittgrößen auf, die sich mit dem Schnittkraftverlauf aus Gebrauchslasten überlagern.

Wenn ein *Durchlaufsystem* von unten erwärmt wird, versucht sich jedes Feld infolge des von unten nach oben abnehmenden Temperaturgradienten, später auch infolge abnehmender Steifigkeit, durchzubiegen, wird an freier Verformung jedoch durch den monolithischen Zusammenhang über den Zwischenstützen gehindert. Es bauen sich Zwangsmomente – ähnlich denen bei Stützenhebungen – auf, die die Feldregionen und damit die der Erwärmung am stärksten ausgesetzte Feldbewehrung entlasten, während die Stützmomente

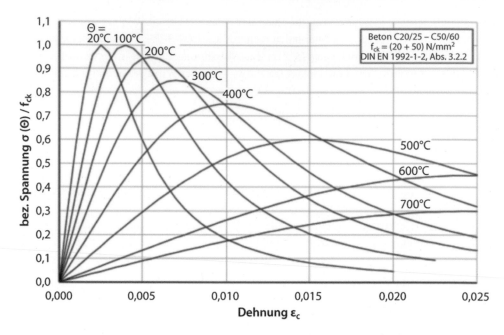

Abb. 35.1 Temperaturabhängige Spannungs-Dehnungslinien von Beton mit überwiegend quarzhaltiger Gesteinskörnung

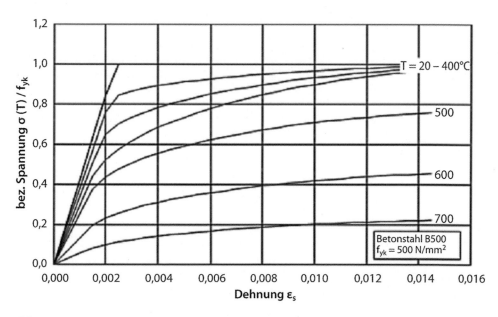

Abb. 35.2 Temperaturabhängige Spannungs-Dehnungslinien von Betonstahl B500B, warmgewalzt

anwachsen. Der Momenten-zuwachs über den Stützen ist im Allgemeinen durch das Erreichen der Fließgrenze der Stützbewehrung, die noch nicht wesentlich erwärmt ist, begrenzt. Es bilden sich plastische Gelenke über den Innenstützen. Das System versagt, wenn die Feldbewehrung ihre – durch die Spannungsreduzierung wesentlich erhöhte – kritische Temperatur erreicht.

Der Mechanismus ist auf Abb. 35.3 am Beispiel eines Dreifeldbalkens dargestellt.

Voraussetzung für diesen Tragmechanismus ist neben genügender Rotationsfähigkeit der Querschnitte über den Innenstützen und ausreichender Tragfähigkeit der Biegedruckzone in den Zwischenstützenbereichen eine Verlängerung der Stützbewehrung zur Abdeckung der negativen Momente im Feldbereich, da der Momenten-Nullpunkt weiter von der Stütze wegwandert. Wegen der erhöhten kritischen Temperatur der Feldbewehrung kann deren Betondeckung geringer sein als bei statisch bestimmten Systemen.

Wenn die Stützbewehrung nicht verlängert wird, reißt unter Brandbeanspruchung der Querschnitt am Ende dieser Bewehrung auf und kann kein Moment mehr übernehmen. Solange seine Querkrafttragfähigkeit erhalten bleibt, stellt sich der auf Abb. 35.4 gezeigte Mechanismus ein. Eine Vergünstigung gegenüber statisch bestimmten Systemen kann hier nicht erwartet werden.

Auch *flächenartige* Betonbauteile, z. B. zweiachsig gespannte Platten, weisen die Fähigkeit auf, durch Temperaturzwängungen Schnittkräfte umzulagern. Dies kann durch geringere Betondeckung der Feldbewehrung genutzt werden.

Anders als bei statisch bestimmten ist bei statisch unbestimmten Systemen die Tragfähigkeit der dem Feuer direkt ausgesetzten Biegedruckzone zu untersuchen; in ungünstigen Fällen kann bei hohen Feuerwiderstandsklassen Schubversagen maßgebend werden [5].

Das Brandverhalten von überwiegend auf Druck beanspruchten Bauteilen, z. B. Stützen hängt im Wesentlichen von den Einflüssen ab, die auch das Verhalten im Kaltzustand bestimmen; es sind dies:

Abb. 35.3 Momentenverteilung und Versagensmechanismus eines Dreifeldbalkens mit gleichmäßig versagensverteilter Belastung im Brandfall

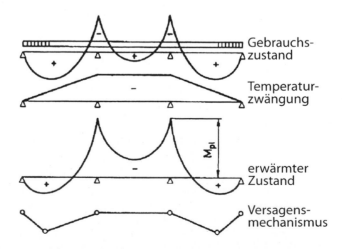

Abb. 35.4 Momentenverteilung und Versagensmechanismus eines Dreifeldbalkens ohne Möglichkeit einer Umlagerung im Brandfall

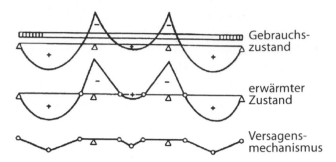

- Schlankheit,
- planmäßige oder ungewollte Lastausmitten,
- Lastausnutzungsgrad und Bewehrungsanteil,
- Lagerungsbedingungen.

Die Einflüsse sind eng miteinander verknüpft, wobei sie sich teilweise addieren, teilweise aber entgegen gerichtete Wirkungen auslösen.

Infolge der großen Verformungsfreudigkeit der Baustoffe unter erhöhter Temperatur erzeugen Lastausmitten beträchtliche seitliche Auslenkungen der Stützen; Momente aus Theorie II. Ordnung sind von größerer Bedeutung als bei „kalten" Systemen.

Monolithisch mit dem unteren und oberen waagerechten Anschlusssystem verbundene Stützen gewinnen, wenn sie erwärmt werden, in den Kopf- und Fußbereichen an Steifigkeit, da dort, wegen der größeren Massigkeit, der Aufheizvorgang langsamer abläuft. Es stellt sich eine konstruktive Teileinspannung ein, die das Brandverhalten günstig beeinflusst.

Außerdem ist das Brandverhalten von Stützen abhängig von einer gegebenenfalls möglichen ungleichmäßigen Erwärmung des Querschnittumfangs. Eine positive Wirkung ist vor allem dann zu erwarten, wenn die infolge Lastausmitte weniger stark gedrückte, bei Anwachsen der Momente II. Ordnung in den Biegezugbereich übergehende Stützenseite geschützt ist.

Konstruktive Hinweise

Bei Stahlbeton- und Spannbetonbauteilen kann das Tragverhalten unter Brandbeanspruchung drastisch verschlechtert werden, wenn *Betonabplatzungen* auftreten. Sie bewirken eine Verminderung des Querschnitts, legen unter Umständen Bewehrung frei und können so zu einem verfrühten Versagen führen.

Harmlos sind die sogenannten *Zuschlagstoff-Abplatzungen*, hervorgerufen durch physiko-chemische Hochtemperaturumwandlungen des Zuschlaggefüges, die sich auf die Bauteil-oberfläche beschränken und keine tiefer greifenden Zerstörungen hervorrufen.

Abfallen von Betonschichten tritt in späten Brandstadien auf, wenn die äußeren, stark erwärmten Betonschichten zermürbt sind, und wird im Allgemeinen durch starke Bauteilverformungen ausgelöst. Auch hieraus sind keine gravierenden Beeinträchtigungen des Tragverhaltens zu erwarten.

Schon in frühen Stadien der Erwärmungsphase eines Vollbrandes können aber *explosionsartige* Betonabsprengungen mit den o. a. gefährlichen Effekten auftreten. Die wichtigste Ursache für explosionsartige Abplatzungen sind Zugspannungen, die beim Ausströmen von Wasser und Dampf durch Reibung an den Porenwandungen entstehen. Hinzu kommen Zwängungen, die durch den nichtlinearen Verlauf des Temperaturgradienten hervorgerufen werden, und gegebenenfalls wird durch die Überlagerung von Lastspannungen eine weitere ungünstige Beeinflussung gegeben [6].

Durch Wahl von Querschnitten mit genügend großer Wärmekapazität wird deren Erwärmung verlangsamt (s. Abschn. 34.2.10) und das Eindringen der Wasser-Verdampfungsfront verzögert. Die Reibung an den Porenwandungen mit den daraus entstehenden Beton-Zugspannungen wird damit geringer, und die Gefahr des Auftretens explosionsartiger Abplatzungen kann so vermindert werden.

Ungeschützte Stahlbauteile erfüllen im allgemeinen keine brandschutztechnischen Anforderungen. Ausnahmen sind sehr massige Profile mit geringem statischen Ausnutzungsgrad. Der Schutz gegen vorzeitige übermäßige Erwärmung kann durch verschiedene Maßnahmen gewährleistet werden [7].

Putzbekleidungen können die Feuerwiderstandsdauer eines Stahlbauteils erheblich verbessern. Voraussetzung dabei ist, dass der Putz während der Beanspruchung weitgehend erhalten bleibt und vom Bauteil nicht abfällt. Die Haftung des Putzes kann z. B. durch folgende Maßnahmen gewährleistet werden:

- Anordnung von Putzträgern – z. B. von Rippenstreckmetall, Streckmetall, Drahtgewebe oder ähnlichem – und ausreichende Befestigung der Putzträger am Bauteil. Konventionelle Putze werden stets auf Putzträger aufgebracht.
- Anordnung von speziellen Haftvermittlern als Haftbrücke zwischen Bauteil und Putz. Derartige Haftvermittler werden mit den zugehörigen Spezial-Brandschutzputzen (s. Abschn. 34.9.1) firmengebunden eingesetzt.

Die Haftung brandschutztechnisch notwendiger Putzbekleidungen ohne Putzträger wie Rippenstreckmetall u. a. auf Stahlbauteilen – insbesondere auf großen Flächen, z. B. auf hohen Trägern mit Steghöhen > 600 mm – ist in der Vergangenheit des Öfteren als „nicht ausreichend" beurteilt worden. Die Ursache für eine schlechte Haftung waren ungenügende Verzahnung der Putzbekleidung mit dem Stahl, insbesondere in Verbindung mit Trennschichten (Korrosionsschutzanstrichen), die die Adhäsion herabsetzen, Schwindspannungen im Putz durch Trocknungs- oder Alterungsvorgänge und mechanische Beanspruchung der Bauteile. In einigen Fällen spielte die Durchfeuchtung der Putze infolge Wasserschäden eine Rolle.

Brandschutztechnische Putzbekleidungen ohne konventionellen Putzträger bedürfen eines Eignungsnachweises, z. B. durch Erteilung einer bauaufsichtlichen Zulassung [7].

Die erforderlichen Putzdicken sind aus solchen Unterlagen zu entnehmen; für Normausführungen mit Putzträgern gibt DIN 4102-4 Hinweise.

Mit **Plattenbekleidungen** werden Stahlbauteile im Allgemeinen kastenförmig ummantelt. Saubere Befestigung und sorgfältige Stoß- und Fugenausbildung ist bei dieser Art der Isolierung besonders wichtig.

Die Wirkung von **Brandschutzbeschichtungen** aus dämmschichtbildenden Anstrichen beruht darauf, dass sie unter Temperatureinfluss aufschäumen und das Stahlprofil mit einer isolierenden Hülle umgeben. Während der Brandbeanspruchung reißt die Dämmschicht im Allgemeinen auf und zersetzt sich, wodurch ihre Wirkung wieder reduziert wird. Dämmschichtbildende Anstrichsysteme, die im Übrigen einer bauaufsichtlichen Zulassung bedürfen, sind daher nur begrenzt, für niedrige Feuerwiderstandsklassen, einzusetzen [7].

Verglasungen aus eingebauten Scheiben aus üblichem Bauglas (Kalk-Natrongläser) zerspringen im Allgemeinen schon während der ersten Minuten eines Brandangriffs. Das ist darauf zurückzuführen, dass sich der erwärmte Bereich der Scheibe auszudehnen versucht, dabei aber durch den schmalen Rand, der von einem Rahmen vor Erwärmung weitgehend geschützt ist, behindert wird. Es bauen sich Spannungen auf, im warmen Innenbereich Druck, am kalten Rand Zug.

Die Größe der Zugspannungen σ_z ist vom linearen Wärmeausdehnungskoeffizienten α_ϑ, dem Elastizitätsmodul E, dem Querdehnungskoeffizienten μ des Glases und von der Temperaturdifferenz $\Delta\vartheta$ zwischen Scheibenmitte und -rand nach folgendem Gesetz abhängig:

$$\sigma_z = \frac{\alpha_\vartheta \cdot E}{1-\mu} \cdot \Delta\vartheta. \tag{35.2}$$

Sie überschreiten sehr bald die Materialfestigkeit und leiten den Bruch ein, der im Allgemeinen von kleinen Fehlstellen der Außenkanten ausgehend zunächst senkrecht zum Scheibenrand – senkrecht zu den Zugspannungen – verläuft, dann in der Grenzzone zwischen „kaltem" Rand und „heißer" Mitte abknickt und um die Scheibe herumläuft, wodurch die erwärmte Scheibe nahe dem Rahmen großflächig herausgeschnitten wird.

Zur Verbesserung des Verhaltens kann die Temperaturdifferenz $\Delta\vartheta$ verkleinert werden durch perforierte Rahmen. Der Wärmeausdehnungskoeffizient α_ϑ, der bei normalem Fensterglas rund $9 \cdot 10^{-6}/K$ beträgt, kann bei Spezialgläsern besonderer Zusammensetzung (Borosilikat) auf rund $3 \cdot 10^{-6}/K$, bei der sogenannten Glaskeramik sogar auf $0,1 \cdot 10^{-6}/K$ herabgedrückt werden. Durch Vorspannung der Scheibe während des Herstellvorgangs können bleibende Druckspannungen aufgezwungen werden, die bei dem beschriebenen Beanspruchungszustand unter Brandangriff von den sich entwickelnden Zugspannungen erst abgebaut werden müssen, ehe ein Bruch auftreten kann.

Nach Überschreiten einer materialabhängigen Grenztemperatur werden die Wärmespannungen in der Glasscheibe wieder abgebaut, da ein Erweichungsprozess beginnt. Bei den genannten Borosilikatgläsern zieht sich dieser Prozess über einen weiten Temperaturbereich hin, ehe das Glas zu fließen beginnt und die Scheibe in sich zusammensinkt. Weiter verzögern lässt sich diese Versagenserscheinung durch gleichmäßige feste Einpressung in den Rahmen. Mitbestimmend ist die Schwere der Scheibe.

Mit Borosilikat- oder Glaskeramikscheiben lassen sich feuerwiderstandsfähige Verglasungen herstellen, die während des Brandvorgangs transparent bleiben. Das bedeutet aber, dass sie auch einen Teil der Wärmestrahlung passieren lassen, wodurch eine Gefährdung auf der feuerabgekehrten Seite der Verglasung – fliehende Menschen, brennbare Gegenstände – eintreten kann. Der Einsatz solcher Verglasungen ist daher nicht unbegrenzt möglich.

Das gleiche gilt für Drahtglaskonstruktionen. Diese weisen zwar nach wenigen Minuten einer Brandbeanspruchung eine Vielzahl von Sprüngen auf, werden aber durch das punktgeschweißte Drahtnetz zusammengehalten. Wenn das Drahtnetz sich nicht aus dem Rahmen ziehen kann, ist mit Drahtglasscheiben eine beachtliche Feuerwiderstandsdauer erreichbar.

Wenn eine Wärmestrahlung durch die Verglasung im Brandfall nicht zugelassen werden kann, müssen Scheibenkonstruktionen anderer Art eingesetzt werden. Diese bestehen immer aus mindestens zwei Glasscheiben, zwischen denen sich eine unter Normaltemperatur glasklare Brandschutzschicht – oft Natriumsilikat – befindet.

Im Brandfall zerspringt die dem Feuer zugekehrte Scheibe, und die Brandschutzschicht wird dem Wärmeangriff ausgesetzt. Sie schäumt unmittelbar auf und bildet eine undurchsichtige wärmedämmende Schicht, die die feuerabgekehrte Scheibe (oder Scheibenbatterie) vor übermäßiger Erwärmung und dem Zerspringen schützt. Im Sinne der Norm haben solche Verglasungen die gleichen Kriterien zu erfüllen wie Wände.

Im Gebrauchszustand sind Brandschutzverglasungen in zufriedenstellendem Maße lichtdurchlässig; die Transmission der Lichtstrahlung ist abhängig von der Glasart, sowie der Dicke und Anzahl der Scheiben. Temperaturen über 50 °C können die schaumbildenden Brandschutzschichten beeinflussen. Das ist bei der Planung zu berücksichtigen.

Brandschutzverglasungen müssen werkseitig maßgerecht hergestellt werden; späteres Zuschneiden der Scheiben ist nicht möglich [8].

Das **Verhalten von Gesamttragwerken** unter Brandbeanspruchung wird relativ selten rechnerisch verfolgt. Der vorbeugende bauliche Brandschutz geht bisher im Regelfall von der Dimensionierung von Einzelbauteilen für eine bestimmte Feuerwiderstandsdauer gemäß bauaufsichtlicher Forderung aus und lässt die wechselseitige Einwirkung benachbarter Bauteile aufeinander außer Acht. Durch die Erwärmung infolge Brandbeanspruchung treten aber Dehnungen und Verdrehungen der Bauteile auf, die nur in den seltensten Fällen unbehindert sind. Vielmehr ist durch Nachbarbauteile fast immer eine Verformungsbehinderung gegeben, die das Brandverhalten des Einzelbauteils verändern kann, insbesondere aber das Verhalten des Gesamtbauwerks bestimmt.

Brände in einem Geschossbau bleiben häufig lokal begrenzt. In einer Geschossdecke, z. B. aus Stahlbeton, sind dann heiße Plattenbereiche von kalten umgeben, und die behinderte thermische Dehnung weckt Zwängungen im beflammten wie im nicht beflammten Plattenteil. Die Horizontalzwängungen können als Scheibenspannungszustand angegeben werden (Abb. 35.5 [9]). Die Scheibenspannungen (erwärmter Zustand) überlagern sich

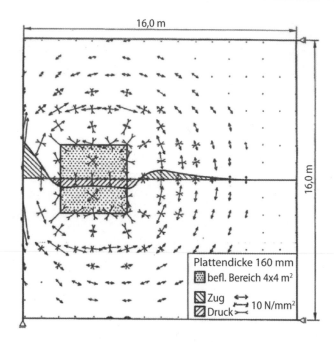

Abb. 35.5 Scheibenspannungszustand einer Stahlbetondecke bei partieller Brandbeanspruchung nach ETK in der 90. Minute. (Zur Demonstration der Zwangsbeanspruchung wurde der ungerissene Zustand gewählt, obwohl die aufnehmbare Beton-Zugspannung überschritten wird.) [9]

mit den aus der mechanischen Beanspruchung (Gebrauchszustand) vorhandenen Plattenspannungen. Generell ist diese Wirkung als positiv zu bezeichnen, da im beflammten Teil – bei Annahme einer Brandwirkung von unten – durch die geweckten Zwang-Druckspannungen eine Entlastung der untenliegenden und von der Erwärmung zunächst betroffenen Biegezugbewehrung der Plattenfelder eintritt. Entsprechend wird natürlich die gleichfalls erwärmte Biegedruckzone in den Stützbereichen nun stärker beansprucht, was zu Schäden führen kann, wenn diese Bereiche schon im Gebrauchszustand hoch ausgelastet waren.

Zwang-Zugbeanspruchungen, die in der kalten Umgebung geweckt werden, können zu Rissen führen; Plastifizierung der Bewehrung und nicht reversible Verformungen des Deckensystems in großen Bereichen sind bei extremer Brandintensität möglich.

Sobald in einer Gruppe von benachbarten Stützen die Einzelstützen von einem Brand unterschiedlich hoch beaufschlagt werden, ist ihre thermische Dehnung unterschiedlich, und gegenseitige Behinderungen dieser Dehnung treten ein. Dadurch werden gerade bei der am stärksten thermisch beanspruchten Stütze Zwangskräfte, die sich zur Gebrauchslast addieren, geweckt. Durch Hochtemperatur-Kriech- und -Relaxationseinflüsse werden die thermischen Zwängungen im Allgemeinen jedoch wieder abgebaut, noch ehe sie zu einem verfrühten Normalkraftversagen der Stütze führen.

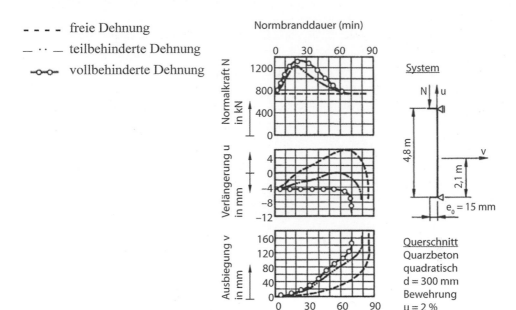

Abb. 35.6 Versuchsergebnisse von frei verformbaren und dehnbehinderten Stahlbetonstützen unter Normbrandbeanspruchung [10]

Abb. 35.6 zeigt den Effekt einer Dehnungsbehinderung auf eine brandbeanspruchte Stahlbetonstütze an Versuchsbeispielen [10]. Es handelt sich um identische Stützen mit ausmittiger Gebrauchslast unter Normbrandbeanspruchung. Ein Versuchskörper konnte sich bei konstant gehaltener Belastung N_0 in seiner Längsrichtung frei dehnen (u). Die seitlichen Stützenausbiegungen v wuchsen dabei langsam an, bis sie im Endstadium das Versagen der Stütze bestimmten. Der zweite Versuchskörper wurde vollständig an seiner Längsverformung u gehindert; es entwickelte sich eine Zwangskraft N_z, die verhältnismäßig früh ihr Maximum erreichte und sich wieder abbaute. Die bereits ausgelösten größeren Seitenausbiegungen v nahmen jedoch weiter zu und führten zu einem gegenüber der ungezwängten Stütze etwas früheren Versagen. Dazwischen liegen die Ergebnisse eines dritten Versuchs mit teilweiser Behinderung der Längsverformung.

Literatur

1. CEB (Comite Euro-International du Beton): Design of Concrete Structures for Fire Resistance. Bull. d'Information No. 145, Paris, 1982
2. CIB (Conseil International du Batiment) W14 Workshop „Structural Fire Safety": A Conceptual Approach Towards a Probability Based Design Guide on Structural Fire Safety". Fire Safety Journal, Elsevier Sequoia, Lausanne, 1983

3. Hosser, D.; Richter, E.: Konstruktiver Brandschutz im Übergang von DIN 4102 zu den Eurocodes. Beton-Kalender 2009, S. 501–553, Verlag Ernst & Sohn, Berlin; ISBN: 9783-433-01854-5, 2009

4. DIN EN 1990:2010-12: Eurocode; Grundlagen der Tragwerksplanung; Deutsche Fassung EN 1990:2002 + A1:2005 +A1:2005/AC:2010

5. Krampf, L.: Untersuchungen zum Schubverhalten brandbeanspruchter Stahlbetonbalken. Festschrift Kordina, München: W. Ernst & Sohn, 1979

6. Meyer-Ottens, C.: Zur Frage der Abplatzungen an Betonbauteilen aus Normalbeton bei Brandbeanspruchung. Diss. TU Braunschweig, 1972

7. Meyer-Ottens, C.: Brandverhalten von Bauteilen. Schriftenreihe Brandschutz im Bauwesen (BRABA), Heft 22 I und IL, E. Schmidt Verlag, Berlin, 1981

8. Schott-Information: Brandschutzglas. Heft 4, Mainz (1976)

9. Walter, R.: Partiell brandbeanspruchte Stahlbetondecken – Berechnung des inneren Zwanges mit einem Scheibenmodell. Diss. TU Braunschweig, 1981

10. Kordina K. et al.: Arbeitsbericht 1978 –1980 des Sonderforschungsbereichs 148 „Brandverhalten von Bauteilen". TU Braunschweig, 1980

Ergänzende Maßnahmen

36

Olaf Riese

Durch eine Reihe von Maßnahmen, die den vorbeugenden baulichen Brandschutz, der durch feuerwiderstandsfähige Ausbildung der Bauteile gewährleistet wird, ergänzen, kann der Entstehung und vor allem der Ausbreitung von Schadenfeuern wirksam begegnet werden.

36.1 Früherkennungs- und -meldeanlagen

Dem vollentwickelten Brand, der dem Bauwerk (Tragwerk) gefährlich wird, geht häufig eine längere Phase der Brandentstehung voraus, während der Früherkennungs- und -meldeanlagen bereits ansprechen und häufig dazu beitragen können, dass der Brand gelöscht wird, noch ehe er ein gefährliches Stadium erreicht.

Ionisations-Brandmelder reagieren auf Unterschiede der elektrischen Leitfähigkeit „normaler" und rauchdurchsetzter bzw. mit Verbrennungsgasen vermischter, ionisierter Luft.

Optische Rauchmelder zeigen die Störung an, wenn der Lichtstrahl einer eingebauten Lichtquelle durch Rauch auf eine Fotozelle reflektiert wird.

Wärmemelder lösen über Schmelzlot oder Bimetall aus, wenn eine festzulegende Temperatur erreicht wird.

Wärme-Differentialmelder sind empfindlich gegen rasches Ansteigen der Temperatur.

Flammenimpulsmelder sprechen auf das Flackern einer Flamme, auch wenn sie keinen Rauch bildet, an.

O. Riese (✉)
Braunschweig, Deutschland
E-Mail: o.riese@ibmb.tu-bs.de

© Springer Fachmedien Wiesbaden GmbH, ein Teil von Springer Nature 2022
W. M. Willems (Hrsg.), *Lehrbuch der Bauphysik*,
https://doi.org/10.1007/978-3-658-34093-3_36

Neben diesen automatischen Anlagen sind die von **Hand** zu betätigenden **Feuermelder** nicht zu vergessen.

36.2 Frühbekämpfungsmaßnahmen

Handfeuerlöscher, gefüllt mit Löschmitteln, die der Art der Brandlast entsprechen, können ein wirksames Mittel zur Bekämpfung eines Entstehungsbrandes sein.

Sprinkleranlage**n** sind selbsttätige Brandschutzeinrichtungen, die die Aufgabe haben, einen Entstehungsbrand unter Kontrolle zu halten. Sie können daher weder Löschkräfte noch sonstige Maßnahmen zur Brandbekämpfung ersetzen.

Durch Sprinkleranlagen wird Wasser mittels eines fest verlegten Rohrleitungsnetzes zu zweckmäßig verteilten, ebenfalls fest verlegten Düsen, den Sprinklern, geleitet. Die Sprinkler sind im Bereitschaftszustand der Sprinkleranlage ständig geschlossen und sprechen erst – gesteuert durch Branderkennungs- und Auslöseelemente – an, wenn sie auf ihre Öffnungstemperatur erwärmt sind. Im Brandfalle öffnen sich daher nicht alle Sprinkler, sondern nur jene, die sich im Bereich des Brandherdes befinden.

36.3 Rettungswege

Für die Bewohner eines Gebäudes ist bei Bränden die Sicherheit der *Rettungswege* von entscheidender Bedeutung. Grundsätzlich sollen Personen von jedem Aufenthaltsraum über Flure, notwendige Treppen und Ausgänge ins Freie gelangen können. Dieser erste Rettungsweg muss gegen Brandeinwirkung geschützt sein, er dient gleichzeitig als Angriffsweg für die Feuerwehr. Ein zweiter Rettungsweg, der z. B. über von der Feuerwehr angelegte Leitern führen kann, ist zusätzlich erforderlich.

Treppen bleiben im Brandfall nur dann als vertikale Rettungswege sicher benutzbar, wenn sie in einem eigenen Raum mit ausreichend feuerwiderstandsfähigen Wänden, dem Treppenraum, liegen, der gegen Verqualmen geschützt ist.

Flure, die allgemein zugänglich sind und als horizontale Rettungswege dienen, sollten mindestens feuerhemmende Wände und Decken haben und müssen von den Treppenräumen mit dichtschließenden Türen abgeschlossen sein.

Die Benutzung von Rettungswegen sollte nicht durch Abstellen von Gegenständen oder gar Lagerung brennbarer Stoffe beeinträchtigt sein, und selbstverständlich sollten Bauteile, die Rettungswege begrenzen (Decken, Wände), selbst nicht zur Entwicklung und Fortleitung von Flammen und Rauch beitragen.

Von wesentlicher Bedeutung für die Sicherung des Fluchtweges ist, dass er – oder zumindest die Treppenräume – rauchfrei gehalten wird. Haben Treppenanlagen Fenster, die ins Freie führen, können diese als Rauchabzugsöffnung**en** dienen. Bei innenliegenden Treppen ist an der obersten Stelle des Treppenraumes eine Rauchabzugsvorrichtung anzubringen. Um einen einwandfreien Rauchabzug zu ermöglichen, muss gegebenenfalls ein besonderer ins Freie führender, feuerbeständiger Abzugsschacht geschaffen werden.

36.4   Rauch- und Wärmeabzugsanlagen

In einem geschlossenen Raum steigen Rauch und heiße Brandgase über der vom Brand erfassten Fläche im Wesentlichen lotrecht bis zum Dach bzw. bis zur Decke auf und breiten sich dort aus. Im weiteren Verlauf füllt sich schließlich der gesamte Raum mit Rauch und heißen Brandgasen, noch ehe sich der eigentliche Brand wesentlich ausbreitet. Durch ausreichend dimensionierte und entsprechend angeordnete Zu- und Abluftöffnungen wird erreicht, dass im Brandfall die Schicht von Rauch und heißen Brandgasen ein erträgliches Ausmaß nicht überschreitet, d. h. dass unter ihr Sicht und Atemluft erhalten bleiben. **Rauch- und Wärmeabzugsanlagen**, kurz RWA genannt, ermöglichen oder erleichtern daher in Brandfällen die Sicherung der Fluchtwege gegen Verqualmen und den schnellen und gezielten Löschangriff der Feuerwehr.

RWA sind Dachabschlüsse, die im Allgemeinen im Gebrauchszustand auch als Raumbelichtung genutzt werden. Sie geben im Brandfall Öffnungen im Dach frei, die der natürlichen Ableitung von Rauch und Brandgasen dienen; sie lassen sich im Brandfall automatisch und/oder manuell öffnen. Um die automatische Öffnung zu gewährleisten, müssen ihnen Branderkennungselemente (s. Abschn. 36.1) und Auslösevorrichtungen zugeordnet werden.

Voraussetzung für die Wirkung der RWA ist, dass im Brandfall rechtzeitig die zweckentsprechenden Zuluftöffnungen geschaffen werden. Dazu gehören vor allem Türen, Tore und, soweit sie sich in den unteren Raumbereichen – etwa in Hallen – befinden, auch Fenster.

36.5   Leitungen, Schächte, Kanäle

Lüftungsleitung**en**, insbesondere Klimaanlagen, können bei unsachgemäßer Ausführung innerhalb kürzester Zeit Wärme und Brandgase in Gebäuderegionen befördern, die vom Brandherd weit entfernt sind. Um solche potentielle Gefahr zu vermindern, müssen Lüftungsrohre, -schächte und -kanäle im Allgemeinen aus nichtbrennbaren Baustoffen bestehen; in Gebäuden mit mehr als zwei Vollgeschossen müssen sie so ausgeführt werden, dass Feuer und Rauch nicht in andere Geschosse übertragen werden können. Diese Forderung gilt sinngemäß auch für die Überbrückung zweier Brandabschnitte (s. Abschn. 36.7) in horizontaler Richtung.

Um die Forderung zu erfüllen, sind entweder die Leitungen so auszubilden, dass sie einem direkten Brandangriff von außen ausreichend lange standhalten, ohne dass in ihrem Innern unzulässig hohe Temperaturen erreicht werden und/oder zu hohe Rauchgaskonzentrationen auftreten, oder es sind in Decken- bzw. Wandebene Absperrvorrichtungen

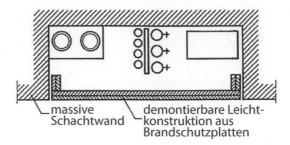

massive Schachtwand · demontierbare Leicht-konstruktion aus Brandschutzplatten

Abb. 36.1 Schacht für Installationen, ausgebildet als Nische in einer Massivkonstruktion, abgeschlossen durch eine Leichtkonstruktion, die für Reparaturarbeiten entfernt werden kann. Bei größeren Abmessungen muss die Leichtkonstruktion ausgesteift werden [1]

einzubauen, die im Gebrauchszustand offen sind und sich bei Rauch und Wärmeeinwirkung selbsttätig schließen.

Auch Schächte und Kanäle für Installationen haben sich als Brandüberträger erwiesen. Auch sie müssen daher aus nichtbrennbaren Baustoffen hergestellt werden; die weiteren oben genannten Forderungen werden jedoch nur bei Gebäuden mit mehr als fünf Vollgeschossen erhoben. Abb. 36.1 zeigt einen ordnungsgemäß ausgeführten Installationsschacht (Beispiel nach [1]).

Handelt es sich bei den Installationen um *Kabel* mit PVC-haltiger Isolierung, so ist die zusätzliche Gefahr der Übertragung aggressiver Gase gegeben (s. Abschn. 34.8 und 37.3), und die Abschottung ist von besonderer Bedeutung, wenn Kabelbündel nicht in ausreichend feuerwiderstandsfähigen Schächten oder Kanälen geführt werden.

Zur Abschottung von Wand- und Deckendurchbrüchen können z. B. Brandschutzmörtel, mineralfaserhaltige Spritz- oder Pumpmassen, Schaumbildner, Beton oder Sandtassen verwendet werden. Beim Verschließen der Öffnungen ist darauf zu achten, dass auch die Hohlräume zwischen den einzelnen Kabeln oder Leitungen verschlossen werden. Bei Kabelbündeln kann dazu eine Auflockerung erforderlich sein. Abb. 36.2 zeigt als Beispiel (nach [2]) die Abschottung eines Kabelbündels in einer Decke.

Aufzugschächte müssen so ausgebildet werden, dass die durch sie gegebene Gefahr der Brand- und Rauchübertragung eingedämmt wird. Dazu sind sie in feuerbeständiger Bauart zu errichten, und an die Fahrschachttüren werden Forderungen zur Behinderung des Wärme- und Rauchdurchgangs gestellt.

36.6   Wandöffnungen; Türen und Tore

Es leuchtet ein, dass jede nicht feuerwiderstandsfähig verschlossene Öffnung in einer Wand, die brandschutztechnische Aufgaben, insbesondere die der Verhinderung des Feuerübergriffs von einem Raum auf den anderen (Raumabschluss), zu erfüllen hat, eine Schwachstelle bedeutet. Daher kommt Türen und Toren eine hohe Bedeutung zu, was sich unter anderem dadurch ausdrückt, dass sie, wenn sie Aufgaben als „Feuerschutzabschlüsse"

Abb. 36.2 Deckenschott
eines Kabelbündels [2]

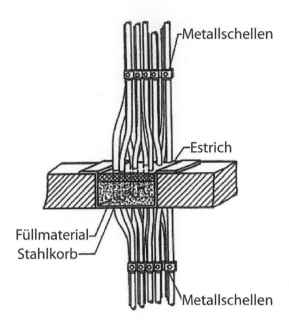

(Normbezeichnung) zu erfüllen haben, grundsätzlich zulassungspflichtig sind, sofern sie nicht DIN 18 082 „Feuerschutzabschlüsse – Stahltüren T30-1" entsprechen.

Es bereitet im Allgemeinen keine Schwierigkeiten, die Türblätter so auszubilden, dass sie den Durchtritt des Feuers oder die Erhöhung der Temperatur auf der feuerabgewandten Seite über das zulässige Maß hinaus sicher verhindern. Jedoch suchen sich die Türblätter thermisch zu verformen und – gehalten von ihren Bändern und den geschlossenen Türschlössern – von der Zarge abzuwölben, wodurch unzulässig große Spalte entstehen können, die den Raumabschluss aufheben. Eine Feuerschutztür muss daher immer als Einheit von Türblatt, Bändern, Schloss und Zarge betrachtet werden. Es gibt keine „feuerhemmenden Zargen" oder „feuerbeständigen Türblätter"! Darüber hinaus werden von den sich verformenden Türen große Kräfte in die Wände eingeleitet, die diese nicht immer aufnehmen können und im schlimmsten Fall gemeinsam mit der eingebauten Tür vorzeitig versagen. Diese Gefahr besteht vor allem bei Leichtwänden; aber auch beispielsweise eine 11,5 cm dicke gemauerte Wand ist nicht in der Lage, zusammen mit jeder beliebigen zugelassenen Feuerschutztür den geforderten Raumabschluss zu gewährleisten. Aus diesem Grund enthält jede bauaufsichtliche Zulassung einer Feuerschutztür oder eines -tores den Hinweis auf die erforderliche Wandausbildung.

Feuerschutztüren sind im Allgemeinen nicht gleichzeitig zum definierten Schutz gegen Rauch geeignet. Die Erfüllung beider Aufgaben wird jedoch bei Neuentwicklungen angestrebt.

36.7   Brandabschnitte

Die vertikale und horizontale Gebäudeunterteilung in Brandabschnitte ist besonders wichtig für die Begrenzung der Brandausbreitung und Erleichterung der Brandbekämpfung. Zwischen benachbarten Gebäuden können Brandabschnitte durch *Schutzabstände* gebildet werden. Es ist darauf zu achten, dass Brandschutzabstände durch sogenannte Feuerbrücken, wie brennbare Anbauten, Schuppen und dergleichen, oder durch Lagerung brennbarer Stoffe in ihrer Wirkung nicht wieder aufgehoben werden.

Wenn ein Gebäude in mehrere übereinander liegende Brandabschnitte zu unterteilen ist, werden zur horizontalen Begrenzung die *Geschossdecken* benutzt, die für diesen Zweck feuerbeständig (F90-AB nach DIN 4102-2 bzw. -4) sein müssen.

Brandwände sind Wände zur vertikalen Trennung oder Abgrenzung von Brandabschnitten innerhalb von Gebäuden oder zwischen eng stehenden benachbarten Bauwerken. Sie sind dazu bestimmt, die Ausbreitung von Feuer auf andere Gebäude oder Gebäudeabschnitte sicher zu verhindern. Dazu müssen sie aus nichtbrennbaren Baustoffen bestehen und bei Bränden den Durchgang des Feuers ausreichend lange verhindern (F90-A nach DIN 4102-3 bzw. -4), sie müssen unter Brandeinwirkung und den bei Bränden möglichen Nebenwirkungen (Stoßbeanspruchung etwa durch einstürzende Bauteile) standsicher und raumabschließend bleiben.

Die richtige Anordnung und sorgfältige Ausführung der Brandwände ist besonders wichtig. Brandwände sollen in der Regel durch alle Geschosse des Gebäudes geführt werden. Sie können versetzt angeordnet werden, wenn die dazwischenliegenden Decken feuerbeständig (F90-A nach DIN 4102-2 bzw. -4), öffnungslos und ausreichend für Trümmerlast bemessen sind. Die Abstände der Brandwandunterteilungen sind so eng wie möglich zu wählen.

Auch zwischen Gebäudeteilen, die durch Bauart oder Nutzung eine unterschiedliche Brandgefahr darstellen oder besonders schützenswert sind, können Brandwandtrennungen sehr zweckmäßig sein. Bei winkelig zusammenhängenden Gebäuden sollten Brandwände nicht in der Ecke, sondern in mindestens 5 m Abstand davon angeordnet werden, um zu verhindern, dass das Feuer an der Brandwand vorbei auf den nächsten Brandabschnitt übergreift.

Für die Ausführung der Brandwände dürfen nur dafür geeignete Baustoffe verwendet werden. Je nach Bauart und Material sind Mindestdicken nach DIN 4102-4 einzuhalten. Bauteile aus brennbaren Baustoffen dürfen in Brandwände nicht eingreifen oder über diese hinweg geführt werden. Stahlträger, Stahlstützen, Holzbalken, Schornsteine und lotrechte Leitungsschlitze dürfen die erforderliche Dicke der Brandwände nicht mindern. Brandwände sind mindestens bis unmittelbar unter die Dachdeckung zu führen; in vielen Fällen fordern die Bauordnungen jedoch, dass sie über Dach geführt oder, wenn das aus architektonischen Gründen nicht zumutbar ist, in der Ebene der Dachhaut mit einer beiderseits auskragenden, feuerbeständigen, von außen nicht sichtbaren Stahlbetonplatte abgedeckt werden.

Immer wieder kommt es durch unverschlossene *Öffnungen* in Brandwänden zu einer erheblichen Brandausweitung. Öffnungen sind daher möglichst zu vermeiden; wenn die Gebäudenutzung sie jedoch erfordert, müssen sie mit feuerbeständigen Abschlüssen versehen werden, die geschlossen zu halten sind. Sollen aus betrieblichen Gründen Brandwandtüren geöffnet bleiben, müssen sie besondere Vorrichtungen erhalten, die bei einem Brand auf Temperaturerhöhung oder Rauchentwicklung ansprechen und bewirken, dass sich die Türen selbsttätig schließen. Die Schließautomatik darf nicht durch Verkeilen oder Verstellen behindert werden.

Auf Abb. 36.3 ist (nach [3]) das Beispiel einer über Dach geführten Brandwand gezeigt, die in Höhe der Dachkonstruktion Auskragungen zur Aufnahme der brennbaren Bauteile besitzt. Kabel sind auf an der Dachkonstruktion aufgehängten Pritschen herangeführt, die in der Nähe der Brandwand mit einer dämmschichtbildenden Beschichtung versehen sind, sodass sie über eine begrenzte Zeit – maximal so lange wie die Dachkonstruktion – dem Brandangriff standhalten. Die Kabelpritschen enden hier vor der Brandwand, um zu vermeiden, dass sie auf die Kabelabschottung unzulässige Kräfte ausüben, wenn sie – gegebenenfalls zusammen mit dem Dach – im Brand herabstürzen.

Es gibt aber auch bauaufsichtlich zugelassene Kabelschotts, bei denen die Kabel auf Pritschen durch die Wand geführt werden können.

Das Beispiel zeigt weiter einen durch die Brandwand geführten Lüftungskanal mit einer Absperrvorrichtung in Wandebene (s. Abschn. 36.5).

Wie Türen und Tore sind auch Kabelschotts und sonstige Absperrvorrichtungen in Brandwänden feuerbeständig auszuführen.

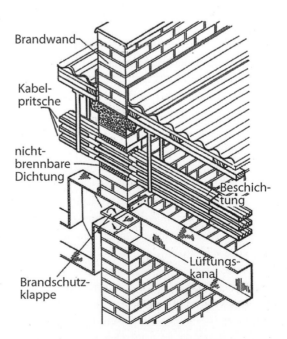

Abb. 36.3 Beispiel einer Brandwandausbildung mit Kabel- und Lüftungskanaldurchleitung [3]

In Industrieanlagen ist es oft nicht leicht, einwandfreie Brandabschnittstrennungen durchzuführen, ohne störend in den Betriebsablauf einzugreifen. Erst nach gründlicher Überlegung sollte man in solchen Fällen Ersatzlösungen wählen, die in ihrer Wirkung aber Brandwände niemals voll ersetzen können.

36.8 Definierter Objektschutz

Nicht in allen Fällen ist die Auslegung des baulichen Brandschutzes gemäß Ordnungen und Normen (s. Kap. 32) auf der Grundlage der Normbrandbeanspruchung (ETK) befriedigend, auch dann nicht, wenn man etwa, um ein allgemeines höheres Sicherheitsniveau zu erreichen, höhere Feuerwiderstandsklassen fordert. In solchen Fällen ist ein Brandschutz anzustreben, der so genau wie möglich auf das betreffende Einzelobjekt abgestellt ist und bei dem das durch den Brand hervorgerufene hinnehmbare Schadenausmaß festgelegt wird, der sogenannte definierte Objektschutz. Für einen solchen, meistens aufwendigen Brandschutz kommen beispielsweise in Frage: Bauwerke hohen kulturellen Wertes, Wohnhochhäuser mit nicht kalkulierbarer Evakuierungszeit, Bauwerke hohen finanziellen Wertes oder überregionaler Bedeutung, besonders aber Bauwerke, bei denen Abbruch und Neubau nach einem Schadenfeuer nicht in Frage kommen, da ihre Funktionsfähigkeit in kürzester Frist wiederhergestellt sein muss, bei denen Brandschäden aber sowohl zu besonderen Gefahren, etwa Wassereinbruch bei Tunneln oder Verseuchung bei Kernkraftwerken, wie auch zu besonders hohem technischen und finanziellen Aufwand bei der Wiederherstellung führen würden.

Das Vorgehen bei der Bemessung des vorbeugenden baulichen Brandschutzes für besonders schutzbedürftige und -würdige Bauwerke, der definierte Objektschutz also, muss, soweit möglich, alle im betreffenden Einzelfall vorhandenen Gegebenheiten des passiven und aktiven Brandschutzes einbeziehen. Dazu können gehören: Überwachung durch Fernsehkameras, automatische Brandmelder, Handfeuermelder, Notruftelefone, automatische Löschanlagen, Handfeuerlöscher. Es ist zu überlegen, welche Zeit vergehen wird, bis ein Brand entdeckt, als gefährlich erkannt und der Feuerwehr gemeldet wird. Die Zeiten für das Anrücken der Feuerwehr und bis zum Beginn wirksamer Löscharbeiten sind zu ermitteln.

Maßgebend für die Temperaturentwicklung bis zum Beginn wirksamer Löscharbeiten, aber auch während des Löschvorgangs ist in erster Linie die vorhandene Brandlast, in einem Tunnelbauwerk beispielsweise ein brennendes Tankfahrzeug, und außerdem sind die in Kap. 33 aufgeführten Parameter mitbestimmend.

Für eine zutreffende Abschätzung des Brandverlaufs stehen Erfahrungen aus Großversuchen, aber auch Auswertungen von Schadenfeuern zur Verfügung. Ansätze von Wärmeund Massenbilanzen sind unter den in Abschn. 38.2 angegebenen Einschränkungen möglich. Mit Hilfe solcher Unterlagen und der individuellen Bauwerkdaten kann die Temperatur-Zeit-Entwicklung im angenommenen Brandentstehungsraum sowie gegebenenfalls Brandfortpflanzung in Nachbarräume, vollentwickelter Brand in großen Bereichen, Wirkung von Löschmaßnahmen usw. festgelegt und der brandschutztechnischen Bemessung der tragenden Konstruktion zugrunde gelegt werden.

Zur brandschutztechnischen Bemessungskategorie „Definierter Objektschutz" gehört selbstverständlich, in Zusammenarbeit mit dem Bauherrn festzulegen, ob jedes denkbare Risiko durch brandschutztechnische Maßnahmen baulicher und betrieblicher Art abgedeckt werden soll, oder ob Schäden aus Extrembeanspruchungen, deren Verhinderung die Kosten von Vorbeugemaßnahmen nochmals erheblich steigern würden, in Kauf genommen werden sollen. Die Entscheidung darüber wird der Bauherr fällen müssen, für den im Allgemeinen auch Aspekte des Versicherungsschutzes mitsprechen werden.

Bei jeder späteren Nutzungsänderung des Bauwerks ist zu prüfen, ob der ursprünglich definierte Objektschutz noch angemessen ist.

Für die tragende Konstruktion wird sich ein **beschränkter** Objektschutz als optimal erweisen, der folgenden Anforderungen entspricht:

- Bei Einwirkung der für das Bauwerk als relevant erachteten Brandbeanspruchung dürfen keine Schäden auftreten, die die Tragfähigkeit des gesamten Bauwerks oder wichtiger Einzelbauteile bleibend mindern.
- Unvertretbar große bleibende Verformungen der Konstruktion dürfen durch die Brandeinwirkung nicht entstehen.
- Wiederherstellungsarbeiten sollen mit möglichst geringem technischen, finanziellen und zeitlichen Aufwand möglich sein.

Der Nachweis der Spannungen und Formänderungen des Bauwerks in Quer- und Längsrichtung unter Berücksichtigung der Interaktion zwischen den Bauteilen ist mit Verwendung nichtlinearer temperaturabhängiger Stoffgesetze unter Zugrundelegung der zu erwartenden Wärmebeanspruchung zu führen.

Die Anwendung des Verfahrens setzt Spezialkenntnisse auf dem Gebiet der Thermodynamik, sowie des Hochtemperaturverhaltens der Baustoffe und Bauteile voraus. Die Berechnung wird mit heutigen EDV-Programmen zur Strukturanalyse und unter der Einsatz von Großrechenanlagen zunehmend erfolgreich durchgeführt, der Einsatz setzt aber ein entsprechendes Wissen voraus. Solange keine vereinfachten, wissenschaftlich abgesicherten Methoden verfügbar sind, muss das Verfahren Spezialisten vorbehalten bleiben.

Literatur

Part VI

1. Promat Gesellschaft für moderne Werkstoffe mbH: Vorbeugender Brandschutz im Hochbau. Düsseldorf: 1983
2. VDS (Verband der Sachversicherer): Brandschutz in Kabel-, Leitungs- und Stromschienen-Anlagen. Köln, Form 2025, 9/77
3. Allianz Brandschutz Service: Brandwände und Brandabschnitte nach den Landesbauordnungen. Merkblatt ABS 2.2.1.2, München 1980

Brandnebenwirkungen

Olaf Riese

Als Brandnebenwirkung werden neben der Wirkung von Temperaturen und Wärmeströmen, die Wirkung von Rauch und Gasen bezeichnet, die bei der Verbrennung von Brandgut entstehen. Diese können mit unterschiedlicher Konsequenz entscheiden Einfluss auf die Bauteile im Gebäude aber auch auf Personen haben, die sich im Brandfall noch im Gebäude befinden.

37.1 Temperaturen

Die Wirkung der Temperatur auf Baustoffe, Bauteile und das Gesamttragwerk ist in Kap. 34 und 35 ausführlich dargestellt. Neben der Wirkung auf Bauteile haben die durch einen Brand in einem Raum erzeugten Temperaturen einen erheblichen Einfluss auf die Befindlichkeit von Personen. Angaben zu Grenzwerten werden im Zusammenhang mit Abschn. 37.5 gemacht.

37.2 Toxische Gase

Statistiken weisen aus, dass etwa 80 % aller Brandopfer durch Vergiftung der Atemwege den Tod fanden und nicht durch direkte Berührung mit den Flammen oder durch einstürzende Bauteile. Bei der Verbrennung beliebigen Materials wird der Luft Sauerstoff entzogen, und als Verbrennungsgase entstehen im Wesentlichen Kohlendioxid und Kohlenmonoxid. Besonders das CO ist von entscheidender Bedeutung, da eine Volumenkonzentration

O. Riese (✉)
Braunschweig, Deutschland
E-Mail: o.riese@ibmb.tu-bs.de

© Springer Fachmedien Wiesbaden GmbH, ein Teil von Springer Nature 2022   999
W. M. Willems (Hrsg.), *Lehrbuch der Bauphysik*,
https://doi.org/10.1007/978-3-658-34093-3_37

Abb. 37.1 Gasanalyse bei einem Brandversuch mit Mobiliar; O_2-, CO_2- und CO-Entwicklung in einem dem Primärbrandraum benachbarten Raum [2]

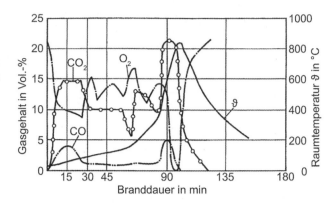

von 1 % bereits nach wenigen Minuten zur Bewusstlosigkeit führt und eine Flucht unmöglich macht; eine Konzentration von 3 bis 4 Vol.-% ist tödlich.

Bei der Einstufung von Verbrennungsprodukten als „toxisch" ist das Kohlenmonoxid zu etwa 95 % ausschlaggebend. Danach folgen Blausäure und Formaldehyd und erst dann die Halogene wie Chlorwasserstoff und höher toxische organische Halogenverbindungen mit etwa 1 % [1]. Die letztgenannten Stoffe werden vorwiegend bei der thermischen Zersetzung von Kunststoffen frei (s. Abschn. 34.8).

Gasanalysen, die bei realitätsnahen Brandversuchen in einem Wohngebäude durchgeführt wurden, beweisen die Gefährdung. Abb. 37.1 gibt als Beispiel Messungen in einem Raum wieder, der mit seinem Nachbarraum, in dem das Feuer gezündet wurde (Primärbrandraum), nicht direkt, sondern nur über einen gemeinsamen Flur verbunden war. Die Brandlast bestand aus Möbeln (Büroeinrichtungen) ohne nennenswerten Kunststoffanteil.

Während der ersten 15 Minuten, in denen sich der Brand im Nachbarraum entwickelte, wurden CO Konzentrationen von über 3 Vol.-% registriert, während der O_2-Gehalt auf etwa die Hälfte des Normalwertes absank. Zu dieser Zeit war kein Feuer in dem betrachteten Raum, und die Temperatur war nur unwesentlich gestiegen. Als später der Brand auf den betrachteten Raum übergriff, erreichte der CO-Gehalt ein weiteres Maximum bei gleichzeitigem Absinken des O_2-Gehalts auf fast null. Der CO_2-Gehalt zeigte dem O_2-Gehalt entgegengesetzte Schwankungen [2].

37.3 Rauch

Die Gefahr des Rauchs liegt – abgesehen von den in ihm enthaltenen toxischen Gasen – darin, dass er die Sicht behindert und damit die Flucht unmöglich machen und die Rettung erheblich erschweren kann.

37.4 Korrosive Gase

Bei der thermischen Zersetzung einiger Kunststoffe werden aggressive Gase und Dämpfe freigesetzt. Von praktischer Bedeutung sind insbesondere chlorwasserstoffhaltige Brandgase, die aus dem Kunststoff Polyvinylchlorid (PVC) freiwerden (s. Abschn. 34.8). Sie kondensieren in Gegenwart der Luftfeuchte in Form von Salzsäure auf Einrichtungen und Bauteilen, die sich im Brandbereich und in der Umgebung, die nicht von unmittelbaren Brandschäden betroffen ist, befinden.

Die Salzsäure ruft an freiliegenden Metallteilen sofortige Korrosion hervor.

Beton kann durch Salzsäure unter Auflösung der festigkeitsbildenden Calciumsilikate des Zementsteins vollständig zerstört werden. Die bei Bränden chloridhaltiger Kunststoffe freigesetzten HCl-Mengen reichen jedoch nicht aus, durch solche Reaktionen größere Betonvoluminas anzugreifen.

Bei den Reaktionen der Salzsäure mit kalkhaltigen Baustoffen, also beispielsweise Beton, entstehen Chloride, insbesondere Calciumchlorid, die durch Diffusion in das Bauteilinnere transportiert werden können. Die Diffusionsgeschwindigkeit der Chloridionen im Beton ist näherungsweise der Quadratwurzel der Zeit proportional. Sie wird weiter bestimmt durch Temperatur, Feuchtigkeit, Konzentration, sowie die Gradienten dieser Faktoren über den Querschnitt, durch Dichtheit und Hydratationsgrad, Gefügestörungen und Risse sowie Karbonatisierung. Wenn Chloridionen in ausreichender Menge zur Stahlbewehrung vordringen, ist deren Korrosionsschutz gefährdet. Teilweise werden sie jedoch korrosionsinaktiv durch physikalisch-adsorptive Bindung an die große Oberfläche des Zementgels oder durch chemische Bindung in den Hydratphasen des Zementsteins, insbesondere in Form des Friedelschen Salzes. In karbonatisierten Bereichen ist das Friedelsche Salz nicht beständig [3, 4].

Als Richtwert der Grenze der kritischen korrosionsauslösenden Chloridkonzentration in Beton kann derzeit 0,4 % Cl^-, bezogen auf das Zementgewicht, gelten [5].

37.5 Modellgrößen zur Beschreibung der Personensicherheit

37.5.1 Optische Dichte und Erkennungsweite

Die Erkennungsweite – definiert als der Abstand zwischen Beobachter und Sehzeichen, bei dem dieses gerade noch erkannt werden kann – ist eine komplexe, von vielen Einflussfaktoren (Eigenschaften und Dichte der Rauchpartikel, Ausleuchtung des Raumes, Eigenschaften des wahrzunehmenden Objektes, Blickwinkel, individuelle Personeneigenschaften, Augenreizung durch Brandgase etc.) abhängige Größe. Häufig wird diese auch vereinfacht als „Sichtweite" bezeichnet [6].

Die Auswertung von Rauchversuchen zeigt, dass ein im Wesentlichen reziproker Zusammenhang zwischen Rauchdichte und Erkennungsweite S besteht. Studien zur Auswirkung von Rauch auf Personen [7–9] führten zur Aufstellung der folgenden Beziehungen:

$$S = C/K \quad \text{für nichtreizenden Rauch bzw.reizenden Rauch mit K} < 0,25\,\text{m}^{-1} \quad (37.1)$$

und

$$S = C/K\left[1,33 - 1,47 \times \log(K)\right] \text{ für reizenden Rauch mit K}^3 0,25\,\text{m}^{-1} \text{ und S} > 0. \quad (37.2)$$

Die Messdaten in den Versuchen von Jin liegen in einem Abstand von Betrachter zu erkennendem Objekt zwischen 5 m und 15 m. Die Ausgleichskurven lassen sich jedoch auch hin zu höheren [8] und niedrigeren [10] Erkennungsweiten – bis auf etwa 0,5 m (Armeslänge) – extrapolieren. Die zu beobachtenden Werte für die Konstante C hängen bei selbstleuchtenden Zeichen neben der Rauchzusammensetzung stark von der Leuchtdichte ab, wobei Werte zwischen 5 und 10 beobachtet wurden. Bei lichtreflektierenden Zeichen wurden, je nach Reflexionsgrad der Schilder, Werte zwischen 2 und 4 festgestellt. In der Praxis werden häufig die von Jin angegebenen Mittelwerte für den Parameter C von 8 (bei selbstleuchtenden Hinweiszeichen) bzw. 3 (bei lichtreflektierenden Hinweiszeichen) benutzt [10, 11].

Abb. 37.2 zeigt den Zusammenhang zwischen Erkennungsweite und optischer Rauchdichte pro Weglänge für unterschiedliche Rauchzusammensetzungen. Dabei wurde in

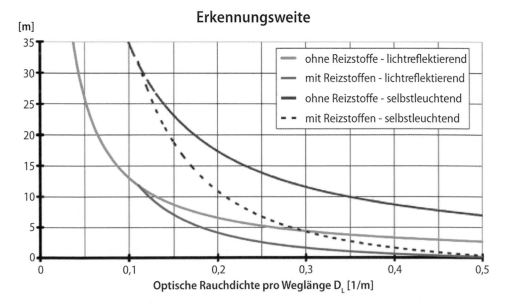

Abb. 37.2 Erkennungsweite S als Funktion von D_L (nach [6])

(37.1) und (37.2) für die Proportionalitätskonstante C der jeweilige Mittelwert eingesetzt und der Extinktions-koeffizient K in D_L umgerechnet. Man erkennt, dass augenreizende Rauchbestandteile ab einer Rauchdichte D_L von etwa 0,1 m^{-1} zu einer gegenüber nichtreizenden Rauch verstärkten Reduktion der Erkennungsweite führen. Bereits in den sechziger Jahren wurde von Rasbash auf der Basis eigener und fremder Untersuchungen eine ähnliche Korrelation zwischen Erkennungsweite und optischer Dichte pro Weglänge ermittelt [12], die nahe bei der von Jin für lichtreflektierende Zeichen ermittelten Beziehung liegt.

Zwei für die Selbstrettung wichtige Auswirkungen einer durch Rauchbildung reduzierten Erkennungsweite sind die damit verbundene Verlangsamung flüchtender Personen [7] sowie Schwierigkeiten bei der Orientierung bzw. generell das Zurückschrecken vor verrauchten Bereichen. Ab einer optischen Rauchdichte D_L von ca. 0,1 m^{-1} ist in empirischen Studien [7] eine deutliche Verlangsamung ortsunkundiger Personen zu bemerken. Diese Aspekte lassen sich in fortschrittlichen Simulationsmodellen berücksichtigen, welche individuelle Bewegungs- und Verhaltensaspekte berücksichtigen [13, 14].

Detaillierte Angaben zur Berechnung von Erkennungsweiten für Rettungszeichen auf der Basis entsprechender Rauchversuche findet man in [15, 16]. Allgemein hängt die Erkennungsweite S vom Verhältnis aus Anfangs- und Schwellenkontrast des Sehzeichens und damit dem Verhältnis aus erforderlicher (gesehener) Leuchtdichte L und Anfangsleuchtdichte L_0 ab,

$$S = K^{-1} \cdot \ln\left(L_0 / L\right) \qquad (37.3)$$

Für den Nachweis einer raucharmen Schicht ist eine gesehene Leuchtdichte von 2–5 cd/m^2 erforderlich [16].

Wie in der Relation von Jin ergibt sich eine 1/K-Abhängigkeit der Erkennungsweite, wobei allerdings der empirische Faktor C hier durch den variablen Faktor $\ln(L_0/L)$ ersetzt wurde, welcher Einflussgrößen wie Kontrastverhältnisse und Leuchtstärken explizit berücksichtigt. Da die Leuchten der Allgemein- und Sicherheitsbeleuchtung im Regelfall an der Decke des Raumes angebracht sind und sich damit im Brandfall sehr schnell innerhalb der Rauchschicht befinden, ist diese auf die Leuchtdichte abzielende Betrachtungsweise von besonderer praktischer Relevanz. Die Gl. (37.1, 37.2 und 37.3) gelten für homogene Zustände über die Distanz des Lichtstrahls.

Treten relevante räumliche Unterschiede in der optischen Rauchdichte auf, muss gegebenenfalls rechnerisch eine angemessene lokale Behandlung der Lichtabschwächung (integrale Zerlegung) durchgeführt werden.

37.5.2 Anhaltswerte zur Beurteilung der Personensicherheit

Ingenieurgemäße Brandsicherheitsnachweise machen Aussagen zum Auftreten bestimmter Brandwirkungen und Brandprodukte auf der Basis von Modellrechnungen in

Verbindung mit Vorgaben zum Brandverlauf in Form von Brandszenarien und Bemessungsbränden. Wie letztlich im Rahmen von Genehmigungen zur Sicherstellung der öffentlich-rechtlich erforderlichen Brandsicherheit diese Rechenergebnisse bewertet werden müssen, ist noch nicht abschließend geregelt und wird in der Praxis von Fall zu Fall von Brandschutzsachverständigen und Genehmigungsbehörden gemeinsam entschieden.

Insbesondere für Fragen der Personensicherheit werden Anhaltswerte benötigt, mit deren Hilfe eine mögliche Gefährdung durch die verschiedenen Brandkenngrößen beurteilt werden kann. Entsprechende Bewertungsmethoden werden in [6] beschrieben. Hieraus wurden Anhaltswerte für quantitative Schutzziele abgeleitet, die in Tab. 37.1 auszugsweise wiedergegeben sind. Dabei wurden typische Mischbrandlasten vorausgesetzt. Die Anhaltswerte für die Kohlendioxidkonzentration berücksichtigen implizit auch das Auftreten von HCN bis zu einem für solche Brandlasten typischen Verhältnis der Ausbeuten CO : HCN von ca. 12,5:1. Ist die relative Ausbeute an HCN deutlich höher, so muss dessen Wirkung explizit berücksichtigt werden. Es ist weiterhin zu beachten, dass bei einem Brand die lokalen Schadstoff- und Sauerstoffkonzentrationen in einem thermodynamischen Zusammenhang stehen. Da aus diesem Grund die Sauerstoffkonzentration – bei Einhaltung der in Tab. 37.1 angegebenen Schadstoff-Grenzwerte – deutlich über 15 Vol.-% liegt (ein Wert, der für sich alleine genommen bei den hier in Frage kommenden

Tab. 37.1 Beurteilungsgrößen und Anhaltswerte für quantitative Schutzziele (nach [6])

Beurteilungsgröße	längere Aufenthaltsdauer (< 30 min)	mittlere Aufenthaltsdauer (< 15 min)	kurze Aufenthaltsdauer (< 5 min)
CO-Konzentration	100 ppm	200 ppm	500 ppm
CO2-Konzentration	1 Vol.-%	2 Vol.-%	3 Vol.-%
HCN-Konzentration [1]	8 ppm	16 ppm	40 ppm
Wärmestrahlung	$1,7\ kW/m^2$	$2,0\ kW/m^2$	$< 2,5\ kW/m^2$
Gastemperatur [2]	45 °C	50 °C	50 °C
Rauchdichte D_L [4]	$0,1\ m^{-1}$	$0,1\ m^{-1}/0,15\ m^{-1}$ [3]	$0,1\ m^{-1}/0,2\ m^{-1}$ [3]
Erkennungsweite [5]	10 m–20 m	10 m–20 m	10 m–20 m

[1]Die HCN-Konzentrationen sind starken Streuungen unterworfen. Für typische Brände besteht eine Korrelation mit den CO-/CO_2-Konzentrationen, wobei hier konservativ ein Verhältnis CO:HCN von 12,5:1 vorausgesetzt wird.

[2]Die Gastemperatur bezieht sich auf Luft mit deinem Gehalt an Wasserdampf von weniger als 10 Volumenprozent. Die Gastemperatur darf nicht isoliert, ohne gleichzeitige Bewertung der Rauchausbreitung (insbesondere der Rauchdichte) als Beurteilungsgröße für die Personensicherheit herangezogen werden.

[3]Der jeweils höhere Anhaltswert kann zur Beurteilung angesetzt werden, wenn der betroffene Bereich übersichtlich strukturiert ist oder die Personen mit den Räumlichkeiten vertraut sind.

[4]Unter Zugrundelegung eines massenspezifischen Extinktionskoeffizienten K_m = 8,7 m^2/g ergibt sich (gerundet) D_L = 0,1 m^{-1} eine Rußkonzentration von 25 mg/m^3 bzw. für D_L = 0,2 m^{-1} von 50 mg/m^3.

[5]Die Erkennungsweite ist starken Streuungen unterworfen. Für typische Brände besteht eine Korrelation mit der Rauchdichte D_L.

Expositionszeiten zu keinen gravierenden Schäden führt), wird die Sauerstoffkonzentration nicht explizit als Beurteilungskriterium aufgeführt.

Die Unterteilung in eine kurze (bis ca. 5 Minuten), mittlere (ca. 5–15 Minuten) und längere (ca. 15–30 Minuten) Aufenthaltsdauer in dem durch die Brandwirkung betroffenen Bereich beschreibt Durchschnittszeiträume für die selbstständige Flucht, die Fremdrettung und die Brandbekämpfung. Das Schutzziel wird in der Regel erreicht, wenn die aufgeführten Anhaltswerte während der zugehörigen Aufenthaltsdauer nicht überschritten werden.

Bei einer optischen Rauchdichte pro Weglänge $D_L \leq 0{,}1$ m^{-1} bzw. einer Erkennungsweite von mindestens 10 m kann im Rahmen eines ingenieurmäßigen Nachweises in der Regel davon ausgegangen werden, dass gleichzeitig die Akzeptanzwerte für toxische Verbrennungsprodukte im Rauchgas nicht überschritten werden und auch andere Rauchgasbestandteile (insbesondere Reizgase, welche die Erkennungsweite beeinflussen) unbedenklich sind. Alternativ kann die CO_2-Konzentration als „Marker" für die Reizgasanteile im Brandrauch von Mischbrandlasten benutzt werden, wobei sich der entsprechende Anhaltswert aus dem mit einem Faktor 0,3 multiplizierten toxikologischen CO_2-Anhaltswert der Tab. 37.1 ergibt.

37.5.3 FED-Konzept

Um quantitative Aussagen zur Freisetzung von Schadstoffen während des Verbrennungsprozesses machen zu können, müssen die Produktionsraten der entsprechenden Komponente vorgegeben werden [17]. Üblicherweise wird diese Reaktionsrate ausgedrückt als Anteil der erzeugten Masse m_i einer Komponente i (z. B. CO) pro Massenverlust m_f des Brennstoffs

$$Y_i(t) = \frac{m_i(t)}{m_f(t)} (g/g) \qquad (37.4)$$

mit

Y_i = Ausbeute der Komponente i

m_i = erzeugte Masse einer Komponente i in (g)

m_f = umgesetzte Masse des Brennstoffs f in (g)

t = Zeit

Es ist zu beachten, dass m_f den gesamten Massenverlust des Brennstoffs umfasst, nicht nur den direkt durch die chemische Verbrennungsreaktion umgesetzten Anteil. Entsprechend bezieht sich m_f auf die effektive Verbrennungswärme (Heizwert) $H_{c,eff}$ des Brennstoffs.

Mit Hilfe der zeitabhängigen Ausbeuten Y_i einzelner Komponenten i kann z. B. über ein geeignetes Brandsimulationsprogramm die lokale Konzentration c_i der jeweiligen Komponente berechnet werden.

In einer Arbeit des amerikanischen National Institute of Standard and Technology (NIST) zur Quantifizierung von Schadwirkungen mit dem N-Gas Modell wird davon ausgegangen, dass eine Anzahl von N-Gasen die akute Toxizität umfänglich beschreibt. Als N = 5 Leitkomponenten wurden hier CO, HCN, HCl, HBr, CO_2 und zusätzlich die Sauerstoffabnahme betrachtet. Aus den Konzentrations-Zeitverläufen der Gase wurde am NIST eine Fraktionelle Effektive Dosis (FED_{NIST}) bestimmt. Die Rechenvorschrift für die FED_{NIST} ist so aufgestellt, dass definitionsgemäß bei FED_{NIST} = 1 die Hälfte der Versuchstiere (Nagetiere) an den Brandgasen verstirbt. Aus durchgeführten Tierversuchen wurde berichtet, dass wegen geringfügiger Nichtlinearitäten in der Dosiswirkung die erwartete 50 %-Letalität bei einem FED_{NIST} von 1,1 innerhalb eines 95 % Vertrauensbereichs von ± 0,2 aufgetreten ist [17].

Der Stand der Technik in der Quantifizierung von toxischen Schadwirkungen auf den Menschen sind Dosismodelle, die auf den Arbeiten von Purser [18, 19] beruhen. Abweichend von den Arbeiten des NIST ist die FED hier für Fluchtunfähigkeit (Verwirrtheit, Bewusstlosigkeit, bzw. Zustand der Handlungsunfähigkeit) an Stelle von Tod als Referenz für FED = 1 definiert. Im FED für Stickwirkungen werden CO, HCN, O_2-Mangel und CO_2 berücksichtigt, wobei hier CO_2 nicht nur als direktes Schadgas, sondern ebenfalls als das die Aufnahmerate (Hyperventilation) fördernde Gas berücksichtigt wird. Für das Dosismodell nach Purser werden folgende quantitative Angaben gemacht [6]: Der Quotient F wird aus der in einem Zeitintervall Δt aufgenommenen Teildosis und der zur Handlungsunfähigkeit führenden Gesamtdosis für eine Folge von Zeitintervallen aufsummiert. Handlungsunfähigkeit liegt vor, sobald diese Summe den Wert Eins erreicht hat. Die Zeit bis zum Eintreten der Handlungsunfähigkeit ergibt sich dann aus der Summe dieser Zeitintervalle. F hängt von den entsprechenden Quotienten F_i der einzelnen Komponenten CO, HCN, CO_2 sowie O_2 (Sauerstoffmangel) ab:

$$F_{CO} = \frac{3,317 \cdot 10^{-5} \cdot RMV \cdot c_{CO}^{1,036} \cdot \Delta t}{D} \qquad (37.5)$$

$$F_{HCN} = \frac{\Delta t}{\exp\left(5,396 - 0,023 \cdot c_{HCN}\right)} \qquad (37.6)$$

$$F_{CO_2} = \frac{\Delta t}{\exp\left(6,1623 - 0,5189 \cdot c_{CO_2}\right)} \qquad (37.7)$$

$$F_{O_2} = \frac{\Delta t}{\exp\left(8,13 - 0,54 \cdot \left(20,9 - c_{O_2}\right)\right)} \qquad (37.8)$$

Die Konzentrationen c_{CO} und c_{HCN} sind in den Einheiten ppm, die Konzentrationen c_{CO2} und c_{O2} in den Einheiten Volumenprozent anzugeben. RMV ist die Atemrate in l/min. D bezeichnet die kritische Menge Carboxyhämoglobin (COHb) im Blut, ausgedrückt in Volumenprozent, die zur Bewusstlosigkeit führt. RMV und D sind abhängig von den individuellen körperlichen Merkmalen und dem Aktivitätsgrad. Typische Werte, bezogen auf einen 70 kg schweren Erwachsenen unter leichter körperlicher Beanspruchung sind $D = 30\ \%$ und RMV = 25 l/min. Für einen Erwachsenen in Ruhe erhält man $D = 40\ \%$ und RMV = 8,5 l/min. Tod tritt bei $D \cong 50\ \%$ ein. Für kleinere Kinder ergeben sich Zeiten bis zum Eintreten der Bewegungsunfähigkeit, die etwa um einen Faktor 2 kürzer sind als diejenigen für Erwachsene.

Es ist zu beachten, dass diese Relationen für kurzzeitige starke Belastungen (Dauer bis zu maximal etwa einer Stunde und CO-Konzentrationen ab etwa 2000 ppm) entwickelt wurden. Bei niedrigeren Konzentrationen flüchtiger Substanzen spielen Sättigungseffekte sowie der Anteil der wieder ausgeatmeten Schadstoffe eine immer größere Rolle, was zu einer Reduktion der wirksamen Dosis führt. Die F_i der Relationen (37.5) bis (37.8) müssen nun noch durch einen Ansatz miteinander verknüpft werden, der die Wechselwirkung der einzelnen Komponenten in geeigneter Näherung berücksichtigt, insbesondere die Auswirkung der durch die Gegenwart von CO_2 verursachten erhöhten Atmungsrate (Hyperventilation). Diese steigert die Aufnahme der deutlich stärker toxisch wirksamen Gase CO oder HCN, sofern diese vorhanden sind. Daher wird ein Verstärkungsfaktor V_{Hyp} eingeführt, der es erlaubt, den Effekt der Hyperventilation abzuschätzen. Damit ergibt sich folgender Ansatz zur Berechnung des Quotienten F:

$$F = \max\left(\left(F_{CO} + F_{HCN} + FLD_{irr}\right) \cdot V_{Hyp} + F_{O_2}, F_{CO_2}\right) \tag{37.9}$$

mit

$$V_{Hyp} = \exp\left(0,2 \cdot c_{CO_2}\right) \tag{37.10}$$

und der Fractional Lethal Dose FLD der Reizkomponenten (irritants)

$$FLD_{irr} = \sum_{i=1}^{n} \frac{c_{irr,i}(t)}{FED_i / \Delta t}$$

mit $\qquad\qquad\qquad\qquad\qquad\qquad\qquad\qquad\qquad$ (37.11)

$c_{irr,i}$ Konzentration des Reizgases i in (ppm).

In [19] wird die Anwendung von (37.9) auf CO und HCN beschränkt, da davon ausgegangen wird, dass dies die dominanten Wirksubstanzen im Brandrauch sind. Es wird in einer Anmerkung jedoch darauf hingewiesen, dass Sauerstoffmangel ab einer O_2-Konzentration unterhalb von 13 % zu berücksichtigen sei. Hyperventilation gemäß (37.10) ist laut [19] ab einer CO_2-Konzentration von 2 Vol-% in die Berechnung mit einzubeziehen.

Toxische Auswirkungen, hier insbesondere die des Sauerstoffmangels und des Kohlendioxids, sind oft nicht nur dosis-, sondern auch konzentrationsabhängig [18]. Für die Festlegung von Akzeptanzwerten sind außerdem u. U. auch Langzeitwirkungen zu berücksichtigen [20]. Benutzt man in Gl. (37.9) Bezugsgrößen für einen typischen Erwachsenen bei leichter körperlicher Beanspruchung, sollte für die Bestimmung der verfügbaren Räumungszeit ein maximales F von 0,1 bis 0,3 zugrunde gelegt werden, wobei der untere Wert für besonders sensible Personengruppen gilt [18, 21].

Liegen keine zeitabhängigen Angaben zu den Reizkomponenten vor, müssen entsprechende Annahmen getroffen werden oder der Term FLD_{Irr} in Gl. (37.9) muss zu Null gesetzt werden.

Literatur

1. Einbrodt, H.J.; Jesse, H.: Über die Toxizität der Brand- und Schwelgase bei Kabelbränden. GAK 12/83
2. Bechtold R. et al.: Brandversuche Lehrte; Brandversuche an einem zum Abbruch bestimmten viergeschossigen modernen Wohnhaus. Bundesminister für Raumordnung, Bauwesen und Städtebau, Nr. 04.037. Bonn, 1978
3. Kordina K. et al.: Arbeitsbericht 1981 – 1983 des Sonderforschungsbereichs 148 „Brandverhalten von Bauteilen". TU Braunschweig, 1983
4. Nationaler Anhang, National festgelegte Parameter: DIN EN 1993-1-2:2010-12: Eurocode 3; Bemessung und Konstruktion von Stahlbauten – Teil 1-2: Allgemeine Regeln – Tragwerksplanung für den Brandfall; Deutsche Fassung EN 1993-1-2:2005 + AC: 2009
5. Richartz, W.: Die Bindung von Chlorid bei der Zementerhäftung. Zement – Kalk – Gips, 1969, Heft 10
6. Hosser, D. (Herausgeber): Technischer Bericht TB 04-01 „Leitfaden Ingenieurmethoden des Brandschutzes", elektronische Version: 2.0.7, 13.10.2009
7. Jin, T.: Visibility and Human Behavior in Fire Smoke, In: DiNenno, P. J. et al. (Hrsg.), The SFPE Handbook of Fire Protection Engineering, Fourth Edition, Section 2, Chapter 4, 2-54 – 2-66, National Fire Protection Association, 2008
8. John, R.: Ermittlung der erforderlichen Luftvolumenströme zur Verdünnung von Brandrauch auf ein die Gesundheit und Sichtbarkeit in Rettungswegen gewährleistendes Maß. Teil 2. AG der Innenminister der Bundesländer. Forschungsbericht Nr. 50, Forschungsstelle für Brandschutztechnik der Universität Karlsruhe, 1983
9. John, R.: Ermittlung der erforderlichen Luftvolumenströme zur Verdünnung von Brandrauch auf ein die Gesundheit und Sichtbarkeit in Rettungswegen gewährleistendes Maß. Teil 4: Brandrauch und Sichtbarkeit von Hinweiszeichen in Rettungswegen. AG der Innenminister der Bundesländer. Forschungsbericht Nr. 66, Forschungsstelle für Brandschutztechnik der Universität Karlsruhe, 1988
10. ISO 13571:2007 Life-threatening components of fire – Guidelines for the estimation of time available for escape using fire data, 15.6.2007
11. Mulholland G. W.: Smoke Production and Properties, In: DiNenno, P. J. et al. (Hrsg.), The SFPE Handbook of Fire Protection Engineering, Fourth Edition, Section 2, Chapter 13, 2-291 – 2-302, National Fire Protection Association, 2008

12. Brown, S. K.; Martin, K. G.: A Review of the Visibility Hazard from Smoke inBuilding Fires, Commonwealth Scientific and Industrial Research Organization CSIRO, Division of Building Research, 1981

13. Fire Code Reform Centre, Fire Engineering Guidelines, New South Wales, Australia, 2000

14. Schneider, V.; Könnecke, R.: Simulation der Personenevakuierung unter Berücksichtigung Individueller Einflussfaktoren und der Ausbreitung von Rauch. vfdb-Zeitschrift 3 (1996) 98

15. Bieske, K.; Gall, D.: Evaluierung von Sicherheitsleitsystemen in Rauchsituationen, Forschungsbericht im Auftrag des Hauptverbandes der gewerblichen Berufsgenossenschaften Sankt Augustin, Technische Universität Ilmenau, Fachgebiet Lichttechnik, März 2003

16. Wilk, E.; Weskamp, F.; Lessig, R.: Rauchbelastung in Rettungswegen und im Angriffsweg der Feuerwehr – Betrachtungen aus experimenteller und praktischer Sicht, vfdb-Zeitschrift 2 (2008) 73

17. Hosser, D.; Riese, O.: Ermittlung und Bewertung von Brandkenngrößen und Erarbeitung einer Datenbank, Forschungsvorhaben im Auftrag des Deutschen Institut für Bautechnik (DIBt), Kolonnenstraße 30 L, 10829 Berlin (Aktenzeichen ZP 52-5-4.166-1277/07), iBMB TU Braunschweig, November 2008

18. Purser, D. A.: Toxicity Assessment of Combustion Products, In: DiNenno, P. J. et al. (Hrsg.), The SFPE Handbook of Fire Protection Engineering, Section 2, Chapter 6, 2-96 – 2-193, National Fire Protection Association, 2008

19. ISO 13571: Life-threatening components of fire – Guidelines for the estimation of time available for escape using fire data, Juni 2007

20. Christian, S. D.: Safe tolcrability limits for carbon monoxide? A review of the clinical and fire engineering implications of a single, acute sub-lethal exposure. Proceedings Interflam '99, Fire Science & Engineering Conference, Edinburgh, 1999

21. Purser, D. A.: Toxicity assessment of combustion products and human behaviour in fires. 10. Int. Brandschutzseminar, vfdb, 2005

Mathematische Brandmodelle

Olaf Riese

Mathematische Brandmodelle gewinnen im Rahmen von Ingenieurmethoden eine wachsende Aufmerksamkeit. Grundsätzlich lassen sich drei Gruppen von mathematischen Brandsimulationsmodellen unterscheiden:

- Empirisch belegte Ansätze, bzw. Handrechenformel
- Zonenmodelle bzw. Mehrzonenmodelle,
- Feldmodelle bzw. Computational Fluid Dynamics (CFD) Modelle

Bei den empirischen Ansätzen handelt es sich um Verfahren, die aufgrund von Experimenten bezüglich einer spezifischen Fragestellung gewonnen werden. Beispiele dafür sind die Beschreibung von Flammenhöhen, Wärmestrahlung und Rauchgasmassenströme in Abhängigkeit von der Brandintensität. Durch geeignete Experimente werden die wesentlichen Einflussparameter und ihr Zusammenhang ermittelt und in Form vereinfachter Gleichungen dargestellt. Daraus ergeben sich empirisch belegte Modellansätze für spezielle Problemstellungen, die teilweise selbst Bestandteil von komplexeren Rechenverfahren sind. Bei Anwendung dieser Ansätze ist daher deren Gültigkeitsbereich und die mitunter angegebene Fehlergrenze zu beachten.

Mehrzonen- und Feldmodelle unterscheiden sich dadurch, dass die Feldmodelle im Allgemeinen unmittelbarer auf den fundamentalen Gleichungen beruhen, während die Mehrzonenmodelle vereinfachte Gleichungssysteme beinhalten, die mit Hilfe der empirischen Ansätze aus den fundamentalen Gesetzen entwickelt wurden. Daraus ergibt sich eine unterschiedliche mathematische Struktur und demzufolge unterschiedliche Lösungs-

O. Riese (✉)
Braunschweig, Deutschland
E-Mail: o.riese@ibmb.tu-bs.de

© Springer Fachmedien Wiesbaden GmbH, ein Teil von Springer Nature 2022
W. M. Willems (Hrsg.), *Lehrbuch der Bauphysik*,
https://doi.org/10.1007/978-3-658-34093-3_38

verfahren. Diese Unterschiede sind auch für die Anwendbarkeit auf bestimmte Fragestellungen und den Detaillierungsgrad der jeweiligen Modelle verantwortlich.

38.1 Handrechenformeln

Bis zur Ausbildung einer definierten Rauchgasschicht steigt die Rauchgassäule (*Plume*) bis zur Decke auf und breitet sich dort in radialer Richtung aus (*Ceiling Jet*). Die auf diesem Strömungsweg vorherrschenden Prozesse bestimmen die Rauchgasproduktion und die Temperaturentwicklung.

Ausgehend von einer Entzündungssituation entwickelt sich ein Brand im Allgemeinen unter Einfluss einer nahezu freien Sauerstoffversorgung. Physikalisch werden dann die Abbrandrate und damit die Wärmefreisetzungsrate vom Brandgut und noch nicht von den Umgebungsbauteilen bestimmt. Eine Zunahme der Brandheftigkeit ist nun entweder durch Brandausbreitung, ausgehend vom Ort der Entzündung, oder durch Brandübertragung auf andere Objekte gegeben (siehe Abb. 38.1). In dieser Phase wird die Umgebung an Einfluss auf das Brandgeschehen gewinnen. Wenn ausreichend Sauerstoff (Ventilation) vorhanden ist, kann die Zunahme des Brandes bzw. der Wärmefreisetzungsrate durch einen quadratischen Anstieg mit der Zeit beschrieben werden [1, 2]. Wenn besondere Randbedingungen vorliegen, kann es zu einem Flashover kommen, bei dem die Brand-

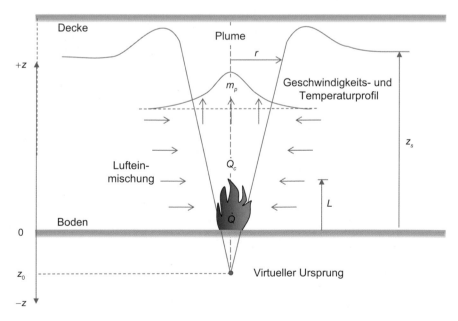

Abb. 38.1 Charakteristische Größen eines Plumes, Darstellung des Geschwindigkeits- und Temperaturprofils, Lufteinmischung und virtueller Ursprung bei nicht punktförmigen Quellen

heftigkeit schlagartig zunimmt. Ab diesem Zeitpunkt spricht man dann von einem voll entwickelten Brand oder Vollbrand.

Für eine Behandlung des von einer Flamme ausgehenden Plume-Massenstroms und der damit verbundenen Temperaturverteilung über der Höhe wird der Zustand, in dem sich ein Raumbrand befindet, weiter unterschieden in einen Plume ohne Ausbildung einer Heißgasschicht und einen Plume mit Ausbildung einer Heißgasschicht. Die hier vorgestellten Handrechenformeln gelten nur für den sogenannten pre-Flashover-Brand, d. h. die Phase vor dem Flashover und dem Übergang zum vollentwickelten Brand (post-Flashover-Brand).

Abb. 38.1 zeigt die charakteristischen Größen, die im Weiteren zur Beschreibung des Massenstromes $\dot{m}_p$, des Geschwindigkeitsprofils v(r, z) und des Temperaturprofils T(r, z) im Plume eingesetzt werden. Der Auftrieb im Plume sorgt dafür, dass im äußeren Bereich des idealisiert dargestellten Flammenkegels Luft nachströmen kann und eingemischt wird. In der Praxis wird der Brandbereich entweder als Punktquelle aufgefasst oder dem Rauchgasplume wird ein sogenannter virtueller Quellpunkt zugeordnet. Es ist zu beachten, dass die Flammenform nichts über den Umfang der nach oben strömenden Rauchgase aussagt [3].

Die Flammenhöhe eines Brandes ändert sich ständig in Frequenzen zwischen 1 und 3 Hz. Um trotzdem die Höhe der Flammen objektiv beurteilen zu können, benutzt Zukoski die Definition einer mittleren Flammenhöhe [4].

Die Intensität eines Feuers im unteren Bereich erscheint konstant, während die Flammen im oberen Bereich stark flackern. Abb. 38.2 zeigt die relative Häufigkeit des Flackerns der Flammen in Abhängigkeit von der Flammenhöhe. Die horizontale Achse gibt die Entfernung zum Flammenursprung wieder. Bei einem Wert von 1,0 ist eine konstante Helligkeit vorhanden, bei einem Wert von 0 ist es ständig dunkel. Die mittlere Flammenhöhe L_f wird nun für den Wert 0,5 festgelegt. Das bedeutet, dass in dieser Höhe über 50 % der Zeit Flammen vorhanden sind.

Aus Versuchen ist bekannt, dass diese objektive Bewertung gut mit den subjektiven Einschätzungen des menschlichen Auges übereinstimmt [4]. Abb. 38.3 zeigt das Verhältnis L/D von Flammenhöhe L zu Durchmesser D für nicht laminare Brände in Abhängig-

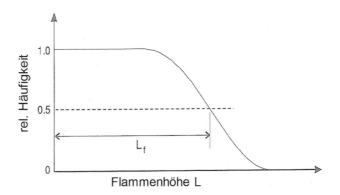

Abb. 38.2 Definition der mittleren Flammenhöhe L_f (nach [4])

Abb. 38.3 Verhältnis von L/D
zu $\dot{Q}^{*2/5}$ (nach [5])

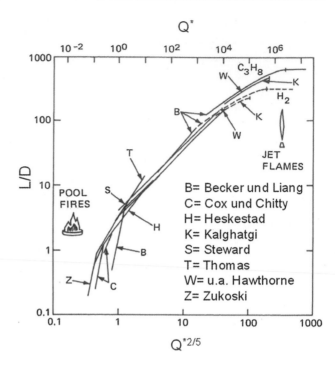

keit der dimensionslosen Wärmefreisetzungsrate $\dot{Q}^{*}$ bzw. $\dot{Q}^{*2/5}$. Die dimensionslose Wärmefreisetzungsrate ist wie folgt definiert:

$$\dot{Q}^{*} = \frac{(1-\chi_r) \cdot \dot{Q}}{\rho_a \cdot c_p \cdot T_a \cdot g^{1/2} \cdot z^{5/2}} \tag{38.1}$$

mit

$\dot{Q}$ Wärmefreisetzungsrate des realen Brandherdes (kW)

ρ_a Dichte der Umgebungsluft (kg/m³)

c_p spezifische Wärmekapazität der Kaltgasschicht (kJ/(kgK))

T_a Temperatur der Umgebungsluft (K)

g Erdbeschleunigung (m/s²)

z vertikaler Abstand von der Brandherdoberfläche zum Berechnungsort (m)

    Es gibt eine Vielzahl von Ansätzen, diese Korrelationen in Form von Gleichungen auszudrücken. Abb. 38.3 zeigt verbreitete Ansätze, zusammengetragen von McCaffrey [5].

    Für die Abschätzung von Plume-Größen wird häufig die konvektive Wärmefreisetzungsrate $\dot{Q}_c$ herangezogen; das ist der Anteil der gesamten Wärmefreisetzungsrate, welcher den Auftrieb ausmacht. Typischerweise beträgt der Anteil durch Strahlungsverluste von der Oberfläche der Flamme zwischen 20 % und 40 % der gesamten Wärmefreisetzungsrate. Der Zusammenhang zwischen gesamter, radiativer und konvektiver Wärme-freisetzungsrate ist gegeben durch

$$\dot{Q} = \dot{Q}_r + \dot{Q}_c \quad \text{mit} \quad \dot{Q}_r = \chi_r \cdot \dot{Q} \quad \text{und} \quad \dot{Q}_c = \dot{Q} \cdot (1 - \chi_r) \tag{38.2}$$

$\dot{Q}_c$ konvektive Wärmefreisetzungsrate (kW)
$\dot{Q}_r$ radiative Wärmefreisetzungsrate (kW)
χ_r radiativer Anteil der Wärmefreisetzungsrate (0,2–0,4) [−]

38.1.1 Plume ohne Ausbildung einer Heißgasschicht

Zukoski Plume
Der Ansatz von Zukoski [4] deckt den Fall ab, dass die Flammenspitze noch deutlich von der Rauchgasschichtgrenze entfernt ist. Das trifft im frühen Stadium eines Brandes, bei hohen Räumen oder bei Bränden im Freien zu. Zukoski gibt aufgrund experimenteller Untersuchungen folgende Formel für den Plume-Massenstrom $\dot{m}_p$ an:

$$\dot{m}_p = 0,21 \cdot \left(\frac{\rho_a^2 g}{c_p T_a} \right) \cdot \dot{Q}_c^{1/3} \cdot z^{5/3} \quad \left[kg/s \right] \tag{38.3}$$

Setzt man in Gl. (38.3) für die Umgebungsluft die Werte T_a = 293 K, ρ_a = 1,1 kg/m³, c_p = 1,0 kJ/(kg · K), und g = 9,81 m/s² ein, ergibt sich die häufig angewandte Formel

$$\dot{m}_p = 0,071 \cdot \dot{Q}_c^{1/3} \cdot z^{5/3} \tag{38.4}$$

Heskestad Plume
Eine sehr gebräuchliche Korrelation stammt von Heskestad [6]. Sie liefert gute Ergebnisse für die Zusammenhänge nach Abb. 38.3 im Bereich der Diffusionsflammen (Poolbrand). Die mittlere Flammenhöhe L_f berechnet sich nach Heskestad zu

$$L_f = 0,235 \cdot \dot{Q}^{2/5} - 1,02 \cdot D \tag{38.5}$$

Liegt keine kreisförmige Brandquelle vor, so wird D über eine Kreisfläche gleicher Größe bestimmt. Der idealisierte Plume, an dem die grundlegenden physikalischen Gleichungen aufgestellt werden, hat als Voraussetzung eine punktförmige Wärmequelle, was für reale Brände meist nicht zutrifft. Um diesen Widerspruch auszugleichen, definiert Heskestad einen virtuellen Brandursprung mit dem Abstand z_0 zum realen Brandherd (siehe Abb. 38.1 und 38.4).

Der virtuelle Ursprung z_0 hängt vom Durchmesser D [m] der Brandquelle und der Wärmefreisetzungsrate $\dot{Q}$ [kW] ab [6, 7]:

Abb. 38.4 Schematische Darstellung der Ausbildung von Flamme und Plume nach McCaffrey [5]

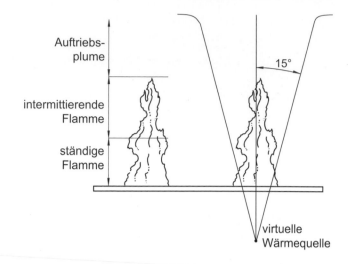

$$z_0 = 0,083 \cdot \dot{Q}^{2/5} - 1,02 \cdot D \tag{38.6}$$

Für Feuer mit großer Wärmefreisetzungsrate über einer kleinen Fläche kann z_0 positiv werden und liegt dann über der Feuerquelle.

Für die Temperaturerhöhung im Plume oberhalb der Flammen (in der Höhe z und im Radius r) geben Heskestad und Delichatisos [6, 7] folgende Beziehung an

$$\Delta T_p = T_a \cdot \left(\dot{Q}^*\right)^{2/3} \cdot \left(0,188 + 0,313 \cdot \frac{r}{(z - z_0)}\right)^{-4/3} \tag{38.7a}$$

$$\text{mit} \quad \dot{Q}^* = \frac{\dot{Q}_c}{\rho_a \cdot c_p \cdot T_a \cdot g^{1/2} \cdot (z - z_0)^{5/2}}$$

bzw. für die Plume-Achse $r = 0$

$$\Delta T_p = 25,5 \cdot \frac{\dot{Q}_c^{2/3}}{(z - z_0)^{5/3}} \tag{38.7b}$$

$$\text{mit} \quad T_p = T_a + \Delta T_p \, (K)$$

Für die Größen T_a, ρ_a, c_p und die Erdbeschleunigung g können in den meisten Fällen die Bedingungen für die Umgebungsluft, wie oben bereits angegeben, angesetzt werden. Da Flammen aufgrund von Abkühlungseffekten in der Regel keine einheitliche Temperatur aufweisen, sind Ansätze entwickelt worden, die diesen Teil des Plumes einer differenzierten Betrachtung unterziehen:

$$\Delta T_p = 78,4 \cdot \frac{\dot{Q}^{2/5}}{z - z_0} \tag{38.8a}$$

$$\text{für } 0,08 \cdot \dot{Q}^{2/5} \leq z < 0,20 \cdot \dot{Q}^{2/5}$$

$$\Delta T_p = 25,5 \cdot \frac{\dot{Q}_c^{2/3}}{\left(z - z_0\right)^{5/3}} \tag{38.8b}$$

$$\text{für } z \geq 0,20 \cdot \dot{Q}^{2/5}$$

Der Ausdruck $0,08 \cdot \dot{Q}^{2/5}$ grenzt den Bereich ab, der direkt in den Flammen liegt [4].

Für die Abschätzung von Plume-Größen wird im Weiteren die konvektive Wärmefreisetzungsrate $\dot{Q}_c$ benutzt. Für den Plume-Massenstrom gibt Heskestad folgende Beziehungen an [6]:

$$\dot{m}_p = 0,071 \cdot \dot{Q}_c^{1/3} \cdot \left(z - z_0\right)^{5/3} + 1,92 \cdot 10^{-3} \cdot \dot{Q}_c$$

$$\text{für } z > L$$

$$\dot{m}_p = 0,0056 \cdot \dot{Q}_c \cdot \frac{z}{L} \tag{38.9}$$

$$\text{für } z < L$$

McCaffrey Plume

McCaffrey hat auf Grundlage von Experimenten und Dimensionsanalysen ebenfalls Plume-Formeln aufgestellt [5]. Wichtigste Überlegung hierbei ist, drei Bereichen entlang der Zentralachse (Center Line) des Plumes zu unterscheiden, den Bereich der ständigen Flamme, den Bereich der intermittierenden Flamme und den Auftriebsplume (siehe Abb. 38.4).

Die Temperaturerhöhung entlang der Zentralachse ist gegeben durch

$$\Delta T_p = 25,5 \cdot \left(\frac{\kappa}{0,9 \cdot \sqrt{2g}}\right) \left(\frac{z}{\dot{Q}_c^{2/5}}\right)^{2\eta - 1} \cdot T_a \tag{38.10}$$

$$\text{mit} \quad T_p = T_a + \Delta T_p \, [K]$$

Die Konstanten κ und η hängen von den Bereichen ab, wie in Tab. 38.1 angegeben.

Tab. 38.1 Konstanten in den Plume-Gleichungen von McCaffrey

Bereich	$z / \dot{Q}_c^{2/5}$ [m/kW$^{2/5}$]	η	κ
ständige Flamme	< 0,08	1/2	6,8 [m$^{1/2}$/s]
intermittierende Flamme	0,08–0,2	0	1,9 [m/(kW$^{1/5}$s)]
Plume	> 0,2	−1/3	1,1 [m$^{4/4}$/(kW$^{1/3}$s)]

Als Gleichungen für den Plume-Massenstrom gibt McCaffrey folgende Beziehungen an, die wiederum an den Bereich der Flamme gebunden sind:

$$\left.\begin{array}{l} 0 < z\,/\,\dot{Q}_c \le 0,08 \\[2mm] \dot{m}_p = 0,0109664 \cdot z^{0,566} \cdot \dot{Q}_c^{0,7736} \end{array}\right\} \text{ ständige Flamme} \qquad (38.11a)$$

$$\left.\begin{array}{l} 0,08 < z\,/\,\dot{Q}_c \le 0,2 \\[2mm] \dot{m}_p = 0,0260797 \cdot z^{0,909} \cdot \dot{Q}_c^{0,6364} \end{array}\right\} \text{ intermittierende Flamme} \qquad (38.11b)$$

$$\left.\begin{array}{l} z\,/\,\dot{Q}_c > 0,2 \\[2mm] \dot{m}_p = 0,1274933 \cdot z^{1,895} \cdot \dot{Q}_c^{0,242} \end{array}\right\} \text{ Auftriebsplume} \qquad (38.11c)$$

Die Versuche von McCaffrey wurden bei geringen Wärmefreisetzungsraten bis 57,5 kW durchgeführt. Daher ist bei Anwendung der Formeln auf Brände mit großen Wärmefreisetzungsraten Vorsicht geboten und die Plausibilität der Ergebnisse ist zu überprüfen.

Thomas/Hinkley Plume

Die bisherigen Formeln gehen von Bränden aus, bei denen die Flammenhöhe größer ist als der Brandherddurchmesser. Die Experimente von Thomas und Hinkley [8] wurden speziell für Brände durchgeführt, bei denen die (mittlere) Flammenhöhe L_f signifikant kleiner als der Durchmesser D der Brandquelle ist. Thomas hat herausgefunden, dass im Bereich der ständigen Flamme der Massenstrom mehr oder weniger unabhängig von der Wärmefreisetzungsrate ist und stärker vom Umfang bzw. Durchmesser D und der Höhe z über der Quelle abhängt. Bei Thomas und Hinkley wird davon ausgegangen, dass der Brand in einem größeren Raum stattfindet und die Flammen in die Rauchgasschicht eintauchen.

Der Plume-Massenstrom ist nach [8] durch folgende Gleichung gegeben

$$\dot{m}_p = 0,096 \cdot \pi \cdot D \cdot \rho_a \cdot z^{3/2} \cdot \left(g \cdot T_a\,/\,T_f\right) \qquad (38.12a)$$

Hierbei ist T_f die Flammentemperatur, für die in den Gleichungen von Thomas und Hinkley 1100 K angesetzt wird. Mit den allgemeinen Werten für die Größen T_a, ρ_a und g kann diese Gleichung für kreisförmige Brände auch folgendermaßen vereinfacht werden:

$$\dot{m}_p = 0,59 \cdot D \cdot z^{3/2} \qquad (38.12b)$$

Gl. (38.12b) gilt insbesondere für Fälle, die der Bedingung $L_f/D < 1$ genügen. Grundlage sind Versuche mit Leistungen bis 30 MW. In [9] werden verschiedene Ansätze zur Bestimmung des Plume-Massenstroms den Ergebnissen von Thomas und Hinkley gegenüber gestellt.

Funktionale Zusammenhänge

Der Plume-Massenstrom ist in den oben dargestellten Formeln durch eine Funktion mit bis zu sieben Variablen gekennzeichnet. Die Abbrandrate des Brennstoffs $\dot{m}_f$ müsste korrekterweise ebenfalls berücksichtigt werden:

$$\dot{m}_p - \dot{m}_f = f\left(D, g, \rho_a, c_p, T_a, z, \dot{Q}, \dot{m}_f\right)$$

Da die Abbrandrate des Brennstoffs normalerweise im Vergleich zum Plume-Massenstrom um Größenordnungen geringer ist wird sie häufig vernachlässigt.

38.1.2 Rauchgasströmung an der Decke (Ceiling-Jet)

Abb. 38.5 zeigt eine idealisierte Darstellung des Ceiling Jets, einer relativ schnellen Rauchgasströmung in einer flachen Schicht unterhalb der Decke eines Brandraums. Die maximalen Temperaturen und Strömungsgeschwindigkeiten im Ceiling Jet in der Frühphase eines Brandes vor Ausbildung einer Heißgasschicht sind beispielsweise maßgebend für die thermische Auslösung von anlagentechnischen Brandschutzmaßnahmen wie Wärmemeldern, Sprinklern oder Rauch- und Wärmeabzugsanlagen, kurz RWA-Anlagen.

Zur Berechnung der Temperaturen und Gasgeschwindigkeiten im Ceiling Jet gibt Alpert [10] einfache Gleichungen an, die auf Versuchen mit verschiedenen Brandquellen und Wärmefreisetzungsraten zwischen 500 kW und 100 MW bei Deckenhöhen zwischen 4,6 m und 15,5 m basieren.

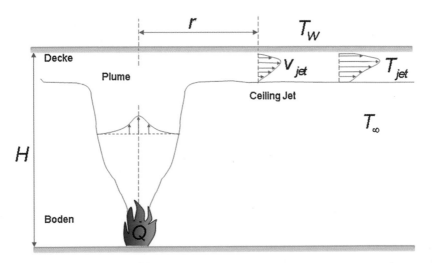

Abb. 38.5 Idealisierte Darstellung und charakteristische Größen eines Ceiling Jets

$$T_{jet} = T_a + \frac{16,9 \cdot \dot{Q}^{2/3}}{H^{5/3}} \quad \text{für} \quad \frac{r}{H} \leq 0,18$$

$$T_{jet} = T_a + \frac{5,38}{H} \cdot \left(\frac{\dot{Q}}{r}\right)^{2/3} \quad \text{für} \quad \frac{r}{H} > 0,18$$

$$(38.13)$$

$$v_{jet} = 0,96 \cdot \left(\frac{\dot{Q}}{H}\right)^{1/3} \quad \text{für} \quad \frac{r}{H} \leq 0,15$$

$$v_{jet} = 0,195 \cdot \frac{\dot{Q}^{1/3} \cdot H^{1/2}}{r^{5/6}} \quad \text{für} \quad \frac{r}{H} > 0,15$$

mit
$\dot{Q}$ Wärmefreisetzungsrate (kW)
r   Abstand des Referenzpunktes von der Plume-Achse (m)
H   Differenz zwischen Deckenhöhe und Brandherdhöhe (m)
v_{jet} maximale Geschwindigkeit im Ceiling Jet (m/s)
T_{jet} maximale Temperatur im Ceiling Jet (°C)
T_a Temperatur der Umgebungsluft (°C)

Ein häufiger Anwendungsfall ist die Berechnung der Zeit $t_{D,akt}$ bis zur Aktivierung eines Sprinklers. Hierfür gibt Evans [11] die Gl. (38.15) an:

$$t_{D,akt} = \frac{RTI}{\sqrt{v_{jet}}} \cdot \ln\left(\frac{T_{jet} - T_a}{T_{jet} - T_{D,akt}}\right)$$

$$(38.14)$$

mit
RTI   Response Time Index, Maß für die Ansprechempfindlichkeit des Sprinklers (m s^{0,5})
$T_{D,akt}$ Aktivierungstemperatur des Sprinklers (°C)

Exemplarisch wird ein Ölbrand mit einer Wärmefreisetzungsrate $\dot{Q}$ = 2 MW und einem Durchmesser der Brandfläche von D = 1,6 m betrachtet, der in einer Industriehalle mit einer Deckenhöhe von 6 m stattfindet, wobei sich die Oberfläche des Brandes in 2 m Höhe befindet. Die Detektoren an der Decke haben einen max. Abstand von r = 5 m zur Plumeachse. Da r/H > 0,18 ist, ergibt sich die maximale Temperatur im Ceiling Jet nach Gl. (38.13) mit der Höhe H = 6 – 2= 4 m und der Temperatur der Umgebungsluft T_a = 25 °C wie folgt:

$$T_{jet,t} = T_a + \frac{5,38}{H} \cdot \left(\frac{\dot{Q}}{r}\right)^{2/3}$$

$$T_{jet,t} = 25\,°C + \frac{5,38}{(6-2)} \cdot \left(\frac{2.000}{5}\right)^{2/3} = 98\,°C$$

Da weiterhin r/H > 0,15 ist, bestimmt sich die Geschwindigkeit im Ceiling Jet zu

$$v_{jet,t} = 0,195 \cdot \frac{\dot{Q}^{1/3} \cdot H^{1/2}}{r^{5/6}}$$

$$v_{jet,t} = 0,195 \cdot \frac{(2.000)^{1/3} \cdot (6-2)^{1/2}}{5^{5/6}} = 1,29 \, \text{m/s}$$

Die Aktivierung eines Sprinklers (RTI-Wert 100, Auslösetemperatur $T_{D,\,akt} = 74\,°C$ ergibt sich dann mit Gl. (38.14) zu

$$t_{D,akt} = \frac{RTI}{\sqrt{v_{jet}}} \cdot \ln\left(\frac{T_{jet} - T_a}{T_{jet} - T_{D,akt}}\right)$$

$$t_{D,akt} = \frac{100}{\sqrt{1,29}} \cdot \ln\left(\frac{98-25}{98-74}\right) = 98,1 \, \text{Sekunden}$$

38.1.3 Plume mit Ausbildung einer Heißgasschicht

Bei der Betrachtung eines Plume der in eine Heißgasschicht eintaucht liegt die Situation vor, die in Abschn. 38.3 mit der Einführung sogenannter Mehrzonenmodelle beschrieben wird. In der Literatur [3, 12] werden Gleichungen für diesen Fall aufgeführt, mit denen z. B. die Temperaturerhöhung im Plume berechnet werden kann. Es werden dazu aber entweder Vereinfachungen angenommen oder es müssen zusätzlich bestimmte Größen über Gleichungssysteme gelöst werden, wie sie für Mehrzonenmodelle gelten. Aus diesem Grunde sollen diese Ansätze hier nicht weiter vertieft werden.

Trotzdem können bestimmte Ansätze verfolgt werden, z. B. die Dimensionierung der Rauchgasschicht, da hier mit der mittleren Temperatur der Heißgasschicht gearbeitet wird und die Temperatur im Plume nicht bekannt sein muss.

In einem einfachen Beispiel sollen die Plume-Formeln zur Dimensionierung der natürlichen Rauchableitung über eine Deckenöffnung bei Einhaltung einer vorgegebenen Höhe der raucharmen Schicht angewendet werden. Das Szenario in Abb. 38.6 wird in Anlehnung an ISO/DIS 16735 [13] gewählt, deren Regelung auf [14] basieren.

Die Bilanz der Massenströme für den stationären Fall ist gegeben durch

$$\dot{m}_a = \dot{m}_p = \dot{m}_e$$

Das bedeutet, dass der Massenstrom $\dot{m}_a$ in der Ebene der Türöffnung, der Plume-Massenstrom $\dot{m}_p$ und der Massenstrom $\dot{m}_e$ in der Deckenöffnungsebene gleich groß sind.

Grundlage für die Berechnung ist die Plume-Gl. (38.3) von Zukoski, die auf die Höhe der raucharmen Schicht z_s umgeformt wird:

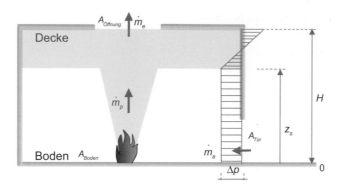

Abb. 38.6 Idealisierte Darstellung der Rauchkontrollierung bei einer horizontalen Deckenöffnung in Folge von Massenerhaltung

$$z_s = \left(\frac{\dot{m}_p}{0,076 \cdot \left(1 - \chi\right)^{1/3} \cdot \dot{Q}^{1/3}} \right)^{3/5} \tag{38.15}$$

Die Temperatur der Rauchgasschicht wird mit Gl. (38.16) abgeschätzt

$$T_s = \frac{\dot{Q}}{c_p \cdot \dot{m}_p + h_{Wand} \cdot A_{Wand}} + T_a \ \left[{}^\circ C \right] \tag{38.16}$$

Darin wird berücksichtigt, dass der Wärmefluss in die Rauchgasschicht der Summe der Wärmeverluste durch die Öffnungen und die Umfassungsbauteile entspricht.

Für die Berücksichtigung der Wärmeverluste durch die Umfassungsbauteile wird ein effektiver Wärmetransferkoeffizient h_{Wand} (in kW/(m²K)) bestimmt:

$$h_{Wand} = \begin{cases} \dfrac{\sqrt{\pi}}{2} \cdot \sqrt{\dfrac{\lambda \rho c_p}{t_c}} & \text{für } d_{Wand} \geq 4 \cdot \sqrt{\dfrac{\lambda t_c}{\rho c_p}} \\[3ex] \dfrac{\lambda}{d_{Wand}} & \text{für } d_{Wand} < 4 \cdot \sqrt{\dfrac{\lambda t_c}{\rho c_p}} \end{cases} \tag{38.17}$$

Die charakteristische Zeit t_c wird häufig mit $t_c = 1000$ s angenommen. Die Größen und Einheiten für Gl. (38.17) können aus folgenden Randbedingungen für das Beispiel entnommen werden:

Angaben zum Modell:

Höhe des Raumes, H = 8 m
Grundfläche des Raumes, A_{Boden} = 100 m²
Fläche Deckenöffnungen, $A_{\text{Öffnung Decke}}$ = 2 m²

Fläche der Türöffnungen, $A_{\text{Öffnung Tür}} = 4\ \text{m}^2$
Wärmefreisetzungsrate, $\dot{Q} = 300\ \text{kW}$
Radiativer Anteil, $\chi = 0{,}333$
Durchmesser des Brandes, $D = 1\ \text{m}$

Angaben zur Luft:

Umgebungstemperatur, $T_a = 20\ ^\circ\text{C}$
Dichte der Umgebungsluft, $\rho_a = 1{,}205\ \text{kg/m}^3$
spezif. Wärmekapazität Luft (gesetzt), $c_p = 1{,}0\ \text{kJ/(kgK)}$

Umfassungsbauteile aus Beton:

Dicke, $d_{\text{Wand}} = 0{,}3\ \text{m}$
Wärmeleitfähigkeit, $\lambda = 0{,}0015\ \text{kW/(mK)}$
Rohdichte, $\rho = 1.800\ \text{kg/m}^3$
spezif. Wärmekapazität, $c_p = 1{,}126\ \text{kJ/(kgK)}$

Zur Kontrolle der Höhe der raucharmen Schicht wird in [13,14] eine iterative Vorgehensweise vorgeschlagen:

1) Überschlägige Abschätzung der raucharmen Schicht als 50 % der Höhe H des Brandraumes

$$z_s = H/2 = 8/2 = 4\ \text{m}$$

Bestimmung des Massenstroms in der Höhe $z=z_s$ nach Gl. (38.3)

$$\dot{m}_p = 0{,}076 \cdot (1-\chi)^{1/3}\ \dot{Q}^{1/3} \cdot z^{5/3}$$

$$\dot{m}_p = 0{,}076 \cdot (1-0{,}333)^{1/3} \cdot 300^{1/3} \cdot 4{,}0^{5/3} = 4{,}48\ \text{kg/s}$$

2) Bestimmung des effektiven Wärmetransfer-Koeffizienten nach Gl. (38.17)

$$h_{\text{Wand}} = 0{,}049\ \left[\text{kW}/(\text{m}^2\text{K}) \right], \text{da}\ \ 0{,}30\ (\text{m}) \geq 0{,}108 = 4 \cdot \sqrt{\lambda t_c /(\rho c_p)}$$

3) Bestimmung der Temperatur der Rauchgasschicht mit Gl. (38.16)

$$A_{Wand} = 100 + 40 \cdot (8,0 - 4,0) - 2,0 = 258 \ m^2$$

$$T_s = \frac{\dot{Q}}{c_p \cdot \dot{m}_p + h_{Wand} \cdot A_{Wand}} + T_a \ (°C)$$

$$T_s = \frac{300}{1 \cdot 4,48 + 0,049 \cdot 258} + 20 = 37,5 \ °C$$

4) Berechnung der Dichte des Rauches

$$\rho_s = \frac{353}{T_s(K)} = \frac{353}{37,5 + 273} = 1,137 \ kg/m^3$$

5) Bestimmung der Druckdifferenz an der Stelle z_s, mit dem Strömungskoeffizienten $C_D = 0,7$

$$\Delta p = \frac{1}{2 \cdot \rho_a} \cdot \left(\frac{\dot{m}_p}{C_D \cdot A_{Öffnung \ Tür}} \right)^2$$

$$\Delta p = \frac{1}{2 \cdot 1,205} \cdot \left(\frac{4,48}{0,7 \cdot 4,0} \right)^2 = 1,06 \ Pa$$

6) Bestimmung des Massenstroms durch eine horizontale Öffnung

$$\dot{m}_p = C_D \cdot A_{Öffnung \ Decke} \cdot \sqrt{2 \cdot \rho_s \left[\left((\rho_a - \rho_s) \cdot g \cdot (H - z_f) - \Delta p \right) \right]} \ (kg/s)$$

$$\dot{m}_p = 0,7 \cdot 2,0 \cdot \sqrt{2 \cdot 1,137 \left[\left((1,205 - 1,137) \cdot 9,8 \cdot (8,0 - 4,0) - 1,06 \right) \right]} = 2,68 \ kg/s$$

7) Korrektur der Höhe der raucharmen Schicht, so dass der Plume-Massenstrom mit dem Massenstrom durch die Öffnung im Ausgleich steht

$$z_s = \left(\frac{(\dot{m}_e + \dot{m}_p)/2}{0,076 \cdot (1 - \chi)^{1/3} \cdot \dot{Q}^{1/3}} \right)^{3/5}$$

$$z_s = \left(\frac{(2,68 + 4,48)/2}{0,076 \cdot (1 - 0,333)^{1/3} \cdot 300^{1/3}} \right)^{3/5} = 3,5 \ m$$

Aus Gründen der numerischen Stabilität wird in der Gleichung zunächst $\left(\dot{m}_e + \dot{m}_p \right)/2$ für $\dot{m}_e$ angesetzt, bei Konvergenz des Verfahrens ist $\dot{m}_e = \dot{m}_p$ gegeben, Iteration der Schritte 2) bis 7), bis das Verfahren konvergiert und $\dot{m}_e = \dot{m}_p$ gegeben ist.

In diesem Beispiel ist eine Lösung nach 4 Iterationsschritten bestimmt:

$$z_s = 3,36 \text{m}, \quad T_s = 37,5\,^\circ\text{C}, \quad \dot{m}_e = \dot{m}_p = 3,34 \text{ kg/s}$$

8) Kontrolle der mittleren Flammenhöhe durch den Ansatz in Gl. (38.5)

Um Gl. (38.3) anzuwenden, darf die Flamme nicht in die Rauchgasschicht hineinragen.

$$L_f = 0,235 \cdot \dot{Q}^{2/5} - 1,02 \cdot D$$
$$L_f = 0,235 \cdot 300^{2/5} - 1,02 \cdot 1,0 = 1,28 \text{ m}$$

Dieser Wert liegt auf der sicheren Seite unterhalb der berechneten Höhe der rauch-armen Schicht.

38.2   Wärme- und Massenbilanzmodelle

Der Verlauf eines Brandes und seine Wirkung auf ein zu betrachtendes Bauteil kann ver-einfachend durch das Aufstellen von Wärme- und Massenbilanzen beschrieben werden. Historisch wurden Wärme- und Massenbilanzverfahren zur mathematischen Beschreibung eines fortentwickelten Brandes entwickelt. Man spricht dann auch von einem Vollbrand-modell oder *Ein-Zonenmodell*, d. h. ein Flashover hat bereits stattgefunden [15, 16, 17]. Da Vollbrandmodelle starken Einschränkungen unterliegen wurden sogenannte *Mehr-zonenmodell*e entwickelt, bei denen der Vollbrand häufig als Unterfall betrachtet wird.

38.2.1 Mehrzonenmodelle

Die Grundlage der Mehrzonenmodelle basiert auf der Trennung zwischen einer heißen Rauchgasschicht (häufig auch *Heißgasschicht* genannt) und einer darunter liegenden käl-teren Luftschicht (häufig auch *Kaltgasschicht* genannt), die rauchfrei oder raucharm ist [18]. Diese Bedingungen bestehen hauptsächlich in der pre-Flashover-Phase eines Bran-des, bzw. bei Bränden mit einer gegenüber dem Brandraum begrenzten Ausdehnung. Als Konsequenz der Aufteilung in verschiedene Zonen (Kontrollvolumina) resultiert eine ent-sprechende Aufteilung der physikalischen Größen. Das heißt beispielsweise, das zwischen der Temperatur der Rauchgasschicht und der Luftschicht unterschieden wird. Abb. 38.7 zeigt wesentliche Merkmale und Größen für ein einfaches Zwei-Zonenmodell.

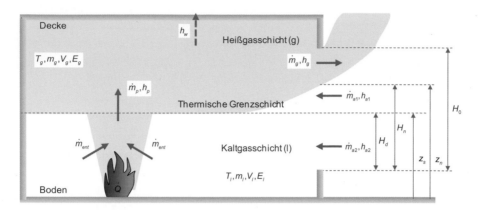

Abb. 38.7 Zwei-Zonenmodell ohne Austausch zwischen den Zonen mit Ausnahme des Plume

Die Zonenbezeichnung wird im Allgemeinen nicht einheitlich gebraucht. Im Grunde sind darunter die o. g. Kontrollvolumina zu verstehen. Häufig werden jedoch auch andere relevante Bereiche wie Wände, Decken und zusätzliche brennbare Objekte als eigene Zonen aufgefasst.

Im Verlauf eines Brandes stellen sich unterschiedliche Druckverhältnisse (P_{in} = Druck innen, P_{out} = Druck außen) ein, die den Austausch von Masse zwischen dem Brandraum und dem Außenraum hervorrufen. Diese Entwicklung wird in den Abb. 38.8a, 38.8b, 38.8c und 38.8d dargestellt (Fälle A, B, C und D). Eine Folge dieser Prozesse ist es, dass die Lage der neutralen Ebene (z_n) nicht mit der Lage der Rauchgasschicht (z_s) übereinstimmen muss. Der Fall C entspricht der Darstellung von Abb. 38.7 wobei hier der Massenstrom durch die Öffnung in den Brandraum $\dot{m}_a$ über der Höhe differenzierter dargestellt ist, da in beide Schichten eingemischt wird.

Die Mehrzonenmodellierung basiert im Wesentlichen auf folgenden Annahmen [3]:

- Im Brandraum kommt es zur Ausbildung zweier unterschiedlicher Gasschichten, der oberen heißen Rauchgasschicht und der relativ klaren und kühleren Luftschicht.
- Die Schichten werden durch eine imaginäre horizontale Fläche getrennt, die als Barriere gegen einen Massenaustausch wirkt (bis auf Plume-Massenstrom und speziellen Effekten).
- Jede Schicht hat eine einheitliche mittlere Temperatur.
- Die Fluide innerhalb der Zonen werden als ruhend angenommen (außer Plume, Ceiling Jet und Ventilationsöffnungen), und der Druck P ist nur eine Funktion der Höhe und der Zeit.
- die Wandoberflächen sind so geartet, dass die Wärmeverluste durch die eindimensionale instationäre Wärmeleitungsgleichung beschrieben werden können.

Diese Erweiterungen gegenüber dem Vollbrandmodell erlauben es dennoch, auch die Verhältnisse vor dem Flashover mit der Rauchgasschichtung, dem Strahlungsaustausch

Abb. 38.8a Der Fall A
entspricht den
Druckverhältnissen kurz nach
dem Brandbeginn. Es stellt
sich zunächst keine neutrale
Ebene z_n ein. Es strömt kalte
Raumluft nach außen

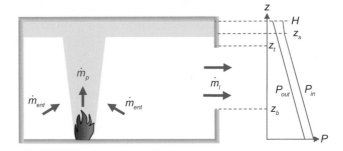

Abb. 38.8b Auch im Fall B
besteht ein ständiger
Überdruck, es strömen aber
bereits heiße Gase aus den
Raum heraus. Dieser Zustand
wird auch als „stratified case"
bezeichnet

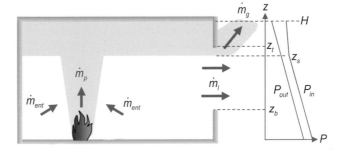

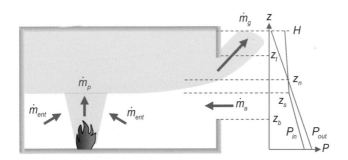

Abb. 38.8c Im Fall C ergeben sich negative und positive Druckdifferenzen über der Öffnung, d. h.
eine neutrale Ebene der Höhe z_n kann sich einstellen. Dieser Zustand entspricht dem häufig in
Zonenmodellen gemachten Ansatz. Wenn der Brand nicht verlöscht geht er in den sogenannten Vollbrand über

Abb. 38.8d Der Fall D zeigt
die Druckverteilung bei einem
Vollbrand, d. h. Z_s ist gleich
Null, der Gaswechsel wird
durch z_n bzw. T_g bestimmt.
Dieser Zustand wird auch als
der „well mixed" Fall
bezeichnet

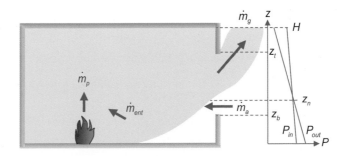

zwischen unterschiedlichen Bereichen im Brandentwicklungsstadium, der Rückführung von Rauchgasen in die kühlere Luftschicht usw. realistischer zu beschreiben. Die Unterscheidung von mindestens zwei Zonen führt zu einer größeren Anzahl von Bereichen mit unterschiedlicher Temperatur und Emissivität. Die Berechnung des Strahlungsaustausches zwischen Flammen, Wänden und Objekten trägt wesentlich zu dem höheren Detaillierungsgrad der Mehrzonenmodelle bei. Die angewandten grundlegenden Gleichungen basieren auf den Erhaltungssätzen für die Masse und der Energie, die jeweils auf die Zonen angewandt werden. Die theoretische Basis lässt sich nun folgendermaßen formulieren. Das Gas in der jeweiligen Schicht ist durch die Masse, innere Energie, Temperatur, Dichte und das Volumen definiert. Der Massenstrom und der Energiestrom zu den beiden Schichten werden auf der Basis bestehender Submodelle berechnet, im Gegensatz zu den später beschriebenen Feldmodellen wird die dabei die Impulserhaltung nicht berücksichtigt. Strömungen durch Öffnungen etc. müssen daher a priori vorgegeben werden, was die universelle Einsatzmöglichkeit von Mehrzonenmodellen einschränkt. Bei Öffnungen in Decken oder Fußböden ist zusätzlich das Strömungsverhalten bei kleinen Druckunterschieden zu beachten, weshalb sich die diesbezüglichen Submodelle von denjenigen für Öffnungen in vertikalen Umfassungen unterscheiden.

Erhaltung der Masse

Für den in Abb. 38.18 dargestellten Fall stellt sich die Massenbilanz folgendermaßen dar:

$$\dot{m}_f - \left(\dot{m}_g + \dot{m}_a \right) = 0 \tag{38.18}$$

worin:

$\dot{m}_g$ = ausströmende Gasmengen pro Zeiteinheit (kg/s),

$\dot{m}_a$ = eintretende Luftmengen pro Zeiteinheit (kg/s),

$\dot{m}_f$ = Abbrandrate des Brennstoffs (kg/s).

Der Massenstrom heißer Gase aus dem Fenster bzw. der Tür ist gegeben durch [14]:

$$\dot{m}_g = \dot{m}_g \left(\text{Höhe } H_n \text{ bis } H_0 \right)$$

$$= \frac{2}{3} C_d W \rho_a \left[2g \frac{T_a}{T_g} \left(1 - \frac{T_a}{T_g} \right) \right]^{1/2} \left(H_0 - H_n \right)^{3/2} \tag{38.19}$$

mit

$$C_d = \text{Einengungsfaktor der Öffnung} \left(\text{typischer Wert} = 0{,}7 \right),$$

$$W = \text{Breite der Öffnung} \left(\text{m} \right),$$

$$\rho_a = \text{Dichte Luft der Umgebung} \left(\text{kg/m}^3 \right),$$

$$g = \text{Beschleunigung durch Schwerkraft}, 9,81\,\text{m/s}^2,$$

$$H_n = \text{Höhe der neutralen Ebene}\,(\text{m}),$$

$$H_0 = \text{Höhe Öffnung}\,(\text{m}),$$

$$T_g = \text{Temperatur der Heibgasschicht}\,(^\circ\text{C}),$$

$$T_a = \text{Temperatur der Umgebung}\,(^\circ\text{C}).$$

Der Massenstrom von Gasen in das Fenster bzw. die Tür ist gegeben durch [14]:

$$\dot{m}_a = m_{a1}\left(\text{Höhe}\,H_d\,\text{bis}\,H_n\right) + m_{a2}\left(\text{Höhe}\,0\,\text{bis}\,H_d\right)$$
$$= \frac{2}{3}C_d W \rho_a \left[2g\left(1 - \frac{T_a}{T_g}\right)\right]^{1/2} \left(H_n - H_d\right)^{1/2}\left(H_n - H_d/2\right) \tag{38.20}$$

Die Abbrandrate $\dot{m}_f$ ist mit der Wärmefreisetzungsrate $\dot{Q}$ über die Verbrennungswärme ΔH_c und die Fläche A der Brandquelle verknüpft:

$$\dot{m}_f - \frac{\dot{Q}}{A \cdot \Delta H_c} \tag{38.21}$$

Darüber hinaus ist die Abbrandrate mit dem Plume-Massenstrom $\dot{m}_p$ und der Einmischungsrate von Luftmasse $\dot{m}_{ent}$ über folgende Beziehung miteinander verknüpft:

$$\dot{m}_f = \dot{m}_p - \dot{m}_{ent} \tag{38.22}$$

Hier muss zwischen dem brandlast- und dem ventilationsgesteuerten Brandfall unterschieden werden (siehe Kap. 33). Da für die meisten Brennstoffe die Wärme, die je umgesetzter Masse Luft (Sauerstoff) freigesetzt wird, etwa 3000 kJ/kg ist, kann die freigesetzte Wärme von der Zuluftrate abgeschätzt werden.

Die Flamme bzw. der Plume wird i. A. durch Plumegleichungen beschrieben (siehe Abschn. 38.1) in die die Wärmefreisetzungsrate als Eingangsgröße eingeht. Die Flamme bzw. der Plume muss differenziert behandelt werden, da hier eine Strahlungsquelle vorliegt, deren Energie zwei Schichten zufließt.

Erhaltung der Spezies

Weiterhin werden neben dem Sauerstoff noch andere Spezies beschrieben. Dies sind beispielsweise die bei der Verbrennung freiwerdenden gasförmigen Bestandteile wie CO_2, CO und HCN oder die Rußpartikel, welche für die Sichteintrübung des Rauchgases verantwortlich sind. Zur Bilanzierung dieser Produkte ist ein weiterer Erhaltungssatz (Erhaltung der Spezies) und die Vorgabe der experimentell bestimmten Ausbeuten aus unterschiedlichen Brandstoffen (Yields) notwendig. Dies ist die einfachste Version eines Verbrennungsmodells.

Einige Zonenmodelle verfügen darüber hinaus über die Möglichkeit der Vorhersage der Wärmefreisetzung oder der Abbrandrate in Abhängigkeit von den Bedingungen innerhalb des Brandraums. Es ist jedoch notwendig, darauf hinzuweisen, dass dies nur für wenige reine Brennstoffe möglich ist. Es ist daher Stand der Technik, dass der Verlauf der Abbrandrate oder der Wärmefreisetzungsrate vom Nutzer vorgegeben wird. In diesem Sinn kann daher i. A. nicht von einer Vorhersage des Brandverlaufs gesprochen werden [3].

Erhaltung der Energie

Für die Gleichung der Wärmebilanz für die Kaltgasschicht ergibt sich aus dem 1. Hauptsatz der Thermodynamik:

$$\frac{dm_l E_l}{dt} = \dot{m}_a h_a - \dot{m}_l h_l - \dot{m}_{ent} h_l + \dot{Q}_l - P_l \frac{dV_l}{dt}, \qquad (38.23a)$$

worin:

$E_l =$ in der Kaltgasschicht gespeicherte Energie (kJ/kg),

$h_a =$ Enthalpie der einströmenden Luft bei der Temperatur T_a (kJ/kg),

$h_l =$ Enthalpie in der Kaltgasschicht bei der Temperatur T_l (kJ/kg),

$\dot{Q}_l =$ $-\sum A_{l,i} q''_{l,i}$ Netto Wärmeabgabe von Wänden i zur Kaltgasschicht (kW),

$A_{l,i} =$ ite Wandfläche der Kaltgasschicht (m²),

$q''_{l,i} =$ Wärmestrom zur i-ten Fläche der Kaltgasschicht (kW/m²).

Für die Heißgasschicht ergibt sich entsprechend:

$$\frac{dm_g E_g}{dt} = \dot{m}_f h_f - \dot{m}_{ent} h_l - \dot{m}_g h_g + \dot{Q}_g - P_g \frac{dV_g}{dt}, \qquad (38.23b)$$

worin:

$E_g =$ in der Heißgasschicht gespeicherte Energie (kJ/kg),

$h_f =$ Enthalpie der vom Brennstoff freigesetzten Gase bei der Temperatur T_f (kJ/kg),

$h_g =$ Enthalpie in der Heißgasschicht bei der Temperatur T_g (kJ/kg),

$\dot{Q}_g =$ $-\sum A_{g,i} q''_{g,i}$ Netto Wärmeabgabe von Wänden i zur Heißgasschicht (kW)

$A_{g,i} =$ ite Wandfläche der Heißgasschicht (m²),

$q''_{g,i} =$ Wärmestrom zur i-ten Fläche der Heißgasschicht (kW/m²).

Die bisher genannten Submodelle sind notwendige Bestandteile von Zonenmodellen. Darüber hinaus können jedoch zusätzliche Berechnungen durchgeführt werden. Dazu gehören Plume-Temperaturen, d. h. die Temperaturwerte oberhalb der Flammen und Temperaturwerte im Ceiling Jet (siehe oben). Diese Ansätze können zur Berechnung von Bauteiltemperaturen oder zur Beschreibung des Auslöseverhaltens von Sprinklern Verwendung finden. Durch die Bilanzierung von Verbrennungsprodukten ist es möglich, mittlere Konzentrationswerte zu berechnen, die für weitere Beurteilungen (z. B. Erkennungs-weite innerhalb der Rauchgase) herangezogen werden können. Weiterhin verfügen die meisten Modelle über Ansätze zur Beschreibung einer mechanischen Ventilation.

Neben den genannten Submodellen existieren eine Reihe von Modellansätzen zur Be-schreibung von Strömungsphänomenen. Beispiele dafür sind Strömungsformen, die zur Mischung zwischen Heißgasschicht und Luftschicht beitragen. Die bisher vorliegenden Beziehungen zur Beschreibung dieser Sekundärströmungen sind jedoch nicht vollständig akzeptiert, bzw. nicht mit hinreichender Sicherheit verifiziert und daher wird i. A. auf ihren Einsatz verzichtet [3].

38.2.2 Mehrraum-Mehrzonenmodelle

Durch Einführung der Mehrraum-Mehrzonenmodelle, mit denen sich der Massen- und Energieaustausch zwischen mehreren Räumen mit unterschiedlichen Ventilationsöff-nungen berechnen lässt, wuchsen auch die Anforderungen an die numerischen Methoden. Bei Simulationsrechnungen, die mehrere Räume umfassen, steigt nicht nur die Rechenzeit an, sondern auch die Möglichkeit, dass die Algorithmen nicht konvergieren. Deshalb wur-den in den vergangenen Jahren die numerischen Methoden verbessert.

Die Kopplung zwischen den einzelnen Räumen (Segmenten, siehe Abb. 38.9) erfolgt hier dadurch, dass die Abflüsse von Masse und Energie aus den angekoppelten Räumen als Zuflüsse des aktuell betrachteten Raums wieder in die Bilanz eingehen. Die Verbindung zwischen den Brandrauchschichten und den kalten Luftschichten wird über Einmisch-ströme und somit über die Bilanz des Plumes hergestellt.

Zur Lösung stehen für jede Schicht eine Massen- und eine Energiebilanz zur Ver-fügung. Das entstehende umfangreiche Gleichungssystem wird mit geeigneten numeri-schen Verfahren gelöst. Ausgehend von einem Startwert (alter Zustand) werden dabei die Unbekannten solange variiert, bis alle Gleichungen mit einer vorgegebenen Genauigkeit erfüllt sind (neuer Zustand).

Räume im Sinne des Rechenprogramms können sein:

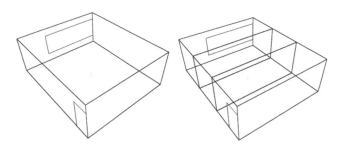

Abb. 38.9 Prinzip Segmentierung im Mehrraum-Mehrzonenmodell

- Brand- oder Rauchabschnitte,
- einzelne baulich ausgebildete Räume,
- Segmente zur Unterteilung eines Raumes
- Hallenbereiche oder Räume mit Unterteilungen durch Einbauten oder Teilabtrennungen.

Allgemeine Beurteilung von Zonenmodellen

In [3] werden Beispielrechnungen gezeigt, aus denen hervorgeht, dass Zonenmodelle durchaus für größere Räume wie Atrien erfolgreich eingesetzt werden. Es ist allerdings davon auszugehen, dass der Einsatz nicht bis zu beliebig großen Räumen sinnvoll ist, da die Grundvoraussetzung der zwei stabilen Schichten i. A. nicht mehr gegeben ist. Wie Experimente in großen Räumen bis 3600 m² zeigen, kann sich hier durchaus eine stabile Schichtung ausbilden, Experimente bei noch größeren Flächen liegen bisher nicht vor. Bei Flächen in der genannten Größenordnung ist jedoch darauf zu achten [3], dass der Abstand der Rauchgasgrenze zu den Zuluftöffnungen ausreichend groß ist, da mit abnehmender Rauchgastemperatur auch die Schichtungsstabilität abnimmt. Bis zum Vorliegen von exakteren Begrenzungen kann man sich hier an den diesbezüglichen Anforderungen der DIN 18232-2 orientieren.

38.3   Feldmodelle für die Brandsimulation

Die physikalischen Gesetze zur Beschreibung von Strömungsprozessen sind seit langem bekannt. In den letzten 50 Jahren haben sich Feldmodelle auch CFD (computational fluid dynamics) genannt – zu Analysewerkzeugen entwickelt, die auch für Probleme eingesetzt werden, die mit Brandphänomenen einhergehen [19]. Die grundlegenden Gleichungen für *Fluide* sind auch für Verbrennungsprozesse gültig [20].

38.3.1 Erhaltungsgleichungen

Die Komplexität turbulenter Flammen lässt sich mathematisch durch ein „verhältnismäßig" einfaches Gleichungssystem beschreiben (Gl. (38.24a), 38.24b, 38.24c und 38.24d). In der Physik bezeichnet man die Masse, den Impuls und die Energie als *Erhaltungsgrößen*, da diese in einem abgeschlossenen System bei verschiedenen Prozessen und Wechselwirkungen erhalten bleiben. Die Erhaltungsgleichungen der Gesamtmasse, des Impulses und der Energie sowie die Bilanzgleichungen der Komponentenmassen bilden ein gekoppeltes System partieller Differentialgleichungen, das kompressible, reibungsbehaftete Strömungen vollständig beschreibt. Das Gas kann sich aus einer beliebigen Anzahl an Komponenten zusammensetzen und chemischer Umwandlung unterliegen [20].

Wesentlich für die Herleitung dieser Gleichungen ist, dass das Fluid als *Kontinuum* angesehen werden darf. Hierzu müssen die kleinsten charakteristischen Längenskalen der Strömung l_s noch wesentlich größer sein, als die mittlere freie Weglänge des Gases L., d. h. es gilt $L/l_s \ll 1$ Bei turbulenter, inerter Strömung ist das kleinste Längenmaß die Kolmogorov-Länge η, bei Verbrennung liegen die auftretenden Flammendicken und damit die kleinsten Strukturen meist noch darunter. Damit ist die Zeitskala molekularer Bewegung (das Zeitintervall zwischen Stößen der Moleküle) um ein Vielfaches kleiner, als die der turbulenten Fluktuation. Turbulenz oder strömungsmechanische Vorgänge beeinflussen die thermische Bewegung der Moleküle dann nur unwesentlich: Die molekulare Verteilung befindet sich näherungsweise im Gleichgewicht. Dies ist eine Voraussetzung für die Anwendbarkeit der später genutzten Transportbeziehungen. Zieht man die Kolmogorov-Länge η als charakteristische Längenskala der Strömung heran, dann ergibt sich

$$L/\eta \approx Ma/Re^{1/4},$$

wobei $Ma \equiv u/a$ für die Mach-Zahl und

$$Re \equiv \rho ul/\mu$$

für die Reynolds-Zahl steht [20]. Ferner bezeichnet a die Schallgeschwindigkeit des Mediums, l ein makroskopisches Längenmaß des Strömungsfelds, u die Geschwindigkeit der Strömung, ρ die Dichte und μ die dynamische Viskosität. Die Mach-Zahl kann im Bereich der Verbrennungsberechnung klein angesetzt werden, die Reynolds-Zahl groß und damit ist das Verhältnis L/η klein. Daher kann in der Regel von Kontinuum ausgegangen werden. Hiervon ausgenommen sind stark verdünnte Gase in großen Höhen, da dort die mittlere freie Weglänge ansteigt.

Genau genommen umfassen die Navier-Stokes-Gleichungen nur die Erhaltungsgleichungen des Impulses. Bei einem reagierenden Fluid sind Bilanzgleichungen für die Gesamtmasse, den Impuls, die Energie sowie die Massen der einzelnen Spezies zu lösen. Deren Herleitung findet sich in zahlreichen Lehrbüchern [21, 22, 23]. In Tensor-Schreibweise und bei konservativer Formulierung ergibt sich in kartesischen Koordinaten das folgende System gekoppelter, partieller Differentialgleichungen. Grundannahmen bei der Herleitung der momentanen Bilanzgleichungen sind thermisches Gleichgewicht und Isotropie der Stoffeigenschaften des Fluids (Richtungsunabhängigkeit).

Gesamtmasse

$$\frac{\partial \rho}{\partial t} + \frac{\partial}{\partial x_i}\left(\rho u_i\right) = 0 \tag{38.24a}$$

Die Erhaltung der Gesamtmasse bedeutet nichts anderes als das Masse weder dazu- noch abhandenkommen kann. In anderen Worten, die Änderung der Dichte ρ an einem Punkt im

Strömungsfeld entspricht dem Netto-Massenfluss ρu_i an der Grenze eines kleinen Kontroll-volumens um diesen Punkt. In Brandsimulationen ist es üblich individuelle gasförmige Komponenten, z. B. Brennstoff und Sauerstoff direkt zu berücksichtigen. Daher wird in den meisten Fällen die Erhaltung der Masse als ein Satz von Transportgleichungen für den Massenanteil von individuellen gasförmigen Komponenten Y_α geschrieben:

Komponentenmassen

$$\frac{\partial}{\partial t}\left(\rho Y_\alpha\right)+\frac{\partial}{\partial x_i}\left(\rho u_i Y_\alpha\right)+\frac{\partial j_{\alpha i}}{\partial x_i}=\dot{m}_\alpha^{''} \tag{38.24b}$$

Impuls
Die Erhaltungsgleichung für den Impuls entspricht dem zweiten Newton'schen Gesetz der Bewegung [19], einfach ausgedrückt Masse x Beschleunigung = Kraft. Die Kräfte die das Feld bewegen bestehen aus dem Druckgradienten $\partial p/\partial x_i$, der Reibung (in Form der Elemente des Spannungstensors τ_{ij}), und den externen spezifischen Volumenkräfte f_i, wie z. B. Auftrieb:

$$\frac{\partial}{\partial t}\left(\rho u_i\right)+\frac{\partial}{\partial x_j}\left(\rho u_i u_j\right)=-\frac{\partial p}{\partial x_i}+\frac{\partial \tau_{ij}}{\partial x_j}+f_i \tag{38.24c}$$

Energie
Wie bei der Erhaltung der Gesamtmasse ändert sich die Enthalpie h an einem Punkt im Strömungsfeld entsprechend dem Netto-Energiefluss an der Grenze eines kleinen Kontroll-volumens um diesen Punkt. Auf der rechten Seite des Gleichungssystems treten Quell-terme in Bezug zum Druck, zur Freisetzung von Wärme durch Verbrennung, Strahlung, Konvektion und Dissipation (Umwandlung von Energie in Wärme) auf. In Modellen zur Brandsimulation können die Terme zum Druck und zur Dissipation vernachlässigt werden (siehe auch nächsten Abschnitt), es sei denn der Raum ist abgeschlossen und der Druck kann stark steigen.

$$\frac{\partial}{\partial t}\left(\rho h\right)+\frac{\partial}{\partial x_i}\left(\rho u_i h\right)=\frac{Dp}{Dt}+\frac{\partial}{\partial x_j}\left(u_j \tau_{ij}\right)-\frac{\partial q_i}{\partial x_i}+\dot{q}^{''}+\varepsilon \tag{38.24d}$$

mit i, j = 1, 2, 3 und α = 1, 2,…,N_{k-1}. Die Einstein'sche Summenkonvention bezieht sich ausschließlich auf die Indizes i bis m. Dp/Dt ist die substantielle Ableitung des Drucks.

In den Gl. (38.24a, 38.24b, 38.24c und 38.24d) bezeichnet u_i den Anteil des Ge-schwindigkeitsvektors **u** in x_i-Richtung, p den Druck, Y_α den Massenanteil der Kompo-nente α, H = h+$\mathbf{u}^2$/2 die spezifische Gesamtenthalpie und h die spezifische innere En-thalpie. Alle abhängigen Variablen sind Funktion des Raums $\mathbf{x}$ = $(x_1, x_2, x_3)^T$ und der Zeit t. N_k ist die Anzahl unterschiedlicher Komponenten. Zur Lösung des Gleichungssystems sind aus den abhängigen Variablen der Wärmefluss $\dot{q}_i$ (die Wärmestromdichte durch Wärmeleitung und Diffusion) in x_i-Richtung, der Diffusionsmassenfluss $j_{\alpha i}$ der Komponente α in x_i-Richtung, die externen spezifischen Volumenkräfte f_i, der Strahlungsquellterm ε, die Elemente des Schubspannungstensors τ_{ij} und die chemischen Produktionsterme $\dot{m}_\alpha''$ der Komponenten α zu bestimmen. Zu den externen spezifischen Volumenkräften zählt die Gravitation g_i, die meist als einzige externe Volumenkraft vorliegt.

38.3.2 Weitere Annahmen und Vereinfachungen

Um das System der Erhaltungsgleichungen für die Dichte (oder Massenanteile der Komponenten), Geschwindigkeit, Druck und Energie des Fluides zu lösen, ist eine Zustandsgleichung nötig, um die thermodynamischen Größen ρ, p und die Enthalpie [19]

$$h = \int_{T_0}^{T} c_p \, dT \tag{38.25}$$

in Relation zu setzen. In den meisten Fällen ist es ausreichend ein ideales Gas anzunehmen:

$$p = \frac{\rho R T}{\overline{W}} \quad \text{und es gilt} \tag{38.26}$$

$$\overline{W} = 1 / \sum_{\alpha=1}^{N_k} \frac{Y_\alpha}{M_\alpha} \tag{38.27}$$

mit der universelle Gaskonstante R, den Molekulargewichten M_α und dem mittleren Molekulargewicht des Gasgemischs $\overline{W}$.

Wichtige Annahmen bei der Herleitung der Bilanzgleichungen sind die Gültigkeit der im weiteren beschriebenen Zusammenhänge zwischen dem Spannungstensor sowie den Wärme- und Diffusionsflüssen mit Gradienten des Strömungs-, Temperatur- und Stofffeldes (Newton'sches Fluid, Stokes-Beziehung, Fourier'sches und Fick'sches Gesetz) [20].

Newton'sches Fluid
Ein Fluid, bei dem die Schubspannung

$$\tau_{ij} = \mu \left(\frac{\partial u_i}{\partial x_j} + \frac{\partial u_j}{\partial x_i} \right) - \delta_{ij} \frac{2}{3} \mu \frac{\partial u_k}{\partial x_k} \quad \text{mit} \quad \delta_{ij} = \begin{cases} 1 & \text{für } i = j \\ 0 & \text{für } i \neq j \end{cases} \tag{38.28}$$

linear mit dem Geschwindigkeitsquergradient (Scherung) verknüpft ist, nennt man Newton'sches Fluid, wobei μ die dynamische Viskosität bezeichnet.

Stokes-Beziehung

In einer allgemeineren Beziehung tritt neben der dynamischen Viskosität μ noch die Volumenviskosität μ_V auf. Gl. (38.28) geht daraus unter der Annahme $2\mu+3\mu_V = 0$ (Stokes-Beziehung) hervor [20]. Bei inkompressiblen Fluiden verschwindet der letzte Term in Gl. (38.28).

Fick'sches Gesetz

Der Diffusionsmassenfluss $j_{\alpha i}$ wird oftmals durch das Fick'sches Gesetz approximiert

$$j_{\alpha i} = -\rho D_\alpha \frac{\partial Y_\alpha}{\partial x_i} \tag{38.29}$$

Fourier'sches Gesetz

Der flächenspezifische Energiefluss q'' wird von einer Vielzahl physikalischer Vorgänge beeinflusst, von denen mit der Wärmeleitung (Fourier'sches Gesetz) und der Diffusion

$$q''_i = -\lambda \frac{\partial T}{\partial x_i} + \sum_{\alpha=1}^{N_k} h_\alpha j_{\alpha i} \tag{38.30}$$

nur die zwei wichtigsten berücksichtigt werden. Die Diffusionswärmeleitung (Dufour-Effekt) ist nahezu immer vernachlässigbar [20].

Ist die Geschwindigkeit der Strömung u deutlich niedriger als die Schallgeschwindigkeit a des Mediums, d. h. wenn a << Ma (Machzahl) gilt, dann ergeben sich weitere Vereinfachungen:

- Druckschwankungen sind thermodynamisch vernachlässigbar, d. h. dass bei kleinem Ma bei der Berechnung direkt vom Druck abhängiger Variablen Δp vernachlässigbar ist,
- Der durch Reibung verrichtete Arbeit ist vernachlässigbar, d. h.

$$\frac{\partial}{\partial x_j}\left(u_j \tau_{ij}\right) \approx 0, \tag{38.31}$$

- die substantielle Ableitung des Drucks in der Enthalpiegleichung (38.24d) darf durch $Dp/Dt = d\bar{p}/dt$ approximiert werden und ist null, wenn keine signifikanten zeitlichen Druckänderungen auftreten,
- der Anteil der kinetischen Energie an der Gesamtenthalpie $H = h + \mathbf{u}^2/2 \approx h$ ist vernachlässigbar.

Die Annahme niedriger Strömungsgeschwindigkeiten (low-mach number), wird in CFD-Brandmodellen häufig gemacht. Einen Überblick über das System der Berücksichtigung von Submodellen bzw. Vereinfachungen bei Feldmodellen zur Brandsimulation ist in Abb. 38.10 gegeben.

38.3.3 Turbulenzmodellierung

Die Erhaltungsgleichungen beschreiben den Transport von Masse, Impuls und der Energie über Konvektion und Diffusion (Diffusionsfähigkeit der Materialien, Viskosität und thermische Konduktivität). In großskaligen Brandereignissen stellt der Konvektionsprozess den elementaren Transportmechanismus für Wärme und Verbrennungsprodukte dar. Dagegen stellt der Diffusionsprozess die entscheidende Rolle im Bereich der Flammen und in der Grenzschicht von massiven Oberflächen dar. Eine gemeinsame Erfassung dieser beiden Prozesse in einer Simulation für Brände in großen Räumen ist derzeit auch für schnelle Computer zu aufwändig. Aus diesem Grunde wurden Submodelle entwickelt die

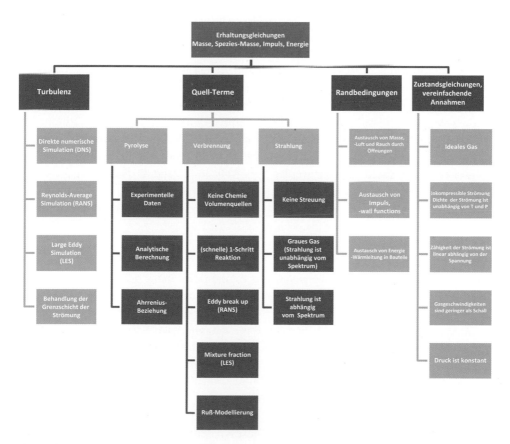

Abb. 38.10   Submodelle bzw. Vereinfachungen bei Feldmodellen

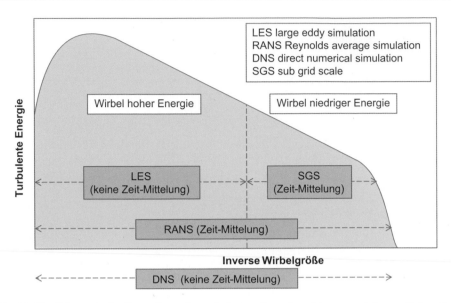

Abb. 38.11 Schematische Darstellung des turbulenten Energiespektrums und dessen Behandlung durch unterschiedliche Modelle [21]

die nicht auflösbaren Prozesse berücksichtigen. Bei Brandphänomenen sind dieses die Modelle zur Beschreibung der Turbulenz.

Die wichtigsten Techniken zur Approximation der Erhaltungsgleichungen begründen sich auf die Art und Weise der Auflösung der Größen im Bereich der Zeit- und Längenskalen: Die direkte numerische Simulation (DNS) aller Wirbel, der Reynolds-averaged (gemittelte) Navier-Stokes (RANS) Ansatz und die large eddy simulation (LES), bei der die großen Wirbel direkt simuliert werden [19]. Abb. 38.11 zeigt die Anwendung der Zeit-Mittelung dieser Techniken in einer Darstellung für die turbulente Energie über der inversen Größe der Wirbel. Hier kann nur eine kurze Einführung gegeben werden, für mehr Details sei z. B. auf [24] verwiesen.

Direkte numerische Simulation (DNS)

Direkte numerische Simulation bedeutet, dass für die Berechnung der Wirbel keine Modifikationen des oben gegebenen Gleichungssystems benutzt werden, sondern alle relevanten zeitlichen und räumlichen Skalen der Größen direkt gelöst werden. Da bei dieser Technik die zeitliche Auflösung hoch und die räumliche Auflösung des Gitters entsprechend klein sein muss (kleiner als 1 mm), ist es für Raumbrände derzeit noch nicht wirtschaftlich diese Berechnungen mit Computern durchzuführen.

Reynolds-Averaged Navier Stokes (RANS)

Ein häufig gewählter Ansatz Turbulenz zu modellieren ist es eine statistisch zeit-gemittelte Form der Erhaltungsgleichungen zu lösen. Diese Art der Mittelung wird im englischen mit Reynolds-averaged Navier-Stokes bezeichnet, ein Ansatz der von Osborne Reynolds vorgeschlagen wurde. Grundansatz dieser Methode ist es die Geschwindigkeitskomponenten, die Enthalpie und die Massenanteile der Spezies in eine mittlere und in eine fluktuierende Komponente zu zerlegen:

$$\phi\left(x,\,t\right) = \overline{\phi}\left(x,\,t\right) + \phi'\left(x,\,t\right) \tag{38.32}$$

Für instationäre Strömungsfelder ist die mittlere Komponente weiterhin eine Funktion der Zeit, die die Entwicklung des mittlere Strömungsfeldes beschreibt. Bei typischen Brandereignissen liegt die mittlere Komponente in der Größenordnung mehrerer Sekunden, dagegen spielen sich die Fluktuationen im Bereich von Millisekunden ab. Die Erhaltungsgleichungen können nun mit diesem Ansatz neu geschrieben werden, die resultierenden Gleichungen können zum Beispiel [19, 21] entnommen werden. Zur Schließung des „RANS" Gleichungssystems wird von der Mehrzahl der kommerziellen CFD-Brandsimulationsprogramme das sogenannte Eddy-Viskositäts-Turbulenz-Modell eingesetzt. Grundlegende Idee hierbei ist, dass die nicht aufgelösten turbulenten Fluktuationen durch Diffusionsterme modelliert werden können, die die Dissipation der turbulenten Energie effektiv repräsentieren. In vielen Ansätzen führt dieses auf ein Modell zur Beschreibung der Viskosität der Wirbel auf Grundlage zweier Gleichungen. Dieser Ansatz erlaubt es die Turbulenz, durch eine Geschwindigkeit und eine Längenskala, die in jeder Zelle des Berechnungsvolumens variiert, zu charakterisieren. Am häufigsten kommt das k-εModell zum Einsatz. Hier werden zwei zusätzliche Transport-Gleichungen gelöst, eine für die turbulente kinetische Energie k und eine für die Rate der Dissipation ε.

Large Eddy Simulation (LES)
Die Ableitung von LES Modellen ist ähnlich zu den von RANS Modellen, aber mit unterschiedlicher Behandlung in der Zerlegung der Variablen Druck und Geschwindigkeit. In RANS wird eine Mittelung über der Zeit, währenddessen in LES eine räumliche Mittelung bzw. eine Filterung der Variablen genutzt wird. Unabhängig davon sind die Techniken für die Zerlegung grundsätzlich die Gleichen. Auch im einfachsten LES Ansatz werden ebenfalls auf Grundlage der Viskosität der Wirbel die nicht aufgelösten Konvektionsterme durch Diffusionsterme ersetzt. Der entscheidende Unterschied ist die Größenordnung des Diffusionskoeffizienten, der Viskosität der Wirbel. In der LES wird das Strömungsfeld so getreu abgebildet, das es die am größten mögliche Übereinstimmung auf Basis des numerischen Gitters besitzt.

Im Vergleich zu den RANS Modellen müssen keine zusätzliche Gleichungen gelöst werden und das Strömungsfeld wird in seiner Charakteristik besser abgebildet. Dagegen muss der Anwender größere Aufmerksamkeit auf die Auflösung des Gitters legen, da die Genauigkeit der Lösung stark von der Feinheit des Gitters abhängt. Der Bereich der „kleinen" Wirbel (SGS, subgrid scale) wird durch entsprechende Modelle abgebildet, um die Dissipationsenergie zu berücksichtigen und um numerische Stabilität zu gewährleisten. Ein bekannter Ansatz kommt von Smagorinsky (1963).

38.3.4 Quellterme und Randbedingungen

Verbrennung

Die Reaktion von Brennstoff und Sauerstoff und die damit verbundene Einmischung von Luft in den Feuerplume stellt den entscheidenden Quellterm in einem Verbrennungsmodell dar. Der einfachste Ansatz die Verbrennung zu modellieren ist es die Chemie der Brandquelle nicht zu berücksichtigen und anzunehmen, dass die Wärme in einem festgelegten Volumen freigesetzt wird. Für einige Anwendungsfälle (z. B. Rauchtransport bei einem gut ventilierten Brand) kann dieser Ansatz ausreichend gute Ergebnisse liefern. Wenn die Region der Verbrennung nicht einfach beschrieben werden kann und sich mit den Randbedingungen ändert, sollte ein Submodell für die Verbrennung Bestandteil des CFD-Brandsimulationsprogramms sein. Die Berechnung der Verbrennungschemie ist notwendig, wenn die Verfügbarkeit von Sauerstoff ein wichtiger Faktor für die Verbrennung dar stellt, oder wenn die Zusammensetzung des Gasgemischs für ein Submodell für die Strahlung benötigt wird.

In vielen CFD-Brandmodellen wird angenommen, dass der Verbrennungsprozess durch eine einfache einstufige Reaktion beschrieben werden kann, bei der Brennstoff und Sauerstoff unendlich schnell zu einem Produktgemisch bestehend aus den Hauptkomponenten CO_2 und H_2O und den Nebenkomponenten Ruß und CO umgesetzt werden. Dieses Modell setzt voraus, dass die Kinetik der Verbrennung unbekannt ist und die Produktionsrate der Nebenkomponenten durch Experimente bekannt ist. Wenn die Bestimmung (Vorausberechnung) von CO gefordert ist, ist der Ansatz der schnellen Chemie nicht mehr ausreichend und fortgeschrittene Modelle für die Verbrennungsberechnung sind notwendig.

Ein häufig eingesetztes Verbrennungsmodell im RANS Modell ist der „eddy breakup" Ansatz (Spalding [25], Magnussen und Hjertager [26]). Im Modell wird angenommen, dass der Verbrauch des Brennstoffs $\dot{m}_f''$ durch die Rate der molekularen Vermischung von Reaktionskomponenten kontrolliert wird, welche wiederum proportional zur Dissipationsrate der turbulenten Wirbel ist.

Da in LES Modellen die turbulenten Größen nicht direkt vorliegen, wird ein anderes, aber ähnliches Konzept verfolgt, welches auf dem Ansatz der „mixture fraction" bzw. dem *Mischungsbruch* aufbaut. Der Mischungsbruch ist eine Feldvariable mit Werten zwischen 0 und 1 für jede Zelle der Gasphase, die den Massenanteil der Gaskomponenten darstellt, der im Brennstoffstrom vorliegen. Reiner Brennstoff entspricht einem Mischungsbruch von 1, reine Luft einem Mischungsbruch von 0. Der Verlauf des Massenbruchs in Abhängigkeit vom Mischungsbruch am Beispiel Methan (C_2H_4) wird in Abb. 38.12 gezeigt. Eine allgemeine Einführung der bestehenden Modelle und Zusammenhänge wird in [27] gegeben.

Austausch von Strahlungswärme

Die Umverteilung der Energie durch thermische Strahlung hat große Bedeutung und ist Bestandteil der Energieerhaltungsgleichung (38.23a, 38.23b). Numerische Löser für das Strömungsfeld arbeiten typischerweise bei der Lösung der Erhaltungsgleichungen in Zeit-

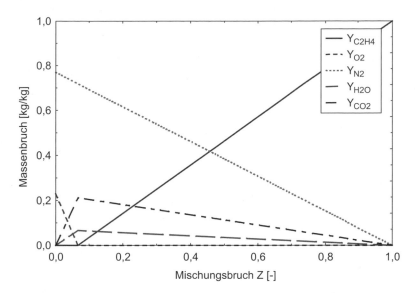

Abb. 38.12 Darstellung eines Massenbruchs über einem Mischungsbruch „mixture fraction" Z für Brennstoff Y_{C2H4} (Ethen)

schritten, die entweder an der Schallgeschwindigkeit (LES Modelle) oder auf Grundlage von Zeitschritten, die durch größere Skalen (large scales) bestimmt werden. Die Berücksichtigung eines Strahlungsmodells schwierig, da Strahlung mit Lichtgeschwindigkeit übertragen wird. In den einfachsten Strahlungsmodellen wird ein Gas ohne die Eigenschaft der Streuung angenommen (Strahlung wird absorbiert oder emittiert) und es wird angenommen, dass es sich um ein *graues* Gas handelt (die Strahlung ist unabhängig vom Spektrum des Gases). Im Falle eines Feuers ist diese Annahme angemessen, da Ruß den häufigsten Emitter und Absorber darstellt und das Spektrum von Ruß als kontinuierlich angenommen werden kann. Wenn ein Medium stark von diesen Randbedingungen abweicht, muss die Abhängigkeit der radiativen Intensität als Funktion der Wellenlänge berücksichtigt werden [19].

Austausch von Masse an den Grenzen

In den meisten Fällen kann wohl davon ausgegangen werden, dass der Brandraum nicht komplett geschlossen ist, sondern dass Luft und Rauch durch Öffnungen transportiert werden, Lüftungsanlagen etc. Luft aus bzw. in den Raum führen, und brennende Gegenstände Brennstoffgase in den Raum fördern. Diese Transportprozesse stellen Randbedingungen für die Erhaltungsgleichungen dar. An den Grenzen des Berechnungsvolumens (computational domain) werden im Allgemeinen freie bzw. offene Randbedingungen angenommen, oder es werden zeitlich vorgegebene Volumenströme oder Geschwindigkeiten für die Strömung vorgegeben (mechanische Ventilation), d. h. ein Massenstrom wird vorgegeben.

Austausch von Impuls an den Grenzen

Wenn die Strömung mit Oberflächen von festen Objekten in Kontakt kommt, sind Rand-bedingungen für die Impulserhaltungsgleichung notwendig und, wenn angemessen, für die turbulenten Variablen. In vielen Fällen werden „*no slip*" Bedingungen an Oberflächen der festen Materie angenommen, d. h. der Fluss wird gleich Null an der direkten Ober-fläche gesetzt. Um eine Grenzschicht geeignet aufzulösen, muss diese in eine große An-zahl von Zellen zerlegt werden, was die Berechnung zeitlich aufwändig und rechen-technisch nicht praktikabel für große Räume macht. Eine alternative Vorgehensweise ist es eine sogenannte *Wandfunktion* („wall function") zu benutzen, bei der angenommen wird, dass die tangentiale Geschwindigkeitskomponente eine logarithmische Funktion der Dis-tanz in Richtung der Normalen zur Oberfläche ist. Eine empirische Beziehung verbindet die Scherspannung an der Wand zu den aufgelösten Variablen am ersten Punkt des Gitters, sodass geeignete Quellterme für jede gelöste Gleichung abgleitet werden können [19].

Austausch von Energie an den Grenzen

Der Berücksichtigung der Geschwindigkeit an Grenzoberflächen kommt bereits einige Aufmerksamkeit zu Teil. Der Austausch von Energie an Oberflächen ist aber von äußerst großer Bedeutung, insbesondere wenn die Oberflächen brennen können. Die Modellie-rung der Pyrolyse ist aber ein äußerst komplizierter Vorgang und Bestandteil der For-schung. Einige Modelle existieren für einfache Stoffe (Flüssigkeiten, feste Brennstoffe mit einfacher Brennstoffchemie [28]) aber die in der Realität auftretenden Effekte an der Oberfläche und innerhalb der Brennstoffe (unvollständige Verbrennung) sind noch nicht vollständig gelöst.

Vorbeiströmende heiße Gase geben Wärme mit einer Rate an Oberflächen ab, die durch die thermischen Eigenschaften der Grenzvolumina (Umfassungsbauteile bzw. Objekte) gegeben ist und der Entwicklung der Bedingungen in der Gasphase über der Zeit. Zu Be-ginn eines Brandes besitzen die Umfassungsbauteile in etwa Umgebungstemperatur und die Wärmetransferrate wird am größten sein. Später, wenn die Temperaturen aller Ober-flächen ansteigen, wird auch die Wärmetransferrate wieder fallen. In einigen Fällen kön-nen die Oberflächen als adiabatisch angenommen werden, das heißt der Wärmetransfer ist gering bzw. kann vernachlässigt werden. Wenn der Wärmetransfer berücksichtigt wird, muss die Temperatur der Oberfläche T_w an jeder Stelle bekannt sein, an der das Gitters der Gasphase berührt wird. Die Temperatur der Oberfläche und deren Emissivität definieren die radiative Wärmetransferrate. Für die Gleichung der Energie ist der Quellterm die Rate des konvektiven Wärmetransfers $\dot{q}_c''$ zur Oberfläche vom dazugehörigen nächsten Gitter-punkt der Gasphase

$$\dot{q}_c'' = h_c \left(T_w - T_g \right) \tag{38.33}$$

mit T_g der Temperatur der Gasphase und h_c dem konvektiven Wärmetransferkoeffizient. Dieser Koeffizient kann als konstant angenommen werden (wie z. B. in Zonenmodellen) oder der Koeffizient wird als Funktion des lokalen Strömungsfeldes und einer Wandfunktion berechnet. Wenn nicht bestimmte Randbedingungen (z. B. eine feste Temperatur) vorgegeben sind, wird für die Definition der Temperatur der Oberfläche eine Wärmetransferberechnung in den festen Körper benötigt. Bei homogen aufgebauten Strukturen des Objektes (z. B. eine Wand) kann ggf. hierfür eine eindimensionale Wärmeleitungsberechnung eine gute Näherung der Realität bedeuten, bei komplexen Objekten (z. B. Kabel) kann eine mehrdimensionale Wärmeleitungsberechnung angemessen erscheinen.

38.3.5 Durchführung von CFD-Berechnungen

In [650, Blatt 2] wird für die Ausführung einer CFD-Berechnung das in Abb. 38.13 aufgeführte Ablaufschema für eine Brandsimulation vorgeschlagen.

Die Möglichkeiten für die Durchführung einer Simulation die sich aus den einzelnen Punkten ergeben, sind stark von den individuellen Submodellen abhängig, die in den verwendeten Brandsimulationsmodellen vorgesehen sind. Eine Übersicht der aktuellen freien und kommerziellen Codes ist in [29] gegeben.

38.3.6 Beispiele für Berechnungen

Die folgenden Beispiele zeigen typische Anwendungsfälle und Beispiele für den Einfluss von Randbedingungen auf das Ergebnis von CFD-Brandsimulationen. Sie wurden mit einem LES-Modell durchgeführt.

Beispiel: Einfluss Randbedingungen bei Entrauchung

Die Funktionsweise eines natürlichen Rauchabzuges in einem Atrium (Abb. 38.14) in Abhängigkeit der Außentemperatur und der Nachströmung wurde beispielhaft für die in Tab. 38.2 dargestellten Randbedingungen untersucht [684]. Windeinflüsse wurden in der Simulation nicht berücksichtigt. Es wurde vorausgesetzt, dass im Brandfall durch Winderkennungseinrichtungen gesteuert nur die RWA auf der windabgekehrten Seite geöffnet werden.

Das untersuchte Atrium ist dreigeschossig bei einer Höhe von 18 m. Die Geschosse sind zum Deckendurchbruch hin mit rauchdichten Verglasungen abgetrennt. Die Rauchableitung erfolgt über natürliche Rauchabzüge in den Seitenflächen des Dachkranzes (Abb. 38.14). Als Quellterm wurde im Erdgeschoss des Atriums ein Brandherd mit einer Wärmefreisetzungsrate von 0,1 MW angesetzt.

In Abb. 38.15 wird die Temperaturverteilung, in Abb. 38.16 die Erkennungsweite im Atrium nach 900 s gezeigt. Es wird deutlich, dass bei Variante 1 die wärmere Luft vom Außenbereich durch die RWA nach innen einströmt und die Rauchgase im Atrium stark verdünnt werden. Bei Variante 2 (gleiche Innen- und Außentemperatur) funktioniert die Abströmung der wärmeren Rauchgase durch die RWA ins Freie. Bei Variante 3 kann die

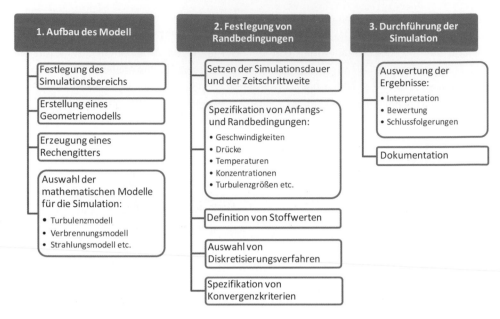

1. Aufbau des Modell	2. Festlegung von Randbedingungen	3. Durchführung der Simulation

Festlegung des Simulationsbereichs

Erstellung eines Geometriemodells

Erzeugung eines Rechengitters

Auswahl der mathematischen Modelle für die Simulation:
• Turbulenzmodell
• Verbrennungsmodell
• Strahlungsmodell etc.

Setzen der Simulationsdauer und der Zeitschrittweite

Spezifikation von Anfangs- und Randbedingungen:
• Geschwindigkeiten
• Drücke
• Temperaturen
• Konzentrationen
• Turbulenzgrößen etc.

Definition von Stoffwerten

Auswahl von Diskretisierungsverfahren

Spezifikation von Konvergenzkriterien

Auswertung der Ergebnisse:
• Interpretation
• Bewertung
• Schlussfolgerungen

Dokumentation

Abb. 38.13 Ablaufschema für eine Brandsimulation nach [650, Blatt 2]

Abb. 38.14 Isometrie des Atriums

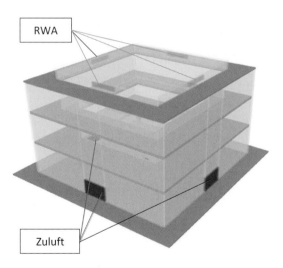

RWA

Zuluft

Abströmung aufgrund der maschinellen Zuluftführung sichergestellt werden. Die maschinelle Zuluft verdrängt die Rauchgase und unterstützt somit die Abströmung. Die Schutzzielkriterien gemäß Tab. 37.1, Abschn. 37.5.2 (z. B. Erkennungsweite mindestens 10 m bis 20 m) können bei allen drei Varianten für die Erdgeschossebene erfüllt werden. Mit der Entrauchungssimulation können die Einflüsse und insbesondere die Notwendigkeit der Berücksichtigung unterschiedlicher Randbedingungen (Außentemperatur, Zuluftart) veranschaulicht werden.

Tab. 38.2 Untersuchte Varianten

Variante	Außentemperatur [°C]	Temperatur im Atrium [°C]	Nachströmung
1	30	20	natürlich
2	20	20	natürlich
3	30	20	maschinell

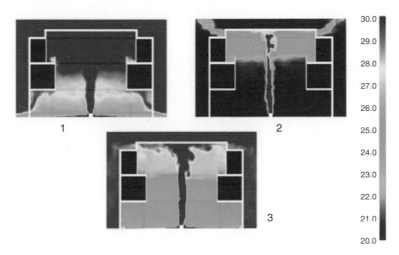

Abb. 38.15 Temperaturverteilung im Atrium nach 900 s bei den untersuchten Varianten

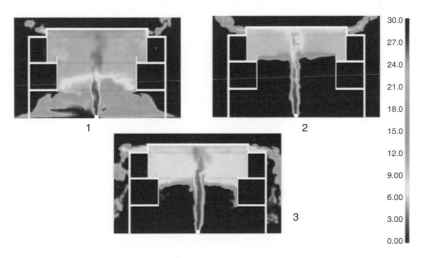

Abb. 38.16 Erkennungsweite im Atrium nach 900 s bei den untersuchten Varianten

Beispiel: Berechnungen für die Stand- und Personensicherheit

Das folgende Beispiel zeigt einen Hörsaal mit etwa 1000 m² Grundfläche und ansteigenden Sitzreihen in einer Stahlriegelkonstruktion und vorgehängter Glasfassade. Der Hörsaal soll für die Personen- und Standsicherheit dimensioniert werden [3]. Abb. 38.17a zeigt eine Visualisierung des Temperaturverlaufs entlang der Sitzreihen und Abb. 38.17b den Verlauf der Temperatur in Feldmitte unterhalb Riegel 2 (R_2). Abb. 38.18a und 38.18b zeigt einen Vergleich zweier Ebenenschnitte zur 300. Sekunde, Details werden in der Bildunterschrift beschrieben.

Beispiel: Einfluss Feinheit der Gitterzellen bei LES-Simulation

Abb. 38.19 zeigt den Verlauf der Temperaturen an verschiedene Höhen entlang der Zentrumsachse für die Berechnung eines Poolbrandes auf 4 x 4 m² Grundfläche mit einer Wärmefreisetzungsrate von stationär 51,2 MW. Das Berechnungsvolumen in der CFD-Simulation ist 10 m x 10 m x 30 m, für die Grenzen wurde eine freie Randbedingung ohne Windeinfluss angenommen, der Boden als geschlossen angenommen. Es wurden unterschiedliche Feinheiten des Gitters gerechnet (12,5 cm; 25 cm; 50 cm und 100 cm). Im Experiment wurden 815 °C in etwa 1 m Abstand über der Poolfläche gemessen. Es besteht eine starke Abhängigkeit der dreidimensionalen Verteilung der Energie, bei feineren Gittern (12,5 und 25 cm) nähern sich die Ergebnisse aneinander an, sowohl die maximal berechneten Temperaturen als auch die Höhe in der diese Temperaturen berechnet werden, stimmen in guter Näherung überein [30].

38.4 Evaluierung von Modellen

Eine ausreichende Evaluation eines Modells ist nötig, um sicherzustellen, dass sich der Nutzer, auf die technische Basis des Modells verlassen kann und der Gebrauch und der Level der Zuverlässigkeit der Vorausrechnung des Modells angemessen ist. Der Evaluationsprozess eines Modells besteht aus zwei Vorgängen, der Verifikation und der Validierung. Verifikation ist der Prozess zu kontrollieren, ob die Lösung der Erhaltungsgleichungen korrekt ist. In der Validierung wird gezeigt, inwieweit die benutzen Erhaltungsgleichungen ein geeignetes mathematisches Modell darstellen, die physikalischen Phänomene zu beschreiben.

Auf der einen Seite stehen die [22] Modelle zur der Behandlung der Turbulenz und die Verwendung von Modellen zur Verbrennung, Strahlung, Ruß-Produktion oder ggf. Pyrolyse der festen Phase. Auf der anderen Seite stehen die numerischen Techniken mit denen diese Modelle in eine Form überführt werden, die zu einem Computer-Code führt, der eine Berechnung überhaupt erst möglich macht. Hinzu kommen Software- (insbesondere Compiler) und Hardwareprobleme und ein schwer zu quantifizierender Fehler durch anwenderbedingte Effekte aber auch „mangelhafte" Eingabe durch den Anwender (user effects and errors). All diese Einschränkungen basieren darüber hinaus nach Beard (1997) auf folgenden Grundlagen:

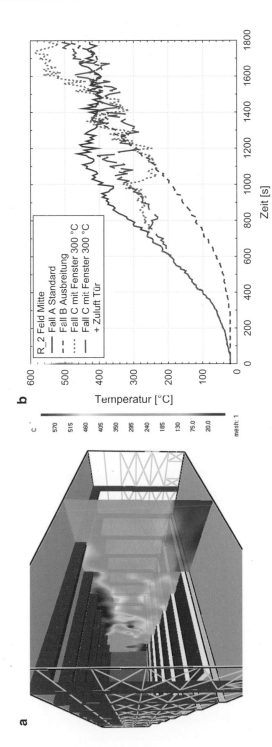

Abb. 38.17 a+b Berechnung der Temperaturen in einem Hörsaal: a) Temperaturverlauf entlang der Mittelachse; b) Verlauf der Temperaturen unterhalb Riegel 2 (R_2) auf Grund unterschiedlicher Szenarien; Fall A (Brand beginnt auf allen Sitzreihen), Fall B (Berücksichtigung der Brandausbreitung) und Fall C (Berücksichtigung des Versagens von Fenstern) bzw. Fall C (Berücksichtigung der Versagens von Fenstern und zusätzlicher Zuluft über Tür) [30]

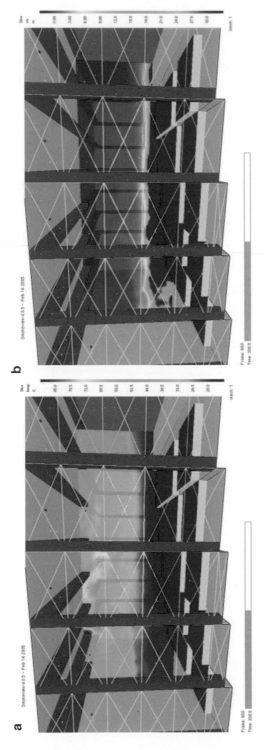

Abb. 38.18 a+b Vergleich zweier Ebenenschnitte zur 300. Sekunde: a) Temperaturverlauf im Bereich 20 °C bis zur Maximaltemperatur von 85 °C; b) Sichtweite von 0 m bis 30 m. Der Gradient der max. Einschränkung der Erkennungsweite befindet sich unterhalb des max. Temperaturgradienten [31]

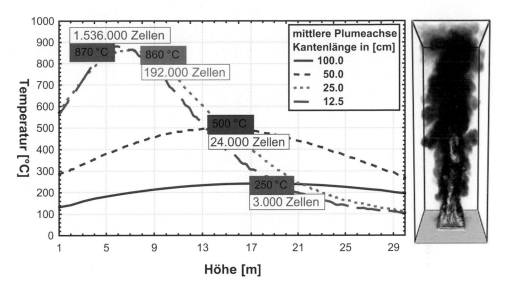

Abb. 38.19 Berechnung der Temperaturen eines Poolbrandes mit 4 x 4 m² und 51,2 MW

- Die verwendeten Modelle zur Beschreibung der Brandphänomene sind nur eine Näherung (gut oder schlecht) der realen Welt,
- Berechnungsergebnisse von einem Feldmodell werden erheblich durch die eingesetzten numerischen Techniken, die Auflösung und die Art des Gitters sowie durch die Berücksichtigung der Bedingungen an der Grenze des Berechnungsvolumens beeinflusst.

Als Beispiel für den Einfluss der Ordnung des eingesetzten numerischen Verfahrens sei der Aufprall eines Tropfen auf eine Wasseroberfläche dargestellt (Abb. 38.20a und 38.20b). Der Ansatz bei der Diskretisierung der Differentialgleichungen in algebraischen Gleichungen hat erkennbaren Einfluss auf den Detailierungsgrad der berechneten Lösung der Strömung [32].

Ein weiteres Beispiel (Abb. 38.21a und 38.21b) illustriert den Einsatz strukturierter und unstrukturierter Gitterarten [28]. Details werden in den Bildunterschriften beschrieben.

Die Beschreibung der numerischen Techniken ist in einschlägiger Literatur zu finden [21, 22] und soll hier nicht vertieft werden. Für die Validierung von Modellen beschreiben Peacock et al. [33] grundlegende Techniken zum Vergleich zweier Zeitreihen. Hierbei werden diese als Vektoren interpretiert und die Elemente der Vektoranalysis, wie Norm und inneres Produkt, zur Beschreibung der Abweichung der Zeitreihen zueinander heran-

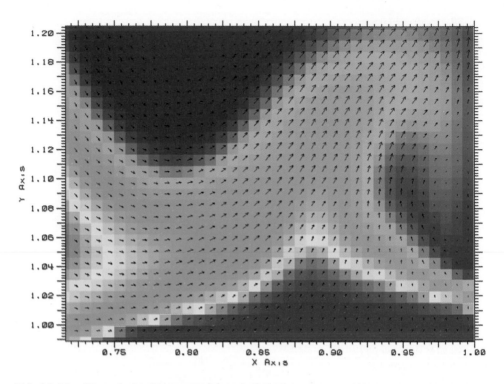

Abb. 38.20a Numerisches Lösungsverfahren 1. Ordnung

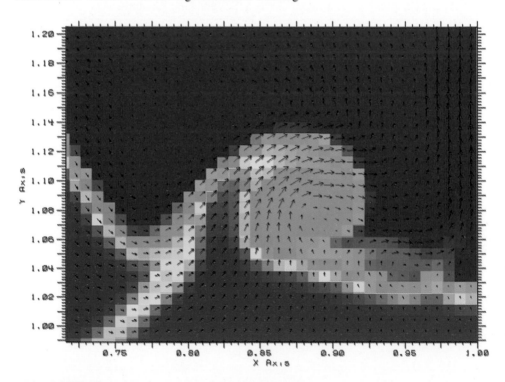

Abb. 38.20b Numerisches Lösungsverfahren 2. Ordnung

Abb. 38.21a Ausbildung
verschiedener Gitter
(unstrukturiert im Bereich der
Gasphase, strukturiert im
Bereich der festen Phase)

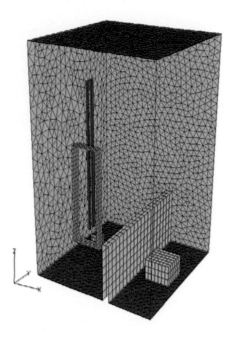

Abb. 38.21b Übergang des
unstrukturierten Gitters zu
einem strukturieren Gitter im
Bereich zweier Objekte (aus
Abb. 38.21a)

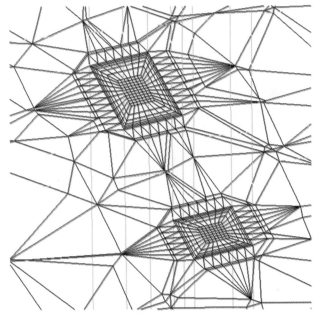

gezogen. Diese Ansätze finden sich direkt in entsprechenden Normen wie z. B. ISO/FDIS 16730 [34] wieder.

Weitere internationale Ansätze findet man z. B. in der ASTM E1355 [35]. Zur Vereinfachung werden hier Verfahren beschrieben, bei der sich die Validierung auf den Vergleich der Extrema zweier Zeitreihen beschränkt.

Die Aktivitäten zur Validierung von Brandsimulationsmodellen im Rahmen des OECD PRISME Projekts kann man [36, 37] entnehmen. Bei allen Verfahren ist das Problem, dass eine Bewertung der Ergebnisse nicht gegeben ist. Der Grad der Übereinstimmung verschiedener Größen ist somit nur qualitativ möglich.

Ansätze zur Bewertung der Prognosefähigkeit von Modellen werden in Veröffentlichungen der US NRC gemacht. In [38] wird im Rahmen der Validierung internationaler Referenzaufgaben (Benchmark Exercises) auf Grundlage der Vorgehensweise der ASTM 1355 [35], ein Verfahren zur Bewertbarkeit der Prognosefähigkeit beschrieben. Der wesentliche Ansatz zur Bewertbarkeit liegt darin Unsicherheiten $\tilde{U}_M$, die sich bei der Simulation einer Größe ergeben, den Unsicherheiten $\tilde{U}_M$ gegenüber zu stellen, die sich bei der experimentellen Ermittlung der Größe ergeben. Die Idee ist in Abb. 38.22 dargestellt.

All diese Unsicherheiten sind abhängig vom verwendeten Modell und dem zu Grunde gelegten Experiment, so dass eine verallgemeinerte Darstellung nicht gegeben ist. Kombinierte und erweiterte Unsicherheiten sind dann mit $U_C \approx \left(\tilde{U}_M^2 + \tilde{U}_E^2 \right)^{1/2}$ gegeben. Ein weiterer Schritt ist es Unsicherheiten auf Grundlage mehrerer Tests zusammenzufassen. Die

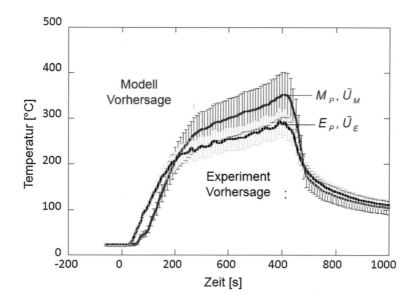

Abb. 38.22 Peakwerte (M_P und E_P) und Unsicherheiten ($\tilde{U}_M$ und $\tilde{U}_E$) bei Größen bei der Berechnung durch ein Modell (M) und bei der Ermittlung durch ein Experiment (E) [38]

hieraus abgeleitete gewichtete, kombinierte und erweiterte Unsicherheit (Weighted Combined Expanded Uncertainty) U_{CW} stellt dann die für die weitere Bewertung zu Grunde gelegte repräsentative Unsicherheit dar. In Tab. 38.3 ist eine Zusammenstellung der Werte nach der amerikanischen Studie [38] gegeben.

Die Ergebnisse der Studie für berechneten und gemessenen Temperaturanstieg in der Heißgasschicht (HGL) werden zusammenfassend in Abb. 38.23 dargestellt. In der Dar-

Tab. 38.3 Weighted Combined Expanded Uncertainty, U_{CW}

Messgröße aus [38]	Anzahl der zu Grunde gelegten Versuche	U_{CW} (%)
Heißgasschicht Offset Temperatur	26	14
Heißgasschicht Dicke	26	13
Temperatur Ceiling Jet	18	16
Plume Temperatur Plume	6	14
Gas Konzentration	16	9
Smoke Konzentration	15	33
Druck	15	40 (keine mech. Ventilation) 80 (mechanische Ventilation)
Wärmestromdichte	17	20
Temperatur Oberfläche	17	14

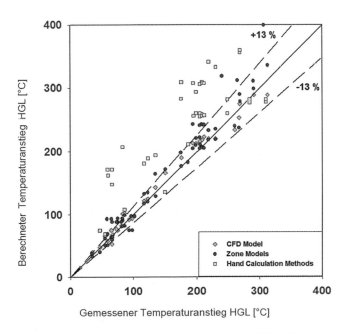

Abb. 38.23 Gegenüberstellung der Ergebnisse mit verschiedenen Modellansätzen berechneter und experimentell ermittelter Temperaturanstiege der Heißgasschicht (HGL), [38]

stellung werden die Ergebnisse getrennt nach den eingesetzten Modellen unterschieden. Die Untersuchungen wurden mit Plumegleichungen (Hand Calculation Methods), Zonenmmodellen (Zone Model) und einem CFD Modell (CFD Model) durchgeführt. Gut erkennbar ist, dass die Berechnungen aus Plumegleichungen weit auf der sicheren Seite liegen, d. h. die berechneten Temperaturanstiege der Heißgasschicht liegen über den Werten aus den Experimenten.

Für das international häufig eingesetzte Feldmodell Fire Dynamics Simulator (FDS) werden die Ergebnisse einer umfangreichen Validierung auf Grundlage des Vergleichs der Extrema für verschiedene Referenzaufgaben in [39] zusammengefasst.

Methodik zur Analyse der Zeitreihen aus Versuchen und Simulation

Im Rahmen der Validierungsrechnungen zur Untersuchung der Ergebnisse des internationalen Forschungsvorhabens PRISME [40, 41] wird eine Methodik zur Analyse der Zeitreihen aus Versuch und Simulation beschrieben [42]. Die Methodik gliedert sich in zwei Teile. Einerseits wird ein lokaler Größenvergleich PEAK der Maxima bzw. Minima (peakY) durchgeführt (38.35):

$$
\text{PEAK} = \frac{\text{peak}Y_{\text{Simulation}} - \text{peak}Y_{\text{Versuch}}}{\text{peak}Y_{\text{Versuch}}} \tag{38.34}
$$

Diese Methode (lokale Metrik) ermöglicht eine sehr schnelle und einfache Beurteilung der Abweichung – in den Extremwerten – der Zeitreihen und deckt grobe Unstimmigkeiten auf. Sie erlaubt aber keine Aussage über das Verhalten der Zeitreihen während ihres gesamten zeitlichen Verlaufs zueinander.

Folglich wird andererseits ergänzend eine bezogene Fehlerquadratsumme NED (38.36) verwendet, die Peacock in [33] dokumentiert hat (n= Anzahl der Messpunkte):

$$
\text{NED} = \sqrt{\frac{\sum_{i=1}^{n} \left(Y_{\text{Versuch},i} - Y_{\text{Simulation},i} \right)^2}{\sum_{i=1}^{n} \left(Y_{\text{Versuch},i} \right)^2}} \quad \left(\text{sogenannte L2 Norm} \right) \tag{38.35}
$$

Die hier verwendete Beziehung nach Peacock stellt ein Maß für die Abweichung in der Form bzw. während des gesamten zeitlichen Verlaufs der Zeitreihen dar (globale Metrik).

Die Quadratur der Abweichungen an den einzelnen Messpunkten gewährleistet, dass sich positive und negative Abweichungen nicht gegenseitig kompensieren können. Der Bezug auf die Versuchswerte erlaubt andererseits eine direkte Beurteilung der Abweichung zweier oder mehrerer Zeitreihen zu den Versuchsergebnissen. Durch den Bezug auf die Versuchswerte als Basisgrößen wird dieser Konflikt vermieden. Dies lässt sich auch gleichermaßen auf die Bewertung unterschiedlicher physikalischer Größen miteinander übertragen.

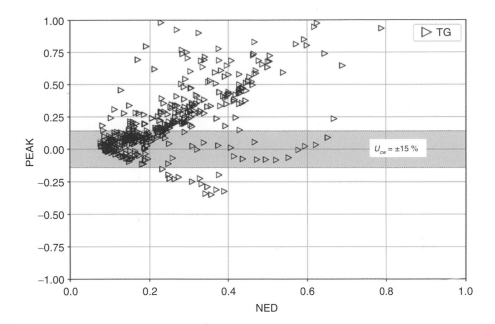

Abb. 38.24 PEAK-NED Plot unter Berücksichtigung des Bewertungsgrenzkriteriums U_{CW}

Um Zeitreihen in Form von Gl. (38.35) auswerten zu können, müssen für beide Reihen die gleiche Anzahl an Werten vorliegen und diese Werte müssen dem gleichen Zeitpunkt entsprechen. Da normalerweise die experimentellen und die numerischen Werte nicht im gleichen Zeitschritt Δt ermittelt wurden, ist es notwendig die Zeitreihen einem geeigneten Mittelungsverfahren zu unterziehen.

Nach Einführung von Grenzwerten, in die auch Überlegungen zu Ungenauigkeiten und Abweichungen bei der Messung einfließen müssen, ist in einem nachfolgenden Schritt eine abschließende, quantitative Bewertung der Simulationsergebnisse durchführbar. Mit Hilfe der oben beschriebenen Werte quantifiziert die Methode die Übereinstimmung bzw. Abweichungen von Zeitreihen. Sie ist dabei nicht auf das Brandschutzingenieurwesen beschränkt.

Um sowohl lokale als auch globale Effekte in Form von Bewertungszahlen darzustellen wird häufig eine kombinierte Darstellung aus PEAK und NED, in Form eines X-Y Plots genutzt. Hierbei ist unter anderem die Berücksichtigung von Bewertungsgrenzkriterien eine sinnvolle Ergänzung bei der Darstellung. Abb. 38.24 zeigt Ergebnisse am Beispiel für eine Untersuchung der Prognosefähigkeit der Temperatur (TG) und des Bewertungskriteriums „Erweiterte Unsicherheit" $U_{CW} = 15\,\%$.

Literatur

1. Hosser, D.; Riese, O.: Ermittlung und Bewertung von Brandkenngrößen und Erarbeitung einer Datenbank, Forschungsvorhaben im Auftrag des Deutschen Institut für Bautechnik (DIBt), Kolonnenstraße 30 L, 10829 Berlin (Aktenzeichen ZP 52-5-4.166-1277/07), iBMB TU Braunschweig, November 2008

2. Drysdale, D.: An Introduction to Fire Dynamics, Wiley-Interscience, New York, 1992

3. Zehfuß, J. (Herausgeber): Technischer Bericht TB 04-01 „Leitfaden Ingenieurmethoden des Brandschutzes", 4., überarbeitete und ergänzte Auflage März 2020

4. Zukoski, E.,E.; Cetegen, B.M.; Kubota, T.: Visible Structure of Buoyant Diffusion Flames, 20th Symposium on Combustion, Combustion Institute, Pittsburgh, PA, pp. 361–366, 1985

5. McCaffrey, B.J.: Momentum Implications for Buoyant Diffusion Flames, Combustion and Flame 52, pp. 149–167, 1983

6. Heskestad, G.: Fire Plumes, Flame Height, and Air Entrainment, In: DiNenno, P. J. et al. (Hrsg.), The SFPE Handbook of Fire Protection Engineering, Fourth Edition, Section 2, Chapter 1, 2-1 – 2-20, National Fire Protection Association, 2008

7. ISO 16734 Draft: Fire safety engineering-Requirements governing algebraic equations – Fire plumes, First edition 2006

8. Thomas, P.H.; Hinkley, P.L.; Theobald, C.R.; Simms, D.L.: Investigation into the flow of hot gases in roof venting, Fire research Technical Paper No. 7, London, HMSO, 1963

9. Brein, D.: Anwendungsbereiche und – grenzen für praxisrelevante Modellansätze zur Bewertung der Rauchausbreitung in Gebäuden (Plume-Formeln), Forschungsstelle für Brandschutztechnik, Universität Karlsruhe (TH), Dezember 2001

10. Alpert, R.L.: Ceiling Jet Flows, In: DiNenno, P. J. et al. (Hrsg.), The SFPE Handbook of Fire Protection Engineering, Fourth Edition, Section 2, Chapter 2, 2-21 – 2-36, National Fire Protection association, 2008

11. Evans, D.D.: Calculating Sprinkler Actuation Time in Compartment, Fire Safety Journal, Vol. 9, No. 2, p. 147–155, July 1985

12. Mowrer, F.W.: Enclosure Smoke Filling and Fire-Generated Environmental Conditions, In: DiNenno, P. J. et al. (Hrsg.), The SFPE Handbook of Fire Protection Engineering, Fourth Edition, Section 3, Chapter 9, 3-247 –3-270, National Fire Protection Association, 2008

13. ISO 16735: Calculation methods for smoke layers, International Standard, 2005

14. Karlsson, B.; Quintiere, J. G.: Enclosure Fire Dynamics, CRC Press, 2000

15. Schneider, U.; Haksever, A.: Wärmebilanzberechnungen für Brandräume mit unterschiedlichen Randbedingungen. Forschungsbericht des Instituts für Baustoffe, Massivbau und Brandschutz, TU Braunschweig, 1978

16. Schneider, U.: Grundlagen der Ingenieurmethoden im Brandschutz, Werner Verlag, Wien April 2002

17. Jansens, M.: Heat Release in Fires, Edited by Babrauskas, V.; Grayson, S.,J., Elsevier Applied Science, London and New Yorck 1992

18. Schneider, U.: Ingenieurmethoden im baulichen Brandschutz, Grundlagen, Normung, Brandsimulationen, Materialdaten und Brandsicherheit,Unter Mitarbeit von 5 Ko-Autoren. 6., neu bearb. Aufl. Expert-Verlag, 2011

19. McGrattan, K,; Miles, S.: Modeling Enclosure Fires Using Computational Fluid Dynamics, In: DiNenno, P. J. et al. (Hrsg.), SFPE Handbook of Fire Protection Engineering, Fourth Edition, Section 3, Chapter 8, 3-229 – 3-246, National Fire Protection Association, 2008

20. Gerlinger, P.: Numerische Verbrennungssimulation: Effiziente numerische Simulation turbulenter Verbrennung, ISBN-10: 3540233377, Springer, Berlin; Auflage: 1, April 2005

21. Cox, G.: Compartment Fire Modelling, in Combustion Fundamentals of Fire, Cox, G. (ED):, Academic Press, London, 1995

22. Guan Heng Yeoh und Kwok Kit Yuen (Hrsg.), Computational Fluid Dynamics in Fire Engineering: Theory, Modelling and Practice, ISBN-10: 0750685891, Butterworth Heinemann, 23. Januar 2009

23. Ferziger, J.H.; Peric, M.: Computational Methods for fluid dynamics, 2nd Edition, Springer Verlag, Berlin 1999

24. Guerts, B.J.: Elements of direct and large-eddy simulation, Edwards 2004

25. Spalding, D.B.: Mixing and Chemical Reaction in Steady State Confined Turbulent Flames, 13th International Symposium on Combustion, The Combustion Institute, Pittsburgh, PA, pp. 649–657, 1971

26. Magnussen, B.F.; Hjertager, B.H., On Mathematical Modeling of Turbulent Combustion with Special Emphasis on Soot Formation and Combustion, 16th International Symposium on Combustion, The Combustion Institute, Pittsburgh, PA, pp. 619–729, 1976

27. Moss, J.B.: Turbulent Diffusion Flames, in Combustion Fundamentals of Fire, Cox, G. (ED):, Academic Press, London, 1995

28. Riese, O; Röwekamp, M; Hosser, D.: Evaluation of Fire Models for Nuclear Power Plant Applications: Flame Spread in Cable Tray Fires, International Panel Report – Benchmark Exercise No. 5, GRS Report Number 214, ISBN-Nr: 3-931995-81-X, 2006

29. Olenik, S.; Carpenter, D.: An Updated International Survey of Computer Models for Fire and Smoke, Journal of Fire Protection Engineering, 13, pp. 87–100, May 2003

30. Riese, O.: Ermittlung der Brandwirkungen mit Brandmodellen, Kurzreferate, Braunschweiger Brandschutztage, 11. Fachseminar Brandschutz – Forschung und Praxis, 28. und 29. September 2005, Institut für Baustoffe, Massivbau und Brandschutz (iBMB), TU Braunschweig, Heft 185, Braunschweig 2005

31. Forell, B.: „Nachweise der Personensicherheit", Kurzreferate, Braunschweiger Brandschutztage, 11. Fachseminar Brandschutz – Forschung und Praxis, 28. und 29. September 2005, Institut für Baustoffe, Massivbau und Brandschutz (iBMB), TU Braunschweig, Heft 185, Braunschweig 2005

32. Münch, M.: Verifikation und Validierung bei der Softwareentwicklung, Präsentation FDS-Usergroup 1.Treffen, Berlin 2008

33. Peacock, R. D., P. A. Reneke, W. D., Davis, W. W. Jones, "Quantifying fire model evaluation using functional analysis", Fire Safety Journal 33 (1999), p. 167–184, 1999

34. ISO/DIS 16730: Fire saftey engineering   Assessment, verification and validation of calculation methods, FINAL DRAFT, ISO 2008

35. ASTM E1355 –11: Standard Guide for Evaluating the Predictive Capability of Deterministic Fire Models, American Society for Testing and Materials ASTM 2011

36. Rigollet, L., Roewekamp, M.: Collaboration on fire code benchmark activities around the international fire research program PRISME, Seminar 2 EUROSAFE 2009

37. Audouin, L. et al.: Quantifying differences between computational results and measurements in the case of a large-scale well-confined fire scenario, IRSN, Nuclear Engineering and Design, Nuclear Engineering and Design 241 (2011) 18–31, 2011

38. NUREG 1824-2: Verification & Validation of Selected Fire Models for Nuclear Power Plant Applications, Volume 2: Experimental Uncertainty, NUREG-1824 EPRI 1011999, Final Report, May 2007, Table 6–8.

39. McGrattan, K., McDermott, R., Hostikka, S.; McDermott. R., Floyd, J., Weinschenk, C.; Overholt, K.: Fire Dynamics Simulator, Technical Reference Guide, Volume 3: Validation, National Institute of Standards and Technology, NIST, Special Publication 1018-3, 2016

40. Fire Code Reform Centre, Fire Engineering Guidelines, New South Wales, Australia, 2000

41. Schneider, V.; Könnecke, R.: Simulation der Personenevakuierung unter Berücksichtigung Individueller Einflussfaktoren und der Ausbreitung von Rauch. vfdb-Zeitschrift 3 (1996) 98
42. Riese, O., Siemon, M.: Untersuchung der Prognosefähigkeit von deterministischen Brandsimulationsmodellen, Anwendung PRISME DOOR, Ernst & Sohn Verlag, Bauphysik 36 (2014), Heft 4, 2014

Anhang: Symbolverzeichnis

I Wärme

Abkürzungen (Lateinische Buchstaben)

Symbol	Bezeichnung	Einheit
a	Temperaturleitfähigkeit	[m²/s]
A	Fläche (_Area_)	[m²]
A	Strahlungsabsorptionsgrad	[–]
A_B	Bezugsfläche	[m²]
AGW	Arbeitsplatzgrenzwert	
A_l	lichte Öffnungsfläche des Fensters	[m²]
b	Energiegehalt	[kWh/ Einheit]
B	Brennstoffeinsparung	[l bzw. m³bzw. kg]
B	Breite	[m]
c	spezifische Wärmekapazität	[Wh/(kg · K)]
C	Wärmekapazität	[Wh/K]
C	Strahlungskonstante	[W/(m²K⁴)]
C_s	Strahlungskonstante des schwarzen Körpers	[W/(m² · K⁴)]
d	Schichtdicke	[m]
e_P	Anlagenaufwandszahl	[–]
E	Energiebedarf	[W/K]
f	Fensterflächenanteil	[–]
f_a, f_b, f_q	Abschnittsanteile	[–]
f_P	Primärenergiefaktor	[–]
f, f_{Rsi}	Temperaturfaktor	[–]
F_C	Abminderungsfaktor für Sonnenschutzvorrichtungen (infolge Verschattung)	[–]
F_f	Abminderungsfaktor infolge Rahmenanteil	[–]
F_x	Temperaturkorrekturfaktor für Bauteil x	[–]

© Springer Fachmedien Wiesbaden GmbH, ein Teil von Springer Nature 2022
W. M. Willems (Hrsg.), _Lehrbuch der Bauphysik_,
https://doi.org/10.1007/978-3-658-34093-3

Symbol	Bezeichnung	Einheit
g	Erdbeschleunigung	[m/s^2]
g	Gesamtenergiedurchlassgrad der Verglasung	[–]
g_{total}	Gesamtenergiedurchlassgrad inklusive Sonnenschutz	[–]
Gr	Grashof-Zahl	[–]
Gt	Gradtagzahl	[Kh/a]
h	Wärmeübergangskoeffizient	[W/(m^2 · K)]
h_K	Konvektiver Wärmeübergangskoeffizient	[W/(m^2 · K)]
H_S	Wärmeübergangskoeffizient für Strahlung	[W/(m^2 · K)]
H	Höhe	[m]
H	temperaturspezifischer Wärmeverlust	[W/K]
H	Wärmetransferkoeffizient (H_T + H_V)	[W/K]
H_T	Transmissionswärmeverlust	[W/K]
H_T'	spezifischer Transmissionswärmeverlustkoeffizient	[W/(m^2 · K)]
H_V	Lüftungswärmeverlust	[W/K]
I	Strahlungsintensität	[W/m^2]
k	spezifische Brennstoffkosten	[€/Einheit]
K	Kosten	[€]
ΔK	Energiekostene insparung	[€]
l	Länge, charakteristische Länge	[m]
l_U	Überströmlänge	[m]
L	Länge	[m]
L^{2D}	thermischer Leitwert	[W/m · K]
m	Masse	[kg]
m_i	flächenbezogene Masse	[kg/m^2]
n	Luftwechselrate	[h^{-1}]
MFH	Mehrfamilienhaus	
n_v	volumenbezogener Feuchtegehalt	[–]
Nu	Nusselt-Zahl	[–]
P	elektrische Bewertungsleistung	[W/m^2]
Pr	Prandtl-Zahl	[–]
q	Wärmestromdichte	[W/m^2]
Q''	spezifische Energie	[kWh/(m^2 · a)]
Q	Wärmemenge	[Wh] oder [kWh]
$Q_{c,f}$	Endenergie für Kühlsystem	[kWh/a]
Q_{c*f}	Endenergie für RLT-Kühlfunktion	[kWh/a]
$Q_{f,j}$	Endenergie nach Energieträger j auf Brennwert bezogen	[kWh/a]
$Q_{h,f}$	Endenergie für Heizsystem	[kWh/a]
Q_{h*f}	Endenergie für RLT-Heizfunktion	[kWh/a]
$Q_{i,M}$	mittlere monatliche Wärmegewinne aus internen Quellen	[kWh/Monat]
$Q_{g,M}$	monatliche Wärmegewinne	[kWh/Monat]
$Q_{l,f}$	Endenergie für Beleuchtung	[kWh/a]

Symbol	Bezeichnung	Einheit
$Q_{l,M}$	monatliche Wärmeverluste	[kWh/Monat]
$Q_{m*,f}$	Endenergie für Befeuchtung	[kWh/a]
$Q_{p,HS}$	brennwertbezogene Primärenergie	[kWh/a]
Q_r	Umweltwärme	[kWh/a]
Q_s	solare Wärmegewinne	[kWh/a]
$Q_{s,M}$	mittlere monatliche Solarstrahlungsgewinne	[kWh/Monat]
Q_t	Verluste der Anlagentechnik	[kWh/a]
$Q_{w,f}$	Endenergie für Trinkwarmwasser	[kWh/a]
R	Strahlungsreflexionsgrad	[–]
R	Wärmedurchlasswiderstand *(Resistance)*	[(m² · K)/W]
R_T	Wärmedurchgangswiderstand	[(m² · K)/W]
Ra	Rayleigh-Zahl	[–]
Re	Reynolds-Zahl	[–]
R_{se}	Wärmeübergangswiderstand, außen	[(m² · K)/W]
R_{si}	Wärmeübergangswiderstand, innen	[(m² · K)/W]
S	Sonneneintragskennwert	[–]
S, S_F	Strahlungsgewinnkoeffizient	[W/(m² · K)]
SSG	Sonnenschutzglas	
S_X	anteiliger Sonneneintragskennwert	[–]
t	Zeit *(time)*	[h]
$T_{eff, Tag, TL}$	Effektive Betriebszeit Beleuchtungssystem im tageslichtversorgten Bereich zur Tageszeit	[h]
$T_{eff, Tag, KTL}$	Effektive Betriebszeit Beleuchtungssystem im nicht tageslichtversorgten Bereich zur Tageszeit	[h]
$T_{eff, Nacht, KTL}$	Effektive Betriebszeit Beleuchtungssystem im nicht tageslichtversorgten Bereich zur Nachtzeit	[h]
t_m	Tage im Monat	[d/Monat]
T	Strahlungsemissionsgrad	[–]
T	thermodynamische Temperatur	[K]
T_m	absolute mittlere Temperatur im Hohlraum	[K]
TWD	Transparentes Wärmedämmsystem	
u	Windgeschwindigkeit	[m/s]
U	Wärmedurchgangskoeffizient	[W/(m² · K)]
v	Geschwindigkeit *(velocity)*	[m/s]
V	Verglasung	[–]
V	Volumen	[m³]
$\dot{V}$	Volumenstrom	[m³/h]
w	Strömungsgeschwindigkeit	[m/h]
W	Heiz-/Kühlleistung	[W] oder [kW]
W_f	Endenergiebedarf für Hilfsenergien	[kWh/a]
WDG	Wärmedämmglas	
$WDVS$	Wärmedämmverbundsystem	

Symbol	Bezeichnung	Einheit
WRG	Wärmerückgewinnung	
x	Dicke	[m]

Abkürzungen (Griechische Buchstaben)

Symbol	Bezeichnung	Einheit
α	Strahlungsabsorptionsgrad	[–]
β	Abdeckwinkel	[–]
β	thermischer Ausdehnungskoeffizient	[1/K]
γ	Verhältnis Wärmequelle zu Wärmesenke	[–]
δ	Wärmeabgabegrad	[–]
Δ	Differenz (z. B. $\Delta\theta$ für Temperaturdifferenz)	[–]
ε	Emissionsgrad	[–]
η	dynamische Viskosität	[kg/(m · s)]
η_M	monatlicher Ausnutzungsgrad	[–]
θ	Temperatur	[°C]
Θ	Durchflussverhältnis	[–]
λ	Wärmeleitfähigkeit	[W/(m · K)]
ν	kinematische Viskosität	[m²/s]
σ	Stefan-Boltzmann-Konstante ($\sigma = 5{,}67 \cdot 10^{-8}$ W/(m² · K⁴))	[W/(m² · K⁴)]
ρ	Rohdichte	[kg/m³]
ρ	Strahlungsreflexionsgrad	[–]
τ	Strahlungstransmissionsgrad	[–]
φ	Relative Luftfeuchte	%
$\varphi_{i \rightarrow j}$	Einstrahlzahl	
Φ	Wärmestrom	[W]
Φ_L	Lüftungswärmestrom	[W]
Φ_T	Transmissionswärmeverluste	[W]
χ	punktförmiger Wärmedurchgangskoeffizient	[W/K]
Ψ	linienförmiger Wärmedurchgangskoeffizient	[W/(m · K)]
Ψ_G	linienförmiger Wärmedurchgangskoeffizient durch Abstandshalter der Verglasung bei Fenstern	[W/(m · K)]

Griechisches Alphabet

$A\,\alpha$	$B\,\beta$	$\Gamma\,\gamma$	$\Delta\,\delta$	$E\,\varepsilon$	$Z\,\zeta$	$H\,\eta$	$\Theta\,\vartheta\,(\theta)$
Alpha	**Beta**	**Gamma**	**Delta**	**Epsilon**	**Zeta**	**Eta**	**Theta**
$I\,\iota$	$K\,\kappa$	$\Lambda\,\lambda$	$M\,\mu$	$N\,\nu$	$\Xi\,\xi$	$O\,o$	$\Pi\,\pi$
Jota	**Kappa**	**Lambda**	**My**	**Ny**	**Xi**	**Omikron**	**Pi**
$P\,\rho$	$\Sigma\,\sigma$	$T\,\tau$	$Y\,\upsilon$	$\Phi\,\varphi$	$X\,\chi$	$\Psi\,\psi$	$\Omega\,\omega$
Rho	**Sigma**	**Tau**	**Ypsilon**	**Phi**	**Chi**	**Psi**	**Omega**

Indizes

Zeichen	steht für	abgeleitet aus dem Wort
a	außenmaßbezogen	
bf	Fußboden Keller	
bw	Wand Keller	
AW	Außenwand	
D	Dach	
e	außen	external
eq	äquivalent	equivalent
f	feucht	
f	Rahmen	frame
g	Verglasung	glazing
G	Grenzschicht	
G	Nettogrundfläche des Raumes	
G	unterer Gebäudeabschluss	
HF	Hauptfassade	
i	innen	internal
k	konvektiv	
KTL	keine Tageslichtversorgung	
l	längenbezogen	
max	Höchstwert	maximum
mS	mit Strahlung	
NA	Nachtabschaltung	
nb	niedrig beheizte Räume	
o	oben	
oS	ohne Strahlung	
P	opake Füllung	panel
R	Rechenwert	
s	Strahlung	
s	Oberfläche	surface
se	Oberfläche außen	surface external
si	Oberfläche innen	surface internal
t	trocken	
T	Transmission	
TL	tageslichtversorgt	
u	unbeeinflusste Umgebung	
u	unbeheizter Raum	
u	unten	
U	Abseitenwand	
W	Fenster	window
WB	Wärmebrücke	

II Feuchte

A	m^2	Fläche
A_W	$kg/m^2s^{0,5}$	Wasseraufnahmekoeffizient
C	–	Formfaktor
D	m^2/h	Diffusionskoeffizient
E	$kg/(m \cdot h \cdot Pa)$	Effusionskoeffizient
E	N/mm^2	Elastizitätsmodul
F	N	Kraft
G	kg/h	Massenstrom
I	W/m^2	Strahlungsintensität
K	$kg/(m \cdot h \cdot v)$	spezifische elektrokinetische Durchlässigkeit
K	Pa/V	spezifische elektrokinetische Steighöhe
L	m	Spaltlänge
M	kg	Masse
$\overline{M}$	–	Relative Molmasse
O	m^2/g	Oberfläche
P	Pa	Gesamtdruck
P_K	Pa	Kapillardruck
P_{SP}	N/m	Spreitungsdruck
P_{ST}	Pa	Staudruck der Luft
R_V	J/kg/K	Gaskonstante des Wasserdampfs
$\overline{R}$	kJ/kmolK	Universelle Gaskonstante
$R_{1,2}$	m	Hauptkrümmungsradien
Re	–	Reynolds-Zahl
R_{si}, R_{se}	m^2K/W	Wärmeübergangswiderstand innen, außen
R_T	m^2K/W	Wärmedurchgangswiderstand
R_V	J/kgK	Gaskonstante des Wasserdampfs
$\overline{R}$	kJ/kmolK	universelle Gaskonstante
T	K	Thermodynamische Temperatur
U	V	elektrische Spannung
U	W/m^2K	Wärmedurchgangskoeffizient
V	m^3	Volumen
$\dot{V}$	m^3/h	Volumenstrom
W_D	$kg/(m^2 \cdot h^{0,5})$	Wasserdampfaufnahmekoeffizient
W_W	$kg/(m^2 \cdot h^{0,5})$	Wasseraufnahmekoeffizient
W'_w	$m \cdot h^{0,5}$	Wassereindringkoeffizient
a	$m^3/(m \cdot h \cdot Pa^{2/3})$	Fugendurchlasskoeffizient
a	–	Absorptionskoeffizient
b	–	Approximationsfaktor
b	m	Breite
c	–	Wechselwirkungsparameter

d	m	Dicke
d	m	Durchmesser
d_{eff}	m	effektive Dicke
f_{Rsi}	–	Temperaturfaktor
g	kg/(m² · h)	Massenstromdichte
g	m/s²	Erdbeschleunigung
h	m	Höhe
h	W/m²K	Wärmeübergangskoeffizient
h	m	Eindringtiefe
h_e	m	spezifische elektrokinetische Steighöhe
k	m/s	Durchlässigkeitswert
k_D	kg/(m · h · Pa)	spezifische Durchlässigkeit nach Darcy
l	m	Länge
m	kg/m²	flächenbezogene Masse
n	h⁻¹	Luftwechselrate
n	–	Exponent
n	–	Rauigkeit
n	–	Anzahl der Lagen von Wassermolekülen
p	Pa	Partialdruck des Wasserdampfs, Druck
q	W/m²	Wärmestromdichte
$\dot{q}$	W/m²	Energiestromdichte
r	m	Radius
r	kJ/kg	Verdunstungswärme
s_d	m	wasserdampfdiffusionsäquivalente Luftschichtdicke
t	s, h, d, a	Zeit
u	–, %	massebezogener Wassergehalt
u_V	–, %	volumenbezogener Wassergehalt
v	m/s	Geschwindigkeit
w	kg/m³	Wassergehalt
x, y, z	m	Wegekoordinaten
α	–	Diffusionskoeffizienten-Verhältnis
βv	m/h, m/s	Wasserdampfübergangskoeffizient
$β_p$	kg/m² h · Pa kg/m² s · Pa	Wasserdampfübergangskoeffizient
σ	N/mm²	Spannung
$ε_h$	mm/m	Hygrische Dehnung
$ε_s$	mm/m	Endschwindmaß
γ	–	Scherwinkel
θ	°C	Celsius-Temperatur
θ	–	Randwinkel der Benetzung
δ	kg/(m · h · Pa)	(Wasserdampf-) Diffusionsleitkoeffizient
η	Pa · s	Viskositätskoeffizient, dynamischer
λ	–	Reibungsbeiwert
λ	W/mK	Wärmeleitfähigkeit

$\dot{\lambda}$	m	mittlere freie Weglänge
ν	g/m³	absolute Luftfeuchte, Wasserdampfkonzentration
ν	m²/s	Viskositätskoeffizient, kinematischer
θ	°C, K	Temperatur
θ	°	Randwinkel
$\varkappa$	m²/h	Flüssigkeitsleitkoeffizient
$\bar{\lambda}$	m	mittlere freie Weglänge
μ	–	Wasserdampf-Diffusionswiderstandszahl
ρ	kg/m³	Dichte
σ	N/m	Oberflächenspannung
ϕ	–, %	relative Luftfeuchte
ψ	–, %	volumenbezogener Wassergehalt
ξ	–	Durchflussbeiwert

Indizes

A	Austritt	a	Umgebung
A	Luft	e	außen
B	Baustoff	f	frei, freiwillig
D	Diffusion	h	hygrisch
D	Wasserdampf	i	innen
E	Eintritt	i	Wärmenachschub aus Baustoff oder Wasser
F	Flüssigwassertransport	j	Sonneneinstrahlung
K	Kapillar	k	Konvention
L	Luft	o	oben
O	Oberfläche	s, sat	Sättigungszustand
R	Raumluft	s	Oberfläche
T	Tauperiode	s	Strahlung
V	Verdunstungsperiode	s	Schwinden
W	Wasser im Flüssigzustand	s	Taupunkt
W	Wind	u	unten
		v	verdampfen
		w	Wasser

III Klima

Symbole und Einheiten

Symbol	Einheit	Bezeichnung
A	m²	Fläche
a	1	Wärmeabsorptionskoeffizient

Symbol	Einheit	Bezeichnung
a	1,°	Azimutwinkel
B	1	Winkelhilfsfunktion
C_P	1	Regentagefunktion
C	Ws/K	Wärmekapazität
C_F	kg/Pa	Feuchtekapazität
c	Ws/kgK	Spezifische Wärmekapazität
c	1	Widerstandsbeiwert
D	1	Tageslängenfunktion
D_R	1	Abminderungsfaktor für die Regenstromdichte
d	m	Abstand, Durchmesser
E	$kg^{1/4} \, m^2/s^{1/2}$	Gebäudeparameter für Schlagregen
F	N	Kraft
f	1	Rahmenfaktor, Glasanteil bei Fenstern
G	W/m^2	Strahlungswärmestromdichte
g	$kg/m^2 s$, kg/$m^2 h$	Regenmassenstromdichte
g	m/s^2	Erdbeschleunigung
g	1	Glasdurchlasskoeffizient
H	m	Gebäudehöhe
h	$W/m^2 K$	Spezifischer Gesamtwärmeübergangskoeffizient
h	Ws/kg	Spezifische Enthalpie
h	1	Sonnenhöhenwinkel
J	W	Wärmestrom der inneren Quellen
K	–	Klimamatrix
k	$W/m^2 K$	Spezifischer Gesamtwärmedurchgangskoeffizient
k	W/K	Anstieg der Heizungskennlinie
L	W	Lüftungswärmestrom
L_F	kg/h, kg/s	Lüftungsfeuchtestrom
L	m	Grenzschichtdicke
l	m	Gebäudelänge
m	kg	Masse
N	$l/m^2 h$	Regenvolumenstromdichte
n	1/h	Luftwechselrate
n	1	Bedeckungsgrad
PMV	1	Komfortparameter
P	Pa	Druck
Q	Ws	Wärmemenge
R	m^2/KW	Wärmeleitwiderstand
R	Ws/kgK	Gaskonstante
r	m	Radius, Abstand
r	Ws/kg	Spezifische Phasenumwandlungsenthalpie
S	W	Strahlungswärmestrom
s	1	Gesamtdurchlassgrad des Fensters

Symbol	Einheit	Bezeichnung
T'	W/K	Temperaturbezogener Transmissionswärmestrom (zwischen den Wandoberflächen)
T_F	W/K	Temperaturbezogener Transmissionswärmestrom durch Fenster
T	K	Temperatur
T	h,d,a	Periodendauer
Tr	1	Trübung
t	s,h,d,a	Zeit
U	W/m^2K	Spezifischer Gesamtwärmedurchgangswert
U'	W/m^2K	Spezifischer Wärmedurchgangswert ohne Wärmeübergänge
Ü	W/K	Temperaturbezogener Wärmeübergangswert
V	m^3	Volumen
V_G	1	Strahlungswärmestromverhältnis
v	m/s	Geschwindigkeit
w	1,°	Winkel der Windrichtung
w_h	m^3/m^3	Hygroskopischer Feuchtegehalt im Material
x	m	Ortskoordinate
x	kg/kg	Absoluter Feuchtegehalt der Luft
y	m	Ortskoordinate
z	1	Zahl der Tage, Zahl der Personen
z	1	Verschattungsgrad
α	1,°	Winkel
β	1,°	Winkel
β	1/s, 1/h	Zeitkonstante
δ	1,°	Deklinationswinkel
$δ_L$	s	Wasserdampfleitfähigkeit in Luft
ε	1	Emissionskoeffizient
Φ	1	Heaviside Sprungfunktion
Φ	W	Wärmestrom
φ	1,%	Relative Luftfeuchtigkeit
χ	1,°	Breitengrad
λ	W/mK	Wärmeleitfähigkeit
μ	1	Dampfdiffusionskoeffizient
ρ	Kg/m^3	Dichte
σ	W/m^2K^4	Stefan-Boltzmann Konstante
τ	s,h	Einstellzeit
θ	°C	Temperatur
η	Pas	Zähigkeit

Indizes

a	Jahr	h, hor	horizontal	p	Druckableitung
a,ab	abgegeben	i	innen, Laufindex	Qu	Quelle
B	Bauteil	j	Laufindex	R	Regen, Reibung, Rahmen

c	konvektiv	K	Klotzsche	R, r	Resultierend, Reibung
D	Dampf	K	Kondensation	r	radiativ
D	Dresden	k	Laufindex	ref	referenz
D	Durchschnitt	kin	kinetisch	S	Sonne
D, d	Dach, Decke, Tag	L	Luft, Lüftung	S, s	Sättigung
dir	direkt	l, lang	lang, langwellig	s	surface (Oberfläche)
dif	diffus	l	Laufindex	Sp, sp	Speicherung
E	Empfindung	M	Monat, Messung	T	Taupunkt, Translation
E	Essen, Erde	m	Mittel, Laufindex	t	Zeitableitung
E	Eigenverschattung	max, min	maximal, minimal	u	Umgebung
e	Außen, erzeugt	n	Laufindex, normal	Ü, ü	Übergang
F	Fenster, Feuchte	n	Nutzfläche	v	vertikal
f	Fenster	o	Oberfläche	v	Volumenableitung
G	Gesamt	0,o	Anfang	W, w	Wasser, Wand
g	gemessen, gesamt	p	Periode, Pentade	W, w	Widerstand, Wind
H, h	Heizperiode	p	isobar, Produktion	z, zu	zugeführt

IV Schall

A	m^2	äquivalente Schallabsorptionsfläche
A	dB	Oktavbanddämpfung
B'	kg m^2/s	Biegesteifigkeit
c	m/s	Schallgeschwindigkeit
c_B	m/s	Biegewellengeschwindigkeit
C	–	Frequenzparameter
C	dB	Spektrum-Anpassungswert
C_{80}	dB	Klarheitsmaß
C_I	dB	Spektrum-Anpassungswert für Trittschall
C_{met}	dB	meteorologische Korrektur
C_{tr}	dB	Spektrum-Anpassungswert für Verkehrsgeräusche
d	m	Dicke, Abstand, Durchmesser
D	–	Dämpfungsgrad
$D_{2,s}$	dB	räumliche Abklingrate
D_{50}	–	Deutlichkeitsgrad
D_c	–	Richtwirkungskorrektur
D_n	dB	Norm-Schallpegeldifferenz
$D_{n,e,w}$	dB	bewertete Norm-Schallpegeldifferenz eines Fassadenelementes
$D_{n,f,w}$	dB	bewertete Norm-Flankenschallpegeldifferenz
$D_{n,w}$	dB	bewertete Norm-Schallpegeldifferenz
D_{nT}	dB	Standard-Schallpegeldifferenz
$D_{nT,w}$	dB	bewertete Standard-Schallpegeldifferenz
D_z	dB	Abschirmmaß

e	m	Abstand zwischen Schallreflektor und -empfänger
E_{dyn}	N/m²	dynamischer Elastizitätsmodul
f	Hz	Frequenz
f_0	Hz	Resonanzfrequenz
f_c	Hz	Koinzidenzgrenzfrequenz
f_D	Hz	Designfrequenz
f_g	Hz	Grenzfrequenz
f_{sch}	Hz	Schroeder-Grenzfrequenz
G	–	Bodenfaktor
h	m	Höhe
j	–	imaginäre Einheit $\sqrt{-1}$
k	–	Grenzschichtparameter
k_0	1/m	Wellenzahl
K	m³/Platz	Volumenkennzahl
K	dB	Korrektursummand, Zuschläge
K_{ij}	dB	Stoßstellendämm-Maß
K_{met}	dB	Korrektur für meteorologische Effekte
l	m	Länge, Abstand
L	dB	Schallpegel (allgemein)
L_A	dB(A)	A-bewerteter Schallpegel
L_{eq}	dB	energieäquivalenter Dauerschallpegel
L_{AT} (LT)	dB	A-bewerteter Langzeit-Mittelungspegel
L_{fT} (DW)	dB	äquivalenter Oktavband-Dauerschalldruckpegel
L_{EX}	dB(A)	Lärm-Expositionsschallpegel
$L_{n,eq,0,w}$	dB	äquivalenter bewerteter Norm-Trittschallpegel der Rohdecke
L_n'	dB	Norm-Trittschallpegel
$L_{n,w}'$	dB	bewerteter Norm-Trittschallpegel
L_p	dB	Schalldruckpegel
$L_{p,A,S,4m}$	dB	Schalldruckpegel der Sprache in 4 m Abstand
L_w	dB	Schallleistungspegel
L_r	dB	Beurteilungspegel
m′	kg/m²	flächenbezogene Masse
p	Pa	Schalldruck
Q	–	Richtwirkungsmaß
r	m	Radius
r′	–	akustischer Reibungswiderstand
r_D	m	Ablenkungsabstand
r_H	m	Hallradius
r_p	m	Vertraulichkeitsabstand
R	J/(kg K)	spezifische Gaskonstante für Luft, Strömungswiderstand

R	Ns/m³	Strömungswiderstand
R	dB	Schalldämm-Maß eines Bauteils
R′	dB	Schalldämm-Maß zwischen Räumen (inklusive Nebenwege)
R′$_{e,w}$	dB	bewertetes Bau-Schalldämm-Maß der Fassade
R′$_{w}$	dB	bewertetes Bau-Schalldämm-Maß zwischen Räumen
R$_{res}$	dB	resultierendes Schalldämm-Maß
$\underline{R}$	–	komplexer Reflexionsfaktor
s′	MN/m³	dynamische Steifigkeit
S	m²	Fläche
STI	–	Speech Transmission Index
T	m	Plattendicke
T	K	Temperatur
T	s, h	Beurteilungszeit
T	s	Nachhallzeit
T$_{sab}$	s	Nachhallzeit nach Sabine
T$_{eyr}$	s	Nachhallzeit nach Eyring
T$_{soll}$	s	Soll-Nachhallzeit
u$_{prog}$	dB	Sicherheitsbeiwert
U	m	Umfang
Z	dB	Schirmwert
$\underline{Z}$	–	normierte Wandimpedanz
$\underline{Z}$	Ns/m³	Impedanz
$\underline{Z}_a$	Ns/m³	Wellenwiderstand des Absorbers
$\underline{Z}_T$	Ns/m³	Trennimpedanz
Z$_0$	kg/(m² s)	Schallkennimpedanz der Luft
α	dB/km	Absorptionskoeffizient
α	–	Schallabsorptionsgrad
α$_0$	–	Schallabsorptionsgrad für senkrechten Schalleinfall
α$_k$	–	Körperschallabsorptionsgrad
α$_p$	–	praktischer Schallabsorptionsgrad
α$_s$, α$_{st}$	–	Schallabsorptionsgrad für statistischen Schalleinfall
α$_w$	–	bewerteter Schallabsorptionsgrad
Δ	–	Differenz
$\underline{\Gamma}$	1/m	komplexe Ausbreitungskonstante
η	–	Verlustfaktor
η	kg/(m s)	dynamische Viskosität
ϑ	°C	Temperatur
ϑ	°	Schalleinfallswinkel
κ	–	Adiabatenexponent
λ	m	Wellenlänge
λ$_B$	m	Biegewellenlänge
μ	–	Poissonsche Querkontraktionszahl

ρ	kg/m³	Dichte
ρ	–	Schallreflexionsgrad
σ	–	Lochflächenanteil, Abstrahlgrad
τ	–	Transmissionsgrad
φ	–	Phasenwinkel
Ψ	–	Objektanteil
ω	Hz	Eigenkreisfrequenz
Ξ	Ns/m⁴	längenbezogener Strömungswiderstand

V   Licht

A	m²	Fläche
AM		Airmass
D	%	Tageslichtquotient
E_e	W/m²	Bestrahlungsstärke
E_i		Energieeffizienzindex
E_{Photon}	eV	Photonenenergie
E_v	lx	Beleuchtungsstärke
F	1	Geometrischer Formfaktor
GMT		Greenwich Mean Time
H_e	(W/m²) · s	Bestrahlung
H_v	lx · s	Belichtung
I_0	W/m²	Solarkonstante
I_e	W/sr	Strahlstärke
I_v	cd	Lichtstärke
K_m	cd · sr/W	Photometrisches Strahlungsäquivalent
L_0		Minimale Schichtdicke der Atmosphäre
L_e	W/(m² · sr)	Strahldichte
L_v	cd/m²	Leuchtdichte
M_e	W/m²	Spezifische Ausstrahlung
M_v	lm/m²	Spezifische Lichtabstrahlung
MEZ		Mitteleuropäische Zeit
MOZ		Mittlere Ortszeit
P	W	Leistung
Q_e	W · s	Strahlungsenergie
Q_v	lm · s	Lichtenergie bzw. Lichtmenge
R_a	100	Allgemeiner Farbwiedergabeindex
R_i	100	Spezieller Farbwiedergabeindex
T		Trübungsfaktor nach Linke
U	W/(m² · K)	Wärmedurchgangskoeffizient
V		Verminderungsfaktor durch Verschmutzung der Leuchte
WOZ		Wahre Ortszeit
ZGL		Zeitgleichung

g	%	Gesamtenergiedurchlassgrad
h	J · s	Plancksches Wirkungsquantum
h	°	Sonnenhöhe
k		Raumindex
k_1		Lichtminderungsfaktor lichtundurchlässiger Fensterkonstruktionsteile
k_2		Lichtminderungsfaktor infolge Glasverschmutzung
k_3		Lichtminderungsfaktor, der von 0° abweichende Lichteinfallswinkel berücksichtigt
n		Optische Brechzahl
t	s	Zeit
z	°	Zenitwinkel
α	%	Absorptionsgrad
α	°	Azimutwinkel
γ	°	Höhenwinkel
ε	°	Einfalls-/Abstrahlwinkel gegenüber der Flächennormalen
η_e	%	Strahlungsausbeute
η_v	lm/W	Lichtausbeute
λ	°	Längengrad
λ	nm	Wellenlänge
ν		Frequenz der Strahlung
ρ	%	Reflexionsgrad
τ	%	Transmissionsgrad
φ	°	Breitengrad
χ	°	Rotationswinkel einer Schnittebene des Lichtstärkeverteilungskörpers
ω	sr	Raumwinkel
ΔE_i		Farbortverschiebung
Γ	°	Längengrad des Zentralmeridians
Φ_e	W	Strahlungsleistung
Φ_v	lm	Lichtstrom

Indizes

e	energetic	r	Index für Rohbaumaß
v	visible	A	Direktlichtanteil aus selbstleuchtenden Flächen
z	Zenit	Fr	Fenster
S	Sonne	diff	diffus
a	Außen	u	untere Raumhälfte
i	Innen	o	obere Raumhälfte
i, j	Laufvariablen	LB	Leuchtenbetriebswirkungsgrad
H	Himmellichtanteil	L	Testlichtquelle
V	Außenanteil	R	Referenzlichtquelle
R	Innenreflexionsanteil	ges	Gesamt
dir	Direktlichtanteil		
ind	Indirektlichtanteil		

V	Verbauung	u	unten, unterer Halbraum
W	Wand	x	gewählte Verglasung
dif	diffus, gestreut	z	Zenit

VI   Brand

A	m^2; cm^2	Fläche
A	m^2	Fläche der Fenster- und Türöffnungen
A_t	m^2	Öffnungsfläche
A_w	m^2	innere Oberfläche eines Brandraums
$A_{l,i}$	m^2	ite Wandfläche der Kaltgasschicht
$A_{g,i}$	m^2	ite Wandfläche der Heißgasschicht
A	m/s	vor-exponentieller Faktor
Ä	1	Intervall; Differenz
C	–	Konstante für Erkennbarkeit
C_D	–	Strömungskoeffizient (Einengungsfaktor für Öffnungen)
D	m	Durchmesser
D	–	substanzielle Ableitung
D_α	m^2/s	Diffusionskoeffizient der Komponentea im Gasgemisch
E	N/mm^2	Elastizitätsmodul
E	kJ	(Gesamt-) Energie
E	J/mol	Aktivierungsenergie
E_l	kJ/kg	Energie gespeichert in der Kaltgassicht
E_g	kJ/kg	Energie gespeichert in der Heißgassicht
F_i	–	toxische Teildosis einer Komponente i
F	–	gesamte toxische Schadwirkung
FED_{NIST}	–	Fraktionelle effektive Dosis (vom NIST festgelegt)
FLD_{irr}	–	Fraktionelle tödliche toxische Dosis
$G_{k,i}$	kN; kNm	charakteristischer Wert der ständigen Einwirkungen
H	kJ	Gesamtenthalpie
H	m	Differenz zwischen Deckenhöhe und Brandherdhöhe
H_n	m	Distanz von der Brüstung bis zur neutralen Ebene
H_d	m	Distanz von der Brüstung bis zur thermischen Grenzschicht
H_0	m	Höhe der Öffnung
H	kJ/kg	spezifische Gesamtenthalpie
H	kWh/kg	Heizwert
$H_{c,eff}$	kWh/kg	effektive Verbrennungswärme (Heizwert)
H_u	MJ/kg	unterer Heizwert
L	–	mittlere freie Weglänge des Gases
L	cd/m^2	Leuchtdichte
L_0	cd/m^2	Anfangsleuchtdichte
L_f	m	mittlere Flammenhöhe
M	kNm	Moment
M	kg	Masse

Ma	–	Mach-Zahl
$M_{Brennstoff}$	g mol^{-1}	Molmasse Brennstoff
N	kN	Normalkraft
N_k	–	Anzahl unterschiedlicher Komponenten
P	kN	Last
P	Pa	Druck
P	kN/m; kN/m^2	Belastung je Längen- oder Flächeneinheit
Q	kN	Last
$Q_{k,i}$	kN; kNm	charakteristischer Wert veränderlicher Einwirkungen
Q	J	Energieinhalt, Brandlast
$\dot{Q}$	kW	Wärmefreisetzungsrate des realen Brandherdes
$\dot{Q}c$	kW	konvektive Wärmefreisetzungsrate
$\dot{Q}r$	kW	radiative Wärmefreisetzungsrate
$\dot{Q}l$	kW	netto Wärmeabgabe von Wänden zur Kaltgasschicht
$\dot{Q}g$	kW	netto Wärmeabgabe von Wänden zur Heißgasschicht
$\dot{Q}S$	kW	Wärmefreisetzungsrate zum Zeitpunkt t0, an dem der Entstehungsbrand vom Schwelbrand in einen sich ausbreitenden Brand übergeht
$\dot{Q}max,v$	kW	maximale Wärmefreisetzungsrate eines ventilationsgesteuerten Brandes
$\dot{Q}max,f$	kW	maximale Wärmefreisetzungsrate eines brandlastgesteuerten Brandes
R	kg/s	Abbrandrate
R	–	universelle Gaskonstante
Re	–	Reynolds-Zahl
RMV	1/min	Atemrate
RTI	m · s^{0,5}	Response time Index, Maß für die Ansprechempfindlichkeit eines Sprinklers
S	m	Erkennungsweite
T	K	Temperatur, absolut
T_a	K; °C	Temperatur der Umgebungsluft
T_p	K	Plumetemperatur
T_f	K	Flammentemperatur
T_{jet}	°C	maximale Temperatur im Ceiling Jet
$T_{D,akt}$	°C	Aktivierungstemperatur eines Sprinklers
T_s	°C	Temperatur der Rauchgasschicht
T_g	°C	Temperatur der Heißgasschicht/Gasphase
T_w	°C	Temperatur einer Oberfläche
U	m	Umfang
V	m^3	Volumen
V	cm; mm	Verformung
V	mm/min	Abbrandgeschwindigkeit

V_{m0}	m^3/mol	Molares Normvolumen = 0,224136 m^3/mol
V_{Hyp}	–	Verstärkungsfaktor für erhöhte Atmungsrate
W	m	Breite einer Öffnung
$\overline{W}$	kg	mittleres Molekulargewicht eines Gasgemischs
$X_{O_2}^0$	1	Sauerstoffanteil in der Zuluft
Y	g/g	Ausbeute
Y_α	g/g	Massenanteil einer gasförmigen Komponenten α
Y_O	g/g	Massenanteil des an der Zersetzung beteiligten Sauerstoffs
Y_S	g/g	Massenanteil des an der Zersetzung beteiligten Brennstoffs
Z	–	Mischungsbruch
a	W/(m² · K)	Wärmeübergangszahl
a	cm²/s	Temperaturleitzahl
a	m/s	Schallgeschwindigkeit des Mediums
b	cm; mm	Breite
c	min m²/ kWh	Umrechnungsfaktor
c_p	J/(kg · K)	spezifische Wärmekapazität
c_i	ppm; Vol.-%	(lokale) Konzentration einer Komponente i
d	cm; mm	Dicke
d_{Wand}	m	Dicke einer Wand
d	cm; mm	Durchmesser
e	%; ‰	Dehnung, Stauchung
f	cm; mm	Durchbiegung
f	1	Formfaktor
f_i	kN	externe spezifische Volumenkräfte
g	m/s²	Erdbeschleunigung/Gravitation (9,81 m/s²)
h	cm; mm	statische Höhe, Querschnittshöhe
h	m	mittlere Höhe der Fenster- und Türöffnungen
h_w	m	Höhe der Öffnung
h	kJ/s	Energiestromdichte
h	kJ/kg	Enthalpie
h_a	kJ/kg	Enthalpie der einströmenden Luft bei der Temperatur T_a
h_1	kJ/kg	Enthalpie in der Kaltgasschicht bei der Temperatur T_a
h_g	kJ/kg	Enthalpie in der Heißgasschicht bei der Temperatur T_g
h_f	kJ/kg	Enthalpie der vom Brennstoff freigesetzten Gase bei der Temperatur T_f
h_α	kJ/kg	spezifische Enthalpie der Komponenten α
h_{Wand}	kW/(m² · K)	effektiver Wärmetransferkoeffizient zur Berücksichtigung der Wärmeverluste durch die Umfassungsbauteile
h_c	kW/(m² · K)	konvektiver Wärmetransferkoeffizient

$j_{\alpha i}$	–	Diffusionsmassenfluss
k	W/m^2K	Wärmeübergangszahl
k	kJ	kinetische Energie
k_f	1	Beiwert zur Erfassung unterschiedlicher thermischer Eigenschaften der Bauteile, die den Brandraum umschließen
l	m	Stützweite
l_s	mm	kleinste charakteristisches Längenmaß der Strömung
m	$\%$	Feuchtegehalt
m	1	Abbrandfaktor
m	kg/s	Massenstromdichte
m	–	Konstante zur Berechnung der Zersetzungsrate
$\dot{m}_p$	kg/s	Plume-Massenstrom
m_f	g	Massenverlust
$\dot{m}_a$	kg/s	Eintretende Luftmenge pro Zeiteinheit
$\dot{m}_e$	kg/s	ausströmende Gasmenge pro Zeiteinheit
$\dot{m}_g$	kg/s	Massenstrom aus der Heißgasschicht
$\dot{m}_l$	kg/s	Massenstrom in der Kaltgasschicht
$\dot{m}_{ent}$	kg/s	Einmischungsrate von Luftmasse
$\dot{m}_f$	kg/s	Abbrandrate des Brennstoffs
$\dot{m}_f''$	$kg/(s \cdot m^2)$	flächenspezifische Abbrandrate
$\dot{m}_\alpha'''$	kg/s	chemischer Produktionsterm der Komponente α
n	1	Anzahl
n	–	Konstante zur Berechnung der Zersetzungsrate
P	Pa	Druck
q	kN/m; kN/m^2	Belastung je Längen- oder Flächeneinheit
q	MJ/m^2; kg/m^2	Brandbelastung, ausgedrückt als Wärmemenge je Flächeneinheit oder Holzgewicht je Flächeneinheit
q_r	kWh/m^2	rechnerische Brandbelastung
$\dot{q}$	kW	Wärmestromdichte
$\dot{q}_i$	kW	Wärmefluss (Wärmestromdichte in x_i-Richtung)
$\dot{q}_l''$	kW/m^2	flächenbezogener Wärmefluss
$\dot{q}_c''$	kW/m^2	flächenbezogender konvektiver Wärmetransfer
q_t	MJ/m^2	Wärmemenge aller im Brandraum vorhandenen brennbaren Stoffe bezogen auf die Einheit der inneren Oberfläche des Brandraums
r	m; cm	Radius
r	m	Abstand eines Referenzpunktes von der Plume-Achse
r	1	stöchiometrischer Luftbedarf $[g_{Luft}/g_{Brennstoff}]$

s	m	Stablänge
t	min	Zeit
$t_{D,akt}$	s	Zeit bis zu Aktivierung eines Sprinklers
t_c	s	charakteristische Zeit zur Berechnung des effektiven Wärmetransferkoeffizienten
t_g	s	Brandentwicklungsgeschwindigkeit
u	cm; mm	Verformung
u	cm; mm	Achsabstand
u	m/s	Geschwindigkeit der Strömung
V_{jet}	m/s	maximale Geschwindigkeit im Ceiling Jet
w	1	Wärmeabzugsfaktor
	1/K	Wärmeausdehnungszahl
w	cm	Widerstandsmoment
w	J/m³s	Wärmequelle oder -senke
z_{ij}	m	vertikaler Abstand von der Brandherdoberfläche zum Berechnungsort
z_0	m	Abstand vom virtueller Brandursprung zum realen Brandherd
z_s	m	Höhe der raucharmen Schicht
ß	N/mm²	Festigkeit
ß	1	Ausnutzungsgrad
γ_i	–	Teilsicherheitsbeiwert
δ_{ij}	–	Kronecker – Delta
Δ	–	Intervall/Differenz
ε	1	Emission
ε	t/s	Dehngeschwindigkeit
η	–	Konstante zur Berechnung der Temperaturerhöhung im Plumebereich
η	m	Kolmogorov-Länge für turbulente inerte Strömung
ϑ	°C; K	Temperatur
ϑ	K	Brandraumtemperatur
ϑ_0	K	Temperatur des Probekörpers bei Versuchsbeginn
λ	W/(m · K)	Wärmeleitzahl
μ	%	Bewehrungsgrad
μ	1	Querdehnungszahl
μ	kg/(m · s)	dynamische Viskosität
μ_v	kg/(m · s)	Volumenviskosität
υ	1	Sicherheit
ρ	kg/m³	Dichte
ρ_a	kg/m³	Dichte der Umgebungsluft
ρ_s	kg/m³	Dichte des Rauchs
ρ_s	kg/m³	Dichte eines Stoffs
ρ_0	g/m³	Dichte der Luft unter Normalbedingungen = 1293 g/m³
σ	N/mm²	Spannung

τ	N/mm^2	Spannung
τ_{ij}	N/mm^2	Spannungstensor
χ	1	Verbrennungseffektivität
χ_r	–	radiativer Anteil der Wärmefreisetzungsrate
ψ_i	1	Kombinationsbeiwert zur Berücksichtigung eines Schutzes brennbaren Materials
$\psi_{n,i}$	–	Kombinationsbeiwerte nach DIN EN 1990 bzw, nationalen Festlegungen
∂		partielles Differential (Ableitung)

Literatur

Part I

1. Baehr, H.D.: Thermodynamik – Eine Einführung in die Grundlagen und ihre technischen Anwendungen, Springer Verlag 1984.
2. Anderson, Kosmina, Panzhauser, Achtziger, J. et al: Analysis, selection and statistical treatment of thermal properties of building materials for the preparation of harmonised design values. Submitted to Diretorate General DG XII of the European Commission, March 1999).
3. Cammerer, J. C.: Tabellarium aller wichtigen Größen für den Wärme- und Kälteschutz. Mannheim 1973.
4. DIN 4108-4:2020-11: Wärmeschutz im Hochbau. Wärme- und feuchteschutztechnische Kennwerte.
5. DIN EN ISO 10456:2010-05: Wärme Baustoffe und Bauprodukte – Wärme- und feuchtetechnische Eigenschaften – Tabellierte Bemessungswerte und Verfahren zur Bestimmung der wärmeschutztechnischen Nenn- und Bemessungswerte.
6. Glück, B.: Wärmeübertragung. Recknagel. Sprenger. Schramek: Taschenbuch für Heizung + Klimatechnik. Oldenbourg Verlag, 75. Auflage (2011).
7. Verein Deutscher Ingenieure (Herausg.): VDI-Wärmeatlas. Berlin, Heidelberg, New York, Springer-Verlag, (10. Auflage), 2006.
8. DIN EN ISO 6946:2018-03: Bauteile – Wärmedurchlasswiderstand und Wärmedurchgangskoeffizient – Berechnungsverfahren.
9. Hauser, G.: Wärmebrücken bei Innendämmung. Baugewerbe 73 (1993), H. 1/2, S. 32–35.
10. Hauser, G., Stiegel, H. und Haupt, W.: Wärmebrückenkatalog auf CD-ROM. Ingenieurbüro Prof. Dr. Hauser GmbH, Baunatal 1998.
11. DIN EN ISO 10211:2018-04: Wärmebrücken im Hochbau – Wärmeströme und Oberflächentemperaturen – Detaillierte Berechnungen.
12. DIN 4108-2:2013-02: Wärmeschutz und Energieeinsparung in Gebäuden, Teil 2: Mindestanforderungen an den Wärmeschutz.
13. DIN EN ISO 13788:2013-05: Raumseitige Oberflächentemperatur zur Vermeidung kritischer Oberflächenfeuchte und Tauwasserbildung im Bauteilinneren. Berechnungsverfahren.
14. Hauser, G., Stiegel, H.: Wärmebrückenatlas für den Mauerwerksbau. Bauverlag, Wiesbaden 1990, 2. durchgesehene Auflage 1993.
15. Verordnung über energiesparenden Wärmeschutz und energiesparende Anlagentechnik bei Gebäuden (Energieeinsparverordnung – EnEV) vom 16. Nov. 2001. Bundesgesetzblatt Jahrgang 2001 Teil I Nr.59 (21. Nov. 2001), Seite 3085–3102.

© Springer Fachmedien Wiesbaden GmbH, ein Teil von Springer Nature 2022
W. M. Willems (Hrsg.), *Lehrbuch der Bauphysik*,
https://doi.org/10.1007/978-3-658-34093-3

16. DIN EN 12831:2003-08: Heizungsanlagen in Gebäuden. Verfahren zur Berechnung der Norm-Heizlast.

17. Hauser, G.: Wärmebrücken. In Bauphysik-Kalender 2001. Hrsg. E. Cziesielski. Ernst & Sohn Verlag Berlin (2001), S. 337–366.

18. DIN EN ISO 10077-1:2020-10: Wärmetechnisches Verhalten von Fenstern, Türen und Abschlüssen – Berechnung des Wärmedurchgangskoeffizienten – Teil 1: Allgemeines.

19. DIN EN ISO 10077-2:2018-01: Wärmetechnisches Verhalten von Fenstern, Türen und Abschlüssen – Berechnung des Wärmedurchgangskoeffizienten – Teil 2: Numerisches Verfahren für Rahmen.

20. DIN EN ISO 12567-1:2010-12: Wärmetechnisches Verhalten von Fenstern und Türen – Bestimmung des Wärmedurchgangskoeffizienten mittels des Heizkastenverfahrens – Teil 1: Komplette Fenster und Türen.

21. Institut für Fenstertechnik ift e.V., Rosenheim: Forschungsvorhaben Warm Edge. Abschlussbericht. Rosenheim, Juli 1999.

22. DIN 4108-4:2020-11: Wärmeschutz und Energie-Einsparung in Gebäuden. Teil 4: Wärme und feuchteschutztechnische Bemessungswerte.

23. DIN-Fachbericht 4108-8:2010-09: Wärmeschutz und Energie-Einsparung in Gebäuden – Teil 8: Vermeidung von Schimmelwachstum in Wohngebäuden.

24. DIN 1946-6:2019-12 Raumlufttechnik – Teil 6: Lüftung von Wohnungen – Allgemeine Anforderungen, Anforderungen an die Auslegung, Ausführung, Inbetriebnahme und Übergabe sowie Instandhaltung

25. Gesetz zur Einsparung von Energie und zur Nutzung erneuerbarer Energien zur Wärme- und Kälteerzeugung in Gebäuden (Gebäudeenergiegesetz – GEG), Bundesgesetzblatt, Jahrgang 2020, Teil I, Nr. 37, Bundesanzeiger Verlag, 13. August 2020, S. 1728–1794.

26. DIN 4108-7:2011-01: Wärmeschutz und Energie-Einsparung in Gebäuden – Teil 7: Luftdichtheit von Gebäuden – Anforderungen, Planungs- und Ausführungsempfehlungen sowie -beispiele.

27. Maas, A.: Experimentelle Quantifizierung des Luftwechsels bei Fensterlüftung. Dissertation, Universität Gesamthochschule Kassel, Fachbereich Architektur, 1995.

28. Daler, R.; Hirsch, E.; Haberda, F.; Knöbel, U.; Krüger, W: „Bestandsaufnahme von Einrichtungen zur freien Lüftung im Wohnungsbau", Bundesministerium für Forschung und Technologie, Forschungsbericht T 84-028, 1984.

29. Schmidt, D. und Hauser, G.: Messtechnische und theoretische Untersuchungen zum Luftaustausch in Gebäuden. DFG-Forschungsvorhaben HA 1896/11-1. Universität Gesamthochschule Kassel, Fachbereich Architektur, 1998.

30. RWE Bau-Handbuch mit EnEV 2009: Praxiswissen für Ihr Bauprojekt. Verlag: Ew Medien und Kongresse. 14. Ausgabe. März 2010.

31. Hall, M. und Hauser, G.: In situ Quantifizierung von Leckagen bei Gebäuden in Holzbauart. Abschlussbericht zum AIF-Forschungsvorhaben Nr. 12611 N (2003).

32. Hall, M.: Luftdichtheitsprobleme im Holzbau. Tagungsband 2. Sachverständigentag BDZ (2001), S. 40–49.

33. DIN EN ISO 9972:2918-12 Wärmetechnisches Verhalten von Gebäuden – Bestimmung der Luftdurchlässigkeit von Gebäuden – Differenzdruckverfahren.

34. Bansal, N.K.; Hauser, G. und Minke, G.: Passive Building Design. A Handbook of Natural Climatic Control. Elsevier Science B.V., Amsterdam, London, New York, Tokyo 1994.

35. Hauser, G.: Passive Sonnenenergienutzung durch Fenster, Außenwände und temporäre Wärmeschutzmaßnahmen – Eine einfache Methode zur Quantifizierung durch k_{eq}-Werte. HLH 34 (1983), H. 3, S. 111–112, H. 4, S. 144–153, H. 5, S. 200–204, H. 6, S. 259–265.

36. Hens, H.: Building Physics – Heat, Air and Moisture. Ernst & Sohn Verlag Berlin (2007).

37. DIN EN 673:2011-04: Glas im Bauwesen. Bestimmung des Wärmedurchgangskoeffizienten (U-Wert). Berechnungsverfahren.

38. Hauser, G.: Rechnerische Vorherbestimmung des Wärmeverhaltens großer Bauten. Dissertation Universität Stuttgart (1977).

39. Möhl, U., Hauser, G. und Müller, H.: Baulicher Wärmeschutz, Feuchteschutz und Energieverbrauch. Expert-Verlag, Kontakt & Studium, Bauwesen. Band 131. Grafenau (1984).

40. DIN V 4108-6:2003-06: Wärmeschutz und Energieeinsparung in Gebäuden, Teil 6: Berechnung des Jahres-Heizwärme- und des Jahresheizenergiebedarfs.

41. DIN V 4701-10:2006-12: Energetische Bewertung heiz- und raumlufttechnischer Anlagen – Teil 10: Heizung, Trinkwassererwärmung, Lüftung, 08/2003 mit Änderungsblatt DIN V 4701-10/A1.

42. DIN 4108 Beiblatt 2:2019-06: Wärmeschutz und Energie-Einsparung in Gebäuden – Wärmebrücken, Planungs- und Ausführungsbeispiele.

43. DIN 4108-2:2013-02: Wärmeschutz und Energieeinsparung in Gebäuden. Mindestanforderungen an den Wärmeschutz.

44. Gesetz zur Einsparung von Energie und zur Nutzung erneuerbarer Energien zur Wärme- und Kälteerzeugung in Gebäuden (Gebäudeenergiegesetz – GEG), Bundesgesetzblatt, Jahrgang 2020, Teil I, Nr. 37, Bundesanzeiger Verlag, 13. August 2020, S. 1728–1794.

45. DIN V 4701-10 Bbl 1, Energetische Bewertung heiz- und raumlufttechnischer Anlagen – Teil 10: Heizung, Trinkwassererwärmung, Lüftung; Beiblatt 1: Anlagenbeispiele, 02/2007.

46. DIN V 18599:2018-09: Energetische Bewertung von Gebäuden – Berechnung des Nutz-, End- und Primärenergiebedarfs für Heizung, Kühlung, Lüftung, Trinkwarmwasser und Beleuchtung.

47. DIN 4108-7:2011-01: Wärmeschutz und Energie-Einsparung in Gebäuden – Teil 7: Luftdichtheit von Gebäuden – Anforderungen, Planungs- und Ausführungsempfehlungen sowie – beispiele.

48. David, R., de Boer, J., Erhorn, H., Reiß, J., Rouvel, L., Schiller, H., Weiß, N., Wenning, M.: Heizen, Kühlen, Belüften & Beleuchten. Bilanzierungsgrundlagen nach DIN V 18599. Fraunhofer IRB Verlag, Stuttgart, 2006.

49. Bansal, N.K.; Hauser, G. und Minke, G.: Passive Building Design. A Handbook of Natural Climatic Control. Elsevier Science B.V., Amsterdam, London, New York, Tokyo 1994.

50. DIN EN ISO 10456:2010-05: Wärme Baustoffe und Bauprodukte – Wärme- und feuchtetechnische Eigenschaften – Tabellierte Bemessungswerte und Verfahren zur Bestimmung der wärmeschutztechnischen Nenn- und Bemessungswerte.

51. Verein Deutscher Ingenieure (Herausg.): VDI-Wärmeatlas. Berlin, Heidelberg, New York, Springer-Verlag, (10. Auflage), 2006.

52. Cammerer, J. C.: Tabellarium aller wichtigen Größen für den Wärme- und Kälteschutz. Mannheim 1973.

53. Hauser, G.: Der k-Wert im Kreuzfeuer – Ist der Wärmedurchgangskoeffizient ein Maß für Transmissionswärmeverluste? Bauphysik 3 (1981), H. 1, S. 3–8.

54. DIN 4710:2003-01: Statistiken meteorologischer Daten zur Berechnung des Energiebedarfs von heiz- und raumlufttechnischen Anlagen in Deutschland.

55. G. Hauser; F. Otto: Auswirkungen eines erhöhten Wärmeschutzes auf die Behaglichkeit im Sommer. Bauphysik 19 (1997), H. 6, S. 169–176.

56. Hauser, G.: Der Einfluß von Glasflächen auf die sommerliche Erwärmung von Gebäuden. VDI-Bericht (1978) 316, S. 43–47; Glaswelt 31 (1978), H. 12, S. 1050–1056.

57. DIN EN ISO 52022-1:2018-01: Sonnenschutzeinrichtungen in Kombination mit Verglasungen. Berechnung der Solarstrahlung und des Lichttransmissionsgrades. Teil 1: Vereinfachtes Verfahren.

58. DIN EN ISO 52022-2:2018-01: Sonnenschutzeinrichtungen in Kombination mit Verglasungen. Berechnung der Solarstrahlung und des Lichttransmissionsgrades. Teil 2: Detailliertes Berechnungsverfahren.

59. Hauser, G.: Das thermische Einschwingverhalten großer Bauten auf ein hochsommerliches Temperaturniveau. KI 6 (1978), H. 10, S. 361–365.

60. RWE Bau-Handbuch mit EnEV 2009: Praxiswissen für Ihr Bauprojekt. Verlag: Ew Medien und Kongresse. 14. Ausgabe. März 2010.

61. DIN 4108-2:2013-03 Wärmeschutz und Energieeinsparung in Gebäuden. Mindestanforderungen an den Wärmeschutz.

62. VDI 2078:2015-06: Berechnung der Kühllast klimatisierter Räume (VDI-Kühllastregeln).

63. DIN EN ISO 13791: 2012-08. Wärmetechnisches Verhalten von Gebäuden – Sommerliche Raumtemperaturen bei Gebäuden ohne Anlagentechnik – Allgemeine Kriterien und Validierungsverfahren.

64. Maas, A.: Nutzungsrandbedingungen, Klimadaten. In Bauphysik-Kalender 2007. Hrsg. N. A. Fouad. Ernst & Sohn Verlag Berlin (2007), S. 451–465.

65. Hörner, M., Siering, K. und Knissel, J.: Methodik zur Erfassung, Beurteilung und Optimierung des Elektrizitätsbedarfs von Gebäuden – Modul 1.2 Standardnutzungen (Version 1.0); Institut Wohnen und Umwelt, Darmstadt 2005.

66. Hauser, G.: Sommerliches Temperaturverhalten von Einzelbüros. TAB 10 (1979), H. 12, S.1015–1019.

67. Hauser, G., Holm, A., Klatecki, M., Krüger, N., Lüking, R.-M., Maas, A., Radermacher, A.: Energieeinsparung im Gebäudebestand. Bauliche und anlagentechnische Lösungen. EnEV und Energieausweis. Gesellschaft für Rationelle Energieverwendung e.V. 7. überarbeitete Auflage. Kassel 2016.

68. VDI 6025:2012-11. Betriebswirtschaftliche Berechnungen für Investitionsgüter und Anlagen.

69. VDI 2067 Blatt 1:2012-09. Wirtschaftlichkeit gebäudetechnischer Anlagen – Grundlagen und Kostenberechnung.

70. Heizenergie im Hochbau – Leitfaden Energiebewusste Gebäudeplanung Hess. Min. f. Umwelt, Energie, Jugend, Familie und Gesundheit, Wiesbaden (1996). Erarbeitet in Zusammenarbeit mit dem Institut Wohnen und Umwelt, Darmstadt.

71. DIN 4108-2:2013-02: Wärmeschutz und Energieeinsparung in Gebäuden, Teil 2: Mindestanforderungen an den Wärmeschutz.

72. Gesetz zur Einsparung von Energie und zur Nutzung erneuerbarer Energien zur Wärme- und Kälteerzeugung in Gebäuden (Gebäudeenergiegesetz – GEG), Bundesgesetzblatt, Jahrgang 2020, Teil I, Nr. 37, Bundesanzeiger Verlag, 13. August 2020, S. 1728–1794.

73. DIN EN ISO 10077-1:2020-10: Wärmetechnisches Verhalten von Fenstern, Türen und Abschlüssen – Berechnung des Wärmedurchgangskoeffizienten – Teil 1: Allgemeines.

74. DIN 4108-4:2020:11: Wärmeschutz und Energie-Einsparung in Gebäuden. Teil 4: Wärme und feuchteschutztechnische Bemessungswerte.

75. DIN EN ISO 10456:2010-05: Baustoffe und Bauprodukte – Wärme- und feuchtetechnische Eigenschaften – Tabellierte Bemessungswerte und Verfahren zur Bestimmung der wärmeschutztechnischen Nenn- und Bemessungswerte.

76. DIN EN ISO 52022-1:2018-01: Sonnenschutzeinrichtungen in Kombination mit Verglasungen. Berechnung der Solarstrahlung und des Lichttransmissionsgrades. Teil 1: Vereinfachtes Verfahren.

77. DIN EN ISO 52022-2:2018-01: Sonnenschutzeinrichtungen in Kombination mit Verglasungen. Berechnung der Solarstrahlung und des Lichttransmissionsgrades. Teil 2: Detailliertes Berechnungsverfahren.

78. DIN EN 410:2011-04: Glas im Bauwesen – Bestimmung der lichttechnischen und strahlungs-physikalischen. Kenngrößen von Verglasungen.

79. Verordnung über energiesparenden Wärmeschutz und energiesparende Anlagentechnik bei Ge-bäuden (Energieeinsparverordnung – EnEV) vom 16. Nov. 2001. Bundesgesetzblatt Jahrgang 2001 Teil I Nr. 59 (21. Nov. 2001), Seite 3085–3102. Neufassung vom 2. Dezember 2004. Bundesgesetzblatt Jahrgang 2004 Teil I Nr. 64 (7. Dezember 2004), Seite 3147–3162.

80. Verordnung über energiesparenden Wärmeschutz und energiesparende Anlagentechnik bei Ge-bäuden (Energieeinsparverordnung – EnEV) vom 24. Juli 2007. Bundesgesetzblatt Jahrgang 2007 Teil I Nr. 34 (26. Juli 2007).

81. Verordnung zur Änderung der Energieeinsparverordnung, 29.04.2009, Bundesgesetzblatt, Jahr-gang 2009, Teil I, Nr. 23., Bundesanzeiger Verlag, 30. April 2009, Seite 954 bis 989.

82. DIN V 18599:2011-12: Energetische Bewertung von Gebäuden – Berechnung des Nutz-, End- und Primärenergiebedarfs für Heizung, Kühlung, Lüftung, Trinkwarmwasser und Beleuchtung.

83. Verordnung zur Änderung der Energieeinsparverordnung, Bundesgesetzblatt, Jahrgang 2013, Teil I, Nr. 67, Bundesanzeiger Verlag, 21. November 2013, S. 3951–3990.

84. Gesetz zur Förderung Erneuerbarer Energien im Wärmebereich (Erneuerbare-Energien-Wärmegesetz – EEWärmeG) vom 7. August 2008, Bundesgesetzblatt, Jahrgang 2011, Teil I, Nr. 17, 15. April 2011, S. 619–635.

85. Maas, A. und Höttges, K.: GEG 2020 - Berechnungshilfe für das Berechnungsverfahren für Wohngebäude gemäß Gebäudeenergiegesetz 2020 (DIN V 4108-6/DIN V 4701-10, Referenz-gebäudeverfahren) auf Basis von Microsoft-Excel. Erhältlich unter: http://www.uni-kassel.de/fb06/fachgebiete/architektur/bauphysik

86. DIN V 4108-6:2003-06: Wärmeschutz und Energieeinsparung in Gebäuden, Teil 6: Berech-nung des Jahres-Heizwärme- und des Jahresheizenergiebedarfs.

87. DIN V 4701-10:2003-08: Energetische Bewertung heiz- und raumlufttechnischer Anlagen.

88. DIN V 4701-10 Bbl 1:2007-02: Energetische Bewertung heiz- und raumlufttechnischer Anla-gen – Teil 10: Heizung, Trinkwassererwärmung, Lüftung; Beiblatt 1: Anlagenbeispiele.

89. Hauser, G., Maas, A. und Lüking, R.-M.: Der Energiepass für Gebäude. Gesellschaft für Rati-onelle Energieverwendung e. V. Berlin, Kassel (Februar 2004).

90. Europäische Union: Richtlinie 2010/31/EU des Europäischen Parlaments und des Rats vom 19. Mai 2010 über die Gesamtenergieeffizienz von Gebäuden (EPBD). Amtsblatt der Europäischen Union, 53. Jahrgang, 18. Juni 2010, S. 13–35.

91. Maas, A., Erhorn, H., Oschatz, B., Schiller, H.: Untersuchung zur weiteren Verschärfung der energetischen Anforderungen an Gebäude mit der EnEV 2012 – Anforderungsmethodik, Regel-werk und Wirtschaftlichkeit BMVBS-Online-Publikation 05/2012, Hrsg.: BMVBS, Juni 2012.

92. Maas, A., Erhorn, H., Oschatz, B., Schiller, H.: Ergänzungsgutachten – Untersuchung zur wei-teren Verschärfung der energetischen Anforderungen an Gebäude mit der EnEV 2012 – Anfor-derungsmethodik, Regelwerk und Wirtschaftlichkeit BMVBS-Online-Publikation 30/12, Hrsg.: BMVBS, Dezember 2012.

Part II

A) Aufsätze

93. Biasin, K.; Krumme, W.: Die Wasserverdunstung in einem Innenschwimmbad. In: Elek-trowärme, Heft 32 (1974), S. 85 bis 99

94. Brunauer, S.; Emmett, P. H.; Teller, E.: Adsorption of Gases in Multimolecular Layers. In: J. Am.Chem.Soc. February (1938), S. 309 bis 319

95. Brunauer, S.; Deming, L. S.; Deming, W.E.; Teller, E.: On a Theorie of the van der Waals Adsorption of Gases. In: J. Am.Chem.Soc. July (1940), S. 1723 bis 1732

96. Edelmann, A.: Aufsteigende Feuchtigkeit in Mauern. In: Deutsche Bauzeitung, Heft 10 (1971), S. 1046 bis 1050

97. Frech, P.: Beurteilungskriterien für Rissbildung bei Bauholz im konstruktiven Holzbau, bauen mit holz 9/87

98. Glaser, H.: Graphisches Verfahren zur Untersuchung von Diffusionsvorgängen. In: Kältetechnik, Heft 10 (1959), S. 345 bis 349

99. Informationsdienst Holz: Wohngesundheit im Holzbau. Arbeitsgemeinschaft Holz e.V., Düsseldorf, 1998

100. Jenisch, R.: Berechnung der Feuchtigkeitskondensation und die Austrocknung, abhängig vom Außenklima. In: Gesundheits-Ingenieur, Teil 1, Heft 9 (1971), S. 257 bis 284 und Teil 2, Heft 10 (1971), S. 299 bis 307

101. Klopfer, H.: Spannungen und Verformungen von Industrie-Estrichen. boden – wand – decke (1988), Heft 2, S. 120 bis 128, Heft 3, S. 71 bis 77

102. Neumann, A.W.; Sell, P. L: Bestimmung der Oberflächenspannung von Kunststoffen aus Benetzungsdaten unter Berücksichtigung des Gleichgewichts-Spreitungsdrucks. In: Kunststoffe, Heft 10 (1967), S. 829 bis 834

103. Rose, D.A.: Water movement in unsaturated porous materials. In: Rilem Bulletin No. 29, Decembre 1965, S. 119 bis 123

104. Schaad, W.: Praktische Anwendungen der Elektro-Osmose im Gebiete des Grundbaues. In: Die Bautechnik, Heft 6 (1958), S. 210 bis 216

105. Schuch, M.; Wanke, R.: Strömungsspannungen in einigen Torf- und Sandproben. In: Zeitschrift für Geophysik, Heft 2 (1967), S. 94 bis 109

106. Schulze, H.: Baulicher Holzschutz. Informationsdienst Holz, Holzbauhandbuch Reihe 3, Teil 5, Düsseldorf 1997

107. Wittmann, F.H.; Boekwijt, W.O.: Grundlage und Anwendbarkeit der Elektroosmose zum Trocknen durchfeuchteten Mauerwerks. In: Bauphysik, Heft 4 (1982), S. 123 bis 127

B) Bücher und Broschüren

108. Bauschäden-Sammlung, Sachverhalt – Ursachen – Sanierung. Hrsg. Günter Zimmermann. Bd. 1 bis 14. Fraunhofer IRB Verlag, Stuttgart: 1974 bis 2003

109. Berichte aus der Bauforschung. Berlin/München/Düsseldorf: Wilhelm Ernst & Sohn

110. Schwarz, B.: Schlagregen. Meßmethoden – Beanspruchung – Auswirkung. Heft 86, 1973

111. Gertis, K: Belüftete Wandkonstruktionen. Thermodynamische, feuchtigkeitstechnische und strömungsmechanische Vorgänge in Kanälen und Spalten von Außenwänden. Wärme- und Feuchtigkeitshaushalt belüfteter Wandkonstruktionen. Heft 72, 1972

112. Deutscher Ausschuss für Stahlbeton. Berlin/München/Düsseldorf: Wilhelm Ernst & Sohn

113. Hundt, J.: Wärme- und Feuchtigkeitsleitung in Beton unter Einwirkung eines Temperaturgefälles, Heft 256

114. Werner, H.; Gertis, K.: Energetische Kopplung von Feuchte- und Wärmeübertragung an Außenflächen, Heft 258

115. Fraunhofer Institut Bauphysik: WUFI-Wärme und Feuchte instationär; PC-Programm zur Berechnung des gekoppelten Wärme- und Feuchtetransports in Bauteilen.

116. Homann M.: Richtig Planen mit Porenbeton. Fraunhofer IRB Verlag Stuttgart 2003

117. Kießl, K.: Kapillarer und dampfförmiger Feuchtetransport in mehrschichtigen Bauteilen. Rechnerische Erfassung und bauphysikalische Anwendung. Diss. Universität Essen (Gesamthochschule), 1983

118. Koerner, G.; Rossmy, G.; Sänger, G.: Oberflächen und Grenzflächen. Ein Versuch, die physikalisch-chemischen Grundgrößen darzustellen und sie mit Aspekten der Anwendungstechnik zu verbinden. Goldschmidt informiert, Heft 2. Essen: Th. Goldschmidt AG, 1974

119. Kollmann, F.: Technologie des Holzes und der Holzwerktoffe. 2. Auflage. Springer-Verlag Berlin 1951

120. Künzel, H. M.: Verfahren zur ein- und zweidimensionalen Berechnung des gekoppelten Wärme- und Feuchtetransports in Bauteilen mit einfachen Kennwerten. Diss. Universität Stuttgart 1994

121. Krischer, O.; Kast, W.: Die wissenschaftlichen Grundlagen der Trocknungstechnik. 3. Aufl. Berlin/Heidelberg/New York: Springer-Verlag, 1978

122. Krus, M.: Feuchtetransport- und Speicherkoeffizienten poröser mineralischer Baustoffe. Theoretische Grundlagen und neue Messtechniken. Diss. Universität Stuttgart, 1995

123. Liersch, K.W.: Belüftete Dach- und Wandkonstruktionen. Bauverlag GmbH, Wiesbaden

124. Band 1: Vorhangfassaden. Bauphysikalische Grundlagen des Wärme- und Feuchteschutzes. Bauverlag, Wiesbaden 1981

125. Band 2: Vorhangfassaden. Anwendungstechnische Grundlagen. Bauverlag, Wiesbaden 1984

126. Band 3: Dächer. Bauphysikalische Grundlagen des Wärme- und Feuchteschutzes. Bauverlag, Wiesbaden 1986

127. Band 4: Dächer. Anwendungstechnische Grundlagen. Bauverlag, Wiesbaden 1990

128. Möller, U.: Thermohygrische Formänderungen und Eigenspannungen von natürlichen und künstlichen Mauersteinen. Dissertation Stuttgart 1993

129. Otto, F.: Einfluss von Soiptionsvorgängen auf die Raumluftfeuchte. Diss. Universität Kassel, 1995

130. Pfefferkorn, W.: Rissschäden an Mauerwerk. Uraschen erkennen, Rissschäden vermeiden. IRB-Verlag Stuttgart 1994

131. Recknagel, Sprenger, Hönmann: Taschenbuch für Heizung und Klimatechnik. 66. Auflage. R. Oldenbourg Verlag München-Wien, 1992

132. Ripphausen, Bernd: Untersuchungen zur Wasserdurchlässigkeit und Sanierung von Stahlbetonbauteilen mit Tennrissen. Diss. Aachen 1989

133. Schubert, P: Eigenschaftswerte von Mauerwerk, Mauersteinen und Mauermörtel. Mauerwerk-Kalender 1991

134. Technische Universität Dresden: Delphin. Simulationsprogramm für den gekoppelten Wärme-, Feuchtc- und Stofftransport in kapillarporösen Baustoffen

135. Arbeitskreis Ökologischer Holzbau e.V. (AKÖH) (Herausgeber): Holzschutz und Bauphysik. Tagungsband des 2. Internationalen Holz(Bau) Physik-Kongresses. Leipzig 2011

C) Normen und andere Regelwerke

136. Gesetz zur Einsparung von Energie und zur Nutzung erneuerbarer Energien zur Wärme- und Kälteerzeugung in Gebäuden (Gebäudeenergiegestz - GEG). Vom 8. August 2020

137. Bauordnung für das Land Nordrhein-Westfalen (Landesbauordnung 2018 - BauO NRW 2018). Vom 15. März 2021

138. DIN EN 206: Beton – Teil 1: Festlegung, Eigenschaften, Herstellung und Konformität. Ausgabe 2014-07

139. DIN EN 772: Prüfverfahren für Mauersteine – Teil 11: Bestimmung der kapillaren Wasseraufnahme von Mauersteinen aus Beton, Porenbetonsteinen, Betonwerksteinen und Natursteinen
sowie der anfänglichen Wasseraufnahme von Mauerziegeln. Ausgabe 2011-07

140. DIN EN 1015: Prüfverfahren für Mörtel für Mauerwerk – Teil 18: Bestimmung der kapillaren
Wasseraufnahme von erhärtetem Mörtel (Festmörtel). Ausgabe 2003-03

141. DIN 1045: Tragwerke aus Beton, Stahlbeton und Spannbeton – Teil 2: Beton; Festlegung, Eigenschaften, Herstellung und Konformität; Anwendungsregeln zu DIN EN 206-1. Ausgabe 2014-08

142. DIN 1052: Entwurf, Berechnung und Bemessung von Holzbauwerken – Allgemeine Bemessungsregeln und Bemessungsregeln für den Hochbau. Ausgabe 2004-08

143. DIN 1053: Mauerwerk – Teil 1: Berechnung und Ausführung. Ausgabe 1996-11

144. DIN 1101: Holzwolle-Leichtbauplatten und Mehrschicht-Leichtbauplatten als Dämmstoffe für
das Bauwesen – Anforderungen, Prüfung. Ausgabe 2000-06

145. DIN 1102: Holzwolle-Leichtbauplatten und Mehrschicht-Leichtbauplatten nach DIN 1101 als
Dämmstoffe für das Bauwesen; Verwendung, Verarbeitung. Ausgabe 1989-11

146. DIN 1946: Raumlufttechnik – Teil 6: Lüftung von Wohnungen – Allgemeine Anforderungen,
Anforderungen zur Bemessung, Ausführung und Kennzeichnung, Übergabe/Übernahme (Abnahme) und Instandhaltung. Ausgabe 2019-12

147. DIN EN 1995: Eurocode 5: Bemessung und Konstruktion von Holzbauten – Teil 1-1: Allgemeines – Allgemeine Regeln und Regeln für den Hochbau; Deutsche Fassung EN 1995-1-1:2004 +
AC:2006 + A1:2008. Ausgabe 2010-12

148. DIN 4108: Wärmeschutz und Energie-Einsparung in Gebäuden

149. Teil 2: Mindestanforderungen an den Wärmeschutz. Ausgabe 2013-02

150. Teil 3: Klimabedingter Feuchteschutz; Anforderungen, Berechnungsverfahren und Hinweise
für Planung und Ausführung. Ausgabe 2018-10

151. Teil 4: Wärme- und feuerschutztechnische Bemessungswerte. Ausgabe 2020-11

152. Teil 7: Luftdichtheit von Gebäuden – Anforderungen, Planungs- und Ausführungsempfehlungen sowie – beispiele. Ausgabe 2011-01

153. Teil 8: Vermeidung von Schimmelwachstum in Wohngebäuden. Ausgabe 2010-09

154. DIN 4219: Leichtbeton und Stahlleichtbeton mit geschlossenem Gefüge

155. Teil 1: Anforderungen an den Beton, Herstellung und Überwachung, Ausgabe 1979-12

156. Teil 2: Bemessung und Ausführung, Ausgabe 1979-12

157. DIN 4223: Vorgefertigte bewehrte Bauteile aus dampfgehärtetem Porenbeton – Teil 1: Herstellung, Eigenschaften, Übereinstimmungsnachweis. Ausgabe 2003-12

158. DIN 4227: Spannbeton – Teil 1: Bauteile aus Normalbeton mit beschränkter oder voller Vorspannung. Ausgabe Juli 1988

159. DIN 4232: Wände aus Leichtbeton mit haufwerksporigem Gefüge. Ausgabe 1987-09

160. DIN 4701: Regeln für die Berechnung der Heizlast von Gebäuden – Teil 2: Tabellen, Bilder,
Algorithmen. Entwurf 1995-08

161. DIN ISO 9277: Bestimmung der spezifischen Oberfläche von Feststoffen durch Gasadsorption
nach dem BET-Verfahren. Ausgabe 2014-01

162. DIN EN ISO 10456: Baustoffe und Bauprodukte; Wärme- und feuchtetechnische Eigenschaften; Tabellierte Bemessungswerte und Verfahren zur Bestimmung der wärmeschutztechnischen
Nenn- und Bemessungswerte. Ausgabe 2010-05

163. DIN EN ISO 12571: Wärme- und feuchtetechnisches Verhalten von Baustoffen und Bauprodukten – Bestimmung der hygroskopischen Sorptionseigenschaften. Ausgabe 2013-12

164. DIN EN ISO 12572: Wärme- und feuchtetechnisches Verhalten von Baustoffen und Bauprodukten – Bestimmung der Wasserdampfdurchlässigkeit. Ausgabe 2015-01

165. DIN EN 13226: Holzfußböden – Massivholz-Elemente mit Nut und/oder Feder. Ausgabe 2009-09

166. DIN EN ISO 13788: Wärme- und feuchtetechnisches Verhalten von Bauteilen und Bauelementen – Raumseitige Oberflächentemperatur zur Vermeidung kritischer Oberflächenfeuchte und Tauwasserbildung im Bauteilinneren – Berechnungsverfahren. Ausgabe 2013-05

167. DIN EN ISO 15148: Wärme- und feuchtetechnisches Verhalten von Baustoffen und Bauprodukten – Bestimmung des Wasseraufnahmekoeffizienten bei teilweisem Eintauchen. Ausgabe 2003-03

168. DIN 18055: Fenster; Fugendurchlässigkeit, Schlagregendichtheit und mechanische Beanspruchung; Anforderungen und Prüfung. Ausgabe 1981-10

169. DIN 18355: VOB Vergabe- und Vertragsordnung für Bauleistungen – Teil C: Allgemeine Technische Vertragsbedingungen für Bauleistungen (ATV) – Tischlerarbeiten. Ausgabe 2005-012016-09

170. DIN 18515: Außenwandbekleidungen – Grundsätze für Planung und Ausführung

171. Teil 1: Angemörtelte Fliesen oder Platten. Ausgabe 2015-05

172. Teil 2: Anmauerung auf Aufstandsflächen; Grundsätze für Planung und Ausführung. Ausgabe 1993-04

173. DIN 18516: Außenwandbekleidungen, hinterlüftet – Teil 1: Anforderungen, Prüfgrundsätze. Ausgabe 2010-06

174. DIN 18540: Abdichten von Außenwandfugen im Hochbau mit Fugendichtstoffen. Ausgabe 2014-09

175. DIN 18550: Planung, Zubereitung und Ausführung von Innen- und Außenputzen

176. Teil 1: Ergänzende Festlegungen zu DIN EN 13914-1 für Außenputze. Ausgabe 2014-12

177. Teil 2: Ergänzende Festlegungen zu DIN EN 13914-2 für Innenputze. Ausgabe 2015-06

178. DIN 18560: Estriche im Bauwesen – Teil 2: Estriche und Heizestriche auf Dämmschichten (schwimmende Estriche). Ausgabe 2004-042009-09

179. DIN 50008: Klimate und ihre technische Anwendung; Konstantklimate über wässrigen Lösungen – Teil 1: Gesättigte Salzlösungen, Glycerinlösungen. Ausgabe 1981-02

180. DIN 52615: Bestimmung der Wasserdampfdurchlässigkeit von Bau- und Dämmstoffen. Ausgabe 1987-11

181. DIN 52617: Bestimmung des Wasseraufnahmekoeffizienten von Baustoffen. Ausgabe 1987 05

182. DIN 68800: Holzschutz

183. Teil 2: Vorbeugende bauliche Maßnahmen im Hochbau. Ausgabe 2012-02

184. Teil 3: Vorbeugender Schutz von Holz mit Holzschutzmitteln. Ausgabe 1990-042012-02

185. Bundesverband Flächenheizungen: Richtlinie für den Einsatz von Bodenbelägen auf Fußbodenheizungen – Anforderungen und Hinweise. Ausgabe Februar 2004

186. Bundesverband Porenbetonindustrie e.V.: Bericht 9 – Ausmauerung von Holzfachwerk. Ausgabe Dezember 2000

187. Wissenschaftlich-Technische Arbeitsgemeinschaft für Bauwerkserhaltung und Denkmalpflege e.V.: Merkblatt 6-1-01/D; Leitfaden für hygrothermische Simulationsberechnungen. Ausgabe Mai 2002

188. Wissenschaftlich-Technische Arbeitsgemeinschaft für Bauwerkserhaltung und Denkmalpflege e.V.: Merkblatt 6-2; Simulation wärme- und feuchtetechnischer Prozesse. Ausgabe 2014-12

189. Ziegel Bauberatung: Merkblatt 1.4.3 – Anstriche und Imprägnierungen für Ziegelsichtmauerwerk. Ausgabe 1992

190. Zentralverband Sanitär Heizung Klima: Fachregeln des Klempnerhandwerks

Part III

191. American Society of Heating, Refrigerating and Air Conditioning Engineers ASHRAE: Proposed New Standard 160, Design Criteria for Moisture Control in Buildings, 1996

192. Angus, T. C: The Control of Indoor Climate, Pergamon Press Ltd., Oxford, 1968

193. Aronin, J.E.: Climate and Architecture, Reinhold Publ. Corp., New York, 1953

194. Blocken, B.: Wind – Driven Rain on buildings, Ph. D. thesis, KU Leuven, 2004

195. Blocken B. and Carmeliet J.: Validation of CFD simulations of wind-driven rain on a low-rise building facade. Building and Environment Vol. 42, p. 2530–2548, 2007

196. Blümel, K.et. al.: Die Entwicklung von Testreferenzjahren (TRY) für Klimagebiete der Bundesrepublik Deutschland, BMFT-Bericht TB-T-86-051, 1986

197. Böer, W.: Technische Meteorologie, B. G. Teubner Verlag, Leipzig,1964

198. Brutsaert, W.: On a derivable formula for long-wave radiation from clear skies. Water Resources Research Vol.11, p. 742–744, 1975

199. Defraeye, T., Carmeliet, J.: A methodology to assess the influence of local wind conditions and building on the convective heat transfer at building surfaces, Environmental Modelling & Software, p. 1–12, 2010

200. Deutscher Wetterdienst: Testreferenzjahre für Deutschland für mittlere und extreme Witterungsverhältnisse TRY, Eigenverlag Deutscher Wetterdienst, Offenbach, 2004

201. DIN EN ISO 13792: Wärmetechnisches Verhalten von Gebäuden – sommerliche Raumtemperaturen bei Gebäuden ohne Anlagentechnik – Allgemeine Kriterien für vereinfachte Berechnungsverfahren, Beuth Verlag GmbH, Berlin, 1997

202. DIN 1946: Raumlufttechnik Teil 2: Gesundheitstechnische Anforderungen, Beuth Verlag GmbH, Berlin, 1994

203. DIN EN ISO 7730: Gemäßigtes Umgebungsklima, Berlin, Beuth Verlag GmbH, 1987

204. DIN 4108-03: Wärmeschutz und Energieeinsparung in Gebäuden, Teil 3 Feuchtigkeitsschutz, Beuth Verlag GmbH, Berlin, 2001

205. DIN EN ISO 77: Ergonomie der thermischen Umgebung, Analytische Bestimmung und Interpretation der thermischen Behaglichkeit durch Berechnung des PMV- und des PPD – Indexes und Kriterien der lokalen thermischen Behaglichkeit, Beuth Verlag GmbH, Berlin, 2006

206. DIN 4108: Wärmeschutz und Energieeinsparung in Gebäuden, Teil 6 Berechnung des Jahresheizwärme- und Jahresheizenergiebedarfes, Beuth Verlag GmbH, Berlin, 2000

207. DIN 18599 01-09: Energetische Bewertung von Gebäuden. Berechnung des Nutz, End und Primärenergiebedarfs für Heizung, Kühlung, Lüftung, Trinkwarmwasser und Beleuchtung, Beuth Verlag GmbH, Berlin, 2006

208. DIN 50019: Technoklimate, Klimate und ihre technischen Anwendungen, Beuth Verlag GmbH, Berlin, 1979

209. Egli, E.: Die neue Stadt in Landschaft und Klima, Erlenbach, Verlag für Architektur, Zürich, 1981

210. Elsner, N.; Dittmann, A.: Grundlagen der technischen Thermodynamik, Akademie Verlag, Berlin, 1993

211. Fanger P. O.:Thermal Comfort – Analysis and Applications in Environmental Engneering, Danish Technical Press, Copenhagen, 1970

212. Ferstl, K.: Traditionelle Bauweisen und deren Bedeutung für die klimagerechte Gestaltung moderner Bauten, Schriftenreihe der Sektion Architektur, H. 16, S. 59–69, TU Dresden, 1980

213. Frank, W.: Raumklima und thermische Behaglichkeit. Schriftenreihe aus der Bauforschung, H. 104, S. 1–36, Berlin, 1976

214. Fülle, C.: Klimarandbedingungen in der hygrothermischen Bauteilsimulation, Diss. TU Dresden, 2011

215. Gao G.; Grunewald J.; Xu Yg.: Wind field and driving rain intensity analysis in urban street canyon. CESBP proc., p. 561–568, Cracow, 2010

216. Gertis, K. (Hrsg.): Gebaute Bauphysik, Fraunhofer IRB Verlag, Stuttgart, 1998

217. Glück, B.: Wärmetechnisches Raummodell – Gekoppelte Berechnungen und wärmephysiologische Untersuchungen, C. F. Müller Verlag, Heidelberg, 1997

218. Grunewald, J.et. al.: Gekoppelter Feuchte-, Luft-, Salz- und Wärmetransport in porösen Baustoffen, In: Bauphysikkalender 2003, S. 377–435, Ernst & Sohn Verlag, Berlin, 2003

219. Häupl, P.: Bauphysik – Klima, Wärme, Feuchte, Schall, 550 S., Ernst & Sohn Verlag, Berlin, 2008

220. Häupl, P.: Praktische Ermittlung des Tagesganges der sommerlichen Raumtemperatur zur Validierung der EN ISO 13792, wksb, H. 45, S. 17–23, Zeittechnik Verlag GmbH, Wiesbaden, 2000

221. Häupl, P.: Ein einfaches Nachweisverfahren für den sommerlichen Wärmeschutz, wksb, H. 37, S. 12–15, Zeittechnik Verlag GmbH, Wiesbaden, 1996

222. Häupl, P.; Bishara, A.; Hansel, F.: Modell und Programm CLIMT zur einfachen Ermittlung der Raumlufttemperatur und Raumluftfeuchte bei quasifreier Klimatisierung, Bauphysik, H. 3, S. 185–206. Ernst & Sohn Verlag, Berlin, 2010

223. Häupl, P.; Fechner, H.; Stopp, H.: Study of Driving Rain, Feuchtetag 1995, Tagungsband 3. S. 81–93, BAM Berlin, 1995

224. Häupl, P.; Stopp, H.: Feuchtetransport in Baustoffen und Bauteilen, TU Dresden, Diss. B. 1986

225. Häupl, P. et. al.: Entwicklung leistungsfähiger Wärmedämmsysteme mit wirksamen physikalischem Feuchteschutz, Forschungsbericht für das BMWT (Nr. 0329 663 B/0), TU Dresden, 2003

226. Hahn, H.: Zur Kondensation an raumseitigen Oberflächen unbeheizter Gebäude. Schriftenreihe der Sektion Architektur, H. 26, S. 91–97, TU Dresden, 1986

227. Hansel, F.: Dokumentation CLIMT, unveröffentlicht, Hochschule Lausitz 2011

228. Hansel, F.; Stopp, H.; Strangfeld, P.; Toepel T.: Schwimmende Häuser für die Lausitzer Seenkette – ein Produkt der Lausitz, Hochschule Lausitz, Cottbus, 2010

229. Hausladen, de Saldhana, Liedl: Einführung in die Bauklimatik, Ernst & Sohn Verlag, Berlin, 2004

230. Haussier, W.: Das Mollier-ix-Diagramm für feuchte Luft und seine technischen Anwendungen, Verlag v. Theodor Steinkopff, Dresden und Leipzig, 1960

231. Hillmann, G.; Nagel, J.; Schreck, H.: Klimagerechte und energiesparende Architektur, C. F. Müller Verlag, Karlsruhe, 1981

232. Hinzpeter, H: Studie zum Strahlungsklima von Potsdam. Veröff. d. meteorol. u. hydrol. Dienstes d. DDR Nr. 10, Potsdam, 1953

233. Humboldt, A. v.: Fragments des Climatologie et de Geologie asiatiques I, II, Paris, 1831

234. Janssen H. et al.: Wind-driven rain as a boundary condition for HAM simulations: Analysis of simplified modelling approaches. Building and Env. Vol. 42, p. 1555–1567, 2007

235. JISA 1470-1: Test method of adsorption/desorption efficiency for building materials to regulate an indoor humidity Part 1, Response method of humidity, Japanese Standards Association, 2002

236. Keller, B.; Magyari, E.; Tian, Y.: Klimatisch angepasstes Bauen – Eine allgemeingültige Methode, 11. Bauklimatisches Symposium, Tagungsband 1, S. 113–125, TU Dresden, 2002

237. Klein, S.A.: TRNSYS a Transient system simulation Program, Madison USA, 2000

238. Konzelmann, T. et al.: Parameterisation of global and longwave incoming radiation for the Greenland ice sheet. Global Planetary Change Vol. 9, p. 143–164, 1994

239. Künzel, H.M.; Holm A.: WUFI 4.1-Wärme und Feuchte Instationär, Holzkirchen, 2007

240. Künzel, H. M.: Verfahren zur ein- und zweidimensionalen Berechnung des gekoppelten Wärme- und Feuchtetransportes in Bauteilen mit einfachen Kennwerten, Diss. Uni Stuttgart, 1994

241. Mathsoft, Inc.: MATHCAD 8 Professional, Cambridge, 1991–1998

242. Meteorologischer Dienst der DDR: Handbuch für die Praxis, Reihe 3, Band 14, Klimatologische Normalwerte 1951 bis 1980, Potsdam, 1987

243. METEONORM Version 6.1: Globale meteorologische Datenbank für Ingenieure, Planer und Universitäten, Edition 2009, Bern 2009

244. Neef, E.: Das Gesicht der Erde, 867 S., F.A. Brockhaus Verlag, Leipzig, 1967

245. Nicolai A.; Grunewald, J.:DELPHIN 5 – Coupled Heat Air Moisture and Salt Transport, Institut für Bauklimatik, Fakultät Architektur, TU Dresden, 2009

246. Olgay, V.; Olgay, A.: Design with climate, Princeton University Press, Princeton N. J., 1963

247. Petzold, K.: Raumlufttemperaturen, 2. Auflage, Verlag Technik Berlin und Bauverlag, Wiesbaden, 1983

248. Petzold, K.: Wärmelast, 2. Auflage, Verlag Technik, Berlin, 1980

249. Petzold, K.; Graupner, K.; Roloff, J.: Zur Praktikabilität von Verfahren zur Ermittlung des jährlichen Heizenergiebedarfs. Schriftenreihe der Sektion Architektur H. 30, S. 179–186, TU Dresden, 1990

250. Petzold, K.; Hahn, H.: Ein allgemeines Verfahren zur Berechnung des sommerlichen Wärmeschutzes frei klimatisierter Gebäude. In: Luft- und Kältetechnik H. 24, S. 146–154, Dresden 1988

251. Petzold, K.: Raumklimaforderungen und Belastungen – Thermische Bemessung der Gebäude; Lüftung und Klimatisierung. Abschn. 5.4 bis 5.6 in H.-J. Papke (Hrsg.): Handbuch der Industrieprojektierung. 2. Aufl. Verlag Technik, Berlin, 1983

252. Petzold, K.; Martin, R.: Die Wechselwirkung zwischen der Außenwand und einem sich frei einstellenden Raumklima, Dresdner Bauklimatische Hefte, Heft 2. TU Dresden, 1996

253. Probst, R.: Modellierung der kleinräumigen saisonalen Variabilität der Energiebilanz des Einzugsgebietes Spissibach mittels eines geografischen Informationssystems, Universität Bern, 2000

254. Rietschel, H.; Raiß, W.: Lehrbuch der Heiz- und Lüftungstechnik. 15. Aufl., Springer Verlag, Berlin/Göttingen/Heidelberg, 1968

255. Recknagel, H.; Sprenger, E.; Schramek, E. R.: Taschenbuch für Heizungs- und Klimatechnik, München, 2001

256. Schuhmacher, J., Digitale Simulation regenerativer elektrischer Energieversorgungssysteme, Diss. Univ. Oldenburg, 1991

257. Stopp, H., Strangfeld, P., Passive Klimatisierung zur Langzeitaufbewahrung von Archivgut, FE Bericht (Bundesministerium für Wirtschaft und Technologie FKZ: 0327241F), BTU Cottbus, 2014

258. Verein Deutscher Ingenieure VDI (Hrsg.): Umweltmeteorologie, Blatt 2: VDI-Richtlinie Nr. 3789, Wechselwirkungen zwischen Atmosphäre und Oberflächen. Berechnung der kurz- und langwelligen Strahlung, 52 S., Beuth Verlag GmbH, Berlin, 1994

259. Züricher, C.; Frank, Th.: Bauphysik, Bau und Energie, B. G. Teubner Verlag Stuttgart und Hochschulverlag Zürich, 1997

Part IV

A) Bücher

260. Allard, J. F.: Propagation of sound in porous media. Elsevier London New York 1993

261. Barron, M.: Auditorium Acoustics and Architectural Design. 2nd Edition, Spon Press New York 2010

262. Baumgartner, H.; Kurz, R.: Mangelhafter Schallschutz in Gebäuden. Fraunhofer IRB Verlag Stuttgart 2003

263. Beckert, C.; Chotjewitz, I.: TA Lärm. Erich Schmidt Verlag Berlin 2000

264. Beranek, L.: Concert halls and opera houses. 2nd Edition, Springer-Verlag New York/Berlin/Heidelberg 1996

265. Bauphysik Kalender 2009, Schallschutz und Akustik. Ernst & Sohn Berlin 2009

266. Blauert, J.: Räumliches Hören. Nachschrift, Hirzel Verlag Stuttgart 1985

267. Blauert, J.; Xiang, N.: Acoustics for Engineers. Springer-Verlag Berlin/Heidelberg 2008

268. Bobran, H.; Bobran-Wittfoth, I.: Handbuch der Bauphysik. 8. überarbeitete und erweiterte Auflage, Rudolf Müller Verlag Köln 2010

269. Cremer, L.; Heckl, M.: Körperschall. 2. neu bearbeitete Auflage, Springer-Verlag Berlin/Heidelberg 1996

270. Cremer, L.; Müller, H.A.: Die wissenschaftlichen Grundlagen der Raumakustik, Band I, Geometrische Raumakustik, Statistische Raumakustik, Psychologische Raumakustik. 2. völlig neu bearbeitete Auflage, Hirzel Verlag Stuttgart 1978

271. Cremer, L.; Müller, H.A.: Die wissenschaftlichen Grundlagen der Raumakustik, Band II, Wellentheoretische Raumakustik. 2. neu gegliederte und völlig neu bearbeitete Auflage, Hirzel Verlag Stuttgart 1976

272. Cox, T.J.; D'Antonio, P.: Acoustic Absorbers and Diffusors. 2nd Edition, Taylor & Francis New York 2009

273. Fasold, W.; Kraak, W., Schirmer, W.: Taschenbuch Akustik Teil 1. VEB Verlag Technik Berlin 1984

274. Fasold, W.; Kraak, W., Schirmer, W.: Taschenbuch Akustik Teil 2. VEB Verlag Technik Berlin 1984

275. Fasold, W.; Sonntag, E.; Winkler, H.: Bauphysikalische Entwurfslehre, Bau- und Raumakustik. 1. Auflage, VEB Verlag für Bauwesen Berlin 1987

276. Fasold, W.; Veres, E: Schallschutz und Raumakustik in der Praxis. 2. Auflage, Verlag Bauwesen Berlin 2003

277. Gösele, K.; Schüle, W., Künzel, H.: Schall Wärme Feuchte. 10. völlig neu bearbeitete Auflage, Bauverlag Wiesbaden Berlin 1997

278. Hansmann, K.: TA Lärm. Verlag C. H. Beck München 2000

279. Heckl, M.; Müller, H.A. (Hrsg): Taschenbuch der Technischen Akustik. 2. Auflage, Springer-Verlag Berlin/Heidelberg 1994

280. Höfker, G.; Meis, M.; Schröder E.: Auditiver Komfort. In: Wagner, A.; Höfker, G.; Lützkendorf, T.; Moosmann, C.; Schakib-Ekbatan, K.; Schweiker, M. (Hrsg.): Nutzerzufriedenheit in Bürogebäuden. FIZ Karlsruhe; BINE Informationsdienst. Fraunhofer IRB Verlag, Stuttgart 2015

281. Huber, L.; Kahlert, J.; Klatte, M. (Hrsg): Die akustisch gestaltete Schule. Vandenhoeck & Ruprecht Göttingen 2002

282. Kalivoda, M.; Steiner, J. W. (Hrsg.): Taschenbuch der Angewandten Psychoakustik. Springer Verlag Wien New York 1998

283. Ketteler, G.: Sportanlagenlärmschutzverordnung (18. BImSchV). C. F. Müller Verlag Heidelberg 1998

284. Kuschnerus, U.: Der sachgerechte Bebauungsplan. 4. Auflage, vhw-Verlag Bonn 2010

285. Locher-Weiß, S.: Rechtliche Probleme des Schallschutzes. 4. Auflage, Werner Verlag München 2004

286. Mechel, F. P.: Schallabsorber Band I – Äußere Schallfelder · Wechselwirkungen. S. Hirzel Verlag Stuttgart 1989

287. Mechel, F. P.: Schallabsorber Band II – Innere Schallfelder · Strukturen · Anwendungen. S. Hirzel Verlag Stuttgart 1995

288. Mechel, F. P.: Schallabsorber Band III – Anwendungen. S. Hirzel Verlag Stuttgart 1998

289. Meyer, J.: Kirchenakustik. Edition Bochinsky Bergkirchen 2003

290. Meyer, J.: Akustik und musikalische Aufführungspraxis. 5., aktualisierte Auflage, Edition Bochinsky Bergkirchen 2004

291. Moll, W., Moll, A.: Schallschutz im Wohnungsbau, Ernst & Sohn Berlin 2010

292. Möser, M.: Technische Akustik. 8. aktualisierte Auflage, Springer-Verlag Berlin 2009

293. Mommertz, E.: Akustik und Schallschutz. Redaktion Detail Institut für internationale Architekturdokumentation München 2008

294. Morse, P. M.: Vibration and Sound. Fifth printing, Acoustical Society of America 1995

295. Müller, G.; Möser, M. (Hrsg.): Taschenbuch der Technischen Akustik. 3. erweiterte und überarbeitete Auflage, Springer-Verlag Berlin 2004

296. Müller, A.: Schallschutz in der Praxis. Fraunhofer IRB Verlag Stuttgart 2009

297. Nocke, C.: Raumakustik im Alltag. Fraunhofer IRB Verlag Stuttgart 2014

298. RAL-Gütegemeinschaft Fenster und Haustüren e.V.: Leitfaden zur Planung und Ausführung der Montage von Fenstern und Haustüren. Frankfurt 2014

299. Rayleigh, J. W. S.: Theory of Sound Volume One. Dover Publications New York 1945 (Ist Edition 1894)

300. Rayleigh, J. W. S.: Theory of Sound Volume Two. Dover Publications New York 1945 (1st Edition 1894)

301. Reichardt, W.: Gute Akustik – aber wie?. VEB Verlag Technik Berlin 1979

302. Sälzer, E.; Moll, W.; Wilhelm, H.-U.: Schallschutz elementierter Bauteile. Bauverlag GmbH Wiesbaden und Berlin 1979

303. Sälzer, E.; Eßer, G. u.a.: Schallschutz im Hochbau. Ernst & Sohn Berlin 2010

304. Schick, A.; Meis, M.; Klatte, M.; Nocke, C.: Beiträge zur psychologischen Akustik, Hören in Schulen. 2. durchgesehene Auflage, BIS-Verlag Oldenburg 2003

305. Schick, A.; Meis, M.; Nocke, C.: Beiträge zur psychologischen Akustik, Akustik in Büro und Objekt. Isensee Verlag Oldenburg 2010

306. Schirmer, W. (Hrsg.): Lärmbekämpfung. Verlag Tribüne Berlin 1989

307. Schirmer, W. (Hrsg.): Technischer Lärmschutz. 2. bearbeitete und erweiterte Auflage, Springer-Verlag Berlin/Heidelberg 2006

308. Veit, I.: Technische Akustik. 4. Auflage, Vogel Buchverlag Würzburg 1988

309. Vorländer, M.: Auralization. Springer-Verlag Berlin/Heidelberg 2008

310. Weinzierl, S. (Ed.): Handbuch der Audiotechnik. Springer-Verlag Berlin/Heidelberg 2008

311. Weisse, K.: Leitfaden der Raumakustik für Architekten. Verlag des Druckhauses Tempelhof Berlin 1949

312. Willems, W; Schild, K.; Dinter, S.; Stricker, D.: Formeln und Tabellen Bauphysik. 2. Auflage, Springer Vieweg Verlag Wiesbaden 2010

313. Zwicker, E., Feldtkeller, R.: Das Ohr als Nachrichtenempfänger. 2. neu bearbeitete Auflage, Hirzel Verlag Stuttgart 1967

314. Zwicker, E.: Psychoakustik. Springer-Verlag Berlin 1982

315. Zwikker, C., Kosten, C. W.: Sound absorbing materials. Elsevier New York/Amsterdam 1949

B) Aufsätze und Forschungsberichte

316. Alphei, H.; Hils, T.: Welche Abstufung der Normtrittschall-Pegel sind bei Anforderungen an die Trittschalldämmung sinnvoll? In: wksb, Heft 59, August 2007, Hrsg.: Saint-Gobain Isover G+H AG, Ludwigshafen

317. Berger, L.: Über die Schalldurchlässigkeit. Dissertation Technische Hochschule München 1911

318. Bork, I.: Absorptionsgradtabelle. Physikalisch Technische Bundesanstalt Braunschweig, http://www.ptb.de/.../abstab_wf.xls (abgerufen am 29.8.2016)

319. Brulle, P. van den: Schalltechnische Gestaltung von Büroräumen mit Bildschirmen. Schriftenreihe der Bundesanstalt für Arbeitsschutz und Arbeitsmedizin, Forschungsbericht Fb 720, Dortmund 1995

320. DEGA-Empfehlung 101: Akustische Wellen und Felder. Deutsche Gesellschaft für Akustik e.V. Berlin 2006

321. DEGA-Empfehlung 103: Schallschutz im Wohnungsbau – Schallschutzausweis. Deutsche Gesellschaft für Akustik e.V. Berlin 2009

322. DEGA-Memorandum: Die allgemein anerkannten Regeln der Technik in der Bauakustik. Deutsche Gesellschaft für Akustik e.V. Berlin 2011

323. Deutscher Normenausschuss (DNA): Schallabsorptionsgrad-Tabelle. Beuth-Vertrieb GmbH Berlin/Köln Frankfurt(M) 1968

324. Desarnaulds, V.; Bossoney, S.; Eggenschwiler, K.: Studie zur Raumakustik von Schweizer Kirchen. Fortschritte der Akustik. DAGA 1998, Zürich 1998

325. Fischer, H. M.; Schneider, M.; Blessing, S.: Einheitliches Konzept zur Berücksichtigung des Verlustfaktors bei Messung und Berechnung der Schalldämmung massiver Wände. Fortschritte der Akustik. DAGA 2001, Hamburg 2001

326. Fuchs, H. V.; Zha, X.: Transparente Vorsatzschalen als alternative Schallabsorber im Plenarsaal des Bundestages. Bauphysik 16, Ernst & Sohn Berlin 1994

327. Guski, R.; Wühler, K.; Vössing, J.: Belastungen durch Geräusche an Arbeitsplätzen mit sprachlicher Kommunikation. Schriftenreihe der Bundesanstalt für Arbeitsschutz und Arbeitsmedizin, Forschungsbericht Fb 545, Dortmund/Berlin 1988

328. Hessinger, J.; Saß, B.: Schalldämmung von Fenstern und Türen. In: Bauphysik Kalender 2009, Schallschutz und Akustik. Ernst & Sohn Berlin 2009

329. Hilge, C.; Nocke, C.: Properties and application of micro-perforated stretched ceilings, Research Symposium 2003, Acoustics characteristics of surfaces: measurement, predictions and applications, Proc. Institute of Acoustics, Vol. 25, Pt. 5, 2003

330. Hunecke, J.: Schallstreuung und Schallabsorption von Oberflächen aus mikroperforierten Streifen. Dissertation Universität Stuttgart 1997

331. Informationsdienst Holz: Schalldämmende Holzbalken- und Brettstapeldecken. Holzbau Handbuch Reihe 3, Teil 3, Folge 3, Entwicklungsgemeinschaft Holzbau (EGH), München 1999

332. Isele, A; Nocke, C.; Höfker, G.: In-situ measurements of road barriers made of natural stones. Fortschritte der Akustik. NAG/DAGA 2009, Rotterdam 2009

333. Institut für Rundfunktechnik: Höchstzulässige Schalldruckpegel von Dauergeräuschen in Studios und Bearbeitungsräumen bei Hörfunk und Fernsehen, Akustische Information 1.11-1/1995, München August 1995

334. Klatte, M.; Meis, M.; Nocke, C.; Schick, A.: Akustik in Schulen: Könnt ihr denn nicht zuhören?!, Einblicke – Forschungsmagazin der Carl von Ossietzky Universität Oldenburg, Heft Nr. 35, 2002

335. Kurz, R.; Schnelle, F.: Schallschutz von Montagetreppen. Fortschritte der Akustik. DAGA 2000, Oldenburg 2000

336. Kurze, U.-J.; Nürnberger, H.: Schallschirme für Fertigungs- und Büroräume. Schriftenreihe der Bundesanstalt für Arbeitsschutz und Arbeitsmedizin, Forschungsbericht Fb 896, Dortmund/Berlin 2000

337. LEWIS-Schwalbenschwanzplatten. Wasserfeste Fußböden auf Holzbalkendecken. Mitteilungsblatt der Spillner Consult GmbH Hamburg 1996

338. Liu, K.; Nocke, C.; Maa, D.-Y.: Experimental investigation on sound absorption characteristics of microperforated panel in diffuse field, Acta Acustica 25 (3), 2000 (in Chinesisch)

339. Maa, D.-Y.: Theory and design of microperforated-panel sound-absorbing construction. Sci. Sin. XVIII 1975

340. Maa, D.-Y.: Potential of microperforated panel absorber. J. Acoust. Soc. Am., Vol. 104, No.5, 1998

341. Mechel, F. P.: Akustische Kennwerte von Faserabsorbern, Band I, IBP-Bericht BS 85/83. Fraunhofer-Institut für Bauphysik Stuttgart 1983

342. Mechel, F. P.; Grundmann, R.: Akustische Kennwerte von Faserabsorbern, Band II, IBP-Bericht BS 75/82. Fraunhofer-Institut für Bauphysik Stuttgart 1982

343. Nocke, C.; Mellert, V.; Teuber, S.: Experimentelle Bestimmung beliebiger Oberflächenimpedanz mit Hilfe des Kugelwellenreflexionsfaktors, Fortschritte der Akustik. DAGA 1995, Saarbrücken 1995

344. Nocke, C.; Mellert, V.; Waters-Fuller, T.; Attenborough, K.; Li, K. M.: Impedance deduction from broad-band, point-source measurements at grazing incidence, Acustica/acta acustica 83 (6) 1997

345. Nocke, C.; Liu, K.; Maa, D.-Y.: Statistical absorption coefficient of microperforated absorbers, Chinese Journal of Acoustics 19 (2) 2000

346. Nocke, C.: In-situ Messung der akustischen (Wand-) Impedanz. Dissertation Universität Oldenburg, Shaker-Verlag, Aachen 2000

347. Nocke, C.; Mellert, V.: Brief review on in-situ measurement techniques of impedance or absorption, Forum Acusticum, Sevilla, Tagungsband als CD-ROM, 2001

348. Nocke, C.; Hilge, C.; Meis, M.: Raumakustik in Klassenzimmern, Tagungsband, 18. Bauphysikertreffen, HfT Stuttgart 2004

349. Piening, W.: Schalldämpfung der Ansaug- und Auspuffgeräusche von Dieselanlagen auf Schiffen. VDI-Zeitschrift 81, Nr. 26, 1937

350. Probst, W.: Geräuschentwicklung von Sportanlagen und deren Quantifizierung für immissionsschutztechnische Prognosen. Schriftenreihe Sportanlagen und Sportgeräte B2/94, Bundesinstitut für Sportwissenschaft 1994

351. Rabold, A.; Hessinger, J.; Bacher, S.: Holzbalkendecken in der Altbausanierung, Schalltechnische Sanierung, Teil 1: Planungswerte der Decke ohne Flankenübertragung. DGfH-Forschungsbericht des ift Rosenheim, 2008

352. Sabine, W. C.: Am. Arch. and Building News, 1920

353. Sarradj, E.: Walking Noise – Physics and Perception. Proceedings CFA/DAGA 2004, Straßburg 2004

354. Schanda, U.; Schröder, E.; Wulff, S.: Schallschutz/Raumakustik in Großraumbüros. In: Bauphysik Kalender 2009, Schallschutz und Akustik. Ernst & Sohn Berlin 2009

355. Scheck, J.; Fischer, H. M.; Kurz, R.: Anregevorgänge bei Treppenkonstruktionen. Fortschritte der Akustik. DAGA 2001, Hamburg 2001

356. Scholl, W.; Wittstock, V.: Unsicherheiten in der Bauakustik und Konsequenzen. Fortschritte der Akustik. DAGA 2008, Dresden 2008

357. Stephenson, U. M: Beugungssimulation ohne Rechenzeitexplosion: Die Methode der quantisierten Pyramidenstrahlen. Ein neues Berechnungsverfahren für Raumakustik und Lärmimmissionsprognose, Vergleiche, Ansätze, Lösungen. Dissertation RWTH Aachen 2004

358. Sust, C.; Lazarus, H.: Bildschirmarbeit und Geräusche. Schriftenreihe der Bundesanstalt für Arbeitsschutz und Arbeitsmedizin, Forschungsbericht Fb 974, Dortmund/Berlin/Dresden 2002

359. Zha, X.; Drotleff, H.; Nocke, C.: Raumakustische Verbesserungen im Probensaal der Staatstheater Stuttgart. Bauphysik 22, H. 4, 2000

C) Regelwerke

360. ASTM C423: Standard Test Method for Sound Absorption and Sound Absorption Coefficients by the Reverberation Room Method, Ausgabe 2009

361. DIN 1320: Akustik-Begriffe, Ausgabe 2009-12

362. DIN 4109: Schallschutz im Hochbau – Anforderungen und Nachweise, Ausgabe 1989-11

363. DIN 4109 Beiblatt 1: Schallschutz im Hochbau – Ausführungsbeispiele und Rechenverfahren, Ausgabe 1989-11

364. DIN 4109 Beiblatt 1/A1: Schallschutz im Hochbau – Ausführungsbeispiele und Rechenverfahren; Änderung A1, Ausgabe 2003-09

365. DIN 4109 Beiblatt 2: Schallschutz im Hochbau – Hinweise für Planung und Ausführung; Vorschläge für einen erhöhten Schallschutz; Empfehlungen für den Schallschutz im eigenen Wohn- und Arbeitsbereich, Ausgabe 1989-11

366. DIN 4109-1: Schallschutz im Hochbau – Mindestanforderungen, Ausgabe 2016-07

367. DIN 4109-2: Schallschutz im Hochbau – Rechnerische Nachweise der Erfüllung der Anforderungen, Ausgabe 2016-07

368. DIN 4109-31: Schallschutz im Hochbau – Daten für die rechnerischen Nachweise des Schallschutzes (Bauteilkatalog) – Rahmendokument, Ausgabe 2016-07

369. DIN 4109-32: Schallschutz im Hochbau – Daten für die rechnerischen Nachweise des Schallschutzes (Bauteilkatalog) – Massivbau, Ausgabe 2016-07

370. DIN 4109-33: Schallschutz im Hochbau – Daten für die rechnerischen Nachweise des Schallschutzes (Bauteilkatalog) – Holz-, Leicht- und Trockenbau, Ausgabe 2016-07

371. DIN 4109-34: Schallschutz im Hochbau – Daten für die rechnerischen Nachweise des Schallschutzes (Bauteilkatalog) – Vorsatzkonstruktionen vor massiven Bauteilen, Ausgabe 2016-07

372. DIN 4109-35: Schallschutz im Hochbau – Daten für die rechnerischen Nachweise des Schallschutzes (Bauteilkatalog) – Elemente, Fenster, Türen, Vorhangfassaden, Ausgabe 2016-07

373. DIN 4109-36: Schallschutz im Hochbau – Daten für die rechnerischen Nachweise des Schallschutzes (Bauteilkatalog) – Gebäudetechnische Anlagen, Ausgabe 2016-07

374. DIN 4109-4: Schallschutz im Hochbau – Daten für die rechnerischen Nachweise des Schallschutzes (Bauteilkatalog) – Bauakustische Prüfungen, Ausgabe 2016-07

375. DIN 15996: Bild- und Tonbearbeitung in Film-, Video- und Rundfunkbetrieben – Grundsätze und Festlegungen für den Arbeitsplatz, Ausgabe 2008-05

376. DIN 18005-1: Schallschutz im Städtebau – Grundlagen und Hinweise für die Planung, Ausgabe 2002-07

377. DIN 18005-2: Schallschutz im Städtebau – Lärmkarten; Kartenmäßige Darstellung von Schallimmissionen, Ausgabe 1991-09

378. DIN 18005-1 Beiblatt 1: Schallschutz im Städtebau – Berechnungsverfahren; Schalltechnische Orientierungswerte für die städtebauliche Planung, Ausgabe 1987-05

379. DIN 18041: Hörsamkeit in Räumen – Anforderungen, Empfehlungen und Hinweise für die Planung, Ausgabe 2016-03

380. DIN 45631: Berechnung des Lautstärkepegels und der Lautheit aus dem Geräuschspektrum, Verfahren nach E. Zwicker, Ausgabe 1991-03

381. DIN 45631/A1: Berechnung des Lautstärkepegels und der Lautheit aus dem Geräuschspektrum, Verfahren nach E. Zwicker, Änderung 1: Berechnung der Lautheit zeitvarianter Geräusche, Ausgabe 2010-03

382. DIN 45635-1: Geräuschmessung an Maschinen; Luftschallemission, Hüllflächen-Verfahren; Rahmenverfahren für 3 Genauigkeitsklassen, Ausgabe 1984-04

383. DIN 45641: Mittelung von Schallpegeln, Ausgabe 1990-06

384. DIN 45645-1 Ermittlung von Beurteilungspegeln aus Messungen – Geräuschimmissionen in der Nachbarschaft, Ausgabe 1996-07

385. DIN 45680: Messung und Bewertung tieffrequenter Geräuschimmissionen in der Nachbarschaft, Ausgabe 1997-03

386. DIN 45681: Akustik – Bestimmung der Tonhaltigkeit von Geräuschen und Ermittlung eines Tonzuschlages für die Beurteilung von Geräuschimmissionen, Ausgabe 2005-03

387. DIN 45691: Geräuschkontingentierung, Ausgabe 2006-12

388. DIN EN 12354-1: Bauakustik – Berechnung der akustischen Eigenschaften von Gebäuden aus den Bauteileigenschaften – Luftschalldämmung zwischen Räumen, Ausgabe 2000-12

389. DIN EN 12354-2: Bauakustik – Berechnung der akustischen Eigenschaften von Gebäuden aus den Bauteileigenschaften – Trittschalldämmung zwischen Räumen, Ausgabe 2000-09

390. DIN EN 12354-3: Bauakustik – Berechnung der akustischen Eigenschaften von Gebäuden aus den Bauteileigenschaften – Luftschalldämmung gegen Außenlärm, Ausgabe 2000-09

391. DIN EN 12354-5: Bauakustik – Berechnung der akustischen Eigenschaften von Gebäuden aus den Bauteileigenschaften – Installationsgeräusche, Ausgabe 2009-10

392. DIN EN 12354-6: Bauakustik – Berechnung der akustischen Eigenschaften von Gebäuden aus den Bauteileigenschaften – Schallabsorption in Räumen, Ausgabe 2004-04

393. DIN EN 60268-16: Elektroakustische Geräte – Objektive Bewertung der Sprachverständlichkeit durch den Sprachübertragungsindex, Ausgabe 2012-05

394. DIN EN ISO 354: Akustik – Messung der Schallabsorption in Hallräumen, Ausgabe 2003-12

395. DIN EN ISO 3382-1: Akustik – Messung von Parametern der Raumakustik – Aufführungsräume, Ausgabe 2009-10

396. DIN EN ISO 3382-2: Akustik – Messung von Parametern der Raumakustik – Nachhallzeit in gewöhnlichen Räumen, Ausgabe 2008-09

397. DIN EN ISO 3382-2 Berichtigung 1: Akustik – Messung von Parametern der Raumakustik – Nachhallzeit in gewöhnlichen Räumen, Ausgabe 2009-09

398. DIN EN ISO 3382-3: Akustik – Messung von Parametern der Raumakustik – Großraumbüros, Ausgabe 2012-05

399. DIN EN ISO 3740: Akustik – Bestimmung des Schallleistungspegels von Geräuschquellen – Leitlinien zur Anwendung der Grundnormen, Ausgabe 2001-03

400. DIN EN ISO 3747: Akustik – Bestimmung der Schallleistungs- und Schallenergiepegel von Geräuschquellen aus Schalldruckmessungen – Verfahren der Genauigkeitsklassen 2 und 3 zur Anwendung in situ in einer halligen Umgebung, Ausgabe 2011-03

401. DIN EN ISO 10534-1: Akustik – Bestimmung des Schallabsorptionsgrades und der Impedanz in Impedanzrohren – Verfahren mit Stehwellenverhältnis, Ausgabe 2001-10

402. DIN EN ISO 10534-2: Akustik – Bestimmung des Schallabsorptionsgrades und der Impedanz in Impedanzrohren – Verfahren mit Übertragungsfunktion, Ausgabe 2001-10

403. DIN EN ISO 10534-2 Berichtigung 1: Akustik – Bestimmung des Schallabsorptionsgrades und der Impedanz in Impedanzrohren – Verfahren mit Übertragungsfunktion, Ausgabe 2007-11

404. DIN EN ISO 11654: Akustik – Schallabsorber für die Anwendung in Gebäuden – Bewertung der Schallabsorption, Ausgabe 1997-07

405. DIN ISO 9613-2: Akustik – Dämpfung des Schalls bei der Ausbreitung im Freien – Allgemeines Berechnungsverfahren, Ausgabe 1999-10

406. DIN ISO 226: Akustik – Normalkurven gleicher Lautstärkepegel, Ausgabe 2006-04

407. DIN SPEC 91314 Schallschutz im Hochbau – Anforderungen für einen erhöhten Schallschutz im Wohnungsbau, Ausgabe 2017-01

408. ISO 1996-1: Akustik – Beschreibung, Messung und Beurteilung von Umgebungslärm – Grundlegende Größen und Beurteilungsverfahren, Ausgabe 2003-08

409. ISO 9613-1: Akustik – Dämpfung des Schalls bei der Ausbreitung im Freien – Berechnung der Schallabsorption durch die Luft, Ausgabe 1993-06

410. VDI 2081 Blatt 1: Geräuscherzeugung und Lärmminderung in Raumlufttechnischen Anlagen, Ausgabe 2001-07

411. VDI 2081 Blatt 2: Geräuscherzeugung und Lärmminderung in Raumlufttechnischen Anlagen, Ausgabe 2005-05

412. VDI 2569 Entwurf: Schallschutz und akustische Gestaltung im Büro, Ausgabe 2016-02

413. VDI 2719: Schalldämmung von Fenstern und deren Zusatzeinrichtungen, Ausgabe 1987-08

414. VDI 3728: Schalldämmung beweglicher Raumabschlüsse; Türen und Mobilwände, Ausgabe 2012-03

415. VDI 3745 Blatt 1: Beurteilung von Schießgeräuschimmissionen, Ausgabe 1993-05

416. VDI 3755: Schalldämmung und Schallabsorption abgehängter Unterdecken, Ausgabe 2015-01

417. VDI 3760: Berechnung und Messung der Schallausbreitung in Arbeitsräumen, Ausgabe 1996-02

418. VDI 4100: Schallschutz im Hochbau – Wohnungen – Beurteilung und Vorschläge für erhöhten Schallschutz, Ausgabe 2012-10

419. Freizeitlärm-Richtlinie Niedersachsen: Gemeinsamer Runderlass vom 8.1.2001

420. Gesetz zum Schutz vor schädlichen Umwelteinwirkungen durch Luftverunreinigungen, Geräusche, Erschütterungen und ähnliche Vorgänge (Bundes-Immissionsschutzgesetz – BImSchG) 1974

421. Hamburger Leitfaden – Lärm in der Bauleitplanung 2010. Behörde für Stadtentwicklung und Umwelt, Amt für Landes- und Landschaftsplanung, 1995

422. Institut für Rundfunktechnik: Akustische Information 1.11-1/1995, Höchstzulässige Schalldruckpegel von Dauergeräuschen in Studios und Bearbeitungsräumen bei Hörfunk und Fernsehen, 1995

423. Leitfaden zur Prognose von Geräuschen bei der Be- und Entladung von LKW. Merkblätter Nr. 25, Landesumweltamt Nordrhein-Westfalen 2000

424. Messung, Beurteilung und Verminderung von Geräuschimmissionen bei Freizeitanlagen Nordrhein-Westfalen: Gemeinsamer Runderlass vom 23.10.2006

425. Parkplatzlärmstudie. 6. überarbeitete Auflage, Bayerisches Landesamt für Umweltschutz 2007

426. Richtlinie für den Lärmschutz an Straßen RLS-90. Der Bundesminister für Verkehr 1990

427. Richtlinie zur Berechnung der Schallimmissionen von Schienenwegen Schall 03. Deutsche Bahn 1990

428. Richtlinie für schalltechnische Untersuchungen bei der Planung von Rangier- und Umschlagbahnhöfen Akustik 04. Deutsche Bahn 1990

429. Sechste Allgemeine Verwaltungsvorschrift zum Bundes-Immissionsschutzgesetz (Technische Anleitung zum Schutz gegen Lärm – TA Lärm) 1998

430. Sächsische Freizeitlärmstudie. Sächsisches Landesamt für Umwelt und Geologie 2002

431. Technischer Bericht zur Untersuchung der Geräuschemissionen von Baumaschinen. Heft 247, Hessische Landesanstalt für Umwelt 1998

432. Technischer Bericht Nr. L 4054 zur Untersuchung der Geräuschemissionen und – immissionen von Tankstellen. Heft 275, Hessische Landesanstalt für Umwelt 1999

433. Technischer Bericht zur Untersuchung der Geräuschemissionen von Anlagen zur Abfallbehandlung und – verwertung sowie Kläranlagen. Lärmschutz in Hessen, Heft 1, Hessisches Landesamt für Umwelt und Geologie 2002

434. Technischer Bericht zur Untersuchung der Geräuschemissionen von Baumaschinen. Lärmschutz in Hessen, Heft 2, Hessisches Landesamt für Umwelt und Geologie 2004

435. Technischer Bericht zur Untersuchung der Geräuschemissionen durch Lastkraftwagen auf Betriebsgeländen von Frachtzentren, Auslieferungslagern, Speditionen und Verbrauchermärkten

sowie weiterer typischer Geräusche insbesondere von Verbrauchermärkten. Lärmschutz in Hessen, Heft 3, Hessisches Landesamt für Umwelt und Geologie 2005

436. Verordnung über die bauliche Nutzung der Grundstücke (Baunutzungsverordnung – BauNVO) 1993

437. Verordnung zum Schutz der Beschäftigten vor Gefährdungen durch Lärm und Vibrationen (Lärm- und Vibrations-Arbeitsschutzverordnung – LärmVibrationsArbSchV) 2007

438. ZTV LSW:2006: Zusätzliche Technische Vorschriften und Richtlinien für die Ausführung von Lärmschutzwänden an Straßen, Ausgabe 2006

Part V

A) Normen, Richtlinien, Vorschriften

439. DIN 1349 „Durchgang optischer Strahlung durch Medien"

440. Teil 1 „Optisch klare Stoffe", Juni 1972

441. Teil 2 „Optisch trübe Stoffe", April 1975

442. DIN 4108 „Wärmeschutz im Hochbau"

443. Teil 2 „Mindestanforderungen an den Wärmeschutz", Juli 2003

444. Teil 3 „Klimabedingter Feuchteschutz, Anforderungen, Berechnungsverfahren und Hinweise für Planung und Ausführung", Juli 2001

445. Teil 6 Vornorm: „Berechnung des Jahresheizwärme- und des Jahresheizenergiebedarfs", Juni 2003

446. DIN 4710 „Statistiken meteorologischer Daten zur Berechnung des Energiebedarfs von heiz- und raumlufttechnischen Anlagen in Deutschland", Januar 2003; Beiblatt 1, Januar 2003, Berichtigung 1, November 2006

447. DIN 5030 „Spektrale Strahlungsmessung"

448. Teil 1 „Begriffe, Größen, Kennzahlen", Juni 1985

449. Teil 2 „Strahler für spektrale Strahlungsmessungen; Auswahlkriterien", September 1982

450. Teil 3 „Spektrale Aussonderung; Begriffe und Kennzeichnungsmerkmale", Dezember 1984

451. Teil 5 „Physikalische Empfänger für spektrale Strahlungsmessungen; Begriffe, Kenngrößen, Auswahlkriterien", Dezember 1987

452. DIN 5031 „Strahlungsphysik im optischen Bereich und Lichttechnik" Bb 1 „Inhaltsverzeichnis über Größen, Formelzeichen und Einheiten sowie Stichwortverzeichnis zu DIN 5031-1 bis -10", November 1982

453. Teil 1 „Größen, Formelzeichen und Einheiten der Strahlungsphysik", März 1982

454. Teil 2 „Strahlungsbewertung durch Empfänger", März 1982

455. Teil 3 „Größen, Formelzeichen und Einheiten der Lichttechnik", März 1982

456. Teil 4 „Wirkungsgrade" März 1982

457. Teil 5 „Temperaturbegriffe" März 1982

458. Teil 6 „Pupillen-Lichtstärke als Maß für die Netzhautbeleuchtung" März 1982

459. Teil 7 „Benennung der Wellenlängenbereiche", Januar 1984

460. Teil 8 „Strahlungsphysikalische Begriffe und Konstanten", März 1982

461. Teil 9 „Lumineszenz-Begriffe", März 1982

462. Teil 100 „Über das Auge vermittelte, nichtvisuelle Wirkung des Lichts auf den Menschen – Größen, Formelzeichen und Wirkungsspektren", Juni 2009

463. DIN 5032 „Lichtmessung"

464. Teil 1 „Photometrische Verfahren", Juli 1978

465. Teil 2 „Betrieb elektrischer Lampen und Messung der zugehörigen Größen", Januar 1992

466. Teil 3 „Meßbedingungen für Gasleuchten", Mai 1976

467. Teil 4 „Messungen an Leuchten", Januar 1999

468. Teil 7 „Klasseneinteilung von Beleuchtungsstärke- und Leuchtdichtemessgeräten", Dezember 1985

469. Teil 8 „Datenblatt für Beleuchtungsstärkemeßgeräte", September 1986

470. DIN 5033 „Farbmessung"

471. Teil 1 „Grundbegriffe der Farbmetrik", Mai 2009

472. Teil 2 „Normvalenz-Systeme", Mai 1992

473. Teil 3 „Farbmaßzahlen", Juli 1992

474. Teil 4 „Spektralverfahren", Juli 1992

475. Teil 6 „Dreibereichsverfahren", August 1976

476. Teil 7 „Meßbedingungen von Körperfarben", Juli 1983

477. Teil 8 „Meßbedingungen für Lichtquellen", April 1982

478. Teil 9 „Weißstandard zur Kalibrierung in Farbmessung und Photometrie", Oktober 2005

479. DIN 5034 „Tageslicht in Innenräumen"

480. Teil 1 „Allgemeine Anforderungen", Oktober 1999

481. Teil 2 „Grundlagen", Februar 1985

482. Teil 3 „Berechnung", Februar 2007

483. Teil 4 „Vereinfachte Bestimmung von Mindestfenstergrößen für Wohnräume", September 1994

484. Teil 5 „Messung", Januar 1993 (Entwurf vom September 2009)

485. Teil 6 „Vereinfachte Bestimmung zweckmäßiger Abmessungen von Oberlicht öffnungen in Dachflächen", Februar 2007

486. DIN 5035 „Beleuchtung mit künstlichem Licht"

487. Teil 1 „Begriffe und allgemeine Anforderungen", seit Sept. 2002 komplett ersetzt durch DIN EN 12665

488. Teil 2 „Richtwerte für Arbeitsstätten in Innenräumen und im Freien", seit März 2003 ersetzt durch DIN 12464-1/2

489. Teil 3 „Beleuchtung im Gesundheitswesen", seit März 2003 größtenteils abgelöst von DIN EN 12464-1

490. Teil 5 „Notbeleuchtung", seit Juli 1999 komplett ersetzt durch DIN EN 1838

491. Teil 6 „Messung und Bewertung", November 2006

492. Teil 7 „Beleuchtung von Räumen mit Bildschirmarbeitsplätzen", August 2004

493. Teil 8 „Arbeitsplatzbeleuchtung, Anforderungen, Empfehlungen und Prüfung", Juli 2007

494. DIN 5036 „Strahlungsphysikalische und lichttechnische Eigenschaften von Materialien"

495. Teil 1 „Begriffe und Kennzahlen", Juli 1978

496. Teil 3 „Meßverfahren für lichttechnische und spektrale strahlungsphysikalische Kennzahlen", November 1979

497. Teil 4 „Klasseneinteilung", August 1977 Beiblatt 1 „Inhaltsverzeichnis und Stichwortverzeichnis", Februar 1980

498. DIN 5039 „Licht, Lampen, Leuchten – Begriffe, Einteilung", September 1995

499. DIN 5040 „Leuchten für Beleuchtungszwecke"

500. Teil 1 „Lichttechnische Merkmale und Einteilung", Februar 1976

501. Teil 2 „Innenleuchten; Begriffe, Einteilung", Juli 1995

502. Teil 3 „Außenleuchten, Begriffe, Einteilung", Mai 1977

503. Teil 4 „Beleuchtungsscheinwerfer; Begriffe und lichttechnische Bewertungsgrößen", April 1999

504. DIN 6164 „DIN-Farbenkarte" Bb 50 „Farbmaßzahlen für Normlichtart C", Januar 1981

505. Teil 1 „System der DIN-Farbenkarte für den 2°-Normalbeobachter", Februar 1980

506. Teil 2 „Festlegungen der Farbmuster", Februar 1980

507. DIN 6167 „Beschreibung der Vergilbung von nahezu weißen oder nahezu farblosen Materialien", Januar 1980

508. DIN 6169 „Farbwiedergabe"

509. Teil 1 „Allgemeine Begriffe", Januar 1976

510. Teil 2 „Farbwiedergabe-Eigenschaften von Lichtquellen in der Beleuchtungstechnik", Februar 1976

511. DIN 6172 „Metamerie-Index von Probenpaaren bei Lichtartwechsel", März 1993

512. DIN EN 410 „Glas im Bauwesen – Bestimmung der lichttechnischen und strahlungsphysikalischen Kenngrößen von Verglasungen.", April 2011

513. DIN EN 673 „Glas im Bauwesen – Bestimmung des Wärmedurchgangskoeffizienten (U-Wert) – Berechnungsverfahren.", April 2011

514. DIN EN 1838 „Angewandte Lichttechnik – Notbeleuchtung", Juli 1999

515. DIN EN ISO 11664 „Farbmetrik"

516. Teil 1 „CIE farbmetrische Normalbeobachter" Entwurf, Dezember 2010

517. Teil 2 „CIE Normlichtarten" Entwurf, Dezember 2010

518. Teil 4 „CIE 1976 L*a*b* Farbenraum" Entwurf, Dezember 2010

519. Teil 5 „CIE 1966 L*u*v* Farbenraum und empfindungsgemäß gleichständige u', v' Farbtafel" Entwurf, Dezember 2010

520. DIN EN 12193 „Licht und Beleuchtung – Sportstättenbeleuchtung", April 2008

521. DIN EN 12464:2002 „Licht und Beleuchtung, Beleuchtung von Arbeitsstätten"

522. Teil 1 „Arbeitsstätten in Innenräumen", März 2003 (Entwurf September 2009)

523. Teil 2 „Arbeitsplätze im Freien", Oktober 2007

524. DIN EN 12665 „Licht und Beleuchtung, grundlegende Begriffe und Kriterien für die Festlegung von Anforderungen an die Beleuchtung", 2002

525. DIN EN 13032 „Licht und Beleuchtung – Messung und Darstellung photometrischer Daten von Lampen und Leuchten"

526. Teil 1 „Messung und Datenformat", Oktober 2004; Berichtigung zu Teil 1, Mai 2006

527. Teil 2 „Darstellung der Daten für Arbeitsstätten in Innenräumen und im Freien", März 2005; Berichtigung zu Teil 2, Juli 2007

528. Teil 3 „Darstellung von Daten für die Notbeleuchtung von Arbeitsstätten", Dezember 2007

529. DIN EN 13363 „Sonnenschutzeinrichtungen in Kombination mit Verglasungen – Berechnung der Solarstrahlung und des Lichttransmissionsgrades"

530. Teil 1 „Vereinfachtes Verfahren", September 2007

531. Teil 2 „Detailliertes Berechnungsverfahren", Juni 2005

532. Internationale Beleuchtungskommission (CIE): Standardization of luminance distribution on clear skies. CJE-Veröffentlichung Nr. 22 (TC-4.2), 1973, ersetzt durch [83]

533. Internationale Beleuchtungskommission (CIE): Discomfort glare in the interior working environment – Nr. 55, 1983

534. CIE 97.2:2005 „Leitfaden zur Wartung von elektrischen Beleuchtungssystemen in Innenräumen", 2005

535. Internationale Beleuchtungskommission (CIE): CIE S003 Spatial distribution of daylight – CIE standard overcast sky and clear sky, 1996

536. Deutsche Lichttechnische Gesellschaft: Projektierung von Beleuchtungsanlagen nach dem Wirkungsgradverfahren. LiTG-Publikationen, 1988.

537. Verordnung (EG) Nr. 244/2009 der Kommission vom 18. März 2009. Amtsblatt der Europäischen Union, 2009

538. VDI 3814 „Gebäudeautomation"

539. Blatt 1 „Gebäudeautomation (GA)-Systemgrundlagen", November 2009

540. Blatt 2 „Gesetze, Verordnungen, Technische Regeln", Juli 2009

541. Blatt 3 „Hinweise für das technische Gebäudemanagement, Planung, Betrieb und Instandhaltung", Juni 2007

542. Blatt 4 „Hinweise zur Systemintegration", März 2010

543. Blatt 6 „Grafische Darstellung von Steuerungsaufgaben", Juli 2008

544. Blatt 7 „Gestaltung von Benutzeroberflächen", Mai 2011

545. Blatt 3.1 „Hinweise für das Gebäudemanagement, Planung, Betrieb und Instandhaltung", Juli 2009

546. VDI 6015 „BUS-Systeme in der Gebäudeinstallation – Anwendungsbeispiele", März 2003

B) Monografien u. sonstige Quellen

547. Bergmann Schaefer: Lehrbuch der Experimentalphysik. Band 3 Optik. 9. Auflage. Berlin New York: Walter de Gruyter, 1993

548. Hopkinson, R.G., Petherbridge, P., Longmore, J.: daylighting. London: William Heinemann Ltd., 1966

549. Fischer, U.: Tageslichttechnik. Köln-Braunsfeld: R. Müller GmbH, 1982

550. Keitz, H. A.E.: Lichtberechnungen und Lichtmessungen. Eine Einführung in das System der lichttechnischen Größen und Einheiten und in die Photometrie. 2. Aufl. Eindhoven, 1967

551. Hopkinson, R. G.; Longmore, J.; Petherbridge, P.: An Empirical Formula for the Computation of the Indirect Component of Daylight Factor. Transactions of the Illuminating Engineering Society 19 (1954), Heft 7, S. 201 bis 219

552. Moon, P. und Eberle Spencer, D.: Illumination from a Non-Uniform Sky. New York, Illuminating Engineering. 1942. S. 707

553. Arndt, W.: Praktische Lichttechnik – Hilfsbuch zur Anwendung der lichttechnischen Normen. Berlin: Union Deutsche Verlagsgesellschaft, 1938

554. Weigel, R. G.: Grundzüge der Lichttechnik. Essen: W. Girardet-Verlag, 1952

555. Zijl, H.: Leitfaden der Lichttechnik. Philips. Technische Bibliothek Reihe B, Bd. 10. Eindhoven, 1955

556. Siegel, R., Howell, J.R., Lohrengel, J.: Wärmeübertragung durch Strahlung, Teil 1 Grundlagen und Materialeigenschaften. New York Berlin Heidelberg: Springer-Verlag, 1988

557. Siegel, R., Howell, J.R., Lohrengel, J.: Wärmeübertragung durch Strahlung, Teil 2 Strahlungsaustausch zwischen Oberflächen und in Umhüllungen. New York Berlin Heidelberg: Springer-Verlag, 1991

558. Hecht, E.: Optik. 3. korrigierter Nachdruck. Bonn, San Juan: Addison-Wesley, 1994

559. Freymuth, H. und G.: Diagrammsatz Sonnenwärme. Veröffentlichung 135 der Forschungsgemeinschaft Bauen und Wohnen Stuttgart (FBW), 1982. 26 + 3 Diagramme und 16 S. Text

560. Freymuth, H. und G.: Diagrammsatz Sonnenwärme. Eine Art Rechenscheibe zur schnellen Bestimmung des Sonnenwärme-Strahlungsempfangs. FBW-Blätter 1 –1983

561. Freymuth, H.: Beleuchtung in Museen: Schonendes Zeigen der Ausstellungsgüter in hell wirkenden Räumen. Bauphysik-Kalender 2002, hrsg. von E. Cziesielski. Berlin, 2000, S. 645–668

562. BRE: Daylight protractors. Protractor set (2nd series), numbers 1 to 10 plus a guide. The full set of protractors which covers rooflight and side windows, and both overcast and uniform skies. The protractors calculate the sky component of daylight factor. In conjunction with BRE Digests 309 and 310, they can be used to find the daylight factor at a point indoors. www.brebookshop.com. ISBN AP68

563. Tonne, F.; Besser bauen mit Besonnungs- und Tageslicht-Planung. Schorndorf 1954

564. Krochmann, J.: Über die Horizontalbeleuchtungsstärke der Tagesbeleuchtung. Lichttechnik 1963, Heft 11, S. 559 bis 562

565. Krochmann, J.; Müller, K.; Retzow, U.: Über die Horizontalbeleuchtungsstärke und die Zenitleuchtdichte des klaren Himmels. Lichttechnik 1970, Heft 11, S. 551 bis 554

566. Pleijel, G.: Computation of Natural Radiation in Architecture and Town Planning. Stockholm: Pettersons Bokindustri, 1954

567. Thomas, O.: Astronomie. Graz Wien Leipzig Berlin: Deutsche Vereins-Druckerei, 1934

568. Herrmann, J.: Atlas zur Astronomie. 10. Auflage. München: Deutscher Taschenbuchverlag GmbH + Co. KG, 1990

569. Zimmermann, H.: ABC-Lexikon Astronomie. 8. Auflage. Heidelberg, Berlin, Oxford: Spektrum, Akad. Verl., 1995

570. Heinz, R.: Grundlagen der Lichterzeugung – von der Glühlampe bis zum Laser. 3. erw. Auflage. Hamburg: Highlight Verlagsges. mbH, 2009

571. Heinz, R.: Grundlagen von Licht und Beleuchtung. Eindhoven: Philips Electronics N.V., 2009

572. Osram GmbH: z.B. Lichtprogramm 2010

573. Philips GmbH: z.B. Grundlagen von Licht und Beleuchtung, 2004

574. Ganslandt R., Hofmann, H.: Handbuch der Lichtplanung. ERCO Leuchten GmbH, Lüdenscheid, Friedr. Vieweg u. Sohn Verlagsgesellschaft mbH, Braunschweig/Wiesbaden, 1992

575. Schoenberg, E.: Theoretische Photometrie, g) Über die Extinktion des Lichtes in der Erdatmosphäre. In Handbuch der Astrophysik. Band II, erste Hälfte. Berlin: Springer, 1929

576. Bigalke, H.-G.: Kugelgeometrie. Frankfurt a.M. Berlin München: Otto Salle Verlag, Aarau Frankfurt a. M. Aalzburg Verlag Sauerländer, 1984

577. Foley, van Dam, Feiner, Hughes: Computer Graphics: Principles and Practice – Second Edition in C. 2. Auflage. Addison-Wesley Publishing Company, Inc., 1995

578. Glassner, A. S.: An Introduction to Ray Tracing. 8. Auflage. San Fransisco: Morgan Kaufmann Publishers, Inc., 2000

579. Hilbert, G. S.: Sammlungsgut in Sicherheit: Beleuchtung und Lichtschutz, Klimatisierung, Schadstoffprävention, Schädlingsbekämpfung, Sicherungstechnik, Brandschutz, Gefahrenmanagement. 3. Auflage. Berlin: Gebr. Mann Verlag, 2002

580. Hubert, G. S., Aydinli, S.: Zur Beleuchtung musealer Exponate unter Beachtung neuerer konservatorischer Erkenntnisse. LICHT 1991, Heft 7/8, S. 556 bis 572, 576, 577

581. Silbernagl S., Despopoulos A.: Taschenatlas der Physiologie. 7. Auflage. Stuttgart: Thieme, 2007

582. Gregory R.L.: Eye and brain: the psychology of seeing. 5. Auflage. New York: Oxford University Press Inc., 2007

583. Maelicke, A. (Hrsg.): Vom Reiz der Sinne. Weinheim, New York, Basel, Cambridge: VCH, 1990

584. Ch. Kölzow, J. Kühn: Detailwissen Licht, Vieweg Teubner, voraussichtlich 2012, in Bearbeitung

585. Bezirksregierung Köln, Abteilung 7/GEObasis.nrw „Normalhöhen in Nordrhein-Westfalen", April 2010

586. European Database of Daylight and Solar Radiation, http://www.satel-light.com/core.htm

587. Deutscher Wetterdienst, http://www.dwd.de

588. Mann, H., Schiffelgen, H., Froriep, R.: Einführung in die Regelungstechnik. 7. Auflage. München Wien: Carl Hanser Verlag, 1997

589. Busch, P.: Elementare Regelungstechnik – Allgemeingültige Darstellung ohne höhere Mathematik. 4. überarb. Auflage. Würzburg: Vogel, 1999

590. Lunze, J.: Regelungstechnik 1 – Systemtheoretische Grundlagen, Analyse und Entwurf einschleifiger Regelungen. Berlin Heidelberg New York: Springer Verlag, 1999

591. Lunze, J.: Regelungstechnik 2 – Mehrgrößensysteme, Digitale Regelung. Berlin Heidelberg New York: Springer Verlag, 1997

592. Beuth, K., Schmusch, W.: Grundschaltungen. 14. überarb. und erw. Auflage. Würzburg: Vogel, 2000

593. Meinel, A. B. and Meinel, M. P.: Applied Solar Energy. Addison Wesley Publishing Co., 1976

594. Goetzberger, A., Voß, B., Knobloch, J.: Sonnenenergie: Photovoltaik: Physik und Technologie der Solarzelle. Stuttgart: Teubner, 1994

595. Gläser, H.-J. u.a.: Funktions-Isoliergläser. Ehningen: Expert-Verlag, 1992

596. Saint-Gobain Glass: Memento Glashandbuch. Saint-Gobain Glass Deutschland GmbH, 2006

597. Flachglas Markenkreis: Glashandbuch 2010. Flachglas MarkenKreis GmbH, 2010

598. Glas Trösch GmbH – SANCO Beratung: Glasbuch. Glas Trösch GmbH – SANCO Beratung, 2004

599. Trinh Quang Vinh, Brückner, Stefan, Terrassen Quoc Khanh: LED-Verhalten unter Strom- und Temperaturänderung. Technische Universität Darmstadt, Fachgebiet Lichttechnik. Erschienen in: LICHT 6/2011, S. 70 bis 76

600. Dutré, Philip: Global Illumination Compendium. Katholieke Universiteit Leuven, Computer Graphics, Department of Computer Science, 2003

Part VI

601. Alexander, B.: Behaviour of gypsum and gypsum products at high temperature. In: RTT.F.M PHT 44, Paris

602. Allianz Brandschutz Service: Brandwände und Brandabschnitte nach den Landesbauordnungen. Merkblatt ABS 2.2.1.2, München 1980

603. Anderberg, Y.: Behaviour of steel at high temperatures. In: RILEM PHT 44, Paris

604. Bechtold R. et al.: Brandversuche Lehrtc; Brandversuche an einem zum Abbruch bestimmten viergeschossigen modernen Wohnhaus. Bundesminister für Raumordnung, Bauwesen und Städtebau, Nr. 04.037. Bonn, 1978

605. Becker J. et al.: FIRES-T, a Computer Program for the Fire Response of Structures – Thermal. University of California, Berkeley (USA), Rep. No. UCB FRG 74-1, 1974

606. Butcher E. G. et al.: Further experiments on temperatures reached by steel in building fires. Symposium on behaviour of structural steel in fire. Her Maj. Stationary Office, London, 1968

607. CEB (Comite Euro-International du Beton): Design of Concrete Structures for Fire Resistance. Bull. d'Information No. 145, Paris, 1982

608. CIB (Conseil International du Batiment) W14 Workshop „Structural Fire Safety": A Conceptual Approach Towards a Probability Based Design Guide on Structural Fire Safety". Fire Safety Journal, Elsevier Sequoia, Lausanne, 1983

609. Cluzel, D.: Behaviour of plastics used in construction at high temperatures. RILEM PHT 44, Paris

610. ECCS (European Convention for Constructional Steelwork), Techn. Comm. 3 – Fire Safety of Steel Structures: European Recommendations for the Fire Safety of Steel Structures, Amsterdam: Elsevier, 1983

611. Einbrodt, H.J.; Jesse, H.: Über die Toxizität der Brand- und Schwelgase bei Kabelbränden. GAK 12/83

612. Hadvig, S.: Behaviour of wood at high temperatures. RILEM PHT 44, Paris

613. Hanusch, H.: Gipskartonplatten; Trockenbau, Montagebau, Ausbau. Köln-Braunsfeld: R. Müller, 1978

614. ISO (International Organization for Standardization): International Standard 834 – Fire resistance tests – elements of building construction. 1975

615. Sommer, T.: Stand und weitere Entwicklung der Brandschutznormung in Deutschland und Europa, Kurzreferate, Braunschweiger Brandschutztage, 24. Fachtagung Brandschutz bei Sonderbauten, 21. und 22. September 2010, Institut für Baustoffe, Massivbau und Brandschutz (iBMB), TU Braunschweig, Heft 210, Braunschweig 2010

616. Kordina K. et al.: Erwärmungsvorgänge an balkenartigen Stahlbetonteilen unter Brandbeanspruchung. Schriftenreihe Deutscher Ausschuss für Stahlbeton, Heft 230, Berlin, 1975

617. Kordina K. et al.: Arbeitsbericht 1978 –1980 des Sonderforschungsbereichs 148 „Brandverhalten von Bauteilen". TU Braunschweig, 1980

618. Kordina, K.; Meyer-Ottens, C: Beton-Brandschutz-Handbuch. Düsseldorf: Beton-Verlag, 1981

619. Kordina K. et al.: Arbeitsbericht 1981 – 1983 des Sonderforschungsbereichs 148 „Brandverhalten von Bauteilen". TU Braunschweig, 1983

620. Kordina, K.; Meyer-Ottens, C: Holz-Brandschutz-Handbuch. Deutsche Gesellschaft für Holzforschung, München, 1983

621. Wesche, J.: Umsetzung der europäischen Klassifizierung von Bauprodukten, Bausätzen und Bauarten, Kurzreferate, Braunschweiger Brandschutztage, 21. Fachtagung Brandschütz – Forschung und Praxis, 26. und 27. September 2007, Institut für Baustoffe, Massivbau und Brandschutz (iBMB), TU Braunschweig, Heft 185, Braunschweig 2007

622. Krampf, L.: Untersuchungen zum Schubverhalten brandbeanspruchter Stahlbetonbalken. Festschrift Kordina, München: W. Ernst & Sohn, 1979

623. DIN EN 1993-1-2:2010-12: Eurocode 3; Bemessung und Konstruktion von Stahlbauten – Teil 1-2: Allgemeine Regeln – Tragwerksplanung für den Brandfall; Deutsche Fassung EN 1993-1-2:2005 + AC:2009

624. Nationaler Anhang, National festgelegte Parameter: DIN EN 1993-1-2:2010-12: Eurocode 3; Bemessung und Konstruktion von Stahlbauten – Teil 1-2: Allgemeine Regeln – Tragwerksplanung für den Brandfall; Deutsche Fassung EN 1993-1-2:2005 + AC: 2009

625. Hosser, D.; Richter, E.: Konstruktiver Brandschutz im Übergang von DIN 4102 zu den Eurocodes. Beton-Kalender 2009, S. 501–553, Verlag Ernst & Sohn, Berlin; ISBN: 9783-433-01854-5, 2009

626. Meyer-Ottens, C. et al.: Brandschutz; Untersuchungen an Wänden, Decken und Dacheindeckungen. Berichte aus der Bauforschung, Heft 70, W. Ernst & Sohn, Berlin, 1971

627. Meyer-Ottens, C.: Zur Frage der Abplatzungen an Betonbauteilen aus Normalbeton bei Brandbeanspruchung. Diss. TU Braunschweig, 1972

628. Meyer-Ottens, C.: Brandverhalten von Bauteilen. Schriftenreihe Brandschutz im Bauwesen (BRABA), Heft 22 I und IL, E. Schmidt Verlag, Berlin, 1981

629. DIN EN 1990:2010-12: Eurocode; Grundlagen der Tragwerksplanung; Deutsche Fassung EN 1990:2002 + A1:2005 +A1:2005/AC:2010

630. Hosser, D.: Brandschutzbemessung nach den Eurocodes – Vorgaben für die Anwendung in Deutschland, Kurzreferate, Braunschweiger Brandschutztage, 23. Fachtagung Brandschutz – Forschung und Praxis, 29. und 30. September 2009, Institut für Baustoffe, Massivbau und Brandschutz (iBMB), TU Braunschweig, Heft 208, Braunschweig 2009

631. Promat Gesellschaft für moderne Werkstoffe mbH: Vorbeugender Brandschutz im Hochbau. Düsseldorf: 1983

632. Richartz, W.: Die Bindung von Chlorid bei der Zementerhäftung. Zement – Kalk – Gips, 1969, Heft 10

633. Richter, F.: Die wichtigsten physikalischen Eigenschaften von 52 Eisenwerkstoffen. Stahleisen-Sonderberichte Heft 8, Verlag Stahleisen, Düsseldorf, 1973

634. BauPVO; Verordnung (EU) Nr. 305/2011 zur Festlegung harmonisierter Bedingungen für die Vermarktung von Bauprodukten und zur Aufhebung der Richtlinie 89/106/EWG des Rates vom 09. März 2011, Amtsblatt der Europäischen Gemeinschaften Nr. L 88 vom 04. April 2011

635. Rostasy, F. S.: Baustoffe. Stuttgart/Berlin/Köln/Mainz: Kohlhammer, 1983

636. Rudolphi, R.; Müller, T.: ALGOL-Computerprogramm zur Berechnung zweidimensionaler instationärer Temperaturverteilungen mit Anwendungen aus dem Brand- und Wärmeschutz. BAM-Forschungsbericht 74, Berlin, 1980

637. Schneider, U.; Haksever, A.: Wärmebilanzberechnungen für Brandräume mit unterschiedlichen Randbedingungen. Forschungsbericht des Instituts für Baustoffe, Massivbau und Brandschutz, TU Braunschweig, 1978

638. Schneider, U.: Grundlagen der Ingenieurmethoden im Brandschutz, Werner Verlag, Wien April 2002

639. Jansens, M.: Heat Release in Fires, Edited by Babrauskas, V.; Grayson, S.,J., Elsevier Applied Science, London and New Yorck 1992

640. Schott-Information: Brandschutzglas. Heft 4, Mainz (1976)

641. Schneider, U.: Ingenieurmethoden im baulichen Brandschutz, Grundlagen, Normung, Brandsimulationen, Materialdaten und Brandsicherheit,Unter Mitarbeit von 5 Ko-Autoren. 6., neu bearb. Aufl. Expert-Verlag, 2011

642. Troitzsch, J. et al.: Plastics Flammability Handbook, München/Wien: Carl Hanser Verlag, 2004

643. VDS (Verband der Sachversicherer): Brandschutz in Kabel-, Leitungs- und Stromschienen-Anlagen. Köln, Form 2025, 9/77

644. Guerts, B.J.: Elements of direct and large-eddy simulation, Edwards 2004

645. Moss, J.B.: Turbulent Diffusion Flames, in Combustion Fundamentals of Fire, Cox, G. (ED):, Academic Press, London, 1995

646. Walter, R.: Partiell brandbeanspruchte Stahlbetondecken – Berechnung des inneren Zwanges mit einem Scheibenmodell. Diss. TU Braunschweig, 1981

647. Wickström, U.: TASEF-2, A Computer Program for Temperature Analysis of Structures Exposed to Fire. Lund Institute of Technology, Report No. 79-2, Lund, 1979

648. Hosser, D. (Herausgeber): Technischer Bericht TB 04-01 „Leitfaden Ingenieurmethoden des Brandschutzes", elektronische Version: 2.0.7, 13.10.2009

649. Drysdale, D.: An Introduction to Fire Dynamics, Wiley-Interscience, New York, 1992

650. VDI 6019: Ingenieurverfahren zur Bemessung der Rauchableitung aus Gebäuden, Blatt 1: Brandverläufe, Überprüfung der Wirksamkeit (Mai 2006), Blatt 2: Ingenieurmethoden (Juli 2009)

651. Jin, T.: Visibility and Human Behavior in Fire Smoke, In: DiNenno, P. J. et al. (Hrsg.), The SFPE Handbook of Fire Protection Engineering, Fourth Edition, Section 2, Chapter 4, 2-54 – 2-66, National Fire Protection Association, 2008

652. John, R.: Ermittlung der erforderlichen Luftvolumenströme zur Verdünnung von Brandrauch auf ein die Gesundheit und Sichtbarkeit in Rettungswegen gewährleistendes Maß. Teil 2. AG der Innenminister der Bundesländer. Forschungsbericht Nr. 50, Forschungsstelle für Brandschutztechnik der Universität Karlsruhe, 1983

653. John, R.: Ermittlung der erforderlichen Luftvolumenströme zur Verdünnung von Brandrauch auf ein die Gesundheit und Sichtbarkeit in Rettungswegen gewährleistendes Maß. Teil 4: Brandrauch und Sichtbarkeit von Hinweiszeichen in Rettungswegen. AG der Innenminister der Bundesländer. Forschungsbericht Nr. 66, Forschungsstelle für Brandschutztechnik der Universität Karlsruhe, 1988

654. ISO 13571:2007 Life-threatening components of fire – Guidelines for the estimation of time available for escape using fire data, 15.6.2007

655. Mulholland G. W.: Smoke Production and Properties, In: DiNenno, P. J. et al. (Hrsg.), The SFPE Handbook of Fire Protection Engineering, Fourth Edition, Section 2, Chapter 13, 2-291 – 2-302, National Fire Protection Association, 2008

656. Brown, S. K.; Martin, K. G.: A Review of the Visibility Hazard from Smoke inBuilding Fires, Commonwealth Scientific and Industrial Research Organization CSIRO, Division of Building Research, 1981

657. Fire Code Reform Centre, Fire Engineering Guidelines, New South Wales, Australia, 2000

658. Schneider, V.; Könnecke, R.: Simulation der Personenevakuierung unter Berücksichtigung Individueller Einflussfaktoren und der Ausbreitung von Rauch. vfdb-Zeitschrift 3 (1996) 98

659. Bieske, K.; Gall, D.: Evaluierung von Sicherheitsleitsystemen in Rauchsituationen, Forschungsbericht im Auftrag des Hauptverbandes der gewerblichen Berufsgenossenschaften Sankt Augustin, Technische Universität Ilmenau, Fachgebiet Lichttechnik, März 2003

660. Wilk, E.; Weskamp, F.; Lessig, R.: Rauchbelastung in Rettungswegen und im Angriffsweg der Feuerwehr – Betrachtungen aus experimenteller und praktischer Sicht, vfdb-Zeitschrift 2 (2008) 73

661. Purser, D. A.: Toxicity Assessment of Combustion Products, In: DiNenno, P. J. et al. (Hrsg.), The SFPE Handbook of Fire Protection Engineering, Section 2, Chapter 6, 2-96 – 2-193, National Fire Protection Association, 2008

662. ISO 13571: Life-threatening components of fire – Guidelines for the estimation of time available for escape using fire data, Juni 2007

663. Purser, D. A.: Toxicity assessment of combustion products and human behaviour in fires. 10. Int. Brandschutzseminar, vfdb, 2005

664. Christian, S. D.: Safe tolerability limits for carbon monoxide? A review of the clinical and fire engineering implications of a single, acute sub-lethal exposure. Proceedings Interflam '99, Fire Science & Engineering Conference, Edinburgh, 1999

665. Hosser, D.; Riese, O.: Ermittlung und Bewertung von Brandkenngrößen und Erarbeitung einer Datenbank, Forschungsvorhaben im Auftrag des Deutschen Institut für Bautechnik (DIBt), Kolonnenstraße 30 L, 10829 Berlin (Aktenzeichen ZP 52-5-4.166-1277/07), iBMB TU Braunschweig, November 2008

666. Zukoski, E.,E.; Cetegen, B.M.; Kubota, T.: Visible Structure of Buoyant Diffusion Flames, 20th Symposium on Combustion, Combustion Institute, Pittsburgh, PA, pp. 361–366, 1985

667. McCaffrey, B.J.: Momentum Implications for Buoyant Diffusion Flames, Combustion and Flame 52, pp. 149–167, 1983

668. Heskestad, G.: Fire Plumes, Flame Height, and Air Entrainment, In: DiNenno, P. J. et al. (Hrsg.), The SFPE Handbook of Fire Protection Engineering, Fourth Edition, Section 2, Chapter 1, 2-1 – 2-20, National Fire Protection Association, 2008

669. Thomas, P.H.; Hinkley, P.L.; Theobald, C.R.; Simms, D.L.: Investigation into the flow of hot gases in roof venting, Fire research Technical Paper No. 7, London, HMSO, 1963

670. Brein, D.: Anwendungsbereiche und – grenzen für praxisrelevante Modellansätze zur Bewertung der Rauchausbreitung in Gebäuden (Plume-Formeln), Forschungsstelle für Brandschutztechnik, Universität Karlsruhe (TH), Dezember 2001

671. Alpert, R.L.: Ceiling Jet Flows, In: DiNenno, P. J. et al. (Hrsg.), The SFPE Handbook of Fire Protection Engineering, Fourth Edition, Section 2, Chapter 2, 2-21 – 2-36, National Fire Protection association, 2008

672. Evans, D.D.: Calculating Sprinkler Actuation Time in Compartment, Fire Safety Journal, Vol. 9, No. 2, p. 147–155, July 1985

673. Karlsson, B.; Quintiere, J. G.: Enclosure Fire Dynamics, CRC Press, 2000

674. ISO 16735: Calculation methods for smoke layers, International Standard, 2005

675. ISO 16734 Draft: Fire safety engineering-Requirements governing algebraic equations – Fire plumes, First edition 2006

676. Cox, G.: Compartment Fire Modelling, in Combustion Fundamentals of Fire, Cox, G. (ED):, Academic Press, London, 1995

677. McGrattan, K,; Miles, S.: Modeling Enclosure Fires Using Computational Fluid Dynamics, In: DiNenno, P. J. et al. (Hrsg.), SFPE Handbook of Fire Protection Engineering, Fourth Edition, Section 3, Chapter 8, 3-229 – 3-246, National Fire Protection Association, 2008

678. Gerlinger, P.: Numerische Verbrennungssimulation: Effiziente numerische Simulation turbulenter Verbrennung, ISBN-10: 3540233377, Springer, Berlin; Auflage: 1, April 2005

679. Guan Heng Yeoh und Kwok Kit Yuen (Hrsg.), Computational Fluid Dynamics in Fire Engineering: Theory, Modelling and Practice, ISBN-10: 0750685891, Butterworth Heinemann, 23. Januar 2009

680. Spalding, D.B.: Mixing and Chemical Reaction in Steady State Confined Turbulent Flames, 13th International Symposium on Combustion, The Combustion Institute, Pittsburgh, PA, pp. 649–657, 1971

681. Magnussen, B.F.; Hjertager, B.H., On Mathematical Modeling of Turbulent Combustion with Special Emphasis on Soot Formation and Combustion, 16th International Symposium on Combustion, The Combustion Institute, Pittsburgh, PA, pp. 619–729, 1976

682. Ferziger, J.H.; Peric, M.: Computational Methods for fluid dynamics, 2nd Edition, Springer Verlag, Berlin 1999

683. Olenik, S.; Carpenter, D.: An Updated International Survey of Computer Models for Fire and Smoke, Journal of Fire Protection Engineering, 13, pp. 87–100, May 2003

684. Zehfuß, J.; Kilian, S.: Anwendungen und Weiterentwicklungen des CFD-Modells FDS im Rahmen brandschutztechnischer Nachweise, vfdb 2/2010

685. Riese, O.: Ermittlung der Brandwirkungen mit Brandmodellen, Kurzreferate, Braunschweiger Brandschutztage, 11. Fachseminar Brandschutz – Forschung und Praxis, 28. und 29. September 2005, Institut für Baustoffe, Massivbau und Brandschutz (iBMB), TU Braunschweig, Heft 185, Braunschweig 2005

686. Forell, B.: „Nachweise der Personensicherheit", Kurzreferate, Braunschweiger Brandschutztage, 11. Fachseminar Brandschutz – Forschung und Praxis, 28. und 29. September 2005, Institut für Baustoffe, Massivbau und Brandschutz (iBMB), TU Braunschweig, Heft 185, Braunschweig 2005

687. Münch, M.: Verifikation und Validierung bei der Softwareentwicklung, Präsentation FDS-Usergroup 1.Treffen, Berlin 2008

688. Riese, O; Röwekamp, M; Hosser, D.: Evaluation of Fire Models for Nuclear Power Plant Applications: Flame Spread in Cable Tray Fires, International Panel Report – Benchmark Exercise No. 5, GRS Report Number 214, ISBN-Nr: 3-931995-81-X, 2006

689. Mowrer, F.W.: Enclosure Smoke Filling and Fire-Generated Environmental Conditions, In: DiNenno, P. J. et al. (Hrsg.), The SFPE Handbook of Fire Protection Engineering, Fourth Edition, Section 3, Chapter 9, 3-247 –3-270, National Fire Protection Association, 2008

690. Peacock, R. D., P. A. Reneke, W. D., Davis, W. W. Jones, "Quantifying fire model evaluation using functional analysis", Fire Safety Journal 33 (1999), p. 167–184, 1999

691. ISO/DIS 16730: Fire saftey engineering – Assessment, verification and validation of calculation methods, FINAL DRAFT, ISO 2008

692. ASTM E1355 –11: Standard Guide for Evaluating the Predictive Capability of Deterministic Fire Models, American Society for Testing and Materials ASTM 2011

693. Rigollet, L., Roewekamp, M.: Collaboration on fire code benchmark activities around the international fire research program PRISME, Seminar 2 EUROSAFE 2009

694. Audouin, L. et al.: Quantifying differences between computational results and measurements in the case of a large-scale well-confined fire scenario, IRSN, Nuclear Engineering and Design, Nuclear Engineering and Design 241 (2011) 18–31, 2011

695. NUREG 1824-2: Verification & Validation of Selected Fire Models for Nuclear Power Plant Applications, Volume 2: Experimental Uncertainty, NUREG-1824 EPRI 1011999, Final Report, May 2007, Table 6–8.
696. McGrattan, K., McDermott, R., Hostikka, S.; McDermott. R., Floyd, J., Weinschenk, C.; Overholt, K.: Fire Dynamics Simulator, Technical Reference Guide, Volume 3: Validation, National Institute of Standards and Technology, NIST, Special Publication 1018-3, 2016
697. Riese, O., Siemon, M.: Untersuchung der Prognosefähigkeit von deterministischen Brandsimulationsmodellen, Anwendung PRISME DOOR, Ernst & Sohn Verlag, Bauphysik 36 (2014), Heft 4, 2014
698. Osburg, M.; Wilk, E.; Geruschkat, F. J.: Differenzierung des Brandverlaufs bei Raumbränden, Eine experimentell gestützte Untersuchung zur Ventilationssteuerung des Brandverlaufs bei Raumbränden, Symposium Heißbemessung, 24.09.2019, Braunschweig, 2019.

Stichwortverzeichnis

© Springer Fachmedien Wiesbaden GmbH, ein Teil von Springer Nature 2022   1111
W. M. Willems (Hrsg.), *Lehrbuch der Bauphysik*,
https://doi.org/10.1007/978-3-658-34093-3

Printed by Wilco bv, the Netherlands